DIE GRUNDLEHREN DER
MATHEMATISCHEN WISSENSCHAFTEN

IN EINZELDARSTELLUNGEN MIT BESONDERER
BERÜCKSICHTIGUNG DER ANWENDUNGSGEBIETE

HERAUSGEGEBEN VON

R. GRAMMEL · E. HOPF · H. HOPF · F. K. SCHMIDT
B. L. VAN DER WAERDEN

BAND LXXXII

GRUPPENTHEORIE

VON

WILHELM SPECHT

SPRINGER-VERLAG
BERLIN · GÖTTINGEN · HEIDELBERG
1956

GRUPPENTHEORIE

VON

WILHELM SPECHT
O. PROFESSOR DER MATHEMATIK AN DER UNIVERSITÄT ERLANGEN

SPRINGER-VERLAG
BERLIN · GÖTTINGEN · HEIDELBERG
1956

ISBN-13: 978-3-642-94668-4   e-ISBN-13: 978-3-642-94667-7
DOI: 10.1007/978-3-642-94667-7

ALLE RECHTE,
INSBESONDERE DAS DER ÜBERSETZUNG IN FREMDE SPRACHEN,
VORBEHALTEN

OHNE AUSDRÜCKLICHE GENEHMIGUNG DES VERLAGES
IST ES AUCH NICHT GESTATTET, DIESES BUCH ODER TEILE DARAUS
AUF PHOTOMECHANISCHEM WEGE (PHOTOKOPIE, MIKROKOPIE) ZU VERVIELFÄLTIGEN

© BY SPRINGER-VERLAG OHG. BERLIN · GÖTTINGEN · HEIDELBERG 1956

Softcover reprint of the hardcover 1st edition 1956

Vorwort

Der Begriff der Gruppe ist so alt wie die Mathematik selbst. Ins mathematische Bewußtsein tritt er jedoch erst mit Beginn des 19. Jahrhunderts. Die Erfordernisse der GALOISschen Theorie algebraischer Gleichungen führten zu der Entwicklung einer Theorie der endlichen Permutationsgruppen, die sich im Verlaufe eines Jahrhunderts zu einer weitgespannten Theorie der Gruppen endlicher Ordnung umbildete.

Im gleichen Zeitraum gab aber auch die invariantentheoretische Entwicklungstendenz der Geometrie und der Analysis Anlaß zur Untersuchung spezieller unendlicher Gruppen und führte damit zu einem weiteren Ausbau der Gruppentheorie. Umgekehrt bot die Entwicklung dieser Theorie die Möglichkeit neuer Methoden in fast allen Teilgebieten der Mathematik.

Aus diesem Wechselspiel gegenseitiger Anregungen entstand um 1920 zugleich mit der vollständigen Strukturumwandlung der Algebra und dem Eingang mengentheoretischer Überlegungen in die Mathematik die selbständige Disziplin einer allgemeinen Gruppentheorie.

Von den Ergebnissen der allgemeinen Gruppentheorie handelt dieses Buch. Dabei Vollständigkeit anzustreben, würde alle Kraft übersteigen und jeden Rahmen sprengen. Es kann nur Aufgabe sein, aus der riesenhaften Fülle der Ergebnisse eine Auswahl zu treffen, die den Leser die Schönheit der Disziplin und die Vielfalt ihrer Methode erkennen läßt.

Eine strenge Auswahl des Stoffes ist indes notwendig Funktion des persönlichen Geschmacks; diese Feststellung muß den Kenner darüber trösten, wenn er dies oder jenes vermißt, was ihm am Herzen liegt. Die Enge des Raumes zwang zu konzisem Stil; ein genaues Sachverzeichnis gibt dem Leser die erforderliche Hilfe.

Den Herren H. GRELL, O. HAUPT, R. KOCHENDÖRFFER und G. NÖBELING habe ich für Rat und Kritik herzlich zu danken. Zu größtem Dank bin ich Herrn H. J. KOWALSKY verpflichtet, da er die große Mühe des Korrekturlesens auf sich genommen und dadurch manche Mängel behoben hat.

Dem Verlag sei gedankt für die große Geduld und die Gestaltung des Buches.

Erlangen, im März 1956.   W. SPECHT

Inhaltsverzeichnis

Erster Teil: Einführung

	Seite
Kap. 1.1. Die Grundlagen	1
1.1.1. Aus der Mengenlehre	1
1.1.2. Abbildungen	6
1.1.3. Halbgruppe und Gruppe	9
1.1.4. Beispiele	16
Kap. 1.2. Die Untergruppen einer Gruppe	24
1.2.1. Komplexe	24
1.2.2. Der Untergruppenverband einer Gruppe	29
1.2.3. Restklassenzerlegung	34
1.2.4. Beispiele	38
1.2.5. Normalteiler und Faktorgruppe	44
1.2.6. Ähnlichkeit	48
1.2.7. Anwendungen	58
1.2.8. Die Klassen der symmetrischen Gruppe einer Menge	61
Kap. 1.3. Homomorphie und Isomorphie	67
1.3.1. Homomorphismus	67
1.3.2. Die Kommutatorgruppe	76
1.3.3. Endomorphismen und Automorphismen	80
1.3.4. Charakteristische und vollinvariante Untergruppen	88
1.3.5. Der Holomorph einer Gruppe	94
1.3.6. Beispiele	102
Kap. 1.4. Gruppen mit Operatoren	107
1.4.1. Grundbegriffe	107
1.4.2. Operatorendomorphismen	114
1.4.3. Zerfällende Endomorphismen	123
1.4.4. Abstrakte Gruppeneigenschaften	131
1.4.5. Lokale Gruppeneigenschaften	138
1.4.6. Das Dualitätsprinzip	145

Zweiter Teil: Freie und direkte Zerlegung

Kap. 2.1. Die freien Gruppen	148
2.1.1. Definierende Relationen einer Gruppe	148
2.1.2. Der Untergruppensatz	152
2.1.3. Die vollinvarianten Untergruppen einer freien Gruppe	162
2.1.4. Die höheren Kommutatorgruppen	170
2.1.5. Darstellung der Gruppen als Faktorgruppen	177
Kap. 2.2. Freie Zerlegungen	182
2.2.1. Der Existenzsatz	182
2.2.2. Der Untergruppensatz und seine Folgerungen	188
2.2.3. Freie Zerlegungen endlich erzeugbarer Gruppen	201
2.2.4. Anwendungen und Beispiele	208
2.2.5. Freie Produkte mit vereinigter Untergruppe	213

Inhaltsverzeichnis VII

Seite

Kap. 2.3. Direkte Zerlegung 220
    2.3.1. Begriffsbildung; Existenzsatz 220
    2.3.2. Zerlegungsendomorphismen 223
    2.3.3. Der starke Verfeinerungssatz 227
    2.3.4. Das Zerlegungszentrum einer Gruppe 233
    2.3.5. Stark verfeinerbare Gruppen 238
    2.3.6. Verfeinerbare Gruppen 242
    2.3.7. Die Zerfällbarkeitsbedingung 250
    2.3.8. Verfeinerungssätze 259
    2.3.9. Zerlegung in direkt unzerlegbare Faktoren 265
    2.3.10. Der Sockel einer Gruppe 272
Kap. 2.4. Theorie der abelschen Gruppen 275
    2.4.1. Allgemeines 275
    2.4.2. Primäre Gruppen 279
    2.4.3. Die reduzierten primären Gruppen 285
    2.4.4. Abzählbare primäre Gruppen 290
    2.4.5. Der Eindeutigkeitssatz 295
    2.4.6. Die torsionsfreien abelschen Gruppen 300
    2.4.7. Gemischte abelsche Gruppen 307

Dritter Teil: Allgemeine Strukturtheorie

Kap. 3.1. Theorie der Normalfolgen 312
    3.1.1. Begriffsbildung; der Verfeinerungssatz 312
    3.1.2. Kompositionsfolgen 317
    3.1.3. Gruppen mit ausgezeichneten Normalfolgen 326
    3.1.4. Metabelsche und auflösbare Gruppen 339
    3.1.5. Metazyklische Gruppen 346
    3.1.6. Nilpotente Gruppen 353
    3.1.7. q-Gruppen und u-Gruppen 369
Kap. 3.2. Theorie der $\mathfrak{p}$-Gruppen 372
    3.2.1. Allgemeine Eigenschaften 372
    3.2.2. p-Gruppen 375
    3.2.3. Die p-Sylowgruppen einer Gruppe 383
    3.2.4. Endliche auflösbare Gruppen 387
    3.2.5. Ordnungs- und klassenfinite Gruppen 391
    3.2.6. Die Eigenschaften der nilpotenten Gruppen 398
Kap. 3.3. Erweiterungstheorie 406
    3.3.1. Klassifikationen 406
    3.3.2. Die Klassen ähnlicher Erweiterungen 413
    3.3.3. Die Charaktere normaler Erweiterungen 420
    3.3.4. Erweiterungen abelscher Gruppen 425
    3.3.5. Einbettungssätze 432
    3.3.6. Erweiterungsscharen 438

Bemerkungen und Hinweise 442
Namenverzeichnis 453
Sachverzeichnis 454

Erster Teil
Einführung

Kapitel 1.1
Die Grundlagen

1.1.1. Aus der Mengenlehre

Als *Menge* bezeichnen wir jede Gesamtheit mathematischer Objekte, die ihrem Umfange nach eindeutig und widerspruchsfrei erklärt ist; die einer Menge M angehörenden Objekte sind ihre *Elemente*:

$$a \in M; \quad a \notin M \quad (a \text{ ist bzw. ist nicht Element von } M).$$

Die *leere Menge* werde mit 0 bezeichnet.

Eine Menge N ist *Teilmenge* der Menge M:

$$N \subseteq M; \quad M \supseteq N \quad (N \text{ ist Teilmenge von } M),$$

wenn jedes $a \in N$ auch M angehört, *echte Teilmenge*:

$$N \subset M; \quad M \supset N \quad (N \text{ ist echte Teilmenge von } M),$$

wenn wenigstens ein $b \in M$ der Teilmenge N nicht angehört. Die leere Menge 0 ist Teilmenge jeder Menge. Zwei Mengen M, N sind *gleich*, wenn $N \subseteq M$ und $M \subseteq N$.

Zwei Mengen M und M* besitzen *gleiche Mächtigkeit*, wenn eine *umkehrbareindeutige (eineindeutige) Zuordnung*

$$\alpha: \quad a \leftrightarrow a\alpha = a^* \in M^* \quad \text{für jedes } a \in M$$

der Elemente beider Mengen hergestellt werden kann:

$$M \cong M^* \quad (M \text{ gleichmächtig mit } M^*).$$

Die Gleichmächtigkeit von Mengen ist ein *Äquivalenzbegriff*:
1. *Für jede Menge M gilt* $M \cong M$.
2. *Aus* $M \cong M^*$ *folgt* $M^* \cong M$.
3. *Aus* $M \cong M^*$ *und* $M^* \cong M^{**}$ *folgt* $M \cong M^{**}$.

Es besteht ferner der *Äquivalenzsatz* von F. BERNSTEIN:

Aus $M \cong M^* \subseteq N$ *und* $N \cong N^* \subseteq M$ *folgt* $M \cong N$.

Daß zwei Mengen M und N stets eine der Beziehungen

$$M \cong M^* \subseteq N \quad \text{oder} \quad N \cong N^* \subseteq M$$

erfüllen, ist eine Folgerung des sog. *Wohlordnungssatzes*.

Wird in gleichmächtigen Mengen M und I jedem Element $a \in M$ eineindeutig ein Element $\iota \in I$ zugeordnet und diese Zuordnung durch einen Index $a = a_\iota$ markiert, so ist die Menge M *durch die Indexmenge I indiziert*.

Eine Menge M ist *endlich*, wenn sie leer oder mit einem Abschnitt $(1, 2, \ldots, n)$ der Folge der natürlichen Zahlen gleichmächtig ist, sonst *unendlich*; eine unendliche Menge ist *abzählbar*, wenn sie mit der Menge der natürlichen Zahlen gleichmächtig ist.

Für Teilmengen N_1, N_2 einer Menge M ist der *Durchschnitt* $N_1 \cap N_2$ *die maximale Teilmenge von* M, *die in* N_1 *und* N_2 *zugleich enthalten ist*, die *Vereinigung* $N_1 \cup N_2$ *die minimale Teilmenge von* M, *die* N_1 *und* N_2 *zugleich enthält*. Daher gelten für Teilmengen N, N_1, N_2 einer Menge M die Regeln:

Aus $N_1 \subseteq N$ *und* $N_2 \subseteq N$ *folgt* $N_1 \cup N_2 \subseteq N$.

Aus $N \subseteq N_1$ *und* $N \subseteq N_2$ *folgt* $N \subseteq N_1 \cap N_2$.

Teilmengen N_1, N_2 einer Menge M mit leerem Durchschnitt $N_1 \cap N_2 = 0$ sind *zueinander fremd*; wir setzen auch

$$N_1 \cup N_2 = N_1 + N_2, \quad \text{wenn} \quad N_1 \cap N_2 = 0.$$

Das *Komplement* $N^* = M - N$ *einer Teilmenge* N *in* M ist als Teilmenge von M gekennzeichnet durch

$$N \cap N^* = 0 \quad \text{und} \quad N \cup N^* = M.$$

Analog lassen sich zu einer Menge T von Teilmengen N_ι einer Menge M, die durch Indizes ι einer Indexmenge I ausgezeichnet sind, *Durchschnitt* und *Vereinigung*

$$\Lambda = \bigcap_\iota N_\iota; \quad V = \bigcup_\iota N_\iota \quad \text{(über } \iota \in I\text{)}$$

erklären. Bei endlicher Indexmenge $I = (1, 2, \ldots, n)$ setzen wir

$$\Lambda = \bigcap_\iota N_\iota = N_1 \cap N_2 \cap \cdots \cap N_n \quad \text{und} \quad V = \bigcup_\iota N_\iota = N_1 \cup N_2 \cup \cdots \cup N_n.$$

Bei *paarweise fremden* Mengen $N_\iota \in T$:

$$N_\iota \cap N_\varkappa = 0 \quad \text{für} \quad \iota \neq \varkappa \in I,$$

verwenden wir auch die Zeichen

$$\bigcup_\iota N_\iota = \sum_\iota N_\iota \quad \text{bzw.} \quad \bigcup_\iota N_\iota = N_1 + N_2 + \cdots + N_n.$$

1.1.1. Aus der Mengenlehre

Sind für Indexmengen I und K Teilmengen $N_{\iota\varkappa}$ einer Menge M erklärt, so gilt

$$\bigcup_{\varkappa}\left(\bigcap_{\iota} N_{\iota\varkappa}\right) \subseteq \bigcap_{\iota}\left(\bigcup_{\varkappa} N_{\iota\varkappa}\right) \qquad (\text{über } \iota \in I;\ \varkappa \in K),$$

ohne daß im allgemeinen Gleichheit besteht; es gilt jedoch

$$\bigcup_{\iota}(N \cap N_{\iota}) = N \cap \left(\bigcup_{\iota} N_{\iota}\right) \qquad (\text{über } \iota \in I).$$

Unter einer *Funktion der Indexmenge* I *in der Menge* M oder einem I-*Vektor über* M verstehen wir eine eindeutige Zuordnung

$$(a_{\iota}): \quad \iota \to a_{\iota} \in M \qquad \text{für jedes } \iota \in I.$$

Die Menge aller Funktionen von I in M (oder I-Vektoren über M) ist der *Funktionenraum (Vektorraum)* M^I; zwei Funktionen (a_ι) und (b_ι) aus M^I heißen *gleich* genau dann, wenn $a_\iota = b_\iota \in M$ für jeden Index $\iota \in I$.

Beispielsweise ist M^I für $I = (1, 2, \ldots, n)$ die Menge aller *geordneten n-tupel* $(a_1, a_2, \ldots, a_n)$ aus M, für die Indexmenge I aller natürlichen Zahlen die Menge aller *Folgen* $(a_n) = (a_1, a_2, a_3, \ldots)$ aus M.

Eine *Relation für die Menge* M ist eine Vorschrift $\mathfrak{r}(a_\iota)$, die jedem Vektor (a_ι) des Vektorraumes M^I einen Wert 0, 1 zuordnet:

$$\mathfrak{r}(a_\iota) = \begin{cases} 1, \text{ d.h. } (a_\iota) \text{ genügt der Relation } \mathfrak{r}, \\ 0, \text{ d.h. } (a_\iota) \text{ genügt nicht der Relation } \mathfrak{r}. \end{cases}$$

Insbesondere ordnet eine *n-stellige Relation* $\mathfrak{r}(a_1, a_2, \ldots, a_n)$ in der Menge M jedem geordneten *n*-tupel $(a_1, a_2, \ldots, a_n) \in M^n$ einen der beiden Werte 0, 1 zu.

Eine zweistellige Relation $\mathfrak{r}(a, b)$ bestimmt in der Menge M eine *Kongruenz*, wenn sie den Forderungen genügt:

1. *Es ist* $\mathfrak{r}(a, a) = 1$ *für jedes* $a \in M$ *(Reflexivität)*.
2. *Es ist* $\mathfrak{r}(a, b) = \mathfrak{r}(b, a)$ *für jedes Paar* $a, b \in M$ *(Symmetrie)*.
3. *Aus* $\mathfrak{r}(a, b) = \mathfrak{r}(b, c) = 1$ *folgt* $\mathfrak{r}(a, c) = 1$ *(Transitivität)*.

Fassen wir nämlich alle Elemente $b \in M$ der Eigenschaft $\mathfrak{r}(a, b) = 1$ zu einer *Klasse* $N_a \subseteq M$ zusammen, so entsteht eine *Klassenteilung der Menge* M:

$$N_a = N_b, \text{ falls } \mathfrak{r}(a, b) = 1; \quad N_a \cap N_b = 0, \text{ falls } \mathfrak{r}(a, b) = 0.$$

Eine zweistellige Relation $\mathfrak{r}(a, b)$ bestimmt in der Menge M eine *Ordnung*, wenn sie den Forderungen genügt:

1. *Es ist* $\mathfrak{r}(a, a) = 1$ *für jedes* $a \in M$.
2. *Aus* $\mathfrak{r}(a, b) = \mathfrak{r}(b, a) = 1$ *folgt* $a = b$.
3. *Aus* $\mathfrak{r}(a, b) = \mathfrak{r}(b, c) = 1$ *folgt* $\mathfrak{r}(a, c) = 1$.

Es liegt eine *induktive Ordnung* vor, wenn überdies gilt:

4. *Zu jedem Paar $a, b \in M$ gibt es ein $c \in M$ der Eigenschaft*

$$\mathfrak{r}(a, c) = \mathfrak{r}(b, c) = 1.$$

Es liegt eine *lineare Ordnung* vor, wenn überdies gilt:

4*. *Es ist $\mathfrak{r}(a, b) + \mathfrak{r}(b, a) \neq 0$ für jedes Paar $a, b \in M$.*

Eine lineare Ordnung ist auch induktiv. Ferner *induziert* eine in der Menge M erklärte Ordnung in jeder Teilmenge $N \subseteq M$ eine Ordnung, eine lineare Ordnung insbesondere eine lineare Ordnung.

Eine Relation $\mathfrak{r}(a, b)$ bestimmt in der Menge M eine *Vollordnung*, wenn sie eine Ordnung erklärt mit den Eigenschaften:

5. *Zu jedem Paar $a, b \in M$ gibt es ein $d \in M$ mit $\mathfrak{r}(d, a) = \mathfrak{r}(d, b) = 1$, derart daß gilt:*

Aus $\mathfrak{r}(x, a) = \mathfrak{r}(x, b) = 1$ folgt $\mathfrak{r}(x, d) = 1$.

6. *Zu jedem Paar $a, b \in M$ gibt es ein $c \in M$ mit $\mathfrak{r}(a, c) = \mathfrak{r}(b, c) = 1$, derart daß gilt:*

Aus $\mathfrak{r}(a, y) = \mathfrak{r}(b, y) = 1$ folgt $\mathfrak{r}(c, y) = 1$.

Die Elemente $d, c \in M$ sind dabei für jedes Paar $a, b \in M$ (als *Durchschnitt* bzw. *Kompositum*) eindeutig bestimmt.

In der Menge T aller Teilmengen N einer Menge M wird die *natürliche* (induktive) *Ordnung* erklärt durch

$$\mathfrak{r}(N_1, N_2) = \begin{cases} 1, & \text{wenn } N_1 \subseteq N_2, \\ 0, & \text{wenn dies nicht der Fall}; \end{cases}$$

die Festsetzung

$$\mathfrak{r}(N_1, N_2) = \begin{cases} 1, & \text{wenn } N_1 \supseteq N_2, \\ 0, & \text{wenn dies nicht der Fall}, \end{cases}$$

legt in T die *zur natürlichen Ordnung duale* (induktive) *Ordnung* fest. Offenbar ist die Menge T unter der natürlichen Ordnung vollgeordnet.

Elemente a_0 einer geordneten Menge M mit der Eigenschaft

$$\mathfrak{r}(b, a_0) = 0 \quad \text{bzw.} \quad \mathfrak{r}(a_0, b) = 0 \quad \text{für jedes } b \neq a_0 \text{ aus M}$$

heißen *minimal* bzw. *maximal*. Eine linear geordnete Menge M besitzt höchstens ein minimales oder *erstes* Element, eine induktiv geordnete Menge M höchstens ein maximales oder *letztes* Element. Ein Element m_0 der geordneten Menge M ist *untere* bzw. *obere Schranke der Teilmenge* $N \subseteq M$, wenn

$$\mathfrak{r}(m_0, b) = 1 \quad \text{bzw.} \quad \mathfrak{r}(b, m_0) = 1 \quad \text{für jedes } b \in N.$$

Besitzt in einer linear geordneten Menge M jede Teilmenge $N \subseteq M$ ein erstes Element, so ist M *(aufsteigend) wohlgeordnet*. Daß jede

Menge M wohlgeordnet werden kann, ist der Inhalt des *Wohlordnungssatzes der Mengenlehre*. Die linear geordnete Menge ist *absteigend wohlgeordnet*, wenn jede Teilmenge $N \subseteq M$ ein letztes Element besitzt.

Mit dem Wohlordnungssatze gleichwertig ist das *Lemma von* M. ZORN: *Besitzt in einer geordneten Menge M jede hierin linear geordnete Teilmenge $N \subseteq M$ eine obere (bzw. untere) Schranke, so besitzt die Menge M selbst wenigstens ein maximales (bzw. minimales) Element.*

Definition 1. *Eine geordnete Menge M erfüllt die Maximalbedingung, wenn jede Teilmenge $N \subseteq M$ ein maximales Element besitzt.*

Eine geordnete Menge M erfüllt die Minimalbedingung, wenn jede Teilmenge $N \subseteq M$ ein minimales Element besitzt.

Eine geordnete Menge M erfüllt die Extremalbedingung, wenn sie die Maximal- und die Minimalbedingung erfüllt.

Satz 1. *Eine geordnete Menge M erfüllt genau dann die Maximalbedingung, wenn jede (in dieser Ordnung) aufsteigend wohlgeordnete Teilmenge $N \subseteq M$ endlich ist.*

Eine geordnete Menge M erfüllt genau dann die Minimalbedingung, wenn jede (in dieser Ordnung) absteigend wohlgeordnete Teilmenge $N \subseteq M$ endlich ist.

Beweis. Besitzt die durch die Relation $r(a, b)$ geordnete Menge M eine unendliche, aufsteigend wohlgeordnete Teilmenge $N \subseteq M$, so enthält N auch eine abzählbare Teilmenge $\Lambda = (a_k)$ mit der Eigenschaft

$$r(a_k, a_{k+1}) = 1 \qquad (\text{für } 1 \leq k < \infty),$$

also eine wohlgeordnete (abzählbare) Teilmenge von M ohne maximales Element. Ist andererseits in einer durch die Relation $r(a, b)$ geordneten Menge M jede aufsteigend wohlgeordnete Teilmenge N endlich, so besitzt eine Teilmenge $N \subseteq M$ in einer Wohlordnung der Menge M ein erstes Element $a_1 \in N$. Besitzt eine Teilmenge $\Lambda_k = (a_1, a_2, \ldots, a_k) \subseteq N$ die Eigenschaft

$$r(a_1, a_2) = \cdots = r(a_{k-1}, a_k) = 1$$

und gilt für alle $b \in N - \Lambda_k$ etwa $r(a_k, b) = 0$, so ist a_k ein maximales Element von N; andernfalls besitzt die Teilmenge aller Elemente $c \in N - \Lambda_k$ mit $r(a_k, c) = 1$ in der Wohlordnung von M ein erstes Element $a_{k+1} \in N$, so daß die Menge $\Lambda_{k+1} = (a_1, a_2, \ldots, a_{k+1})$ die Eigenschaft

$$r(a_1, a_2) = \cdots = r(a_k, a_{k+1}) = 1$$

besitzt. Die Vereinigung $\Lambda = \bigcup_k \Lambda_k$ ist eine (durch $r(a, b)$) aufsteigend wohlgeordnete Teilmenge von M, also endlich mit letztem, in N maximalem Element a_n.

Ähnlich gewinnt man die zweite Aussage des Satzes.

In einer durch die Relation $\mathfrak{w}(a, b)$ (aufsteigend) wohlgeordneten Menge M setzen wir auch

$a \leq b$, falls $\mathfrak{w}(a, b) = 1$; $a < b$, falls dabei $a \neq b$.

Die Menge aller Elemente $b \in M$ der Eigenschaft $a < b$ ist leer oder besitzt ein erstes Element $a + 1 \in M$ der Eigenschaft

$a < a + 1 \leq b$ für jedes $b \in M$ mit $\mathfrak{w}(a, b) = 1$,

den *Nachfolger von a in der Menge* M. Nicht jedes Element $a \in M$ besitzt indes einen *Vorgänger* $a - 1 \in M$; Elemente ohne Vorgänger heißen *Limeselemente der Wohlordnung*.

Von großer Bedeutung ist das *Prinzip der transfiniten Induktion*: *Bezeichnet a_1 das erste Element einer wohlgeordneten Menge* M, *so kann unter folgenden Bedingungen ein Objekt* $e(a)$ *für jedes* $a \in M$ *eindeutig erklärt werden*:

1. *Das Objekt* $e(a_1)$ *ist eindeutig erklärbar*.
2. *Ist das Objekt* $e(b)$ *für jedes* $b < a$ *eindeutig erklärt, so ist auch das Objekt* $e(a)$ *eindeutig erklärbar*.

Wir bemerken noch:

Satz 2. *Es sei* I *eine wohlgeordnete Indexmenge; für jeden Index* $\iota \in I$ *sei* M_ι *eine (für sich) wohlgeordnete Teilmenge einer Menge* $M = \sum_\iota M_\iota$. *Dann ist* M *wohlgeordnet durch die Vorschrift*:

Für $a \in M_\iota$ *und* $b \in M_\varkappa$ *mit* $\iota < \varkappa$ *in* I *sei* $a < b$ *in* M.
Für $a, b \in M_\iota$ *und* $a < b$ *in* M_ι *sei* $a < b$ *in* M.

1.1.2. Abbildungen

Unter einer *Abbildung* α *der Menge* M *in die Menge* M* verstehen wir eine eindeutige Zuordnung

$\alpha: \quad a \to a\alpha = a^* \in M^*$ für jedes $a \in M$,

bei der die Menge $M\alpha \subseteq M^*$ der *Bilder* $a\alpha = a^* \in M^*$ nicht die ganze Menge M* zu erfassen braucht; nur wenn $M\alpha = M^*$, nennen wir α eine *Abbildung der Menge* M *auf die Menge* M*. Für eine Teilmenge $N \subseteq M$ bezeichne $N\alpha$ die Menge der Bilder $b\alpha \in M^*$ aller Elemente $b \in N$.

Für Mengen M und M* gleicher Mächtigkeit lassen sich eineindeutige Abbildungen

$\alpha: \quad a \leftrightarrow a\alpha = a^* \in M^*$ für jedes $a \in M$

angeben; in diesem Falle ist

$\alpha^{-1}: \quad a^* \leftrightarrow a^*\alpha^{-1} = a \in M$ für jedes $a^* \in M^*$

die zugehörige *reziproke* oder *inverse Abbildung* der Menge M* auf M.

1.1.2. Abbildungen

Zwei Abbildungen α, β der Menge M in die Menge M* heißen *gleich* genau dann, wenn
$$a\alpha = a\beta \in M^* \qquad \text{für jedes } a \in M.$$

Für zwei durch Relationen $\mathfrak{r}(a, b)$ bzw. $\mathfrak{r}^*(a^*, b^*)$ geordnete Mengen M und M* liegt eine *projektive Abbildung* π vor, wenn die Zuordnung
$$\pi: \quad a \to a\pi = a^* \in M^* \qquad \text{für jedes } a \in M$$
der Ordnungsbedingung:

Aus $\mathfrak{r}(a, b) = 1$ *folgt* $\mathfrak{r}^*(a\pi, b\pi) = \mathfrak{r}^*(a^*, b^*) = 1$.

unterworfen ist. Zwei geordnete Mengen M, M* sind *projektiv zueinander*, wenn die Abbildung π eineindeutig und mit ihrer Inversen π^{-1} projektiv ist.

Zu wohlgeordneten Mengen M und M* existiert stets eine projektive Abbildung, die eine dieser Mengen auf einen Abschnitt der anderen eineindeutig abbildet. Jede Klasse zueinander projektiver wohlgeordneter Mengen bestimmt einen *Wohlordnungstypus* oder eine *Ordnungszahl*. Eine wohlgeordnete Indexmenge kann daher stets als Menge von Ordnungszahlen aufgefaßt werden. Der Wohlordnungstypus der Folge der natürlichen Zahlen werde wie üblich mit ω bezeichnet.

Zwei Abbildungen
$$\alpha: \quad a \to a\alpha = a^*; \qquad \beta: \quad a^* \to a^*\beta = a^{**}$$
einer Menge M in eine Menge M* bzw. der Menge M* in eine Menge M** lassen sich zu einer Abbildung
$$\gamma = \alpha\beta: \quad a \to a\alpha = a^* \to a^*\beta = a^{**} = a\gamma$$
der Menge M in die Menge M** komponieren; man nennt daher die Abbildung $\gamma = \alpha\beta$ das *Kompositum* oder *Produkt der Abbildungen* α, β.

Identifizierung der Bildmenge M* mit der Urmenge M führt zum Begriff der *Abbildung einer Menge in sich*: Jede Zuordnung
$$\alpha: \quad a \to a\alpha \in M \qquad \text{für jedes } a \in M$$
erklärt eine *Abbildung der Menge M in sich*, im Falle $M\alpha = M$ eine *Abbildung der Menge M auf sich*. Abbildungen α, β einer Menge M in sich heißen *gleich* genau dann, wenn $a\alpha = a\beta$ für jedes $a \in M$.

Unter den Abbildungen α einer Menge M in sich unterscheidet man folgende Typen: Eine Abbildung α der Menge M in sich ist *linksregulär*, wenn sie eine Abbildung der Menge M auf sich ist, *rechtsregulär*, wenn verschiedene Elemente $a, b \in M$ verschiedene Bilder $a\alpha, b\alpha \in M$ besitzen. Eine links- und rechtsreguläre Abbildung α der Menge M in sich ist *regulär*, d.h. eine eineindeutige Abbildung der Menge M auf sich oder eine *Permutation der Menge* M. Eine weder links- noch rechtsreguläre Abbildung α der Menge M in sich ist *singulär*.

Eine endliche Menge besitzt außer Permutationen nur singuläre Abbildungen. Eine unendliche Menge läßt sowohl linksreguläre als auch rechtsreguläre Abbildungen zu, die nicht regulär sind.

Zwei Abbildungen

$$\alpha: \quad a \to a\alpha = b; \qquad \beta: \quad b \to b\beta = c$$

einer Menge M in sich lassen sich zu einer Produktabbildung

$$\gamma = \alpha\beta: \quad a \to (a\alpha)\beta = a\gamma$$

zusammensetzen; es gilt das *Gesetz der eindeutigen Zusammensetzbarkeit* von Abbildungen einer Menge in sich.

In gleicher Weise entsteht aus drei Abbildungen

$$\alpha: \quad a \to a\alpha = b; \qquad \beta: \quad b \to b\beta = c; \qquad \gamma: \quad c \to c\gamma = d$$

einer Menge M in sich eine Abbildung

$$\delta = \alpha\beta\gamma: \quad a \to a(\alpha\beta\gamma) = d.$$

Die aus den Zuordnungen

$$a \to a(\alpha\beta) = c \to c\gamma = d \qquad \text{bzw.} \qquad a \to a\alpha = b \to b(\beta\gamma) = d$$

folgende Gleichung

$$\delta = \alpha\beta\gamma = (\alpha\beta)\gamma = \alpha(\beta\gamma)$$

bestätigt die *Assoziativität der Zusammensetzung* von Abbildungen einer Menge M in sich.

Für eine linksreguläre Abbildung α und beliebige Abbildungen β, γ einer Menge M in sich besteht ferner die *linksseitige Kürzungsregel*:

Aus $\alpha\beta = \alpha\gamma$ *folgt* $\beta = \gamma$.

Analog besteht für eine rechtsreguläre Abbildung α und beliebige Abbildungen β, γ einer Menge M in sich die *rechtsseitige Kürzungsregel*:

Aus $\beta\alpha = \gamma\alpha$ *folgt* $\beta = \gamma$.

Diese Kürzungsregeln sind (in unendlichen Mengen) übrigens kennzeichnende Eigenschaften der links- bzw. rechtsregulären Abbildungen einer Menge M in sich.

Eine Menge $\mathfrak{A}$ von Abbildungen einer Menge M in sich ist eine *Halbgruppe*, wenn sie *multiplikativ abgeschlossen* ist, d.h. mit je zwei Abbildungen $\alpha, \beta \in \mathfrak{A}$ stets auch das Produkt $\alpha\beta$ beider Abbildungen enthält; auf Grund des Gesetzes der Assoziativität ist dann jede endliche Reihe von Abbildungen $\alpha_1, \alpha_2, \ldots, \alpha_n \in \mathfrak{A}$ zu einer eindeutig bestimmten Abbildung $\beta = \alpha_1 \alpha_2 \ldots \alpha_n \in \mathfrak{A}$ zusammensetzbar.

Die Menge aller Abbildungen einer Menge M in sich ist eine Halbgruppe; sie enthält insbesondere die *Identität* oder *Einheit*:

$$\varepsilon: \quad a \leftrightarrow a\varepsilon = a \quad \text{für jedes } a \in M,$$

die mit jeder Abbildung α der Menge M in sich der Gleichung

$$\alpha\varepsilon = \varepsilon\alpha = \alpha$$

genügt.

Auch die linksregulären Abbildungen einer Menge M in sich bilden eine Halbgruppe $\mathfrak{A}_l$, da das Produkt $\gamma = \alpha\beta$ linksregulärer Abbildungen α, β der Menge M in sich gleichfalls linksregulär ist. Da demnach in $\mathfrak{A}_l$ die linksseitige Kürzungsregel gilt, bezeichnen wir $\mathfrak{A}_l$ selbst als *linksregulär*. Auch die Menge der rechtsregulären Abbildungen einer Menge M in sich ist eine Halbgruppe $\mathfrak{A}_r$, da das Produkt $\gamma = \alpha\beta$ rechtsregulärer Abbildungen α, β der Menge M in sich rechtsregulär ist. Die Halbgruppe $\mathfrak{A}_r$ ist *rechtsregulär*, da ihre Abbildungen der rechtsseitigen Kürzungsregel genügen.

Schließlich ist die Menge der singulären Abbildungen einer Menge M in sich eine Halbgruppe $\mathfrak{A}_s$, da das Produkt $\gamma = \alpha\beta$ zweier Abbildungen α, β der Menge M in sich singulär ist, sobald α nicht rechtsregulär oder β nicht linksregulär ist. Daher ist auch das Produkt $\alpha\beta$ singulärer Abbildungen α, β von M in sich singulär.

Wir merken noch an: Ist das Produkt $\gamma = \alpha\beta$ zweier Abbildungen α, β einer Menge M in sich regulär, so ist α rechtsregulär, β linksregulär; nur dann sind die Faktoren α, β sogar regulär, wenn beide Produkte $\alpha\beta = \gamma_1$ und $\beta\alpha = \gamma_2$ regulär sind.

Zu einer regulären Abbildung α einer Menge M auf sich existiert die inverse Abbildung α^{-1} der Menge M auf sich, die durch die Gleichung

$$\alpha\alpha^{-1} = \alpha^{-1}\alpha = \varepsilon$$

gekennzeichnet ist. Jede Menge regulärer Abbildungen einer Menge auf sich, die multiplikativ abgeschlossen ist, die Identität ε und mit einer Abbildung α auch deren Inverse α^{-1} enthält, bezeichnen wir als eine *Gruppe* von Abbildungen. Insbesondere ist die Menge aller regulären Abbildungen einer Menge M auf sich *die volle Permutationsgruppe* oder *die symmetrische Gruppe* $\mathfrak{S}_M$ *der Menge* M.

1.1.3. Halbgruppe und Gruppe

Eine Abstraktion der an den Abbildungen einer Menge in sich entwickelten Begriffe führt zur

Definition 2. *Eine Gruppe ist eine nichtleere Menge* $\mathfrak{G}$ *mit den Eigenschaften:*

(I) *In $\mathfrak{G}$ ist eine Verknüpfung oder Multiplikation erklärt, die jedem geordneten Paare $A, B \in \mathfrak{G}$ ein eindeutig bestimmtes Element $C = AB \in \mathfrak{G}$, das Produkt der Faktoren A, B zuordnet.*

(II) *Je drei Elemente $A, B, C \in \mathfrak{G}$ erfüllen das Gesetz der Assoziativität:*

$$A(BC) = (AB)C = ABC.$$

(III) *In $\mathfrak{G}$ existiert ein Element E, das der Gleichung $EA = A$ für jedes $A \in \mathfrak{G}$ genügt.*

(IV) *Zu jedem Element $A \in \mathfrak{G}$ existiert ein Element $A' \in \mathfrak{G}$, das die Gleichung $A'A = E$ erfüllt.*

Definition 3. *Eine Halbgruppe ist eine nichtleere Menge $\mathfrak{H}$ mit den Eigenschaften* (I) *und* (II).

Eine Halbgruppe mit Einheit ist eine Halbgruppe $\mathfrak{H}$, die überdies die Eigenschaft besitzt:

(III') *In $\mathfrak{H}$ existiert ein Element E, das die Gleichung $AE = EA = A$ für jedes $A \in \mathfrak{H}$ erfüllt.*

Eine linksreguläre Halbgruppe ist eine Halbgruppe $\mathfrak{H}$, die der linksseitigen Kürzungsregel genügt:

Aus $AB = AC$ folgt $B = C$.

Eine rechtsreguläre Halbgruppe ist eine Halbgruppe $\mathfrak{H}$, die der rechtsseitigen Kürzungsregel genügt:

Aus $BA = CA$ folgt $B = C$.

Eine Halbgruppe oder Gruppe $\mathfrak{H}$ mit endlich vielen Elementen heißt *endlich*; die Anzahl der Elemente ist ihre *Ordnung*. Andernfalls spricht man von einer *unendlichen* Halbgruppe oder Gruppe. Wir setzen allgemein für Halbgruppen:

$$\operatorname{ord}(\mathfrak{H}) = \begin{cases} n, & \text{wenn } \mathfrak{H} \text{ die endliche Anzahl von } n \text{ Elementen,} \\ 0, & \text{wenn } \mathfrak{H} \text{ unendlich viele Elemente enthält.} \end{cases}$$

Bemerkungen. 1. Die Forderung (I) ordnet jedem Paar A, B von Elementen einer Halbgruppe $\mathfrak{H}$ zwei im allgemeinen verschiedene Produkte AB und BA zu. Besteht in einer Halbgruppe $\mathfrak{H}$ die Gleichung

$$AB = BA \qquad \text{für jedes Paar } A, B \in \mathfrak{H},$$

so heißt $\mathfrak{H}$ *kommutativ* oder *abelsch*. Elemente A, B einer beliebigen Halbgruppe $\mathfrak{H}$, für die $AB = BA$, heißen *vertauschbar*.

2. Durch die Forderung (II) ist ein Produkt aus drei Faktoren durch die Reihenfolge der Faktoren eindeutig bestimmt und unabhängig von Klammerungen. Daraus gewinnt man durch vollständige Induktion:

1.1.3. Halbgruppe und Gruppe

Ein Produkt aus endlich vielen Faktoren $A_1, A_2, \ldots, A_n$ ist, unabhängig von Klammerungen, durch die Reihenfolge der Faktoren eindeutig bestimmt.

Auf Grund dieser Tatsache erfüllen die *Potenzen*

$$A^1 = A; \quad A^{n+1} = A^n A = A A^n \quad \text{für } 1 \leq n < \infty$$

eines Elementes A einer Halbgruppe $\mathfrak{H}$ die *Potenzregeln*

$$A^m A^n = A^n A^m = A^{m+n}; \quad (A^m)^n = A^{mn}.$$

3. Die Einheit E einer *Halbgruppe $\mathfrak{H}$ (mit Einheit)* ist durch die Eigenschaft

$$AE = EA = A \quad \text{für jedes } A \in \mathfrak{H}$$

gekennzeichnet, da aus

$$AE = EA = A \quad \text{und} \quad AE_0 = E_0 A = A \quad \text{für jedes } A \in \mathfrak{H}$$

insbesondere $EE_0 = E_0$ und $EE_0 = E$, also $E_0 = E$ folgt.

4. Für Halbgruppen gilt der

Satz 3. *In einer linksregulären (bzw. rechtsregulären) Halbgruppe $\mathfrak{H}$ mit Einheit E besitzt die Gleichung $AX = E$ (bzw. $XA = E$) für ein Element $A \in \mathfrak{H}$ höchstens eine (mit A vertauschbare) Lösung:*

$$X = A^{-1} \quad \text{mit} \quad AA^{-1} = A^{-1}A = E.$$

In diesem Falle heißt das Element A *invertierbar* und das Element A^{-1} die *Inverse* zu A.

Beweis. In einer linksregulären Halbgruppe $\mathfrak{H}$ folgt $X_1 = X_2$ aus $AX_1 = AX_2 = E$; aus $AX = E$ erhält man

$$A(XA) = (AX)A = EA = AE, \quad \text{also} \quad XA = E.$$

Analog schließt man für eine rechtsreguläre Halbgruppe $\mathfrak{H}$ mit Einheit.

In einer beliebigen Halbgruppe $\mathfrak{H}$ mit Einheit heißt ein Element A *invertierbar*, wenn eine Inverse A^{-1} mit der Eigenschaft $AA^{-1} = A^{-1}A = E$ in $\mathfrak{H}$ existiert. Die Inverse A^{-1} ist eindeutig, da für Lösungen $B_0, C_0 \in \mathfrak{H}$ der Gleichungen $AB_0 = C_0 A = E$ folgt

$$B_0 = A^{-1}(AB_0) = A^{-1} \quad \text{und} \quad C_0 = (C_0 A) A^{-1} = A^{-1}.$$

Die Einheit E einer Halbgruppe $\mathfrak{H}$ mit Einheit ist gewiß invertierbar, unter Umständen aber das einzige invertierbare Element.

Satz 4. *Das Produkt $C = AB$ invertierbarer Elemente A, B einer Halbgruppe $\mathfrak{H}$ mit Einheit ist invertierbar:*

$$C^{-1} = (AB)^{-1} = B^{-1}A^{-1}.$$

Für jedes invertierbare Element $A \in \mathfrak{H}$ und jede natürliche Zahl n gilt

$$(A^{-1})^n = (A^n)^{-1}; \quad (A^{-1})^{-1} = A.$$

Beweis. Aus der Voraussetzung

$$AA^{-1} = A^{-1}A = BB^{-1} = B^{-1}B = E$$

folgt

$$E = AA^{-1} = A(BB^{-1})A^{-1} = ABB^{-1}A^{-1};$$
$$E = B^{-1}B = B^{-1}(A^{-1}A)B = B^{-1}A^{-1}AB.$$

Durch vollständige Induktion gewinnt man hieraus

$$(A_1 A_2 \ldots A_n)^{-1} = A_n^{-1} \ldots A_2^{-1} A_1^{-1}$$

und damit für jedes invertierbare Element

$(A^n)^{-1} = (A^{-1})^n$ und $E = (A^{-1}A)^{-1} = A^{-1}(A^{-1})^{-1}$, also $A = (A^{-1})^{-1}$.

Für invertierbare Elemente A einer Halbgruppe $\mathfrak{H}$ mit Einheit lassen sich deshalb durch die Festsetzung

$$A^{-n} = (A^{-1})^n = (A^n)^{-1} \quad \text{und} \quad A^0 = E$$

die Potenzregeln auf beliebige ganze Exponenten ausdehnen. Hierbei sind entweder sämtliche Potenzen A^n verschieden in $\mathfrak{H}$:

$$A^m = A^n \quad \text{genau dann, wenn } m = n,$$

oder es besteht mit Exponenten $m > n$ eine Gleichung $A^m = A^n$ in $\mathfrak{H}$. Dann existiert eine kleinste natürliche Zahl a, für die $A^a = E$ erfüllt ist. Der Fall $a = 1$ entspricht der Einheit E; im Falle $a > 1$ sind die Elemente A^α für $0 \leq \alpha < a$ in $\mathfrak{H}$ verschieden, während jeder andere Exponent $m = aq + \alpha$ (mit $0 \leq \alpha < a$) auf die Gleichung

$$A^m = A^{aq+\alpha} = (A^a)^q A^\alpha = E A^\alpha = A^\alpha$$

führt. Demgemäß unterscheiden wir (invertierbare) Elemente A *unendlicher* und *endlicher Ordnung* und setzen

$$\mathrm{ord}(A) = \begin{cases} 0, \text{ wenn alle Potenzen } A^n \text{ verschieden,} \\ a, \text{ wenn nur die Potenzen } A^\alpha \text{ mit } 0 \leq \alpha < a \text{ verschieden.} \end{cases}$$

Aus der Ordnung invertierbarer Elemente A, B einer Halbgruppe $\mathfrak{H}$ mit Einheit kann im allgemeinen für die Ordnung ihres Produktes $C = AB \in \mathfrak{H}$ keine Aussage erhalten werden; es gilt indes:

Besitzen zwei vertauschbare, invertierbare Elemente A, B einer Halbgruppe $\mathfrak{H}$ mit Einheit die Ordnungen

$$\mathrm{ord}(A) = a > 0; \quad \mathrm{ord}(B) = b > 0,$$

1.1.3. Halbgruppe und Gruppe

so gilt

$$\frac{ab}{(a,b)^2} \mid \text{ord}(AB) \mid \frac{ab}{(a,b)};$$

besitzen sie die Ordnungen

$$\text{ord}(A) = a > 0; \quad \text{ord}(B) = 0,$$

so gilt $\text{ord}(AB) = 0$.

Für Elemente A, B *teilerfremder Ordnung* folgt insbesondere

$$\text{ord}(AB) = \text{ord}(A)\,\text{ord}(B);$$

für diese Bemerkung gilt die Umkehrung:

Ein invertierbares Element C einer Halbgruppe $\mathfrak{H}$ mit Einheit von endlicher Ordnung $\text{ord}(C) = c = ab > 0$ mit teilerfremden Faktoren $a > 1$, $b > 1$ besitzt eine eindeutig bestimmte Zerlegung $C = AB = BA$ in Faktoren $A, B \in \mathfrak{H}$ der Ordnungen $\text{ord}(A) = a$; $\text{ord}(B) = b$.

Beweis. Eine ganzzahlige Lösung der Gleichung $ax + by = 1$ führt zu

$$C = C^{ax+by} = BA = AB \quad \text{mit} \quad A = C^{by}; \quad B = C^{ax}.$$

Aus $A^a = B^b = E$ folgt $\text{ord}(A) = a_0 \leq a$ und $\text{ord}(B) = b_0 \leq b$. Aus $C^{a_0 b_0} = (AB)^{a_0 b_0} = A^{a_0 b_0} B^{a_0 b_0} = E$ folgt $ab = c \leq a_0 b_0 \leq ab$; $a_0 \leq a$; $b_0 \leq b$, also $a = a_0$; $b = b_0$. Ist andererseits

$$C = A_0 B_0 = B_0 A_0 \quad \text{mit} \quad \text{ord}(A_0) = a; \quad \text{ord}(B_0) = b,$$

so gilt

$$A = C^{by} = A_0^{by} B_0^{by} = A_0^{1-ax} = A_0; \quad B = C^{ax} = A_0^{ax} B_0^{ax} = B_0^{1-by} = B_0.$$

Nennen wir eine links- und rechtsreguläre Halbgruppe *regulär* schlechthin, so gilt:

Eine Gruppe $\mathfrak{G}$ ist eine reguläre Halbgruppe mit Einheit aus invertierbaren Elementen.

Eine links- oder rechtsreguläre Halbgruppe ist genau dann eine Gruppe, wenn sie eine Einheit und nur invertierbare Elemente besitzt.

Beweis. Eine links- oder rechtsreguläre Halbgruppe $\mathfrak{H}$ mit Einheit genügt der Gruppenforderung (III); ist jedes $A \in \mathfrak{H}$ invertierbar, so erfüllt $\mathfrak{H}$ auch die Gruppenforderung (IV).

In einer Gruppe $\mathfrak{G}$ existieren nach (III) und (IV) zu jedem Element $A \in \mathfrak{G}$ Elemente $A', A'' \in \mathfrak{G}$, die die Gleichungen $A'A = A''A' = E$ erfüllen. Infolgedessen erhalten wir

$$A = EA = A''A'A = A''E = A''EE = AE.$$

Mithin ist E einzige Einheit von $\mathfrak{G}$, also auch

$$A = A''E = A'' \quad \text{oder} \quad A'A = AA' = E.$$

Aus Gleichungen der Gestalt $AB = AC$ oder $BA = CA$ in $\mathfrak{G}$ ergibt sich somit
$$A'AB = A'AC \quad \text{bzw.} \quad BAA' = CAA', \quad \text{also} \quad B = C.$$

Für jedes Element A einer Gruppe $\mathfrak{G}$ gilt ord$(A) = 0$ oder ord$(A) = a > 0$. Jedes Element einer endlichen Gruppe $\mathfrak{G}$ besitzt endliche Ordnung; es gibt aber auch unendliche Gruppen, deren Elemente sämtlich endliche Ordnung besitzen. Eine Gruppe $\mathfrak{G}$ ist *ordnungsfinit*, wenn jedes $A \in \mathfrak{G}$ endliche Ordnung ord$(A) = a > 0$ hat, *torsionsfrei*, wenn ord$(A) = 0$ für jedes $A \in \mathfrak{G}$ außer der Einheit.

Eine reguläre Halbgruppe mit Einheit ist nicht immer eine Gruppe; denn die Menge der natürlichen Zahlen ist (unter der gewöhnlichen Multiplikation) zwar eine reguläre Halbgruppe mit Einheit 1, aber keine Gruppe.

Aus dem soeben Gezeigten ergibt sich unmittelbar der

Satz 5. *Jede Gruppe $\mathfrak{G}$ enthält eine (einzige) Einheit E:*
$$AE = EA = A \quad \text{für jedes } A \in \mathfrak{G};$$
jedes Element $A \in \mathfrak{G}$ besitzt in $\mathfrak{G}$ eine (einzige) Inverse:
$$AA^{-1} = A^{-1}A = E.$$
Für jedes geordnete Paar $A, B \in \mathfrak{G}$ gibt es in $\mathfrak{G}$ (eindeutige) Lösungen $X = A^{-1}B$ und $Y = BA^{-1}$ der Gleichungen
$$AX = B \quad \text{bzw.} \quad YA = B.$$

Die *beidseitige Umkehrbarkeit der Multiplikation* in der Gruppe läßt sich als definierende Forderung verwenden:

Definition 2*. *Eine Gruppe ist eine nichtleere Menge $\mathfrak{G}$ mit folgenden Eigenschaften:*

(I*) *In $\mathfrak{G}$ ist eine Multiplikation erklärt, die jedem geordneten Paar $A, B \in \mathfrak{G}$ ein eindeutig bestimmtes Produkt $C = AB \in \mathfrak{G}$ zuordnet.*

(II*) *Je drei Elemente $A, B, C \in \mathfrak{G}$ erfüllen das Gesetz der Assoziativität:* $A(BC) = (AB)C.$

(III*) *Für jedes geordnete Paar $A, B \in \mathfrak{G}$ gibt es Elemente $X, Y \in \mathfrak{G}$, die die Gleichungen $AX = B$ bzw. $YA = B$ erfüllen.*

Die Gleichwertigkeit der Definition 2* mit der Definition 2 ergibt sich leicht daraus, daß eine Menge, die den Forderungen (I*), (II*), (III*) genügt, auch die Forderungen (III), (IV) erfüllt.

Satz 6. *Jede endliche links- oder rechtsreguläre Halbgruppe $\mathfrak{H}$ mit Einheit ist eine Gruppe. Jede endliche reguläre Halbgruppe $\mathfrak{H}$ ist eine Gruppe.*

1.1.3. Halbgruppe und Gruppe

Beweis. Es ist nur nachzuweisen, daß im endlichen Falle eine Kürzungsregel die Eigenschaft (IV) der Definition 2 nach sich zieht. Die Elemente A_ν (für $1 \leq \nu \leq n$) einer linksregulären Halbgruppe $\mathfrak{H}$ der Ordnung $\mathrm{ord}(\mathfrak{H}) = n > 0$ führen nach der linksseitigen Kürzungsregel für jedes $B \in \mathfrak{H}$ auf lauter verschiedene Produkte BA_ν. Mithin hat die Gleichung $BX = C$ für jedes $C \in \mathfrak{H}$ genau eine Lösung. Besitzt $\mathfrak{H}$ eine Einheit E, so ergibt die Gleichung $AA' = E$ auch

$$AA'A = EA = AE \quad \text{oder} \quad A(A'A) = AE, \quad \text{also} \quad A'A = E.$$

Daher erfüllt $\mathfrak{H}$ die Gruppenforderung (IV).

Die Elemente A_ν (für $1 \leq \nu \leq n$) einer rechtsregulären Halbgruppe $\mathfrak{H}$ mit $\mathrm{ord}(\mathfrak{H}) = n > 0$ führen nach der rechtsseitigen Kürzungsregel für jedes $B \in \mathfrak{H}$ auf lauter verschiedene Produkte $A_\nu B$. Folglich besitzt die Gleichung $YB = C$ genau eine Lösung. Besitzt $\mathfrak{H}$ eine Einheit E, so ist für jedes $B \in \mathfrak{H}$ die Gleichung $YB = E$ lösbar, also die Forderung (IV) erfüllt.

In einer endlichen regulären Halbgruppe $\mathfrak{H}$ sind demnach beide Gleichungen $BX = C$ und $YB = C$ für Elemente $B, C \in \mathfrak{H}$ lösbar; mithin genügt $\mathfrak{H}$ den Forderungen der Definition 2*.

Ohne wesentliche Einschränkung dürfen wir annehmen, daß eine Halbgruppe $\mathfrak{H}$ stets eine Einheit E besitzt. Andernfalls gehen wir zu einer *ergänzten Halbgruppe* $\mathfrak{H}^* = \mathfrak{H} + E$ über, indem wir die Verknüpfungsregeln von $\mathfrak{H}$ durch die Regeln

$$EE = E \quad \text{und} \quad AE = EA = A \quad \text{für jedes } A \in \mathfrak{H}$$

ergänzen.

Jedem Element A einer Halbgruppe $\mathfrak{H}$ mit Einheit E läßt sich nun eine Abbildung

$$\delta(A): \quad X \to XA \quad \text{für jedes } X \in \mathfrak{H}$$

der Menge $\mathfrak{H}$ in sich zuordnen. Da die Abbildungen

$$\delta(A): \quad X \to XA \quad \text{und} \quad \delta(B): \quad X \to XB$$

nur im Falle $A = B$ gleich sind, entspricht jedem $A \in \mathfrak{H}$ eineindeutig eine Abbildung $\delta(A)$ der Menge $\mathfrak{H}$ in sich, insbesondere der Einheit E die Identität $\delta(E) = \varepsilon$. Dabei wird das Produkt $\delta(A)\,\delta(B)$ der beiden Abbildungen $\delta(A)$ und $\delta(B)$ durch die Zuordnung

$$\delta(A)\,\delta(B): \quad X \to XA \to (XA)B = X(AB)$$

beschrieben, stimmt also mit der Abbildung $\delta(AB)$ der Menge $\mathfrak{H}$ in sich überein. Zwischen den Elementen $A \in \mathfrak{H}$ und den Abbildungen $\delta(A)$ der Menge $\mathfrak{H}$ in sich besteht somit eine eineindeutige Zuordnung, die der Bedingung

$$\delta(AB) = \delta(A)\,\delta(B) \quad \text{für jedes Paar } A, B \in \mathfrak{H}$$

genügt. Infolgedessen bilden die Abbildungen $\delta(A)$ eine Halbgruppe $\mathbf{\Delta}(\mathfrak{H})$, deren Verknüpfungsregeln den in $\mathfrak{H}$ gültigen Verknüpfungsregeln eineindeutig entsprechen. Die Halbgruppe $\mathbf{\Delta}(\mathfrak{H})$ ist eine *Realisierung* oder *Darstellung* der abstrakt erklärten Halbgruppe $\mathfrak{H}$ als Abbildungshalbgruppe der Menge $\mathfrak{H}$ in sich.

Wir wollen allgemeiner zwei Halbgruppen $\mathfrak{H}$ und $\mathfrak{H}^*$ als *isomorph* bezeichnen, wenn eine eineindeutige Zuordnung
$$A \leftrightarrow A^* \in \mathfrak{H}^* \quad \text{für jedes } A \in \mathfrak{H}$$
hergestellt werden kann, die für jedes geordnete Paar $A, B \in \mathfrak{H}$ bzw. $A^*, B^* \in \mathfrak{H}^*$ die Eigenschaft besitzt:

Aus $A \leftrightarrow A^*$ *und* $B \leftrightarrow B^*$ *folgt* $AB \leftrightarrow A^*B^*$.

Als Zeichen verwenden wir
$$\mathfrak{H} \cong \mathfrak{H}^* \quad (\mathfrak{H} \text{ isomorph zu } \mathfrak{H}^*).$$

Isomorphe Halbgruppen sind gleichzeitig links- oder rechtsregulär, aber auch gleichzeitig Gruppen oder nicht Gruppen. Der Isomorphiebegriff ist ferner eine Kongruenz:

1. *Für jede Halbgruppe* $\mathfrak{H}$ *gilt* $\mathfrak{H} \cong \mathfrak{H}$.
2. *Aus* $\mathfrak{H} \cong \mathfrak{H}^*$ *folgt* $\mathfrak{H}^* \cong \mathfrak{H}$.
3. *Aus* $\mathfrak{H} \cong \mathfrak{H}^*$ *und* $\mathfrak{H}^* \cong \mathfrak{H}^{**}$ *folgt* $\mathfrak{H} \cong \mathfrak{H}^{**}$.

Damit wird jede Menge von Halbgruppen oder Gruppen in *Isomorphieklassen* eingeteilt.

Eine Halbgruppe $\mathfrak{H}$ ist *ihrer Struktur nach bestimmt*, wenn die Verknüpfungen ihrer Elemente bekannt sind; isomorphe Halbgruppen besitzen *gleiche Struktur*. Das *Strukturproblem für Halbgruppen* ist danach die Frage nach einer Übersicht über alle der Struktur nach verschiedenen abstrakten Halbgruppen. Wir beschränken unsere Betrachtungen vorwiegend auf das *Strukturproblem für Gruppen* und führen Untersuchungen über Halbgruppen nur so weit, wie sie hierfür dienlich sind. Das Problem also, mit dem wir uns zu beschäftigen haben, ist die strukturelle Bestimmung aller abstrakten Gruppen (oder Isomorphieklassen von Gruppen). Von einer vollständigen Lösung dieses Problems ist man freilich noch weit entfernt.

1.1.4. Beispiele

Beispiel 1. Für abelsche Gruppen verwendet man zumeist eine *additive* Darstellung. Die Verknüpfung der Elemente einer abelschen Gruppe $\mathfrak{A}$ wird als *Addition*, und für jedes Paar $A, B \in \mathfrak{A}$ eine eindeutige *Summe* $C = A + B$ erklärt. Die Gruppenforderungen sind demgemäß:

Für jedes Paar $A, B \in \mathfrak{A}$ *ist* $A + B = B + A$.
Für jedes Tripel $A, B, C \in \mathfrak{A}$ *gilt* $A + (B + C) = (A + B) + C$.
Für jedes Paar $A, B \in \mathfrak{A}$ *besitzt die Gleichung* $A + X = B$ *eine Lösung* $X \in \mathfrak{A}$.

Man spricht in diesem Falle von einer *additiven Gruppe*. Es existiert in $\mathfrak{A}$ eine *Null O*, die

$$A + O = O + A = A \qquad \text{für jedes } A \in \mathfrak{A}$$

erfüllt, und zu jedem $A \in \mathfrak{A}$ ein *inverses* Element $-A$, das

$$-A + A = A + (-A) = O$$

erfüllt. Zur Abkürzung setzt man $B + (-A) = -A + B = B - A$.

Die *Vielfachen* eines Elementes $A \in \mathfrak{A}$ werden für ganze Zahlen g induktiv durch

$$gA = (g-1)A + A \quad \text{und} \quad (-g)A = -(gA)$$

erklärt. Es gelten dann die Gleichungen

$$g(hA) = (gh)A; \quad (g+h)A = gA + hA; \quad g(A+B) = gA + gB.$$

Beispiel 2. Die der Algebra zugrunde liegenden Systeme lassen sich als Gruppen in folgender Weise deuten:

Ein *Modul* M ist eine nichtleere Menge, deren Elemente eine additive abelsche Gruppe bilden.

Ein *Ring* P ist eine nichtleere Menge, deren Elemente hinsichtlich einer Addition eine abelsche Gruppe P^+, hinsichtlich einer Multiplikation eine Halbgruppe $P^\times$ bilden. Beide Gruppen sind durch *die distributiven Gesetze*

$$(a+b)c = ac + bc; \quad c(a+b) = ca + cb \qquad \text{für} \quad a, b, c \in P$$

verbunden. Ein Ring P ist *kommutativ*, wenn die multiplikative Halbgruppe $P^\times$ abelsch ist; er besitzt eine *Einheit*, wenn $P^\times$ eine Einheit besitzt. Ein Ring ist *nullteilerfrei*, wenn die von 0 verschiedenen Elemente eine reguläre (multiplikative) Halbgruppe $P_0^\times$ bilden. Ein nullteilerfreier Ring mit Einheit ist ein *Integritätsbereich*. Ein Integritätsbereich P ist ein *Körper*, wenn die Halbgruppe $P_0^\times$ eine Gruppe ist.

Über einem Modul M läßt sich der *Vektorraum* M^I mit einer beliebigen Indexmenge I erklären; dieser Raum wird zu einer *(additiven) Vektorgruppe* $\mathfrak{V}_M^I$ durch die Festsetzung:

$$(a_\iota) = (b_\iota) \quad \text{genau dann, wenn } a_\iota = b_\iota \text{ für jedes } \iota \in I;$$

$$(a_\iota) + (b_\iota) = (a_\iota + b_\iota).$$

Als Nullvektor $\mathfrak{o} = (0)$ erscheint der Vektor, der jedem $\iota \in I$ das Element $a_\iota = 0 \in M$ zuordnet; der Vektor $(-a_\iota)$ ist Inverse des Vektors (a_ι).

Teilmenge des Vektorraumes $\mathfrak{V}_M^I$ ist der *finite Vektorraum* $\mathfrak{V}_M^{*I}$, der aus allen Vektoren $(a_\iota) \in \mathfrak{V}_M^I$ besteht, in denen die Elemente $a_\iota \in M$ *fast alle* (d.h. bis auf endlich viele Ausnahmen) gleich der Null $0 \in M$ sind. Unter wörtlich gleichen Festsetzungen ist auch $\mathfrak{V}_M^{*I}$ eine (abelsche) additive Gruppe, die *finite Vektorgruppe* über M. Eine endliche Indexmenge $I = (1, 2, \ldots, n)$ führt zum *n-dimensionalen Vektorraum* M^n und zur *Vektorgruppe* $\mathfrak{V}_M^n$ *des Ranges* n *über* M.

Beispiel 3. Der einfachste Gruppentypus ist die *zyklische Gruppe*: Ordnet man jeder ganzen Zahl g eine Abbildung σ_g der Menge Γ aller ganzen Zahlen in sich zu durch

$$\sigma_g: \quad x \to x + g \qquad \text{für jedes } x \in \Gamma,$$

so findet man leicht die Gleichung

$$\sigma_g \sigma_h = \sigma_{g+h} = \sigma_{h+g} = \sigma_h \sigma_g \qquad \text{für } g, h \in \Gamma.$$

Auf Grund der Folgerung

$$\sigma_{-g} \sigma_g = \sigma_g \sigma_{-g} = \sigma_0 = \varepsilon$$

ist die Abbildung σ_g regulär mit der Inversen σ_{-g}.

Daher bilden die Abbildungen σ_g eine abelsche Gruppe $\mathfrak{Z}_0$. Da für jede ganze Zahl g gilt

$$\sigma_g = \sigma_{g-1} \sigma_1; \quad \sigma_{-g} = \sigma_g^{-1}, \quad \text{also} \quad \sigma_g = \sigma_1^g,$$

bezeichnet man $\mathfrak{Z}_0$ als *die durch die Abbildung* σ_1 *erzeugte unendliche zyklische Gruppe* $\mathfrak{Z}_0 = \{\sigma_1\}$; denn ihre Elemente sind sämtliche (voneinander verschiedenen) Potenzen σ_1^g dieser einen Abbildung.

Teilt man die Menge Γ aller ganzen Zahlen g für eine feste natürliche Zahl $k > 1$ in die Restklassen nach dem Modul k:

$$g_1 \equiv g_2(k), \quad \text{wenn} \quad k \mid g_1 - g_2,$$

so liegt bekanntlich eine Kongruenz vor. Man erhält k verschiedene Klassen ganzer Zahlen, die sich durch die Reste $0, 1, \ldots, k-1$ nach k repräsentieren lassen; es bezeichne (g) die Klasse, der $g \in \Gamma$ angehört.

Erklärt man für jede ganze Zahl g eine Abbildung τ_g der Restklassenmenge Γ_k nach k durch

$$\tau_g: \quad (x) \to (x + g) \qquad \text{für jedes } x \in \Gamma,$$

so ist die Restklasse $(x + g)$ eindeutig durch die Restklasse (x) bestimmt. Ferner gilt

$$\tau_g \tau_h = \tau_{g+h} = \tau_h \tau_g; \quad \tau_0 = \varepsilon; \quad \tau_g = \tau_1^g \qquad \text{für } g, h \in \Gamma.$$

Die regulären Abbildungen $\tau_\varkappa = \tau_1^\varkappa$ (für $0 \leq \varkappa < k$) sind voneinander verschieden, hingegen besteht wegen $(k) = (0)$ die *Relation*

$$\tau_k = \tau_1^k = \varepsilon. \tag{1}$$

Folglich ist $\mathfrak{Z}_k = \{\tau_1\}$ die *durch* τ_1 *erzeugte endliche zyklische Gruppe der Ordnung* $\mathrm{ord}(\mathfrak{Z}_k) = k > 0$; ihre Verknüpfungsregeln sind durch die Relation (1) bestimmt.

1.1.4. Beispiele

Beispiel 4. Ein nichtabelscher Gruppentypus ist die *Diedergruppe*: Die Menge Γ der ganzen Zahlen besitzt die regulären Abbildungen

$$\alpha:\quad x \to x+1 \quad \text{und} \quad \beta:\quad x \to -x \quad \text{für jedes } x \in \Gamma;$$

man findet

$$\alpha^{-1}:\quad x \to x-1 \quad \text{und} \quad \beta^{-1} = \beta:\quad x \to -x \quad \text{für jedes } x \in \Gamma.$$

Nun gilt: *Die Abbildungen*

$$\zeta(g, \delta) = \alpha^g \beta^\delta \quad \text{mit } g \in \Gamma \text{ und } \delta = 0, 1$$

bilden eine unendliche nichtabelsche Gruppe $\mathfrak{D}_0$; *es ist*

$$\zeta(g_1, \delta_1) = \zeta(g_2, \delta_2) \quad \text{genau dann, wenn } g_1 = g_2 \text{ und } \delta_1 = \delta_2.$$

Die Verknüpfungsregeln der Gruppe $\mathfrak{D}_0$ *sind durch die Relationen*

$$(\alpha\beta)^2 = \beta^2 = \varepsilon \tag{2}$$

bestimmt.

Beweis. Nach Beispiel 3 bilden die Potenzen α^g eine unendliche zyklische Gruppe. Die zweite Abbildung β erfüllt die Gleichung $\beta^2 = \varepsilon$; weiter bestätigt man leicht die Relation $(\alpha\beta)^2 = \varepsilon$.

Aus den Relationen (2) leitet man induktiv die Beziehung

$$\beta \alpha^g \beta = \alpha^{-g} \quad \text{oder} \quad (\alpha^g \beta)^2 = \varepsilon \quad \text{für jedes } g \in \Gamma$$

her. Daher nimmt das Produkt $\zeta^* = \zeta(g_1, \delta_1) \zeta(g_2, \delta_2) \in \mathfrak{D}_0$ im Falle $\delta_1 = 0$ die Gestalt

$$\zeta^* = \alpha^{g_1} \alpha^{g_2} \beta^{\delta_2} = \zeta(g_1 + g_2, \delta_2),$$

im Falle $\delta_1 = 1$ die Gestalt

$$\zeta^* = \alpha^{g_1} \beta \alpha^{g_2} \beta^{\delta_2} = \alpha^{g_1 - g_2} \beta^{1+\delta_2} = \begin{cases} \zeta(g_1 - g_2, 1), & \text{wenn } \delta_2 = 0, \\ \zeta(g_1 - g_2, 0), & \text{wenn } \delta_2 = 1, \end{cases}$$

an. Schließlich gilt

$$\zeta^{-1}(g, 0) = \zeta(-g, 0); \quad \zeta^{-1}(g, 1) = \zeta(g, 1).$$

Die regulären Abbildungen $\zeta(g, \delta)$ der Menge Γ auf sich bilden somit eine Gruppe $\mathfrak{D}_0$; sie sind wegen

$$\zeta(g, 0):\quad x \to x + g; \quad \zeta(g, 1):\quad x \to -(x + g) \quad \text{für jedes } x \in \Gamma$$

sämtlich verschieden.

Auch in der endlichen Menge Γ_k der Restklassen von Γ nach einem Modul $k \geq 3$ können wir die Abbildungen

$$\alpha:\quad (x) \to (x+1); \quad \beta:\quad (x) \to (-x) \quad \text{für jedes } x \in \Gamma$$

erklären. Die Potenzen α^x bilden eine zyklische Gruppe $\mathfrak{Z}_k$ der Ordnung $\text{ord}(\mathfrak{Z}_k) = k > 0$. Aus den Relationen

$$\alpha^k = \beta^2 = (\alpha\beta)^2 = \varepsilon \tag{2*}$$

folgt nun leicht, daß die Abbildungen $\alpha^\varkappa \beta^\delta$ (für $1 \leq \varkappa < k$; $0 \leq \delta < 2$) eine endliche Gruppe $\mathfrak{D}_k$ der Ordnung $\mathrm{ord}(\mathfrak{D}_k) = 2k$ bilden, deren Verknüpfungsregeln aus den Relationen (2*) hervorgehen.

Beispiel 5. Ist Γ die Menge der ganzen Zahlen, I eine Indexmenge, so bezeichne Σ die Menge aller Symbole

$$\varkappa = \begin{bmatrix} g_1 & g_2 & \cdots & g_n \\ \iota_1 & \iota_2 & \cdots & \iota_n \end{bmatrix}$$

beliebiger (endlicher) Länge n aus ganzen Zahlen $g_\nu \neq 0$ und Indizes $\iota_\nu \in I$ (für $1 \leq \nu \leq n$), die der Bedingung

$$\iota_{\mu-1} \neq \iota_\mu \quad \text{für } 2 \leq \mu \leq n$$

unterworfen sind, und des leeren Symbols $\varkappa_0 = [0]$ der Länge 0. Nur identische Symbole sind als gleich anzusehen.

Für jeden Index $\iota \in I$ und jeden Wert $\delta = \pm 1$ erklären wir eine Abbildung $\sigma(\delta, \iota)$ der Menge Σ in sich:

Wenn $\iota_n \neq \iota$, *so sei*

$$\sigma(\delta, \iota): \begin{bmatrix} g_1 & g_2 & \cdots & g_n \\ \iota_1 & \iota_2 & \cdots & \iota_n \end{bmatrix} \to \begin{bmatrix} g_1 & g_2 & \cdots & g_n & \delta \\ \iota_1 & \iota_2 & \cdots & \iota_n & \iota \end{bmatrix};$$

wenn $\iota_n = \iota$, *so sei*

$$\sigma(\delta, \iota): \begin{bmatrix} g_1 & g_2 & \cdots & g_n \\ \iota_1 & \iota_2 & \cdots & \iota_n \end{bmatrix} \to \begin{cases} \begin{bmatrix} g_1 & g_2 & \cdots & g_n + \delta \\ \iota_1 & \iota_2 & \cdots & \iota_n \end{bmatrix}, & \text{falls } g_n + \delta \neq 0, \\ \begin{bmatrix} g_1 & g_2 & \cdots & g_{n-1} \\ \iota_1 & \iota_2 & \cdots & \iota_{n-1} \end{bmatrix}, & \text{falls } g_n + \delta = 0. \end{cases}$$

Unter dieser Festsetzung besteht die Gleichung

$$\varepsilon = \sigma(1, \iota)\sigma(-1, \iota) = \sigma(-1, \iota)\sigma(1, \iota) \quad \text{für jedes } \iota \in I;$$

daher ist die Abbildung $\sigma(\delta, \iota)$ regulär und $\sigma(-1, \iota)$ die Inverse der Abbildung $\sigma(1, \iota) = \sigma_\iota$.

Die Menge $\mathfrak{F}$ aller Abbildungen

$$\varphi = \sigma_{\iota_1}^{g_1} \sigma_{\iota_2}^{g_2} \cdots \sigma_{\iota_n}^{g_n} \tag{3}$$

beliebiger Länge n, beliebiger Indizes $\iota_\nu \in I$, beliebiger Exponenten g_ν ist demnach eine Gruppe; als Inverse zu φ findet man

$$\varphi^{-1} = \sigma_{\iota_n}^{-g_n} \cdots \sigma_{\iota_2}^{-g_2} \sigma_{\iota_1}^{-g_1}.$$

Die Elemente $\varphi \in \mathfrak{F}$ können durch triviale Umformungen auf Normalform gebracht werden: Ist in der Darstellung (3) eines Elementes $\varphi \in \mathfrak{F}$ etwa $g_\nu = 0$, so ist der Faktor $\sigma_{\iota_\nu}^{g_\nu} = \varepsilon$ überflüssig; ist $\iota_{\mu-1} = \iota_\mu$, so kann durch $\sigma_{\iota_\mu}^{g_{\mu-1}} \sigma_{\iota_\mu}^{g_\mu} = \sigma_{\iota_\mu}^{g_{\mu-1} + g_\mu}$ eine Verkürzung der Darstellung erreicht werden. Nach endlich vielen Schritten entsteht eine unverkürzbare

Darstellung

$$\varphi = \varepsilon \quad \text{bzw.} \quad \varphi = \sigma_{\iota_1}^{g_1} \sigma_{\iota_2}^{g_2} \ldots \sigma_{\iota_n}^{g_n} \quad \text{mit } g_\nu \neq 0;\ \iota_{\mu-1} \neq \iota_\mu,$$

die eindeutig ist wegen

$$\varphi: \quad [0] \to \begin{bmatrix} g_1\, g_2 \cdots g_n \\ \iota_1\, \iota_2 \cdots \iota_n \end{bmatrix}.$$

Verschiedene unverkürzbare Ausdrücke stellen daher verschiedene Abbildungen der Gruppe $\mathfrak{F}$ dar; da überdies

$$\sigma_{\iota_1}^{g_1} \sigma_{\iota_2}^{g_2} \ldots \sigma_{\iota_n}^{g_n} \neq \varepsilon, \quad \text{wenn} \quad \iota_{\mu-1} \neq \iota_\mu \quad \text{und} \quad g_\nu \neq 0,$$

besteht zwischen den Erzeugenden σ_ι der Gruppe $\mathfrak{F}$ keine nichttriviale Relation.

Satz 7. *Für jede Indexmenge* I *existiert eine (bis auf Isomorphie eindeutige) Gruppe $\mathfrak{F}$ mit der Eigenschaft:*

$\mathfrak{F}$ enthält eine mit I *gleichmächtige Teilmenge $\mathfrak{S}$ von Elementen S_ι mit $\iota \in$ I, derart daß jedes $F \in \mathfrak{F}$ eine eindeutige Darstellung*

$$F = E \quad \text{bzw.} \quad F = S_{\iota_1}^{g_1} S_{\iota_2}^{g_2} \ldots S_{\iota_n}^{g_n}$$

besitzt mit ganzen Exponenten $g_\nu \neq 0$ (für $1 \leq \nu \leq n$) und der Bedingung $\iota_{\mu-1} \neq \iota_\mu$ (für $1 < \mu \leq n$) unterworfenen Indizes $\iota_\nu \in$ I.

Man nennt $\mathfrak{F}$ die *freie von den Elementen S_ι erzeugte Gruppe*, die Mächtigkeit der Erzeugendenmenge $\mathfrak{S} = (S_\iota)$ den *Rang $r(\mathfrak{F})$ der freien Gruppe $\mathfrak{F}$*.

Die Eindeutigkeit der Gruppe $\mathfrak{F}$ (bis auf Isomorphie) folgt unmittelbar.

Beispielsweise besitzen die Elemente der von Elementen S, T erzeugten freien Gruppe $\mathfrak{F}_2$ vom Range 2 eine eindeutige Darstellung

$$F = S^{a_1} T^{b_1} S^{a_2} T^{b_2} \ldots S^{a_n} T^{b_n}$$

einer Länge n, in der alle Exponenten (außer etwa dem ersten a_1 oder dem letzten b_n) von Null verschieden sind.

Beispiel 6. Zu jeder Menge M existiert nach Abschnitt 1.1.2 die *symmetrische Gruppe* $\mathfrak{S}_M$ aller Permutationen der Menge M. Die Gruppe $\mathfrak{S}_M$ einer unendlichen Menge M enthält *finite Abbildungen*: Eine Abbildung α der Menge M in sich heißt *finit*, wenn für fast alle Elemente $a \in M$ die Gleichung $a\alpha = a$ besteht.

Die finiten Permutationen einer Menge M bilden die *finite symmetrische Gruppe* $\mathfrak{S}_M^*$ *der Menge* M; denn offenbar ist die Inverse α^{-1} einer finiten Permutation und das Produkt $\alpha\beta$ finiter Abbildungen α, β der Menge M in sich gleichfalls finit.

Für eine endliche Menge $\mathsf{M} \cong (1, 2, \ldots, n)$ ist eine Permutation durch ein Schema

$$P = \begin{pmatrix} 1 & 2 & \ldots & n \\ \alpha_1 & \alpha_2 & \ldots & \alpha_n \end{pmatrix}$$

gekennzeichnet, in dem $(\alpha_1, \alpha_2, \ldots, \alpha_n)$ eine Umordnung der Menge $(1, 2, \ldots, n)$ bedeutet; die Permutation P bildet jede Zahl ν auf die darunter stehende Zahl α_ν ab. Wir setzen für eine endliche Menge M aus n Elementen $\mathfrak{S}_\mathsf{M} = \mathfrak{S}_n$ und nennen $\mathfrak{S}_n$ *die symmetrische Gruppe in* n *Ziffern oder Zahlen*; Abzählung der Umordnungen $(\alpha_1, \alpha_2, \ldots, \alpha_n)$ ergibt die (endliche) Ordnung

$$\operatorname{ord}(\mathfrak{S}_n) = n! = 1 \cdot 2 \ldots n.$$

Beispiel 7. Es bezeichne $\mathfrak{V} = \mathfrak{V}^\mathsf{I}$ bei beliebiger Indexmenge I den *finiten Vektorraum über einem Ring* P *mit Einheit* 1, also die Menge aller *finiten Vektoren* $\mathfrak{x} = (x_\iota)$ mit *Komponenten* $x_\iota \in \mathsf{P}$. Eine mit I gleichmächtige Menge finiter Vektoren

$$\mathfrak{a}_\iota = (a_{\iota\varkappa}) \qquad (\text{über } \varkappa \in \mathsf{I})$$

liefert eine *finite Matrix*

$$A = (a_{\iota\varkappa}) \qquad (\text{über } \iota, \varkappa \in \mathsf{I})$$

über dem Ring P. Zu jedem finiten Vektor $\mathfrak{x} = (x_\iota) \in \mathfrak{V}$ lassen sich die Summen

$$x_\varkappa^A = \sum_\iota x_\iota a_{\iota\varkappa} \qquad \text{für jedes } \varkappa \in \mathsf{I}$$

als Elemente von P bilden. Da auch die *Zeilen* $\mathfrak{a}_\iota$ der Matrix A finite Vektoren sind, ist

$$\mathfrak{x} A = (x_\varkappa^A) \quad \text{mit} \quad x_\varkappa^A = \sum_\iota x_\iota a_{\iota\varkappa}$$

ein finiter Vektor aus $\mathfrak{V}$. Die Zuordnung

$$\sigma(A): \quad \mathfrak{x} \to \mathfrak{x} A \qquad \text{für jedes } \mathfrak{x} \in \mathfrak{V}$$

bestimmt somit eine *lineare Abbildung des Vektorraumes* $\mathfrak{V}$ *in sich*, da die Gleichung

$$(\mathfrak{x} + \mathfrak{y}) A = \mathfrak{x} A + \mathfrak{y} A \qquad \text{für jedes Paar } \mathfrak{x}, \mathfrak{y} \in \mathfrak{V}$$

besteht. Die *Einheitsvektoren*

$$\mathfrak{e}_\iota = (e_{\iota\varkappa}) \quad \text{mit} \quad e_{\iota\varkappa} = 1 \quad \text{für} \quad \iota = \varkappa; \quad e_{\iota\varkappa} = 0 \quad \text{für} \quad \iota \neq \varkappa$$

ergeben die (finite) *Einheitsmatrix* $E = (e_{\iota\varkappa})$; da sie nach einer linearen Abbildung $\sigma(A)$ in $\mathfrak{V}$ die Bilder $\mathfrak{e}_\iota A = \mathfrak{a}_\iota$ besitzen, bestimmen finite Matrizen $A = (a_{\iota\varkappa})$ und $B = (b_{\iota\varkappa})$ über P genau dann die gleiche lineare Abbildung in $\mathfrak{V}$, wenn $a_{\iota\varkappa} = b_{\iota\varkappa}$ für alle Paare $\iota, \varkappa \in \mathsf{I}$. Übernehmen wi

1.1.4. Beispiele

diesen Gleichheitsbegriff für **finite Matrizen**, so gewinnt man eine eineindeutige Zuordnung zwischen den finiten Matrizen und den linearen Abbildungen in $\mathfrak{V}$.

Die Komposition linearer Abbildungen $\sigma(A), \sigma(B)$ zur Abbildung

$$\sigma(A)\sigma(B): \quad \mathfrak{x} \to \mathfrak{x}A \to (\mathfrak{x}A)B$$

ergibt für den Bildvektor $\mathfrak{y} = (y_\varkappa) = (\mathfrak{x}A)B$ die Komponenten

$$y_\varkappa = \sum_\lambda \left(\sum_\iota x_\iota a_{\iota\lambda}\right) b_{\lambda\varkappa} = \sum_\iota x_\iota c_{\iota\varkappa} \quad \text{mit} \quad c_{\iota\varkappa} = \sum_\lambda a_{\iota\lambda} b_{\lambda\varkappa}.$$

Das System $C = (c_{\iota\varkappa})$ ist eine finite Matrix, da die Zeilen $\mathfrak{c}_\iota = (c_{\iota\varkappa})$ als Bilder $\mathfrak{c}_\iota = \mathfrak{a}_\iota B$ der Vektoren $\mathfrak{a}_\iota$ bei der Abbildung $\sigma(B)$ in $\mathfrak{V}$ erscheinen. Erklärt man demgemäß das Produkt finiter Matrizen durch

$$\boldsymbol{AB} = \boldsymbol{C}: \quad (a_{\iota\varkappa})(b_{\iota\varkappa}) = (c_{\iota\varkappa}) \quad \text{mit} \quad c_{\iota\varkappa} = \sum_\lambda a_{\iota\lambda} b_{\lambda\varkappa},$$

so bilden die finiten Matrizen A über P und die durch sie bestimmten linearen Abbildungen $\sigma(A)$ in $\mathfrak{V}$ isomorphe Halbgruppen mit den Einheiten E bzw. $\sigma(E) = \varepsilon$.

Eine Matrix A bestimmt eine rechtsreguläre Abbildung $\sigma(A)$, wenn eine Gleichung $\mathfrak{x}A = \mathfrak{y}A$ nur für $\mathfrak{x} = \mathfrak{y}$ besteht:

Die Abbildung $\sigma(A)$ ist genau dann rechtsregulär, wenn das lineare Gleichungssystem $\mathfrak{x}A = \mathfrak{o}$ die einzige finite Lösung $\mathfrak{x} = \mathfrak{o}$ besitzt.

Entsprechend finden wir:

Die Abbildung $\sigma(A)$ ist genau dann linksregulär, wenn das lineare Gleichungssystem $\mathfrak{x}A = \mathfrak{y}$ für jeden finiten Vektor $\mathfrak{y}$ eine finite Lösung $\mathfrak{x}$ besitzt.

Die Abbildung $\sigma(A)$ ist genau dann regulär, wenn das lineare Gleichungssystem $\mathfrak{x}A = \mathfrak{y}$ für jeden finiten Vektor $\mathfrak{y}$ genau eine finite Lösung $\mathfrak{x}$ besitzt.

Die Menge aller regulären Abbildungen $\sigma(A)$ ist eine Gruppe, die *lineare Gruppe* $\mathfrak{L}(\mathfrak{V})$ *des Vektorraumes* $\mathfrak{V}$ *über dem Ring* P.

Die lineare Gruppe $\mathfrak{L}(\mathfrak{V})$ des finiten Vektorraumes $\mathfrak{V} = \mathfrak{V}^{\mathfrak{l}}$ über einem Körper K besitzt die Eigenschaft der *Transitivität*:

Jeder von $\mathfrak{o}$ verschiedene Vektor $\mathfrak{a} \in \mathfrak{V}$ kann durch eine geeignet gewählte Abbildung $\sigma(A) \in \mathfrak{L}(\mathfrak{V})$ auf jeden anderen von $\mathfrak{o}$ verschiedenen Vektor $\mathfrak{b} \in \mathfrak{V}$ abgebildet werden.

Beweis. Es genügt eine Abbildung $\sigma(A)$ anzugeben, die einen geeigneten Einheitsvektor $e_\varkappa$ auf einen vorgegebenen Vektor $\mathfrak{a} \neq \mathfrak{o}$ abbildet. Wählt man nämlich für die Vektoren $\mathfrak{a}, \mathfrak{b}$ Abbildungen A, B derart daß $e_\varkappa A = \mathfrak{a}$ und $e_\lambda B = \mathfrak{b}$, so führt die reguläre Abbildung

$$\sigma(C): \quad e_\varkappa \to e_\varkappa C = e_\lambda; \quad e_\lambda \to e_\lambda C = e_\varkappa; \quad e_\iota \to e_\iota \quad \text{für jedes } \iota \neq \varkappa, \lambda$$

auf
$$\mathfrak{a} A^{-1} C B = \mathfrak{e}_\varkappa C B = \mathfrak{e}_\lambda B = \mathfrak{b}, \quad \text{also} \quad \mathfrak{a} D = \mathfrak{b} \quad \text{mit} \quad D = A^{-1} C B.$$

Der Vektor $\mathfrak{a} = (a_\iota)$ besitzt eine Komponente $a_\mu \neq 0$; die Abbildung

$$\sigma(A): \quad \mathfrak{e}_\mu \to \mathfrak{e}_\mu A = \mathfrak{a}; \quad \mathfrak{e}_\iota \to \mathfrak{e}_\iota A = \mathfrak{e}_\iota \quad \text{für jedes } \iota \neq \mu$$

ist regulär, da das lineare Gleichungssystem

$$\mathfrak{x} A = \mathfrak{y} \quad \text{oder} \quad x_\mu a_\mu = y_\mu; \quad x_\mu a_\iota + x_\iota = y_\iota \quad \text{für } \iota \neq \mu$$

die einzige finite Lösung

$$x_\mu = y_\mu a_\mu^{-1}; \quad x_\iota = y_\iota - y_\mu a_\mu^{-1} a_\iota \quad \text{für } \iota \neq \mu$$

besitzt.

Die linearen Abbildungen $\sigma(A)$ des Vektorraumes $\mathfrak{V}^n$ der n-stelligen Vektoren $\mathfrak{x} = (x_1, x_2, \ldots, x_n)$ über dem Ring P werden durch n-reihige Matrizen

$$A = (a_{\iota\varkappa}) \quad (\text{über } 1 \leq \iota, \varkappa \leq n)$$

aus Elementen von P gekennzeichnet:

$$\sigma(A): \quad \mathfrak{x} \to \mathfrak{x} A = \mathfrak{y} \quad \text{mit} \quad y_\varkappa = \sum_\iota x_\iota a_{\iota\varkappa} \quad (1 \leq \iota, \varkappa \leq n).$$

Welcher Abbildungstypus vorliegt, kann allgemein nicht so einfach entschieden werden. Für kommutative Integritätsbereiche und Körper ist diese Frage Gegenstand der *linearen Algebra*.

Kapitel 1.2

Die Untergruppen einer Gruppe

1.2.1. Komplexe

Eine Teilmenge $\mathfrak{K}$ einer Halbgruppe $\mathfrak{H}$ nennen wir einen *Komplex in* $\mathfrak{H}$. Neben den rein mengentheoretischen Begriffen führen wir ein:
Für jede natürliche Zahl n ist $\mathfrak{K}_1 \mathfrak{K}_2 \ldots \mathfrak{K}_n$ die Menge aller Produkte $X_1 X_2 \ldots X_n$ aus Elementen $X_\nu \in \mathfrak{K}_\nu$ (für $1 \leq \nu \leq n$).

Auf Grund des Gesetzes der Assoziativität besteht die Gleichung

$$\mathfrak{K}_1 (\mathfrak{K}_2 \mathfrak{K}_3) = (\mathfrak{K}_1 \mathfrak{K}_2) \mathfrak{K}_3 = \mathfrak{K}_1 \mathfrak{K}_2 \mathfrak{K}_3.$$

Komplexe $\mathfrak{K}_1, \mathfrak{K}_2$ einer Halbgruppe $\mathfrak{H}$, deren Produkte $\mathfrak{K}_1 \mathfrak{K}_2$ und $\mathfrak{K}_2 \mathfrak{K}_1$ als Mengen übereinstimmen: $\mathfrak{K}_1 \mathfrak{K}_2 = \mathfrak{K}_2 \mathfrak{K}_1$, heißen *vertauschbar*; ist sogar, wie etwa in abelschen Halbgruppen,

$$X_1 X_2 = X_2 X_1 \quad \text{für jedes Paar} \quad X_1 \in \mathfrak{K}_1; \; X_2 \in \mathfrak{K}_2,$$

so sind die Komplexe $\mathfrak{K}_1, \mathfrak{K}_2$ *elementweise vertauschbar*.

Für Produkte von Komplexen einer Halbgruppe $\mathfrak{H}$ beweist man leicht die folgenden Regeln:

Ist $(\mathfrak{K}_\iota)$ über $\iota \in I$ eine Menge von Komplexen, $\mathfrak{K}$ ein weiterer Komplex einer Halbgruppe $\mathfrak{H}$, so gilt

$$\mathfrak{K}\left(\bigcap_\iota \mathfrak{K}_\iota\right) \subseteq \bigcap_\iota \mathfrak{K}\mathfrak{K}_\iota; \qquad \left(\bigcap_\iota \mathfrak{K}_\iota\right)\mathfrak{K} \subseteq \bigcap_\iota \mathfrak{K}_\iota\mathfrak{K}; \qquad (1)$$

$$\mathfrak{K}\left(\bigcup_\iota \mathfrak{K}_\iota\right) = \bigcup_\iota \mathfrak{K}\mathfrak{K}_\iota; \qquad \left(\bigcup_\iota \mathfrak{K}_\iota\right)\mathfrak{K} = \bigcup_\iota \mathfrak{K}_\iota\mathfrak{K}. \qquad (2)$$

Zu beachten ist, daß in (1) Gleichheit im allgemeinen nicht erwartet werden kann. Ebenso einfach beweist man für Komplexe $\mathfrak{k}_1 \subseteq \mathfrak{K}_1$ und $\mathfrak{k}_2 \subseteq \mathfrak{K}_2$ die Aussage:

Aus $\mathfrak{k}_1 \subseteq \mathfrak{K}_1$ und $\mathfrak{k}_2 \subseteq \mathfrak{K}_2$ folgt $\mathfrak{k}_1\mathfrak{k}_2 \subseteq \mathfrak{K}_1\mathfrak{K}_2$. (3)

In einer Gruppe $\mathfrak{G}$ existiert zu einem nichtleeren Komplex $\mathfrak{K}$ der *inverse Komplex* $\mathfrak{K}^{-1}$, die Menge der Inversen X^{-1} aller $X \in \mathfrak{K}$; diese Definition überträgt sich auf *invertierbare Komplexe* einer Halbgruppe $\mathfrak{H}$ mit Einheit, die nur aus invertierbaren Elementen bestehen. Die Produkte $\mathfrak{K}\mathfrak{K}^{-1}$ und $\mathfrak{K}^{-1}\mathfrak{K}$ sind dabei im allgemeinen verschieden und enthalten die Einheit E der Halbgruppe.

Man findet leicht die weiteren Gleichungen

$$(\mathfrak{K}_1\mathfrak{K}_2)^{-1} = \mathfrak{K}_2^{-1}\mathfrak{K}_1^{-1}; \qquad (\mathfrak{K}^{-1})^{-1} = \mathfrak{K}; \qquad (4.1)$$

$$(\mathfrak{K}_1 \cap \mathfrak{K}_2)^{-1} = \mathfrak{K}_1^{-1} \cap \mathfrak{K}_2^{-1}; \qquad (\mathfrak{K}_1 \cup \mathfrak{K}_2)^{-1} = \mathfrak{K}_1^{-1} \cup \mathfrak{K}_2^{-1}. \qquad (4.2)$$

Für einen Komplex $\mathfrak{K}$ einer Halbgruppe $\mathfrak{H}$ lassen sich stets die Potenzen $\mathfrak{K}^n$ mit natürlichen Exponenten n bilden; besitzt $\mathfrak{H}$ eine Einheit, so setzen wir noch $\mathfrak{K}^0 = E$. Für einen invertierbaren Komplex $\mathfrak{K}$ lassen sich alle Potenzen $\mathfrak{K}^g$ mit ganzen Exponenten g erklären. In diesem Falle gilt

$$(\mathfrak{K}^g)^h = \mathfrak{K}^{gh}; \qquad \mathfrak{K}^{g+h} \subseteq \mathfrak{K}^g\mathfrak{K}^h \quad \text{mit} \quad \mathfrak{K}^{g+h} = \mathfrak{K}^g\mathfrak{K}^h \quad \text{für} \quad gh \geq 0.$$

Ein Komplex $\mathfrak{K}$ in einer Halbgruppe $\mathfrak{H}$ heißt *Unterhalbgruppe* bzw. *Untergruppe in $\mathfrak{H}$*, wenn er unter der in $\mathfrak{H}$ erklärten Multiplikation eine Halbgruppe bzw. Gruppe bildet. Hierfür besteht folgendes Kriterium:

Satz 1. *Ein (nichtleerer) Komplex $\mathfrak{U}$ einer Halbgruppe $\mathfrak{H}$ ist genau dann Unterhalbgruppe in $\mathfrak{H}$, wenn $\mathfrak{U}^2 \subseteq \mathfrak{U}$.*

Ein (nichtleerer) Komplex $\mathfrak{U}$ einer Gruppe $\mathfrak{G}$ ist genau dann Untergruppe in $\mathfrak{G}$, wenn $\mathfrak{U}\mathfrak{U}^{-1} \subseteq \mathfrak{U}$.

Beweis. Die angegebenen Eigenschaften sind notwendig. Andererseits enthält ein (nichtleerer) Komplex $\mathfrak{U}$ einer Halbgruppe $\mathfrak{H}$ unter der Voraussetzung $\mathfrak{U}^2 \subseteq \mathfrak{U}$ jedes Produkt $U_1 U_2$ von Elementen $U_1, U_2 \in \mathfrak{U}$; die Assoziativität der Multiplikation ist (durch $\mathfrak{H}$) gesichert.

Ein (nichtleerer) Komplex $\mathfrak{U}$ einer Gruppe $\mathfrak{G}$ enthält unter der Voraussetzung $\mathfrak{U}\mathfrak{U}^{-1}\subseteq\mathfrak{U}$ die Einheit E; hieraus folgt

$$\mathfrak{U}^{-1}\subseteq\mathfrak{U}\mathfrak{U}^{-1}\subseteq\mathfrak{U}; \quad \mathfrak{U}\subseteq\mathfrak{U}^{-1}; \quad \mathfrak{U}^2=\mathfrak{U}\mathfrak{U}^{-1}\subseteq\mathfrak{U}.$$

Für endliche, allgemeiner für ordnungsfinite Gruppen läßt sich das Kriterium des Satzes 1 abwandeln zu

Satz 1*. *Ein (nichtleerer) Komplex $\mathfrak{U}$ einer ordnungsfiniten Gruppe $\mathfrak{G}$ ist genau dann Untergruppe in $\mathfrak{G}$, wenn $\mathfrak{U}^2\subseteq\mathfrak{U}$.*

Beweis. Die Bedingung ist notwendig. Andererseits folgt aus $\mathfrak{U}^2\subseteq\mathfrak{U}$ auch $\mathfrak{U}^n\subseteq\mathfrak{U}$ für jede natürliche Zahl n. Die Inverse $U^{-1}=U^{n-1}$ eines Elementes $U\in\mathfrak{U}\subseteq\mathfrak{G}$ der Ordnung $\mathrm{ord}(U)=n>0$ ist in $\mathfrak{U}^{n-1}\subseteq\mathfrak{U}$ enthalten. Damit folgt $\mathfrak{U}\mathfrak{U}^{-1}\subseteq\mathfrak{U}^2\subseteq\mathfrak{U}$.

Besitzen Unterhalbgruppen $\mathfrak{U},\mathfrak{V}$ einer Halbgruppe $\mathfrak{H}$ einen nichtleeren Durchschnitt $\mathfrak{D}=\mathfrak{U}\cap\mathfrak{V}$, so ist wegen

$$\mathfrak{D}^2\subseteq\mathfrak{U}^2\subseteq\mathfrak{U}; \quad \mathfrak{D}^2\subseteq\mathfrak{V}^2\subseteq\mathfrak{V}, \quad \text{also} \quad \mathfrak{D}^2\subseteq\mathfrak{U}\cap\mathfrak{V}=\mathfrak{D}$$

auch $\mathfrak{D}$ Unterhalbgruppe von $\mathfrak{H}$. In einer Gruppe $\mathfrak{G}$ ist der Durchschnitt $\mathfrak{D}=\mathfrak{U}\cap\mathfrak{V}$ zweier Untergruppen $\mathfrak{U},\mathfrak{V}\subseteq\mathfrak{G}$ wegen $E\in\mathfrak{U}\cap\mathfrak{V}$ nicht leer, also Unterhalbgruppe und wegen

$$\mathfrak{D}^{-1}\subseteq\mathfrak{U}^{-1}\subseteq\mathfrak{U}; \quad \mathfrak{D}^{-1}\subseteq\mathfrak{V}^{-1}\subseteq\mathfrak{V}, \quad \text{also} \quad \mathfrak{D}^{-1}\subseteq\mathfrak{U}\cap\mathfrak{V}=\mathfrak{D}$$

auch Untergruppe in $\mathfrak{G}$. Diese Überlegungen lassen sich leicht verallgemeinern zu

Satz 2. *Der Durchschnitt $\bigcap_\iota\mathfrak{U}_\iota$ einer Menge von Unterhalbgruppen $\mathfrak{U}_\iota$ einer Halbgruppe $\mathfrak{H}$ ist leer oder Unterhalbgruppe von $\mathfrak{H}$.*

Der Durchschnitt $\bigcap_\iota\mathfrak{U}_\iota$ einer Menge von Untergruppen $\mathfrak{U}_\iota$ einer Gruppe $\mathfrak{G}$ ist Untergruppe von $\mathfrak{G}$.

Eine häufig benutzte Regel gibt der

Satz 3 (R. DEDEKIND). *Bestehen zwischen Komplexen $\mathfrak{K}_1, \mathfrak{K}_2$ und Untergruppen $\mathfrak{U}_1, \mathfrak{U}_2$ einer Gruppe $\mathfrak{G}$ die Beziehungen*

$$\mathfrak{K}_1\subseteq\mathfrak{U}_1\subseteq\mathfrak{G}; \quad \mathfrak{K}_2\subseteq\mathfrak{U}_2\subseteq\mathfrak{G},$$

so gilt

$$(\mathfrak{K}_1\cap\mathfrak{U}_2)(\mathfrak{K}_2\cap\mathfrak{U}_1)=\mathfrak{U}_1\cap\mathfrak{K}_1\mathfrak{K}_2\cap\mathfrak{U}_2.$$

Beweis. Jedes Element $X\in(\mathfrak{K}_1\cap\mathfrak{U}_2)(\mathfrak{K}_2\cap\mathfrak{U}_1)$ ist ein Produkt $X=YZ$ aus Faktoren $Y\in\mathfrak{K}_1\cap\mathfrak{U}_2$ und $Z\in\mathfrak{K}_2\cap\mathfrak{U}_1$, gehört also den Komplexen $\mathfrak{K}_1\mathfrak{K}_2$, $\mathfrak{K}_1\mathfrak{U}_1\subseteq\mathfrak{U}_1$, $\mathfrak{U}_2\mathfrak{K}_2\subseteq\mathfrak{U}_2$ und $\mathfrak{U}_1\cap\mathfrak{K}_1\mathfrak{K}_2\cap\mathfrak{U}_2$ an. Umgekehrt ist jedes Element $X\in\mathfrak{U}_1\cap\mathfrak{K}_1\mathfrak{K}_2\cap\mathfrak{U}_2$ Produkt $X=YZ$ von Faktoren $Y\in\mathfrak{K}_1$ und $Z\in\mathfrak{K}_2$. Die Elemente X, Y gehören $\mathfrak{U}_1$, die Elemente X, Z gehören $\mathfrak{U}_2$ an; daher ist $Y=XZ^{-1}$ in $\mathfrak{K}_1\cap\mathfrak{U}_2$ und $Z=Y^{-1}X$ in $\mathfrak{K}_2\cap\mathfrak{U}_1$, also $X=YZ$ in $(\mathfrak{K}_1\cap\mathfrak{U}_2)(\mathfrak{U}_1\cap\mathfrak{K}_2)$ enthalten.

1.2.1. Komplexe

Jeder nichtleere Komplex $\mathfrak{K}$ einer Halbgruppe $\mathfrak{H}$ ist in gewissen Unterhalbgruppen $\mathfrak{U} \subseteq \mathfrak{H}$ enthalten. Daher ist der Durchschnitt $\mathfrak{D} = \{\mathfrak{K}\}$ dieser Unterhalbgruppen die minimale, $\mathfrak{K}$ umfassende Unterhalbgruppe von $\mathfrak{H}$. Die Unterhalbgruppe $\{\mathfrak{K}\}$ enthält die Vereinigung $\mathfrak{K}^* = \cup \mathfrak{K}^n$ aller Potenzen $\mathfrak{K}^n$ mit natürlichen Exponenten n; da wegen

$$\mathfrak{K}^* \mathfrak{K}^* = \bigcup_{m,n} \mathfrak{K}^m \mathfrak{K}^n = \bigcup_{m,n} \mathfrak{K}^{m+n} \subseteq \mathfrak{K}^*$$

auch $\mathfrak{K}^*$ eine $\mathfrak{K}$ umfassende Unterhalbgruppe von $\mathfrak{H}$ ist, gilt

$$\{\mathfrak{K}\} = \bigcup_n \mathfrak{K}^n.$$

Jedes Element $H \in \{\mathfrak{K}\}$ besitzt eine Darstellung $H = K_1 K_2 \ldots K_n$ als Produkt endlicher vieler Elemente aus $\mathfrak{K}$; daher nennt man $\{\mathfrak{K}\}$ *die von $\mathfrak{K}$ erzeugte Unterhalbgruppe von $\mathfrak{H}$*.

Bezeichnet in gleicher Weise $\{\mathfrak{K}\}$ für einen nichtleeren Komplex $\mathfrak{K}$ einer Gruppe $\mathfrak{G}$ den Durchschnitt aller Untergruppen von $\mathfrak{G}$, die $\mathfrak{K}$ umfassen, so enthält $\{\mathfrak{K}\}$ auch den Komplex $\mathfrak{K}^* = \cup (\mathfrak{K} \cup \mathfrak{K}^{-1})^n$. Auf Grund der Gleichungen

$$(\mathfrak{K} \cup \mathfrak{K}^{-1})^m (\mathfrak{K} \cup \mathfrak{K}^{-1})^n = (\mathfrak{K} \cup \mathfrak{K}^{-1})^{m+n}; \quad \big((\mathfrak{K} \cup \mathfrak{K}^{-1})^n\big)^{-1} = (\mathfrak{K}^{-1} \cup \mathfrak{K})^n$$

folgt

$$\mathfrak{K}^* \mathfrak{K}^* \subseteq \mathfrak{K}^* \quad \text{und} \quad \mathfrak{K}^* = \mathfrak{K}^{*-1}, \quad \text{also} \quad \mathfrak{K}^* = \{\mathfrak{K}\}.$$

Jedes Element $G \in \{\mathfrak{K}\}$ besitzt somit eine Darstellung $G = K_1^{e_1} K_2^{e_2} \ldots K_n^{e_n}$ mit Elementen $K_\nu \in \mathfrak{K}$ und Exponenten $e_\nu = \pm 1$ (für $1 \leq \nu \leq n$); daher nennt man $\{\mathfrak{K}\}$ *die von $\mathfrak{K}$ erzeugte Untergruppe von $\mathfrak{G}$*.

Satz 4. *In einer Halbgruppe $\mathfrak{H}$ ist*

$$\{\mathfrak{K}\} = \bigcup_{n=1}^{\infty} \mathfrak{K}^n$$

die minimale, den (nichtleeren) Komplex $\mathfrak{K}$ enthaltende Unterhalbgruppe.
In einer Gruppe $\mathfrak{G}$ ist

$$\{\mathfrak{K}\} = \bigcup_{n=1}^{\infty} (\mathfrak{K} \cup \mathfrak{K}^{-1})^n$$

die minimale, den (nichtleeren) Komplex $\mathfrak{K}$ enthaltende Untergruppe.

Zweckmäßig erklärt man noch in einer Halbgruppe $\mathfrak{H}$ mit Einheit für den leeren Komplex $\mathfrak{K} = 0$ die Einheit $E = \{0\}$ als erzeugte Untergruppe.

Ein Komplex $\mathfrak{K}$ einer Gruppe $\mathfrak{G}$, der die gesamte Gruppe $\mathfrak{G} = \{\mathfrak{K}\}$ erzeugt, ist ein *Erzeugendensystem der Gruppe $\mathfrak{G}$*. Ein unendlicher Komplex $\mathfrak{K}$ einer Gruppe $\mathfrak{G}$ erzeugt eine unendliche Untergruppe $\mathfrak{U} = \{\mathfrak{K}\} \subseteq \mathfrak{G}$. Genauer läßt sich zeigen:

Besitzt die Gruppe $\mathfrak{G}$ ein unendliches Erzeugendensystem $\mathfrak{K}$ der Mächtigkeit $\mathfrak{m}$, so ist auch $\mathfrak{G}$ von der Mächtigkeit $\mathfrak{m}$.

Denn jedes Element $G \in \mathfrak{G}$ besitzt wenigstens eine endliche Darstellung

$$G = K_1^{e_1} K_2^{e_2} \ldots K_n^{e_n} \quad \text{mit} \quad K_\nu \in \mathfrak{K}; \quad e_\nu = \pm 1 \quad \text{für} \quad 1 \leq \nu \leq n,$$

so daß $\mathfrak{G}$ nicht von größerer Mächtigkeit als $\mathfrak{K}$ ist.

Ein endlicher Komplex $\mathfrak{K}$ aus einer Gruppe $\mathfrak{G}$ kann eine endliche oder unendliche Untergruppe $\{\mathfrak{K}\}$ erzeugen. Insbesondere erzeugt ein Element $G \in \mathfrak{G}$ eine zyklische Untergruppe $\{G\}$ der Ordnung ord(G). Eine Gruppe $\mathfrak{G}$ ist *endlich erzeugbar*, wenn ein endliches Erzeugendensystem $\mathfrak{K}$ in $\mathfrak{G}$ existiert:

$$\mathfrak{G} = \{\mathfrak{K}\} = \{K_1, K_2, \ldots, K_n\}.$$

Satz 5. *Jede endlich erzeugbare Gruppe $\mathfrak{G}$ ist endlich oder abzählbar unendlich.*

Beweis. Jedes Element $G \in \mathfrak{G} = \{K_1, K_2, \ldots, K_n\}$ besitzt eine Darstellung

$$G = K_{\nu_1}^{e_1} K_{\nu_2}^{e_2} \ldots K_{\nu_s}^{e_s} \quad \text{mit} \quad 1 \leq s < \infty; \quad 1 \leq \nu_\sigma \leq n; \quad e_\sigma = \pm 1; \quad 1 \leq \sigma \leq s.$$

Da für jede Länge s nur $2^s n^s$ solche Ausdrücke existieren, gestattet $\mathfrak{G}$ eine Abzählung.

Erzeugt jeder endliche Komplex $\mathfrak{K}$ einer Gruppe $\mathfrak{G}$ eine endliche Untergruppe $\mathfrak{U} = \{\mathfrak{K}\}$, so heißt $\mathfrak{G}$ *lokalendlich*. Jede endliche Gruppe ist lokalendlich, nicht jede lokalendliche Gruppe aber endlich. Indes gilt:

Eine lokalendliche Gruppe $\mathfrak{G}$ ist ordnungsfinit.

Denn jede zyklische Untergruppe $\mathfrak{U} = \{G\}$ mit $G \in \mathfrak{G}$ ist endlich erzeugbar, also endlich; mithin hat G endliche Ordnung.

Ob eine ordnungsfinite Gruppe $\mathfrak{G}$ stets auch lokalendlich ist, ist eine berühmte, noch unbeantwortete Frage.

Ein erzeugender Komplex $\mathfrak{K}$ einer Gruppe $\mathfrak{G} = \{\mathfrak{K}\}$ heißt *irreduzibel*, wenn jede echte Teilmenge $\mathfrak{L} \subset \mathfrak{K}$ eine Untergruppe $\mathfrak{U} = \{\mathfrak{L}\} \subset \mathfrak{G}$ erzeugt, andernfalls *reduzibel*.

Satz 5*. *Jedes Erzeugendensystem $\mathfrak{K}$ einer endlich erzeugbaren Gruppe $\mathfrak{G}$ enthält einen irreduziblen endlichen Teilkomplex $\mathfrak{K}^* \subseteq \mathfrak{K}$, der $\mathfrak{G}$ erzeugt.*

Beweis. Ein endliches Erzeugendensystem $G_1, G_2, \ldots, G_k$ der Gruppe $\mathfrak{G}$ kann als irreduzibel vorausgesetzt werden. Ist $\mathfrak{K}$ ein beliebiges Erzeugendensystem von $\mathfrak{G}$, so lassen sich die Elemente $G_1, G_2, \ldots, G_k$ durch endlich viele Elemente aus $\mathfrak{K}$ darstellen. Daher existiert ein endlicher Teilkomplex $\mathfrak{K}^* \subseteq \mathfrak{K}$, der $\mathfrak{G}$ erzeugt.

Eine nicht endlich erzeugbare Gruppe besitzt nicht immer ein irreduzibles Erzeugendensystem.

Beispiel. Die *additive Gruppe* $\mathfrak{R}$ *der rationalen Zahlen* besitzt kein irreduzibles Erzeugendensystem. Ist $r_0 \neq 0$ Element eines Erzeugendensystems $\mathfrak{K} \subset \mathfrak{R}$ und für das Komplement $\mathfrak{L} = \mathfrak{K} - r_0$ in $\mathfrak{R}$

$$\{\mathfrak{L}\} = \mathfrak{U} \subseteq \mathfrak{R},$$

so ist $\mathfrak{L}$ nicht leer, da nicht jedes $r \in \mathfrak{R}$ Vielfaches $g\, r_0$ ist. Für jedes $r_1 \in \mathfrak{L}$ ist die Gleichung $r_0 x_0 = r_1 x_1$ in ganzen Zahlen x_0, x_1 lösbar. Da $x_0^{-1} r_0 \in \mathfrak{R}$ eine Darstellung

$$x_0^{-1} r_0 = h_0 r_0 + h_1 r_1 + \cdots + h_n r_n = h_0 r_0 + u \quad \text{mit} \quad u \in \mathfrak{U}$$

in Erzeugenden $r_0, r_1, \ldots, r_n \in \mathfrak{K}$ besitzt, folgt

$$r_0 = h_0 x_0 r_0 + x_0 u = h_0 x_1 r_1 + x_0 u \in \mathfrak{U}, \quad \text{also} \quad \mathfrak{U} = \mathfrak{R}.$$

1.2.2. Der Untergruppenverband einer Gruppe

Eine Untergruppe $\mathfrak{U} \subseteq \mathfrak{G}$ ist *echte Untergruppe*, wenn $\mathfrak{U} \subset \mathfrak{G}$, *eigentliche Untergruppe*, wenn $E \subset \mathfrak{U} \subset \mathfrak{G}$.

Bezeichnet $\mathfrak{e}$ eine Eigenschaft, die jeder Untergruppe $\mathfrak{U}$ der Gruppe $\mathfrak{G}$ zukommt oder nicht zukommt, so heiße eine Untergruppe dieser Eigenschaft kurz $\mathfrak{e}$-*Untergruppe*. Die Menge aller $\mathfrak{e}$-Untergruppen von $\mathfrak{G}$ läßt sich ordnen durch die natürliche Ordnung in der Menge aller Komplexe von $\mathfrak{G}$. Nach dieser Ordnung ist eine $\mathfrak{e}$-Untergruppe *minimal* (*in* $\mathfrak{G}$), wenn keine ihrer echten Untergruppen die Eigenschaft $\mathfrak{e}$ besitzt, *maximal* (*in* $\mathfrak{G}$), wenn sie nicht als echte Untergruppe in einer $\mathfrak{e}$-Untergruppe von $\mathfrak{G}$ enthalten ist.

Ist $\mathfrak{e}_0$ die Eigenschaft, eigentliche Untergruppe der Gruppe $\mathfrak{G}$ zu sein, so ist eine $\mathfrak{e}_0$-minimale (bzw. $\mathfrak{e}_0$-maximale) Untergruppe von $\mathfrak{G}$ eine *minimale* (bzw. *maximale*) *Untergruppe von* $\mathfrak{G}$ schlechthin. Eine Gruppe $\mathfrak{G}$ braucht aber weder minimale noch maximale Untergruppen zu besitzen.

Satz 6. *Die Menge* T *aller Untergruppen* $\mathfrak{U}$ *einer Gruppe* $\mathfrak{G}$ *ist unter der natürlichen Ordnung vollgeordnet.*

Beweis. Maximale in $\mathfrak{U}$ und $\mathfrak{V}$ enthaltene Untergruppe von $\mathfrak{G}$ ist der Durchschnitt $\mathfrak{U} \cap \mathfrak{V}$, minimale $\mathfrak{U}$ und $\mathfrak{V}$ umfassende Untergruppe von $\mathfrak{G}$ die von der Vereinigung $\mathfrak{U} \cup \mathfrak{V}$ erzeugte Gruppe

$$\{\mathfrak{U} \cup \mathfrak{V}\} = \bigcup_{n=1}^{\infty} (\mathfrak{U} \cup \mathfrak{V})^n,$$

das *Kompositum der Untergruppen* $\mathfrak{U}$ *und* $\mathfrak{V}$.

Wir bemerken hierzu noch

Satz 7. *Das Produkt* $\mathfrak{U}\mathfrak{V}$ *zweier Untergruppen* $\mathfrak{U}, \mathfrak{V}$ *einer Gruppe* $\mathfrak{G}$ *ist genau dann Untergruppe von* $\mathfrak{G}$, *wenn* $\mathfrak{U}\mathfrak{V} = \mathfrak{V}\mathfrak{U}$.

Beweis. Unter den Voraussetzungen
$$\mathfrak{U}\mathfrak{U}^{-1} \subseteq \mathfrak{U}; \quad \mathfrak{V}\mathfrak{V}^{-1} \subseteq \mathfrak{V} \quad \text{und} \quad \mathfrak{U}\mathfrak{V} = \mathfrak{V}\mathfrak{U}$$
erhalten wir
$$(\mathfrak{U}\mathfrak{V})(\mathfrak{U}\mathfrak{V})^{-1} = \mathfrak{U}\mathfrak{V}\mathfrak{V}^{-1}\mathfrak{U}^{-1} \subseteq \mathfrak{U}\mathfrak{V}\mathfrak{U}^{-1} = \mathfrak{V}\mathfrak{U}\mathfrak{U}^{-1} \subseteq \mathfrak{V}\mathfrak{U} = \mathfrak{U}\mathfrak{V}.$$

Ist andererseits $\mathfrak{U}\mathfrak{V}$ Untergruppe von $\mathfrak{G}$, so folgt
$$\mathfrak{U}\mathfrak{V} = (\mathfrak{U}\mathfrak{V})^{-1} = \mathfrak{V}^{-1}\mathfrak{U}^{-1} = \mathfrak{V}\mathfrak{U}.$$

Wegen $\mathfrak{U} \cup \mathfrak{V} \subseteq \mathfrak{U}\mathfrak{V} \subseteq \{\mathfrak{U} \cup \mathfrak{V}\}$ entnehmen wir hieraus noch
$$\mathfrak{U}\mathfrak{V} = \{\mathfrak{U} \cup \mathfrak{V}\}, \quad \text{wenn} \quad \mathfrak{U}\mathfrak{V} = \mathfrak{V}\mathfrak{U}.$$

Eine Verallgemeinerung dieses Satzes ist in folgender Weise möglich: Eine Menge $(\mathfrak{U}_\iota)$ (über $\iota \in \mathsf{I}$) von Untergruppen einer Gruppe $\mathfrak{G}$ besitzt das Kompositum $\mathfrak{V} = \{\bigcup_\iota \mathfrak{U}_\iota\}$. Sind die Untergruppen $\mathfrak{U}_\iota$ paarweise vertauschbar:
$$\mathfrak{U}_\varkappa \mathfrak{U}_\iota = \mathfrak{U}_\iota \mathfrak{U}_\varkappa \quad \text{für jedes Paar } \iota, \varkappa \in \mathsf{I},$$
so setzen wir auch
$$\mathfrak{V} = \prod_\iota \mathfrak{U}_\iota \quad \text{(über } \iota \in \mathsf{I}\text{)},$$
um anzudeuten, daß jedes Element $V \in \mathfrak{V}$ eine Darstellung
$$V = U_{\iota_1} U_{\iota_2} \ldots U_{\iota_n} \quad \text{mit} \quad U_{\iota_\nu} \in \mathfrak{U}_{\iota_\nu}$$
bei verschiedenen Indizes $\iota_1, \iota_2, \ldots, \iota_n \in \mathsf{I}$ zuläßt. Zu jedem Paar $U_\iota \in \mathfrak{U}_\iota$; $U_\varkappa \in \mathfrak{U}_\varkappa$ können nämlich wegen $\mathfrak{U}_\varkappa \mathfrak{U}_\iota = \mathfrak{U}_\iota \mathfrak{U}_\varkappa$ Elemente $U'_\iota, U''_\iota \in \mathfrak{U}_\iota$ und $U'_\varkappa, U''_\varkappa \in \mathfrak{U}_\varkappa$ angegeben werden, derart daß
$$U_\iota U_\varkappa = U'_\varkappa U'_\iota \quad \text{und} \quad U_\varkappa U_\iota = U''_\iota U''_\varkappa.$$

Treten also in der Darstellung eines Elementes $V \in \{\bigcup_\iota \mathfrak{U}_\iota\}$ gleiche Indizes auf, so können Umsetzungen dieser Art vorgenommen werden, die im Falle $\iota = \iota_\nu = \iota_{\nu+1}$ auf Kürzungen $U_{\iota_\nu} U_{\iota_{\nu+1}} = U^*_\iota \in \mathfrak{U}_\iota$ der Darstellung führen.

Eine Menge **M** von Untergruppen $\mathfrak{U}$ einer Gruppe $\mathfrak{G}$ ist ein *aufsteigender Halbverband*, wenn sie mit je zwei Untergruppen $\mathfrak{U}, \mathfrak{V}$ das Kompositum $\{\mathfrak{U} \cup \mathfrak{V}\}$ enthält, ein *absteigender Halbverband*, wenn sie mit je zwei Untergruppen $\mathfrak{U}, \mathfrak{V}$ den Durchschnitt $\mathfrak{U} \cap \mathfrak{V}$ enthält. Eine Menge **M** von Untergruppen einer Gruppe $\mathfrak{G}$ ist ein *Verband*, wenn sie aufsteigender und absteigender Halbverband ist.

Die Untergruppenmenge **M** ist eine *Kette*, wenn sie unter der natürlichen Ordnung linear geordnet ist. Insbesondere ist eine Untergruppenkette *aufsteigend* bzw. *absteigend wohlgeordnet*, wenn sie durch die natürliche Ordnung aufsteigend bzw. absteigend wohlgeordnet ist.

1.2.2. Der Untergruppenverband einer Gruppe

Durchwegs verstehen wir für eine Gruppe $\mathfrak{G}$ unter $\Lambda = \Lambda_\mathfrak{G}$ die (wohlgeordnete) *Menge aller Ordnungszahlen, die höchstens der Mächtigkeit der Menge aller Komplexe von* $\mathfrak{G}$ *entsprechen*.

Jede aufsteigend wohlgeordnete Untergruppenkette K der Gruppe $\mathfrak{G}$ kann mittels eines Abschnittes der Indexmenge Λ indiziert werden:

$$\mathsf{K}: \quad \mathfrak{U}_1 \subset \mathfrak{U}_2 \subset \cdots \subset \mathfrak{U}_\nu \subset \mathfrak{U}_{\nu+1} \subset \cdots \qquad (\nu \in \Lambda).$$

Falls λ nicht Limesindex ist, besitzt das Glied $\mathfrak{U}_\lambda$ der Kette einen Vorgänger $\mathfrak{U}_{\lambda-1}$. Ist λ Limesindex, so ist die Vereinigung

$$\mathfrak{U}_\lambda^* = \bigcup_{\nu < \lambda} \mathfrak{U}_\nu \subseteq \mathfrak{U}_\lambda$$

Untergruppe von $\mathfrak{U}_\lambda$, da Elemente $U, V \in \mathfrak{U}_\lambda^*$ zusammen mit dem Produkt UV^{-1} einem Glied $\mathfrak{U}_\nu$ der Kette mit einem Index $\nu < \lambda$ angehören. Im Falle $\mathfrak{U}_\lambda^* \subset \mathfrak{U}_\lambda$ läßt sich die Kette K ohne Störung der Wohlordnung durch $\mathfrak{U}_\lambda^*$ ergänzen. Eine in dieser Weise durch alle Gruppen $\mathfrak{U}_\lambda^* = \bigcup_{\nu < \lambda} \mathfrak{U}_\nu$ und durch die Vereinigung $\mathfrak{B}$ aller Kettenglieder $\mathfrak{U}_\nu$ abgeschlossene (aufsteigend) wohlgeordnete Kette K nennen wir eine *aufsteigende Untergruppenfolge in* $\mathfrak{G}$.

Analog erklären wir eine *absteigende Untergruppenfolge* als eine absteigend wohlgeordnete Untergruppenkette K, die mit einer Gruppe $\mathfrak{U}^*$ stets den Durchschnitt $\cap \mathfrak{U}$ aller Untergruppen $\mathfrak{U} \in \mathsf{K}$ mit $\mathfrak{U} \supset \mathfrak{U}^*$ und den Durchschnitt $\mathfrak{D}$ aller Kettenglieder $\mathfrak{U}$ enthält. Jede absteigend wohlgeordnete Untergruppenkette kann mittels Durchschnittsbildung ohne Störung der Wohlordnung zu einer absteigenden Untergruppenfolge ergänzt werden.

Satz 8. *Für einen aufsteigenden Halbverband* M *von Untergruppen* $\mathfrak{U}$ *einer Gruppe* $\mathfrak{G}$ *ist die Vereinigung* $\mathfrak{B} = \cup \mathfrak{U}$ *aller* $\mathfrak{U} \in \mathsf{M}$ *die minimale Untergruppe von* $\mathfrak{G}$, *die alle* $\mathfrak{U} \in \mathsf{M}$ *enthält; gehört* $\mathfrak{B}$ *zu* M, *so ist* $\mathfrak{B}$ *die maximale Untergruppe von* M.

Für einen absteigenden Halbverband M *von Untergruppen* $\mathfrak{U}$ *aus* $\mathfrak{G}$ *ist der Durchschnitt* $\mathfrak{D} = \cap \mathfrak{U}$ *aller* $\mathfrak{U} \in \mathsf{M}$ *die maximale Untergruppe von* $\mathfrak{G}$, *die in allen* $\mathfrak{U} \in \mathsf{M}$ *enthalten ist; gehört* $\mathfrak{D}$ *zu* M, *so ist* $\mathfrak{D}$ *die minimale Untergruppe von* M.

Beweis. Die Aussage über absteigende Halbverbände ist in Satz 2 enthalten; für einen aufsteigenden Halbverband M sind Elemente $U_1, U_2 \in \mathfrak{B} = \cup \mathfrak{U}$ in Untergruppen $\mathfrak{U}_1$ bzw. $\mathfrak{U}_2$ aus M, also $U_1 U_2^{-1}$ in $\{\mathfrak{U}_1 \cup \mathfrak{U}_2\} \subseteq \mathfrak{B}$ enthalten.

Definition 1. *Ein absteigender Halbverband* M *von Untergruppen* $\mathfrak{U}$ *einer Gruppe* $\mathfrak{G}$ *ist (nach unten) abgeschlossen, wenn er den Durchschnitt* $\mathfrak{D} = \cap \mathfrak{U}$ *aller Untergruppen* $\mathfrak{U}$ *einer jeden Teilmenge* $\mathsf{N} \subseteq \mathsf{M}$ *enthält.*

Ein aufsteigender Halbverband M *von Untergruppen* U *einer Gruppe* $\mathfrak{G}$ *ist (nach oben) abgeschlossen, wenn er das Kompositum* $\{\cup \mathfrak{U}\}$ *aller Untergruppen* U *einer jeden Teilmenge* N$\subseteq$M *enthält.*

Ein Untergruppenverband einer Gruppe $\mathfrak{G}$ *ist abgeschlossen, wenn er nach oben und unten abgeschlossen ist.*

Eine aufsteigende Untergruppenfolge ist ein (nach oben) abgeschlossener aufsteigender Halbverband, eine absteigende Untergruppenfolge ein (nach unten) abgeschlossener absteigender Halbverband. Die Menge aller Untergruppen einer Gruppe ist ein abgeschlossener Verband.

Satz 9. *Ein aufsteigender (bzw. absteigender) Halbverband* M *von Untergruppen einer Gruppe* $\mathfrak{G}$ *ist genau dann abgeschlossen, wenn die Vereinigung (bzw. der Durchschnitt) jeder in* M *enthaltenen aufsteigend (bzw. absteigend) wohlgeordneten Kette zu* M *gehört.*

Beweis. Nach Definition sind die Bedingungen notwendig. Ist N eine Teilmenge aus dem aufsteigenden Halbverband M von Untergruppen in $\mathfrak{G}$, ferner

$$\mathfrak{U}_1, \mathfrak{U}_2, \ldots, \mathfrak{U}_\nu, \mathfrak{U}_{\nu+1}, \ldots, \mathfrak{U}_\sigma \quad \text{mit} \quad \sigma \in \Lambda$$

eine Wohlordnung der Menge N mit letztem Glied $\mathfrak{U}_\sigma$, so bilden wir die Untergruppen

$$\mathfrak{V}_1^* = E; \quad \mathfrak{V}_\lambda^* = \left\{ \bigcup_{\nu < \lambda} \mathfrak{U}_\nu \right\}; \quad \mathfrak{V}_\lambda = \{\mathfrak{V}_\lambda^* \cup \mathfrak{U}_\lambda\} \quad \text{für jeden Index } \lambda \leq \sigma$$

der Gruppe $\mathfrak{G}$ und zeigen durch transfinite Induktion, daß sämtliche Untergruppen $\mathfrak{V}_\lambda$ dem Halbverband M angehören. Dann ist auch $\mathfrak{V}_\sigma = \{\cup \mathfrak{U}\}$ aller Untergruppen $\mathfrak{U} \in$ N in M enthalten. Wegen $\mathfrak{V}_1 = \mathfrak{V}_2^* = \mathfrak{U}_1 \in$ M kann angenommen werden:

1. $\mathfrak{V}_\nu^*$ und $\mathfrak{V}_\nu$ sind für jedes $\nu < \lambda$ in M enthalten.
2. Die Gruppen $\mathfrak{V}_\nu^*$ (bzw. $\mathfrak{V}_\nu$) mit Indizes $\nu < \lambda$ bilden eine aufsteigend wohlgeordnete Kette.

Ist $\lambda \leq \sigma$ Limesindex, so gilt

$$\mathfrak{V}_\lambda^* = \bigcup_{\nu < \lambda} \mathfrak{V}_\nu^* \quad \text{wegen} \quad \mathfrak{U}_\nu \subseteq \mathfrak{V}_{\nu+1}^* \subseteq \mathfrak{V}_\lambda^* \quad \text{für jedes } \nu < \lambda.$$

Nach Voraussetzung ist $\mathfrak{V}_\lambda^*$ als Vereinigung einer aufsteigend wohlgeordneten Kette, also auch $\mathfrak{V}_\lambda = \{\mathfrak{V}_\lambda^* \cup \mathfrak{U}_\lambda\}$ in M enthalten. Ist λ nicht Limesindex, so gilt

$$\mathfrak{V}_\lambda^* = \left\{ \left\{ \bigcup_{\nu < \lambda-1} \mathfrak{U}_\nu \right\} \cup \mathfrak{U}_{\lambda-1} \right\} = \{\mathfrak{V}_{\lambda-1}^* \cup \mathfrak{U}_{\lambda-1}\} = \mathfrak{V}_{\lambda-1}.$$

Mit $\mathfrak{V}_{\lambda-1}^*$ gehören demnach $\mathfrak{V}_\lambda^* = \mathfrak{V}_{\lambda-1}$ und $\mathfrak{V}_\lambda = \{\mathfrak{V}_\lambda^* \cup \mathfrak{U}_\lambda\}$ zu M.

Analog beweist man die Aussage für absteigende Halbverbände.

Satz 10. *Es sei* $(\mathfrak{U}_\nu)$ *eine aufsteigende Untergruppenfolge der Gruppe* $\mathfrak{G}$ *mit den Eigenschaften:*

(1) *Es ist* $\mathfrak{U}_0 = E$.
(2) *Aus* $\mathfrak{U}_\nu \subset \mathfrak{G}$ *folgt* $\mathfrak{U}_\nu \subset \mathfrak{U}_{\nu+1}$ *für jeden Index* $\nu \in \Lambda$.
Dann gibt es einen Index $\sigma \in \Lambda$, *für den* $\mathfrak{U}_\sigma = \mathfrak{G}$.

Beweis. Wäre die Aussage falsch, so wäre für jedes $\nu \in \Lambda$ die Menge $\mathfrak{K}_\nu = \mathfrak{U}_{\nu+1} - \mathfrak{U}_\nu$ nicht leer, besäße also in einer Wohlordnung der Menge $\mathfrak{G}$ ein erstes Element $A_\nu \in \mathfrak{G}$. Für $\varkappa < \lambda \in \Lambda$ wäre dann

$$\mathfrak{U}_{\lambda+1} = \mathfrak{K}_\lambda + (\mathfrak{U}_\lambda - \mathfrak{U}_{\varkappa+1}) + \mathfrak{K}_\varkappa + \mathfrak{U}_\varkappa,$$

also $A_\varkappa$ von A_λ verschieden. Die Teilmenge $\mathfrak{A}$ von $\mathfrak{G}$ aller Elemente A_ν mit $\nu \in \Lambda$ besäße daher die Mächtigkeit der Indexmenge Λ.

In gleicher Weise erhält man

Satz 10*. *Es sei* $(\mathfrak{V}_\nu)$ *eine absteigende Untergruppenfolge der Gruppe* $\mathfrak{G}$ *mit den Eigenschaften:*
(1) *Es ist* $\mathfrak{V}_0 = \mathfrak{G}$.
(2) *Aus* $\mathfrak{V}_\nu \supset E$ *folgt* $\mathfrak{V}_\nu \supset \mathfrak{V}_{\nu+1}$ *für jeden Index* $\nu \in \Lambda$.
Dann gibt es einen Index $\tau \in \Lambda$, *für den* $\mathfrak{V}_\tau = E$.

Satz 11. *In einer Gruppe* $\mathfrak{G}$ *sei eine Untergruppeneigenschaft* $\mathfrak{e}$ *erklärt, die den Forderungen genügt:*
(1) $\mathfrak{G}$ *enthält wenigstens eine* $\mathfrak{e}$-*Untergruppe* $\mathfrak{U}_0$.
(2) *Die Vereinigung* $\mathfrak{V} = \cup \mathfrak{U}$ *jeder Kette von* $\mathfrak{e}$-*Untergruppen in* $\mathfrak{G}$ *ist eine* $\mathfrak{e}$-*Untergruppe.*

Dann enthält die Menge $\mathsf{M}_\mathfrak{e}$ *aller* $\mathfrak{e}$-*Untergruppen* $\mathfrak{U} \subseteq \mathfrak{G}$ *wenigstens eine maximale* $\mathfrak{e}$-*Untergruppe* $\mathfrak{U}^*$.

Beweis. Nach (1) ist die Menge $\mathsf{M}_\mathfrak{e}$ nicht leer; in der natürlich geordneten Menge $\mathsf{M}_\mathfrak{e}$ besitzt nach (2) jede Kette obere Schranken. Nach dem Lemma von M. Zorn enthält $\mathsf{M}_\mathfrak{e}$ ein maximales Element.

Ebenso beweist man den

Satz 11*. *In einer Gruppe* $\mathfrak{G}$ *sei eine Untergruppeneigenschaft* $\mathfrak{e}$ *erklärt, die den Forderungen genügt:*
(1) $\mathfrak{G}$ *enthält wenigstens eine* $\mathfrak{e}$-*Untergruppe* $\mathfrak{U}_0$.
(2) *Der Durchschnitt* $\mathfrak{D} = \cap \mathfrak{U}$ *jeder Kette von* $\mathfrak{e}$-*Untergruppen in* $\mathfrak{G}$ *ist eine* $\mathfrak{e}$-*Untergruppe.*

Dann enthält die Menge $\mathsf{M}_\mathfrak{e}$ *aller* $\mathfrak{e}$-*Untergruppen* $\mathfrak{U} \subseteq \mathfrak{G}$ *wenigstens eine minimale* $\mathfrak{e}$-*Untergruppe* $\mathfrak{U}_*$.

Beispiel. Es sei $\mathfrak{K}$ ein zur Untergruppe $\mathfrak{U}_0$ von $\mathfrak{G}$ fremder Komplex in $\mathfrak{G}$. Dann besitzt $\mathfrak{G}$ eine maximale Untergruppe $\mathfrak{V}$ mit der Eigenschaft

$$\mathfrak{U}_0 \subseteq \mathfrak{V} \quad \text{und} \quad \mathfrak{V} \cap \mathfrak{K} = 0.$$

Als Eigenschaft $\mathfrak{e}$ der Untergruppen $\mathfrak{U} \subseteq \mathfrak{G}$ verwenden wir dabei:

$$\mathfrak{e}: \quad \mathfrak{U}_0 \subseteq \mathfrak{U} \quad \text{und} \quad \mathfrak{U} \cap \mathfrak{K} = 0.$$

1.2.3. Restklassenzerlegung

Für eine echte Untergruppe $\mathfrak{U}$ einer Gruppe $\mathfrak{G}$ enthalten zwei Komplexe $\mathfrak{U}X$ und $\mathfrak{U}Y$ mit Elementen $X, Y \in \mathfrak{G}$ von nichtleerem Durchschnitt ein Element

$$Z = U_1 X = U_2 Y \in \mathfrak{G} \quad \text{mit } U_1, U_2 \in \mathfrak{U}.$$

Da dann aber

$$X = U_1^{-1} U_2 Y \in \mathfrak{U}Y \quad \text{und} \quad Y = U_2^{-1} U_1 X \in \mathfrak{U}X,$$

also

$$\mathfrak{U}X \subseteq \mathfrak{U}\mathfrak{U}Y \subseteq \mathfrak{U}Y \subseteq \mathfrak{U}\mathfrak{U}X \subseteq \mathfrak{U}X,$$

besteht für jedes Paar $X, Y \in \mathfrak{G}$ die Alternative

$$\mathfrak{U}X = \mathfrak{U}Y \quad \text{oder} \quad \mathfrak{U}X \cap \mathfrak{U}Y = 0.$$

Mit geeigneter Indexmenge I existiert daher eine Zerlegung

$$\mathfrak{G} = \sum_\iota \mathfrak{U} X_\iota \quad (\text{über } \iota \in \mathsf{I})$$

mit Elementen $X_\iota \in \mathfrak{G}$. Wir nennen diese Zerlegung die *linksseitige Restklassenzerlegung der Gruppe $\mathfrak{G}$ nach der Untergruppe $\mathfrak{U}$*, die Menge (X_ι) ein *Linksrepräsentantensystem nach $\mathfrak{U}$ in $\mathfrak{G}$*.

In gleicher Weise läßt sich eine *rechtsseitige Restklassenzerlegung der Gruppe $\mathfrak{G}$ nach der Untergruppe $\mathfrak{U}$* herstellen:

$$\mathfrak{G} = \sum_\iota Y_\iota \mathfrak{U} \quad (\text{über } \iota \in \mathsf{I});$$

man hat dazu nur die Komplexe $(\mathfrak{U} X_\iota)^{-1} = X_\iota^{-1} \mathfrak{U}$ zu nehmen. Die Repräsentanten (Y_ι) der Restklassen sind ein *Rechtsrepräsentantensystem nach $\mathfrak{U}$ in $\mathfrak{G}$*. Die Wahl der Systeme (X_ι) bzw. (Y_ι) ist innerhalb der Restklassen $\mathfrak{U}X_\iota$ bzw. $Y_\iota \mathfrak{U}$ völlig willkürlich.

Durch die eineindeutigen Zuordnungen

$$U \leftrightarrow U X_\iota \quad \text{bzw.} \quad U \leftrightarrow Y_\iota U \quad \text{für jedes } U \in \mathfrak{U}$$

erweisen sich sämtliche Komplexe $\mathfrak{U} X_\iota$ und $Y_\iota \mathfrak{U}$ als gleichmächtige Mengen; besitzt $\mathfrak{U}$ endliche Ordnung ord $(\mathfrak{U}) = u > 0$, so enthält jeder Komplex $\mathfrak{U} X$ und $Y\mathfrak{U}$ genau u Elemente. Ist die Indexmenge I endlich, so erhalten wir endliche Zerlegungen

$$\mathfrak{G} = \mathfrak{U}X_1 + \mathfrak{U}X_2 + \cdots + \mathfrak{U}X_k = Y_1 \mathfrak{U} + Y_2 \mathfrak{U} + \cdots + Y_k \mathfrak{U}.$$

In diesem Falle ist $\mathfrak{U}$ eine *Untergruppe von endlichem Index*:

$$\text{ind}(\mathfrak{G} : \mathfrak{U}) = k > 0;$$

für eine unendliche Indexmenge I setzen wir ind $(\mathfrak{G} : \mathfrak{U}) = 0$.

1.2.3. Restklassenzerlegung

Hat eine endliche Untergruppe $\mathfrak{U}$ endlichen Index in $\mathfrak{G}$, so ist die Gruppe $\mathfrak{G}$ endlich, und es gilt

$$\mathrm{ord}\,(\mathfrak{G}) = \mathrm{ord}\,(\mathfrak{U})\,\mathrm{ind}\,(\mathfrak{G}:\mathfrak{U}). \tag{1}$$

Die Gl. (1) ist aber auch gültig für unendliche Untergruppen $\mathfrak{U} \subseteq \mathfrak{G}$ oder unendliche Indexmengen. Insbesondere folgt hieraus

$$\mathrm{ord}\,(\mathfrak{G}) = \mathrm{ind}\,(\mathfrak{G}:E). \tag{2}$$

Für endliche Gruppen ziehen wir die Folgerungen:

Satz 12 (E. LAGRANGE). *In einer endlichen Gruppe $\mathfrak{G}$ sind Ordnung und Index einer Untergruppe $\mathfrak{U}$ Teiler der Ordnung von $\mathfrak{G}$.*

Die Ordnung eines Elementes H einer endlichen Gruppe $\mathfrak{G}$ ist Teiler der Ordnung von $\mathfrak{G}$.

Beweis. Die erste Aussage folgt aus (1); jedes Element $H \in \mathfrak{G}$ erzeugt eine (zyklische) Untergruppe $\mathfrak{H} = \{H\}$ der Ordnung $\mathrm{ord}\,(H)$.

Für eine Untergruppenkette $\mathfrak{V} \subseteq \mathfrak{U} \subseteq \mathfrak{G}$ erhält man die Restklassenzerlegungen von $\mathfrak{G}$ nach $\mathfrak{V}$ aus den Restklassenzerlegungen von $\mathfrak{G}$ nach $\mathfrak{U}$ und von $\mathfrak{U}$ nach $\mathfrak{V}$: Aus

$$\mathfrak{G} = \sum_\iota \mathfrak{U} X_\iota = \sum_\iota X'_\iota \mathfrak{U} \quad \text{mit} \quad X_\iota, X'_\iota \in \mathfrak{G} \quad (\text{über } \iota \in \mathsf{I})$$

$$\mathfrak{U} = \sum_\varkappa \mathfrak{V} Y_\varkappa = \sum_\varkappa Y'_\varkappa \mathfrak{V} \quad \text{mit} \quad Y_\varkappa, Y'_\varkappa \in \mathfrak{U} \quad (\text{über } \varkappa \in \mathsf{K})$$

entstehen durch Substitution die Zerlegungen

$$\mathfrak{G} = \sum_{\iota,\varkappa} \mathfrak{V} Y_\varkappa X_\iota = \sum_{\iota,\varkappa} X'_\iota Y'_\varkappa \mathfrak{V} \quad (\text{über } \iota, \varkappa \in \mathsf{I}, \mathsf{K}).$$

Insbesondere ergibt sich hieraus

Satz 13. *Für die Indizes einer Untergruppenkette $\mathfrak{V} \subseteq \mathfrak{U} \subseteq \mathfrak{G}$ gilt*

$$\mathrm{ind}\,(\mathfrak{G}:\mathfrak{V}) = \mathrm{ind}\,(\mathfrak{G}:\mathfrak{U})\,\mathrm{ind}\,(\mathfrak{U}:\mathfrak{V}).$$

Die Restklassenzerlegungen einer Gruppe $\mathfrak{G}$ nach einer Untergruppe $\mathfrak{U}$ legen für die Elemente von $\mathfrak{G}$ *Kongruenzen* fest:

$X \equiv Y \bmod \mathfrak{U}, E$, wenn $\mathfrak{U} X = \mathfrak{U} Y$; $X \equiv Y \bmod E, \mathfrak{U}$, wenn $X \mathfrak{U} = Y \mathfrak{U}$.

Neben den Kongruenzeigenschaften bestehen die Regeln:

Aus $X \equiv Y \bmod \mathfrak{U}, E$ folgt $XZ \equiv YZ \bmod \mathfrak{U}, E$ $\Big\}$ *für jedes $Z \in \mathfrak{G}$.*
Aus $X \equiv Y \bmod E, \mathfrak{U}$ folgt $ZX \equiv ZY \bmod E, \mathfrak{U}$

Die Restklassenzerlegung

$$\mathfrak{G} = \sum_\iota \mathfrak{U} X_\iota \quad (\text{über } \iota \in \mathsf{I})$$

einer Gruppe $\mathfrak{G}$ nach einer Untergruppe $\mathfrak{U}$ führt auf eine Zerlegung

$$\mathfrak{V} = \mathfrak{G} \cap \mathfrak{V} = \sum_\iota (\mathfrak{U} X_\iota \cap \mathfrak{V}) \tag{3}$$

einer Untergruppe $\mathfrak{B} \subseteq \mathfrak{G}$ in elementfremde Komplexe. Da für einen nichtleeren Komplex $\mathfrak{U} X_\iota \cap \mathfrak{B}$ auch

$$\mathfrak{U} X_\iota \cap \mathfrak{B} = \mathfrak{U} V_\iota \cap \mathfrak{B} = (\mathfrak{U} \cap \mathfrak{B}) V_\iota \quad \text{mit } V_\iota \in \mathfrak{B}$$

gesetzt werden kann, gibt (3) nach Unterdrückung der leeren Durchschnitte eine Restklassenzerlegung von $\mathfrak{B}$ nach $\mathfrak{U} \cap \mathfrak{B}$. Gleiches gilt für eine rechtsseitige Zerlegung

$$\mathfrak{G} = \sum_\iota Y_\iota \mathfrak{U} \quad \text{bzw.} \quad \mathfrak{B} = \mathfrak{G} \cap \mathfrak{B} = \sum_\iota (Y_\iota \mathfrak{U} \cap \mathfrak{B}).$$

Satz 14. *Ist $\mathfrak{U}$ Untergruppe von endlichem Index, $\mathfrak{B}$ beliebige Untergruppe der Gruppe $\mathfrak{G}$, so ist $\mathfrak{U} \cap \mathfrak{B}$ von endlichem Index in $\mathfrak{B}$ und*

$$0 < \mathrm{ind}\,(\mathfrak{B} : \mathfrak{U} \cap \mathfrak{B}) \leq \mathrm{ind}\,(\mathfrak{G} : \mathfrak{U}).$$

Gleichheit besteht genau dann, wenn $\mathfrak{G} = \mathfrak{U}\mathfrak{B} = \mathfrak{B}\mathfrak{U} = \{\mathfrak{U} \cup \mathfrak{B}\}$.

Beweis. Der erste Teil folgt aus (3). Im Falle $\mathfrak{G} = \mathfrak{U}\mathfrak{B} = \mathfrak{B}\mathfrak{U}$ besitzt $\mathfrak{G}$ eine Restklassenzerlegung

$$\mathfrak{G} = \sum_\iota \mathfrak{U} V_\iota \quad \text{mit } V_\iota \in \mathfrak{B}.$$

Daher ist keiner der Komplexe $\mathfrak{U} V_\iota \cap \mathfrak{B}$ leer. Besteht umgekehrt die Gleichung $\mathrm{ind}\,(\mathfrak{G} : \mathfrak{U}) = \mathrm{ind}\,(\mathfrak{B} : \mathfrak{U} \cap \mathfrak{B}) > 0$, so ist in

$$\mathfrak{G} = \sum_\iota \mathfrak{U} X_\iota; \quad \mathfrak{B} = \sum_\iota \mathfrak{U} X_\iota \cap \mathfrak{B}$$

keiner der Komplexe $\mathfrak{U} X_\iota \cap \mathfrak{B}$ leer, so daß die Repräsentanten X_ι aus $\mathfrak{B}$ gewählt werden können. Damit folgt $\mathfrak{G} = \mathfrak{U}\mathfrak{B} = \mathfrak{B}\mathfrak{U} = \{\mathfrak{U} \cup \mathfrak{B}\}$.

Unmittelbare Anwendung ist der folgende wichtige

Satz 15 (H. POINCARÉ). *Der Durchschnitt $\mathfrak{D} = \bigcap_{1 \leq \sigma \leq s} \mathfrak{U}_\sigma$ einer endlichen Menge von Untergruppen $\mathfrak{U}_\sigma$ einer Gruppe $\mathfrak{G}$ hat genau dann endlichen Index in $\mathfrak{G}$, wenn die Untergruppen $\mathfrak{U}_\sigma$ endlichen Index $\mathrm{ind}\,(\mathfrak{G} : \mathfrak{U}_\sigma) = k_\sigma > 0$ haben. Dabei gilt*

$$[k_1, k_2, \ldots, k_s] \leq \mathrm{ind}\,(\mathfrak{G} : \mathfrak{D}) \leq k_1 k_2 \ldots k_s.$$

Beweis. Die Bedingungen sind wegen

$$\mathrm{ind}\,(\mathfrak{G} : \mathfrak{D}) = \mathrm{ind}\,(\mathfrak{G} : \mathfrak{U}_\sigma)\, \mathrm{ind}\,(\mathfrak{U}_\sigma : \mathfrak{D})$$

notwendig. Für den Durchschnitt $\mathfrak{D}_\sigma$ aller $\mathfrak{U}_\varrho$ außer $\mathfrak{U}_\sigma$ besteht nach Satz 14 die Ungleichung

$$\mathrm{ind}\,(\mathfrak{G} : \mathfrak{D}) = \mathrm{ind}\,(\mathfrak{G} : \mathfrak{U}_\sigma)\, \mathrm{ind}\,(\mathfrak{U}_\sigma : \mathfrak{U}_\sigma \cap \mathfrak{D}_\sigma) \leq \mathrm{ind}\,(\mathfrak{G} : \mathfrak{U}_\sigma)\, \mathrm{ind}\,(\mathfrak{G} : \mathfrak{D}_\sigma).$$

Durch vollständige Induktion gewinnt man die obere Schranke; andererseits ist jedes k_σ Teiler des Index $\mathrm{ind}\,(\mathfrak{G} : \mathfrak{D})$.

Als Sonderfall ergibt sich die Bemerkung:

Satz 15*. *Für Untergruppen* $\mathfrak{U}, \mathfrak{V}$ *einer Gruppe* $\mathfrak{G}$ *mit (endlichen) teilerfremden Indizes in* $\mathfrak{G}$ *gilt*

$$\mathfrak{G} = \mathfrak{U}\mathfrak{V} = \mathfrak{V}\mathfrak{U} \quad und \quad \mathrm{ind}\,(\mathfrak{G} : \mathfrak{U} \cap \mathfrak{V}) = \mathrm{ind}\,(\mathfrak{G} : \mathfrak{U})\,\mathrm{ind}\,(\mathfrak{G} : \mathfrak{V}).$$

Jedes Element G eines Produktes $\mathfrak{G} = \mathfrak{U}\mathfrak{V} = \mathfrak{V}\mathfrak{U}$ von Untergruppen $\mathfrak{U}, \mathfrak{V} \subset \mathfrak{G}$ besitzt eine Darstellung

$$G = UV \quad \text{mit } U \in \mathfrak{U};\ V \in \mathfrak{V}; \tag{4}$$

diese ist nicht immer eindeutig, da ja auch

$$G = UV = UW^{-1} \cdot WV \quad \text{mit } W \in \mathfrak{U} \cap \mathfrak{V}.$$

Andererseits gehört für zwei verschiedene Darstellungen

$$G = U_1 V_1 = U_2 V_2 \quad \text{mit } U_1, U_2 \in \mathfrak{U};\ V_1, V_2 \in \mathfrak{V}$$

das Produkt $W = U_2^{-1} U_1 = V_2 V_1^{-1}$ dem Durchschnitt $\mathfrak{U} \cap \mathfrak{V}$ an. Eindeutigkeit liegt in (4) also genau dann vor, wenn $\mathfrak{U} \cap \mathfrak{V} = E$.

Besitzt $\mathfrak{U} \cap \mathfrak{V}$ endliche Ordnung $\mathrm{ord}\,(\mathfrak{U} \cap \mathfrak{V}) = w > 0$, so hat jedes $G \in \mathfrak{G}$ genau w verschiedene Darstellungen (4). Daraus folgt, übrigens auch für den Fall unendlicher Gruppen:

Satz 16. *Ist eine Gruppe* $\mathfrak{G}$ *Produkt* $\mathfrak{G} = \mathfrak{U}\mathfrak{V} = \mathfrak{V}\mathfrak{U}$ *zweier Untergruppen, so gilt*

$$\mathrm{ord}\,(\mathfrak{G})\,\mathrm{ord}\,(\mathfrak{U} \cap \mathfrak{V}) = \mathrm{ord}\,(\mathfrak{U})\,\mathrm{ord}\,(\mathfrak{V}).$$

Die Restklassenzerlegungen einer Gruppe $\mathfrak{G}$ nach einer Untergruppe $\mathfrak{U}$ sind Sonderfälle der *Zerlegung nach dem Doppelmodul zweier Untergruppen* $\mathfrak{U}, \mathfrak{V} \subseteq \mathfrak{G}$. Für Komplexe $\mathfrak{U} X \mathfrak{V}$ und $\mathfrak{U} Y \mathfrak{V}$ mit $X, Y \in \mathfrak{G}$ besteht nämlich die Alternative

$$\mathfrak{U} X \mathfrak{V} = \mathfrak{U} Y \mathfrak{V} \quad \text{oder} \quad \mathfrak{U} X \mathfrak{V} \cap \mathfrak{U} Y \mathfrak{V} = 0,$$

da ein Element $Z \in \mathfrak{U} X \mathfrak{V} \cap \mathfrak{U} Y \mathfrak{V}$ Darstellungen

$$Z = U_1 X V_1 = U_2 Y V_2 \quad \text{mit } U_1, U_2 \in \mathfrak{U} \text{ und } V_1, V_2 \in \mathfrak{V}$$

besitzt, woraus $\mathfrak{U} X \mathfrak{V} = \mathfrak{U} Y \mathfrak{V}$ folgt. Mit geeigneter Indexmenge I ergibt sich also eine *Restklassenzerlegung*

$$\mathfrak{G} = \sum_\iota \mathfrak{U} X_\iota \mathfrak{V} \quad (\text{über } \iota \in \mathsf{I})$$

nach dem Doppelmodul $\mathfrak{U}, \mathfrak{V}$; Übergang zu den inversen Komplexen liefert die Restklassenzerlegung

$$\mathfrak{G} = \sum_\iota \mathfrak{V} X_\iota^{-1} \mathfrak{U}$$

nach dem Doppelmodul $\mathfrak{V}, \mathfrak{U}$. Die Wahl des *Repräsentantensystems* (X_ι) ist innerhalb der Komplexe $\mathfrak{U} X_\iota \mathfrak{V}$ willkürlich.

Diese Restklassenzerlegung führt auf die *Kongruenz nach dem Doppelmodul* $\mathfrak{U}, \mathfrak{V}$:

$$X \equiv Y \bmod \mathfrak{U}, \mathfrak{V}, \quad \text{wenn} \quad \mathfrak{U} X \mathfrak{V} = \mathfrak{U} Y \mathfrak{V}.$$

Im Falle $\mathfrak{V} = E$ bzw. $\mathfrak{U} = E$ gelangt man zur linksseitigen bzw. rechtsseitigen Restklassenzerlegung

$$\mathfrak{G} = \sum_i \mathfrak{U} X_i \quad \text{bzw.} \quad \mathfrak{G} = \sum_i X_i \mathfrak{V}.$$

Im endlichen Falle

$$\mathfrak{G} = \mathfrak{U} X_1 \mathfrak{V} + \mathfrak{U} X_2 \mathfrak{V} + \cdots + \mathfrak{U} X_k \mathfrak{V}$$

ist $k = \text{ind}(\mathfrak{G} : \mathfrak{U}, \mathfrak{V})$ der *Index von* $\mathfrak{G}$ *nach dem Doppelmodul* $\mathfrak{U}, \mathfrak{V}$; für eine unendliche Indexmenge I setzen wir wiederum

$$\text{ind}(\mathfrak{G} : \mathfrak{U}, \mathfrak{V}) = 0.$$

1.2.4. Beispiele

Beispiel 1. Ist $\mathfrak{Z}_0$ die *unendliche zyklische Gruppe* $\mathfrak{Z}_0 = \{Z\}$ mit $\text{ord}(Z) = \text{ord}(\mathfrak{Z}_0) = 0$, so enthält eine Untergruppe $E \subset \mathfrak{U} \subset \mathfrak{Z}_0$ eine Potenz Z^k mit minimalem natürlichem Exponenten $k \geq 1$. Für jedes Element $Z^n \in \mathfrak{U}$ erhalten wir, wenn $n = kq + r$ mit $0 \leq r < k$,

$$Z^r = Z^n (Z^k)^{-q} \in \mathfrak{U}, \quad \text{also } r = 0 \text{ und } n = kq.$$

Folglich ist $\mathfrak{U}$ die zyklische Gruppe $\mathfrak{U} = \{Z^k\}$ mit $\text{ord}(\mathfrak{U}) = 0$.

Es stellt also

$$\mathfrak{U}_n = \{Z^n\} \quad \text{für jedes } n \geq 0$$

eine vollständige Liste der Untergruppen der zyklischen Gruppe $\mathfrak{Z}_0$ dar; insbesondere ist $\mathfrak{U}_1 = \mathfrak{Z}_0$ und $\mathfrak{U}_0 = E$. Daher gilt:

Alle eigentlichen Untergruppen $\mathfrak{U}_n$ *der zyklischen Gruppe* $\mathfrak{Z}_0$ *sind zur Gruppe* $\mathfrak{Z}_0$ *isomorph.*

Dann und nur dann gilt $\mathfrak{U}_n \subseteq \mathfrak{U}_m$, *wenn m Teiler von n.*

Der Verband T der Untergruppen $\mathfrak{U}_n \subseteq \mathfrak{Z}_0$ ist demnach durch

$$\mathfrak{U}_m \cap \mathfrak{U}_n = \mathfrak{U}_{[m,n]}; \quad \{\mathfrak{U}_m \cup \mathfrak{U}_n\} = \mathfrak{U}_m \mathfrak{U}_n = \mathfrak{U}_{(m,n)},$$

also durch die Teilbarkeitseigenschaften der nichtnegativen ganzen Zahlen charakterisiert.

In der *endlichen zyklischen Gruppe* $\mathfrak{Z}_k = \{Z\}$ *der Ordnung* $\text{ord}(\mathfrak{Z}_k) = k > 0$ enthält eine Untergruppe $\mathfrak{U}$ ein Element $Z^d \in \mathfrak{Z}_k$ mit kleinstem natürlichen Exponenten $1 \leq d \leq k$. Setzt man für ein beliebiges Element $Z^n \in \mathfrak{U}$ wieder $n = qd + r$ mit $0 \leq r < d$, so folgt

$$Z^r = Z^n (Z^d)^{-q} \in \mathfrak{U}, \quad \text{also } r = 0 \text{ und } n = qd.$$

Mithin ist $\mathfrak{U}$ die zyklische Gruppe $\mathfrak{U} = \{Z^d\}$ der Ordnung k/d.

Die zyklische Gruppe $\mathfrak{Z}_k$ *der Ordnung* $\mathrm{ord}(\mathfrak{Z}_k) = k > 0$ *enthält für jeden Teiler* $d \mid k$ *genau eine (zyklische) Untergruppe* $\mathfrak{U}_d$ *der Ordnung* $\mathrm{ord}(\mathfrak{U}_d) = d$.
Es gilt $\mathfrak{U}_{d_1} \subseteq \mathfrak{U}_{d_2}$ *dann und nur dann, wenn* $d_1 \mid d_2 \mid k$.

Satz 17. *Die einzigen Gruppen ohne eigentliche Untergruppen sind die Gruppen von Primzahlordnung. Jede Gruppe von Primzahlordnung ist zyklisch.*

Beweis. Enthält eine Gruppe $\mathfrak{G}$ ohne eigentliche Untergruppe ein von E verschiedenes Element A, so gilt $E \subset \{A\} \subseteq \mathfrak{G}$, also $\{A\} = \mathfrak{G}$. Alle zyklischen Gruppen außer denen von Primzahlordnung enthalten aber eigentliche Untergruppen. Eine Gruppe von Primzahlordnung enthält keine eigentliche Untergruppe.

Beispiel 2. In der *unendlichen Diedergruppe*

$$\mathfrak{D}_0 = \{A, B\} \quad \text{mit} \quad B^2 = (AB)^2 = E$$

besitzen alle Elemente eindeutige Normalformen

$$D = A^\alpha B^\beta \quad (\text{mit } -\infty < \alpha < \infty;\ 0 \leq \beta < 2).$$

Als Untergruppen finden wir zunächst die unendliche zyklische Gruppe $\mathfrak{U}_1 = \{A\}$ und deren Untergruppen $\mathfrak{U}_k = \{A^k\}$ (für $0 \leq k < \infty$). Jede andere Untergruppe $\mathfrak{V} \subseteq \mathfrak{D}_0$ enthält ein Element $V = A^\alpha B$ und besitzt einen Durchschnitt $\mathfrak{V} \cap \mathfrak{U}_1 = \mathfrak{U}_k \subset \mathfrak{V}$. Für zwei Elemente $A^m B$, $A^n B \in \mathfrak{V}$ gilt dann

$$A^m B A^n B = A^{m-n} \in \mathfrak{U}_k, \quad \text{also } m \equiv n\,(k).$$

Andererseits enthält $\mathfrak{V}$ mit einem Element $A^m B$ auch alle Elemente $A^{kq+m} B \in \mathfrak{D}_0$. Hieraus entnehmen wir die Untergruppenliste:

(1) $\mathfrak{U}_k = \{A^k\}$ für jedes $k \geq 0$;
(2) $\mathfrak{V}_{0,n} = \{A^n B\} \cong \mathfrak{Z}_2$ für jedes ganze n;
(3) $\mathfrak{V}_{k,r} = \{A^k, A^r B\} \cong \mathfrak{D}_0$ für jedes $k \geq 1$ und $0 \leq r < k$.

Die Isomorphie $\mathfrak{V}_{k,r} \cong \mathfrak{D}_0$ läßt sich durch

$$A_0 = A^k; \quad B_0 = A^r B; \quad B_0^2 = (A_0 B_0)^2 = E;$$
$$A_0^\alpha B_0^\beta = E \quad \text{nur für } \alpha = 0;\ \beta \equiv 0\,(2)$$

leicht nachweisen.

Für die *endliche Diedergruppe*

$$\mathfrak{D}_k = \{A, B\} \quad \text{mit} \quad A^k = B^2 = (AB)^2 = E \text{ für } k \geq 3$$

finden wir in ähnlicher Weise die Untergruppenliste:

(1) $\mathfrak{U}_d = \{A^d\}$ für jeden Teiler $d \mid k$;
(2) $\mathfrak{V}_{d,r} = \{A^d, A^r B\}$ für jedes $d \mid k$ und $0 \leq r < d$.

Der Fall $d=k$ führt auf
$$\mathfrak{V}_{k,r} = \{A^r B\} \cong \mathfrak{Z}_2,$$
der Fall $d<k$ für $3d \leq k$ auf Diedergruppen
$$\mathfrak{V}_{d,r} = \{A^d, A^r B\} \cong \mathfrak{D}_{k/d}.$$
Im Falle $2d=k$ erhalten wir in $\mathfrak{V}_{d,r} = \{A^d, A^r B\}$ mit den Erzeugenden $A_0 = A^d$; $B_0 = A^r B$ eine abelsche Gruppe, die *Vierergruppe der Ordnung* 4:
$$\mathfrak{V}_4 = \{A_0, B_0\} \quad \text{mit } A_0^2 = B_0^2 = (A_0 B_0)^2 = E.$$

Beispiel 3. Wählt man aus der freien Gruppe $\mathfrak{F}_2 = \{S, T\}$ des Ranges 2 die Elemente $U_f = T^{-f} S T^f$ mit ganzen Exponenten f aus, so ist die von ihnen erzeugte Untergruppe $\mathfrak{U} = \{\bigcup_f U_f\}$ eine freie Gruppe abzählbar unendlichen Ranges.

Ein unverkürzbarer Ausdruck
$$U = U_{f_1}^{g_1} U_{f_2}^{g_2} \ldots U_{f_n}^{g_n} \quad \text{mit } g_\nu \neq 0;\ f_\nu \neq f_{\nu-1} \text{ für } 1 \leq \nu \leq n$$
geht nämlich durch die Substitution
$$U_f = T^{-f} S T^f; \quad U_f^g = (T^{-f} S T^f)^g = T^{-f} S^g T^f$$
in den Ausdruck
$$U = T^{-f_1} S^{g_1} T^{f_1-f_2} S^{g_2} T^{f_2-f_3} S^{g_3} \ldots S^{g_n} T^{f_n}$$
über, der wegen $g_\nu \neq 0$ und $f_{\nu-1} - f_\nu \neq 0$ nicht die Einheit E ist.

Daher sind auch die Untergruppen $\mathfrak{U}_n = \left\{\bigcup_{-n}^{+n} U_f\right\}$ für jedes $n \geq 0$ freie Gruppen des Ranges $2n+1$; sie bilden mit $\mathfrak{U}$ und $\mathfrak{F}_2$ eine aufsteigende Untergruppenfolge
$$\mathfrak{U}_0 \subset \mathfrak{U}_1 \subset \cdots \subset \mathfrak{U}_n \subset \mathfrak{U}_{n+1} \subset \cdots \subset \mathfrak{U} \subset \mathfrak{F}_2 \quad \text{wegen } \mathfrak{U} = \bigcup_n \mathfrak{U}_n.$$

Die Untergruppe $\mathfrak{U}_1 = \{U_{-1}, U_0, U_1\}$ enthält die freie Gruppe $\mathfrak{G} = \{U_0, U_1\}$ des Ranges 2; daher erzeugen die Elemente $V_f = U_0^{-f} U_1 U_0^f$ mit ganzen Exponenten f eine freie Gruppe $\mathfrak{W} = \{\bigcup_f V_f\}$ abzählbar unendlichen Ranges. Ebenso sind die Untergruppen $\mathfrak{W}_n = \left\{\bigcup_{-n}^{+n} V_f\right\}$ für $n \geq 0$ freie Gruppen des Ranges $2n+1$.

Infolgedessen ist
$$\mathfrak{W}_0 \subset \mathfrak{W}_1 \subset \cdots \subset \mathfrak{W} \subset \mathfrak{U}_1 \subset \mathfrak{U}_2 \subset \cdots \subset \mathfrak{U} \subset \mathfrak{F}_2$$
eine Untergruppenfolge in $\mathfrak{F}_2$ vom Ordnungstypus $2\omega + 1$; durch Wiederholung dieses Verfahrens lassen sich auch Untergruppenfolgen vom Ordnungstypus $k\omega + 1$ für jede natürliche Zahl k gewinnen.

Dieses Beispiel zeigt, daß transfinite Konstruktionen in einer allgemeinen Gruppentheorie auch bei Beschränkung auf abzählbar unendliche Gruppen nicht immer zu vermeiden sind.

Beispiel 4. Die *symmetrische Gruppe* $\mathfrak{S}_M$ *einer Menge* M enthält als Untergruppe die *Gruppe* $\mathfrak{S}_M^*$ *der finiten Permutationen*; eine weitere Untergruppe ist die *alternierende Gruppe*:

Jede Permutation

$$\pi: \quad x_\nu \to x_\nu^\pi = x_{\alpha_\nu} \quad \text{(für } 1 \leq \nu \leq n\text{)}$$

der Veränderlichenreihe $(x_1, x_2, \ldots, x_n) = M$ führt das Differenzenprodukt

$$D(x) = \prod_{1 \leq \varkappa < \lambda \leq n} (x_\varkappa - x_\lambda)$$

in einen Ausdruck $D(x^\pi)$ über, der sich von $D(x)$ nur durch das Vorzeichen unterscheidet:

$$D(x^\pi) = (-1)^\pi D(x).$$

Demgemäß heißt eine Permutation π *gerade*, wenn keine Änderung des Vorzeichens erfolgt, sonst *ungerade*; für zwei Permutationen π, ϱ der Menge M besteht die Gleichung

$$(-1)^\pi (-1)^\varrho = (-1)^{\pi\varrho}.$$

Die geraden Permutationen π der symmetrischen Gruppe $\mathfrak{S}_n$ in n Ziffern bilden daher eine Untergruppe $\mathfrak{A}_n$, die *alternierende Gruppe* $\mathfrak{A}_n$ *in n Ziffern*. Mit der ungeraden Permutation

$$V = \begin{pmatrix} 1 & 2 & 3 & \ldots & n \\ 2 & 1 & 3 & \ldots & n \end{pmatrix}$$

erhalten wir für $n \geq 2$ als Restklassenzerlegungen

$$\mathfrak{S}_n = \mathfrak{A}_n + \mathfrak{A}_n V = \mathfrak{A}_n + V \mathfrak{A}_n, \quad \text{also} \quad \text{ind}(\mathfrak{S}_n : \mathfrak{A}_n) = 2.$$

Jede finite Permutation α einer unendlichen Menge M bildet das Komplement $M - N_\alpha$ einer endlichen Teilmenge $N_\alpha \subset M$ elementweise auf sich ab. Daher kann man α als *gerade oder ungerade* bezeichnen, je nachdem eine gerade oder ungerade Permutation der Menge N_α vorliegt. Für das Vorzeichen $(-1)^\alpha$ gilt wiederum

$$(-1)^\alpha (-1)^\beta = (-1)^{\alpha\beta} \quad \text{für jedes Paar } \alpha, \beta \in \mathfrak{S}_M^*.$$

Folglich bilden die geraden Permutationen $\alpha \in \mathfrak{S}_M^*$ eine Untergruppe, die *alternierende Gruppe* $\mathfrak{A}_M^* \subset \mathfrak{S}_M^*$ vom Index $\text{ind}(\mathfrak{S}_M^* : \mathfrak{A}_M^*) = 2$.

Jede Gruppe $\mathfrak{P}_M$ von regulären Abbildungen einer Menge M auf sich ist eine *Permutationsgruppe der Menge* M; die Mächtigkeit der Menge M ist der *Grad der Permutationsgruppe* $\mathfrak{P}_M$. Besteht zwischen gleichmächtigen Mengen M und M* eine Zuordnung

$$x \leftrightarrow x^* \quad \text{für } x \in M; \ x^* \in M^*,$$

so *induziert* eine Permutationsgruppe $\mathfrak{P}_M$ der Menge M eine Permutationsgruppe $\mathfrak{P}^*_{M^*}$ der Menge M*, wenn man der Permutation

$$\pi: \quad x \to x\,\pi \quad \text{für } x \in M$$

der Menge M die Permutation

$$\pi^*: \quad x^* \to x^*\,\pi^* = (x\,\pi)^* \quad \text{für } x^* \in M^*$$

der Menge M* zuordnet. Die durch diese Zuordnung isomorphen Permutationsgruppen $\mathfrak{P}_M$ und $\mathfrak{P}^*_{M^*}$ können wir als *nicht wesentlich verschieden* ansehen.

Eine Permutationsgruppe $\mathfrak{P}_M$ der Menge M ist *k-fach transitiv (vom Transitivitätsgrad k)*, wenn zu beliebigen Reihen verschiedener Elemente $(a_\varkappa)$ bzw. $(b_\varkappa)$ aus M eine Permutation $\pi \in \mathfrak{P}_M$ der Eigenschaft

$$\pi: \quad x \to x\,\pi; \quad a_\varkappa \to a_\varkappa\,\pi = b_\varkappa \quad \text{für } x \in M \text{ und } 0 \leq \varkappa < k$$

existiert, überdies *regulär*, wenn sie genau eine Permutation π dieser Eigenschaft enthält. Man nennt eine Permutationsgruppe $\mathfrak{P}_M$ auch *transitiv*, wenn sie wenigstens einfach transitiv, *intransitiv (vom Transitivitätsgrad k=0)*, wenn sie nicht transitiv ist.

Eine intransitive Permutationsgruppe $\mathfrak{P}_M$ einer Menge M zerlegt die Menge M in *Transitivitätsklassen*, nämlich in die Teilmengen, deren Elemente durch die Permutationen $\pi \in \mathfrak{P}_M$ aufeinander abgebildet werden. Die Transitivitätsklassen in M werden durch die Gruppe $\mathfrak{P}_M$ in sich und zwar transitiv permutiert.

Der Transitivitätsgrad k einer Permutationsgruppe $\mathfrak{P}_M$ kann rekursiv bestimmt werden: Für ein festes Element $a_0 \in M$ bilden die Permutationen $\pi \in \mathfrak{P}_M$ der Eigenschaft

$$\pi: \quad x \to x\,\pi; \quad a_0 \to a_0\,\pi = a_0 \quad \text{für } x \in M$$

eine Untergruppe $\mathfrak{P}_M(a_0) \subseteq \mathfrak{P}_M$, die *Fixgruppe des Elementes* $a_0 \in M$, die auch als Permutationsgruppe $\mathfrak{P}^*_N$ des Komplementes $N = M - a_0$ aufgefaßt werden kann. In einer k-fach transitiven Gruppe $\mathfrak{P}_M$ existiert zu Reihen $a_0, a_1, \ldots, a_{k-1}$ und $b_0, b_1, \ldots, b_{k-1}$ jeweils verschiedener Elemente aus M eine Permutation $\pi \in \mathfrak{P}_M$ der Eigenschaft

$$\pi: \quad x \to x\,\pi; \quad a_0 \to a_0\,\pi = a_0; \quad a_\varkappa \to a_\varkappa\,\pi = b_\varkappa \quad \text{für } 1 \leq \varkappa \leq k-1.$$

Als Permutationsgruppe des Komplementes $N = M - a_0$ ist die Fixgruppe $\mathfrak{P}^*_N = \mathfrak{P}_M(a_0)$ demnach $(k-1)$-fach transitiv. Ist umgekehrt in einer transitiven Permutationsgruppe $\mathfrak{P}_M$ der Menge M die Fixgruppe

$\mathfrak{P}_M(a_0)$ eines Elementes $a_0 \in M$ für das Komplement $N = M - a_0$ $(k-1)$-fach transitiv, so lassen sich zu vorgegebenen Reihen $a_1, a_2, \ldots, a_k$ bzw. $b_1, b_2, \ldots, b_k$ aus M Permutationen $\pi_1, \pi_2 \in \mathfrak{P}_M$ und $\pi_0 \in \mathfrak{P}_M(a_0)$ der Eigenschaft

$$\pi_1: a_1\pi_1 = a_0; \quad a_\lambda \pi_1 = c_\lambda; \quad \pi_2: b_1 \pi_2 = a_0; \quad b_\lambda \pi_2 = d_\lambda \quad \text{für } 2 \leq \lambda \leq k,$$

$$\pi_0: a_0 \pi_0 = a_0; \quad c_\lambda \pi_0 = d_\lambda \qquad \text{für } 2 \leq \lambda \leq k$$

angeben. Dann genügt aber $\pi = \pi_1 \pi_0 \pi_2^{-1} \in \mathfrak{P}_M$ der Bedingung

$$\pi: a_1 \pi = b_1; \quad a_\lambda \pi = b_\lambda \quad \text{für } 2 \leq \lambda \leq k.$$

Eine transitive Permutationsgruppe $\mathfrak{P}_M$ einer Menge M ist k-fach transitiv genau dann, wenn die Fixgruppe $\mathfrak{P}_M(a_0)$ eines Elementes $a_0 \in M$ im Komplement $N = M - a_0$ $(k-1)$-fach transitiv ist.

In der Restklassenzerlegung einer transitiven Permutationsgruppe $\mathfrak{P}_M$ nach der Fixgruppe $\mathfrak{U} = \mathfrak{P}_M(a_0)$ eines Elementes $a_0 \in M$:

$$\mathfrak{P}_M = \sum_\iota \mathfrak{U} \pi_\iota \qquad (\text{über } \iota \in I)$$

besteht jede Restklasse $\mathfrak{U}\pi_\iota$ aus allen Permutationen von $\mathfrak{P}_M$, die a_0 auf das gleiche Element $a_\iota = a_0 \pi_\iota$ abbilden. Daher besitzt die Indexmenge I die Mächtigkeit der Menge M.

Im Falle einer endlichen Menge $M = (1, 2, \ldots, n)$ ist demnach die Fixgruppe $\mathfrak{U} = \mathfrak{P}_n(\nu)$ einer transitiven Permutationsgruppe $\mathfrak{P}_n$ des Grades n vom Index $\text{ind}(\mathfrak{P}_n : \mathfrak{U}) = n$. Durch vollständige Induktion entnimmt man hieraus:

Satz 18. *Eine k-fach transitive Permutationsgruppe $\mathfrak{P}_n$ des Grades n besitzt eine Ordnung*

$$\text{ord}(\mathfrak{P}_n) = n(n-1)\ldots(n-k+1)d \quad \text{mit } d \,|\, (n-k)!.$$

Denn natürlich ist $\text{ord}(\mathfrak{P}_n)$ Teiler von $\text{ord}(\mathfrak{S}_n) = n!$.

In einer transitiven Permutationsgruppe $\mathfrak{P}_M$ einer Menge M ist die Fixgruppe $\mathfrak{U} = \mathfrak{P}_M(a_0)$ eines Elementes $a_0 \in M$ entweder maximale Untergruppe oder es existiert eine Zwischengruppe $\mathfrak{U} \subset \mathfrak{V} \subset \mathfrak{P}_M$. Im zweiten Falle ergeben Restklassenzerlegungen

$$\mathfrak{P}_M = \sum_\varkappa \mathfrak{V} \sigma_\varkappa; \quad \mathfrak{V} = \sum_\iota \mathfrak{U} \varrho_\iota \qquad (\text{über } \varkappa \in K; \iota \in I)$$

mit Permutationen $\sigma_\varkappa \in \mathfrak{P}_M$ und $\varrho_\iota \in \mathfrak{V}$, für die insbesondere

$$\mathfrak{V} \sigma_0 = \mathfrak{V}; \quad \mathfrak{U} \varrho_0 = \mathfrak{U} \quad \text{mit } \sigma_0 = \varrho_0 = \varepsilon$$

gelten möge, die Restklassenzerlegung

$$\mathfrak{P}_M = \sum_{\iota,\varkappa} \mathfrak{U} \varrho_\iota \sigma_\varkappa = \sum_{\iota,\varkappa} \mathfrak{U} \pi_{\iota\varkappa} \quad \text{mit } \varrho_\iota \sigma_\varkappa = \pi_{\iota\varkappa}; \quad \varrho_0 \sigma_0 = \pi_{00} = \varepsilon.$$

Da jedes $a \in M$ als Bild $a_0 \pi_{\iota\varkappa} = a_{\iota\varkappa} \in M$ genau einmal erscheint, führt $\mathfrak{B}$ auf eine Zerlegung

$$M = \sum_\varkappa N_\varkappa \quad \text{mit} \quad N_\varkappa = \sum_\iota a_{\iota\varkappa} \tag{1}$$

der Menge M in *Spalten* $N_\varkappa$. Jede Spalte $N_\varkappa$ besteht aus den Bildern von a_0 nach den Permutationen der Restklasse $\mathfrak{B}\sigma_\varkappa$ in $\mathfrak{P}_M$, die Spalte N_0 also aus den Bildern von a_0 nach den Permutationen von $\mathfrak{B}$. Eine Permutation $\pi \in \mathfrak{P}_M$, für die

$$\mathfrak{B}\sigma_\varkappa \pi = \mathfrak{B}\sigma_\lambda \quad \text{mit} \quad \varkappa, \lambda \in K,$$

bildet daher die Spalte $N_\varkappa$ auf die (gleichmächtige) Spalte $N_\varkappa \pi = N_\lambda$ ab. Man nennt eine Zerlegung (1) ein *Imprimitivitätsschema* der *imprimitiven* (transitiven) *Permutationsgruppe* $\mathfrak{P}_M$ der Menge M. Eine imprimitive Permutationsgruppe ist offensichtlich nur einfach transitiv.

Ist umgekehrt $\mathfrak{P}_M$ eine einfach transitive Permutationsgruppe der Menge M, für die ein Imprimitivitätsschema, d. h. eine Zerlegung (1) der Menge M in (mehr als eine) Spalten $N_\varkappa$ (mit mehr als einem Element) existiert, in dem jede Permutation $\pi \in \mathfrak{P}_M$ die Spalten $N_\varkappa$ stets geschlossen aufeinander abbildet, so sei a_0 ein ausgezeichnetes Element einer ausgezeichneten Spalte N_0. Jede Permutation der Fixgruppe $\mathfrak{U} = \mathfrak{P}_M(a_0)$ bildet a_0, also die Spalte N_0 auf sich ab. Die Menge $\mathfrak{B}$ der Permutationen $\pi \in \mathfrak{P}_M$, die die Spalte N_0 auf sich abbilden, ist Untergruppe in $\mathfrak{P}_M$; da $\mathfrak{P}_M$ einfach transitiv ist, ist $\mathfrak{U}$ echte Untergruppe von $\mathfrak{B}$ und $\mathfrak{B}$ echte Untergruppe von $\mathfrak{P}_M$.

Nennen wir eine (transitive) Permutationsgruppe $\mathfrak{P}_M$ der Menge M *primitiv*, wenn sie kein Imprimitivitätsschema besitzt, so folgt

Satz 19. *Eine transitive Permutationsgruppe $\mathfrak{P}_M$ der Menge M ist genau dann primitiv, wenn die Fixgruppe $\mathfrak{P}_M(a_0)$ eines (jeden) Elementes $a_0 \in M$ maximale Untergruppe in $\mathfrak{P}_M$ ist. Jede Zwischengruppe $\mathfrak{P}_M(a_0) \subset \mathfrak{B} \subset \mathfrak{P}_M$ einer imprimitiven Permutationsgruppe $\mathfrak{P}_M$ bestimmt ein Imprimitivitätsschema für $\mathfrak{P}_M$.*

Zu jeder Zerlegung (1) einer Menge M in mehr als eine Spalte zu mehr als einem Element können imprimitive Permutationsgruppen $\mathfrak{P}_M$ mit diesem Imprimitivitätsschema angegeben werden, z. B. die *volle imprimitive Permutationsgruppe*, die aus allen Permutationen von M besteht, die das Schema in der vorgeschriebenen Weise auf sich abbilden.

1.2.5. Normalteiler und Faktorgruppe

Da im allgemeinen die Restklassenzerlegungen

$$\mathfrak{G} = \sum \mathfrak{U} X_\iota = \sum Y_\iota \mathfrak{U} \quad (\text{über } \iota \in I)$$

einer Gruppe $\mathfrak{G}$ nach einer Untergruppe $\mathfrak{U}$ wesentlich verschieden sind, haben die Untergruppen besondere Bedeutung, für die diese Zerlegungen übereinstimmen, bei geeigneter Zuordnung also die Gleichung

$$\mathfrak{U} X_\iota = Y_\iota \mathfrak{U} \quad \text{für jedes } \iota \in \mathsf{I}$$

besteht. Da dann der Repräsentant Y_ι durch X_ι ersetzt und jedes $G \in \mathfrak{G}$ Repräsentant seiner Restklasse werden kann, gilt

$$\mathfrak{U} G = G \mathfrak{U} \quad \text{für jedes } G \in \mathfrak{G}.$$

Definition 2. *Eine Untergruppe $\mathfrak{N}$ einer Gruppe $\mathfrak{G}$ ist Normalteiler:*

$$\mathfrak{N} \subseteq | \mathfrak{G} \quad (\mathfrak{N} \text{ normal in } \mathfrak{G}),$$

wenn für jedes $G \in \mathfrak{G}$ die Gleichung $\mathfrak{N} G = G \mathfrak{N}$ besteht.

Wie bei Untergruppen unterscheidet man *echte Normalteiler* $\mathfrak{N} \subset | \mathfrak{G}$ und *eigentliche Normalteiler* $E \subset \mathfrak{N} \subset | \mathfrak{G}$ einer Gruppe $\mathfrak{G}$; Einheit und $\mathfrak{G}$ selbst sind *uneigentliche Normalteiler* von $\mathfrak{G}$. Ein Normalteiler $\mathfrak{N}$ ist *minimal* (*in* $\mathfrak{G}$), wenn er keinen Normalteiler von $\mathfrak{G}$ als eigentliche Untergruppe enthält, *maximal* (*in* $\mathfrak{G}$), wenn er in keinem umfassenderen echten Normalteiler von $\mathfrak{G}$ enthalten ist.

Aus der Definition 2 folgt

Satz 20. *In einer abelschen Gruppe $\mathfrak{A}$ ist jede Untergruppe $\mathfrak{U}$ normal.*

Es gibt aber auch nichtabelsche Gruppen, die *Hamiltonschen Gruppen*, deren Untergruppen sämtlich Normalteiler sind.

Jeder Normalteiler $\mathfrak{N}$ einer Gruppe $\mathfrak{G}$ bestimmt eine *zweiseitige Restklassenzerlegung*

$$\mathfrak{G} = \sum_\iota \mathfrak{N} X_\iota \quad \text{mit } \mathfrak{N} X_\iota = X_\iota \mathfrak{N} \quad (\text{über } \iota \in \mathsf{I}) \quad (1)$$

und damit eine *(zweiseitige) Kongruenz* für die Elemente von $\mathfrak{G}$:

$$X \equiv Y \bmod \mathfrak{N}, \quad \text{wenn } \mathfrak{N} X = \mathfrak{N} Y.$$

Neben den allgemeinen Eigenschaften einer Kongruenz findet man:
Aus $A_1 \equiv B_1$ und $A_2 \equiv B_2 \bmod \mathfrak{N}$ folgt $A_1 A_2 \equiv B_1 B_2 \bmod \mathfrak{N}$.
Aus $A \equiv B \bmod \mathfrak{N}$ folgt $A^{-1} \equiv B^{-1} \bmod \mathfrak{N}$.

Auf Grund der für Elemente $A, B \in \mathfrak{G}$ geltenden Gleichungen

$$(\mathfrak{N} A)(\mathfrak{N} B) = \mathfrak{N} A B; \quad (\mathfrak{N} A)(\mathfrak{N} A)^{-1} = \mathfrak{N}; \quad \mathfrak{N}(\mathfrak{N} A) = \mathfrak{N} A$$

bilden die in der Restklassenzerlegung (1) auftretenden Komplexe $\mathfrak{N} X_\iota$ unter der für Komplexe erklärten Multiplikation eine Gruppe $\mathfrak{G}/\mathfrak{N}$, *die Faktorgruppe der Gruppe $\mathfrak{G}$ nach ihrem Normalteiler $\mathfrak{N}$* mit dem Komplex $\mathfrak{N}$ als Einheit. Daraus folgt

$$\operatorname{ord}(\mathfrak{G}/\mathfrak{N}) = \operatorname{ind}(\mathfrak{G} : \mathfrak{N}). \quad (2)$$

Die Einheit einer Faktorgruppe $\mathfrak{G}/\mathfrak{N}$ werden wir zumeist mit 1 bezeichnen.

Die Untergruppen der Faktorgruppe $\mathfrak{G}/\mathfrak{N}$ einer Gruppe $\mathfrak{G}$ nach ihrem Normalteiler $\mathfrak{N}$ lassen sich in folgender Weise kennzeichnen: Jede Untergruppe $\mathfrak{u} \subseteq \mathfrak{G}/\mathfrak{N}$ ist eine Menge von Restklassen $\mathfrak{N}X$ nach $\mathfrak{N}$ mit der Eigenschaft

$$(\mathfrak{N}U)(\mathfrak{N}V)^{-1} = \mathfrak{N}UV^{-1} \in \mathfrak{u}, \quad \text{wenn } \mathfrak{N}U, \mathfrak{N}V \in \mathfrak{u}.$$

Bilden wir in $\mathfrak{G}$ die Vereinigung $\mathfrak{U} = \sum \mathfrak{N}U$ aller Komplexe $\mathfrak{N}U \in \mathfrak{u}$, so gilt für jedes Paar $W_1, W_2 \in \mathfrak{U}$

$$\mathfrak{N}W_1, \mathfrak{N}W_2 \in \mathfrak{u}, \quad \text{also } \mathfrak{N}W_1 W_2^{-1} \in \mathfrak{u} \text{ und } W_1 W_2^{-1} \in \mathfrak{U}.$$

Folglich ist $\mathfrak{U}$ eine den Normalteiler $\mathfrak{N}$ umfassende Untergruppe von $\mathfrak{G}$.

Ist umgekehrt $\mathfrak{U}$ eine Zwischengruppe $\mathfrak{N} \subseteq \mathfrak{U} \subseteq \mathfrak{G}$, so ist wegen

$$\mathfrak{N}U = U\mathfrak{N} \quad \text{für jedes } U \in \mathfrak{U}$$

$\mathfrak{N}$ auch Normalteiler von $\mathfrak{U}$. Die Menge $\mathfrak{u}$ der Restklassen $\mathfrak{N}U$ mit $U \in \mathfrak{U}$ ist daher wegen

$$(\mathfrak{N}U_1)(\mathfrak{N}U_2)^{-1} = \mathfrak{N}U_1 U_2^{-1} \subseteq \mathfrak{U} \quad \text{oder} \quad \mathfrak{N}U_1(\mathfrak{N}U_2)^{-1} \in \mathfrak{u} \quad \text{für } U_1, U_2 \in \mathfrak{U}$$

eine Untergruppe der Faktorgruppe $\mathfrak{G}/\mathfrak{N}$; zugleich ist $\mathfrak{u}$ die Faktorgruppe $\mathfrak{U}/\mathfrak{N}$.

Satz 21. *Die Untergruppen der Faktorgruppe $\mathfrak{G}/\mathfrak{N}$ einer Gruppe $\mathfrak{G}$ nach ihrem Normalteiler $\mathfrak{N}$ sind die Faktorgruppen $\mathfrak{U}/\mathfrak{N}$ der Zwischengruppen $\mathfrak{N} \subseteq \mathfrak{U} \subseteq \mathfrak{G}$. Für die Indizes besteht die Gleichung*

$$\text{ind}(\mathfrak{G} : \mathfrak{U}) = \text{ind}(\mathfrak{G}/\mathfrak{N} : \mathfrak{U}/\mathfrak{N}).$$

Die Faktorgruppe $\mathfrak{U}/\mathfrak{N}$ ist genau dann normal in $\mathfrak{G}/\mathfrak{N}$, wenn $\mathfrak{U}$ normal in $\mathfrak{G}$ ist.

Zum Beweise ist noch nachzutragen: Unter den angegebenen Voraussetzungen zieht jede der Kongruenzen

$$X \equiv Y \bmod \mathfrak{U}, E \quad \text{und} \quad \mathfrak{N}X \equiv \mathfrak{N}Y \bmod \mathfrak{U}/\mathfrak{N}, 1 \quad \text{für } X, Y \in \mathfrak{G}$$

die andere nach sich.

Ist $\mathfrak{U}$ normal in $\mathfrak{G}$, so besteht für jedes $U \in \mathfrak{U}$ eine Gleichung

$$UG = GU^* \quad \text{mit } U^* \in \mathfrak{U} \text{ für jedes } G \in \mathfrak{G}.$$

Hieraus folgt

$$\mathfrak{N}UG = \mathfrak{N}GU^* \quad \text{und} \quad \mathfrak{N}U \cdot \mathfrak{N}G = \mathfrak{N}G \cdot \mathfrak{N}U^* \quad \text{für jedes } G \in \mathfrak{G}.$$

Mithin ist auch $\mathfrak{U}/\mathfrak{N}$ normal in $\mathfrak{G}/\mathfrak{N}$.

Ist umgekehrt $\mathfrak{U}/\mathfrak{N}$ normal in $\mathfrak{G}/\mathfrak{N}$, so besteht für jedes $G \in \mathfrak{G}$ und $U \in \mathfrak{U}$ eine Gleichung

$$\mathfrak{N}U \cdot \mathfrak{N}G = \mathfrak{N}G \cdot \mathfrak{N}U^* \quad \text{oder} \quad \mathfrak{N}UG = \mathfrak{N}GU^* \quad \text{mit } U^* \in \mathfrak{U}.$$

1.2.5. Normalteiler und Faktorgruppe

Daher gilt für die Vereinigung aller $\mathfrak{N}U \in \mathfrak{U}/\mathfrak{N}$:

$$(\cup \mathfrak{N} U) G = G (\cup \mathfrak{N} U^*) \quad \text{oder} \quad \mathfrak{U} G = G \mathfrak{U}.$$

Satz 22. *Die Menge* N *aller Normalteiler* $\mathfrak{N}$ *einer Gruppe* $\mathfrak{G}$ *ist ein abgeschlossener Untergruppenverband.*

Beweis. Für Normalteiler $\mathfrak{N}_1, \mathfrak{N}_2$ der Gruppe $\mathfrak{G}$ gilt

$$\mathfrak{N}_1 G = G \mathfrak{N}_1; \quad \mathfrak{N}_2 G = G \mathfrak{N}_2 \quad \text{für jedes } G \in \mathfrak{G};$$

daraus folgt für ihren Durchschnitt

$$(\mathfrak{N}_1 \cap \mathfrak{N}_2) G = \mathfrak{N}_1 G \cap \mathfrak{N}_2 G = G \mathfrak{N}_1 \cap G \mathfrak{N}_2 = G (\mathfrak{N}_1 \cap \mathfrak{N}_2)$$

und für ihr Kompositum $\{\mathfrak{N}_1 \cup \mathfrak{N}_2\} = \mathfrak{N}_1 \mathfrak{N}_2 = \mathfrak{N}_2 \mathfrak{N}_1$

$$\mathfrak{N}_1 \mathfrak{N}_2 G = \mathfrak{N}_1 G \mathfrak{N}_2 = G \mathfrak{N}_1 \mathfrak{N}_2.$$

Durchschnitt und Kompositum von Normalteilern $\mathfrak{N}_1, \mathfrak{N}_2$ sind also normal in $\mathfrak{G}$.

Vereinigung $\mathfrak{V} = \cup \mathfrak{N}$ und Durchschnitt $\mathfrak{D} = \cap \mathfrak{N}$ einer Kette von Normalteilern $\mathfrak{N}$ in $\mathfrak{G}$ sind Untergruppen von $\mathfrak{G}$; ferner gilt

$$\left. \begin{array}{l} G\mathfrak{V} = G(\cup \mathfrak{N}) = \cup G\mathfrak{N} = \cup \mathfrak{N}G = (\cup \mathfrak{N}) G = \mathfrak{V}G \\ G\mathfrak{D} = G(\cap \mathfrak{N}) = \cap G\mathfrak{N} = \cap \mathfrak{N}G = (\cap \mathfrak{N}) G = \mathfrak{D}G \end{array} \right\} \text{für jedes } G \in \mathfrak{G}.$$

Mithin sind $\mathfrak{V}$ und $\mathfrak{D}$ normal in $\mathfrak{G}$.

Besitzt eine Gruppe $\mathfrak{G}$ keinen eigentlichen Normalteiler, so ist $\mathfrak{G}$ eine *einfache Gruppe*. Eine einfache abelsche Gruppe $\mathfrak{A}$ besitzt nach Satz 20 keine eigentliche Untergruppe, ist also nach Satz 17 eine endliche (zyklische) Gruppe von Primzahlordnung.

Definition 2*. *Ein Komplex* $\mathfrak{K}$ *einer Gruppe* $\mathfrak{G}$ *heißt normal, wenn für jedes* $G \in \mathfrak{G}$ *die Gleichung* $\mathfrak{K}G = G\mathfrak{K}$ *besteht.*

Für normale Komplexe gilt der wichtige

Satz 23. *Jeder normale Komplex* $\mathfrak{K}$ *einer Gruppe* $\mathfrak{G}$ *erzeugt einen Normalteiler* $\mathfrak{N} = \{\mathfrak{K}\}$ *in* $\mathfrak{G}$.

Beweis. Aus den Gleichungen

$$\mathfrak{K}G = G\mathfrak{K} \quad \text{und} \quad \mathfrak{K}^{-1}G = G\mathfrak{K}^{-1} \quad \text{für jedes } G \in \mathfrak{G}$$

folgt

$$(\mathfrak{K} \cup \mathfrak{K}^{-1})^n G = G (\mathfrak{K} \cup \mathfrak{K}^{-1})^n \quad \text{für jedes } n \geq 0$$

und daher auch

$$\mathfrak{N}G = \{\mathfrak{K}\} G = G \{\mathfrak{K}\} = G\mathfrak{N} \quad \text{für jedes } G \in \mathfrak{G}.$$

Bemerkenswert ist in diesem Zusammenhange noch der

Satz 23* (A. DIETZMANN). *Ein endlicher normaler Komplex* $\mathfrak{K}$ *aus Elementen endlicher Ordnung einer Gruppe* $\mathfrak{G}$ *erzeugt einen endlichen Normalteiler* $\mathfrak{N} = \{\mathfrak{K}\}$ *in* $\mathfrak{G}$.

Beweis. Besteht der Komplex $\mathfrak{K}$ aus k Elementen und ist m das kleinste gemeinschaftliche Vielfache ihrer Ordnungen, so gilt $K^m = E$ für jedes $K \in \mathfrak{K}$. Jedes Element $N \in \mathfrak{N} = \{\mathfrak{K}\}$ besitzt daher eine Darstellung

$$N = K_1 K_2 \ldots K_s$$

durch Elemente $K_\sigma \in \mathfrak{K}$. Hierbei tritt im Falle $s > k(m-1)$ wenigstens ein Element $K \in \mathfrak{K}$ mindestens m-fach auf. Wenn $K = K_\varrho$ für einen Index $1 \leq \varrho \leq s$, so bestehen, da $\mathfrak{K}$ normal ist, Gleichungen

$$K_\sigma K = K K_\sigma^* \quad \text{mit } K_\sigma^* \in \mathfrak{K} \text{ für } 1 \leq \sigma \leq \varrho - 1.$$

Da der Faktor K mindestens m-fach auftritt, erhält man nach endlich vielen solchen Umsetzungen eine Verkürzung

$$N = K^m K_1^* K_2^* \ldots K_{s-m}^* = K_1^* K_2^* \ldots K_{s-m}^*$$

der Darstellung. Mithin enthält $\mathfrak{N}$ endlich viele Elemente.

1.2.6. Ähnlichkeit

Jedes Element G einer Gruppe $\mathfrak{G}$ bestimmt durch die Zuordnung

$$\tau(G): \quad X \to G^{-1} X G \quad \text{für jedes } X \in \mathfrak{G}$$

eine eineindeutige Abbildung $\tau(G)$ der Menge $\mathfrak{G}$ auf sich; wir nennen $\tau(G)$ die *durch G induzierte Ähnlichkeitstransformation von* $\mathfrak{G}$ oder den *durch G in $\mathfrak{G}$ induzierten inneren Automorphismus* und setzen

$$\tau(G): \quad X \to G^{-1} X G = X^{\tau(G)} = X^G \quad \text{für jedes } X \in \mathfrak{G}.$$

Ein (nichtleerer) Komplex $\mathfrak{K} \subseteq \mathfrak{G}$ wird durch $\tau(G)$ auf den Komplex $\mathfrak{K}^G = G^{-1} \mathfrak{K} G$ abgebildet.

Die Eigenschaften der Ähnlichkeitstransformationen werden durch die (leicht beweisbaren) Gleichungen beschrieben:

$$(XY)^G = X^G Y^G; \quad (X^G)^H = X^{GH} \quad \text{für } X, Y, G, H \in \mathfrak{G}. \tag{1}$$

Allgemein erhält man für Komplexe

$$(\mathfrak{K} \mathfrak{L})^G = \mathfrak{K}^G \mathfrak{L}^G; \quad (\mathfrak{K}^G)^H = \mathfrak{K}^{GH}; \quad (\mathfrak{K}^{-1})^G = (\mathfrak{K}^G)^{-1}; \tag{2}$$

$$(\mathfrak{K} \cap \mathfrak{L})^G = \mathfrak{K}^G \cap \mathfrak{L}^G; \quad (\mathfrak{K} \cup \mathfrak{L})^G = \mathfrak{K}^G \cup \mathfrak{L}^G. \tag{3}$$

Definition 3. *Komplexe* $\mathfrak{K}, \mathfrak{K}_0$ *heißen (in der Gruppe $\mathfrak{G}$) ähnlich, wenn* $\mathfrak{K}^G = \mathfrak{K}_0$ *mit einem Element* $G \in \mathfrak{G}$.

Auf Grund der Gln. (2) bestimmt dieser Ähnlichkeitsbegriff in der Menge aller Komplexe von $\mathfrak{G}$ eine Kongruenz.

Satz 24. *Die einer Untergruppe $\mathfrak{U} \subseteq \mathfrak{G}$ ähnlichen Komplexe $\mathfrak{U}^G$ sind isomorphe Untergruppen in $\mathfrak{G}$; eine Untergruppe $\mathfrak{U} \subseteq \mathfrak{G}$ ist genau dann normal in $\mathfrak{G}$, wenn sie mit allen ähnlichen Untergruppen übereinstimmt.*

1.2.6. Ähnlichkeit

Beweis. Jede Ähnlichkeitstransformation $\tau(G)$ der Gruppe $\mathfrak{G}$ bestimmt auf Grund der Gleichung

$$(XY)^G = X^G Y^G \qquad \text{für } X, Y \in \mathfrak{G}$$

einen Isomorphismus

$$\tau(G): \quad U \leftrightarrow U^G \qquad \text{für jedes } U \in \mathfrak{U}$$

zwischen $\mathfrak{U}$ und dem ähnlichen Komplex $\mathfrak{U}^G$; mithin ist $\mathfrak{U}^G$ Untergruppe von $\mathfrak{G}$. Die zweite Aussage ist mit der Definition 2 gleichwertig.

Weiter bestehen die Gleichungen

$$\operatorname{ord}(\mathfrak{U}) = \operatorname{ord}(\mathfrak{U}^G); \quad \operatorname{ind}(\mathfrak{G} : \mathfrak{U}) = \operatorname{ind}(\mathfrak{G} : \mathfrak{U}^G).$$

Die erste folgt aus der Isomorphie, die zweite aus der Tatsache, daß die Restklassenzerlegungen

$$\mathfrak{G} = \sum \mathfrak{U} X_\iota = \sum \mathfrak{U}^G X_\iota^G$$

durch die Transformation $\tau(G)$ auseinander hervorgehen.

Eine Ähnlichkeitstransformation $\tau(G)$ der Gruppe $\mathfrak{G}$ bildet einen (nichtleeren) Komplex $\mathfrak{K}$ genau dann auf sich selbst ab, wenn

$$\mathfrak{K}^G = \mathfrak{K} \quad \text{oder} \quad \mathfrak{K} G = G \mathfrak{K};$$

für die Elemente $G \in \mathfrak{G}$ dieser Eigenschaft gilt:

Satz 25. *Die mit einem (nichtleeren) Komplex $\mathfrak{K} \subseteq \mathfrak{G}$ vertauschbaren Elemente einer Gruppe $\mathfrak{G}$ bilden eine Untergruppe $\mathfrak{N}(\mathfrak{K}) \subseteq \mathfrak{G}$, den Normalisator des Komplexes $\mathfrak{K}$ in $\mathfrak{G}$.*

Der Normalisator $\mathfrak{N}(\mathfrak{K}^G)$ des ähnlichen Komplexes $\mathfrak{K}^G$ ist die zum Normalisator $\mathfrak{N}(\mathfrak{K})$ ähnliche Untergruppe $(\mathfrak{N}(\mathfrak{K}))^G$ von $\mathfrak{G}$.

Für den Normalisator des Komplexes $\mathfrak{K}$ verwenden wir häufig das genauere Zeichen

$$\mathfrak{N}(\mathfrak{K}) = \mathfrak{N}(\mathfrak{K} \subseteq \mathfrak{G}).$$

Beweis. Aus den Voraussetzungen

$$\mathfrak{K}^A = \mathfrak{K}; \quad \mathfrak{K}^B = \mathfrak{K} \qquad \text{mit } A, B \in \mathfrak{N}(\mathfrak{K})$$

folgt

$$\mathfrak{K}^{B^{-1}} = \mathfrak{K} \quad \text{und} \quad \mathfrak{K}^{AB^{-1}} = \mathfrak{K}^{B^{-1}} = \mathfrak{K}.$$

Ferner gilt für jedes $G \in \mathfrak{G}$

$$\mathfrak{K}^G = \mathfrak{K}^{AG} = \mathfrak{K}^{GG^{-1}AG}, \quad \text{also} \quad G^{-1}AG = A^G \in \mathfrak{N}(\mathfrak{K}^G);$$

umgekehrt erhält man für jedes $C \in \mathfrak{N}(\mathfrak{K}^G)$

$$\mathfrak{K}^{GCG^{-1}} = (\mathfrak{K}^G)^{CG^{-1}} = \mathfrak{K}^{GG^{-1}} = \mathfrak{K}, \quad \text{also} \quad GCG^{-1} \in \mathfrak{N}(\mathfrak{K}).$$

Mithin besteht die Gleichung

$$\mathfrak{N}(\mathfrak{K}^G) = (\mathfrak{N}(\mathfrak{K}))^G.$$

Satz 25*. *Der Normalisator $\mathfrak{N}(\mathfrak{U})$ einer Untergruppe $\mathfrak{U} \subseteq \mathfrak{G}$ ist die maximale Untergruppe von $\mathfrak{G}$, in der $\mathfrak{U}$ Normalteiler ist.*

Beweis. Wegen $\mathfrak{U}^U = \mathfrak{U}$ für $U \in \mathfrak{U}$ ist $\mathfrak{U}$ im Normalisator $\mathfrak{N}(\mathfrak{U})$ enthalten; wegen $\mathfrak{U}^G = \mathfrak{U}$ für $G \in \mathfrak{N}(\mathfrak{U})$ ist $\mathfrak{U}$ normal in $\mathfrak{N}(\mathfrak{U})$. Andererseits gehört jedes Element H einer Untergruppe $\mathfrak{H} \subseteq \mathfrak{G}$, in der $\mathfrak{U}$ Normalteiler ist, wegen $\mathfrak{U}^H = \mathfrak{U}$ zum Normalisator $\mathfrak{N}(\mathfrak{U})$.

Der Normalisator $\mathfrak{N}(\mathfrak{K} \subseteq \mathfrak{G})$ eines Komplexes $\mathfrak{K}$ in $\mathfrak{G}$ besteht aus den mit $\mathfrak{K}$ vertauschbaren Elementen $G \in \mathfrak{G}$; daher bilden die mit $\mathfrak{K}$ elementweise vertauschbaren Elemente $Z \in \mathfrak{G}$ eine Untergruppe $\mathfrak{Z}(\mathfrak{K}) = \mathfrak{Z}(\mathfrak{K} \subseteq \mathfrak{G})$, den *Zentralisator des Komplexes $\mathfrak{K}$ in $\mathfrak{G}$*. In der Tat findet man

$$KZ_1 Z_2^{-1} = Z_1 Z_2^{-1} K, \quad \text{wenn} \quad KZ_1 = Z_1 K; \quad KZ_2 = Z_2 K \text{ für jedes } K \in \mathfrak{K}.$$

Satz 26. *Der Zentralisator $\mathfrak{Z}(\mathfrak{K})$ eines Komplexes $\mathfrak{K}$ einer Gruppe $\mathfrak{G}$ ist Normalteiler des Normalisators $\mathfrak{N}(\mathfrak{K})$ in $\mathfrak{G}$.*

Beweis. Für jedes Tripel $K \in \mathfrak{K}$; $Z \in \mathfrak{Z}(\mathfrak{K})$; $N \in \mathfrak{N}(\mathfrak{K})$ gilt

$$KZ = ZK; \quad K^N Z^N = Z^N K^N, \quad \text{also} \quad K^* Z^N = Z^N K^* \text{ für jedes } K^* \in \mathfrak{K},$$

da $K^* = K^N$ mit K den Komplex $\mathfrak{K}$ durchläuft. Daraus folgt

$$(\mathfrak{Z}(\mathfrak{K}))^N \subseteq \mathfrak{Z}(\mathfrak{K}) \quad \text{für jedes } N \in \mathfrak{N}(\mathfrak{K}), \quad \text{also} \quad \mathfrak{Z}(\mathfrak{K}) \trianglelefteq \mathfrak{N}(\mathfrak{K}).$$

Jedes Element N des Normalisators $\mathfrak{N}(\mathfrak{K})$ induziert eine Abbildung $\tau(N)$ des Komplexes $\mathfrak{K}$ auf sich; zwei Elemente $N_1, N_2 \in \mathfrak{N}(\mathfrak{K})$ induzieren genau dann die gleiche Abbildung, wenn

$$K^{N_1} = K^{N_2} \quad \text{oder} \quad K^{N_1 N_2^{-1}} = K \quad \text{für jedes } K \in \mathfrak{K},$$

also

$$N_1 N_2^{-1} \in \mathfrak{Z}(\mathfrak{K}) \quad \text{oder} \quad N_1 \equiv N_2 \bmod \mathfrak{Z}(\mathfrak{K}).$$

Die Restklassenzerlegung

$$\mathfrak{N}(\mathfrak{K}) = \sum_i \mathfrak{Z}(\mathfrak{K}) N_i$$

liefert daher durch die Repräsentanten N_i die verschiedenen Transformationen $\tau(N_i)$ der Gruppe $\mathfrak{G}$, die den Komplex $\mathfrak{K}$ auf sich selbst abbilden.

Die Gruppe $\mathfrak{G}$ selbst besitzt den Normalisator $\mathfrak{N}(\mathfrak{G} \subseteq \mathfrak{G}) = \mathfrak{G}$; daher ist der Zentralisator $\mathfrak{Z}(\mathfrak{G})$, die Menge aller mit $\mathfrak{G}$ elementweise vertauschbaren Elemente $Z \in \mathfrak{G}$, Normalteiler in $\mathfrak{G}$. Da auch die Elemente von $\mathfrak{Z}(\mathfrak{G})$ paarweise vertauschbar sind, ist $\mathfrak{Z}(\mathfrak{G})$ abelsch; Gleiches gilt für jede Untergruppe $\mathfrak{U} \subseteq \mathfrak{Z}(\mathfrak{G})$.

Satz 26*. *Die mit einer Gruppe $\mathfrak{G}$ elementweise vertauschbaren Elemente $Z \in \mathfrak{G}$ bilden einen abelschen Normalteiler in $\mathfrak{G}$, das Zentrum $\mathfrak{Z}(\mathfrak{G})$ der Gruppe $\mathfrak{G}$. Jede Untergruppe $\mathfrak{U} \subseteq \mathfrak{Z}(\mathfrak{G})$ ist (abelscher) Normalteiler von $\mathfrak{G}$.*

1.2.6. Ähnlichkeit

Eine *abelsche Gruppe* $\mathfrak{A}$ stimmt mit ihrem Zentrum $\mathfrak{Z}(\mathfrak{A})$ überein; eine Gruppe $\mathfrak{G}$, deren Zentrum $\mathfrak{Z}(\mathfrak{G})$ die Einheit E ist, nennt man *Gruppe ohne Zentrum*.

Der Normalisator $\mathfrak{N}(\mathfrak{K})$ eines Komplexes $\mathfrak{K}$ in einer Gruppe $\mathfrak{G}$ führt zu Aussagen über die Anzahl der zu $\mathfrak{K}$ ähnlichen Komplexe. Da die Gleichung

$$\mathfrak{K}^G = \mathfrak{K}^H \quad \text{oder} \quad \mathfrak{K}^{GH^{-1}} = \mathfrak{K} \quad \text{für } G, H \in \mathfrak{G}$$

genau dann besteht, wenn

$$GH^{-1} \in \mathfrak{N}(\mathfrak{K}) \quad \text{oder} \quad G \equiv H \bmod \mathfrak{N}(\mathfrak{K}), E,$$

erhalten wir aus der Restklassenzerlegung

$$\mathfrak{G} = \sum_i \mathfrak{N}(\mathfrak{K}) G_i$$

in den Komplexen $\mathfrak{K}_i = \mathfrak{K}^{G_i}$ einen vollen Satz verschiedener, zu $\mathfrak{K}$ ähnlicher Komplexe:

Satz 27. *Ist der Normalisator $\mathfrak{N}(\mathfrak{K})$ eines Komplexes $\mathfrak{K}$ in $\mathfrak{G}$ von endlichem Index* $\text{ind}(\mathfrak{G}:\mathfrak{N}(\mathfrak{K})) = k > 0$, *so ist k die Anzahl der zu $\mathfrak{K}$ ähnlichen Komplexe $\mathfrak{K}^G$ mit $G \in \mathfrak{G}$.*

Mitunter wird ein genauerer Ähnlichkeitsbegriff benötigt: Zwei Komplexe $\mathfrak{K}, \mathfrak{K}_0 \subseteq \mathfrak{G}$ heißen *in der Untergruppe* $\mathfrak{U} \subseteq \mathfrak{G}$ *ähnlich*, wenn $\mathfrak{K}^U = \mathfrak{K}_0$ mit einem Element $U \in \mathfrak{U}$; auch diese Ähnlichkeit besitzt alle Eigenschaften einer Kongruenz.

Eine Gleichung $\mathfrak{K}^U = \mathfrak{K}^V$ für $U, V \in \mathfrak{U}$ besteht genau dann, wenn

$$UV^{-1} \in \mathfrak{N}(\mathfrak{K} \subseteq \mathfrak{G}), \quad \text{also} \quad UV^{-1} \in \mathfrak{U} \cap \mathfrak{N}(\mathfrak{K} \subseteq \mathfrak{G}) = \mathfrak{D};$$

daher liefert die Restklassenzerlegung

$$\mathfrak{U} = \sum_\varkappa \mathfrak{D} U_\varkappa \quad \text{mit } \mathfrak{D} = \mathfrak{U} \cap \mathfrak{N}(\mathfrak{K} \subseteq \mathfrak{G})$$

in den Komplexen $\mathfrak{K}_\varkappa = \mathfrak{K}^{U_\varkappa}$ einen vollen Satz verschiedener, zu $\mathfrak{K}$ in $\mathfrak{U}$ ähnlicher Komplexe $\mathfrak{K}^U$ aus $\mathfrak{G}$. Im endlichen Fall gibt der Index $\text{ind}(\mathfrak{U}:\mathfrak{U} \cap \mathfrak{N}(\mathfrak{K} \subseteq \mathfrak{G})) = l > 0$ daher die Anzahl der zu $\mathfrak{K}$ in $\mathfrak{U}$ ähnlichen Komplexe aus $\mathfrak{G}$.

Zwischen den Normalisatoren verschiedener Komplexe können kaum Beziehungen hergestellt werden; für die Zentralisatoren erhalten wir:

Erzeugt der Komplex $\mathfrak{K}$ in der Gruppe $\mathfrak{G}$ die Untergruppe $\mathfrak{U} = \{\mathfrak{K}\}$, so gilt $\mathfrak{Z}(\mathfrak{K}) = \mathfrak{Z}(\mathfrak{U})$.

Für Komplexe $\mathfrak{K}, \mathfrak{L}$ in $\mathfrak{G}$ mit nichtleerem Durchschnitt gilt

$$\mathfrak{Z}(\mathfrak{K} \cap \mathfrak{L}) \supseteq \{\mathfrak{Z}(\mathfrak{K}) \cup \mathfrak{Z}(\mathfrak{L})\} \quad \text{und} \quad \mathfrak{Z}(\mathfrak{K} \cup \mathfrak{L}) = \mathfrak{Z}(\mathfrak{K}) \cap \mathfrak{Z}(\mathfrak{L}).$$

Beweis. Die mit dem Komplex $\mathfrak{K}$ elementweise vertauschbaren Elemente $Z \in \mathfrak{Z}(\mathfrak{K}) \subseteq \mathfrak{G}$ sind auch mit den Potenzen $(\mathfrak{K} \cup \mathfrak{K}^{-1})^n$ des Komplexes $\mathfrak{K} \cup \mathfrak{K}^{-1}$ elementweise vertauschbar. Hieraus folgt $\mathfrak{Z}(\mathfrak{K}) \subseteq \mathfrak{Z}(\{\mathfrak{K}\})$; andererseits ist jedes $Z \in \mathfrak{Z}(\{\mathfrak{K}\})$ mit $\mathfrak{K}$ elementweise vertauschbar.

Für Komplexe $\mathfrak{K}, \mathfrak{L} \subseteq \mathfrak{G}$ mit nichtleerem Durchschnitt $\mathfrak{K} \cap \mathfrak{L}$ ist $\mathfrak{Z}(\mathfrak{K}) \cup \mathfrak{Z}(\mathfrak{L})$ mit $\mathfrak{K} \cap \mathfrak{L}$ elementweise vertauschbar, also

$$\mathfrak{Z}(\mathfrak{K}) \cup \mathfrak{Z}(\mathfrak{L}) \subseteq \mathfrak{Z}(\mathfrak{K} \cap \mathfrak{L}) \quad \text{und} \quad \{\mathfrak{Z}(\mathfrak{K}) \cup \mathfrak{Z}(\mathfrak{L})\} \subseteq \mathfrak{Z}(\mathfrak{K} \cap \mathfrak{L}).$$

Der Durchschnitt $\mathfrak{Z}(\mathfrak{K}) \cap \mathfrak{Z}(\mathfrak{L})$ ist mit $\mathfrak{K} \cup \mathfrak{L}$ elementweise vertauschbar; andererseits ist ein mit $\mathfrak{K} \cup \mathfrak{L}$ elementweise vertauschbares $Z \in \mathfrak{G}$ auch mit $\mathfrak{K}$ und mit $\mathfrak{L}$ elementweise vertauschbar:

$$\mathfrak{Z}(\mathfrak{K} \cup \mathfrak{L}) = \mathfrak{Z}(\mathfrak{K}) \cap \mathfrak{Z}(\mathfrak{L}).$$

Hieraus entnehmen wir noch

$$\mathfrak{Z}(\mathfrak{K}) \subseteq \mathfrak{Z}(\mathfrak{L}), \quad \text{wenn} \quad \mathfrak{L} \subseteq \mathfrak{K} \subseteq \mathfrak{G}.$$

Aus diesen Bemerkungen ergibt sich eine enge Korrespondenz zwischen dem Untergruppenverband einer Gruppe $\mathfrak{G}$ und der Menge der zugehörigen Zentralisatoren $\mathfrak{Z}(\mathfrak{U})$ für Untergruppen $\mathfrak{U} \subseteq \mathfrak{G}$. Setzen wir zur Vereinfachung noch $\mathfrak{Z}(\mathfrak{U}) = \mathfrak{U}^*$, so gilt der

Satz 28. *Für Untergruppen* $\mathfrak{U}, \mathfrak{V}$ *einer Gruppe* $\mathfrak{G}$ *gilt*

$$(\mathfrak{U} \cap \mathfrak{V})^* \supseteq \{\mathfrak{U}^* \cup \mathfrak{V}^*\} \quad \text{und} \quad \{\mathfrak{U} \cup \mathfrak{V}\}^* = \mathfrak{U}^* \cap \mathfrak{V}^*;$$

ist $\mathfrak{U}$ *normal in* $\mathfrak{G}$, *so ist auch* $\mathfrak{U}^*$ *normal in* $\mathfrak{G}$.

Für Durchschnitt $\mathfrak{D} = \cap \mathfrak{U}$ *und Vereinigung* $\mathfrak{V} = \cup \mathfrak{U}$ *einer Untergruppenkette* **K** *aus* $\mathfrak{G}$ *gilt*

$$\mathfrak{D}^* \supseteq \cup \mathfrak{U}^* \quad \text{und} \quad \mathfrak{V}^* = \cap \mathfrak{U}^*.$$

Einer aufsteigenden Untergruppenfolge $(\mathfrak{U}_\nu)$ *in* $\mathfrak{G}$:

$$\mathfrak{U}_0 = E; \quad \mathfrak{U}_\nu \subset \mathfrak{U}_{\nu+1}; \quad \mathfrak{U}_\sigma = \mathfrak{G} \quad \textit{für jeden Index } \nu < \sigma \in \Lambda,$$
$$\mathfrak{U}_\lambda = \bigcup_{\nu < \lambda} \mathfrak{U}_\nu \quad \textit{für jeden Limesindex } \lambda \leq \sigma,$$

entspricht eine absteigende Untergruppenfolge $(\mathfrak{U}_\nu^*)$ *in* $\mathfrak{G}$:

$$\mathfrak{U}_0^* = \mathfrak{G}; \quad \mathfrak{U}_{\nu+1}^* \subseteq \mathfrak{U}_\nu^*; \quad \mathfrak{U}_\sigma^* = \mathfrak{Z}(\mathfrak{G}) \quad \textit{für jeden Index } \nu < \sigma \in \Lambda,$$
$$\mathfrak{U}_\lambda^* = \bigcap_{\nu < \lambda} \mathfrak{U}_\nu^* \quad \textit{für jeden Limesindex } \lambda \leq \sigma.$$

Zum Beweise ist noch nachzutragen: Der Zentralisator $\mathfrak{U}^* = \mathfrak{Z}(\mathfrak{U})$ ist Normalteiler des Normalisators $\mathfrak{N}(\mathfrak{U})$; ist $\mathfrak{U}$ normal in $\mathfrak{G}$, so ist auch $\mathfrak{U}^*$ normal in $\mathfrak{G}$.

Für Durchschnitt $\mathfrak{D} = \cap \mathfrak{U}$ und Vereinigung $\mathfrak{V} = \cup \mathfrak{U}$ einer Untergruppenkette **K** gilt

$$\mathfrak{D} \subseteq \mathfrak{U} \subseteq \mathfrak{V}, \quad \text{also} \quad \mathfrak{V}^* \subseteq \mathfrak{U}^* \subseteq \mathfrak{D}^* \quad \text{für jedes } \mathfrak{U} \in \mathbf{K},$$

also

$$\mathfrak{V}^* \subseteq \cap \mathfrak{U}^* \quad \text{und} \quad \{\cup \mathfrak{U}^*\} = \cup \mathfrak{U}^* \subseteq \mathfrak{D}^*.$$

1.2.6. Ähnlichkeit

Der Durchschnitt $\cap \mathfrak{U}^*$ ist mit jedem $\mathfrak{U} \in \mathsf{K}$, also auch mit $\mathfrak{V} = \cup \mathfrak{U}$ elementweise vertauschbar.

Die letzte Aussage ist nun leicht zu erhalten.

Satz 29. *Für eine Untergruppe $\mathfrak{U}$ der Gruppe $\mathfrak{G}$ ist der Durchschnitt*

$$\mathfrak{D} = \bigcap_G \mathfrak{U}^G \qquad \text{über } G \in \mathfrak{G}$$

der maximale in $\mathfrak{U}$ enthaltene Normalteiler von $\mathfrak{G}$, das Kompositum

$$\mathfrak{V} = \{\bigcup_G \mathfrak{U}^G\} \qquad \text{über } G \in \mathfrak{G}$$

der minimale $\mathfrak{U}$ umfassende Normalteiler von $\mathfrak{G}$.

Beweis. Aus $\mathfrak{D} \subseteq \mathfrak{U}^G$ folgt

$$\mathfrak{D}^H \subseteq \mathfrak{U}^{GH}; \quad \mathfrak{D}^H \subseteq \bigcap_G \mathfrak{U}^{GH} = \mathfrak{D} \qquad \text{für jedes } H \in \mathfrak{G};$$

mithin ist $\mathfrak{D}$ normal in $\mathfrak{G}$. Ein in $\mathfrak{U}$ enthaltener Normalteiler $\mathfrak{N} \subseteq | \mathfrak{G}$ erfüllt für jedes $G \in \mathfrak{G}$

$$\mathfrak{N} = \mathfrak{N}^G \subseteq \mathfrak{U}^G, \quad \text{also} \quad \mathfrak{N} \subseteq \cap \mathfrak{U}^G = \mathfrak{D}.$$

Die Vereinigung $\mathfrak{V}^* = \bigcup_G \mathfrak{U}^G$ über $G \in \mathfrak{G}$ ist wegen

$$\mathfrak{V}^{*H} = \left(\bigcup_G \mathfrak{U}^G\right)^H = \bigcup_G \mathfrak{U}^{GH} = \mathfrak{V}^* \qquad \text{für jedes } H \in \mathfrak{G}$$

ein normaler Komplex, die Gruppe $\mathfrak{V} = \{\mathfrak{V}^*\}$ also nach Satz 23 normal in $\mathfrak{G}$. Jeder $\mathfrak{U}$ umfassende Normalteiler $\mathfrak{N} \subseteq | \mathfrak{G}$ erfüllt für jedes $G \in \mathfrak{G}$

$$\mathfrak{U}^G \subseteq \mathfrak{N}^G = \mathfrak{N}, \quad \text{also} \quad \mathfrak{V} = \{\cup \mathfrak{U}^G\} \subseteq \mathfrak{N}.$$

Satz 29*. *Ist $\mathfrak{U}$ Untergruppe von $\mathfrak{G}$ mit endlichem Index, so ist auch der Normalteiler $\mathfrak{D} = \bigcap_G \mathfrak{U}^G$ in $\mathfrak{G}$ von endlichem Index.*

Beweis. Da eine Untergruppe $\mathfrak{U}$ ihrem Normalisator $\mathfrak{N}(\mathfrak{U})$ angehört, ist der Index $\text{ind}(\mathfrak{G} : \mathfrak{N}(\mathfrak{U})) = l$ Teiler des Index $\text{ind}(\mathfrak{G} : \mathfrak{U}) = k > 0$. Da l nach Satz 27 die Anzahl der zu $\mathfrak{U}$ ähnlichen Untergruppen angibt, ist der Durchschnitt $\mathfrak{D} = \cap \mathfrak{U}^G$ nach Satz 15 von endlichem Index in $\mathfrak{G}$.

Für endliche Gruppen gilt ferner

Satz 30. *Ein voller Satz einander ähnlicher echter Untergruppen einer endlichen Gruppe G enthält niemals alle Elemente von $\mathfrak{G}$.*

Beweis. Für eine (echte) Untergruppe $\mathfrak{U}$ und ihren Normalisator $\mathfrak{N}(\mathfrak{U})$ in $\mathfrak{G}$ gilt

$$\text{ord}(\mathfrak{G}) = \text{ord}(\mathfrak{U}) \, \text{ind}(\mathfrak{G} : \mathfrak{N}(\mathfrak{U})) \, \text{ind}(\mathfrak{N}(\mathfrak{U}) : \mathfrak{U});$$

ist $(\mathfrak{U}_\lambda)$ (für $1 \leq \lambda \leq l$) mit dem Index $l = \text{ind}(\mathfrak{G} : \mathfrak{N}(\mathfrak{U}))$ ein voller Satz zu $\mathfrak{U}$ ähnlicher Gruppen, so besitzt die Vereinigung $\bigcup_\lambda \mathfrak{U}_\lambda$, da jedes $\mathfrak{U}_\lambda$ die Einheit E enthält, höchstens

$$\text{ord}(\mathfrak{U}) \, (\text{ind}(\mathfrak{G} : \mathfrak{N}(\mathfrak{U})) - 1) + 1$$

verschiedene Elemente. Daraus folgt

$$\operatorname{ord}(\mathfrak{G}) > \operatorname{ord}(\mathfrak{U}) \operatorname{ind}(\mathfrak{G} : \mathfrak{N}(\mathfrak{U})) - \operatorname{ord}(\mathfrak{U}) + 1 \quad \text{oder} \quad \operatorname{ord}(\mathfrak{G}) = 1.$$

Für unendliche Gruppen $\mathfrak{G}$ kann nur unter zusätzlichen Bedingungen eine analoge Aussage gemacht werden:

Satz 30*. *Es sei $\mathfrak{U}$ echte Untergruppe von $\mathfrak{G}$, deren Normalisator $\mathfrak{N}(\mathfrak{U})$ in $\mathfrak{G}$ endlichen Index besitzt. Dann umfaßt die Vereinigung $\mathfrak{K} = \bigcup_G \mathfrak{U}^G$ nicht die gesamte Gruppe $\mathfrak{G}$.*

Beweis. Im Falle $\mathfrak{U} \subseteq \mathfrak{N}(\mathfrak{U}) = \mathfrak{G}$ ist $\mathfrak{U}$ normal in $\mathfrak{G}$ und $\mathfrak{K} = \mathfrak{U} \subset \mathfrak{G}$; im Falle $\mathfrak{U} \subseteq \mathfrak{N}(\mathfrak{U}) \subset \mathfrak{G}$ gilt für jedes $G \in \mathfrak{G}$

$$\mathfrak{U}^G \subseteq (\mathfrak{N}(\mathfrak{U}))^G \subset \mathfrak{G}, \quad \text{also} \quad \mathfrak{K} \subseteq \bigcup_G (\mathfrak{N}(\mathfrak{U}))^G \subseteq \mathfrak{G}.$$

Es genügt daher, den Beweis für Untergruppen $\mathfrak{U}$ von endlichem Index $\operatorname{ind}(\mathfrak{G} : \mathfrak{U}) = k > 0$ zu erbringen. Dann ist nach Satz 29* auch der maximale in $\mathfrak{U}$ enthaltene Normalteiler $\mathfrak{D}$ von $\mathfrak{G}$ von endlichem Index in $\mathfrak{G}$ und

$$1 \subset \mathfrak{U}/\mathfrak{D} \subset \mathfrak{G}/\mathfrak{D}.$$

Alle zu $\mathfrak{U}/\mathfrak{D}$ ähnlichen Untergruppen der (endlichen) Faktorgruppe $\mathfrak{G}/\mathfrak{D}$ sind von der Gestalt $\mathfrak{U}^G/\mathfrak{D}$ mit $G \in \mathfrak{G}$; der Satz 30 ergibt

$$\bigcup_G \mathfrak{U}^G/\mathfrak{D} \subset \mathfrak{G}/\mathfrak{D}, \quad \text{also} \quad \bigcup \mathfrak{U}^G \subset \mathfrak{G}.$$

Daß eine unendliche Gruppe $\mathfrak{G}$ von einem vollen Satz ähnlicher Untergruppen überdeckt werden kann, zeigt das

Beispiel. In der finiten Permutationsgruppe $\mathfrak{S}_\omega^*$ der Menge der natürlichen Zahlen sei $\mathfrak{U}_n$ die Fixgruppe der Zahl n. Untergruppen $\mathfrak{U}_m, \mathfrak{U}_n$ sind ähnlich, da sie durch

$$\pi: \quad m \to n; \quad n \to m; \quad x \to x \quad \text{für } x \neq m, n$$

ineinander transformiert werden. Jede (finite) Permutation aus $\mathfrak{S}_\omega^*$ gehört (unendlich vielen) Untergruppen $\mathfrak{U}_n$ an.

Die Betrachtungen über ähnliche Untergruppen in einer Gruppe ermöglichen eine nähere Behandlung der Zerlegung nach einem Doppelmodul: In einer Restklassenzerlegung

$$\mathfrak{G} = \sum_\iota \mathfrak{U} A_\iota \mathfrak{V} \quad \text{(über } \iota \in \mathsf{I}\text{)}$$

besteht jeder Komplex $\mathfrak{U} A \mathfrak{V}$ aus linksseitigen Restklassen nach $\mathfrak{U}$ und rechtsseitigen Restklassen nach $\mathfrak{V}$. Da eine Gleichung

$$\mathfrak{U} A V_1 = \mathfrak{U} A V_2 \quad \text{mit } V_1, V_2 \in \mathfrak{V}$$

genau dann besteht, wenn

$$\mathfrak{U}^A V_1 = \mathfrak{U}^A V_2, \quad \text{also} \quad (\mathfrak{U}^A \cap \mathfrak{V}) V_1 = (\mathfrak{U}^A \cap \mathfrak{V}) V_2,$$

erhalten wir:

1.2.6. Ähnlichkeit

Die Anzahl der linksseitigen Restklassen nach $\mathfrak{U}$ im Komplex $\mathfrak{U}A\mathfrak{V}$ wird durch den Index $\mathrm{ind}(\mathfrak{V}:\mathfrak{V}\cap\mathfrak{U}^A)$ bestimmt.

Ebenso findet man, daß die Gleichung

$$U_1 A \mathfrak{V} = U_2 A \mathfrak{V} \quad \text{mit } U_1, U_2 \in \mathfrak{U}$$

genau dann besteht, wenn

$$U_1(\mathfrak{U}\cap\mathfrak{V}^{A^{-1}}) = U_2(\mathfrak{U}\cap\mathfrak{V}^{A^{-1}}),$$

woraus folgt:

Die Anzahl der rechtsseitigen Restklassen nach $\mathfrak{V}$ im Komplex $\mathfrak{U}A\mathfrak{V}$ wird durch den Index $\mathrm{ind}(\mathfrak{U}^A:\mathfrak{U}^A\cap\mathfrak{V})$ bestimmt.

Für Untergruppen $\mathfrak{U}, \mathfrak{V} \subseteqq \mathfrak{G}$ von endlichem Index $\mathrm{ind}(\mathfrak{G}:\mathfrak{U}) = u > 0$ bzw. $\mathrm{ind}(\mathfrak{G}:\mathfrak{V}) = v > 0$ erhalten wir eine endliche Zerlegung

$$\mathfrak{G} = \mathfrak{U}A_1\mathfrak{V} + \mathfrak{U}A_2\mathfrak{V} + \cdots + \mathfrak{U}A_k\mathfrak{V} \quad \text{mit } k = \mathrm{ind}(\mathfrak{G}:\mathfrak{U},\mathfrak{V}).$$

Daraus folgt unter Abzählung der linksseitigen Restklassen nach $\mathfrak{U}$ bzw. der rechtsseitigen Restklassen nach $\mathfrak{V}$:

$$\mathrm{ind}(\mathfrak{G}:\mathfrak{U}) = u = u_1 + u_2 + \cdots + u_k; \quad \mathrm{ind}(\mathfrak{G}:\mathfrak{V}) = v = v_1 + v_2 + \cdots + v_k$$

mit

$$\begin{aligned} u_\varkappa &= \mathrm{ind}(\mathfrak{V}:\mathfrak{V}\cap\mathfrak{U}^{A_\varkappa}); & v_\varkappa &= \mathrm{ind}(\mathfrak{U}^{A_\varkappa}:\mathfrak{U}^{A_\varkappa}\cap\mathfrak{V}) \\ v u_\varkappa &= \mathrm{ind}(\mathfrak{G}:\mathfrak{V}\cap\mathfrak{U}^{A_\varkappa}); & u v_\varkappa' &= \mathrm{ind}(\mathfrak{G}:\mathfrak{U}^{A_\varkappa}\cap\mathfrak{V}) \end{aligned} \quad \text{für } 1 \leq \varkappa \leq k,$$

also

$$\frac{u}{v} = \frac{u_1}{v_1} = \frac{u_2}{v_2} = \cdots = \frac{u_k}{v_k}.$$

Für eine echte Untergruppe $\mathfrak{U}$ von endlichem Index $\mathrm{ind}(\mathfrak{G}:\mathfrak{U}) = u > 0$ erhalten wir insbesondere die Doppelmodulzerlegung

$$\mathfrak{G} = \sum_{1 \leq \varkappa \leq k} \mathfrak{U} A_\varkappa \mathfrak{U}$$

und wie zuvor

$$\mathrm{ind}(\mathfrak{G}:\mathfrak{U}) = u = u_1 + u_2 + \cdots + u_k \quad \text{mit } u_\varkappa = \mathrm{ind}(\mathfrak{U}:\mathfrak{U}\cap\mathfrak{U}^{A_\varkappa}).$$

Wegen $k > 1$ entnehmen wir hieraus die Ungleichung

$$\mathrm{ind}(\mathfrak{U}:\mathfrak{U}\cap\mathfrak{U}^A) < \mathrm{ind}(\mathfrak{G}:\mathfrak{U}) \quad \text{für jedes } A \in \mathfrak{G}.$$

Zwei Elemente A, B einer Gruppe $\mathfrak{G}$ sind *ähnlich*, wenn eine Gleichung

$$B = A^G = G^{-1} A G \quad \text{mit } G \in \mathfrak{G}$$

besteht. Jede Gruppe $\mathfrak{G}$ zerfällt in *Ähnlichkeitsklassen* (kürzer: *Klassen*) $\mathfrak{k}(A)$, die durch jeden ihrer Repräsentanten A gekennzeichnet sind:

$$\mathfrak{G} = \sum_\iota \mathfrak{k}(A_\iota) \quad (\text{über } \iota \in \mathfrak{l})$$

bei geeigneter Indexmenge. Im endlichen Falle gilt

$$\mathfrak{G} = \mathfrak{k}(A_1) + \mathfrak{k}(A_2) + \cdots + \mathfrak{k}(A_h)$$

mit der *Klassenzahl h* der Gruppe $\mathfrak{G}$.

Jede Klasse $\mathfrak{k}(A)$ ist ein normaler Komplex in $\mathfrak{G}$; jeder in $\mathfrak{G}$ normale Komplex $\mathfrak{K}$, insbesondere jeder Normalteiler der Gruppe besteht aus vollen Klassen.

Normalisator $\mathfrak{N}(A)$ und Zentralisator $\mathfrak{Z}(A)$ eines Elementes $A \in \mathfrak{G}$ stimmen als Menge aller mit A vertauschbaren Elemente aus $\mathfrak{G}$ überein. Die Restklassenzerlegung

$$\mathfrak{G} = \sum_i \mathfrak{Z}(A) Y_i$$

liefert die verschiedenen Elemente A^{Y_i} der Klasse $\mathfrak{k}(A)$. Die Anzahl der Elemente in der Klasse $\mathfrak{k}(A)$, die *Ordnung der Klasse*, wird also durch den Index $\mathrm{ind}(\mathfrak{G}:\mathfrak{Z}(A))$ bestimmt; insbesondere gilt:

Satz 31. *In einer endlichen Gruppe $\mathfrak{G}$ ist die Ordnung jeder Ähnlichkeitsklasse $\mathfrak{k}(A)$ Teiler der Ordnung von $\mathfrak{G}$.*

Eine Gruppe $\mathfrak{G}$, deren Klassen $\mathfrak{k}(A)$ sämtlich endliche Ordnung besitzen, wollen wir als *klassenfinit* bezeichnen. Jede abelsche Gruppe $\mathfrak{A}$ ist klassenfinit, da jede Klasse $\mathfrak{k}(A)$ nur ein Element enthält. In einer nichtabelschen Gruppe $\mathfrak{G}$ gibt es wenigstens eine Klasse $\mathfrak{k}(A)$, die mehr als ein Element enthält, während die Klassen $\mathfrak{k}(Z)$ der Ordnung 1 das Zentrum $\mathfrak{Z}(\mathfrak{G})$ der Gruppe ausmachen. Das Einheitselement bildet insbesondere die *Einheitsklasse* $\mathfrak{k}(E)$.

Die Potenzen B^g mit festem Exponenten g aller Elemente B einer Klasse $\mathfrak{k}(A)$ der Gruppe $\mathfrak{G}$ bilden wegen

$$B^g = (A^G)^g = (A^g)^G \quad \text{für } G \in \mathfrak{G}$$

die Ähnlichkeitsklasse $\mathfrak{k}(A^g)$; alle Elemente einer Klasse $\mathfrak{k}(A)$ haben daher gleiche Ordnung. Auf Grund der Beziehung $\mathfrak{Z}(A) \subseteq \mathfrak{Z}(A^g)$ und der Gleichung

$$\mathrm{ind}(\mathfrak{G}:\mathfrak{Z}(A)) = \mathrm{ind}(\mathfrak{G}:\mathfrak{Z}(A^g))\,\mathrm{ind}(\mathfrak{Z}(A^g):\mathfrak{Z}(A))$$

ist im endlichen Falle die Ordnung der Klasse $\mathfrak{k}(A^g)$ Teiler der Ordnung der Klasse $\mathfrak{k}(A)$. Besitzen die Elemente der Klasse $\mathfrak{k}(A)$ endliche Ordnung $\mathrm{ord}(A) = a > 0$, so gilt

$$\mathfrak{Z}(A) = \mathfrak{Z}(A^g) \quad \text{im Falle } (a, g) = 1;$$

da sich dann eine eineindeutige Zuordnung

$$\mathfrak{k}(A) \leftrightarrow \mathfrak{k}(A^g): \quad B \leftrightarrow B^g \quad \text{für } B \in \mathfrak{k}(A)$$

herstellen läßt, besitzen in diesem Falle die Klassen $\mathfrak{k}(A)$ und $\mathfrak{k}(A^g)$ gleiche Ordnung.

1.2.6. Ähnlichkeit

Zwei Elemente A, B der Gruppe $\mathfrak{G}$ sind *in der Untergruppe* $\mathfrak{U}\subseteq\mathfrak{G}$ *ähnlich*, wenn $B=A^U$ mit einem $U\in\mathfrak{U}$. Die Klasse $\mathfrak{k}^*(A)$ der zu $A\in\mathfrak{G}$ in $\mathfrak{U}$ ähnlichen Elemente ist Teilmenge der Klasse $\mathfrak{k}(A)$ der zu A in $\mathfrak{G}$ ähnlichen Elemente.

Die Doppelmodulzerlegung

$$\mathfrak{G} = \sum_\lambda \mathfrak{Z}(A)\, G_\lambda \mathfrak{U}$$

der Gruppe $\mathfrak{G}$ nach dem Zentralisator $\mathfrak{Z}(A)$ und der Untergruppe $\mathfrak{U}$ führt, wie man leicht erkennt, auf die Zerlegung der Klasse

$$\mathfrak{k}(A) = \sum_\lambda \mathfrak{k}^*(A^{G_\lambda})$$

in die Klassen der einander in $\mathfrak{U}$ ähnlichen Elemente.

In ähnlicher Weise läßt sich auch die Frage beantworten, wie die Klassenzerlegung

$$\mathfrak{G} = \sum_\iota \mathfrak{k}(A_\iota) \qquad \text{(über } \iota \in \mathsf{I}\text{)}$$

einer Gruppe $\mathfrak{G}$ die Klassenzerlegung

$$\mathfrak{U} = \sum_\varkappa \mathfrak{k}^*(U_\varkappa) \qquad \text{(über } \varkappa \in \mathsf{K}\text{)}$$

einer Untergruppe $\mathfrak{U}\subseteq\mathfrak{G}$ beeinflußt. Besitzt die Klasse $\mathfrak{k}(A)$ in $\mathfrak{G}$ mit $\mathfrak{U}$ nichtleeren Durchschnitt, so erhalten wir aus

$$\mathfrak{G} = \sum_\lambda \mathfrak{Z}(A)\, G_\lambda \mathfrak{U}$$

die Zerlegungen

$$\mathfrak{k}(A) = \sum_\lambda \mathfrak{k}^*(A^{G_\lambda}); \quad \mathfrak{k}(A)\cap\mathfrak{U} = \sum_\lambda \mathfrak{k}^*(A^{G_\lambda})\cap\mathfrak{U}$$

nach Klassen in $\mathfrak{U}$ ähnlicher Elemente. Da hier die Alternative

$$\mathfrak{k}^*(A^{G_\lambda})\cap\mathfrak{U} = 0 \quad \text{oder} \quad \mathfrak{k}^*(A^{G_\lambda})\cap\mathfrak{U} = \mathfrak{k}^*(A^{G_\lambda})$$

besteht, ist der Durchschnitt $\mathfrak{k}(A)\cap\mathfrak{U}$ einer Klasse $\mathfrak{k}(A)$ in $\mathfrak{G}$ mit einer Untergruppe $\mathfrak{U}$ entweder leer oder Vereinigung voller Klassen der Untergruppe $\mathfrak{U}$.

Für einen Normalteiler $\mathfrak{U}\triangleleft\mathfrak{G}$ unterliegt jede Klasse $\mathfrak{k}(A)$ in $\mathfrak{G}$ der Alternative

$$\mathfrak{k}(A)\cap\mathfrak{U} = 0 \quad \text{oder} \quad \mathfrak{k}(A)\cap\mathfrak{U} = \mathfrak{k}(A).$$

Gehört $\mathfrak{k}(A)$ dem Normalteiler $\mathfrak{U}\triangleleft\mathfrak{G}$ an, so führt die Zerlegung

$$\mathfrak{G} = \sum_\lambda \mathfrak{Z}(A)\, G_\lambda \mathfrak{U} = \sum_\lambda \mathfrak{Z}(A)\, \mathfrak{U}\, G_\lambda$$

unmittelbar auf die Zerlegung der Klasse

$$\mathfrak{k}(A) = \sum_\lambda \mathfrak{k}^*(A^{G_\lambda})$$

in Klassen des Normalteilers $\mathfrak{U}$. Die Anzahl der Klassen, in die $\mathfrak{k}(A)$ zerfällt, wird demnach durch den Index $\mathrm{ind}\,(\mathfrak{G}:\mathfrak{Z}(A)\mathfrak{U})$ bestimmt.

1.2.7. Anwendungen

Die Klassenzerlegung einer Gruppe erlaubt häufig Aussagen über die Existenz von Untergruppen:

Satz 32 (A. CAUCHY). *Eine endliche Gruppe $\mathfrak{G}$ enthält genau dann ein Element P der Primzahlordnung $\operatorname{ord}(P) = p$, wenn p Teiler der Ordnung $\operatorname{ord}(\mathfrak{G})$ ist.*

Beweis. Enthält die Gruppe $\mathfrak{G}$ ein Element P mit $\operatorname{ord}(P) = p$, so ist p nach Satz 12 Teiler der Ordnung $\operatorname{ord}(\mathfrak{G})$. Ist umgekehrt die Primzahl p Teiler der Ordnung $\operatorname{ord}(\mathfrak{G}) = g > 0$, so ist im Falle $g = p$ die Gruppe $\mathfrak{G}$ zyklisch. Die Behauptung kann daher für Gruppen $\mathfrak{G}_0$ kleinerer Ordnung $0 < \operatorname{ord}(\mathfrak{G}_0) < \operatorname{ord}(\mathfrak{G})$ als bewiesen angenommen werden.

Für eine eigentliche Untergruppe $\mathfrak{U}$ von $\mathfrak{G}$ mit zu p teilerfremdem Index $\operatorname{ind}(\mathfrak{G}:\mathfrak{U})$ ist $\operatorname{ord}(\mathfrak{U})$ durch p teilbar. Folglich enthält $\mathfrak{U}$, also auch $\mathfrak{G}$ ein Element P der Ordnung p. Ist der Index jeder eigentlichen Untergruppe durch p teilbar, so gibt die Klassenzerlegung

$$\mathfrak{G} = \mathfrak{k}(A_1) + \mathfrak{k}(A_2) + \cdots + \mathfrak{k}(A_h) \qquad \text{mit } A_1 = E$$

der Gruppe $\mathfrak{G}$ eine Zerlegung der Ordnung

$$\operatorname{ord}(\mathfrak{G}) = g = g_1 + g_2 + \cdots + g_h \qquad \text{mit } g_1 = 1$$

in die Anzahlen $g_\varrho = \operatorname{ind}(\mathfrak{G}:\mathfrak{Z}(A_\varrho))$. Jedes von 1 verschiedene g_ϱ ist durch p teilbar; da g durch p teilbar, ist die Anzahl der Klassen $\mathfrak{k}(A_\varrho)$ mit $g_\varrho = 1$, d.h. die Ordnung des Zentrums $\mathfrak{Z}(\mathfrak{G})$ durch p teilbar.

Es bleibt somit der Fall einer abelschen Gruppe $\mathfrak{G}$. Ist $\mathfrak{A}$ eine zyklische Untergruppe der zu p teilerfremden Ordnung $a > 1$, so gilt

$$\operatorname{ord}(\mathfrak{G}) = \operatorname{ord}(\mathfrak{A}) \operatorname{ord}(\mathfrak{G}/\mathfrak{A}) \qquad \text{und} \qquad \operatorname{ord}(\mathfrak{G}/\mathfrak{A}) < \operatorname{ord}(\mathfrak{G}).$$

Da p Teiler in $\operatorname{ord}(\mathfrak{G}/\mathfrak{A})$ ist, besitzt $\mathfrak{G}/\mathfrak{A}$ eine Restklasse $\mathfrak{A}P$ der Ordnung p:

$$(\mathfrak{A}P)^p = \mathfrak{A} \qquad \text{oder} \qquad P^p \equiv E \bmod \mathfrak{A}.$$

Ist $\operatorname{ord}(P) = q$, so folgt

$$P^q \equiv P^p \equiv E \bmod \mathfrak{A}, \qquad \text{also} \qquad q = p q_0.$$

Dann ist aber $Q = P^{q_0} \in \mathfrak{G}$ von der Ordnung $\operatorname{ord}(Q) = p$.

Satz 33. *Eine endliche Gruppe $\mathfrak{G}$ der Ordnung $\operatorname{ord}(\mathfrak{G}) = p^j > 1$ mit einer Primzahl p besitzt ein von E verschiedenes Zentrum $\mathfrak{Z}(\mathfrak{G})$.*

Beweis. Die Klassenzerlegung

$$\mathfrak{G} = \mathfrak{k}(A_1) + \mathfrak{k}(A_2) + \cdots + \mathfrak{k}(A_h) \qquad \text{mit } A_1 = E$$

der Gruppe $\mathfrak{G}$ führt auf die Zerlegung

$$\operatorname{ord}(\mathfrak{G}) = g = g_1 + g_2 + \cdots + g_h \qquad \text{mit } g_1 = 1$$

in Teiler g_ϱ von p^f. Nicht jedes g_ϱ mit $\varrho > 1$ kann durch p teilbar sein; eine Klasse $\mathfrak{k}(A_\varrho)$ mit $g_\varrho = 1$ gehört $\mathfrak{Z}(\mathfrak{G})$ an.

Satz 34. *Die Faktorgruppe $\mathfrak{G}/\mathfrak{Z}(\mathfrak{G})$ einer Gruppe $\mathfrak{G}$ nach ihrem Zentrum ist nicht zyklisch.*

Beweis. Eine Untergruppe $\mathfrak{U}$ des Zentrums $\mathfrak{Z}(\mathfrak{G})$ ist in $\mathfrak{G}$ normal. Eine zyklische Faktorgruppe $\mathfrak{G}/\mathfrak{U}$ besitzt eine erzeugende Restklasse $\mathfrak{U}X$, weshalb eine Restklassenzerlegung

$$\mathfrak{G} = \sum_i \mathfrak{U} X^i$$

erhalten werden kann. Da $\mathfrak{U}$ mit $\mathfrak{G}$ elementweise vertauschbar ist:

$$UX = XU \quad \text{für jedes } U \in \mathfrak{U},$$

und jedes $G \in \mathfrak{G}$ eine Darstellung $G = UX^i$ mit $U \in \mathfrak{U}$ besitzt, ist dann $\mathfrak{G}$ selbst eine abelsche Gruppe, also $\mathfrak{G} = \mathfrak{Z}(\mathfrak{G})$.

Beispiel. Es sind alle *Gruppen $\mathfrak{P}$ einer Ordnung* $\mathrm{ord}(\mathfrak{P}) = p^2$ *oder* $\mathrm{ord}(\mathfrak{P}) = p^3$ *mit einer Primzahl p zu bestimmen.* Das Zentrum $\mathfrak{Z}(\mathfrak{P})$ einer solchen Gruppe ist nach Satz 33 von E verschieden. Für eine nichtabelsche Gruppe $\mathfrak{P}$ gilt demnach

$$1 < \mathrm{ord}(\mathfrak{P}/\mathfrak{Z}(\mathfrak{P})) < \mathrm{ord}(\mathfrak{P}), \quad \text{also} \quad p^2 \leq \mathrm{ord}(\mathfrak{P}/\mathfrak{Z}(\mathfrak{P})) < \mathrm{ord}(\mathfrak{P}),$$

da nach Satz 34 der Wert $\mathrm{ord}(\mathfrak{P}/\mathfrak{Z}(\mathfrak{P})) = p$ unmöglich ist. Mithin existieren nur für $\mathrm{ord}(\mathfrak{P}) = p^3$ nichtabelsche Gruppen $\mathfrak{P}$, deren Zentrum $\mathfrak{Z}(\mathfrak{P})$ zyklisch der Ordnung p, deren Faktorgruppe $\mathfrak{P}/\mathfrak{Z}(\mathfrak{P})$ nichtzyklisch der Ordnung p^2 ist.

Eine Gruppe $\mathfrak{P}$ der Ordnung $\mathrm{ord}(\mathfrak{P}) = p^2$ ist daher zyklisch:

$$\mathfrak{P} = \{A\} \quad \text{mit } A^{p^2} = E, \tag{$p^2.1$}$$

oder sie enthält (außer E) nur Elemente der Ordnung p:

$$\mathfrak{P} = \{A, B\} \quad \text{mit } A^p = B^p = E;\ AB = BA. \tag{$p^2.2$}$$

Jedes Element $P \in \mathfrak{P}$ besitzt eine (eindeutige) Normalform

$$P = A^\alpha B^\beta \quad \text{mit } 0 \leq \alpha,\ \beta < p.$$

Für eine abelsche Gruppe $\mathfrak{P}$ der Ordnung $\mathrm{ord}(\mathfrak{P}) = p^3$ bestehen folgende Möglichkeiten: Entweder ist $\mathfrak{P}$ zyklisch:

$$\mathfrak{P} = \{A\} \quad \text{mit } A^{p^3} = E, \tag{$p^3.1$}$$

oder $\mathfrak{P}$ enthält eine zyklische Untergruppe $\mathfrak{A} = \{A\}$ der Ordnung p^2:

$$\mathfrak{P} = \{A, B\} \quad \text{mit } A^{p^2} = B^p = E;\ AB = BA, \tag{$p^3.2$}$$

so daß jedes Element $P \in \mathfrak{P}$ eine Normalform

$$P = A^\alpha B^\beta \quad \text{mit } 0 \leq \alpha < p^2;\ 0 \leq \beta < p$$

besitzt, oder $\mathfrak{P}$ enthält (außer E) nur Elemente der Ordnung p:

$$\mathfrak{P} = \{A, B, C\}$$
mit $A^p = B^p = C^p = E$; $AB = BA$; $AC = CA$; $BC = CB$. $\quad\quad (p^3.3)$

In dieser Gruppe $\mathfrak{P}$ besitzt jedes Element $P \in \mathfrak{P}$ eine Normalform

$$P = A^\alpha B^\beta C^\gamma \quad \text{mit } 0 \leq \alpha, \beta, \gamma < p.$$

In einer nichtabelschen Gruppe $\mathfrak{P}$ der Ordnung p^3 besitzt das Zentrum $\mathfrak{Z}$ der Ordnung p eine nichtzyklische Faktorgruppe $\mathfrak{P}/\mathfrak{Z}$ der Ordnung p^2. Für die Faktorgruppe $\mathfrak{P}/\mathfrak{Z}$ existieren daher erzeugende Restklassen $A\mathfrak{Z}, B\mathfrak{Z}$, die die Relationen

$$(A\mathfrak{Z})^p = (B\mathfrak{Z})^p = \mathfrak{Z} \quad \text{und} \quad A\mathfrak{Z}B\mathfrak{Z} = B\mathfrak{Z}A\mathfrak{Z}$$

erfüllen. Jede Restklasse besitzt eine Normalform

$$P\mathfrak{Z} = A^\alpha B^\beta \mathfrak{Z} \quad \text{mit } 0 \leq \alpha, \beta < p.$$

Die Bedingungen nehmen die Gestalt

$$A^p \equiv B^p \equiv A^{-1}B^{-1}AB \equiv E \bmod \mathfrak{Z}$$

an; mit einem erzeugenden Element $C \in \mathfrak{Z}$ besitzt also jedes $P \in \mathfrak{P}$ eine Normalform

$$P = A^\alpha B^\beta C^\gamma \quad \text{mit } 0 \leq \alpha, \beta, \gamma < p,$$

wobei die Verknüpfungsregeln durch Relationen der Gestalt

$$C^p = E; \quad A^p = C^a; \quad B^p = C^b; \quad AC = CA; \quad BC = CB; \quad BA = ABC^c$$

mit Exponenten $0 \leq a, b, c < p$ bestimmt werden. Da $\mathfrak{P}$ nichtabelsch ist, muß c von Null verschieden sein. Nun gewinnt man leicht:

$$B^\beta A = AB^\beta C^{\beta c} \quad \text{für } 0 \leq \beta < p, \tag{1}$$

$$B^\beta A^\alpha = A^\alpha B^\beta C^{\alpha\beta c} \quad \text{für } 0 \leq \alpha, \beta < p, \tag{2}$$

$$(A^\alpha B^\beta)^k = A^{\alpha k} B^{\beta k} C^{\frac{k(k-1)}{2}\alpha\beta c} \quad \text{für jedes } k. \tag{3}$$

Danach sind die Fälle $p = 2$ und $p > 2$ getrennt zu behandeln.

Im Falle $p > 2$ erhalten wir unter der Annahme $a = b = 0$

$$(A^\alpha B^\beta C^\gamma)^p = (A^\alpha B^\beta)^p C^{\gamma p} = A^{\alpha p} B^{\beta p} C^{\frac{p(p-1)}{2}\alpha\beta c} = E.$$

Jedes Element $P \in \mathfrak{P}$ (außer E) besitzt die Ordnung p. Ersetzt man noch C durch $C_0 = C^c$, so erhält man den (nichtabelschen) Typus

$$\mathfrak{P} = \{A, B, C\}$$
mit $A^p = B^p = C^p = E$; $AC = CA$; $BC = CB$; $BA = ABC$. $\quad\quad (p^3 > 8.4)$

Sind a, b von Null verschieden, so gilt

$$(A^\alpha B^\beta)^p = A^{\alpha p} B^{\beta p} C^{\frac{p(p-1)}{2}\alpha\beta c} = A^{\alpha p} B^{\beta p} = C^{a\alpha + b\beta},$$

weshalb ord$(A^b B^{-a}) = p$. Falls nicht der erste Typus vorliegt, kann daher für A ein Element der Ordnung p^2, für B ein Element der Ordnung p gewählt werden. Da dann $A^p = C$ Erzeugende des Zentrums ist und B durch $B_0 = B^\gamma$ mit einer Lösung der Kongruenz $c\gamma \equiv 1 \, (p)$ ersetzt werden kann, erhalten wir als zweiten Typus

$$\left.\begin{array}{c} \mathfrak{P} = \{A, B, C\} \\ \text{mit } A^p = C; \; B^p = C^p = E; \; AC = CA; \; BC = CB; \; BA = ABC. \end{array}\right\} (p^3 > 8.5)$$

Eine (nichtabelsche) Gruppe $\mathfrak{P}$ der Ordnung 8 enthält Elemente der Ordnung 4, da jede Gruppe $\mathfrak{P}$, die nur Elemente der Ordnung 2 (außer E) enthält, abelsch ist. Besitzt A die Ordnung 4, so ist $A^2 = C$ Erzeugende des Zentrums. Läßt sich für B ein Element der Ordnung 2 wählen, so gelangt man zum ersten Typus

$$\left.\begin{array}{c} \mathfrak{P} = \{A, B, C\} \\ \text{mit } A^2 = C; \; B^2 = C^2 = E; \; AC = CA; \; BC = CB; \; BA = ABC. \end{array}\right\} (8.4)$$

Steht für B nur ein Element der Ordnung 4 zur Verfügung, so ist $B^2 = C$ Erzeugende des Zentrums und folglich

$$\left.\begin{array}{c} \mathfrak{P} = \{A, B, C\} \\ \text{mit } A^2 = B^2 = C; \; C^2 = E; \; AC = CA; \; BC = CB; \; BA = ABC. \end{array}\right\} (8.5)$$

Die Umformung von (8.4) zu

$$\mathfrak{P} = \{A, B\} \quad \text{mit } A^4 = B^2 = (AB)^2 = E \tag{8.4}$$

zeigt die Identität mit der Diedergruppe $\mathfrak{D}_4$. Der Typus (8.5) ist identisch mit der *Quaternionengruppe*

$$\mathfrak{Q}_8 = \{A, B\} \quad \text{mit } A^2 = B^2 = A^{-1}B^{-1}AB = C; \; C^2 = E. \tag{8.5}$$

1.2.8. Die Klassen der symmetrischen Gruppe einer Menge

Die Ähnlichkeitsklassen in der symmetrischen Gruppe $\mathfrak{S}_M$ einer Menge M lassen sich in besonderer Weise charakterisieren: Die durch eine Permutation

$$\pi: \quad x \to x\pi \quad \text{für jedes } x \in M$$

der Gruppe $\mathfrak{S}_M$ erzeugte Untergruppe $\mathfrak{P} = \{\pi\} \subset \mathfrak{S}_M$ zerlegt die Menge M in Transitivitätsklassen T_ι (über $\iota \in I$). Eine Klasse T ist durch ein Element $a \in T$ bestimmt, da jedes Element $b \in T$ als Bild $b = a\pi^n$ nach einer Potenz $\pi^n \in \mathfrak{P}$ erhalten wird. Die durch $a \in M$

repräsentierte Transitivitätsklasse ist endlich:

$$T = (a; k) = (a, a\pi, a\pi^2, \ldots, a\pi^{k-1}), \quad \text{wenn} \quad a\pi^k = a \quad \text{für} \quad k \geq 1,$$

oder abzählbar unendlich:

$$T = (a; 0) = (\ldots, a\pi^{-2}, a\pi^{-1}, a, a\pi, a\pi^2, \ldots).$$

Daher wollen wir eine Klasse $(a; k)$ mit $k \geq 0$ als *Zyklus (der Länge k)* bezeichnen. *Fixelemente der Permutation π entsprechen Zyklen der Länge* 1.

Jede Permutation $\pi \in \mathfrak{S}_M$ bewirkt somit eine *Zyklenzerlegung*

$$M = \sum_\iota (a_\iota; k_\iota)$$

der Menge M. Umgekehrt bestimmt eine Zerlegung

$$M = \sum_\iota T_\iota \qquad \text{(über } \iota \in I\text{)}$$

der Menge M in endliche oder abzählbar unendliche Teilmengen

$$T_\iota = (a_0, a_1, \ldots, a_{k-1}) \quad \text{bzw.} \quad T_\iota = (\ldots, a_{-2}, a_{-1}, a_0, a_1, a_2, \ldots)$$

durch die Zuordnung

$$\pi: \begin{cases} a_\varkappa \to a_\varkappa \pi = a_{\varkappa+1}; \quad a_k \pi = a_0 & \text{für } T_\iota = (a_0, a_1, \ldots, a_k), \\ a_\varkappa \to a_\varkappa \pi = a_{\varkappa+1} & \text{für } T_\iota = (\ldots, a_{-2}, a_{-1}, a_0, a_1, a_2, \ldots) \end{cases}$$

eine Permutation π der Menge M, der die vorgegebene Zerlegung von M als Zyklenzerlegung entspricht. Die Permutationen $\pi \in \mathfrak{S}_M$ sind daher durch ihre Zyklenzerlegungen der Menge M gekennzeichnet.

Die Mächtigkeit der Indexmenge I und die ganzen Zahlen $k_\iota \geq 0$ bestimmen den *Typus der Permutation* $\pi \in \mathfrak{S}_M$. Permutationen $\pi, \varrho \in \mathfrak{S}_M$ besitzen *gleichen Typus*, wenn ihre Zyklenzerlegungen

$$\pi: \ M = \sum_\iota (a_\iota; k_\iota) \quad \text{und} \quad M = \sum_\iota (b_\iota; k_\iota)$$

in der Mächtigkeit der Indexmenge I und (bei geeigneter Zuordnung) in den Längen k_ι der Zyklen übereinstimmen. Es läßt sich dann eine eineindeutige Zuordnung

$$(a_\iota; k_\iota) \leftrightarrow (b_\iota; k_\iota) \qquad \text{(für jedes } \iota \in I\text{)}$$

$$\sigma: \ a_\iota \pi^n \leftrightarrow b_\iota \varrho^n \qquad \text{(für jedes } \iota \in I \text{ und jedes } n\text{)}$$

der Zyklen und der Elemente in den Zyklen herstellen. Da die Permutation σ der Menge M die Gleichung

$$b_\iota \sigma^{-1} \pi^n \sigma = a_\iota \pi^n \sigma = b_\iota \varrho^n \qquad \text{(für jedes } \iota \in I \text{ und jedes } n\text{)}$$

erfüllt, gilt $\sigma^{-1} \pi \sigma = \varrho$. Umgekehrt haben ähnliche Permutationen $\sigma^{-1} \pi \sigma$ und π Zyklenzerlegungen gleichen Typus:

1.2.8. Die Klassen der symmetrischen Gruppe einer Menge

Satz 35. *Zwei Permutationen der symmetrischen Gruppe $\mathfrak{S}_M$ sind genau dann in $\mathfrak{S}_M$ ähnlich, wenn sie von gleichem Typus sind.*

Bezeichnet daher z_k für jedes $k \geq 0$ die Mächtigkeit der Menge von Zyklen der Länge k, die in der Zyklenzerlegung einer Permutation $\pi \in \mathfrak{S}_M$ auftreten, so kennzeichnet auch die Mächtigkeitenfolge (z_k) den Typus der Permutation.

Für eine finite Permutation $\pi \in \mathfrak{S}_M^* \subset \mathfrak{S}_M$ einer unendlichen Menge M erhalten wir insbesondere den Wert $z_0 = 0$, während z_1 die Mächtigkeit der Menge M ist und die Werte z_k für $k > 1$ alle endlich und fast alle Null sind. Da wir für finite Permutationen $\pi, \varrho \in \mathfrak{S}_M^*$ (bei unendlicher Menge M) von gleichem Typus mit den Zyklenzerlegungen

$$\pi: \; M = \sum_\iota (a_\iota; k_\iota); \qquad \varrho: \; M = \sum_\iota (b_\iota; k_\iota)$$

eine Zuordnung

$$(a_\iota; k_\iota) \leftrightarrow (b_\iota; k_\iota) \qquad \text{(für jedes } \iota \in I\text{)}$$
$$\sigma: \quad a_\iota \pi^n \leftrightarrow b_\iota \varrho^n \qquad \text{(für jedes } \iota \in I \text{ und jedes } n\text{)}$$

erhalten, bei der σ eine finite Permutation ist, folgt auch

Satz 35*. *Finite Permutationen π, ϱ einer unendlichen Menge M sind genau dann in $\mathfrak{S}_M^*$ ähnlich, wenn sie gleichen Typus besitzen.*

Bei unendlicher Menge M können ähnliche finite Permutationen π und $\varrho = \sigma^{-1} \pi \sigma$ aus $\mathfrak{S}_M^*$ durch eine gerade Permutation $\sigma \in \mathfrak{A}_M^*$ ineinander transformiert werden, da für die ungerade finite Permutation

$$\tau: \quad a \to a\tau = b; \quad b \to b\tau = a; \quad x \to x\tau = x \quad \text{für } x \neq a, b \text{ aus } M,$$

die zwei verschiedene Fixelemente $a, b \in M$ der Permutation π vertauscht,

$$\pi\tau = \tau\pi \quad \text{und} \quad (\tau\sigma)^{-1} \pi \tau \sigma = \sigma^{-1} \pi \sigma = \varrho.$$

Ähnliche finite Permutationen $\pi, \varrho \in \mathfrak{S}_M^*$ (bei unendlicher Menge M) sind also in der alternierenden Gruppe $\mathfrak{A}_M^*$ ähnlich. Daher werden auch die Ähnlichkeitsklassen der alternierenden Gruppe $\mathfrak{A}_M^*$ durch den Typus (z_k) gekennzeichnet.

Es ist nur noch zu entscheiden, welche Typen (z_k) Klassen gerader Permutationen entsprechen: Bezeichnen wir für eine endliche Teilmenge $(a_1, a_2, \ldots, a_k)$ der (unendlichen) Menge M als Zyklus $\zeta_k = \zeta(a_1, a_2, \ldots, a_k)$ der Länge k die (finite) Permutation

$$\zeta_k: \quad a_\varkappa \to a_{\varkappa+1}; \quad a_k \to a_1; \quad x \to x \text{ sonst},$$

so besitzt eine finite Permutation π mit der Zyklenzerlegung

$$\pi: \; M = \sum_\iota (a_\iota; k_\iota)$$

eine im wesentlichen eindeutige Darstellung

$$\pi = \prod_i \zeta_{k_i} \quad \text{mit } \zeta_{k_i} = \zeta(a_{i1}, a_{i2}, \ldots, a_{ik_i}),$$

da elementfremde Zyklen ζ_k, ζ_l vertauschbar sind. Der Charakter $(-1)^\pi$ der Permutation π wird somit durch die Charaktere $(-1)^{\zeta_k} = (-1)^{k-1}$ der Zyklen ζ_k entschieden: Eine finite Permutation $\pi \in \mathfrak{S}_\mathsf{M}^*$ vom Typus (z_k) besitzt den Charakter

$$(-1)^\pi = (-1)^z \quad \text{mit } z = \sum_k (k-1) z_k.$$

Bei endlicher Menge $\mathsf{M} = (1, 2, \ldots, n)$ ist jede Ähnlichkeitsklasse der symmetrischen Gruppe $\mathfrak{S}_n$ gekennzeichnet durch den Typus

$$(z) = (z_1, z_2, \ldots, z_n) \quad \text{mit } z_1 + 2z_2 + 3z_3 + \cdots + nz_n = n.$$

Jeder Lösung dieser Gleichung in nichtnegativen ganzen Zahlen z_ν entspricht eine Ähnlichkeitsklasse. Eine Permutation π der Klasse (z) läßt sich eindeutig darstellen als Produkt

$$\pi = (a_{11}, a_{12}, \ldots, a_{1k_1})(a_{21}, a_{22}, \ldots, a_{2k_2}) \ldots (a_{s1}, a_{s2}, \ldots, a_{sk_s})$$

ziffernfremder Zyklen in der Anzahl $s = z_1 + z_2 + \cdots + z_n$, wobei z_ν die Anzahl der Zyklen der Länge ν angibt. Die ähnlichen Permutationen $\varrho^{-1}\pi\varrho$ erhält man durch beliebige Umordnung der Ziffern in diesen Zyklen. Da eine zyklische Vertauschung der Ziffern in den Zyklen, aber auch ein Austausch zweier Zyklen gleicher Länge die Permutation nicht ändert, gibt es genau $v(z) = 1^{z_1} 2^{z_2} \ldots n^{z_n} z_1! z_2! \ldots z_n!$ Umordnungen, die π (als Permutation von M) nicht ändern, also genau $v(z)$ mit π vertauschbare Permutationen in $\mathfrak{S}_n$: Die Ordnung der Klasse (z) ist daher

$$g(z) = \frac{n!}{1^{z_1} 2^{z_2} \ldots n^{z_n} z_1! z_2! \ldots z_n!}.$$

Ob eine Klasse (z) aus geraden oder ungeraden Permutationen besteht, entscheidet die Parität der Größe

$$\sum_{\nu=1}^n (\nu - 1) z_\nu = n - (z_1 + z_2 + \cdots + z_n) = n - s.$$

Die geraden Permutationen besitzen daher einen Typus

$$(z): \quad z_1 + 2z_2 + \cdots + nz_n = n \quad \text{mit } z_1 + z_2 + \cdots + z_n \equiv n\,(2).$$

Jede Klasse der symmetrischen Gruppe $\mathfrak{S}_n$ aus geraden Permutationen zerfällt in volle Klassen von $\mathfrak{A}_n$ der gleichen Ordnung; deren Anzahl wird durch den Index $\text{ind}(\mathfrak{S}_n : \mathfrak{Z}(\pi)\mathfrak{A}_n)$ bestimmt:

$$\text{ind}(\mathfrak{S}_n : \mathfrak{Z}(\pi)\mathfrak{A}_n) = \begin{cases} 1, & \text{wenn } \mathfrak{Z}(\pi) \nsubseteq \mathfrak{A}_n, \\ 2, & \text{wenn } \mathfrak{Z}(\pi) \subseteq \mathfrak{A}_n. \end{cases}$$

1.2.8. Die Klassen der symmetrischen Gruppe einer Menge

Daher ist noch festzustellen, unter welchen Bedingungen eine gerade Permutation π vom Typus (z) nur mit geraden Permutationen vertauschbar ist. Da die einzelnen Zykeln der Zyklenzerlegung mit π vertauschbar sind, darf π nur Zykeln ungerader Länge besitzen; treten Zykeln gleicher (ungerader) Länge auf, so entspricht dem Austausch dieser Zykeln eine ungerade Permutation. Umgekehrt ist eine Permutation π aus ziffernfremden Zykeln verschiedener ungerader Länge gerade und nur mit den durch diese Zykeln erzeugten (geraden) Permutationen vertauschbar.

Folglich zerfallen genau die Klassen

$$(z): \quad z_1 + 2z_2 + \cdots + nz_n = n \quad \text{mit } z_{2k} = 0;\ 0 \leq z_{2k+1} \leq 1$$

in zwei Klassen $(z)^+$ und $(z)^-$ der Gruppe $\mathfrak{A}_n$ gleicher Ordnung; alle anderen Klassen (z) gerader Permutationen in $\mathfrak{S}_n$ sind auch Klassen in $\mathfrak{A}_n$.

Beispiel. Die *symmetrische Gruppe* $\mathfrak{S}_5$ in 5 Ziffern besitzt die Ordnung $\operatorname{ord}(\mathfrak{S}_5) = 120$. Ihre Klassen sind durch die Typen

$$(z) = (z_1 z_2 z_3 z_4 z_5) \quad \text{mit } z_1 + 2z_2 + 3z_3 + 4z_4 + 5z_5 = 5$$

gekennzeichnet. Man findet 7 Klassen:

$(z) =$	(50000)	(31000)	(20100)	(10010)	(12000)	(00001)	(01100)
$g(z) =$	1	10	20	30	15	24	20
$(-1)^z =$	$+1$	-1	$+1$	-1	$+1$	$+1$	-1

Die *alternierende Gruppe* $\mathfrak{A}_5$ besitzt die Klassen:

$(z) =$	(50000)	(20100)	(12000)	$(00001)^+$	$(00001)^-$
$g(z) =$	1	20	15	12	12

Ein Normalteiler $E \subset \mathfrak{N} \subset |\mathfrak{A}_5$ würde, da er aus vollen Klassen von $\mathfrak{A}_5$ besteht, auf eine ganzzahlige Lösung der Gleichung

$$1 < \operatorname{ord}(\mathfrak{N}) = n = 1 + 20x + 15y + 12z < 60 \quad \text{mit } n\,|\,60 \text{ und } x, y, z \geq 0$$

führen. Da eine solche Lösung nicht existiert, ist die alternierende Gruppe $\mathfrak{A}_5$ in 5 Ziffern eine einfache Gruppe. Hieraus gewinnt man den allgemeinen

Satz 36. *Für jede Menge M mit mehr als vier Elementen ist die alternierende Gruppe $\mathfrak{A}_M$ einfach.*

Beweis. 1. Die alternierende Gruppe $\mathfrak{A}$ in den Ziffern $0, 1, 2, \ldots, n$ mit $n \geq 5$ enthält die Fixgruppe $\mathfrak{A}_0$ der Ziffer 0, also die alternierende Gruppe in den Ziffern $1, 2, \ldots, n$. Nimmt man an, $\mathfrak{A}_0$ sei eine einfache Gruppe, so ist $\mathfrak{A}$ als transitive Permutationsgruppe $(n-1)$-fach transitiv, also mindestens vierfach transitiv.

Ein eigentlicher Normalteiler $\mathfrak{N} \triangleleft \mathfrak{A}$ enthält eine Permutation π, die eine Ziffer a_0 in eine andere Ziffer b_0 überführt, und $\mathfrak{A}$ eine Permutation σ, die das Paar a_0, b_0 in ein vorgegebenes Paar a_1, b_1 überführt. Da dann die Permutation $\sigma^{-1}\pi\sigma \in \mathfrak{N}$ die Abbildung

$$\sigma^{-1}\pi\sigma: \quad a_1 \to a_0 \to b_0 \to b_1$$

bewirkt, ist $\mathfrak{N}$ transitiv und $\mathfrak{N}_0 = \mathfrak{N} \cap \mathfrak{A}_0$ Fixgruppe der Ziffer 0 in $\mathfrak{N}$, also ind$(\mathfrak{N}:\mathfrak{N}_0) = n+1$. Nun ist aber $\mathfrak{N}_0$ wegen

$$\mathfrak{N}_0^\varrho = (\mathfrak{N} \cap \mathfrak{A}_0)^\varrho = \mathfrak{N}^\varrho \cap \mathfrak{A}_0^\varrho = \mathfrak{N} \cap \mathfrak{A}_0 \quad \text{für jedes } \varrho \in \mathfrak{A}_0$$

normal in $\mathfrak{A}_0$ und folglich

$$\mathfrak{N}_0 = \mathfrak{N} \cap \mathfrak{A}_0 = \mathfrak{A}_0 \quad \text{oder} \quad \mathfrak{N}_0 = \mathfrak{N} \cap \mathfrak{A}_0 = \varepsilon.$$

Im ersten Falle wäre

$$\text{ord}(\mathfrak{N}) = \text{ord}(\mathfrak{N}_0)\,\text{ind}(\mathfrak{N}:\mathfrak{N}_0) = \tfrac{1}{2}n!\,(n+1) = \text{ord}(\mathfrak{A});$$

im zweiten Falle erhält man die Restklassenzerlegung

$$\mathfrak{A} = \sum_{\nu=0}^{n} \mathfrak{A}_0 \pi_\nu,$$

worin π_ν das einzige Element aus $\mathfrak{N}$ bezeichnet, das die Ziffer 0 in die Ziffer ν überführt. Je nach der Gestalt

$$\pi_1: \quad 0 \to 1;\quad 1 \to \nu \qquad \text{bzw.} \qquad \pi_1^*: \quad 0 \to 1;\quad 1 \to 0;\quad 2 \to \nu \qquad (\nu \neq 0)$$

des Elementes $\pi_1 \in \mathfrak{N}$ lassen sich in $\mathfrak{A}$ Permutationen

$$\sigma: \quad 0 \to 0;\quad 1 \to 1;\quad \nu \to \mu \qquad\qquad \text{mit } \mu \neq \nu$$
$$\sigma^*: \quad 0 \to 0;\quad 1 \to 1;\quad 2 \to 2;\quad \nu \to \mu \qquad \text{mit } \mu \neq \nu$$

auswählen; dann müßten auch die Permutationen

$$\sigma^{-1}\pi_1\sigma: \quad 0 \to 1;\quad 1 \to \mu \qquad\qquad \text{mit } \mu \neq \nu$$
$$\sigma^{*-1}\pi_1^*\sigma^*: \quad 0 \to 1;\quad 1 \to 0;\quad 2 \to \mu \qquad \text{mit } \mu \neq \nu$$

zu $\mathfrak{N}$ gehören. Die endliche alternierende Gruppe $\mathfrak{A}_n$ in mehr als vier Ziffern ist also eine einfache Gruppe.

2. Die alternierende Gruppe $\mathfrak{A} = \mathfrak{A}_M$ einer unendlichen Menge M enthält für jede endliche Teilmenge $E \subset M$ die Gruppe $\mathfrak{A}_E$ aller geraden Permutationen, die E auf sich abbilden und das Komplement $M-E$ elementweise festlassen. Die Gruppe $\mathfrak{A}_E$ ist einfach, wenn E mehr als vier Elemente besitzt. Da ferner

$$\mathfrak{A}_E \subseteq \mathfrak{A}_F, \quad \text{wenn } E \subseteq F \subset M,$$

bilden die Untergruppen $\mathfrak{A}_E$ aller endlichen Teilmengen $E \subset M$ eine induktiv geordnete Menge mit der Vereinigung $\mathfrak{A} = \bigcup_E \mathfrak{A}_E$.

Alles Weitere ergibt sich nun aus der Bemerkung:

Die Vereinigung $\mathfrak{V}$ einer induktiv geordneten Menge T *einfacher Untergruppen* $\mathfrak{U}$ *einer Gruppe* $\mathfrak{G}$ *ist einfach.*

Beweis. Für den Durchschnitt $\mathfrak{N} \cap \mathfrak{U}$ eines Normalteilers $\mathfrak{N} \triangleleft \mathfrak{V}$ mit einer Untergruppe $\mathfrak{U} \in T$ besteht die Alternative

$$\mathfrak{N} \cap \mathfrak{U} = E \quad \text{oder} \quad \mathfrak{N} \cap \mathfrak{U} = \mathfrak{U}.$$

Denn $\mathfrak{N} \cap \mathfrak{U}$ ist normal in $\mathfrak{U}$ wegen

$$(\mathfrak{N} \cap \mathfrak{U})^U = \mathfrak{N}^U \cap \mathfrak{U}^U = \mathfrak{N} \cap \mathfrak{U} \quad \text{für } U \in \mathfrak{U}.$$

Gilt stets das erste, so folgt

$$E = \bigcup (\mathfrak{N} \cap \mathfrak{U}) = \mathfrak{N} \cap \bigcup \mathfrak{U} = \mathfrak{N} \cap \mathfrak{V} = \mathfrak{N};$$

besteht für eine (von E verschiedene) Untergruppe $\mathfrak{U}_0 \in T$ die Gleichung $\mathfrak{N} \cap \mathfrak{U}_0 = \mathfrak{U}_0$, so gibt es zu jeder Gruppe $\mathfrak{U} \in T$ eine $\mathfrak{U}_0 \cup \mathfrak{U}$ umfassende Gruppe $\mathfrak{U}_1 \in T$. Daraus folgt

$$E \subset \mathfrak{U}_0 = \mathfrak{U}_0 \cap \mathfrak{U}_1 \subseteq \mathfrak{N} \cap \mathfrak{U}_1, \quad \text{also} \quad \mathfrak{N} \cap \mathfrak{U}_1 = \mathfrak{U}_1$$

und

$$\mathfrak{U} \subseteq \mathfrak{U}_0 \cup \mathfrak{U} \subseteq \mathfrak{U}_1 = \mathfrak{U}_1 \cap \mathfrak{N} \subseteq \mathfrak{N} \quad \text{für jedes } \mathfrak{U} \in T.$$

Kapitel 1.3

Homomorphie und Isomorphie

1.3.1. Homomorphismus

Der Isomorphiebegriff läßt sich in folgender Weise verallgemeinern:

Definition 1. *Eine Gruppe* $\mathfrak{G}$ *heißt homomorph zur Gruppe* $\overline{\mathfrak{G}}$:

$$\mathfrak{G} \sim \overline{\mathfrak{G}} \quad (\mathfrak{G} \text{ homomorph zu } \overline{\mathfrak{G}}),$$

wenn eine Abbildung

$$\eta: \quad G \to G^\eta = \overline{G} \in \overline{\mathfrak{G}} \quad \textit{für jedes } G \in \mathfrak{G}$$

der Menge $\mathfrak{G}$ *auf die Menge* $\overline{\mathfrak{G}}$ *existiert mit der Eigenschaft*

$$(GH)^\eta = G^\eta H^\eta \quad \textit{für jedes Paar } G, H \in \mathfrak{G}.$$

Der wesentliche Unterschied gegenüber der Isomorphie ist die Einseitigkeit der Zuordnung: Verschiedene Elemente von $\mathfrak{G}$ können gleiche Bilder in $\overline{\mathfrak{G}}$ besitzen. Ist die Zuordnung $\mathfrak{G} \sim \overline{\mathfrak{G}}$ eineindeutig, so besteht Isomorphie $\mathfrak{G} \cong \overline{\mathfrak{G}}$.

Homomorphe Abbildungen $\mathfrak{G} \sim \mathfrak{G}^\eta = \overline{\mathfrak{G}}$ und $\overline{\mathfrak{G}} \sim \overline{\mathfrak{G}}^\zeta = \overline{\overline{\mathfrak{G}}}$ führen durch Komposition der Abbildungen zur homomorphen Abbildung $\mathfrak{G} \sim \mathfrak{G}^{\eta\zeta} = \overline{\overline{\mathfrak{G}}}$.

Die Faktorgruppe $\mathfrak{G}/\mathfrak{N}$ nach einem Normalteiler $\mathfrak{N}$ ist eine zu $\mathfrak{G}$ homomorphe Gruppe $\overline{\mathfrak{G}}$, da die Zuordnung

$$\eta\colon\ G \to G^\eta = \mathfrak{N}G \quad \text{für jedes } G \in \mathfrak{G}$$

der Homomorphiebedingung

$$(GH)^\eta = G^\eta H^\eta \quad \text{oder} \quad \mathfrak{N}GH = \mathfrak{N}G \cdot \mathfrak{N}H \quad \text{für } G, H \in \mathfrak{G}$$

genügt. Daß hierdurch im wesentlichen alle homomorphen Bilder einer Gruppe $\mathfrak{G}$ gewonnen werden, zeigt der

Satz 1 *(Erster Homomorphiesatz). Das homomorphe Bild $\overline{\mathfrak{G}}$ einer Gruppe $\mathfrak{G}$ ist isomorph der Faktorgruppe $\mathfrak{G}/\mathfrak{N}$ nach dem Normalteiler $\mathfrak{N} \subseteq | \mathfrak{G}$ der Elemente $N \in \mathfrak{G}$, die in $\overline{\mathfrak{G}}$ die Einheit $\overline{E}$ als Bild besitzen.*

Beweis. Auf Grund der Zuordnung

$$G = GE \to \overline{G} = \overline{G}\overline{E} \quad \text{für } E, G \in \mathfrak{G}$$

ist $\overline{E}$ die Einheit von $\overline{\mathfrak{G}}$; daher bestehen auch die Zuordnungen

$$G^{-1} \to \overline{G}^{-1} \quad \text{und} \quad H^{-1}GH \to \overline{H}^{-1}\overline{G}\overline{H} \quad \text{für } G, H \in \mathfrak{G}.$$

Mithin erfüllt der Komplex $\mathfrak{N}$ der auf die Einheit $\overline{E} \in \overline{\mathfrak{G}}$ abgebildeten Elemente $N \in \mathfrak{G}$ die Bedingungen

$$\mathfrak{N}^{-1} \subseteq \mathfrak{N};\ \mathfrak{N}\mathfrak{N}^{-1} \subseteq \mathfrak{N} \quad \text{und} \quad \mathfrak{N}^H \subseteq \mathfrak{N} \quad \text{für } H \in \mathfrak{G}.$$

Für Elemente $G, H \in \mathfrak{G}$ mit gleichem Bild $\overline{G} = \overline{H} \in \overline{\mathfrak{G}}$ gilt

$$GH^{-1} \to \overline{G}\overline{H}^{-1} = \overline{E}, \quad \text{also} \quad GH^{-1} \in \mathfrak{N} \quad \text{oder} \quad G \equiv H \bmod \mathfrak{N}.$$

Umgekehrt haben alle Elemente einer Restklasse $\mathfrak{N}G$ das gleiche Bild $\overline{G} \in \overline{\mathfrak{G}}$. Auf Grund der eineindeutigen Zuordnung

$$\mathfrak{N}G \leftrightarrow \overline{G} \in \overline{\mathfrak{G}} \quad \text{für jedes } G \in \mathfrak{G}$$

sind die Gruppen $\mathfrak{G}/\mathfrak{N}$ und $\overline{\mathfrak{G}}$ isomorph.

Satz 2 *(Zweiter Homomorphiesatz). Jedem Element G einer Gruppe $\mathfrak{G}$ entspreche ein nichtleerer Komplex $\mathfrak{K}_0(G)$ einer Gruppe $\mathfrak{G}_0$ unter folgenden Bedingungen:*

(1) Es ist $\cup \mathfrak{K}_0(G) = \mathfrak{G}_0$ (über $G \in \mathfrak{G}$).

(2) Es gilt $\mathfrak{K}_0(G)\mathfrak{K}_0(H) \subseteq \mathfrak{K}_0(GH)$ für $G, H \in \mathfrak{G}$.

(3) Es ist $\mathfrak{K}_0(E)$ Untergruppe von $\mathfrak{G}_0$.

Dann ist $\mathfrak{N}_0 = \mathfrak{K}_0(E)$ normal in $\mathfrak{G}_0$, jeder Komplex $\mathfrak{K}_0(G) = \mathfrak{N}_0 G_0$ Restklasse von $\mathfrak{G}_0$ nach $\mathfrak{N}_0$. Die Elemente $N \in \mathfrak{G}$, für die $\mathfrak{K}_0(N) = \mathfrak{N}_0$, bilden

1.3.1. Homomorphismus

einen Normalteiler $\mathfrak{N}\subseteq|\mathfrak{G}$, *und es besteht die Isomorphie*

$$\mathfrak{G}/\mathfrak{N} \cong \mathfrak{G}_0/\mathfrak{N}_0.$$

Beweis. Jedes $G_0 \in \mathfrak{G}_0$ gehört zu einem Komplex $\mathfrak{K}_0(G)$; für $H_0 \in \mathfrak{K}_0(G^{-1})$ gilt

$$\mathfrak{N}_0 G_0 \subseteq \mathfrak{K}_0(E) \mathfrak{K}_0(G) \subseteq \mathfrak{K}_0(G); \quad G_0 \mathfrak{N}_0 \subseteq \mathfrak{K}_0(G) \mathfrak{K}_0(E) \subseteq \mathfrak{K}_0(G);$$
$$\mathfrak{K}_0(G) H_0 \subseteq \mathfrak{K}_0(G) \mathfrak{K}_0(G^{-1}) \subseteq \mathfrak{K}_0(E) = \mathfrak{N}_0;$$
$$H_0 \mathfrak{K}_0(G) \subseteq \mathfrak{K}_0(G^{-1}) \mathfrak{K}_0(G) \subseteq \mathfrak{K}_0(E) = \mathfrak{N}_0,$$

also

$$\mathfrak{K}_0(G) = \mathfrak{N}_0 G_0 = G_0 \mathfrak{N}_0 \quad \text{für jedes } G_0 \in \mathfrak{G}_0.$$

Mithin ist $\mathfrak{N}_0$ normal in $\mathfrak{G}_0$, die Zuordnung

$$\eta: \quad G \to G^\eta = \mathfrak{K}_0(G) = \mathfrak{N}_0 G_0 \quad \text{für jedes } G \in \mathfrak{G}$$

also eine homomorphe Abbildung von $\mathfrak{G}$ auf die Faktorgruppe $\mathfrak{G}_0/\mathfrak{N}_0$. Daher bilden die Elemente $N \in \mathfrak{G}$, für die $\mathfrak{K}_0(N) = \mathfrak{N}_0$, einen Normalteiler $\mathfrak{N}\subseteq|\mathfrak{G}$, und es besteht die Isomorphie $\mathfrak{G}/\mathfrak{N} \cong \mathfrak{G}_0/\mathfrak{N}_0$.

Aus den Homomorphiesätzen gewinnen wir die zentral wichtigen *Isomorphiesätze der Gruppentheorie*:

Satz 3 *(Erster Isomorphiesatz). Ist* $\mathfrak{U}$ *Untergruppe,* $\mathfrak{N}$ *Normalteiler einer Gruppe* $\mathfrak{G}$, *so ist* $\mathfrak{N}\cap\mathfrak{U}$ *normal in* $\mathfrak{U}$ *und*

$$\mathfrak{U}\mathfrak{N}/\mathfrak{N} \cong \mathfrak{U}/\mathfrak{N}\cap\mathfrak{U}.$$

Beweis. Das Produkt $\mathfrak{U}\mathfrak{N} = \mathfrak{N}\mathfrak{U}$ ist Untergruppe von $\mathfrak{G}$. In der Zuordnung

$$U \to \mathfrak{K}_0(U) = \mathfrak{N} U \quad \text{für jedes } U \in \mathfrak{U}$$

ist $\mathfrak{K}_0(U)$ (nichtleerer) Komplex der Gruppe $\mathfrak{N}\mathfrak{U}$, ferner

(1) $\cup \mathfrak{K}_0(U) = \cup \mathfrak{N} U = \mathfrak{N}\mathfrak{U}$ über $U \in \mathfrak{U}$,

(2) $\mathfrak{K}_0(U) \mathfrak{K}_0(V) = \mathfrak{N} U \mathfrak{N} V = \mathfrak{N} U V = \mathfrak{K}_0(UV)$ für $U, V \in \mathfrak{U}$,

(3) $\mathfrak{K}_0(E) = \mathfrak{N}$,

(4) $\mathfrak{K}_0(U) = \mathfrak{N} U = \mathfrak{N}$ genau dann, wenn $U \in \mathfrak{N}\cap\mathfrak{U}$.

Nach Satz 2 ist $\mathfrak{N}\cap\mathfrak{U}$ normal in $\mathfrak{U}$ und

$$\mathfrak{U}/\mathfrak{N}\cap\mathfrak{U} \cong \mathfrak{U}\mathfrak{N}/\mathfrak{N}.$$

Satz 4 *(Zweiter Isomorphiesatz). Ist* $\overline{\mathfrak{G}}$ *homomorphes Bild der Gruppe* $\mathfrak{G}$ *und* $\overline{\mathfrak{H}}$ *Normalteiler von* $\overline{\mathfrak{G}}$, *so ist die Menge* $\mathfrak{H}$ *der Elemente von* $\mathfrak{G}$, *deren Bild zu* $\overline{\mathfrak{H}}$ *gehört, Normalteiler von* $\mathfrak{G}$; *dabei gilt*

$$\mathfrak{G}/\mathfrak{H} \cong \overline{\mathfrak{G}}/\overline{\mathfrak{H}}.$$

1.3. Homomorphie und Isomorphie

Beweis. Auf Grund der Homomorphie $\mathfrak{G} \sim \overline{\mathfrak{G}}$ ordnen wir zu:
$$G \to \mathfrak{K}(G) = \mathfrak{H}\overline{G}, \quad \text{wenn} \quad G \to \overline{G} \in \overline{\mathfrak{G}} \quad \text{für } G \in \mathfrak{G}.$$
Man findet:
- (1) $\cup \mathfrak{K}(G) = \cup \mathfrak{H}\overline{G} = \overline{\mathfrak{G}}$ über $G \in \mathfrak{G}$; $\overline{G} \in \overline{\mathfrak{G}}$,
- (2) $\mathfrak{K}(G)\mathfrak{K}(H) = \mathfrak{H}\overline{G}\mathfrak{H}\overline{H} = \mathfrak{H}\overline{GH} = \mathfrak{K}(GH)$ für $G, H \in \mathfrak{G}$,
- (3) $\mathfrak{K}(E) = \mathfrak{H}$,
- (4) $\mathfrak{K}(G) = \mathfrak{H}\overline{G} = \mathfrak{H}$ genau dann, wenn $\overline{G} \in \overline{\mathfrak{H}}$, also $G \in \mathfrak{H}$.

Nach Satz 2 ist $\mathfrak{H}$ normal in $\mathfrak{G}$ und $\mathfrak{G}/\mathfrak{H} \cong \overline{\mathfrak{G}}/\overline{\mathfrak{H}}$.

Gleichwertig damit ist

Satz 4*. *Ist $\mathfrak{N}$ Normalteiler der Gruppe $\mathfrak{G}$ und $\mathfrak{H}/\mathfrak{N}$ Normalteiler der Faktorgruppe $\mathfrak{G}/\mathfrak{N}$, so ist $\mathfrak{H}$ normal in $\mathfrak{G}$ und*
$$\mathfrak{G}/\mathfrak{H} \cong \mathfrak{G}/\mathfrak{N}/\mathfrak{H}/\mathfrak{N}.$$

Beweis. Man setze in Satz 4 $\overline{\mathfrak{G}} = \mathfrak{G}/\mathfrak{N}$ und $\overline{\mathfrak{H}} = \mathfrak{H}/\mathfrak{N}$.

Satz 5 (*Dritter Isomorphiesatz*; H. ZASSENHAUS). *Es seien $\mathfrak{N}_1 \subseteq | \mathfrak{U}_1$ und $\mathfrak{N}_2 \subseteq | \mathfrak{U}_2$ Untergruppen einer Gruppe $\mathfrak{G}$. Dann ist $\mathfrak{N}_1(\mathfrak{U}_1 \cap \mathfrak{N}_2)$ normal in $\mathfrak{N}_1(\mathfrak{U}_1 \cap \mathfrak{U}_2)$ und $\mathfrak{N}_2(\mathfrak{N}_1 \cap \mathfrak{U}_2)$ normal in $\mathfrak{N}_2(\mathfrak{U}_1 \cap \mathfrak{U}_2)$; es besteht die Isomorphie*
$$\frac{\mathfrak{N}_1(\mathfrak{U}_1 \cap \mathfrak{U}_2)}{\mathfrak{N}_1(\mathfrak{U}_1 \cap \mathfrak{N}_2)} \cong \frac{\mathfrak{U}_1 \cap \mathfrak{U}_2}{(\mathfrak{N}_1 \cap \mathfrak{U}_2)(\mathfrak{U}_1 \cap \mathfrak{N}_2)} \cong \frac{\mathfrak{N}_2(\mathfrak{U}_1 \cap \mathfrak{U}_2)}{\mathfrak{N}_2(\mathfrak{N}_1 \cap \mathfrak{U}_2)}.$$

Beweis. Bei der Zuordnung
$$X \to \mathfrak{K}(X) = \mathfrak{N}_2(\mathfrak{N}_1 X \cap \mathfrak{U}_2) \quad \text{für jedes } X \in \mathfrak{N}_1(\mathfrak{U}_1 \cap \mathfrak{U}_2)$$
ist wegen $X = N_1 U_2$ mit $N_1 \in \mathfrak{N}_1$; $U_2 \in \mathfrak{U}_1 \cap \mathfrak{U}_2$ der Komplex
$$\mathfrak{K}(X) = \mathfrak{N}_2(\mathfrak{N}_1 X \cap \mathfrak{U}_2) = \mathfrak{N}_2(\mathfrak{N}_1 U_2 \cap \mathfrak{U}_2) \supseteq \mathfrak{N}_2 U_2$$
nicht leer; ferner gilt
- (1) $\cup \mathfrak{K}(X) = \cup \mathfrak{N}_2(\mathfrak{N}_1 X \cap \mathfrak{U}_2) = \mathfrak{N}_2(\mathfrak{U}_1 \cap \mathfrak{U}_2)$,
- (2) $\mathfrak{K}(X)\mathfrak{K}(Y) = \mathfrak{N}_2(\mathfrak{N}_1 X \cap \mathfrak{U}_2)\mathfrak{N}_2(\mathfrak{N}_1 Y \cap \mathfrak{U}_2) \subseteq \mathfrak{N}_2(\mathfrak{N}_1 X Y \cap \mathfrak{U}_2)$,
- (3) $\mathfrak{K}(E) = \mathfrak{N}_2(\mathfrak{N}_1 \cap \mathfrak{U}_2)$.

Die Gleichung
$$\mathfrak{N}_2(\mathfrak{N}_1 X \cap \mathfrak{U}_2) = \mathfrak{N}_2(\mathfrak{N}_1 \cap \mathfrak{U}_2) \quad \text{oder} \quad \mathfrak{N}_1 X \mathfrak{N}_2 \cap \mathfrak{U}_2 = \mathfrak{N}_1 \mathfrak{N}_2 \cap \mathfrak{U}_2$$
besteht genau dann, wenn $E \in \mathfrak{N}_1 X \mathfrak{N}_2$, also genau dann, wenn
$$X \in \mathfrak{U}_1; \quad X \in \mathfrak{N}_1 \mathfrak{N}_2 \quad \text{oder} \quad X \in \mathfrak{N}_1 \mathfrak{N}_2 \cap \mathfrak{U}_1 = \mathfrak{N}_1(\mathfrak{N}_2 \cap \mathfrak{U}_1).$$
Damit erhalten wir nach Satz 2 und nach Satz 3
$$\frac{\mathfrak{N}_1(\mathfrak{U}_1 \cap \mathfrak{U}_2)}{\mathfrak{N}_1(\mathfrak{U}_1 \cap \mathfrak{N}_2)} \cong \frac{\mathfrak{N}_2(\mathfrak{U}_1 \cap \mathfrak{U}_2)}{\mathfrak{N}_2(\mathfrak{N}_1 \cap \mathfrak{U}_2)},$$
$$\frac{\mathfrak{N}_1(\mathfrak{U}_1 \cap \mathfrak{U}_2)}{\mathfrak{N}_1(\mathfrak{U}_1 \cap \mathfrak{N}_2)} = \frac{\mathfrak{N}_1(\mathfrak{U}_1 \cap \mathfrak{N}_2)(\mathfrak{U}_1 \cap \mathfrak{U}_2)}{\mathfrak{N}_1(\mathfrak{U}_1 \cap \mathfrak{N}_2)} \cong \frac{\mathfrak{U}_1 \cap \mathfrak{U}_2}{\mathfrak{N}_1(\mathfrak{U}_1 \cap \mathfrak{N}_2) \cap (\mathfrak{U}_1 \cap \mathfrak{U}_2)},$$

1.3.1. Homomorphismus

wobei nach Satz 1.2.3

$$\mathfrak{N}_1(\mathfrak{U}_1\cap\mathfrak{N}_2)\cap(\mathfrak{U}_1\cap\mathfrak{U}_2) = \mathfrak{U}_1\cap\mathfrak{N}_1\mathfrak{N}_2\cap\mathfrak{U}_2 = (\mathfrak{U}_1\cap\mathfrak{N}_2)(\mathfrak{U}_2\cap\mathfrak{N}_1).$$

Aus dem dritten Isomorphiesatz entnehmen wir als Sonderfall:

Satz 6. *Es seien $\mathfrak{A}\subseteq|\mathfrak{B}$ und $\mathfrak{U}$ Untergruppen von $\mathfrak{G}$. Dann ist $\mathfrak{A}\cap\mathfrak{U}$ normal in $\mathfrak{B}\cap\mathfrak{U}$ und $\mathfrak{B}\cap\mathfrak{U}/\mathfrak{A}\cap\mathfrak{U}$ einer Untergruppe von $\mathfrak{B}/\mathfrak{A}$ isomorph.*

Ist $\mathfrak{U}$ normal in $\mathfrak{G}$, so ist $\mathfrak{B}\cap\mathfrak{U}/\mathfrak{A}\cap\mathfrak{U}$ einem Normalteiler von $\mathfrak{B}/\mathfrak{A}$ isomorph. Ferner ist $\mathfrak{A}\mathfrak{U}$ normal in $\mathfrak{B}\mathfrak{U}$ und $\mathfrak{B}\mathfrak{U}/\mathfrak{A}\mathfrak{U}$ homomorphes Bild der Faktorgruppe $\mathfrak{B}/\mathfrak{A}$.

Beweis. Auf Grund der Voraussetzung

$$E\subseteq|\mathfrak{U}\subseteq\mathfrak{G} \quad \text{und} \quad \mathfrak{A}\subseteq|\mathfrak{B}\subseteq\mathfrak{G}$$

gilt nach dem dritten Isomorphiesatz

$$\frac{\mathfrak{B}\cap\mathfrak{U}}{(\mathfrak{A}\cap\mathfrak{U})(\mathfrak{B}\cap E)}\cong\frac{\mathfrak{A}(\mathfrak{B}\cap\mathfrak{U})}{\mathfrak{A}(\mathfrak{B}\cap E)} \quad \text{oder} \quad \frac{\mathfrak{B}\cap\mathfrak{U}}{\mathfrak{A}\cap\mathfrak{U}}\cong\frac{\mathfrak{A}(\mathfrak{B}\cap\mathfrak{U})}{\mathfrak{A}}\subseteq\mathfrak{B}/\mathfrak{A}.$$

Ist $\mathfrak{U}$ normal in $\mathfrak{G}$, so sind $\mathfrak{A}$ und $\mathfrak{B}\cap\mathfrak{U}$ normal in $\mathfrak{B}$, also auch $\mathfrak{A}(\mathfrak{B}\cap\mathfrak{U})/\mathfrak{A}$ normal in $\mathfrak{B}/\mathfrak{A}$. Ferner folgt aus

$$\mathfrak{U}\subseteq|\mathfrak{G}\subseteq\mathfrak{G} \quad \text{und} \quad \mathfrak{A}\subseteq|\mathfrak{B}\subseteq\mathfrak{G}$$

nach dem dritten Isomorphiesatz

$$\frac{\mathfrak{U}(\mathfrak{B}\cap\mathfrak{G})}{\mathfrak{U}(\mathfrak{A}\cap\mathfrak{G})}\cong\frac{\mathfrak{A}(\mathfrak{B}\cap\mathfrak{G})}{\mathfrak{A}(\mathfrak{B}\cap\mathfrak{U})} \quad \text{oder} \quad \frac{\mathfrak{U}\mathfrak{B}}{\mathfrak{U}\mathfrak{A}}\cong\frac{\mathfrak{B}}{\mathfrak{A}(\mathfrak{B}\cap\mathfrak{U})}\cong\mathfrak{B}/\mathfrak{A}\big/\mathfrak{A}(\mathfrak{B}\cap\mathfrak{U})/\mathfrak{A}.$$

Als *Homomorphismus der Gruppe $\mathfrak{G}$ in die Gruppe $\overline{\mathfrak{G}}$* bezeichnen wir eine Abbildung

$$\eta:\quad G\to G^\eta=\overline{G}\in\overline{\mathfrak{G}} \quad \text{für jedes } G\in\mathfrak{G},$$

die der *Homomorphiebedingung*

$$(GH)^\eta = G^\eta H^\eta \quad \text{für } G, H\in\mathfrak{G}$$

genügt. Das Bild der Gruppe $\mathfrak{G}$ ist eine (zu $\mathfrak{G}$ homomorphe) Untergruppe $\mathfrak{G}^\eta\subseteq\overline{\mathfrak{G}}$; im Falle $\mathfrak{G}^\eta=\overline{\mathfrak{G}}$ liegt ein *Homomorphismus η der Gruppe $\mathfrak{G}$ auf die Gruppe $\overline{\mathfrak{G}}$* vor.

Die Menge der durch η auf die Einheit $\overline{E}\in\overline{\mathfrak{G}}$ abgebildeten Elemente von $\mathfrak{G}$ ist ein Normalteiler $\mathfrak{K}_\eta\subseteq|\mathfrak{G}$, der *Kern des Homomorphismus η*; es besteht die Isomorphie

$$\mathfrak{G}/\mathfrak{K}_\eta\cong\mathfrak{G}^\eta\subseteq\overline{\mathfrak{G}}.$$

Im Falle $\mathfrak{K}_\eta=E$ liegt ein *Isomorphismus η der Gruppe $\mathfrak{G}$ in die Gruppe $\overline{\mathfrak{G}}$* vor; ist überdies $\mathfrak{G}^\eta=\overline{\mathfrak{G}}$, also η ein *Isomorphismus der Gruppe $\mathfrak{G}$ auf die Gruppe $\overline{\mathfrak{G}}$*, so existiert der *reziproke Isomorphismus η^{-1} der Gruppe $\overline{\mathfrak{G}}$ auf die Gruppe $\mathfrak{G}$*.

Ein Homomorphismus η der Gruppe $\mathfrak{G}$ in die Gruppe $\overline{\mathfrak{G}}$ *induziert* in einer Untergruppe $\mathfrak{U} \subseteq \mathfrak{G}$ durch die Abbildung

$$\eta: \quad U \to U^\eta = \overline{U} \in \overline{\mathfrak{G}} \quad \text{für jedes } U \in \mathfrak{U}$$

einen Homomorphismus der Gruppe $\mathfrak{U}$ in die Gruppe $\overline{\mathfrak{G}}$. Das Bild der Untergruppe $\mathfrak{U}$ ist eine Untergruppe $\mathfrak{U}^\eta \subseteq \mathfrak{G}^\eta \subseteq \overline{\mathfrak{G}}$. Der Durchschnitt $\mathfrak{U} \cap \mathfrak{K}_\eta$ ist der Kern des durch η in $\mathfrak{U}$ induzierten Homomorphismus, und es besteht die Isomorphie

$$\mathfrak{U}\mathfrak{K}_\eta/\mathfrak{K}_\eta \cong \mathfrak{U}/\mathfrak{U} \cap \mathfrak{K}_\eta \cong \mathfrak{U}^\eta \subseteq \overline{\mathfrak{G}}.$$

Ein Homomorphismus η der Gruppe $\mathfrak{G}$ in die Gruppe $\overline{\mathfrak{G}}$ bildet einen Normalteiler $\mathfrak{N} \triangleleft | \mathfrak{G}$ auf einen Normalteiler $\mathfrak{N}^\eta \subseteq \mathfrak{G}^\eta$ ab; im allgemeinen ist $\mathfrak{N}^\eta$ nicht auch Normalteiler von $\overline{\mathfrak{G}}$. Unter Wahl einer Zwischengruppe $\mathfrak{N}^\eta \subseteq \overline{\mathfrak{N}} \subseteq \overline{\mathfrak{G}}$ kann die durch η in $\mathfrak{N}$ induzierte Abbildung auf $\mathfrak{N}^\eta$ als Homomorphismus in den Normalteiler $\overline{\mathfrak{N}} \subseteq | \overline{\mathfrak{G}}$ angesehen werden.

Induziert ein Homomorphismus η der Gruppe $\mathfrak{G}$ in die Gruppe $\overline{\mathfrak{G}}$ einen Homomorphismus des Normalteilers $\mathfrak{N} \subseteq | \mathfrak{G}$ in den Normalteiler $\overline{\mathfrak{N}} \subseteq | \overline{\mathfrak{G}}$:

$$\mathfrak{N} \subseteq | \mathfrak{G}; \quad \overline{\mathfrak{N}} \subseteq | \overline{\mathfrak{G}}; \quad \mathfrak{N}^\eta \subseteq \overline{\mathfrak{N}}; \quad \mathfrak{G}^\eta \subseteq \overline{\mathfrak{G}},$$

so induziert η auch einen Homomorphismus η_0 der Faktorgruppe $\mathfrak{G}/\mathfrak{N}$ in die Faktorgruppe $\overline{\mathfrak{G}}/\overline{\mathfrak{N}}$ gemäß der Zuordnung

$$\eta_0: \quad \mathfrak{N} G \to \overline{\mathfrak{N}} G^\eta \quad \text{für jedes } G \in \mathfrak{G}.$$

Diese Zuordnung ist eindeutig, da aus $\mathfrak{N} G = \mathfrak{N} H$ folgt

$$\overline{\mathfrak{N}} \mathfrak{N}^\eta G^\eta = \overline{\mathfrak{N}} \mathfrak{N}^\eta H^\eta \quad \text{oder} \quad \overline{\mathfrak{N}} G^\eta = \overline{\mathfrak{N}} H^\eta;$$

ferner gilt

$$(\mathfrak{N} G H)^\eta = (\mathfrak{N} G)^\eta (\mathfrak{N} H)^\eta, \quad \text{also } \overline{\mathfrak{N}}(G H)^\eta = \overline{\mathfrak{N}} G^\eta \cdot \overline{\mathfrak{N}} H^\eta \text{ für } G, H \in \mathfrak{G}.$$

Überdies besteht die Gleichung

$$(\mathfrak{G}/\mathfrak{N})^{\eta_0} = \mathfrak{G}^\eta \overline{\mathfrak{N}}/\overline{\mathfrak{N}} \subseteq \overline{\mathfrak{G}}/\overline{\mathfrak{N}}. \tag{1}$$

Da der Kern $\mathfrak{k}_{\eta_0} = \mathfrak{K}_\eta^*/\mathfrak{N}$ des Homomorphismus η_0 aus den Restklassen $\mathfrak{N} G$ besteht, für die $\overline{\mathfrak{N}} G^\eta = \overline{\mathfrak{N}}$, ist $\mathfrak{K}_\eta^*$ der maximale Normalteiler in $\mathfrak{G}$ mit der Eigenschaft

$$(\mathfrak{K}_\eta^*)^\eta = \mathfrak{G}^\eta \cap \overline{\mathfrak{N}}. \tag{2}$$

Insbesondere ist also $\mathfrak{K}_\eta \mathfrak{N}$ in $\mathfrak{K}_\eta^*$ enthalten. Die Gln. (1) und (2) bestimmen die Art des durch η induzierten Homomorphismus η_0 der Faktorgruppe $\mathfrak{G}/\mathfrak{N}$ in die Faktorgruppe $\overline{\mathfrak{G}}/\overline{\mathfrak{N}}$.

Satz 7. *Es sei $\mathfrak{N}$ Normalteiler der Gruppe $\mathfrak{G}$, $\overline{\mathfrak{N}}$ Normalteiler der Gruppe $\overline{\mathfrak{G}}$ und η ein Homomorphismus von $\mathfrak{G}$ in $\overline{\mathfrak{G}}$ mit der Eigenschaft*

$$\mathfrak{G}^\eta \subseteq \overline{\mathfrak{G}}; \quad \mathfrak{N}^\eta \subseteq \overline{\mathfrak{N}}.$$

1.3.1. Homomorphismus

Induziert η einen Isomorphismus von $\mathfrak{N}$ auf $\overline{\mathfrak{N}}$ und einen Isomorphismus von $\mathfrak{G}/\mathfrak{N}$ auf $\overline{\mathfrak{G}}/\overline{\mathfrak{N}}$, so ist η ein Isomorphismus von $\mathfrak{G}$ auf $\overline{\mathfrak{G}}$.

Beweis. Da der Homomorphismus η mit dem Kern $\mathfrak{K}_\eta \subseteq | \mathfrak{G}$ einen Isomorphismus η_0 der Faktorgruppe $\mathfrak{G}/\mathfrak{N}$ auf die Faktorgruppe $\overline{\mathfrak{G}}/\overline{\mathfrak{N}}$ induziert, gilt nach (1) und (2):

$$\mathfrak{G}^\eta \overline{\mathfrak{N}} = \overline{\mathfrak{G}} \quad \text{und} \quad \mathfrak{K}_\eta^* = \mathfrak{N}, \quad \text{also auch } \mathfrak{K}_\eta \subseteq \mathfrak{N};$$

da η einen Isomorphismus von $\mathfrak{N}$ auf $\overline{\mathfrak{N}}$ induziert, folgt

$$\mathfrak{N}^\eta = \overline{\mathfrak{N}} \quad \text{und} \quad E = \mathfrak{N} \cap \mathfrak{K}_\eta = \mathfrak{K}_\eta,$$

also auch

$$\overline{\mathfrak{G}} = \mathfrak{G}^\eta \overline{\mathfrak{N}} = \mathfrak{G}^\eta \mathfrak{N}^\eta = \mathfrak{G}^\eta.$$

Ein Homomorphismus η einer Gruppe $\mathfrak{G}$ in eine Gruppe $\overline{\mathfrak{G}}$ induziert in jeder Untergruppe $\mathfrak{U} \subset \mathfrak{G}$ einen Homomorphismus η_0 in die Gruppe $\overline{\mathfrak{G}}$. Existiert umgekehrt zu einem Homomorphismus η_0 der Untergruppe $\mathfrak{U} \subset \mathfrak{G}$ in die Gruppe $\overline{\mathfrak{G}}$ ein Homomorphismus η der Gruppe $\mathfrak{G}$ in die Gruppe $\overline{\mathfrak{G}}$, der in $\mathfrak{U}$ den Homomorphismus η_0 induziert, so ist η eine *Fortsetzung des Homomorphismus η_0 von $\mathfrak{U}$ auf $\mathfrak{G}$.*

Satz 8. *Es sei $\mathsf{M} = (\mathfrak{U}_\iota)$ (über $\iota \in \mathsf{I}$) eine induktiv geordnete Menge von Untergruppen einer Gruppe $\mathfrak{G}$ mit der Vereinigung $\mathfrak{V} = \bigcup_\iota \mathfrak{U}_\iota$; für jede Untergruppe $\mathfrak{U}_\iota$ sei ein Homomorphismus η_ι in eine Gruppe $\overline{\mathfrak{G}}$ erklärt, derart daß für jedes Paar $\mathfrak{U}_\iota \subseteq \mathfrak{U}_\varkappa \in \mathsf{M}$ die Gleichung*

$$U_\iota^{\eta_\varkappa} = U_\iota^{\eta_\iota} \quad \text{für } U_\iota \in \mathfrak{U}_\iota$$

besteht. Dann existiert genau ein Homomorphismus η der Vereinigung $\mathfrak{V}$ in die Gruppe $\overline{\mathfrak{G}}$, der in jeder Untergruppe $\mathfrak{U}_\iota \subseteq \mathfrak{V}$ den Homomorphismus η_ι induziert.

Der in $\mathfrak{V}$ erklärte Homomorphismus η ist also Fortsetzung der in den Gruppen $\mathfrak{U}_\iota$ erklärten Homomorphismen η_ι.

Beweis. Die durch die Zuordnung

$$\eta: \quad V \to V^\eta = V^{\eta_\iota}, \quad \text{wenn } V \in \mathfrak{U}_\iota \subseteq \mathfrak{V}$$

erklärte Abbildung η der Vereinigung $\mathfrak{V}$ ist eindeutig, da im Falle $V \in \mathfrak{U}_\iota \cap \mathfrak{U}_\varkappa$ eine Untergruppe $\mathfrak{U}_\lambda \in \mathsf{M}$ mit $\mathfrak{U}_\iota \cup \mathfrak{U}_\varkappa \subseteq \mathfrak{U}_\lambda$ existiert:

$$V^{\eta_\iota} = V^{\eta_\lambda} = V^{\eta_\varkappa} \quad \text{für jedes } V \in \mathfrak{U}_\iota \cap \mathfrak{U}_\varkappa.$$

Die Bildmenge $\mathfrak{V}^\eta = \overline{\mathfrak{V}}$ ist in $\overline{\mathfrak{G}}$ enthalten; da jedes Paar $V, V_0 \in \mathfrak{V}$ einer Untergruppe $\mathfrak{U}_\iota \in \mathsf{M}$ angehört, folgt

$$(VV_0)^\eta = (VV_0)^{\eta_\iota} = V^{\eta_\iota} V_0^{\eta_\iota} = V^\eta V_0^\eta.$$

Mithin ist η der (offensichtlich einzige) Homomorphismus der Gruppe $\mathfrak{V}$ in die Gruppe $\overline{\mathfrak{G}}$ mit den verlangten Eigenschaften.

In diesem Zusammenhange muß noch auf ein wichtiges Konstruktionsverfahren für Gruppen aufmerksam gemacht werden:

Satz 9. *Es sei* I *eine durch die Relation* $\iota \leq \varkappa$ *induktiv geordnete Indexmenge; jedem Index* $\iota \in$ I *sei eine Gruppe* $\mathfrak{G}_\iota$ *zugeordnet unter folgenden Bedingungen:*

(1) *Für jedes Indexpaar* $\iota \leq \varkappa \in$ I *ist ein Isomorphismus* $\eta_{\iota\varkappa}$ *der Gruppe* $\mathfrak{G}_\iota$ *in die Gruppe* $\mathfrak{G}_\varkappa$ *erklärt; dabei sei* $\eta_{\iota\iota} = \varepsilon_\iota$ *die identische Abbildung der Gruppe* $\mathfrak{G}_\iota$ *auf sich.*

(2) *Für jedes Indextripel* $\iota \leq \varkappa \leq \lambda \in$ I *besteht die Gleichung*

$$\eta_{\iota\varkappa}\eta_{\varkappa\lambda} = \eta_{\iota\lambda}.$$

Dann existiert eine Gruppe $\mathfrak{G}$ *mit folgenden Eigenschaften:*

1. *Jede Gruppe* $\mathfrak{G}_\iota$ *besitzt ein isomorphes Bild* $\mathfrak{G}_\iota^{\alpha_\iota} = \mathfrak{U}_\iota \subseteq \mathfrak{G}$.
2. *Es gilt* $\mathfrak{U}_\iota \subseteq \mathfrak{U}_\varkappa$ *für jedes Paar* $\iota \leq \varkappa \in$ I.
3. *Die Gruppe* $\mathfrak{G}$ *ist die Vereinigung* $\mathfrak{G} = \bigcup_\iota \mathfrak{U}_\iota$ *(über* $\iota \in$ I*).*

Beweis. Bei festem Index $\iota \in$ I ordne man $G_\iota \in \mathfrak{G}_\iota$ die Menge

$$G_\iota^{\alpha_\iota} = (G_\iota^{\eta_{\iota\varkappa}}) \qquad \text{über alle } \iota \leq \varkappa \in \text{I}$$

zu und erkläre Gleichheit und Komposition dieser Mengen durch

$$(G_\iota^{\eta_{\iota\varkappa}}) = (H_\iota^{\eta_{\iota\varkappa}}) \qquad \text{genau dann, wenn } G_\iota = H_\iota \in \mathfrak{G}_\iota;$$

$$(G_\iota^{\eta_{\iota\varkappa}})(H_\iota^{\eta_{\iota\varkappa}}) = (G_\iota^{\eta_{\iota\varkappa}} H_\iota^{\eta_{\iota\varkappa}}) = ((G_\iota H_\iota)^{\eta_{\iota\varkappa}}) \qquad \text{für } G_\iota, H_\iota \in \mathfrak{G}_\iota.$$

Offensichtlich bilden diese Mengen $G_\iota^{\alpha_\iota}$ eine zu $\mathfrak{G}_\iota$ isomorphe Gruppe $\mathfrak{G}_\iota^{\alpha_\iota} = \mathfrak{U}_\iota$.

Besteht für zwei Elemente $G_\iota \in \mathfrak{G}_\iota$ und $H_\mu \in \mathfrak{G}_\mu$ eine Gleichung

$$G_\iota^{\eta_{\iota\varrho}} = H_\mu^{\eta_{\mu\varrho}} \in \mathfrak{G}_\varrho \qquad \text{für } \iota \leq \varrho;\ \mu \leq \varrho,$$

so besteht auch die Gleichung

$$G_\iota^{\eta_{\iota\nu}} = H_\mu^{\eta_{\mu\nu}} \in \mathfrak{G}_\nu \qquad \text{für jeden Index } \iota \leq \nu,\ \mu \leq \nu.$$

Denn für jeden Index $\sigma \in$ I, der $\nu \leq \sigma;\ \varrho \leq \sigma$ erfüllt, ist

$$G_\iota^{\eta_{\iota\sigma}} = G_\iota^{\eta_{\iota\varrho}\eta_{\varrho\sigma}} = H_\mu^{\eta_{\mu\varrho}\eta_{\varrho\sigma}} = H_\mu^{\eta_{\mu\sigma}}$$

und

$$G_\iota^{\eta_{\iota\sigma}} = G_\iota^{\eta_{\iota\nu}\eta_{\nu\sigma}} = H_\mu^{\eta_{\mu\nu}\eta_{\nu\sigma}} = H_\mu^{\eta_{\mu\sigma}}, \qquad \text{also } G_\iota^{\eta_{\iota\nu}} = H_\mu^{\eta_{\mu\nu}}.$$

Daher läßt sich eine Äquivalenz der Mengen $G_\iota^{\alpha_\iota}$ erklären:

$$G_\iota^{\alpha_\iota} \equiv H_\mu^{\alpha_\mu}, \qquad \text{wenn ihr Durchschnitt nicht leer.}$$

Dadurch werden die Mengen $G_\iota^{\alpha_\iota}$ in Klassen aufgeteilt, derart daß $G_\iota^{\alpha_\iota}$ und $H_\iota^{\alpha_\iota}$ genau dann äquivalent sind, wenn $G_\iota = H_\iota \in \mathfrak{G}_\iota$.

1.3.1. Homomorphismus

Ferner gilt für $\iota \leq \nu$ und $\mu \leq \nu$

$$(G_\iota^{\eta_\iota \varkappa}) \equiv (G_\nu^{\eta_\nu \varrho}) \quad \text{und} \quad (H_\mu^{\eta_\mu \lambda}) \equiv (H_\nu^{\eta_\nu \varrho}) \quad \text{mit } G_\nu = G_\iota^{\eta_\iota \nu};\ H_\nu = H_\mu^{\eta_\mu \nu},$$

so daß das Produkt der Klassen (unabhängig von der Wahl des Repräsentanten) durch

$$(G_\iota^{\eta_\iota \varkappa})(H_\mu^{\eta_\mu \lambda}) \equiv (G_\nu^{\eta_\nu \varrho})(H_\nu^{\eta_\nu \varrho}) \equiv ((G_\nu H_\nu)^{\eta_\nu \varrho})$$

erklärt werden kann.

Die für jedes Paar $\iota \leq \varkappa \in I$ erklärte Abbildung

$$\alpha_\iota^{-1} \eta_{\iota \varkappa} \alpha_\varkappa: \quad (G_\iota^{\eta_\iota \varkappa}) \to (G_\iota^{\eta_\iota \varkappa})^{\alpha_\iota^{-1} \eta_{\iota \varkappa} \alpha_\varkappa} = (G_\varkappa^{\eta_\varkappa \lambda}) \quad \text{mit } G_\varkappa = G_\iota^{\eta_\iota \varkappa} \in \mathfrak{G}_\varkappa$$

bestimmt einen Isomorphismus der Gruppe $\mathfrak{U}_\iota = \mathfrak{G}_\iota^{\alpha_\iota}$ auf die dem Bild $\mathfrak{G}_\iota^{\eta_\iota \varkappa} \subseteq \mathfrak{G}_\varkappa$ in $\mathfrak{U}_\varkappa = \mathfrak{G}_\varkappa^{\alpha_\varkappa}$ entsprechende Untergruppe. Der Übergang zu den Äquivalenzklassen entspricht somit der Identifizierung

$$\mathfrak{U}_\iota \equiv \mathfrak{U}_\iota^{\alpha_\iota^{-1} \eta_{\iota \varkappa} \alpha_\varkappa} \subseteq \mathfrak{U}_\varkappa.$$

Die Menge der Äquivalenzklassen ist daher eine Gruppe $\mathfrak{G}$ mit den verlangten Eigenschaften.

Beispiel. Es bezeichne $\mathfrak{A}_n = \{A_n\}$ die zyklische Gruppe der Ordnung $\text{ord}(\mathfrak{A}_n) = p^n$ mit einer festen Primzahl p (für $1 \leq n < \infty$). Da die Potenz $A_n^{p^{n-m}}$ für jedes $m \leq n$ eine zyklische Untergruppe $\mathfrak{A}_{m,n} \subseteq \mathfrak{A}_n$ der Ordnung $\text{ord}(\mathfrak{A}_{m,n}) = p^m$ erzeugt, bestimmt die Zuordnung

$$\eta_{m,n}: \quad A_m \to A_n^{p^{n-m}} \quad \text{für } m \leq n$$

einen Isomorphismus der Gruppe $\mathfrak{A}_m$ in die Gruppe $\mathfrak{A}_n$. Dabei gilt

$$\eta_{n,n} = \varepsilon; \quad \eta_{m,n} \eta_{n,r} = \eta_{m,r} \quad \text{für } m \leq n \leq r.$$

Nach Satz 9 existiert eine *abelsche Gruppe* $\mathfrak{A}_\omega$ *vom Typus* p^ω als Vereinigung $\mathfrak{A}_\omega = \bigcup_n \mathfrak{A}_n$ einer Kette

$$E = \mathfrak{A}_0 \subset \mathfrak{A}_1 \subset \mathfrak{A}_2 \subset \cdots \subset \mathfrak{A}_n \subset \mathfrak{A}_{n+1} \subset \cdots$$

zyklischer Gruppen $\mathfrak{A}_n$ der Ordnung $\text{ord}(\mathfrak{A}_n) = p^n$; sie wird erzeugt durch Elemente $A_n \in \mathfrak{A}_n$, zwischen denen die Gleichungen

$$A_n^p = A_{n-1}; \quad A_0 = E \quad \text{für } 1 \leq n < \infty$$

bestehen. Jedes von E verschiedene Element $A \in \mathfrak{A}_\omega$ besitzt eine (eindeutige) Darstellung

$$A = A_1^{a_1} A_2^{a_2} \ldots A_k^{a_k} = A_k^{b_k} = A_n^{b_n} \quad \text{für jedes } n \geq k$$

einer Länge $k \geq 1$ mit Exponenten

$$0 \leq a_\varkappa < p \quad \text{für } 1 \leq \varkappa < k \text{ und } 0 < a_k < p,$$
$$b_k = a_1 p^{k-1} + a_2 p^{k-2} + \cdots + a_{k-1} p + a_k; \quad b_n = b_k p^{n-k}.$$

Ein isomorphes Bild der Gruppe $\mathfrak{A}_\omega$ liefert die (additive) Gruppe $\mathfrak{R}$ der rationalen Zahlen: Die Faktorgruppe $\mathfrak{F} = \mathfrak{R}/\mathfrak{G}$ nach dem Normalteiler $\mathfrak{G}$ der ganzen Zahlen ist die (additive) Gruppe der mod 1 reduzierten Zahlen:

Für $r_1, r_2 \in \mathfrak{R}$ gilt $r_1 \equiv r_2 \bmod 1$, wenn $r_1 - r_2 \in \mathfrak{G}$.

Für eine feste Primzahl p bilden die rationalen Zahlen der Gestalt $r = a p^{-n}$ mit ganzem Zähler a und Exponenten $n \geq 0$ eine Zwischengruppe $\mathfrak{G} \subset \mathfrak{P} \subset \mathfrak{R}$. Die Faktorgruppe $\mathfrak{P}/\mathfrak{G}$ ist zur abelschen Gruppe $\mathfrak{A}_\omega$ vom Typus p^ω isomorph, wie die Zuordnung zeigt:

$$p^{-n} \leftrightarrow A_n \qquad \text{für } 0 \leq n < \infty.$$

1.3.2. Die Kommutatorgruppe

Zur Bestimmung der abelschen homomorphen Bilder $\overline{\mathfrak{G}}$ einer Gruppe $\mathfrak{G}$ hat man nach dem ersten Homomorphiesatz die Normalteiler $\mathfrak{N} \unlhd \mathfrak{G}$ mit abelscher Faktorgruppe $\mathfrak{G}/\mathfrak{N}$ anzugeben. Die Faktorgruppe $\mathfrak{G}/\mathfrak{N}$ ist genau dann abelsch, wenn

$$GH \equiv HG \bmod \mathfrak{N} \quad \text{oder} \quad G^{-1} H^{-1} G H \equiv E \bmod \mathfrak{N} \quad \text{für } G, H \in \mathfrak{G},$$

wenn also $\mathfrak{N}$ sämtliche *Kommutatoren*

$$[G, H] = G^{-1} H^{-1} G H \qquad \text{mit } G, H \in \mathfrak{G}$$

enthält. Die von den Kommutatoren erzeugte Gruppe

$$\mathfrak{G}' = \{\cup\, [G, H]\} \qquad \text{über } G, H \in \mathfrak{G}$$

ist die *Kommutatorgruppe* (der *Kommutator*) oder die *Ableitung der Gruppe* $\mathfrak{G}$.

Satz 10. *Der Kommutator $\mathfrak{G}'$ einer Gruppe $\mathfrak{G}$ ist Durchschnitt aller Normalteiler von $\mathfrak{G}$ mit abelscher Faktorgruppe; jede Zwischengruppe $\mathfrak{G}' \subseteq \mathfrak{U} \subseteq \mathfrak{G}$ ist normal in $\mathfrak{G}$ mit abelscher Faktorgruppe.*

Beweis. Da für jedes Tripel $A, G, H \in \mathfrak{G}$ gilt

$$[G, H]^A = A^{-1} G^{-1} H^{-1} G H A = [G^A, H^A] \in \mathfrak{G}',$$

ist $\mathfrak{G}'$ normal in $\mathfrak{G}$. Ein Normalteiler $\mathfrak{N} \unlhd \mathfrak{G}$ mit abelscher Faktorgruppe enthält das Erzeugnis $\mathfrak{G}'$ aller Kommutatoren $[G, H]$ in $\mathfrak{G}$. Eine Zwischengruppe $\mathfrak{G}' \subseteq \mathfrak{U} \subseteq \mathfrak{G}$ erfüllt die Bedingung

$$[G, U] = U^{-G} U \in \mathfrak{U}, \quad \text{also } U^G \in \mathfrak{U} \text{ für jedes } G \in \mathfrak{G};\, U \in \mathfrak{U}.$$

Mithin ist $\mathfrak{U}$ normal in $\mathfrak{G}$ mit abelscher Faktorgruppe.

Satz 10*. *Die zur Gruppe $\mathfrak{G}$ homomorphen abelschen Gruppen sind isomorph den Faktorgruppen $\mathfrak{G}/\mathfrak{N}$ nach den Zwischengruppen $\mathfrak{G}' \subseteq \mathfrak{N} \subseteq \mathfrak{G}$; überdies sind sie homomorphe Bilder des maximalen abelschen homomorphen Bildes $\mathfrak{G}/\mathfrak{G}'$ der Gruppe $\mathfrak{G}$.*

1.3.2. Die Kommutatorgruppe

Die zweite Aussage ergibt sich aus $\mathfrak{G}' \subseteq \mathfrak{N} \subseteq \mathfrak{G}$ durch

$$\mathfrak{G}/\mathfrak{N} \cong \mathfrak{G}/\mathfrak{G}'/\mathfrak{N}/\mathfrak{G}'.$$

Definition 2. *Für nichtleere Komplexe* $\mathfrak{K}, \mathfrak{L}$ *einer Gruppe* $\mathfrak{G}$ *ist* $[\mathfrak{K}, \mathfrak{L}]$ *die von den Kommutatoren* $[K, L]$ *erzeugte Untergruppe von* $\mathfrak{G}$:

$$[\mathfrak{K}, \mathfrak{L}] = \{\cup [K, L]\} \quad \text{über } K \in \mathfrak{K}; \ L \in \mathfrak{L}.$$

Die Kommutatorgruppe $\mathfrak{G}'$ einer Gruppe $\mathfrak{G}$ wird demnach auch durch $\mathfrak{G}' = [\mathfrak{G}, \mathfrak{G}]$ dargestellt.

Es gilt
$$[\mathfrak{K}, \mathfrak{L}] = [\mathfrak{L}, \mathfrak{K}], \tag{1}$$

da die Kommutatoridentität besteht:

$$[X, Y][Y, X] = E \quad \text{für } X, Y \in \mathfrak{G}. \tag{2}$$

Weiter erhält man für Komplexe $\mathfrak{k} \subseteq \mathfrak{K}$ und $\mathfrak{l} \subseteq \mathfrak{L}$ in $\mathfrak{G}$

$$[\mathfrak{k}, \mathfrak{l}] \subseteq [\mathfrak{K}, \mathfrak{L}]. \tag{3}$$

Man bestätigt ferner leicht die Identitäten

$$[XY, Z] = [X, Z]^Y [Y, Z]; \ [X, YZ] = [X, Z][X, Y]^Z \quad \text{für } X, Y, Z \in \mathfrak{G}. \tag{4}$$

Die Gleichung $\mathfrak{G}' = [\mathfrak{G}, \mathfrak{G}] = E$ kennzeichnet die *abelschen Gruppen*; der andere Grenzfall $\mathfrak{G} = \mathfrak{G}'$ definiert die *perfekten Gruppen*. Eine perfekte Gruppe $\mathfrak{G}$ besitzt als einziges homomorphes abelsches Bild das *Nullbild*

$$0: \ G \to G^0 = E \quad \text{für jedes } G \in \mathfrak{G}.$$

Satz 11. *Ist* $\mathfrak{U}$ *Untergruppe von* $\mathfrak{G}$, *so ist* $\mathfrak{U}'$ *Untergruppe von* $\mathfrak{G}'$; *ist* $\mathfrak{N}$ *normal in* $\mathfrak{G}$, *so ist* $\mathfrak{N}'$ *normal in* $\mathfrak{G}$. *Weiter gilt*

$$(\mathfrak{G}/\mathfrak{N})' = \mathfrak{G}'\mathfrak{N}/\mathfrak{N} \cong \mathfrak{G}'/\mathfrak{G}' \cap \mathfrak{N} \quad \text{und} \quad \mathfrak{G}'/\mathfrak{N}' \sim \mathfrak{G}'/\mathfrak{G}' \cap \mathfrak{N}.$$

Beweis. Aus $\mathfrak{U} \subseteq \mathfrak{G}$ folgt

$$\mathfrak{U}' = [\mathfrak{U}, \mathfrak{U}] \subseteq [\mathfrak{G}, \mathfrak{G}] = \mathfrak{G}';$$

ist $\mathfrak{N}$ normal in $\mathfrak{G}$, so gilt

$$(\mathfrak{N}')^G = [\mathfrak{N}, \mathfrak{N}]^G = [\mathfrak{N}^G, \mathfrak{N}^G] = [\mathfrak{N}, \mathfrak{N}] = \mathfrak{N}' \quad \text{für jedes } G \in \mathfrak{G}.$$

Die Kommutatorgruppe $(\mathfrak{G}/\mathfrak{N})'$ wird von den Restklassen

$$[\mathfrak{N}G, \mathfrak{N}H] = \mathfrak{N}[G, H] \quad \text{mit } G, H \in \mathfrak{G}$$

erzeugt:

$$(\mathfrak{G}/\mathfrak{N})' = \mathfrak{G}'\mathfrak{N}/\mathfrak{N} \cong \mathfrak{G}'/\mathfrak{G}' \cap \mathfrak{N}.$$

Aus $\mathfrak{N}' \subseteq \mathfrak{G}' \cap \mathfrak{N}$ erhalten wir

$$\mathfrak{G}'/\mathfrak{G}' \cap \mathfrak{N} \cong \mathfrak{G}'/\mathfrak{N}'/\mathfrak{G}' \cap \mathfrak{N}/\mathfrak{N}', \quad \text{also} \quad \mathfrak{G}'/\mathfrak{N}' \sim \mathfrak{G}'/\mathfrak{G}' \cap \mathfrak{N}.$$

Satz 11*. *Ist $\mathfrak{N}$ Normalteiler der Untergruppen $\mathfrak{U}, \mathfrak{V}$ von $\mathfrak{G}$, so gilt*

$$[\mathfrak{U}/\mathfrak{N}, \mathfrak{V}/\mathfrak{N}] = [\mathfrak{U}, \mathfrak{V}]\,\mathfrak{N}/\mathfrak{N}.$$

Beweis. Die Kommutatorgruppe $[\mathfrak{U}/\mathfrak{N}, \mathfrak{V}/\mathfrak{N}]$ wird erzeugt von den Restklassen $[\mathfrak{N}U, \mathfrak{N}V] = \mathfrak{N}[U, V] \in \mathfrak{N}[\mathfrak{U}, \mathfrak{V}]$.

Satz 12. *Der Kommutator $[\mathfrak{U}, \mathfrak{V}]$ zweier Untergruppen $\mathfrak{U}, \mathfrak{V} \subseteq \mathfrak{G}$ ist Normalteiler des Kompositums $\{\mathfrak{U} \cup \mathfrak{V}\}$.*
Ist $\mathfrak{U}$ Untergruppe, $\mathfrak{N}$ Normalteiler von $\mathfrak{G}$, so gilt $[\mathfrak{N}, \mathfrak{U}] \subseteq \mathfrak{N}$.

Beweis. Zunächst ist $[\mathfrak{U}, \mathfrak{V}]$ in $\{\mathfrak{U} \cup \mathfrak{V}\}$ enthalten. Den Identitäten (4) entnimmt man für Elemente $U, U^* \in \mathfrak{U}$ und $V, V^* \in \mathfrak{V}$

$$[U^*, V^*]^V = [V, U^*][U^*, V^*V] \in [\mathfrak{U}, \mathfrak{V}],$$

$$[V^*, U^*]^U = [U, V^*][V^*, U^*U] \in [\mathfrak{U}, \mathfrak{V}],$$

also

$$[\mathfrak{U}, \mathfrak{V}]^X \subseteq [\mathfrak{U}, \mathfrak{V}] \quad \text{für jedes } X \in \{\mathfrak{U} \cup \mathfrak{V}\}.$$

Ist $\mathfrak{U}$ Untergruppe, $\mathfrak{N}$ Normalteiler von $\mathfrak{G}$, so findet man

$$[N, U] = N^{-1} N^U \equiv E \bmod \mathfrak{N} \quad \text{für } N \in \mathfrak{N};\; U \in \mathfrak{U}.$$

Satz 12*. *Normalteiler $\mathfrak{N}_1, \mathfrak{N}_2$ einer Gruppe $\mathfrak{G}$ mit dem Durchschnitt $\mathfrak{N}_1 \cap \mathfrak{N}_2 = E$ sind elementweise vertauschbar.*

Beweis. Aus Satz 12 folgt $[\mathfrak{N}_1, \mathfrak{N}_2] \subseteq \mathfrak{N}_1 \cap \mathfrak{N}_2 = E$.

Man nennt in diesem Falle das Kompositum $\mathfrak{N}_1 \mathfrak{N}_2$ der Normalteiler $\mathfrak{N}_1, \mathfrak{N}_2 \triangleleft \mathfrak{G}$ das *direkte Produkt* und setzt

$$\mathfrak{N}_1 \mathfrak{N}_2 = \mathfrak{N}_1 \times \mathfrak{N}_2, \quad \text{wenn } \mathfrak{N}_1 \cap \mathfrak{N}_2 = E.$$

Da der Durchschnitt $\mathfrak{D} = \mathfrak{N}_1 \cap \mathfrak{N}_2$ zweier Normalteiler $\mathfrak{N}_1, \mathfrak{N}_2 \trianglelefteq \mathfrak{G}$ in $\mathfrak{G}$ normal ist, erhält man für die Faktorgruppen

$$\mathfrak{N}_1/\mathfrak{D} \cap \mathfrak{N}_2/\mathfrak{D} = 1,$$

also nach Satz 12*

$$\mathfrak{N}_1 \mathfrak{N}_2/\mathfrak{D} = \mathfrak{N}_1/\mathfrak{D} \times \mathfrak{N}_2/\mathfrak{D}.$$

Satz 13. *Sind $\mathfrak{M}, \mathfrak{N}$ Normalteiler und $\mathfrak{U}$ Untergruppe in $\mathfrak{G}$, so gilt*

$$(\mathfrak{U}\mathfrak{N})' = \mathfrak{U}'\mathfrak{N}'[\mathfrak{U}, \mathfrak{N}]; \quad [\mathfrak{U}\mathfrak{N}, \mathfrak{M}] = [\mathfrak{U}, \mathfrak{M}][\mathfrak{N}, \mathfrak{M}].$$

Beweis. Der Kommutator $(\mathfrak{U}\mathfrak{N})'$ wird erzeugt von den Kommutatoren $[N_1 U_1, N_2 U_2]$ mit $N_1, N_2 \in \mathfrak{N}$ und $U_1, U_2 \in \mathfrak{U}$. Nach (4) gilt $[N_1 U_1, N_2 U_2]$

$$= [N_1, U_2]^{U_1} [N_1, N_2]^{U_2 U_1} [U_1, U_2] [U_1, N_2]^{U_2} \in [\mathfrak{N}, \mathfrak{U}]\, \mathfrak{N}' \mathfrak{U}' [\mathfrak{N}, \mathfrak{U}].$$

Andererseits sind $[\mathfrak{N}, \mathfrak{U}]$ und $\mathfrak{N}'$ in $\mathfrak{N}\mathfrak{U}$ normal und mit $\mathfrak{U}'$ in $(\mathfrak{N}\mathfrak{U})'$ enthalten.

1.3.2. Die Kommutatorgruppe

Der Kommutator $[\mathfrak{U}\mathfrak{M}, \mathfrak{M}]$ wird erzeugt von den Kommutatoren $[NU, M]$ mit $N\in\mathfrak{N}$; $U\in\mathfrak{U}$; $M\in\mathfrak{M}$; man findet
$$[NU, M] = [N, M]^U [U, M] \in [\mathfrak{N}, \mathfrak{M}] [\mathfrak{U}, \mathfrak{M}].$$
Andererseits ist $[\mathfrak{N}, \mathfrak{M}]$ normal in $\mathfrak{M}$ und mit $[\mathfrak{U}, \mathfrak{M}]$ in $[\mathfrak{N}\mathfrak{U}, \mathfrak{M}]$ enthalten.

Satz 13*. *Für Normalteiler $\mathfrak{N}_1, \mathfrak{N}_2, \mathfrak{N}$ mit dem Durchschnitt $\mathfrak{N}_1 \cap \mathfrak{N}_2 = E$ in $\mathfrak{G}$ gilt*
$$(\mathfrak{N}_1 \times \mathfrak{N}_2)' = \mathfrak{N}_1' \times \mathfrak{N}_2' \quad \text{und} \quad [\mathfrak{N}_1 \times \mathfrak{N}_2, \mathfrak{N}] = [\mathfrak{N}_1, \mathfrak{N}] \times [\mathfrak{N}_2, \mathfrak{N}].$$

Beweis. Aus $\mathfrak{N}_1 \cap \mathfrak{N}_2 = E$ folgt $\mathfrak{N}_1' \cap \mathfrak{N}_2' = E$, also nach Satz 13
$$(\mathfrak{N}_1 \times \mathfrak{N}_2)' = \mathfrak{N}_1' \mathfrak{N}_2' [\mathfrak{N}_1, \mathfrak{N}_2] = \mathfrak{N}_1' \times \mathfrak{N}_2';$$
die zweite Gleichung erhalten wir aus
$$[\mathfrak{N}_1, \mathfrak{N}] \cap [\mathfrak{N}_2, \mathfrak{N}] \subseteq \mathfrak{N}_1 \cap \mathfrak{N}_2 = E.$$

Die Wirkung von Homomorphismen auf Kommutatorgruppen wird durch die folgende Bemerkung beschrieben:

Ist η ein Homomorphismus der Gruppe $\mathfrak{G}$ in die Gruppe $\overline{\mathfrak{G}}$, der die Komplexe $\mathfrak{K}, \mathfrak{L} \subseteq \mathfrak{G}$ in die Komplexe $\overline{\mathfrak{K}}, \overline{\mathfrak{L}} \subseteq \overline{\mathfrak{G}}$ abbildet, so gilt
$$[\mathfrak{K}, \mathfrak{L}]^\eta = [\mathfrak{K}^\eta, \mathfrak{L}^\eta] \subseteq [\overline{\mathfrak{K}}, \overline{\mathfrak{L}}].$$

Beweis. Für jedes Paar $K\in\mathfrak{K}$, $L\in\mathfrak{L}$ besteht die Gleichung
$$[K, L]^\eta = [K^\eta, L^\eta] \in [\overline{\mathfrak{K}}, \overline{\mathfrak{L}}].$$

Definition 3. *Der Kommutatorquotient $\mathfrak{K} \div \mathfrak{L}$ zweier Komplexe $\mathfrak{K}, \mathfrak{L}$ einer Gruppe $\mathfrak{G}$ ist die Menge aller $X \in \mathfrak{G}$ mit der Eigenschaft*
$$[L, X] \in \mathfrak{K} \quad \textit{für jedes } L\in\mathfrak{L}.$$

Satz 14. *Ist $\mathfrak{K}$ Komplex, $\mathfrak{N}$ Normalteiler in $\mathfrak{G}$, so ist der Kommutatorquotient $\mathfrak{N} \div \mathfrak{K}$ eine Untergruppe in $\mathfrak{G}$.*

Beweis. Für Elemente $K\in\mathfrak{K}$ und $X, Y \in \mathfrak{N} \div \mathfrak{K}$ gilt
$$[K, X^{-1}] = [X, K]^{X^{-1}} \equiv [X, K] \equiv E \bmod \mathfrak{N},$$
$$[K, XY] = [K, Y][K, X]^Y \equiv E \bmod \mathfrak{N}.$$

Satz 14*. *Die Faktorgruppe $\mathfrak{N} \div \mathfrak{K}/\mathfrak{N}$ ist der Zentralisator des Komplexes $\mathfrak{K}\mathfrak{N}/\mathfrak{N}$ in der Gruppe $\mathfrak{G}/\mathfrak{N}$:*
$$\mathfrak{N} \div \mathfrak{K}/\mathfrak{N} = \mathfrak{Z}(\mathfrak{K}\mathfrak{N}/\mathfrak{N} \subseteq \mathfrak{G}/\mathfrak{N}).$$

Beweis. Eine Restklasse $\mathfrak{N}X \in \mathfrak{G}/\mathfrak{N}$ gehört zum Zentralisator $\mathfrak{Z}(\mathfrak{K}\mathfrak{N}/\mathfrak{N} \subseteq \mathfrak{G}/\mathfrak{N})$, wenn
$$\mathfrak{N}X\mathfrak{N}K = \mathfrak{N}K\mathfrak{N}X \quad \text{oder} \quad [K, X] \equiv E \bmod \mathfrak{N} \quad \text{für } K\in\mathfrak{K}.$$
Genau die Elemente $X\in \mathfrak{N} \div \mathfrak{K}$ besitzen diese Eigenschaft.

Sind $\mathfrak{U}$ und $\mathfrak{N}$ Normalteiler in $\mathfrak{G}$, so ist $\mathfrak{V} = \mathfrak{N} \div \mathfrak{U}$ Normalteiler in $\mathfrak{G}$. Denn für jedes $G \in \mathfrak{G}$ gilt

$$[\mathfrak{U}, \mathfrak{V}^G] = [\mathfrak{U}^G, \mathfrak{V}^G] = [\mathfrak{U}, \mathfrak{V}]^G \subseteq \mathfrak{N}, \quad \text{also } \mathfrak{V}^G \subseteq \mathfrak{V}.$$

Hieraus entnimmt man als Sonderfall:

Der Kommutatorquotient $E \div \mathfrak{K}$ eines Komplexes $\mathfrak{K}$ der Gruppe $\mathfrak{G}$ ist der Zentralisator $\mathfrak{Z}(\mathfrak{K} \subseteq \mathfrak{G})$; der Kommutatorquotient $E \div \mathfrak{G}$ ist das Zentrum $\mathfrak{Z}(\mathfrak{G})$ der Gruppe $\mathfrak{G}$.

Schließlich bemerken wir noch:

Sind $\mathfrak{U} \subseteq \mathfrak{V}$ Untergruppen und $\mathfrak{M} \subseteq \mathfrak{N}$ Normalteiler einer Gruppe $\mathfrak{G}$, so gilt

$$\mathfrak{N} \div \mathfrak{V} \subseteq \mathfrak{N} \div \mathfrak{U} \quad \text{und} \quad \mathfrak{M} \div \mathfrak{U} \subseteq \mathfrak{N} \div \mathfrak{U}.$$

1.3.3. Endomorphismen und Automorphismen

Definition 4. *Eine Abbildung*

$$\sigma: \quad G \to G^\sigma \in \mathfrak{G} \quad \text{für jedes } G \in \mathfrak{G}$$

einer Gruppe $\mathfrak{G}$ in sich heißt Endomorphismus der Gruppe, wenn

$$(GH)^\sigma = G^\sigma H^\sigma \quad \text{für jedes Paar } G, H \in \mathfrak{G}.$$

Endomorphismen σ, τ der Gruppe $\mathfrak{G}$ heißen *gleich* genau dann, wenn $G^\sigma = G^\tau$ für jedes $G \in \mathfrak{G}$.

Satz 15. *Die Endomorphismen einer Gruppe $\mathfrak{G}$ bilden eine Halbgruppe $\mathsf{E}(\mathfrak{G})$ mit Einheit ε.*

Identität $\varepsilon = 1$ und *Nullendomorphismus* 0 werden durch

$$\varepsilon = 1: \quad G \to G^\varepsilon = G^1 = G \quad \text{für jedes } G \in \mathfrak{G},$$
$$0: \quad G \to G^0 = E \quad \text{für jedes } G \in \mathfrak{G}$$

beschrieben.

Bezeichnet $\mathfrak{K}^\sigma$ die Bildmenge eines Komplexes $\mathfrak{K}$ der Gruppe $\mathfrak{G}$ nach einem Endomorphismus $\sigma \in \mathsf{E}(\mathfrak{G})$, so ist das Bild $\mathfrak{U}^\sigma$ einer Untergruppe $\mathfrak{U}$ wieder Untergruppe in $\mathfrak{G}$. Jeder Endomorphismus $\sigma \in \mathsf{E}(\mathfrak{G})$ ist eine homomorphe Abbildung der Gruppe $\mathfrak{G}$ auf die Bildgruppe $\mathfrak{G}^\sigma \subseteq \mathfrak{G}$. Die Elemente $K \in \mathfrak{G}$, deren Bild die Einheit ist, bilden den *Kern* $\mathfrak{K}_\sigma \subseteq | \mathfrak{G}$ *des Endomorphismus σ*; es besteht die Isomorphie

$$\mathfrak{G}/\mathfrak{K}_\sigma \cong \mathfrak{G}^\sigma.$$

Ferner gilt, wie man sich leicht überlegt:

$$\mathfrak{G}^{\sigma\tau} \subseteq \mathfrak{G}^\tau \quad \text{und} \quad \mathfrak{K}_\sigma \subseteq \mathfrak{K}_{\sigma\tau} \quad \text{für } \sigma, \tau \in \mathsf{E}(\mathfrak{G}).$$

Nach Bildgruppe und Kern werden vier Typen von Endomorphismen unterschieden:

1.3.3. Endomorphismen und Automorphismen

1. Ein *regulärer Endomorphismus* $\sigma \in \mathsf{E}(\mathfrak{G})$ ist durch

$$\mathfrak{G}^\sigma = \mathfrak{G} \quad \text{und} \quad \mathfrak{K}_\sigma = E$$

gekennzeichnet, also eine reguläre Abbildung der Menge $\mathfrak{G}$ auf sich, die der Homomorphiebedingung unterliegt. Man bezeichnet die regulären Endomorphismen als *Automorphismen*; sie bilden die *Automorphismengruppe* $\mathsf{A}(\mathfrak{G})$ *der Gruppe* $\mathfrak{G}$.

Insbesondere sind die *inneren Automorphismen*

$$\tau(A): \quad G \to G^{\tau(A)} = G^A = A^{-1}GA \quad \text{für jedes } G \in \mathfrak{G}$$

einer Gruppe $\mathfrak{G}$ reguläre Endomorphismen; sie bilden wegen

$$\tau(A)\,\tau(B) = \tau(AB) \quad \text{für } A, B \in \mathfrak{G}$$

eine zu $\mathfrak{G}$ homomorphe Gruppe $\mathsf{J}(\mathfrak{G})$, die *Gruppe der inneren Automorphismen*. Einen $\mathsf{J}(\mathfrak{G})$ nicht angehörenden Automorphismus $\alpha \in \mathsf{A}(\mathfrak{G})$ nennt man auch *äußeren Automorphismus*.

Die Homomorphie $\mathfrak{G} \sim \mathsf{J}(\mathfrak{G})$ kann leicht bestimmt werden, da ein Element $A \in \mathfrak{G}$ genau dann den identischen Automorphismus $\tau(A) = 1$ induziert, wenn es dem Zentrum $\mathfrak{Z}(\mathfrak{G})$ angehört:

Satz 16. *Die Gruppe* $\mathsf{J}(\mathfrak{G})$ *der inneren Automorphismen einer Gruppe* $\mathfrak{G}$ *ist isomorph der Faktorgruppe* $\mathfrak{G}/\mathfrak{Z}(\mathfrak{G})$ *nach dem Zentrum* $\mathfrak{Z}(\mathfrak{G})$ *und Normalteiler der Automorphismengruppe* $\mathsf{A}(\mathfrak{G})$.

Daß $\mathsf{J}(\mathfrak{G})$ in $\mathsf{A}(\mathfrak{G})$ normal ist, ergibt sich aus der für jedes $\alpha \in \mathsf{A}(\mathfrak{G})$ und $\tau(A) \in \mathsf{J}(\mathfrak{G})$ bestehenden Gleichung $\alpha^{-1}\tau(A)\,\alpha = \tau(A^\alpha)$.

Die Elemente der Faktorgruppe $\mathsf{A}(\mathfrak{G})/\mathsf{J}(\mathfrak{G})$ sind die *äußeren Automorphismenklassen der Gruppe* $\mathfrak{G}$.

2. Ein *rechtsregulärer Endomorphismus* $\sigma \in \mathsf{E}(\mathfrak{G})$ ist durch

$$\mathfrak{G}^\sigma \subseteq \mathfrak{G} \quad \text{und} \quad \mathfrak{K}_\sigma = E \quad \text{mit } \mathfrak{G}^\sigma \cong \mathfrak{G}$$

gekennzeichnet, also ein *Isomorphismus der Gruppe* $\mathfrak{G}$ *in sich*; unter ihnen sind die *Meromorphismen der Gruppe* $\mathfrak{G}$ ausgezeichnet durch

$$\mathfrak{G}^\sigma \subset \mathfrak{G} \quad \text{und} \quad \mathfrak{K}_\sigma = E \quad \text{mit } \mathfrak{G}^\sigma \cong \mathfrak{G}.$$

Das Produkt $\mu\nu$ rechtsregulärer Abbildungen μ, ν ist rechtsregulär, aber nicht regulär, wenn ν nicht regulär ist:

Satz 17. *Die Meromorphismen einer Gruppe* $\mathfrak{G}$ *bilden eine rechtsreguläre Halbgruppe* $\mathsf{M}(\mathfrak{G})$.

Eine endliche Gruppe $\mathfrak{G}$ besitzt keine Meromorphismen; unendliche Gruppen können indes Meromorphismen besitzen. Zu ihrer Untersuchung behandeln wir die Frage, wann Meromorphismen $\mu, \nu \in \mathsf{M}(\mathfrak{G})$ der Gruppe $\mathfrak{G}$ gleiche Bilder $\mathfrak{G}^\mu = \mathfrak{G}^\nu$ ergeben. Der Voraussetzung

$$\mathfrak{K}_\mu = \mathfrak{K}_\nu = E \quad \text{und} \quad \mathfrak{G} \cong \mathfrak{G}^\mu = \mathfrak{G}^\nu \cong \mathfrak{G}$$

entnehmen wir für $G, H \in \mathfrak{G}$ Zuordnungen
$$G \leftrightarrow G^\mu = G_0^\nu \leftrightarrow G_0; \quad H \leftrightarrow H^\mu = H_0^\nu \leftrightarrow H_0 \quad \text{mit } G_0, H_0 \in \mathfrak{G}$$
mit der Isomorphieeigenschaft
$$GH \leftrightarrow G^\mu H^\mu = G_0^\nu H_0^\nu \leftrightarrow G_0 H_0.$$
Da demnach die Zuordnung
$$\alpha: \quad G \to G^\alpha = G_0 \quad \text{für jedes } G \in \mathfrak{G}$$
einen Automorphismus $\alpha \in \mathsf{A}(\mathfrak{G})$ erklärt, folgt
$$G^\mu = G_0^\nu = G^{\alpha\nu} \quad \text{für jedes } G \in \mathfrak{G}, \text{ also } \mu = \alpha\nu.$$
Umgekehrt gilt $\mathfrak{G}^{\alpha\nu} = \mathfrak{G}^\nu$ für jeden Automorphismus $\alpha \in \mathsf{A}(\mathfrak{G})$ und jeden Meromorphismus $\nu \in \mathsf{M}(\mathfrak{G})$.

Die Meromorphismenhalbgruppe $\mathsf{M}(\mathfrak{G})$ gestattet somit eine Restklassenzerlegung
$$\mathsf{M}(\mathfrak{G}) = \sum_\iota \mathsf{A}(\mathfrak{G})\, \mu_\iota \quad (\text{über } \iota \in \mathsf{I})$$
mit Repräsentanten μ_ι, die genau die verschiedenen zu $\mathfrak{G}$ isomorphen Untergruppen $\mathfrak{U}_\iota = \mathfrak{G}^{\mu_\iota} \subset \mathfrak{G}$ liefern. Denn jede zu $\mathfrak{G}$ isomorphe Untergruppe $\mathfrak{U} \subset \mathfrak{G}$ bestimmt ihrerseits einen Meromorphismus $\mu \in \mathsf{M}(\mathfrak{G})$ mit der Bildgruppe $\mathfrak{G}^\mu = \mathfrak{U}$.

Die iterierten Bildgruppen $\mathfrak{G}_k = \mathfrak{G}^{\mu^k}$ (für $1 \leq k < \infty$) eines Meromorphismus $\mu \in \mathsf{M}(\mathfrak{G})$ bilden daher eine absteigende Kette
$$\mathfrak{G} = \mathfrak{G}_0 \supset \mathfrak{G}_1 \supset \mathfrak{G}_2 \supset \cdots \supset \mathfrak{G}_k \supset \mathfrak{G}_{k+1} \supset \cdots$$
zu $\mathfrak{G}$ isomorpher Untergruppen, da aus $\mathfrak{G}_k = \mathfrak{G}_{k+1}$ folgen würde
$$\mu^{k+1} = \alpha \mu^k, \quad \text{also } \mu = \alpha \text{ mit } \alpha \in \mathsf{A}(\mathfrak{G}).$$

Definition 5. *Eine Gruppe $\mathfrak{G}$ ohne Meromorphismen heißt u-Gruppe.*

Eine Gruppe $\mathfrak{G}$ ist genau dann u-Gruppe, wenn sie keine isomorphe echte Untergruppe $\mathfrak{U} \subset \mathfrak{G}$ enthält. Endliche Gruppen sind u-Gruppen; alle unendlichen Gruppen sind u-Gruppen, die keine unendlichen absteigenden Untergruppenfolgen enthalten. Freie Gruppen $\mathfrak{F}$ eines Ranges $r(\mathfrak{F}) \geq 1$ sind keine u-Gruppen, da die eigentlichen Untergruppen der unendlichen zyklischen Gruppe $\mathfrak{Z}_0$ zu $\mathfrak{Z}_0$ isomorph sind, die freie Gruppe $\mathfrak{F}_2$ des Ranges 2 aber freie Untergruppen abzählbar unendlichen Ranges enthält.

3. Ein *linksregulärer Endomorphismus* $\sigma \in \mathsf{E}(\mathfrak{G})$ ist durch
$$\mathfrak{G}^\sigma = \mathfrak{G} \quad \text{und} \quad \mathfrak{K}_\sigma \supseteq E \quad \text{mit } \mathfrak{G}/\mathfrak{K}_\sigma \cong \mathfrak{G}$$
gekennzeichnet; unter ihnen sind die *echten Homomorphismen der Gruppe $\mathfrak{G}$ auf sich* ausgezeichnet durch
$$\mathfrak{G}^\sigma = \mathfrak{G} \quad \text{und} \quad \mathfrak{K}_\sigma \supset E \quad \text{mit } \mathfrak{G}/\mathfrak{K}_\sigma \cong \mathfrak{G}.$$

1.3.3. Endomorphismen und Automorphismen

Analog zu Satz 17 erhält man

Satz 17*. *Die echten Homomorphismen einer Gruppe $\mathfrak{G}$ auf sich bilden eine linksreguläre Halbgruppe $\mathsf{H}^*(\mathfrak{G})$; die Homomorphismen einer Gruppe $\mathfrak{G}$ auf sich bilden eine (linksreguläre) Halbgruppe $\mathsf{H}(\mathfrak{G}) = \mathsf{H}^*(\mathfrak{G}) + \mathsf{A}(\mathfrak{G})$.*

Nicht jede Gruppe $\mathfrak{G}$ besitzt echte Homomorphismen auf sich; untersuchen wir die Frage, wann zwei Homomorphismen $\eta, \zeta \in \mathsf{H}^*(\mathfrak{G})$ den gleichen Kern $\mathfrak{K} = \mathfrak{K}_\eta = \mathfrak{K}_\zeta$ besitzen, so ergeben die Voraussetzungen

$$\mathfrak{G} \simeq \mathfrak{G}/\mathfrak{K}_\zeta = \mathfrak{G}/\mathfrak{K}_\eta \simeq \mathfrak{G}$$

für jedes Paar $G, H \in \mathfrak{G}$ Zuordnungen

$$(\mathfrak{K} G)^\zeta = G^\zeta = G_0 \leftrightarrow G_1 = G^\eta = (\mathfrak{K} G)^\eta;$$
$$(\mathfrak{K} H)^\zeta = H^\zeta = H_0 \leftrightarrow H_1 = H^\eta = (\mathfrak{K} H)^\eta$$

mit der Isomorphieeigenschaft

$$(\mathfrak{K} G H)^\zeta = G^\zeta H^\zeta = G_0 H_0 \leftrightarrow G_1 H_1 = G^\eta H^\eta = (\mathfrak{K} G H)^\eta.$$

Da mit G auch G_0 und G_1 die Gruppe $\mathfrak{G}$ durchlaufen, stellt

$$\alpha: \quad G_0 \leftrightarrow G_0^\alpha = G_1 \quad \text{für jedes } G_0 \in \mathfrak{G}$$

einen Automorphismus $\alpha \in \mathsf{A}(\mathfrak{G})$ dar; hieraus folgt

$$G^{\zeta\alpha} = G_0^\alpha = G_1 = G^\eta \quad \text{für jedes } G \in \mathfrak{G}, \text{ also } \zeta\alpha = \eta.$$

Umgekehrt gilt $\mathfrak{K}_{\zeta\alpha} = \mathfrak{K}_\zeta$ für jeden Homomorphismus $\zeta \in \mathsf{H}^*(\mathfrak{G})$ und jeden Automorphismus $\alpha \in \mathsf{A}(\mathfrak{G})$.

Die Homomorphismenhalbgruppe $\mathsf{H}^*(\mathfrak{G})$ besitzt daher eine Restklassenzerlegung

$$\mathsf{H}^*(\mathfrak{G}) = \sum_\iota \eta_\iota \mathsf{A}(\mathfrak{G}) \quad (\text{über } \iota \in \mathsf{I})$$

mit Repräsentanten η_ι, die genau die verschiedenen Normalteiler $\mathfrak{N}_\iota = \mathfrak{K}_{\eta_\iota} \triangleleft | \mathfrak{G}$ mit zu $\mathfrak{G}$ isomorpher Faktorgruppe $\mathfrak{G}/\mathfrak{N}_\iota$ liefern. Denn jeder derartige Normalteiler $\mathfrak{N} \triangleleft | \mathfrak{G}$ bestimmt durch die Zuordnung

$$\eta: \quad G \to G^\eta = G_0, \quad \text{wenn } \mathfrak{N} G \leftrightarrow G_0 \text{ in } \mathfrak{G}/\mathfrak{N} \simeq \mathfrak{G}$$

einen Homomorphismus η von $\mathfrak{G}$ auf sich.

Die iterierten Kerne $\mathfrak{K}_k = \mathfrak{K}_{\eta^k}$ (für $1 \leq k < \infty$) eines Homomorphismus $\eta \in \mathsf{H}^*(\mathfrak{G})$ bilden eine aufsteigende Normalteilerkette

$$E = \mathfrak{K}_0 \subset \mathfrak{K}_1 \subset \mathfrak{K}_2 \subset \cdots \subset \mathfrak{K}_k \subset \mathfrak{K}_{k+1} \subset \cdots,$$

da aus $\mathfrak{K}_k = \mathfrak{K}_{k+1}$ folgen würde

$$\eta^{k+1} = \eta^k \alpha, \quad \text{also } \eta = \alpha \text{ mit } \alpha \in \mathsf{A}(\mathfrak{G}).$$

Definition 5*. *Eine Gruppe $\mathfrak{G}$ ohne echte Homomorphismen auf sich heißt* q-*Gruppe*.

Eine Gruppe $\mathfrak{G}$ besitzt genau dann einen echten Homomorphismus auf sich, wenn sie einen eigentlichen Normalteiler $\mathfrak{N} \triangleleft \mathfrak{G}$ mit zu $\mathfrak{G}$ isomorpher Faktorgruppe $\mathfrak{G}/\mathfrak{N}$ besitzt.

Endliche Gruppen sind q-Gruppen; alle Gruppen sind q-Gruppen, in denen keine unendlichen aufsteigenden Normalteilerfolgen existieren.

4. Die *singulären Endomorphismen* σ der Gruppe $\mathfrak{G}$ sind durch

$$\mathfrak{G}^\sigma \subset \mathfrak{G} \quad \text{und} \quad E \subset \mathfrak{K}_\sigma \quad \text{mit } \mathfrak{G}/\mathfrak{K}_\sigma \cong \mathfrak{G}^\sigma$$

gekennzeichnet, bilden also eine Halbgruppe $\Sigma(\mathfrak{G})$. Eine Gruppe $\mathfrak{G}$ besitzt genau dann einen vom Nullendomorphismus 0 verschiedenen singulären Endomorphismus, wenn ein Normalteiler $E \subset \mathfrak{N} \triangleleft \mathfrak{G}$ existiert, dessen Faktorgruppe $\mathfrak{G}/\mathfrak{N}$ einer Untergruppe $\mathfrak{U} \subset \mathfrak{G}$ isomorph ist. In diesem Falle wird nämlich durch den Isomorphismus

$$\mathfrak{G}/\mathfrak{N} \cong \mathfrak{U}: \quad \mathfrak{N}G \leftrightarrow U_{\mathfrak{N}G} \quad \text{für jedes } G \in \mathfrak{G}; \ U_{\mathfrak{N}G} \in \mathfrak{U}$$

ein singulärer Endomorphismus

$$\sigma: \quad G \to G^\sigma = U_{\mathfrak{N}G} = U_G \quad \text{für jedes } G \in \mathfrak{G}$$

erklärt mit der Bildgruppe $\mathfrak{G}^\sigma = \mathfrak{U}$ und dem Kern $\mathfrak{K}_\sigma = \mathfrak{N}$.

Ist die Gruppe $\mathfrak{G}$ Produkt $\mathfrak{G} = \mathfrak{N}\mathfrak{U}$ eines Normalteilers $\mathfrak{N} \triangleleft \mathfrak{G}$ und einer Untergruppe $\mathfrak{U} \subset \mathfrak{G}$ mit dem Durchschnitt $\mathfrak{N} \cap \mathfrak{U} = E$, so gilt

$$\mathfrak{G}/\mathfrak{N} = \mathfrak{N}\mathfrak{U}/\mathfrak{N} \cong \mathfrak{U}/\mathfrak{N} \cap \mathfrak{U} = \mathfrak{U}.$$

Aus der eindeutigen Darstellung

$$G = N_G U_G \quad \text{mit } N_G \in \mathfrak{N}; \ U_G \in \mathfrak{U}$$

der Elemente $G \in \mathfrak{G}$ gewinnt man einen singulären Endomorphismus

$$\sigma: \quad G \to U_G \quad \text{für jedes } G \in \mathfrak{G}$$

mit dem Kern $\mathfrak{K}_\sigma = \mathfrak{N}$ und der Bildgruppe $\mathfrak{G}^\sigma = \mathfrak{U}$, der der Gleichung

$$G^{\sigma^2} = (U_G)^\sigma = U_G = G^\sigma \quad \text{für jedes } G \in \mathfrak{G}, \text{ also } \sigma^2 = \sigma$$

genügt und deshalb als *idempotent* bezeichnet wird.

Ein idempotenter Endomorphismus $\sigma = \sigma^2 \in \mathsf{E}(\mathfrak{G})$ ist entweder die Identität ε oder singulär, da $\sigma = \varepsilon\sigma = \sigma\varepsilon = \sigma\sigma$ bei Anwendung einer Kürzungsregel auf $\sigma = \varepsilon$ führt.

Ist umgekehrt $\mathfrak{N} = \mathfrak{K}_\sigma$ Kern, $\mathfrak{U} = \mathfrak{G}^\sigma$ Bildgruppe eines idempotenten Endomorphismus $\sigma \in \Sigma(\mathfrak{G})$, so gilt

$$U^\sigma = (G^\sigma)^\sigma = G^\sigma = U \quad \text{für jedes } G \in \mathfrak{G} \text{ und } G^\sigma = U \in \mathfrak{U}.$$

1.3.3. Endomorphismen und Automorphismen

Daraus folgt
$$E = D^\sigma = D \quad \text{für jedes } D \in \mathfrak{N} \cap \mathfrak{U}.$$
Aus der Gleichung
$$G^{\sigma^2} = G^\sigma \quad \text{oder} \quad (G^\sigma G^{-1})^\sigma = E \quad \text{für jedes } G \in \mathfrak{G}$$
erhält man ferner
$$G^\sigma G^{-1} \equiv E \bmod \mathfrak{N}, \quad \text{also } \mathfrak{N} G^\sigma = \mathfrak{N} G \text{ für jedes } G \in \mathfrak{G}.$$
Jede Restklasse $\mathfrak{N} G$ enthält somit (genau) einen Repräsentanten aus der Bildgruppe $\mathfrak{G}^\sigma = \mathfrak{U}$:
$$\mathfrak{G} = \mathfrak{N}\mathfrak{U} \quad \text{mit } \mathfrak{N} \cap \mathfrak{U} = E.$$

Die *Zerfällungen* $\mathfrak{G} = \mathfrak{N}\mathfrak{U}$ *einer Gruppe* $\mathfrak{G}$ in einen Normalteiler $\mathfrak{N}$ und eine, die Restklassen nach $\mathfrak{N}$ repräsentierende Untergruppe $\mathfrak{U}$ entsprechen somit eineindeutig den idempotenten Endomorphismen $\sigma = \sigma^2 \in \mathsf{E}(\mathfrak{G})$, wenn für die Identität ε und den Nullendomorphismus 0
$$\mathfrak{N} = \mathfrak{K}_\varepsilon = E; \quad \mathfrak{G}^\varepsilon = \mathfrak{U} = \mathfrak{G} \quad \text{bzw.} \quad \mathfrak{N} = \mathfrak{K}_0 = \mathfrak{G}; \quad \mathfrak{G}^0 = \mathfrak{U} = E$$
gesetzt wird. Eine Untergruppe $\mathfrak{U} \subseteq \mathfrak{G}$, die Bild $\mathfrak{U} = \mathfrak{G}^\sigma$ eines idempotenten Endomorphismus $\sigma = \sigma^2 \in \mathsf{E}(\mathfrak{G})$ ist, heißt auch *Retrakte der Gruppe* $\mathfrak{G}$.

Ein Endomorphismus η der Gruppe $\mathfrak{G}$ mit dem Kern $\mathfrak{K}_\eta \trianglelefteq \mathfrak{G}$ induziert in einer Untergruppe $\mathfrak{U} \subseteq \mathfrak{G}$ einen Homomorphismus auf die Bildgruppe $\mathfrak{U}^\eta$. Nur im Falle $\mathfrak{U}^\eta \subseteq \mathfrak{U}$, wenn also die Untergruppe $\mathfrak{U} \subseteq \mathfrak{G}$ *für den Endomorphismus* η *zulässig* ist, induziert η einen Endomorphismus η_0 der Gruppe $\mathfrak{U}$ mit der Bildgruppe $\mathfrak{U}^{\eta_0} = \mathfrak{U}^\eta$ und dem Kern $\mathfrak{K}_{\eta_0} = \mathfrak{U} \cap \mathfrak{K}_\eta$.

Ist $\mathfrak{N}$ ein für η zulässiger Normalteiler in $\mathfrak{G}$, so induziert η auch einen Endomorphismus
$$\bar{\eta}: \mathfrak{N} G \to \mathfrak{N} G^\eta \quad \text{für jedes } G \in \mathfrak{G}$$
der Faktorgruppe $\mathfrak{G}/\mathfrak{N}$ mit der Bildgruppe
$$(\mathfrak{G}/\mathfrak{N})^{\bar{\eta}} = \mathfrak{G}^\eta \mathfrak{N}/\mathfrak{N} \cong \mathfrak{G}^\eta/\mathfrak{G}^\eta \cap \mathfrak{N},$$
während der Kern
$$\mathfrak{k}_{\bar{\eta}} = \mathfrak{K}_\eta^* / \mathfrak{N} \trianglelefteq \mathfrak{G}/\mathfrak{N}$$
durch den maximalen Normalteiler $\mathfrak{K}_\eta^* \trianglelefteq \mathfrak{G}$ der Eigenschaft
$$\mathfrak{K}_\eta \mathfrak{N} \subseteq \mathfrak{K}_\eta^*; \quad \mathfrak{K}_\eta^{*\eta} = \mathfrak{G}^\eta \cap \mathfrak{N}$$
bestimmt wird.

Satz 18. *Ein Homomorphismus η der Gruppe $\mathfrak{G}$ auf sich mit dem Kern $\mathfrak{K}_\eta \trianglelefteq \mathfrak{G}$ induziert, wenn $\mathfrak{N}$ ein für η zulässiger Normalteiler von $\mathfrak{G}$ ist, einen Homomorphismus $\bar{\eta}$ der Faktorgruppe $\mathfrak{G}/\mathfrak{N}$ auf sich und genau* *dann einen Automorphismus $\bar\eta$, wenn*

$$\mathfrak{K}_\eta \subseteq \mathfrak{N}; \quad \mathfrak{N}^\eta = \mathfrak{G}^\eta \cap \mathfrak{N}.$$

Beweis. Aus der Voraussetzung folgt

$$\mathfrak{N}^\eta \subseteq \mathfrak{N}; \quad \mathfrak{G}^\eta = \mathfrak{G}, \quad \text{also } (\mathfrak{G}/\mathfrak{N})^{\bar\eta} = \mathfrak{G}^\eta \mathfrak{N}/\mathfrak{N} = \mathfrak{G}/\mathfrak{N}.$$

Ist $\bar\eta$ Automorphismus der Faktorgruppe $\mathfrak{G}/\mathfrak{N}$, so gilt

$$\mathfrak{K}_\eta \mathfrak{N} \subseteq \mathfrak{K}_\eta^* = \mathfrak{N}, \quad \text{also } \mathfrak{K}_\eta \subseteq \mathfrak{N}; \; \mathfrak{N}^\eta = \mathfrak{G}^\eta \cap \mathfrak{N};$$

umgekehrt erhalten wir unter dieser Voraussetzung für jedes $K \in \mathfrak{K}_\eta^*$

$$K^\eta \in \mathfrak{K}_\eta^{*\eta} = \mathfrak{G}^\eta \cap \mathfrak{N} = \mathfrak{N}^\eta \quad \text{und} \quad K^\eta = N_0^\eta \quad \text{mit } N_0 \in \mathfrak{N},$$

also

$$(KN_0^{-1})^\eta = E \quad \text{und} \quad KN_0^{-1} \in \mathfrak{K}_\eta \subseteq \mathfrak{N}, \quad \text{also } K \in \mathfrak{N}.$$

Satz 18*. *Ein Isomorphismus μ der Gruppe $\mathfrak{G}$ in sich induziert in einer für μ zulässigen Untergruppe $\mathfrak{U} \subseteq \mathfrak{G}$ einen Isomorphismus μ_0 und genau dann einen Automorphismus, wenn $\mathfrak{U}^\mu = \mathfrak{U}$.*

Beweis. Nach Voraussetzung gilt $\mathfrak{U}^\mu \subseteq \mathfrak{U}$ und $\mathfrak{U} \cap \mathfrak{K}_\mu = \mathfrak{U} \cap E = E$.

Auch die folgende einfache Bemerkung ist häufig von Bedeutung:

Ist $(\mathfrak{U}_\iota)$ mit Indizes $\iota \in I$ eine Menge für den Endomorphismus $\eta \in \mathsf{E}(\mathfrak{G})$ zulässiger Untergruppen der Gruppe $\mathfrak{G}$, so gilt für Kompositum $\mathfrak{V} = \{\bigcup_\iota \mathfrak{U}_\iota\}$ und Durchschnitt $\mathfrak{D} = \bigcap_\iota \mathfrak{U}_\iota$

$$\mathfrak{V}^\eta = \{\bigcup_\iota \mathfrak{U}_\iota^\eta\} \subseteq \mathfrak{V} \quad \text{und} \quad \mathfrak{D}^\eta \subseteq \bigcap_\iota \mathfrak{U}_\iota^\eta \subseteq \mathfrak{D}.$$

Beweis. Aus $\mathfrak{D} \subseteq \mathfrak{U}_\iota \subseteq \mathfrak{V}$ und $\mathfrak{D}^\eta \subseteq \mathfrak{U}_\iota^\eta \subseteq \mathfrak{V}^\eta$ folgt unmittelbar

$$\mathfrak{D}^\eta \subseteq \bigcap_\iota \mathfrak{U}_\iota^\eta \subseteq \bigcap_\iota \mathfrak{U}_\iota = \mathfrak{D} \quad \text{und} \quad \{\bigcup_\iota \mathfrak{U}_\iota^\eta\} \subseteq \mathfrak{V}^\eta.$$

Andererseits besitzt jedes $V \in \mathfrak{V}$ eine Darstellung

$$V = U_{\iota_1} U_{\iota_2} \ldots U_{\iota_n} \quad \text{mit } V^\eta = U_{\iota_1}^\eta U_{\iota_2}^\eta \ldots U_{\iota_n}^\eta \in \{\bigcup_\iota \mathfrak{U}_\iota^\eta\}.$$

Eine Anwendung des Satzes 7 gibt den

Satz 18**. *Es sei $\mathfrak{N}$ ein für den Endomorphismus η einer Gruppe $\mathfrak{G}$ zulässiger Normalteiler. Induziert η einen Automorphismus η_0 der Gruppe $\mathfrak{N}$ und einen Automorphismus $\bar\eta$ der Faktorgruppe $\mathfrak{G}/\mathfrak{N}$, so ist η ein Automorphismus der Gruppe $\mathfrak{G}$.*

Jeder innere Automorphismus $\alpha = \tau(A)$ einer Gruppe $\mathfrak{G}$ induziert in einer Untergruppe $\mathfrak{U} \subset \mathfrak{G}$ einen Isomorphismus auf die (ähnliche) Untergruppe $\mathfrak{U}^A \subset \mathfrak{G}$; im Falle $\mathfrak{U}^A \subseteq \mathfrak{U}$ liegt ein Isomorphismus der Gruppe $\mathfrak{U}$ in sich vor und genau dann ein Automorphismus, wenn A dem Normalisator $\mathfrak{N}(\mathfrak{U}) = \mathfrak{N}(\mathfrak{U} \subseteq \mathfrak{G})$ angehört. Der Normalisator $\mathfrak{N}(\mathfrak{U})$ induziert daher in $\mathfrak{U}$ eine Automorphismengruppe $\mathsf{B}(\mathfrak{U}) \subseteq \mathsf{A}(\mathfrak{U})$; da genau die Elemente des Zentralisators $\mathfrak{Z}(\mathfrak{U}) = \mathfrak{Z}(\mathfrak{U} \subseteq \mathfrak{G})$ den identischen Automorphismus induzieren, besteht die Isomorphie

$$\mathsf{B}(\mathfrak{U}) \cong \mathfrak{N}(\mathfrak{U} \subseteq \mathfrak{G})/\mathfrak{Z}(\mathfrak{U} \subseteq \mathfrak{G}).$$

In einem Normalteiler $\mathfrak{U} \triangleleft \mathfrak{G}$ induziert daher die Gruppe $\mathsf{J}(\mathfrak{G})$ der inneren Automorphismen von $\mathfrak{G}$ eine Automorphismengruppe

$$\mathsf{B}(\mathfrak{U}) \cong \mathfrak{G}/\mathfrak{Z}(\mathfrak{U} \subseteq \mathfrak{G}).$$

In der Faktorgruppe $\mathfrak{G}/\mathfrak{N}$ induziert ein innerer Automorphismus $\tau(A) \in \mathsf{J}(\mathfrak{G})$ einen inneren Automorphismus

$$\bar{\tau}(A): \quad \mathfrak{N}G \to \mathfrak{N}G^A = (\mathfrak{N}A)^{-1}(\mathfrak{N}G)(\mathfrak{N}A) \quad \text{für jedes} \quad G \in \mathfrak{G},$$

die gesamte Gruppe $\mathsf{J}(\mathfrak{G})$ also die Gruppe $\mathsf{J}(\mathfrak{G}/\mathfrak{N})$ der inneren Automorphismen der Faktorgruppe $\mathfrak{G}/\mathfrak{N}$.

Ein innerer Automorphismus $\tau(A)$ der Gruppe $\mathfrak{G}$ induziert für zwei Normalteiler $\mathfrak{N} \subseteq \mathfrak{M}$ von $\mathfrak{G}$ auch in der Faktorgruppe $\mathfrak{M}/\mathfrak{N}$ einen Automorphismus

$$\beta(A): \quad \mathfrak{N}M \to \mathfrak{N}M^A \quad \text{für jedes} \quad M \in \mathfrak{M}.$$

Genau dann ist $\beta(A)$ die Identität, wenn $M^A \equiv M \bmod \mathfrak{N}$ für jedes $M \in \mathfrak{M}$, die Restklasse $\mathfrak{N}A$ also dem Zentralisator

$$\mathfrak{Z}(\mathfrak{M}/\mathfrak{N} \subseteq \mathfrak{G}/\mathfrak{N}) = \mathfrak{N} \div \mathfrak{M}/\mathfrak{N}$$

angehört. Die durch $\mathsf{J}(\mathfrak{G})$ in $\mathfrak{M}/\mathfrak{N}$ induzierte Automorphismengruppe $\mathsf{B}(\mathfrak{M}/\mathfrak{N}) \subseteq \mathsf{A}(\mathfrak{M}/\mathfrak{N})$ ist daher durch die Isomorphie

$$\mathsf{B}(\mathfrak{M}/\mathfrak{N}) \cong \mathfrak{G}/\mathfrak{N} \div \mathfrak{M}/\mathfrak{N} \cong \mathfrak{G}/\mathfrak{N} \div \mathfrak{M}$$

gekennzeichnet.

Die Menge aller Endomorphismen $\eta \in \mathsf{E}(\mathfrak{G})$ der Gruppe $\mathfrak{G}$, für die eine Untergruppe $\mathfrak{U} \subseteq \mathfrak{G}$ zulässig ist, ist die *Invarianzhalbgruppe* $\mathsf{E}(\mathfrak{U} \subseteq \mathfrak{G}) \subseteq \mathsf{E}(\mathfrak{G})$ *der Untergruppe* $\mathfrak{U} \subseteq \mathfrak{G}$; besondere Bedeutung kommt der *Invarianzgruppe* $\mathsf{A}(\mathfrak{U} \subseteq \mathfrak{G})$ aller Automorphismen $\beta \in \mathsf{A}(\mathfrak{G})$ zu, die in $\mathfrak{U}$ Automorphismen induzieren:

$$\mathfrak{U}^\beta = \mathfrak{U} \quad \text{für jedes} \quad \beta \in \mathsf{A}(\mathfrak{U} \subseteq \mathfrak{G}).$$

Ein Automorphismus $\beta \in \mathsf{A}(\mathfrak{U} \subseteq \mathfrak{G})$ induziert in $\mathfrak{U}$ den identischen Automorphismus, wenn

$$U^\beta = U \quad \text{für jedes} \quad U \in \mathfrak{U}.$$

Die Gruppe $\mathsf{K}(\mathfrak{U} \subseteq \mathfrak{G})$ dieser Automorphismen $\beta \in \mathsf{A}(\mathfrak{U} \subseteq \mathfrak{G})$, die *Identitätsgruppe der Untergruppe* $\mathfrak{U}$ *in der Automorphismengruppe* $\mathsf{A}(\mathfrak{G})$, ist Normalteiler in $\mathsf{A}(\mathfrak{U} \subseteq \mathfrak{G})$, die Faktorgruppe $\mathsf{A}(\mathfrak{U} \subseteq \mathfrak{G})/\mathsf{K}(\mathfrak{U} \subseteq \mathfrak{G})$ also isomorphes Bild der in $\mathfrak{U}$ durch $\mathsf{A}(\mathfrak{U} \subseteq \mathfrak{G})$ induzierten Automorphismengruppe.

Die gleichen Dinge gelten für jeden Normalteiler $\mathfrak{N}\triangleleft|\mathfrak{G}$; hier induziert jeder Automorphismus $\beta \in \mathsf{A}(\mathfrak{N}\triangleleft|\mathfrak{G})$ auch einen Automorphismus

$$\bar{\beta}\colon\ \mathfrak{N}G \to \mathfrak{N}G^\beta \quad \text{für jedes } G \in \mathfrak{G}$$

der Faktorgruppe $\mathfrak{G}/\mathfrak{N}$, und zwar genau dann die Identität, wenn

$$\mathfrak{N}G^\beta = \mathfrak{N}G \quad \text{oder} \quad G^\beta \equiv G \bmod \mathfrak{N} \quad \text{für jedes } G \in \mathfrak{G}.$$

Daher bilden auch die Automorphismen $\sigma \in \mathsf{A}(\mathfrak{G})$, die sowohl in $\mathfrak{N}$ als auch in $\mathfrak{G}/\mathfrak{N}$ die Identität induzieren:

$$N^\sigma = N \quad \text{für jedes } N \in \mathfrak{N}; \quad G^\sigma \equiv G \bmod \mathfrak{N} \quad \text{für jedes } G \in \mathfrak{G},$$

eine Automorphismengruppe $\Sigma(\mathfrak{N}\triangleleft|\mathfrak{G})$, die *Stabilitätsgruppe des Normalteilers $\mathfrak{N}$ in der Gruppe $\mathfrak{G}$*.

Satz 19. *Die Stabilitätsgruppe $\Sigma(\mathfrak{N}\triangleleft|\mathfrak{G})$ eines Normalteilers $\mathfrak{N}\triangleleft|\mathfrak{G}$ ist eine abelsche Gruppe.*

Beweis. Für jeden Automorphismus $\sigma \in \Sigma(\mathfrak{N}\triangleleft|\mathfrak{G})$ gilt

$$G^\sigma = G Z_G \quad \text{mit } Z_G \in \mathfrak{N}; \quad N^\sigma = N, \quad \text{also } Z_N = E \text{ für } N \in \mathfrak{N}.$$

Daraus folgt für $G \in \mathfrak{G}$ und $N \in \mathfrak{N}$

$$(NG)^\sigma = N^\sigma G^\sigma = N G Z_G, \quad \text{also } Z_G = Z_H, \text{ wenn } G \equiv H \bmod \mathfrak{N},$$
$$(GN)^\sigma = G N Z_G \quad \text{und} \quad (GN)^\sigma = G^\sigma N = G Z_G N,$$

also

$$N Z_G = Z_G N \quad \text{oder} \quad Z_G \equiv E \bmod \mathfrak{Z}(\mathfrak{N}) \quad \text{für } G \in \mathfrak{G}.$$

Setzt man für Automorphismen $\sigma, \tau \in \Sigma(\mathfrak{N}\triangleleft|\mathfrak{G})$

$$G^{-1} G^\sigma = Z'_G; \quad G^{-1} G^\tau = Z''_G,$$

so erhält man

$$Z'_G Z''_G = Z'_G Z''^\sigma_G = G^{-1} G^\sigma (G^{-1} G^\tau)^\sigma = G^{-1} G^{\tau\sigma},$$
$$Z''_G Z'_G = Z''_G Z'^\tau_G = G^{-1} G^\tau (G^{-1} G^\sigma)^\tau = G^{-1} G^{\sigma\tau}$$

und damit

$$G^{\tau\sigma} = G^{\sigma\tau} \quad \text{für jedes } G \in \mathfrak{G}, \text{ also } \sigma\tau = \tau\sigma.$$

1.3.4. Charakteristische und vollinvariante Untergruppen

Definition 6. *Eine Untergruppe $\mathfrak{U}$ ist charakteristisch (in $\mathfrak{G}$):*

$$\mathfrak{U} \subseteq \| \mathfrak{G} \quad (\mathfrak{U} \text{ charakteristisch in } \mathfrak{G}),$$

wenn $\mathfrak{U}$ für jeden Automorphismus $\alpha \in \mathsf{A}(\mathfrak{G})$ zulässig ist:

$$\mathfrak{U}^\alpha \subseteq \mathfrak{U} \quad \text{für jedes } \alpha \in \mathsf{A}(\mathfrak{G}).$$

Auf Grund der Gruppeneigenschaft von $\mathsf{A}(\mathfrak{G})$ gilt dann auch

$$\mathfrak{U}^\alpha = \mathfrak{U} \quad \text{für jedes } \alpha \in \mathsf{A}(\mathfrak{G}).$$

Die Einheit E und die Gruppe $\mathfrak{G}$ selbst sind (uneigentliche) charakteristische Untergruppen von $\mathfrak{G}$; Gruppen ohne eigentliche charakteristische Untergruppe sind *charakteristisch einfach*. Da die Automorphismengruppe $\mathsf{A}(\mathfrak{G})$ auch die inneren Automorphismen enthält, ist jede charakteristische Untergruppe einer Gruppe normal.

Satz 20. *Die Menge* M_c *aller charakteristischen Untergruppen einer Gruppe* $\mathfrak{G}$ *ist ein abgeschlossener Verband.*

Beweis. Für Durchschnitt $\mathfrak{D} = \cap \mathfrak{U}$ und Kompositum $\mathfrak{V} = \{\cup \mathfrak{U}\}$ einer Menge N charakteristischer Untergruppen $\mathfrak{U} \trianglelefteq \| \mathfrak{G}$ gilt

$$\mathfrak{D}^\alpha \subseteq \cap \mathfrak{U}^\alpha \subseteq \mathfrak{D} \quad \text{und} \quad \mathfrak{V}^\alpha = \{\cup \mathfrak{U}^\alpha\} \subseteq \mathfrak{V} \qquad \text{für jedes } \alpha \in \mathsf{A}(\mathfrak{G}).$$

Jeder Automorphismus $\alpha \in \mathsf{A}(\mathfrak{G})$ induziert in der charakteristischen Untergruppe $\mathfrak{U} \triangleleft \| \mathfrak{G}$ einen Automorphismus α_0, die Automorphismengruppe $\mathsf{A}(\mathfrak{G})$ also eine Untergruppe $\mathsf{A}_0(\mathfrak{U})$ der Automorphismengruppe $\mathsf{A}(\mathfrak{U})$, die durch die Isomorphie

$$\mathsf{A}_0(\mathfrak{U}) = \mathsf{A}(\mathfrak{G})/\mathsf{K}(\mathfrak{U} \triangleleft \| \mathfrak{G})$$

gekennzeichnet ist; ferner induziert α einen Automorphismus

$$\bar{\alpha}: \quad \mathfrak{U}G \to \mathfrak{U}G^\alpha \qquad \text{für jedes } G \in \mathfrak{G}$$

der Faktorgruppe $\mathfrak{G}/\mathfrak{U}$ nach $\mathfrak{U} \triangleleft \| \mathfrak{G}$, die Automorphismengruppe $\mathsf{A}(\mathfrak{G})$ also eine Untergruppe $\bar{\mathsf{A}}(\mathfrak{G}/\mathfrak{U})$ der Automorphismengruppe $\mathsf{A}(\mathfrak{G}/\mathfrak{U})$. Bezeichnet $\mathsf{K}(\mathfrak{G}/\mathfrak{U})$ die Gruppe der Automorphismen $\beta \in \mathsf{A}(\mathfrak{G})$, die in $\mathfrak{G}/\mathfrak{U}$ die Identität induzieren, so gilt

$$\bar{\mathsf{A}}(\mathfrak{G}/\mathfrak{U}) \cong \mathsf{A}(\mathfrak{G})/\mathsf{K}(\mathfrak{G}/\mathfrak{U}).$$

Satz 20*. *Jede charakteristische Untergruppe* $\mathfrak{U}$ *einer charakteristischen Untergruppe* $\mathfrak{V}$ *in der Gruppe* $\mathfrak{G}$ *ist charakteristisch in* $\mathfrak{G}$.

Jede charakteristische Untergruppe $\mathfrak{U}$ *eines Normalteilers* $\mathfrak{N}$ *in der Gruppe* $\mathfrak{G}$ *ist normal in* $\mathfrak{G}$.

Ist $\mathfrak{C}$ *charakteristische Untergruppe von* $\mathfrak{G}$ *und* $\mathfrak{U}/\mathfrak{C}$ *charakteristische Untergruppe von* $\mathfrak{G}/\mathfrak{C}$, *so ist* $\mathfrak{U}$ *charakteristisch in* $\mathfrak{G}$.

Beweis. Induziert der Automorphismus $\alpha \in \mathsf{A}(\mathfrak{G})$ in $\mathfrak{V} \triangleleft \| \mathfrak{G}$ den Automorphismus α_0, so besteht für jedes $\mathfrak{U} \triangleleft \| \mathfrak{V}$ die Gleichung $\mathfrak{U}^\alpha = \mathfrak{U}^{\alpha_0} = \mathfrak{U}$; induziert α in der Faktorgruppe $\mathfrak{G}/\mathfrak{C}$ nach der charakteristischen Untergruppe $\mathfrak{C} \triangleleft \| \mathfrak{G}$ den Automorphismus $\bar{\alpha}$, so gilt für $\mathfrak{U}/\mathfrak{C} \triangleleft \| \mathfrak{G}/\mathfrak{C}$

$$\mathfrak{U}/\mathfrak{C} = (\mathfrak{U}/\mathfrak{C})^{\bar{\alpha}} = \mathfrak{U}^\alpha \mathfrak{C}/\mathfrak{C} = \mathfrak{U}^\alpha \mathfrak{C}^\alpha/\mathfrak{C} = \mathfrak{U}^\alpha/\mathfrak{C}, \quad \text{also } \mathfrak{U} = \mathfrak{U}^\alpha.$$

Induziert der innere Automorphismus $\tau(G) \in \mathsf{J}(\mathfrak{G})$ in $\mathfrak{N} \triangleleft | \mathfrak{G}$ den Automorphismus α_0, so gilt für jedes $\mathfrak{U} \triangleleft \| \mathfrak{N}$

$$\mathfrak{U}^{\alpha_0} = \mathfrak{U}^{\tau(G)} = \mathfrak{U}^G = \mathfrak{U} \qquad \text{für jedes } G \in \mathfrak{G}.$$

Sind $\mathfrak{C}_0 \subset \mathfrak{C}$ charakteristische Untergruppen der Gruppe $\mathfrak{G}$, so induziert ein Automorphismus $\alpha \in \mathsf{A}(\mathfrak{G})$ in $\mathfrak{C}/\mathfrak{C}_0 \subseteq \mathfrak{G}/\mathfrak{C}_0$ einen Automorphismus

$$\bar{\alpha}: \quad \mathfrak{C}_0 C \to \mathfrak{C}_0 C^\alpha \quad \text{für jedes } C \in \mathfrak{C}.$$

Daher bezeichnet man die Faktorgruppe $\mathfrak{C}/\mathfrak{C}_0$ auch als eine *für $\mathfrak{G}$ charakteristische Gruppe*.

Satz 21. *Für jede Untergruppe $\mathfrak{U}$ der Gruppe $\mathfrak{G}$ ist*

$$\mathfrak{D} = \bigcap_\alpha \mathfrak{U}^\alpha \quad bzw. \quad \mathfrak{B} = \left\{\bigcup_\alpha \mathfrak{U}^\alpha\right\} \quad \text{über } \alpha \in \mathsf{A}(\mathfrak{G})$$

die maximale in $\mathfrak{U}$ enthaltene bzw. die minimale $\mathfrak{U}$ umfassende charakteristische Untergruppe von $\mathfrak{G}$.

Das Zentrum $\mathfrak{Z} = \mathfrak{Z}(\mathfrak{G})$ einer Gruppe $\mathfrak{G}$ ist charakteristische Untergruppe, da man für jeden Homomorphismus $\eta \in \mathsf{H}(\mathfrak{G})$ der Gruppe $\mathfrak{G}$ auf sich findet:

$$E = [\mathfrak{G}, \mathfrak{Z}] \quad \text{und} \quad E = [\mathfrak{G}, \mathfrak{Z}]^\eta = [\mathfrak{G}^\eta, \mathfrak{Z}^\eta] = [\mathfrak{G}, \mathfrak{Z}^\eta], \quad \text{also } \mathfrak{Z}^\eta \subseteq \mathfrak{Z}.$$

Die Beweisführung zeigt zugleich eine Eigenschaft des Zentrums, die folgende Unterscheidung nahelegt:

Definition 6*. *Eine Untergruppe $\mathfrak{U}$ ist strengcharakteristisch (in $\mathfrak{G}$), wenn $\mathfrak{U}^\eta \subseteq \mathfrak{U}$ für jeden Homomorphismus $\eta \in \mathsf{H}(\mathfrak{G})$ der Gruppe $\mathfrak{G}$ auf sich, vollcharakteristisch (in $\mathfrak{G}$), wenn $\mathfrak{U}^\eta = \mathfrak{U}$ für jedes $\eta \in \mathsf{H}(\mathfrak{G})$.*

Diese Unterscheidung hat nur für Gruppen Bedeutung, die echte Homomorphismen auf sich besitzen; für q-Gruppen ist jede charakteristische Untergruppe auch vollcharakteristisch.

Satz 22. *Das Zentrum $\mathfrak{Z}(\mathfrak{G})$ ist strengcharakteristisch in $\mathfrak{G}$.*

Das Zentrum ist aber nicht immer vollcharakteristisch in $\mathfrak{G}$.

Satz 23. *Die Menge aller strengcharakteristischen Untergruppen einer Gruppe $\mathfrak{G}$ ist ein abgeschlossener Verband.*

Die Menge aller vollcharakteristischen Untergruppen einer Gruppe $\mathfrak{G}$ ist ein (nach oben) abgeschlossener aufsteigender Halbverband.

Der Beweis der ersten Aussage wird sich später in allgemeinerem Zusammenhang ergeben; für vollcharakteristische Untergruppen erhält man nur die einseitige Aussage, da aus

$$\mathfrak{U}^\eta = \mathfrak{U}; \quad \mathfrak{B}^\eta = \mathfrak{B} \quad \text{für } \eta \in \mathsf{H}(\mathfrak{G})$$

nur folgt

$$(\mathfrak{U}\mathfrak{B})^\eta = \mathfrak{U}^\eta \mathfrak{B}^\eta = \mathfrak{U}\mathfrak{B} \quad \text{und} \quad (\mathfrak{U} \cap \mathfrak{B})^\eta \subseteq \mathfrak{U} \cap \mathfrak{B}.$$

Satz 23*. *Jede strengcharakteristische (bzw. vollcharakteristische) Untergruppe $\mathfrak{B}$ einer vollcharakteristischen Untergruppe $\mathfrak{U}$ in der Gruppe $\mathfrak{G}$ ist strengcharakteristisch (bzw. vollcharakteristisch) in $\mathfrak{G}$.*

1.3.4. Charakteristische und vollinvariante Untergruppen

Ist $\mathfrak{C}$ eine strengcharakteristische (bzw. vollcharakteristische) Untergruppe von $\mathfrak{G}$ und $\mathfrak{U}/\mathfrak{C}$ eine strengcharakteristische (bzw. vollcharakteristische) Untergruppe von $\mathfrak{G}/\mathfrak{C}$, so ist $\mathfrak{U}$ strengcharakteristisch (bzw. vollcharakteristisch) in $\mathfrak{G}$.

Der Beweis beruht auf der Tatsache, daß jeder Homomorphismus η der Gruppe $\mathfrak{G}$ auf sich in einer vollcharakteristischen Untergruppe $\mathfrak{U}$ einen Homomorphismus η_0 auf sich, in der Faktorgruppe $\mathfrak{G}/\mathfrak{C}$ nach einer strengcharakteristischen Untergruppe $\mathfrak{C}$ einen Homomorphismus $\bar{\eta}$ auf sich induziert.

Durch iterierte Zentrumsbildung lassen sich hiernach weitere charakteristische Untergruppen einer Gruppe $\mathfrak{G}$ gewinnen:

In jeder Gruppe $\mathfrak{G}$ existiert die *(aufsteigende) Zentrenfolge* oder *oberste Zentralfolge* $(\mathfrak{Z}_\nu(\mathfrak{G}))$:

$$\mathfrak{Z}_0(\mathfrak{G}) = E; \quad \mathfrak{Z}_{\nu+1}(\mathfrak{G})/\mathfrak{Z}_\nu(\mathfrak{G}) = \mathfrak{Z}(\mathfrak{G}/\mathfrak{Z}_\nu(\mathfrak{G})) \quad \text{für jeden Index } \nu \in \Lambda,$$

$$\mathfrak{Z}_\lambda(\mathfrak{G}) = \bigcup_{\nu<\lambda} \mathfrak{Z}_\nu(\mathfrak{G}) \quad \text{für jeden Limesindex } \lambda \in \Lambda.$$

Satz 24. *Die Zentrenfolge $(\mathfrak{Z}_\nu(\mathfrak{G}))$ ist eine aufsteigende Folge strengcharakteristischer Untergruppen von $\mathfrak{G}$.*

Beweis. Die Gruppen $\mathfrak{Z}_0(\mathfrak{G}) = E$ und $\mathfrak{Z}_1(\mathfrak{G}) = \mathfrak{Z}(\mathfrak{G})$ sind strengcharakteristisch in $\mathfrak{G}$. Sind alle $\mathfrak{Z}_\nu(\mathfrak{G})$ mit $\nu < \lambda \in \Lambda$ strengcharakteristisch in $\mathfrak{G}$, so ist für einen Limesindex λ auch $\mathfrak{Z}_\lambda(\mathfrak{G}) = \bigcup_{\nu<\lambda} \mathfrak{Z}_\nu(\mathfrak{G})$ strengcharakteristisch in $\mathfrak{G}$. Ist λ nicht Limesindex, so ist

$$\mathfrak{Z}_\lambda(\mathfrak{G})/\mathfrak{Z}_{\lambda-1}(\mathfrak{G}) = \mathfrak{Z}(\mathfrak{G}/\mathfrak{Z}_{\lambda-1}(\mathfrak{G}))$$

strengcharakteristisch in $\mathfrak{G}/\mathfrak{Z}_{\lambda-1}(\mathfrak{G})$ und $\mathfrak{Z}_{\lambda-1}(\mathfrak{G})$ strengcharakteristisch in $\mathfrak{G}$, also $\mathfrak{Z}_\lambda(\mathfrak{G})$ strengcharakteristisch in $\mathfrak{G}$.

Die Zentrenfolge läßt sich auch erklären durch

$$\mathfrak{Z}_0(\mathfrak{G}) = E; \quad \mathfrak{Z}_{\nu+1}(\mathfrak{G}) = \mathfrak{Z}_\nu(\mathfrak{G}) \div \mathfrak{G} \quad \text{für jeden Index } \nu \in \Lambda,$$

$$\mathfrak{Z}_\lambda(\mathfrak{G}) = \bigcup_{\nu<\lambda} \mathfrak{Z}_\nu(\mathfrak{G}) \quad \text{für jeden Limesindex } \lambda \in \Lambda.$$

Nach Satz 1.2.10 gilt für einen ersten Index $\sigma \in \Lambda$

$$\mathfrak{Z}_\nu(\mathfrak{G}) \subset \mathfrak{Z}_{\nu+1}(\mathfrak{G}) \quad \text{für } \nu < \sigma; \quad \mathfrak{Z}_\sigma(\mathfrak{G}) = \mathfrak{Z}_{\sigma+1}(\mathfrak{G}).$$

Dann ist die Faktorgruppe $\mathfrak{G}/\mathfrak{Z}_\sigma(\mathfrak{G})$ ohne Zentrum, so daß alle Gruppen $\mathfrak{Z}_\lambda(\mathfrak{G})$ für $\sigma \leq \lambda \in \Lambda$ mit $\mathfrak{Z}_\sigma(\mathfrak{G})$ übereinstimmen. Man bezeichnet

$$\mathfrak{Z}_\sigma(\mathfrak{G}) = \bigcup_{\lambda \in \Lambda} \mathfrak{Z}_\lambda(\mathfrak{G})$$

als das *Hyperzentrum der Gruppe* $\mathfrak{G}$.

Auch Kommutatorbildung führt auf charakteristische Untergruppen. Für Komplexe $\mathfrak{K}, \mathfrak{L}$ einer Gruppe $\mathfrak{G}$ besteht die Gleichung

$$[\mathfrak{K}, \mathfrak{L}]^\eta = [\mathfrak{K}^\eta, \mathfrak{L}^\eta] \quad \text{für jedes } \eta \in \mathsf{E}(\mathfrak{G}).$$

Gilt daher gleichzeitig

$$\mathfrak{K}^\eta \subseteq \mathfrak{K}; \quad \mathfrak{L}^\eta \subseteq \mathfrak{L} \quad \text{bzw.} \quad \mathfrak{K}^\eta = \mathfrak{K}; \quad \mathfrak{L}^\eta = \mathfrak{L},$$

so gilt auch

$$[\mathfrak{K}, \mathfrak{L}]^\eta \subseteq [\mathfrak{K}, \mathfrak{L}] \quad \text{bzw.} \quad [\mathfrak{K}, \mathfrak{L}]^\eta = [\mathfrak{K}, \mathfrak{L}].$$

Satz 25. *Der Kommutator $[\mathfrak{C}_1, \mathfrak{C}_2]$ charakteristischer (bzw. strengcharakteristischer bzw. vollcharakteristischer) Untergruppen einer Gruppe $\mathfrak{G}$ ist charakteristisch (bzw. strengcharakteristisch bzw. vollcharakteristisch) in $\mathfrak{G}$.*

Der Kommutator $\mathfrak{G}' = [\mathfrak{G}, \mathfrak{G}]$ ist vollcharakteristisch in $\mathfrak{G}$.

Für Kommutatorquotienten gelten ähnliche Aussagen: Für den Kommutatorquotienten $\mathfrak{K} \div \mathfrak{L}$ zweier Komplexe $\mathfrak{K}, \mathfrak{L} \subseteq \mathfrak{G}$ läßt sich leicht die Beziehung

$$(\mathfrak{K} \div \mathfrak{L})^\eta \subseteq \mathfrak{K}^\eta \div \mathfrak{L}^\eta \quad \text{für jedes } \eta \in \mathsf{E}(\mathfrak{G})$$

nachweisen; daraus folgt

$$(\mathfrak{K} \div \mathfrak{L})^\eta \subseteq \mathfrak{K} \div \mathfrak{L}, \quad \text{wenn } \mathfrak{K}^\eta \subseteq \mathfrak{K} \text{ und } \mathfrak{L}^\eta = \mathfrak{L}.$$

Satz 25*. *Der Kommutatorquotient $\mathfrak{A} \div \mathfrak{B}$ zweier charakteristischer Untergruppen einer Gruppe $\mathfrak{G}$ ist charakteristisch in $\mathfrak{G}$.*

Der Kommutatorquotient $\mathfrak{A} \div \mathfrak{B}$ einer strengcharakteristischen Untergruppe $\mathfrak{A}$ und einer vollcharakteristischen Untergruppe $\mathfrak{B}$ in $\mathfrak{G}$ ist strengcharakteristisch in $\mathfrak{G}$.

Daher ist der Zentralisator $\mathfrak{C}^* = E \div \mathfrak{C} = \mathfrak{Z}(\mathfrak{C} \subseteq \mathfrak{G})$ einer charakteristischen Gruppe $\mathfrak{C}$ von $\mathfrak{G}$ charakteristisch, der Zentralisator $\mathfrak{C}^*$ einer vollcharakteristischen Gruppe $\mathfrak{C}$ von $\mathfrak{G}$ strengcharakteristisch in $\mathfrak{G}$.

Ein weiteres Beispiel liefert der

Satz 26. *Die Menge $\mathfrak{K}(\mathfrak{G})$ aller Elemente K einer Gruppe $\mathfrak{G}$, die der Bedingung $\mathfrak{U}^K = \mathfrak{U}$ für jede Untergruppe $\mathfrak{U} \subseteq \mathfrak{G}$ genügen, ist eine strengcharakteristische Untergruppe in $\mathfrak{G}$, der Kern $\mathfrak{K}(\mathfrak{G})$ der Gruppe $\mathfrak{G}$.*

Beweis. Offenbar ist $\mathfrak{K}(\mathfrak{G})$ Durchschnitt der Normalisatoren aller Untergruppen $\mathfrak{U} \subseteq \mathfrak{G}$; $\mathfrak{K}(\mathfrak{G})$ ist aber auch Durchschnitt der Normalisatoren $\mathfrak{N}(\mathfrak{B} \subseteq \mathfrak{G})$ aller zyklischen Untergruppen $\mathfrak{B} \subseteq \mathfrak{G}$, da jede Gruppe $\mathfrak{U}$ Kompositum ihrer zyklischen Untergruppen ist.

Nun gilt mit einem Homomorphismus η der Gruppe $\mathfrak{G}$ auf sich für jede zyklische Untergruppe $\mathfrak{B} \subseteq \mathfrak{G}$

$$\mathfrak{B}K = K\mathfrak{B}; \quad \mathfrak{B}^\eta K^\eta = K^\eta \mathfrak{B}^\eta \quad \text{für jedes } K \in \mathfrak{K}(\mathfrak{G});$$

da $\mathfrak{B}^\eta$ mit $\mathfrak{B}$ alle zyklischen Untergruppen von $\mathfrak{G}$ durchläuft, folgt $\mathfrak{K}^\eta \subseteq \mathfrak{K}$.

Für den Kern einer Untergruppe $\mathfrak{U} \subseteq \mathfrak{G}$ erhalten wir hieraus

$$\mathfrak{U} \cap \mathfrak{K}(\mathfrak{G}) \subseteq \mathfrak{K}(\mathfrak{U}) \subseteq \mathfrak{U}, \tag{1}$$

für den Kern $\mathfrak{K}(\mathfrak{G})$ selbst also die Gleichung

$$\mathfrak{K}(\mathfrak{K}(\mathfrak{G})) = \mathfrak{K}(\mathfrak{G}).\tag{2}$$

Daher ist jede Untergruppe $\mathfrak{U} \subseteq \mathfrak{K}(\mathfrak{G})$ normal:

Satz 26*. *Der Kern $\mathfrak{K}(\mathfrak{G})$ einer Gruppe $\mathfrak{G}$ ist eine abelsche oder eine Hamiltonsche Gruppe, die das Zentrum $\mathfrak{Z}(\mathfrak{G})$ enthält.*

In einer Gruppe $\mathfrak{G}$ läßt sich auch die *Folge* $(\mathfrak{K}_\nu(\mathfrak{G}))$ *der Kerne höherer Ordnung* erklären durch:

$$\mathfrak{K}_0(\mathfrak{G}) = E; \quad \mathfrak{K}_{\nu+1}(\mathfrak{G})/\mathfrak{K}_\nu(\mathfrak{G}) = \mathfrak{K}(\mathfrak{G}/\mathfrak{K}_\nu(\mathfrak{G})) \qquad \text{für jeden Index } \nu \in \Lambda,$$

$$\mathfrak{K}_\lambda(\mathfrak{G}) = \bigcup_{\nu < \lambda} \mathfrak{K}_\nu(\mathfrak{G}) \qquad \text{für jeden Limesindex } \lambda \in \Lambda.$$

Sämtliche Glieder $\mathfrak{K}_\nu(\mathfrak{G})$ dieser Folge sind strengcharakteristisch in $\mathfrak{G}$.

Definition 7. *Eine Untergruppe $\mathfrak{V}$ ist vollinvariant in $\mathfrak{G}$:*

$$\mathfrak{V} \subseteq \mathsf{V}\,\mathfrak{G} \qquad (\mathfrak{V} \text{ vollinvariant in } \mathfrak{G}),$$

wenn $\mathfrak{V}^\eta \subseteq \mathfrak{V}$ *für jeden Endomorphismus* $\eta \in \mathsf{E}(\mathfrak{G})$.

Eine Gruppe $\mathfrak{G}$ ohne eigentliche vollinvariante Untergruppe ist *vollinvariant-einfach*. Jede vollinvariante Untergruppe ist strengcharakteristisch, also charakteristisch und normal in $\mathfrak{G}$.

Satz 27. *Die Menge* M_v *aller vollinvarianten Untergruppen ist ein abgeschlossener Verband in $\mathfrak{G}$.*

Beweis. Für Durchschnitt $\mathfrak{D} = \cap\, \mathfrak{U}$ und Kompositum $\mathfrak{V} = \{\cup\, \mathfrak{U}\}$ einer Menge N vollinvarianter Untergruppen $\mathfrak{U}$ aus $\mathfrak{G}$ gilt

$$\mathfrak{D}^\eta \subseteq \cap\, \mathfrak{U}^\eta \subseteq \mathfrak{D}; \quad \mathfrak{V}^\eta \subseteq \{\cup\, \mathfrak{U}^\eta\} \subseteq \mathfrak{V} \qquad \text{für } \eta \in \mathsf{E}(\mathfrak{G}).$$

Ein Endomorphismus η der Gruppe $\mathfrak{G}$ induziert in $\mathfrak{V} \subset \mathsf{V}\,\mathfrak{G}$ bzw. in $\mathfrak{G}/\mathfrak{V}$ Endomorphismen

$$\eta_0: \quad V \to V^{\eta_0} = V^\eta \qquad \text{für jedes } V \in \mathfrak{V},$$

$$\bar\eta: \quad \mathfrak{V}G \to \mathfrak{V}G^\eta \qquad \text{für jedes } G \in \mathfrak{G}.$$

Daraus entnimmt man in einfacher Weise:

Satz 27*. *Jede vollinvariante Untergruppe $\mathfrak{U}$ einer vollinvarianten Untergruppe $\mathfrak{V}$ in der Gruppe $\mathfrak{G}$ ist vollinvariant in $\mathfrak{G}$.*

Ist $\mathfrak{V}$ vollinvariant in $\mathfrak{G}$ und $\mathfrak{U}/\mathfrak{V}$ vollinvariant in $\mathfrak{G}/\mathfrak{V}$, so ist $\mathfrak{U}$ vollinvariant in $\mathfrak{G}$.

Wichtige Beispiele für vollinvariante Untergruppen werden durch Kommutatorbildung geliefert:

Satz 27**. *Der Kommutator $[\mathfrak{V}_1, \mathfrak{V}_2]$ vollinvarianter Untergruppen $\mathfrak{V}_1, \mathfrak{V}_2$ einer Gruppe $\mathfrak{G}$ ist vollinvariant in $\mathfrak{G}$.*

Beweis. Für Komplexe $\mathfrak{K}, \mathfrak{L}$ in $\mathfrak{G}$ und Endomorphismen $\eta \in \mathsf{E}(\mathfrak{G})$ gilt
$$[\mathfrak{K}, \mathfrak{L}]^\eta = [\mathfrak{K}^\eta, \mathfrak{L}^\eta] \subseteq [\mathfrak{K}, \mathfrak{L}], \quad \text{falls } \mathfrak{K}^\eta \subseteq \mathfrak{K}; \; \mathfrak{L}^\eta \subseteq \mathfrak{L}.$$

Der Kommutator $\mathfrak{G}' = [\mathfrak{G}, \mathfrak{G}]$ ist daher vollinvariant in $\mathfrak{G}$; daß $\mathfrak{G}'$ auch vollcharakteristisch in $\mathfrak{G}$, ist aber eine hiervon unabhängige Eigenschaft des Kommutators.

Eine transfinite Konstruktion führt zu der *absteigenden Kommutatorfolge* $(\mathfrak{G}^{(\nu)})$ *einer Gruppe* $\mathfrak{G}$:

$$\mathfrak{G}^{(0)} = \mathfrak{G}; \quad \mathfrak{G}^{(\nu+1)} = [\mathfrak{G}^{(\nu)}, \mathfrak{G}^{(\nu)}] \quad \text{für jeden Index } \nu \in \Lambda,$$

$$\mathfrak{G}^{(\lambda)} = \bigcap_{\nu < \lambda} \mathfrak{G}^{(\nu)} \quad \text{für jeden Limesindex } \lambda \in \Lambda.$$

Es gibt einen ersten Index $\sigma \in \Lambda$, für den

$$\mathfrak{G}^{(\sigma+1)} = \mathfrak{G}^{(\sigma)}, \quad \text{aber } \mathfrak{G}^{(\nu+1)} \subset \mathfrak{G}^{(\nu)} \text{ für } \nu < \sigma.$$

Da dann $\mathfrak{G}^{(\sigma+1)} = [\mathfrak{G}^{(\sigma)}, \mathfrak{G}^{(\sigma)}] = \mathfrak{G}^{(\sigma)}$ eine perfekte Gruppe ist, gilt $\mathfrak{G}^{(\sigma)} = \mathfrak{G}^{(\lambda)}$ für jeden Index $\sigma < \lambda \in \Lambda$. Daher kann die Untergruppe

$$\mathfrak{G}^{(\sigma)} = \bigcap_{\lambda \in \Lambda} \mathfrak{G}^{(\lambda)}$$

als *letzter Kommutator der Gruppe* $\mathfrak{G}$ bezeichnet werden.

Eine andere vollinvariante Untergruppenfolge, die *absteigende Zentrenfolge* oder *unterste Zentralfolge* $(\mathfrak{C}_\nu(\mathfrak{G}))$ *der Gruppe* $\mathfrak{G}$ wird erklärt durch:

$$\mathfrak{C}_0(\mathfrak{G}) = \mathfrak{G}; \quad \mathfrak{C}_{\nu+1}(\mathfrak{G}) = [\mathfrak{G}, \mathfrak{C}_\nu(\mathfrak{G})] \quad \text{für jeden Index } \nu \in \Lambda,$$

$$\mathfrak{C}_\lambda(\mathfrak{G}) = \bigcap_{\nu < \lambda} \mathfrak{C}_\nu(\mathfrak{G}) \quad \text{für jeden Limesindex } \lambda \in \Lambda.$$

Auch hier gibt es einen ersten Index $\tau \in \Lambda$, für den

$$\mathfrak{C}_{\nu+1}(\mathfrak{G}) \subset \mathfrak{C}_\nu(\mathfrak{G}) \quad \text{für } \nu < \tau; \quad \mathfrak{C}_\tau(\mathfrak{G}) = \mathfrak{C}_\lambda(\mathfrak{G}) \quad \text{für } \tau < \lambda \in \Lambda.$$

Man bezeichnet

$$\mathfrak{C}_\tau(\mathfrak{G}) = \bigcap_{\lambda \in \Lambda} \mathfrak{C}_\lambda(\mathfrak{G})$$

als die *Potenz der Gruppe* $\mathfrak{G}$.

Weitere vollinvariante Untergruppen einer Gruppe $\mathfrak{G}$ werden sich später bei der Untersuchung der Untergruppen freier Gruppen finden lassen. Es soll noch bemerkt werden, daß der Kommutatorquotient $\mathfrak{V}_1 \div \mathfrak{V}_2$ vollinvarianter Untergruppen einer Gruppe $\mathfrak{G}$ nicht immer vollinvariant ist; so ist das Zentrum $\mathfrak{Z}(\mathfrak{G}) = E \div \mathfrak{G}$ der Gruppe $\mathfrak{G}$ nicht immer vollinvariant in $\mathfrak{G}$.

1.3.5. Der Holomorph einer Gruppe

Die Endomorphismenhalbgruppe $\mathsf{E}(\mathfrak{G})$ einer Gruppe $\mathfrak{G}$ läßt sich als Unterhalbgruppe der Halbgruppe aller Abbildungen der Gruppe $\mathfrak{G}$ in sich noch in anderer Weise kennzeichnen: Die Halbgruppe $\Sigma = \Sigma(\mathfrak{G})$

1.3.5. Der Holomorph einer Gruppe

aller Abbildungen der Gruppe $\mathfrak{G}$ in sich enthält die zur Gruppe $\mathfrak{G}$ isomorphe Untergruppe $\Delta = \Delta(\mathfrak{G})$ der Abbildungen

$$\delta(G): \quad X \to XG \quad \text{für jedes } X \in \mathfrak{G}.$$

Wir bestimmen den *Normalisator der Gruppe* Δ *in der Halbgruppe* Σ, d.h. die Halbgruppe $\mathsf{N}(\Delta \subseteq \Sigma)$ der Abbildungen $\sigma \in \Sigma$ mit der Eigenschaft

$$\Delta \sigma \subseteq \sigma \Delta. \tag{1}$$

Für jede Abbildung $\sigma \in \mathsf{N}(\Delta \subseteq \Sigma)$ und jedes Element $G \in \mathfrak{G}$ besteht eine Gleichung

$$\delta(G)\, \sigma = \sigma\, \delta(G_0) \quad \text{mit } G_0 \in \mathfrak{G}; \tag{2}$$

gleichwertig damit ist

$$(XG)^\sigma = X^\sigma G_0 \quad \text{für jedes } X \in \mathfrak{G}. \tag{2*}$$

Daher enthält der Normalisator $\mathsf{N}(\Delta \subseteq \Sigma)$ die Gruppe $\Delta = \Delta(\mathfrak{G})$ und die Endomorphismenhalbgruppe $\mathsf{E}(\mathfrak{G})$. Da aus (2*) folgt

$$G^\sigma = (EG)^\sigma = E^\sigma G_0 = F G_0 \quad \text{mit } F = E^\sigma \in \mathfrak{G},$$

ist $G_0 = F^{-1} G^\sigma$ für jedes $G \in \mathfrak{G}$ eindeutig bestimmt. Die Zuordnung

$$\omega: \quad G \to G^\omega = G^\sigma F^{-1} \quad \text{für jedes } G \in \mathfrak{G}$$

erklärt einen Endomorphismus ω der Gruppe $\mathfrak{G}$, da nach (2*)

$$(GH)^\omega = (GH)^\sigma F^{-1} = G^\sigma H_0 F^{-1} = G^\sigma F^{-1} H^\sigma F^{-1} = G^\omega H^\omega \quad \text{für } G, H \in \mathfrak{G}.$$

Damit erhalten wir

$$G^\sigma = G^\omega F = G^{\omega \delta(F)}, \quad \text{also } \sigma = \omega\, \delta(F) \text{ mit } \omega \in \mathsf{E}(\mathfrak{G});\ \delta(F) \in \Delta(\mathfrak{G}).$$

Der Normalisator $\mathsf{N}(\Delta \subseteq \Sigma)$ besitzt demnach die Darstellung

$$\mathsf{N}(\Delta \subseteq \Sigma) = \mathsf{E}(\mathfrak{G})\, \Delta(\mathfrak{G}) \quad \text{mit } \mathsf{E}(\mathfrak{G}) \cap \Delta(\mathfrak{G}) = \varepsilon; \tag{3}$$

jede Abbildung $\sigma \in \mathsf{N}(\Delta \subseteq \Sigma)$ ist (eindeutiges) Produkt $\sigma = \eta\, \delta(G)$ aus einem Endomorphismus $\eta \in \mathsf{E}(\mathfrak{G})$ und einem Element $\delta(G) \in \Delta(\mathfrak{G})$.

Satz 28. *Die Endomorphismen* $\eta \in \mathsf{E}(\mathfrak{G})$ *einer Gruppe* $\mathfrak{G}$ *sind als Abbildungen der Menge* $\mathfrak{G}$ *in sich durch*

$$\Delta(\mathfrak{G})\, \eta \subseteq \eta\, \Delta(\mathfrak{G}) \quad \text{und} \quad E^\eta = E,$$

die Homomorphismen $\eta \in \mathsf{H}(\mathfrak{G})$ *einer Gruppe* $\mathfrak{G}$ *auf sich durch*

$$\Delta(\mathfrak{G})\, \eta = \eta\, \Delta(\mathfrak{G}) \quad \text{und} \quad E^\eta = E$$

gekennzeichnet.

Die Gleichung $\mathbf{\Delta}(\mathfrak{G})\eta = \eta \mathbf{\Delta}(\mathfrak{G})$ besteht nämlich genau dann, wenn für eine eineindeutige Abbildung $G \leftrightarrow G^*$ in $\mathfrak{G}$ gilt

$$\delta(G)\,\eta = \eta\,\delta(G^*) \quad \text{oder} \quad (XG)^\eta = X^\eta G^* \quad \text{für jedes } X \in \mathfrak{G}.$$

Dann ist $G^\eta = G^*$, also η ein Homomorphismus der Gruppe $\mathfrak{G}$ auf sich.

Satz 28*. *Die Automorphismen $\alpha \in \mathsf{A}(\mathfrak{G})$ einer Gruppe $\mathfrak{G}$ sind als Permutationen der Gruppe $\mathfrak{G}$ durch*

$$\mathbf{\Delta}(\mathfrak{G})\,\alpha = \alpha\,\mathbf{\Delta}(\mathfrak{G}) \quad \text{und} \quad E^\alpha = E$$

gekennzeichnet.

Da die Gruppe $\Pi = \Pi(\mathfrak{G})$ aller Permutationen der Menge $\mathfrak{G}$ die Gruppe $\mathbf{\Delta} = \mathbf{\Delta}(\mathfrak{G})$ enthält, so folgt für den Normalisator $\mathsf{N}(\mathbf{\Delta} \subseteq \Pi)$ die Gleichung

$$\mathsf{N}(\mathbf{\Delta} \subseteq \Pi) = \Pi \cap \mathsf{N}(\mathbf{\Delta} \subseteq \Sigma) = \mathsf{A}(\mathfrak{G})\,\mathbf{\Delta}(\mathfrak{G})$$

mit der Automorphismengruppe $\mathsf{A}(\mathfrak{G})$ der Gruppe $\mathfrak{G}$.

Satz 29. *Zu jeder Gruppe $\mathfrak{G}$ gibt es eine (einzige) Gruppe $\mathfrak{H} = \mathfrak{H}(\mathfrak{G})$, den Holomorph der Gruppe $\mathfrak{G}$, mit folgenden Eigenschaften:*

1. $\mathfrak{H}$ *enthält einen zu $\mathfrak{G}$ isomorphen Normalteiler $\mathfrak{G}^* \unlhd \mathfrak{H}$ und eine zur Automorphismengruppe $\mathsf{A}(\mathfrak{G})$ isomorphe Untergruppe $\mathfrak{A}^* \subseteq \mathfrak{H}$.*

2. *Es gilt $\mathfrak{H} = \mathfrak{G}^*\mathfrak{A}^*$ mit dem Durchschnitt $\mathfrak{G}^* \cap \mathfrak{A}^* = E$.*

3. *Jeder Automorphismus $\alpha \in \mathsf{A}(\mathfrak{G}^*)$ wird in $\mathfrak{G}^*$ durch einen inneren Automorphismus $\tau(A)$ der Gruppe $\mathfrak{H}$ mit eindeutig bestimmtem Element $A \in \mathfrak{A}^*$ induziert.*

Beweis. In einer Gruppe $\mathfrak{H}$ mit diesen Eigenschaften besitzt jedes Element $H \in \mathfrak{H}$ eine eindeutige Darstellung

$$H = AG \quad \text{mit } A \in \mathfrak{A}^*;\ G \in \mathfrak{G}^*;$$

die Multiplikation in $\mathfrak{H}$ ist durch die Gleichungen

$$H^{-1} = A^{-1}G^{-1} = G^{-\alpha}A^{-1};\quad H_1 H_2 = A_1 G_1 A_2 G_2 = A_1 A_2 G_1^{\alpha_2} G_2$$

mit den A, A_2 entsprechenden Automorphismen $\alpha, \alpha_2 \in \mathsf{A}(\mathfrak{G})$ eindeutig festgelegt. Andererseits besitzt der Normalisator $\mathsf{N}(\mathbf{\Delta} \subseteq \Pi)$ der Gruppe $\mathbf{\Delta}(\mathfrak{G})$ in der symmetrischen Gruppe $\Pi(\mathfrak{G})$ der Menge $\mathfrak{G}$ die geforderten Eigenschaften. Denn $\mathbf{\Delta}(\mathfrak{G})$ ist normal in $\mathsf{N}(\mathbf{\Delta} \subseteq \Pi)$; ferner gilt $\mathsf{A}(\mathfrak{G}) \cap \mathbf{\Delta}(\mathfrak{G}) = \varepsilon$. Jedes $\alpha \in \mathsf{A}(\mathfrak{G})$ induziert wegen

$$\alpha^{-1}\,\delta(G)\,\alpha = \delta(G^\alpha)$$

in $\mathbf{\Delta}(\mathfrak{G})$ den geforderten Automorphismus.

Als Permutationsgruppe der Menge $\mathfrak{G}$ ist der Holomorph $\mathsf{N}(\mathbf{\Delta} \subseteq \Pi) = \mathsf{A}(\mathfrak{G})\,\mathbf{\Delta}(\mathfrak{G})$ einer Gruppe $\mathfrak{G}$ transitiv, da er die Untergruppe $\mathbf{\Delta}(\mathfrak{G})$ enthält. In der Restklassenzerlegung

$$\mathfrak{G} = \sum_\iota \mathfrak{U}\,G_\iota \quad (\text{über } \iota \in \mathsf{I})$$

der Gruppe $\mathfrak{G}$ nach einer Untergruppe $\mathfrak{U}$ induziert jede Abbildung $\delta(A)\in\Delta(\mathfrak{G})$ eine Permutation

$$\delta(A): \quad UG_\iota \leftrightarrow UG_\iota A \qquad \text{für jedes } U\in\mathfrak{U}$$

der Restklassen; daher besitzt die Permutationsgruppe $\Delta(\mathfrak{G})$ der Menge $\mathfrak{G}$ das Imprimitivitätsschema

$$\mathfrak{G} = \sum_\iota \mathfrak{U} G_\iota.$$

Man weist leicht nach, daß auf diese Weise alle Imprimitivitätsschemata der Permutationsgruppe $\Delta(\mathfrak{G})$ erhalten werden. Bestimmt man im Holomorph $\mathsf{N}(\Delta\subseteq\mathsf{\Pi}) = \mathsf{A}(\mathfrak{G})\,\Delta(\mathfrak{G})$ die (transitive) Untergruppe $\mathsf{M}(\mathfrak{G};\mathfrak{U})$, die das durch die Untergruppe $\mathfrak{U}\subset\mathfrak{G}$ gegebene Imprimitivitätsschema besitzt, so hat man wegen $\Delta(\mathfrak{G})\subseteq\mathsf{M}(\mathfrak{G};\mathfrak{U})$ nur die Automorphismen $\alpha\in\mathsf{A}(\mathfrak{G})$ dieser Eigenschaft auszuwählen, also genau die Automorphismen, die die Untergruppe $\mathfrak{U}$ auf sich selbst abbilden. Infolgedessen gilt

$$\mathsf{M}(\mathfrak{G};\mathfrak{U}) = \mathsf{A}(\mathfrak{U}\subseteq\mathfrak{G})\,\Delta(\mathfrak{G})$$

mit der Invarianzgruppe $\mathsf{A}(\mathfrak{U}\subseteq\mathfrak{G})$ der Untergruppe $\mathfrak{U}$ in $\mathsf{A}(\mathfrak{G})$.

Für einen Normalteiler $\mathfrak{N}\triangleleft\mathfrak{G}$ gilt

$$\mathsf{J}(\mathfrak{G})\subseteq\mathsf{A}(\mathfrak{N}\triangleleft\mathfrak{G}), \quad \text{also } \mathsf{J}(\mathfrak{G})\,\Delta(\mathfrak{G}) \subseteq \mathsf{M}(\mathfrak{G};\mathfrak{N}) = \mathsf{A}(\mathfrak{N}\triangleleft\mathfrak{G})\,\Delta(\mathfrak{G}),$$

für eine charakteristische Untergruppe $\mathfrak{C}\triangleleft\!|\mathfrak{G}$

$$\mathsf{A}(\mathfrak{C}\triangleleft\!|\mathfrak{G}) = \mathsf{A}(\mathfrak{G}) \quad \text{und} \quad \mathsf{M}(\mathfrak{G};\mathfrak{C}) = \mathsf{A}(\mathfrak{G})\,\Delta(\mathfrak{G}).$$

Die charakteristischen Untergruppen $\mathfrak{C}\triangleleft\!|\mathfrak{G}$ liefern daher die Imprimitivitätsschemata des Holomorphs $\mathsf{A}(\mathfrak{G})\,\Delta(\mathfrak{G})$; mit Hilfe des Satzes 1.2.19 folgt hieraus

Satz 30. *Eine Gruppe $\mathfrak{G}$ ist genau dann charakteristisch einfach, wenn die Automorphismengruppe $\mathsf{A}(\mathfrak{G})$ maximale Untergruppe des Holomorphs $\mathfrak{H}(\mathfrak{G}) = \mathsf{A}(\mathfrak{G})\,\Delta(\mathfrak{G})$ ist.*

Die abelschen Gruppen $\mathfrak{A}$ besitzen wegen

$$\mathsf{J}(\mathfrak{A}) \cong \mathfrak{A}/\mathfrak{Z}(\mathfrak{A}) = 1$$

keinen von der Identität verschiedenen inneren Automorphismus; bei den Gruppen $\mathfrak{G}$ ohne Zentrum hingegen ist die Gruppe $\mathsf{J}(\mathfrak{G})$ der inneren Automorphismen zur Gruppe $\mathfrak{G}$ isomorph:

$$\mathsf{J}(\mathfrak{G}) \cong \mathfrak{G}/\mathfrak{Z}(\mathfrak{G}) = \mathfrak{G},$$

so daß $\mathsf{J}(\mathfrak{G})$ auch mit $\mathfrak{G}$ identifiziert werden kann. Die Automorphismengruppe $\mathsf{A}(\mathfrak{G})$ induziert als Normalisator $\mathfrak{N}\bigl(\mathsf{J}(\mathfrak{G})\subseteq\mathsf{A}(\mathfrak{G})\bigr) = \mathsf{A}(\mathfrak{G})$ in $\mathsf{J}(\mathfrak{G})$ auf Grund der Gleichung

$$\alpha^{-1}\,\tau(G)\,\alpha = \tau(G^\alpha) \qquad \text{für jedes } G\in\mathfrak{G} \text{ und } \alpha\in\mathsf{A}(\mathfrak{G})$$

die gleichen Automorphismen wie in $\mathfrak{G}$. Da ein dem Zentrum $\mathfrak{Z}(\mathsf{A}(\mathfrak{G}))$ angehörender Automorphismus $\zeta \in \mathsf{A}(\mathfrak{G})$ die Bedingung

$$\tau(G) = \zeta^{-1}\tau(G)\zeta = \tau(G^\zeta), \quad \text{also } G = G^\zeta \text{ für jedes } G \in \mathfrak{G}$$

erfüllt, ist auch $\mathsf{A}(\mathfrak{G})$ eine Gruppe ohne Zentrum; überdies finden wir für den Zentralisator

$$\mathfrak{Z}(\mathsf{J}(\mathfrak{G}) \subseteq \mathsf{A}(\mathfrak{G})) = \varepsilon.$$

Satz 31. *Zu jeder Gruppe $\mathfrak{G}$ ohne Zentrum und jeder Ordnungszahl σ existiert eine (aufsteigend wohlgeordnete) Gruppenfolge $(\mathfrak{A}_\nu)$ mit folgenden Eigenschaften:*

1. *Es gilt $\mathfrak{A}_0 \cong \mathfrak{G}$ und $\mathfrak{A}_\nu \subseteq | \mathfrak{A}_{\nu+1}$ für jedes $\nu < \sigma$,*

$$\mathfrak{A}_\lambda = \bigcup_{\nu < \lambda} \mathfrak{A}_\nu \quad \text{für jede Limeszahl } \lambda \leq \sigma.$$

2. *Für jedes $\nu < \sigma$ besteht ein Isomorphismus*

$$\mathfrak{A}_{\nu+1}^{\eta_\nu} = \mathsf{A}(\mathfrak{A}_\nu) \quad \text{mit } \mathfrak{A}_\nu^{\eta_\nu} = \mathsf{J}(\mathfrak{A}_\nu).$$

3. *Für jedes Paar $\mu < \nu \leq \sigma$ erfüllen Normalisator und Zentralisator die Gleichungen*

$$\mathfrak{N}(\mathfrak{A}_\mu \subseteq \mathfrak{A}_\nu) = \mathfrak{A}_{\mu+1}; \quad \mathfrak{Z}(\mathfrak{A}_\mu \subseteq \mathfrak{A}_\nu) = E.$$

Man kann diese Folge $(\mathfrak{A}_\nu)$ der *iterierten Automorphismengruppen* als den *Automorphismenturm der Gruppe $\mathfrak{G}$ von der Höhe σ* bezeichnen. Tritt hierbei für eine Ordnungszahl τ Gleichheit $\mathfrak{A}_{\tau+1} = \mathfrak{A}_\tau$ ein, so besitzt $\mathfrak{A}_\tau$ wegen

$$\mathfrak{A}_{\tau+1}^{\eta_\tau} = \mathsf{A}(\mathfrak{A}_\tau); \quad \mathfrak{A}_\tau^{\eta_\tau} = \mathsf{J}(\mathfrak{A}_\tau), \quad \text{also } \mathsf{J}(\mathfrak{A}_\tau) = \mathsf{A}(\mathfrak{A}_\tau),$$

keinen äußeren Automorphismus. In diesem Falle bricht die Folge ab; die Ordnungszahl τ ist die *eigentliche Höhe des Automorphismenturmes der Gruppe $\mathfrak{G}$ (ohne Zentrum)* und damit eine *absolute Invariante* von $\mathfrak{G}$. Die Struktur des Automorphismenturmes von Gruppen ohne Zentrum ist allgemein noch ungeklärt; für endliche Gruppen geben wir (ohne Beweis) den fundamentalen Satz an:

Satz 31* (H. WIELANDT). *Der Automorphismenturm einer endlichen Gruppe $\mathfrak{G}$ ohne Zentrum der Ordnung $\mathrm{ord}(\mathfrak{G}) = g$ besitzt endliche Höhe h:*

$$\mathfrak{G} = \mathfrak{A}_0 \subset | \mathfrak{A}_1 \subset | \mathfrak{A}_2 \subset | \cdots \subset | \mathfrak{A}_h = \mathfrak{A}_{h+1};$$

die Ordnung $\mathrm{ord}(\mathfrak{A}_h) = a$ des letzten Gliedes ist beschränkt durch

$$\log a < 3 \frac{(\log g)^3}{(\log 2)^2}.$$

Beweis (zu Satz 31). Da für die Gruppen $\mathfrak{A}_0 = \mathsf{J}(\mathfrak{G})$ und $\mathfrak{A}_1 = \mathsf{A}(\mathfrak{G})$ die Behauptungen des Satzes nachgewiesen sind, kann angenommen werden:

1.3.5. Der Holomorph einer Gruppe

Für jedes $\tau < \sigma$ existiert eine Gruppe $\mathfrak{A}_\tau$, derart daß $\mathfrak{A}_\mu \subseteq | \mathfrak{A}_{\mu+1}$ für jedes $\mu < \tau$; $\mathfrak{A}_\lambda = \bigcup_{\nu < \lambda} \mathfrak{A}_\nu$ für jede Limeszahl $\lambda \leq \tau$; es besteht ein Isomorphismus

$$\mathfrak{A}_{\mu+1}^{\eta_\mu} = \mathsf{A}(\mathfrak{A}_\mu) \quad \text{mit} \quad \mathfrak{A}_\mu^{\eta_\mu} = \mathsf{J}(\mathfrak{A}_\mu) \quad \text{für jedes } \mu < \tau;$$

es gilt

$$\mathfrak{N}(\mathfrak{A}_\mu \subseteq \mathfrak{A}_\nu) = \mathfrak{A}_{\mu+1}; \quad \mathfrak{Z}(\mathfrak{A}_\mu \subseteq \mathfrak{A}_\nu) = E \quad \text{für } \mu < \nu \leq \tau < \sigma.$$

Setzen wir dann für eine Limeszahl σ

$$\mathfrak{A}_\sigma = \bigcup_{\nu < \sigma} \mathfrak{A}_\nu,$$

so folgt

$$\mathfrak{A}_\mu \subseteq | \mathfrak{A}_{\mu+1} \text{ für jedes } \mu < \sigma; \quad \mathfrak{A}_\lambda = \bigcup_{\nu < \lambda} \mathfrak{A}_\nu \quad \text{für jede Limeszahl } \lambda \leq \sigma,$$

$$\mathfrak{A}_{\mu+1}^{\eta_\mu} = \mathsf{A}(\mathfrak{A}_\mu) \quad \text{mit} \quad \mathfrak{A}_\mu^{\eta_\mu} = \mathsf{J}(\mathfrak{A}_\mu) \quad \text{für jedes } \mu < \sigma,$$

$$\mathfrak{N}(\mathfrak{A}_\mu \subseteq \mathfrak{A}_\sigma) = \mathfrak{A}_{\mu+1}; \quad \mathfrak{Z}(\mathfrak{A}_\mu \subseteq \mathfrak{A}_\sigma) = E \quad \text{für jedes } \mu < \sigma,$$

da jedes $X \in \mathfrak{A}_\sigma$ einer Gruppe $\mathfrak{A}_\nu$ mit $\nu < \sigma$ angehört.

Ist σ nicht Limeszahl, so setze man $\mathfrak{B}_\sigma = \mathsf{A}(\mathfrak{A}_{\sigma-1})$. Da $\mathfrak{A}_{\sigma-1}$ wegen $\mathfrak{Z}(\mathfrak{A}_\mu \subseteq \mathfrak{A}_{\sigma-1}) = E$ für $\mu < \sigma - 1$ ohne Zentrum ist, ist auch $\mathfrak{B}_\sigma$ ohne Zentrum und $\mathfrak{B}_{\sigma-1} = \mathsf{J}(\mathfrak{A}_{\sigma-1})$ zu $\mathfrak{A}_{\sigma-1}$ isomorpher Normalteiler in $\mathfrak{B}_\sigma$. Der Isomorphismus $\mathfrak{A}_{\sigma-1}^\eta = \mathfrak{B}_{\sigma-1}$ überträgt die über $(\mathfrak{A}_\mu)$ für $\mu < \sigma - 1$ gemachten Annahmen auf die Folge $(\mathfrak{B}_\mu)$ der Bilder $\mathfrak{B}_\mu = \mathfrak{A}_\mu^\eta$. Mithin ist nur noch

$$\mathfrak{N}(\mathfrak{B}_\mu \subseteq \mathfrak{B}_\sigma) = \mathfrak{B}_{\mu+1} \quad \text{und} \quad \mathfrak{Z}(\mathfrak{B}_\mu \subseteq \mathfrak{B}_\sigma) = E \quad \text{für } \mu < \sigma$$

nachzuweisen. Der durch ein Element $X \in \mathfrak{N}(\mathfrak{B}_\mu \subseteq \mathfrak{B}_\sigma)$ in $\mathfrak{B}_\mu$ induzierte Automorphismus wird auch durch ein Element $Y \in \mathfrak{B}_{\mu+1}$ induziert. Da somit XY^{-1} dem Zentralisator $\mathfrak{Z}(\mathfrak{B}_\mu \subseteq \mathfrak{B}_\sigma)$ angehört, bleibt die zweite Gleichung zu beweisen; wegen

$$\mathfrak{Z}(\mathfrak{B}_{\sigma-1} \subseteq \mathfrak{B}_\sigma) = E; \quad \mathfrak{Z}(\mathfrak{B}_\nu \subseteq \mathfrak{B}_{\sigma-1}) = E \quad \text{für jedes } \nu \leq \sigma - 1$$

genügt es,

$$\mathfrak{Z}(\mathfrak{B}_0 \subseteq \mathfrak{B}_\sigma) = \mathfrak{Z}(\mathfrak{B}_\nu \subseteq \mathfrak{B}_\sigma) = \mathfrak{Z}(\mathfrak{B}_{\sigma-1} \subseteq \mathfrak{B}_\sigma) \quad \text{für jedes } \nu \leq \sigma - 1$$

zu zeigen. Aus der Annahme

$$\mathfrak{Z}(\mathfrak{B}_0 \subseteq \mathfrak{B}_\sigma) = \mathfrak{Z}_0 = \mathfrak{Z}(\mathfrak{B}_\nu \subseteq \mathfrak{B}_\sigma) \quad \text{für jedes } \nu < \lambda$$

folgt für eine Limeszahl λ

$$\mathfrak{B}_\lambda = \bigcup_{\nu < \lambda} \mathfrak{B}_\nu \quad \text{und} \quad \mathfrak{Z}(\mathfrak{B}_\lambda \subseteq \mathfrak{B}_\sigma) = \bigcap_{\nu < \lambda} \mathfrak{Z}(\mathfrak{B}_\nu \subseteq \mathfrak{B}_\sigma) = \mathfrak{Z}_0.$$

Ist λ nicht Limeszahl, so gilt

$$\mathfrak{Z}(\mathfrak{B}_\lambda \subseteq \mathfrak{B}_\sigma) = \mathfrak{Z} \subseteq \mathfrak{Z}_0 = \mathfrak{Z}(\mathfrak{B}_{\lambda-1} \subseteq \mathfrak{B}_\sigma)$$

und wegen $\mathfrak{B}_{\lambda-1} \subseteq |\mathfrak{B}_\lambda \subseteq \mathfrak{B}_{\sigma-1} \subseteq |\mathfrak{B}_\sigma$

$$\mathfrak{Z}_0^B = \mathfrak{Z}(\mathfrak{B}_{\lambda-1}^B \subseteq \mathfrak{B}_\sigma^B) = \mathfrak{Z}(\mathfrak{B}_{\lambda-1} \subseteq \mathfrak{B}_\sigma) = \mathfrak{Z}_0 \quad \text{für jedes } B \in \mathfrak{B}_\lambda,$$

also

$$[\mathfrak{B}_\lambda, \mathfrak{Z}_0] \subseteq \mathfrak{Z}_0 \cap \mathfrak{B}_{\sigma-1} = \mathfrak{Z}(\mathfrak{B}_{\lambda-1} \subseteq \mathfrak{B}_{\sigma-1}) = E.$$

Die Gruppe $\mathfrak{B}_\sigma$ besitzt demnach die für $\mathfrak{A}_\sigma$ angegebenen Eigenschaften.

Definition 8. *Eine Gruppe $\mathfrak{G}$ ohne Zentrum ist vollständig, wenn sie nur innere Automorphismen besitzt:* $\mathsf{A}(\mathfrak{G}) = \mathsf{J}(\mathfrak{G})$.

Die Bedeutung dieses Begriffes erhellt aus

Satz 32. *Eine Gruppe $\mathfrak{G}$ mit vollständigem Normalteiler $\mathfrak{N} \triangleleft |\mathfrak{G}$ ist direktes Produkt $\mathfrak{G} = \mathfrak{N} \times \mathfrak{Z}(\mathfrak{N} \triangleleft |\mathfrak{G})$ aus $\mathfrak{N}$ und Zentralisator.*

Beweis. Jedes Element $G \in \mathfrak{G}$ induziert einen (inneren) Automorphismus in $\mathfrak{N}$; daher gilt mit einem Element $N \in \mathfrak{N}$:

$$X^G = X^N \quad \text{für } X \in \mathfrak{N}, \text{ also } G \equiv N \bmod \mathfrak{Z}(\mathfrak{N} \subseteq \mathfrak{G}).$$

Da $\mathfrak{Z}(\mathfrak{N} \subseteq \mathfrak{G})$ in $\mathfrak{G}$ normal und $\mathfrak{Z}(\mathfrak{N} \subseteq \mathfrak{G}) \cap \mathfrak{N} = \mathfrak{Z}(\mathfrak{N}) = E$, folgt die Behauptung.

Satz 33. *Ist die innere Automorphismengruppe $\mathsf{J}(\mathfrak{G})$ einer Gruppe $\mathfrak{G}$ ohne Zentrum charakteristische Untergruppe der Automorphismengruppe $\mathsf{A}(\mathfrak{G})$, so ist $\mathsf{A}(\mathfrak{G})$ vollständig.*

Beweis. Auf Grund der Voraussetzung ist $\mathfrak{A} = \mathsf{A}(\mathfrak{G})$ Gruppe ohne Zentrum und $\mathfrak{G} = \mathsf{J}(\mathfrak{G})$ charakteristische Untergruppe in $\mathfrak{A}$. Jeder Automorphismus α von $\mathfrak{G} \subseteq \mathfrak{A}$ wird durch genau ein Element $A \in \mathfrak{A}$ induziert:

$$\alpha: \; G \to G^\alpha = G^A = A^{-1} G A \quad \text{für jedes } G \in \mathfrak{G}.$$

Ein Automorphismus β der Gruppe $\mathfrak{A}$ induziert in $\mathfrak{G}$ einen Automorphismus, so daß mit einem Element $B \in \mathfrak{A}$ die Gleichung

$$G^\beta = G^B = G^{\tau(B)} \quad \text{für jedes } G \in \mathfrak{G}$$

besteht. Da demnach $\gamma = \beta \tau^{-1}(B)$ in $\mathfrak{G}$ die Identität induziert, gilt auch

$$(G^A)^\gamma = G^A, \quad \text{also } A A^{-\gamma} G = G A A^{-\gamma} \text{ für } G \in \mathfrak{G}; A \in \mathfrak{A}.$$

Somit induziert auch $A A^{-\gamma} \in \mathfrak{A}$ in $\mathfrak{G}$ die Identität; daraus folgt

$$A A^{-\gamma} = E \quad \text{für jedes } A \in \mathfrak{A}, \text{ also } \gamma = \beta \tau^{-1}(B) = \varepsilon \text{ und } \beta = \tau(B).$$

Jeder Automorphismus $\beta \in \mathsf{A}(\mathfrak{A})$ ist also innerer Automorphismus.

Satz 34. *Die Automorphismengruppe $\mathsf{A}(\mathfrak{G})$ einer nichtabelschen charakteristisch einfachen Gruppe $\mathfrak{G}$ ist eine vollständige Gruppe.*

Beweis. Eine nichtabelsche charakteristisch einfache Gruppe $\mathfrak{G}$ ist Gruppe ohne Zentrum; Gleiches gilt für die Automorphismengruppe $\mathsf{A}(\mathfrak{G})$. Wäre $\mathfrak{G} = \mathsf{J}(\mathfrak{G})$ nicht charakteristisch in $\mathfrak{A} = \mathsf{A}(\mathfrak{G})$, so wäre für einen

1.3.5. Der Holomorph einer Gruppe

Automorphismus $\alpha \in A(\mathfrak{A})$ die Gruppe $\mathfrak{G}^\alpha$ von $\mathfrak{G}$ verschieden. Als Normalteiler von $\mathfrak{A}$ wäre dann $\mathfrak{G} \cap \mathfrak{G}^\alpha$ charakteristisch in $\mathfrak{G}$, also $\mathfrak{G} \cap \mathfrak{G}^\alpha = E$. Mithin wäre jedes $G^\alpha \in \mathfrak{G}^\alpha \subseteq \mathfrak{A}$ mit $\mathfrak{G}$ elementweise vertauschbar, also $\mathfrak{G}^\alpha = \mathfrak{G} = E$. Damit sind die Voraussetzungen des Satzes 33 erfüllt.

Als Gegenstück zu diesem Satze erhalten wir noch

Satz 34*. *Die abelsche Gruppe $\mathfrak{G}$ sei charakteristische Untergruppe ihres Holomorphs $\mathfrak{H}(\mathfrak{G})$ und besitze den Automorphismus*

$$\pi_2: \quad G \to G^{\pi_2} = G^2 \quad \textit{für jedes } G \in \mathfrak{G}.$$

Dann ist der Holomorph $\mathfrak{H}(\mathfrak{G})$ eine vollständige Gruppe.

Beweis. Die Abbildung π_2 ist in einer abelschen Gruppe genau dann ein Automorphismus, wenn zu jedem $G \in \mathfrak{G}$ genau eine Lösung $G_0 \in \mathfrak{G}$ der Gleichung $G_0^2 = G$ existiert; demnach enthält $\mathfrak{G}$ kein Element der Ordnung 2. Folglich ist

$$\pi_{-1}: \quad G \to G^{\pi_{-1}} = G^{-1} \quad \text{für jedes } G \in \mathfrak{G}$$

ein Automorphismus von $\mathfrak{G}$, der nur E auf sich selbst abbildet. Der Holomorph $\mathfrak{H} = \mathfrak{G}\mathfrak{A}$ mit der zu $A(\mathfrak{G})$ isomorphen Untergruppe $\mathfrak{A}$ enthält also ein Element $P \in \mathfrak{A}$ der Ordnung 2, für das

$$G^P = P^{-1} G P = G^{-1} \quad \text{für jedes } G \in \mathfrak{G}.$$

Hieraus folgt für jedes $A \in \mathfrak{A}$ und jedes $G \in \mathfrak{G}$

$$G^{[P,A]} = G, \quad \text{also } [P,A] = E.$$

Für den Zentralisator $\mathfrak{Z}(\mathfrak{G} \subseteq \mathfrak{H})$ und das Zentrum $\mathfrak{Z}(\mathfrak{H})$ erhalten wir

$$\mathfrak{A} \cap \mathfrak{Z}(\mathfrak{G} \subseteq \mathfrak{H}) = E \quad \text{und} \quad \mathfrak{G} \subseteq \mathfrak{Z}(\mathfrak{G} \subseteq \mathfrak{H}), \quad \text{also } \mathfrak{Z}(\mathfrak{H}) \subseteq \mathfrak{Z}(\mathfrak{G} \subseteq \mathfrak{H}) = \mathfrak{G}.$$

Da

$$E = [P, G] = G^2 \quad \text{für } G \in \mathfrak{G} \text{ nur, wenn } G = E,$$

ist $\mathfrak{H}(\mathfrak{G})$ Gruppe ohne Zentrum und E einziges mit P und jedem $G \in \mathfrak{G}$ vertauschbares Element von $\mathfrak{H}$.

Ein Automorphismus $\alpha \in A(\mathfrak{H})$ induziert in $\mathfrak{G} \subseteq \| \mathfrak{H}$ einen Automorphismus $A_0 \in \mathfrak{A}$; daher induziert $\beta = \alpha \tau(A_0^{-1}) \in A(\mathfrak{H})$ in $\mathfrak{G}$ die Identität. Da dann für jedes $G \in \mathfrak{G}$ und $H \in \mathfrak{H}$ die Gleichung

$$(H G H^{-1})^\beta = H G H^{-1} \quad \text{oder} \quad [H^{-1} H^\beta, G] = E$$

besteht, ist $H^{-1} H^\beta$ in $\mathfrak{Z}(\mathfrak{G} \subseteq \mathfrak{H}) = \mathfrak{G}$ enthalten, also insbesondere

$$P^\beta = P G = P G_0^2 = G_0^{-1} P G_0 = P^{\tau(G_0)} \quad \text{mit } G = G_0^2 \in \mathfrak{G}.$$

Der Automorphismus $\gamma = \beta \tau(G_0^{-1}) = \alpha \tau(G_0 A_0)^{-1}$ von $\mathfrak{H}$ erfüllt demnach die Bedingungen

$$P^\gamma = P; \quad G^\gamma = G \quad \text{für jedes } G \in \mathfrak{G}.$$

Damit ergeben sich für jedes $A \in \mathfrak{A}$ die Gleichungen

$$P^\gamma = (A^{-1}PA)^\gamma = A^{-1}PA = P \quad \text{und} \quad (A^{-1}GA)^\gamma = A^{-1}GA \quad \text{für } G \in \mathfrak{G},$$

also

$$AA^{-\gamma}P = PAA^{-\gamma} \quad \text{und} \quad AA^{-\gamma}G = GAA^{-\gamma} \quad \text{für } G \in \mathfrak{G},$$

und damit

$$AA^{-\gamma} = E \quad \text{oder} \quad A^\gamma = A \quad \text{für jedes } A \in \mathfrak{A}.$$

Mithin ist $\alpha = \tau(G_0 A_0)$ innerer Automorphismus von $\mathfrak{H}(\mathfrak{G})$.

1.3.6. Beispiele

Beispiel 1. Ein Endomorphismus $\sigma \in \mathsf{E}(\mathfrak{Z}_0)$ der *unendlichen zyklischen Gruppe* $\mathfrak{Z}_0 = \{Z\}$ wird durch das Bild

$$\sigma = \sigma_g: \quad Z \to Z^{\sigma_g} = Z^g \quad \text{mit ganzem } g$$

der Erzeugenden Z bestimmt; umgekehrt liefert jede solche Zuordnung σ_g einen Endomorphismus der Gruppe $\mathfrak{Z}_0$. Da offensichtlich gilt

$$\sigma_g \sigma_h = \sigma_h \sigma_g = \sigma_{gh} \quad \text{und} \quad \sigma_g = \sigma_h \quad \text{nur wenn } g = h,$$

ist $\mathsf{E}(\mathfrak{Z}_0)$ isomorph der (multiplikativen) Halbgruppe der ganzen Zahlen.

Für einen vom Nullendomorphismus σ_0 verschiedenen Endomorphismus $\sigma_g \in \mathsf{E}(\mathfrak{Z}_0)$ erhalten wir

$$\mathfrak{Z}_0^{\sigma_g} = \{Z^g\} \quad \text{und} \quad \mathfrak{R}_{\sigma_g} = E.$$

Nur die Endomorphismen $\sigma_1 = \varepsilon$ und σ_{-1} sind also Automorphismen, alle anderen Endomorphismen σ_g (außer σ_0) Meromorphismen. Der Holomorph $\mathfrak{H}(\mathfrak{Z}_0)$ wird daher erzeugt von Z und einem Element A der Ordnung 2, das in $\mathfrak{Z}_0$ den einzigen von ε verschiedenen Automorphismus induziert:

$$\mathfrak{H}(\mathfrak{Z}_0) = \{Z, A\} \quad \text{mit } A^2 = E; \; A^{-1}ZA = Z^{-1}.$$

Daher ist $\mathfrak{H}(\mathfrak{Z}_0)$ der unendlichen Diedergruppe $\mathfrak{D}_0$ isomorph.

Auch in der endlichen zyklischen Gruppe $\mathfrak{Z}_k = \{Z\}$ der Ordnung $\text{ord}(\mathfrak{Z}_k) = k > 0$ ist ein Endomorphismus σ durch das Bild der Erzeugenden Z bestimmt:

$$\sigma = \sigma_g: \quad Z \to Z^{\sigma_g} = Z^g \quad \text{mit ganzem } g.$$

Ferner gilt

$$\sigma_g \sigma_h = \sigma_h \sigma_g = \sigma_{gh} \quad \text{und} \quad \sigma_g = \sigma_h \quad \text{genau dann, wenn } g \equiv h(k).$$

Unter der Beschränkung $0 \leq g \leq k-1$ erhalten wir daher genau k verschiedene Endomorphismen. Die Endomorphismenhalbgruppe $\mathsf{E}(\mathfrak{Z}_k)$ ist der (multiplikativen) Restklassenhalbgruppe mod k isomorph. Weiter

findet man leicht
$$\mathfrak{Z}_k^{\sigma_g} = \{Z^g\}; \quad \mathfrak{K}_{\sigma_g} = \{Z^{k/d}\} \quad \text{mit } (g,k) = d;$$
folglich ist σ_g genau dann Automorphismus, wenn $(g,k) = 1$:

Die Gruppe $\mathsf{A}(\mathfrak{Z}_k)$ der Ordnung $\operatorname{ord}(\mathsf{A}(\mathfrak{Z}_k)) = \varphi(k)$ ist isomorph der (multiplikativen abelschen) Gruppe der zu k relativ-primen Restklassen mod k.

Der Holomorph $\mathfrak{H}(\mathfrak{Z}_k)$ der zyklischen Gruppe $\mathfrak{Z}_k$ läßt sich am einfachsten als Permutationsgruppe der Menge Γ_k der Restklassen mod k beschreiben. Es ist $\mathfrak{H}(\mathfrak{Z}_k)$ isomorph der Gruppe aller linearen Abbildungen

$$\eta = \eta(h,g): \quad (x) \to (x^\eta) = (hx + g) \quad \text{mit } (h,k) = 1$$

der Menge Γ_k aller Restklassen mod k auf sich.

Beispiel 2. Es bezeichne $\mathfrak{V} = \mathfrak{V}^{\mathsf{I}}$ die über einer Indexmenge I gebildete (additive) Gruppe der finiten Vektoren $\mathfrak{a} = (a_\varkappa)$ mit Komponenten aus einem Primkörper K, also dem Körper K_0 der rationalen Zahlen oder dem Restklassenkörper K_p nach einer Primzahl p.

Ein Endomorphismus $\eta \in \mathsf{E}(\mathfrak{V})$

$$\eta: \quad \mathfrak{a} = (a_\varkappa) \to \mathfrak{a}^\eta = (a_\varkappa^\eta) \quad \text{für jedes } \mathfrak{a} \in \mathfrak{V}$$

ist auf Grund der Homomorphiebedingung

$$(\mathfrak{a} + \mathfrak{b})^\eta = \mathfrak{a}^\eta + \mathfrak{b}^\eta \quad \text{für } \mathfrak{a}, \mathfrak{b} \in \mathfrak{V}$$

durch die Bilder

$$\eta: \quad \mathfrak{e}_\iota \to \mathfrak{e}_\iota^\eta = (h_{\iota\varkappa})$$

der Einheitsvektoren $\mathfrak{e}_\iota = (e_{\iota\varkappa}) \in \mathfrak{V}$ bestimmt. Im Falle eines Primkörpers K_p besitzt nämlich ein Vektor $\mathfrak{x} = (x_\iota)$ eine Darstellung

$$\mathfrak{x} = (x_\iota) = \sum_\iota x_\iota \mathfrak{e}_\iota \quad \text{mit } 0 \leq x_\iota < p,$$

also das Bild

$$\mathfrak{x}^\eta = \sum_\iota x_\iota \mathfrak{e}_\iota^\eta = (x_\varkappa^\eta) \quad \text{mit } x_\varkappa^\eta = \sum_\iota x_\iota h_{\iota\varkappa} \quad (\text{über } \iota, \varkappa \in \mathsf{I}).$$

Im Falle des Primkörpers K_0 erhalten wir zunächst für einen ganzzahligen Vektor $\mathfrak{x} = (x_\iota) \in \mathfrak{V}$ in gleicher Weise das Bild

$$\mathfrak{x}^\eta = \sum_\iota x_\iota \mathfrak{e}_\iota^\eta = (x_\varkappa^\eta) \quad \text{mit } x_\varkappa^\eta = \sum_\iota x_\iota h_{\iota\varkappa} \quad (\text{über } \iota, \varkappa \in \mathsf{I}).$$

Ein beliebiger Vektor $\mathfrak{y} = (y_\iota) \in \mathfrak{V}$ besitzt ein ganzzahliges Vielfaches $\mathfrak{x} = b\mathfrak{y}$; daraus folgt

$$\mathfrak{x}^\eta = (b\mathfrak{y})^\eta = (x_\varkappa^\eta) \quad \text{mit } x_\varkappa^\eta = \sum_\iota x_\iota h_{\iota\varkappa}$$

und

$$(b\mathfrak{y})^\eta = b\mathfrak{y}^\eta = b(y_\varkappa^\eta) \quad \text{mit } y_\varkappa^\eta = \sum_\iota \frac{x_\iota}{b} h_{\iota\varkappa} = \sum_\iota y_\iota h_{\iota\varkappa}.$$

Jeder Endomorphismus $\eta \in \mathsf{E}(\mathfrak{V})$ ist somit eine lineare Abbildung

$$\eta: \mathfrak{x} \to \mathfrak{x}^\eta = \mathfrak{x}H \qquad \text{für jedes } \mathfrak{x} \in \mathfrak{V}$$

mit finiter Matrix H; umgekehrt ist jede lineare Abbildung ein Endomorphismus der Vektorgruppe $\mathfrak{V}$.

Ein Automorphismus $\alpha \in \mathsf{A}(\mathfrak{V})$ der Vektorgruppe $\mathfrak{V}$ wird daher durch eine reguläre finite Matrix bestimmt. Die Automorphismengruppe $\mathsf{A}(\mathfrak{V})$ ist somit die Gruppe $\mathfrak{L}(\mathfrak{V})$ aller regulären linearen Abbildungen des Vektorraumes $\mathfrak{V}$ auf sich.

Der Holomorph $\mathfrak{H}(\mathfrak{V})$ der Gruppe $\mathfrak{V}$ ist die Gruppe der Matrizen

$$M(A, \mathfrak{a}) = \begin{pmatrix} A & 0 \\ \mathfrak{a} & 1 \end{pmatrix} \qquad \text{mit } A \in \mathfrak{L}(\mathfrak{V}); \ \mathfrak{a} \in \mathfrak{V},$$

wenn Gleichheit und Multiplikation festgesetzt wird durch:

$M(A, \mathfrak{a}) = M(B, \mathfrak{b})$ genau dann, wenn $A = B$ und $\mathfrak{a} = \mathfrak{b}$,

$M(A, \mathfrak{a}) M(B, \mathfrak{b}) = M(AB, \mathfrak{a}B + \mathfrak{b})$ für $A, B \in \mathfrak{L}(\mathfrak{V})$ und $\mathfrak{a}, \mathfrak{b} \in \mathfrak{V}$.

Unter dieser Festsetzung ist nämlich die Gruppe $\mathfrak{V}^*$ aller Matrizen $M(E, \mathfrak{a})$ mit $\mathfrak{a} \in \mathfrak{V}$ isomorphes Bild der Vektorgruppe $\mathfrak{V}$, die Gruppe $\mathfrak{L}^*$ aller Matrizen $M(A, \mathfrak{o})$ mit $A \in \mathfrak{L}(\mathfrak{V})$ isomorphes Bild der linearen Gruppe $\mathfrak{L}(\mathfrak{V})$. Jede Matrix besitzt eine (einzige) Darstellung

$$M(A, \mathfrak{a}) = M(A, \mathfrak{o}) M(E, \mathfrak{a});$$

jedes Element $M(A, \mathfrak{o}) \in \mathfrak{L}^*$ induziert in $\mathfrak{V}^*$ wegen

$$M^{-1}(A, \mathfrak{o}) M(E, \mathfrak{a}) M(A, \mathfrak{o}) = M(E, \mathfrak{a}A)$$

den der Matrix A entsprechenden Automorphismus. Folglich gilt

$$\mathfrak{H}^* = \mathfrak{H}(\mathfrak{V}) = \mathfrak{L}^* \mathfrak{V}^* \qquad \text{mit } \mathfrak{V}^* \triangleleft| \mathfrak{H}^* \text{ und } \mathfrak{V}^* \cap \mathfrak{L}^* = M(E, \mathfrak{o}).$$

Die Vektorgruppe $\mathfrak{V}^*$ ist charakteristisch in $\mathfrak{H}^*$; es folgt dies aus der Bemerkung:

Jeder eigentliche Normalteiler $E \subset |\mathfrak{N}^* \subset|\mathfrak{H}^*$ enthält die Vektorgruppe $\mathfrak{V}^*$.

Danach gilt nämlich für jeden Automorphismus $\varphi \in \mathsf{A}(\mathfrak{H}^*)$

$$\mathfrak{V}^* \subseteq \mathfrak{V}^{*\varphi}, \qquad \text{also } \mathfrak{V}^* = \mathfrak{V}^{*\varphi} \text{ für jedes } \varphi \in \mathsf{A}(\mathfrak{H}^*).$$

Beweis. Ein eigentlicher Normalteiler $\mathfrak{N} \triangleleft| \mathfrak{H}^*$ enthält ein von $M(E, \mathfrak{o})$ verschiedenes Element $M(A, \mathfrak{a})$ und den Kommutator

$$[M(A, \mathfrak{a}), M(E, \mathfrak{x})] = M(E, \mathfrak{x} - \mathfrak{x}A) \qquad \text{für jedes } M(E, \mathfrak{x}) \in \mathfrak{V}^*.$$

Ist A von E verschieden, so existiert ein Vektor $\mathfrak{x}_0 \in \mathfrak{V}$, für den $\mathfrak{b} = \mathfrak{x}_0 - \mathfrak{x}_0 A$ von $\mathfrak{o}$ verschieden ist; im Falle $A = E$ ist $\mathfrak{a}$ von $\mathfrak{o}$ verschieden. Mithin enthält $\mathfrak{N}$ auch ein von $M(E, \mathfrak{o})$ verschiedenes Element

$M(E, \mathfrak{a}) \in \mathfrak{V}^*$. Nun gibt es zu von $\mathfrak{o}$ verschiedenen Vektoren $\mathfrak{a}, \mathfrak{x} \in \mathfrak{V}$ eine reguläre Matrix $B \in \mathfrak{L}(\mathfrak{V})$, die die Gleichung $\mathfrak{a} B = \mathfrak{x}$ erfüllt. Mithin ist auch
$$M^{-1}(B, \mathfrak{o})\, M(E, \mathfrak{a})\, M(B, \mathfrak{o}) = M(E, \mathfrak{x})$$
in $\mathfrak{N}$ enthalten.

Die Gruppe $\mathfrak{V}$ besitzt den Endomorphismus
$$\pi_2: \quad \mathfrak{x} \to 2\mathfrak{x} \quad \text{für jedes } \mathfrak{x} \in \mathfrak{V};$$
genau dann ist π_2 Automorphismus, wenn K nicht der Primkörper K_2 ist. Damit sind die Voraussetzungen des Satzes 34* erfüllt:

Der Holomorph $\mathfrak{H}(\mathfrak{V})$ einer finiten Vektorgruppe $\mathfrak{V}$ über dem Körper K_0 der rationalen Zahlen oder dem Restklassenkörper K_p nach einer ungeraden Primzahl p ist eine vollständige Gruppe.

Für eine endliche Indexmenge $\mathsf{I} = (1, 2, \ldots, n)$ ist $\mathfrak{V}^n$ die (additive) Gruppe der Vektoren $\mathfrak{x} = (x_1, x_2, \ldots, x_n)$ über dem Primkörper K; jeder Endomorphismus $\eta \in \mathsf{E}(\mathfrak{V}^n)$ wird durch eine n-reihige Matrix $A = (a_{\iota\varkappa})$ (über $1 \leq \iota, \varkappa \leq n$) induziert:
$$\eta: \quad \mathfrak{x} \to \mathfrak{x}^\eta = \mathfrak{x} A \quad \text{für jedes } \mathfrak{x} \in \mathfrak{V}^n.$$
Genau dann ist η ein Automorphismus, wenn die Determinante $\det(A)$ von Null verschieden ist.

Der Holomorph $\mathfrak{H}(\mathfrak{V}^n)$ ist isomorph der Gruppe $\mathfrak{A}_n$ aller $(n+1)$-reihigen regulären Matrizen der Gestalt
$$M(A, \mathfrak{a}) = \begin{pmatrix} A & 0 \\ \mathfrak{a} & 1 \end{pmatrix} = \begin{pmatrix} a_{11} & a_{12} & \ldots & a_{1n} & 0 \\ a_{21} & a_{22} & \ldots & a_{2n} & 0 \\ \vdots & \vdots & & \vdots & \vdots \\ a_{n1} & a_{n2} & \ldots & a_{nn} & 0 \\ a_1 & a_2 & \ldots & a_n & 1 \end{pmatrix},$$
also der n-dimensionalen affinen Gruppe $\mathfrak{A}_n$ über K:

Die n-dimensionale affine Gruppe $\mathfrak{A}_n$ über dem Körper K_0 der rationalen Zahlen oder über dem Restklassenkörper K_p nach einer ungeraden Primzahl p ist eine vollständige Gruppe.

Für den Primkörper K_p nach einer Primzahl $p \geq 2$ ist $\mathfrak{V}^n$ eine endliche Gruppe der Ordnung p^n, in der jeder Vektor $\mathfrak{a}$ (außer $\mathfrak{o}$) die Ordnung p besitzt; die Ordnung der Automorphismengruppe $\mathsf{A}(\mathfrak{V}^n)$ läßt sich leicht bestimmen:

Ein durch die Bilder der Einheitsvektoren
$$\eta: \quad \mathfrak{e}_\iota \to \mathfrak{e}_\iota^\eta = \mathfrak{a}_\iota \quad (\text{für } 1 \leq \iota \leq n)$$

bestimmter Endomorphismus $\eta \in \mathsf{E}(\mathfrak{V}^n)$ ist Automorphismus, wenn

$$x_1 \mathfrak{a}_1 + x_2 \mathfrak{a}_2 + \cdots + x_n \mathfrak{a}_n = \mathfrak{o} \quad \text{nur im Falle } x_\iota \equiv 0(p).$$

Für eine Wahl des Vektors $\mathfrak{a}_1 \neq \mathfrak{o}$ bestehen $p^n - 1$ Möglichkeiten; sind die Vektoren $\mathfrak{a}_1, \mathfrak{a}_2, \ldots, \mathfrak{a}_k$ derart gewählt, daß

$$x_1 \mathfrak{a}_1 + x_2 \mathfrak{a}_2 + \cdots + x_k \mathfrak{a}_k = \mathfrak{o} \quad \text{nur im Falle } x_\varkappa \equiv 0(p),$$

so ist für e_{k+1} ein von den p^k Vektoren $y_1 \mathfrak{a}_1 + y_2 \mathfrak{a}_2 + \cdots + y_k \mathfrak{a}_k$ verschiedenes Bild $\mathfrak{a}_{k+1}$ zu wählen, so daß nur $p^n - p^k$ Möglichkeiten der Wahl bestehen. Da dann auch

$$x_1 \mathfrak{a}_1 + x_2 \mathfrak{a}_2 + \cdots + x_{k+1} \mathfrak{a}_{k+1} = \mathfrak{o} \quad \text{nur im Falle } x_\varkappa \equiv 0(p),$$

bestimmt jede solche Wahl von Vektoren $\mathfrak{a}_1, \mathfrak{a}_2, \ldots, \mathfrak{a}_n$ einen Automorphismus $\alpha \in \mathsf{A}(\mathfrak{V}^n)$. Daraus folgt:

Die Gruppe $\mathfrak{M}_{n,p}$ aller regulären Matrizen $A = (a_{\iota\varkappa})$ des Grades n über dem Restklassenkörper K_p nach einer Primzahl p besitzt die Ordnung $\operatorname{ord}(\mathfrak{M}_{n,p}) = (p^n - 1)(p^n - p) \ldots (p^n - p^{n-1}).$

Beispiel 3. Der Endomorphismenbereich $\mathsf{E}(\mathfrak{A})$ einer abelschen Gruppe $\mathfrak{A}$ besitzt eine wichtige kennzeichnende Eigenschaft: Zu zwei Endomorphismen σ, τ der Gruppe $\mathfrak{A}$ läßt sich eine Summe eindeutig erklären durch die Festsetzung:

$$\omega = \sigma + \tau: \quad A \to A^\omega = A^{\sigma + \tau} = A^\sigma A^\tau \quad \text{für jedes } A \in \mathfrak{A};$$

auch ω ist Endomorphismus von $\mathfrak{A}$ wegen

$$(AB)^\omega = (AB)^\sigma (AB)^\tau = A^\sigma A^\tau B^\sigma B^\tau = A^\omega B^\omega \quad \text{für } A, B \in \mathfrak{A}.$$

Man weist ferner leicht nach:

Satz 35. *Unter Festsetzung des Produktes $\sigma\tau$ und der Summe $\sigma + \tau$ zweier Endomorphismen:*

$$\sigma\tau: \ A \to A^{\sigma\tau} = (A^\sigma)^\tau; \quad \sigma + \tau: \ A \to A^{\sigma + \tau} = A^\sigma A^\tau$$

ist der Endomorphismenbereich $\mathsf{E}(\mathfrak{A})$ einer abelschen Gruppe $\mathfrak{A}$ ein Ring mit Einheit.

Eine Übertragung auf nichtabelsche Gruppen ist nur zum Teil möglich, da die durch

$$\gamma = \alpha + \beta: \quad G \to G^\gamma = G^{\alpha + \beta} = G^\alpha G^\beta \quad \text{für jedes } G \in \mathfrak{G}$$

erklärte Summe zweier Endomorphismen $\alpha, \beta \in \mathsf{E}(\mathfrak{G})$ im allgemeinen nur eine Abbildung der Menge $\mathfrak{G}$ in sich ergibt. Genau dann ist $\gamma = \alpha + \beta$ ein Endomorphismus von $\mathfrak{G}$, wenn

$$H^\alpha G^\beta = G^\beta H^\alpha \quad \text{für jedes Paar } G, H \in \mathfrak{G};$$

dann gilt überdies

$$G^{\alpha + \beta} = G^\alpha G^\beta = G^\beta G^\alpha = G^{\beta + \alpha} \quad \text{für jedes } G \in \mathfrak{G}.$$

Nennen wir zwei Endomorphismen $\alpha, \beta \in \mathsf{E}(\mathfrak{G})$ einer Gruppe $\mathfrak{G}$ *addierbar*, wenn die Abbildung $\gamma = \alpha + \beta$ ein Endomorphismus ist, so folgt hieraus:

Endomorphismen $\alpha, \beta \in \mathsf{E}(\mathfrak{G})$ einer Gruppe $\mathfrak{G}$ sind genau dann addierbar, wenn $[\mathfrak{G}^\alpha, \mathfrak{G}^\beta] = E$; in diesem Falle gilt auch

$$\alpha + \beta = \beta + \alpha.$$

Ein Endomorphismus η der Gruppe $\mathfrak{G}$ ist demnach gewiß zu allen Endomorphismen $\zeta \in \mathsf{E}(\mathfrak{G})$ addierbar, deren Bildgruppe $\mathfrak{G}^\zeta$ dem Zentrum $\mathfrak{Z}(\mathfrak{G})$ angehört; man bezeichnet Endomorphismen dieser Eigenschaft als *zentrale Endomorphismen der Gruppe* $\mathfrak{G}$. Die zentralen Endomorphismen bilden einen Ring $\mathsf{Z}(\mathfrak{G})$ und sind zu jedem Endomorphismus $\eta \in \mathsf{E}(\mathfrak{G})$ addierbar. Auch die Menge aller Endomorphismen $\sigma \in \mathsf{E}(\mathfrak{G})$, die die Gruppe $\mathfrak{G}$ in eine feste abelsche Untergruppe abbilden, ist ein Endomorphismenring.

Für addierbare Endomorphismen gilt ferner:

Sind α, β, γ Endomorphismen der Gruppe $\mathfrak{G}$ und α, β addierbar, so sind auch $\alpha\gamma, \beta\gamma$ bzw. $\gamma\alpha, \gamma\beta$ addierbar, und es gilt:

$$(\alpha + \beta)\gamma = \alpha\gamma + \beta\gamma; \quad \gamma(\alpha + \beta) = \gamma\alpha + \gamma\beta.$$

Kapitel 1.4

Gruppen mit Operatoren

1.4.1. Grundbegriffe

Für manche Anwendungen ist es zweckmäßig, den Begriff des Endomorphismus zu dem des Operators zu verallgemeinern und eine Gruppe $\mathfrak{G}$ in Verbindung mit einem Operatorenbereich Ω zu behandeln:

Definition 1. *Ein Operatorenbereich Ω für eine Gruppe $\mathfrak{G}$ ist eine (nichtleere) Menge, deren Elemente $\omega \in \Omega$ Endomorphismen*

$$\omega: G \to G^\omega \quad \text{für jedes } G \in \mathfrak{G}$$

der Gruppe $\mathfrak{G}$ induzieren:

$$(GH)^\omega = G^\omega H^\omega \quad \text{für jedes Paar } G, H \in \mathfrak{G}.$$

Verschiedene Operatoren aus Ω dürfen dabei auch gleiche Endomorphismen in $\mathfrak{G}$ induzieren. Liegt ein *absoluter Operatorenbereich* (für die Gruppe $\mathfrak{G}$) vor, d.h. entsprechen verschiedenen Operatoren verschiedene Endomorphismen von $\mathfrak{G}$, so kann der Operatorenbereich mit einem Komplex der Endomorphismenhalbgruppe $\mathsf{E}(\mathfrak{G})$ identifiziert werden. Aus jedem Operatorenbereich Ω geht durch Klassenbildung nach den induzierten Endomorphismen ein absoluter Operatorenbereich hervor. Die Bedeutung des Operatorenbereiches beruht aber gerade darauf, daß er nicht absoluter Operatorenbereich zu sein braucht. Es können so Mengen von Gruppen mit gleichem Operatorenbereich untersucht werden, ohne daß die Reduktion auf einen Endomorphismenbereich der einzelnen Gruppe erforderlich ist.

In einer Gruppe $\mathfrak{G}; \Omega$ *(Gruppe $\mathfrak{G}$ mit Operatorenbereich Ω)* bezeichnet $\mathfrak{K}^\omega$ das Bild des Komplexes $\mathfrak{K}\subseteq\mathfrak{G}$ nach dem Operator $\omega\in\Omega$. Ein Komplex $\mathfrak{K}$ in $\mathfrak{G}$ ist *zulässig (für Ω)*, wenn $\mathfrak{K}^\omega\subseteq\mathfrak{K}$ für jedes $\omega\in\Omega$. Für jeden Komplex $\mathfrak{K}\subseteq\mathfrak{G}$ gilt

$$(\mathfrak{K}^{-1})^\omega = (\mathfrak{K}^\omega)^{-1} = \mathfrak{K}^{-\omega} \qquad \text{für } \omega\in\Omega;$$

ferner gelten für $\mathfrak{K}_1, \mathfrak{K}_2 \subseteq \mathfrak{G}$ die Regeln

$$\mathfrak{K}_1^\omega \subseteq \mathfrak{K}_2^\omega, \qquad \text{wenn } \mathfrak{K}_1 \subseteq \mathfrak{K}_2,$$
$$(\mathfrak{K}_1 \cap \mathfrak{K}_2)^\omega \subseteq \mathfrak{K}_1^\omega \cap \mathfrak{K}_2^\omega; \qquad (\mathfrak{K}_1 \cup \mathfrak{K}_2)^\omega = \mathfrak{K}_1^\omega \cup \mathfrak{K}_2^\omega;$$
$$(\mathfrak{K}_1 \mathfrak{K}_2)^\omega = \mathfrak{K}_1^\omega \mathfrak{K}_2^\omega.$$

Für zulässige Komplexe $\mathfrak{K}_1, \mathfrak{K}_2 \subseteq \mathfrak{G}$ sind also Durchschnitt, Vereinigung und Produkt zulässige Komplexe. Infolgedessen erzeugt ein (für Ω) zulässiger Komplex $\mathfrak{K}\subseteq\mathfrak{G}$ auch eine (für Ω) zulässige Untergruppe $\mathfrak{U}=\{\mathfrak{K}\}\subseteq\mathfrak{G}$.

Bei der Behandlung von Gruppen $\mathfrak{G}; \Omega$ mit Operatoren werden grundsätzlich nur (für Ω) zulässige Untergruppen in Konkurrenz gezogen, weshalb wir diese Eigenschaft nicht immer ausdrücklich erwähnen. Mitunter erweitern wir einen absoluten Operatorenbereich Ω (als Endomorphismenbereich) zu einer Endomorphismenhalbgruppe $\{\Omega\}$ nämlich zur Halbgruppe aller Produkte $\sigma=\omega_1\omega_2\ldots\omega_n$ aus Operatoren von Ω. Es ist dann $\mathfrak{G}; \Omega$ mit $\mathfrak{G}; \{\Omega\}$ gleichbedeutend, da ein Komplex $\mathfrak{K}\subseteq\mathfrak{G}$ genau dann für $\{\Omega\}$ zulässig ist, wenn er für Ω zulässig ist. Ähnlich werden wir für einen beliebigen Operatorenbereich Ω einer Gruppe $\mathfrak{G}$ unter $\{\Omega\}$ die Endomorphismenhalbgruppe aus $\mathsf{E}(\mathfrak{G})$ verstehen, die von den durch Ω in $\mathfrak{G}$ induzierten Endomorphismen erzeugt wird. Auch hier ist ein Komplex $\mathfrak{K}\subseteq\mathfrak{G}$ genau dann für Ω zulässig, wenn er für $\{\Omega\}$ zulässig ist.

Satz 1. *Die Menge aller Untergruppen (bzw. Normalteiler) einer Gruppe $\mathfrak{G}; \Omega$ ist ein abgeschlossener Verband.*

Beweis. Durchschnitt $\mathfrak{D}$ und Kompositum $\mathfrak{V}$ einer Menge M zulässiger Untergruppen $\mathfrak{U}\subseteq\mathfrak{G}; \Omega$ sind Untergruppen von $\mathfrak{G}$; ferner gilt

$$\mathfrak{D}^\omega \subseteq \mathfrak{U}^\omega \subseteq \mathfrak{U}, \quad \text{also} \quad \mathfrak{D}^\omega \subseteq \cap \mathfrak{U} = \mathfrak{D} \quad \text{für } \mathfrak{U}\in\mathsf{M} \text{ und } \omega\in\Omega.$$

Als zulässiger Komplex in $\mathfrak{G}$ erzeugt die Vereinigung $\cup\mathfrak{U}$ aller $\mathfrak{U}\in\mathsf{M}$ eine zulässige Untergruppe $\mathfrak{V}=\{\cup\mathfrak{U}\}$ von $\mathfrak{G}$. Sind alle Untergruppen $\mathfrak{U}\in\mathsf{M}$ normal in $\mathfrak{G}$, so sind $\mathfrak{D}$ und $\mathfrak{V}$ normal in $\mathfrak{G}$.

Beispiele. 1. Der Operatorenbereich $\Omega = \{\varepsilon\}$ des identischen Automorphismus entspricht dem Fall der Gruppe $\mathfrak{G}$ ohne Operatoren. Hier ist jeder Komplex der Gruppe $\mathfrak{G}$ zulässig. Aussagen über Gruppen mit Operatoren gelten also auch für Gruppen ohne Operatoren.

2. Faßt man eine Gruppe $\mathfrak{G}$ als ihren eigenen Operatorenbereich Γ auf, indem man jedem Element $A \in \mathfrak{G}$ den Operator

$$\omega(A): \quad G \to G^{\omega(A)} = G^A = A^{-1}GA \quad \text{für jedes } G \in \mathfrak{G}$$

zuordnet, so sind in $\mathfrak{G}; \Gamma$ genau die normalen Komplexe zulässig, zulässige Untergruppen also nur die Normalteiler von $\mathfrak{G}$.

Der Operatorenbereich Γ ist nur dann absolut, wenn $\mathfrak{G}$ eine Gruppe ohne Zentrum, da der Operatorenbereich Γ in $\mathfrak{G}$ die innere Automorphismengruppe $\mathsf{J}(\mathfrak{G})$ induziert. Jeder Normalteiler $\mathfrak{N} \lhd | \mathfrak{G}; \Gamma$ darf als Gruppe $\mathfrak{N}; \Gamma$ mit gleichem Operatorenbereich Γ aufgefaßt werden, da jeder Operator $\omega(A) \in \Gamma$ in $\mathfrak{N}$ einen Automorphismus induziert. Der Übergang zum absoluten Operatorenbereich $\Gamma^*(\mathfrak{N})$ führt auf eine zur Faktorgruppe $\mathfrak{G}/\mathfrak{Z}(\mathfrak{N} \subseteq \mathfrak{G})$ nach dem Zentralisator $\mathfrak{Z}(\mathfrak{N} \subseteq \mathfrak{G})$ isomorphe Automorphismengruppe von $\mathfrak{N}$. Der Operatorenbereich Γ kann auf jedes homomorphe Bild $\mathfrak{G}/\mathfrak{N}$ der Gruppe $\mathfrak{G}$ angewendet werden gemäß der Zuordnung

$$\omega(A): \quad \mathfrak{N}G \to (\mathfrak{N}G)^{\omega(A)} = \mathfrak{N}G^A \quad \text{für jedes } G \in \mathfrak{G}.$$

Daher ist auch $\mathfrak{G}/\mathfrak{N}; \Gamma$ Gruppe mit Operatorenbereich Γ. Der Übergang zum absoluten Operatorenbereich $\Gamma^*(\mathfrak{G}/\mathfrak{N})$ führt hier auf eine Automorphismengruppe der Faktorgruppe $\mathfrak{G}/\mathfrak{N}$, die durch die Isomorphie

$$\Gamma^*(\mathfrak{G}/\mathfrak{N}) \cong \mathsf{J}(\mathfrak{G}/\mathfrak{N}) \cong \mathfrak{G}/\mathfrak{N} \div \mathfrak{G}/\mathfrak{N} \cong \mathfrak{G}/\mathfrak{N} \div \mathfrak{G}$$

gekennzeichnet ist.

3. Wählt man als Operatorenbereich Ω der Gruppe $\mathfrak{G}$ die Automorphismengruppe $\mathsf{A} = \mathsf{A}(\mathfrak{G})$, so ist eine Untergruppe $\mathfrak{U} \subseteq \mathfrak{G}; \mathsf{A}$ genau dann zulässig, wenn sie charakteristische Untergruppe von $\mathfrak{G}$ ist.

Legt man den Operatorenbereich H aller Homomorphismen η der Gruppe $\mathfrak{G}$ auf sich zugrunde, so ist eine Untergruppe $\mathfrak{U} \subseteq \mathfrak{G}; \mathsf{H}$ genau dann zulässig, wenn sie strengcharakteristische Untergruppe von $\mathfrak{G}$ ist. Daher ist nach Satz 1 die Menge aller strengcharakteristischen Untergruppen einer Gruppe $\mathfrak{G}$ ein abgeschlossener Verband (Satz 1.3.23).

Für den Operatorenbereich $\mathsf{E} = \mathsf{E}(\mathfrak{G})$ aller Endomorphismen der Gruppe $\mathfrak{G}$ erhalten wir als zulässige Untergruppen $\mathfrak{U} \subseteq \mathfrak{G}; \mathsf{E}$ genau die vollinvarianten Untergruppen von $\mathfrak{G}$.

Der Operatorenbereich Ω einer Gruppe $\mathfrak{G}; \Omega$ ist wegen $\mathfrak{U}^\omega \subseteq \mathfrak{U}$ für jedes $\omega \in \Omega$ auch Operatorenbereich jeder (zulässigen) Untergruppe $\mathfrak{U}; \Omega$ von $\mathfrak{G}; \Omega$. Ist $\mathfrak{N}$ Normalteiler von $\mathfrak{G}; \Omega$, so induziert gemäß der Zuordnung

$$\omega: \quad \mathfrak{N}G \to (\mathfrak{N}G)^\omega = \mathfrak{N}G^\omega \quad \text{für jedes } G \in \mathfrak{G}$$

jeder Operator $\omega \in \Omega$ einen Endomorphismus der Faktorgruppe $\mathfrak{G}/\mathfrak{N}$. Daher kann die Faktorgruppe $\mathfrak{G}/\mathfrak{N}; \Omega$ nach einem (zulässigen) Normalteiler $\mathfrak{N} \subseteq | \mathfrak{G}; \Omega$ als Gruppe mit dem gleichen Operatorenbereich Ω aufgefaßt werden.

Eine Menge M von (zulässigen) Untergruppen $\mathfrak{U}$ einer Gruppe $\mathfrak{G}; \Omega$ wird im allgemeinen weder eine maximale Untergruppe $\mathfrak{U}^*$ noch eine minimale Untergruppe $\mathfrak{U}_*$ enthalten; daher werden durch die folgenden Definitionen besondere Gruppentypen ausgezeichnet:

Definition 2. *Eine Gruppe $\mathfrak{G}; \Omega$ erfüllt die Minimalbedingung, wenn jede Untergruppenmenge M eine minimale Untergruppe enthält.*

Eine Gruppe $\mathfrak{G}; \Omega$ erfüllt die Maximalbedingung, wenn jede Untergruppenmenge M eine maximale Untergruppe enthält.

Eine Gruppe $\mathfrak{G}; \Omega$ erfüllt die Extremalbedingung, wenn sie die Minimal- und die Maximalbedingung erfüllt.

Fast trivial sind die folgenden Bemerkungen:

Die Gruppe $\mathfrak{G}; \Omega$ erfülle die Minimal-, Maximal- oder Extremalbedingung. Dann erfüllt jede Untergruppe $\mathfrak{U}; \Omega$ und jede Faktorgruppe $\mathfrak{G}/\mathfrak{N}; \Omega$ nach einem Normalteiler $\mathfrak{N} \subseteq | \mathfrak{G}; \Omega$ die gleiche Bedingung.

Es seien $\Omega_1 \subseteq \Omega_2$ Operatorenbereiche einer Gruppe $\mathfrak{G}$. Erfüllt $\mathfrak{G}; \Omega_1$ die Minimal-, Maximal- oder Extremalbedingung, so erfüllt auch $\mathfrak{G}; \Omega_2$ die gleiche Bedingung.

Da die Untergruppen einer Gruppe $\mathfrak{G}; \Omega$ einen abgeschlossenen Verband bilden, gilt auf Grund des Satzes 1.1.1

Satz 2. *Eine Gruppe $\mathfrak{G}; \Omega$ erfüllt die Minimalbedingung genau dann, wenn sie die Untergruppenkettenbedingung erfüllt: Jede absteigend wohlgeordnete Untergruppenkette in $\mathfrak{G}; \Omega$ ist endlich.*

Eine Gruppe $\mathfrak{G}; \Omega$ erfüllt die Maximalbedingung genau dann, wenn sie die Obergruppenkettenbedingung erfüllt: Jede aufsteigend wohlgeordnete Untergruppenkette in $\mathfrak{G}; \Omega$ ist endlich.

Eine Gruppe $\mathfrak{G}; \Omega$ erfüllt die Extremalbedingung genau dann, wenn sie die Doppelkettenbedingung erfüllt: Jede absteigend oder aufsteigend wohlgeordnete Untergruppenkette in $\mathfrak{G}; \Omega$ ist endlich.

In einer Gruppe $\mathfrak{G}; \Omega$ verstehen wir ferner unter der *von einem* (nicht notwendig zulässigen) *Komplex* $\mathfrak{K} \subseteq \mathfrak{G}; \Omega$ *erzeugten Untergruppe* $\{\mathfrak{K}; \Omega\}$ den Durchschnitt aller (zulässigen) Untergruppen $\mathfrak{U} \subseteq \mathfrak{G}; \Omega$, die den Komplex $\mathfrak{K}$ enthalten. Für ein Element $G \in \mathfrak{G}; \Omega$ bezeichnet $\{G; \Omega\}$ die *von G erzeugte monogene Gruppe in* $\mathfrak{G}; \Omega$. Ein (nicht notwendig zulässiger) Komplex $\mathfrak{K}$ in der Gruppe $\mathfrak{G}; \Omega$ ist *erzeugender Komplex*, wenn $\mathfrak{G}; \Omega = \{\mathfrak{K}; \Omega\}$; die Gruppe $\mathfrak{G}; \Omega$ ist *endlich erzeugbar*, wenn es einen endlichen Komplex $\mathfrak{K} \subseteq \mathfrak{G}$ dieser Eigenschaft gibt.

Die Stärke der Maximalbedingung zeigt der *Basissatz*:

Satz 3. *Eine Gruppe* $\mathfrak{G};\Omega$ *erfüllt genau dann die Maximalbedingung, wenn jede Untergruppe* $\mathfrak{U}\subseteq\mathfrak{G};\Omega$ *endlich erzeugbar ist.*

Beweis. Erfüllt $\mathfrak{G};\Omega$ die Maximalbedingung, so besitzt die Menge aller endlich erzeugbaren Untergruppen $\mathfrak{U}\subseteq\mathfrak{G};\Omega$ ein maximales Element $\mathfrak{U}^*\subseteq\mathfrak{G};\Omega$. Wäre $G_0\in\mathfrak{G};\Omega$ nicht in $\mathfrak{U}^*=\{\mathfrak{K};\Omega\}\subseteq\mathfrak{G};\Omega$ enthalten, so wäre auch $\mathfrak{V}^*=\{\mathfrak{K}+G_0;\Omega\}>\mathfrak{U}^*$ endlich erzeugbar. Daher gilt $\{\mathfrak{K};\Omega\}=\mathfrak{U}^*=\mathfrak{G};\Omega$. Aus dem gleichen Grunde ist jede Untergruppe $\mathfrak{V}\subseteq\mathfrak{G};\Omega$ endlich erzeugbar.

Ist jede Untergruppe einer Gruppe $\mathfrak{G};\Omega$ endlich erzeugbar, so ist auch die Vereinigung $\mathfrak{V}=\bigcup_k\mathfrak{U}_k$ einer abzählbaren Kette

$$\mathfrak{U}_1\subseteq\mathfrak{U}_2\subseteq\cdots\subseteq\mathfrak{U}_k\subseteq\mathfrak{U}_{k+1}\subseteq\cdots$$

endlich erzeugbar. Da ein endlicher erzeugender Komplex $\mathfrak{K}\subset\mathfrak{V}$ einem Glied $\mathfrak{U}_n$ der Kette angehört, folgt

$$\mathfrak{V}=\{\mathfrak{K};\Omega\}\subseteq\mathfrak{U}_n, \quad \text{also } \mathfrak{U}_n=\mathfrak{U}_{n+1}=\cdots=\mathfrak{V}.$$

Mithin erfüllt $\mathfrak{G};\Omega$ nach Satz 2 die Maximalbedingung.

Für Gruppen $\mathfrak{G}$ (ohne Operatoren) bedeutet auch die Minimalbedingung eine starke Einschränkung:

Eine Gruppe $\mathfrak{G}$ *(ohne Operatoren), die der Minimalbedingung genügt, ist ordnungsfinit.*

Beweis. Die unendliche zyklische Gruppe genügt nicht der Minimalbedingung.

Bei manchen Untersuchungen genügt eine schwächere Forderung:

Definition 3. *Die Gruppe* $\mathfrak{G};\Omega$ *erfüllt die schwache Minimalbedingung (die schwache Maximalbedingung), wenn für jedes Paar* $\mathfrak{U}\subset\mathfrak{V}$ *von Untergruppen die Menge der Zwischengruppen* $E\subseteq\mathfrak{U}\subset\mathfrak{Z}\subseteq\mathfrak{V}\subseteq\mathfrak{G};\Omega$ *ein minimales Element* $\mathfrak{Z}_*$ *(die Menge der Zwischengruppen* $E\subseteq\mathfrak{U}\subseteq\mathfrak{Z}\subset\mathfrak{V}\subseteq\mathfrak{G};\Omega$ *ein maximales Element* $\mathfrak{Z}^*$*) besitzt.*

Man findet leicht:

Satz 4. *Erfüllt die Gruppe* $\mathfrak{G};\Omega$ *die schwache Minimal- bzw. Maximalbedingung, so gilt das gleiche für jede Untergruppe* $\mathfrak{U};\Omega$ *und jede Faktorgruppe* $\mathfrak{G}/\mathfrak{N};\Omega$ *nach einem Normalteiler* $\mathfrak{N}\trianglelefteq\mathfrak{G};\Omega$.

Eine Gruppe $\mathfrak{G};\Omega$, die die Minimalbedingung (Maximalbedingung) erfüllt, genügt der schwachen Minimalbedingung (schwachen Maximalbedingung); es gilt aber nicht die Umkehrung.

Beispiel. Mit der Primzahlenfolge $p_1<p_2<p_3<\cdots$ bezeichne $\mathfrak{G}$ die abelsche Gruppe

$$\mathfrak{G}=\{\bigcup_k A_k\} \quad \text{mit } A_k^{p_k}=[A_k,A_l]=E \text{ (für } 1\leq k,l<\infty).$$

Die Gruppe $\mathfrak{G}$ erfüllt weder die Maximal- noch die Minimalbedingung da die Untergruppen

$$\mathfrak{G}_0 = E; \quad \mathfrak{G}_k = \left\{ \bigcup_{\varkappa=1}^{k} A_\varkappa \right\}; \quad \mathfrak{H}_k = \left\{ \bigcup_{\varkappa=k+1}^{\infty} A_\varkappa \right\} \quad \text{für } k \geq 0$$

unendliche Ketten bilden. Jedes Element $G \in \mathfrak{G}$ besitzt eine eindeutige Darstellung gewisser Länge n:

$$G = A_1^{a_1} A_2^{a_2} \ldots A_n^{a_n} \quad \text{mit } 0 \leq a_\nu < p_\nu;$$

im Falle $a_\nu \neq 0$ ist A_ν in der zyklischen Untergruppe $\{G\}$ von $\mathfrak{G}$ enthalten. Daher besitzt jede Untergruppe $\mathfrak{U} \subseteq \mathfrak{G}$ die Gestalt

$$\mathfrak{U} = \{A_{k_1}, A_{k_2}, A_{k_3}, \ldots\}$$

mit einer Teilmenge $(k_1, k_2, k_3, \ldots)$ der natürlichen Zahlen, zwei Untergruppen $E \subseteq \mathfrak{U} \subset \mathfrak{V} \subseteq \mathfrak{G}$ also Darstellungen

$$\mathfrak{U} = \{A_{k_1}, A_{k_2}, A_{k_3}, \ldots\}; \quad \mathfrak{V} = \{A_{k_1}, A_{k_2}, \ldots; A_{l_1}, A_{l_2}, A_{l_3}, \ldots\}.$$

Setzt man

$$\mathfrak{Z}_* = \{A_{l_1}, A_{k_1}, A_{k_2}, \ldots\}; \quad \mathfrak{Z}^* = \{A_{k_1}, A_{k_2}, \ldots; A_{l_2}, A_{l_3}, \ldots\},$$

so gilt $\mathfrak{U} \subset \mathfrak{Z}_* \subseteq \mathfrak{V}$ und $\mathfrak{U} \subseteq \mathfrak{Z}^* \subset \mathfrak{V}$; da alle Untergruppen in $\mathfrak{G}$ normal sind, folgt

$$\operatorname{ord}(\mathfrak{Z}_*/\mathfrak{U}) = \operatorname{ord}(\mathfrak{V}/\mathfrak{Z}^*) = p_{l_1}.$$

Mithin ist $\mathfrak{Z}_*$ minimale, $\mathfrak{Z}^*$ maximale Zwischengruppe für $\mathfrak{U} \subset \mathfrak{V}$.

Es gilt übrigens auch hier:

Eine Gruppe $\mathfrak{G}$ (ohne Operatoren), die der schwachen Minimalbedingung genügt, ist ordnungsfinit.

Denn die unendliche zyklische Gruppe genügt nicht der schwachen Minimalbedingung.

Die Begriffe Isomorphie und Homomorphie sind für Gruppen mit Operatorenbereich sinngemäß in folgender Weise abzuwandeln:

Definition 4. *Die Gruppe $\mathfrak{G}; \Omega$ heißt zur Gruppe $\overline{\mathfrak{G}}; \Omega$ operatorhomomorph (homomorph):*

$$\mathfrak{G} \underset{\Omega}{\sim} \overline{\mathfrak{G}} \quad (\overline{\mathfrak{G}}; \Omega \text{ homomorph zu } \mathfrak{G}; \Omega),$$

wenn eine Abbildung

$$\eta: \quad G \to G^\eta = \overline{G} \in \overline{\mathfrak{G}} \quad \text{für jedes } G \in \mathfrak{G}; \Omega$$

der Menge $\mathfrak{G}$ auf die Menge $\overline{\mathfrak{G}}$ existiert mit den Eigenschaften

$$(GH)^\eta = G^\eta H^\eta; \quad (G^\omega)^\eta = (G^\eta)^\omega \quad \text{für } G, H \in \mathfrak{G}; \Omega \text{ und } \omega \in \Omega.$$

Die Gruppe $\mathfrak{G}; \Omega$ heißt zur Gruppe $\overline{\mathfrak{G}}; \Omega$ operatorisomorph (isomorph).

$$\mathfrak{G} \underset{\Omega}{\cong} \overline{\mathfrak{G}} \quad (\mathfrak{G}; \Omega \text{ isomorph zu } \overline{\mathfrak{G}}; \Omega),$$

wenn eine eineindeutige Abbildung dieser Eigenschaft vorliegt.

Die Abbildung η hat demnach neben der einfachen Homomorphiebedingung noch der *Vertauschungsrelation*

$$\omega\eta = \eta\omega \qquad \text{für jedes } \omega \in \Omega$$

zu genügen.

Satz 5 *(Erster Homomorphiesatz). Das homomorphe Bild $\overline{\mathfrak{G}};\Omega$ einer Gruppe $\mathfrak{G};\Omega$ ist isomorph der Faktorgruppe $\mathfrak{G}/\mathfrak{N};\Omega$ nach dem Normalteiler $\mathfrak{N} \trianglelefteq \mathfrak{G};\Omega$ der Elemente $N \in \mathfrak{G}$, die in $\overline{\mathfrak{G}};\Omega$ die Einheit $\overline{E}$ als Bild besitzen.*

Beweis. Nach Satz 1.3.1 besteht die Isomorphie $\mathfrak{G}/\mathfrak{N} \cong \overline{\mathfrak{G}}$. Wegen

$$N^\omega \to \overline{E}^\omega = \overline{E} \qquad \text{für jedes } N \in \mathfrak{N}$$

liegt eine eineindeutige Zuordnung vor:

$$\mathfrak{N} G \leftrightarrow \overline{G} \quad \text{mit} \quad \mathfrak{N} G^\omega \leftrightarrow \overline{G}^\omega \qquad \text{für } \omega \in \Omega.$$

Satz 6 *(Zweiter Homomorphiesatz). Jedem Element G einer Gruppe $\mathfrak{G};\Omega$ entspreche ein nichtleerer Komplex $\mathfrak{K}_0(G)$ einer Gruppe $\mathfrak{G}_0;\Omega$ unter folgenden Bedingungen:*

(1) *Es ist $\cup \mathfrak{K}_0(G) = \mathfrak{G}_0;\Omega$* (über $G \in \mathfrak{G};\Omega$).
(2) *Es gilt $\mathfrak{K}_0(G) \mathfrak{K}_0(H) \subseteq \mathfrak{K}_0(GH)$ für $G, H \in \mathfrak{G};\Omega$.*
(3) *Es gilt $\bigl(\mathfrak{K}_0(G)\bigr)^\omega \subseteq \mathfrak{K}_0(G^\omega)$ für $\omega \in \Omega$.*
(4) *Es ist $\mathfrak{K}_0(E)$ Untergruppe von $\mathfrak{G}_0;\Omega$.*

Dann ist $\mathfrak{N}_0 = \mathfrak{K}_0(E)$ normal in $\mathfrak{G}_0;\Omega$, jeder Komplex $\mathfrak{K}_0(G)$ Restklasse von $\mathfrak{G}_0$ nach $\mathfrak{N}_0$; die Elemente $N \in \mathfrak{G}$, für die $\mathfrak{K}_0(N) = \mathfrak{N}_0$, bilden einen Normalteiler $\mathfrak{N} \trianglelefteq \mathfrak{G};\Omega$, und es besteht die Isomorphie

$$\mathfrak{G}/\mathfrak{N} \underset{\Omega}{\cong} \mathfrak{G}_0/\mathfrak{N}_0.$$

Beweis. Nach Satz 1.3.2 ist jedenfalls $\mathfrak{G}/\mathfrak{N} \cong \mathfrak{G}_0/\mathfrak{N}_0$. Da nach (3) auch $\mathfrak{N}_0^\omega \subseteq \mathfrak{N}_0$, folgt

$$\mathfrak{G} \underset{\Omega}{\sim} \mathfrak{G}_0/\mathfrak{N}_0 \quad \text{und} \quad \mathfrak{G}/\mathfrak{N} \underset{\Omega}{\cong} \mathfrak{G}_0/\mathfrak{N}_0.$$

Hieraus ergeben sich in wörtlicher Übertragung:

Satz 7 *(Erster Isomorphiesatz). Ist $\mathfrak{U}$ Untergruppe, $\mathfrak{N}$ Normalteiler der Gruppe $\mathfrak{G};\Omega$, so ist $\mathfrak{U} \cap \mathfrak{N}$ normal in $\mathfrak{U};\Omega$ und*

$$\mathfrak{U}\mathfrak{N}/\mathfrak{N} \underset{\Omega}{\cong} \mathfrak{U}/\mathfrak{U} \cap \mathfrak{N}.$$

Satz 8 *(Zweiter Isomorphiesatz). Ist $\overline{\mathfrak{G}};\Omega$ homomorphes Bild der Gruppe $\mathfrak{G};\Omega$ und $\overline{\mathfrak{H}}$ Normalteiler in $\overline{\mathfrak{G}};\Omega$, so ist die Menge $\mathfrak{H}$ der Elemente von $\mathfrak{G};\Omega$, deren Bild zu $\overline{\mathfrak{H}}$ gehört, Normalteiler in $\mathfrak{G};\Omega$ und*

$$\mathfrak{G}/\mathfrak{H} \underset{\Omega}{\cong} \overline{\mathfrak{G}}/\overline{\mathfrak{H}}.$$

Satz 9 (*Dritter Isomorphiesatz*, H. ZASSENHAUS). *Es seien $\mathfrak{N}_1 \trianglelefteq \mathfrak{U}_1$ und $\mathfrak{N}_2 \trianglelefteq \mathfrak{U}_2$ Untergruppen der Gruppe $\mathfrak{G}; \Omega$. Dann ist $\mathfrak{N}_1(\mathfrak{U}_1 \cap \mathfrak{N}_2)$ normal in $\mathfrak{N}_1(\mathfrak{U}_1 \cap \mathfrak{U}_2); \Omega$ und $\mathfrak{N}_2(\mathfrak{N}_1 \cap \mathfrak{U}_2)$ normal in $\mathfrak{N}_2(\mathfrak{U}_1 \cap \mathfrak{U}_2); \Omega$ und*

$$\frac{\mathfrak{N}_1(\mathfrak{U}_1 \cap \mathfrak{U}_2)}{\mathfrak{N}_1(\mathfrak{U}_1 \cap \mathfrak{N}_2)} \underset{\Omega}{\simeq} \frac{\mathfrak{U}_1 \cap \mathfrak{U}_2}{(\mathfrak{N}_1 \cap \mathfrak{U}_2)(\mathfrak{U}_1 \cap \mathfrak{N}_2)} \underset{\Omega}{\simeq} \frac{\mathfrak{N}_2(\mathfrak{U}_1 \cap \mathfrak{U}_2)}{\mathfrak{N}_2(\mathfrak{N}_1 \cap \mathfrak{U}_2)}.$$

Satz 10. *Es seien $\mathfrak{A} \trianglelefteq \mathfrak{B}$ und $\mathfrak{U}$ Untergruppen von $\mathfrak{G}; \Omega$. Dann ist $\mathfrak{A} \cap \mathfrak{U}$ normal in $\mathfrak{B} \cap \mathfrak{U}; \Omega$ und die Faktorgruppe $\mathfrak{B} \cap \mathfrak{U}/\mathfrak{A} \cap \mathfrak{U}$ einer Untergruppe von $\mathfrak{B}/\mathfrak{A}; \Omega$ isomorph.*

Ist $\mathfrak{U}$ normal in $\mathfrak{G}; \Omega$, so ist $\mathfrak{B} \cap \mathfrak{U}/\mathfrak{A} \cap \mathfrak{U}$ einem Normalteiler von $\mathfrak{B}/\mathfrak{A}; \Omega$ isomorph; ferner ist $\mathfrak{A}\mathfrak{U}$ normal in $\mathfrak{B}\mathfrak{U}; \Omega$ und die Faktorgruppe $\mathfrak{B}\mathfrak{U}/\mathfrak{A}\mathfrak{U}$ homomorphes Bild der Faktorgruppe $\mathfrak{B}/\mathfrak{A}; \Omega$.

Auch der allgemeine Begriff des Homomorphismus oder des Isomorphismus läßt sich unmittelbar auf Gruppen mit Operatoren übertragen: Ein *Operatorhomomorphismus der Gruppe $\mathfrak{G}; \Omega$ in die Gruppe $\overline{\mathfrak{G}}; \Omega$* ist eine Abbildung

$$\eta: \quad G \to G^\eta = \overline{G} \in \overline{\mathfrak{G}} \qquad \text{für jedes } G \in \mathfrak{G},$$

die der Operatorhomomorphiebedingung

$$(GH)^\eta = G^\eta H^\eta; \quad (G^\omega)^\eta = (G^\eta)^\omega \qquad \text{für } G, H \in \mathfrak{G}; \Omega \text{ und } \omega \in \Omega$$

unterliegt. Die Art des Operatorhomomorphismus η wird durch seine Bildgruppe $\mathfrak{G}^\eta \subseteq \overline{\mathfrak{G}}; \Omega$ und seinen Kern $\mathfrak{K}_\eta$ bestimmt, den maximalen Normalteiler von $\mathfrak{G}; \Omega$, dessen Elemente durch η auf die Einheit $\overline{E}$ in $\overline{\mathfrak{G}}; \Omega$ abgebildet werden. Wenn $\mathfrak{G}^\eta = \overline{\mathfrak{G}}; \Omega$, liegt ein *Operatorhomomorphismus der Gruppe $\mathfrak{G}; \Omega$ auf die Gruppe $\overline{\mathfrak{G}}; \Omega$* vor. Wenn $\mathfrak{K}_\eta = E$, ist η ein *Operatorisomorphismus der Gruppe $\mathfrak{G}; \Omega$ in die Gruppe $\overline{\mathfrak{G}}; \Omega$*; ist überdies $\mathfrak{G}^\eta = \overline{\mathfrak{G}}; \Omega$, so ist η ein *Operatorisomorphismus von $\mathfrak{G}; \Omega$ auf $\overline{\mathfrak{G}}; \Omega$*.

Die Betrachtungen des Abschnittes 1.3.1 über induzierte Homomorphismen und Isomorphismen lassen sich nun ohne Mühe auf Gruppen mit Operatoren und ihre (zulässigen) Untergruppen bzw. Normalteiler übertragen, so daß diese Dinge nicht näher ausgeführt zu werden brauchen.

1.4.2. Operatorendomorphismen

Die Übertragung des Endomorphismenbegriffes auf Gruppen mit Operatoren führt zur

Definition 5. *Ein Operatorendomorphismus ist eine Abbildung*

$$\sigma: \quad G \to G^\sigma \qquad \text{für jedes } G \in \mathfrak{G}; \Omega$$

der Gruppe $\mathfrak{G}; \Omega$ in sich mit den Eigenschaften:

$$(GH)^\sigma = G^\sigma H^\sigma; \quad (G^\omega)^\sigma = (G^\sigma)^\omega \qquad \text{für } G, H \in \mathfrak{G}; \Omega \text{ und } \omega \in \Omega.$$

1.4.2. Operatorendomorphismen

Ein Operatorendomorphismus σ (kürzer Endomorphismus) der Gruppe $\mathfrak{G}; \Omega$ ist demnach ein Endomorphismus der Gruppe $\mathfrak{G}$ (ohne Operatoren), der die *Vertauschungsrelation* erfüllt:

$$\omega\sigma = \sigma\omega \qquad \text{für jedes } \omega \in \Omega.$$

Auch für eine Gruppe $\mathfrak{G}; \Omega$ können wir daher *Operatorautomorphismen, (echte) Operatorhomomorphismen der Gruppe auf sich, Operatorisomorphismen* und *Operatormeromorphismen* unterscheiden; man erhält:

Satz 11. *Die Endomorphismen der Gruppe $\mathfrak{G}; \Omega$ bilden eine Halbgruppe* $\mathsf{E}(\mathfrak{G}; \Omega)$, *die Meromorphismen eine rechtsreguläre Halbgruppe* $\mathsf{M}(\mathfrak{G}; \Omega)$, *die Homomorphismen der Gruppe $\mathfrak{G}; \Omega$ auf sich eine linksreguläre Halbgruppe* $\mathsf{H}(\mathfrak{G}; \Omega)$, *die Automorphismen eine Gruppe* $\mathsf{A}(\mathfrak{G}; \Omega)$.

Das Bild einer Untergruppe $\mathfrak{U} \subseteq \mathfrak{G}; \Omega$ nach einem Endomorphismus $\sigma \in \mathsf{E}(\mathfrak{G}; \Omega)$ ist wegen $(\mathfrak{U}^\sigma)^\omega = (\mathfrak{U}^\omega)^\sigma \subseteq \mathfrak{U}^\sigma$ zulässige Untergruppe von $\mathfrak{G}; \Omega$. Wir nennen eine Untergruppe $\mathfrak{U} \subseteq \mathfrak{G}; \Omega$ Ω-*vollinvariant in* $\mathfrak{G}; \Omega$, wenn

$$\mathfrak{U}^\sigma \subseteq \mathfrak{U} \qquad \text{für jedes } \sigma \in \mathsf{E}(\mathfrak{G}; \Omega),$$

Ω-*charakteristisch in* $\mathfrak{G}; \Omega$, wenn

$$\mathfrak{U}^\alpha = \mathfrak{U} \qquad \text{für jedes } \alpha \in \mathsf{A}(\mathfrak{G}; \Omega).$$

Während die Begriffe der Ω-vollinvarianten bzw. der Ω-charakteristischen Untergruppe ausschließlich vom Operatorenbereich Ω abhängen, ist der Begriff des Normalteilers einer Gruppe $\mathfrak{G}; \Omega$ auch von der inneren Automorphismengruppe $\mathsf{J}(\mathfrak{G})$ abhängig, obwohl diese nicht immer der Automorphismengruppe $\mathsf{A}(\mathfrak{G}; \Omega)$ angehört. Für einen Automorphismus $\beta \in \mathsf{A}(\mathfrak{G})$ ist das Bild $\mathfrak{U}^\beta$ einer Untergruppe $\mathfrak{U} \subseteq \mathfrak{G}; \Omega$ genau dann wieder zulässig, wenn

$$\mathfrak{U}^{\beta\omega} \subseteq \mathfrak{U}^\beta \quad \text{oder} \quad \mathfrak{U}^{\beta\omega\beta^{-1}} \subseteq \mathfrak{U} \qquad \text{für jedes } \omega \in \{\Omega\}.$$

Dieser Sachverhalt führt auf die *Invarianzgruppe* $\mathsf{B}(\mathfrak{G}; \Omega)$ *für* $\mathfrak{G}; \Omega$, d.h. die Gruppe aller mit $\{\Omega\}$ vertauschbaren Automorphismen $\beta \in \mathsf{A}(\mathfrak{G})$ der Gruppe $\mathfrak{G}$ (ohne Operatoren):

$$\{\Omega\}\beta = \beta\{\Omega\}.$$

Das Bild $\mathfrak{U}^\beta$ einer Untergruppe $\mathfrak{U} \subseteq \mathfrak{G}; \Omega$ ist dann für jedes $\beta \in \mathsf{B}(\mathfrak{G}; \Omega)$ wegen

$$\mathfrak{U}^{\beta\omega} = \mathfrak{U}^{\omega_0\beta} \subseteq \mathfrak{U}^\beta \qquad \text{mit } \beta\omega = \omega_0\beta \text{ und } \omega, \omega_0 \in \{\Omega\}$$

zulässige Untergruppe in $\mathfrak{G}; \Omega$.

Enthält $\mathsf{B}(\mathfrak{G}; \Omega)$ die innere Automorphismengruppe $\mathsf{J}(\mathfrak{G})$, so ist jede ähnliche Gruppe $\mathfrak{U}^G$ zur (zulässigen) Untergruppe $\mathfrak{U} \subseteq \mathfrak{G}; \Omega$ mit $G \in \mathfrak{G}; \Omega$ gleichfalls zulässig; wir wollen daher in diesem Falle den

Operatorenbereich Ω als *normal (für die Gruppe* $\mathfrak{G}$) bezeichnen. Ein Operatorenbereich Ω, der für eine Gruppe $\mathfrak{G};\Omega$ normal ist, ist auch für jede Untergruppe $\mathfrak{U}\subset\mathfrak{G};\Omega$ und jede Faktorgruppe $\mathfrak{G}/\mathfrak{N};\Omega$ nach einem Normalteiler $\mathfrak{N}\subseteq|\mathfrak{G};\Omega$ normal.

Wir nennen einen Operatorenbereich Ω *für eine Gruppe* $\mathfrak{G};\Omega$ *starknormal*, wenn jede (zulässige) Untergruppe $\mathfrak{U}$ in $\mathfrak{G};\Omega$ normal ist. Ein Operatorenbereich Ω, der für die Gruppe $\mathfrak{G};\Omega$ starknormal ist, ist für jede Untergruppe $\mathfrak{U}\subseteq\mathfrak{G};\Omega$ und jede Faktorgruppe $\mathfrak{G}/\mathfrak{N};\Omega$ nach einem Normalteiler $\mathfrak{N}\subseteq|\mathfrak{G};\Omega$ starknormal.

Für eine Gruppe $\mathfrak{G};\mathsf{J}$ mit dem Operatorenbereich $\mathsf{J}=\mathsf{J}(\mathfrak{G})$ erhalten wir die *Halbgruppe* $\mathsf{E}(\mathfrak{G};\mathsf{J})$ *der normalen Endomorphismen* σ mit der kennzeichnenden Eigenschaft

$$\sigma\tau(G) = \tau(G)\sigma \qquad \text{für jedes } \tau(G)\in\mathsf{J}(\mathfrak{G}).$$

Da diese Gleichung für jedes Element $H\in\mathfrak{G}$

$$(H^\sigma)^G = (H^G)^\sigma \quad \text{oder} \quad G^{-1}H^\sigma G = (G^{-1}HG)^\sigma = G^{-\sigma}H^\sigma G^\sigma,$$

also

$$GG^{-\sigma}H^\sigma = H^\sigma GG^{-\sigma} \tag{1}$$

verlangt, gehört das Element $GG^{-\sigma}$ dem Zentralisator $\mathfrak{Z}(\mathfrak{G}^\sigma\subseteq\mathfrak{G})$ an. Die Abbildung $\tau=1-\sigma$ der Menge $\mathfrak{G}$ in sich genügt der Homomorphiebedingung

$$(GH)^\tau = GH(GH)^{-\sigma} = GH^\tau G^{-\sigma} = GG^{-\sigma}H^\tau = G^\tau H^\tau \qquad \text{für } G,H\in\mathfrak{G};$$

mithin bestimmt jeder normale Endomorphismus σ einen Endomorphismus

$$\tau = 1-\sigma: \quad G\to G^\tau = GG^{-\sigma} = G^{-\sigma}G \qquad \text{für jedes } G\in\mathfrak{G}.$$

Umgekehrt ist auch τ wegen

$$(H^\tau)^G = (HH^{-\sigma})^G = H^G(H^G)^{-\sigma} = (H^G)^{1-\sigma} = (H^G)^\tau$$

ein normaler Endomorphismus von $\mathfrak{G}$.

Satz 12. *Jeder normale Endomorphismus* $\sigma\in\mathsf{E}(\mathfrak{G};\mathsf{J})$ *einer Gruppe* $\mathfrak{G}$ *bestimmt einen normalen Endomorphismus* $\tau\in\mathsf{E}(\mathfrak{G};\mathsf{J})$, *derart daß* $1=\sigma+\tau=\tau+\sigma$; *die Bildgruppen erfüllen die Beziehungen*

$$\mathfrak{G}^\sigma\subseteq\mathfrak{Z}(\mathfrak{G}^\tau\subseteq\mathfrak{G}) \quad \text{und} \quad \mathfrak{G}^\tau\subseteq\mathfrak{Z}(\mathfrak{G}^\sigma\subseteq\mathfrak{G}).$$

Einem normalen Homomorphismus η der Gruppe $\mathfrak{G}$ auf sich entspricht ein normaler Endomorphismus ζ der Eigenschaft

$$1=\eta+\zeta=\zeta+\eta \quad \text{und} \quad \mathfrak{G}^\zeta\subseteq\mathfrak{Z}(\mathfrak{G}^\eta\subseteq\mathfrak{G}) = \mathfrak{Z}(\mathfrak{G}),$$

also ein zentraler Endomorphismus. Normale Automorphismen und Homomorphismen einer Gruppe auf sich werden daher auch als *zentral* bezeichnet. Da ein zentraler Endomorphismus ζ der Gruppe $\mathfrak{G}$ eine abelsche Bildgruppe $\mathfrak{G}^\zeta \subseteq \mathfrak{Z}(\mathfrak{G})$ besitzt, gilt für seinen Kern $\mathfrak{K}_\zeta$:

$$\mathfrak{G}' \subseteq \mathfrak{K}_\zeta \subseteq \mathfrak{G} \quad \text{und} \quad \mathfrak{G}^\zeta \cong \mathfrak{G}/\mathfrak{K}_\zeta \cong \mathfrak{G}/\mathfrak{G}'/\mathfrak{K}_\zeta/\mathfrak{G}'.$$

Die Bildgruppe $\mathfrak{G}^\zeta$ ist demnach homomorphes Bild der Faktorgruppe $\mathfrak{G}/\mathfrak{G}'$ nach dem Kommutator $\mathfrak{G}'$. Ist umgekehrt die Untergruppe $\mathfrak{U} \subseteq \mathfrak{Z}(\mathfrak{G})$ homomorphes Bild der Kommutatorfaktorgruppe $\mathfrak{G}/\mathfrak{G}'$, so existiert eine Zwischengruppe $\mathfrak{G}' \subseteq \mathfrak{N} \subseteq \mathfrak{G}$, derart daß

$$\mathfrak{G}/\mathfrak{N} \cong \mathfrak{G}/\mathfrak{G}'/\mathfrak{N}/\mathfrak{G}' \cong \mathfrak{U} \subseteq \mathfrak{Z}(\mathfrak{G}).$$

Daher bestimmt die Zuordnung

$$\zeta: \quad G \to \mathfrak{N}G \leftrightarrow U_G = G^\zeta \in \mathfrak{U} \qquad \text{für jedes } G \in \mathfrak{G}$$

einen zentralen Endomorphismus ζ der Gruppe $\mathfrak{G}$.

Satz 13. *Besitzt die Kommutatorfaktorgruppe $\mathfrak{G}/\mathfrak{G}'$ kein homomorphes Bild im Zentrum $\mathfrak{Z}(\mathfrak{G})$ der Gruppe $\mathfrak{G}$ (außer dem Nullbild), so ist die Identität 1 der einzige normale Homomorphismus der Gruppe $\mathfrak{G}$ auf sich.*

Die Voraussetzung trifft zu für *perfekte Gruppen* und *Gruppen ohne Zentrum*.

Die Gruppe $\mathsf{A}(\mathfrak{G}; \mathsf{J})$ der normalen Automorphismen ist mit $\mathsf{J}(\mathfrak{G})$ elementweise vertauschbar, also der Zentralisator $\mathfrak{Z}(\mathsf{J}(\mathfrak{G}) \subseteq \mathsf{A}(\mathfrak{G}))$; daher ist $\mathsf{A}(\mathfrak{G}; \mathsf{J})$ normal in $\mathsf{A}(\mathfrak{G})$. Der Durchschnitt $\mathsf{J}(\mathfrak{G}) \cap \mathsf{A}(\mathfrak{G}; \mathsf{J})$ ist die Gruppe der normalen inneren Automorphismen $\tau(Z)$:

$$[\tau(G), \tau(Z)] = \varepsilon \quad \text{oder} \quad [G, Z] \equiv E \bmod \mathfrak{Z}(\mathfrak{G}) \qquad \text{für jedes } G \in \mathfrak{G}.$$

Folglich liefern genau die Elemente Z der zweiten Gruppe $\mathfrak{Z}_2(\mathfrak{G})$ der obersten Zentralfolge von $\mathfrak{G}$ die normalen inneren Automorphismen:

$$\mathsf{J}(\mathfrak{G}) \cap \mathsf{A}(\mathfrak{G}; \mathsf{J}) \cong \mathfrak{Z}_2(\mathfrak{G})/\mathfrak{Z}(\mathfrak{G}) = \mathfrak{Z}(\mathfrak{G}/\mathfrak{Z}(\mathfrak{G})).$$

Für eine perfekte Gruppe $\mathfrak{G} = \mathfrak{G}'$ besteht somit nach Satz 13 die Gleichung $\mathfrak{Z}_2(\mathfrak{G}) = \mathfrak{Z}_1(\mathfrak{G})$:

Satz 14 (O. GRÜN). *Genügt die oberste Zentralfolge einer Gruppe $\mathfrak{G}$ der Bedingung $E < \mathfrak{Z}_1(\mathfrak{G}) < \mathfrak{Z}_2(\mathfrak{G}) \subseteq \mathfrak{G}$, so ist $\mathfrak{G}$ nicht perfekt.*

Folgerung des Satzes 12 ist auch

Satz 12*. *Ein Endomorphismus σ einer Gruppe $\mathfrak{G}$ ist genau dann normal, wenn die Abbildung $\tau = 1 - \sigma$ der Menge $\mathfrak{G}$ in sich ein Endomorphismus ist.*

Dieses Kriterium ermöglicht die allgemeinere

Definition 6. *Ein Endomorphismus $\sigma \in \mathsf{E}(\mathfrak{G}; \Omega)$ der Gruppe $\mathfrak{G}; \Omega$ ist normal, wenn die Abbildung $\tau = 1 - \sigma$ der Menge $\mathfrak{G}$ in sich ein Operatorendomorphismus ist.*

Für ein Paar $\sigma, \tau = 1-\sigma$ normaler Endomorphismen aus $\mathsf{E}(\mathfrak{G};\Omega)$ ist die Bildgruppe $\mathfrak{G}^\tau$ im Zentralisator $\mathfrak{Z}(\mathfrak{G}^\sigma \subseteq \mathfrak{G})$ und die Bildgruppe $\mathfrak{G}^\sigma$ im Zentralisator $\mathfrak{Z}(\mathfrak{G}^\tau \subseteq \mathfrak{G})$ enthalten. Da jedoch der Zentralisator $\mathfrak{Z}(\mathfrak{U} \subseteq \mathfrak{G})$ einer Untergruppe $\mathfrak{U} \subseteq \mathfrak{G};\Omega$ nicht immer zulässig ist, liegt es nahe, den *zulässigen Zentralisator* $\mathfrak{Z}(\mathfrak{U} \subseteq \mathfrak{G};\Omega)$ als die maximale zulässige, im Zentralisator $\mathfrak{Z}(\mathfrak{U} \subseteq \mathfrak{G})$ der Gruppe $\mathfrak{G}$ (ohne Operatoren) enthaltene Untergruppe einzuführen. Für ein Paar $\sigma, \tau = 1-\sigma$ normaler Endomorphismen aus $\mathsf{E}(\mathfrak{G};\Omega)$ besteht dann auch die Beziehung

$$\mathfrak{G}^\sigma \subseteq \mathfrak{Z}(\mathfrak{G}^\tau \subseteq \mathfrak{G};\Omega); \quad \mathfrak{G}^\tau \subseteq \mathfrak{Z}(\mathfrak{G}^\sigma \subseteq \mathfrak{G};\Omega).$$

Analog hat man unter dem zulässigen Zentrum $\mathfrak{Z}(\mathfrak{G};\Omega)$, dem *$\Omega$-Zentrum der Gruppe* $\mathfrak{G};\Omega$, die maximale zulässige, im Zentrum $\mathfrak{Z}(\mathfrak{G})$ enthaltene Untergruppe von $\mathfrak{G};\Omega$ zu verstehen. Auch der *Normalisator* $\mathfrak{N}(\mathfrak{K} \subseteq \mathfrak{G};\Omega)$ eines Komplexes $\mathfrak{K} \subseteq \mathfrak{G};\Omega$ kann als die maximale zulässige Untergruppe von $\mathfrak{G};\Omega$ erklärt werden, in der $\mathfrak{K}$ normal ist.

Einem normalen Automorphismus oder normalen Homomorphismus η der Gruppe $\mathfrak{G};\Omega$ auf sich entspricht ein zentraler Endomorphismus

$$\zeta = 1 - \eta: \quad G \to G^\zeta = G^{1-\eta} = GG^{-\eta} \quad \text{für jedes } G \in \mathfrak{G};\Omega;$$

die Bildgruppe $\mathfrak{G}^\zeta$ ist im Ω-Zentrum $\mathfrak{Z}(\mathfrak{G};\Omega)$ enthalten. Auch hier ist $\mathfrak{G}^\zeta$ homomorphes Bild der Kommutatorfaktorgruppe $\mathfrak{G}/\mathfrak{G}';\Omega$. Umgekehrt bestimmt jede Untergruppe $\mathfrak{U} \subseteq \mathfrak{Z}(\mathfrak{G};\Omega)$, die operatorhomomorphes Bild der Kommutatorfaktorgruppe $\mathfrak{G}/\mathfrak{G}';\Omega$ ist, einen zentralen Endomorphismus $\zeta \in \mathsf{E}(\mathfrak{G};\Omega)$ mit zugehörigem normalem Endomorphismus $\eta = 1-\zeta \in \mathsf{E}(\mathfrak{G};\Omega)$.

Eine Untergruppe $\mathfrak{U}$ einer Gruppe $\mathfrak{G};\Omega$ ist *Ω-charakteristisch in* $\mathfrak{G};\Omega$, wenn

$$\mathfrak{U}^\alpha = \mathfrak{U} \quad \text{für jedes } \alpha \in \mathsf{A}(\mathfrak{G};\Omega),$$

streng Ω-charakteristisch in $\mathfrak{G};\Omega$, wenn

$$\mathfrak{U}^\eta \subseteq \mathfrak{U} \quad \text{für jedes } \eta \in \mathsf{H}(\mathfrak{G};\Omega),$$

voll Ω-charakteristisch in $\mathfrak{G};\Omega$, wenn

$$\mathfrak{U}^\eta = \mathfrak{U} \quad \text{für jedes } \eta \in \mathsf{H}(\mathfrak{G};\Omega),$$

Ω-vollinvariant in $\mathfrak{G};\Omega$, wenn

$$\mathfrak{U}^\sigma \subseteq \mathfrak{U} \quad \text{für jedes } \sigma \in \mathsf{E}(\mathfrak{G};\Omega).$$

Fast alle Aussagen des Abschnittes 1.3.4 lassen sich übertragen:

Satz 15. *Die Menge* M *aller Ω-charakteristischen (bzw. streng Ω-charakteristischen bzw. Ω-vollinvarianten) Untergruppen einer Gruppe* $\mathfrak{G};\Omega$ *ist ein abgeschlossener Verband.*

1.4.2. Operatorendomorphismen

Die Menge M *aller voll Ω-charakteristischen Untergruppen einer Gruppe $\mathfrak{G};\Omega$ ist ein (nach oben) abgeschlossener aufsteigender Halbverband.*

Der Beweis der ersten Aussage ergibt sich durch Übergang zu einem Operatorenbereich Ω^*, der außer Ω auch die Automorphismen von $\mathfrak{G};\Omega$ (bzw. die Homomorphismen der Gruppe $\mathfrak{G};\Omega$ auf sich bzw. die Endomorphismen der Gruppe $\mathfrak{G};\Omega$) umfaßt; dann ist die Menge aller (zulässigen) Untergruppen von $\mathfrak{G};\Omega^*$ nach Satz 1 ein abgeschlossener Verband. Die schwächere Aussage für voll Ω-charakteristische Untergruppen rührt daher, daß der Durchschnitt einer Menge voll Ω-charakteristischer Untergruppen einer Gruppe $\mathfrak{G};\Omega$ nicht immer voll Ω-charakteristisch ist.

Satz 16. *Jede Ω-charakteristische (bzw. voll Ω-charakteristische bzw. Ω-vollinvariante) Untergruppe $\mathfrak{U};\Omega$ einer Ω-charakteristischen (bzw. voll Ω-charakteristischen bzw. Ω-vollinvarianten) Untergruppe $\mathfrak{V};\Omega$ in der Gruppe $\mathfrak{G};\Omega$ ist Ω-charakteristisch (bzw. voll Ω-charakteristisch bzw. Ω-vollinvariant) in $\mathfrak{G};\Omega$.*

Jede streng Ω-charakteristische Untergruppe $\mathfrak{U};\Omega$ einer voll Ω-charakteristischen Untergruppe $\mathfrak{V};\Omega$ in der Gruppe $\mathfrak{G};\Omega$ ist streng Ω-charakteristisch in $\mathfrak{G};\Omega$.

Allgemein nicht übertragbar sind Aussagen, die den Begriff des Normalteilers oder der Faktorgruppe enthalten, da Ω-charakteristische oder Ω-vollinvariante Untergruppen in $\mathfrak{G};\Omega$ nicht immer normal sind. Diese Eigenschaft bedarf stets eines besonderen Nachweises.

Das Ω-Zentrum $\mathfrak{Z}(\mathfrak{G};\Omega)$ einer Gruppe $\mathfrak{G};\Omega$ ist streng Ω-charakteristisch in $\mathfrak{G};\Omega$; als Untergruppe des Zentrums $\mathfrak{Z}(\mathfrak{G})$ der Gruppe $\mathfrak{G}$ (ohne Operatoren) ist $\mathfrak{Z}(\mathfrak{G};\Omega)$ aber auch normal in $\mathfrak{G};\Omega$.

Satz 17. *Ist $\mathfrak{C}$ ein Ω-charakteristischer (streng Ω-charakteristischer, voll Ω-charakteristischer oder Ω-vollinvarianter) Normalteiler der Gruppe $\mathfrak{G};\Omega$ und $\mathfrak{U}/\mathfrak{C}$ eine Ω-charakteristische (streng Ω-charakteristische, voll Ω-charakteristische oder Ω-vollinvariante) Untergruppe der Faktorgruppe $\mathfrak{G}/\mathfrak{C};\Omega$, so ist auch $\mathfrak{U}$ eine Ω-charakteristische (streng Ω-charakteristische, voll Ω-charakteristische oder Ω-vollinvariante) Untergruppe in $\mathfrak{G};\Omega$.*

Beweis. Als Paradigma führen wir aus: Jeder Homomorphismus η der Gruppe $\mathfrak{G};\Omega$ auf sich induziert in der voll Ω-charakteristischen Untergruppe $\mathfrak{C}$ einen Homomorphismus der Gruppe auf sich, in der Faktorgruppe $\mathfrak{G}/\mathfrak{C};\Omega$ einen Homomorphismus $\bar\eta$ der Gruppe auf sich, also auch in der voll Ω-charakteristischen Untergruppe

$$\mathfrak{U}/\mathfrak{C} = (\mathfrak{U}/\mathfrak{C})^{\bar\eta} = \mathfrak{U}^\eta\mathfrak{C}/\mathfrak{C} = \mathfrak{U}^\eta/\mathfrak{C}.$$

Mithin ist auch $\mathfrak{U}$ voll Ω-charakteristisch in $\mathfrak{G};\Omega$.

In einer Gruppe $\mathfrak{G};\Omega$ läßt sich daher eine Ω-*Zentrenfolge* $\big(\mathfrak{Z}_\nu(\mathfrak{G};\Omega)\big)$ erklären durch

$$\mathfrak{Z}_0 = E; \quad \mathfrak{Z}_{\nu+1}/\mathfrak{Z}_\nu = \mathfrak{Z}(\mathfrak{G}/\mathfrak{Z}_\nu;\Omega) \quad \text{für jeden Index } \nu \in \Lambda,$$

$$\mathfrak{Z}_\lambda = \bigcup_{\nu<\lambda} \mathfrak{Z}_\nu \quad \text{für jeden Limesindex } \lambda \in \Lambda.$$

Sämtliche Glieder $\mathfrak{Z}_\nu(\mathfrak{G};\Omega)$ der Folge sind streng Ω-charakteristische Normalteiler der Gruppe $\mathfrak{G};\Omega$. Gilt diese Aussage für alle Gruppen $\mathfrak{Z}_\nu(\mathfrak{G};\Omega)$ mit einem Index $\nu<\lambda$, so ist für einen Limesindex $\lambda\in\Lambda$ auch $\mathfrak{Z}_\lambda(\mathfrak{G};\Omega)$ streng Ω-charakteristischer Normalteiler in $\mathfrak{G};\Omega$. Ist λ nicht Limesindex, so ist $\mathfrak{Z}_{\lambda-1}(\mathfrak{G};\Omega)$ streng Ω-charakteristischer Normalteiler in $\mathfrak{G};\Omega$ und folglich

$$\mathfrak{Z}_\lambda/\mathfrak{Z}_{\lambda-1} = \mathfrak{Z}(\mathfrak{G}/\mathfrak{Z}_{\lambda-1};\Omega)$$

streng Ω-charakteristischer Normalteiler in $\mathfrak{G}/\mathfrak{Z}_{\lambda-1};\Omega$, also $\mathfrak{Z}_\lambda(\mathfrak{G};\Omega)$ streng Ω-charakteristischer Normalteiler in $\mathfrak{G};\Omega$.

Der Ω-*Kern* $\mathfrak{K}(\mathfrak{G};\Omega)$ *einer Gruppe* $\mathfrak{G};\Omega$ kann erklärt werden als Durchschnitt der Ω-Normalisatoren $\mathfrak{N}(\mathfrak{U}\subseteq\mathfrak{G};\Omega)$ aller Untergruppen $\mathfrak{U}\subseteq\mathfrak{G};\Omega$ oder als Durchschnitt der Ω-Normalisatoren $\mathfrak{N}(\mathfrak{V}\subseteq\mathfrak{G};\Omega)$ aller monogenen Untergruppen $\mathfrak{V}=\{V;\Omega\}$ der Gruppe $\mathfrak{G};\Omega$. Man weist leicht nach, daß $\mathfrak{K}(\mathfrak{G};\Omega)$ eine streng Ω-charakteristische Untergruppe in $\mathfrak{G};\Omega$ ist, die das Ω-Zentrum $\mathfrak{Z}(\mathfrak{G};\Omega)$ umfaßt. Der Ω-Kern $\mathfrak{K}(\mathfrak{G};\Omega)$ ist aber auch B-invariante Untergruppe von $\mathfrak{G};\Omega$ gegenüber der Invarianzgruppe $\mathsf{B} = \mathsf{B}(\mathfrak{G};\Omega)$ des Operatorenbereiches Ω, wie die Gleichungen

$$K^{-1}\mathfrak{U}K = \mathfrak{U}; \quad K^{-\beta}\mathfrak{U}^\beta K^\beta = \mathfrak{U}^\beta \quad \text{für } K\in\mathfrak{K}(\mathfrak{G};\Omega) \text{ und } \beta\in\mathsf{B}(\mathfrak{G};\Omega)$$

zeigen. Da jedes $\beta\in\mathsf{B}(\mathfrak{G};\Omega)$ die Menge aller zulässigen Untergruppen von $\mathfrak{G};\Omega$ auf sich abbildet, folgt $\mathfrak{K}^\beta(\mathfrak{G};\Omega) = \mathfrak{K}(\mathfrak{G};\Omega)$. Ist daher Ω für $\mathfrak{G}$ normal, so ist der Ω-Kern $\mathfrak{K}(\mathfrak{G};\Omega)$ Normalteiler in $\mathfrak{G};\Omega$.

Für jede Untergruppe $\mathfrak{U}\subseteq\mathfrak{G};\Omega$ besteht die Beziehung

$$\mathfrak{U}\cap\mathfrak{K}(\mathfrak{G};\Omega)\subseteq\mathfrak{K}(\mathfrak{U};\Omega),$$

insbesondere für den Ω-Kern selbst die Gleichung

$$\mathfrak{K}\big(\mathfrak{K}(\mathfrak{G};\Omega);\Omega\big) = \mathfrak{K}(\mathfrak{G};\Omega).$$

Alle zulässigen Untergruppen des Ω-Kerns $\mathfrak{K}(\mathfrak{G};\Omega)$ sind Normalteiler in $\mathfrak{K}(\mathfrak{G};\Omega)$.

Allgemein besagt die Gleichung $\mathfrak{K}(\mathfrak{G};\Omega) = \mathfrak{G};\Omega$, daß jede Untergruppe $\mathfrak{U}\subseteq\mathfrak{G};\Omega$ Normalteiler ist. Daher kennzeichnet diese Gleichung auch die für $\mathfrak{G}$ starknormalen Operatorenbereiche Ω.

Ein weiteres Beispiel bietet die *Frattinische Gruppe* oder *Hauptgruppe* $\mathfrak{F}(\mathfrak{G};\Omega)$ *einer Gruppe* $\mathfrak{G};\Omega$: Besitzt die Gruppe eine maximale Untergruppe $\mathfrak{M}<\mathfrak{G};\Omega$, so sei $\mathfrak{F}(\mathfrak{G};\Omega)$ Durchschnitt aller maximalen Untergruppen von $\mathfrak{G};\Omega$. Besitzt $\mathfrak{G};\Omega$ keine maximale Untergruppe, so sei $\mathfrak{F}(\mathfrak{G};\Omega) = \mathfrak{G};\Omega$.

1.4.2. Operatorendomorphismen

Die Gruppe $\mathfrak{F}(\mathfrak{G};\Omega)$ ist Ω-charakteristisch in $\mathfrak{G};\Omega$ und B-invariant gegenüber der Invarianzgruppe $\mathsf{B}(\mathfrak{G};\Omega) \subseteq \mathsf{A}(\mathfrak{G})$ des Operatorenbereiches, da das Bild $\mathfrak{M}^\beta$ einer maximalen Untergruppe $\mathfrak{M} \subset \mathfrak{G};\Omega$ nach einem Automorphismus $\beta \in \mathsf{B}(\mathfrak{G};\Omega)$ gleichfalls zulässige maximale Untergruppe in $\mathfrak{G};\Omega$ ist.

Die Frattinische Gruppe $\mathfrak{F}(\mathfrak{G};\Omega)$ ist somit normal in $\mathfrak{G};\Omega$, wenn der Operatorenbereich Ω für die Gruppe $\mathfrak{G};\Omega$ normal ist. So ist die Frattinische Gruppe $\mathfrak{F}(\mathfrak{G})$ einer Gruppe $\mathfrak{G}$ (ohne Operatoren) oder die Frattinische Gruppe $\mathfrak{F}(\mathfrak{G};\mathsf{J})$ der Gruppe $\mathfrak{G};\mathsf{J}$ mit dem Operatorenbereich $\mathsf{J} = \mathsf{J}(\mathfrak{G})$ Normalteiler in $\mathfrak{G}$.

Die Gruppe $\mathfrak{F}(\mathfrak{G};\Omega)$ kann noch in anderer Weise gekennzeichnet werden: Eine Gruppe $\mathfrak{G};\Omega$ enthält Elemente X, die in jedem erzeugenden Komplex von $\mathfrak{G};\Omega$ entbehrlich sind:

Aus $\{\mathfrak{K} \cup X; \Omega\} = \mathfrak{G};\Omega$ *folgt stets* $\{\mathfrak{K};\Omega\} = \mathfrak{G};\Omega$.

Bezeichnet man solche Elemente als *Nichterzeugende der Gruppe* $\mathfrak{G};\Omega$, so gilt der

Satz 18. *Die Frattinische Gruppe* $\mathfrak{F}(\mathfrak{G};\Omega)$ *ist die Menge aller Nichterzeugenden der Gruppe* $\mathfrak{G};\Omega$.

Beweis. Zu jedem Element $G \in \mathfrak{G};\Omega$, das nicht der Menge $\mathfrak{X}$ aller Nichterzeugenden von $\mathfrak{G};\Omega$ angehört, gibt es einen Komplex $\mathfrak{K} \subset \mathfrak{G};\Omega$, derart daß

$$\mathfrak{G};\Omega = \{\mathfrak{K} \cup G;\Omega\}, \quad \text{aber} \quad \mathfrak{U} = \{\mathfrak{K};\Omega\} \subset \mathfrak{G};\Omega.$$

Daher existiert in $\mathfrak{G};\Omega$ eine maximale Untergruppe $\mathfrak{V}_0$, für die

$$\mathfrak{K} \subseteq \mathfrak{U} \subseteq \mathfrak{V}_0, \quad \text{aber} \quad G \notin \mathfrak{V}_0.$$

Da jede Zwischengruppe $\mathfrak{V}_0 \subset \mathfrak{V} \subseteq \mathfrak{G};\Omega$ den erzeugenden Komplex $\mathfrak{K} \cup G$ enthält, ist $\mathfrak{V}_0$ maximale Untergruppe von $\mathfrak{G};\Omega$. Ein Element $G \notin \mathfrak{X}$ ist demnach nicht in $\mathfrak{F}(\mathfrak{G};\Omega)$ enthalten: $\mathfrak{F}(\mathfrak{G};\Omega) \subseteq \mathfrak{X}$. Besitzt $\mathfrak{G};\Omega$ keine maximale Untergruppe, so gilt $\mathfrak{F}(\mathfrak{G};\Omega) = \mathfrak{X} = \mathfrak{G};\Omega$.

Für jede maximale Untergruppe $\mathfrak{M}$ der Gruppe $\mathfrak{G};\Omega$ und jedes nicht in $\mathfrak{M}$ enthaltene Element $G \in \mathfrak{G};\Omega$ gilt ferner

$$\mathfrak{G};\Omega = \{\mathfrak{M} \cup G;\Omega\}, \quad \text{aber} \quad \{\mathfrak{M};\Omega\} = \mathfrak{M} \subset \mathfrak{G};\Omega,$$

so daß G nicht zu $\mathfrak{X}$ gehört. Mithin besteht die Beziehung

$$\mathfrak{X} \subseteq \mathfrak{M}, \quad \text{also auch} \quad \mathfrak{X} \subseteq \mathfrak{F}(\mathfrak{G};\Omega).$$

Ist die Frattinische Gruppe $\mathfrak{F} = \mathfrak{F}(\mathfrak{G};\Omega)$ in $\mathfrak{G},\Omega$ normal und die Restklassenmenge $(\mathfrak{F} G_\varkappa)$ (über $\varkappa \in \mathsf{K}$) Erzeugendensystem der Faktorgruppe $\mathfrak{G}/\mathfrak{F}$, so ist der Komplex $\mathfrak{K} = (G_\varkappa)$ ein Erzeugendensystem der Gruppe $\mathfrak{G};\Omega$, da ja

$$\{\bigcup_\varkappa \mathfrak{F} G_\varkappa;\Omega\} = \mathfrak{G};\Omega; \quad \{\mathfrak{K};\Omega\} = \{\mathfrak{F} \cup \mathfrak{K};\Omega\} = \mathfrak{G};\Omega.$$

Umgekehrt ist ein Komplex $\mathfrak{K} = (G_\varkappa)$ in $\mathfrak{G}; \Omega$ nur dann Erzeugendensystem, wenn die Restklassenmenge $(\mathfrak{F} G_\varkappa)$ die Faktorgruppe $\mathfrak{G}/\mathfrak{F}; \Omega$ erzeugt.

Satz 18*. *Die Frattinische Gruppe* $\mathfrak{F} = \mathfrak{F}(\mathfrak{G}; \Omega)$ *sei normal in* $\mathfrak{G}; \Omega$. *Genau dann ist* $\mathfrak{G}; \Omega$ *endlich erzeugbar, wenn die Faktorgruppe* $\mathfrak{G}/\mathfrak{F}; \Omega$ *endlich erzeugbar ist. Der Komplex* $(K_1, K_2, \ldots, K_d)$ *erzeugt genau dann* $\mathfrak{G}; \Omega$, *wenn der Komplex* $(\mathfrak{F} K_1, \mathfrak{F} K_2, \ldots, \mathfrak{F} K_d)$ *die Faktorgruppe* $\mathfrak{G}/\mathfrak{F}; \Omega$ *erzeugt.*

Jede vollinvariante Gruppe $\mathfrak{V}$ der Gruppe $\mathfrak{G}$ (ohne Operatoren) ist Ω-vollinvariant in $\mathfrak{G}; \Omega$ für jeden Operatorenbereich; denn es gilt $\mathfrak{V}^\eta \subseteq \mathfrak{V}$ für jeden Endomorphismus $\eta \in \mathsf{E}(\mathfrak{G})$. Daher sind alle Glieder der absteigenden Kommutatorfolge $(\mathfrak{G}^{(\nu)})$ und der untersten Zentralfolge $(\mathfrak{C}_\nu(\mathfrak{G}))$ Ω-vollinvariante Normalteiler der Gruppe $\mathfrak{G}; \Omega$ für jeden Operatorenbereich.

Ein Beispiel für eine Ω-vollinvariante Untergruppe in $\mathfrak{G}; \Omega$, die nicht immer auch vollinvariant in $\mathfrak{G}$ (ohne Operatoren) ist, gibt der Ω-*Kommutator* $[\mathfrak{G}, \Omega]$ *der Gruppe* $\mathfrak{G}; \Omega$, d.h. die von den Elementen $[G, \omega] = G^{-1} G^\omega$ erzeugte Untergruppe

$$[\mathfrak{G}, \Omega] = \{\cup [G, \omega]; \Omega\} \qquad \text{über } G \in \mathfrak{G}; \Omega;\ \omega \in \Omega.$$

Auf Grund der für $G, H \in \mathfrak{G}; \Omega$ und $\omega \in \Omega$ und $\eta \in \mathsf{E}(\mathfrak{G}; \Omega)$ geltenden Beziehungen

$$[G, \omega]^H = H^{-1} G^{-1} G^\omega H = [GH, \omega] [H, \omega]^{-1},$$
$$[G, \omega]^\eta = G^{-\eta} G^{\omega \eta} = G^{-\eta} G^{\eta \omega} = [G^\eta, \omega]$$

ist $[\mathfrak{G}, \Omega]$ ein Ω-vollinvarianter Normalteiler in $\mathfrak{G}; \Omega$. Der J-*Kommutator* $[\mathfrak{G}, \mathsf{J}]$ *einer Gruppe* $\mathfrak{G}; \mathsf{J}$ mit dem Operatorenbereich $\mathsf{J} = \mathsf{J}(\mathfrak{G})$ stimmt mit dem Kommutator $[\mathfrak{G}, \mathsf{J}] = [\mathfrak{G}, \mathfrak{G}] = \mathfrak{G}'$ der Gruppe $\mathfrak{G}$ überein.

Ein Analogon zum Zentrum $\mathfrak{Z}(\mathfrak{G})$ einer Gruppe $\mathfrak{G}$ (ohne Operatoren) ist die Ω-*Fixgruppe* $\mathfrak{U}; \Omega$, d.h. die (einzige) maximale zulässige Untergruppe von $\mathfrak{G}; \Omega$, in der jeder Operator $\omega \in \Omega$ die Identität induziert. Die Fixgruppe $\mathfrak{U}; \Omega$ ist Ω-charakteristisch in $\mathfrak{G}; \Omega$ und B-invariant gegenüber der Invarianzgruppe $\mathsf{B}(\mathfrak{G}; \Omega) \subseteq \mathsf{A}(\mathfrak{G})$ des Operatorenbereiches Ω, also normal in $\mathfrak{G}; \Omega$, wenn Ω für $\mathfrak{G}$ normal ist. Für einen beliebigen Operatorenbereich kann man auch den Ω-*Fixnormalteiler* $\mathfrak{N}; \Omega$ in $\mathfrak{G}; \Omega$ als maximalen in der Fixgruppe $\mathfrak{U}; \Omega$ enthaltenen Normalteiler von $\mathfrak{G}; \Omega$ erklären. Da für jedes Element $N \in \mathfrak{N}; \Omega$

$$N^\omega = N; \quad (GNG^{-1})^\omega = GNG^{-1} \qquad \text{mit } G \in \mathfrak{G}; \Omega,$$

also

$$G^{-1} G^\omega N = N G^{-1} G^\omega \quad \text{oder} \quad [G, \omega] N = N [G, \omega] \qquad \text{für } G \in \mathfrak{G}; \Omega;\ \omega \in \Omega,$$

ist $\mathfrak{N}; \Omega$ durch die Eigenschaft

$$[\mathfrak{N}, \Omega] = [[\mathfrak{G}, \Omega], \mathfrak{N}] = E$$

gekennzeichnet.

1.4.3. Zerfällende Endomorphismen

Die Potenzen η^k (für $0 \leq k < \infty$) eines Endomorphismus η einer Gruppe $\mathfrak{G}; \Omega$ besitzen Bildgruppen $\mathfrak{G}_k = \mathfrak{G}^{\eta^k}$ und Kerne $\mathfrak{K}_k = \mathfrak{K}_{\eta^k}$, die eine absteigende Untergruppenkette bzw. eine aufsteigende Normalteilerkette

$$\mathfrak{G} = \mathfrak{G}_0 \supseteq \mathfrak{G}_1 \supseteq \cdots \supseteq \mathfrak{G}_k \supseteq \mathfrak{G}_{k+1} \supseteq \cdots; \quad E = \mathfrak{K}_0 \subseteq \mathfrak{K}_1 \subseteq \cdots \subseteq \mathfrak{K}_k \subseteq \mathfrak{K}_{k+1} \subseteq \cdots$$

in $\mathfrak{G}; \Omega$ bilden; die iterierten Kerne $\mathfrak{K}_k$ des Endomorphismus η lassen sich auch als maximale Normalteiler in $\mathfrak{G}; \Omega$ kennzeichnen, die den rekursiven Bedingungen genügen:

$$\mathfrak{K}_0 = E; \quad \mathfrak{K}_{k+1}^\eta \subseteq \mathfrak{K}_k \subseteq \mathfrak{K}_{k+1} \quad \text{(für } 0 \leq k < \infty\text{)}.$$

Die Vereinigung $\mathfrak{R}_\eta = \bigcup_k \mathfrak{K}_k$ der iterierten Kerne ist daher ein η-zulässiger Normalteiler in $\mathfrak{G}; \Omega$, das *Radikal des Endomorphismus* $\eta \in \mathsf{E}(\mathfrak{G}; \Omega)$; genauer gilt:

$$\mathfrak{R}_\eta^\eta = \mathfrak{G}^\eta \cap \mathfrak{R}_\eta \subseteq \mathfrak{R}_\eta. \tag{1}$$

Beweis. Ein Element $R \in \mathfrak{G}; \Omega$ gehört genau dann zum Radikal $\mathfrak{R}_\eta$, wenn $R^{\eta^k} = E$ für einen Exponenten $k = k(R)$. Wegen $R^{\eta^k} = (R^\eta)^{\eta^{k-1}} = E$ ist demnach $\mathfrak{R}_\eta^\eta$ im Durchschnitt $\mathfrak{G}^\eta \cap \mathfrak{R}_\eta$ enthalten; umgekehrt gilt für ein Element $G^\eta \in \mathfrak{G}^\eta \cap \mathfrak{R}_\eta$ mit einem Exponenten $k = k(G^\eta)$

$$(G^\eta)^{\eta^k} = G^{\eta^{k+1}} = E, \quad \text{also} \quad \mathfrak{G}^\eta \cap \mathfrak{R}_\eta \subseteq \mathfrak{R}_\eta^\eta.$$

Stimmt das Radikal $\mathfrak{R}_\eta$ mit der Gruppe $\mathfrak{G}; \Omega$ selbst überein, so gibt es zu jedem $G \in \mathfrak{G}; \Omega$ einen Exponenten $k = k(G)$, für den $G^{\eta^k} = E$; man nennt einen Endomorphismus η dieser Eigenschaft *Nilendomorphismus der Gruppe* $\mathfrak{G}; \Omega$.

Satz 19. *Ist ζ zentraler Nilendomorphismus der Gruppe $\mathfrak{G}; \Omega$, so ist $\alpha = 1 - \zeta$ normaler Automorphismus von $\mathfrak{G}; \Omega$.*

Beweis. Für jedes $G \in \mathfrak{G}; \Omega$ gilt

$$G^{\zeta^k} = E, \quad \text{also} \quad G = (G G^\zeta G^{\zeta^2} \ldots G^{\zeta^{k-1}})^\alpha \in \mathfrak{G}^\alpha;$$

mithin ist $\alpha = 1 - \zeta$ normaler Homomorphismus von $\mathfrak{G}; \Omega$ auf sich. Ist $\alpha = 1 - \zeta$ nicht Automorphismus, so existiert ein von E verschiedenes Element $G_0 \in \mathfrak{G}; \Omega$ der Eigenschaft

$$G_0^\alpha = E \quad \text{oder} \quad G_0 = G_0^\zeta \quad \text{und} \quad G_0 = G_0^{\zeta^n} \quad \text{für } 0 \leq n < \infty.$$

Mithin gehört G_0 nicht dem Radikal $\mathfrak{R}_\eta$ an.

Da das Radikal $\mathfrak{R}_\eta$ eines Endomorphismus $\eta \in \mathsf{E}(\mathfrak{G}; \Omega)$ η-zulässiger Normalteiler in $\mathfrak{G}; \Omega$ ist, induziert η in $\mathfrak{R}_\eta$ einen Endomorphismus η_0 mit der Bildgruppe $\mathfrak{R}_\eta^{\eta_0} = \mathfrak{R}_\eta^\eta = \mathfrak{G}^\eta \cap \mathfrak{R}_\eta$ und dem Kern $\mathfrak{K}_{\eta_0} = \mathfrak{K}_\eta \cap \mathfrak{R}_\eta = \mathfrak{K}_\eta = \mathfrak{K}_1$. Ebenso ist $\mathfrak{K}_k = \mathfrak{K}_k \cap \mathfrak{R}_\eta$ der Kern des durch η^k in $\mathfrak{R}_\eta$

induzierten Endomorphismus η_0^k. Folglich induziert η im Radikal einen Nilendomorphismus η_0.

Auch in der Faktorgruppe $\mathfrak{G}/\mathfrak{R}_\eta$ induziert η einen Endomorphismus

$$\bar\eta:\quad \mathfrak{R}_\eta G \to \mathfrak{R}_\eta G^\eta \quad \text{für jedes } G \in \mathfrak{G};\Omega,$$

dessen Bildgruppe durch

$$(\mathfrak{G}/\mathfrak{R}_\eta)^{\bar\eta} = \mathfrak{G}^\eta \mathfrak{R}_\eta/\mathfrak{R}_\eta,$$

dessen Kern $\mathfrak{K}_\eta^*/\mathfrak{R}_\eta$ durch die Bedingung

$$\mathfrak{K}_\eta^{*\,\eta} = \mathfrak{G}^\eta \cap \mathfrak{R}_\eta = \mathfrak{R}_\eta^\eta$$

bestimmt wird. Folglich stimmt $\mathfrak{K}_\eta^*$ mit $\mathfrak{R}_\eta$ überein:

Satz 20. *Jeder Endomorphismus η einer Gruppe $\mathfrak{G};\Omega$ induziert in seinem Radikal $\mathfrak{R}_\eta$ einen Nilendomorphismus η_0, in der Faktorgruppe $\mathfrak{G}/\mathfrak{R}_\eta$ einen Isomorphismus $\bar\eta$ in sich und genau dann einen Automorphismus $\bar\eta$, wenn $\mathfrak{G} = \mathfrak{G}^\eta \mathfrak{R}_\eta$.*

Ein Endomorphismus η der Gruppe $\mathfrak{G};\Omega$ induziert in einer η-zulässigen Untergruppe $\mathfrak{U} \subset \mathfrak{G};\Omega$ einen Endomorphismus η_0 mit der Bildgruppe $\mathfrak{U}^{\eta_0} = \mathfrak{U}^\eta$, dem Kern $\mathfrak{R}_{\eta_0} = \mathfrak{U} \cap \mathfrak{R}_\eta$ und dem Radikal $\mathfrak{R}_{\eta_0} = \mathfrak{U} \cap \mathfrak{R}_\eta$.

Existiert zu einem Endomorphismus η der Gruppe $\mathfrak{G};\Omega$ eine Untergruppe $\mathfrak{C}_\eta \subseteq \mathfrak{G};\Omega$ mit der Eigenschaft

$$\mathfrak{G} = \mathfrak{C}_\eta \mathfrak{R}_\eta; \quad \mathfrak{R}_\eta \cap \mathfrak{C}_\eta = E; \quad \mathfrak{C}_\eta^\eta = \mathfrak{C}_\eta, \tag{2}$$

so nennen wir $\mathfrak{C}_\eta$ ein *Komplement des Endomorphismus η in $\mathfrak{G};\Omega$* und η *zerfällenden Endomorphismus der Gruppe $\mathfrak{G};\Omega$*. Denn da jede Restklasse der Faktorgruppe $\mathfrak{G}/\mathfrak{R}_\eta$ genau ein Element der Untergruppe $\mathfrak{C}_\eta$ enthält, ist $\mathfrak{G}$ eine *zerfallende Erweiterung* des Radikals $\mathfrak{R}_\eta$ durch die (zu $\mathfrak{C}_\eta$ operatorisomorphe) Faktorgruppe $\mathfrak{G}/\mathfrak{R}_\eta$ und $\mathfrak{C}_\eta$ *Retrakte der Gruppe $\mathfrak{G};\Omega$*. Der Endomorphismus η induziert in $\mathfrak{C}_\eta$ einen Automorphismus, da

$$\mathfrak{C}_\eta^\eta = \mathfrak{C}_\eta \quad \text{und} \quad \mathfrak{R}_\eta \cap \mathfrak{C}_\eta \subseteq \mathfrak{R}_\eta \cap \mathfrak{C}_\eta = E;$$

übrigens ist das Komplement $\mathfrak{C}_\eta$ eines Endomorphismus η nicht immer eindeutig bestimmt.

Satz 21. *Ein Endomorphismus η der Gruppe $\mathfrak{G};\Omega$ ist genau dann zerfällender Endomorphismus, wenn ein (mit η vertauschbarer) idempotenter Endomorphismus $\delta \in \mathsf{E}(\mathfrak{G};\Omega)$ existiert mit den Eigenschaften:*

$$\mathfrak{G}^\delta \subseteq \mathfrak{G}^\eta; \quad \mathfrak{R}_\delta = \mathfrak{R}_\eta.$$

In diesem Falle gilt $\mathfrak{G} = \mathfrak{C}_\eta \mathfrak{R}_\eta$ mit $\mathfrak{C}_\eta = \mathfrak{G}^\delta$ und $\mathfrak{C}_\eta \cap \mathfrak{R}_\eta = E$. Genau dann zerlegt η die Gruppe $\mathfrak{G};\Omega$ direkt, wenn ein idempotenter normaler Endomorphismus $\delta \in \mathsf{E}(\mathfrak{G};\Omega)$ mit diesen Eigenschaften existiert. In diesem Falle gilt $\mathfrak{G} = \mathfrak{C}_\eta \times \mathfrak{R}_\eta$ mit $\mathfrak{C}_\eta = \mathfrak{G}^\delta$ und $\mathfrak{R}_\eta = \mathfrak{R}_\delta$.

1.4.3. Zerfällende Endomorphismen

Beweis. Ist η zerfällender Endomorphismus der Gruppe $\mathfrak{G};\Omega$:

$$\mathfrak{G} = \mathfrak{C}_\eta \mathfrak{R}_\eta \quad \text{mit } \mathfrak{C}_\eta^\eta = \mathfrak{C}_\eta \text{ und } \mathfrak{C}_\eta \cap \mathfrak{R}_\eta = E,$$

so entspricht der Retrakte $\mathfrak{C}_\eta$ von $\mathfrak{G};\Omega$ ein idempotenter Endomorphismus δ, der in $\mathfrak{C}_\eta$ den identischen Automorphismus, in $\mathfrak{R}_\eta$ den Nullendomorphismus induziert. Daraus folgt

$$\mathfrak{R}_{\delta^2} = \mathfrak{R}_\delta = \mathfrak{R}_\delta; \quad \mathfrak{G}^\delta = \mathfrak{C}_\eta = \mathfrak{C}_\eta^\eta \subseteq \mathfrak{G}^\eta; \quad \mathfrak{R}_\eta = \mathfrak{R}_\delta = \mathfrak{R}_\delta.$$

Schließlich gilt für jedes Element $G = CR \in \mathfrak{G};\Omega$ mit $C \in \mathfrak{C}_\eta;\ R \in \mathfrak{R}_\eta$

$$G^{\eta\delta} = C^{\eta\delta} R^{\eta\delta} = C^\eta; \quad G^{\delta\eta} = C^\eta, \quad \text{also } \eta\delta = \delta\eta.$$

Ist δ normaler Endomorphismus, so folgt

$$H^{-1}\mathfrak{G}^\delta H = \mathfrak{G}^\delta \quad \text{oder} \quad \mathfrak{C}_\eta^H = \mathfrak{C}_\eta \quad \text{für jedes } H \in \mathfrak{G};\Omega$$

und damit $\mathfrak{G} = \mathfrak{C}_\eta \times \mathfrak{R}_\eta$.

Existiert umgekehrt zu einem Endomorphismus η der Gruppe $\mathfrak{G};\Omega$ ein idempotenter Endomorphismus $\delta \in \mathsf{E}(\mathfrak{G};\Omega)$ mit den Eigenschaften

$$\mathfrak{G}^\delta \subseteq \mathfrak{G}^\eta \quad \text{und} \quad \mathfrak{R}_\delta = \mathfrak{R}_\eta,$$

so ist $\mathfrak{G}^\delta$ Retrakte von $\mathfrak{G};\Omega$ und

$$\mathfrak{G} = \mathfrak{G}^\delta \mathfrak{R}_\delta \quad \text{mit } \mathfrak{G}^\delta \cap \mathfrak{R}_\delta = E.$$

Ferner erhalten wir

$$\mathfrak{G} = \mathfrak{G}^\delta \mathfrak{R}_\delta \subseteq \mathfrak{G}^\eta \mathfrak{R}_\delta = \mathfrak{G}^\eta \mathfrak{R}_\eta, \quad \text{also } \mathfrak{G} = \mathfrak{G}^\eta \mathfrak{R}_\eta,$$

so daß η in der Faktorgruppe $\mathfrak{G}/\mathfrak{R}_\eta$ einen Automorphismus induziert. Daher ist $\mathfrak{C}_\eta = \mathfrak{G}^\delta$ wegen

$$\mathfrak{C}_\eta^\eta = \mathfrak{C}_\eta; \quad \mathfrak{G} = \mathfrak{G}^\delta \mathfrak{R}_\delta = \mathfrak{C}_\eta \mathfrak{R}_\eta; \quad \mathfrak{C}_\eta \cap \mathfrak{R}_\eta = \mathfrak{G}^\delta \cap \mathfrak{R}_\delta = E$$

ein Komplement des Endomorphismus η.

Definition 7. *Ein zerfällender Endomorphismus η der Gruppe $\mathfrak{G};\Omega$ ist uniform zerfällend, wenn er in jeder η-zulässigen Untergruppe $\mathfrak{U} \subseteq \mathfrak{G};\Omega$ einen zerfällenden Endomorphismus induziert.*

Unter einer η-zulässigen Untergruppe $\mathfrak{U} \subseteq \mathfrak{G};\Omega$ verstehen wir eine (für Ω zulässige) Untergruppe, die der Bedingung $\mathfrak{U}^\eta \subseteq \mathfrak{U}$ genügt. Analog bezeichne $\{\mathfrak{K};\eta\}$ die minimale Untergruppe von $\mathfrak{G};\Omega$, die sämtliche Bilder $\mathfrak{K}^{\eta^\iota}$ mit natürlichen Exponenten ι enthält, insbesondere also $\{G;\eta\}$ für $G \in \mathfrak{G};\Omega$ die Untergruppe

$$\{G;\eta\} = \left\{\bigcup_{\iota=0}^{\infty} G^{\eta^\iota}; \Omega\right\} \subseteq \mathfrak{G};\Omega.$$

Satz 22. *Ein Endomorphismus η der Gruppe $\mathfrak{G};\Omega$ ist genau dann uniform zerfällend, wenn gilt:*

1. *Für jedes $G \in \mathfrak{G}; \Omega$ besteht eine Gleichung*

$$\{G; \eta\}^{\eta^k} = \{G; \eta\}^{\eta^{k+1}} \quad \textit{mit } k = k(G) \geq 0.$$

2. *Das Kompositum $\mathfrak{V} = \{G_1, G_2; \eta\}$ zweier Untergruppen $\mathfrak{M}_1, \mathfrak{M}_2 \subseteq \mathfrak{G}; \Omega$ der Eigenschaft*

$$\mathfrak{M}_1^\eta = \mathfrak{M}_1 = \{G_1; \eta\}; \quad \mathfrak{M}_2^\eta = \mathfrak{M}_2 = \{G_2; \eta\}$$

erfüllt eine Gleichung

$$\mathfrak{V} \cap \mathfrak{R}_{\eta^l} = \mathfrak{V} \cap \mathfrak{R}_{\eta^{l+1}} \quad \textit{mit } l = l(\mathfrak{V}) > 0.$$

In diesem Falle ist das Komplement $\mathfrak{C}_\eta$ (eindeutig und) die Gruppe aller Elemente $C \in \mathfrak{G}; \Omega$, für die $\{C; \eta\}^\eta = \{C; \eta\}$. Jede η-zulässige Untergruppe $\mathfrak{U} \subseteq \mathfrak{G}; \Omega$ besitzt die Zerfällung

$$\mathfrak{U} = (\mathfrak{C}_\eta \cap \mathfrak{U})(\mathfrak{R}_\eta \cap \mathfrak{U}) \quad \textit{mit } (\mathfrak{C}_\eta \cap \mathfrak{U}) \cap (\mathfrak{R}_\eta \cap \mathfrak{U}) = E.$$

Beweis. 1. Ein uniform zerfällender Endomorphismus η von $\mathfrak{G}; \Omega$ mit dem Radikal $\mathfrak{R}_\eta$ induziert in der Untergruppe $\mathfrak{M} = \{G; \eta\} \subseteq \mathfrak{G}; \Omega$ mit $G \in \mathfrak{G}; \Omega$ einen zerfällenden Endomorphismus η_0 mit dem Radikal $\mathfrak{M} \cap \mathfrak{R}_\eta$. Ist $\mathfrak{U}$ ein Komplement für η_0 in $\mathfrak{M}$ und

$$G = UR \quad \text{mit } U \in \mathfrak{U}; R \in \mathfrak{M} \cap \mathfrak{R}_\eta,$$

so gilt für einen Exponenten $k \geq 0$

$$R^{\eta^k} = E \quad \text{und} \quad G^{\eta^k} = U^{\eta^k}.$$

Nun folgt

$$\mathfrak{U} = \mathfrak{U}^\eta = \mathfrak{U}^{\eta^k} \subseteq \mathfrak{M}^{\eta^k} = \{G^{\eta^k}; \eta\} = \{U^{\eta^k}; \eta\} \subseteq \{U; \eta\} \subseteq \mathfrak{U},$$

also

$$\mathfrak{U} = \mathfrak{M}^{\eta^k} = \mathfrak{M}^{\eta^{k+1}}.$$

Für jedes Element C eines Komplementes $\mathfrak{C}_\eta \subseteq \mathfrak{G}; \Omega$ besteht demnach eine Gleichung

$$\{C; \eta\}^{\eta^{k+1}} = \{C; \eta\}^{\eta^k};$$

da η in $\mathfrak{C}_\eta$ einen Automorphismus, in $\{C; \eta\}$ also einen Isomorphismus in sich induziert, erhält man

$$\{C; \eta\}^\eta \subseteq \{C; \eta\}, \quad \text{also} \quad \{C; \eta\}^\eta = \{C; \eta\}.$$

Zu einem Element $G \in \mathfrak{G}; \Omega$ der Eigenschaft $\{G; \eta\}^\eta = \{G; \eta\}$ existiert genau ein Element $C \in \mathfrak{C}_\eta$, derart daß

$$G \equiv C \bmod \mathfrak{R}_\eta, \quad \text{also} \quad G^{\eta^k} = C^{\eta^k} \quad \text{für } k \geq 0;$$

daraus folgt

$$\{G; \eta\} = \{G; \eta\}^{\eta^k} = \{G^{\eta^k}; \eta\} = \{C^{\eta^k}; \eta\} \subseteq \{C; \eta\} \subseteq \mathfrak{C}_\eta = \mathfrak{C}_\eta^\eta.$$

Da demnach das Kompositum $\mathfrak{V} = \{G_1, G_2; \eta\}$ zweier Untergruppen $\mathfrak{M}_1, \mathfrak{M}_2 \subseteq \mathfrak{G}; \Omega$ der Eigenschaft

$$\mathfrak{M}_1^\eta = \mathfrak{M}_1 = \{G_1; \eta\}; \qquad \mathfrak{M}_2^\eta = \mathfrak{M}_2 = \{G_2; \eta\}$$

dem Komplement $\mathfrak{C}_\eta$ angehört, gilt für jeden Exponenten $l \geq 1$

$$\mathfrak{V} \cap \mathfrak{K}_{\eta^l} \subseteq \mathfrak{V} \cap \mathfrak{K}_\eta \subseteq \mathfrak{C}_\eta \cap \mathfrak{K}_\eta = E, \quad \text{also} \quad \mathfrak{V} \cap \mathfrak{K}_{\eta^l} = E.$$

2. Für die Umkehrung benötigen wir das

Lemma 1. *Es sei η Endomorphismus der Gruppe $\mathfrak{G}; \Omega$. Genügt die Untergruppe $\mathfrak{U} \subseteq \mathfrak{G}; \Omega$ den Bedingungen*

$$\mathfrak{U}^\eta = \mathfrak{U} \quad \text{und} \quad \mathfrak{U} \cap \mathfrak{K}_{\eta^l} = \mathfrak{U} \cap \mathfrak{K}_{\eta^{l+1}} \quad \text{für ein } l \geq 1,$$

so gilt $\mathfrak{U} \cap \mathfrak{K}_\eta = E$.

Beweis. Jedes $D \in \mathfrak{U} \cap \mathfrak{K}_\eta$ genügt einer Gleichung $D^{\eta^k} = E$; im Falle $k > 0$ existiert wegen $\mathfrak{U}^\eta = \mathfrak{U}$ ein $U_0 \in \mathfrak{U}$, derart daß

$$U_0^{\eta^l} = D \quad \text{und} \quad E = D^{\eta^k} = (U_0^{\eta^{k-1}})^{\eta^{l+1}},$$

also

$$U_0^{\eta^{k-1}} \in \mathfrak{U} \cap \mathfrak{K}_{\eta^{l+1}} = \mathfrak{U} \cap \mathfrak{K}_{\eta^l} \quad \text{und} \quad E = (U_0^{\eta^{k-1}})^{\eta^l} = U_0^{\eta^{k+l-1}} = D^{\eta^{k-1}}.$$

Erfüllt nun ein Endomorphismus η der Gruppe $\mathfrak{G}; \Omega$ die Bedingungen 1. und 2. des Satzes, so gilt das gleiche für den durch η in einer η-zulässigen Untergruppe $\mathfrak{U} \subseteq \mathfrak{G}; \Omega$ induzierten Endomorphismus; daher genügt es zu zeigen, daß η zerfällender Endomorphismus von $\mathfrak{G}; \Omega$ ist.

Für jedes $G \in \mathfrak{G}; \Omega$ sind die Aussagen

$$\{G; \eta\}^\eta = \{G; \eta\} \quad \text{und} \quad \{G; \eta\} \cap \mathfrak{K}_\eta = E$$

gleichwertig. Denn aus der ersten folgt nach 2. für $\mathfrak{V} = \{G; \eta\} = \mathfrak{M}_1 = \mathfrak{M}_2$ eine Gleichung

$$\mathfrak{V} \cap \mathfrak{K}_{\eta^l} = \mathfrak{V} \cap \mathfrak{K}_{\eta^{l+1}}, \quad \text{also} \quad \{G; \eta\} \cap \mathfrak{K}_{\eta^l} = \{G; \eta\} \cap \mathfrak{K}_{\eta^{l+1}},$$

nach dem Lemma 1 die zweite Aussage. Auf Grund der zweiten Aussage induziert η in der Untergruppe $\{G; \eta\}$ einen Isomorphismus in sich; da aber nach 1. eine Gleichung

$$\{G; \eta\}^{\eta^k} = \{G; \eta\}^{\eta^{k+1}}$$

besteht, folgt die erste Aussage.

Bezeichnet $\mathfrak{C}$ die Menge aller Elemente $C \in \mathfrak{G}; \Omega$ mit der Eigenschaft

$$\{C; \eta\}^\eta = \{C; \eta\}, \quad \text{also} \quad \{C; \eta\} \cap \mathfrak{K}_\eta = E,$$

so besteht für das Kompositum $\mathfrak{V} = \{C_1, C_2; \eta\} = \mathfrak{V}^\eta$ der Untergruppen $\{C_1; \eta\}$ und $\{C_2; \eta\}$ von $\mathfrak{C}$ nach 2. eine Gleichung

$$\mathfrak{V} \cap \mathfrak{K}_{\eta^l} = \mathfrak{V} \cap \mathfrak{K}_{\eta^{l+1}}, \quad \text{also} \quad \mathfrak{V} \cap \mathfrak{K}_\eta = E,$$

auf Grund des Lemma 1. Überdies gilt für $V \in \mathfrak{B}; \Omega$

$$\{V;\eta\} \cap \mathfrak{R}_\eta \subseteq \mathfrak{B} \cap \mathfrak{R}_\eta = E, \quad \text{also} \quad \{V;\eta\}^\eta = \{V;\eta\} \subseteq \mathfrak{C}.$$

Mithin ist $\mathfrak{C}$ Untergruppe von $\mathfrak{G}; \Omega$ mit den Eigenschaften

$$\mathfrak{C} = \mathfrak{C}^\eta \quad \text{und} \quad \mathfrak{C} \cap \mathfrak{R}_\eta = E.$$

Nach 1. besteht für jedes $G \in \mathfrak{G}; \Omega$ eine Gleichung

$$\{G^{\eta^k};\eta\}^\eta = \{G;\eta\}^{\eta^{k+1}} = \{G;\eta\}^{\eta^k} = \{G^{\eta^k};\eta\},$$

so daß $\{G^{\eta^k};\eta\} = \{G;\eta\}^{\eta^k}$ in $\mathfrak{C}$ enthalten ist. Da dann

$$G^{\eta^k} = H^{\eta^k} \quad \text{oder} \quad G \equiv H \bmod \mathfrak{R}_\eta \quad \text{mit } H \in \mathfrak{C},$$

folgt

$$\mathfrak{G} = \mathfrak{C}\mathfrak{R}_\eta \quad \text{mit } \mathfrak{C} \cap \mathfrak{R}_\eta = E \text{ und } \mathfrak{C}^\eta = \mathfrak{C}.$$

In einer η-zulässigen Untergruppe $\mathfrak{U} \subseteq \mathfrak{G}, \Omega$ induziert η einen zerfällenden Endomorphismus mit dem Radikal $\mathfrak{U} \cap \mathfrak{R}_\eta$; daraus folgt

$$\mathfrak{U} = (\mathfrak{C}_\eta \cap \mathfrak{U})(\mathfrak{R}_\eta \cap \mathfrak{U}) \quad \text{mit } \mathfrak{C}_\eta \cap \mathfrak{U} \cap \mathfrak{R}_\eta \cap \mathfrak{U} = E.$$

Bezeichnet man einen Isomorphismus μ einer Gruppe $\mathfrak{H}; \Omega$ in sich als *fastperiodisch*, wenn für jedes $H \in \mathfrak{H}; \Omega$

$$H^{\mu^k} = H \quad \text{mit } k = k(H) > 0,$$

so gewinnen wir eine hinreichende Bedingung für uniforme Zerfällung:

Satz 22*. *Ein Endomorphismus η der Gruppe $\mathfrak{G}; \Omega$ ist uniform zerfällend, wenn er in der Faktorgruppe $\mathfrak{G}/\mathfrak{R}_\eta$ nach seinem Radikal einen fastperiodischen Isomorphismus in sich induziert.*

Beweis. Nach Voraussetzung gilt für jedes $G \in \mathfrak{G}; \Omega$

$$G^{\eta^k} \equiv G \bmod \mathfrak{R}_\eta \quad \text{mit } k = k(G) > 0, \text{ also } G^{\eta^{k+l}} = G^{\eta^l} \text{ mit } l = l(G) > 0;$$

daraus folgt die Bedingung 1. des Satzes 22 durch

$$\{G;\eta\}^{\eta^l} = \{G^{\eta^l};\eta\} = \{G^{\eta^{k+l}};\eta\} \subseteq \{G^{\eta^{l+1}};\eta\} \subseteq \{G^{\eta^l};\eta\}.$$

Wählt man die Exponenten k, l minimal, so folgt aus der Annahme

$$\{G^\eta;\eta\} = \{G;\eta\}^\eta = \{G;\eta\}$$

auch die Gleichung

$$\{G;\eta\} = \{G^{\eta^l};\eta\}, \quad \text{also} \quad \{G;\eta\} = \left\{\bigcup_{\varkappa=0}^{k-1} G^{\eta^{l+\varkappa}}; \Omega\right\}.$$

Mithin induziert η eine Permutation der Erzeugenden $G^{\eta^{l+\varkappa}}$ von $\{G;\eta\}$, die Potenz η^k also die Identität. In Untergruppen

$$\mathfrak{M}_1^\eta = \mathfrak{M}_1 = \{G_1;\eta\} \quad \text{und} \quad \mathfrak{M}_2^\eta = \mathfrak{M}_2 = \{G_2;\eta\}$$

1.4.3. Zerfällende Endomorphismen

induzieren daher geeignete Potenzen η^{k_1} bzw. η^{k_2} und damit $\eta^{k_1 k_2}$ im Kompositum $\mathfrak{V} = \{G_1, G_2; \eta\}$ die Identität, also η einen Automorphismus (endlicher Ordnung). Damit ist auch die Bedingung 2. des Satzes 22 erfüllt.

Weitere Aussagen stützen sich auf das

Lemma 2. *Die Gruppe $\mathfrak{G}; \Omega$ erfülle die Minimalbedingung. Besteht für ein Element $G \in \mathfrak{G}; \Omega$ und einen Endomorphismus $\eta \in \mathsf{E}(\mathfrak{G}; \Omega)$ die Gleichung $\mathfrak{G}; \Omega = \{G; \eta\}$, so ist $\mathfrak{G}; \Omega$ endlich erzeugbar.*

Beweis. Nach Voraussetzung besteht die Gleichung

$$\mathfrak{G}; \Omega = \left\{ \bigcup_{\iota=0}^{\infty} G_\iota; \Omega \right\} \quad \text{mit } G_0 = G;\ G_\iota = G^{\eta^\iota} = G_{\iota-1}^\eta \quad \text{für } 1 \leq \iota < \infty.$$

Bilden wir die Untergruppen

$$\mathfrak{G}_k; \Omega = \left\{ \bigcup_{\iota=k}^{\infty} G_\iota; \Omega \right\},$$

so gilt

$$\mathfrak{G} = \mathfrak{G}_0;\quad \mathfrak{G}_{k+1} = \mathfrak{G}_k^\eta \subseteq \mathfrak{G}_k \quad \text{für } 0 \leq k < \infty,$$

also nach Voraussetzung eine Gleichung

$$\mathfrak{G}_n = \mathfrak{G}_{n+1} = \mathfrak{G}_n^\eta.$$

Daraus folgt

$$G_n = G^{\eta^n} \in \mathfrak{G}_n = \mathfrak{G}_n^\eta, \quad \text{also} \quad G_n = H_0^\eta \quad \text{mit } H_0 \in \mathfrak{G}_n.$$

Die Untergruppen

$$\mathfrak{H}_k; \Omega = \left\{ \bigcup_{\iota=n}^{n+k} G_\iota; \Omega \right\} \subseteq \mathfrak{G}; \Omega \quad \text{für } 0 \leq k < \infty$$

erfüllen die Beziehungen

$$\mathfrak{H}_k \subseteq \mathfrak{H}_{k+1};\quad \mathfrak{H}_k^\eta \subseteq \mathfrak{H}_{k+1} \quad \text{und} \quad \bigcup_k \mathfrak{H}_k = \mathfrak{G}_n.$$

Ist H_0 in $\mathfrak{H}_m$, also $H_0^\eta = G_n$ in $\mathfrak{H}_{m+1}$ enthalten, so enthält $\mathfrak{H}_m^\eta$ alle Elemente G_ι mit einem Index $n \leq \iota \leq n+m+1$; daraus folgt

$$\mathfrak{H}_m \subseteq \mathfrak{H}_{m+1} \subseteq \mathfrak{H}_m^\eta, \quad \text{also} \quad \mathfrak{H}_m \subseteq \mathfrak{H}_{m+1} = \mathfrak{H}_m^\eta.$$

Mithin läßt sich in $\mathfrak{H}_m$ rekursiv eine Elementenfolge

$$H_{\iota+1}^\eta = H_\iota \quad \text{für } 0 \leq \iota < \infty$$

erklären; da die Untergruppen

$$\mathfrak{U}_k = \left\{ \bigcup_{\iota=k}^{\infty} H_\iota; \Omega \right\} \subseteq \mathfrak{H}_m \quad \text{für } 0 \leq k < \infty$$

die Beziehungen

$$\mathfrak{U}_{k+1} \subseteq \mathfrak{U}_k = \mathfrak{U}_{k+1}^\eta$$

erfüllen, besteht wieder eine Gleichung

$$\mathfrak{U}_l = \mathfrak{U}_{l+1} = \mathfrak{U}_{l+1}^\eta = \mathfrak{U}_l^\eta.$$

Da hiernach die Elemente
$$H_{l+1}; \quad H_{l+1}^{\eta^l} = H_0^{\eta} = G_n; \quad G_n^{\eta^\iota} = G_{n+\iota} \quad \text{für } 0 \leq \iota < \infty$$
zu $\mathfrak{U}_l$ gehören, folgt
$$\mathfrak{G}_n \subseteq \mathfrak{U}_l \subseteq \mathfrak{H}_m \subseteq \mathfrak{G}_n, \quad \text{also} \quad \mathfrak{G}_n = \mathfrak{H}_m.$$
Die Gruppen
$$\mathfrak{H}_m = \left\{ \bigcup_{\iota=n}^{n+m} G_\iota; \Omega \right\} = \left\{ \bigcup_{\iota=n}^{\infty} G_\iota; \Omega \right\} = \mathfrak{G}_n \quad \text{und} \quad \mathfrak{G} = \left\{ \bigcup_{\iota=0}^{n+m} G_\iota; \Omega \right\}$$
sind demnach endlich erzeugbar.

Definition 8. *Eine Gruppe $\mathfrak{G}; \Omega$ erfüllt lokal die Maximalbedingung (lokal die Minimalbedingung), wenn jede endlich erzeugbare Untergruppe $\mathfrak{U} \subseteq \mathfrak{G}; \Omega$ die Maximalbedingung (Minimalbedingung) erfüllt.*

Satz 23. *Die Untergruppe $\mathfrak{H}; \Omega$ der Gruppe $\mathfrak{G}; \Omega$ erfülle die Minimalbedingung und lokal die Maximalbedingung. Dann ist der Endomorphismus $\eta \in \mathsf{E}(\mathfrak{G}; \Omega)$ uniform zerfällend, wenn eine Bildgruppe $\mathfrak{G}^{\eta^n}$ mit $n = n(\eta) > 0$ in $\mathfrak{H}; \Omega$ enthalten ist.*

Beweis. Setzen wir für $U \in \mathfrak{G}; \Omega$
$$\mathfrak{U}_\varkappa = \left\{ \bigcup_{\iota=\varkappa}^{\infty} U_\iota; \Omega \right\} \subseteq \mathfrak{G}^{\eta^\varkappa} \quad \text{mit } U_\iota = U^{\eta^\iota} \text{ für } 0 \leq \iota, \varkappa < \infty,$$
so gilt nach Voraussetzung für jedes $k \geq n = n(\eta)$
$$\mathfrak{U}_{k+1} = \mathfrak{U}_k^\eta \quad \text{und} \quad \mathfrak{U}_{k+1} \subseteq \mathfrak{U}_k \subseteq \mathfrak{U}_n \subseteq \mathfrak{H}; \Omega,$$
also für einen ersten Index m auch
$$\mathfrak{U}_m = \mathfrak{U}_{m+1} = \mathfrak{U}_m^\eta, \quad \text{also} \quad \{U; \eta\}^{\eta^m} = \mathfrak{U}_m = \mathfrak{U}_{m+1} = \{U; \eta\}^{\eta^{m+1}}.$$
Damit ist die Bedingung 1. des Satzes 22 erfüllt. Für zwei Untergruppen $\mathfrak{M}_1, \mathfrak{M}_2$ von $\mathfrak{G}; \Omega$ der Eigenschaft
$$\mathfrak{M}_1^\eta = \mathfrak{M}_1 = \{G_1; \eta\}; \quad \mathfrak{M}_2^\eta = \mathfrak{M}_2 = \{G_2; \eta\}$$
gilt
$$\mathfrak{M}_1 = \mathfrak{M}_1^{\eta^n} \subseteq \mathfrak{H}; \Omega; \quad \mathfrak{M}_2 = \mathfrak{M}_2^{\eta^n} \subseteq \mathfrak{H}; \Omega, \quad \text{also} \quad \mathfrak{M} = \{\mathfrak{M}_1 \cup \mathfrak{M}_2; \Omega\} \subseteq \mathfrak{H}; \Omega.$$
Nach Lemma 2. sind $\mathfrak{M}_1$, $\mathfrak{M}_2$ und $\mathfrak{M}$ endlich erzeugbar. Mithin besteht in der aufsteigenden Kette $(\mathfrak{M} \cap \mathfrak{K}_{\eta^\iota})$ von $\mathfrak{M}; \Omega$ eine Gleichung
$$\mathfrak{M} \cap \mathfrak{K}_{\eta^l} = \mathfrak{M} \cap \mathfrak{K}_{\eta^{l+1}} \quad \text{mit } l = l(\mathfrak{M}) > 0.$$
Daher ist auch die Bedingung 2. des Satzes 22 erfüllt.

Als Sonderfall erhalten wir:

Satz 23*. *Das Ω-Zentrum $\mathfrak{Z}(\mathfrak{G}; \Omega)$ einer Gruppe $\mathfrak{G}; \Omega$ erfülle die Minimalbedingung und lokal die Maximalbedingung. Dann ist jeder zentrale Endomorphismus $\zeta \in \mathsf{E}(\mathfrak{G}; \Omega)$ uniform zerfällend.*

1.4.4. Abstrakte Gruppeneigenschaften

Strukturuntersuchungen der Gruppentheorie stützen sich zumeist auf folgendes Prinzip: Man bestimmt die Gruppen mit gewissen einschränkenden Eigenschaften und deshalb leichter erkennbarer Struktur und konstruiert aus ihnen weitere Gruppentypen mit dem Ziele, auf diesem Wege eine vollständige Übersicht zu gewinnen. Aus diesem Grunde stellen wir nunmehr eine allgemeine Untersuchung über Gruppeneigenschaften an; die Mehrzahl der in der Theorie auftretenden Gruppeneigenschaften erfüllt nämlich gewisse fundamentale Bedingungen, aus denen Folgerungen allgemeingültiger Art gezogen werden können.

Eine *Gruppeneigenschaft* $e(\mathfrak{G}; \Omega)$ ist eine für alle Gruppen $\mathfrak{G}; \Omega$ (mit gleichem Operatorenbereich Ω) erklärte Funktion

$$e(\mathfrak{G}; \Omega) = \begin{cases} 1, \text{ d.h. } \mathfrak{G}; \Omega \text{ besitzt die Eigenschaft } e, \\ 0, \text{ d.h. } \mathfrak{G}; \Omega \text{ besitzt nicht die Eigenschaft } e; \end{cases}$$

eine Gruppeneigenschaft $e(\mathfrak{G}; \Omega)$ ist *abstrakt*, wenn

$$e(\mathfrak{G}; \Omega) = e(\mathfrak{G}^*; \Omega) \quad \text{für } \mathfrak{G} \underset{\Omega}{\cong} \mathfrak{G}^*.$$

Eine abstrakte Gruppeneigenschaft ist somit eine Eigenschaft der Isomorphieklasse.

Eine Gruppe $\mathfrak{G}; \Omega$ mit dem Wert $e(\mathfrak{G}; \Omega) = 1$ ist eine *e-Gruppe*; analog ist *e-Untergruppe* (*e-Normalteiler*) jede Untergruppe (jeder Normalteiler) $\mathfrak{U} \subseteq \mathfrak{G}; \Omega$ mit dem Wert $e(\mathfrak{U}; \Omega) = 1$. Die (natürlich geordnete) Menge der e-Untergruppen (e-Normalteiler) einer Gruppe $\mathfrak{G}; \Omega$ kann *maximale* oder *minimale e-Untergruppen* (*e-Normalteiler*) enthalten.

Die Allgemeinheit dieses Begriffes erfordert Einschränkungen; ihre Auswahl zielt auf genauere Aussagen über die Menge M_e aller e-Untergruppen oder die Menge N_e aller e-Normalteiler einer Gruppe $\mathfrak{G}; \Omega$.

Forderung I. *Die Einheitsgruppe E ist e-Gruppe.*

Ist eine abstrakte Gruppeneigenschaft $e(\mathfrak{G}; \Omega)$ *vom Typus* (I), d.h. erfüllt $e(\mathfrak{G}; \Omega)$ die Forderung I, so ist für jede Gruppe $\mathfrak{G}; \Omega$ die Menge M_e bzw. N_e nicht leer.

Forderung II. *Jede Untergruppe $\mathfrak{U}$ einer e-Gruppe $\mathfrak{G}; \Omega$ ist e-Gruppe.*

Ist eine abstrakte Gruppeneigenschaft $e(\mathfrak{G}; \Omega)$ *vom Typus* (I, II), d.h. erfüllt $e(\mathfrak{G}; \Omega)$ die Forderungen I und II, so ist die Menge M_e der e-Untergruppen einer Gruppe $\mathfrak{G}; \Omega$ ein (nichtleerer) nach unten abgeschlossener absteigender Halbverband.

Forderung II*. *Jeder Normalteiler $\mathfrak{N}$ einer e-Gruppe $\mathfrak{G}; \Omega$ ist e-Gruppe.*

Ist eine abstrakte Gruppeneigenschaft $e(\mathfrak{G}; \Omega)$ vom Typus (I, II*), so ist die Menge N_e der e-Normalteiler einer Gruppe $\mathfrak{G}; \Omega$ ein (nichtleerer) nach unten abgeschlossener absteigender Halbverband.

Forderung III. *Jedes homomorphe Bild $\overline{\mathfrak{G}};\Omega$ einer e-Gruppe $\mathfrak{G};\Omega$ ist e-Gruppe.*

Eine abstrakte Gruppeneigenschaft $e(\mathfrak{G};\Omega)$ vom Typus (III) ist demnach auf homomorphe Bilder einer e-Gruppe $\mathfrak{G};\Omega$ übertragbar; daher enthält die Menge M_e aller e-Untergruppen einer Gruppe $\mathfrak{G};\Omega$ mit einer Untergruppe $\mathfrak{U}\subseteq\mathfrak{G};\Omega$ auch die Bilder $\mathfrak{U}^\sigma$ nach den Endomorphismen $\sigma\in\mathsf{E}(\mathfrak{G};\Omega)$, die Menge N_e aller e-Normalteiler $\mathfrak{N}\trianglelefteq\mathfrak{G};\Omega$ auch die Bilder $\mathfrak{N}^\eta$ nach den Homomorphismen $\eta\in\mathsf{H}(\mathfrak{G};\Omega)$ der Gruppe $\mathfrak{G};\Omega$ auf sich.

Die bisherigen Forderungen lassen sich zusammenfassen zur

Forderung I, II, III. *Jedes homomorphe Bild $\overline{\mathfrak{U}};\Omega$ einer jeden Untergruppe $\mathfrak{U};\Omega$ einer e-Gruppe $\mathfrak{G};\Omega$ ist e-Gruppe.*

Forderung I, II*, III. *Jedes homomorphe Bild $\overline{\mathfrak{N}};\Omega$ eines jeden Normalteilers $\mathfrak{N};\Omega$ einer e-Gruppe $\mathfrak{G};\Omega$ ist e-Gruppe.*

Forderung IV. *Sind ein Normalteiler $\mathfrak{N}\triangleleft|\mathfrak{G};\Omega$ und seine Faktorgruppe $\mathfrak{G}/\mathfrak{N};\Omega$ e-Gruppen, so ist $\mathfrak{G};\Omega$ eine e-Gruppe.*

Eine abstrakte Gruppeneigenschaft $e(\mathfrak{G};\Omega)$ vom Typus (IV) läßt sich von einem Normalteiler $\mathfrak{N}$ (und der Faktorgruppe $\mathfrak{G}/\mathfrak{N}$) auf die Gruppe $\mathfrak{G};\Omega$ übertragen. Ein maximaler e-Normalteiler $\mathfrak{N}\triangleleft|\mathfrak{G};\Omega$ besitzt dann eine Faktorgruppe $\mathfrak{G}/\mathfrak{N}$ ohne (eigentlichen) e-Normalteiler. Wären nämlich $\mathfrak{N}$ und $\mathfrak{U}/\mathfrak{N}\triangleleft|\mathfrak{G}/\mathfrak{N}$ e-Gruppen, so wäre nach IV auch $\mathfrak{U}\triangleleft|\mathfrak{G};\Omega$ eine e-Gruppe.

Beispiel 1. Die abstrakte Gruppeneigenschaft $e(\mathfrak{G})$, *endliche Gruppe* zu sein, ist vom Typus (I, II, III, IV), da sie allen diesen Forderungen genügt.

Forderung V. *Die Vereinigung $\mathfrak{V}=\cup\mathfrak{U}$ einer e-Untergruppenkette in $\mathfrak{G};\Omega$ ist e-Gruppe.*

Forderung V*. *Die Vereinigung $\mathfrak{V}=\cup\mathfrak{N}$ einer e-Normalteilerkette in $\mathfrak{G};\Omega$ ist e-Normalteiler.*

Satz 24. *Ist die abstrakte Gruppeneigenschaft $e(\mathfrak{G};\Omega)$ vom Typus (I, V) [bzw. vom Typus (I, V*)], so enthält jede Gruppe $\mathfrak{G};\Omega$ eine maximale e-Untergruppe [bzw. einen maximalen e-Normalteiler].*

Beweis. Die Menge M_e aller e-Untergruppen in $\mathfrak{G};\Omega$ ist wegen I nicht leer; wegen V besitzt jede Kette aus M_e ihre Vereinigung als obere Schranke in M_e, nach dem Lemma von M. ZORN also M_e ein maximales Element $\mathfrak{M}$. Analog beweist man die zweite Aussage.

Beispiel 2. Die abstrakte Gruppeneigenschaft $\mathfrak{a}(\mathfrak{G};\Omega)$, eine *(für Ω zulässige) abelsche Gruppe* zu sein, ist vom Typus (I, II, III, V), also auch vom Typus (I, II, III, V*). Jede nichtabelsche Gruppe $\mathfrak{G};\Omega$ enthält demnach maximale abelsche Untergruppen und Normalteiler.

1.4.4. Abstrakte Gruppeneigenschaften

Das Kompositum $\mathfrak{M}\mathfrak{Z}$ des Ω-Zentrums $\mathfrak{Z} = \mathfrak{Z}(\mathfrak{G};\Omega)$ und einer maximalen abelschen Untergruppe $\mathfrak{M} \subseteq \mathfrak{G};\Omega$ ist abelsch; daraus folgt

$$\mathfrak{M} = \mathfrak{M}\mathfrak{Z} \quad \text{oder} \quad \mathfrak{Z} \subseteq \mathfrak{M}.$$

Der Durchschnitt $\mathfrak{D} = \cap \mathfrak{M}$ aller maximalen abelschen Untergruppen $\mathfrak{M} \subseteq \mathfrak{G};\Omega$ enthält das Ω-Zentrum $\mathfrak{Z}(\mathfrak{G};\Omega)$.

In einer Gruppe $\mathfrak{G}$ (ohne Operatoren) ist das Zentrum $\mathfrak{Z}(\mathfrak{G})$ der Durchschnitt $\mathfrak{D}$ aller maximalen abelschen Untergruppen. Denn jedes $G \in \mathfrak{G}$ gehört einer maximalen abelschen Untergruppe $\mathfrak{M} \subseteq \mathfrak{G}$ an, ist also mit $\mathfrak{D}$ elementweise vertauschbar. Der Durchschnitt $\mathfrak{D}^* = \cap \mathfrak{N}$ aller maximalen abelschen Normalteiler von $\mathfrak{G}$ enthält gleichfalls das Zentrum $\mathfrak{Z}(\mathfrak{G})$, ist aber im allgemeinen von ihm verschieden. Denn $\mathfrak{D}^*$ ist das Zentrum $\mathfrak{Z}(\mathfrak{A})$ des Kompositums $\mathfrak{A}$ aller abelschen Normalteiler von $\mathfrak{G}$.

Forderung VI. *Das Kompositum $\{\mathfrak{U}_1 \cup \mathfrak{U}_2\}$ zweier e-Untergruppen $\mathfrak{U}_1, \mathfrak{U}_2$ von $\mathfrak{G};\Omega$ ist e-Gruppe.*

Forderung VI*. *Das Kompositum $\mathfrak{U}\mathfrak{N}$ einer e-Untergruppe $\mathfrak{U}$ und eines e-Normalteilers $\mathfrak{N}$ von $\mathfrak{G};\Omega$ ist e-Gruppe.*

Forderung VI**. *Das Kompositum $\mathfrak{N}_1\mathfrak{N}_2$ zweier e-Normalteiler $\mathfrak{N}_1, \mathfrak{N}_2$ von $\mathfrak{G};\Omega$ ist e-Gruppe.*

Von diesen Forderungen ist die erste die stärkste, die letzte die schwächste. Für eine abstrakte Gruppeneigenschaft $e(\mathfrak{G};\Omega)$ vom Typus (VI) [bzw. vom Typus (VI**)] ist die Menge M_e aller e-Untergruppen [bzw. die Menge N_e aller e-Normalteiler] einer Gruppe $\mathfrak{G};\Omega$ ein aufsteigender Halbverband.

Satz 25. *Eine abstrakte Gruppeneigenschaft $e(\mathfrak{G};\Omega)$ vom Typus (III, IV) ist vom Typus (III, IV, VI*).*

Beweis. Für eine e-Untergruppe $\mathfrak{U}$ und einen e-Normalteiler $\mathfrak{N}$ in $\mathfrak{G};\Omega$ gilt

$$\mathfrak{U}\mathfrak{N}/\mathfrak{N} \underset{\Omega}{\cong} \mathfrak{U}/\mathfrak{N} \cap \mathfrak{U}.$$

Wegen III ist $\mathfrak{U}/\mathfrak{N} \cap \mathfrak{U}$ eine e-Gruppe; daher sind $\mathfrak{N}, \mathfrak{U}\mathfrak{N}/\mathfrak{N}$ und wegen IV auch $\mathfrak{U}\mathfrak{N}$ e-Gruppen.

Satz 25*. *Ist die abstrakte Gruppeneigenschaft $e(\mathfrak{G};\Omega)$ vom Typus (IV), so ist das Kompositum $\mathfrak{U}\mathfrak{N}$ einer e-Untergruppe $\mathfrak{U}$ und eines e-Normalteilers $\mathfrak{N}$ in $\mathfrak{G};\Omega$ eine e-Gruppe, falls $\mathfrak{U} \cap \mathfrak{N} = E$.*

Beispiel 3. Die abstrakte Gruppeneigenschaft $\mathfrak{t}(\mathfrak{G})$, eine *torsionsfreie Gruppe* zu sein, ist vom Typus (I, II, IV, V).

Beweis. Jede Untergruppe einer torsionsfreien Gruppe $\mathfrak{G}$ ist torsionsfrei. Ein Element $G \in \mathfrak{G}$ endlicher Ordnung $\operatorname{ord}(G) = g > 0$ erfüllt nach einem Normalteiler $\mathfrak{N} \triangleleft \mathfrak{G}$ die Kongruenz

$$G^g \equiv E \bmod \mathfrak{N}, \quad \text{also} \quad G \equiv E \bmod \mathfrak{N},$$

wenn $\mathfrak{G}/\mathfrak{N}$ torsionsfrei; ist auch $\mathfrak{N}$ torsionsfrei, so folgt $G=E$. Ein Element V der Vereinigung $\mathfrak{V} = \cup\,\mathfrak{U}$ einer Kette torsionsfreier Untergruppen $\mathfrak{U} \subset \mathfrak{G}$ gehört einem Glied $\mathfrak{U}_0$ der Kette an. Mithin ist auch $\mathfrak{V}$ torsionsfrei.

Nach Satz 24 enthält jede Gruppe $\mathfrak{G}$ maximale torsionsfreie Untergruppen und maximale torsionsfreie Normalteiler; die Faktorgruppe $\mathfrak{G}/\mathfrak{N}$ nach einem maximalen torsionsfreien Normalteiler $\mathfrak{N} \subseteq \mathfrak{G}$ besitzt keinen eigentlichen torsionsfreien Normalteiler.

Kombinationen dieser Forderungen ergeben leicht beweisbare Aussagen:

Satz 26. *Die abstrakte Gruppeneigenschaft* $e(\mathfrak{G};\Omega)$ *sei vom Typus* (I, V, VI). *Dann besitzt jede Gruppe* $\mathfrak{G};\Omega$ *genau eine maximale* (Ω-charakteristische) e-Untergruppe $\mathfrak{M}_e$. *Ist* $e(\mathfrak{G};\Omega)$ *vom Typus* (I, III, V, VI), *so ist* $\mathfrak{M}_e$ Ω-vollinvariant *in* $\mathfrak{G};\Omega$.

Beweis. Auf Grund der Forderungen I, V, VI ist die Menge M_e aller e-Untergruppen von $\mathfrak{G};\Omega$ ein (nichtleerer) nach oben abgeschlossener aufsteigender Halbverband. Ist $\mathfrak{M}_e$ die (einzige) maximale e-Untergruppe in $\mathfrak{G};\Omega$, so ist das Bild $\mathfrak{M}_e^\alpha$ nach einem Automorphismus $\alpha \in \mathsf{A}(\mathfrak{G};\Omega)$ eine e-Gruppe, also $\mathfrak{M}_e^\alpha \subseteq \mathfrak{M}_e$. Erfüllt $e(\mathfrak{G};\Omega)$ die Forderung III, so ist das Bild $\mathfrak{M}_e^\eta$ nach einem Endomorphismus $\eta \in \mathsf{E}(\mathfrak{G};\Omega)$ eine e-Gruppe, also $\mathfrak{M}_e^\eta \subseteq \mathfrak{M}_e$.

In gleicher Weise erhält man

Satz 26*. *Die abstrakte Gruppeneigenschaft* $e(\mathfrak{G};\Omega)$ *sei vom Typus* (I, V*, VI**). *Dann besitzt jede Gruppe* $\mathfrak{G};\Omega$ *genau einen maximalen* (Ω-charakteristischen) *Normalteiler* $\mathfrak{N}_e$.

Beispiel 4. Die abstrakte Gruppeneigenschaft $m_*(\mathfrak{G};\Omega)$, *der Minimalbedingung zu genügen*, ist vom Typus (I, II, III, IV, VI*).

Beweis. Erfüllt $\mathfrak{G};\Omega$ die Minimalbedingung, so gilt das gleiche für jedes homomorphe Bild $\overline{\mathfrak{U}};\Omega$ einer jeden Untergruppe $\mathfrak{U} \subseteq \mathfrak{G};\Omega$. Erfüllen der Normalteiler $\mathfrak{N} \triangleleft \mathfrak{G};\Omega$ und seine Faktorgruppe $\mathfrak{G}/\mathfrak{N};\Omega$ die Minimalbedingung, so führt eine absteigende abzählbare Untergruppenkette $(\mathfrak{A}_k)$ in $\mathfrak{G};\Omega$ auf Untergruppenketten $(\mathfrak{A}_k \cap \mathfrak{N})$ in $\mathfrak{N}$ bzw. $\mathfrak{A}_k\mathfrak{N}/\mathfrak{N}$ in $\mathfrak{G}/\mathfrak{N}$, für die von einer Stelle k an gleichzeitig

$$\mathfrak{A}_k \cap \mathfrak{N} = \mathfrak{A}_{k+1} \cap \mathfrak{N} = \cdots \quad \text{und} \quad \mathfrak{A}_k\mathfrak{N} = \mathfrak{A}_{k+1}\mathfrak{N} = \cdots.$$

Daraus folgt

$$\mathfrak{A}_{k+1} \subseteq \mathfrak{A}_k = \mathfrak{A}_k \cap \mathfrak{A}_k\mathfrak{N} = \mathfrak{A}_k \cap \mathfrak{A}_{k+1}\mathfrak{N}$$
$$= \mathfrak{A}_{k+1}(\mathfrak{A}_k \cap \mathfrak{N}) = \mathfrak{A}_{k+1}(\mathfrak{A}_{k+1} \cap \mathfrak{N}) = \mathfrak{A}_{k+1},$$

also $\mathfrak{A}_k = \mathfrak{A}_{k+1}$.

Erfüllen die Untergruppe $\mathfrak{U}$ und der Normalteiler $\mathfrak{N}$ in $\mathfrak{G};\Omega$ die Minimalbedingung, so erfüllt nach Satz 25 auch $\mathfrak{U}\mathfrak{N}$ die Minimalbedingung.

Die Menge aller Normalteiler $\mathfrak{N}$ einer Gruppe $\mathfrak{G}; \Omega$, die die Minimalbedingung erfüllen, ist demnach ein (nach unten abgeschlossener) Verband.

Beispiel 4*. Die abstrakte Gruppeneigenschaft $\mathfrak{m}^*(\mathfrak{G}; \Omega)$, *der Maximalbedingung zu genügen,* ist vom Typus (I, II, III, IV, VI*).

Beispiel 4**. Die abstrakte Gruppeneigenschaft $\mathfrak{h}(\mathfrak{G}; \Omega)$, *endlich erzeugbare Gruppe* (mit Operatorenbereich Ω) zu sein, ist vom Typus (I, III, IV, VI).

Satz 27. *Die abstrakte Gruppeneigenschaft* $\mathfrak{e}(\mathfrak{G}; \Omega)$ *sei vom Typus* (I, II, V, VI*). *Dann ist die Menge* $\mathsf{N}_\mathfrak{e}$ *aller $\mathfrak{e}$-Normalteiler einer Gruppe* $\mathfrak{G}; \Omega$ *ein abgeschlossener Verband. Der (einzige) maximale $\mathfrak{e}$-Normalteiler* $\mathfrak{N}_\mathfrak{e} \subseteq | \mathfrak{G}; \Omega$ *ist Ω-charakteristisch in* $\mathfrak{G}; \Omega$ *und im Durchschnitt aller maximalen $\mathfrak{e}$-Untergruppen von* $\mathfrak{G}; \Omega$ *enthalten.*

Beweis. Auf Grund der Forderungen ist $\mathsf{N}_\mathfrak{e}$ ein abgeschlossener Verband; der maximale Normalteiler $\mathfrak{N}_\mathfrak{e} \subseteq | \mathfrak{G}; \Omega$ ist daher Ω-charakteristisch in $\mathfrak{G}; \Omega$. Wegen II und V existieren auch maximale $\mathfrak{e}$-Untergruppen $\mathfrak{M}$ in $\mathfrak{G}; \Omega$. Da dann wegen VI* auch $\mathfrak{M}\mathfrak{N}_\mathfrak{e}$ eine $\mathfrak{e}$-Gruppe ist, ist $\mathfrak{N}_\mathfrak{e}$ in $\mathfrak{M}$, also im Durchschnitt $\mathfrak{D}_\mathfrak{e} = \cap \mathfrak{M}$ aller maximalen $\mathfrak{e}$-Untergruppen $\mathfrak{M}$ enthalten. Gleichheit $\mathfrak{D}_\mathfrak{e} = \mathfrak{N}_\mathfrak{e}$ besteht genau dann, wenn $\mathfrak{D}_\mathfrak{e}$ normal in $\mathfrak{G}; \Omega$ ist.

Analog findet man

Satz 27*. *Die abstrakte Gruppeneigenschaft* $\mathfrak{e}(\mathfrak{G}; \Omega)$ *sei vom Typus* (I, II*, V*, VI**). *Dann ist die Menge* $\mathsf{N}_\mathfrak{e}$ *aller $\mathfrak{e}$-Normalteiler einer Gruppe* $\mathfrak{G}; \Omega$ *ein abgeschlossener Verband. Der einzige maximale $\mathfrak{e}$-Normalteiler* $\mathfrak{N}_\mathfrak{e} \subseteq | \mathfrak{G}; \Omega$ *ist Ω-charakteristisch in* $\mathfrak{G}; \Omega$.

Eine für Gruppen $\mathfrak{G}$ (ohne Operatoren) erklärte abstrakte Gruppeneigenschaft $\mathfrak{s}(\mathfrak{G})$ vom Typus (I, II, III, IV, V) nennen wir kurz eine *Syloweigenschaft.* Eine maximale $\mathfrak{s}$-Untergruppe $\mathfrak{U}$ in einer Gruppe $\mathfrak{G}$ heißt $\mathfrak{s}$-*Sylowgruppe von* $\mathfrak{G}$.

Aus den bisherigen Betrachtungen entnehmen wir unmittelbar:

Satz 28. *Es sei* $\mathfrak{s}(\mathfrak{G})$ *eine Syloweigenschaft; dann gilt:*

Jedes homomorphe Bild $\overline{\mathfrak{U}}$ *einer jeden Untergruppe* $\mathfrak{U}$ *einer $\mathfrak{s}$-Gruppe* $\mathfrak{G}$ *ist eine $\mathfrak{s}$-Gruppe.*

Ist $\mathfrak{N}$ ein $\mathfrak{s}$-Normalteiler der Gruppe $\mathfrak{G}$, deren Faktorgruppe $\mathfrak{G}/\mathfrak{N}$ eine $\mathfrak{s}$-Gruppe ist, so ist $\mathfrak{G}$ eine $\mathfrak{s}$-Gruppe.

Ist von den $\mathfrak{s}$-Untergruppen $\mathfrak{U}, \mathfrak{V}$ *einer Gruppe $\mathfrak{G}$ eine normal in $\mathfrak{G}$, so ist $\mathfrak{U}\mathfrak{V}$ eine $\mathfrak{s}$-Gruppe.*

Die Menge $\mathsf{N}_\mathfrak{s}$ *aller $\mathfrak{s}$-Normalteiler einer Gruppe $\mathfrak{G}$ ist ein abgeschlossener Verband. Jede Gruppe $\mathfrak{G}$ enthält $\mathfrak{s}$-Sylowgruppen; ihr Durchschnitt $\mathfrak{N}_\mathfrak{s}$ ist der (einzige) maximale $\mathfrak{s}$-Normalteiler in $\mathfrak{G}$. Die Gruppe $\mathfrak{N}_\mathfrak{s}$ ist (streng) charakteristisch in $\mathfrak{G}$; ihre Faktorgruppe $\mathfrak{G}/\mathfrak{N}_\mathfrak{s}$ enthält keinen von 1 verschiedenen $\mathfrak{s}$-Normalteiler.*

Ist eine $\mathfrak{F}$-Sylowgruppe $\mathfrak{H}$ normal in $\mathfrak{G}$, so ist sie die einzige (vollinvariante) $\mathfrak{F}$-Sylowgruppe in $\mathfrak{G}$.

Beispiel 5. Es bezeichne $\mathfrak{o}(\mathfrak{G})$ die abstrakte Gruppeneigenschaft, eine *ordnungsfinite Gruppe* zu sein. Dann gilt

Satz 29. *Die Eigenschaft $\mathfrak{o}(\mathfrak{G})$ ist eine Syloweigenschaft.*

Beweis. Jede Untergruppe $\mathfrak{U}$, jedes homomorphe Bild $\overline{\mathfrak{G}}$ einer ordnungsfiniten Gruppe $\mathfrak{G}$ ist ordnungsfinit. Ist $\mathfrak{N}$ Normalteiler in $\mathfrak{G}$ mit ordnungsfiniter Faktorgruppe $\mathfrak{G}/\mathfrak{N}$, so gilt für jedes $G \in \mathfrak{G}$

$$G^g \equiv E \bmod \mathfrak{N}, \quad \text{also} \quad G^g = N \in \mathfrak{N} \quad \text{mit } g > 0.$$

Ist $\mathfrak{N}$ ordnungsfinit, so ist N, also auch G endlicher Ordnung. Jedes Element V der Vereinigung $\mathfrak{V} = \cup \mathfrak{U}$ einer Kette ordnungsfiniter Untergruppen $\mathfrak{U} \subset \mathfrak{G}$ besitzt endliche Ordnung.

Jede Gruppe $\mathfrak{G}$ enthält genau einen maximalen (strengcharakteristischen) ordnungsfiniten Normalteiler $\mathfrak{N}_0$, den Durchschnitt aller maximalen ordnungsfiniten Untergruppen von $\mathfrak{G}$. Ist eine maximale ordnungsfinite Untergruppe einer Gruppe $\mathfrak{G}$ zugleich normal in $\mathfrak{G}$, also der Normalteiler $\mathfrak{N}_0 \subseteq \mathfrak{G}$, so umfaßt sie sämtliche Elemente endlicher Ordnung aus $\mathfrak{G}$.

Die ähnlichen Bilder $\mathfrak{M}^G$ einer maximalen ordnungsfiniten Untergruppe $\mathfrak{M}$ von $\mathfrak{G}$ haben die gleiche Eigenschaft. Ihre Anzahl gibt

Satz 30. *Eine Gruppe $\mathfrak{G}$ enthält entweder eine einzige, alle Elemente endlicher Ordnung umfassende Untergruppe $\mathfrak{N}_0$ oder aber zu jeder maximalen ordnungsfiniten Untergruppe $\mathfrak{M}$ unendlich viele verschiedene ähnliche Untergruppen.*

Beweis. Besitzt $\mathfrak{G}$ eine maximale ordnungsfinite Untergruppe $\mathfrak{M}$ endlicher Ordnung mit nur endlich vielen ähnlichen Bildern $\mathfrak{M}^G$, so erzeugt der Komplex $\mathfrak{K} = \cup \mathfrak{M}^G$ nach Satz 1.2.23* einen endlichen, $\mathfrak{M}$ umfassenden Normalteiler $\mathfrak{M}^* = \{\mathfrak{K}\}$ von $\mathfrak{G}$:

$$\mathfrak{M} = \mathfrak{M}^* \quad \text{und} \quad \mathfrak{M} = \mathfrak{M}^G \quad \text{für jedes } G \in \mathfrak{G}.$$

Dann enthält $\mathfrak{M}$ aber alle Elemente endlicher Ordnung aus $\mathfrak{G}$.

Ist $\mathfrak{G}$ selbst nicht ordnungsfinit und $\mathfrak{M}$ maximale ordnungsfinite Untergruppe von $\mathfrak{G}$ mit nur endlich vielen ähnlichen Bildern

$$\mathfrak{M} = \mathfrak{M}_1, \mathfrak{M}_2, \ldots, \mathfrak{M}_k$$

in der Anzahl $k = \text{ind}(\mathfrak{G} : \mathfrak{N}(\mathfrak{M}))$ nach dem Normalisator $\mathfrak{N}(\mathfrak{M})$, so ist $\mathfrak{M}$ maximale ordnungsfinite Untergruppe in $\mathfrak{N}(\mathfrak{M})$, als Normalteiler von $\mathfrak{N}(\mathfrak{M})$ also die Gruppe aller Elemente endlicher Ordnung aus $\mathfrak{N}(\mathfrak{M})$. Daher gilt
$$\mathfrak{M} \cap \mathfrak{M}_\varkappa = \mathfrak{N}(\mathfrak{M}) \cap \mathfrak{M}_\varkappa \quad \text{für } 1 \leq \varkappa \leq k.$$

Nun ist aber

$$k = \text{ind}(\mathfrak{G} : \mathfrak{N}(\mathfrak{M})) \geq \text{ind}(\mathfrak{G} \cap \mathfrak{M}_\varkappa : \mathfrak{N}(\mathfrak{M}) \cap \mathfrak{M}_\varkappa) = \text{ind}(\mathfrak{M}_\varkappa : \mathfrak{M} \cap \mathfrak{M}_\varkappa)$$

und folglich nach Satz 1.2.15

$$\text{ind}\,(\mathfrak{M}:\mathfrak{D}) = m > 0 \quad \text{für } \mathfrak{D} = \bigcap_\varkappa (\mathfrak{M} \cap \mathfrak{M}_\varkappa) = \bigcap_\varkappa \mathfrak{M}_\varkappa.$$

Da $\mathfrak{D}$ normal in $\mathfrak{G}$, ist $\mathfrak{M}/\mathfrak{D}$ maximale ordnungsfinite Untergruppe in $\mathfrak{G}/\mathfrak{D}$ endlicher Ordnung $\text{ord}\,(\mathfrak{M}/\mathfrak{D}) = m > 0$ mit nur endlich vielen ähnlichen Bildern $\mathfrak{M}_\varkappa/\mathfrak{D}$. Daher ist $\mathfrak{M}/\mathfrak{D}$ die einzige maximale ordnungsfinite Untergruppe von $\mathfrak{G}/\mathfrak{D}$, also

$$\mathfrak{M}/\mathfrak{D} \triangleleft|\ \mathfrak{G}/\mathfrak{D} \quad \text{und} \quad \mathfrak{M} \triangleleft|\ \mathfrak{G}.$$

Mithin ist $\mathfrak{M}$ auch die einzige maximale ordnungsfinite Untergruppe in $\mathfrak{G}$.

Satz 31. *Die Menge $\mathfrak{F}(\mathfrak{A})$ aller Elemente endlicher Ordnung in einer abelschen Gruppe $\mathfrak{A}$ ist eine vollinvariante Untergruppe, deren Faktorgruppe $\mathfrak{A}/\mathfrak{F}(\mathfrak{A})$ torsionsfrei ist.*

Beweis. Eine maximale ordnungsfinite Untergruppe in $\mathfrak{A}$ ist als Normalteiler die Menge $\mathfrak{F}(\mathfrak{A})$ aller Elemente endlicher Ordnung aus $\mathfrak{A}$. Daher ist $\mathfrak{A}/\mathfrak{F}(\mathfrak{A})$ torsionsfrei. Jedes Bild $\mathfrak{F}(\mathfrak{A})^\sigma$ nach einem Endomorphismus $\sigma \in \mathsf{E}(\mathfrak{A})$ ist ordnungsfinit, also in $\mathfrak{F}(\mathfrak{A})$ enthalten.

Für die $\mathfrak{s}$-Sylowgruppen einer Gruppe $\mathfrak{G}$ erhalten wir bei beliebiger Syloweigenschaft $\mathfrak{s}(\mathfrak{G})$ noch

Satz 32. *Zwei verschiedene $\mathfrak{s}$-Sylowgruppen einer Untergruppe $\mathfrak{U}$ der Gruppe $\mathfrak{G}$ sind in zwei verschiedenen $\mathfrak{s}$-Sylowgruppen von $\mathfrak{G}$ enthalten.*

Beweis. Verschiedene $\mathfrak{s}$-Sylowgruppen $\mathfrak{V}_1, \mathfrak{V}_2$ einer Untergruppe $\mathfrak{U}$ sind nicht ineinander enthalten, also auch von E verschieden. Wäre für eine $\mathfrak{s}$-Sylowgruppe $\mathfrak{H} \subseteq \mathfrak{G}$

$$\mathfrak{V}_1 \subseteq \mathfrak{H} \quad \text{und} \quad \mathfrak{V}_2 \subseteq \mathfrak{H}, \quad \text{also} \quad \{\mathfrak{V}_1 \cup \mathfrak{V}_2\} \subseteq \mathfrak{H},$$

so wäre auch $\{\mathfrak{V}_1 \cup \mathfrak{V}_2\}$ eine $\mathfrak{s}$-Gruppe in $\mathfrak{U}$, also $\mathfrak{V}_1 = \mathfrak{V}_2 = \{\mathfrak{V}_1 \cup \mathfrak{V}_2\}$.

Satz 33. *Eine $\mathfrak{s}$-Sylowgruppe $\mathfrak{H}$ einer Gruppe $\mathfrak{G}$ ist die einzige (vollinvariante) $\mathfrak{s}$-Sylowgruppe ihres Normalisators $\mathfrak{N}(\mathfrak{H}) = \mathfrak{N}(\mathfrak{H} \subseteq \mathfrak{G})$. Die Gruppe $\mathfrak{N}(\mathfrak{H})$ ist ihr eigener Normalisator in $\mathfrak{G}$:*

$$\mathfrak{N}\left(\mathfrak{N}(\mathfrak{H}) \subseteq \mathfrak{G}\right) = \mathfrak{N}(\mathfrak{H}).$$

Beweis. Die $\mathfrak{s}$-Sylowgruppe $\mathfrak{H} \subseteq \mathfrak{G}$ ist $\mathfrak{s}$-Sylowgruppe und normal in $\mathfrak{N}(\mathfrak{H})$, also die einzige $\mathfrak{s}$-Sylowgruppe von $\mathfrak{N}(\mathfrak{H})$. Nun folgt

$$\mathfrak{H} \trianglelefteq|\ \mathfrak{N}(\mathfrak{H}) \subseteq|\ \mathfrak{N}\left(\mathfrak{N}(\mathfrak{H}) \subseteq \mathfrak{G}\right), \quad \text{also} \quad \mathfrak{H} \trianglelefteq|\ \mathfrak{N}\left(\mathfrak{N}(\mathfrak{H}) \subseteq \mathfrak{G}\right)$$

und damit die letzte Behauptung.

Satz 34. *Jede $\mathfrak{s}$-Sylowgruppe $\mathfrak{V}$ einer Untergruppe $\mathfrak{U}$ ist Durchschnitt einer $\mathfrak{s}$-Sylowgruppe $\mathfrak{H}$ von $\mathfrak{G}$ mit $\mathfrak{U}$.*

Beweis. Eine $\mathfrak{s}$-Sylowgruppe $\mathfrak{V} \subseteq \mathfrak{U}$ gehört einer $\mathfrak{s}$-Sylowgruppe $\mathfrak{H} \subseteq \mathfrak{G}$ an; da $\mathfrak{U} \cap \mathfrak{H}$ eine $\mathfrak{s}$-Untergruppe von $\mathfrak{U}$ ist, folgt $\mathfrak{V} = \mathfrak{U} \cap \mathfrak{H}$. Umgekehrt ist nicht immer der Durchschnitt $\mathfrak{U} \cap \mathfrak{H}$ mit einer $\mathfrak{s}$-Sylowgruppe $\mathfrak{H} \subseteq \mathfrak{G}$ auch $\mathfrak{s}$-Sylowgruppe der Untergruppe $\mathfrak{U} \subseteq \mathfrak{G}$.

1.4.5. Lokale Gruppeneigenschaften

Definition 9. *Es sei* $e(\mathfrak{G};\Omega)$ *eine abstrakte Gruppeneigenschaft. Eine Gruppe* $\mathfrak{G};\Omega$ *heißt lokale e-Gruppe, wenn jede endlich erzeugbare Untergruppe* $\mathfrak{U} \subseteq \mathfrak{G};\Omega$ *eine e-Gruppe ist.*

Wir wollen den Typus der abstrakten Gruppeneigenschaft $\mathfrak{le}(\mathfrak{G};\Omega)$, *lokale e-Gruppe* zu sein, in Abhängigkeit vom Typus der Eigenschaft $e(\mathfrak{G};\Omega)$ untersuchen.

Satz 35. *Ist die abstrakte Gruppeneigenschaft* $e(\mathfrak{G};\Omega)$ *vom Typus* (I, II), *so ist jede e-Gruppe* $\mathfrak{G};\Omega$ *auch lokale e-Gruppe.*

Beweis. Wegen II ist jede endlich erzeugbare Untergruppe $\mathfrak{U}$ einer e-Gruppe $\mathfrak{G};\Omega$ wieder e-Gruppe. Unter den Voraussetzungen des Satzes ist also der Begriff der lokalen e-Gruppe Verallgemeinerung des Begriffes der e-Gruppe.

Satz 35*. *Ist die abstrakte Gruppeneigenschaft* $e(\mathfrak{G};\Omega)$ *vom Typus* (I, II, V), *so ist jede abzählbar unendliche lokale e-Gruppe* $\mathfrak{G};\Omega$ *auch e-Gruppe.*

Beweis. Eine Abzählung (G_n) (über $1 \leq n < \infty$) der lokalen e-Gruppe $\mathfrak{G}$ führt auf endlich erzeugbare Untergruppen $\mathfrak{G}_k = \{G_1, G_2, \ldots, G_k; \Omega\}$, also e-Untergruppen von $\mathfrak{G}$ mit der Vereinigung $\mathfrak{G} = \cup \mathfrak{G}_k$; wegen V ist auch $\mathfrak{G}$ eine e-Gruppe.

Die Voraussetzung der Abzählbarkeit kann hierbei nicht immer vermieden werden; eine nähere Untersuchung dieser Frage führt auf einen häufig auftretenden Typus abstrakter Gruppeneigenschaften:

Definition 9*. *Für die geordneten endlichen Komplexe* $\mathfrak{K}$ *einer jeden Gruppe* $\mathfrak{G};\Omega$ *sei eine Relation* $\mathfrak{r}(\mathfrak{K})$ *erklärt:*

$$\mathfrak{r}(\mathfrak{K}) = \begin{cases} 1, & d.h.\ \mathfrak{K}\ \textit{erfüllt die Relation,} \\ 0, & d.h.\ \mathfrak{K}\ \textit{erfüllt nicht die Relation.} \end{cases}$$

Gilt $e(\mathfrak{G};\Omega) = 1$ *genau dann, wenn* $\mathfrak{r}(\mathfrak{K}) = 1$ *für jeden endlichen Komplex* $\mathfrak{K} \subseteq \mathfrak{G};\Omega$, *so ist die abstrakte Gruppeneigenschaft* $e(\mathfrak{G};\Omega)$ *durch* $\mathfrak{r}(\mathfrak{K})$ *finit erklärt.*

Beispiele. Die Gruppeneigenschaft $\mathfrak{a}(\mathfrak{G};\Omega)$, *abelsche Gruppe* zu sein, ist finit erklärt durch:

$$\mathfrak{r}(G_1, G_2, \ldots, G_k) = 1 \quad \text{für } k \neq 2,$$

$$\mathfrak{r}(G_1, G_2) = \begin{cases} 1, & \text{wenn } [G_1, G_2] = E, \\ 0, & \text{wenn } [G_1, G_2] \neq E. \end{cases}$$

Die Gruppeneigenschaft $\mathfrak{o}(\mathfrak{G})$, *ordnungsfinite Gruppe* zu sein, ist finit erklärt durch:

$$\mathfrak{r}(G_1, G_2, \ldots, G_k) = 1 \quad \text{für } k > 1,$$

$$\mathfrak{r}(G_1) = \begin{cases} 1, & \text{wenn } \mathrm{ord}(G_1) > 0, \\ 0, & \text{wenn } \mathrm{ord}(G_1) = 0. \end{cases}$$

1.4.5. Lokale Gruppeneigenschaften

Satz 35**. *Ist* $e(\mathfrak{G};\Omega)$ *eine durch die Relation* $\mathfrak{r}(\mathfrak{K})$ *finit erklärte abstrakte Gruppeneigenschaft vom Typus* (I, II), *so gilt*

$$e(\mathfrak{G};\Omega) = \mathfrak{l}e(\mathfrak{G};\Omega).$$

Beweis. Jede e-Gruppe ist lokale e-Gruppe. Umgekehrt erzeugt jeder endliche Komplex $\mathfrak{K}$ einer lokalen e-Gruppe $\mathfrak{G};\Omega$ eine e-Untergruppe $\mathfrak{U}=\{\mathfrak{K};\Omega\}\subseteq\mathfrak{G};\Omega$. Da in $\mathfrak{U}$ die Relation $\mathfrak{r}(\mathfrak{K})=1$ besteht, ist auch $\mathfrak{G};\Omega$ eine e-Gruppe.

Satz 36. *Ist* $e(\mathfrak{G};\Omega)$ *eine abstrakte Gruppeneigenschaft vom Typus* (I, II), *so ist die abstrakte Gruppeneigenschaft* $\mathfrak{l}e(\mathfrak{G};\Omega)$ *vom Typus* (I, II, V).

Beweis. Jede endlich erzeugbare Untergruppe $\mathfrak{H}$ einer Untergruppe $\mathfrak{U}$ der lokalen e-Gruppe $\mathfrak{G};\Omega$ ist e-Gruppe; folglich ist $\mathfrak{U}$ lokale e-Gruppe. Jeder endliche Komplex $\mathfrak{K}$ der Vereinigung $\mathfrak{V}=\cup\mathfrak{U}$ einer Kette lokaler e-Untergruppen $\mathfrak{U}\subseteq\mathfrak{G};\Omega$ gehört einem Glied $\mathfrak{U}_0$ der Kette an, erzeugt also eine e-Gruppe. Mithin ist $\mathfrak{V}$ lokale e-Gruppe.

Satz 37. *Ist* $e(\mathfrak{G};\Omega)$ *eine abstrakte Gruppeneigenschaft vom Typus* (I, III), *so ist auch* $\mathfrak{l}e(\mathfrak{G};\Omega)$ *vom Typus* (I, III).

Beweis. Es sei $\overline{\mathfrak{G}};\Omega$ homomorphes Bild der lokalen e-Gruppe $\mathfrak{G};\Omega$. Jeder endliche Komplex $\overline{\mathfrak{K}}\subset\overline{\mathfrak{G}};\Omega$ ist Bild eines endlichen Komplexes $\mathfrak{K}\subset\mathfrak{G};\Omega$. In $\mathfrak{G};\Omega$ erzeugt $\mathfrak{K}$ eine e-Untergruppe $\mathfrak{U}=\{\mathfrak{K};\Omega\}$; wegen III ist $\overline{\mathfrak{U}}=\{\overline{\mathfrak{K}};\Omega\}$ eine e-Gruppe.

Satz 38. *Es sei* $e(\mathfrak{G};\Omega)$ *eine abstrakte Gruppeneigenschaft vom Typus* (I, II, IV). *Ist* $\mathfrak{N}$ *ein e-Normalteiler in* $\mathfrak{G};\Omega$, *die Faktorgruppe* $\mathfrak{G}/\mathfrak{N}$ *lokale e-Gruppe, so ist* $\mathfrak{G};\Omega$ *lokale e-Gruppe*.

Beweis. Ist die Untergruppe $\mathfrak{U}\subseteq\mathfrak{G};\Omega$ endlich erzeugbar, so ist $\mathfrak{U}\mathfrak{N}/\mathfrak{N};\Omega$ endlich erzeugbar, also e-Gruppe. Daher ist $\mathfrak{U}/\mathfrak{N}\cap\mathfrak{U}$ eine e-Gruppe; wegen II ist $\mathfrak{N}\cap\mathfrak{U}\subseteq\mathfrak{N}$ eine e-Gruppe, wegen IV auch $\mathfrak{U}$ eine e-Gruppe.

Die Voraussetzung, daß der Normalteiler $\mathfrak{N}\trianglelefteq\mathfrak{G};\Omega$ eine e-Gruppe ist, kann allgemein nicht dahin abgeschwächt werden, daß $\mathfrak{N}$ lokale e-Gruppe ist.

Beispiel 6. Die abstrakte Gruppeneigenschaft $\mathfrak{m}^*(\mathfrak{G};\Omega)$, *der Maximalbedingung zu genügen*, ist vom Typus (I, II, III, IV, VI*). Daher ist die abstrakte Gruppeneigenschaft $\mathfrak{l}\mathfrak{m}^*(\mathfrak{G};\Omega)$, *lokal der Maximalbedingung zu genügen*, vom Typus (I, II, III, V). Die Forderung IV ist im allgemeinen nicht erfüllt, es gilt aber:

Genügt der Normalteiler $\mathfrak{N}\triangleleft\mathfrak{G};\Omega$ *der Maximalbedingung, die Faktorgruppe* $\mathfrak{G}/\mathfrak{N};\Omega$ *lokal der Maximalbedingung, so genügt* $\mathfrak{G};\Omega$ *lokal der Maximalbedingung.*

Beispiel 6*. Die abstrakte Gruppeneigenschaft $\mathfrak{m}_*(\mathfrak{G};\Omega)$, *der Minimalbedingung zu genügen*, ist vom Typus (I, II, III, IV, VI*), die abstrakte Gruppeneigenschaft $\mathrm{lm}_*(\mathfrak{G};\Omega)$, *lokal der Minimalbedingung zu genügen*, vom Typus (I, II, III, V); ferner gilt:

Genügt der Normalteiler $\mathfrak{N} \triangleleft |\mathfrak{G}; \Omega$ der Minimalbedingung, die Faktorgruppe $\mathfrak{G}/\mathfrak{N}; \Omega$ lokal der Minimalbedingung, so genügt $\mathfrak{G}; \Omega$ lokal der Minimalbedingung.

Beispiel 7. Eine Gruppe $\mathfrak{G}$ (ohne Operatoren) ist *frei*, wenn sie als Erzeugnis $\mathfrak{G} = \{\mathfrak{K}\}$ eines Komplexes $\mathfrak{K} \subset \mathfrak{G}$ freie Gruppe ist; die abstrakte Gruppeneigenschaft $\mathfrak{f}(\mathfrak{G})$, *freie Gruppe* zu sein, ist nach Ergebnissen des Abschnittes 2.1.2 vom Typus (I, II):

Jede Untergruppe $\mathfrak{U}$ einer freien Gruppe $\mathfrak{G}$ ist freie Gruppe. Eine Gruppe $\mathfrak{G}$ ist *lokalfrei*, wenn jede endlich erzeugbare Untergruppe $\mathfrak{U} \subseteq \mathfrak{G}$ freie Gruppe ist. Die abstrakte Gruppeneigenschaft $\mathfrak{lf}(\mathfrak{G})$, *lokalfreie Gruppe* zu sein, ist vom Typus (I, II, V):

Jede Untergruppe einer lokalfreien Gruppe $\mathfrak{G}$ ist lokalfrei. Die Vereinigung einer Kette lokalfreier Untergruppen einer Gruppe $\mathfrak{G}$ ist lokalfrei.

Jede abzählbare lokalfreie Gruppe ist Vereinigung einer Kette freier Untergruppen (endlichen Ranges).

Beweis. Nach Abzählung der Elemente der Gruppe hat man nur die Kette der (freien) Untergruppen zu nehmen, die von den Abschnitten der Abzählung erzeugt werden. Ob die analoge Aussage für überabzählbare lokalfreie Gruppen gültig ist, ließ sich noch nicht entscheiden.

Satz 39. *Ist die abstrakte Gruppeneigenschaft $\mathfrak{e}(\mathfrak{G}; \Omega)$ vom Typus (I, II, VI), so ist die lokale Gruppeneigenschaft $\mathfrak{le}(\mathfrak{G}; \Omega)$ vom Typus (I, II, V, VI).*

Beweis. Wegen Satz 36 ist nur nachzuweisen, daß $\mathfrak{le}(\mathfrak{G}; \Omega)$ die Forderung VI erfüllt. Sind $\mathfrak{U}, \mathfrak{V}$ lokale e-Untergruppen in $\mathfrak{G}; \Omega$, ist $\mathfrak{W} = \{W_1, W_2, \ldots, W_k; \Omega\}$ endlich erzeugbare Untergruppe des Kompositums $\{\mathfrak{U} \cup \mathfrak{V}; \Omega\}$, so sind die Erzeugenden $W_\varkappa$ Produkte endlich vieler Elemente $U_\mu \in \mathfrak{U}$ und $V_\nu \in \mathfrak{V}$. Die Untergruppen $\mathfrak{U}^* = \{\cup U_\mu; \Omega\} \subseteq \mathfrak{U}$ und $\mathfrak{V}^* = \{\cup V_\nu; \Omega\}$ sind e-Gruppen; wegen VI ist $\mathfrak{W}^* = \{\mathfrak{U}^* \cup \mathfrak{V}^*; \Omega\}$, wegen II die Untergruppe $\mathfrak{W} \subseteq \mathfrak{W}^*$ eine e-Gruppe. Mithin ist $\{\mathfrak{U} \cup \mathfrak{V}; \Omega\}$ lokale e-Gruppe.

Unter den Voraussetzungen des Satzes 39 ist die Menge $\mathsf{M_e}$ aller e-Untergruppen einer Gruppe $\mathfrak{G}; \Omega$ ein (nach unten, jedoch nicht immer auch nach oben abgeschlossener) Verband; nach Satz 39 ist die Menge $\mathsf{M_{le}}$ aller lokalen e-Untergruppen $\mathfrak{V} \subseteq \mathfrak{G}; \Omega$ ein abgeschlossener Verband. Die (einzige) maximale lokale e-Untergruppe $\mathfrak{M}(\mathfrak{G}; \Omega) \subseteq \mathfrak{G}; \Omega$ ist das Kompositum aller (monogenen) e-Untergruppen $\{M; \Omega\}$ mit Elementen $M \in \mathfrak{M}(\mathfrak{G}; \Omega)$. Der Verband $\mathsf{M_{le}}$ ist demnach die Abschließung des Verbandes $\mathsf{M_e}$; das Kompositum jeder Menge von e-Untergruppen in $\mathfrak{G}; \Omega$ ist eine lokale e-Untergruppe.

1.4.5. Lokale Gruppeneigenschaften

Definition 10. *Eine Gruppe $\mathfrak{G}; \Omega$ ist Ω-lokalendlich, wenn jede Untergruppe $\mathfrak{U} = \{\mathfrak{K}; \Omega\}$ mit endlichem Komplex $\mathfrak{K} \subset \mathfrak{G}$ endlich ist.*

Eine Gruppe $\mathfrak{G}$ (ohne Operatoren) ist *lokalendlich* schlechthin, wenn jede endlich erzeugbare Untergruppe $\mathfrak{U} \subset \mathfrak{G}$ endlich ist. Eine Gruppe $\mathfrak{G}$ ist J-lokalendlich mit dem Operatorenbereich $J = J(\mathfrak{G})$, wenn jeder endliche Komplex $\mathfrak{K}$ einen endlichen Normalteiler $\mathfrak{N} = \{\mathfrak{K}; J\}$ in $\mathfrak{G}$ erzeugt.

Die abstrakte Gruppeneigenschaft $\mathfrak{e}(\mathfrak{G}; \Omega)$, eine *endliche Gruppe* zu sein, ist vom Typus (I, II, III, IV, VI*); daraus folgt

Satz 40. *Jedes homomorphe Bild $\overline{\mathfrak{U}}; \Omega$ einer jeden Untergruppe $\mathfrak{U}; \Omega$ einer Ω-lokalendlichen Gruppe $\mathfrak{G}; \Omega$ ist Ω-lokalendlich.*

Ist $\mathfrak{N}$ endlicher Normalteiler in $\mathfrak{G}; \Omega$ mit Ω-lokalendlicher Faktorgruppe $\mathfrak{G}/\mathfrak{N}; \Omega$, so ist $\mathfrak{G}; \Omega$ Ω-lokalendlich.

Die Vereinigung $\mathfrak{V} = \cup \mathfrak{U}$ einer Kette Ω-lokalendlicher Untergruppen $\mathfrak{U}$ einer Gruppe $\mathfrak{G}; \Omega$ ist Ω-lokalendlich.

Sind $\mathfrak{U}, \mathfrak{V}$ Ω-lokalendliche Untergruppen einer Gruppe $\mathfrak{G}; \Omega$ und ist eine von ihnen normal in $\mathfrak{G}; \Omega$, so ist $\mathfrak{G}; \Omega$ Ω-lokalendlich.

Die Menge N_l aller Ω-lokalendlichen Normalteiler einer Gruppe $\mathfrak{G}; \Omega$ ist ein abgeschlossener Verband; jede Gruppe $\mathfrak{G}; \Omega$ besitzt genau einen maximalen (Ω-charakteristischen) Ω-lokalendlichen Normalteiler $\mathfrak{N}_l$, der im Durchschnitt aller maximalen Ω-lokalendlichen Untergruppen von $\mathfrak{G}; \Omega$ enthalten ist.

Zum Beweise ist nur noch nachzutragen: Sind $\mathfrak{U}, \mathfrak{V}$ Ω-lokalendliche Untergruppen in $\mathfrak{G}; \Omega$ und ist $\mathfrak{U}$ normal in $\mathfrak{G}; \Omega$, so sei $(C_\varkappa)$ ein endlicher Komplex des Produktes $\mathfrak{U}\mathfrak{V} = \mathfrak{V}\mathfrak{U}$, also

$$C_\varkappa = U_\varkappa V_\varkappa \quad \text{mit} \quad U_\varkappa \in \mathfrak{U}; \ V_\varkappa \in \mathfrak{V} \quad (\text{für } 1 \leq \varkappa \leq k).$$

Die Komplexe $(U_\varkappa)$ bzw. $(V_\varkappa)$ erzeugen endliche Gruppen $\mathfrak{A} \subseteq \mathfrak{U}; \Omega$ bzw. $\mathfrak{B} \subseteq \mathfrak{V}; \Omega$. Der endliche Komplex $\underset{B}{\cup} \mathfrak{A}^B$ aus $\mathfrak{U}$ erzeugt daher eine endliche Gruppe $\mathfrak{A}^* \subseteq \mathfrak{U}$. Folglich ist $\mathfrak{A}^* \mathfrak{B} = \mathfrak{B}\mathfrak{A}^*$ eine $(C_\varkappa)$ umfassende endliche Untergruppe von $\mathfrak{U}\mathfrak{V}$. Mithin ist $\mathfrak{U}\mathfrak{V}$ Ω-lokalendlich.

Satz 40*. *Die abstrakte Gruppeneigenschaft $\mathfrak{l}(\mathfrak{G})$, eine lokalendliche Gruppe zu sein, ist eine Syloweigenschaft.*

Damit treten alle Ergebnisse des Abschnittes 1.4.4 über Syloweigenschaften in Kraft.

Beweis. Es bleibt nachzuweisen: Ist $\mathfrak{N}$ lokalendlicher Normalteiler in $\mathfrak{G}$ mit lokalendlicher Faktorgruppe $\mathfrak{G}/\mathfrak{N}$, so ist $\mathfrak{G}$ lokalendlich. Die endlich erzeugbare Untergruppe $\mathfrak{U} \subseteq \mathfrak{G}$ besitzt in $\mathfrak{G}/\mathfrak{N}$ das endlich erzeugbare, also endliche Bild

$$\mathfrak{U}\mathfrak{N}/\mathfrak{N} \cong \mathfrak{U}/\mathfrak{N} \cap \mathfrak{U}.$$

Die Gruppe $\mathfrak{U}$ ist endlich erzeugbar, die Untergruppe $\mathfrak{N} \cap \mathfrak{U} \subseteq \mathfrak{U}$ von endlichem Index in $\mathfrak{U}$, daher nach Satz 2.1.4 endlich erzeugbar, als Untergruppe von $\mathfrak{N}$ demnach endlich. Folglich ist auch $\mathfrak{U}$ endlich.

Eine Ω-lokalendliche Gruppe $\mathfrak{G};\Omega$ ist auch lokalendlich schlechthin; bezeichnet $\mathfrak{k}(G;\Omega)$ die durch $G\in\mathfrak{G};\Omega$ bestimmte Ω-Klasse in $\mathfrak{G};\Omega$, d.h. die Menge aller Bilder G^σ nach den Operatoren der erweiterten Operatorenhalbgruppe $\{\Omega\}$, so wird im allgemeinen zwar keine Ω-Klasseneinteilung erreicht, es gilt aber doch:

$$\mathfrak{k}(H;\Omega)\subseteq\mathfrak{k}(G;\Omega) \quad \text{für jedes } H\in\mathfrak{k}(G;\Omega).$$

Nennt man eine Gruppe $\mathfrak{G};\Omega$ Ω-*klassenfinit*, wenn jede Ω-Klasse $\mathfrak{k}(G;\Omega)$ in $\mathfrak{G};\Omega$ endlich ist, so gilt der

Satz 41. *Eine lokalendliche Gruppe $\mathfrak{G}$ mit dem Operatorenbereich Ω ist genau dann Ω-lokalendlich, wenn sie Ω-klassenfinit ist.*

Beweis. Jede (monogene) Untergruppe $\mathfrak{U}=\{G;\Omega\}$ einer Ω-lokalendlichen Gruppe $\mathfrak{G};\Omega$ ist endlich und umfaßt die Ω-Klasse $\mathfrak{k}(G;\Omega)$. Ist umgekehrt eine lokalendliche Gruppe $\mathfrak{G}$ für Ω zulässig und Ω-klassenfinit, so ist jeder endliche Komplex $\mathfrak{K}\subset\mathfrak{G}$ in endlich vielen Ω-Klassen $\mathfrak{k}(C_\nu;\Omega)$ enthalten. Die (für Ω zulässige) Vereinigung $\mathfrak{K}^*$ dieser Klassen erzeugt daher eine endliche (für Ω zulässige) Untergruppe $\{\mathfrak{K};\Omega\}=\{\mathfrak{K}^*;\Omega\}\subseteq\mathfrak{G}$. Mithin ist $\mathfrak{G};\Omega$ Ω-lokalendlich.

Satz 42. *Eine Gruppe $\mathfrak{G}$ ist lokalendlich, wenn sie eine aufsteigende Untergruppenfolge $(\mathfrak{U}_\nu)$ enthält mit den Eigenschaften:*

(1) *Es ist $\mathfrak{U}_0=E$; $\mathfrak{U}_\nu\subset\mathfrak{U}_{\nu+1}$; $\mathfrak{U}_\sigma=\mathfrak{G}$ für jeden Index $\nu<\sigma\in\Lambda$, mit endlichem Index* $\mathrm{ind}(\mathfrak{U}_{\nu+1}:\mathfrak{U}_\nu)=k_\nu>1$.

(2) *Es ist $\mathfrak{U}_\lambda=\bigcup_{\nu<\lambda}\mathfrak{U}_\nu$ für jeden Limesindex $\lambda\leq\sigma\in\Lambda$.*

Beweis. Eine endlich erzeugbare Untergruppe $\mathfrak{B}\subseteq\mathfrak{G}$ enthält die Untergruppenfolge $(\mathfrak{B}_\nu)$ der Durchschnitte $\mathfrak{B}_\nu=\mathfrak{U}_\nu\cap\mathfrak{B}$:

$$\mathfrak{B}_0=E;\quad \mathfrak{B}_\nu\subseteq\mathfrak{B}_{\nu+1};\quad \mathfrak{B}_\sigma=\mathfrak{B} \quad \text{für jeden Index } \nu<\sigma\in\Lambda,$$
$$\mathfrak{B}_\lambda=\bigcup_{\nu<\lambda}\mathfrak{B}_\nu \quad \text{für jeden Limesindex } \lambda\leq\sigma\in\Lambda;$$

dabei gilt

$$0<\mathrm{ind}(\mathfrak{B}_{\nu+1}:\mathfrak{B}_\nu)=\mathrm{ind}(\mathfrak{U}_{\nu+1}\cap\mathfrak{B}:\mathfrak{U}_\nu\cap\mathfrak{B})\leq\mathrm{ind}(\mathfrak{U}_{\nu+1}:\mathfrak{U}_\nu)=k_\nu.$$

Nun gibt es zu jeder Untergruppe $\mathfrak{B}_\lambda$ einen ersten Index $\varrho\leq\lambda$, für den $\mathfrak{B}_\varrho=\mathfrak{B}_\lambda$, und einen ersten Index μ, für den $\mathfrak{B}_\lambda\subset\mathfrak{B}_\mu$. Wäre μ Limesindex, so wäre $\mathfrak{B}_\nu\subseteq\mathfrak{B}_\lambda$ für jedes $\nu<\mu$, also $\mathfrak{B}_\mu=\bigcup_{\nu<\mu}\mathfrak{B}_\nu\subseteq\mathfrak{B}_\lambda$; folglich ist $\mu-1$ der letzte Index, für den $\mathfrak{B}_{\mu-1}=\mathfrak{B}_\lambda$. Läßt man aus der Folge $(\mathfrak{B}_\nu)$ gleiche Untergruppen bis auf eine fort, so gewinnt man eine (aufsteigende) Untergruppenfolge $(\mathfrak{H}_\nu)$ in $\mathfrak{B}$ mit den Eigenschaften:

$$\mathfrak{H}_0=E;\quad \mathfrak{H}_\nu\subset\mathfrak{H}_{\nu+1};\quad \mathfrak{H}_\tau=\mathfrak{B} \quad \text{für jeden Index } \nu<\tau\in\Lambda,$$
$$\mathfrak{H}_\lambda=\bigcup_{\nu<\lambda}\mathfrak{H}_\nu \quad \text{für jeden Limesindex } \lambda\leq\tau,$$

mit endlichen Indizes $\mathrm{ind}(\mathfrak{H}_{\nu+1}:\mathfrak{H}_\nu)=h_\nu>1$.

1.4.5. Lokale Gruppeneigenschaften

Der Index $\tau \in \Lambda$ besitzt die Gestalt $\tau = \lambda + n$ mit ganzem $n \geq 0$ und einem Limesindex $\lambda \leq \tau$ bzw. $\lambda = 0$. Da $\mathfrak{V}$ endlich erzeugbar und $\mathfrak{H}_\lambda$ in $\mathfrak{H}_\tau = \mathfrak{V}$ von endlichem Index ist, ist auch $\mathfrak{H}_\lambda$ nach Satz 2.1.4 endlich erzeugbar. Wäre λ Limesindex, so wären die (endlich vielen) Erzeugenden der Gruppe $\mathfrak{H}_\lambda$ in einer Untergruppe $\mathfrak{H}_\nu$ mit $\nu < \lambda$ enthalten. Folglich ist $\mathfrak{H}_\lambda = \mathfrak{H}_0 = E$ und $\mathfrak{V}$ eine endliche Gruppe.

Satz 42*. *Eine Ω-lokalendliche Gruppe $\mathfrak{G}; \Omega$ mit für $\mathfrak{G}$ stark normalem Operatorenbereich Ω besitzt eine aufsteigende Untergruppenfolge $(\mathfrak{U}_\nu)$ mit den Eigenschaften:*

(1) *Es ist* $\mathfrak{U}_0 = E$; $\mathfrak{U}_\nu \subset \mathfrak{U}_{\nu+1}$; $\mathfrak{U}_\sigma = \mathfrak{G}; \Omega$ *für jeden Index* $\nu < \sigma \in \Lambda$ *mit endlichem Index* $\mathrm{ind}(\mathfrak{U}_{\nu+1} : \mathfrak{U}_\nu) = k_\nu > 1$.

(2) *Es ist* $\mathfrak{U}_\lambda = \bigcup_{\nu < \lambda} \mathfrak{U}_\nu$ *für jeden Limesindex* $\lambda \leq \sigma$.

Beweis. Unter den Voraussetzungen des Satzes sind alle monogenen Untergruppen $\mathfrak{V} = \{G; \Omega\}$ endliche Normalteiler. Aus einer Wohlordnung

$$\mathfrak{V}_1, \mathfrak{V}_2, \ldots, \mathfrak{V}_\lambda, \mathfrak{V}_{\lambda+1}, \ldots, \mathfrak{V}_\sigma$$

der monogenen Untergruppen von $\mathfrak{G}; \Omega$ erhalten wir die Normalteilerfolge $(\mathfrak{U}_\nu^*, \mathfrak{U}_\nu)$:

$$\mathfrak{U}_1^* = \mathfrak{U}_0 = E; \quad \mathfrak{U}_\nu^* = \prod_{\mu < \nu} \mathfrak{V}_\mu; \quad \mathfrak{U}_\nu = \mathfrak{V}_\nu \mathfrak{U}_\nu^* \quad \text{für jedes } \nu \leq \sigma.$$

Dabei gilt

$$\mathfrak{U}_\nu / \mathfrak{U}_\nu^* = \mathfrak{U}_\nu^* \mathfrak{V}_\nu / \mathfrak{U}_\nu^* \underset{\Omega}{\cong} \mathfrak{V}_\nu / \mathfrak{V}_\nu \cap \mathfrak{U}_\nu^*, \quad \text{also ind}(\mathfrak{U}_\nu : \mathfrak{U}_\nu^*) > 0.$$

Ist λ Limesindex, so gilt

$$\mathfrak{U}_\lambda^* = \prod_{\mu < \lambda} \mathfrak{V}_\mu = \bigcup_{\mu < \lambda} \mathfrak{U}_\mu^* = \bigcup_{\mu < \lambda} \mathfrak{U}_\mu,$$

ist λ nicht Limesindex,

$$\mathfrak{U}_\lambda^* = \prod_{\nu < \lambda} \mathfrak{V}_\nu = \prod_{\nu < \lambda - 1} \mathfrak{V}_\nu \cdot \mathfrak{V}_{\lambda - 1} = \mathfrak{U}_{\lambda - 1}^* \mathfrak{V}_{\lambda - 1} = \mathfrak{U}_{\lambda - 1}.$$

Mithin besitzt die Folge $(\mathfrak{U}_\nu^*, \mathfrak{U}_\nu)$ nach Unterdrückung von Wiederholungen die verlangten Eigenschaften.

Eine lokalendliche Gruppe $\mathfrak{G}$ (ohne Operatoren) ist ordnungsfinit; man vermutet, daß jede ordnungsfinite Gruppe lokalendlich ist. Diese Vermutung ist eine allgemeinere Fassung der Vermutung von W. BURNSIDE, daß jede ordnungsbeschränkte Gruppe $\mathfrak{G}$ lokalendlich ist. Eine Gruppe $\mathfrak{G}$ ist *ordnungsbeschränkt*, wenn mit einer festen Schranke $n = n(\mathfrak{G}) > 0$ jedes Element $G \in \mathfrak{G}$ eine Ordnung $0 < \mathrm{ord}(G) \leq n$ besitzt. Auch diese Vermutung konnte bisher außer in Sonderfällen nicht bewiesen werden.

Für die Beurteilung der Vermutung sind nachstehende Folgerungen beachtenswert: Eine lokalendliche Gruppe $\mathfrak{G}$ genügt lokal der Doppelkettenbedingung. Eine Gruppe $\mathfrak{G}$, die lokal die Doppelkettenbedingung erfüllt, genügt lokal der Minimalbedingung. Eine Gruppe $\mathfrak{G}$, die lokal der Minimalbedingung genügt, ist ordnungsfinit. Unter der Annahme, jede ordnungsfinite Gruppe sei lokalendlich, sind daher folgende Aussagen gleichwertig:

1. *Die Gruppe $\mathfrak{G}$ ist lokalendlich.*
2. *Die Gruppe $\mathfrak{G}$ erfüllt lokal die Doppelkettenbedingung.*
3. *Die Gruppe $\mathfrak{G}$ erfüllt lokal die Minimalbedingung.*
4. *Die Gruppe $\mathfrak{G}$ ist ordnungsfinit.*

Weiterhin würden sich die Folgerungen ergeben:

Jede Gruppe $\mathfrak{G}$, die der Doppelkettenbedingung genügt, ist endlich, jede endlich erzeugbare Gruppe, die der Minimalbedingung genügt, ist endlich.

Die abstrakten Gruppeneigenschaften, lokal der Minimalbedingung bzw. lokal der Doppelkettenbedingung zu genügen, sind Syloweigenschaften.

Auch diese Aussagen sind bisher nicht bewiesen.

In Anbetracht der Schwierigkeit dieses Problems ist es von Bedeutung, in Sonderfällen die Richtigkeit der Vermutung zu bestätigen: Da die J-Klassen einer Gruppe $\mathfrak{G}$; J mit dem Operatorenbereich $J = J(\mathfrak{G})$ die Ähnlichkeitsklassen sind, gewinnen wir aus Satz 41 die Aussage:

Satz 43. *Folgende Aussagen sind gleichwertig:*
1. *Die Gruppe $\mathfrak{G}$ ist ordnungs- und klassenfinit.*
2. *Die Gruppe $\mathfrak{G}$ ist lokalendlich und klassenfinit.*

Beweis. Jeder endliche Komplex einer ordnungs- und klassenfiniten Gruppe $\mathfrak{G}$ gehört einem endlichen normalen Komplex an; dieser erzeugt nach Satz 1.2.23* einen endlichen Normalteiler. Mithin ist $\mathfrak{G}$ J-lokalendlich. Jede J-lokalendliche Gruppe $\mathfrak{G}$ ist ordnungs- und klassenfinit.

Die abstrakte Gruppeneigenschaft $\mathfrak{k}(\mathfrak{G})$, *klassenfinite Gruppe* zu sein, ist vom Typus (I, II, III). Denn eine Klasse $\mathfrak{k}^*(U)$ in einer Untergruppe $\mathfrak{U} \subset \mathfrak{G}$ gehört der Klasse $\mathfrak{k}(U)$ in $\mathfrak{G}$ an. Die Klassen eines homomorphen Bildes $\overline{\mathfrak{G}}$ der Gruppe $\mathfrak{G}$ sind die Bilder der Klassen in $\mathfrak{G}$.

Satz 44. *In einer klassenfiniten Gruppe $\mathfrak{G}$ bilden die Elemente endlicher Ordnung eine vollinvariante Untergruppe $\mathfrak{H} \subseteq_V \mathfrak{G}$, deren Faktorgruppe $\mathfrak{G}/\mathfrak{H}$ torsionsfrei ist.*

Beweis. Die (endlichen) Klassen $\mathfrak{k}(A)$ und $\mathfrak{k}(B)$ zweier Elemente $A, B \in \mathfrak{G}$ endlicher Ordnung erzeugen nach Satz 1.2.23* einen endlichen Normalteiler; daher ist AB^{-1} von endlicher Ordnung. Mithin ist $\mathfrak{H}$ die maximale ordnungsfinite (vollinvariante) Gruppe in $\mathfrak{G}$, deren Faktorgruppe $\mathfrak{G}/\mathfrak{H}$ torsionsfrei ist.

1.4.6. Das Dualitätsprinzip

Bezeichnet wie bisher $e(\mathfrak{G};\Omega)$ eine abstrakte Gruppeneigenschaft, so läßt sich für die Normalteiler $\mathfrak{N}$ einer Gruppe $\mathfrak{G};\Omega$ eine *duale* Eigenschaft $\bar{e}(\mathfrak{N}\subseteq|\mathfrak{G};\Omega)$ erklären durch:

$$\bar{e}(\mathfrak{N}\subseteq|\mathfrak{G};\Omega) = \begin{cases} 1, & \text{wenn } e(\mathfrak{G}/\mathfrak{N};\Omega) = 1, \\ 0, & \text{wenn } e(\mathfrak{G}/\mathfrak{N};\Omega) = 0. \end{cases}$$

Die Eigenschaft $\bar{e}(\mathfrak{N}\subseteq|\mathfrak{G};\Omega)$ ist indes keine abstrakte Gruppeneigenschaft, sondern eine Normalteilereigenschaft bezüglich der Obergruppe $\mathfrak{G};\Omega$. Wir bezeichnen einen Normalteiler $\mathfrak{N}$ als $\bar{e}$-*Normalteiler in* $\mathfrak{G};\Omega$, wenn die Faktorgruppe $\mathfrak{G}/\mathfrak{N};\Omega$ eine e-Gruppe ist.

Für die Menge aller $\bar{e}$-Normalteiler einer Gruppe $\mathfrak{G};\Omega$ lassen sich leicht Aussagen gewinnen, wenn $e(\mathfrak{G};\Omega)$ den Forderungen des Abschnittes 1.4.4 unterworfen wird:

Satz 45. *Ist die Gruppeneigenschaft* $e(\mathfrak{G};\Omega)$ *vom Typus* (III), *so ist die Menge der* $\bar{e}$-*Normalteiler einer Gruppe* $\mathfrak{G};\Omega$ *ein nach oben abgeschlossener aufsteigender Halbverband.*

Beweis. Für das Kompositum $\mathfrak{B}$ einer Menge $\mathbf{N}$ von $\bar{e}$-Normalteilern $\mathfrak{N}$ einer Gruppe $\mathfrak{G};\Omega$ gilt

$$\mathfrak{G}/\mathfrak{N} \underset{\Omega}{\sim} \mathfrak{G}/\mathfrak{N}/\mathfrak{B}/\mathfrak{N} \underset{\Omega}{\cong} \mathfrak{G}/\mathfrak{B}.$$

Daher ist $\mathfrak{G}/\mathfrak{B}$ eine e-Gruppe, also $\mathfrak{B}$ $\bar{e}$-Normalteiler in $\mathfrak{G};\Omega$.

Satz 45*. *Ist die Gruppeneigenschaft* $e(\mathfrak{G};\Omega)$ *vom Typus* (II*, IV), *so ist die Menge der* $\bar{e}$-*Normalteiler einer Gruppe* $\mathfrak{G};\Omega$ *ein absteigender Halbverband.*

Beweis. Man bilde das Kompositum $\mathfrak{M}\mathfrak{N}$ zweier $\bar{e}$-Normalteiler $\mathfrak{M}, \mathfrak{N} \subseteq |\mathfrak{G};\Omega$. Wegen II* ist $\mathfrak{M}$ $\bar{e}$-Normalteiler in $\mathfrak{M}\mathfrak{N};\Omega$; wegen

$$\mathfrak{M}\mathfrak{N}/\mathfrak{M} \underset{\Omega}{\cong} \mathfrak{N}/\mathfrak{M}\cap\mathfrak{N} \quad \text{und} \quad \mathfrak{G}/\mathfrak{N} \underset{\Omega}{\cong} \mathfrak{G}/\mathfrak{M}\cap\mathfrak{N}/\mathfrak{N}/\mathfrak{M}\cap\mathfrak{N}$$

ist $\mathfrak{N}/\mathfrak{M}\cap\mathfrak{N}$, wegen IV auch $\mathfrak{G}/\mathfrak{M}\cap\mathfrak{N}$ e-Gruppe. Folglich ist $\mathfrak{M}\cap\mathfrak{N}$ eine $\bar{e}$-Gruppe in $\mathfrak{G};\Omega$.

Beide Sätze zusammen ergeben den *Dualitätssatz*:

Satz 46. *Es sei* $e(\mathfrak{G};\Omega)$ *eine abstrakte Gruppeneigenschaft vom Typus* (I, II*, III, IV). *Dann bilden die* e-*Normalteiler einer Gruppe* $\mathfrak{G};\Omega$ *einen (nach unten abgeschlossenen) Verband, die* $\bar{e}$-*Normalteiler von* $\mathfrak{G};\Omega$ *einen (nach oben abgeschlossenen) Verband.*

Beweis. Wegen I sind beide Verbände nicht leer; auf Grund der Voraussetzung ist $e(\mathfrak{G};\Omega)$ auch vom Typus (VI*). Daher ist die Menge der e-Normalteiler in $\mathfrak{G};\Omega$ ein Verband. Ob die Verbände beiderseitig abgeschlossen sind, bedarf aber stets eines besonderen Nachweises.

Beispiel 8. Jede *Syloweigenschaft* $\mathfrak{F}(\mathfrak{G})$ ist vom Typus (I, II, III, IV); daher gilt:

Die Menge aller Normalteiler $\mathfrak{N} \trianglelefteq \mathfrak{G}$, deren Faktorgruppen $\mathfrak{G}/\mathfrak{N}$ $\mathfrak{F}$-Gruppen sind, ist ein (nach oben abgeschlossener) Verband.

Daß dieser Verband nicht immer abgeschlossen ist, zeigt

Beispiel 8*. Die Eigenschaft, *lokalendliche Gruppe* zu sein, ist eine Syloweigenschaft. Jede Untergruppe $\mathfrak{U}_k = \{Z^k\}$ der unendlichen zyklischen Gruppe $\mathfrak{Z}_0 = \{Z\}$ besitzt eine endliche Faktorgruppe; der Durchschnitt $\bigcap_k \mathfrak{U}_k = E$ besitzt die (nicht lokalendliche) Faktorgruppe $\mathfrak{Z}_0$.

Beispiel 9. Die abstrakte Gruppeneigenschaft $t(\mathfrak{G})$, eine *torsionsfreie Gruppe* zu sein, ist vom Typus (I, II, IV). Die Normalteiler $\mathfrak{N}$ einer Gruppe $\mathfrak{G}$ mit torsionsfreier Faktorgruppe $\mathfrak{G}/\mathfrak{N}$ bilden einen nach unten abgeschlossenen absteigenden Halbverband N_t.

Beweis. Die Faktorgruppe $\mathfrak{G}/\mathfrak{N}$ ist genau dann torsionsfrei, wenn gilt:

$$\text{Aus} \quad G^n \equiv E \bmod \mathfrak{N} \quad \text{folgt} \quad G \equiv E \bmod \mathfrak{N} \quad \text{für } G \in \mathfrak{G}.$$

Ist M eine Menge von Normalteilern $\mathfrak{N} \trianglelefteq \mathfrak{G}$ mit torsionsfreier Faktorgruppe und $\mathfrak{D} = \bigcap \mathfrak{N}$ ihr Durchschnitt, so folgt aus

$$G^n \equiv E \bmod \mathfrak{D}, \quad \text{also} \quad G^n \equiv E \bmod \mathfrak{N} \quad \text{für jedes } \mathfrak{N} \in \mathsf{M}$$

auch

$$G \equiv E \bmod \mathfrak{N} \quad \text{für jedes } \mathfrak{N} \in \mathsf{M}, \quad \text{also} \quad G \equiv E \bmod \mathfrak{D}.$$

Satz 47. *Jede Gruppe $\mathfrak{G}$ besitzt einen einzigen minimalen Normalteiler $\mathfrak{T}$ mit torsionsfreier Faktorgruppe $\mathfrak{G}/\mathfrak{T}$; die Gruppe $\mathfrak{T}$ ist charakteristisch in $\mathfrak{G}$.*

Beispiel 10. Die abstrakte Gruppeneigenschaft $e(\mathfrak{G})$, *endliche Gruppe* zu sein, ist vom Typus (I, II, III, IV). Daher bilden die Normalteiler $\mathfrak{N}$ einer Gruppe $\mathfrak{G}$ mit endlicher Faktorgruppe $\mathfrak{G}/\mathfrak{N}$ einen Verband.

Ist dieser Verband abgeschlossen, so besitzt $\mathfrak{G}$ einen einzigen minimalen Normalteiler $\mathfrak{E} = \mathfrak{E}(\mathfrak{G})$ mit endlicher Faktorgruppe. Die Faktorgruppe $\mathfrak{G}/\mathfrak{E}$ ist das maximale endliche homomorphe Bild der Gruppe $\mathfrak{G}$, da jedes endliche homomorphe Bild $\mathfrak{G}/\mathfrak{N}$ von $\mathfrak{G}$ wegen

$$\mathfrak{E} \subseteq \mathfrak{N} \quad \text{und} \quad \mathfrak{G}/\mathfrak{N} \cong \mathfrak{G}/\mathfrak{E}/\mathfrak{N}/\mathfrak{E}$$

homomorphes Bild des Bildes $\mathfrak{G}/\mathfrak{E}$ ist.

Auch im allgemeinen Falle kann der Durchschnitt $\mathfrak{E} = \mathfrak{E}(\mathfrak{G})$ aller Normalteiler $\mathfrak{N} \trianglelefteq \mathfrak{G}$ mit endlicher Faktorgruppe $\mathfrak{G}/\mathfrak{N}$ gebildet werden; seine Bedeutung erhellt aus folgender Überlegung: Die endlichen homomorphen Bilder $\overline{\mathfrak{G}}$ einer Gruppe $\mathfrak{G}$ ergeben sich durch die Normalteiler $\mathfrak{N}$ mit endlicher Faktorgruppe $\mathfrak{G}/\mathfrak{N}$; ihre Kenntnis ist gleichwertig mit der Kenntnis der Struktur der Faktorgruppe $\mathfrak{G}/\mathfrak{E}$. Im Falle $\mathfrak{E}(\mathfrak{G}) = E$

1.4.6. Das Dualitätsprinzip

ist die Struktur der Gruppe $\mathfrak{G}$ durch die Struktur ihrer endlichen homomorphen Bilder bestimmt; dieser Sonderfall kann auch durch die folgende *Endlichkeitsbedingung* gekennzeichnet werden:

(e) *Zu jedem von der Einheit E verschiedenen Element G der Gruppe $\mathfrak{G}$ existiert eine Untergruppe $\mathfrak{U}_G$ von endlichem Index in $\mathfrak{G}$, die G nicht enthält.*

Erfüllt eine Gruppe $\mathfrak{G}$ die Bedingung (e), so gibt es zu jedem $E \neq G \in \mathfrak{G}$ auch einen Normalteiler $\mathfrak{N} \subset | \mathfrak{G}$ mit endlicher Faktorgruppe $\mathfrak{G}/\mathfrak{N}$, der G nicht enthält. Hieraus folgt $\mathfrak{E}(\mathfrak{G}) = E$. Erfüllt eine Gruppe $\mathfrak{G}$ nicht die Bedingung (e), so gibt es ein Element $G_0 \neq E$, das in jeder Untergruppe und jedem Normalteiler $\mathfrak{N}$ mit endlichem Index, also in $\mathfrak{E}(\mathfrak{G})$ enthalten ist:

Eine Gruppe $\mathfrak{G}$ ist genau dann durch ihre endlichen homomorphen Bilder strukturell bestimmt, wenn sie der Endlichkeitsbedingung (e) genügt.

Beweis. Gilt in $\mathfrak{G}$ für jeden Normalteiler $\mathfrak{N}$ mit endlicher Faktorgruppe $AB \equiv C \bmod \mathfrak{N}$, so gilt $AB \equiv C \bmod \mathfrak{E}(\mathfrak{G})$, also $AB = C$ unter der Voraussetzung $\mathfrak{E}(\mathfrak{G}) = E$.

Beispiel 11. Eine Gruppe $\mathfrak{G}; \Omega$ ist *Fixgruppe (bezüglich Ω)*, wenn jeder Operator $\omega \in \Omega$ in $\mathfrak{G}; \Omega$ den identischen Automorphismus induziert:

$$G^\omega = G \quad \text{für jedes } G \in \mathfrak{G}; \omega \in \Omega.$$

Die abstrakte Gruppeneigenschaft $\mathfrak{f}(\mathfrak{G}; \Omega)$, *Fixgruppe bezüglich Ω* zu sein, ist, wie man sich leicht überlegt, vom Typus (I, II, III, V, VI). Dual hierzu ist der Begriff des $\bar{\mathfrak{f}}$-Normalteilers $\mathfrak{N}$ von $\mathfrak{G}; \Omega$, in dessen Faktorgruppe $\mathfrak{G}/\mathfrak{N}; \Omega$ jeder Operator $\omega \in \Omega$ die Identität induziert

$$G^\omega \equiv G \bmod \mathfrak{N} \quad \text{für jedes } G \in \mathfrak{G}; \omega \in \Omega.$$

Die Fixuntergruppen oder $\mathfrak{f}$-Untergruppen einer Gruppe $\mathfrak{G}; \Omega$ bilden daher einen abgeschlossenen Verband; es existiert genau eine maximale Fixuntergruppe $\mathfrak{U}_\mathfrak{f}; \Omega$ und genau ein maximaler Fixnormalteiler $\mathfrak{N}_\mathfrak{f}; \Omega$ in $\mathfrak{G}; \Omega$. Auch die $\bar{\mathfrak{f}}$-Normalteiler einer Gruppe $\mathfrak{G}; \Omega$ bilden einen abgeschlossenen Verband; der minimale $\bar{\mathfrak{f}}$-Normalteiler wird von allen Elementen $[G, \omega] = G^{-1} G^\omega$ mit $G \in \mathfrak{G}; \omega \in \Omega$ erzeugt, ist also der Ω-Kommutator $[\mathfrak{G}, \Omega]$ in $\mathfrak{G}; \Omega$. Der maximale Fixnormalteiler $\mathfrak{N}_\mathfrak{f}; \Omega$ in $\mathfrak{G}; \Omega$ (bezüglich Ω) ist somit dual zum minimalen $\bar{\mathfrak{f}}$-Normalteiler, dem Ω-Kommutator $[\mathfrak{G}, \Omega]$ in $\mathfrak{G}; \Omega$.

Wählt man für Ω die Gruppe $\mathsf{J} = \mathsf{J}(\mathfrak{G})$ der inneren Automorphismen, so ist maximaler Fixnormalteiler der Gruppe $\mathfrak{G}; \mathsf{J}$ das *Zentrum* $\mathfrak{Z}(\mathfrak{G})$ *der Gruppe*. Der minimale $\bar{\mathfrak{f}}$-Normalteiler in $\mathfrak{G}; \mathsf{J}$ ist der *Kommutator* $\mathfrak{G}' = [\mathfrak{G}, \mathsf{J}] = [\mathfrak{G}, \mathfrak{G}]$ *von* $\mathfrak{G}$.

Zweiter Teil
Freie und direkte Zerlegung

Kapitel 2.1
Die freien Gruppen
2.1.1. Definierende Relationen einer Gruppe

In einer von einem Komplex $\mathfrak{K} = (K_\iota)$ (über $\iota \in I$) erzeugten Gruppe $\mathfrak{G} = \{\mathfrak{K}\}$ besitzt jedes Element G (außer etwa E) eine Darstellung

$$G = K_{\iota_1}^{g_1} K_{\iota_2}^{g_2} \ldots K_{\iota_n}^{g_n} \quad \text{mit} \quad \iota_{\nu-1} \neq \iota_\nu;\ g_\nu \neq 0 \quad \text{für } 1 \leq \nu \leq n$$

gewisser Länge $n \geq 1$ in Elementen $K_\iota \in \mathfrak{K}$; die Einheit E sei das Element der Länge 0. Ist nun $\mathfrak{F}$ die durch ein System $\mathfrak{S} = (S_\iota)$ (über $\iota \in I$) erzeugte freie Gruppe, so bestimmt die Zuordnung

$$\sigma: \quad F(S) = S_{\iota_1}^{g_1} S_{\iota_2}^{g_2} \ldots S_{\iota_n}^{g_n} \to K_{\iota_1}^{g_1} K_{\iota_2}^{g_2} \ldots K_{\iota_n}^{g_n} = F(K) \in \mathfrak{G}$$

unter der angegebenen Beschränkung der Indizes und Exponenten einen Homomorphismus σ von $\mathfrak{F}$ auf $\mathfrak{G}$. Da eine unkürzbare Form $F(S)$ einer Länge $n \geq 1$ niemals die Einheit $E \in \mathfrak{F}$ darstellt, liegt ein Isomorphismus von $\mathfrak{F}$ auf $\mathfrak{G}$ genau dann vor, wenn $\mathfrak{G}$ die von $\mathfrak{K}$ erzeugte freie Gruppe ist. In jedem anderen Falle bilden die Formen $R(S) \in \mathfrak{F}$, für die

$$\sigma: \quad R(S) \to R(K) = E \in \mathfrak{G}$$

einen Normalteiler $\mathfrak{R} \subseteq | \mathfrak{F}$, und es besteht die Isomorphie $\mathfrak{G} \cong \mathfrak{F}/\mathfrak{R}$. Die Elemente $R(S)$ des Normalteilers $\mathfrak{R} \subseteq | \mathfrak{F}$ bezeichnen wir als die *Relationen des Erzeugendensystems $\mathfrak{K}$ der Gruppe* $\mathfrak{G}$; sie liefern genau die nichttrivialen Darstellungen $R(K) = E$ der Einheit E in $\mathfrak{G}$. Der Normalteiler $\mathfrak{R}$ ist die *Relationengruppe des Erzeugendensystems $\mathfrak{K}$ in $\mathfrak{G}$*.

Satz 1. *Jede Gruppe $\mathfrak{G}$ ist homomorphes Bild einer freien Gruppe $\mathfrak{F}$.*

Ist umgekehrt $\mathfrak{F}$ eine durch das System $\mathfrak{S} = (S_\iota)$ (über $\iota \in I$) erzeugte freie Gruppe und $\mathfrak{r}$ ein Komplex aus Elementen $R(S) \in \mathfrak{F}$, so besteht der *durch $\mathfrak{r}$ erzeugte*, d.h. der minimale $\mathfrak{r}$ umfassende Normalteiler $\mathfrak{R} \subseteq | \mathfrak{F}$ aus allen Produkten

$$R^*(S) = F_1^{-1}(S) R_1^{e_1}(S) F_1(S) F_2^{-1}(S) R_2^{e_2}(S) F_2(S) \ldots F_k^{-1}(S) R_k^{e_k}(S) F_k(S)$$
$$= \prod_{1 \leq \varkappa \leq k} F_\varkappa^{-1}(S) R_\varkappa^{e_\varkappa}(S) F_\varkappa(S)$$

beliebiger Länge $k \geq 0$, beliebiger Elemente $F_\varkappa(S) \in \mathfrak{F}$ und $R_\varkappa(S) \in \mathfrak{r}$ mit beliebigen Exponenten $e_\varkappa = \pm 1$. Bilden wir die Faktorgruppe $\mathfrak{G} = \mathfrak{F}/\mathfrak{R}$, setzen $\mathfrak{R} S_\iota = K_\iota$ und $\mathfrak{R} = 1$, so ist die Zuordnung

$$F(S) \to F(\mathfrak{R} S) = F(K) \qquad \text{für } F(S) \in \mathfrak{F}$$

ein Homomorphismus der Gruppe $\mathfrak{F}$ auf die Faktorgruppe $\mathfrak{G} = \mathfrak{F}/\mathfrak{R}$; genau dann gilt $F(K) = 1$, wenn $F(S) \equiv E \bmod \mathfrak{R}$. Die Elemente $R^*(S) \in \mathfrak{R}$ sind daher die Relationen des Erzeugendensystems $\mathfrak{K} = (K_\iota)$ der Faktorgruppe $\mathfrak{G} = \mathfrak{F}/\mathfrak{R}$; da die Elemente $R^*(S)$ durch den Komplex $\mathfrak{r}$ bestimmt sind, werden sie als *Folgerelationen* der zu $\mathfrak{r}$ gehörigen Relationen $R(S)$ bezeichnet.

Satz 2. *Ein Erzeugendensystem $\mathfrak{K} = (K_\iota)$ (über $\iota \in \mathsf{I}$) bestimmt mit einer Menge $\mathfrak{r} = [R(K) = E]$ von Relationen eine (bis auf Isomorphie) eindeutige Gruppe $\mathfrak{G}$; diese Gruppe ist isomorph der Faktorgruppe $\mathfrak{F}/\mathfrak{R}$ der von einem System $\mathfrak{S} = (S_\iota)$ (über $\iota \in \mathsf{I}$) erzeugten freien Gruppe $\mathfrak{F}$ nach dem durch die Menge $\mathfrak{r} = (R(S))$ erzeugten Normalteiler $\mathfrak{R} \subseteq | \mathfrak{F}$.*

Man nennt $\mathfrak{G}$ *die durch das System $\mathfrak{K} = (K_\iota)$ erzeugte und durch die Relationenmenge $\mathfrak{r}$ definierte Gruppe.*

Beispiel 1. Die freie Gruppe $\mathfrak{F}_1 = \{S\}$ vom Range 1 ist die unendliche zyklische Gruppe $\mathfrak{Z}_0$; die Relation $R(S) = S^k$ erzeugt den Normalteiler $\mathfrak{R}_k = \{S^k\} \subseteq | \mathfrak{Z}_0$. Die Faktorgruppe $\mathfrak{Z}_0/\mathfrak{R}_k$ ist die zyklische Gruppe

$$\mathfrak{Z}_k = \{Z\} \qquad \text{mit der Relation } Z^k = E.$$

Beispiel 2. In der freien Gruppe $\mathfrak{F}_2 = \{S, T\}$ erzeugen die Relationen

$$R_1(S, T) = (ST)^2 \quad \text{und} \quad R_2(S, T) = T^2$$

einen Normalteiler $\mathfrak{R}_0 \subseteq | \mathfrak{F}_2$; die Faktorgruppe $\mathfrak{F}_2/\mathfrak{R}_0$ ist die Diedergruppe

$$\mathfrak{D}_0 = \{A, B\} \qquad \text{mit den Relationen } (AB)^2 = B^2 = E.$$

Fügen wir die Relation $R_3(S, T) = S^k$ hinzu und bilden den minimalen Normalteiler $\mathfrak{R}_k \subseteq | \mathfrak{F}_2$, der alle drei Relationen enthält, so ist die Faktorgruppe $\mathfrak{F}_2/\mathfrak{R}_k$ die Diedergruppe

$$\mathfrak{D}_k = \{A, B\} \qquad \text{mit den Relationen } (AB)^2 = B^2 = A^k = E.$$

Eine Folgerung des Satzes 2 ist

Satz 2* (W. v. DYCK). *Eine Gruppe $\mathfrak{G}$ sei durch ein Erzeugendensystem $\mathfrak{K} = (K_\iota)$ (über $\iota \in \mathsf{I}$) mit den definierenden Relationen*

$$\mathfrak{r}: \quad R_\varkappa(K) = E \qquad (\text{über } \varkappa \in \mathsf{K})$$

erklärt. Ist dann $\overline{\mathfrak{K}} = (\overline{K}_\iota)$ ein (gleichmächtiges) Erzeugendensystem einer Gruppe $\overline{\mathfrak{G}}$, das die gleichen Relationen $R_\varkappa(\overline{K}) = \overline{E}$ erfüllt, so ist $\overline{\mathfrak{G}}$ homomorphes Bild der Gruppe $\mathfrak{G}$.

Beweis. Wird die freie Gruppe $\mathfrak{F} = \{\bigcup_\iota S_\iota\}$ (über $\iota \in \mathsf{I}$) durch

$$S_\iota \to K_\iota \quad \text{bzw.} \quad S_\iota \to \overline{K}_\iota \quad \text{für } \iota \in \mathsf{I}$$

homomorph auf die Gruppen $\mathfrak{G}$ und $\overline{\mathfrak{G}}$ abgebildet, so gilt

$$\mathfrak{G} \cong \mathfrak{F}/\mathfrak{R}; \quad \overline{\mathfrak{G}} \cong \mathfrak{F}/\overline{\mathfrak{R}}$$

mit den Relationengruppen $\mathfrak{R}$ bzw. $\overline{\mathfrak{R}}$. Da die Relationen $R_\varkappa(S) \in \mathfrak{R}$ auch $\overline{\mathfrak{R}}$ angehören, ist $\mathfrak{R}$ in $\overline{\mathfrak{R}}$ enthalten; damit folgt

$$\overline{\mathfrak{G}} \cong \mathfrak{F}/\overline{\mathfrak{R}} \cong \mathfrak{F}/\mathfrak{R}/\overline{\mathfrak{R}}/\mathfrak{R} = \mathfrak{G}/\mathfrak{M} \quad \text{mit } \mathfrak{M} \subseteq \mathfrak{G}.$$

Dieser Satz gestattet häufig den Nachweis der Nichttrivialität einer durch Erzeugende und Relationen definierten Gruppe.

Beispiel 3. Die durch zwei Elemente erzeugte Gruppe

$$\mathfrak{G} = \{A, B\} \quad \text{mit der Relation } [A^2, B] = E$$

besitzt ein nicht vollinvariantes Zentrum $\mathfrak{Z}(\mathfrak{G})$. Die symmetrische Gruppe $\mathfrak{S}_3$ ist nämlich homomorphes Bild der Gruppe $\mathfrak{G}$, da für die Zyklen $A_0 = (1, 2)$ und $B_0 = (1, 2, 3)$ gilt

$$\mathfrak{G}_0 = \mathfrak{S}_3 = \{A_0, B_0\} \quad \text{mit } [A_0^2, B_0] = E_0.$$

Das Zentrum $\mathfrak{Z}(\mathfrak{G})$ enthält zwar A^2, aber nicht B^2; denn schon in $\mathfrak{G}_0$ ist $[B_0^2, A_0] = B_0^2$ von E_0 verschieden. Die Zuordnung

$$\eta: \quad A \to A^\eta = B; \quad B \to B^\eta = E$$

bestimmt wegen

$$E^\eta = [A^2, B]^\eta = [(A^\eta)^2, B^\eta] = [B^2, E] = E$$

einen Endomorphismus $\eta \in \mathsf{E}(\mathfrak{G})$, für den $\mathfrak{Z}(\mathfrak{G})$ nicht zulässig ist.

In einer durch $\mathfrak{K} = (K_\iota)$ erzeugten und durch eine Relationenmenge $\mathfrak{r} = [R(K) = E]$ definierten Gruppe $\mathfrak{G}$ besitzt jedes Element eine (reduzierte) Darstellung $G = F(K)$ in den Erzeugenden; diese Darstellung ist nur für eine freie Gruppe $\mathfrak{G}$ (in freien Erzeugenden $\mathfrak{K}$) eindeutig, in jedem anderen Falle bestimmen je zwei verschiedene (reduzierte) Darstellungen $G = F_1(K) = F_2(K)$ eines Elementes $G \in \mathfrak{G}$ eine Folgerelation $F_1^{-1}(K) F_2(K) = E$ der Relationen $\mathfrak{r}$. Es erhebt sich hier die Frage des *Identitätsproblems*, wie man aus dem Relationensystem $\mathfrak{r}$ durch ein endliches Verfahren entscheiden kann, ob zwei Formen $F_1(K), F_2(K)$ das gleiche Element der Gruppe $\mathfrak{G}$ darstellen. Dieses Problem ist in dieser Allgemeinheit wahrscheinlich einer Lösung überhaupt nicht zugänglich.

In der Diedergruppe

$$\mathfrak{D}_0 = \{A, B\} \quad \text{mit } (AB)^2 = B^2 = E$$

ist das Identitätsproblem durch die *Normalformen*

$$D = A^a B^b \quad \text{mit } -\infty < a < +\infty; \quad 0 \leq b < 2$$

der Elemente $D \in \mathfrak{D}_0$ gelöst, da durch die Relationen eine jede Form $F(A, B)$ leicht auf Normalform gebracht werden kann.

Auch in der von einem System $\mathfrak{S} = (S_\iota)$ erzeugten freien Gruppe $\mathfrak{F}$ ist das Identitätsproblem durch die eindeutige unkürzbare Darstellung eines Elementes $F \in \mathfrak{F}$ gelöst, da jede Form $F(S)$ durch triviale Umformungen reduziert werden kann. Das Identitätsproblem in einer durch Relationen definierten Gruppe $\mathfrak{G}$ ist stets dann lösbar, wenn jedem Element $G \in \mathfrak{G}$ eine eindeutige Normalform entspricht und ein Verfahren bekannt ist, jede Form $F(K)$ in den Erzeugenden in eine Normalform zu verwandeln.

Eine zweite ebenso schwierige Frage stellt das *Isomorphieproblem*: Sind zwei durch Systeme $\mathfrak{K}$ bzw. $\mathfrak{K}^*$ erzeugte und durch Relationensysteme $\mathfrak{r}$ bzw. $\mathfrak{r}^*$ definierte Gruppen $\mathfrak{G}, \mathfrak{G}^*$ vorgegeben, so soll entschieden werden, ob die Gruppen $\mathfrak{G}$ und $\mathfrak{G}^*$ isomorph sind. Dieses Problem ist gleichwertig mit einem *Automorphieproblem*: Ist die Gruppe $\mathfrak{G}$ mit dem Erzeugendensystem $\mathfrak{K} = (K_\iota)$ und dem Relationensystem $\mathfrak{r}$ vorgegeben, so sei $\mathfrak{L} = (L_\nu)$ ein erzeugender Komplex von $\mathfrak{G}$ aus Formen $L_\nu = L_\nu(K)$. Da dann die Erzeugenden K_ι auch Darstellungen $K_\iota = K_\iota(L)$ in den Erzeugenden L_ν besitzen, entsteht durch Substitution der Formen $K_\iota(L)$ in die Relationen $R(K) = E$ der Menge $\mathfrak{r}$ ein definierendes Relationensystem $\mathfrak{r}^*$ in den Erzeugenden L_ν. Das Isomorphieproblem entspricht der Aufgabe, ein Erzeugendensystem $\mathfrak{L} \subset \mathfrak{G}$ derart zu wählen, daß es einem vorgeschriebenen definierenden Relationensystem $\mathfrak{r}^*$ für $\mathfrak{G}$ genügt.

Eine derartige Umwandlung des Erzeugenden- und Relationensystems einer Gruppe kann übrigens stets durch *elementare Umformungen* erreicht werden:

Die Gruppe $\mathfrak{G}$ sei durch den Komplex $\mathfrak{K} = (K_\iota)$ erzeugt und durch die Relationen $\mathfrak{r} = [R_\varrho(K) = E]$ definiert.

1. Besteht in $\mathfrak{G}$ die Relation $Q(K) = E$, so ist $[R_\varrho(K) = Q(K) = E]$ ein definierendes Relationensystem; umgekehrt kann eine Folgerelation $R_0(K) = E$ der übrigen Relationen von $\mathfrak{r}$ aus $\mathfrak{r}$ fortgelassen werden.

2. Eine Form $L = L(K)$ kann als Erzeugende in den Komplex $\mathfrak{K}$ aufgenommen werden unter Hinzufügung der Relation $L(K)L^{-1} = E$. Denn jede Relation $R^*(K, L) = E$, die L nicht enthält, ist Folgerelation der Relationen $R_\varrho(K) = E$; die Relation $L(K)L^{-1} = E$ verwandelt jede Form $F(K, L)$ in eine Form $F(K, L(K))$ in $\mathfrak{K}$.

Ist eine Erzeugende $K_0 \in \mathfrak{K}$ als Form $K_0 = K_0(K)$ der übrigen Erzeugenden darstellbar, so läßt sich K_0 eliminieren; dabei entsteht ein definierendes Relationensystem $\mathfrak{r}'$ in den Erzeugenden $\mathfrak{K} - K_0$.

Satz 3 (H. TIETZE). *Zwei Erzeugendensysteme $\mathfrak{K}$ und $\mathfrak{L}$ einer Gruppe $\mathfrak{G}$ mit den Relationensystemen $\mathfrak{r}$ bzw. $\mathfrak{s}$ lassen sich durch elementare Umformungen ineinander überführen.*

Beweis. Nach Voraussetzung ist $\mathfrak{G}$ definiert durch
(1) $\mathfrak{G} = \{\mathfrak{K}\}$ mit den Relationen $R(K) = E$ aus $\mathfrak{r}$,
(2) $\mathfrak{G} = \{\mathfrak{L}\}$ mit den Relationen $S(L) = E$ aus $\mathfrak{s}$.
Jede Erzeugende K ist als Form $K = F(L)$, jede Erzeugende L als Form $L = G(K)$ darstellbar; daher entstehen die Definitionen
(3) $\mathfrak{G} = \{\mathfrak{K} \cup \mathfrak{L}\}$ mit den Relationen $R(K) = G(K) L^{-1} = E$,
(4) $\mathfrak{G} = \{\mathfrak{K} \cup \mathfrak{L}\}$ mit den Relationen $S(L) = F(L) K^{-1} = E$
aus (1) bzw. (2) durch elementare Umformungen. Von (3) und (4) gelangt man weiter durch elementare Umformungen zur Definition
(5) $\mathfrak{G} = \{\mathfrak{K} \cup \mathfrak{L}\}$ mit den Relationen

$$R(K) = S(L) = G(K) L^{-1} = F(L) K^{-1} = E.$$

Mithin gelangt man aus der Definition (1) durch elementare Umformungen über die Definitionen (3), (5), (4) zur Definition (2).

2.1.2. Der Untergruppensatz

Eine für zahlreiche Anwendungen wichtige Aufgabe ist die Bestimmung eines Erzeugendensystems mit definierenden Relationen für eine Untergruppe $\mathfrak{U}$ in einer durch Erzeugende mit definierenden Relationen vorgegebenen Gruppe $\mathfrak{G}$; man verdankt die Methode K. REIDEMEISTER und O. SCHREIER:

Eine Untergruppe $\mathfrak{U}$ einer Gruppe $\mathfrak{G}$ mit dem erzeugenden Komplex $\mathfrak{K} = (K)$ bestimmt eine Restklassenzerlegung

$$\mathfrak{G} = \sum \mathfrak{U} A;$$

für jeden Repräsentanten werde eine Darstellung

$$A = A(K) = K_1^{e_1} K_2^{e_2} \ldots K_n^{e_n} \quad \text{mit} \quad K_\nu \in \mathfrak{K}; \; e_\nu = \pm 1 \quad \text{für } 1 \leq \nu \leq n$$

festgelegt, für die Restklasse $\mathfrak{U}$ der Repräsentant E vorgeschrieben. Setzen wir

$$\overline{G} = A(K), \quad \text{wenn} \quad G \equiv A(K) \bmod \mathfrak{U}, E \quad \text{für } G \in \mathfrak{G},$$

so gilt insbesondere

$$\overline{U} = E \quad \text{und} \quad \overline{UG} = \overline{G} \quad \text{für jedes } U \in \mathfrak{U}; \; G \in \mathfrak{G}.$$

Bildet man dann zu einer Darstellung

$$U(K) = K_1^{e_1} K_2^{e_2} \ldots K_n^{e_n} \quad \text{mit} \quad K_\nu \in \mathfrak{K} \quad \text{und} \quad e_\nu = \pm 1$$

des Elementes $U \in \mathfrak{U}$ die Abschnitte

$$U_0 = E; \quad U_\nu = U_{\nu-1} K_\nu^{e_\nu}; \quad U_n = U(K) \quad \text{für } 1 \leq \nu \leq n,$$

so ist $\overline{U}_0 = \overline{U}_n = E$ und folglich (bei trivialer Umformung)

$$U(K) = \prod_{1 \leq \nu \leq n} \overline{U}_{\nu-1} K_\nu^{e_\nu} \overline{U}_\nu^{-1}. \qquad 1)$$

2.1.2. Der Untergruppensatz

Für jeden Repräsentanten $A = A(K)$ und jede Erzeugende $K \in \mathfrak{K}$ gehört nun das Produkt
$$V_{AK} = AK\overline{AK}^{-1} \tag{2}$$
der Untergruppe $\mathfrak{U}$ an; für die Faktoren der Darstellung (1) des Elementes $U \in \mathfrak{U}$ erhalten wir weiter

im Falle $e_\nu = +1$: $\overline{U}_{\nu-1} K_\nu^{e_\nu} \overline{U}_\nu^{-1} = \overline{U}_{\nu-1} K_\nu \overline{\overline{U}_{\nu-1} K_\nu}^{-1} = V_{\overline{U}_{\nu-1} K_\nu}$,

im Falle $e_\nu = -1$: $\overline{U}_{\nu-1} K_\nu^{e_\nu} \overline{U}_\nu^{-1} = \overline{U_\nu K_\nu} K_\nu^{-1} \overline{U}_\nu^{-1} = V_{\overline{U}_\nu K_\nu}^{-1}$.

Die Menge (V_{AK}) ist somit ein Erzeugendensystem der Untergruppe $\mathfrak{U}$. Zugleich haben wir in (1) eine (eindeutige) *Umsetzungsvorschrift* festgelegt, eine Darstellung $U(K)$ eines Elementes $U \in \mathfrak{U}$ in ein weiterhin mit $v(U(K))$ bezeichnetes Produkt in Erzeugenden V_{AK} umzuwandeln.

Als unmittelbare wichtige Folgerung gewinnen wir

Satz 4. *In einer endlich erzeugbaren Gruppe $\mathfrak{G}$ ist jede Untergruppe $\mathfrak{U}$ von endlichem Index* $\mathrm{ind}(\mathfrak{G}:\mathfrak{U}) > 0$ *endlich erzeugbar.*

Zur Bestimmung von definierenden Relationen in den Erzeugenden V_{AK} der Untergruppe $\mathfrak{U} \subset \mathfrak{G}$ ziehen wir heran:

Forderung von O. SCHREIER: Die Repräsentanten $A = A(K)$ der Zerlegung
$$\mathfrak{G} = \sum \mathfrak{U} A$$
unterliegen den Bedingungen:

1. *Die Einheit E ist Repräsentant der Restklasse $\mathfrak{U}$.*
2. *Ist $A = A(K) = K_1^{e_1} K_2^{e_2} \ldots K_n^{e_n}$ Repräsentant der Restklasse $\mathfrak{U}A$, so ist für $1 \leq \nu \leq n$ der Abschnitt $A_\nu = A_\nu(K) = K_1^{e_1} K_2^{e_2} \ldots K_\nu^{e_\nu}$ Repräsentant seiner Restklasse $\mathfrak{U}A_\nu$.*

Eine solche Repräsentantenwahl ist immer möglich: Jede Restklasse $\mathfrak{U}G$ von $\mathfrak{G}$ nach $\mathfrak{U}$ enthält ein Element $A = K_1^{e_1} K_2^{e_2} \ldots K_l^{e_l}$ minimaler Länge l; wir nennen l die Länge der Restklasse $\mathfrak{U}G$. Da die Restklasse $\mathfrak{U}$ (der Länge 0) den Repräsentanten E hat, darf man annehmen, die Forderung sei für Restklassen kleinerer Länge als l erfüllt. Besitzt dann die Restklasse $\mathfrak{U}G$ der Länge l den Repräsentanten $G = K_1^{e_1} K_2^{e_2} \ldots K_l^{e_l}$, so hat die Restklasse $\mathfrak{U}G_0 = \mathfrak{U}G K_l^{-e_l}$ die Länge $l-1$, da man sonst aus $\mathfrak{U}G_0 = \mathfrak{U}F_0$ mit einem Repräsentanten F_0 kleinerer Länge für $\mathfrak{U}G = \mathfrak{U}F_0 K_l^{e_l}$ einen Repräsentanten kleinerer Länge als l erhielte. Wählt man in $\mathfrak{U}G_0$ einen Repräsentanten G_0^* gemäß der Forderung, so erfüllt in $\mathfrak{U}G = \mathfrak{U}G_0^* K_l^{e_l}$ der Repräsentant $G^* = G_0^* K_l^{e_l}$ gleichfalls die Forderung.

Ist nun zunächst $\mathfrak{G}$ die vom Komplex $\mathfrak{K} = (K_\iota)$ erzeugte freie Gruppe und $\mathfrak{U}$ Untergruppe in $\mathfrak{G}$, so wählen wir für die Restklassenzerlegung Repräsentanten $A(K)$ gemäß der Forderung von O. SCHREIER, setzen

$$\overline{G} = A(K), \quad \text{wenn} \quad G \equiv A(K) \bmod \mathfrak{U}, E \quad \text{für } G \in \mathfrak{G}$$

und
$$V_{AK} = AK\overline{AK}^{-1} \quad \text{für jedes } A = A(K) \text{ und } K \in \mathfrak{K}. \tag{3}$$

Ist dabei AK Repräsentant seiner Restklasse $\mathfrak{U}AK$, besteht also die Identität $AK \equiv \overline{AK}$ in den Erzeugenden $\mathfrak{K}$, so ist $V_{AK} = E$ als Erzeugende entbehrlich; es verbleiben daher für die Untergruppe $\mathfrak{U}$ nur die Erzeugenden

$$V_{AK} = AK\,\overline{AK}^{-1} \quad \text{mit } AK \not\equiv \overline{AK}. \tag{3*}$$

Die jedem Produkt $U = U(K) \in \mathfrak{U}$ durch die Umsetzungsvorschrift (1) zugeordnete Darstellung $v(U(K))$ in den Erzeugenden V_{AK} erfüllt nun die *Isomorphiebedingung*:

Besteht zwischen Elementen $U(K), U_1(K), U_2(K)$ die Gleichung

$$U(K) \equiv U_1(K)\,U_2(K)$$

(bei trivialer Umformung in den Erzeugenden $\mathfrak{K}$ von $\mathfrak{G}$), so gilt auch

$$v(U(K)) \equiv v(U_1(K))\,v(U_2(K))$$

bei trivialer Umformung in den Erzeugenden (V_{AK}) von $\mathfrak{U}$.

Beweis. Läßt das Produkt

$$U(K) = K_1^{e_1} K_2^{e_2} \ldots K_n^{e_n} \quad \text{wegen } K_{\mu-1} = K_\mu \text{ und } e_{\mu-1} + e_\mu = 0$$

eine triviale Umformung zu, so sind nach der Umsetzungsvorschrift in

$$U(K) = \prod_{\nu=1}^{n} \overline{U}_{\nu-1} K_\nu^{e_\nu} \overline{U}_\nu^{-1}$$

die Faktoren durch Elemente V_{AK} darzustellen. Man findet
im Falle $e_\mu = -1$: $\overline{U}_{\mu-2} K_{\mu-1}^{e_{\mu-1}} \overline{U}_{\mu-1}^{-1} = V_{\overline{U}_{\mu-2} K_\mu};\ \overline{U}_{\mu-1} K_\mu^{e_\mu} \overline{U}_\mu^{-1} = V_{\overline{U}_\mu K_\mu}^{-1}$,
im Falle $e_\mu = +1$: $\overline{U}_{\mu-2} K_{\mu-1}^{e_{\mu-1}} \overline{U}_{\mu-1}^{-1} = V_{\overline{U}_{\mu-1} K_\mu}^{-1};\ \overline{U}_{\mu-1} K_\mu^{e_\mu} \overline{U}_\mu^{-1} = V_{\overline{U}_{\mu-1} K_\mu}$.
Da wegen $U_{\mu-2} = U_\mu$ auch $\overline{U}_{\mu-2} = \overline{U}_\mu$, fallen in $v(U(K))$ diese Glieder durch triviale Umformung fort. Es gilt also auch (bei trivialer Umformung nach den Erzeugenden V_{AK})

$$v(E) \equiv E \quad \text{und} \quad v(U(K))^{-1} \equiv v(U^{-1}(K)).$$

Nun bestehen in den Erzeugenden V_{AK} die Relationen

$$V_{AK} = v(AK\,\overline{AK}^{-1}). \tag{4}$$

Eine nichttriviale Relation

$$R(V) = V_{A_1 K_1}^{e_1} V_{A_2 K_2}^{e_2} \ldots V_{A_n K_n}^{e_n} = E \quad \text{mit } e_\nu = \pm 1$$

zwischen den Erzeugenden V_{AK} ist als Relation in den Erzeugenden $\mathfrak{K}$ eine Identität. Bei der Umsetzung

$$V_{AK}^e \to v(V_{AK}^e) \equiv v(V_{AK})^e$$

2.1.2. Der Untergruppensatz

entsteht daher eine Identität

$$v(A_1 K_1 \overline{A_1 K_1}^{-1})^{e_1} v(A_2 K_2 \overline{A_2 K_2}^{-1})^{e_2} \ldots v(A_n K_n \overline{A_n K_n}^{-1})^{e_n} \equiv v(E) \equiv E$$

in den Erzeugenden V_{AK}. Da somit eine Relation $R(V) = E$ zur Identität wird, wenn man jedes V_{AK} durch den Ausdruck $v(AK\overline{AK}^{-1})$ ersetzt, ist jede Relation $R(V) = E$ Folgerelation der Relationen (4).

Unter der Forderung von O. SCHREIER werden auch diese Relationen zu Identitäten; setzt man nämlich

$$A = \prod_1^m K_\mu^{e_\mu}; \quad \overline{AK} = \prod_1^n L_\nu^{f_\nu} \quad \text{mit } K_\mu, L_\nu \in \mathfrak{K};\; e_\mu = \pm 1;\; f_\nu = \pm 1,$$

so gilt

$$U(K) = AK\overline{AK}^{-1} = K_1^{e_1} K_2^{e_2} \ldots K_m^{e_m} K L_n^{-f_n} \ldots L_2^{-f_2} L_1^{-f_1}.$$

Für die Abschnitte $U_0, U_1, \ldots, U_{m+n-1}$ dieses Produktes findet man gemäß der Forderung von O. SCHREIER die Repräsentanten

$$E, K_1^{e_1}, K_1^{e_1} K_2^{e_2}, \ldots, K_1^{e_1} K_2^{e_2} \ldots K_m^{e_m},$$
$$L_1^{f_1} L_2^{f_2} \ldots L_n^{f_n}, L_1^{f_1} L_2^{f_2} \ldots L_{n-1}^{f_{n-1}}, \ldots, L_1^{f_1} L_2^{f_2}, L_1^{f_1}, E$$

und damit

$$\overline{U}_{\mu-1} K_\mu^{e_\mu} \overline{U}_\mu^{-1} \equiv E \quad \text{für } 1 \leq \mu \leq m,$$
$$\overline{U}_m K \overline{U}_{m+1}^{-1} \equiv V_{AK}$$
$$\overline{U}_{m+\nu} L_{n-\nu+1}^{-f_{n-\nu+1}} \overline{U}_{m+\nu+1}^{-1} \equiv E \quad \text{für } 1 \leq \nu \leq n,$$

also $V_{AK} \equiv v(AK\overline{AK}^{-1})$.

Satz 5 (J. NIELSEN-O. SCHREIER). *Jede eigentliche Untergruppe $\mathfrak{U}$ einer freien Gruppe $\mathfrak{F}$ vom Range $r(\mathfrak{F})$ ist eine freie Gruppe vom Range*

$$r(\mathfrak{U}) = \mathfrak{k}(r(\mathfrak{F}) - 1) + 1,$$

wenn $\mathfrak{k}$ die Mächtigkeit der Restklassenmenge in der Zerlegung

$$\mathfrak{F} = \sum_\varkappa \mathfrak{U} A_\varkappa \quad (\text{über } \varkappa \in \mathsf{K})$$

bezeichnet.

Beweis. Es ist nur noch die Aussage über den Rang der Untergruppe $\mathfrak{U} \subset \mathfrak{F}$ zu beweisen: Die unter der Forderung von O. SCHREIER bestimmte Erzeugendenmenge (V_{AK}) der Untergruppe $\mathfrak{U} \subset \mathfrak{F}$ besitzt die Mächtigkeit $\mathfrak{k} r(\mathfrak{F})$. Bezeichnet $\mathfrak{l}$ die Mächtigkeit der Menge der Elemente V_{AK}, für die

$$V_{AK} = E, \quad \text{also} \quad AK = \overline{AK},$$

so geht die Behauptung über in

$$\mathfrak{l} + 1 = \mathfrak{k} \quad \text{wegen} \quad r(\mathfrak{U}) + \mathfrak{l} = \mathfrak{k} r(\mathfrak{F}).$$

Wir bezeichnen mit p_m^+ bzw. p_m^- die Anzahl der Repräsentanten $A(K)$ der Länge m in reduzierter Darstellung

$$A = A(K) = K_1^{e_1} K_2^{e_2} \ldots K_m^{e_m} \quad \text{mit } e_m = +1 \text{ bzw. } e_m = -1;$$

insbesondere setzen wir $p_0^- = 0$ und $p_0^+ = 1$. Erfüllt ein Repräsentant $A = A(K)$ der Länge m mit einer Erzeugenden $K \in \mathfrak{K}$ die Gleichung $AK = \overline{AK}$, so besitzt $\overline{AK}$ die Länge $m-1$ oder $m+1$. Da das erste genau dann eintritt, wenn $K_m = K$ und $e_m = -1$, erhält man in diesem Falle den Beitrag p_m^- zur Mächtigkeit $\mathfrak{l}$. Im zweiten Falle ist $\overline{AK}$ Repräsentant der Länge $m+1$ mit letztem Exponenten $+1$. Da jeder solche Repräsentant auf genau einem Wege durch A und K erhalten wird, ergibt dieser Fall den Beitrag p_{m+1}^+ zur Mächtigkeit $\mathfrak{l}$. Die Erzeugenden $V_{AK} = AK \overline{AK}^{-1} = E$ der Länge m ergeben demnach zu $\mathfrak{l}$ den Beitrag $p_m^- + p_{m+1}^+$. Damit erhalten wir

$$1 + 1 = p_0^+ + \sum_0^\infty (p_m^- + p_{m+1}^+) = \sum_0^\infty (p_m^- + p_m^+) = \mathfrak{l}.$$

Ist wieder $\mathfrak{G}$ die freie Gruppe mit den (freien) Erzeugenden $\mathfrak{K} = (K)$ und $\mathfrak{R}$ der durch eine Relationenmenge $\mathfrak{r} = (\mathfrak{R}(K))$ in $\mathfrak{G}$ erzeugte Normalteiler, so wird die Faktorgruppe $\mathfrak{h} = \mathfrak{G}/\mathfrak{R}$ durch $\mathfrak{K}$ erzeugt und die Relationenmenge $\mathfrak{r}$ definiert. Jede Untergruppe $\mathfrak{u} = \mathfrak{U}/\mathfrak{R} \subset \mathfrak{G}/\mathfrak{R} = \mathfrak{h}$ entspricht einer Untergruppe $\mathfrak{U} \subset \mathfrak{G}$; ebenso entsprechen sich die Restklassenzerlegungen

$$\mathfrak{G} = \sum \mathfrak{U} A(K) \quad \text{und} \quad \mathfrak{h} = \sum \mathfrak{u} A(K).$$

Erweitert man noch die Relationenmenge $\mathfrak{r}$ zu

$$\mathfrak{r}^* = \left(\bigcup_A A(K) R(K) A^{-1}(K) \right) \quad \text{über } A = A(K),$$

so stimmt der von $\mathfrak{r}^*$ in $\mathfrak{U}$ erzeugte Normalteiler mit der Relationengruppe $\mathfrak{R}$ überein.

Unter der Voraussetzung, daß E die Restklasse $\mathfrak{U}$ repräsentiere, erhalten wir für $\mathfrak{U}$ die Erzeugenden (V_{AK}) mit den definierenden Relationen (4); stellen wir die Forderung von O. SCHREIER, so sind die von E verschiedenen Elemente V_{AK} freie Erzeugende von $\mathfrak{U}$.

Da $\mathfrak{r}^*$ in $\mathfrak{U}$ die Relationengruppe $\mathfrak{R}$ erzeugt, erhalten wir durch die Umsetzungsvorschrift (1)

$$A(K) R(K) A^{-1}(K) = v\big(A(K) R(K) A^{-1}(K)\big)$$

und folglich bei Übergang zu den Restklassen nach $\mathfrak{R}$ in (V_{AK}) ein Erzeugendensystem der Untergruppe $\mathfrak{u} \subset \mathfrak{h}$ mit den definierenden Relationen

$$V_{AK} = v(AK \overline{AK}^{-1}); \quad v\big(A(K) R(K) A^{-1}(K)\big) = E. \tag{5}$$

Genügen die Repräsentanten $A(K)$ der Forderung von O. SCHREIER, so verbleiben nur die zweiten Relationen.

2.1.2. Der Untergruppensatz

Gewisser Folgerungen wegen zeigen wir noch auf anderem Wege (nach F. Levi), daß jede Untergruppe einer freien Gruppe gleichfalls freie Gruppe ist: Ein freies Erzeugendensystem $\mathfrak{S}$ der freien Gruppe $\mathfrak{F}$ werde zusammen mit dem inversen Komplex $\mathfrak{S}^{-1}$ wohlgeordnet:

$$(S): \quad S_1, S_1^{-1}, S_2, S_2^{-1}, \ldots, S_\lambda, S_\lambda^{-1}, S_{\lambda+1}, S_{\lambda+1}^{-1}, \ldots;$$

auch für die Menge Φ aller Vektoren

$$\mathfrak{v} = (S_{\lambda_1}^{e_1}, S_{\lambda_2}^{e_2}, \ldots, S_{\lambda n}^{e_n}) \quad \text{mit } e_\nu = \pm 1 \quad \text{für } 1 \leq \nu \leq n$$

beliebiger endlicher Länge $l(\mathfrak{v}) = n \geq 1$ werde eine Wohlordnung

$$(\mathfrak{v}): \quad \mathfrak{v}_1, \mathfrak{v}_2, \ldots, \mathfrak{v}_\lambda, \mathfrak{v}_{\lambda+1}, \ldots$$

erklärt durch die Festsetzung:

$$\mathfrak{u} = (S_{\varkappa_1}^{e_1}, S_{\varkappa_2}^{e_2}, \ldots, S_{\varkappa_m}^{e_m}) \quad \textit{steht vor} \quad \mathfrak{v} = (S_{\lambda_1}^{f_1}, S_{\lambda_2}^{f_2}, \ldots, S_{\lambda n}^{f_n}),$$

wenn (a) $l(\mathfrak{u}) = m < n = l(\mathfrak{v})$,

(b) *im Falle $l(\mathfrak{u}) = l(\mathfrak{v}) = m = n$ die erste Komponente $S_{\varkappa_r}^{e_r}$, in der sich $\mathfrak{u}$ von $\mathfrak{v}$ unterscheidet, in* (S) *vor $S_{\lambda_r}^{f_r}$ steht.*

Aus der Wohlordnung $(\mathfrak{v})$ der Menge Φ werde eine Wohlordnung

$$(U): \quad E = U_0, U_1, U_2, \ldots, U_\lambda, U_{\lambda+1}, \ldots$$

der Untergruppe $\mathfrak{U} \subset \mathfrak{F}$ abgeleitet: Einem Element

$$U = S_{\lambda_1}^{e_1} S_{\lambda_2}^{e_2} \ldots S_{\lambda n}^{e_n} \quad \text{mit } e_\nu = \pm 1$$

in reduzierter Darstellung der Länge $n = l(U) \geq 1$ nach den Erzeugenden $\mathfrak{S} \subset \mathfrak{F}$ entspricht eineindeutig ein Vektor $\mathfrak{v}(U) \in \Phi$ gemäß der Vorschrift:
Im Falle $l(U) = n = 2k+1$ *sei*

$$\mathfrak{v}(U) = (S_{\lambda_1}^{e_1}, S_{\lambda_2}^{e_2}, \ldots, S_{\lambda_{k+1}}^{e_{k+1}}, S_{\lambda n}^{-e_n}, S_{\lambda_{n-1}}^{-e_{n-1}}, \ldots, S_{\lambda_{k+2}}^{-e_{k+2}});$$

im Falle $l(U) = n = 2k$ *sei*

$$\mathfrak{v}(U) = (S_{\lambda_1}^{e_1}, S_{\lambda_2}^{e_2}, \ldots, S_{\lambda_k}^{e_k}, S_{\lambda n}^{-e_n}, S_{\lambda_{n-1}}^{-e_{n-1}}, \ldots, S_{\lambda_{k+1}}^{-e_{k+1}}).$$

In (U) *stehe das Element U vor dem Element V, wenn in* ($\mathfrak{v}$) *der Bildvektor $\mathfrak{v}(U)$ vor dem Bildvektor $\mathfrak{v}(V)$ steht.*

Aus der Wohlordnung (U) der Untergruppe $\mathfrak{U} \subset \mathfrak{F}$ wähle man nun die maximale (wohlgeordnete) Teilmenge

$$\mathfrak{T}: \quad U_1 = T_1, T_2, \ldots, T_\varkappa, T_{\varkappa+1}, \ldots$$

nach der Vorschrift: *Das Element $T_\varkappa \in \mathfrak{U}$ ist das erste Element in* (U), *das nicht der Untergruppe $\mathfrak{V}_\varkappa = \{\bigcup_{\nu < \varkappa} T_\nu\} \leqq \mathfrak{U}$ angehört.*

1. *Die Menge $\mathfrak{T}$ erzeugt die Gruppe $\mathfrak{U}$.*

Andernfalls wäre nämlich das erste Element U_λ in (U), das nicht zu $\mathfrak{B} = \{\mathfrak{T}\}$, also nicht zu $\mathfrak{T}$ gehört, Produkt von Vorgängern; da diese $\mathfrak{B}$ angehören, also sich durch Elemente aus $\mathfrak{T}$ darstellen lassen, würde auch U_λ zu $\mathfrak{B}$ gehören.

2. *Die Menge $\mathfrak{T}$ ist ein freies Erzeugendensystem der Gruppe* $\mathfrak{U}$.

Eine Darstellung

$$U(T) = T_{\varkappa_1}^{f_1} T_{\varkappa_2}^{f_2} \ldots T_{\varkappa_m}^{f_m} \quad \text{mit } f_\mu = \pm 1$$

eines Elementes $U = U(T) \in \mathfrak{U}$ durch $\mathfrak{T}$ kann als reduziert vorausgesetzt werden:

$$\varkappa_{\mu-1} \neq \varkappa_\mu \quad \text{oder} \quad f_{\mu-1} + f_\mu \neq 0 \quad \text{für } 2 \leq \mu \leq m.$$

Gleiches gilt für eine Relation $R(T) = E$ in $\mathfrak{T}$; da $\mathfrak{F}$ freie Gruppe ist, geht eine Relation in $\mathfrak{T}$ bei Substitution der (reduzierten) Darstellung $T_\varkappa = T_\varkappa(S)$ in die Identität über.

Beschränkt man sich bei einer reduzierten Form $U(T)$ nach der Substitution $T_\varkappa = T_\varkappa(S)$ auf die Kürzung von Faktoren $S^e \in \mathfrak{S} \cup \mathfrak{S}^{-1}$ aus benachbarten Faktoren $T_{\varkappa_{\mu-1}}^{f_{\mu-1}}, T_{\varkappa_\mu}^{f_\mu}$ und verbleibt danach von jedem Faktor $T_\varkappa^{f_\varkappa}$ wenigstens ein Faktor $S^e \in \mathfrak{S} \cup \mathfrak{S}^{-1}$, so stehen auch keine Faktoren S^e und S^{-e} nebeneinander, weshalb $U(T)$ von E verschieden ist. Es genügt also nachzuweisen, daß in jeder reduzierten Form $U(T)$ nach Substitution $T_\varkappa = T_\varkappa(S)$ von jedem Faktor $T_\varkappa$ von links her höchstens die Hälfte, von rechts her weniger als die Hälfte der in $T_\varkappa(S)$ auftretenden Faktoren $S^e \in \mathfrak{S} \cup \mathfrak{S}^{-1}$ gekürzt wird, da dann von jedem Faktor $T_\varkappa^{-1}$ von links her weniger als die Hälfte, von rechts her höchstens die Hälfte der Faktoren S^e gekürzt wird. Ließe sich in einem Produkt $T_\varkappa T_\varkappa$ die Hälfte der Faktoren S^e kürzen, so würde $T_\varkappa^2 = E$, also $T_\varkappa = E$ folgen. Damit verbleibt die Behauptung: *Für Indexpaare $\varkappa \neq \lambda$ und Exponenten $f = \pm 1$ gilt*

$$l(T_\varkappa^f T_\lambda) \geq l(T_\varkappa^f) \quad \text{und} \quad l(T_\lambda T_\varkappa^f) > l(T_\varkappa^f).$$

Aus der Auswahlvorschrift für $\mathfrak{T}$ entnimmt man:

In der Wohlordnung (U) *steht*

(a) *das Element $T_\varkappa$ vor der Inversen $T_\varkappa^{-1}$,*

(b) *für Indizes $\varkappa \neq \lambda$ stets $T_\varkappa$ (und T_λ) vor $(T_\varkappa^{\pm 1} T_\lambda^{\pm 1})^{\pm 1}$.*

Da hiernach jedenfalls

$$l(T_\varkappa^f T_\lambda) \geq l(T_\varkappa^f) \quad \text{und} \quad l(T_\lambda T_\varkappa^f) \geq l(T_\varkappa^f),$$

hat man nur

$$l(T_\lambda T_\varkappa^f) \neq l(T_\varkappa^f) \quad \text{für } \varkappa \neq \lambda \text{ und } f = \pm 1$$

nachzuweisen; da dies im Falle $l(T_\lambda) \equiv 1 (2)$ unmittelbar erkennbar ist, bleibt die Behauptung

(c) $l(T_\lambda T_\varkappa^f) \neq l(T_\varkappa^f)$ *für $\varkappa \neq \lambda$; $f = \pm 1$ und $l(T_\lambda) = 2r$.*

2.1.2. Der Untergruppensatz

Aus der Annahme $l(T_\lambda T_\varkappa^f) = l(T_\varkappa^f)$ mit $l(T_\lambda) = 2r$ folgt nach (b)
$$l(T_\varkappa^f) = l(T_\lambda T_\varkappa^f) \geq l(T_\lambda) = 2r;$$
lassen sich in $T_\lambda T_\varkappa^f$ etwa 2ϱ Faktoren S^e kürzen, so gilt
$$l(T_\lambda T_\varkappa^f) = l(T_\lambda) + l(T_\varkappa^f) - 2\varrho = l(T_\varkappa^f), \quad \text{also} \quad 2r = l(T_\lambda) = 2\varrho.$$
Daher darf angenommen werden
$$T_\lambda = S_{\lambda_1}^{e_1} S_{\lambda_2}^{e_2} \ldots S_{\lambda_r}^{e_r} S_{\lambda_{2r}}^{-e_{2r}} S_{\lambda_{2r-1}}^{-e_{2r-1}} \ldots S_{\lambda_{r+2}}^{-e_{r+2}} S_{\lambda_{r+1}}^{-e_{r+1}}$$
$$T_\varkappa^f = S_{\lambda_{r+1}}^{e_{r+1}} S_{\lambda_{r+2}}^{e_{r+2}} \ldots S_{\lambda_{2r}}^{e_{2r}} S_{\mu_1}^{f_1} S_{\mu_2}^{f_2} \ldots S_{\mu_s}^{f_s} S_{\nu_t}^{-g_t} S_{\nu_{t-1}}^{-g_{t-1}} \ldots S_{\nu_1}^{-g_1}$$

mit

$s \geq 0; f_\sigma = \pm 1; g_\tau = \pm 1; e_\varrho = \pm 1;$ $\begin{cases} t = r+s, & \text{wenn } l(T_\varkappa^f) \equiv 0\,(2), \\ t = r+s-1, & \text{wenn } l(T_\varkappa^f) \equiv 1\,(2). \end{cases}$

In (U) steht T_λ vor T_λ^{-1}, also in $(\mathfrak{v})$

$$\mathfrak{v}(T_\lambda) = (S_{\lambda_1}^{e_1}, S_{\lambda_2}^{e_2}, \ldots, S_{\lambda_{2r}}^{e_{2r}})$$

vor

$$\mathfrak{v}(T_\lambda^{-1}) = (S_{\lambda_{r+1}}^{e_{r+1}}, S_{\lambda_{r+2}}^{e_{r+2}}, \ldots, S_{\lambda_{2r}}^{e_{2r}}, S_{\lambda_1}^{e_1}, S_{\lambda_2}^{e_2}, \ldots, S_{\lambda_r}^{e_r});$$

daher steht in $(\mathfrak{v})$ auch

$$(S_{\lambda_1}^{e_1}, S_{\lambda_2}^{e_2}, \ldots, S_{\lambda_r}^{e_r}) \quad \text{vor} \quad (S_{\lambda_{r+1}}^{e_{r+1}}, S_{\lambda_{r+2}}^{e_{r+2}}, \ldots, S_{\lambda_{2r}}^{e_{2r}}).$$

Hieraus gewinnen wir [im Widerspruch zu (b)] die Aussagen:
Im Falle $f = +1$ steht

$$\mathfrak{v}(T_\lambda T_\varkappa) = (S_{\lambda_1}^{e_1}, \ldots, S_{\lambda_r}^{e_r}, S_{\mu_1}^{f_1}, \ldots, S_{\mu_s}^{f_s}, S_{\nu_1}^{g_1}, \ldots, S_{\nu_t}^{g_t})$$

vor

$$\mathfrak{v}(T_\varkappa) = (S_{\lambda_{r+1}}^{e_{r+1}}, \ldots, S_{\lambda_{2r}}^{e_{2r}}, S_{\mu_1}^{f_1}, \ldots, S_{\mu_s}^{f_s}, S_{\nu_1}^{g_1}, \ldots, S_{\nu_t}^{g_t});$$

im Falle $f = -1$ steht bei geradem s

$$\mathfrak{v}(T_\varkappa T_\lambda^{-1}) = (S_{\nu_1}^{g_1}, \ldots, S_{\nu_t}^{g_t}, S_{\lambda_1}^{e_1}, \ldots, S_{\lambda_r}^{e_r}, S_{\mu_1}^{f_1}, \ldots, S_{\mu_s}^{f_s})$$

vor

$$\mathfrak{v}(T_\varkappa) = (S_{\nu_1}^{g_1}, \ldots, S_{\nu_t}^{g_t}, S_{\lambda_{r+1}}^{e_{r+1}}, \ldots, S_{\lambda_{2r}}^{e_{2r}}, S_{\mu_1}^{f_1}, \ldots, S_{\mu_s}^{f_s}),$$

bei ungeradem s

$$\mathfrak{v}(T_\varkappa T_\lambda^{-1}) = (S_{\nu_1}^{g_1}, \ldots, S_{\nu_t}^{g_t}, S_{\mu_s}^{-f_s}, S_{\lambda_1}^{e_1}, \ldots, S_{\lambda_r}^{e_r}, S_{\mu_1}^{f_1}, \ldots, S_{\mu_{s-1}}^{f_{s-1}})$$

vor

$$\mathfrak{v}(T_\varkappa) = (S_{\nu_1}^{g_1}, \ldots, S_{\nu_t}^{g_t}, S_{\mu_s}^{-f_s}, S_{\lambda_{r+1}}^{e_{r+1}}, \ldots, S_{\lambda_{2r}}^{e_{2r}}, S_{\mu_1}^{f_1}, \ldots, S_{\mu_{s-1}}^{f_{s-1}}).$$

Ergänzend zeigen wir noch:

(d) *Ein Element* $U \in \mathfrak{U}$ *in reduzierter Darstellung* $U = U(T) = T_{\varkappa_1}^{f_1} T_{\varkappa_2}^{f_2} \ldots T_{\varkappa_m}^{f_m}$ *nach* $\mathfrak{T}$ *besitzt in* $\mathfrak{F}$ *eine Länge*

$$l(U) \geq l(T_{\varkappa_\mu}) \quad \text{für } 1 \leq \mu \leq m.$$

Beweis. Da (d) im Falle $m=2$ aus (b) hervorgeht, kann (d) für den Abschnitt $V = T_{\varkappa_1}^{f_1} T_{\varkappa_2}^{f_2} \ldots T_{\varkappa_{m-1}}^{f_{m-1}}$ von $U = V T_{\varkappa_m}^{f_m}$ als bewiesen vorausgesetzt werden, so daß es genügt

$$l(U) = l(V T_{\varkappa_m}^{f_m}) \geq \max\big(l(V), l(T_{\varkappa_m})\big)$$

nachzuweisen. Werden bei der Bildung des Produktes $U = V T_{\varkappa_m}^{f_m}$ etwa 2ϱ Faktoren $S^\varepsilon \in \mathfrak{S} \cup \mathfrak{S}^{-1}$ gekürzt, so bestehen nach dem soeben Gezeigten die Ungleichungen

$$2\varrho \leq l(T_{\varkappa_{m-1}}) \leq l(V) \quad \text{und} \quad 2\varrho \leq l(T_{\varkappa_m});$$

hieraus folgt in der Tat

$$l(U) = l(V) + l(T_{\varkappa_m}) - 2\varrho \geq \max\big(l(V), l(T_{\varkappa_m})\big).$$

Satz 5*. *Es sei $\mathfrak{F}$ eine freie Gruppe mit dem (freien) Erzeugendensystem $\mathfrak{S}$ und $l(F)$ die Länge des Elementes $F \in \mathfrak{F}$ bezüglich $\mathfrak{S}$. Dann besitzt jede Untergruppe $\mathfrak{U} \subset \mathfrak{F}$ ein freies Erzeugendensystem $\mathfrak{T}$, derart daß die reduzierte Darstellung $U(T) = T_1^{f_1} T_2^{f_2} \ldots T_m^{f_m}$ jedes Elementes $U \in \mathfrak{U}$ durch $\mathfrak{T}$ die Ungleichungen erfüllt:*

$$l(U) \geq l(T_\mu) \quad \text{für } 1 \leq \mu \leq m.$$

Satz 6. *Freie Gruppen sind genau dann isomorph, wenn sie gleichen Rang besitzen.*

Der Rang ist demnach kennzeichnende Invariante einer freien Gruppe.

Beweis. Eine freie Gruppe endlichen oder abzählbar unendlichen Ranges besitzt abzählbar unendliche Mächtigkeit, eine freie Gruppe überabzählbaren Ranges die Mächtigkeit der Erzeugendenmenge.

Für isomorphe freie Gruppen $\mathfrak{F}, \mathfrak{G}$ mit den (freien) Erzeugendensystemen $\mathfrak{S}$ bzw. $\mathfrak{T}$ darf daher vorausgesetzt werden, daß $\mathfrak{S}$ aus k Erzeugenden $S_\varkappa$ und $\mathfrak{T}$ aus nicht weniger als k Erzeugenden bestehe. Da ein Isomorphismus α von $\mathfrak{F}$ auf $\mathfrak{G} = \mathfrak{F}^\alpha$ durch die Bilder

$$\alpha: \quad S_\varkappa \to S_\varkappa^\alpha = G_\varkappa(T) \in \mathfrak{G} \quad \text{für } 1 \leq \varkappa \leq k$$

der Erzeugenden $S_\varkappa$ bestimmt ist, treten in den Formen $G_\varkappa(T)$ alle Erzeugenden aus $\mathfrak{T}$ auf, weshalb auch $\mathfrak{T}$ endlich ist. Alles Weitere ergibt sich nun leicht aus der weiteren Aussage:

Satz 6*. *Jeder erzeugende Komplex $\mathfrak{K}$ einer freien Gruppe $\mathfrak{F}$ endlichen Ranges $r(\mathfrak{F}) = r$ enthält mindestens r Elemente.*

Beweis. Sind $S_1, S_2, \ldots, S_r$ freie Erzeugende der Gruppe $\mathfrak{F}$, so bestehen für einen erzeugenden Komplex $\mathfrak{K} = (K_1, K_2, \ldots, K_m)$ von $\mathfrak{F}$ Kongruenzen

$$K_\mu \equiv S_1^{a_{\mu 1}} S_2^{a_{\mu 2}} \ldots S_r^{a_{\mu r}} \bmod \mathfrak{F}' \quad \text{für } 1 \leq \mu \leq m$$

nach dem Kommutator $\mathfrak{F}'$, andererseits für beliebige ganze Zahlen $b_1, b_2, \ldots, b_r$ mit geeigneten ganzen Zahlen $x_1, x_2, \ldots, x_m$ auch Kongruenzen

$$\prod_\varrho S_\varrho^{b_\varrho} \equiv \prod_\mu K_\mu^{x_\mu} \equiv \prod_{\varrho,\mu} S_\varrho^{a_{\mu\varrho} x_\varrho} \bmod \mathfrak{F}'.$$

Da aber eine Kongruenz

$$\prod_\varrho S_\varrho^{f_\varrho} \equiv E \bmod \mathfrak{F}' \qquad \text{nur für } f_\varrho = 0$$

besteht, besitzen demnach die Gleichungen

$$b_\varrho = \sum_\mu x_\mu a_{\mu\varrho} \qquad \text{für } 1 \leq \mu \leq m;\ 1 \leq \varrho \leq r$$

bei beliebiger Wahl ganzer Zahlen b_ϱ Lösungen x_μ, so daß die Matrix $(a_{\mu\varrho})$ den Rang r besitzt:

$$m \geq r = r(\mathfrak{F}).$$

Satz 7. *Der Kommutator $\mathfrak{G}'$ einer endlich erzeugbaren ordnungsfiniten Gruppe $\mathfrak{G}$ ist endlich erzeugbar und ordnungsfinit.*

Beweis. Jedes Element G der Gruppe $\mathfrak{G} = \{S_1, S_2, \ldots, S_k\}$ erfüllt eine Kongruenz

$$G \equiv S_1^{a_1} S_2^{a_2} \ldots S_k^{a_k} \bmod \mathfrak{G}'$$

mit nichtnegativen Exponenten $a_1, a_2, \ldots, a_k$, die in den Ordnungen $\mathrm{ord}(S_\varkappa) = s_\varkappa > 0$ obere Schranken besitzen. Folglich ist $\mathfrak{G}'$ in $\mathfrak{G}$ von endlichem Index, also endlich erzeugbar und als Untergruppe von $\mathfrak{G}$ ordnungsfinit.

Satz 8. *In jeder freien Gruppe $\mathfrak{F}$ besitzen die iterierten Kommutatoren $\mathfrak{F}^{(k)}$ mit endlichem Index k den Durchschnitt*

$$\mathfrak{F}^{(\omega)} = \bigcap_k \mathfrak{F}^{(k)} = E.$$

Beweis. In der freien Gruppe $\mathfrak{F}$ mit dem (freien) Erzeugendensystem $\mathfrak{S} = (S)$ bezeichne

$$D = S_1^{e_1} S_2^{e_2} \ldots S_n^{e_n} \qquad \text{mit } e_\nu = \pm 1$$

die unverkürzbare Darstellung eines Elementes $D \neq E$ aus $\mathfrak{F}^{(\omega)}$. Genügt das Repräsentantensystem $(A(S))$ der Zerlegung

$$\mathfrak{F} = \sum \mathfrak{F}' A(S) = \sum \mathfrak{F}' A$$

nach dem Kommutator $\mathfrak{F}'$ der Forderung von O. SCHREIER, so gilt

$$A = S_\nu^e, \qquad \text{falls} \qquad S_\nu^e \in \mathfrak{F}' A \qquad \text{für } e = \pm 1.$$

Aus den Abschnitten

$$D_0 = E;\quad D_1 = S_1^{e_1};\quad D_\nu = D_{\nu-1} S_\nu^{e_\nu};\quad D_n = D \qquad \text{für } 1 \leq \nu \leq n$$

erhalten wir in trivialer Umformung

$$D = \prod_1^n \overline{D}_{\nu-1} S_\nu^{e_\nu} \overline{D}_\nu^{-1} = \prod_1^n C_\nu^{e_\nu} \quad \text{mit} \quad C_1 = \overline{D}_0 S_1^{e_1} \overline{D}_1^{-1} = S_1^{e_1} S_1^{-e_1} = E,$$

wobei jedes $C_\nu \neq E$ Mitglied eines freien Erzeugendensystems von $\mathfrak{F}'$ ist. Daher besitzt $D \in \mathfrak{F}^{(\omega)}$ in $\mathfrak{F}'$ eine unverkürzbare Darstellung

$$D = C_1^{f_1} C_2^{f_2} \ldots C_m^{f_m} \quad \text{mit} \quad m < n$$

in den freien Erzeugenden von $\mathfrak{F}'$. Da D jedem Kommutator $\mathfrak{F}^{(k)}$ angehört, erhalten wir durch Wiederholung dieses Verfahrens schließlich eine Darstellung $D = F^e$ in einer einzigen Erzeugenden eines Kommutators $\mathfrak{F}^{(k)}$; dann wäre D aber nicht in $\mathfrak{F}^{(k+1)}$ enthalten.

2.1.3. Die vollinvarianten Untergruppen einer freien Gruppe

Der Untersuchung der vollinvarianten Untergruppen freier Gruppen $\mathfrak{F}$ legen wir die von Elementen $(X_\iota) = (X_1, X_2, \ldots)$ erzeugte *freie Gruppe* $\mathfrak{X}$ *abzählbar unendlichen Ranges* zugrunde. Jedes von E verschiedene Element $W \in \mathfrak{X}$ besitzt eine eindeutige unverkürzbare Darstellung

$$W = W(X) = X_{\iota_1}^{e_1} X_{\iota_2}^{e_2} \ldots X_{\iota_n}^{e_n} \quad \text{mit} \quad e_\nu = \pm 1$$

einer Länge $n = l(W) \geq 1$, in der

$$\iota_{\nu-1} \neq \iota_\nu \quad \text{oder} \quad e_{\nu-1} + e_\nu \neq 0 \quad \text{für} \quad 2 \leq \nu \leq n.$$

Jede solche Darstellung $W = W(X)$ eines Elementes aus $\mathfrak{X}$ nennen wir ein *Wort* oder eine *Form der Länge* $n = l(W)$; die Anzahl k der verschiedenen unter den Indizes ι_ν ist das *Gewicht der Form*.

Jede Zuordnung

$$\eta: \quad X_\iota \to X_\iota^\eta = G_\iota \quad \text{für} \quad 1 \leq \iota < \infty$$

mit Elementen G_ι einer Gruppe $\mathfrak{G}$ erklärt einen Homomorphismus η der freien Gruppe $\mathfrak{X}$ in die Gruppe $\mathfrak{G}$; jeder Homomorphismus η von $\mathfrak{X}$ in $\mathfrak{G}$ ist durch die Bilder $X_\iota^\eta = G_\iota \in \mathfrak{G}$ der Erzeugenden X_ι bestimmt. Jedem Wort

$$W(X_1, X_2, \ldots, X_k) = X_{\iota_1}^{e_1} X_{\iota_2}^{e_2} \ldots X_{\iota_n}^{e_n}$$

entspricht dabei ein eindeutig bestimmtes Element

$$W(X_1, X_2, \ldots, X_k)^\eta = W(G_1, G_2, \ldots, G_k) = G_{\iota_1}^{e_1} G_{\iota_2}^{e_2} \ldots G_{\iota_n}^{e_n}$$

der Gruppe $\mathfrak{G}$, der *Wert der Form* $W(X_1, X_2, \ldots, X_k)$ bei der durch η bestimmten Substitution. Ein Wort $W(X_1, X_2, \ldots, X_k) \in \mathfrak{X}$ vom Gewichte k besitzt somit einen *Wertebereich in der Gruppe* $\mathfrak{G}$, nämlich die Menge aller Werte $W(G_1, G_2, \ldots, G_k) \in \mathfrak{G}$, die durch Homomorphismen der Gruppe $\mathfrak{X}$ in die Gruppe $\mathfrak{G}$ erhalten werden. Die vom Wertebereich erzeugte Untergruppe $\mathfrak{U}_W = \{\bigcup_{(G)} W(G_1, G_2, \ldots, G_k)\}$ ist *die durch das Wort* $W(X_1, X_2, \ldots, X_k)$ *bestimmte Wortuntergruppe in* $\mathfrak{G}$.

Satz 9. *Jede Wortuntergruppe* $\mathfrak{U}_W$ *einer Gruppe* $\mathfrak{G}$ *ist vollinvariant.*

Beweis. Für jeden Endomorphismus $\eta \in \mathsf{E}(\mathfrak{G})$ und jeden Wert des Wortes $W(X_1, X_2, \ldots, X_k)$ gilt

$$W(G_1, G_2, \ldots, G_k)^\eta = W(G_1^\eta, G_2^\eta, \ldots, G_k^\eta);$$

daher ist der Wertebereich des Wortes vollinvariant in $\mathfrak{G}$.

Beispiele. Das Wort $W(X_1) = X_1^m$ der Länge m vom Gewichte 1 bestimmt *die m-te Potenzgruppe*

$$\mathfrak{G}^m = \{\bigcup_G G^m\} \subseteq \vee \mathfrak{G},$$

das Wort $W(X_1, X_2) = [X_1, X_2]$ der Länge 4 vom Gewichte 2 *die Kommutatorgruppe*

$$\mathfrak{G}' = \{\bigcup_{(G)} [G_1, G_2]\} \subseteq \vee \mathfrak{G}.$$

Ebenso bestimmt für jede natürliche Zahl m das Wort

$$W(X_1, X_2) = (X_2 X_1)^{-m} X_1^m X_2^m$$

der Länge $4m$ vom Gewichte 2 *die m-Kommutatorgruppe*

$$\mathfrak{C}_m = \{\bigcup_{(G)} (G_2 G_1)^{-m} G_1^m G_2^m\} \subseteq \vee \mathfrak{G}.$$

Die m-Kommutatorgruppe $\mathfrak{C}_m$ ist in der 1-Kommutatorgruppe $\mathfrak{C}_1 = \mathfrak{G}'$ enthalten, im allgemeinen aber (für $m \geq 2$) von dieser verschieden.

Der Begriff der Wortuntergruppe einer Gruppe $\mathfrak{G}$ kann noch dadurch verallgemeinert werden, daß man für eine Wortmenge $(W_\varkappa(X))$ aus $\mathfrak{X}$ (über $\varkappa \in \mathsf{K}$) das Kompositum $\mathfrak{U}$ aller Wortuntergruppen $\mathfrak{U}_{W_\varkappa}$ in $\mathfrak{G}$ bildet:

$$\mathfrak{U} = \prod_\varkappa \mathfrak{U}_{W_\varkappa} = \{\bigcup_\varkappa \bigcup_{(G)} W_\varkappa(G)\} \subseteq \vee \mathfrak{G}.$$

Insbesondere überführt jeder Endomorphismus

$$\eta: \quad X_\iota \to X_\iota^\eta = Y_\iota(X) \qquad \text{für } 1 \leq \iota < \infty$$

der Gruppe $\mathfrak{X}$ mit Formen $Y_\iota(X) \in \mathfrak{X}$ ein Wort $W_\varkappa(X)$ in die Form

$$\eta: \quad W_\varkappa(X) \to W_\varkappa(X^\eta) = W_\varkappa(Y(X)) = V_\varkappa(X) \in \mathfrak{X};$$

daher ist die Wortuntergruppe $\mathfrak{V} = \{\bigcup_\varkappa \bigcup_{(Y)} W_\varkappa(Y)\} \subseteq \mathfrak{X}$ die durch die Worte $W_\varkappa(X) \in \mathfrak{X}$ erzeugte vollinvariante Untergruppe

$$\mathfrak{V} = \{\bigcup_\varkappa W_\varkappa; \mathsf{E}\} \subseteq \mathfrak{X}; \mathsf{E} \qquad \text{mit } \mathsf{E} = \mathsf{E}(\mathfrak{X}).$$

Nun gehört für jedes Wort $V(X) \in \mathfrak{V}$ der Wertebereich $(V(G))$ in einer Gruppe $\mathfrak{G}$ der durch die Worte $W_\varkappa(X)$ bestimmten Wortuntergruppe $\mathfrak{U} \subseteq_\mathsf{V} \mathfrak{G}$ an. Da der Wertebereich eines Wortes $W(X)$ in $\mathfrak{G}$ als Vereinigung $\bigcup_\eta W(X^\eta)$ aller Bilder $W(X^\eta)$ nach Homomorphismen η von $\mathfrak{X}$ in $\mathfrak{G}$ entsteht, ist die Vereinigung der Wertebereiche aller Worte $V(X) \in \mathfrak{V}$ die Vereinigung aller Bildgruppen $\mathfrak{V}^\eta$ nach Homomorphismen η von $\mathfrak{X}$ in $\mathfrak{G}$. Umgekehrt entspricht einem Element

$$U = W_{\varkappa_1}^{e_1}(G) \, W_{\varkappa_2}^{e_2}(G) \ldots W_{\varkappa_m}^{e_m}(G)$$

der Wortuntergruppe $\mathfrak{U} \subseteq_\mathsf{V} \mathfrak{G}$ ein Wort

$$V(X) = W_{\varkappa_1}^{e_1}(X) \, W_{\varkappa_2}^{e_2}(X) \ldots W_{\varkappa_m}^{e_m}(X) \in \mathfrak{V}$$

und ein Homomorphismus η von $\mathfrak{X}$ in $\mathfrak{G}$, derart daß

$$V(X^\eta) = U \in \mathfrak{U} \subseteq \mathfrak{G}.$$

Satz 9*. *Jede Wortuntergruppe einer Gruppe $\mathfrak{G}$ ist die Vereinigung $\mathfrak{V}(\mathfrak{G}) = \bigcup_\eta \mathfrak{V}^\eta$ der Bildgruppen $\mathfrak{V}^\eta$ einer (eindeutig bestimmten) vollinvarianten Untergruppe $\mathfrak{V}$ der freien Gruppe $\mathfrak{X}$ nach allen Homomorphismen η von $\mathfrak{X}$ in $\mathfrak{G}$.*

Eine beliebige Gruppe $\mathfrak{G}$ kann indes außer Wortuntergruppen auch andere vollinvariante Untergruppen enthalten.

Satz 9**. *Ist $\mathfrak{V}$ vollinvariante Untergruppe der freien Gruppe $\mathfrak{X}$, so gilt für jede Untergruppe $\mathfrak{H}$ einer Gruppe $\mathfrak{G}$*

$$\mathfrak{V}(\mathfrak{H}) \subseteq \mathfrak{V}(\mathfrak{G}) \cap \mathfrak{H};$$

für eine Retrakte $\mathfrak{R}$ von $\mathfrak{G}$ besteht die Gleichung

$$\mathfrak{V}(\mathfrak{R}) = \mathfrak{V}(\mathfrak{G}) \cap \mathfrak{R}.$$

Für die Faktorgruppe $\mathfrak{G}/\mathfrak{N}$ nach einem Normalteiler $\mathfrak{N} \triangleleft \mathfrak{G}$ gilt

$$\mathfrak{V}(\mathfrak{G}/\mathfrak{N}) = \mathfrak{V}(\mathfrak{G}) \mathfrak{N}/\mathfrak{N}.$$

Beweis. Für jedes Wort $V(X) \in \mathfrak{V} = \mathfrak{V}(\mathfrak{X}) \subseteq \mathfrak{X}$ gehört der Wertebereich $(V(H))$ in einer Untergruppe $\mathfrak{H} \subset \mathfrak{G}$ dem Wertebereich $(V(G))$ in $\mathfrak{G}$ an. In einer Retrakte $\mathfrak{R}$ von $\mathfrak{G}$ besitzt jedes Element $R \in \mathfrak{V}(\mathfrak{G}) \cap \mathfrak{R}$ eine Darstellung

$$R = V(G) = V(G_1, G_2, \ldots, G_k)$$

als Wert eines Wortes $V(X) \in \mathfrak{V} \subseteq \mathfrak{X}$. Der $\mathfrak{R}$ bestimmende idempotente Endomorphismus $\varrho \in \mathsf{E}(\mathfrak{G})$ führt auf die Darstellung

$$R = R^\varrho = (V(G_1, G_2, \ldots, G_k))^\varrho = V(G_1^\varrho, G_2^\varrho, \ldots, G_k^\varrho) \in \mathfrak{V}(\mathfrak{R}).$$

2.1.3. Die vollinvarianten Untergruppen einer freien Gruppe

Der Wertebereich eines Wortes $V(X) = V(X_1, X_2, \ldots, X_k)$ in einer Faktorgruppe $\mathfrak{G}/\mathfrak{N}$ besteht aus den Restklassen

$$V(\mathfrak{N} G) = V(\mathfrak{N} G_1, \mathfrak{N} G_2, \ldots, \mathfrak{N} G_k) = \mathfrak{N} V(G_1, G_2, \ldots, G_k).$$

Satz 10. *Jede vollinvariante Untergruppe einer freien Gruppe $\mathfrak{F}$ ist eine Wortuntergruppe $\mathfrak{V}(\mathfrak{F})$.*

Beweis. Der unverkürzbaren Darstellung

$$U = U(S) = S_{\nu_1}^{e_1} S_{\nu_2}^{e_2} \ldots S_{\nu_k}^{e_k}$$

eines Elementes U einer vollinvarianten Untergruppe $\mathfrak{U}$ der freien Gruppe $\mathfrak{F} = \{\bigcup_\nu S_\nu\}$ entspricht das Wort

$$U(X) = X_1^{e_1} X_2^{e_2} \ldots X_k^{e_k}$$

der freien Gruppe $\mathfrak{X}$. Zu einem Homomorphismus

$$\eta: \quad X_\iota \to X_\iota^\eta = G_\iota(S) \qquad \text{für } 1 \leq \iota < \infty$$

von $\mathfrak{X}$ in $\mathfrak{F}$ läßt sich der Endomorphismus

$$\varphi: \quad S_{\nu_\varkappa} \to G_\varkappa(S) \qquad \text{für } 1 \leq \varkappa \leq k; \quad S_\lambda \to S_\lambda \text{ sonst}$$

der Gruppe $\mathfrak{F}$ erklären, der der Bedingung

$$(U(X))^\eta = (U(S))^\varphi \in \mathfrak{U}$$

genügt. Mithin ist $\mathfrak{U}$ das Kompositum $\mathfrak{U} = \prod_U \mathfrak{U}_U$ aller Wortuntergruppen $\mathfrak{U}_U$ in $\mathfrak{F}$, die durch die Worte $U(X) \in \mathfrak{X}$ bestimmt werden.

Auf Grund dieses Satzes kann die Faktorgruppe $\mathfrak{F}/\mathfrak{V}$ einer freien Gruppe $\mathfrak{F}$ nach einer vollinvarianten Untergruppe $\mathfrak{V} \subset \vee \mathfrak{F}$ in folgender Weise beschrieben werden: Die Gruppe $\mathfrak{V}$ wird durch eine gewisse Menge $\mathfrak{v}$ von Worten $V(X) \in \mathfrak{X}$ als Kompositum aller Wortuntergruppen $\mathfrak{U}_V \subset \vee \mathfrak{F}$ bestimmt. Daher bestehen die *identischen Kongruenzen*

$$V(X_1, X_2, \ldots, X_k) \equiv E \bmod \mathfrak{V}$$

für jede Substitution

$$\eta: \quad X_\iota \to X_\iota^\eta = F_\iota \in \mathfrak{F} \qquad \text{für } 1 \leq \iota < \infty,$$

in der Faktorgruppe $\mathfrak{F}/\mathfrak{V}$ demnach die *identischen Relationen*

$$V(X_1, X_2, \ldots, X_k) = E$$

für jede Substitution

$$\varphi: \quad X_\iota \to X_\iota^\varphi = R_\iota \in \mathfrak{R} = \mathfrak{F}/\mathfrak{V} \qquad \text{für } 1 \leq \iota < \infty.$$

Aus diesem Grunde nennt man die Gruppe $\mathfrak{R}$ *die (nach den identischen Relationen $\mathfrak{v}$) reduzierte freie Gruppe vom Range* $r(\mathfrak{R}) = r(\mathfrak{F})$.

Beispiele. Der Kommutator $\mathfrak{F}'$ einer freien Gruppe $\mathfrak{F}$ vom Range $r(\mathfrak{F})$ ist durch das Wort $V(X) = [X_1, X_2]$ bestimmt; die Faktorgruppe $\mathfrak{C} = \mathfrak{F}/\mathfrak{F}'$ ist *die freie abelsche Gruppe des Ranges* $r(\mathfrak{F}) = r(\mathfrak{C})$. Wird eine abelsche Gruppe $\mathfrak{A}$ mit einem Erzeugendensystem der Mächtigkeit $r(\mathfrak{A})$ als Faktorgruppe $\mathfrak{A} = \mathfrak{F}/\mathfrak{N}$ einer freien Gruppe $\mathfrak{F}$ gleichen Ranges $r(\mathfrak{F}) = r(\mathfrak{A})$ nach der Relationengruppe $\mathfrak{N} \triangleleft | \mathfrak{F}$ dargestellt, so besteht, da $\mathfrak{A}$ die identische Relation $[X_1, X_2] = E$ erfüllt, die Beziehung

$$\mathfrak{F}' \subseteq \mathfrak{N} \subseteq \mathfrak{F}, \quad \text{also} \quad \mathfrak{A} = \mathfrak{F}/\mathfrak{N} \cong \mathfrak{F}/\mathfrak{F}'/\mathfrak{N}/\mathfrak{F}'.$$

Mithin ist $\mathfrak{A}$ homomorphes Bild der freien abelschen Gruppe $\mathfrak{C} = \mathfrak{F}/\mathfrak{F}'$ gleichen Ranges $r(\mathfrak{C}) = r(\mathfrak{F}) = r(\mathfrak{A})$.

Das Wort $V(X) = X^m$ bestimmt für $m > 1$ die m-te Potenzgruppe $\mathfrak{F}^m$ der freien Gruppe $\mathfrak{F}$ vom Range $r(\mathfrak{F})$. Die reduzierte freie Gruppe $\mathfrak{R}_m = \mathfrak{F}/\mathfrak{F}^m$ genügt der identischen Relation

$$X^m = E, \tag{1}$$

ist also eine ordnungsbeschränkte Gruppe. Andererseits besitzt eine (ordnungsbeschränkte) Gruppe, deren Elemente der Gl. (1) genügen, eine Darstellung als Faktorgruppe $\mathfrak{G}_m = \mathfrak{F}/\mathfrak{N}$ einer freien Gruppe $\mathfrak{F}$ eines Ranges $r(\mathfrak{F})$ nach einer Relationengruppe $\mathfrak{N} \triangleleft | \mathfrak{F}$, die der Bedingung

$$\mathfrak{F}^m \subseteq \mathfrak{N} \subseteq \mathfrak{F}, \quad \text{also} \quad \mathfrak{G}_m = \mathfrak{F}/\mathfrak{N} \cong \mathfrak{F}/\mathfrak{F}^m/\mathfrak{N}/\mathfrak{F}^m$$

unterliegt. Folglich ist $\mathfrak{G}_m$ homomorphes Bild der reduzierten freien Gruppe $\mathfrak{R}_m = \mathfrak{F}/\mathfrak{F}^m$ gleichen Ranges $r(\mathfrak{R}_m) = r(\mathfrak{F})$. Daß diese Gruppe $\mathfrak{R}_m$ lokalendlich ist, ist die Vermutung von W. BURNSIDE.

Der Übergang von der freien Gruppe $\mathfrak{F} = \{\bigcup_\iota S_\iota\}$ des Ranges $r(\mathfrak{F})$ (über $\iota \in I$) zur freien abelschen Gruppe $\mathfrak{C} = \mathfrak{F}/\mathfrak{F}'$ gleichen Ranges durch den (natürlichen) Homomorphismus

$$\nu: \quad F \to F^\nu = \mathfrak{F}' F \quad \text{für jedes } F \in \mathfrak{F}$$

führt auf wichtige Aussagen über die Endomorphismen von $\mathfrak{F}$.

Die unverkürzbare Darstellung $F = F(S)$ eines Elementes $F \in \mathfrak{F}$ geht durch den Homomorphismus ν über in eine Kongruenz

$$F = F(S) \equiv \prod_\iota S_\iota^{f_\iota} \bmod \mathfrak{F}'$$

mit Exponenten f_ι, die fast alle Null sind; der Homomorphismus ν entspricht somit auch einem Homomorphismus

$$\eta: \quad F \to F^\eta = \mathfrak{v}(F) = (f_\iota) \quad \text{für jedes } F \in \mathfrak{F}$$

der freien Gruppe $\mathfrak{F}$ auf die (finite) Vektorgruppe $\mathfrak{V} = \mathfrak{V}^I$ über dem Ring der ganzen Zahlen:

$$\mathfrak{v}(F G) = \mathfrak{v}(F) + \mathfrak{v}(G) \quad \text{für jedes Paar } F, G \in \mathfrak{F}.$$

2.1.3. Die vollinvarianten Untergruppen einer freien Gruppe

Da der Kern $\mathfrak{K}_\eta$ in $\mathfrak{F}$ mit $\mathfrak{F}'$ übereinstimmt, ist die freie abelsche Gruppe $\mathfrak{C} = \mathfrak{F}/\mathfrak{F}'$ der Vektorgruppe $\mathfrak{V}$ isomorph.

Jedes Element $F \in \mathfrak{F}$ besitzt eine (nichtnegative) *Höhe* $h(F)$ in dem größten gemeinschaftlichen Teiler

$$h(F) = \text{g.g.T.} (f_\iota) \quad \text{mit } \mathfrak{v}(F) = (f_\iota);$$

die Höhe $h(F) = 0$ kennzeichnet die Elemente des Kommutators $\mathfrak{F}'$.

Satz 11. *Die Höhe $h(F)$ ist eine charakteristische Invariante der Elemente einer freien Gruppe $\mathfrak{F}$:*

$$h(F) = h(F^\alpha) \quad \text{für jedes } \alpha \in \mathsf{A}(\mathfrak{F}).$$

Beweis. Der Homomorphismus η der freien Gruppe $\mathfrak{F} = \{\bigcup_\iota S_\iota\}$ auf die Vektorgruppe $\mathfrak{V} \cong \mathfrak{F}/\mathfrak{F}'$ ordnet den Erzeugenden S_ι die Einheitsvektoren der Gruppe $\mathfrak{V}$ zu:

$$\eta: \quad S_\iota \to S_\iota^\eta = \mathfrak{e}_\iota \quad \text{für } \iota \in \mathsf{I}.$$

Ein Endomorphismus α der freien Gruppe $\mathfrak{F}$ bildet den Kommutator $\mathfrak{F}'$ in sich ab und induziert deshalb in $\mathfrak{V}$ einen Endomorphismus

$$\alpha_0: \quad \mathfrak{e}_\iota \to \mathfrak{e}_\iota^{\alpha_0} = \mathfrak{a}_\iota = (a_{\iota\varkappa}) \quad \text{für } \iota \in \mathsf{I},$$

der auch als lineare Abbildung

$$\alpha_0: \quad \mathfrak{v} \to \mathfrak{v}A \quad \text{für jedes } \mathfrak{v} \in \mathfrak{V}$$

mit einer (finiten, ganzzahligen) Matrix $A = (a_{\iota\varkappa})$ beschrieben werden kann. Umgekehrt entspricht einer linearen Abbildung

$$\alpha_0: \quad \mathfrak{v} \to \mathfrak{v}A \quad \text{mit} \quad A = (a_{\iota\varkappa}) \quad \text{für jedes } \mathfrak{v} \in \mathfrak{V}$$

der Vektorgruppe $\mathfrak{V}$ in sich durch die Zuordnung

$$\alpha: \quad S_\iota \to S_\iota^\alpha = S_{\varkappa_1}^{a_{\iota\varkappa_1}} S_{\varkappa_2}^{a_{\iota\varkappa_2}} \ldots S_{\varkappa_n}^{a_{\iota\varkappa_n}} \quad \text{für } \iota \in \mathsf{I}$$

mittels der in der ι-ten Zeile der Matrix A von Null verschiedenen Komponenten $a_{\iota\varkappa_\nu}$ ein Endomorphismus $\alpha \in \mathsf{E}(\mathfrak{F})$, der in $\mathfrak{V}$ den Endomorphismus α_0 induziert. Damit folgt:

Die Endomorphismenhalbgruppe $\mathsf{E}(\mathfrak{F})$ der freien Gruppe $\mathfrak{F}$ induziert in der Faktorgruppe $\mathfrak{F}/\mathfrak{F}'$ nach dem Kommutator $\mathfrak{F}'$ die Endomorphismenhalbgruppe $\mathsf{E}(\mathfrak{F}/\mathfrak{F}')$.

Die Höhe $h(F)$ eines Elementes $F \in \mathfrak{F}$ bestimmt der Bildvektor

$$\eta: \quad F \to F^\eta = \mathfrak{v}(F) = (f_\iota);$$

da dem Bild F^α nach dem Endomorphismus $\alpha \in \mathsf{E}(\mathfrak{F})$ der Vektor

$$\eta: \quad F^\alpha \to F^{\alpha\eta} = \mathfrak{v}(F^\alpha) = (f_\iota^\alpha) \quad \text{mit } f_\iota^\alpha = \sum_\varkappa f_\varkappa a_{\varkappa\iota}$$

entspricht, folgt die Beziehung

$$h(F) \mid h(F^\alpha) \qquad \text{für } F \in \mathfrak{F};\ \alpha \in \mathsf{E}(\mathfrak{F}).$$

Für einen Automorphismus $\alpha \in \mathsf{A}(\mathfrak{F})$ besteht daher die Gleichung

$$h(F) = h(F^\alpha).$$

Zwei (freie) Erzeugendensysteme $\mathfrak{S} = (S_\iota)$ und $\mathfrak{T} = (T_\iota)$ von $\mathfrak{F}$ bestimmen durch die Zuordnung

$$\alpha: \quad S_\iota \to T_\iota = T_\iota(S) \qquad \text{für } \iota \in \mathsf{I}$$

einen Automorphismus $\alpha \in \mathsf{A}(\mathfrak{F})$; ist $h(F)$ die Höhe des Elementes $F \in \mathfrak{F}$ bezüglich $\mathfrak{T}$, so ist $h(F^\alpha)$ die Höhe des Elementes $F \in \mathfrak{F}$ bezüglich $\mathfrak{S}$. Mithin ist $h(F)$ unabhängig von der Wahl des Erzeugendensystems in $\mathfrak{F}$.

Bei einer freien Gruppe $\mathfrak{F} = \mathfrak{F}_n$ endlichen Ranges $r(\mathfrak{F}) = n$ induziert ein Endomorphismus $\alpha \in \mathsf{E}(\mathfrak{F}_n)$ in der (ganzzahligen) Vektorgruppe $\mathfrak{V}_n \cong \mathfrak{F}/\mathfrak{F}'$ eine lineare Abbildung

$$\alpha_0: \quad \mathfrak{v} \to \mathfrak{v}A \qquad \text{für jedes } \mathfrak{v} \in \mathfrak{V}$$

mit ganzzahliger Matrix $A = (a_{\iota\varkappa})$ des Grades n. Genau dann ist α_0 Automorphismus, wenn A eine ganzzahlige Inverse A^{-1} besitzt, also

$$\det A \cdot \det A^{-1} = \det E = 1, \quad \text{also} \quad \det A = \det A^{-1} = \pm 1.$$

Daraus folgt:

Die Gruppe $\mathfrak{U}_n$ der unimodularen Matrizen

$$A = (a_{\iota\varkappa}) \qquad \text{mit } \det A = \pm 1$$

des Grades n ist die Automorphismengruppe $\mathsf{A}(\mathfrak{V}_n)$ der Vektorgruppe $\mathfrak{V}_n$.

Für das Weitere benötigen wir den *Elementarteilersatz*:

Satz 12. *Jede ganzzahlige Matrix A des Grades n besitzt eine Produktdarstellung $A = UDV$ in unimodularen Matrizen U, V und einer durch die Teilerbedingung $d_1 \mid d_2 \mid \ldots \mid d_n$ eindeutig bestimmten Diagonalmatrix $D = (d_\iota e_{\iota\varkappa})$.*

Satz 12*. *Die Automorphismengruppe $\mathfrak{U}_n$ der Vektorgruppe $\mathfrak{V}_n$ des Ranges n wird erzeugt durch die Automorphismen*

$$\alpha_0: \quad e_1 \to e_1 + e_2;\ e_\varkappa \to e_\varkappa \qquad \text{für } 2 \leq \varkappa \leq n,$$
$$\beta_0: \quad e_1 \to -e_1;\ e_\varkappa \to e_\varkappa \qquad \text{für } 2 \leq \varkappa \leq n$$

und die Permutationen

$$\pi_0: \quad e_\iota \to e_{\iota\pi_0} \qquad \text{für } 1 \leq \iota \leq n.$$

2.1.3. Die vollinvarianten Untergruppen einer freien Gruppe   169

Beweis. Die Abbildungen α_0, β_0 sind Automorphismen der Gruppe $\mathfrak{B}_n$, da ihnen die unimodularen Matrizen

$$\alpha_0: \quad A = \begin{pmatrix} 1 & 1 & 0 & \ldots & 0 \\ 0 & 1 & 0 & \ldots & 0 \\ 0 & 0 & 1 & \ldots & 0 \\ \vdots & \vdots & \vdots & & \vdots \\ 0 & 0 & 0 & \ldots & 1 \end{pmatrix}; \quad \beta_0: \quad B = \begin{pmatrix} -1 & 0 & 0 & \ldots & 0 \\ 0 & 1 & 0 & \ldots & 0 \\ 0 & 0 & 1 & \ldots & 0 \\ \vdots & \vdots & \vdots & & \vdots \\ 0 & 0 & 0 & \ldots & 1 \end{pmatrix}$$

entsprechen; auch den Permutationen π_0 entsprechen (unimodulare) Matrizen $P \in \mathfrak{U}_n$. Die Automorphismen α_0, β_0, π_0 erzeugen eine Untergruppe $\mathfrak{H}_n \subseteq \mathfrak{U}_n$, die insbesondere die Automorphismen

$$\beta_{0\iota}: \quad e_\iota \to -e_\iota; \qquad e_\mu \to e_\mu \quad \text{für } \mu \neq \iota;$$
$$\gamma_{\iota\varkappa}(a) \text{ mit } \iota \neq \varkappa: \quad e_\iota \to e_\iota + a\, e_\varkappa; \quad e_\mu \to e_\mu \quad \text{für } \mu \neq \iota$$

mit ganzen Koeffizienten a enthält.

Heißen ganzzahlige Matrizen M, N des Grades n *äquivalent*, wenn eine Gleichung $N = UMV$ besteht mit (unimodularen) Matrizen $U, V \in \mathfrak{H}_n \subseteq \mathfrak{U}_n$, so zeigen die angegebenen Automorphismen, daß eine Matrix M in eine äquivalente Matrix übergeht, wenn man ihre Zeilen oder Spalten permutiert, in einer Zeile oder Spalte die Vorzeichen ändert, zu einer Zeile (oder Spalte) ein Vielfaches einer anderen Zeile (oder Spalte) addiert. Ist $M = (m_{\iota\varkappa})$ eine von der Nullmatrix O verschiedene ganzzahlige Matrix, so tritt in allen äquivalenten Matrizen UMV eine kleinste natürliche Zahl d_1 auf, weshalb man annehmen darf, in M stimme m_{11} mit d_1 überein. Dann ist jede Zahl der ersten Zeile (ersten Spalte) von M durch d_1 teilbar, da sonst durch Addition eines Vielfachen der ersten Zeile zu einer anderen Zeile (der ersten Spalte zu einer anderen Spalte) eine kleinere natürliche Zahl als d_1 entstehen würde. Mithin existiert eine zu M äquivalente Matrix

$$M_1 = \begin{pmatrix} d_1 & 0 \\ 0 & N_{n-1} \end{pmatrix}.$$

Da für die Matrix N_{n-1} vom Grade $n-1$ der Satz 12 (zusammen mit Satz 12*) als bewiesen vorausgesetzt werden darf, existiert eine zu M äquivalente Matrix

$$M_2 = (d_\iota e_{\iota\varkappa}) \qquad (1 \leq \iota, \varkappa \leq n),$$

in der die Bedingung $d_2 | d_3 | \ldots | d_n$ erfüllt ist. Nun ist M_2 auch zu jeder Matrix

$$M_3 = \begin{pmatrix} d_1 & -d_1 & \ldots & 0 \\ q\, d_1 & d_2 - q\, d_1 & \ldots & 0 \\ \vdots & \vdots & & \vdots \\ 0 & 0 & \ldots & d_n \end{pmatrix}$$

mit ganzem q äquivalent, also d_1 auch Teiler von d_2. Der Gang des Beweises zeigt die Eindeutigkeit der Teilerkette $d_1, d_2, \ldots, d_n$. Für eine unimodulare Matrix U ist notwendig $d_1 = d_2 = \cdots = d_n = 1$; daraus folgt der Satz 12*.

Nun erklären die Zuordnungen

$$\alpha: S_1 \to S_1 S_2; \quad S_\varkappa \to S_\varkappa \quad \text{für } 2 \leq \varkappa \leq n,$$
$$\beta: S_1 \to S_1^{-1}; \quad S_\varkappa \to S_\varkappa \quad \text{für } 2 \leq \varkappa \leq n$$

und die Permutationen

$$\pi: S_\iota \to S_{\iota\pi} \quad \text{für } 1 \leq \iota \leq n$$

Automorphismen der freien Gruppe $\mathfrak{F} = \mathfrak{F}_n = \{\bigcup_\iota S_\iota\}$ des Ranges n; da diese in $\mathfrak{V}_n$ die Automorphismen α_0, β_0, π_0 induzieren, folgt

Satz 12**. *Es sei $\mathsf{A}(\mathfrak{F}_n)$ die Automorphismengruppe und $\mathsf{A}^*(\mathfrak{F}_n)$ die Gruppe aller Automorphismen einer freien Gruppe $\mathfrak{F}_n$ endlichen Ranges $n = r(\mathfrak{F}_n)$, die in der Kommutatorfaktorgruppe $\mathfrak{F}_n/\mathfrak{F}_n'$ die Identität induzieren. Dann ist die Faktorgruppe $\mathsf{A}(\mathfrak{F}_n)/\mathsf{A}^*(\mathfrak{F}_n)$ isomorph der unimodularen Matrixgruppe $\mathfrak{U}_n$ gleichen Ranges.*

2.1.4. Die höheren Kommutatorgruppen

Die wichtigsten Wortuntergruppen in Gruppen entstehen durch Kommutatorbildung. Wir erklären hierzu in der freien Gruppe $\mathfrak{X} = \{\bigcup_\iota X_\iota\}$ abzählbar unendlichen Ranges *höhere Kommutatorformen*

$$C_{s,w}(X) = C_s(X_1, X_2, \ldots, X_w)$$

der Stufe s vom Gewichte w rekursiv durch:

1. Es ist $C_{0,1}(X) = C_0(X_1) = X_1$ die Kommutatorform der Stufe 0 vom Gewichte 1.

2. Sind

$$C_{s_1, w_1}(X) = C_{s_1}(X_1, X_2, \ldots, X_{w_1}) \quad \text{und} \quad C_{s_2, w_2}(X) = C_{s_2}(X_1, X_2, \ldots, X_{w_2})$$

Kommutatorformen der Stufe s_1 vom Gewichte w_1 bzw. der Stufe s_2 vom Gewichte w_2, so ist der Kommutator

$$C_{s,w}(X) = [C_{s_1}(X_1, X_2, \ldots, X_{w_1}), C_{s_2}(X_{w_1+1}, X_{w_1+2}, \ldots, X_{w_1+w_2})]$$

Kommutatorform der Stufe $s = \max(s_1+1, s_2+1)$ vom Gewichte $w = w_1 + w_2$.

Als Beispiele geben wir an:

$$C_{1,2}(X) = [X_1, X_2], \qquad C_{2,3}(X) = [[X_1, X_2], X_3],$$
$$C_{2,4}(X) = [[X_1, X_2], [X_3, X_4]], \qquad C_{3,4}(X) = [[[X_1, X_2], X_3], X_4].$$

Insbesondere erhalten wir *die reinen Kommutatoren* $[X_1, X_2, \ldots, X_k]$ *der Stufe $k-1$ vom Gewichte k* durch die rekursive Definition

$$[X_1] = X_1; \quad [X_1, X_2, \ldots, X_k] = [[X_1, X_2, \ldots, X_{k-1}], X_k].$$

2.1.4. Die höheren Kommutatorgruppen

Zwischen Stufe und Gewicht einer Kommutatorform $C_{s,w}(X)$ besteht die Ungleichung
$$s + 1 \leq w \leq 2^s.$$

Beweis. Da $[X_1] = X_1$ einzige Kommutatorform der Stufe 0 vom Gewichte 1 ist, kann eine Induktion nach dem Gewicht durchgeführt werden. Für die Kommutatorform $C_{s,w}(X) = [C_{s_1,w_1}(X), C_{s_2,w_2}(X)]$ gilt daher
$$s_1 + 1 \leq w_1 \leq 2^{s_1}; \quad s_2 + 1 \leq w_2 \leq 2^{s_2},$$
also
$$s = \max(s_1 + 1, s_2 + 1) \leq \max(w_1, w_2) \leq w_1 + w_2 - 1 = w - 1,$$
$$w = w_1 + w_2 \leq 2^{s_1} + 2^{s_2} \leq 2^{s-1} + 2^{s-1} = 2^s.$$

Eine Kommutatorform läßt sich indes nicht durch Stufe und Gewicht kennzeichnen; so besitzen die Kommutatorformen
$$[[[X_1, X_2], X_3], [[X_4, X_5], X_6]]; \quad [[[X_1, X_2], [X_3, X_4]], [X_5, X_6]]$$
gleiche Stufe $s = 3$ und gleiches Gewicht $w = 6$.

Unter den Kommutatorformen gleichen Gewichtes w haben die w-stelligen reinen Kommutatoren $[X_1, X_2, \ldots, X_w]$ die höchste Stufe $s = w - 1$, unter den Kommutatoren gleicher Stufe s *die iterierten Kommutatoren* das höchste Gewicht $w = 2^s$:

Der Kommutator $C^{(1)}(X) = [X_1, X_2]$ hat die Stufe 1 und das Gewicht 2; zwei Kommutatoren dieser Gestalt ergeben die Form
$$C^{(2)}(X) = [[X_1, X_2], [X_3, X_4]] = [C_1^{(1)}, C_2^{(1)}]$$
der Stufe 2 vom Gewichte 4. Durch Iteration erhält man die Form
$$C^{(k)}(X) = [C_1^{(k-1)}(X), C_2^{(k-1)}(X)]$$
der Stufe k vom Gewichte 2^k aus Formen $C_1^{(k-1)}(X), C_2^{(k-1)}(X)$ der Stufe $k - 1$ vom Gewichte 2^{k-1}.

Jede Kommutatorform $C_{s,w}(X) = C_s(X_1, X_2, \ldots, X_w)$ bestimmt eine *Wortuntergruppe* $\mathfrak{C}_{s,w}(\mathfrak{G})$ *in einer Gruppe* $\mathfrak{G}$, die von allen Werten
$$C_{s,w}(G) = C_s(G_1, G_2, \ldots, G_w) \quad \text{mit } G_1, G_2, \ldots, G_w \in \mathfrak{G}$$
erzeugte *Kommutatorgruppe von* $\mathfrak{G}$ *der Stufe s vom Gewichte w*. Die kennzeichnende Form $C_{s,w}(X)$ ist *der Typus der Kommutatorgruppe* $\mathfrak{C}_{s,w}(\mathfrak{G})$ in $\mathfrak{G}$.

In gleicher Weise läßt sich für Untergruppen $\mathfrak{U}_i$ der Gruppe $\mathfrak{G}$ *die Kommutatorgruppe* $\mathfrak{C}_s(\mathfrak{U}_1, \mathfrak{U}_2, \ldots, \mathfrak{U}_w)$ *vom Typus* $C_{s,w}(X)$ erklären:

1. Es ist $\mathfrak{C}_0(\mathfrak{U}_1) = \mathfrak{U}_1$ die Kommutatorgruppe der Stufe 0 vom Gewichte 1.

2. *Sind die Kommutatorgruppen*

$$\mathfrak{C}_1 = \mathfrak{C}_{s_1}(\mathfrak{U}_1, \mathfrak{U}_2, \ldots, \mathfrak{U}_{w_1}); \quad \mathfrak{C}_2 = \mathfrak{C}_{s_2}(\mathfrak{U}_{w_1+1}, \mathfrak{U}_{w_1+2}, \ldots, \mathfrak{U}_{w_1+w_2})$$

als Untergruppen von $\mathfrak{G}$ *erklärt, so wird durch*

$$\mathfrak{C}_s(\mathfrak{U}_1, \mathfrak{U}_2, \ldots, \mathfrak{U}_w) = [\mathfrak{C}_1, \mathfrak{C}_2]$$

eine Kommutatorgruppe der Stufe $s = \max(s_1+1, s_2+1)$ *vom Gewichte* $w = w_1 + w_2$ *als Untergruppe von* $\mathfrak{G}$ *erklärt.*

Die Gruppe $\mathfrak{C}_s(\mathfrak{U}_1, \mathfrak{U}_2, \ldots, \mathfrak{U}_w)$ enthält alle Kommutatoren

$$C_s(U_1, U_2, \ldots, U_w)$$

aus Elementen $U_\nu \in \mathfrak{U}_\nu$:

$$\{\bigcup_{(U)} C_s(U_1, U_2, \ldots, U_w)\} \subseteq \mathfrak{C}_s(\mathfrak{U}_1, \mathfrak{U}_2, \ldots, \mathfrak{U}_w);$$

im allgemeinen besteht hierbei nicht Gleichheit. Wohl aber gilt

Satz 13. *Für Normalteiler* $\mathfrak{N}_1, \mathfrak{N}_2, \ldots, \mathfrak{N}_w$ *einer Gruppe* $\mathfrak{G}$ *ist*

$$\mathfrak{C}_s(\mathfrak{N}_1, \mathfrak{N}_2, \ldots, \mathfrak{N}_w) = \{\bigcup_{(N)} C_s(N_1, N_2, \ldots, N_w)\} \quad (mit\ N_\nu \in \mathfrak{N}_\nu)$$

Normalteiler von $\mathfrak{G}$.

Beweis. Da für jeden Endomorphismus $\eta \in \mathsf{E}(\mathfrak{G})$ die Gleichung

$$C_s(G_1, G_2, \ldots, G_w)^\eta = C_s(G_1^\eta, G_2^\eta, \ldots, G_w^\eta) \quad \text{mit } G_\nu \in \mathfrak{G}$$

besteht, erzeugen die Kommutatoren $C_s(N_1, N_2, \ldots, N_w)$ mit $N_\nu \in \mathfrak{N}_\nu$ einen Normalteiler $\mathfrak{N}$ in $\mathfrak{G}$. Nehmen wir unter dem Ansatz

$$C_{s,w}(X) = [C_{s_1}(X_1, X_2, \ldots, X_{w_1}),\ C_{s_2}(X_{w_1+1}, X_{w_1+2}, \ldots, X_w)]$$

mit $w = w_1 + w_2$ als Induktionsvoraussetzung die Gleichungen

$$\{\bigcup_{(N)} C_{s_1}(N_1, N_2, \ldots, N_{w_1})\} = \mathfrak{C}_{s_1}(\mathfrak{N}_1, \mathfrak{N}_2, \ldots, \mathfrak{N}_{w_1}) = \mathfrak{N}^*,$$

$$\{\bigcup_{(N)} C_{s_2}(N_{w_1+1}, N_{w_1+2}, \ldots, N_w)\} = \mathfrak{C}_{s_2}(\mathfrak{N}_{w_1+1}, \mathfrak{N}_{w_1+2}, \ldots, \mathfrak{N}_w) = \mathfrak{N}^{**},$$

setzen wir

$$\mathfrak{K}^* = \bigcup_{(N)} C_{s_1}(N_1, N_2, \ldots, N_{w_1}); \quad \mathfrak{K}^{**} = \bigcup_{(N)} C_{s_2}(N_{w_1+1}, N_{w_1+2}, \ldots, N_w),$$

so gilt

$$\mathfrak{N} = [\mathfrak{K}^*, \mathfrak{K}^{**}] \subseteq |\mathfrak{G} \quad \text{und} \quad \mathfrak{C}_s(\mathfrak{N}_1, \mathfrak{N}_2, \ldots, \mathfrak{N}_w) = [\mathfrak{N}^*, \mathfrak{N}^{**}] \subseteq |\mathfrak{G}.$$

Auf Grund der Beziehung

$$\mathfrak{N} = [\mathfrak{K}^*, \mathfrak{K}^{**}] \subseteq [\mathfrak{N}^*, \mathfrak{N}^{**}]$$

darf $\mathfrak{N} = E$ (mit Übergang zur Faktorgruppe $\mathfrak{G}/\mathfrak{N}$) angenommen werden. Da dann die Komplexe $\mathfrak{K}^*, \mathfrak{K}^{**}$ elementweise vertauschbar sind, folgt

$$[\mathfrak{N}^*, \mathfrak{N}^{**}] = [\{\mathfrak{K}^*\}, \{\mathfrak{K}^{**}\}] = E.$$

Satz 13*. *Für charakteristische (vollinvariante) Untergruppen $\mathfrak{N}_\nu$ einer Gruppe $\mathfrak{G}$ ist jede Kommutatorgruppe $\mathfrak{C}_s(\mathfrak{N}_1, \mathfrak{N}_2, \ldots, \mathfrak{N}_w)$ charakteristisch (vollinvariant) in $\mathfrak{G}$.*

Als Sonderfall des Satzes 9** erhalten wir

Satz 13**. *Für eine Untergruppe $\mathfrak{U}$ einer Gruppe $\mathfrak{G}$ gilt*

$$\mathfrak{C}_{s,w}(\mathfrak{U}) \subseteq \mathfrak{C}_{s,w}(\mathfrak{G}) \cap \mathfrak{U},$$

für eine Retrakte $\mathfrak{R}$ von $\mathfrak{G}$ besteht die Gleichung

$$\mathfrak{C}_{s,w}(\mathfrak{R}) = \mathfrak{C}_{s,w}(\mathfrak{G}) \cap \mathfrak{R}.$$

Für jeden Normalteiler $\mathfrak{N} \triangleleft \mathfrak{G}$ besteht die Gleichung

$$\mathfrak{C}_{s,w}(\mathfrak{G}/\mathfrak{N}) = \mathfrak{C}_{s,w}(\mathfrak{G})\,\mathfrak{N}/\mathfrak{N}.$$

Ein reiner Kommutator $[X_1, X_2, \ldots, X_k]$ führt für Untergruppen $\mathfrak{U}_1, \mathfrak{U}_2, \ldots, \mathfrak{U}_k$ einer Gruppe $\mathfrak{G}$ auf eine durch

$$[\mathfrak{U}_1] = \mathfrak{U}_1; \quad [\mathfrak{U}_1, \mathfrak{U}_2, \ldots, \mathfrak{U}_k] = [[\mathfrak{U}_1, \mathfrak{U}_2, \ldots, \mathfrak{U}_{k-1}], \mathfrak{U}_k]$$

rekursiv erklärte Untergruppe. Stimmen alle Gruppen $\mathfrak{U}_\varkappa$ mit $\mathfrak{G}$ überein, so entsteht *die unterste Zentralreihe* $(\mathfrak{C}_k(\mathfrak{G}))$:

$$\mathfrak{C}_0(\mathfrak{G}) = \mathfrak{G}; \quad \mathfrak{C}_k(\mathfrak{G}) = [\mathfrak{C}_{k-1}(\mathfrak{G}), \mathfrak{G}] \quad \text{für } 1 \leq k < \infty.$$

Ihre transfinite Fortführung ist aus Abschnitt 1.3.4 bekannt; hierzu bemerken wir noch:

Nach Satz 13** gilt für jede Untergruppe $\mathfrak{U} \subset \mathfrak{G}$

$$\mathfrak{C}_k(\mathfrak{U}) \subseteq \mathfrak{C}_k(\mathfrak{G}) \cap \mathfrak{U} \quad \text{für } 1 \leq k < \infty;$$

diese Beziehung bleibt für beliebige Indizes $\nu \in \Lambda$ erhalten:

$$\mathfrak{C}_\nu(\mathfrak{U}) \subseteq \mathfrak{C}_\nu(\mathfrak{G}) \cap \mathfrak{U} \quad \text{für jeden Index } \nu \in \Lambda.$$

Eine Retrakte $\mathfrak{R}$ von $\mathfrak{G}$ erfüllt die Gleichung

$$\mathfrak{C}_k(\mathfrak{R}) = \mathfrak{C}_k(\mathfrak{G}) \cap \mathfrak{R} \quad \text{für } 1 \leq k < \infty;$$

auch diese Aussage läßt sich durch transfinite Induktion leicht verallgemeinern zu

$$\mathfrak{C}_\nu(\mathfrak{R}) = \mathfrak{C}_\nu(\mathfrak{G}) \cap \mathfrak{R} \quad \text{für jeden Index } \nu \in \Lambda.$$

Für die Faktorgruppe $\mathfrak{G}/\mathfrak{N}$ eines Normalteilers $\mathfrak{N} \triangleleft \mathfrak{G}$ bestehen die Gleichungen

$$\mathfrak{C}_k(\mathfrak{G}/\mathfrak{N}) = \mathfrak{C}_k(\mathfrak{G})\,\mathfrak{N}/\mathfrak{N} \quad \text{für } 1 \leq k < \infty,$$

bei transfiniter Fortführung aber allgemein nur die Beziehungen

$$\mathfrak{C}_\nu(\mathfrak{G}/\mathfrak{N}) \supseteq \mathfrak{C}_\nu(\mathfrak{G})\,\mathfrak{N}/\mathfrak{N} \quad \text{für jeden Index } \nu \in \Lambda.$$

Satz 14. *Jede Kommutatorgruppe $\mathfrak{C}_{s,w}(\mathfrak{G}) \subseteq \mathfrak{G}$ ist in der reinen Kommutatorgruppe $\mathfrak{C}_{w-1}(\mathfrak{G})$ (gleichen Gewichtes) enthalten.*

Beweis. Besitzt die Kommutatorgruppe $\mathfrak{C}_{s,w}(\mathfrak{G})$ den Typus

$$C_{s,w}(X) = [C_{s_1,w_1}(X), C_{s_2,w_2}(X)] \quad \text{mit } w = w_1 + w_2,$$

so darf die Beziehung

$$\mathfrak{C}_{s,w}(\mathfrak{G}) = [\mathfrak{C}_{s_1,w_1}(\mathfrak{G}), \mathfrak{C}_{s_2,w_2}(\mathfrak{G})] \subseteq [\mathfrak{C}_{w_1-1}(\mathfrak{G}), \mathfrak{C}_{w_2-1}(\mathfrak{G})]$$

als bewiesen angenommen werden; folglich genügt es,

$$[\mathfrak{C}_k(\mathfrak{G}), \mathfrak{C}_l(\mathfrak{G})] \subseteq \mathfrak{C}_{k+l+1}(\mathfrak{G}) \quad \text{für } 0 \leq k, l < \infty \tag{1}$$

zu beweisen. Dies ergibt sich aus

Satz 15. *Für Normalteiler $\mathfrak{A}, \mathfrak{B}, \mathfrak{C}$ einer Gruppe $\mathfrak{G}$ gilt*

$$[\mathfrak{A}, \mathfrak{B}, \mathfrak{C}] \subseteq [\mathfrak{B}, \mathfrak{C}, \mathfrak{A}] [\mathfrak{C}, \mathfrak{A}, \mathfrak{B}].$$

Da nämlich die Beziehung (1) für $k=0$ wegen

$$[\mathfrak{C}_0(\mathfrak{G}), \mathfrak{C}_l(\mathfrak{G})] = [\mathfrak{G}, \mathfrak{C}_l(\mathfrak{G})] = \mathfrak{C}_{l+1}(\mathfrak{G})$$

erfüllt ist, findet man aus Satz 15 durch Induktion

$$\begin{aligned}[\mathfrak{C}_k(\mathfrak{G}), \mathfrak{C}_l(\mathfrak{G})] &= [\mathfrak{C}_{k-1}(\mathfrak{G}), \mathfrak{G}, \mathfrak{C}_l(\mathfrak{G})] \\ &\subseteq [\mathfrak{G}, \mathfrak{C}_l(\mathfrak{G}), \mathfrak{C}_{k-1}(\mathfrak{G})] [\mathfrak{C}_l(\mathfrak{G}), \mathfrak{C}_{k-1}(\mathfrak{G}), \mathfrak{G}] \\ &\subseteq [\mathfrak{C}_{l+1}(\mathfrak{G}), \mathfrak{C}_{k-1}(\mathfrak{G})] [\mathfrak{C}_{k+l}(\mathfrak{G}), \mathfrak{G}] \subseteq \mathfrak{C}_{k+l+1}(\mathfrak{G}).\end{aligned}$$

Beweis. Für den Normalteiler $\mathfrak{N} = [\mathfrak{B}, \mathfrak{C}, \mathfrak{A}] [\mathfrak{C}, \mathfrak{A}, \mathfrak{B}]$ in $\mathfrak{G}$ gilt

$$\mathfrak{N} \subseteq \mathfrak{A} \cap \mathfrak{B} \cap \mathfrak{C} \quad \text{und} \quad [\mathfrak{A}/\mathfrak{N}, \mathfrak{B}/\mathfrak{N}, \mathfrak{C}/\mathfrak{N}] = [\mathfrak{A}, \mathfrak{B}, \mathfrak{C}] \mathfrak{N}/\mathfrak{N}.$$

Man hat daher nur die Behauptung zu bestätigen:

Aus $[\mathfrak{B}, \mathfrak{C}, \mathfrak{A}] [\mathfrak{C}, \mathfrak{A}, \mathfrak{B}] = E$ folgt $[\mathfrak{A}, \mathfrak{B}, \mathfrak{C}] = E$.

Die Voraussetzung bedeutet:

$$[B, C] A = A [B, C]; \quad [C, A] B = B [C, A] \quad \text{für } A \in \mathfrak{A}; \ B \in \mathfrak{B}; \ C \in \mathfrak{C};$$

daher erhalten wir

$$\begin{aligned}[A, B, C] &= B^{-1} A^{-1} B A C^{-1} A^{-1} B^{-1} A B C = B^{-1} A^{-1} B [A^{-1}, C] C^{-1} B^{-1} A B C \\ &= B^{-1} A^{-1} [A^{-1}, C] B C^{-1} B^{-1} A B C = B^{-1} C^{-1} A^{-1} [C^{-1}, B^{-1}] A B C \\ &= B^{-1} C^{-1} [C^{-1}, B^{-1}] B C = E.\end{aligned}$$

Für ein (geordnetes) Paar von Normalteilern $\mathfrak{M}, \mathfrak{N}$ der Gruppe $\mathfrak{G}$ lassen sich auch allgemeinere Kommutatorgruppen $\mathfrak{C}_k(\mathfrak{M}, \mathfrak{N})$ erklären durch:

1. Es sei $\mathfrak{C}_0(\mathfrak{M}, \mathfrak{N}) = \mathfrak{N}$.
2. Es sei $\mathfrak{C}_{k+1}(\mathfrak{M}, \mathfrak{N}) = [\mathfrak{C}_k(\mathfrak{M}, \mathfrak{N}), \mathfrak{M}]$ *für* $k \geq 0$.

2.1.4. Die höheren Kommutatorgruppen

Alle diese Gruppen sind Normalteiler in $\mathfrak{G}$; offensichtlich gilt

$$\mathfrak{C}_k(\mathfrak{N}) \subseteq \mathfrak{C}_k(\mathfrak{M}, \mathfrak{N}) \subseteq \mathfrak{C}_k(\mathfrak{M}), \quad \text{wenn } \mathfrak{N} \subseteq \mathfrak{M} \subseteq \mathfrak{G},$$
$$\mathfrak{C}_k(\mathfrak{M}, \mathfrak{M}) = \mathfrak{C}_k(\mathfrak{M}).$$

Durch vollständige Induktion gewinnt man aus dem Satze 15 auch die Beziehungen

$$[\mathfrak{C}_k(\mathfrak{M}, \mathfrak{N}), \mathfrak{C}_l(\mathfrak{M})] \subseteq \mathfrak{C}_{k+l+1}(\mathfrak{M}, \mathfrak{N}) \quad \text{für } k, l \geq 0, \tag{2.1}$$

$$[\mathfrak{C}_k(\mathfrak{M}, \mathfrak{N}), \mathfrak{C}_l(\mathfrak{M}, \mathfrak{N})] \subseteq \mathfrak{C}_{k+l}(\mathfrak{M}, \mathfrak{N}) \quad \text{für } k, l \geq 0, \tag{2.2}$$

$$\mathfrak{C}_k(\mathfrak{M}, \mathfrak{N}) \subseteq \mathfrak{C}_{k-1}(\mathfrak{M}) \quad \text{für } k \geq 1. \tag{2.3}$$

Da man hieraus insbesondere entnimmt:

$$\left[\frac{\mathfrak{C}_k(\mathfrak{M})}{\mathfrak{C}_{k+1}(\mathfrak{M})}, \frac{\mathfrak{M}}{\mathfrak{C}_{k+1}(\mathfrak{M})}\right] = \left[\frac{\mathfrak{C}_k(\mathfrak{M}, \mathfrak{N})}{\mathfrak{C}_{k+1}(\mathfrak{M}, \mathfrak{N})}, \frac{\mathfrak{M}}{\mathfrak{C}_{k+1}(\mathfrak{M}, \mathfrak{N})}\right] = 1,$$

gilt der

Satz 16. *Für Normalteiler $\mathfrak{M}, \mathfrak{N}$ einer Gruppe $\mathfrak{G}$ sind die Faktorgruppen $\mathfrak{C}_k(\mathfrak{M})/\mathfrak{C}_{k+1}(\mathfrak{M})$ und $\mathfrak{C}_k(\mathfrak{M}, \mathfrak{N})/\mathfrak{C}_{k+1}(\mathfrak{M}, \mathfrak{N})$ abelsche Gruppen.*

Weitere Aussagen erhält man aus der Bemerkung:

Sind $\mathfrak{M}, \mathfrak{N}$ Normalteiler der Gruppe $\mathfrak{G}$, so bestehen für Elemente $M, M', M'' \in \mathfrak{M}$ und $C, C', C'' \in \mathfrak{C}_{k-1}(\mathfrak{M}, \mathfrak{N})$ mit $k \geq 2$ die Kongruenzen

$$[M, C'C''] \equiv [M, C'][M, C''] \bmod \mathfrak{C}_{k+1}(\mathfrak{M}, \mathfrak{N}), \tag{3.1}$$

$$[M'M'', C] \equiv [M', C][M'', C] \bmod \mathfrak{C}_{k+1}(\mathfrak{M}, \mathfrak{N}), \tag{3.2}$$

$$[M', C] \equiv [M'', C] \bmod \mathfrak{C}_{k+1}(\mathfrak{M}, \mathfrak{N}), \text{ wenn } M' \equiv M'' \bmod \mathfrak{C}_1(\mathfrak{M}), \tag{4.1}$$

$$[M, C'] \equiv [M, C''] \bmod \mathfrak{C}_{k+1}(\mathfrak{M}, \mathfrak{N}), \text{ wenn } C' \equiv C'' \bmod \mathfrak{C}_k(\mathfrak{M}, \mathfrak{N}). \tag{4.2}$$

Beweis. Die Kongruenz (3.1) ergibt sich aus der Identität

$$[M, C'C''] = [M, C''][M, C'][M, C', C'']$$

wegen

$$[[M, C''], [M, C']] \in [\mathfrak{M}, \mathfrak{C}_{k-1}(\mathfrak{M}, \mathfrak{N})]' = \mathfrak{C}_k(\mathfrak{M}, \mathfrak{N})' \subseteq \mathfrak{C}_{k+1}(\mathfrak{M}, \mathfrak{N})$$

$$[M, C', C''] \in [\mathfrak{M}, \mathfrak{C}_{k-1}(\mathfrak{M}, \mathfrak{N}), \mathfrak{C}_{k-1}(\mathfrak{M}, \mathfrak{N})] \subseteq \mathfrak{C}_{k+1}(\mathfrak{M}, \mathfrak{N}),$$

die Kongruenz (3.2) aus der Identität

$$[M'M'', C] = [M', C][M', C, M''][M'', C]$$

wegen

$$[M', C, M''] \in [\mathfrak{M}, \mathfrak{C}_{k-1}(\mathfrak{M}, \mathfrak{N}), \mathfrak{M}] = \mathfrak{C}_{k+1}(\mathfrak{M}, \mathfrak{N}).$$

Ferner gilt

$$[\mathfrak{C}_1(\mathfrak{M}), \mathfrak{C}_{k-1}(\mathfrak{M}, \mathfrak{N})] \subseteq \mathfrak{C}_{k+1}(\mathfrak{M}, \mathfrak{N}) = [\mathfrak{M}, \mathfrak{C}_k(\mathfrak{M}, \mathfrak{N})],$$

also für Elemente $M \in \mathfrak{M}$; $M^* \in \mathfrak{C}_1(\mathfrak{M})$; $C \in \mathfrak{C}_{k-1}(\mathfrak{M}, \mathfrak{N})$; $C^* \in \mathfrak{C}_k(\mathfrak{M}, \mathfrak{N})$

$$[MM^*, C] \equiv [M, C][M^*, C] \equiv [M, C] \bmod \mathfrak{C}_{k+1}(\mathfrak{M}, \mathfrak{N}),$$
$$[M, CC^*] \equiv [M, C][M, C^*] \equiv [M, C] \bmod \mathfrak{C}_{k+1}(\mathfrak{M}, \mathfrak{N}).$$

Erzeugen also die Restklassen $(\mathfrak{C}_1(\mathfrak{M})X_\iota)$ die Faktorgruppe $\mathfrak{M}/\mathfrak{C}_1(\mathfrak{M})$, die Restklassen $(\mathfrak{C}_k(\mathfrak{M}, \mathfrak{N})Y_\varkappa)$ die Faktorgruppe $\mathfrak{C}_{k-1}(\mathfrak{M}, \mathfrak{N})/\mathfrak{C}_k(\mathfrak{M}, \mathfrak{N})$, so erzeugen die Restklassen $(\mathfrak{C}_{k+1}(\mathfrak{M}, \mathfrak{N})[X_\iota, Y_\varkappa])$ die Faktorgruppe $\mathfrak{C}_k(\mathfrak{M}, \mathfrak{N})/\mathfrak{C}_{k+1}(\mathfrak{M}, \mathfrak{N})$. Daraus folgt

Satz 17. *Es seien $\mathfrak{M}, \mathfrak{N}$ Normalteiler einer Gruppe $\mathfrak{G}$ mit endlich erzeugbaren Faktorgruppen $\mathfrak{M}/[\mathfrak{M}, \mathfrak{M}]$ und $\mathfrak{N}/[\mathfrak{N}, \mathfrak{N}]$. Dann sind alle Faktorgruppen $\mathfrak{C}_k(\mathfrak{M}, \mathfrak{N})/\mathfrak{C}_k(\mathfrak{M}, \mathfrak{N})$ endlich erzeugbare abelsche Gruppen.*

Weitere Folgerung ist

Satz 17*. *Sind für einen Normalteiler $\mathfrak{N}$ der Gruppe $\mathfrak{G}$ die Faktorgruppen $\mathfrak{G}/[\mathfrak{G}, \mathfrak{G}]$ und $\mathfrak{N}/[\mathfrak{N}, \mathfrak{N}]$ endlich erzeugbar, so sind alle Faktorgruppen*

$$\mathfrak{G}/\mathfrak{C}_l(\mathfrak{G}); \quad \mathfrak{C}_k(\mathfrak{G})/\mathfrak{C}_{k+l}(\mathfrak{G}); \quad \mathfrak{N}/\mathfrak{C}_l(\mathfrak{G}, \mathfrak{N}); \quad \mathfrak{C}_k(\mathfrak{G}, \mathfrak{N})/\mathfrak{C}_{k+l}(\mathfrak{G}, \mathfrak{N})$$

für $1 \leq k, l < \infty$ endlich erzeugbar.

Beweis. Nach Satz 17 sind die Faktorgruppen

$$\mathfrak{C}_k(\mathfrak{G})/\mathfrak{C}_{k+1}(\mathfrak{G}) \quad \text{und} \quad \mathfrak{C}_k(\mathfrak{G}, \mathfrak{N})/\mathfrak{C}_{k+1}(\mathfrak{G}, \mathfrak{N})$$

endlich erzeugbar; nun läßt sich eine Induktion durchführen. Wir geben als Paradigma: Die Gruppen

$$\mathfrak{G}/\mathfrak{C}_l(\mathfrak{G}) \cong \mathfrak{G}/\mathfrak{C}_{l+1}(\mathfrak{G}) \big/ \mathfrak{C}_l(\mathfrak{G})/\mathfrak{C}_{l+1}(\mathfrak{G}); \quad \mathfrak{C}_l(\mathfrak{G})/\mathfrak{C}_{l+1}(\mathfrak{G})$$

sind endlich erzeugbar; mithin ist auch $\mathfrak{G}/\mathfrak{C}_{l+1}(\mathfrak{G})$ endlich erzeugbar.

Satz 18. *Ist die Faktorgruppe $\mathfrak{G}/\mathfrak{G}'$ einer Gruppe $\mathfrak{G}$ nach dem Kommutator $\mathfrak{G}'$ endlich erzeugbar, so sind alle Faktorgruppen*

$$\mathfrak{G}/\mathfrak{C}_l(\mathfrak{G}); \quad \mathfrak{C}_k(\mathfrak{G})/\mathfrak{C}_{k+l}(\mathfrak{G}) \quad \text{für } 1 \leq k, l < \infty$$

endlich erzeugbar.

Satz 18*. *In einer freien Gruppe $\mathfrak{F}$ endlichen Ranges $r(\mathfrak{F}) = n$ sind alle Faktorgruppen $\mathfrak{C}_k(\mathfrak{F})/\mathfrak{C}_{k+1}(\mathfrak{F})$ für $1 \leq k < \infty$ freie abelsche Gruppen endlichen Ranges.*

Die rekursiv durch

$$\mathfrak{G}^{(0)} = \mathfrak{G}; \quad \mathfrak{G}^{(k+1)} = [\mathfrak{G}^{(k)}, \mathfrak{G}^{(k)}] \quad \text{für } 0 \leq k < \infty$$

erklärten iterierten Kommutatorgruppen $\mathfrak{G}^{(k)}$ einer Gruppe $\mathfrak{G}$ besitzen die Stufe $s = k$ und das Gewicht $w = 2^k$; daraus folgt

$$\mathfrak{G}^{(k)} \subseteq \mathfrak{C}_{2^k-1}(\mathfrak{G}). \tag{5}$$

Auch hier läßt sich eine transfinite Fortführung erklären durch:

$$\mathfrak{G}^{(0)} = \mathfrak{G}; \quad \mathfrak{G}^{(\nu+1)} = [\mathfrak{G}^{(\nu)}, \mathfrak{G}^{(\nu)}] \quad \text{für jeden Index } \nu \in \Lambda,$$

$$\mathfrak{G}^{(\lambda)} = \bigcap_{\nu < \lambda} \mathfrak{G}^{(\nu)} \quad \text{für jeden Limesindex } \lambda \in \Lambda.$$

Man findet leicht:

Für jede Untergruppe $\mathfrak{U}$ der Gruppe $\mathfrak{G}$ gilt

$$\mathfrak{U}^{(\nu)} \subseteq \mathfrak{G}^{(\nu)} \cap \mathfrak{U} \quad \textit{für jeden Index } \nu \in \Lambda;$$

für eine Retrakte $\mathfrak{R}$ der Gruppe $\mathfrak{G}$ besteht die Gleichung

$$\mathfrak{R}^{(\nu)} = \mathfrak{G}^{(\nu)} \cap \mathfrak{R} \quad \textit{für jeden Index } \nu \in \Lambda.$$

Für die Faktorgruppe $\mathfrak{G}/\mathfrak{N}$ nach einem Normalteiler $\mathfrak{N} \triangleleft \mathfrak{G}$ gilt

$$\mathfrak{G}^{(\nu)}\mathfrak{N}/\mathfrak{N} \subseteq (\mathfrak{G}/\mathfrak{N})^{(\nu)} \quad \textit{für jeden Index } \nu \in \Lambda,$$

$$\mathfrak{G}^{(k)}\mathfrak{N}/\mathfrak{N} = (\mathfrak{G}/\mathfrak{N})^{(k)} \quad \textit{für natürliche Indizes } 0 \leq k < \infty.$$

2.1.5. Darstellung der Gruppen als Faktorgruppen

Eine Gruppe $\mathfrak{G}$ kann in mannigfacher Weise durch ein Erzeugendensystem mit definierenden Relationen erklärt, d. h. als Faktorgruppe $\mathfrak{G} \cong \mathfrak{F}/\mathfrak{R}$ einer freien Gruppe $\mathfrak{F}$ nach einem Relationennormalteiler $\mathfrak{R} \triangleleft \mathfrak{F}$ dargestellt werden. Es stellt sich daher das Problem einer Übersicht über alle Darstellungen einer Gruppe $\mathfrak{G}$ als Faktorgruppe von freien Gruppen $\mathfrak{F}$.

Besitzt eine Gruppe $\mathfrak{H}$ einen Normalteiler $\mathfrak{M}$ mit der zur vorgegebenen Gruppe $\mathfrak{G}$ isomorphen Faktorgruppe $\mathfrak{H}/\mathfrak{M}$, so nennen wir $\mathfrak{H}/\mathfrak{M}$ eine *Darstellung der Gruppe $\mathfrak{G}$ (als Faktorgruppe)*. Jeder Homomorphismus η von $\mathfrak{H}$ auf $\mathfrak{G}$ bestimmt eine Darstellung $\mathfrak{G} \cong \mathfrak{H}/\mathfrak{K}_\eta$ nach dem Kern $\mathfrak{K}_\eta \triangleleft \mathfrak{H}$ und beschreibt zugleich diesen Isomorphismus. Zwei Darstellungen

$$\mathfrak{H}/\mathfrak{M} \cong \mathfrak{G} \cong \overline{\mathfrak{H}}/\overline{\mathfrak{M}}$$

einer Gruppe $\mathfrak{G}$ sind *im wesentlichen gleich*, wenn ein Isomorphismus α existiert, derart daß

$$\mathfrak{H} \cong \mathfrak{H}^\alpha = \overline{\mathfrak{H}} \quad \text{und} \quad \mathfrak{M} \cong \mathfrak{M}^\alpha = \overline{\mathfrak{M}}.$$

Die Untersuchung der Darstellungen einer Gruppe $\mathfrak{G}$ stützt sich auf folgende Klassifikation:

Zwei Darstellungen $\mathfrak{H}/\mathfrak{M}$ und $\overline{\mathfrak{H}}/\overline{\mathfrak{M}}$ einer Gruppe $\mathfrak{G}$ heißen verwandt, wenn Homomorphismen $\eta, \bar\eta$ existieren mit den Eigenschaften:

1. *Es gilt $\mathfrak{H}^\eta \subseteq \overline{\mathfrak{H}}$; $\mathfrak{M}^\eta \subseteq \overline{\mathfrak{M}}$ und $\overline{\mathfrak{H}}^{\bar\eta} \subseteq \mathfrak{H}$; $\overline{\mathfrak{M}}^{\bar\eta} \subseteq \mathfrak{M}$.*
2. *Die Homomorphismen $\eta, \bar\eta$ induzieren reziproke Isomorphismen*

$$(\mathfrak{H}/\mathfrak{M})^\eta = \overline{\mathfrak{H}}/\overline{\mathfrak{M}}; \quad (\overline{\mathfrak{H}}/\overline{\mathfrak{M}})^{\bar\eta} = \mathfrak{H}/\mathfrak{M}.$$

Wir bezeichnen $\eta, \bar\eta$ als *verbindendes Homomorphismenpaar der Darstellungen*. Der Normalteiler $\mathfrak{M} \triangleleft \mathfrak{H}$ (bzw. $\overline{\mathfrak{M}} \triangleleft \overline{\mathfrak{H}}$) ist zulässig für den Endomorphismus $\beta = \eta\bar\eta$ der Gruppe $\mathfrak{H}$ (bzw. $\bar\beta = \bar\eta\eta$ der Gruppe $\overline{\mathfrak{H}}$);

überdies induzieren $\beta, \bar\beta$ in den Faktorgruppen $\mathfrak{H}/\mathfrak{M}$ bzw. $\overline{\mathfrak{H}}/\overline{\mathfrak{M}}$ die Identität:

$$H^\beta \equiv H \bmod \mathfrak{M}; \quad \bar H^{\bar\beta} \equiv \bar H \bmod \overline{\mathfrak{M}} \quad \text{für } H \in \mathfrak{H};\ \bar H \in \overline{\mathfrak{H}}.$$

Diese Verwandtschaft ist eine Kongruenz und bestimmt somit eine Klasseneinteilung der Darstellungen einer Gruppe $\mathfrak{G}$. Im wesentlichen gleiche Darstellungen sind verwandt.

Eine Darstellung der Gruppe $\mathfrak{G}$ als Faktorgruppe $\mathfrak{H}/\mathfrak{M}$ heißt *getreu*, wenn jeder Automorphismus $\alpha \in \mathsf{A}(\mathfrak{H}/\mathfrak{M})$ durch einen Endomorphismus $\eta \in \mathsf{E}(\mathfrak{H})$ induziert wird. Zwei Darstellungen $\mathfrak{H}/\mathfrak{M}$ und $\overline{\mathfrak{H}}/\overline{\mathfrak{M}}$ einer Gruppe $\mathfrak{G}$ heißen *ähnlich*, wenn jedes Paar reziproker Isomorphismen α, α^{-1} zwischen $\mathfrak{H}/\mathfrak{M}$ und $\overline{\mathfrak{H}}/\overline{\mathfrak{M}}$ durch ein Paar verbindender Homomorphismen $\eta, \bar\eta$ der Gruppen $\mathfrak{H}, \overline{\mathfrak{H}}$ induziert wird.

Diese Ähnlichkeit ist keine Kongruenz im strengen Sinne, da sie (im allgemeinen) nicht reflexiv ist. Denn nur getreue Darstellungen einer Gruppe $\mathfrak{G}$ sind *selbstähnlich*.

Man beweist leicht die Bemerkung:

Zwei Darstellungen $\mathfrak{H}/\mathfrak{M}$ und $\overline{\mathfrak{H}}/\overline{\mathfrak{M}}$ einer Gruppe $\mathfrak{G}$ sind genau dann ähnlich, wenn sie getreu und verwandt sind.

Jede Gruppe $\mathfrak{G}$ ist ihre eigene *(triviale) getreue* Darstellung; die zu dieser ähnlichen Darstellungen kennzeichnet der

Satz 19. *Die Darstellung $\mathfrak{H}/\mathfrak{M}$ einer Gruppe $\mathfrak{G}$ ist genau dann zur (trivialen) Darstellung $\mathfrak{G}$ ähnlich, wenn $\mathfrak{H}$ nach $\mathfrak{M}$ zerfällt:*

$$\mathfrak{H} = \mathfrak{M}\overline{\mathfrak{G}} \quad mit \quad \mathfrak{M} \cap \overline{\mathfrak{G}} = E \quad und \quad \overline{\mathfrak{G}} \cong \mathfrak{G}.$$

Beweis. Jeder Isomorphismus von $\mathfrak{H}/\mathfrak{M}$ auf $\mathfrak{G}$ wird durch einen Homomorphismus von $\mathfrak{H}$ auf $\mathfrak{G}$ induziert. Besitzt $\mathfrak{H}$ eine Zerfällung

$$\mathfrak{H} = \mathfrak{M}\mathfrak{R} \quad \text{mit} \quad \mathfrak{M} \cap \mathfrak{R} = E \quad \text{und} \quad \mathfrak{R} \cong \mathfrak{H}/\mathfrak{M} \cong \mathfrak{G},$$

so ist jeder Isomorphismus α von $\mathfrak{G}$ auf $\mathfrak{G}^\alpha = \mathfrak{R} \subseteq \mathfrak{H}$ zugleich Isomorphismus von $\mathfrak{G}$ in $\mathfrak{H}$, der den Isomorphismus auf $\mathfrak{R}$ induziert. Mithin sind die Darstellungen $\mathfrak{G}$ und $\mathfrak{H}/\mathfrak{M}$ ähnlich.

Sind andererseits $\mathfrak{G}$ und $\mathfrak{H}/\mathfrak{M}$ verwandte Darstellungen von $\mathfrak{G}$, so gibt es einen Homomorphismus η von $\mathfrak{G}$ in $\mathfrak{H}$, der einen Isomorphismus zwischen $\mathfrak{G}$ und $\mathfrak{H}/\mathfrak{M}$ induziert:

$$G_1^\eta \equiv G_2^\eta \bmod \mathfrak{M} \quad \text{genau dann, wenn } G_1 = G_2 \in \mathfrak{G}.$$

Daher gilt

$$\mathfrak{H} = \mathfrak{G}^\eta \mathfrak{M} \quad \text{mit} \quad \mathfrak{G}^\eta \cap \mathfrak{M} = E \quad \text{und} \quad \mathfrak{G}^\eta \cong \mathfrak{G}.$$

Satz 19*. *Folgende Aussagen sind gleichwertig:*

1. Sämtliche Darstellungen einer Gruppe $\mathfrak{G}$ sind ähnlich.

2. Die Gruppe $\mathfrak{G}$ ist eine freie Gruppe.

2.1.5. Darstellung der Gruppen als Faktorgruppen

Beweis. Ist $(\mathfrak{M} S_\iota)$ freies Erzeugendensystem der freien Gruppe $\mathfrak{H}/\mathfrak{M} = \mathfrak{G}$, so erzeugt (S_ι) eine freie Untergruppe $\mathfrak{F} \subset \mathfrak{H}$ mit dem Durchschnitt $\mathfrak{M} \cap \mathfrak{F} = E$. Daraus folgt

$$\mathfrak{H} = \mathfrak{M}\mathfrak{F} \quad \text{mit} \quad \mathfrak{M} \cap \mathfrak{F} = E \quad \text{und} \quad \mathfrak{F} \cong \mathfrak{G}.$$

Mithin ist $\mathfrak{H}/\mathfrak{M}$ zur (trivialen) Darstellung $\mathfrak{G}$ ähnlich.

Sind alle Darstellungen $\mathfrak{H}/\mathfrak{M}$ einer Gruppe $\mathfrak{G}$ zur trivialen Darstellung $\mathfrak{G}$ ähnlich, so zerfällt nach Satz 19 auch jede Darstellung $\mathfrak{F}/\mathfrak{M}$ mit freier Gruppe $\mathfrak{F}$. In

$$\mathfrak{F} = \mathfrak{M}\mathfrak{R} \quad \text{mit} \quad \mathfrak{R} \cap \mathfrak{M} = E \quad \text{und} \quad \mathfrak{R} \cong \mathfrak{G}$$

ist $\mathfrak{R}$ eine freie Gruppe.

Satz 20. *Zwei Darstellungen einer Gruppe $\mathfrak{G}$ als Faktorgruppe freier Gruppen sind ähnlich.*

Der Beweis stützt sich auf das

Lemma. *Jeder Homomorphismus $\bar{\gamma}$ einer freien Gruppe $\mathfrak{F}$ in ein homomorphes Bild $\mathfrak{H}/\mathfrak{M}$ der Gruppe $\mathfrak{H}$ wird durch einen Homomorphismus γ der Gruppe $\mathfrak{F}$ in die Gruppe $\mathfrak{H}$ induziert.*

Beweis. Der Homomorphismus

$$\bar{\gamma}: F \to \mathfrak{M} H(F) \in \mathfrak{H}/\mathfrak{M} \quad \text{für jedes } F \in \mathfrak{F}$$

bestimmt mit einem freien Erzeugendensystem $\mathfrak{S} = (S)$ von $\mathfrak{F}$ durch

$$\gamma: S \to H(S) \quad \text{für jedes } S \in \mathfrak{S}$$

einen Homomorphismus γ von $\mathfrak{F}$ in $\mathfrak{H}$, der den Homomorphismus

$$\bar{\gamma}: S \to H(S) \to \mathfrak{M} H(S) \quad \text{für jedes } S \in \mathfrak{S}$$

der Gruppe $\mathfrak{F}$ in $\mathfrak{H}/\mathfrak{M}$ induziert.

Sind nun $\mathfrak{F}/\mathfrak{M}$ und $\overline{\mathfrak{F}}/\overline{\mathfrak{M}}$ Darstellungen der Gruppe $\mathfrak{G}$ mit freien Gruppen $\mathfrak{F}, \overline{\mathfrak{F}}$ und gegenseitigen Isomorphismen

$$(\mathfrak{F}/\mathfrak{M})^\alpha = \overline{\mathfrak{F}}/\overline{\mathfrak{M}} \quad \text{und} \quad (\overline{\mathfrak{F}}/\overline{\mathfrak{M}})^{\bar{\alpha}} = \mathfrak{F}/\mathfrak{M},$$

so erklären die Zuordnungen

$$\gamma: X \to (\mathfrak{M} X)^\alpha \in \overline{\mathfrak{F}}/\overline{\mathfrak{M}} \quad \text{für jedes } X \in \mathfrak{F},$$
$$\bar{\gamma}: \overline{X} \to (\overline{\mathfrak{M}} \overline{X})^{\bar{\alpha}} \in \mathfrak{F}/\mathfrak{M} \quad \text{für jedes } \overline{X} \in \overline{\mathfrak{F}}$$

Homomorphismen von $\mathfrak{F}$ auf $\overline{\mathfrak{F}}/\overline{\mathfrak{M}}$ bzw. von $\overline{\mathfrak{F}}$ auf $\mathfrak{F}/\mathfrak{M}$. Nach dem Lemma existieren verbindende Homomorphismen $\eta, \bar{\eta}$ der Gruppen $\mathfrak{F}, \overline{\mathfrak{F}}$, die die Homomorphismen $\gamma, \bar{\gamma}$ und damit auch die Isomorphismen $\alpha, \bar{\alpha}$ induzieren. Mithin sind $\mathfrak{F}/\mathfrak{M}$ und $\overline{\mathfrak{F}}/\overline{\mathfrak{M}}$ ähnliche Darstellungen von $\mathfrak{G}$.

2.1. Die freien Gruppen

Zur Bildung von Klasseninvarianten erklären wir für ein (geordnetes) Paar von Normalteilern $\mathfrak{M}, \mathfrak{N}$ der Gruppe $\mathfrak{H}$ Kommutatorgruppen $\mathfrak{C}_{s,w}(\mathfrak{M}, \mathfrak{N})$ durch die rekursive Vorschrift:

1. Für die Kommutatorform $C_{0,1}(X_1) = X_1$ sei $\mathfrak{C}_{0,1}(\mathfrak{M}, \mathfrak{N}) = \mathfrak{N}$.
2. Für eine Kommutatorform

$$C_{s,w}(X) = [C_{s_1,w_1}(X), C_{s_2,w_2}(X)]$$

der Stufe $s = \max(s_1+1, s_2+1)$ vom Gewichte $w = w_1 + w_2$ sei

$$\mathfrak{C}_{s,w}(\mathfrak{M}, \mathfrak{N}) = [\mathfrak{C}_{s_1,w_1}(\mathfrak{M}, \mathfrak{N}), \mathfrak{C}_{s_2,w_2}(\mathfrak{M})] [\mathfrak{C}_{s_1,w_1}(\mathfrak{M}), \mathfrak{C}_{s_2,w_2}(\mathfrak{M}, \mathfrak{N})].$$

Die Kommutatorgruppen $\mathfrak{C}_{s,w}(\mathfrak{M}, \mathfrak{N})$ sind wie $\mathfrak{M}$ und $\mathfrak{N}$ Normalteiler in $\mathfrak{H}$; in Übereinstimmung mit den Bezeichnungen des Abschnittes 2.1.4 gilt

$$\mathfrak{C}_{s,w}(\mathfrak{M}, \mathfrak{M}) = \mathfrak{C}_{s,w}(\mathfrak{M}) \subseteq \mathfrak{C}_{s,w}(\mathfrak{M}, \mathfrak{N}) \subseteq \mathfrak{C}_{s,w}(\mathfrak{N}), \qquad \text{wenn } \mathfrak{M} \subseteq \mathfrak{N} \subseteq \mathfrak{H}.$$

Aus ihnen erhalten wir *Klasseninvarianten* durch den fundamentalen

Satz 21 (R. BAER). *Es seien $\mathfrak{H}/\mathfrak{M}$ und $\overline{\mathfrak{H}}/\overline{\mathfrak{M}}$ verwandte Darstellungen einer Gruppe $\mathfrak{G}$ mit verbindenden Homomorphismen $\eta, \overline{\eta}$. Dann induzieren $\eta, \overline{\eta}$ für jede Kommutatorform $C_{s,w}(X)$ reziproke Isomorphismen zwischen den Faktorgruppen*

$$\mathfrak{C}_{s,w}(\mathfrak{H})/\mathfrak{C}_{s,w}(\mathfrak{H}, \mathfrak{M}) \quad \text{und} \quad \mathfrak{C}_{s,w}(\overline{\mathfrak{H}})/\mathfrak{C}_{s,w}(\overline{\mathfrak{H}}, \overline{\mathfrak{M}}).$$

Der Beweis stützt sich auf das

Lemma. *Für einen Endomorphismus $\eta \in \mathsf{E}(\mathfrak{H})$ und einen Normalteiler $\mathfrak{M} \triangleleft \mathfrak{H}$ bestehe die Beziehung*

$$[\mathfrak{H}, \eta] \subseteq \mathfrak{M} \subseteq \mathfrak{H}.$$

Dann besteht für jede Kommutatorform $C_{s,w}(X)$ die Beziehung

$$[\mathfrak{C}_{s,w}(\mathfrak{H}), \eta] \subseteq \mathfrak{C}_{s,w}(\mathfrak{H}, \mathfrak{M}) \subseteq \mathfrak{C}_{s,w}(\mathfrak{H}).$$

Beweis. Es kann eine Induktion nach der Stufe s durchgeführt werden. Aus der Voraussetzung folgt

$$\mathfrak{M}^\eta \subseteq \mathfrak{M}, \quad \text{also} \quad \mathfrak{C}_{s,w}(\mathfrak{H}, \mathfrak{M})^\eta \subseteq \mathfrak{C}_{s,w}(\mathfrak{H}, \mathfrak{M}).$$

Die Gruppen $\mathfrak{C}_{s,w}(\mathfrak{H})$ und $\mathfrak{C}_{s,w}(\mathfrak{H}, \mathfrak{M})$ besitzen eine Gestalt

$$\mathfrak{C}_{s,w}(\mathfrak{H}) = [\mathfrak{C}_{s_1,w_1}(\mathfrak{H}), \mathfrak{C}_{s_2,w_2}(\mathfrak{H})],$$

$$\mathfrak{C}_{s,w}(\mathfrak{H}, \mathfrak{M}) = [\mathfrak{C}_{s_1,w_1}(\mathfrak{H}), \mathfrak{C}_{s_2,w_2}(\mathfrak{H}, \mathfrak{M})] [\mathfrak{C}_{s_1,w_1}(\mathfrak{H}, \mathfrak{M}), \mathfrak{C}_{s_2,w_2}(\mathfrak{H})],$$

für die nach Induktionsannahme die Beziehungen

$$[\mathfrak{C}_{s_1,w_1}(\mathfrak{H}), \eta] \subseteq \mathfrak{C}_{s_1,w_1}(\mathfrak{H}, \mathfrak{M}); \quad [\mathfrak{C}_{s_2,w_2}(\mathfrak{H}), \eta] \subseteq \mathfrak{C}_{s_2,w_2}(\mathfrak{H}, \mathfrak{M})$$

bestehen. Für Elemente $C_1 \in \mathfrak{C}_{s_1,w_1}(\mathfrak{H})$; $C_2 \in \mathfrak{C}_{s_2,w_2}(\mathfrak{H})$ gilt somit

$$C_1^{-1} C_1^\eta \equiv E \bmod \mathfrak{C}_{s_1,w_1}(\mathfrak{H}, \mathfrak{M}); \quad C_2^{-1} C_2^\eta \equiv E \bmod \mathfrak{C}_{s_2,w_2}(\mathfrak{H}, \mathfrak{M}),$$

also

$$[C_1^{-1} C_1^\eta, C_2^\eta] \equiv [C_1^{-1} C_1^\eta, C_2] \equiv [C_1, C_2^{-1} C_2^\eta] \equiv E \bmod \mathfrak{C}_{s,w}(\mathfrak{H}, \mathfrak{M}).$$

Daraus folgt

$$[[C_1, C_2], \eta] \equiv C_2^{-1} C_1^{-1} C_2 C_1 C_1^{-\eta} C_2^{-\eta} C_1^\eta C_2^\eta \equiv E \bmod \mathfrak{C}_{s,w}(\mathfrak{H}, \mathfrak{M}).$$

Da unter der Voraussetzung des Lemma $\mathfrak{M} \subset | \mathfrak{H}$ für η zulässig ist und η in $\mathfrak{H}/\mathfrak{M}$ die Identität induziert, folgt:

Induziert η in der Faktorgruppe $\mathfrak{H}/\mathfrak{M}$ die Identität, so induziert η in allen Faktorgruppen $\mathfrak{C}_{s,w}(\mathfrak{H})/\mathfrak{C}_{s,w}(\mathfrak{H}, \mathfrak{M})$ die Identität.

Hieraus folgt Satz 21 in einfacher Weise: Aus

$$\overline{\mathfrak{H}}^\eta \subseteq \overline{\mathfrak{H}}; \quad \mathfrak{M}^\eta \subseteq \overline{\mathfrak{M}}; \quad \overline{\mathfrak{H}}^{\bar\eta} \subseteq \mathfrak{H}; \quad \overline{\mathfrak{M}}^{\bar\eta} \subseteq \mathfrak{M}$$

entnimmt man

$$\mathfrak{C}_{s,w}(\mathfrak{H}, \mathfrak{M})^\eta \subseteq \mathfrak{C}_{s,w}(\overline{\mathfrak{H}}, \overline{\mathfrak{M}}); \quad \mathfrak{C}_{s,w}(\overline{\mathfrak{H}}, \overline{\mathfrak{M}})^{\bar\eta} \subseteq \mathfrak{C}_{s,w}(\mathfrak{H}, \mathfrak{M}).$$

Daher induzieren $\eta, \bar\eta$ Homomorphismen

$$\alpha_{s,w}: \big(\mathfrak{C}_{s,w}(\mathfrak{H})/\mathfrak{C}_{s,w}(\mathfrak{H}, \mathfrak{M})\big)^\eta \subseteq \mathfrak{C}_{s,w}(\overline{\mathfrak{H}})/\mathfrak{C}_{s,w}(\overline{\mathfrak{H}}, \overline{\mathfrak{M}}),$$

$$\bar\alpha_{s,w}: \big(\mathfrak{C}_{s,w}(\overline{\mathfrak{H}})/\mathfrak{C}_{s,w}(\overline{\mathfrak{H}}, \overline{\mathfrak{M}})\big)^{\bar\eta} \subseteq \mathfrak{C}_{s,w}(\mathfrak{H})/\mathfrak{C}_{s,w}(\mathfrak{H}, \mathfrak{M}).$$

Da die verbindenden Homomorphismen $\eta, \bar\eta$ reziproke Isomorphismen

$$(\mathfrak{H}/\mathfrak{M})^\eta = \overline{\mathfrak{H}}/\overline{\mathfrak{M}}; \quad (\overline{\mathfrak{H}}/\overline{\mathfrak{M}})^{\bar\eta} = \mathfrak{H}/\mathfrak{M}$$

induzieren, induziert $\beta = \eta \bar\eta$ in $\mathfrak{H}/\mathfrak{M}$ und $\bar\beta = \bar\eta \eta$ in $\overline{\mathfrak{H}}/\overline{\mathfrak{M}}$ die Identität. Auf Grund des Lemma sind die durch β bzw. $\bar\beta$ induzierten Endomorphismen $\alpha_{s,w} \bar\alpha_{s,w}$ bzw. $\bar\alpha_{s,w} \alpha_{s,w}$ der Faktorgruppen $\mathfrak{C}_{s,w}(\mathfrak{H})/\mathfrak{C}_{s,w}(\mathfrak{H}, \mathfrak{M})$ bzw. $\mathfrak{C}_{s,w}(\overline{\mathfrak{H}})/\mathfrak{C}_{s,w}(\overline{\mathfrak{H}}, \overline{\mathfrak{M}})$ Identitäten:

$$\varepsilon = \alpha_{s,w} \bar\alpha_{s,w} = \bar\alpha_{s,w} \alpha_{s,w} \quad \text{oder} \quad \bar\alpha_{s,w} = \alpha_{s,w}^{-1}.$$

Unmittelbare Folgerung ist der *Invarianzsatz*:

Satz 22 (R. BAER-H. HOPF). *Es seien $\mathfrak{F}/\mathfrak{R}$ und $\overline{\mathfrak{F}}/\overline{\mathfrak{R}}$ Darstellungen einer Gruppe $\mathfrak{G}$ als Faktorgruppen von freien Gruppen $\mathfrak{F}, \overline{\mathfrak{F}}$. Dann sind für jede Kommutatorform $C_{s,w}(X)$ die Faktorgruppen*

$$\mathfrak{C}_{s,w}(\mathfrak{F})/\mathfrak{C}_{s,w}(\mathfrak{F}, \mathfrak{R}) \quad \text{und} \quad \mathfrak{C}_{s,w}(\overline{\mathfrak{F}})/\mathfrak{C}_{s,w}(\overline{\mathfrak{F}}, \overline{\mathfrak{R}})$$

isomorph.

Die aus einer solchen Darstellung $\mathfrak{F}/\mathfrak{R}$ der Gruppe $\mathfrak{G}$ gebildeten Faktorgruppen $\mathfrak{c}_{s,w} = \mathfrak{C}_{s,w}(\mathfrak{F})/\mathfrak{C}_{s,w}(\mathfrak{F}, \mathfrak{R})$ sind also *absolute Invarianten der Gruppe $\mathfrak{G}$*.

Beweis. Nach Satz 20 sind alle Darstellungen einer Gruppe $\mathfrak{G}$ als Faktorgruppe einer freien Gruppe ähnlich.

Kapitel 2.2
Freie Zerlegungen

2.2.1. Der Existenzsatz

Von fundamentaler Bedeutung für die neuere Entwicklung der Gruppentheorie ist die auf O. SCHREIER zurückgehende Erweiterung des Begriffes der freien Gruppe zu dem des freien Produktes:

Definition 1. *Eine Gruppe* $\mathfrak{G}; \Omega$ *ist das freie Produkt der Untergruppen* $\mathfrak{U}_\iota$ *(über* $\iota \in \mathsf{I}$*), wenn jedes (von E verschiedene) Element* $G \in \mathfrak{G}; \Omega$ *eine eindeutige Darstellung*

$$G = U_{\iota_1} U_{\iota_2} \ldots U_{\iota_n} \quad \text{mit} \quad \iota_{\nu-1} \neq \iota_\nu \quad \text{für } 2 \leq \nu \leq n$$

in von E verschiedenen Elementen $U_\iota \in \mathfrak{U}_\iota$ *besitzt.*

Als Zeichen verwenden wir

$$\mathfrak{G}; \Omega = \underset{\iota}{*} \, \mathfrak{U}_\iota \quad (\text{über } \iota \in \mathsf{I}),$$

im endlichen Falle auch

$$\mathfrak{G}; \Omega = \mathfrak{U}_1 * \mathfrak{U}_2 * \cdots * \mathfrak{U}_k.$$

Die Untergruppen $\mathfrak{U}_\iota$ sind die *freien Faktoren der Gruppe* $\mathfrak{G}; \Omega$ dieser *freien Zerlegung der Gruppe* $\mathfrak{G}; \Omega$. Eine Gruppe $\mathfrak{G}; \Omega$ ist *freizerlegbar*, wenn sie freies Produkt eigentlicher Untergruppen ist, andernfalls *freiunzerlegbar*. Es ist zweckmäßig, auch triviale freie Faktoren $\mathfrak{U}_\iota = E$ zuzulassen.

Jede Darstellung $G = U_{\varkappa_1} U_{\varkappa_2} \ldots U_{\varkappa_m}$ eines Elementes des freien Produktes

$$\mathfrak{G}; \Omega = \underset{\iota}{*} \, \mathfrak{U}_\iota \quad (\text{über } \iota \in \mathsf{I})$$

läßt sich eindeutig durch Zusammenfassen nebeneinanderstehender Faktoren aus der gleichen Untergruppe $\mathfrak{U}_\iota$ und Löschen trivialer Faktoren $U_\iota = E$ auf die *unverkürzbare Form*

$$G = E \quad \text{bzw.} \quad G = U_{\iota_1} U_{\iota_2} \ldots U_{\iota_n} \quad \text{mit } U_\iota \in \mathfrak{U}_\iota$$

bringen, die der *Indexbedingung* genügt:

$$\iota_{\nu-1} \neq \iota_\nu \quad \text{für } 2 \leq \nu \leq n.$$

Jedes Element $G \in \mathfrak{G}; \Omega$ hat eine *Länge* $n = \lambda(G)$, die Einheit E die Länge $\lambda(E) = 0$; die Faktoren $U_{\iota_\nu} \in \mathfrak{U}_{\iota_\nu}$ sind die *Silben des Elementes*. Ferner besitzt G eine Zerlegung $G = S(G) Z(G) T(G)$ in die Abschnitte

$$S(G) = U_{\iota_1} \ldots U_{\iota_k}; \; Z(G) = U_{\iota_{k+1}}; \; T(G) = U_{\iota_{k+2}} \ldots U_{\iota_n} \quad \text{für } n = \lambda(G) = 2k+1,$$

$$S(G) = U_{\iota_1} \ldots U_{\iota_k}; \; Z(G) = E; \quad T(G) = U_{\iota_{k+1}} \ldots U_{\iota_n} \quad \text{für } n = \lambda(G) = 2k.$$

Man nennt $S(G)$ die *linke*, $T(G)$ die *rechte Hälfte* und $Z(G)$ die *Mitte des Elementes* $G \in \mathfrak{G}; \Omega$. Offenbar gilt

$$S(G)^{-1} = T(G^{-1}); \quad T(G)^{-1} = S(G^{-1}); \quad Z(G)^{-1} = Z(G^{-1}).$$

Ein Element $G \in \mathfrak{G}; \Omega$ ist *Transformierte* (*in* $\mathfrak{G}; \Omega$), wenn

$$S(G) = T(G)^{-1}, \quad \text{also} \quad G = T(G)^{-1} Z(G) T(G).$$

Eine freizerlegbare Gruppe $\mathfrak{G}; \Omega$ enthält stets Elemente unendlicher Ordnung, da nur Transformierte in $\mathfrak{G}; \Omega$ endliche Ordnung haben können. Daher sind ordnungsfinite Gruppen, übrigens auch abelsche Gruppen freiunzerlegbar.

Aus einer freien Zerlegung

$$\mathfrak{G}; \Omega = \underset{\iota}{\bigstar}\, \mathfrak{U}_\iota \quad \text{(über } \iota \in \mathsf{I})$$

der Gruppe $\mathfrak{G}; \Omega$ entsteht für jedes $\varkappa \in \mathsf{I}$ eine freie Zerlegung

$$\mathfrak{G}; \Omega = \mathfrak{U}_\varkappa * \mathfrak{U}_\varkappa^* \quad \text{mit } \mathfrak{U}_\varkappa^* = \underset{\iota \neq \varkappa}{\bigstar}\, \mathfrak{U}_\iota$$

in zwei Faktoren; jedes $G \in \mathfrak{G}; \Omega$ besitzt eine (einzige) Darstellung

$$G = U_1 V_1 U_2 V_2 \ldots U_r V_r \quad \text{mit } U_\varrho \in \mathfrak{U}_\varkappa;\ V_\varrho \in \mathfrak{U}_\varkappa^*,$$

worin nur U_1 und V_r auch die Einheit E sein dürfen. Die Zuordnung

$$\eta: \quad G = U_1 V_1 U_2 V_2 \ldots U_r V_r \to G^\eta = U_1 U_2 \ldots U_r$$

bestimmt daher einen idempotenten Endomorphismus $\eta \in \mathsf{E}(\mathfrak{G}; \Omega)$. Da sein Kern $\mathfrak{K}_\eta$ den freien Faktor $\mathfrak{U}_\varkappa^*$ umfaßt, erhalten wir für $\mathfrak{G}; \Omega$ die Zerfällung

$$\mathfrak{G}; \Omega = \mathfrak{U}_\varkappa \mathfrak{K}_\eta \quad \text{mit } \mathfrak{K}_\eta \triangleleft \mathfrak{G}; \Omega \text{ und } \mathfrak{U}_\varkappa \cap \mathfrak{K}_\eta = E.$$

Satz 1. *Jeder freie Faktor* $\mathfrak{U}_\varkappa$ *eines freien Produktes*

$$\mathfrak{G}; \Omega = \underset{\iota}{\bigstar}\, \mathfrak{U}_\iota \quad \text{(über } \iota \in \mathsf{I})$$

ist Retrakte der Gruppe $\mathfrak{G}; \Omega$.

Beispiel. Die freie Gruppe $\mathfrak{F}$ mit dem (freien) Erzeugendensystem $\mathfrak{S} = (S_\iota)$ (über $\iota \in \mathsf{I}$) ist das freie Produkt

$$\mathfrak{F} = \underset{\iota}{\bigstar}\, \mathfrak{Z}_\iota \quad \text{(über } \iota \in \mathsf{I})$$

der unendlichen zyklischen Untergruppen $\mathfrak{Z}_\iota = \{S_\iota\}$.

Für freie Zerlegungen gilt der *Substitutionssatz*:

Satz 2. *Ist die Gruppe* $\mathfrak{G}; \Omega$ *das freie Produkt*

$$\mathfrak{G}; \Omega = \underset{\iota}{\bigstar}\, \mathfrak{U}_\iota \quad \text{(über } \iota \in \mathsf{I}) \tag{1}$$

der freien Produkte
$$\mathfrak{U}_\iota; \Omega = \underset{\varkappa}{*} \mathfrak{V}_{\iota\varkappa} \qquad (\text{über } \varkappa \in \mathsf{K}_\iota) \tag{2}$$

aus Untergruppen $\mathfrak{V}_{\iota\varkappa}$, *so ist* $\mathfrak{G}; \Omega$ *auch das freie Produkt*
$$\mathfrak{G}; \Omega = \underset{\iota,\varkappa}{*} \mathfrak{V}_{\iota\varkappa}. \tag{3}$$

Man nennt die freie Zerlegung (3) eine *Verfeinerung der freien Zerlegung* (1) von $\mathfrak{G}; \Omega$ mittels der Substitution (2). Umgekehrt erhält man aus einer freien Zerlegung
$$\mathfrak{G}; \Omega = \underset{\iota}{*} \mathfrak{V}_\iota \qquad (\text{über } \iota \in \mathsf{I})$$

durch Aufteilung der Indexmenge $\mathsf{I} = \sum_\varkappa \mathsf{I}_\varkappa$ (über $\varkappa \in \mathsf{K}$) die *Vergröberung*
$$\mathfrak{G}; \Omega = \underset{\varkappa}{*} \mathfrak{U}_\varkappa \quad \text{mit} \quad \mathfrak{U}_\varkappa = \underset{\iota_\varkappa}{*} \mathfrak{V}_{\iota_\varkappa} \qquad (\text{über } \iota_\varkappa \in \mathsf{I}_\varkappa; \varkappa \in \mathsf{K}).$$

Satz 3. *In einem freien Produkt*
$$\mathfrak{G}; \Omega = \underset{\iota}{*} \mathfrak{U}_\iota \qquad (\text{über } \iota \in \mathsf{I})$$

ist das Kompositum $\mathfrak{H}; \Omega = \{\underset{\iota}{\cup} \mathfrak{V}_\iota\}$ *von Untergruppen* $\mathfrak{V}_\iota \subseteq \mathfrak{U}_\iota$ *das freie Produkt*
$$\mathfrak{H}; \Omega = \underset{\iota}{*} \mathfrak{V}_\iota \qquad (\text{über } \iota \in \mathsf{I}).$$

Die Existenz freier Produkte aus vorgegebenen Faktoren zeigt

Satz 4 (O. SCHREIER). *Zu jeder Menge* $(\mathfrak{H}_\iota; \Omega)$ *(über $\iota \in \mathsf{I}$) von Gruppen mit gleichem Operatorenbereich Ω existiert ein (bis auf Isomorphie eindeutiges) freies Produkt*
$$\mathfrak{G}; \Omega = \underset{\iota}{*} \mathfrak{U}_\iota \qquad (\text{über } \iota \in \mathsf{I})$$

aus zu $\mathfrak{H}_\iota; \Omega$ *isomorphen Untergruppen* $\mathfrak{U}_\iota \subseteq \mathfrak{G}; \Omega$.

Beweis. Es bezeichne Γ die Menge aller Symbole
$$W = [H_{\iota_1}, H_{\iota_2}, \ldots, H_{\iota_n}] \quad \text{mit} \quad \iota_{\nu-1} \neq \iota_\nu \quad \text{für } 2 \leq \nu \leq n$$

beliebiger Länge $n \geq 1$ aus Elementen $E_\iota \neq H_\iota \in \mathfrak{H}_\iota; \Omega$ und des leeren Symbols $W_0 = [0]$ der Länge 0; nur identische Symbole aus Γ sind gleich.

Jedem Element $A_\iota \in \mathfrak{H}_\iota; \Omega$ wird eine Abbildung $\tau(A_\iota)$ der Menge Γ in sich zugeordnet durch die Vorschrift:

1. Es sei $\tau(E_\iota) = \varepsilon$ für die Einheit $E_\iota \in \mathfrak{H}_\iota; \Omega$.
2. Für ein von E_ι verschiedenes $A_\iota \in \mathfrak{H}_\iota; \Omega$ sei im Falle $\iota \neq \iota_n$
$$\tau(A_\iota): [H_{\iota_1}, H_{\iota_2}, \ldots, H_{\iota_n}] \to [H_{\iota_1}, H_{\iota_2}, \ldots, H_{\iota_n}, A_\iota],$$
im Falle $\iota = \iota_n$
$$\tau(A_\iota): [H_{\iota_1}, H_{\iota_2}, \ldots, H_{\iota_n}] \to \begin{cases} [H_{\iota_1}, H_{\iota_2}, \ldots, H_{\iota_{n-1}}], & \text{wenn } H_{\iota_n} A_\iota = E, \\ [H_{\iota_1}, \ldots, H_{\iota_{n-1}}, H_{\iota_n} A_\iota], & \text{wenn } H_{\iota_n} A_\iota \neq E. \end{cases}$$

2.2.1. Der Existenzsatz

Man stellt leicht fest:

$\tau(A_\iota) = \tau(B_\iota)$ genau dann, wenn $A_\iota = B_\iota \in \mathfrak{H}_\iota; \Omega$,

$\tau(A_\iota)\tau(B_\iota) = \tau(A_\iota B_\iota)$ für jedes Paar $A_\iota, B_\iota \in \mathfrak{H}_\iota; \Omega$.

Da somit die Abbildungen $\tau(A_\iota)$ eine zu $\mathfrak{H}_\iota$ isomorphe Permutationsgruppe $\mathfrak{U}_\iota$ der Menge Γ auf sich bilden, erzeugen alle Permutationen $\tau(A_\iota)$ (über $A_\iota \in \mathfrak{H}_\iota; \Omega$ und $\iota \in \mathsf{I}$) eine Permutationsgruppe $\mathfrak{G}$ der Menge Γ. Wird die Operatorwirkung durch

$$\tau(A_\iota)^\omega = \tau(A_\iota^\omega)$$

erklärt, so sind die Untergruppen $\mathfrak{U}_\iota \subseteq \mathfrak{G}$ für Ω zulässig und zu den Gruppen $\mathfrak{H}_\iota; \Omega$ operatorisomorph; daher ist $\mathfrak{G}$ eine Gruppe $\mathfrak{G}; \Omega$ mit dem Operatorenbereich Ω.

Jedes (von ε verschiedene) Element $\gamma \in \mathfrak{G}; \Omega$ besitzt eine (unverkürzbare) Darstellung

$$\gamma = \tau(A_{\iota_1})\tau(A_{\iota_2})\ldots\tau(A_{\iota_n}) \quad \text{mit} \quad A_{\iota_\nu} \neq E_{\iota_\nu}; \; \iota_{\nu-1} \neq \iota_\nu \quad \text{für } 1 \leq \nu \leq n.$$

Da dann γ die Zuordnung

$$\gamma: \quad [0] \to [A_{\iota_1}, A_{\iota_2}, \ldots, A_{\iota_n}]$$

bewirkt, ist diese Darstellung von γ eindeutig.

Die Existenz eines freien Produktes $\mathfrak{G}; \Omega$ mit vorgegebenen Faktoren $\mathfrak{U}_\iota; \Omega$ ist damit nachgewiesen; die Eindeutigkeit folgt aus

Satz 4*. *Ist*

$$\mathfrak{G}; \Omega = \underset{\iota}{*} \, \mathfrak{U}_\iota \quad \text{(über } \iota \in \mathsf{I}\text{)}$$

freies Produkt der Untergruppen $\mathfrak{U}_\iota$, *für die Homomorphismen* η_ι *in eine Gruppe* $\mathfrak{H}; \Omega$ *erklärt sind, so existiert genau ein Homomorphismus* η *der Gruppe* $\mathfrak{G}; \Omega$ *in die Gruppe* $\mathfrak{H}; \Omega$, *der in jeder Untergruppe* $\mathfrak{U}_\iota$ *den Homomorphismus* η_ι *induziert.*

Beweis. Ein Homomorphismus η der Gruppe $\mathfrak{G}; \Omega$ in die Gruppe $\mathfrak{H}; \Omega$ mit diesen Eigenschaften ist eindeutig, da $\mathfrak{G}; \Omega$ das Kompositum der freien Faktoren $\mathfrak{U}_\iota$ ist. Umgekehrt erklärt die Zuordnung

$$\eta: \quad U_\iota \to U_\iota^\eta = U_\iota^{\eta_\iota} \quad \text{für jedes } U_\iota \in \mathfrak{U}_\iota \text{ und } \iota \in \mathsf{I}$$

auf Grund der Eigenschaften des freien Produktes einen Homomorphismus der Gruppe $\mathfrak{G}; \Omega$ in die Gruppe $\mathfrak{H}; \Omega$.

Satz 5. *Eine Gruppe* $\mathfrak{G}$ *(ohne Operatoren) ist genau dann frei zerlegbar, wenn* $\mathfrak{G}$ *ein Erzeugendensystem* $\mathfrak{S}$ *mit der Relationenmenge* $\mathfrak{r}$ *besitzt von folgender Beschaffenheit:*

$\mathfrak{S}$ *und* $\mathfrak{r}$ *zerfallen in fremde Teilmengen*

$$\mathfrak{S} = \sum_\iota \mathfrak{S}_\iota; \quad \mathfrak{r} = \sum_\iota \mathfrak{r}_\iota \quad \text{(über } \iota \in \mathsf{I}\text{)},$$

derart daß in den Relationen von r_ι nur Erzeugende aus $\mathfrak{S}_\iota$ auftreten. Ist dann $\mathfrak{G}_\iota$ die durch $\mathfrak{S}_\iota$ erzeugte (und durch r_ι definierte) Untergruppe von $\mathfrak{G}$, so ist $\mathfrak{G}$ das freie Produkt

$$\mathfrak{G} = \underset{\iota}{*}\, \mathfrak{G}_\iota \qquad (\text{über } \iota \in I).$$

Beweis. In der durch $\mathfrak{S}$ erzeugten freien Gruppe $\mathfrak{F}$ erzeugt jede Teilmenge $\mathfrak{S}_\iota \subset \mathfrak{S}$ eine Untergruppe $\mathfrak{F}_\iota \subset \mathfrak{F}$, und es gilt

$$\mathfrak{F} = \underset{\iota}{*}\, \mathfrak{F}_\iota \qquad (\text{über } \iota \in I).$$

Die Relationenmenge r erzeugt als Komplex in $\mathfrak{F}$ einen Normalteiler $\mathfrak{R} \triangleleft \mathfrak{F}$, dessen Faktorgruppe $\mathfrak{F}/\mathfrak{R}$ die Gruppe $\mathfrak{G}$ ist; jede Untergruppe $\mathfrak{F}_\iota \subset \mathfrak{F}$ besitzt das Bild $\mathfrak{G}_\iota = \mathfrak{F}_\iota \mathfrak{R}/\mathfrak{R}$ in $\mathfrak{G}$. Die Relationenmengen r_ι erzeugen als Komplexe in $\mathfrak{F}_\iota$ Normalteiler $\mathfrak{R}_\iota \triangleleft \mathfrak{F}_\iota$. Das freie Produkt

$$\mathfrak{H} = \underset{\iota}{*}\, \mathfrak{H}_\iota \qquad (\text{über } \iota \in I)$$

der Faktorgruppen $\mathfrak{H}_\iota = \mathfrak{F}_\iota/\mathfrak{R}_\iota$ ist eine durch $\mathfrak{S}$ erzeugte Gruppe, die die Relationen r erfüllt. Setzt man demgemäß

$$\mathfrak{H} = \mathfrak{F}/\mathfrak{R}^* \quad \text{und} \quad \mathfrak{H}_\iota = \mathfrak{F}_\iota \mathfrak{R}^*/\mathfrak{R}^*$$

mit einem $\mathfrak{R}$ umfassenden Normalteiler $\mathfrak{R}^* \triangleleft \mathfrak{F}$, so erklärt die Zuordnung

$$\eta: \quad \mathfrak{R}\, S \to (\mathfrak{R}\, S)^\eta = \mathfrak{R}^*\, S \qquad \text{für jedes } S \in \mathfrak{S}$$

einen Homomorphismus η von $\mathfrak{G}$ auf $\mathfrak{H}$ mit den Bildern

$$\mathfrak{G}_\iota^\eta = (\mathfrak{F}_\iota \mathfrak{R}/\mathfrak{R})^\eta = \mathfrak{F}_\iota \mathfrak{R}^*/\mathfrak{R}^* = \mathfrak{H}_\iota \qquad \text{für jedes } \iota \in I.$$

Da $\mathfrak{G}_\iota$ alle Relationen r_ι erfüllt, induziert η einen Isomorphismus von $\mathfrak{G}_\iota$ auf $\mathfrak{H}_\iota$.

Nun ist $\mathfrak{G}$ das Kompositum $\mathfrak{G} = \{\underset{\iota}{\cup}\, \mathfrak{G}_\iota\}$ und $\mathfrak{H}$ das freie Produkt der Bilder $\mathfrak{G}_\iota^\eta = \mathfrak{H}_\iota$; daher ist η ein Isomorphismus der Gruppe $\mathfrak{G}$ auf die Gruppe $\mathfrak{H}$ und $\mathfrak{G}$ das freie Produkt

$$\mathfrak{G} = \underset{\iota}{*}\, \mathfrak{G}_\iota \qquad (\text{über } \iota \in I).$$

Die Umkehrung folgt unmittelbar aus der Definition des freien Produktes.

Beispiel 1. Die unendliche *Diedergruppe*

$$\mathfrak{D}_0 = \{A, B\} \quad \text{mit} \quad (AB)^2 = B^2 = E$$

erhält durch die Substitution $U = AB$; $V = B$ die Darstellung

$$\mathfrak{D}_0 = \{U, V\} \quad \text{mit} \quad U^2 = V^2 = E.$$

Daher ist $\mathfrak{D}_0$ freies Produkt $\mathfrak{D}_0 = \mathfrak{U} * \mathfrak{V}$ zyklischer Gruppen $\mathfrak{U}, \mathfrak{V}$ der Ordnung 2.

2.2.1. Der Existenzsatz

Beispiel 2. Als *Modulgruppe* $\mathfrak{M}_2$ bezeichnet man die Gruppe aller ganzzahligen Abbildungen

$$\alpha: \quad z \to z' = \frac{az+b}{cz+d} \quad \text{mit } ad - bc = 1$$

der komplexen Ebene (z) auf sich. Die *unimodulare Gruppe* $\mathfrak{U}_2$ aller ganzzahligen Matrizen zweiten Grades mit der Determinante 1 besitzt den Homomorphismus

$$A = \begin{pmatrix} a & b \\ c & d \end{pmatrix} \to z' = \frac{az+b}{cz+d}$$

auf die Modulgruppe $\mathfrak{M}_2$, dessen Kern aus den beiden Matrizen $\pm E$ besteht. Die Homomorphie $\mathfrak{U}_2 \sim \mathfrak{M}_2$ entspricht den beiden verschiedenen Darstellungen eines Elementes $\alpha \in \mathfrak{M}_2$:

$$\alpha: \quad z \to z' = \frac{az+b}{cz+d} = \frac{-az-b}{-cz-d}.$$

Die Abbildungen

$$\sigma: \quad z \to z' = -\frac{1}{z}; \quad \tau: \quad z \to z' = z+1$$

erzeugen die Modulgruppe $\mathfrak{M}_2$. Da nämlich in einer Abbildung

$$\alpha: \quad z \to z' = \frac{az+b}{cz+d}$$

der Koeffizient d als nichtnegativ angenommen werden darf, läßt sich im Falle $d > 0$ eine ganze Zahl q angeben, derart daß

$$a = qc + c'; \quad b = qd + d' \quad \text{mit } 0 \leq d' < d.$$

Da dann die Abbildung

$$\beta = \sigma \tau^{-q} \alpha: \quad z \to z' = \frac{-cz-d}{c'z+d'}$$

einen Koeffizienten $d' < d$ besitzt, gelangt man nach endlich vielen Schritten zu einer Abbildung

$$\alpha_0 = \tau^a \sigma: \quad z \to z' = \frac{az-1}{z}.$$

Die Abbildung σ besitzt die Ordnung $\text{ord}(\sigma) = 2$, die Abbildung

$$\varrho = \tau \sigma: \quad z \to z' = \frac{z-1}{z}$$

die Ordnung $\text{ord}(\varrho) = 3$. Folglich gilt auch

$$\mathfrak{M}_2 = \{\sigma, \tau\} = \{\varrho, \sigma\}.$$

Die Modulgruppe $\mathfrak{M}_2$ ist das freie Produkt

$$\mathfrak{M}_2 = \{\varrho\} * \{\sigma\} \quad \text{mit } \varrho^3 = \sigma^2 = \varepsilon.$$

Beweis. Da eine weitere Relation in ϱ, σ in der Gestalt
$$\sigma \varrho^{a_1} \sigma \varrho^{a_2} \ldots \sigma \varrho^{a_n} = \varepsilon \quad \text{mit } 0 < a_\nu < 3 \quad \text{für } 1 \leq \nu \leq n$$
angesetzt werden darf, genügt der Nachweis, daß eine Abbildung
$$\beta = \sigma \varrho^{a_1} \sigma \varrho^{a_2} \ldots \sigma \varrho^{a_n} \quad \text{mit } 0 < a_\nu < 3 \quad \text{für } 1 \leq \nu \leq n$$
eine Gestalt
$$\beta: \quad z \to z' = \frac{az - b}{-cz + d}$$
mit nichtnegativen a, d und positiver Summe $b+c$ besitzt. Dies ergibt sich durch vollständige Induktion aus

$$\sigma \varrho: \quad z \to z' = \frac{z}{-z+1}; \qquad \sigma \varrho^2: \quad z \to z' = z - 1$$
$$\beta \sigma \varrho: \quad z \to z' = \frac{(a+b)z - b}{-(c+d)z + d}; \qquad \beta \sigma \varrho^2: \quad z \to z' = \frac{az - (a+b)}{-cz + (c+d)}.$$

Für die unimodulare Gruppe $\mathfrak{U}_2$ gewinnt man hieraus durch
$$S = \begin{pmatrix} 0 & -1 \\ 1 & 0 \end{pmatrix} \to \sigma; \quad R = \begin{pmatrix} 1 & -1 \\ 1 & 0 \end{pmatrix} \to \varrho$$
wegen $S^2 = R^3 = -E$ die abstrakte Definition
$$\mathfrak{U}_2 = \{R, S\} \quad \text{mit} \quad R^3 = S^2; \; S^4 = E.$$

2.2.2. Der Untergruppensatz und seine Folgerungen

In einer freien Zerlegung
$$\mathfrak{G} = \underset{\iota}{\ast} \, \mathfrak{U}_\iota \quad (\text{über } \iota \in \mathsf{I})$$
einer Gruppe $\mathfrak{G}$ (ohne Operatoren) bezeichnen wir die Untergruppe $\mathfrak{U}_\iota$ als *außerwesentlichen Faktor*, wenn sie eine freie Gruppe ist, andernfalls als *wesentlichen Faktor*. Da alle außerwesentlichen Faktoren zu einem einzigen außerwesentlichen Faktor zusammengezogen werden können, darf eine freie Zerlegung auch in der *Normalgestalt*
$$\mathfrak{G} = \mathfrak{F} \ast (\underset{\iota}{\ast} \, \mathfrak{U}_\iota) \quad (\text{über } \iota \in \mathsf{I})$$
mit dem einzigen außerwesentlichen Faktor $\mathfrak{F}$ angenommen werden.

Definition 2. *Zwei freie Zerlegungen*
$$\mathfrak{G} = \underset{\iota}{\ast} \, \mathfrak{U}_\iota = \underset{\varkappa}{\ast} \, \mathfrak{B}_\varkappa \quad (\text{über } \iota \in \mathsf{I}; \, \varkappa \in \mathsf{K})$$
einer Gruppe $\mathfrak{G}$ heißen isomorph, wenn eine eineindeutige Abbildung
$$\alpha: \quad \iota \leftrightarrow \iota^\alpha = \varkappa \in \mathsf{K} \quad \textit{für } \iota \in \mathsf{I}$$

2.2.2. Der Untergruppensatz und seine Folgerungen

der Indexmengen existiert, derart daß die Isomorphie

$$\mathfrak{U}_\iota \cong \mathfrak{V}_\varkappa \quad \text{für } \iota \leftrightarrow \varkappa,,$$

bei wesentlichen Faktoren sogar Ähnlichkeit

$$\mathfrak{U}_\iota^{G_\varkappa} = \mathfrak{V}_\varkappa \quad \text{mit} \quad G_\varkappa \in \mathfrak{G} \quad \text{für } \iota \leftrightarrow \varkappa$$

besteht.

Isomorphe freie Zerlegungen in Normalgestalt

$$\mathfrak{G} = \mathfrak{F}_1 * (\underset{\iota}{\textstyle *}\, \mathfrak{U}_\iota) = \mathfrak{F}_2 * (\underset{\iota}{\textstyle *}\, \mathfrak{V}_\iota) \quad (\text{über } \iota \in \mathsf{I})$$

besitzen außerwesentliche Faktoren $\mathfrak{F}_1, \mathfrak{F}_2$ gleichen Ranges und (nach geeigneter Indizierung) ähnliche wesentliche Faktoren

$$\mathfrak{U}_\iota \cong \mathfrak{U}_\iota^{G_\iota} = \mathfrak{V}_\iota \quad \text{mit} \quad G_\iota \in \mathfrak{G} \quad \text{für jedes } \iota \in \mathsf{I}.$$

Unter diesem Isomorphiebegriff gilt der *Verfeinerungssatz*:

Satz 6 (R. BAER-F. LEVI). *Freie Zerlegungen*

$$\mathfrak{G} = \underset{\iota}{\textstyle *}\, \mathfrak{U}_\iota = \underset{\varkappa}{\textstyle *}\, \mathfrak{V}_\varkappa \quad (\text{über } \iota \in \mathsf{I};\ \varkappa \in \mathsf{K})$$

einer Gruppe $\mathfrak{G}$ besitzen isomorphe Verfeinerungen.

Unmittelbare Folgerungen sind

Satz 7 (A. KUROSCH). *Freie Zerlegungen*

$$\mathfrak{G} = \underset{\iota}{\textstyle *}\, \mathfrak{U}_\iota = \underset{\varkappa}{\textstyle *}\, \mathfrak{V}_\varkappa \quad (\text{über } \iota \in \mathsf{I};\ \varkappa \in \mathsf{K})$$

einer Gruppe $\mathfrak{G}$ in freiunzerlegbaren Faktoren $\mathfrak{U}_\iota, \mathfrak{V}_\varkappa$ sind isomorph.

Satz 7*. *Besitzt eine Gruppe $\mathfrak{G}$ eine freie Zerlegung*

$$\mathfrak{G} = \underset{\iota}{\textstyle *}\, \mathfrak{U}_\iota \quad (\text{über } \iota \in \mathsf{I})$$

in freiunzerlegbaren Faktoren $\mathfrak{U}_\iota$, so läßt sich jede freie Zerlegung von $\mathfrak{G}$ zu einer freien Zerlegung in unzerlegbaren Faktoren verfeinern.

Die Existenz einer freien Zerlegung in freiunzerlegbaren Faktoren ist freilich nicht für jede Gruppe gesichert.

Der Beweis des Verfeinerungssatzes stützt sich auf den fundamentalen und tiefliegenden *Untergruppensatz*:

Satz 8 (A. KUROSCH). *Jede Untergruppe $\mathfrak{H}$ eines freien Produktes*

$$\mathfrak{G} = \underset{\iota}{\textstyle *}\, \mathfrak{U}_\iota \quad (\text{über } \iota \in \mathsf{I})$$

besitzt eine freie Zerlegung

$$\mathfrak{H} = \mathfrak{F} * \left(\underset{\iota,\varkappa}{\textstyle *}\, (\mathfrak{H} \cap \mathfrak{U}_\iota^{H_{\iota\varkappa}}) \right)$$

mit außerwesentlichem Faktor $\mathfrak{F}$ und geeigneten Repräsentanten $H_{\iota\varkappa}$ der Doppelmodulzerlegungen

$$\mathfrak{G} = \sum_\varkappa \mathfrak{U}_\iota H_{\iota\varkappa} \mathfrak{H} \quad (\text{für jedes } \iota \in \mathsf{I} \text{ über } \varkappa \in \mathsf{K}_\iota).$$

Haben die Indexmengen die Mächtigkeiten $\mathfrak{m}(I) = \mathfrak{j}$; $\mathfrak{m}(K_\iota) = \mathfrak{k}_\iota$, *die Restklassenmenge von* $\mathfrak{G}$ *nach* $\mathfrak{H}$ *die Mächtigkeit* $\mathfrak{m}$, *so besteht für den Rang* $r(\mathfrak{F})$ *die Gleichung*

$$r(\mathfrak{F}) + \mathfrak{m} + \sum_\iota \mathfrak{k}_\iota = \mathfrak{j}\,\mathfrak{m} + 1.$$

Aus dem Untergruppensatz folgt der Verfeinerungssatz: In freien Zerlegungen

$$\mathfrak{G} = \underset{\iota}{\ast}\, \mathfrak{U}_\iota = \underset{\varkappa}{\ast}\, \mathfrak{V}_\varkappa \qquad \text{(über } \iota \in I; \varkappa \in K\text{)}$$

der Gruppe $\mathfrak{G}$ besitzt jeder Faktor $\mathfrak{U}_\iota$ bzw. $\mathfrak{V}_\varkappa$ eine Darstellung

$$\mathfrak{U}_\iota = \mathfrak{F}_{1\iota} \ast \bigl(\underset{\varkappa,\lambda}{\ast}(\mathfrak{U}_\lambda \cap \mathfrak{V}_\varkappa^{G_{\iota\lambda\varkappa}})\bigr) \qquad \text{bzw.} \qquad \mathfrak{V}_\varkappa = \mathfrak{F}_{2\varkappa} \ast \bigl(\underset{\iota,\mu}{\ast}(\mathfrak{V}_\varkappa \cap \mathfrak{U}_\iota^{H_{\varkappa\mu\iota}})\bigr)$$

mit außerwesentlichen Faktoren $\mathfrak{F}_{1\iota}$ bzw. $\mathfrak{F}_{2\varkappa}$ und Repräsentanten der Doppelmodulzerlegungen

$$\mathfrak{G} = \sum_\lambda \mathfrak{V}_\varkappa G_{\iota\lambda\varkappa} \mathfrak{U}_\iota \qquad \text{bzw.} \qquad \mathfrak{G} = \sum_\mu \mathfrak{U}_\iota H_{\varkappa\mu\iota} \mathfrak{V}_\varkappa.$$

Da (bei geeigneter Indizierung) für jedes Paar $\iota, \varkappa$ Gleichungen

$$G_{\iota\lambda\varkappa} = V_\lambda H_{\varkappa\lambda\iota}^{-1} U_\lambda \qquad \text{mit } U_\lambda \in \mathfrak{U}_\iota;\ V_\lambda \in \mathfrak{V}_\varkappa$$

bestehen, sind die Gruppen

$$\mathfrak{U}_{\iota\lambda\varkappa} = \mathfrak{U}_\iota \cap \mathfrak{V}_\varkappa^{G_{\iota\lambda\varkappa}} \qquad \text{und} \qquad \mathfrak{V}_{\varkappa\lambda\iota} = \mathfrak{V}_\varkappa \cap \mathfrak{U}_\iota^{H_{\varkappa\lambda\iota}}$$

für jedes Tripel $\iota, \lambda, \varkappa$ in $\mathfrak{G}$ ähnlich. In den Verfeinerungen

$$\mathfrak{G} = \underset{\iota}{\ast}\, \mathfrak{F}_{1\iota} \ast \bigl(\underset{\iota,\lambda,\varkappa}{\ast} \mathfrak{U}_{\iota\lambda\varkappa}\bigr) = \underset{\varkappa}{\ast}\, \mathfrak{F}_{2\varkappa} \ast \bigl(\underset{\varkappa,\lambda,\iota}{\ast} \mathfrak{V}_{\varkappa\lambda\iota}\bigr)$$

erfüllen somit die Faktoren $\mathfrak{U}_{\iota\lambda\varkappa}, \mathfrak{V}_{\varkappa\lambda\iota}$ den Verfeinerungssatz. Da ihre Vereinigungen den gleichen Normalteiler

$$\mathfrak{N} = \bigl\{\underset{G}{\cup}\, \underset{\iota,\lambda,\varkappa}{\cup}\, \mathfrak{U}_{\iota\lambda\varkappa}^G\bigr\} = \bigl\{\underset{G}{\cup}\, \underset{\varkappa,\lambda,\iota}{\cup}\, \mathfrak{V}_{\varkappa\lambda\iota}^G\bigr\} \trianglelefteq \mathfrak{G}$$

erzeugen, folgt die Isomorphie der außerwesentlichen Faktoren:

$$\underset{\iota}{\ast}\, \mathfrak{F}_{1\iota} \cong \mathfrak{G}/\mathfrak{N} \cong \underset{\varkappa}{\ast}\, \mathfrak{F}_{2\varkappa}.$$

Den Beweis des Untergruppensatzes werden wir zunächst für den *Fall einer freien Gruppe* $\mathfrak{G}$ in der Darstellung als freies Produkt

$$\mathfrak{G} = \underset{\iota}{\ast}\, \mathfrak{U}_\iota \qquad \text{(über } \iota \in I\text{)} \qquad\qquad (1)$$

von (freien) Untergruppen $\mathfrak{U}_\iota$ erbringen; es seien (freie) Erzeugendensysteme $\mathfrak{S}_\iota$ der Faktoren $\mathfrak{U}_\iota$ und damit in $\mathfrak{S} = \sum_\iota \mathfrak{S}_\iota$ ein (freies) Erzeugendensystem der Gruppe $\mathfrak{G}$ vorgegeben. Jedes (von E verschie-

2.2.2. Der Untergruppensatz und seine Folgerungen

dene) Element $G \in \mathfrak{G}$ besitzt eine (unverkürzbare) Wortdarstellung

$$G = S_{\iota_1}^{e_1} S_{\iota_2}^{e_2} \ldots S_{\iota_n}^{e_n} \quad \text{mit } e_\nu = \pm 1 \quad \text{für } 1 \leq \nu \leq n \tag{2.1}$$

in Erzeugenden $S_{\iota_\nu} \in \mathfrak{S}_{\iota_\nu} \subset \mathfrak{U}_{\iota_\nu}$ der Länge $l(G) = n$ und eine (unverkürzbare) Silbendarstellung

$$G = U_{\iota_1} U_{\iota_2} \ldots U_{\iota_m} \quad \text{mit } \iota_{\mu-1} \neq \iota_\mu \quad \text{für } 2 \leq \mu \leq m \tag{2.2}$$

in (von E verschiedenen) Elementen $U_{\iota_\mu} \in \mathfrak{U}_{\iota_\mu}$ der Länge $\lambda(G) = m$; der Einheit E entsprechen die Längen $l(E) = \lambda(E) = 0$.

Für eine eigentliche Untergruppe $\mathfrak{H} < \mathfrak{G}$ heißt *Restklassenfunktion* $\varphi(X)$ (*in $\mathfrak{G}$ nach $\mathfrak{H}$*) eine Abbildung

$$\varphi: \quad G \to \varphi(G) \quad \text{für jedes } G \in \mathfrak{G}$$

der Gruppe $\mathfrak{G}$ in sich mit den Eigenschaften:

$$G \equiv \varphi(G) \bmod \mathfrak{H}, E \quad \text{für jedes } G \in \mathfrak{G}, \tag{3.1}$$

$$\varphi(H) = E \quad \text{für jedes } H \in \mathfrak{H}, \tag{3.2}$$

$$\varphi(G_1) = \varphi(G_2), \text{ wenn } G_1 \equiv G_2 \bmod \mathfrak{H}, E \quad \text{für } G_1, G_2 \in \mathfrak{G}. \tag{3.3}$$

Da der Wertebereich $(\varphi(G))$ die Restklassenzerlegung

$$\mathfrak{G} = \sum_\mu \mathfrak{H} X_\mu = \sum_\mu \mathfrak{H} \varphi(X_\mu) \quad (\text{über } \mu \in \mathsf{M}) \tag{4}$$

repräsentiert, gilt auch

$$\varphi\big(\varphi(G_1) G_2\big) = \varphi(G_1 G_2) \quad \text{für } G_1, G_2 \in \mathfrak{G}. \tag{3.4}$$

Neben Restklassenfunktionen $\varphi_\iota(X)$ benötigen wir Repräsentanten $(G_{\varkappa\iota})$ der Doppelmodulzerlegungen

$$\mathfrak{G} = \sum_\varkappa \mathfrak{H} G_{\varkappa\iota} \mathfrak{U}_\iota = \sum_\varkappa \mathfrak{U}_\iota H_{\iota\varkappa} \mathfrak{H} \quad \text{mit } H_{\iota\varkappa} = G_{\varkappa\iota}^{-1} \quad (\text{über } \varkappa \in \mathsf{K}_\iota \text{ für } \iota \in \mathsf{I}) \tag{5}$$

mit folgenden Eigenschaften:
1. *Für die Einheit E sei $\varphi_\iota(E) = E$ für jedes $\iota \in \mathsf{I}$.*
2. *Besitzt der Wert $\varphi_\iota(G)$ die Wortdarstellung*

$$\varphi_\iota(G) = S_{\iota_1}^{e_1} S_{\iota_2}^{e_2} \ldots S_{\iota_n}^{e_n} \quad \text{mit } e_\nu = \pm 1$$

mit den Abschnitten

$$W_0 = E; \quad W_\nu = W_{\nu-1} S_{\iota_\nu}^{e_\nu}; \quad W_n = \varphi_\iota(G) \quad \text{für } 1 \leq \nu \leq n,$$

so sind $W_{\nu-1}$ und W_ν Werte der Restklassenfunktion $\varphi_{\iota_\nu}(X)$.

3. *Die Werte $\varphi_\iota(G)$, in deren Silbendarstellung*

$$\varphi_\iota(G) = U_{\iota_1} U_{\iota_2} \ldots U_{\iota_m}$$

die letzte Silbe U_{ι_m} nicht zur Untergruppe $\mathfrak{U}$ gehört, bilden ein Repräsentantensystem $(G_{\varkappa\iota})$.

Zum Nachweis der Existenz solcher Restklassenfunktionen $\varphi_\iota(X)$ erklären wir die *Länge* $\lambda(\mathfrak{H} G \mathfrak{U}_\iota)$ *einer Restklasse* $\mathfrak{H} G \mathfrak{U}_\iota$ durch

$$\lambda(\mathfrak{H} G \mathfrak{U}_\iota) = \min(\lambda(X)) \quad \text{für } X \equiv G \bmod \mathfrak{H}, \mathfrak{U}_\iota.$$

Nach Auswahl des Repräsentanten $G_{\varkappa\iota}$ einer Restklasse $\mathfrak{H} G \mathfrak{U}_\iota$ sind die Werte $\varphi_\iota(G)$ für Elemente $G \in \mathfrak{H} G_{\varkappa\iota} \mathfrak{U}_\iota$ festzulegen. Bei festem Indexpaar $\iota, \varkappa$ besteht $\mathfrak{H} G_{\varkappa\iota} \mathfrak{U}_\iota$ aus Restklassen $\mathfrak{H} X$. Für den Durchschnitt $\mathfrak{U}_\iota \cap \mathfrak{H}^{G_{\varkappa\iota}} \subseteq \mathfrak{U}_\iota$ gibt das Verfahren von K. REIDEMEISTER-O. SCHREIER ein freies Erzeugendensystem: Genügt das Repräsentantensystem (R_λ) der Restklassenzerlegung

$$\mathfrak{U}_\iota = \sum_\lambda (\mathfrak{U}_\iota \cap \mathfrak{H}^{G_{\varkappa\iota}}) R_\lambda \quad (\text{über } \lambda \in \Lambda_{\varkappa\iota})$$

der Forderung von O. SCHREIER (nach dem Erzeugendensystem $\mathfrak{S}_\iota \subset \mathfrak{U}_\iota$), so setzen wir

$$\overline{U} = R_\lambda, \quad \text{wenn} \quad U \equiv R_\lambda \bmod \mathfrak{U}_\iota \cap \mathfrak{H}^{G_{\varkappa\iota}}, E \quad \text{für } U \in \mathfrak{U}_\iota.$$

Die von E verschiedenen Elemente $R_\lambda S_\iota \overline{R_\lambda S_\iota}^{-1}$ mit $S_\iota \in \mathfrak{S}_\iota$ bilden ein freies Erzeugendensystem für $\mathfrak{U}_\iota \cap \mathfrak{H}^{G_{\varkappa\iota}}$, die von E verschiedenen unter den Elementen

$$G_{\varkappa\iota} R_\lambda S_\iota \overline{R_\lambda S_\iota}^{-1} G_{\varkappa\iota}^{-1} \tag{6}$$

ein freies Erzeugendensystem der Gruppe $\mathfrak{U}_{\iota\varkappa} = \mathfrak{H} \cap G_{\varkappa\iota} \mathfrak{U}_\iota G_{\varkappa\iota}^{-1}$.

Nun ist, wenn die Repräsentanten $(G_{\varkappa\iota})$ bestimmt sind,

$$\mathfrak{G} = \sum_{\varkappa, \lambda} \mathfrak{H} G_{\varkappa\iota} R_\lambda \tag{7}$$

eine Restklassenzerlegung von $\mathfrak{G}$ nach $\mathfrak{H}$. Daher bilden die Elemente

$$\varphi_\iota(G) = G_{\varkappa\iota} R_\lambda \quad \text{für } G \equiv G_{\varkappa\iota} R_\lambda \bmod \mathfrak{H}, E \tag{8}$$

eine Restklassenfunktion; besitzt R_λ die Wortdarstellung

$$R_\lambda = S_1^{e_1} S_2^{e_2} \ldots S_n^{e_n} \quad (\text{mit } S_\nu \in \mathfrak{S}_\iota),$$

so sind entsprechend der Forderung 2. alle Abschnitte $G_{\varkappa\iota} S_1^{e_1} S_2^{e_2} \ldots S_\nu^{e_\nu}$ (für $1 \leq \nu \leq n$) des Wertes $\varphi_\iota(G)$ gleichfalls Werte der Restklassenfunktion $\varphi_\iota(X)$.

Die Erzeugenden (6) der Untergruppe $\mathfrak{U}_{\iota\varkappa}$ besitzen die Gestalt

$$\psi_\iota(G, S_\iota) = \varphi_\iota(G) S_\iota \varphi_\iota(G S_\iota)^{-1} \quad \text{für } G \in \mathfrak{G}; S_\iota \in \mathfrak{S}_\iota \subset \mathfrak{U}_\iota, \tag{6*}$$

wenn noch festgesetzt wird:

$$\psi_\iota(G, S_\iota) = \psi_\iota(G^*, S_\iota) \quad \text{für } G \equiv G^* \bmod \mathfrak{H}, E. \tag{6**}$$

Der Repräsentant $G_{\varkappa\iota}$ der Restklasse $\mathfrak{H} G \mathfrak{U}_\iota$ hat die Bedingung $\lambda(G_{\varkappa\iota}) = \lambda(\mathfrak{H} G \mathfrak{U}_\iota)$ zu erfüllen; in seiner Silbendarstellung

$$G_{\varkappa\iota} = U_{\iota_1} U_{\iota_2} \ldots U_{\iota_m} = G_0 U_{\iota_m}$$

2.2.2. Der Untergruppensatz und seine Folgerungen

ist dann U_{ι_m} nicht in $\mathfrak{U}_\iota$ enthalten, da sonst G_0 kürzerer Repräsentant von $\mathfrak{H} G \mathfrak{U}_\iota$ wäre. Daher haben die Werte $\varphi_\iota(G)$ eine Länge

$$\lambda(\mathfrak{H} G \mathfrak{U}_\iota) \leq \lambda(\varphi_\iota(G)) \leq \lambda(\mathfrak{H} G \mathfrak{U}_\iota) + 1.$$

Diese Auswahl der Repräsentanten $G_{\varkappa\iota}$ genügt der Forderung 3. Wir schreiben ferner vor:

Wenn $\lambda(\mathfrak{H} G \mathfrak{U}_\iota) = 0$, *also* $\mathfrak{H} G \mathfrak{U}_\iota = \mathfrak{H} \mathfrak{U}_\iota$, *so sei* $G_{\varkappa\iota} = E$.

Sind dann für jedes $\iota \in I$ und jede Restklasse $\mathfrak{H} G \mathfrak{U}_\iota$ einer Länge $\lambda(\mathfrak{H} G \mathfrak{U}_\iota) < m$ die Repräsentanten $G_{\varkappa\iota}$ mit $\lambda(G_{\varkappa\iota}) = \lambda(\mathfrak{H} G \mathfrak{U}_\iota)$ und demgemäß die Werte $\varphi_\iota(G)$ mit einer Länge

$$\lambda(G_{\varkappa\iota}) \leq \lambda(\varphi_\iota(G)) \leq \lambda(G_{\varkappa\iota}) + 1 \quad \text{für } G \in \mathfrak{H} G_{\varkappa\iota} \mathfrak{U}_\iota$$

ausgewählt, so besitzt die Restklasse $\mathfrak{H} G \mathfrak{U}_\iota$ der Länge $\lambda(\mathfrak{H} G \mathfrak{U}_\iota) = m$ einen Repräsentanten

$$G^* = U_{\iota_1} U_{\iota_2} \ldots U_{\iota_m} \quad \text{mit } \lambda(G^*) = m,$$

dessen letzte Silbe U_{ι_m} nicht zu $\mathfrak{U}_\iota$ gehört. Da die Restklasse $\mathfrak{H} G^* \mathfrak{U}_{\iota_m}$ geringere Länge als m besitzt, ist der Wert $\varphi_{\iota_m}(G^*)$ bereits bestimmt. Wegen

$$\mathfrak{H} G^* = \mathfrak{H} \varphi_{\iota_m}(G^*) \quad \text{und} \quad \mathfrak{H} G^* \mathfrak{U}_\iota = \mathfrak{H} \varphi_{\iota_m}(G^*) \mathfrak{U}_\iota, \text{ also } \lambda(\varphi_{\iota_m}(G^*)) = \lambda(G^*)$$

kann dieser Wert als Repräsentant $G_{\varkappa\iota}$ für $\mathfrak{H} G \mathfrak{U}_\iota$ gewählt werden:

$$\varphi_{\iota_m}(G^*) = G_{\varkappa\iota} \quad \text{und} \quad \varphi_\iota(G_{\varkappa\iota}) = \varphi_{\iota_m}(G_{\varkappa\iota}) = G_{\varkappa\iota}.$$

Besitzt ein so ausgewählter Wert $\varphi_\iota(G)$ die Wortdarstellung

$$\varphi_\iota(G) = S_{\iota_1}^{e_1} S_{\iota_2}^{e_2} \ldots S_{\iota_n}^{e_n} = G_0 S_{\iota_n}^{e_n},$$

deren letzte Erzeugende S_{ι_n} zu $\mathfrak{U}_\iota$ gehört, so ist auch $G_0 = \varphi_\iota(G_0)$ Wert der Restklassenfunktion $\varphi_\iota(X)$; gehört die letzte Erzeugende S_{ι_n} nicht zu $\mathfrak{U}_\iota$, so ist die letzte Silbe von $\varphi_\iota(G)$ nicht in $\mathfrak{U}_\iota$ enthalten, also $\varphi_\iota(G)$ ein Repräsentant $G_{\varkappa\iota}$ der Doppelmodulzerlegung. Wegen $\varphi_\iota(G) = \varphi_{\iota_n}(G)$ ist dann auch $G_0 = \varphi_{\iota_n}(G_0)$ ein Wert der Restklassenfunktion $\varphi_{\iota_n}(X)$. Daraus folgt nun leicht, daß die Restklassenfunktionen $\varphi_\iota(X)$ den gestellten Forderungen genügen.

Für die Forderung 2. geben wir noch eine andere Fassung:

2*. *Besitzt der Wert* $\varphi_\iota(G)$ *die Wortdarstellung*

$$\varphi_\iota(G) = S_{\iota_1}^{e_1} S_{\iota_2}^{e_2} \ldots S_{\iota_n}^{e_n}$$

mit den Abschnitten

$$W_0 = E; \quad W_\nu = W_{\nu-1} S_{\iota_\nu}^{e_\nu}; \quad W_n = \varphi_\iota(G) \quad \text{für } 1 \leq \nu \leq n,$$

so bestehen die Gleichungen

$$\varphi_{\iota_\nu}(W_\nu) = W_\nu; \quad \varphi_{\iota_\nu}(W_{\nu-1}) = W_{\nu-1} \quad \text{für } 1 \leq \nu \leq n. \tag{9}$$

2.2. Freie Zerlegungen

Zeichnet man einen Index $0 \in I$ aus und setzt man

$$\varphi_0(G) = \overline{G} \quad \text{für } G \in \mathfrak{G},$$

so erhält man aus $\varphi_0(X)$ wegen

$$\mathfrak{H} G = \mathfrak{H} \varphi_0(G) = \mathfrak{H} \overline{G} \quad \text{und} \quad \varphi_0(G) = \varphi_0(\overline{G})$$

ein Erzeugendensystem

$$\chi(\overline{G}, S) = \varphi_0(G) \, S \, \varphi_0(G S)^{-1} \quad \text{(über } G \in \mathfrak{G}; \; S \in \mathfrak{S}) \quad (10.1)$$

der Gruppe $\mathfrak{H}$. Die Relationen zwischen diesen Erzeugenden gewinnt man durch die *Umsetzungsvorschrift*:

Besitzt $G \in \mathfrak{G}$ die Wortdarstellung $G = S_1^{e_1} S_2^{e_2} \ldots S_n^{e_n}$ in Erzeugenden $S_\nu \in \mathfrak{S}$ mit den Abschnitten

$$G_0 = E; \quad G_\nu = G_{\nu-1} S_\nu^{e_\nu}; \quad G_n = G \quad \text{für } 1 \leq \nu \leq n,$$

so liefert die formale Umwandlung

$$G = \prod_{\nu=1}^n \varphi_0(G_{\nu-1}) \, S_\nu^{e_\nu} \, \varphi_0(G_\nu)^{-1} \cdot \varphi_0(G)$$

in Faktoren

$$\varphi_0(G_{\nu-1}) \, S_\nu^{e_\nu} \, \varphi_0(G_\nu)^{-1} = \begin{cases} \chi(\overline{G}_{\nu-1}, S_\nu) & \text{für } e_\nu = +1, \\ \chi(\overline{G}_\nu, S_\nu)^{-1} & \text{für } e_\nu = -1 \end{cases}$$

die neue Darstellung

$$G = \prod_{\nu=1}^n \chi(\overline{G}_{\nu-\delta_\nu}, S_\nu)^{e_\nu} \cdot \varphi_0(G) = v_0(G) \, \varphi_0(G) \quad \text{mit} \quad \delta_\nu = \frac{e_\nu + 1}{2}$$

mit einem Element $v_0(G) \in \mathfrak{H}$ in eindeutiger Darstellung durch das Erzeugendensystem (10.1). Die Gleichungen

$$\chi(\overline{G}, S) = v_0(\chi(\overline{G}, S)) \quad (10.2)$$

sind ein volles Relationensystem in den Erzeugenden $(\chi(\overline{G}, S))$ der Gruppe $\mathfrak{H}$. Dabei ist die *Isomorphiebedingung*

$$v_0(H_1 H_2) \equiv v_0(H_1) \, v_0(H_2) \quad \text{für } H_1, H_2 \in \mathfrak{H} \quad (10.3)$$

in trivialer Umformung nach dem Erzeugendensystem (10.1) erfüllt.

Für eine Erzeugende $\chi(\overline{G}, S)$ mit $S = S_\iota \in \mathfrak{S}_\iota \subset \mathfrak{U}_\iota$ erhält man durch die aus $\mathfrak{H}$ stammenden Elemente

$$\chi_\iota(\overline{G}) = \varphi_0(G) \, \varphi_\iota(G)^{-1} \quad \text{für jedes } G \in \mathfrak{G}; \; \iota \in I \quad (11.1)$$

auch die Darstellung

$$\chi(\overline{G}, S_\iota) = \chi_\iota(\overline{G}) \, \psi_\iota(\overline{G}, S_\iota) \, \chi_\iota(\overline{G S_\iota})^{-1} \quad (11.2$$

2.2.2. Der Untergruppensatz und seine Folgerungen

mit Erzeugenden $\psi_\iota(\overline{G}, S_\iota)$ der Untergruppe $\mathfrak{U}_{\iota\varkappa}$. Folglich ist auch der Komplex

$$(\chi_\iota(\overline{G}), \psi_\iota(\overline{G}, S_\iota)) \qquad \text{für jedes } G \in \mathfrak{G}; \; S_\iota \in \mathfrak{S}_\iota; \; \iota \in \mathsf{I} \qquad (12)$$

ein Erzeugendensystem der Gruppe $\mathfrak{H}$.

In den Erzeugenden (12) erhalten wir eine (abgeänderte) Umsetzungsvorschrift: Für eine Wortdarstellung

$$G = S_{\iota_1}^{e_1} S_{\iota_2}^{e_2} \ldots S_{\iota_n}^{e_n} \qquad \text{mit } S_{\iota_\nu} \in \mathfrak{S}_{\iota_\nu}$$

und den Abschnitten

$$G_0 = E; \quad G_\nu = G_{\nu-1} S_{\iota_\nu}^{e_\nu}; \quad G_n = G \qquad \text{für } 1 \leq \nu \leq n$$

finden wir mittels (11.2)

$$G = \prod_{\nu=1}^n \chi(\overline{G}_{\nu-\delta_\nu}, S_{\iota_\nu})^{e_\nu} \cdot \varphi_0(G) = v(G)\, \varphi_0(G) \qquad \left(\delta_\nu = \frac{e_\nu + 1}{2}\right)$$

mit

$$v(G) = \prod_{\nu=1}^n \chi_{\iota_\nu}(\overline{G}_{\nu-1})\, \psi_{\iota_\nu}^{e_\nu}(\overline{G}_{\nu-\delta_\nu}, S_{\iota_\nu})\, \chi_{\iota_\nu}(\overline{G}_\nu)^{-1},$$

wobei wiederum die Isomorphiebedingung

$$v(H_1 H_2) \equiv v(H_1)\, v(H_2) \qquad \text{für } H_1, H_2 \in \mathfrak{H}$$

in trivialer Umformung nach den Erzeugenden (12) von $\mathfrak{H}$ erfüllt ist.

Damit erhalten wir für $\mathfrak{H}$ das volle Relationensystem

$$\chi_\iota(\overline{G}) = v(\chi_\iota(\overline{G})) \qquad \text{für jedes } G \in \mathfrak{G}; \; S_\iota \in \mathfrak{S}_\iota; \; \iota \in \mathsf{I}; \quad (13.1)$$

$$\psi_\iota(\overline{G}, S_\iota) = v(\psi_\iota(\overline{G}, S_\iota)) \qquad \text{für jedes } G \in \mathfrak{G}; \; S_\iota \in \mathfrak{S}_\iota; \; \iota \in \mathsf{I}; \quad (13.2)$$

denn hieraus lassen sich mittels (11.2) die Relationen (10.2) herleiten. Es bestehen ferner die Relationen:

Besitzt der Wert $\varphi_\iota(G)$ *die Wortdarstellung* $\varphi_\iota(G) = S_{\iota_1}^{e_1} S_{\iota_2}^{e_2} \ldots S_{\iota_n}^{e_n}$ *mit den Abschnitten*

$$W_0 = E; \quad W_\nu = W_{\nu-1} S_{\iota_\nu}^{e_\nu}; \quad W_n = \varphi_\iota(G) \qquad \textit{für } 1 \leq \nu \leq n,$$

so gelten die Relationen

$$\chi_{\iota_\nu}(\overline{W}_{\nu-1}) = \chi_{\iota_{\nu-1}}(\overline{W}_{\nu-1}) \qquad \textit{für } 2 \leq \nu \leq n. \qquad (13.3)$$

Besitzt der Wert $\varphi_\iota(G)$ *die Silbendarstellung*

$$\varphi_\iota(G) = U_{\iota_1} U_{\iota_2} \ldots U_{\iota_m} = V U_{\iota_m},$$

die letzte Silbe U_{ι_m} *die Wortdarstellung*

$$U_{\iota_m} = S_1^{e_1} S_2^{e_2} \ldots S_k^{e_k} \qquad \textit{mit} \quad S_\varkappa \in \mathfrak{S}_{\iota_m} \qquad \textit{für } 1 \leq \varkappa \leq k$$

mit den Abschnitten

$$X_0 = E; \quad X_\varkappa = X_{\varkappa-1} S_\varkappa^{e_\varkappa}; \quad X_k = U_{\iota_m} \qquad \textit{für } 1 \leq \varkappa \leq k,$$

so gilt die Relation

$$\prod_{\varkappa=1}^{k} \psi_{\iota_m}(\overline{VX}_{\varkappa-\delta_\varkappa}, S_\varkappa)^{e_\varkappa} = E \quad \text{mit } \delta_\varkappa = \frac{e_\varkappa + 1}{2}. \quad (13.4)$$

Beweis. Auf Grund der Forderung 2* gilt

$$\varphi_{\iota_\nu}(W_{\nu-1}) = \varphi_{\iota_{\nu-1}}(W_{\nu-1}) = W_{\nu-1} \quad \text{für } 2 \leq \nu \leq n,$$

also

$$\chi_{\iota_{\nu-1}}(\overline{W}_{\nu-1}) = \varphi_0(\overline{W}_{\nu-1}) \varphi_{\iota_{\nu-1}}(\overline{W}_{\nu-1})^{-1} = \varphi_0(\overline{W}_{\nu-1}) \varphi_{\iota_\nu}(\overline{W}_{\nu-1})^{-1} = \chi_{\iota_\nu}(\overline{W}_{\nu-1}).$$

Zum Beweise von (13.4) bilden wir die Faktoren

$$\psi_{\iota_m}(\overline{VX}_{\varkappa-\delta_\varkappa}, S_\varkappa)^{e_\varkappa} = \varphi_{\iota_m}(VX_{\varkappa-1}) S_\varkappa^{e_\varkappa} \varphi_{\iota_m}(VX_\varkappa)^{-1}$$

und finden

$$\prod_{\varkappa=1}^{k} \psi_{\iota_m}(\overline{VX}_{\varkappa-\delta_\varkappa}, S_\varkappa)^{e_\varkappa} = \prod_{\varkappa=1}^{k} \varphi_{\iota_m}(VX_{\varkappa-1}) S_\varkappa^{e_\varkappa} \varphi_{\iota_m}(VX_\varkappa)^{-1}$$

$$= \varphi_{\iota_m}(VX_0) U_{\iota_m} \varphi_{\iota_m}(VX_k)^{-1} = \varphi_{\iota_m}(\varphi_\iota(G) U_{\iota_m}^{-1}) U_{\iota_m} \varphi_{\iota_m}(G)^{-1}.$$

Im Falle $\iota_m = \iota$ ist $\varphi_\iota(G) U_{\iota_m}^{-1}$ Wert der Restklassenfunktion $\varphi_\iota(X)$, also

$$\varphi_\iota(\varphi_\iota(G) U_\iota^{-1}) U_\iota \varphi_\iota(G)^{-1} = E;$$

im Falle $\iota_m \neq \iota$ ist $\varphi_\iota(G) U_{\iota_m}^{-1} = \varphi_{\iota_m}(G) U_{\iota_m}^{-1}$ Wert der Restklassenfunktion $\varphi_{\iota_m}(X)$, also

$$\varphi_{\iota_m}(\varphi_{\iota_m}(G) U_{\iota_m}^{-1}) U_{\iota_m} \varphi_{\iota_m}(G)^{-1} = E.$$

Da hierbei auch der Abschnitt V von $\varphi_\iota(G) = V U_{\iota_m}$ Wert der Restklassenfunktion $\varphi_{\iota_m}(X)$ ist, kann aus ihm eine Relation (13.4) erhalten werden. Vollständige Induktion führt damit zur Aussage:

Besitzt ein Wert $\varphi_\iota(G)$ die Wortdarstellung $S_{\iota_1}^{e_1} S_{\iota_2}^{e_2} \ldots S_{\iota_n}^{e_n}$ mit den Abschnitten

$$W_0 = E; \quad W_\nu = W_{\nu-1} S_{\iota_\nu}^{e_\nu}; \quad W_n = \varphi_\iota(G) \quad \text{für } 1 \leq \nu \leq n,$$

so besteht die Relation

$$\prod_{\nu=1}^{n} \psi_{\iota_\nu}(\overline{W}_{\nu-\delta_\nu}, S_{\iota_\nu})^{e_\nu} = E \quad \text{mit } \delta_\nu = \frac{e_\nu + 1}{2}. \quad (13.5)$$

Nun gilt: *Die Relationen (13.3) und (13.4) bilden ein volles Relationensystem in den Erzeugenden (12) der Untergruppe $\mathfrak{H} \subset \mathfrak{G}$.*

Beweis. Aus den Wortdarstellungen

$$\varphi_0(G) = S_{\iota_1}^{e_1} S_{\iota_2}^{e_2} \ldots S_{\iota_m}^{e_m}; \quad \varphi_\iota(G) = S_{\varkappa_1}^{f_1} S_{\varkappa_2}^{f_2} \ldots S_{\varkappa_n}^{f_n}$$

mit den Abschnitten

$$X_0 = E; \quad X_\mu = X_{\mu-1} S_{\iota_\mu}^{e_\mu}; \quad X_m = \varphi_0(G) \quad \text{für } 1 \leq \mu \leq m,$$
$$Y_0 = E; \quad Y_\nu = Y_{\nu-1} S_{\varkappa_\nu}^{f_\nu}; \quad Y_n = \varphi_\iota(G) \quad \text{für } 1 \leq \nu \leq n$$

2.2.2. Der Untergruppensatz und seine Folgerungen

erhalten wir wegen $\varphi_0(\varphi_\iota(G)) = \varphi_0(G)$ nach Vorschrift

$$\varphi_0(G) = \prod_{\mu=1}^{m} \chi_{\iota\mu}(\overline{X}_{\mu-1})\, \psi_{\iota\mu}(\overline{X}_{\mu-\delta_\mu}, S_{\iota\mu})^{e_\mu} \chi_{\iota\mu}(\overline{X}_\mu)^{-1} \cdot \varphi_0(G) \qquad \left(\delta_\mu = \frac{e_\mu + 1}{2}\right)$$

$$\varphi_\iota(G) = \prod_{\nu=1}^{n} \chi_{\varkappa\nu}(\overline{Y}_{\nu-1})\, \psi_{\varkappa\nu}(\overline{Y}_{\nu-\varepsilon_\nu}, S_{\varkappa\nu})^{f_\nu} \chi_{\varkappa\nu}(\overline{Y}_\nu)^{-1} \cdot \varphi_0(G) \qquad \left(\varepsilon_\nu = \frac{f_\nu + 1}{2}\right)$$

und

$$v(\chi_\iota(\overline{G})) \equiv \prod_{\mu=1}^{m} \chi_{\iota\mu}(\overline{X}_{\mu-1})\, \psi_{\iota\mu}(\overline{X}_{\mu-\delta_\mu}, S_{\iota\mu})^{e_\mu} \chi_{\iota\mu}(\overline{X}_\mu)^{-1} \times$$
$$\times \left(\prod_{\nu=1}^{n} \chi_{\varkappa\nu}(\overline{Y}_{\nu-1})\, \psi_{\varkappa\nu}(\overline{Y}_{\nu-\varepsilon_\nu}, S_{\varkappa\nu})^{f_\nu} \chi_{\varkappa\nu}(\overline{Y}_\nu)^{-1}\right)^{-1}.$$

Unter Verwendung der Relationen (13.3) und (13.5) folgt

$$v(\chi_\iota(\overline{G})) = \prod_{\mu=1}^{m} \psi_{\iota\mu}(\overline{X}_{\mu-\delta_\mu}, S_{\iota\mu})^{e_\mu} \chi_{\iota m}(\overline{X}_m)^{-1} \chi_{\varkappa n}(\overline{Y}_n) \left(\prod_{\nu=1}^{n} \psi_{\varkappa\nu}(\overline{Y}_{\nu-\varepsilon_\nu}, S_{\varkappa\nu})^{f_\nu}\right)^{-1}$$
$$= \chi_{\iota m}(\varphi_0(G))^{-1} \chi_{\varkappa n}(\varphi_\iota(G)) = \varphi_{\iota m}(G)\, \varphi_{\varkappa n}(G)^{-1} = \varphi_0(G)\, \varphi_\iota(G)^{-1} = \chi_\iota(\overline{G}).$$

Ebenso setzen wir für eine Erzeugende $\psi_\iota(\overline{G}, S_\iota)$

$$\varphi_\iota(G)\, S_\iota = S_{\iota_1}^{e_1} S_{\iota_2}^{e_2} \ldots S_{\iota_m}^{e_m} S_\iota; \qquad \varphi_\iota(G\, S_\iota) = S_{\varkappa_1}^{f_1} S_{\varkappa_2}^{f_2} \ldots S_{\varkappa_n}^{f_n},$$

bilden die Abschnitte

$$X_0 = E;\ X_\mu = X_{\mu-1} S_{\iota\mu}^{e_\mu};\ X_m = \varphi_\iota(G);\ X_{m+1} = \varphi_\iota(G)\, S_\iota \quad \text{für } 1 \le \mu \le m,$$
$$Y_0 = E;\ Y_\nu = Y_{\nu-1} S_{\varkappa\nu}^{f_\nu};\ Y_n = \varphi_\iota(G\, S_\iota) \qquad\qquad \text{für } 1 \le \nu \le n$$

und erhalten durch die Umsetzungsvorschrift wegen

$$\varphi_0(\varphi_\iota(G)\, S_\iota) = \varphi_0(G\, S_\iota) = \varphi_0(\varphi_\iota(G\, S_\iota))$$

die Ausdrücke

$$\varphi_\iota(G)\, S_\iota = \prod_{\mu=1}^{m} \chi_{\iota\mu}(\overline{X}_{\mu-1})\, \psi_{\iota\mu}(\overline{X}_{\mu-\delta_\mu}, S_{\iota\mu})^{e_\mu} \chi_{\iota\mu}(\overline{X}_\mu)^{-1} \times$$
$$\times \chi_\iota(\overline{X}_m)\, \psi_\iota(\overline{X}_m, S_\iota)\, \chi_\iota(\overline{X}_{m+1})^{-1} \cdot \varphi_0(G\, S_\iota),$$

$$\varphi_\iota(G\, S_\iota) = \prod_{\nu=1}^{n} \chi_{\varkappa\nu}(\overline{Y}_{\nu-1})\, \psi_{\varkappa\nu}(\overline{Y}_{\nu-\varepsilon_\nu}, S_{\varkappa\nu})^{f_\nu} \chi_{\varkappa\nu}(\overline{Y}_\nu)^{-1} \cdot \varphi_0(G\, S_\iota),$$

also mittels der Relationen (13.3), (13.4) und (13.5) wie zuvor

$$v(\psi_\iota(\overline{G}, S_\iota)) = \chi_{\iota m}(\overline{X}_m)^{-1} \chi_\iota(\overline{X}_m)\, \psi_\iota(\overline{X}_m, S_\iota)\, \chi_\iota(\overline{X}_{m+1})^{-1} \chi_{\varkappa n}(Y_n)$$
$$= \chi_{\iota m}(\varphi_\iota(G))^{-1} \chi_\iota(\varphi_\iota(G))\, \psi_\iota(G, S_\iota)\, \chi_\iota(\varphi_\iota(G)\, S_\iota)^{-1} \chi_{\varkappa n}(G\, S_\iota) = \psi_\iota(G, S_\iota).$$

Die Relationen (13.3), (13.4) enthalten nur Erzeugende $\chi_\iota(\overline{G})$ oder nur Erzeugende $\psi_\iota(\overline{G}, S_\iota)$ mit festem Index; die (voneinander und von E verschiedenen Elemente) $\chi_\iota(\overline{G})$ sind nach (13.3) freie Erzeugende eines (außerwesentlichen) Faktors $\mathfrak{F} \subseteq \mathfrak{H}$, während die Elemente $\psi_\iota(\overline{G}, S_\iota)$ mit festem $\iota \in I$ einen freien Faktor $\mathfrak{V}_\iota \subseteq \mathfrak{H}$ erzeugen. Sind die Relationen

(13.4) Identitäten, so folgt

$$\mathfrak{H} = \mathfrak{F} * (\underset{\iota}{*} \mathfrak{V}_\iota); \quad \mathfrak{V}_\iota = \underset{\varkappa}{*} \mathfrak{U}_{\iota\varkappa} \quad \text{(über } \varkappa \in \mathsf{K}_\iota; \ \iota \in \mathsf{I}\text{)}.$$

Eine Relation (13.4) entsteht aus einem Wert

$$\varphi_\iota(G) = U_{\iota_1} U_{\iota_2} \ldots U_{\iota_m} = V U_{\iota_m}$$

in Silbendarstellung durch die Wortdarstellung

$$U_{\iota_m} = S_1^{e_1} S_2^{e_2} \ldots S_l^{e_l} \quad \text{mit} \quad S_\lambda \in \mathfrak{S}_{\iota_m} \quad \text{für } 1 \leq \lambda \leq l$$

der letzten Silbe und deren Abschnitte

$$X_0 = E; \quad X_\lambda = X_{\lambda-1} S_\lambda^{e_\lambda}; \quad X_l = U_{\iota_m} \quad \text{für } 1 \leq \lambda \leq l$$

in der Gestalt

$$\prod_{\lambda=1}^{l} \psi_{\iota_m}(\overline{VX_{\lambda-\delta_\lambda}}, S_\lambda)^{e_\lambda} = E \quad \text{mit } \delta_\lambda = \frac{e_\lambda + 1}{2}. \tag{14}$$

Da V ein Repräsentant $G_{\varkappa\iota_m}$ ist, treten in (14) nur Erzeugende $\psi_{\iota_m}(\overline{G}, S_\iota)$ mit Elementen $G \in \mathfrak{H} G_{\varkappa\iota_m} U_{\iota_m}$, also nur (freie) Erzeugende der Untergruppe $\mathfrak{U}_{\iota_m\varkappa} \subseteq \mathfrak{H}$ auf. Mithin ist (14) Identität.

Die Aussage über den Rang $r(\mathfrak{F})$ des freien Faktors $\mathfrak{F}$ in

$$\mathfrak{H} = \mathfrak{F} * (\underset{\iota,\varkappa}{*} \mathfrak{U}_{\iota\varkappa}) \quad \text{(über } \varkappa \in \mathsf{K}_\iota; \ \iota \in \mathsf{I}\text{)}$$

wird auf den Satz 2.1.5 zurückgeführt: Bezeichnen wir für

$$\mathfrak{G} = \underset{\iota}{*} \mathfrak{U}_\iota \quad \text{(über } \iota \in \mathsf{I}\text{)}$$

$$\mathfrak{G} = \sum_\mu \mathfrak{H} X_\mu = \sum_\varkappa \mathfrak{H} G_{\varkappa\iota} \mathfrak{U}_\iota \quad \text{(über } \mu \in \mathsf{M}; \ \varkappa \in \mathsf{K}_\iota\text{)}$$

$$\mathfrak{U}_\iota = \sum_\lambda (\mathfrak{U}_\iota \cap \mathfrak{H}^{G_{\varkappa\iota}}) R_\lambda \quad \text{(über } \lambda \in \Lambda_{\varkappa\iota}\text{)}$$

die Mächtigkeiten der Indexmengen mit

$$\mathfrak{m}(\mathsf{I}) = \mathfrak{j}; \quad \mathfrak{m}(\mathsf{M}) = \mathfrak{m}; \quad \mathfrak{m}(\mathsf{K}_\iota) = \mathfrak{k}_\iota; \quad \mathfrak{m}(\Lambda_{\varkappa\iota}) = \mathfrak{l}_{\varkappa\iota},$$

so erhalten wir nach Satz 2.1.5

$$r(\mathfrak{G}) = \sum_\iota r(\mathfrak{U}_\iota); \quad r(\mathfrak{H}) = r(\mathfrak{F}) + \sum_{\iota,\varkappa} r(\mathfrak{U}_{\iota\varkappa});$$

$$r(\mathfrak{H}) + \mathfrak{m} = r(\mathfrak{G}) \mathfrak{m} + 1; \quad r(\mathfrak{U}_{\varkappa\iota}) + \mathfrak{l}_{\varkappa\iota} = r(\mathfrak{U}_\iota) \mathfrak{l}_{\varkappa\iota} + 1.$$

Der für jedes $\iota \in \mathsf{I}$ gültigen Restklassenzerlegung

$$\mathfrak{G} = \sum_{\varkappa,\lambda} \mathfrak{H} G_{\varkappa\iota} R_\lambda \quad \text{(über } \lambda \in \Lambda_{\varkappa\iota}; \ \varkappa \in \mathsf{K}_\iota\text{)}$$

entnehmen wir

$$\sum_\varkappa \mathfrak{l}_{\varkappa\iota} = \mathfrak{m}; \quad \sum_\varkappa r(\mathfrak{U}_{\iota\varkappa}) + \mathfrak{m} = r(\mathfrak{U}_\iota) \mathfrak{m} + \mathfrak{k}_\iota;$$

2.2.2. Der Untergruppensatz und seine Folgerungen

daraus folgt
$$\sum_{\iota,\varkappa} r(\mathfrak{U}_{\iota\varkappa}) + \mathfrak{m}\, \mathfrak{j} = r(\mathfrak{G})\, \mathfrak{m} + \sum_{\iota} \mathfrak{k}_{\iota};$$
$$r(\mathfrak{H}) + \mathfrak{m} = r(\mathfrak{F}) + \sum_{\iota,\varkappa} r(\mathfrak{U}_{\iota\varkappa}) + \mathfrak{m} = r(\mathfrak{G})\,\mathfrak{m} + 1$$

und die Behauptung des Satzes.

Zu einem (beliebigen) freien Produkt
$$\overline{\mathfrak{G}} = \underset{\iota}{*}\, \overline{\mathfrak{U}}_{\iota} \qquad (\text{über } \iota \in \mathsf{I})$$

existiert nach Satz 2.2.5 eine freie, freizerlegte Gruppe
$$\mathfrak{G} = \underset{\iota}{*}\, \mathfrak{U}_{\iota} \qquad (\text{über } \iota \in \mathsf{I})$$

und ein Homomorphismus η der Gruppe $\mathfrak{G}$ auf $\mathfrak{G}^{\eta} = \overline{\mathfrak{G}}$, der jeden Faktor $\mathfrak{U}_{\iota} \subset \mathfrak{G}$ auf den Faktor $\mathfrak{U}^{\eta}_{\iota} = \overline{\mathfrak{U}}_{\iota} \subset \overline{\mathfrak{G}}$ abbildet. Der Kern $\mathfrak{R} = \mathfrak{R}_{\eta}$ in $\mathfrak{G}$ ist die Relationengruppe von $\mathfrak{G}^{\eta}$ bezüglich $\mathfrak{G}$, der Kern $\mathfrak{R}_{\iota} = \mathfrak{R} \cap \mathfrak{U}_{\iota}$ (für jedes $\iota \in \mathsf{I}$) des in $\mathfrak{U}_{\iota}$ induzierten Homomorphismus η_{ι} auf $\mathfrak{U}^{\eta}_{\iota}$ die Relationengruppe von $\mathfrak{U}^{\eta}_{\iota}$ bezüglich $\mathfrak{U}_{\iota}$. Da $\mathfrak{G}^{\eta}$ freies Produkt der Untergruppen $\mathfrak{U}^{\eta}_{\iota}$ ist, gilt
$$\mathfrak{R} = \{\underset{G}{\cup}\, \underset{\iota}{\cup}\, \mathfrak{R}^{G}_{\iota}\} \qquad (\text{über } G \in \mathfrak{G};\ \iota \in \mathsf{I}).$$

Entspricht der Untergruppe $\overline{\mathfrak{H}} \subset \overline{\mathfrak{G}}$ die Untergruppe $\mathfrak{H} \subset \mathfrak{G}$ mit dem Bild $\mathfrak{H}^{\eta} = \overline{\mathfrak{H}} \subset \overline{\mathfrak{G}}$, so besitzt $\mathfrak{H}$ eine freie Zerlegung
$$\mathfrak{H} = \mathfrak{F} * (\underset{\iota,\varkappa}{*}\, \mathfrak{U}_{\iota\varkappa}) \qquad \text{mit Faktoren } \mathfrak{U}_{\iota\varkappa} = \mathfrak{H} \cap \mathfrak{U}^{H_{\iota\varkappa}}_{\iota},$$

die durch die Doppelmodulzerlegungen
$$\mathfrak{G} = \sum_{\varkappa} \mathfrak{U}_{\iota} H_{\iota\varkappa} \mathfrak{H} \qquad (\text{über } \varkappa \in \mathsf{K}_{\iota};\ \iota \in \mathsf{I})$$

bestimmt sind. Die Faktoren $\mathfrak{F}, \mathfrak{U}_{\iota\varkappa}$ besitzen die Bilder $\mathfrak{F}^{\eta}, \mathfrak{U}^{\eta}_{\iota\varkappa}$ in $\mathfrak{H}^{\eta}$; für die Kerne $\mathfrak{R}_{\iota\varkappa} = \mathfrak{R} \cap \mathfrak{U}_{\iota\varkappa}$ der durch η in den Untergruppen induzierten Homomorphismen besteht die Gleichung
$$\mathfrak{R} = \{\underset{H}{\cup}\, \underset{\iota,\varkappa}{\cup}\, \mathfrak{R}^{H}_{\iota\varkappa}\} \qquad (\text{über } \varkappa \in \mathsf{K}_{\iota};\ \iota \in \mathsf{I};\ H \in \mathfrak{H}).$$

Denn da $\mathfrak{R} \trianglelefteq \mathfrak{H}$ durch die Elemente R^{G}_{ι} mit $G \in \mathfrak{G}$ und $R_{\iota} \in \mathfrak{R}_{\iota}$ erzeugt wird, folgt für $G \in \mathfrak{U}_{\iota} H_{\iota\varkappa} \mathfrak{H}$ auch
$$R^{G}_{\iota} \in \mathfrak{R} \subseteq \mathfrak{H}; \quad R^{G}_{\iota} = R^{U_{\iota} H_{\iota\varkappa} H}_{\iota} \in (\mathfrak{U}^{H_{\iota\varkappa}}_{\iota})^{H} \quad \text{mit } U_{\iota} \in \mathfrak{U}_{\iota};\ H \in \mathfrak{H},$$
also
$$R^{G}_{\iota} \in \mathfrak{R} \cap \mathfrak{U}^{H_{\iota\varkappa} H}_{\iota} = (\mathfrak{R} \cap \mathfrak{U}^{H_{\iota\varkappa}}_{\iota})^{H} = (\mathfrak{R} \cap \mathfrak{U}_{\iota\varkappa})^{H} = \mathfrak{R}^{H}_{\iota\varkappa}.$$

Infolgedessen ist der Komplex $\underset{\iota,\varkappa}{\cup}\, \mathfrak{R}_{\iota\varkappa}$ ein volles Relationsystem des Bildes $\mathfrak{H}^{\eta} \subset \mathfrak{G}^{\eta}$; der Homomorphismus η liefert die freie Zerlegung
$$\overline{\mathfrak{H}} = \mathfrak{H}^{\eta} = \mathfrak{F}^{\eta} * (\underset{\iota,\varkappa}{*}\, \mathfrak{U}^{\eta}_{\iota\varkappa})$$

in eine freie, zu $\mathfrak{F}$ isomorphe Untergruppe $\mathfrak{F}^\eta$ und Faktoren
$$\mathfrak{U}_{\iota\varkappa}^\eta \cong \mathfrak{U}_{\iota\varkappa}/\mathfrak{R}_{\iota\varkappa} \quad \text{mit} \quad \mathfrak{U}_{\iota\varkappa}^\eta = \mathfrak{H}^\eta \cap H_{\iota\varkappa}^{-\eta} \mathfrak{U}_\iota^\eta H_{\iota\varkappa}^\eta,$$
wobei die Elemente $H_{\iota\varkappa}^\eta$ die Doppelmodulzerlegungen
$$\mathfrak{G}^\eta = \sum_\varkappa \mathfrak{U}_\iota^\eta H_{\iota\varkappa}^\eta \mathfrak{H}^\eta$$
repräsentieren. Überdies besteht die Gleichung $r(\mathfrak{F}) = r(\overline{\mathfrak{F}})$.

Satz 8*. *Jede Untergruppe $\mathfrak{H}$ eines freien Produktes $\mathfrak{G} = \mathfrak{U} * \mathfrak{W}$ besitzt eine freie Zerlegung $\mathfrak{H} = (\mathfrak{H} \cap \mathfrak{U}) * (\mathfrak{H} \cap \mathfrak{V}) * \mathfrak{W}$.*

Beweis. Nach Auswahl geeigneter Repräsentanten $(G_\varkappa, H_\lambda)$ für
$$\mathfrak{G} = \sum_\varkappa \mathfrak{U} G_\varkappa \mathfrak{H} = \sum_\lambda \mathfrak{V} H_\lambda \mathfrak{H}$$
besitzt die Untergruppe $\mathfrak{H}$ eine freie Zerlegung
$$\mathfrak{H} = \mathfrak{F} * (\underset{\varkappa}{*} \mathfrak{H} \cap \mathfrak{U}^{G_\varkappa}) * (\underset{\lambda}{*} \mathfrak{H} \cap \mathfrak{V}^{H_\lambda}) = (\mathfrak{H} \cap \mathfrak{U}) * (\mathfrak{H} \cap \mathfrak{V}) * \mathfrak{W}$$
unter Zusammenfassung aller anderen Faktoren.

Aus einer freien Zerlegung
$$\mathfrak{G} = \underset{\iota}{*} \mathfrak{U}_\iota \quad (\text{über } \iota \in \mathsf{I})$$
erhalten wir für einen Normalteiler $\mathfrak{H} \triangleleft \mathfrak{G}$ eine Zerlegung
$$\mathfrak{H} = \mathfrak{F} * (\underset{\iota,\varkappa}{*} \mathfrak{U}_{\iota\varkappa}) \quad (\text{über } \varkappa \in \mathsf{K}_\iota; \ \iota \in \mathsf{I})$$
mit außerwesentlichem Faktor $\mathfrak{F}$ und mittels Repräsentanten $H_{\iota\varkappa}$ aus
$$\mathfrak{G} = \sum_\varkappa \mathfrak{U}_\iota H_{\iota\varkappa} \mathfrak{H} = \sum_\varkappa \mathfrak{U}_\iota \mathfrak{H} H_{\iota\varkappa} \quad (\text{über } \varkappa \in \mathsf{K}_\iota \text{ für } \iota \in \mathsf{I})$$
gebildeten Faktoren
$$\mathfrak{U}_{\iota\varkappa} = \mathfrak{H} \cap \mathfrak{U}_\iota^{H_{\iota\varkappa}} = (\mathfrak{H} \cap \mathfrak{U}_\iota)^{H_{\iota\varkappa}};$$
daraus folgt

Satz 9. *Ein Normalteiler $\mathfrak{H}$ des freien Produktes*
$$\mathfrak{G} = \underset{\iota}{*} \mathfrak{U}_\iota \quad (\text{über } \iota \in \mathsf{I})$$
besitzt die freie Zerlegung
$$\mathfrak{H} = \mathfrak{F} * (\underset{\iota,\varkappa}{*} \mathfrak{U}_{\iota\varkappa}) \quad (\text{über } \varkappa \in \mathsf{K}_\iota; \ \iota \in \mathsf{I})$$
mit außerwesentlichem Faktor $\mathfrak{F}$ und zum Durchschnitt $\mathfrak{H} \cap \mathfrak{U}_\iota$ in $\mathfrak{G}$ ähnlichen Untergruppen
$$\mathfrak{U}_{\iota\varkappa} = (\mathfrak{H} \cap \mathfrak{U}_\iota)^{H_{\iota\varkappa}} \quad (\text{über } \varkappa \in \mathsf{K}_\iota \text{ für } \iota \in \mathsf{I}),$$
deren Menge mit der Restklassenmenge von $\mathfrak{G}$ nach $\mathfrak{U}_\iota \mathfrak{H}$ gleichmächtig ist.

Satz 10. *Eine Wortuntergruppe* $\mathfrak{V} = \mathfrak{V}(\mathfrak{G})$ *eines freien Produktes*

$$\mathfrak{G} = \underset{\iota}{\ast} \mathfrak{U}_\iota \qquad (\text{über } \iota \in \mathsf{I})$$

besitzt die freie Zerlegung

$$\mathfrak{V}(\mathfrak{G}) = \mathfrak{F} \ast \left(\underset{\iota,\varkappa}{\ast} \mathfrak{V}(\mathfrak{U}_\iota)^{H\iota\varkappa}\right) \qquad (\text{über } \varkappa \in \mathsf{K}_\iota;\ \iota \in \mathsf{I})$$

mit außerwesentlichem Faktor $\mathfrak{F}$ *und zur Wortuntergruppe* $\mathfrak{V}(\mathfrak{U}_\iota)$ *in* $\mathfrak{G}$ *ähnlichen Faktoren.*

Beweis. Aus Satz 9 folgt

$$\mathfrak{V}(\mathfrak{G}) = \mathfrak{F} \ast \left(\underset{\iota,\varkappa}{\ast} (\mathfrak{V}(\mathfrak{G}) \cap \mathfrak{U}_\iota)^{H\iota\varkappa}\right) \qquad (\text{über } \varkappa \in \mathsf{K}_\iota;\ \iota \in \mathsf{I}).$$

Für jede Retrakte $\mathfrak{U}_\iota$ von $\mathfrak{G}$ besteht die Gleichung $\mathfrak{V}(\mathfrak{U}_\iota) = \mathfrak{V}(\mathfrak{G}) \cap \mathfrak{U}_\iota$.

Satz 10*. *Besitzt die Wortuntergruppe* $\mathfrak{V}(\mathfrak{G})$ *eines freien Produktes*

$$\mathfrak{G} = \underset{\iota}{\ast} \mathfrak{U}_\iota \qquad (\text{über } \iota \in \mathsf{I})$$

die Durchschnitte $\mathfrak{V}(\mathfrak{G}) \cap \mathfrak{U}_\iota = \mathfrak{V}(\mathfrak{U}_\iota) = E$ *(für* $\iota \in \mathsf{I}$*), so ist* $\mathfrak{V}(\mathfrak{G})$ *eine freie Gruppe.*

Beispiel 1. Die m-te Potenzgruppe $\mathfrak{G}^m$ eines freien Produktes

$$\mathfrak{G} = \underset{\iota}{\ast} \mathfrak{U}_\iota \qquad (\text{über } \iota \in \mathsf{I})$$

besitzt eine freie Zerlegung

$$\mathfrak{G}^m = \mathfrak{F} \ast \left(\underset{\iota,\varkappa}{\ast} (\mathfrak{U}_\iota^m)^{H\iota\varkappa}\right) \qquad (\text{über } \varkappa \in \mathsf{K}_\iota;\ \iota \in \mathsf{I}).$$

Ist $\mathfrak{G}$ freies Produkt von Untergruppen $\mathfrak{U}_\iota$, deren Elemente sämtlich der Gleichung $X^m = E$ genügen, so ist $\mathfrak{G}^m$ eine freie Gruppe.

Beispiel 2. Die Kommutatorgruppe $\mathfrak{G}'$ eines freien Produktes

$$\mathfrak{G} = \underset{\iota}{\ast} \mathfrak{U}_\iota \qquad (\text{über } \iota \in \mathsf{I})$$

besitzt eine freie Zerlegung

$$\mathfrak{G}' = \mathfrak{F} \ast \left(\underset{\iota,\varkappa}{\ast} (\mathfrak{U}_\iota')^{H\iota\varkappa}\right) \qquad (\text{über } \varkappa \in \mathsf{K}_\iota;\ \iota \in \mathsf{I}).$$

Die Kommutatorgruppe $\mathfrak{G}'$ eines freien Produktes abelscher Faktoren $\mathfrak{U}_\iota$ ist daher eine freie Gruppe.

2.2.3. Freie Zerlegungen endlich erzeugbarer Gruppen

Jede endlich erzeugbare Gruppe $\mathfrak{G}$ besitzt eine Invariante in der Minimalzahl $m = m(\mathfrak{G})$ von Erzeugenden; jedes Erzeugendensystem aus m Elementen von $\mathfrak{G}$ ist eine *Minimalbasis für* $\mathfrak{G}$.

Satz 11 (A. Kurosch). *Jede endlich erzeugbare Gruppe* $\mathfrak{G}$ *besitzt eine endliche freie Zerlegung*

$$\mathfrak{G} = \mathfrak{A}_1 \ast \mathfrak{A}_2 \ast \cdots \ast \mathfrak{A}_k$$

in endlich erzeugbaren, freiunzerlegbaren Faktoren $\mathfrak{A}_\varkappa$ (für $1 \leq \varkappa \leq k$); dabei besteht die Gleichung

$$m(\mathfrak{G}) = m(\mathfrak{A}_1) + m(\mathfrak{A}_2) + \cdots + m(\mathfrak{A}_k).$$

Beweis. Man hat zu zeigen: *Ein endlich erzeugbares freies Produkt $\mathfrak{G} = \mathfrak{A}_1 * \mathfrak{A}_2$ besitzt endlich erzeugbare Faktoren $\mathfrak{A}_1, \mathfrak{A}_2$, und es gilt*

$$m(\mathfrak{G}) = m(\mathfrak{A}_1) + m(\mathfrak{A}_2).$$

Als Retrakte von $\mathfrak{G}$ sind die freien Faktoren $\mathfrak{A}_1, \mathfrak{A}_2$ endlich erzeugbar; da Minimalbasen der Faktoren $\mathfrak{A}_1, \mathfrak{A}_2$ die Gruppe $\mathfrak{G}$ erzeugen, besteht die Ungleichung

$$m(\mathfrak{G}) \leq m(\mathfrak{A}_1) + m(\mathfrak{A}_2).$$

Ziel des Beweises ist die Auswahl einer Minimalbasis $\mathfrak{M} = (G_1, G_2, \ldots, G_m)$ in $\mathfrak{G}$ des Ranges $m = m(\mathfrak{G})$, die Vereinigung von Minimalbasen der Faktoren $\mathfrak{A}_1, \mathfrak{A}_2$ ist.

Jedes Element $G \in \mathfrak{G}$ besitzt eine Silbendarstellung

$$G = A_1 A_2 \ldots A_n$$

der Länge $n = \lambda(G)$ in Silben A_ν, die alternierend den Faktoren $\mathfrak{A}_1, \mathfrak{A}_2$ angehören; hat die Erzeugende $G_\mu \in \mathfrak{M}$ eine Länge $\lambda(G_\mu)$, so nennen wir die Summe $\lambda = \lambda(\mathfrak{M}) = \sum_\mu \lambda(G_\mu)$ *die Länge der Minimalbasis* $\mathfrak{M}$.

Forderung 1. Die Minimalbasis $\mathfrak{M}$ besitze minimale Länge.

Wird jede Erzeugende $G \in \mathfrak{M}$ in Abschnitte zerlegt:

$S(G) = A_1 A_2 \ldots A_k;\ Z(G) = E;\ \ \ T(G) = A_{k+1} A_{k+2} \ldots A_n$ für $n = 2k$,

$S(G) = A_1 A_2 \ldots A_k;\ Z(G) = A_{k+1};\ T(G) = A_{k+2} A_{k+3} \ldots A_n$ für $n = 2k+1$,

so können Erzeugende G_μ, G_ν mit gleicher linker Hälfte $S(G_\mu) = S(G_\nu)$ oder Transformierte mit $S(G_\mu) = T(G_\mu)^{-1}$ auftreten:

Forderung 2. Die Anzahl von Paaren G_μ, G_ν in einer (nach Forderung 1. ausgewählten) Minimalbasis $\mathfrak{M}$ mit gleicher linker Hälfte $S(G_\mu) = S(G_\nu)$ sei maximal.

Forderung 3. Die Anzahl der Transformierten in einer (nach den Forderungen 1., 2. ausgewählten) Minimalbasis $\mathfrak{M}$ sei maximal.

Von nun an seien nur Minimalbasen $\mathfrak{M} \subset \mathfrak{G}$ zugelassen, die diesen Forderungen entsprechen.

Über die Länge $\lambda(GH)$ eines Produktes von Elementen $G, H \in \mathfrak{G}$ ist noch zu bemerken: Heben sich aus den Silbendarstellungen

$G = A_1 A_2 \ldots A_r;\ \ H = B_1 B_2 \ldots B_s\ \ $ mit $\ \ r = \lambda(G);\ s = \lambda(H)$

2.2.3. Freie Zerlegungen endlich erzeugbarer Gruppen

in GH etwa $2k$ Silben fort, so gilt $0 \leq k \leq \min(\lambda(G), \lambda(H))$. Im Falle $k=0$ erhält man

$$\lambda(GH) = \lambda(G) + \lambda(H) - 1 \quad \text{oder} \quad \lambda(GH) = \lambda(G) + \lambda(H),$$

wenn die Silben A_r, B_1 dem gleichen freien Faktor angehören oder nicht. Im Falle $0 < k < \min(\lambda(G), \lambda(H))$ gilt stets

$$\lambda(GH) = \lambda(G) + \lambda(H) - 2k - 1.$$

Im letzten Falle $k = \min(\lambda(G), \lambda(H))$ erhält man

$$\lambda(GH) = \lambda(G) + \lambda(H) - 2k.$$

Als *Wort aus* $\mathfrak{G}$ (*in* $\mathfrak{M}$) bezeichnen wir jeden Ausdruck

$$H = G_{\iota_1}^{e_1} G_{\iota_2}^{e_2} \ldots G_{\iota_n}^{e_n} \quad \text{mit } e_\nu = \pm 1;\ G_{\iota_\nu} \in \mathfrak{M} \text{ für } 1 \leq \nu \leq n.$$

(1) *Tritt* $G_\varrho \in \mathfrak{M}$ *in einem Wort* $H \in \mathfrak{G}$ *nicht auf, so gilt*

$$\lambda(H G_\varrho) \geq \lambda(G_\varrho); \quad \lambda(G_\varrho H) \geq \lambda(G_\varrho).$$

Beweis. Jede der Annahmen

$$\lambda(H G_\varrho) < \lambda(G_\varrho); \quad \lambda(G_\varrho H) < \lambda(G_\varrho)$$

würde durch die entsprechende Substitution:

$$G_\varrho \to G_\varrho^* = H G_\varrho; \quad G_\mu \to G_\mu^* = G_\mu \quad \text{für } \mu \neq \varrho,$$
$$G_\varrho \to G_\varrho^* = G_\varrho H; \quad G_\mu \to G_\mu^* = G_\mu \quad \text{für } \mu \neq \varrho$$

auf eine Minimalbasis $\mathfrak{M}^* = (G_\mu^*)$ kleinerer Länge führen.

(2) *Zwei verschiedene Erzeugende* $G_\varrho, G_\sigma \in \mathfrak{M}$ *mit gleicher von* E *verschiedener linker Hälfte* $S(G_\varrho) = S(G_\sigma)$ *haben (gleiche) ungerade Länge; ihre Mitten* $Z(G_\varrho), Z(G_\sigma)$ *gehören dem gleichen Faktor an.*

Beweis. Wäre $\lambda(G_\varrho)$ gerade, so würde entgegen (1) die Ungleichung

$$\lambda(G_\varrho^{-1} G_\sigma) \leq \lambda(G_\varrho) + \lambda(G_\sigma) - 2\left[\frac{\lambda(G_\varrho)}{2}\right] - 1 = \lambda(G_\sigma) - 1 < \lambda(G_\sigma)$$

folgen. Mithin haben G_ϱ, G_σ gleiche Länge und Mitten aus dem gleichen Faktor.

(3.1) *Zwei verschiedene Erzeugende* $G_\varrho, G_\sigma \in \mathfrak{M}$ *mit gleicher rechter Hälfte* $T(G_\varrho) = T(G_\sigma)$ *sind Transformierte.*

(3.2) *Besteht für verschiedene Erzeugende* $G_\varrho, G_\sigma \in \mathfrak{M}$ *die Gleichung* $S(G_\varrho) = T(G_\sigma)^{-1}$, *so ist* G_σ *Transformierte und* $S(G_\varrho) = S(G_\sigma)$.

Beweis. 1. Wegen $T(G_\varrho) = T(G_\sigma)$ haben G_ϱ, G_σ gleiche ungerade Länge; sind $S(G_\varrho)$ und $S(G_\sigma)$ verschieden, so wähle man die Erzeugenden $G_\alpha \in \mathfrak{M}$ mit linker Hälfte $S(G_\alpha) = S(G_\varrho)$ aus und gehe zur Minimalbasis $\mathfrak{M}^* = (G_\mu^*)$ über:

$$G_\varrho \to G_\varrho^* = G_\sigma G_\varrho^{-1}; \quad G_\alpha \to G_\alpha^* = G_\sigma G_\varrho^{-1} G_\alpha; \quad G_\mu \to G_\mu^* = G_\mu \text{ sonst.}$$

Da man findet:
$$\lambda(G_\varrho^*) = \lambda(G_\alpha^*) = \lambda(G_\varrho) = \lambda(G_\alpha); \quad \lambda(G_\mu^*) = \lambda(G_\mu) \text{ sonst},$$

haben $\mathfrak{M}$ und $\mathfrak{M}^*$ gleiche Länge. Entgegen der Forderung 2. enthält aber $\mathfrak{M}^*$ wegen
$$S(G_\sigma^*) = S(G_\sigma) = S(G_\varrho^*) = S(G_\alpha^*)$$

mehr Erzeugendenpaare mit gleicher linker Hälfte als $\mathfrak{M}$. Mithin besteht die Gleichung $S(G_\varrho) = S(G_\sigma)$.

Ist $S(G_\varrho)$ von $T(G_\varrho)^{-1}$ verschieden, so genügen $\mathfrak{M}$ und $\mathfrak{M}^*$ den Forderungen 1., 2. Ist G_α Transformierte, so ist G_α^* Transformierte wegen
$$S(G_\alpha^*) = S(G_\sigma) = S(G_\varrho) = S(G_\alpha) \quad \text{und} \quad T(G_\alpha^*) = T(G_\alpha).$$

Entgegen der Forderung 3. ist aber auch G_ϱ^* Transformierte. Mithin gilt $S(G_\varrho) = T(G_\varrho)^{-1}$.

2. Wegen $S(G_\varrho) = T(G_\sigma)^{-1}$ besitzen G_ϱ, G_σ gleiche ungerade Länge. Sind $S(G_\varrho)$ und $S(G_\sigma)$ verschieden, so wähle man die Erzeugenden $G_\alpha \in \mathfrak{M}$ mit $S(G_\alpha) = S(G_\varrho)$ aus und gehe zur Minimalbasis $\mathfrak{M}^* = (G_\mu^*)$ über:
$$G_\varrho \to G_\varrho^* = G_\sigma G_\varrho; \quad G_\alpha \to G_\alpha^* = G_\sigma G_\alpha; \quad G_\mu \to G_\mu^* = G_\mu \text{ sonst}.$$

Wie zuvor ergibt sich ein Widerspruch zur Forderung 2.

(4) *Gelten für ein Wort* $H = G_{i_1}^{e_1} G_{i_2}^{e_2} \ldots G_{i_n}^{e_n} \neq E$ *aus* $\mathfrak{G}$ *und* $G_\varrho \in \mathfrak{M}$ *die Ungleichungen* $\lambda(G_\varrho) > \lambda(G_{i_\nu})$ *(für* $1 \leq \nu \leq n$*), so gilt auch*
$$\lambda(G_\varrho H) > \lambda(H); \quad \lambda(H G_\varrho) > \lambda(H).$$

Beweis. Die Ungleichung $\lambda(G_\varrho H) \leq \lambda(H)$ verlangt, daß $T(G_\varrho)$ durch H fortgehoben, die Mitte $Z(G_\varrho)$ fortgehoben oder mit einer Silbe von H vereinigt wird. Nehmen wir aus H den kürzesten Abschnitt $H_k = G_{i_1}^{e_1} G_{i_2}^{e_2} \ldots G_{i_k}^{e_k}$ mit der Eigenschaft
$$\lambda(G_\varrho H_k) \leq \lambda(H_k); \quad \lambda(G_\varrho H_{k-1}) > \lambda(H_{k-1}),$$

so hebt H_{k-1} die rechte Hälfte $T(G_\varrho)$ nicht völlig fort:
$$\lambda(G_\varrho H_{k-1}) \geq \lambda(G_\varrho); \quad \lambda(T(G_\varrho) H_{k-1}) \geq \lambda(T(G_\varrho));$$
$$\lambda(G_\varrho H_{k-1}) = \lambda(S(G_\varrho) Z(G_\varrho)) + \lambda(T(G_\varrho) H_{k-1}).$$

Mithin hebt $G_{i_k}^{e_k}$ den Abschnitt $T(G_\varrho) H_{k-1}$ völlig fort. Für die Länge λ_0 des in $G_\varrho H_k = G_\varrho H_{k-1} G_{i_k}^{e_k}$ fortgehobenen Ausdruckes gilt demnach $\lambda_0 \geq \lambda(T(G_\varrho) H_{k-1})$ und
$$\lambda(G_\varrho H_k) = \lambda(G_\varrho H_{k-1} G_{i_k}^{e_k}) = \lambda(G_\varrho H_{k-1}) + \lambda(G_{i_k}^{e_k}) - 2\lambda_0 - 1$$
$$= \lambda(S(G_\varrho) Z(G_\varrho)) + \lambda(T(G_\varrho) H_{k-1}) + \lambda(G_{i_k}) - 2\lambda_0 - 1 \leq \lambda(G_{i_k}) < \lambda(G_\varrho)$$

in Widerspruch zur Annahme. Ähnlich gewinnt man die zweite Ungleichung.

2.2.3. Freie Zerlegungen endlich erzeugbarer Gruppen

(5) *Für das Wort* $H = G_{\iota_1}^{e_1} G_{\iota_2}^{e_2} \ldots G_{\iota_n}^{e_n} \neq E$ *aus* $\mathfrak{G}$ *und* $G_\varrho \in \mathfrak{M}$ *gelte*

$$\lambda(G_\varrho) > \lambda(G_{\iota_\nu}) \qquad (\textit{für } 1 \leq \nu \leq n).$$

(5.1) *Dann folgt aus* $\lambda(HG_\varrho) = \lambda(G_\varrho)$ *für jedes* $G_\mu \in \mathfrak{M}$

$$S(HG_\varrho) \neq S(G_\mu) \quad \textit{und} \quad S(HG_\varrho) \neq T(G_\mu)^{-1}.$$

(5.2) *Dann folgt aus* $\lambda(G_\varrho H) = \lambda(G_\varrho)$ *für jedes* $G_\mu \in \mathfrak{M}$

$$T(G_\varrho H) \neq S(G_\mu)^{-1} \quad \textit{und} \quad T(G_\varrho H) \neq T(G_\mu).$$

Beweis. Aus $\lambda(HG_\varrho) = \lambda(G_\varrho)$ folgt nach (4)

$$Z(HG_\varrho) = Z(G_\varrho); \quad T(HG_\varrho) = T(G_\varrho).$$

Wegen $H \neq E$ folgt $S(HG_\varrho) \neq S(G_\varrho)$. Im Falle $S(HG_\varrho) = T(G_\varrho)^{-1}$ wähle man die Erzeugenden $G_\alpha \in \mathfrak{M}$ mit $S(G_\alpha) = S(G_\varrho)$ aus, teile sie auf in Transformierte G_β und Nichttransformierte G_γ und gehe zur Minimalbasis $\mathfrak{M}^* = (G_\mu^*)$ über:

$$G_\varrho \to G_\varrho^* = HG_\varrho; \quad G_\beta \to G_\beta^* = HG_\beta H^{-1};$$
$$G_\gamma \to G_\gamma^* = HG_\gamma; \quad G_\mu \to G_\mu^* = G_\mu \text{ sonst}.$$

Da nach (4) sich $T(H)$ nicht völlig gegen $S(G_\varrho)$ forthebt, bleibt

$$S(G_\varrho^*) = S(G_\beta^*) = S(G_\gamma^*);$$

die Erzeugenden G_β^*, aber auch G_ϱ^* sind Transformierte. Mithin gilt

$$S(HG_\varrho) \neq T(G_\varrho)^{-1}.$$

Ist G_ϱ von $G_\sigma \in \mathfrak{M}$ verschieden und besteht eine der Gleichungen

(a) $S(HG_\varrho) = S(G_\sigma)$ oder (b) $S(HG_\varrho) = T(G_\sigma)^{-1}$,

so wähle man die Erzeugenden $G_\alpha \in \mathfrak{M}$ mit $S(G_\alpha) = S(G_\varrho)$ aus. Da nach (4) $S(HG_\varrho) = S(HG_\alpha)$ folgt, kann weder unter (a) noch unter (b) die Gleichung $S(G_\sigma) = S(G_\varrho)$ bestehen, da sonst

$$S(HG_\sigma) = S(G_\sigma) \quad \text{bzw.} \quad S(HG_\sigma) = T(G_\sigma)^{-1}$$

folgen würde. Durch die Substitutionen [für (a) bzw. (b)]

$$G_\varrho \to G_\varrho^* = HG_\varrho; \quad G_\alpha \to G_\alpha^* = HG_\alpha; \quad G_\mu \to G_\mu^* = G_\mu \text{ sonst},$$
$$G_\varrho \to G_\varrho^* = G_\sigma HG_\varrho; \quad G_\alpha \to G_\alpha^* = G_\sigma HG_\alpha; \quad G_\mu \to G_\mu^* = G_\mu \text{ sonst}$$

erhalten wir Minimalbasen $\mathfrak{M}^* = (G_\mu^*)$, für die zwar

$$\lambda(G_\varrho^*) = \lambda(G_\varrho); \quad \lambda(G_\alpha^*) = \lambda(G_\alpha),$$

die Erzeugenden $G_\varrho^*, G_\sigma^*, G_\alpha^*$ aber gleiche linke Hälften besitzen. In gleicher Weise behandelt man die Aussage (5.2).

(6) *Für ein Wort* $H = G_{\iota_1}^{e_1} G_{\iota_2}^{e_2} \ldots G_{\iota_n}^{e_n} \neq E$ *aus* $\mathfrak{G}$ *und Erzeugende* G_ϱ, G_σ *gleicher Länge* $\lambda(G_\varrho) = \lambda(G_\sigma) > \lambda(G_{\iota_\nu})$ *(für* $1 \leq \nu \leq n$*) gilt*

$$\lambda(G_\varrho^e H G_\sigma^f) > \lambda(G_\varrho) \qquad \text{für } e, f = \pm 1;$$

dabei werden in $G_\varrho^e H G_\sigma^f$ *die Mitten* $Z(G_\varrho^e)$ *und* $Z(G_\sigma^f)$ *weder fortgehoben noch zu einer Silbe vereinigt.*

Beweis. Falls $\lambda(G_\varrho^e H) = \lambda(G_\varrho)$ oder $\lambda(H G_\sigma^f) = \lambda(G_\sigma)$, folgt die Behauptung aus (5). Falls

$$\lambda(G_\varrho^e H) > \lambda(G_\varrho) \qquad \text{und} \qquad \lambda(H G_\sigma^f) > \lambda(G_\sigma),$$

heben sich in $G_\varrho^e H G_\sigma^f$ nur weniger als die Hälfte der Silben von H fort, derart daß wenigstens eine Silbe von H weder gelöscht noch mit einer anderen verbleibenden Silbe vereinigt wird. Damit folgt die Behauptung aus (4).

(7) *Erfüllt ein Wort* $H = G_{\iota_1}^{e_1} G_{\iota_2}^{e_2} \ldots G_{\iota_n}^{e_n}$ *aus* $\mathfrak{G}$ *die Bedingung*

$$T(G_{\iota_{\nu-1}}^{e_{\nu-1}}) = S(G_{\iota_\nu}^{e_\nu})^{-1} \qquad \text{für } 2 \leq \nu \leq n,$$

so besitzt H *die Gestalt*

$$H = S(G_{\iota_1}^{e_1}) Z T(G_{\iota_n}^{e_n}) \qquad \textit{mit} \qquad Z = Z(G_{\iota_1}^{e_1}) Z(G_{\iota_2}^{e_2}) \ldots Z(G_{\iota_n}^{e_n}).$$

Wenn $Z = E$, *so ist auch* $H = E$.

Beweis. Nach (2) und (3) haben alle G_{ι_ν} gleiche Länge und gleiche linke Hälften $S = S(G_{\iota_\nu})$. Im Falle $S = E$ ist $H = Z = E$. Da sich entweder $T(G_{\iota_\nu})^{-1}$ gegen $T(G_{\iota_{\nu-1}}^{e_{\nu-1}})$ oder $T(G_{\iota_\nu})$ gegen $S(G_{\iota_{\nu+1}}^{e_{\nu+1}})$ forthebt, gilt nach (3)

$$G_{\iota_\nu} = S Z(G_{\iota_\nu}) S^{-1} \qquad \text{für } 2 \leq \nu \leq n - 1.$$

Sind auch G_{ι_1}, G_{ι_n} Transformierte, so folgt $H = SZS^{-1} = E$. Sind G_{ι_1} und G_{ι_n} verschieden und nicht beide Transformierte, so folgt nach (1)

$$\lambda(H) \geq \lambda(G_{\iota_1}) \qquad \text{oder} \qquad \lambda(H) \geq \lambda(G_{\iota_n})$$

im Widerspruch zu der wegen $Z = E$ bestehenden Ungleichung

$$\lambda(H) < \lambda(G_{\iota_\nu}) \qquad \text{für } 1 \leq \nu \leq n.$$

Folglich gilt $G_{\iota_1} = G_{\iota_n}$; da $T(G_{\iota_1}^{e_1})$ den Faktor S und $S(G_{\iota_n}^{e_n})$ den Faktor S^{-1} fortzuheben hat, erhält man

$$e_1 = -e_n = -1 \qquad \text{und} \qquad H = T(G_{\iota_1})^{-1} Z T(G_{\iota_1}) = E.$$

Lemma. *Für ein Wort* $H = G_{\iota_1}^{e_1} G_{\iota_2}^{e_2} \ldots G_{\iota_n}^{e_n}$ *aus* $\mathfrak{G}$ *seien sämtliche Abschnitte* $H_{\mu\nu} = G_{\iota_\mu}^{e_\mu} \ldots G_{\iota_\nu}^{e_\nu}$ *(für* $1 \leq \mu < \nu \leq n$*) außer etwa* $H = H_{1n}$

2.2.3. Freie Zerlegungen endlich erzeugbarer Gruppen

von E verschieden. Wenn dann

$$\lambda(H) < \lambda = \max\left(\lambda(G_{\iota_1}), \lambda(G_{\iota_2}), \ldots, \lambda(G_{\iota_n})\right),$$

so gilt

$$G_{\iota_\nu} = S Z(G_{\iota_\nu}) S^{-1} \quad \text{für } 1 \leq \nu \leq n \text{ und } H = E.$$

Beweis. Wir spalten H in Teilprodukte $H = L_1 L_2 \ldots L_k$ mit

$$L_1 = \prod_1^{n_1} G_{\iota_\nu}^{e_\nu}; \quad L_2 = \prod_{n_1+1}^{n_2} G_{\iota_\nu}^{e_\nu}; \quad \ldots; \quad L_k = \prod_{n_{k-1}+1}^{n} G_{\iota_\nu}^{e_\nu}$$

in folgender Weise: Jedes $L_\varkappa$ ist entweder Erzeugende der Länge λ oder Produkt von Erzeugenden kleinerer Länge, die von zwei Erzeugenden der Länge λ eingeschlossen sind bzw. vor der ersten oder hinter der letzten Erzeugenden der Länge λ stehen. Sind $L_{\varkappa-1}$ und $L_{\varkappa+1}$, aber nicht $L_\varkappa$ Erzeugende der Länge λ, so werden $Z(L_{\varkappa-1})$ und $Z(L_{\varkappa+1})$ nach (6) in $L_{\varkappa-1} L_\varkappa L_{\varkappa+1}$ weder fortgehoben noch zu einer Silbe vereinigt. Sind $L_\varkappa, L_{\varkappa+1}$ Erzeugende der Länge λ, für die sich $T(L_\varkappa)$ und $S(L_{\varkappa+1})$ nicht fortheben, so bleiben ihre Mitten unversehrt; heben sich $T(L_\varkappa)$ und $S(L_{\varkappa+1})$ fort, so vereinigen sich ihre Mitten zu einer von E verschiedenen Silbe. Gleiches gilt für mehrere aufeinander folgende Erzeugende der Länge λ nach (7), da kein Teilprodukt $H_{\mu\nu}$ die Einheit ist, außer im Falle $H_{1n} = H = E$.

Wenn also H von E verschieden ist, heben sich die Mitten der Erzeugenden der Länge λ nicht völlig fort; daher bleibt vor und hinter einem mittleren Faktor noch ein Produkt von mindestens der Länge $\left[\frac{\lambda}{2}\right]$ stehen. Folglich gilt $\lambda(H) \geq \left[\frac{\lambda}{2}\right] + 1 + \left[\frac{\lambda}{2}\right] \geq \lambda$.

Hieraus folgt der Beweis des Satzes 11. Durch eine den Forderungen entsprechende Minimalbasis $\mathfrak{M} = (G_\mu)$ der Gruppe $\mathfrak{G} = \mathfrak{A}_1 * \mathfrak{A}_2$ werden die (von E verschiedenen) Elemente $A_1 \in \mathfrak{A}_1$ und $A_2 \in \mathfrak{A}_2$ der Länge $\lambda(A_1) = \lambda(A_2) = 1$ nach dem Lemma durch Erzeugende G_μ der Länge $\lambda(G_\mu) = 1$ dargestellt. Alle Erzeugenden G_μ gehören demnach dem Faktor $\mathfrak{A}_1$ oder $\mathfrak{A}_2$ an.

Satz 12. *Die Gruppe $\mathfrak{G}$ sei Vereinigung einer Kette K echter (endlich erzeugbarer) Untergruppen $\mathfrak{U} \subset \mathfrak{G}$ beschränkten Ranges $m(\mathfrak{U}) \leq n$. Besitzt $\mathfrak{G}$ eine freie Zerlegung $\mathfrak{G} = \mathfrak{H}_0 * \mathfrak{H}$ mit endlich erzeugbarem Faktor $\mathfrak{H}_0$, so gilt $m(\mathfrak{H}_0) < n$; der Faktor $\mathfrak{H}$ ist nicht endlich erzeugbar.*

Beweis. Die Gruppe $\mathfrak{G}$ ist nicht endlich erzeugbar, da ein endlicher Komplex $\mathfrak{K} \subset \mathfrak{G}$ einem Glied $\mathfrak{U} \in \mathsf{K}$ angehört. In einer freien Zerlegung $\mathfrak{G} = \mathfrak{H}_0 * \mathfrak{H}$ ist daher ein freier Faktor nicht endlich erzeugbar. Ist $\mathfrak{H}_0$ endlich erzeugbar, so existiert ein Glied $\mathfrak{U}_0 \in \mathsf{K}$, derart daß $\mathfrak{H}_0 \subset \mathfrak{U}_0 \subset \mathfrak{G}$. Nach Satz 8* besitzt $\mathfrak{U}_0$ eine freie Zerlegung $\mathfrak{U}_0 = \mathfrak{H}_0 * \mathfrak{V}_0$. Aus Satz 11 folgt

$$0 < m(\mathfrak{V}_0); \quad m(\mathfrak{H}_0) + m(\mathfrak{V}_0) = m(\mathfrak{U}_0) \leq n; \quad m(\mathfrak{H}_0) < n.$$

2.2.4. Anwendungen und Beispiele

Die Gruppeneigenschaft $\mathfrak{f}(\mathfrak{G})$, eine *freie Gruppe* zu sein, ist vom Typus (I, II), die Gruppeneigenschaft $\mathfrak{lf}(\mathfrak{G})$, eine *lokalfreie Gruppe* zu sein, daher vom Typus (I, II, V). Jede freie Gruppe ist lokalfrei, es gibt lokalfreie Gruppen, die nicht freie Gruppen sind.

Beispiel. Die *additive Gruppe* $\mathfrak{R}$ *der rationalen Zahlen* ist lokalfreie, aber nicht freie Gruppe. Denn $\mathfrak{R}$ ist nicht zyklisch, für jede endlich erzeugbare Untergruppe aber gilt

$$\mathfrak{U} = \left\{\frac{a_1}{n}, \frac{a_2}{n}, \ldots, \frac{a_k}{n}\right\} = \left\{\frac{d}{n}\right\} \quad \text{mit} \quad d = (a_1, a_2, \ldots, a_k).$$

Satz 13. *Das freie Produkt*

$$\mathfrak{G} = \underset{\iota}{*}\, \mathfrak{U}_\iota \quad (\text{über } \iota \in \mathrm{I})$$

lokalfreier Gruppe $\mathfrak{U}_\iota$ *ist lokalfrei.*

Beweis. Die Elemente eines endlichen Komplexes $\mathfrak{K} \subset \mathfrak{G}$ besitzen (endliche) Silbendarstellungen in den Faktoren $\mathfrak{U}_\iota$; die hierbei auftretenden Silben aus $\mathfrak{U}_\iota$ erzeugen eine freie Untergruppe $\mathfrak{F}_\iota \subseteq \mathfrak{U}_\iota$. Das Kompositum

$$\mathfrak{F} = \left\{\underset{\iota}{\cup}\, \mathfrak{F}_\iota\right\} = \underset{\iota}{*}\, \mathfrak{F}_\iota \quad (\text{über } \iota \in \mathrm{I})$$

ist freie Untergruppe von $\mathfrak{G}$. Mithin ist $\mathfrak{U} = \{\mathfrak{K}\} \subseteq \mathfrak{F}$ freie Gruppe.

Jeder endliche Komplex $\mathfrak{K}$ einer lokalfreien Gruppe $\mathfrak{G}$ ist in freien Untergruppen $\mathfrak{U}_0$ minimalen (endlichen) Ranges $r(\mathfrak{U}_0) = r(\mathfrak{K})$ enthalten. Eine lokalfreie Gruppe $\mathfrak{G}$ besitzt *endlichen Rang* $r(\mathfrak{G}) = n$, wenn jeder endliche Komplex $\mathfrak{K} \subset \mathfrak{G}$ einen Rang $r(\mathfrak{K}) \leq n$, wenigstens ein Komplex $\mathfrak{K}_0$ den Rang $r(\mathfrak{K}_0) = n$ besitzt. Für freie Gruppen stimmt diese Rangdefinition mit der früheren überein.

Satz 14. *Jede abzählbar unendliche lokalfreie (aber nicht freie) Gruppe* $\mathfrak{G}$ *endlichen Ranges* $r(\mathfrak{G}) = n$ *ist Vereinigung einer abzählbar unendlichen Kette freier Untergruppen vom Range* n.

Beweis. Aus einer Abzählung (G_k) der Gruppe $\mathfrak{G}$ erhält man die Kette freier Gruppen $\mathfrak{U}_k = \{G_1, G_2, \ldots, G_k\}$ vom Range $r(\mathfrak{U}_k) \leq n$. Wäre die Kette endlich, so wäre $\mathfrak{G}$ freie Gruppe. Für fast alle k besteht die Gleichung $r(\mathfrak{U}_k) = n$; andernfalls wäre immer wieder $r(\mathfrak{U}_k) \leq n-1$, also jeder endliche Komplex $\mathfrak{K} \subset \mathfrak{G}$ in einer freien Untergruppe $\mathfrak{U}_k$ eines Ranges $r(\mathfrak{U}_k) \leq n-1$ enthalten.

Es ist noch ungewiß, ob überabzählbare lokalfreie Gruppen $\mathfrak{G}$ endlichen Ranges $r(\mathfrak{G})$ existieren; es gilt jedoch

Satz 14*. *Die Vereinigung* $\mathfrak{V} = \underset{k}{\cup}\, \mathfrak{U}_k$ *einer abzählbaren Kette* $(\mathfrak{U}_k)$ *überabzählbar unendlicher freier Untergruppen* $\mathfrak{U}_k$ *einer Gruppe* $\mathfrak{G}$ *ist lokalfrei, jedoch nicht endlichen Ranges.*

Beweis. Die Untergruppe $\mathfrak{B} \subseteq \mathfrak{G}$ ist lokalfrei und überabzählbar. Hat $\mathfrak{B}$ endlichen Rang $r(\mathfrak{B}) = n$, so existiert ein endlicher Komplex $\mathfrak{K} \subset \mathfrak{B}$, der in einer freien Untergruppe $\mathfrak{W} \subseteq \mathfrak{B}$ vom Range $r(\mathfrak{W}) = n$, aber in keiner freien Untergruppe kleineren Ranges enthalten ist. Jeder Komplex $\mathfrak{K} \cup V$ mit $V \in \mathfrak{B}$ ist in einer freien Untergruppe $\mathfrak{W}_V \subseteq \mathfrak{B}$ vom Range $r(\mathfrak{W}_V) \leq n$ enthalten; als endlich erzeugbare Gruppe ist $\mathfrak{W}_V$ in fast allen Untergruppen $\mathfrak{U}_k \subseteq \mathfrak{B}$ enthalten. Da $\mathfrak{B}$ überabzählbar ist, sind für eine natürliche Zahl m und einen überabzählbaren Komplex $\mathfrak{L} \subset \mathfrak{B}$ sämtliche Untergruppen $\mathfrak{W}_L$ mit $L \in \mathfrak{L}$ in $\mathfrak{U}_m$ enthalten.

Der endliche Komplex $\mathfrak{K}$ gehört einem (abzählbar unendlichen) freien Faktor $\mathfrak{F}_m \subset \mathfrak{U}_m$ endlichen Ranges $r(\mathfrak{F}_m)$ an; daher ist wenigstens ein Element $L_0 \in \mathfrak{L}$ nicht in $\mathfrak{F}_m$ enthalten. Andererseits gehört $\mathfrak{K} \cup L_0$ der freien Untergruppe $\mathfrak{W}_{L_0} \subset \mathfrak{U}_m$ vom Range $r(\mathfrak{W}_{L_0}) \leq n$ an; folglich ist $\mathfrak{F}_m \cap \mathfrak{W}_{L_0}$ freier Faktor von $\mathfrak{W}_{L_0}$, also

$$\mathfrak{K} \subset \mathfrak{F}_m \cap \mathfrak{W}_{L_0} \quad \text{mit} \quad r(\mathfrak{F}_m \cap \mathfrak{W}_{L_0}) < r(\mathfrak{W}_{L_0}) \leq n,$$

entgegen der Auswahl des Komplexes $\mathfrak{K} \subset \mathfrak{B}$.

Satz 15. *Ein endliches freies Produkt $\mathfrak{G} = \mathfrak{U}_1 * \mathfrak{U}_2 * \cdots * \mathfrak{U}_k$ lokalfreier Gruppen $\mathfrak{U}_\varkappa$ endlichen Ranges $r(\mathfrak{U}_\varkappa)$ ist lokalfrei vom Range*

$$r(\mathfrak{G}) = r(\mathfrak{U}_1) + r(\mathfrak{U}_2) + \cdots + r(\mathfrak{U}_k).$$

Beweis. Wir beschränken uns auf den Fall eines freien Produktes $\mathfrak{G} = \mathfrak{U}_1 * \mathfrak{U}_2$. Die Elemente K eines endlichen Komplexes $\mathfrak{K} \subset \mathfrak{G}$ besitzen Silbendarstellungen in diesen Faktoren; alle hierbei auftretenden Silben sind in freien Untergruppen $\mathfrak{F}_1 \subseteq \mathfrak{U}_1$ bzw. $\mathfrak{F}_2 \subseteq \mathfrak{U}_2$ vom Range $r(\mathfrak{F}_1) \leq r(\mathfrak{U}_1)$ bzw. $r(\mathfrak{F}_2) \leq r(\mathfrak{U}_2)$ enthalten. Da die freie Gruppe $\mathfrak{F} = \mathfrak{F}_1 * \mathfrak{F}_2$ vom Range $r(\mathfrak{F}) = r(\mathfrak{F}_1) + r(\mathfrak{F}_2)$ den Komplex $\mathfrak{K}$ umfaßt, folgt

$$r(\mathfrak{K}) \leq r(\mathfrak{F}_1) + r(\mathfrak{F}_2), \quad \text{also} \quad r(\mathfrak{G}) \leq r(\mathfrak{U}_1) + r(\mathfrak{U}_2).$$

Andererseits enthalten $\mathfrak{U}_1$ und $\mathfrak{U}_2$ endliche Komplexe $\mathfrak{K}_1$ bzw. $\mathfrak{K}_2$ vom Range $r(\mathfrak{K}_1) = r(\mathfrak{U}_1)$ bzw. $r(\mathfrak{K}_2) = r(\mathfrak{U}_2)$. Jede freie Untergruppe $\mathfrak{B} \subset \mathfrak{G}$, die $\mathfrak{K}_1 \cup \mathfrak{K}_2$ umfaßt, besitzt eine freie Zerlegung

$$\mathfrak{B} = (\mathfrak{B} \cap \mathfrak{U}_1) * (\mathfrak{B} \cap \mathfrak{U}_2) * \mathfrak{W}_0 \quad \text{mit} \quad \mathfrak{K}_1 \subseteq \mathfrak{B} \cap \mathfrak{U}_1; \; \mathfrak{K}_2 \subseteq \mathfrak{B} \cap \mathfrak{U}_2.$$

Hieraus folgt

$$r(\mathfrak{B} \cap \mathfrak{U}_1) \geq r(\mathfrak{U}_1); \; r(\mathfrak{B} \cap \mathfrak{U}_2) \geq r(\mathfrak{U}_2), \quad \text{also} \quad r(\mathfrak{G}) \geq r(\mathfrak{B}) \geq r(\mathfrak{U}_1) + r(\mathfrak{U}_2).$$

Jede Untergruppe $\mathfrak{U}$ einer freien Gruppe $\mathfrak{F}$ ist eine freie Gruppe; für die Untergruppen endlichen Ranges lassen sich weitere Aussagen gewinnen:

Satz 16 (M. TAKAHASI). *Die (geordnete) Menge M_n aller Untergruppen $\mathfrak{U}$ beschränkten Ranges $r(\mathfrak{U}) \leq n$ einer freien Gruppe $\mathfrak{F}$ genügt der Maximalbedingung.*

Beweis. Die Vereinigung $\mathfrak{V}=\bigcup_k \mathfrak{U}_k$ einer abzählbaren Kette

$$\mathfrak{U}_1 \subset \mathfrak{U}_2 \subset \cdots \subset \mathfrak{U}_k \subset \mathfrak{U}_{k+1} \subset \cdots$$

aus Untergruppen $\mathfrak{U}_k$ beschränkten Ranges $r(\mathfrak{U}_k) \leq n$ in einer freien Gruppe $\mathfrak{F}$ ist nicht endlich erzeugbar; daher besitzt $\mathfrak{V}$ eine freie Zerlegung $\mathfrak{V}=\mathfrak{H}_0 * \mathfrak{H}$ mit freiem Faktor $\mathfrak{H}_0$ des Ranges $r(\mathfrak{H}_0)=n+1$; nach Satz 12 müßte indes $r(\mathfrak{H}_0)<n$ gelten.

Satz 17. *Zu einer Untergruppe $\mathfrak{H}$ endlichen Ranges $r(\mathfrak{H})=k$ in einer freien Gruppe $\mathfrak{F}$ gibt es nur endlich viele Zwischengruppen $\mathfrak{H} \subseteq \mathfrak{U} \subseteq \mathfrak{F}$, deren echte freie Faktoren $\mathfrak{H}$ nicht enthalten.*

Beweis. 1. Für $\mathfrak{F}$ kann endlicher Rang $r(\mathfrak{F})$ vorausgesetzt werden. Denn $\mathfrak{H} \subset \mathfrak{F}$ ist in einem freien Faktor $\mathfrak{F}_1 \subseteq \mathfrak{F}$ endlichen Ranges $r(\mathfrak{F}_1)$ enthalten. Aus der freien Zerlegung $\mathfrak{F}=\mathfrak{F}_1 * \mathfrak{F}_2$ mit $\mathfrak{H} \subseteq \mathfrak{F}_1$ entnehmen wir für eine Zwischengruppe $\mathfrak{H} \subseteq \mathfrak{U} \subseteq \mathfrak{F}$ die freie Zerlegung

$$\mathfrak{U}=(\mathfrak{U} \cap \mathfrak{F}_1) * \mathfrak{V}_0 \quad \text{mit} \quad \mathfrak{U} \cap \mathfrak{F}_1 \supseteq \mathfrak{H} > E.$$

Genügt $\mathfrak{U}$ der Voraussetzung, so folgt $\mathfrak{V}_0=E$ und $\mathfrak{U} \cap \mathfrak{F}_1=\mathfrak{U}$.

2. Ist $\mathfrak{F}$ freie Gruppe endlichen Ranges $r(\mathfrak{F})$ mit dem (freien) Erzeugendensystem $\mathfrak{S}$, bezeichnet $l(F)$ die Länge des Elementes $F \in \mathfrak{F}$ bezüglich $\mathfrak{S}$, so existiert nach Satz 2.1.5* für $\mathfrak{U} \subset \mathfrak{F}$ ein (freies) Erzeugendensystem $\mathfrak{T}$, derart daß jedes $U \in \mathfrak{U}$ eine Wortdarstellung

$$U=U(T)=T_1^{j_1} T_2^{j_2} \ldots T_m^{j_m} \quad \text{mit} \quad l(U) \geq l(T_\mu) \quad \text{für } 1 \leq \mu \leq m$$

besitzt. Enthält $\mathfrak{U}$ die Gruppe $\mathfrak{H}=\{H_1, H_2, \ldots, H_k\}$ vom Range $k=r(\mathfrak{H})$, so treten in den Wortdarstellungen $H_\varkappa=H_\varkappa(T)$ (für $1 \leq \varkappa \leq k$) alle Erzeugenden $T \in \mathfrak{T}$ auf, da sonst $\mathfrak{H}$ in einem echten freien Faktor von $\mathfrak{U}$ enthalten wäre. Hieraus folgt

$$l(T) \leq \max\bigl(l(H_\varkappa)\bigr) \quad \text{für } T \in \mathfrak{T}.$$

Für $\mathfrak{T}$ stehen somit nur endlich viele Elemente $T \in \mathfrak{F}$ zur Verfügung.

Satz 18. *Enthält die freie Gruppe $\mathfrak{F}$ eine Untergruppe $\mathfrak{H}_\omega$ endlichen Ranges $r(\mathfrak{H}_\omega)=k>0$, die in keiner Untergruppe $\mathfrak{U} \subseteq \mathfrak{F}$ eines Ranges $r(\mathfrak{U})<k$ enthalten ist, so ist jede absteigende Kette*

$$\mathfrak{H}_1 \supset \mathfrak{H}_2 \supset \cdots \supset \mathfrak{H}_n \supset \mathfrak{H}_{n+1} \supset \cdots \supset \mathfrak{H}_\omega$$

von Untergruppen $\mathfrak{H}_n \subset \mathfrak{F}$ des Ranges $r(\mathfrak{H}_n)=k$ endlich.

Beweis. Auf Grund der Voraussetzung ist $\mathfrak{H}_\omega$ in keinem echten freien Faktor einer der Gruppen $\mathfrak{H}_n$ enthalten; nach Satz 17 gibt es nur endlich viele solche Untergruppen in $\mathfrak{F}$.

Satz 19. *Der Durchschnitt $\mathfrak{D}=\bigcap_n \mathfrak{H}_n$ einer abzählbaren Kette*

$$\mathfrak{F}=\mathfrak{H}_0 \supset \mathfrak{H}_1 \supset \mathfrak{H}_2 \supset \cdots \supset \mathfrak{H}_n \supset \mathfrak{H}_{n+1} \supset \cdots$$

von Untergruppen einer freien Gruppe $\mathfrak{F}$ ist E oder freier Faktor fast aller Untergruppen $\mathfrak{H}_n \subset \mathfrak{F}$.

Beweis. Jedes von E verschiedene Element $D \in \mathfrak{D}$ ist in einem eindeutig bestimmten minimalen freien Faktor $\mathfrak{H}_n^* \subseteq \mathfrak{H}_n$ enthalten. Denn der Durchschnitt $\mathfrak{H}_n' \cap \mathfrak{H}_n''$ freier Faktoren von $\mathfrak{H}_n$ ist freier Faktor von $\mathfrak{H}_n$; ferner besteht, da $\mathfrak{H}_n' \cap \mathfrak{H}_n''$ freier Faktor von $\mathfrak{H}_n'$ ist, die Alternative

$$r(\mathfrak{H}_n' \cap \mathfrak{H}_n'') < r(\mathfrak{H}_n') \quad \text{oder} \quad r(\mathfrak{H}_n' \cap \mathfrak{H}_n'') = r(\mathfrak{H}_n'), \quad \text{also} \quad \mathfrak{H}_n' \subseteq \mathfrak{H}_n''.$$

Gehört $D \in \mathfrak{D}$ den minimalen freien Faktoren $\mathfrak{H}_m^* \subseteq \mathfrak{H}_m$ und $\mathfrak{H}_n^* \subseteq \mathfrak{H}_n$ an, so ist für $m < n$ auch $\mathfrak{H}_m^* \cap \mathfrak{H}_n$ freier Faktor von $\mathfrak{H}_n$, also

$$\mathfrak{H}_n^* \subseteq \mathfrak{H}_m^* \cap \mathfrak{H}_n \subseteq \mathfrak{H}_m^*.$$

Nach Satz 18 bricht die Kette

$$\mathfrak{H}_1^* \supseteq \mathfrak{H}_2^* \supseteq \cdots \supseteq \mathfrak{H}_n^* \supseteq \mathfrak{H}_{n+1}^* \supseteq \cdots$$

ab, da ihr Durchschnitt $\mathfrak{D}^*$ in keinem echten freien Faktor ihrer Glieder enthalten ist. Mithin ist $\mathfrak{D}^*$ freier Faktor fast aller Untergruppen $\mathfrak{H}_n \subset \mathfrak{F}$.

Satz 20 (F. LEVI). *Eine abzählbare absteigende Kette*

$$\mathfrak{F} = \mathfrak{V}_0 \supset \mathfrak{V}_1 \supset \mathfrak{V}_2 \supset \cdots \supset \mathfrak{V}_n \supset \mathfrak{V}_{n+1} \supset \cdots$$

von Untergruppen $\mathfrak{V}_n$ einer freien Gruppe $\mathfrak{F}$, in der jedes Glied im Vorgänger charakteristisch ist, besitzt den Durchschnitt E.

Beweis. Ein von E verschiedener Durchschnitt $\mathfrak{D} = \bigcap_n \mathfrak{V}_n$ wäre nach Satz 19 freier Faktor aller Untergruppen $\mathfrak{V}_n \subset \mathfrak{F}$ mit einem Index $n \geq n_0$; da jedes $\mathfrak{V}_n$ mit $n \geq n_0$ in $\mathfrak{V}_{n_0}$ charakteristisch ist, wäre $\mathfrak{D}$ eigentliche charakteristische Untergruppe und zugleich freier Faktor von $\mathfrak{V}_{n_0}$.

Beispiel 1. In der Kette $(\mathfrak{F}^{(n)})$ iterierter Kommutatoren einer freien Gruppe $\mathfrak{F}$ ist $\mathfrak{F}^{(n+1)}$ charakteristisch in $\mathfrak{F}^{(n)}$. Folglich gilt

$$\mathfrak{F}^{(\omega)} = \bigcap_n \mathfrak{F}^{(n)} = E.$$

Beispiel 2. Ist $\mathfrak{F} = \mathfrak{V}_0$ freie Gruppe und für jeden Index $0 \leq n < \infty$ die Gruppe $\mathfrak{V}_{n+1}$ Durchschnitt aller Untergruppen $\mathfrak{U}$ von festem Index $\mathrm{ind}(\mathfrak{V}_n : \mathfrak{U}) = k_n > 1$ in $\mathfrak{V}_n$, so gilt $\bigcap_n \mathfrak{V}_n = E$. Denn $\mathfrak{V}_{n+1}$ ist charakteristisch in $\mathfrak{V}_n$.

Satz 21 (W. MAGNUS). *Die unterste Zentralfolge $(\mathfrak{C}_k(\mathfrak{F}))$ einer freien Gruppe $\mathfrak{F}$ besitzt den Durchschnitt*

$$\mathfrak{C}_\omega(\mathfrak{F}) = \bigcap_k \mathfrak{C}_k(\mathfrak{F}) = E \qquad (\text{über } 0 \leq k < \infty).$$

Beweis. Da für jeden freien Faktor $\mathfrak{U}$ (als Retrakte) von $\mathfrak{F}$

$$\mathfrak{C}_k(\mathfrak{U}) = \mathfrak{C}_k(\mathfrak{F}) \cap \mathfrak{U} \qquad \text{für } 1 \leq k < \infty,$$

kann man sich auf freie Gruppen $\mathfrak{F}$ endlichen Ranges beschränken. Wir bilden die Untergruppenkette

$$\mathfrak{F} = \mathfrak{V}_0 \supset \mathfrak{V}_1 \supset \mathfrak{V}_2 \supset \cdots \supset \mathfrak{V}_n \supset \mathfrak{V}_{n+1} \supset \cdots,$$

in der $\mathfrak{V}_{n+1}$ Durchschnitt aller Normalteiler $\mathfrak{N} \triangleleft \mathfrak{V}_n$ vom Primzahlindex ind$(\mathfrak{V}_n : \mathfrak{N}) = p$ ist, und zeigen durch vollständige Induktion:

Die (freie) Gruppe $\mathfrak{V}_n$ besitzt endlichen Rang $r(\mathfrak{V}_n) = k_n$; die Faktorgruppe $\mathfrak{F}/\mathfrak{V}_n$ ist eine endliche p-Gruppe.

Beweis. Für $n=0$ erhalten wir $r(\mathfrak{F}) = r(\mathfrak{V}_0) = k_0$. Für Normalteiler $\mathfrak{N} \triangleleft \mathfrak{V}_n$ vom Index ind$(\mathfrak{V}_n : \mathfrak{N}) = p$ gilt

$$\mathfrak{V}_n' \subseteq \mathfrak{N} \subset \mathfrak{V}_n, \quad \text{also auch} \quad \mathfrak{V}_n' \subseteq \mathfrak{V}_{n+1} \subset \mathfrak{V}_n.$$

Da überdies

$$V^p \equiv E \bmod \mathfrak{V}_{n+1} \quad \text{für} \quad V \equiv E \bmod \mathfrak{V}_n,$$

ist $\mathfrak{V}_n/\mathfrak{V}_{n+1}$ eine (reguläre) abelsche Gruppe

$$\mathfrak{A}_n = \{A_1, A_2, \ldots, A_{k_n}\} \quad \text{mit} \quad [A_\varkappa, A_\lambda] = A_\varkappa^p = E \quad \text{für } 1 \leq \varkappa < \lambda \leq k_n$$

der Ordnung ord$(\mathfrak{V}_n/\mathfrak{V}_{n+1}) = p^{k_n}$. Aus Satz 2.1.5 entnehmen wir

$$r(\mathfrak{V}_{n+1}) = k_{n+1} = 1 + p^{k_n}(k_n - 1).$$

Damit folgt durch vollständige Induktion

$$\text{ord}(\mathfrak{F}/\mathfrak{V}_{n+1}) = \text{ord}(\mathfrak{F}/\mathfrak{V}_n) \, \text{ord}(\mathfrak{V}_n/\mathfrak{V}_{n+1}) = p^{k_0 + k_1 + \cdots + k_n}.$$

Die Gruppen $\mathfrak{V}_n$ besitzen nach Satz 20 den Durchschnitt $\bigcap_n \mathfrak{V}_n = E$. Für die endliche p-Gruppe $\mathfrak{F}/\mathfrak{V}_n$ besteht (nach Satz 3.2.2) für einen Index $h_n \geq 0$ die Beziehung

$$1 = \mathfrak{C}_{h_n}(\mathfrak{F}/\mathfrak{V}_n) = \mathfrak{C}_{h_n}(\mathfrak{F}) \, \mathfrak{V}_n/\mathfrak{V}_n \quad \text{oder} \quad \mathfrak{C}_{h_n}(\mathfrak{F}) \subseteq \mathfrak{V}_n$$

und damit

$$\mathfrak{C}_\omega(\mathfrak{F}) = \bigcap_n \mathfrak{C}_n(\mathfrak{F}) = \bigcap_n \mathfrak{C}_{h_n}(\mathfrak{F}) \subseteq \bigcap_n \mathfrak{V}_n = E.$$

Satz 22. *In einer freien Gruppe $\mathfrak{F}$ ist der Durchschnitt $\mathfrak{E}(\mathfrak{F})$ aller Untergruppen $\mathfrak{U} \subset \mathfrak{F}$ von endlichem Index die Einheit.*

Beweis. Bezeichnet $\mathfrak{E}(\mathfrak{G})$ den Durchschnitt aller Untergruppen einer Gruppe $\mathfrak{G}$ mit endlichem Index ind$(\mathfrak{G} : \mathfrak{U}) > 0$, so besteht für jede Untergruppe $\mathfrak{H} \subset \mathfrak{G}$ die Beziehung

$$\mathfrak{E}(\mathfrak{H}) \subseteq \mathfrak{H} \cap \mathfrak{E}(\mathfrak{G}),$$

für einen Normalteiler $\mathfrak{H} \triangleleft \mathfrak{G}$ überdies die Beziehung

$$\mathfrak{E}(\mathfrak{G}) \, \mathfrak{H}/\mathfrak{H} \subseteq \mathfrak{E}(\mathfrak{G}/\mathfrak{H}).$$

Da man hieraus $(\mathfrak{E}(\mathfrak{G}))^\eta \subseteq \mathfrak{E}(\mathfrak{G}^\eta) \subseteq \mathfrak{E}(\mathfrak{G})$ für jeden Endomorphismus $\eta \in \mathsf{E}(\mathfrak{G})$ folgert, ist $\mathfrak{E}(\mathfrak{G})$ vollinvariant in $\mathfrak{G}$.

Für eine freie Gruppe $\mathfrak{F}$ ist daher $\mathfrak{E}(\mathfrak{F})$ eine Wortuntergruppe; jeder freie Faktor $\mathfrak{U} \subset \mathfrak{F}$ erfüllt (als Retrakte) die Gleichung

$$\mathfrak{E}(\mathfrak{U}) = \mathfrak{U} \cap \mathfrak{E}(\mathfrak{G}).$$

Daher kann man sich auf freie Gruppen endlichen Ranges beschränken.

In einer freien Gruppe $\mathfrak{F}$ endlichen Ranges sind alle Faktorgruppen $\mathfrak{F}/\mathfrak{V}_n$ nach der zum Beweise des Satzes 21 herangezogenen Untergruppenkette $(\mathfrak{V}_n)$ endlich, so daß

$$\mathfrak{E}(\mathfrak{F}) \subseteq \mathfrak{V}_n, \quad \text{also} \quad \mathfrak{E}(\mathfrak{F}) \subseteq \bigcap_n \mathfrak{V}_n = E.$$

Nach Ergebnissen des Abschnittes 1.4.6 folgt hieraus

Satz 22*. *In einer freien Gruppe $\mathfrak{F}$ existiert zu jedem Element $F \in \mathfrak{F}$ eine Untergruppe $\mathfrak{U}_F \subset \mathfrak{F}$ von endlichem Index, die F nicht enthält.*

2.2.5. Freie Produkte mit vereinigter Untergruppe

Der Begriff des freien Produktes von Gruppen läßt sich zu dem des *freien Produktes mit vereinigter Untergruppe* verallgemeinern:

Satz 23 (O. Schreier). *Ist $(\mathfrak{G}_\iota; \Omega)$ (über $\iota \in \mathsf{I}$) eine Menge von Gruppen, deren jede eine zu einer Gruppe $\mathfrak{H}; \Omega$ isomorphe Untergruppe $\mathfrak{H}_\iota$ enthält:*

$$\alpha_\iota: \quad H_\iota \leftrightarrow H_\iota^{\alpha_\iota} = H \in \mathfrak{H} \qquad \text{für jedes } H_\iota \in \mathfrak{H}_\iota; \Omega,$$

so existiert eine (bis auf Isomorphie eindeutige) Gruppe $\mathfrak{F}; \Omega$ mit den Eigenschaften:

1. *Die Gruppe $\mathfrak{F}; \Omega$ enthält $\mathfrak{H}; \Omega$ als Untergruppe.*
2. *Jede Gruppe $\mathfrak{G}_\iota; \Omega$ besitzt einen Isomorphismus β_ι in $\mathfrak{F}; \Omega$, der in $\mathfrak{H}_\iota; \Omega$ den Isomorphismus α_ι induziert:*

$$\beta_\iota: \begin{cases} G_\iota \leftrightarrow G_\iota^{\beta_\iota} \in \mathfrak{F}; \Omega & \text{für jedes } G_\iota \in \mathfrak{G}_\iota; \Omega, \\ H_\iota \leftrightarrow H_\iota^{\beta_\iota} = H_\iota^{\alpha_\iota} = H \in \mathfrak{H} & \text{für jedes } H_\iota \in \mathfrak{H}_\iota; \Omega. \end{cases}$$

3. *Für jeden Index $\iota \in \mathsf{I}$ gilt*

$$\mathfrak{G}_\iota^{\beta_\iota} \cap \mathfrak{F}_\iota = \mathfrak{H} \quad \text{mit} \quad \mathfrak{F}_\iota = \left\{ \bigcup_{\varkappa \neq \iota} \mathfrak{G}_\varkappa^{\beta_\varkappa} \right\} \qquad (\text{über } \varkappa \in \mathsf{I}).$$

4. *Die Gruppe $\mathfrak{F}; \Omega$ ist das Kompositum $\mathfrak{F}; \Omega = \{\bigcup_\iota \mathfrak{G}_\iota^{\beta_\iota}\}$.*
5. *Jede Gruppe $\overline{\mathfrak{F}}; \Omega$ mit den Eigenschaften 1. bis 4. ist homomorphes Bild der Gruppe $\mathfrak{F}; \Omega$.*

Man bezeichnet die Gruppe $\mathfrak{F}; \Omega$ als das *freie Produkt der Gruppen* $\mathfrak{G}_\iota; \Omega$ *mit vereinigter Untergruppe* $\mathfrak{H}; \Omega$:

$$\mathfrak{F}; \Omega = \underset{\iota}{\ast} (\mathfrak{H} \subseteq \mathfrak{G}_\iota) \qquad (\text{über } \iota \in \mathsf{I}).$$

Beweis. Wird für eine Gruppe $\mathfrak{F};\Omega$ mit den Eigenschaften 1., 2., 4. des Satzes (nach Identifizierung der Gruppen $\mathfrak{G}_\iota^{\beta_\iota};\Omega$ mit den Gruppen $\mathfrak{G}_\iota;\Omega$) ein Repräsentantensystem $(A_{\iota\lambda})$ mit $A_{\iota 0}=E$ für $\mathfrak{H}=A_{\iota 0}\mathfrak{H}$ der Restklassenzerlegung

$$\mathfrak{G}_\iota;\Omega = \sum_\lambda A_{\iota\lambda}\mathfrak{H} \qquad \text{(über } \lambda \in \Lambda_\iota \text{ für } \iota \in \mathsf{I)}$$

nach der Untergruppe $\mathfrak{H}$ festgelegt, so besitzt jedes von E verschiedene Element $F \in \mathfrak{F};\Omega$ eine Darstellung

$$F = G_{\iota_1} G_{\iota_2} \ldots G_{\iota_n} \qquad \text{mit } G_{\iota_\nu} \in \mathfrak{G}_{\iota_\nu};\Omega \text{ für } 1 \leq \nu \leq n,$$

die der Indexbedingung $\iota_{\nu-1} \neq \iota_\nu$ genügt, also auch eine Darstellung

$$F = A_{\iota_1\lambda_1} A_{\iota_2\lambda_2} \ldots A_{\iota_n\lambda_n} H \qquad \text{mit } H \in \mathfrak{H};\Omega,$$

da Elemente $H \in \mathfrak{H};\Omega$ allen Gruppen $\mathfrak{G}_\iota;\Omega$ gemeinsam sind. Die Eigenschaften 3., 5. des Satzes sind dann gleichwertig mit:

6. *Jedes $F \in \mathfrak{F};\Omega$ besitzt eine eindeutige Darstellung*

$$F = A_{\iota_1\lambda_1} A_{\iota_2\lambda_2} \ldots A_{\iota_n\lambda_n} H$$

der Länge $n \geq 0$ unter den Bedingungen

$$A_{\iota_\nu\lambda_\nu} \neq E \quad \textit{für } 1 \leq \nu \leq n; \qquad \iota_{\nu-1} \neq \iota_\nu \quad \textit{für } 2 \leq \nu \leq n.$$

Dem Beweise legen wir demgemäß Restklassenzerlegungen

$$\mathfrak{G}_\iota;\Omega = \sum_\iota A_{\iota\lambda}\mathfrak{H}_\iota \qquad \text{(über } \lambda \in \Lambda_\iota; \iota \in \mathsf{I)}$$

mit Repräsentanten $A_{\iota\lambda}$ unter der Vorschrift $A_{\iota 0}=E$ für $\mathfrak{H}_\iota=A_{\iota 0}\mathfrak{H}_\iota$ zugrunde. Unter dem Symbol $\mathfrak{A}$ verstehen wir eine geordnete Reihe $\mathfrak{A}=(\mathfrak{A}^*, A_{\iota_n\lambda_n})=(A_{\iota_1\lambda_1}, A_{\iota_2\lambda_2}, \ldots, A_{\iota_n\lambda_n})$ mit $\iota_{\nu-1} \neq \iota_\nu$ für $2 \leq \nu \leq n$ endlicher Länge $n \geq 0$ aus Repräsentanten $E \neq A_{\iota_\nu\lambda_\nu} \in \mathfrak{G}_\iota;\Omega$. Der Abschnitt $\mathfrak{A}^*$ ist (für $n \geq 1$) eine (kürzere) zulässige Reihe. Weiter bilden wir mit Elementen $H \in \mathfrak{H};\Omega$ die Menge M aller Symbole $[\mathfrak{A}; H]$. Zur Vereinfachung bezeichnen wir ein Element $H \in \mathfrak{H};\Omega$ zugleich mit seinen Bildern $H^{\alpha_\iota^{-1}}=H_\iota \in \mathfrak{H}_\iota;\Omega$ mit demselben Buchstaben.

Für jedes $H' \in \mathfrak{H};\Omega$ und jeden Repräsentanten $A_{\iota\lambda}$ erklären wir eine Abbildung $\tau(H'), \tau(A_{\iota\lambda})$ der Menge M in sich:

1. *Für $H' \in \mathfrak{H}$ sei*

$$\tau(H'): \quad [\mathfrak{A}; H] \to [\mathfrak{A}; HH'].$$

2. *Für $A_{\iota 0}=E_\iota \in \mathfrak{G}_\iota$ sei $\tau(E_\iota)=\varepsilon$.*
3. *Für $E_\iota \neq A_{\iota\lambda} \in \mathfrak{G}_\iota$ sei $\tau(A_{\iota\lambda})$ erklärt durch:*

2.2.5. Freie Produkte mit vereinigter Untergruppe 215

3.1. Ist in $[\mathfrak{A}; H] = [\mathfrak{A}^*, A_{\iota_n \lambda_n}; H]$ etwa $\iota \neq \iota_n$, so sei

$$\tau(A_{\iota\lambda}): \quad [\mathfrak{A}; H] \to [\mathfrak{A}, A_{\iota\mu}; H^*],$$

falls $HA_{\iota\lambda} = A_{\iota\mu}H^*$ in $\mathfrak{G}_\iota$ mit $H^* \in \mathfrak{H}$.

3.2. Ist in $[\mathfrak{A}; H] = [\mathfrak{A}^*, A_{\iota_n \lambda_n}; H]$ aber $\iota = \iota_n$, so sei

$$\tau(A_{\iota\lambda}): \quad [\mathfrak{A}; H] \to [\mathfrak{A}^*, A_{\iota\mu}; H^*],$$

falls $A_{\iota_n \lambda_n} H A_{\iota\lambda} = A_{\iota\mu} H^*$ in $\mathfrak{G}_\iota$ mit $A_{\iota\mu} \neq E$; $H^* \in \mathfrak{H}$,

$$\tau(A_{\iota\lambda}): \quad [\mathfrak{A}; H] \to [\mathfrak{A}^*; H^*],$$

falls $A_{\iota_n \lambda_n} H A_{\iota\lambda} = H^*$ in $\mathfrak{G}_\iota$ mit $H^* \in \mathfrak{H}$.

Wir haben nachzuweisen:
(1) *Es ist $\tau(H') = \tau(H'')$ nur, wenn $H' = H'' \in \mathfrak{H}$.*
    Es ist $\tau(H')\tau(H'') = \tau(H'H'')$ für $H', H'' \in \mathfrak{H}$.
(2) *Besteht in $\mathfrak{G}_\iota; \Omega$ die Gleichung*

$$A_{\iota\varkappa} A_{\iota\lambda} = A_{\iota\mu} H' \quad \text{bzw.} \quad H' A_{\iota\lambda} = A_{\iota\mu} H'' \quad \text{mit } H', H'' \in \mathfrak{H},$$

so ist auch

$$\tau(A_{\iota\varkappa})\tau(A_{\iota\lambda}) = \tau(A_{\iota\mu})\tau(H') \quad \text{bzw.} \quad \tau(H')\tau(A_{\iota\lambda}) = \tau(A_{\iota\mu})\tau(H'').$$

Die Aussage (1) ist leicht zu erhalten; mühsamer ist der Beweis der Aussagen (2). Unter der Annahme $A_{\iota\varkappa} A_{\iota\lambda} = A_{\iota\mu} H'$ setzen wir für das Symbol $[\mathfrak{A}; H] = [\mathfrak{A}^*, A_{\iota_n \lambda_n}; H]$

$$HA_{\iota\varkappa} = A_{\iota\varrho} H_1; \quad HA_{\iota\varkappa} A_{\iota\lambda} = A_{\iota\varrho} H_1 A_{\iota\lambda} = A_{\iota\sigma} H_2; \quad HA_{\iota\mu} = A_{\iota\sigma} H_2 H'^{-1}.$$

Im Falle $\iota_n \neq \iota$ folgt

$$\tau(A_{\iota\varkappa}): \quad [\mathfrak{A}; H] \to [\mathfrak{A}, A_{\iota\varrho}; H_1],$$

$$\tau(A_{\iota\lambda}): \quad [\mathfrak{A}, A_{\iota\varrho}; H_1] \to \begin{cases} [\mathfrak{A}, A_{\iota\sigma}; H_2], & \text{falls } A_{\iota\sigma} \neq E_\iota, \\ [\mathfrak{A}; H_2], & \text{falls } A_{\iota\sigma} = E_\iota, \end{cases}$$

$$\tau(A_{\iota\varkappa})\tau(A_{\iota\lambda}): \quad [\mathfrak{A}; H] \to \begin{cases} [\mathfrak{A}, A_{\iota\sigma}; H_2], & \text{falls } A_{\iota\sigma} \neq E_\iota, \\ [\mathfrak{A}; H_2], & \text{falls } A_{\iota\sigma} = E_\iota, \end{cases}$$

$$\tau(A_{\iota\mu}): \quad [\mathfrak{A}; H] \to \begin{cases} [\mathfrak{A}, A_{\iota\sigma}; H_2 H'^{-1}], & \text{falls } A_{\iota\sigma} \neq E_\iota, \\ [\mathfrak{A}; H_2 H'^{-1}], & \text{falls } A_{\iota\sigma} = E_\iota, \end{cases}$$

$$\tau(A_{\iota\mu})\tau(H'): \quad [\mathfrak{A}; H] \to \begin{cases} [\mathfrak{A}, A_{\iota\sigma}; H_2], & \text{falls } A_{\iota\sigma} \neq E_\iota, \\ [\mathfrak{A}; H_2], & \text{falls } A_{\iota\sigma} = E_\iota. \end{cases}$$

Im Falle $\iota_n = \iota$, also $\iota_{n-1} \neq \iota$ setzen wir

$$A_{\iota\lambda_n} H A_{\iota\varkappa} = A_{\iota\varrho} H_1; \quad A_{\iota\lambda_n} H A_{\iota\varkappa} A_{\iota\lambda} = A_{\iota\varrho} H_1 A_{\iota\lambda} = A_{\iota\sigma} H_2$$

$$A_{\iota\lambda_n} H A_{\iota\mu} H' = A_{\iota\sigma} H_2; \quad A_{\iota\lambda_n} H A_{\iota\mu} = A_{\iota\sigma} H_2 H'^{-1}$$

und erhalten:

$\tau(A_{\iota\varkappa})$: $\quad [\mathfrak{A}; H] \to \begin{cases} [\mathfrak{A}^*, A_{\iota\varrho}; H_1], & \text{falls } A_{\iota\varrho} \neq E_\iota, \\ [\mathfrak{A}^*; H_1], & \text{falls } A_{\iota\varrho} = E_\iota, \end{cases}$

$\tau(A_{\iota\varkappa})\tau(A_{\iota\lambda})$: $\quad [\mathfrak{A}; H] \to \begin{cases} [\mathfrak{A}^*, A_{\iota\sigma}; H_2], & \text{falls } A_{\iota\sigma} \neq E_\iota, \\ [\mathfrak{A}^*; H_2], & \text{falls } A_{\iota\sigma} = E_\iota, \end{cases}$

$\tau(A_{\iota\mu})$: $\quad [\mathfrak{A}; H] \to \begin{cases} [\mathfrak{A}^*, A_{\iota\sigma}; H_2 H'^{-1}], & \text{falls } A_{\iota\sigma} \neq E_\iota, \\ [\mathfrak{A}^*; H_2 H'^{-1}], & \text{falls } A_{\iota\sigma} = E_\iota, \end{cases}$

$\tau(A_{\iota\mu})\tau(H')$: $\quad [\mathfrak{A}; H] \to \begin{cases} [\mathfrak{A}^*, A_{\iota\sigma}; H_2], & \text{falls } A_{\iota\sigma} \neq E_\iota, \\ [\mathfrak{A}^*; H_2], & \text{falls } A_{\iota\sigma} = E_\iota. \end{cases}$

Der Beweis der zweiten Beziehung ergibt sich in gleicher Weise: Setzen wir für das Symbol $[\mathfrak{A}; H] = [\mathfrak{A}^*, A_{\iota_n \lambda_n}; H]$

$$H A_{\iota\mu} = A_{\iota\varrho} H_1 \quad \text{und} \quad H H' A_{\iota\lambda} = H A_{\iota\mu} H'' = A_{\iota\varrho} H_1 H'',$$

so folgt im Falle $\iota \neq \iota_n$

$\tau(A_{\iota\mu})$: $\quad [\mathfrak{A}; H] \to [\mathfrak{A}, A_{\iota\varrho}; H_1],$

$\tau(A_{\iota\mu})\tau(H'')$: $\quad [\mathfrak{A}; H] \to [\mathfrak{A}, A_{\iota\varrho}; H_1 H''],$

$\tau(H')$: $\quad [\mathfrak{A}; H] \to [\mathfrak{A}; H H''],$

$\tau(H')\tau(A_{\iota\lambda})$: $\quad [\mathfrak{A}; H] \to [\mathfrak{A}, A_{\iota\varrho}; H_1 H''].$

Im Falle $\iota = \iota_n$ setzen wir

$$A_{\iota\lambda_n} H A_{\iota\mu} = A_{\iota\varrho} H_1 \quad \text{und} \quad A_{\iota\lambda_n} H H' A_{\iota\lambda} = A_{\iota\lambda_n} H A_{\iota\mu} H'' = A_{\iota\varrho} H_1 H'',$$

so daß folgt

$\tau(A_{\iota\mu})$: $\quad [\mathfrak{A}; H] \to \begin{cases} [\mathfrak{A}^*, A_{\iota\varrho}; H_1], & \text{falls } A_{\iota\varrho} \neq E_\iota, \\ [\mathfrak{A}^*; H_1], & \text{falls } A_{\iota\varrho} = E_\iota, \end{cases}$

$\tau(A_{\iota\mu})\tau(H'')$: $\quad [\mathfrak{A}; H] \to \begin{cases} [\mathfrak{A}^*, A_{\iota\varrho}; H_1 H''], & \text{falls } A_{\iota\varrho} \neq E_\iota, \\ [\mathfrak{A}^*; H_1 H''], & \text{falls } A_{\iota\varrho} = E_\iota, \end{cases}$

$\tau(H')\tau(A_{\iota\lambda})$: $\quad [\mathfrak{A}; H] \to \begin{cases} [\mathfrak{A}^*, A_{\iota\varrho}; H_1 H''], & \text{falls } A_{\iota\varrho} \neq E_\iota, \\ [\mathfrak{A}^*; H_1 H''], & \text{falls } A_{\iota\varrho} = E_\iota. \end{cases}$

Die Abbildungen

$$\tau(G_\iota) = \tau(A_{\iota\lambda})\tau(H) \quad \text{für } G_\iota = A_{\iota\lambda} H \in \mathfrak{G}_\iota$$

besitzen nach (1) und (2) die Eigenschaften

(3.1) $\quad \tau(F_\iota) = \tau(G_\iota), \quad \text{nur, wenn } F_\iota = G_\iota \in \mathfrak{G}_\iota,$

(3.2) $\quad \tau(F_\iota)\tau(G_\iota) = \tau(F_\iota G_\iota).$

Übertragen wir noch die Operatorwirkung durch die Festsetzung

$$\tau(G_\iota)^\omega = \tau(G_\iota^\omega) \quad \text{für } \omega \in \Omega,$$

so bilden die Abbildungen $\tau(G_\iota)$ für $G_\iota \in \mathfrak{G}_\iota; \Omega$ eine zu $\mathfrak{G}_\iota; \Omega$ isomorphe Gruppe $\overline{\mathfrak{G}}_\iota; \Omega$. Die durch alle Abbildungen $\tau(H)$ und $\tau(A_{\iota\lambda})$ erzeugte Permutationsgruppe $\mathfrak{F}$ der Menge M ist das Kompositum aller Gruppen $\overline{\mathfrak{G}}_\iota; \Omega$; jede der Gruppen $\overline{\mathfrak{G}}_\iota; \Omega$ enthält die Gruppe $\overline{\mathfrak{H}}; \Omega$ der Abbildungen $\tau(H)$, wobei der Isomorphismus β_ι von $\mathfrak{G}_\iota$ auf $\overline{\mathfrak{G}}_\iota$ den Vorschriften des Satzes genügt. Die Wirkung der Operatoren aus Ω läßt sich unmittelbar auf $\mathfrak{F}$ übertragen. Ein Element $\varphi \in \mathfrak{F}; \Omega$ besitzt somit eine Gestalt

$$\varphi = \tau(G_{\iota_1})\,\tau(G_{\iota_2}) \ldots \tau(G_{\iota_n}) \quad \text{mit } \iota_{\nu-1} \neq \iota_\nu \text{ für } 2 \leq \nu \leq n,$$

die wegen (1) und (2) eine Umformung zuläßt zu

$$\varphi = \tau(A_{\iota_1 \lambda_1})\,\tau(A_{\iota_2 \lambda_2}) \ldots \tau(A_{\iota_n \lambda_n})\,\tau(H)$$

unter den Bedingungen

$$A_{\iota_\nu \lambda_\nu} \neq E_{\iota_\nu} \quad \text{für } 1 \leq \nu \leq n;\ \iota_{\nu-1} \neq \iota_\nu \text{ für } 2 \leq \nu \leq n.$$

Auf Grund der Zuordnung

$$\varphi: \quad [0; E] \to [A_{\iota_1 \lambda_1}, A_{\iota_2 \lambda_2}, \ldots, A_{\iota_n \lambda_n}; H]$$

ist diese Darstellung eines Elementes $\varphi \in \mathfrak{F}; \Omega$ eindeutig. Die Einzigkeit der Gruppe $\mathfrak{F}; \Omega$ geht hervor aus dem leicht beweisbaren Homomorphiesatz:

Satz 23*. *Sind für die Faktoren $\mathfrak{G}_\iota; \Omega$ des freien Produktes*

$$\mathfrak{G}; \Omega = \underset{\iota}{*}\,(\mathfrak{H} \subseteq \mathfrak{G}_\iota) \quad (\text{über } \iota \in \mathsf{I})$$

mit vereinigter Untergruppe $\mathfrak{H}$ Homomorphismen η_ι in eine Gruppe $\mathfrak{F}; \Omega$ erklärt, die in $\mathfrak{H}; \Omega$ den gleichen Homomorphismus induzieren:

$$H^{\eta_\iota} = H^{\eta_\varkappa} \quad \textit{für } H \in \mathfrak{H}; \Omega \textit{ und } \iota, \varkappa \in \mathsf{I},$$

so existiert genau ein Homomorphismus η von $\mathfrak{G}; \Omega$ in $\mathfrak{F}; \Omega$, der in jedem Faktor $\mathfrak{G}_\iota; \Omega$ den Homomorphismus η_ι induziert.

Ein allgemeiner Untergruppensatz für freie Produkte von Gruppen (ohne Operatoren) mit vereinigter Untergruppe wurde bisher nicht gefunden; es gilt jedoch

Satz 24 (H. W. KUHN). *In einem freien Produkt*

$$\mathfrak{G} = \underset{\iota}{*}\,(\mathfrak{N} \trianglelefteq \mathfrak{U}_\iota) \quad (\textit{über } \iota \in \mathsf{I})$$

mit vereinigtem Normalteiler $\mathfrak{N}$ besitzt jede Untergruppe $\mathfrak{H} < \mathfrak{G}$ mit geeigneten Repräsentanten $H_{\iota\varkappa}$ der Doppelmodulzerlegungen

$$\mathfrak{G} = \sum_\varkappa \mathfrak{U}_\iota H_{\iota\varkappa} \mathfrak{H} \quad (\textit{über } \varkappa \in \mathsf{K}_\iota;\ \iota \in \mathsf{I})$$

eine freie Zerlegung
$$\mathfrak{H} = (\mathfrak{M} \subseteq \mathfrak{F}\mathfrak{M}) * \left(\underset{\iota,\varkappa}{\ast}(\mathfrak{M} \subseteq \mathfrak{U}_{\iota\varkappa})\right)$$
in eine freie Gruppe $\mathfrak{F}$ und die Untergruppen
$$\mathfrak{U}_{\iota\varkappa} = \mathfrak{H} \cap \mathfrak{U}_{\iota}^{H_{\iota\varkappa}} \qquad (\textit{für } \varkappa \in \mathsf{K}_{\iota}; \, \iota \in \mathsf{I})$$
mit vereinigtem Normalteiler $\mathfrak{M} = \mathfrak{H} \cap \mathfrak{N}$.

Zum Beweise benötigen wir

Satz 25. *Es sei die Gruppe $\mathfrak{G}$ ein freies Produkt*
$$\mathfrak{G} = \underset{\iota}{\ast}(\mathfrak{A} \subseteq \mathfrak{U}_{\iota}) \qquad (\textit{über } \iota \in \mathsf{I})$$
mit vereinigter Untergruppe $\mathfrak{A}$. Besitzen die Untergruppen $\mathfrak{V}_{\iota} \subseteq \mathfrak{U}_{\iota}$ gleiche Durchschnitte $\mathfrak{V}_{\iota} \cap \mathfrak{A} = \mathfrak{V}$, so ist das Kompositum $\mathfrak{H} = \{\cup_{\iota} \mathfrak{V}_{\iota}\}$ das freie Produkt
$$\mathfrak{H} = \underset{\iota}{\ast}(\mathfrak{V} \subseteq \mathfrak{V}_{\iota})$$
mit vereinigter Untergruppe $\mathfrak{V}$.

Beweis. Zu Gruppen in der Situation
$$\mathfrak{V} \subseteq \mathfrak{U}; \quad \mathfrak{A} \subseteq \mathfrak{U}; \quad \mathfrak{V} = \mathfrak{A} \cap \mathfrak{V} \subseteq \mathfrak{V}$$
existieren für die Restklassenzerlegungen
$$\mathfrak{U} = \sum_{\iota} X_{\iota} \mathfrak{A} \quad \text{und} \quad \mathfrak{V} = \sum_{\lambda} Y_{\lambda} \mathfrak{V} = \sum_{\lambda} Y_{\lambda}(\mathfrak{A} \cap \mathfrak{V})$$
Repräsentanten (X_{ι}) bzw. (Y_{λ}), derart daß (Y_{λ}) Teilmenge von (X_{ι}) und überdies E Repräsentant für $\mathfrak{A}$ bzw. $\mathfrak{V}$ ist. Wird eine derartige Auswahl für
$$\mathfrak{U}_{\iota} = \sum_{\varkappa} X_{\iota\varkappa} \mathfrak{A}; \quad \mathfrak{V}_{\iota} = \sum_{\lambda} Y_{\iota\lambda} \mathfrak{V} \qquad \text{für jedes } \iota \in \mathsf{I}$$
vorgenommen, so ist die Darstellung eines Elementes
$$H = Y_{\iota_1 \lambda_1} Y_{\iota_2 \lambda_2} \ldots Y_{\iota_n \lambda_n} B \in \mathfrak{H}$$
in unverkürzbarer Gestalt eindeutig, da sie die Darstellung des Elementes $H \in \mathfrak{H}$ in der freien Zerlegung von $\mathfrak{G}$ ist. Damit folgt die Behauptung.

Beweis des Satzes 24. Da der Normalteiler $\mathfrak{N}$ aller Faktoren $\mathfrak{U}_{\iota} \subseteq \mathfrak{G}$ auch in $\mathfrak{G}$ normal ist, erscheint die Faktorgruppe
$$\mathfrak{G}/\mathfrak{N} = \underset{\iota}{\ast} \mathfrak{U}_{\iota}/\mathfrak{N} \qquad (\text{über } \iota \in \mathsf{I})$$
als freies Produkt der Faktoren $\mathfrak{U}_{\iota}/\mathfrak{N}$. Das Bild $\mathfrak{H}\mathfrak{N}/\mathfrak{N}$ der Untergruppe $\mathfrak{H} \subset \mathfrak{G}$ besitzt daher eine freie Zerlegung
$$\mathfrak{H}\mathfrak{N}/\mathfrak{N} = \mathfrak{V}/\mathfrak{N} * \left(\underset{\iota,\varkappa}{\ast}(\mathfrak{H}\mathfrak{N} \cap \mathfrak{U}_{\iota}^{H_{\iota\varkappa}}/\mathfrak{N})\right) \qquad (\text{über } \varkappa \in \mathsf{K}_{\iota}; \, \iota \in \mathsf{I})$$

2.2.5. Freie Produkte mit vereinigter Untergruppe

mit außerwesentlichem Faktor $\mathfrak{B}/\mathfrak{N}$ und Repräsentanten $H_{\iota\varkappa}$ aus

$$\mathfrak{G}/\mathfrak{N} = \sum_\varkappa \mathfrak{U}_\iota H_{\iota\varkappa} \mathfrak{H}/\mathfrak{N} \quad \text{oder} \quad \mathfrak{G} = \sum_\varkappa \mathfrak{U}_\iota H_{\iota\varkappa} \mathfrak{H}.$$

Daraus entnehmen wir wegen

$$\mathfrak{H}\mathfrak{N} \cap \mathfrak{U}_\iota^{H_{\iota\varkappa}} = (\mathfrak{H} \cap \mathfrak{U}_\iota^{H_{\iota\varkappa}}) \mathfrak{N} = \mathfrak{U}_{\iota\varkappa} \mathfrak{N}$$

die freie Zerlegung

$$\mathfrak{H}\mathfrak{N} = (\mathfrak{N} \subseteq \mathfrak{B}) * \left(\underset{\iota,\varkappa}{*} (\mathfrak{N} \subseteq \mathfrak{U}_{\iota\varkappa} \mathfrak{N}) \right)$$

mit vereinigtem Normalteiler $\mathfrak{N}$.

Nun ist $\mathfrak{B} \cap \mathfrak{H}/\mathfrak{N} \cap \mathfrak{H} = \mathfrak{B} \cap \mathfrak{H}/\mathfrak{M}$ als isomorphes Bild einer Untergruppe von $\mathfrak{B}/\mathfrak{N}$ eine freie Gruppe und daher

$$\mathfrak{B} \cap \mathfrak{H} = \mathfrak{M}\mathfrak{F} \quad \text{mit} \quad \mathfrak{F} \cap \mathfrak{M} = E \quad \text{und} \quad \mathfrak{B} \cap \mathfrak{H}/\mathfrak{M} \cong \mathfrak{F}.$$

Nach Satz 25 erhalten wir somit für das Kompositum

$$\mathfrak{H}^* = \{\mathfrak{M}\mathfrak{F} \cup \underset{\iota,\varkappa}{\cup} \mathfrak{U}_{\iota\varkappa}\}$$

die Darstellung als freies Produkt

$$\mathfrak{H}^* = (\mathfrak{M} \subseteq| \mathfrak{F}) * \left(\underset{\iota,\varkappa}{*} (\mathfrak{M} \subseteq| \mathfrak{U}_{\iota\varkappa}) \right)$$

mit vereinigtem Normalteiler $\mathfrak{M}$. Dabei gilt

$$\mathfrak{H}^* \subseteq \mathfrak{H}; \quad \mathfrak{H}^*\mathfrak{N} = \mathfrak{H}\mathfrak{N}; \quad \mathfrak{H}^* \cap \mathfrak{N} = \mathfrak{H} \cap \mathfrak{N} = \mathfrak{M}, \quad \text{also } \mathfrak{H}^* = \mathfrak{H}.$$

Beispiel. *Eine endlich erzeugbare Gruppe $\mathfrak{G}$, die nicht q-Gruppe ist.*
Die Gruppe

$$\mathfrak{G} = \{A, B, C\} \quad \text{mit} \quad B^{-2}A^{-1}BA = [B, C] = E$$

und den Untergruppen $\mathfrak{A} = \{A, B\}$; $\mathfrak{B} = \{B\}$; $\mathfrak{C} = \{B, C\}$ ist freies Produkt

$$\mathfrak{G} = (\mathfrak{B} \subset \mathfrak{A}) * (\mathfrak{B} \subset \mathfrak{C})$$

mit vereinigter Untergruppe $\mathfrak{B}$. Das Element $B_1 = ABA^{-1}$ genügt der Gleichung $B_1^2 = B$; der Kommutator $[B_1, C]$ ist, wie man sich leicht überlegt, nicht die Einheit. Geht man zur Faktorgruppe

$$\mathfrak{G}_1 = \{A, B, C, B_1\} \quad \text{mit} \quad B^{-2}A^{-1}BA = [B, C] = B_1^{-1}ABA^{-1} = [B_1, C] = E$$

über, so ist die Relation $[B, C] = E$ entbehrlich. Eliminiert man in $\mathfrak{G}_1$ die Erzeugende B, so erhält $\mathfrak{G}_1$ die Darstellung

$$\mathfrak{G}_1 = \{A, B_1, C\} \quad \text{mit} \quad B_1^{-2}A^{-1}B_1A = [B_1, C] = E.$$

Folglich sind $\mathfrak{G}$ und $\mathfrak{G}_1$ isomorph.

Kapitel 2.3
Direkte Zerlegung

2.3.1. Begriffsbildung; Existenzsatz

Definition 1. *Ist die Gruppe* $\mathfrak{G};\Omega$ *Kompositum einer Normalteilermenge* $(\mathfrak{A}_\iota)$ *(über* $\iota\in I$*), derart daß*

$$\mathfrak{A}_\iota \cap \mathfrak{A}_\iota^* = E \quad \text{für jedes } \iota\in I \quad \text{mit } \mathfrak{A}_\iota^* = \prod_{\varkappa\neq\iota}\mathfrak{A}_\varkappa \quad (\text{über } \varkappa\in I),$$

so ist $\mathfrak{G};\Omega$ *das direkte Produkt der Normalteiler* $\mathfrak{A}_\iota$:

$$\mathfrak{G};\Omega = \underset{\iota}{\times} \mathfrak{A}_\iota \quad (\text{über } \iota\in I).$$

Das Kompositum $\mathfrak{A}_\iota^*$ ist das *Komplement des direkten Faktors* $\mathfrak{A}_\iota \triangleleft | \mathfrak{G};\Omega$; da dann auch

$$\mathfrak{G};\Omega = \mathfrak{A}_\iota \times \mathfrak{A}_\iota^* \quad \text{für jedes } \iota\in I,$$

sind verschiedene Faktoren $\mathfrak{A}_\iota, \mathfrak{A}_\varkappa \triangleleft | \mathfrak{G};\Omega$ nach Satz 1.3.12* elementweise vertauschbar. Bei endlicher Indexmenge $I=(1,2,\ldots,n)$ setzen wir auch

$$\mathfrak{G};\Omega = \mathfrak{A}_1 \times \mathfrak{A}_2 \times \cdots \times \mathfrak{A}_n.$$

Satz 1. *Eine Gruppe* $\mathfrak{G};\Omega$ *ist genau dann direktes Produkt*

$$\mathfrak{G};\Omega = \underset{\iota}{\times} \mathfrak{A}_\iota \quad (\text{über } \iota\in I),$$

wenn jedes $G\in\mathfrak{G};\Omega$ *eine eindeutige Komponentendarstellung*

$$G = A_{\iota_1} A_{\iota_2} \ldots A_{\iota_n} \quad \text{mit} \quad A_{\iota_\nu} \in \mathfrak{A}_{\iota_\nu} \quad (\text{für } 1\leq\nu\leq n)$$

bei paarweise verschiedenen Indizes ι_ν *besitzt.*

Beweis. Unter dieser Bedingung besitzt jedes Element $B_\iota \in \mathfrak{A}_\iota^* = \prod_{\varkappa\neq\iota}\mathfrak{A}_\varkappa$ (für $\iota\in I$) eine Darstellung

$$B_\iota = A_{\varkappa_1} A_{\varkappa_2} \ldots A_{\varkappa_n} \quad \text{mit} \quad A_{\varkappa_\nu} \in \mathfrak{A}_{\varkappa_\nu} \quad (\text{für } 1\leq\nu\leq n)$$

bei von ι verschiedenen Indizes $\varkappa_\nu\in I$. Im Falle $B_\iota\in\mathfrak{A}_\iota$ besäße B_ι zwei verschiedene Darstellungen; mithin gilt

$$\mathfrak{A}_\iota \cap \mathfrak{A}_\iota^* = E \quad \text{für jedes } \iota\in I.$$

Da jedes $G\in\mathfrak{G};\Omega$ eine solche Darstellung besitzt, folgt

$$\mathfrak{G};\Omega = \prod_\iota \mathfrak{A}_\iota = \underset{\iota}{\times} \mathfrak{A}_\iota \quad (\text{über } \iota\in I).$$

Umgekehrt besitzt ein Element G des direkten Produktes

$$\mathfrak{G};\Omega = \underset{\iota}{\times} \mathfrak{A}_\iota = \mathfrak{A}_\iota \times \mathfrak{A}_\iota^* \quad \text{mit } \mathfrak{A}_\iota^* = \prod_{\varkappa\neq\iota}\mathfrak{A}_\varkappa$$

eine eindeutige Darstellung

$$G = A_\iota B_\iota \quad \text{mit} \quad A_\iota \in \mathfrak{A}_\iota \quad \text{und} \quad B_\iota \in \mathfrak{A}_\iota^* \quad \text{für jedes } \iota\in I;$$

daher ist auch eine Darstellung
$$G = A_{\iota_1} A_{\iota_2} \ldots A_{\iota_n} \quad \text{mit} \quad A_{\iota_\nu} \in \mathfrak{A}_{\iota_\nu} \quad \text{für } 1 \leq \nu \leq n$$
bei paarweise verschiedenen Indizes ι_ν eindeutig.

Satz 1*. *In einem endlichen direkten Produkt*
$$\mathfrak{G}; \Omega = \mathfrak{A}_1 \times \mathfrak{A}_2 \times \cdots \times \mathfrak{A}_n$$
besitzt jedes $G \in \mathfrak{G}; \Omega$ eine eindeutige Komponentendarstellung
$$G = A_1 A_2 \ldots A_n \quad \text{mit} \quad A_\nu \in \mathfrak{A}_\nu \quad \text{für } 1 \leq \nu \leq n.$$

Satz 1.** *Ein direktes Produkt*
$$\mathfrak{G}; \Omega = \underset{\iota}{\times} \mathfrak{A}_\iota \quad (\text{über } \iota \in \mathsf{I})$$
erfüllt für jede Teilung $\mathsf{I} = \mathsf{I}_1 + \mathsf{I}_2$ der Indexmenge die Bedingung
$$\left(\prod_\alpha \mathfrak{A}_\alpha \right) \cap \left(\prod_\beta \mathfrak{A}_\beta \right) = E \quad (\text{über } \alpha \in \mathsf{I}_1; \beta \in \mathsf{I}_2).$$

Für wohlgeordnete Indexmengen erhalten wir auch

Satz 2. *Es sei I eine wohlgeordnete Indexmenge. Genau dann ist die Gruppe $\mathfrak{G}; \Omega$ direktes Produkt der Normalteiler $\mathfrak{A}_\iota$ (über $\iota \in \mathsf{I}$), wenn*
$$\mathfrak{G}; \Omega = \prod_\iota \mathfrak{A}_\iota \quad \text{und} \quad \mathfrak{A}_\iota \cap \mathfrak{B}_\iota = E \quad \text{mit} \quad \mathfrak{B}_\iota = \prod_{\iota < \varkappa} \mathfrak{A}_\varkappa \quad \text{für jedes } \iota \in \mathsf{I}.$$

Beweis. Ist $\mathfrak{G}; \Omega$ direktes Produkt der Normalteiler $\mathfrak{A}_\iota$, so gilt
$$\mathfrak{B}_\iota = \prod_{\iota < \varkappa} \mathfrak{A}_\varkappa \subseteq \prod_{\varkappa \neq \iota} \mathfrak{A}_\varkappa = \mathfrak{A}_\iota^*, \quad \text{also} \quad \mathfrak{A}_\iota \cap \mathfrak{B}_\iota \subseteq \mathfrak{A}_\iota \cap \mathfrak{A}_\iota^* = E.$$

Umgekehrt darf unter den angegebenen Bedingungen für jedes $G \in \mathfrak{G}; \Omega$ eine Komponentendarstellung in der Gestalt
$$G = A_{\iota_1} A_{\iota_2} \ldots A_{\iota_n} = A_{\iota_1} B \quad \text{mit} \quad A_{\iota_\nu} \in \mathfrak{A}_{\iota_\nu}; B \in \mathfrak{B}_{\iota_1} \quad \text{und} \quad \iota_1 < \iota_2 < \cdots < \iota_n$$
angenommen werden; aus $\mathfrak{A}_\iota \cap \mathfrak{B}_\iota = E$ folgt ihre Eindeutigkeit.

In ähnlicher Weise erhält man

Satz 2*. *Es sei I eine wohlgeordnete Indexmenge. Genau dann ist die Gruppe $\mathfrak{G}; \Omega$ direktes Produkt ihrer Normalteiler $\mathfrak{A}_\iota$ (über $\iota \in \mathsf{I}$), wenn*
$$\mathfrak{G}; \Omega = \prod_\iota \mathfrak{A}_\iota \quad \text{und} \quad \mathfrak{A}_\iota \cap \mathfrak{C}_\iota = E \quad \text{mit} \quad \mathfrak{C}_\iota = \prod_{\varkappa < \iota} \mathfrak{A}_\varkappa \quad \text{für jedes } \iota \in \mathsf{I}.$$

Satz 2.** *Das Kompositum $\mathfrak{G}; \Omega = \mathfrak{A}_1 \mathfrak{A}_2 \ldots \mathfrak{A}_n$ von Normalteilern $\mathfrak{A}_\nu \triangleleft | \mathfrak{G}; \Omega$ ist genau dann direktes Produkt, wenn*
$$\mathfrak{A}_1 \mathfrak{A}_2 \ldots \mathfrak{A}_\nu \cap \mathfrak{A}_{\nu+1} = E \quad \text{für } 1 \leq \nu \leq n-1.$$

Von besonderer Bedeutung ist der *Substitutionssatz*:

Satz 3. *Ein direktes Produkt*
$$\mathfrak{G}; \Omega = \underset{\iota}{\times} \mathfrak{A}_\iota \quad (\text{über } \iota \in \mathsf{I})$$

aus direkten Produkten
$$\mathfrak{A}_\iota;\Omega = \underset{\varkappa}{\times} \mathfrak{B}_{\iota\varkappa} \qquad (\text{über } \varkappa \in \mathsf{K}_\iota \text{ für } \iota \in \mathsf{I})$$
ist auch direktes Produkt
$$\mathfrak{G};\Omega = \underset{\iota,\varkappa}{\times} \mathfrak{B}_{\iota\varkappa} \qquad (\text{über } \varkappa \in \mathsf{K}_\iota;\ \iota \in \mathsf{I}).$$

Beweis. Alle Untergruppen $\mathfrak{B}_{\iota\varkappa} \subseteq \mathfrak{G};\Omega$ sind elementweise vertauschbar; jedes $G \in \mathfrak{G};\Omega$ besitzt eine Darstellung
$$G = B_{\iota_1\varkappa_1} B_{\iota_2\varkappa_2} \ldots B_{\iota_n\varkappa_n}$$
in paarweise verschiedenen Indexpaaren $(\iota_\nu, \varkappa_\nu)$. Wesentlich verschiedene solche Darstellungen würden auf wesentlich verschiedene Komponentendarstellungen in den direkten Faktoren $\mathfrak{A}_\iota$ führen.

Besitzt eine Gruppe $\mathfrak{G};\Omega$ direkte Zerlegungen
$$\mathfrak{G};\Omega = \underset{\iota}{\times} \mathfrak{A}_\iota = \underset{\iota,\varkappa}{\times} \mathfrak{B}_{\iota\varkappa} \quad \text{mit} \quad \mathfrak{A}_\iota = \underset{\varkappa}{\times} \mathfrak{B}_{\iota\varkappa} \qquad (\text{über } \varkappa \in \mathsf{K}_\iota;\ \iota \in \mathsf{I}),$$
so nennen wir die zweite Zerlegung eine *Verfeinerung* der ersten.

Die Bildung direkter Produkte sichert der *Existenzsatz*:

Satz 4. *Zu jeder Menge* $(\mathfrak{G}_\iota;\Omega)$ *(über $\iota \in \mathsf{I}$) von Gruppen (mit gleichen Operatoren) existiert eine (bis auf Isomorphie) eindeutige Gruppe*
$$\mathfrak{G};\Omega = \underset{\iota}{\times} \mathfrak{A}_\iota \qquad (\text{über } \iota \in \mathsf{I})$$
mit zu den Gruppen $\mathfrak{G}_\iota;\Omega$ isomorphen Faktoren $\mathfrak{A}_\iota \subseteq |\mathfrak{G};\Omega$.

Beweis. Für die Menge Γ aller Vektoren (G_ι) aus Elementen $G_\iota \in \mathfrak{G}_\iota;\Omega$ (über $\iota \in \mathsf{I}$) erklären wir zu jedem $A_\varkappa \in \mathfrak{G}_\varkappa$ (für jedes $\varkappa \in \mathsf{I}$) eine Abbildung $\sigma(A_\varkappa)$ der Menge Γ in sich durch die Vorschrift:
$$\sigma(A_\varkappa): \quad (G_\iota) \to (G_\iota^*) \quad \text{mit} \quad G_\varkappa^* = G_\varkappa A_\varkappa;\ G_\iota^* = G_\iota \quad \text{für } \iota \neq \varkappa.$$

Man beweist leicht die folgenden Aussagen:

(1.1) $\sigma(A_\varkappa) = \sigma(B_\lambda)$ genau dann, wenn $\varkappa = \lambda$ und $A_\varkappa = B_\lambda \in \mathfrak{G}_\varkappa$.

(1.2) $\sigma(A_\varkappa)\sigma(B_\varkappa) = \sigma(A_\varkappa B_\varkappa)$ für jedes $\varkappa \in \mathsf{I}$ und $A_\varkappa, B_\varkappa \in \mathfrak{G}_\varkappa$.

(1.3) $\sigma(A_\lambda)\sigma(B_\varkappa) = \sigma(B_\varkappa)\sigma(A_\lambda)$ für $\varkappa \neq \lambda$ und $A_\lambda \in \mathfrak{G}_\lambda;\ B_\varkappa \in \mathfrak{G}_\varkappa$.

Erklärt man noch die Operatorwirkung durch

(1.4) $\qquad \sigma(A_\varkappa)^\omega = \sigma(A_\varkappa^\omega) \qquad$ für $\varkappa \in \mathsf{I}$ und $A_\varkappa \in \mathfrak{G}_\varkappa;\ \omega \in \Omega$,

so bilden die Abbildungen $\sigma(A_\varkappa)$ bei festem Index $\varkappa \in \mathsf{I}$ eine zur Gruppe $\mathfrak{G}_\varkappa;\Omega$ isomorphe Permutationsgruppe $\mathfrak{A}_\varkappa;\Omega$ der Menge Γ. Mithin ist das Kompositum $\mathfrak{G};\Omega = \underset{\iota}{\prod} \mathfrak{A}_\iota$ eine Gruppe mit dem Operatorenbereich Ω. Jede zum Komplement $\mathfrak{A}_\iota^* = \underset{\varkappa \neq \iota}{\prod} \mathfrak{A}_\varkappa$ gehörige Abbildung läßt die ι-te

Komponente G_ι des Vektors (G_ι) ungeändert, während jede Abbildung $\sigma(A_\iota) \in \mathfrak{A}_\iota$ nur diese Komponente ändert. Damit folgt

$$\mathfrak{A}_\iota \cap \mathfrak{A}_\iota^* = \varepsilon \quad \text{für jedes } \iota \in \mathsf{I}.$$

Die Konstruktion des direkten Produktes legt eine Verallgemeinerung dieses Begriffes nahe: Für die Menge Γ aller Vektoren (G_ι) aus Elementen $G_\iota \in \mathfrak{G}_\iota; \Omega$ (über $\iota \in \mathsf{I}$) ist auch die Menge aller Abbildungen

$$\tau(A_\iota): \quad (G_\iota) \to (G_\iota A_\iota) \quad \text{für jedes } \iota \in \mathsf{I}$$

mit beliebigem Vektor $(A_\iota) \in \Gamma$ eine Gruppe $\overline{\mathfrak{G}; \Omega}$, *das abgeschlossene direkte Produkt der Faktoren* $\mathfrak{G}_\iota; \Omega$, auf Grund der leicht beweisbaren Aussagen:

$$\tau(A_\iota) = \tau(B_\iota) \quad \text{nur, wenn } A_\iota = B_\iota \text{ für jedes } \iota \in \mathsf{I},$$

$$\tau(A_\iota)\, \tau(B_\iota) = \tau(A_\iota B_\iota) \quad \text{für jedes Paar } (A_\iota), (B_\iota) \in \Gamma,$$

$$\tau(A_\iota)^\omega = \tau(A_\iota^\omega) \quad \text{für jedes } \omega \in \Omega.$$

Das durch die Abbildungen $\sigma(A_\varkappa)$ mit $\varkappa \in \mathsf{I}$ und $A_\varkappa \in \mathfrak{G}_\varkappa; \Omega$ erzeugte direkte Produkt $\mathfrak{G}; \Omega$ ist Untergruppe des abgeschlossenen direkten Produktes $\overline{\mathfrak{G}; \Omega}$. Als Abbildungsgruppe von Γ ist $\mathfrak{G}; \Omega$ der Normalteiler aller (in gewissem Sinne) finiten Abbildungen aus der abgeschlossenen Abbildungsgruppe $\overline{\mathfrak{G}; \Omega}$.

2.3.2. Zerlegungsendomorphismen

Die Struktur eines direkten Produktes

$$\mathfrak{G}; \Omega = \underset{\iota}{\times} \mathfrak{A}_\iota \quad (\text{über } \iota \in \mathsf{I})$$

ist durch die Struktur der Faktoren $\mathfrak{A}_\iota; \Omega$ eindeutig bestimmt. Es erhebt sich daher die Frage nach einer Zerlegung in direkt unzerlegbare Faktoren und alsbald die Frage der Eindeutigkeit einer solchen Zerlegung. Für Gruppen, die keine Zerlegung in direkt unzerlegbare Faktoren gestatten, kann die Frage aufgeworfen werden, ob zu direkten Zerlegungen gemeinsame oder isomorphe Verfeinerungen existieren. Dabei sind direkte Zerlegungen

$$\mathfrak{G}; \Omega = \underset{\iota}{\times} \mathfrak{A}_\iota = \underset{\varkappa}{\times} \mathfrak{B}_\varkappa \quad (\text{über } \iota \in \mathsf{I}; \varkappa \in \mathsf{K})$$

als *isomorph* zu bezeichnen, wenn eine eineindeutige Zuordnung der direkten Faktoren

$$\mathfrak{A}_\iota \leftrightarrow \mathfrak{B}_\varkappa \quad \text{unter} \quad \mathfrak{A}_\iota \underset{\Omega}{\cong} \mathfrak{B}_\varkappa$$

hergestellt werden kann.

Zu jeder direkten Zerlegung

$$\mathfrak{G}; \Omega = \mathfrak{A} \times \mathfrak{B}$$

einer Gruppe $\mathfrak{G};\Omega$ existieren eindeutig bestimmte Endomorphismen $\alpha, \beta \in \mathsf{E}(\mathfrak{G};\Omega)$ mit den Eigenschaften

$$A^\alpha = A;\quad A^\beta = E;\quad B^\alpha = E;\quad B^\beta = B \quad \text{für } A \in \mathfrak{A};\ B \in \mathfrak{B}, \quad (1)$$

$$\alpha^2 = \alpha;\quad \beta^2 = \beta;\quad \alpha\beta = \beta\alpha = 0;\quad \alpha + \beta = \beta + \alpha = 1. \quad (2)$$

Da nämlich jedes $G \in \mathfrak{G};\Omega$ eine eindeutige Komponentendarstellung

$$G = A_G B_G \quad \text{mit } A_G \in \mathfrak{A};\ B_G \in \mathfrak{B}$$

besitzt, also $\mathfrak{A}$ und $\mathfrak{B}$ Retrakte der Gruppe $\mathfrak{G};\Omega$ sind, bestimmen die Zuordnungen

$$\alpha:\ G \to G^\alpha = A_G \quad \text{und} \quad \beta:\ G \to G^\beta = B_G \quad \text{für jedes } G \in \mathfrak{G};\Omega$$

idempotente Endomorphismen $\alpha, \beta \in \mathsf{E}(\mathfrak{G};\Omega)$, die den Bedingungen (1) genügen; für jedes $G \in \mathfrak{G};\Omega$ gilt überdies

$$G^{\alpha\beta} = (G^\alpha)^\beta = E;\quad G^{\beta\alpha} = (G^\beta)^\alpha = E;\quad G = G^\alpha G^\beta = G^\beta G^\alpha.$$

Umgekehrt führen Endomorphismen $\alpha, \beta \in \mathsf{E}(\mathfrak{G};\Omega)$ unter den Bedingungen (2) auf die direkte Zerlegung

$$\mathfrak{G};\Omega = \mathfrak{A} \times \mathfrak{B} \quad \text{mit } \mathfrak{A} = \mathfrak{G}^\alpha;\ \mathfrak{B} = \mathfrak{G}^\beta.$$

Denn jedes $G \in \mathfrak{G};\Omega$ besitzt die Darstellung

$$G = G^{\alpha+\beta} = G^\alpha G^\beta = G^\beta G^\alpha \quad \text{mit } G^\alpha \in \mathfrak{A};\ G^\beta \in \mathfrak{B},$$

weshalb

$$\mathfrak{G} = \mathfrak{A}\mathfrak{B} = \mathfrak{B}\mathfrak{A} \quad \text{mit } \mathfrak{A}, \mathfrak{B} \subseteq| \mathfrak{G};\Omega.$$

Für Elemente $A = G^\alpha \in \mathfrak{A}$ bzw. $B = H^\beta \in \mathfrak{B}$ gilt nach (2)

$$A^\alpha = G^{\alpha\alpha} = A;\quad A^\beta = G^{\alpha\beta} = E;\quad B^\beta = H^{\beta\beta} = B;\quad B^\alpha = H^{\beta\alpha} = E$$

und daher für ein Element $D \in \mathfrak{A} \cap \mathfrak{B}$

$$D^\alpha = D^\beta = E \quad \text{und} \quad D = D^{\alpha+\beta} = E.$$

Endomorphismen $\alpha, \beta \in \mathsf{E}(\mathfrak{G};\Omega)$ mit den Eigenschaften (2) bilden ein *Paar komplementärer Zerlegungsendomorphismen*; ein Zerlegungsendomorphismus $\alpha \in \mathsf{E}(\mathfrak{G};\Omega)$ bestimmt nach (2) den komplementären Endomorphismus $\beta = 1 - \alpha$ und damit die induzierte direkte Zerlegung der Gruppe $\mathfrak{G};\Omega$.

Satz 5. *Ein (idempotenter) Endomorphismus $\alpha \in \mathsf{E}(\mathfrak{G};\Omega)$ ist genau dann Zerlegungsendomorphismus, wenn er normal ist; jeder Zerlegungsendomorphismus $\alpha \in \mathsf{E}(\mathfrak{G};\Omega)$ induziert die direkte Zerlegung*

$$\mathfrak{G};\Omega = \mathfrak{G}^\alpha \times \mathfrak{R}_\alpha$$

in Bildgruppe $\mathfrak{G}^\alpha$ und Radikal $\mathfrak{R}_\alpha = \mathfrak{K}_\alpha$.

2.3.2. Zerlegungsendomorphismen

Beweis. Da ein (idempotenter) Zerlegungsendomorphismus $\alpha \in \mathsf{E}(\mathfrak{G};\Omega)$ den komplementären Zerlegungsendomorphismus $\alpha'=1-\alpha$ besitzt, ist α normal. Ist $\alpha \in \mathsf{E}(\mathfrak{G};\Omega)$ normal und idempotent, so ist $\alpha'=1-\alpha$ Endomorphismus von $\mathfrak{G};\Omega$ und entsprechend (2)

$$1 = \alpha + \alpha' = \alpha' + \alpha$$
$$\alpha\alpha' = \alpha(1-\alpha) = \alpha - \alpha^2 = \alpha'\alpha = 0; \quad \alpha'^2 = \alpha'(1-\alpha) = \alpha' - \alpha'\alpha = \alpha'.$$

In der durch α induzierten direkten Zerlegung

$$\mathfrak{G};\Omega = \mathfrak{G}^\alpha \times \mathfrak{G}^{\alpha'}$$

ist schließlich $\mathfrak{G}^{\alpha'}$ wegen $\mathfrak{G}^{\alpha'\alpha}=E$ das Radikal $\mathfrak{R}_\alpha = \mathfrak{R}_\alpha$ des (idempotenten) Endomorphismus α.

Beispiel. Jeder idempotente zentrale Endomorphismus $\zeta \in \mathsf{E}(\mathfrak{G};\Omega)$ induziert eine direkte Zerlegung

$$\mathfrak{G};\Omega = \mathfrak{G}^\zeta \times \mathfrak{R}_\zeta$$

mit abelschem Faktor $\mathfrak{G}^\zeta \subseteq \mathfrak{Z}(\mathfrak{G};\Omega)$ und einem den Kommutator $\mathfrak{G}'$ umfassenden Komplement $\mathfrak{R}_\zeta$. Umgekehrt gehört jeder abelsche direkte Faktor $\mathfrak{A}$ einer Gruppe $\mathfrak{G};\Omega = \mathfrak{A} \times \mathfrak{A}^*$ dem Ω-Zentrum $\mathfrak{Z}(\mathfrak{G};\Omega)$ an.

Eine allgemeinere Fassung des Satzes 5 ist

Satz 5*. *Die Radikale $\mathfrak{R}_\varrho$, $\mathfrak{R}_\sigma$ normaler Endomorphismen ϱ, σ einer Gruppe $\mathfrak{G};\Omega$ mit der Summe $\varrho + \sigma = 1$ besitzen die Eigenschaften:*
1. *Es gilt $\mathfrak{R}_{\varrho\sigma} = \mathfrak{R}_{\sigma\varrho} = \mathfrak{R}_\varrho \times \mathfrak{R}_\sigma$.*
2. *Es induziert σ in $\mathfrak{R}_\varrho$ und ϱ in $\mathfrak{R}_\sigma$ einen Automorphismus.*

Beweis. Zunächst erhält man

$$\sigma = (\varrho + \sigma)\sigma = \sigma(\varrho + \sigma), \quad \text{also} \quad \varrho\sigma = \sigma\varrho.$$

Ferner gilt

$$\mathfrak{R}_\varrho^\sigma = \mathfrak{R}_\varrho \quad \text{und} \quad \mathfrak{R}_\sigma^\varrho = \mathfrak{R}_\sigma. \qquad (3)$$

Denn für jedes $R \in \mathfrak{R}_\varrho$ besteht eine Gleichung

$$R^{\varrho^k} = E \quad \text{und} \quad (R^\sigma)^{\varrho^k} = (R^{\varrho^k})^\sigma = E;$$

umgekehrt besteht für jedes $R \in \mathfrak{R}_\varrho$ eine Kongruenz

$$R^{\varrho^l} \equiv E \bmod \mathfrak{R}_\varrho^\sigma.$$

Im Falle $l > 0$ gilt auch

$$R^{\varrho^{l-1}} = R^{\varrho^l} R^{\varrho^{l-1}\sigma} \equiv E \bmod \mathfrak{R}_\varrho^\sigma.$$

Ebenso erhält man die zweite Gleichung.

Für ein Element $D \in \mathfrak{R}_\varrho \cap \mathfrak{R}_\sigma$ besteht eine Gleichung

$$D^{\varrho^l} = D^{\sigma^l} = E.$$

Im Falle $l > 0$ folgt
$$D^{\varrho^{l-1}} = D^{\varrho^l} D^{\varrho^{l-1}\sigma} = D^{\varrho^{l-1}\sigma}; \quad D^{\sigma^{l-1}} = D^{\sigma^{l-1}\varrho} D^{\sigma^l} = D^{\sigma^{l-1}\varrho},$$
$$D^{\varrho^{l-1}} = D^{\varrho^{l-1}\sigma^l} = E; \quad D^{\sigma^{l-1}} = D^{\sigma^{l-1}\varrho^l} = E,$$
also
$$\mathfrak{R}_\varrho \cap \mathfrak{R}_\sigma = E. \tag{4}$$

Die durch σ in $\mathfrak{R}_\varrho$ (durch ϱ in $\mathfrak{R}_\sigma$) induzierten Homomorphismen besitzen daher die Kerne
$$\mathfrak{K}_\sigma \cap \mathfrak{R}_\varrho \subseteq \mathfrak{R}_\sigma \cap \mathfrak{R}_\varrho = E; \quad \mathfrak{K}_\varrho \cap \mathfrak{R}_\sigma \subseteq \mathfrak{R}_\varrho \cap \mathfrak{R}_\sigma = E.$$

Die Elemente $H = RS$ des direkten Produktes $\mathfrak{H} = \mathfrak{R}_\varrho \times \mathfrak{R}_\sigma$ mit $R \in \mathfrak{R}_\varrho$ und $S \in \mathfrak{R}_\sigma$ erfüllen eine Gleichung
$$H^{(\varrho\sigma)^k} = R^{(\varrho\sigma)^k} S^{(\varrho\sigma)^k} = R^{\varrho^k \sigma^k} S^{\sigma^k \varrho^k} = E;$$
mithin gilt $\mathfrak{H} \subseteq \mathfrak{R}_{\varrho\sigma}$. Wenn für einen Exponenten $l \geqq 0$
$$\mathfrak{R}_{(\varrho\sigma)^l} \subseteq \mathfrak{H}, \quad \text{also} \quad \mathfrak{R}_{(\varrho\sigma)^{l+1}}^{\varrho\sigma} \subseteq \mathfrak{R}_{(\varrho\sigma)^l} \subseteq \mathfrak{H},$$
so besitzt für jedes $K \in \mathfrak{R}_{(\varrho\sigma)^{l+1}}$ das Bild $K^{\varrho\sigma}$ eine Darstellung
$$K^{\varrho\sigma} = R_0 S_0 \quad \text{mit } R_0 \in \mathfrak{R}_\varrho; \; S_0 \in \mathfrak{R}_\sigma.$$
Nach (3) kann
$$R_0 = R^\sigma \quad \text{und} \quad K^\varrho = RS \quad \text{mit } R \in \mathfrak{R}_\varrho; \; S \in \mathfrak{G}; \Omega$$
gesetzt werden. Wegen $S_0 \in \mathfrak{R}_\sigma$ bestehen Gleichungen
$$S_0^{\sigma^k} = E; \quad R^{\sigma^{k+1}} = R_0^{\sigma^k} = (R_0 S_0)^{\sigma^k} = K^{\varrho\sigma^{k+1}} = (RS)^{\sigma^{k+1}}, \quad \text{also} \quad S^{\sigma^{k+1}} = E.$$
Damit erhalten wir (bei analoger Beweisführung)
$$K^\varrho \equiv K^\sigma \equiv E \bmod \mathfrak{H} \quad \text{und} \quad K = K^\varrho K^\sigma \equiv E \bmod \mathfrak{H}.$$
Daraus folgt
$$\mathfrak{R}_{\varrho\sigma} = \bigcup_l \mathfrak{R}_{(\varrho\sigma)^l} \subseteq \mathfrak{R}_\varrho \mathfrak{R}_\sigma, \quad \text{also} \quad \mathfrak{R}_{\varrho\sigma} = \mathfrak{R}_\varrho \times \mathfrak{R}_\sigma.$$

Man kann den Begriff des Zerlegungsendomorphismus auch zur Kennzeichnung beliebiger direkter Zerlegungen heranziehen. Genügt eine Endomorphismenmenge $\mathsf{A} = (\alpha_\iota)$ (über $\iota \in \mathsf{I}$) der Gruppe $\mathfrak{G}; \Omega$ den Bedingungen:
$$G^{\alpha_\iota} G^{\alpha_\varkappa} = G^{\alpha_\varkappa} G^{\alpha_\iota} \quad \text{oder} \quad \alpha_\iota + \alpha_\varkappa = \alpha_\varkappa + \alpha_\iota \quad \text{für jedes } G \in \mathfrak{G}; \Omega,$$
$$G^{\alpha_\iota} = E \quad \text{für fast alle } \alpha_\iota \in \mathsf{A} \text{ bei jedem } G \in \mathfrak{G}; \Omega,$$
so bestimmt die Zuordnung
$$\sigma = \sum_\iota \alpha_\iota: \; G \to G^\sigma = \prod_\iota G^{\alpha_\iota} \quad \text{für jedes } G \in \mathfrak{G}; \Omega$$

einen Endomorphismus $\sigma \in \mathsf{E}(\mathfrak{G};\Omega)$. Eine Menge $\mathsf{A}=(\alpha_\iota)$ normaler Endomorphismen der Gruppe $\mathfrak{G};\Omega$ heißt *Orthogonalsystem für* $\mathfrak{G};\Omega$, wenn

$$\mathfrak{G};\Omega = \{\bigcup_\iota \mathfrak{G}^{\alpha_\iota};\Omega\}, \tag{5.1}$$

$$\alpha_\iota^2 = \alpha_\iota; \quad \alpha_\iota \alpha_\varkappa = 0 \quad \text{für } \iota \neq \varkappa \text{ und } \iota,\varkappa \in \mathsf{I}. \tag{5.2}$$

Satz 6. *Jedes Orthogonalsystem* A *einer Gruppe* $\mathfrak{G};\Omega$ *induziert eine direkte Zerlegung; jede direkte Zerlegung von* $\mathfrak{G};\Omega$ *bestimmt ein Orthogonalsystem, das sie induziert.*

Beweis. Jeder Endomorphismus α_ι eines Orthogonalsystems A induziert die direkte Zerlegung

$$\mathfrak{G};\Omega = \mathfrak{A}_\iota \times \mathfrak{A}_\iota^* \quad \text{mit } \mathfrak{A}_\iota = \mathfrak{G}^{\alpha_\iota}; \ \mathfrak{A}_\iota^* = \mathfrak{K}_{\alpha_\iota}.$$

Dabei gilt für jeden Index $\varkappa \neq \iota$

$$\mathfrak{G}^{\alpha_\varkappa \alpha_\iota} = (\mathfrak{G}^{\alpha_\varkappa})^{\alpha_\iota} = E, \quad \text{also} \quad \mathfrak{G}^{\alpha_\varkappa} \subseteq \mathfrak{A}_\iota^*$$

und somit

$$G^{\alpha_\iota} G^{\alpha_\varkappa} = G^{\alpha_\varkappa} G^{\alpha_\iota} \quad \text{für jedes } G \in \mathfrak{G};\Omega.$$

Ferner besitzt jedes $G \in \mathfrak{G};\Omega$ eine Darstellung

$$G = G_1^{\alpha_1} G_2^{\alpha_2} \ldots G_n^{\alpha_n} \quad \text{mit } \alpha_\nu \in \mathsf{A}; \ G_\nu \in \mathfrak{G};\Omega,$$

aus der man für jedes weitere $\alpha_\varkappa \in \mathsf{A}$ entnimmt

$$G^{\alpha_\varkappa} = (G_1^{\alpha_1} G_2^{\alpha_2} \ldots G_n^{\alpha_n})^{\alpha_\varkappa} = E \quad \text{und} \quad G^{\alpha_\nu} = G_\nu^{\alpha_\nu}.$$

Da demnach die Darstellung von G eindeutig ist, folgt

$$\mathfrak{G} = \underset{\iota}{\times} \mathfrak{G}^{\alpha_\iota} \quad \text{mit} \quad G = \prod_\iota G^{\alpha_\iota} \quad \text{für jedes } G \in \mathfrak{G};\Omega.$$

Umgekehrt entspricht jedem Faktor $\mathfrak{A}_\iota$ einer direkten Zerlegung

$$\mathfrak{G};\Omega = \underset{\iota}{\times} \mathfrak{A}_\iota = \mathfrak{A}_\iota \times \mathfrak{A}_\iota^* \quad \text{(über } \iota \in \mathsf{I})$$

ein eindeutig bestimmter Zerlegungsendomorphismus $\alpha_\iota^2 = \alpha_\iota$:

$$\mathfrak{A}_\iota = \mathfrak{G}^{\alpha_\iota}; \quad \mathfrak{A}_\iota^* = \mathfrak{K}_{\alpha_\iota};$$

dabei gilt für jeden Index $\varkappa \neq \iota$

$$\mathfrak{G}^{\alpha_\varkappa \alpha_\iota} \subseteq \mathfrak{A}_\iota^{*\alpha_\iota} = E, \quad \text{also} \quad \alpha_\varkappa \alpha_\iota = 0.$$

2.3.3. Der starke Verfeinerungssatz

Die grundlegende Eigenschaft der Zerlegungsendomorphismen zeigt

Satz 7. *Der Kommutator* $(\alpha,\beta) = \alpha\beta - \beta\alpha$ *zweier Zerlegungsendomorphismen* α, β *einer Gruppe* $\mathfrak{G};\Omega$ *ist ein zentraler Endomorphismus von* $\mathfrak{G};\Omega$.

Beweis. Man hat nur nachzuweisen, daß die Bildmenge $\mathfrak{G}^\gamma$ nach der Abbildung $\gamma = (\alpha, \beta)$ dem Zentrum $\mathfrak{Z}(\mathfrak{G}) \subseteq \mathfrak{G}; \Omega$ angehört, da dann

$$(GH)^\gamma = (GH)^{\alpha\beta}(GH)^{-\beta\alpha} = G^{\alpha\beta}H^\gamma G^{-\beta\alpha} = G^\gamma H^\gamma \qquad \text{für } G, H \in \mathfrak{G}; \Omega.$$

Den beiden direkten Zerlegungen

$$\mathfrak{G}; \Omega = \mathfrak{G}^\alpha \times \mathfrak{G}^{\alpha'} = \mathfrak{G}^\beta \times \mathfrak{G}^{\beta'} \qquad \text{mit } \alpha' = 1 - \alpha;\ \beta' = 1 - \beta$$

entnehmen wir die Gleichungen

$$[\mathfrak{G}^{\alpha\beta\alpha'}, \mathfrak{G}] = [\mathfrak{G}^{\alpha'\beta\alpha}, \mathfrak{G}] = E.$$

Denn wegen $\alpha + \alpha' = \beta + \beta' = 1$ gilt

$$[\mathfrak{G}^{\alpha\beta\alpha'}, \mathfrak{G}] \subseteq [\mathfrak{G}^{\alpha\beta\alpha'}, \mathfrak{G}]^\alpha [\mathfrak{G}^{\alpha\beta\alpha'}, \mathfrak{G}]^{\alpha'} = [\mathfrak{G}^{\alpha\beta\alpha'}, \mathfrak{G}^{\alpha'}] = [\mathfrak{G}^{\alpha\beta}, \mathfrak{G}^{\alpha'}]^{\alpha'},$$

$$[\mathfrak{G}^{\alpha\beta}, \mathfrak{G}^{\alpha'}] \subseteq [\mathfrak{G}^{\alpha\beta}, \mathfrak{G}^{\alpha'}]^\beta [\mathfrak{G}^{\alpha\beta}, \mathfrak{G}^{\alpha'}]^{\beta'} = [\mathfrak{G}^{\alpha\beta}, \mathfrak{G}^{\alpha'\beta}] = [\mathfrak{G}^\alpha, \mathfrak{G}^{\alpha'}]^\beta = E;$$

ebenso erhält man die zweite Gleichung. Mithin erfüllt jedes $G \in \mathfrak{G}; \Omega$ die Bedingung

$$G^\gamma = G^{\alpha\beta} G^{-\beta\alpha} = G^{\alpha\beta} G^{-\alpha\beta\alpha} G^{\alpha\beta\alpha} G^{-\beta\alpha} = G^{\alpha\beta\alpha'} G^{-\alpha'\beta\alpha} \equiv E \bmod \mathfrak{Z}(\mathfrak{G}).$$

Satz 7*. *Für zwei Paare α, α' und β, β' komplementärer Zerlegungsendomorphismen einer Gruppe $\mathfrak{G}; \Omega$ bestehen die Gleichungen*

$$(\alpha, \beta) = \alpha\beta - \beta\alpha = -\beta\alpha + \alpha\beta = \gamma; \tag{1.1}$$

$$(\alpha, \beta) = (\beta, \alpha') = (\alpha', \beta') = (\beta', \alpha) = \gamma; \tag{1.2}$$

$$\alpha\gamma = \gamma\alpha';\quad \alpha'\gamma = \gamma\alpha;\quad \beta\gamma = \gamma\beta';\quad \beta'\gamma = \gamma\beta. \tag{1.3}$$

Beweis. Der zentrale Endomorphismus $\gamma = (\alpha, \beta)$ genügt

$$\eta + \gamma = \gamma + \eta \qquad \text{für jedes } \eta \in \mathsf{E}(\mathfrak{G}; \Omega).$$

Daraus folgt (1.1) und

$$(\alpha, \beta) = \beta - \beta\alpha + \alpha\beta - \beta = \beta\alpha' - \alpha'\beta = (\beta, \alpha'),$$

in ähnlicher Weise (1.2). Schließlich gilt

$$\alpha\gamma = \alpha\beta - \alpha\beta\alpha = \alpha\beta\alpha' = \alpha\beta\alpha' - \beta\alpha\alpha' = \gamma\alpha';$$

ähnlich erhält man (1.3).

Satz 8. *Induzieren die Zerlegungsendomorphismen α, β einer Gruppe $\mathfrak{G}; \Omega$ die direkten Zerlegungen*

$$\mathfrak{G}; \Omega = \mathfrak{A} \times \mathfrak{A}^* = \mathfrak{B} \times \mathfrak{B}^* \qquad \text{mit } \mathfrak{A} = \mathfrak{G}^\alpha;\ \mathfrak{A}^* = \mathfrak{K}_\alpha;\ \mathfrak{B} = \mathfrak{G}^\beta;\ \mathfrak{B}^* = \mathfrak{K}_\beta,$$

so besitzt der Kommutator $\gamma = (\alpha, \beta)$ die Bildgruppe

$$\mathfrak{G}^\gamma; \Omega = \mathfrak{A}\mathfrak{B} \cap \mathfrak{A}\mathfrak{B}^* \cap \mathfrak{A}^*\mathfrak{B} \cap \mathfrak{A}^*\mathfrak{B}^*$$

und den Kern

$$\mathfrak{K}_\gamma; \Omega = (\mathfrak{A} \cap \mathfrak{B}) \times (\mathfrak{A} \cap \mathfrak{B}^*) \times (\mathfrak{A}^* \cap \mathfrak{B}) \times (\mathfrak{A}^* \cap \mathfrak{B}^*)$$

2.3.3. Der starke Verfeinerungssatz

mit den Teilprodukten

$$\mathfrak{K}_\gamma \cap \mathfrak{A} = \mathfrak{K}_\gamma^\alpha = (\mathfrak{A} \cap \mathfrak{B}) \times (\mathfrak{A} \cap \mathfrak{B}^*); \quad \mathfrak{K}_\gamma \cap \mathfrak{A}^* = \mathfrak{K}_\gamma^{\alpha'} = (\mathfrak{A}^* \cap \mathfrak{B}) \times (\mathfrak{A}^* \cap \mathfrak{B}^*);$$

$$\mathfrak{K}_\gamma \cap \mathfrak{B} = \mathfrak{K}_\gamma^\beta = (\mathfrak{A} \cap \mathfrak{B}) \times (\mathfrak{A}^* \cap \mathfrak{B}); \quad \mathfrak{K}_\gamma \cap \mathfrak{B}^* = \mathfrak{K}_\gamma^{\beta'} = (\mathfrak{A} \cap \mathfrak{B}^*) \times (\mathfrak{A}^* \cap \mathfrak{B}^*).$$

Die Bildgruppe $\mathfrak{G}^\gamma; \Omega$ *gehört dem* Ω*-Zentrum* $\mathfrak{Z}(\mathfrak{G}; \Omega)$ *an, der Kern* $\mathfrak{K}_\gamma; \Omega$ *umfaßt den Kommutator* $\mathfrak{G}' \subseteq \mathfrak{G}; \Omega$.

Der Beweis stützt sich auf

Lemma 1. *Eine direkte Zerlegung* $\mathfrak{G}; \Omega = \mathfrak{A} \times \mathfrak{A}^*$ *induziert in jeder Zwischengruppe* $\mathfrak{A} \subseteq \mathfrak{U} \subseteq \mathfrak{G}; \Omega$ *die direkte Zerlegung*

$$\mathfrak{U}; \Omega = \mathfrak{A} \times (\mathfrak{A}^* \cap \mathfrak{U}).$$

Beweis. Die Gruppen $\mathfrak{A}$ und $\mathfrak{A}^* \cap \mathfrak{U}$ sind in $\mathfrak{U}; \Omega$ normal; es gilt

$$\mathfrak{U} = \mathfrak{G} \cap \mathfrak{U} = \mathfrak{A}\mathfrak{A}^* \cap \mathfrak{A}\mathfrak{U} = \mathfrak{A}(\mathfrak{A}^* \cap \mathfrak{U}); \quad \mathfrak{A} \cap (\mathfrak{A}^* \cap \mathfrak{U}) = E.$$

Lemma 2. *Induziert der Zerlegungsendomorphismus* α *der Gruppe* $\mathfrak{G}; \Omega$ *die direkte Zerlegung*

$$\mathfrak{G}; \Omega = \mathfrak{A} \times \mathfrak{A}^* \quad \text{mit } \mathfrak{A} = \mathfrak{G}^\alpha; \ \mathfrak{A}^* = \mathfrak{G}^{\alpha'} = \mathfrak{K}_\alpha,$$

so gilt für jede Untergruppe $\mathfrak{U} \subseteq \mathfrak{G}; \Omega$

$$\mathfrak{U}^\alpha = \mathfrak{A} \cap \mathfrak{A}^*\mathfrak{U}; \quad \mathfrak{U}^{\alpha'} = \mathfrak{A}^* \cap \mathfrak{A}\mathfrak{U}.$$

Beweis. Das Lemma 1 liefert die direkten Zerlegungen

$$\mathfrak{A}^*\mathfrak{U} = \mathfrak{A}^* \times (\mathfrak{A} \cap \mathfrak{A}^*\mathfrak{U}); \quad \mathfrak{A}\mathfrak{U} = \mathfrak{A} \times (\mathfrak{A}^* \cap \mathfrak{A}\mathfrak{U});$$

daraus folgt

$$\mathfrak{U}^\alpha = \mathfrak{A} \cap \mathfrak{A}^*\mathfrak{U} \quad \text{und} \quad \mathfrak{U}^{\alpha'} = \mathfrak{A}^* \cap \mathfrak{A}\mathfrak{U}.$$

Auf Grund der Beziehungen

$$\alpha'\beta\alpha = \alpha'\gamma = \gamma\alpha; \quad \alpha\beta\alpha' = \alpha\gamma = \gamma\alpha' \quad \text{mit } \gamma = (\alpha, \beta)$$

erhält man

$$\mathfrak{G}^\gamma \subseteq \mathfrak{G}^{\gamma\alpha} \mathfrak{G}^{\gamma\alpha'} = \mathfrak{G}^{\alpha'\beta\alpha} \mathfrak{G}^{\alpha\beta\alpha'} = \mathfrak{G}^{\alpha'\gamma} \mathfrak{G}^{\alpha\gamma} \subseteq \mathfrak{G}^\gamma,$$

nach Lemma 2

$$\mathfrak{G}^{\alpha'\beta\alpha} = \mathfrak{A}^{*\beta\alpha} = \mathfrak{A} \cap \mathfrak{A}^*(\mathfrak{B} \cap \mathfrak{A}^*\mathfrak{B}^*) = \mathfrak{A} \cap \mathfrak{A}^*\mathfrak{B} \cap \mathfrak{A}^*\mathfrak{B}^*,$$

$$\mathfrak{G}^{\alpha\beta\alpha'} = \mathfrak{A}^{\beta\alpha'} = \mathfrak{A}^* \cap \mathfrak{A}(\mathfrak{B} \cap \mathfrak{A}\mathfrak{B}^*) = \mathfrak{A}^* \cap \mathfrak{A}\mathfrak{B} \cap \mathfrak{A}\mathfrak{B}^*$$

und daher

$$\mathfrak{G}^\gamma = \mathfrak{G}^{\alpha'\beta\alpha} \mathfrak{G}^{\alpha\beta\alpha'} = (\mathfrak{A} \cap \mathfrak{A}^*\mathfrak{B} \cap \mathfrak{A}^*\mathfrak{B}^*)(\mathfrak{A}\mathfrak{B} \cap \mathfrak{A}\mathfrak{B}^* \cap \mathfrak{A}^*)$$
$$= \mathfrak{A}\mathfrak{B} \cap \mathfrak{A}\mathfrak{B}^* \cap \mathfrak{A}^*\mathfrak{B} \cap \mathfrak{A}^*\mathfrak{B}^*.$$

Ändern wir für das Weitere die Bezeichnungen zu

$$\alpha = \alpha_0; \ \alpha' = \alpha_1; \ \beta = \beta_0; \ \beta' = \beta_1; \ \mathfrak{G}^\alpha = \mathfrak{A}_0; \ \mathfrak{G}^{\alpha'} = \mathfrak{A}_1; \ \mathfrak{G}^\beta = \mathfrak{B}_0; \ \mathfrak{G}^{\beta'} = \mathfrak{B}_1,$$

so besteht der Kern $\mathfrak{K}_\gamma$ des Kommutators $\gamma = (\alpha_0, \beta_0)$ aus allen Elementen $K \in \mathfrak{G}; \Omega$ mit der Eigenschaft

$$K^{\alpha_\varkappa \beta_\lambda} = K^{\beta_\lambda \alpha_\varkappa} \in \mathfrak{A}_\varkappa \cap \mathfrak{B}_\lambda = \mathfrak{D}_{\varkappa \lambda} \qquad \text{für } 0 \leq \varkappa, \lambda \leq 1;$$

daher erhalten wir

$$K = K^{(\alpha_0 + \alpha_1)(\beta_0 + \beta_1)} = K^{\alpha_0 \beta_0} K^{\alpha_1 \beta_0} K^{\alpha_0 \beta_1} K^{\alpha_1 \beta_1},$$

also

$$\mathfrak{K}_\gamma \subseteq \mathfrak{D}_{00} \mathfrak{D}_{10} \mathfrak{D}_{01} \mathfrak{D}_{11} = \mathfrak{H} \subseteq |\mathfrak{G}; \Omega.$$

Jedes Element $H \in \mathfrak{H}; \Omega$ besitzt eine eindeutige Darstellung

$$H = D_{00} D_{10} D_{01} D_{11} \quad \text{mit} \quad D_{\varkappa \lambda} \in \mathfrak{D}_{\varkappa \lambda} \quad \text{für } 0 \leq \varkappa, \lambda \leq 1;$$

denn es gilt

$$H^{\alpha_\varkappa \beta_\lambda} = D^{\alpha_\varkappa \beta_\lambda}_{\varkappa \lambda} = D_{\varkappa \lambda} = D^{\beta_\lambda \alpha_\varkappa}_{\varkappa \lambda} = H^{\beta_\lambda \alpha_\varkappa} \quad \text{und} \quad H^\gamma = E.$$

Hieraus folgt (in den früheren Bezeichnungen):

$$\mathfrak{K}_\gamma; \Omega = (\mathfrak{A} \cap \mathfrak{B}) \times (\mathfrak{A} \cap \mathfrak{B}^*) \times (\mathfrak{A}^* \cap \mathfrak{B}) \times (\mathfrak{A}^* \cap \mathfrak{B}^*)$$

und weiter

$$\mathfrak{K}_\gamma^\alpha = (\mathfrak{A} \cap \mathfrak{B}) \times (\mathfrak{A} \cap \mathfrak{B}^*) = \mathfrak{A} \cap \mathfrak{K}_\gamma.$$

Da das Bild $\mathfrak{G}^\gamma$ dem Ω-Zentrum $\mathfrak{Z}(\mathfrak{G}; \Omega)$ angehört, umfaßt der Kern $\mathfrak{K}_\gamma$ den Kommutator $\mathfrak{G}'$ von $\mathfrak{G}; \Omega$.

Satz 9. *Direkte Zerlegungen*

$$\mathfrak{G}; \Omega = \mathfrak{A} \times \mathfrak{A}^* = \mathfrak{B} \times \mathfrak{B}^*$$

einer Gruppe $\mathfrak{G}; \Omega$ *besitzen genau dann die gemeinsame Verfeinerung*

$$\mathfrak{G}; \Omega = (\mathfrak{A} \cap \mathfrak{B}) \times (\mathfrak{A} \cap \mathfrak{B}^*) \times (\mathfrak{A}^* \cap \mathfrak{B}) \times (\mathfrak{A}^* \cap \mathfrak{B}^*),$$

wenn

$$\mathfrak{A} \mathfrak{B} \cap \mathfrak{A} \mathfrak{B}^* \cap \mathfrak{A}^* \mathfrak{B} \cap \mathfrak{A}^* \mathfrak{B}^* = E. \tag{2}$$

Mit der *Durchschnittsbedingung* (2) gleichwertig ist die *Vertauschbarkeitsbedingung*

$$\gamma = (\alpha, \beta) = \alpha \beta - \beta \alpha = 0 \tag{2*}$$

für die induzierenden Zerlegungsendomorphismen α, β:

$$\mathfrak{A} = \mathfrak{G}^\alpha; \quad \mathfrak{A}^* = \mathfrak{G}^{\alpha'} = \mathfrak{K}_\alpha; \quad \mathfrak{B} = \mathfrak{G}^\beta; \quad \mathfrak{B}^* = \mathfrak{G}^{\beta'} = \mathfrak{K}_\beta.$$

Beweis. Aus jeder der Gleichungen

$$\mathfrak{G}^\gamma; \Omega = E \quad \text{bzw.} \quad \mathfrak{K}_\gamma = \mathfrak{G}; \Omega \quad \text{bzw.} \quad \gamma = \alpha \beta - \beta \alpha = 0$$

folgen die anderen. Im Falle $\mathfrak{K}_\gamma = \mathfrak{G}; \Omega$ folgt aus Satz 8

$$\mathfrak{A} = \mathfrak{K}_\gamma \cap \mathfrak{A} = (\mathfrak{A} \cap \mathfrak{B}) \times (\mathfrak{A} \cap \mathfrak{B}^*); \quad \mathfrak{A}^* = \mathfrak{K}_\gamma \cap \mathfrak{A}^* = (\mathfrak{A}^* \cap \mathfrak{B}) \times (\mathfrak{A}^* \cap \mathfrak{B}^*);$$

$$\mathfrak{B} = \mathfrak{K}_\gamma \cap \mathfrak{B} = (\mathfrak{A} \cap \mathfrak{B}) \times (\mathfrak{A}^* \cap \mathfrak{B}); \quad \mathfrak{B}^* = \mathfrak{K}_\gamma \cap \mathfrak{B}^* = (\mathfrak{A} \cap \mathfrak{B}^*) \times (\mathfrak{A}^* \cap \mathfrak{B}^*).$$

2.3.3. Der starke Verfeinerungssatz

Allgemein gilt der *starke Verfeinerungssatz*:

Satz 10. *Zwei direkte Zerlegungen*

$$\mathfrak{G}; \Omega = \underset{\iota}{\times} \mathfrak{A}_\iota = \underset{\varkappa}{\times} \mathfrak{B}_\varkappa \qquad (\text{über } \iota \in \mathsf{I}; \varkappa \in \mathsf{K})$$

einer Gruppe $\mathfrak{G}; \Omega$ *besitzen genau dann die gemeinsame Verfeinerung*

$$\mathfrak{G}; \Omega = \underset{\iota,\varkappa}{\times} (\mathfrak{A}_\iota \cap \mathfrak{B}_\varkappa) \qquad (\text{über } \iota, \varkappa \in \mathsf{I}, \mathsf{K}),$$

wenn sie die Durchschnittsbedingung erfüllen:

$$\mathfrak{A}_\iota \mathfrak{B}_\varkappa \cap \mathfrak{A}_\iota \mathfrak{B}_\varkappa^* \cap \mathfrak{A}_\iota^* \mathfrak{B}_\varkappa \cap \mathfrak{A}_\iota^* \mathfrak{B}_\varkappa^* = E \qquad \text{für jedes Paar } \iota, \varkappa \in \mathsf{I}, \mathsf{K} \qquad (3)$$

mit den komplementären Faktoren

$$\mathfrak{A}_\iota^* = \prod_{\lambda \neq \iota} \mathfrak{A}_\lambda; \quad \mathfrak{B}_\varkappa^* = \prod_{\mu \neq \varkappa} \mathfrak{B}_\mu \qquad (\text{über } \lambda \in \mathsf{I}; \mu \in \mathsf{K}).$$

Entsprechen den direkten Zerlegungen die Orthogonalsysteme $\mathsf{A} = (\alpha_\iota)$ bzw. $\mathsf{B} = (\beta_\varkappa)$:

$$\mathfrak{A}_\iota = \mathfrak{G}^{\alpha_\iota}; \quad \mathfrak{B}_\varkappa = \mathfrak{G}^{\beta_\varkappa} \qquad (\text{für } \iota \in \mathsf{I}; \varkappa \in \mathsf{K}),$$

so ist (3) mit der Vertauschbarkeitsbedingung gleichwertig:

$$(\alpha_\iota, \beta_\varkappa) = \alpha_\iota \beta_\varkappa - \beta_\varkappa \alpha_\iota = 0 \qquad \text{für jedes Paar } \iota, \varkappa \in \mathsf{I}, \mathsf{K}. \qquad (3^*)$$

Beweis. Der Endomorphismus $\alpha_\iota \in \mathsf{A}$ induziert in $\mathfrak{A}_\iota$ die Identität, in $\mathfrak{A}_\lambda$ mit $\lambda \neq \iota$ den Nullendomorphismus, ebenso $\beta_\varkappa \in \mathsf{B}$ in $\mathfrak{B}_\varkappa$ die Identität, in $\mathfrak{B}_\mu$ mit $\mu \neq \varkappa$ den Nullendomorphismus; daher induzieren $\alpha_\iota \beta_\varkappa$ und $\beta_\varkappa \alpha_\iota$ in $\mathfrak{D}_{\iota\varkappa} = \mathfrak{A}_\iota \cap \mathfrak{B}_\varkappa$ die Identität, in jedem $\mathfrak{D}_{\lambda\mu} = \mathfrak{A}_\lambda \cap \mathfrak{B}_\mu$ mit $\lambda \neq \iota$ oder $\mu \neq \varkappa$ den Nullendomorphismus. Das Kompositum

$$\mathfrak{H} = \prod_{\iota,\varkappa} \mathfrak{D}_{\iota\varkappa} \qquad (\text{über } \iota, \varkappa \in \mathsf{I}, \mathsf{K})$$

ist in $\mathfrak{G}; \Omega$ normal; jedes $H \in \mathfrak{H}$ besitzt eine (endliche) Darstellung

$$H = \prod_{\iota,\varkappa} D_{\iota\varkappa} \qquad \text{mit } D_{\iota\varkappa} \in \mathfrak{D}_{\iota\varkappa}.$$

Da demnach für jeden Kommutator $\gamma_{\iota\varkappa} = (\alpha_\iota, \beta_\varkappa)$

$$H^{\beta_\varkappa \alpha_\iota} = H^{\alpha_\iota \beta_\varkappa} = D_{\iota\varkappa} \quad \text{oder} \quad H^{\gamma_{\iota\varkappa}} = E,$$

gehört $\mathfrak{H}$ dem Durchschnitt aller Kerne $\mathfrak{K}_{\gamma_{\iota\varkappa}}$ an; umgekehrt gilt für jedes Element X dieses Durchschnittes

$$X^{\gamma_{\iota\varkappa}} = E \quad \text{oder} \quad X^{\alpha_\iota \beta_\varkappa} = X^{\beta_\varkappa \alpha_\iota} \in \mathfrak{B}_\varkappa \cap \mathfrak{A}_\iota = \mathfrak{D}_{\iota\varkappa} \quad \text{für jedes Paar } \iota, \varkappa \in \mathsf{I}, \mathsf{K},$$

also

$$X = \prod_{\iota,\varkappa} X^{\alpha_\iota \beta_\varkappa} \in \prod_{\iota,\varkappa} \mathfrak{D}_{\iota\varkappa} = \mathfrak{H}; \Omega.$$

Mithin besteht die Gleichung

$$\mathfrak{H}; \Omega = \underset{\iota,\varkappa}{\times} (\mathfrak{A}_\iota \cap \mathfrak{B}_\varkappa) = \bigcap_{\iota,\varkappa} \mathfrak{K}_{\gamma_{\iota\varkappa}}. \qquad (4)$$

Unter der Voraussetzung
$$\mathfrak{G};\Omega = \underset{\iota,\varkappa}{\times} \mathfrak{D}_{\iota\varkappa} = \mathfrak{H}$$
erhalten wir demnach
$$\mathfrak{G};\Omega = \underset{\iota,\varkappa}{\cap} \mathfrak{K}_{\gamma_{\iota\varkappa}} \quad \text{oder} \quad \mathfrak{G};\Omega = \mathfrak{K}_{\gamma_{\iota\varkappa}} \quad \text{für jedes Paar } \iota,\varkappa \in \mathsf{I}, \mathsf{K},$$
also die Vertauschbarkeitsbedingungen (3*). Umgekehrt entnehmen wir diesen Bedingungen
$$\mathfrak{G};\Omega = \underset{\iota,\varkappa}{\cap} \mathfrak{K}_{\gamma_{\iota\varkappa}} = \mathfrak{H};\Omega = \underset{\iota,\varkappa}{\times} \mathfrak{D}_{\iota\varkappa}.$$

Satz 10* (H. Fitting). *Zwei direkte Zerlegungen*
$$\mathfrak{G};\Omega = \underset{\iota}{\times} \mathfrak{A}_{\iota} = \underset{\varkappa}{\times} \mathfrak{B}_{\varkappa} \quad (\text{über } \iota \in \mathsf{I};\ \varkappa \in \mathsf{K})$$
einer Gruppe $\mathfrak{G};\Omega$ *besitzen genau dann eine gemeinsame Verfeinerung, wenn*
$$\mathfrak{A}_{\iota}\mathfrak{B}_{\varkappa} \cap \mathfrak{A}_{\iota}\mathfrak{B}_{\varkappa}^{*} \cap \mathfrak{A}_{\iota}^{*}\mathfrak{B}_{\varkappa} \cap \mathfrak{A}_{\iota}^{*}\mathfrak{B}_{\varkappa}^{*} = E \quad \text{für jedes Paar } \iota,\varkappa \in \mathsf{I}, \mathsf{K}$$
mit den komplementären Faktoren
$$\mathfrak{A}_{\iota}^{*} = \prod_{\lambda \neq \iota} \mathfrak{A}_{\lambda};\quad \mathfrak{B}_{\varkappa}^{*} = \prod_{\mu \neq \varkappa} \mathfrak{B}_{\mu} \quad (\text{über } \lambda \in \mathsf{I};\ \mu \in \mathsf{K}).$$

Beweis. Existiert eine gemeinsame Verfeinerung
$$\mathfrak{G};\Omega = \underset{\lambda}{\times} \mathfrak{C}_{\lambda}$$
der beiden direkten Zerlegungen
$$\mathfrak{G};\Omega = \underset{\iota}{\times} \mathfrak{A}_{\iota} = \underset{\varkappa}{\times} \mathfrak{B}_{\varkappa} \quad (\text{über } \iota \in \mathsf{I};\ \varkappa \in \mathsf{K}),$$
so gehört jeder Faktor $\mathfrak{C}_{\lambda}$ einem Faktor $\mathfrak{A}_{\iota}$ und einem Faktor $\mathfrak{B}_{\varkappa}$, also dem Durchschnitt $\mathfrak{D}_{\iota\varkappa} = \mathfrak{A}_{\iota} \cap \mathfrak{B}_{\varkappa}$ an. Bildung der Produkte $\overline{\mathfrak{D}}_{\iota\varkappa}$ aller Faktoren $\mathfrak{C}_{\lambda} \subseteq \mathfrak{D}_{\iota\varkappa}$ führt auf
$$\mathfrak{G};\Omega = \underset{\iota,\varkappa}{\times} \overline{\mathfrak{D}}_{\iota\varkappa} \subseteq \prod_{\iota,\varkappa} \mathfrak{D}_{\iota\varkappa} \subseteq \mathfrak{G};\Omega, \quad \text{also} \quad \mathfrak{G};\Omega = \underset{\iota,\varkappa}{\times} \mathfrak{D}_{\iota\varkappa}.$$

Aus dem starken Verfeinerungssatz folgt auch das

Lemma 3. *Ist* α *Zerlegungsendomorphismus der Gruppe* $\mathfrak{G};\Omega$ *und* η *Zerlegungsendomorphismus des direkten Faktors* $\mathfrak{G}^{\alpha}$ *von* $\mathfrak{G};\Omega$, *so ist* $\alpha\eta$ *Zerlegungsendomorphismus von* $\mathfrak{G};\Omega$. *Die direkten Zerlegungen*
$$\mathfrak{G};\Omega = \mathfrak{G}^{\alpha} \times \mathfrak{K}_{\alpha} = \mathfrak{G}^{\alpha\eta} \times \mathfrak{K}_{\alpha\eta}$$
besitzen die gemeinsame Verfeinerung
$$\mathfrak{G};\Omega = \mathfrak{G}^{\alpha\eta} \times \mathfrak{G}^{\alpha-\alpha\eta} \times \mathfrak{K}_{\alpha}.$$

Beweis. Induzieren die Zerlegungsendomorphismen $\alpha \in \mathsf{E}(\mathfrak{G};\Omega)$ und $\eta \in \mathsf{E}(\mathfrak{A};\Omega)$ die direkten Zerlegungen
$$\mathfrak{G} = \mathfrak{A} \times \mathfrak{A}^{*};\quad \mathfrak{A} = \mathfrak{C} \times \mathfrak{C}^{*};\quad \text{mit } \mathfrak{A} = \mathfrak{G}^{\alpha};\ \mathfrak{C} = \mathfrak{A}^{\eta},$$

so ist $\alpha\eta$ Endomorphismus der Gruppe $\mathfrak{G};\Omega$ mit der Eigenschaft

$$(G^{\alpha\eta})^\alpha = G^{\alpha\eta} = (G^\alpha)^{\alpha\eta} \quad \text{wegen} \quad \mathfrak{G}^{\alpha\eta} = \mathfrak{A}^\eta = \mathfrak{C} \subseteq \mathfrak{A};$$

daraus folgt

$$(\alpha\eta, \alpha) = 0 \quad \text{und} \quad (\alpha\eta)^2 = \alpha\eta.$$

Auch $1-\alpha\eta$ ist Endomorphismus von $\mathfrak{G};\Omega$, da mit $\alpha' = 1-\alpha$ gilt

$$(GH)^{1-\alpha\eta} = (GH)^{\alpha'}(GH)^{\alpha-\alpha\eta} = G^{\alpha'} H^{\alpha'} G^{\alpha-\alpha\eta} H^{\alpha-\alpha\eta}$$
$$= G^{\alpha'} G^{\alpha-\alpha\eta} H^{\alpha'} H^{\alpha-\alpha\eta} = G^{1-\alpha\eta} H^{1-\alpha\eta}.$$

Mithin ist $\alpha\eta$ Zerlegungsendomorphismus von $\mathfrak{G};\Omega$; die Zerlegungen

$$\mathfrak{G};\Omega = \mathfrak{G}^\alpha \times \mathfrak{K}_\alpha = \mathfrak{G}^{\alpha\eta} \times \mathfrak{K}_{\alpha\eta} \quad \text{mit} \quad \mathfrak{G}^\alpha = \mathfrak{A};\ \mathfrak{G}^{\alpha\eta} = \mathfrak{A}^\eta = \mathfrak{C}$$

besitzen nach Satz 8 die gemeinsame Verfeinerung

$$\mathfrak{G};\Omega = (\mathfrak{G}^\alpha \cap \mathfrak{G}^{\alpha\eta}) \times (\mathfrak{G}^\alpha \cap \mathfrak{K}_{\alpha\eta}) \times (\mathfrak{K}_\alpha \cap \mathfrak{G}^{\alpha\eta}) \times (\mathfrak{K}_\alpha \cap \mathfrak{K}_{\alpha\eta})$$
$$= \mathfrak{G}^{\alpha\eta} \times (\mathfrak{G}^\alpha \cap \mathfrak{K}_{\alpha\eta}) \times \mathfrak{K}_\alpha.$$

2.3.4. Das Zerlegungszentrum einer Gruppe

Jedes Paar von Zerlegungsendomorphismen α, β einer Gruppe $\mathfrak{G};\Omega$ bestimmt durch seinen Kommutator $\gamma = (\alpha, \beta)$ eine Untergruppe $\mathfrak{G}^\gamma$ des Ω-Zentrums $\mathfrak{Z}(\mathfrak{G};\Omega)$; daher ist das Kompositum

$$\mathfrak{Z}^*(\mathfrak{G};\Omega) = \prod_{(\alpha,\beta)} \mathfrak{G}^{(\alpha,\beta)} \subseteq \mathfrak{Z}(\mathfrak{G};\Omega)$$

dieser Gruppen (abelscher) Normalteiler in $\mathfrak{G};\Omega$, das *Zerlegungszentrum der Gruppe* $\mathfrak{G};\Omega$.

Beispiel. Zerlegungszentrum und Zentrum einer Gruppe stimmen nicht immer überein. Die zyklische Gruppe $\mathfrak{G}$ der Ordnung pq in verschiedenen Primzahlen p, q besitzt nur die direkten Zerlegungen

$$\mathfrak{G} = \{E\} \times \mathfrak{G} = \mathfrak{P} \times \mathfrak{Q} \quad \text{mit} \quad \text{ord}(\mathfrak{P}) = p;\ \text{ord}(\mathfrak{Q}) = q.$$

Daher gilt $\mathfrak{Z}^*(\mathfrak{G}) = E$ und $\mathfrak{Z}(\mathfrak{G}) = \mathfrak{G}$.

Induziert ein Endomorphismus $\eta \in \mathsf{E}(\mathfrak{G};\Omega)$ in der Untergruppe $\mathfrak{H} \subseteq \mathfrak{G};\Omega$ einen Isomorphismus (auf $\mathfrak{H}^\eta \subseteq \mathfrak{G};\Omega$), derart daß

$$H^\eta \equiv H \bmod \mathfrak{Z}^*(\mathfrak{G};\Omega) \quad \text{für jedes } H \in \mathfrak{H};\Omega,$$

so induziert η einen *Zentralisomorphismus von* $\mathfrak{H}$ *auf* $\mathfrak{H}^\eta$; die Untergruppen $\mathfrak{H}$ und $\mathfrak{H}^\eta$ sind dann *zentralisomorph*.

Die Zerlegungsendomorphismen einer Gruppe $\mathfrak{G};\Omega$ erzeugen die *Zerlegungshalbgruppe* $\mathsf{Z}(\mathfrak{G};\Omega) \subseteq \mathsf{E}(\mathfrak{G};\Omega)$; jeder (normale) Endomorphismus $\zeta \in \mathsf{Z}(\mathfrak{G};\Omega)$ bildet jeden Normalteiler $\mathfrak{N} \trianglelefteq \mathfrak{G};\Omega$ auf einen Normalteiler $\mathfrak{N}^\zeta \trianglelefteq \mathfrak{G};\Omega$, insbesondere das Ω-Zentrum $\mathfrak{Z}(\mathfrak{G};\Omega)$ in sich ab.

Satz 11. *Eine direkte Zerlegung*

$$\mathfrak{G};\Omega = \underset{\iota}{\times}\, \mathfrak{H}_\iota \qquad (\text{über } \iota \in I)$$

induziert im Ω-Zentrum $\mathfrak{Z}(\mathfrak{G};\Omega)$ die direkte Zerlegung

$$\mathfrak{Z}(\mathfrak{G};\Omega) = \underset{\iota}{\times}\, \mathfrak{Z}(\mathfrak{H}_\iota;\Omega) \qquad (\text{über } \iota \in I);$$

für das Zerlegungszentrum $\mathfrak{Z}^*(\mathfrak{G};\Omega)$ gilt

$$\mathfrak{Z}^*(\mathfrak{G};\Omega) \supseteq \underset{\iota}{\times}\, \mathfrak{Z}^*(\mathfrak{H}_\iota;\Omega) \qquad (\text{über } \iota \in I).$$

Beispiel. Für das direkte Produkt $\mathfrak{G} = \mathfrak{P}_1 \times \mathfrak{P}_2$ zyklischer Gruppen gleicher Primzahlordnung p finden wir

$$\mathfrak{Z}^*(\mathfrak{P}_1) = \mathfrak{Z}^*(\mathfrak{P}_2) = E \quad \text{und} \quad \mathfrak{Z}^*(\mathfrak{G}) = \mathfrak{P}_1 \times \mathfrak{P}_2 = \mathfrak{G};$$

daher kann keine weitergehende Aussage als Satz 11 erhalten werden.

Beweis. Induziert der Zerlegungsendomorphismus η die Zerlegung

$$\mathfrak{G};\Omega = \mathfrak{H} \times \mathfrak{H}^* \quad \text{mit } \mathfrak{H} = \mathfrak{H}^\eta;\ \mathfrak{H}^* = \mathfrak{K}_\eta,$$

so ist $\mathfrak{Z}(\mathfrak{G};\Omega)^\eta$ im Ω-Zentrum $\mathfrak{Z}(\mathfrak{G}^\eta;\Omega)$ enthalten; andererseits ist $\mathfrak{Z}(\mathfrak{G}^\eta;\Omega)$ mit $\mathfrak{G};\Omega$ elementweise vertauschbar. Damit folgt

$$\mathfrak{Z}(\mathfrak{G};\Omega)^\eta \subseteq \mathfrak{Z}(\mathfrak{G}^\eta;\Omega) = \mathfrak{Z}(\mathfrak{G}^\eta;\Omega)^\eta \subseteq \mathfrak{Z}(\mathfrak{G};\Omega)^\eta,$$

also

$$\mathfrak{Z}(\mathfrak{G};\Omega)^\eta = \mathfrak{Z}(\mathfrak{G}^\eta;\Omega) = \mathfrak{Z}(\mathfrak{H};\Omega).$$

Zwei Zerlegungsendomorphismen α, β des Faktors $\mathfrak{H}$ von $\mathfrak{G};\Omega$ führen nach Lemma 3 auf Zerlegungsendomorphismen $\eta\alpha, \eta\beta$ von $\mathfrak{G};\Omega$, die den Vertauschbarkeitsbedingungen

$$(\eta\alpha, \eta) = (\eta\beta, \eta) = 0;\qquad (\eta\alpha, \eta\beta) = \eta(\alpha, \beta)$$

genügen. Daher gilt

$$\mathfrak{H}^{(\alpha,\beta)} = \mathfrak{G}^{\eta(\alpha,\beta)} = \mathfrak{G}^{(\eta\alpha,\eta\beta)} \subseteq \mathfrak{Z}^*(\mathfrak{G};\Omega), \quad \text{also}\quad \mathfrak{Z}^*(\mathfrak{H};\Omega) \subseteq \mathfrak{Z}^*(\mathfrak{G};\Omega).$$

Für eine direkte Zerlegung

$$\mathfrak{G};\Omega = \underset{\iota}{\times}\, \mathfrak{H}_\iota \qquad (\text{über } \iota \in I)$$

entnehmen wir hieraus die Aussagen des Satzes.

Jeder Zerlegungsendomorphismus α einer Gruppe $\mathfrak{G};\Omega$ induziert eine direkte Zerlegung

$$\mathfrak{G};\Omega = \mathfrak{A} \times \mathfrak{A}^* \quad \text{mit } \mathfrak{A} = \mathfrak{G}^\alpha;\ \mathfrak{A}^* = \mathfrak{K}_\alpha;$$

ein direkter Faktor $\mathfrak{A}$ kann aber Bildgruppe verschiedener Zerlegungsendomorphismen sein:

2.3.4. Das Zerlegungszentrum einer Gruppe

Satz 12. *Die Faktoren* $\mathfrak{A}, \mathfrak{B}$ *zweier direkter Zerlegungen*

$$\mathfrak{G}; \Omega = \mathfrak{A} \times \mathfrak{A}^* = \mathfrak{B} \times \mathfrak{A}^*$$

einer Gruppe $\mathfrak{G}; \Omega$ *sind zentralisomorph; bestehen dabei mit Zerlegungsendomorphismen* α, β *die Gleichungen*

$$\mathfrak{A} = \mathfrak{G}^\alpha; \quad \mathfrak{A}^* = \mathfrak{K}_\alpha; \quad \mathfrak{B} = \mathfrak{G}^\beta,$$

so induziert α *einen Isomorphismus von* $\mathfrak{B}$ *auf* $\mathfrak{B}^\alpha = \mathfrak{A}$.

Induzieren α, β *die direkten Zerlegungen*

$$\mathfrak{G}; \Omega = \mathfrak{A} \times \mathfrak{A}^* = \mathfrak{B} \times \mathfrak{A}^* \quad \text{mit } \mathfrak{A} = \mathfrak{G}^\alpha; \; \mathfrak{B} = \mathfrak{G}^\beta; \; \mathfrak{A}^* = \mathfrak{K}_\alpha = \mathfrak{K}_\beta,$$

so induzieren die aus $\gamma = (\alpha, \beta)$ *gebildeten (reziproken) Automorphismen* $1+\gamma$ *bzw.* $1-\gamma$ *Zentralisomorphismen*

$$\mathfrak{A}^{1+\gamma} = \mathfrak{B}; \quad \mathfrak{B}^{1-\gamma} = \mathfrak{A}.$$

Beweis. Zu den direkten Zerlegungen

$$\mathfrak{G}; \Omega = \mathfrak{A} \times \mathfrak{A}^* = \mathfrak{B} \times \mathfrak{A}^*$$

existieren Zerlegungsendomorphismen $\alpha, \beta \in \mathsf{E}(\mathfrak{G}; \Omega)$, derart daß

$$\mathfrak{A} = \mathfrak{G}^\alpha; \quad \mathfrak{A}^* = \mathfrak{G}^{\alpha'} = \mathfrak{K}_\alpha; \quad \mathfrak{B} = \mathfrak{G}^\beta;$$

damit folgt

$$\mathfrak{A} = \mathfrak{G}^\alpha = (\mathfrak{B} \times \mathfrak{A}^*)^\alpha = \mathfrak{B}^\alpha = \mathfrak{G}^{\beta\alpha}.$$

Dieser Homomorphismus von $\mathfrak{B}$ auf $\mathfrak{A}$ ist ein Isomorphismus, da

$$E = G^{\beta\alpha} = G^\beta G^{-\beta\alpha'} \in \mathfrak{G}^\beta \times \mathfrak{G}^{\alpha'} \quad \text{nur für } G^\beta = G^{\beta\alpha'} = E.$$

Werden α, β derart gewählt, daß

$$\mathfrak{A} = \mathfrak{G}^\alpha; \quad \mathfrak{B} = \mathfrak{G}^\beta; \quad \mathfrak{A}^* = \mathfrak{G}^{\alpha'} = \mathfrak{G}^{\beta'},$$

so induziert auch β einen Isomorphismus von $\mathfrak{A}$ auf $\mathfrak{A}^\beta = \mathfrak{B}$. Aus

$$\mathfrak{G}; \Omega = \mathfrak{G}^\alpha \times \mathfrak{G}^{\alpha'} = \mathfrak{G}^\beta \times \mathfrak{G}^{\beta'} \quad \text{mit } \mathfrak{G}^{\alpha'} = \mathfrak{G}^{\beta'}$$

folgt dann

$$E = \mathfrak{G}^{\alpha'\alpha} = \mathfrak{G}^{\beta'\alpha} \quad \text{und} \quad E = \mathfrak{G}^{\beta'\beta} = \mathfrak{G}^{\alpha'\beta},$$

also

$$\beta'\alpha = \alpha'\beta = 0 \quad \text{und} \quad \gamma = (\alpha, \beta) = (\beta, \alpha') = (\beta', \alpha) = \beta\alpha' = -\alpha\beta'.$$

Wegen

$$\gamma^2 = \beta\alpha'(-\alpha\beta') = 0 \quad \text{und} \quad (1+\gamma)(1-\gamma) = (1-\gamma)(1+\gamma) = 1$$

sind $1+\gamma$ und $1-\gamma$ reziproke (normale) Automorphismen von $\mathfrak{G}; \Omega$. Dabei gilt

$$\mathfrak{A}^{1+\gamma} = \mathfrak{G}^{\alpha(1+\gamma)} = \mathfrak{G}^{\alpha\beta} = \mathfrak{G}^\beta$$

und
$$A \cdot A^{-(1+\gamma)} = A^{-\gamma} \equiv E \bmod \mathfrak{Z}^*(\mathfrak{G};\Omega) \qquad \text{für jedes } A \in \mathfrak{A}.$$

Mithin sind $\mathfrak{A}$ und $\mathfrak{B} = \mathfrak{A}^{1+\gamma}$ zentralisomorph.

Die Aussage des Satzes 12 legt eine Verengung des Begriffes der Zentralisomorphie nahe. Zwei direkte Faktoren $\mathfrak{A}$, $\mathfrak{B}$ einer Gruppe $\mathfrak{G};\Omega$ heißen *austauschisomorph*, wenn sie einen gemeinsamen komplementären Faktor (in $\mathfrak{G};\Omega$) besitzen:
$$\mathfrak{G};\Omega = \mathfrak{A} \times \mathfrak{H} = \mathfrak{B} \times \mathfrak{H}.$$

Austauschisomorphe direkte Faktoren sind zentralisomorph.

Beispiel. Die freie abelsche Gruppe $\mathfrak{A} = \{X, Y\}$ des Ranges 2 besitzt die direkten Zerlegungen
$$\mathfrak{A} = \{X\} \times \{Y\} = \{X_0\} \times \{Y_0\} \qquad \text{mit } X_0 = X^2 Y^5;\ Y_0 = X Y^3.$$

Die Faktoren $\{X\}$ und $\{X_0\}$ sind zentralisomorph, aber nicht austauschisomorph, da es keine Untergruppe $\{X^\alpha Y^\beta\} \subset \mathfrak{A}$ gibt, für die
$$\{X\} \times \{X^\alpha Y^\beta\} = \{X^2 Y^5\} \times \{X^\alpha Y^\beta\}.$$

Die Zentralisomorphie ist ein Kongruenzbegriff, nicht aber die Austauschisomorphie, da diese nicht immer transitiv ist.

Folgerung des Satzes 12 ist der *Austauschsatz*:

Satz 13. *Zwei Zerlegungsendomorphismen α, β einer Gruppe $\mathfrak{G};\Omega$ induzieren genau dann die Austauschzerlegungen*
$$\mathfrak{G};\Omega = \mathfrak{G}^\alpha \times \mathfrak{K}_\alpha = \mathfrak{K}_\alpha \times \mathfrak{G}^\beta = \mathfrak{G}^\beta \times \mathfrak{K}_\beta = \mathfrak{K}_\beta \times \mathfrak{G}^\alpha,$$

wenn α, β Isomorphismen von $\mathfrak{G}^\beta$ auf $\mathfrak{G}^{\beta\alpha} = \mathfrak{G}^\alpha$ bzw. von $\mathfrak{G}^\alpha$ auf $\mathfrak{G}^{\alpha\beta} = \mathfrak{G}^\beta$ induzieren.

Beweis. Nach Satz 12 sind die Bedingungen notwendig. Induzieren die Zerlegungsendomorphismen α, β die angegebenen Isomorphismen, so genügen Elemente $X \in \mathfrak{G}^\beta \cap \mathfrak{K}_\alpha$ bzw. $Y \in \mathfrak{G}^\alpha \cap \mathfrak{K}_\beta$ den Bedingungen
$$X^\alpha = E;\quad X^\beta = X \qquad \text{bzw.} \qquad Y^\alpha = Y;\quad Y^\beta = E.$$

Wegen $\mathfrak{G}^\alpha = \mathfrak{G}^{\beta\alpha}$ und $\mathfrak{G}^\beta = \mathfrak{G}^{\alpha\beta}$ folgt
$$X^\beta = X = E \text{ aus } X^{\beta\alpha} = X^\alpha = E \quad \text{bzw.} \quad Y^\alpha = Y = E \text{ aus } Y^{\alpha\beta} = Y^\beta = E,$$
also
$$\mathfrak{G}^\beta \cap \mathfrak{K}_\alpha = \mathfrak{K}_\beta \cap \mathfrak{G}^\alpha = E.$$

Aus den Gleichungen $\beta\alpha = \beta - \beta\alpha'$ und $\alpha\beta = \alpha - \alpha\beta'$ erhalten wir
$$\mathfrak{G}^\alpha = \mathfrak{G}^{\beta\alpha} \subseteq \mathfrak{G}^\beta \mathfrak{G}^{\beta\alpha'} \subseteq \mathfrak{G}^\beta \times \mathfrak{K}_\alpha,$$
$$\mathfrak{G}^\beta = \mathfrak{G}^{\alpha\beta} \subseteq \mathfrak{G}^\alpha \mathfrak{G}^{\alpha\beta'} \subseteq \mathfrak{G}^\alpha \times \mathfrak{K}_\beta.$$

und damit
$$\mathfrak{G} = \mathfrak{G}^\alpha \times \mathfrak{K}_\alpha \subseteq \mathfrak{G}^\beta \times \mathfrak{K}_\alpha \subseteq \mathfrak{G}; \quad \mathfrak{G} = \mathfrak{G}^\beta \times \mathfrak{K}_\beta \subseteq \mathfrak{G}^\alpha \times \mathfrak{K}_\beta \subseteq \mathfrak{G}.$$

Satz 13*. *Direkte Zerlegungen*
$$\mathfrak{G};\Omega = \mathfrak{A} \times (\underset{\iota}{\times} \mathfrak{B}_\iota) = \mathfrak{A} \times \mathfrak{C} \quad (\text{über } \iota \in \mathsf{I})$$

ergeben die Verfeinerung
$$\mathfrak{C};\Omega = \underset{\iota}{\times} \mathfrak{C}_\iota \quad mit \quad \mathfrak{C}_\iota = \mathfrak{C} \cap \mathfrak{A}\mathfrak{B}_\iota \quad (\text{über } \iota \in \mathsf{I})$$

in zu den Faktoren $\mathfrak{B}_\iota$ austauschisomorphen Faktoren:
$$\mathfrak{A} \times \mathfrak{B}_\iota = \mathfrak{A} \times \mathfrak{C}_\iota \quad \text{für jedes } \iota \in \mathsf{I}.$$

Beweis. Die Untergruppen $\mathfrak{C}_\iota = \mathfrak{C} \cap \mathfrak{A}\mathfrak{B}_\iota$ sind normal in $\mathfrak{G};\Omega$; aus Lemma 1 gewinnen wir
$$\mathfrak{A} \times \mathfrak{B}_\iota = \mathfrak{A} \times (\mathfrak{C} \cap \mathfrak{A}\mathfrak{B}_\iota) = \mathfrak{A} \times \mathfrak{C}_\iota \quad \text{für jedes } \iota \in \mathsf{I}.$$

Setzen wir
$$\mathfrak{B}_\iota^* = \prod_{\varkappa \neq \iota} \mathfrak{B}_\varkappa; \quad \mathfrak{C}_\iota^* = \prod_{\varkappa \neq \iota} \mathfrak{C}_\varkappa; \quad \mathfrak{C}_0 = \prod_\iota \mathfrak{C}_\iota \quad (\text{über } \iota, \varkappa \in \mathsf{I}),$$

so erhalten wir die Austauschisomorphie
$$\mathfrak{G};\Omega = \mathfrak{A} \times \mathfrak{B}_\iota^* \times \mathfrak{B}_\iota = \mathfrak{A} \times \mathfrak{B}_\iota^* \times \mathfrak{C}_\iota \quad \text{für jedes } \iota \in \mathsf{I}$$

und
$$\mathfrak{A}\mathfrak{C}_0 = \prod_\iota \mathfrak{A}\mathfrak{C}_\iota = \prod_\iota \mathfrak{A}\mathfrak{B}_\iota = \mathfrak{G};\Omega.$$

Wegen $\mathfrak{A} \cap \mathfrak{C}_0 \subseteq \mathfrak{A} \cap \mathfrak{C} = E$ folgt
$$\mathfrak{G};\Omega = \mathfrak{A} \times \mathfrak{C}_0 = \mathfrak{A} \times \mathfrak{C} \quad mit \quad \mathfrak{C}_0 \subseteq \mathfrak{C}, \quad also \quad \mathfrak{C}_0 = \mathfrak{C}.$$

Schließlich gilt
$$\mathfrak{A}\mathfrak{C}_\iota^* \cap \mathfrak{A}\mathfrak{C}_\iota = \mathfrak{A}\mathfrak{B}_\iota^* \cap \mathfrak{A}\mathfrak{B}_\iota = \mathfrak{A},$$

also
$$\mathfrak{C}_\iota^* \cap \mathfrak{C}_\iota \subseteq \mathfrak{A}\mathfrak{C}_\iota^* \cap \mathfrak{A}\mathfrak{C}_\iota \cap \mathfrak{C} = \mathfrak{A} \cap \mathfrak{C} = E \quad \text{für jedes } \iota \in \mathsf{I}$$

und damit
$$\mathfrak{C};\Omega = \underset{\iota}{\times} \mathfrak{C}_\iota \quad (\text{über } \iota \in \mathsf{I}).$$

Lemma 4. *Besitzen direkte Zerlegungen*
$$\mathfrak{G};\Omega = \mathfrak{A} \times \mathfrak{A}^* = \underset{\iota}{\times} \mathfrak{B}_\iota \quad (\text{über } \iota \in \mathsf{I})$$

einer Gruppe $\mathfrak{G};\Omega$ die Eigenschaft $\mathfrak{A} \cap \mathfrak{Z}^*(\mathfrak{G};\Omega) = E$, so folgt
$$\mathfrak{G};\Omega = \mathfrak{A} \times \left(\underset{\iota}{\times} (\mathfrak{A}^* \cap \mathfrak{B}_\iota)\right) \quad mit \quad \mathfrak{A}^* = \underset{\iota}{\times} (\mathfrak{A}^* \cap \mathfrak{B}_\iota).$$

Beweis. Setzen wir für einen festen Index $\iota \in I$

$$\mathfrak{G} = \mathfrak{A} \times \mathfrak{A}^* = \mathfrak{B} \times \mathfrak{B}^* \quad \text{mit} \quad \mathfrak{B} = \mathfrak{B}_\iota; \; \mathfrak{B}^* = \mathfrak{B}_\iota^* = \prod_{\varkappa \neq \iota} \mathfrak{B}_\varkappa \quad (\text{über } \varkappa \in I)$$

und mit induzierenden Zerlegungsendomorphismen α, α' bzw. β, β'

$$\mathfrak{A} = \mathfrak{G}^\alpha; \quad \mathfrak{A}^* = \mathfrak{G}^{\alpha'}; \quad \mathfrak{B} = \mathfrak{G}^\beta; \quad \mathfrak{B}^* = \mathfrak{G}^{\beta'},$$

so erhalten wir für den Kommutator $\gamma = (\alpha, \beta)$ die Beziehung

$$\mathfrak{G}^{\gamma \alpha} = \mathfrak{G}^{\alpha' \gamma} \subseteq \mathfrak{G}^\alpha \cap \mathfrak{G}^\gamma \subseteq \mathfrak{A} \cap \mathfrak{Z}^*(\mathfrak{G}; \Omega) = E, \quad \text{also} \quad \mathfrak{G}^{\alpha'} = \mathfrak{A}^* \subseteq \mathfrak{K}_\gamma.$$

Nach Satz 8 folgt hieraus

$$\mathfrak{A}^* = \mathfrak{A}^* \cap \mathfrak{K}_\gamma = (\mathfrak{A}^* \cap \mathfrak{B}) \times (\mathfrak{A}^* \cap \mathfrak{B}^*).$$

Jedes $A^* \in \mathfrak{A}^*$ besitzt also eindeutige Darstellungen

$$A^* = \prod_\iota B_\iota = B_\iota B_\iota^* \quad \text{mit} \; B_\iota \in \mathfrak{B}_\iota = \mathfrak{B}; \; B_\iota^* \in \mathfrak{B}_\iota^* = \mathfrak{B}^*,$$
$$A^* = C C^* \quad \text{mit} \; C \in \mathfrak{A}^* \cap \mathfrak{B}; \; C^* \in \mathfrak{A}^* \cap \mathfrak{B}^*;$$

da diese Darstellungen notwendig übereinstimmen, folgt

$$\mathfrak{A}^* \subseteq \prod_\iota (\mathfrak{A}^* \cap \mathfrak{B}_\iota) \subseteq \mathfrak{A}^*, \quad \text{also} \quad \mathfrak{A}^* = \underset{\iota}{\times} (\mathfrak{A}^* \cap \mathfrak{B}_\iota).$$

2.3.5. Stark verfeinerbare Gruppen

Definition 2. *Eine Gruppe* $\mathfrak{G}; \Omega$ *heißt stark verfeinerbar, wenn jedes Paar direkter Zerlegungen*

$$\mathfrak{G}; \Omega = \mathfrak{A} \times \mathfrak{A}^* = \mathfrak{B} \times \mathfrak{B}^*$$

eine gemeinsame Verfeinerung besitzt.

Die bisherigen Betrachtungen führen auf das Kriterium:

Satz 14. *Eine Gruppe* $\mathfrak{G}; \Omega$ *ist genau dann stark verfeinerbar, wenn sie eine der folgenden Eigenschaften besitzt:*

1. *Das Zerlegungszentrum* $\mathfrak{Z}^*(\mathfrak{G}; \Omega)$ *von* $\mathfrak{G}; \Omega$ *ist die Einheit.*
2. *Die Zerlegungshalbgruppe* $\mathsf{Z}(\mathfrak{G}; \Omega)$ *von* $\mathfrak{G}; \Omega$ *ist abelsch.*
3. *Die Zerlegungsendomorphismen von* $\mathfrak{G}; \Omega$ *bilden eine Halbgruppe.*

Beweis. Das Zerlegungszentrum $\mathfrak{Z}^*(\mathfrak{G}; \Omega)$ einer Gruppe $\mathfrak{G}; \Omega$ ist genau dann die Einheit, wenn alle Zerlegungsendomorphismen von $\mathfrak{G}; \Omega$ vertauschbar sind; dann ist die Zerlegungshalbgruppe $\mathsf{Z}(\mathfrak{G}; \Omega)$ abelsch. Da ferner das Produkt $\alpha\beta$ aus Zerlegungsendomorphismen α, β idempotent ist, besteht $\mathsf{Z}(\mathfrak{G}; \Omega)$ nur aus Zerlegungsendomorphismen.

Bilden die Zerlegungsendomorphismen von $\mathfrak{G}; \Omega$ eine Halbgruppe, so gilt für Paare α, α' und β, β' komplementärer Zerlegungsendomorphismen

$$(\alpha\beta)^2 = \alpha\beta; \quad (\alpha\beta')^2 = \alpha\beta'; \quad (\alpha'\beta)^2 = \alpha'\beta; \quad (\alpha'\beta')^2 = \alpha'\beta'$$

und daher

$$\alpha\beta' = \alpha\beta'\alpha\beta' = \alpha(1-\beta)\alpha\beta' = \alpha\beta' - \alpha\beta\alpha\beta', \quad \text{also} \quad \alpha\beta\alpha\beta' = 0,$$
$$\alpha\beta = \alpha\beta\alpha\beta = \alpha\beta\alpha\beta + \alpha\beta\alpha\beta' = \alpha\beta\alpha, \quad \text{also} \quad \alpha\beta - \alpha\beta\alpha = \alpha\beta\alpha' = 0.$$

Aus Symmetriegründen gilt auch $\alpha'\beta\alpha = 0$ und demnach

$$(\alpha, \beta) = \alpha\beta - \beta\alpha = -\alpha'\beta\alpha + \alpha\beta\alpha' = 0.$$

Die drei Eigenschaften des Satzes 14 sind also gleichwertig; nach Satz 9 ist eine Gruppe $\mathfrak{G};\Omega$ genau dann stark verfeinerbar, wenn je zwei Zerlegungsendomorphismen vertauschbar sind.

Wir bemerken noch: *Jeder direkte Faktor $\mathfrak{A};\Omega$ einer stark verfeinerbaren Gruppe $\mathfrak{G};\Omega$ ist stark verfeinerbar.*

Nach Satz 11 ist nämlich $\mathfrak{Z}^*(\mathfrak{A};\Omega)$ in $\mathfrak{Z}^*(\mathfrak{G};\Omega)$ enthalten.

Der Satz 10 führt auf die allgemeine Aussage:

Satz 14*. *Zwei direkte Zerlegungen einer stark verfeinerbaren Gruppe*

$$\mathfrak{G};\Omega = \underset{\iota}{\times} \mathfrak{A}_\iota = \underset{\varkappa}{\times} \mathfrak{B}_\varkappa \qquad (\text{über } \iota \in \mathsf{I}; \varkappa \in \mathsf{K})$$

besitzen die gemeinsame Verfeinerung

$$\mathfrak{G};\Omega = \underset{\iota,\varkappa}{\times} (\mathfrak{A}_\iota \cap \mathfrak{B}_\varkappa) \qquad (\text{über } \iota, \varkappa \in \mathsf{I}, \mathsf{K}).$$

Da die Kommutatoren von Zerlegungsendomorphismen einer Gruppe zentrale Endomorphismen sind, gilt auch

Satz 14**. *Eine Gruppe $\mathfrak{G};\Omega$ ist stark verfeinerbar, wenn sie keinen zentralen Endomorphismus (außer dem Nullendomorphismus) besitzt.*

Diese Bedingung ist nach Satz 1.4.13 dann erfüllt, wenn die Gruppe $\mathfrak{G};\Omega$ *perfekt* oder *ohne Ω-Zentrum* ist.

Satz 15. *Besitzt eine stark verfeinerbare Gruppe $\mathfrak{G};\Omega$ eine direkte Zerlegung*

$$\mathfrak{G};\Omega = \underset{\iota}{\times} \mathfrak{U}_\iota \qquad (\text{über } \iota \in \mathsf{I})$$

in eigentliche, direkt unzerlegbare Faktoren $\mathfrak{U}_\iota$, so ist diese (bis auf die Reihenfolge der Faktoren) eindeutig bestimmt.

Beweis. Zwei Zerlegungen

$$\mathfrak{G};\Omega = \underset{\iota}{\times} \mathfrak{U}_\iota = \underset{\varkappa}{\times} \mathfrak{B}_\varkappa \qquad (\text{über } \iota \in \mathsf{I}; \varkappa \in \mathsf{K})$$

besitzen nach Voraussetzung die gemeinsame Verfeinerung

$$\mathfrak{G};\Omega = \underset{\iota,\varkappa}{\times} (\mathfrak{U}_\iota \cap \mathfrak{B}_\varkappa) \quad \text{mit} \quad \mathfrak{U}_\iota = \underset{\varkappa}{\times} (\mathfrak{U}_\iota \cap \mathfrak{B}_\varkappa); \; \mathfrak{B}_\varkappa = \underset{\iota}{\times} (\mathfrak{U}_\iota \cap \mathfrak{B}_\varkappa).$$

Sind $\mathfrak{U}_\iota, \mathfrak{B}_\varkappa$ direkt unzerlegbar, so gibt es zu jedem $\iota \in \mathsf{I}$ genau ein $\varkappa \in \mathsf{K}$, zu jedem $\varkappa \in \mathsf{K}$ genau ein $\iota_0 \in \mathsf{I}$, derart daß

$$\mathfrak{U}_\iota = \mathfrak{U}_\iota \cap \mathfrak{B}_\varkappa; \quad \mathfrak{U}_{\iota_0} \cap \mathfrak{B}_\varkappa = \mathfrak{B}_\varkappa, \quad \text{also} \quad \mathfrak{U}_\iota \subseteq \mathfrak{B}_\varkappa \subseteq \mathfrak{U}_{\iota_0}.$$

Da hieraus $\iota = \iota_0$ folgt, besteht eine eineindeutige Zuordnung

$$\iota \leftrightarrow \varkappa \quad \text{mit} \quad \mathfrak{U}_\iota = \mathfrak{V}_\varkappa \quad \text{für} \quad \iota \in \mathsf{I}; \; \varkappa \in \mathsf{K}.$$

Für nicht stark verfeinerbare Gruppen erhebt sich hier noch die Frage, unter welchen Bedingungen eine direkte Zerlegung

$$\mathfrak{G}; \Omega = \underset{\iota}{\times} \mathfrak{A}_\iota \quad (\text{über } \iota \in \mathsf{I})$$

der Gruppe $\mathfrak{G}; \Omega$ mit jeder anderen direkten Zerlegung eine gemeinsame Verfeinerung besitzt. Nach Satz 10 ist hierfür notwendig und hinreichend, daß die Endomorphismen des zugehörigen Orthogonalsystems $\mathsf{A} = (\alpha_\iota)$ mit allen Zerlegungsendomorphismen, also mit der Zerlegungshalbgruppe $\mathsf{Z}(\mathfrak{G}; \Omega)$ elementweise vertauschbar sind. Bezeichnen wir eine für jedes $\zeta \in \mathsf{Z}(\mathfrak{G}; \Omega)$ zulässige Untergruppe $\mathfrak{U} \subseteq \mathfrak{G}; \Omega$ als Z-*invariant*, so zeigt die Beziehung

$$\mathfrak{G}^{\alpha_\iota \zeta} = \mathfrak{G}^{\zeta \alpha_\iota} \quad \text{oder} \quad \mathfrak{A}_\iota^\zeta = (\mathfrak{G}^\zeta)^{\alpha_\iota} \subseteq \mathfrak{A}_\iota,$$

daß jeder Faktor $\mathfrak{A}_\iota$ der Zerlegung Z-invariant ist.

Eine direkte Zerlegung der Gruppe $\mathfrak{G}; \Omega$ in Z-invariante Faktoren ist eine Z-*direkte Zerlegung*; eine Z-direkte Zerlegung ist *nicht verfeinerbar*, wenn sie keine Verfeinerung in Z-invarianten Faktoren besitzt.

Satz 16. *Eine direkte Zerlegung*

$$\mathfrak{G}; \Omega = \underset{\iota}{\times} \mathfrak{A}_\iota \quad (\text{über } \iota \in \mathsf{I})$$

der Gruppe $\mathfrak{G}; \Omega$ besitzt genau dann mit jeder direkten Zerlegung von $\mathfrak{G}; \Omega$ eine gemeinsame Verfeinerung, wenn sie eine Z-direkte Zerlegung ist.

Beweis. Die Bedingung ist notwendig. Umgekehrt sind in einer Z-direkten Zerlegung

$$\mathfrak{G}; \Omega = \underset{\iota}{\times} \mathfrak{A}_\iota \quad (\text{über } \iota \in \mathsf{I})$$

alle Faktoren $\mathfrak{A}_\iota$ Z-invariante Normalteiler; für jedes $\zeta \in \mathsf{Z}(\mathfrak{G}; \Omega)$ und jedes $G \in \mathfrak{G}; \Omega$ gilt daher

$$G^\zeta = \prod_\iota G^{\zeta \alpha_\iota} = \prod_\iota G^{\alpha_\iota \zeta} \quad \text{mit} \quad G^{\zeta \alpha_\iota}, G^{\alpha_\iota \zeta} \in \mathfrak{A}_\iota \quad \text{für jedes } \iota \in \mathsf{I}.$$

Aus der Eindeutigkeit der Darstellung folgt

$$G^{\alpha_\iota \zeta} = G^{\zeta \alpha_\iota} \quad \text{für jedes } G \in \mathfrak{G}; \Omega, \text{ also } \zeta \alpha_\iota = \alpha_\iota \zeta.$$

Unmittelbare Folgerung ist der

Satz 16* (H. Fitting). *Zwei Z-direkte Zerlegungen einer Gruppe $\mathfrak{G}; \Omega$ besitzen gemeinsame Verfeinerungen. Besitzt $\mathfrak{G}; \Omega$ eine nicht verfeinerbare Z-direkte Zerlegung, so sind deren Faktoren eindeutig bestimmt.*

Das Kriterium des Satzes 16 kann noch abgewandelt und auf den Begriff des normalen Automorphismus gegründet werden: Die *normalen*

2.3.5. Stark verfeinerbare Gruppen

Automorphismen einer Gruppe $\mathfrak{G};\Omega$ bilden einen Normalteiler $\mathsf{A}^*(\mathfrak{G};\Omega)$ der Automorphismengruppe $\mathsf{A}(\mathfrak{G};\Omega)$. Eine Gruppe $\mathfrak{U} \subseteq \mathfrak{G};\Omega$ ist *normalcharakteristisch*, wenn sie für jeden normalen Automorphismus zulässig ist. Eine direkte Zerlegung der Gruppe $\mathfrak{G};\Omega$ ist *normalcharakteristisch*, wenn jeder Faktor normalcharakteristisch ist.

Satz 16**. *Eine direkte Zerlegung*

$$\mathfrak{G};\Omega = \underset{\iota}{\times}\, \mathfrak{A}_\iota \qquad (\text{über } \iota \in \mathsf{I})$$

einer Gruppe $\mathfrak{G};\Omega$ *ist genau dann normalcharakteristisch, wenn sie eine* **Z**-*direkte Zerlegung ist*.

Beweis. Entspricht der direkten Zerlegung

$$\mathfrak{G};\Omega = \underset{\iota}{\times}\, \mathfrak{A}_\iota \qquad (\text{über } \iota \in \mathsf{I})$$

das Orthogonalsystem $\mathsf{A} = (\alpha_\iota)$, so führt jeder normale Endomorphismus $\eta \in \mathsf{E}(\mathfrak{G};\Omega)$ durch das Produkt $\zeta = \alpha_\iota \eta \alpha_\varkappa$ mit $\varkappa \neq \iota$ wegen

$$(1+\zeta)(1-\zeta) = 1 - \alpha_\iota \eta \alpha_\varkappa \alpha_\iota \eta \alpha_\varkappa = 1$$

auf einen normalen Automorphismus $\varphi = 1 - \zeta$. Sind die Faktoren $\mathfrak{A}_\iota$ normalcharakteristisch, so folgt

$$\mathfrak{A}_\iota^\varphi = \mathfrak{A}_\iota, \quad \text{also} \quad \mathfrak{A}_\iota^{1-\varphi} = \mathfrak{A}_\iota^\zeta = \mathfrak{A}_\iota^{\alpha_\iota \eta \alpha_\varkappa} \subseteq \mathfrak{A}_\iota \cap \mathfrak{A}_\varkappa = E$$

und weiter

$$\mathfrak{A}_\iota^{\eta \alpha_\varkappa} = E \quad \text{für jedes } \varkappa \neq \iota, \quad \text{also} \quad \mathfrak{A}_\iota^\eta \subseteq \mathfrak{A}_\iota.$$

Ein normalcharakteristischer Faktor $\mathfrak{A}_\iota$ ist daher **Z**-invariant.

Umgekehrt erhalten wir aus einer **Z**-direkten Zerlegung

$$\mathfrak{G};\Omega = \underset{\iota}{\times}\, \mathfrak{A}_\iota = \mathfrak{A}_\iota \times \mathfrak{A}_\iota^* \qquad (\text{über } \iota \in \mathsf{I})$$

wegen der für jeden Index $\lambda \neq \iota$ gültigen Gleichung

$$\mathfrak{G}^{\alpha_\lambda \varphi} = \mathfrak{G}^{\alpha_\lambda (1-\alpha_\iota \eta \alpha_\varkappa)} = \mathfrak{G}^{\alpha_\lambda} \quad \text{oder} \quad \mathfrak{A}_\lambda^\varphi = \mathfrak{A}_\lambda$$

eine direkte Zerlegung

$$\mathfrak{G};\Omega = \mathfrak{A}_\iota^\varphi \times \mathfrak{A}_\iota^{*\varphi} = \mathfrak{A}_\iota^\varphi \times \mathfrak{A}_\iota^* = \mathfrak{A}_\iota \times \mathfrak{A}_\iota^*.$$

Diese Zerlegungen besitzen die gemeinsame Verfeinerung

$$\mathfrak{G};\Omega = (\mathfrak{A}_\iota^\varphi \cap \mathfrak{A}_\iota) \times (\mathfrak{A}_\iota^\varphi \cap \mathfrak{A}_\iota^*) \times (\mathfrak{A}_\iota \cap \mathfrak{A}_\iota^*) \times \mathfrak{A}_\iota^* = (\mathfrak{A}_\iota^\varphi \cap \mathfrak{A}_\iota) \times \mathfrak{A}_\iota^*.$$

Folglich gilt

$$\mathfrak{A}_\varkappa^\varphi = \mathfrak{A}_\varkappa \quad \text{für jedes } \varkappa \in \mathsf{I}.$$

Nun ergibt sich wie zuvor, daß jeder Faktor $\mathfrak{A}_\iota$ für jeden normalen Endomorphismus zulässig, insbesondere also normalcharakteristisch ist.

2.3.6. Verfeinerbare Gruppen

Die Möglichkeit, gemeinsame Verfeinerungen für direkte Zerlegungen einer Gruppe $\mathfrak{G};\Omega$ zu erhalten, hängt von stark einschränkenden Voraussetzungen über das Zerlegungszentrum $\mathfrak{Z}^*(\mathfrak{G};\Omega)$ ab. Um weiterreichende Aussagen zu erhalten, stellen wir nunmehr die Zerlegungsforderung der *(schwachen) Verfeinerbarkeit*:

Definition 3. *Eine kanonische Verfeinerung zweier direkter Zerlegungen*

$$\mathfrak{G};\Omega = \mathfrak{A} \times \mathfrak{A}^* = \mathfrak{B} \times \mathfrak{B}^* \tag{1}$$

einer Gruppe $\mathfrak{G};\Omega$ *ist eine direkte Zerlegung*

$$\mathfrak{A} = \mathfrak{A}_1 \times \mathfrak{A}_2; \quad \mathfrak{A}^* = \mathfrak{A}_1^* \times \mathfrak{A}_2^*; \quad \mathfrak{B} = \mathfrak{B}_1 \times \mathfrak{B}_2; \quad \mathfrak{B}^* = \mathfrak{B}_1^* \times \mathfrak{B}_2^* \tag{2}$$

der Faktoren unter den Isomorphiebedingungen

$$\mathfrak{G}_1 = \mathfrak{A}_1 \times \mathfrak{A}_1^* = \mathfrak{A}_1^* \times \mathfrak{B}_1 = \mathfrak{B}_1 \times \mathfrak{B}_1^* = \mathfrak{B}_1^* \times \mathfrak{A}_1, \tag{3.1}$$

$$\mathfrak{G}_2 = \mathfrak{A}_2 \times \mathfrak{A}_2^* = \mathfrak{A}_2^* \times \mathfrak{B}_2^* = \mathfrak{B}_2^* \times \mathfrak{B}_2 = \mathfrak{B}_2 \times \mathfrak{A}_2. \tag{3.2}$$

Die aus (3) erhältliche Kette direkter Zerlegungen

$$\mathfrak{G};\Omega = \mathfrak{A}_1 \times \mathfrak{A}_2 \times \mathfrak{A}_1^* \times \mathfrak{A}_2^* = \mathfrak{B}_1 \times \mathfrak{A}_2 \times \mathfrak{A}_1^* \times \mathfrak{A}_2^* = \mathfrak{B}_1 \times \mathfrak{A}_2 \times \mathfrak{B}_1^* \times \mathfrak{A}_2^*$$
$$= \mathfrak{B}_1 \times \mathfrak{B}_2^* \times \mathfrak{B}_1^* \times \mathfrak{A}_2^* = \mathfrak{B}_1 \times \mathfrak{B}_2^* \times \mathfrak{B}_1^* \times \mathfrak{B}_2$$

zeigt die *Austauschisomorphie der Faktorenpaare*

$$\mathfrak{A}_1, \mathfrak{B}_1 \quad \text{bzw.} \quad \mathfrak{A}_1^*, \mathfrak{B}_1^* \quad \text{bzw.} \quad \mathfrak{A}_2, \mathfrak{B}_2^* \quad \text{bzw.} \quad \mathfrak{A}_2^*, \mathfrak{B}_2.$$

Die direkten Zerlegungen

$$\mathfrak{G};\Omega = \mathfrak{A}_1 \times \mathfrak{A}_2 \times \mathfrak{A}_1^* \times \mathfrak{A}_2^* = \mathfrak{B}_1 \times \mathfrak{B}_2 \times \mathfrak{B}_1^* \times \mathfrak{B}_2^*$$

sind also (isomorphe) Verfeinerungen der Zerlegungen (1), deren Faktoren bei geeigneter Zuordnung austauschisomorph sind.

Aus den Isomorphiebedingungen erhalten wir noch

$$\mathfrak{A}_1 = \mathfrak{A} \cap \mathfrak{B}\mathfrak{B}_1^*; \quad \mathfrak{A}_1^* = \mathfrak{A}^* \cap \mathfrak{B}^*\mathfrak{B}_1; \quad \mathfrak{B}_1 = \mathfrak{B} \cap \mathfrak{A}\mathfrak{A}_1^*; \quad \mathfrak{B}_1^* = \mathfrak{B}^* \cap \mathfrak{A}^*\mathfrak{A}_1; \tag{4.1}$$

$$\mathfrak{A}_2 = \mathfrak{A} \cap \mathfrak{B}^*\mathfrak{B}_2; \quad \mathfrak{A}_2^* = \mathfrak{A}^* \cap \mathfrak{B}\mathfrak{B}_2^*; \quad \mathfrak{B}_2 = \mathfrak{B} \cap \mathfrak{A}\mathfrak{A}_2; \quad \mathfrak{B}_2^* = \mathfrak{B}^* \cap \mathfrak{A}\mathfrak{A}_2^*. \tag{4.2}$$

Denn es gilt

$$\mathfrak{A}_1 = \mathfrak{A}_1(\mathfrak{A}_1\mathfrak{A}_2 \cap \mathfrak{A}_1^*) = \mathfrak{A}_1\mathfrak{A}_2 \cap \mathfrak{A}_1\mathfrak{A}_1^* = \mathfrak{A} \cap \mathfrak{G}_1 = \mathfrak{A} \cap \mathfrak{B}_1\mathfrak{B}_1^* \subseteq \mathfrak{A} \cap \mathfrak{B}\mathfrak{B}_1^*;$$

andererseits folgt aus

$$\mathfrak{A}_1 \subseteq \mathfrak{A} \cap \mathfrak{B}\mathfrak{B}_1^* \subseteq \mathfrak{A} = \mathfrak{A}_1 \times \mathfrak{A}_2 \quad \text{und} \quad \mathfrak{G};\Omega = \mathfrak{A}_2 \times \mathfrak{B}\mathfrak{B}_1^*$$

nach Lemma 1

$$\mathfrak{A} \cap \mathfrak{B}\mathfrak{B}_1^* = \mathfrak{A}_1 \times (\mathfrak{A}_2 \cap \mathfrak{A} \cap \mathfrak{B}\mathfrak{B}_1^*) = \mathfrak{A}_1 \times (\mathfrak{A}_2 \cap \mathfrak{B}\mathfrak{B}_1^*) = \mathfrak{A}_1.$$

2.3.6. Verfeinerbare Gruppen

Definition 4. *Eine Gruppe $\mathfrak{G};\Omega$ ist (schwach) verfeinerbar, wenn für jeden direkten Faktor $\mathfrak{H}$ von $\mathfrak{G};\Omega$ jedes Paar direkter Zerlegungen*

$$\mathfrak{H};\Omega = \mathfrak{A}\times\mathfrak{A}^* = \mathfrak{B}\times\mathfrak{B}^*$$

eine kanonische Verfeinerung besitzt.

Den Bedingungen der kanonischen Verfeinerung läßt sich noch eine andere Gestalt geben: Eine kanonische Verfeinerung der direkten Zerlegungen

$$\mathfrak{G};\Omega = \mathfrak{A}\times\mathfrak{A}^* = \mathfrak{B}\times\mathfrak{B}^*$$

führt nach (3) auf die direkte Zerlegung

$$\mathfrak{G};\Omega = \mathfrak{H}\times\mathfrak{H}^*$$

mit den Faktoren

$$\mathfrak{H} = \mathfrak{A}_1\times\mathfrak{A}_1^* = \mathfrak{A}_1^*\times\mathfrak{B}_1 = \mathfrak{B}_1\times\mathfrak{B}_1^* = \mathfrak{B}_1^*\times\mathfrak{A}_1,$$
$$\mathfrak{H}^* = \mathfrak{A}_2\times\mathfrak{A}_2^* = \mathfrak{A}_2^*\times\mathfrak{B}_2^* = \mathfrak{B}_2\times\mathfrak{B}_2^* = \mathfrak{B}_2\times\mathfrak{A}_2.$$

Da nun aus (4) auch die Gleichungen

$$\mathfrak{H}\cap\mathfrak{A} = \mathfrak{A}_1; \quad \mathfrak{H}\cap\mathfrak{A}^* = \mathfrak{A}_1^*; \quad \mathfrak{H}\cap\mathfrak{B} = \mathfrak{B}_1; \quad \mathfrak{H}\cap\mathfrak{B}^* = \mathfrak{B}_1^*,$$
$$\mathfrak{H}^*\cap\mathfrak{A} = \mathfrak{A}_2; \quad \mathfrak{H}^*\cap\mathfrak{A}^* = \mathfrak{A}_2^*; \quad \mathfrak{H}^*\cap\mathfrak{B} = \mathfrak{B}_2; \quad \mathfrak{H}^*\cap\mathfrak{B}^* = \mathfrak{B}_2^*$$

hervorgehen, besitzen die beiden Paare direkter Zerlegungen

$$\mathfrak{G};\Omega = \mathfrak{A}\times\mathfrak{A}^* = \mathfrak{H}\times\mathfrak{H}^*; \quad \mathfrak{G};\Omega = \mathfrak{B}\times\mathfrak{B}^* = \mathfrak{H}\times\mathfrak{H}^*$$

der Gruppe $\mathfrak{G};\Omega$ die gemeinsamen Verfeinerungen

$$\mathfrak{G};\Omega = \mathfrak{A}_1\times\mathfrak{A}_2\times\mathfrak{A}_1^*\times\mathfrak{A}_2^* = (\mathfrak{H}\cap\mathfrak{A})\times(\mathfrak{H}^*\cap\mathfrak{A})\times(\mathfrak{H}\cap\mathfrak{A}^*)\times(\mathfrak{H}^*\cap\mathfrak{A}^*),$$
$$\mathfrak{G};\Omega = \mathfrak{B}_1\times\mathfrak{B}_2\times\mathfrak{B}_1^*\times\mathfrak{B}_2^* = (\mathfrak{H}\cap\mathfrak{B})\times(\mathfrak{H}^*\cap\mathfrak{B})\times(\mathfrak{H}\cap\mathfrak{B}^*)\times(\mathfrak{H}^*\cap\mathfrak{B}^*).$$

Die zugehörigen Paare $\alpha, \alpha'; \beta, \beta'; \eta, \eta'$ komplementärer Zerlegungsendomorphismen:

$$\mathfrak{A} = \mathfrak{G}^\alpha; \quad \mathfrak{A}^* = \mathfrak{G}^{\alpha'}; \quad \mathfrak{B} = \mathfrak{G}^\beta; \quad \mathfrak{B}^* = \mathfrak{G}^{\beta'}; \quad \mathfrak{H} = \mathfrak{G}^\eta; \quad \mathfrak{H}^* = \mathfrak{G}^{\eta'}$$

genügen daher den Vertauschbarkeitsbedingungen $(\alpha, \eta) = (\beta, \eta) = 0$; überdies erhalten wir die Darstellungen

$$\mathfrak{A}_1 = \mathfrak{G}^{\eta\alpha}; \quad \mathfrak{A}_2 = \mathfrak{G}^{\eta'\alpha}; \quad \mathfrak{A}_1^* = \mathfrak{G}^{\eta\alpha'}; \quad \mathfrak{A}_2^* = \mathfrak{G}^{\eta'\alpha'}, \quad (5.1)$$

$$\mathfrak{B}_1 = \mathfrak{G}^{\eta\beta}; \quad \mathfrak{B}_2 = \mathfrak{G}^{\eta'\beta}; \quad \mathfrak{B}_1^* = \mathfrak{G}^{\eta\beta'}; \quad \mathfrak{B}_2^* = \mathfrak{G}^{\eta'\beta'} \quad (5.2)$$

und die Isomorphiebedingungen

$$\mathfrak{G}^\eta = \mathfrak{G}^{\eta\alpha}\times\mathfrak{G}^{\eta\alpha'} = \mathfrak{G}^{\eta\alpha'}\times\mathfrak{G}^{\eta\beta} = \mathfrak{G}^{\eta\beta}\times\mathfrak{G}^{\eta\beta'} = \mathfrak{G}^{\eta\beta'}\times\mathfrak{G}^{\eta\alpha}; \quad (5.3)$$

$$\mathfrak{G}^{\eta'} = \mathfrak{G}^{\eta'\alpha}\times\mathfrak{G}^{\eta'\alpha'} = \mathfrak{G}^{\eta'\alpha'}\times\mathfrak{G}^{\eta'\beta} = \mathfrak{G}^{\eta'\beta}\times\mathfrak{G}^{\eta'\beta'} = \mathfrak{G}^{\eta'\beta'}\times\mathfrak{G}^{\eta'\alpha}. \quad (5.4)$$

Nach Satz 12 induzieren daher die Zerlegungsendomorphismen α, α', β, β' die Isomorphismen

$$\mathfrak{G}^{\eta\beta} \cong \mathfrak{G}^{\eta\beta\alpha} = \mathfrak{G}^{\eta\alpha}; \quad \mathfrak{G}^{\eta'\beta'} \cong \mathfrak{G}^{\eta'\beta'\alpha} = \mathfrak{G}^{\eta'\alpha};$$
$$\mathfrak{G}^{\eta\beta'} \cong \mathfrak{G}^{\eta\beta'\alpha'} = \mathfrak{G}^{\eta\alpha'}; \quad \mathfrak{G}^{\eta'\beta} \cong \mathfrak{G}^{\eta'\beta\alpha'} = \mathfrak{G}^{\eta'\alpha'};$$
$$\mathfrak{G}^{\eta\alpha} \cong \mathfrak{G}^{\eta\alpha\beta} = \mathfrak{G}^{\eta\beta}; \quad \mathfrak{G}^{\eta'\alpha} \cong \mathfrak{G}^{\eta'\alpha\beta} = \mathfrak{G}^{\eta'\beta};$$
$$\mathfrak{G}^{\eta\alpha'} \cong \mathfrak{G}^{\eta\alpha'\beta'} = \mathfrak{G}^{\eta\beta'}; \quad \mathfrak{G}^{\eta'\alpha} \cong \mathfrak{G}^{\eta'\alpha\beta'} = \mathfrak{G}^{\eta'\beta'}.$$

Hieraus ergibt sich das Kriterium:

Satz 17. *Zwei durch Zerlegungsendomorphismen α, β induzierte direkte Zerlegungen*

$$\mathfrak{G}; \Omega = \mathfrak{G}^{\alpha} \times \mathfrak{G}^{\alpha'} = \mathfrak{G}^{\beta} \times \mathfrak{G}^{\beta'}$$

einer Gruppe $\mathfrak{G}; \Omega$ besitzen genau dann eine kanonische Verfeinerung, wenn ein Zerlegungsendomorphismus η existiert mit den Eigenschaften:

1. *Es gilt $(\eta, \alpha) = (\eta, \beta) = 0$.*
2. *Die Zerlegungsendomorphismen α, α' induzieren Isomorphismen*

$$\mathfrak{G}^{\eta\beta} \cong \mathfrak{G}^{\eta\beta\alpha} = \mathfrak{G}^{\eta\alpha}; \quad \mathfrak{G}^{\eta'\beta'} \cong \mathfrak{G}^{\eta'\beta'\alpha} = \mathfrak{G}^{\eta'\alpha};$$
$$\mathfrak{G}^{\eta\beta'} \cong \mathfrak{G}^{\eta\beta'\alpha'} = \mathfrak{G}^{\eta\alpha'}; \quad \mathfrak{G}^{\eta'\beta} \cong \mathfrak{G}^{\eta'\beta\alpha'} = \mathfrak{G}^{\eta'\alpha'}.$$

Aus Symmetriegründen kann die Bedingung 2. ersetzt werden durch:

2*. *Die Zerlegungsendomorphismen β, β' induzieren Isomorphismen*

$$\mathfrak{G}^{\eta\alpha} \cong \mathfrak{G}^{\eta\alpha\beta} = \mathfrak{G}^{\eta\beta}; \quad \mathfrak{G}^{\eta'\alpha} \cong \mathfrak{G}^{\eta'\alpha\beta} = \mathfrak{G}^{\eta'\beta};$$
$$\mathfrak{G}^{\eta\alpha'} \cong \mathfrak{G}^{\eta\alpha'\beta'} = \mathfrak{G}^{\eta\beta'}; \quad \mathfrak{G}^{\eta'\alpha} \cong \mathfrak{G}^{\eta'\alpha\beta'} = \mathfrak{G}^{\eta'\beta'}.$$

Beweis. Es ist nur noch die Umkehrung nachzuweisen. Auf Grund der Vertauschbarkeitsbedingung $(\eta, \alpha) = (\eta, \beta) = 0$ existieren für

$$\mathfrak{G}; \Omega = \mathfrak{G}^{\alpha} \times \mathfrak{G}^{\alpha'} = \mathfrak{G}^{\eta} \times \mathfrak{G}^{\eta'} = \mathfrak{G}^{\beta} \times \mathfrak{G}^{\beta'}$$

die gemeinsamen Verfeinerungen

$$\mathfrak{G}; \Omega = \mathfrak{G}^{\eta\alpha} \times \mathfrak{G}^{\eta\alpha'} \times \mathfrak{G}^{\eta'\alpha} \times \mathfrak{G}^{\eta'\alpha'} = \mathfrak{G}^{\eta\beta} \times \mathfrak{G}^{\eta\beta'} \times \mathfrak{G}^{\eta'\beta} \times \mathfrak{G}^{\eta'\beta'}$$

mit den Teilprodukten

$$\mathfrak{G}^{\alpha} = \mathfrak{G}^{\eta\alpha} \times \mathfrak{G}^{\eta'\alpha}; \quad \mathfrak{G}^{\alpha'} = \mathfrak{G}^{\eta\alpha'} \times \mathfrak{G}^{\eta'\alpha'}; \quad \mathfrak{G}^{\beta} = \mathfrak{G}^{\eta\beta} \times \mathfrak{G}^{\eta'\beta}; \quad \mathfrak{G}^{\beta'} = \mathfrak{G}^{\eta\beta'} \times \mathfrak{G}^{\eta'\beta'};$$
$$\mathfrak{G}^{\eta} = \mathfrak{G}^{\eta\alpha} \times \mathfrak{G}^{\eta\alpha'} = \mathfrak{G}^{\eta\beta} \times \mathfrak{G}^{\eta\beta'}; \quad \mathfrak{G}^{\eta'} = \mathfrak{G}^{\eta'\alpha} \times \mathfrak{G}^{\eta'\alpha'} = \mathfrak{G}^{\eta'\beta} \times \mathfrak{G}^{\eta'\beta'}.$$

Aus den Isomorphien

$$\mathfrak{G}^{\eta\alpha} = (\mathfrak{G}^{\eta\beta})^{\alpha} \quad \text{und} \quad \mathfrak{G}^{\eta'\alpha} = (\mathfrak{G}^{\eta'\beta'})^{\alpha}$$

folgt

$$\mathfrak{G}^{\eta} = \mathfrak{G}^{\eta\alpha}\,\mathfrak{G}^{\eta\alpha'} = \mathfrak{G}^{\eta\beta\alpha}\,\mathfrak{G}^{\eta\alpha'} \subseteq \mathfrak{G}^{\eta\beta}\,\mathfrak{G}^{\eta\beta\alpha'}\,\mathfrak{G}^{\eta\alpha'} \subseteq \mathfrak{G}^{\eta\beta}\,\mathfrak{G}^{\eta\alpha'} \subseteq \mathfrak{G}^{\eta};$$
$$\mathfrak{G}^{\eta'} = \mathfrak{G}^{\eta'\alpha}\,\mathfrak{G}^{\eta'\alpha'} = \mathfrak{G}^{\eta'\beta'\alpha}\,\mathfrak{G}^{\eta'\alpha'} \subseteq \mathfrak{G}^{\eta'\beta'}\,\mathfrak{G}^{\eta'\beta'\alpha'}\,\mathfrak{G}^{\eta'\alpha'} \subseteq \mathfrak{G}^{\eta'\beta'}\,\mathfrak{G}^{\eta'\alpha'} \subseteq \mathfrak{G}^{\eta'},$$

also

$$\mathfrak{G}^{\eta} = \mathfrak{G}^{\eta\beta}\,\mathfrak{G}^{\eta\alpha'} \quad \text{und} \quad \mathfrak{G}^{\eta'} = \mathfrak{G}^{\eta'\beta'}\,\mathfrak{G}^{\eta'\alpha'}.$$

Für jedes $D \in \mathfrak{G}^{\eta\beta} \cap \mathfrak{G}^{\eta\alpha'}$ bzw. $D' \in \mathfrak{G}^{\eta'\beta'} \cap \mathfrak{G}^{\eta'\alpha'}$ gilt

$D = G_1^{\eta\beta}; \quad D^\alpha = E,$ also $\quad G_1^{\eta\beta\alpha} = E$ und $\quad G_1^{\eta\beta} = D = E;$

$D' = G_2^{\eta'\beta'}; \quad D'^\alpha = E,$ also $\quad G_2^{\eta'\beta'\alpha} = E$ und $\quad G_2^{\eta'\beta'} = D' = E.$

Damit erhalten wir die Gleichungen

$$\mathfrak{G}^\eta = \mathfrak{G}^{\eta\beta} \times \mathfrak{G}^{\eta\alpha'} \quad \text{und} \quad \mathfrak{G}^{\eta'} = \mathfrak{G}^{\eta'\beta'} \times \mathfrak{G}^{\eta'\alpha'},$$

in ähnlicher Weise aus den Isomorphien

$$\mathfrak{G}^{\eta\alpha'} = (\mathfrak{G}^{\eta\beta'})^{\alpha'} \quad \text{und} \quad \mathfrak{G}^{\eta'\alpha'} = (\mathfrak{G}^{\eta'\beta})^{\alpha'}$$

die Gleichungen

$$\mathfrak{G}^\eta = \mathfrak{G}^{\eta\alpha} \times \mathfrak{G}^{\eta\beta'} \quad \text{und} \quad \mathfrak{G}^{\eta'} = \mathfrak{G}^{\eta'\alpha} \times \mathfrak{G}^{\eta'\beta},$$

in Übereinstimmung mit den Bedingungen (5.3) und (5.4).

Die Verfeinerbarkeit einer Gruppe $\mathfrak{G}; \Omega$ ist in starkem Maße Eigenschaft des Ω-Zentrums $\mathfrak{Z}(\mathfrak{G}; \Omega)$; denn es gilt

Satz 18 (R. BAER). *Eine Gruppe $\mathfrak{G}; \Omega$ ist verfeinerbar, wenn ihr Ω-Zentrum $\mathfrak{Z}(\mathfrak{G}; \Omega)$ verfeinerbar ist.*

Eine Umkehrung dieser Aussage ist kaum zu erwarten, da direkt unzerlegbare Gruppen $\mathfrak{G}; \Omega$ mit nicht verfeinerbarem Ω-Zentrum $\mathfrak{Z}(\mathfrak{G}; \Omega)$ existieren könnten.

Der Beweis dieses Satzes wird in einigen Schritten erbracht; dabei werden wir das Ω-Zentrum $\mathfrak{Z}(\mathfrak{U}; \Omega)$ einer Untergruppe $\mathfrak{U} \subseteq \mathfrak{G}; \Omega$ kürzer mit $\hat{\mathfrak{U}}$ bezeichnen.

Da jede direkte Zerlegung

$$\mathfrak{G}; \Omega = \underset{\iota}{\times} \mathfrak{A}_\iota \qquad (\text{über } \iota \in \mathsf{I})$$

einer Gruppe $\mathfrak{G}; \Omega$ eine direkte Zerlegung

$$\hat{\mathfrak{G}} = \underset{\iota}{\times} \hat{\mathfrak{A}}_\iota$$

des Ω-Zentrums $\hat{\mathfrak{G}} = \mathfrak{Z}(\mathfrak{G}; \Omega)$ in die Ω-Zentren $\hat{\mathfrak{A}}_\iota = \mathfrak{Z}(\mathfrak{A}_\iota; \Omega)$ induziert, führt eine kanonische Verfeinerung der direkten Zerlegungen

$$\mathfrak{G}; \Omega = \mathfrak{A} \times \mathfrak{A}^* = \mathfrak{B} \times \mathfrak{B}^*$$

auch auf eine kanonische Verfeinerung der Zerlegungen

$$\hat{\mathfrak{G}} = \hat{\mathfrak{A}} \times \hat{\mathfrak{A}}^* = \hat{\mathfrak{B}} \times \hat{\mathfrak{B}}^*.$$

Der Beweis des Satzes 18 beruht im wesentlichen auf einer Umkehrung dieser Aussage:

Lemma 5. *Für eine kanonische Verfeinerung*

$$\mathfrak{A} = \mathfrak{A}_1 \times \mathfrak{A}_2; \quad \mathfrak{A}^* = \mathfrak{A}_1^* \times \mathfrak{A}_2^*; \quad \mathfrak{B} = \mathfrak{B}_1 \times \mathfrak{B}_2; \quad \mathfrak{B}^* = \mathfrak{B}_1^* \times \mathfrak{B}_2^*$$

der direkten Zerlegungen
$$\mathfrak{G};\Omega = \mathfrak{A} \times \mathfrak{A}^* = \mathfrak{B} \times \mathfrak{B}^*$$
bestehen die Gleichungen

$\mathfrak{A}_1 = \mathfrak{A} \cap \mathfrak{B}\mathfrak{B}_1^*;\quad \mathfrak{A}_1^* = \mathfrak{A}^* \cap \mathfrak{B}^*\mathfrak{B}_1;\quad \mathfrak{B}_1 = \mathfrak{B} \cap \mathfrak{A}\mathfrak{A}_1^*;\quad \mathfrak{B}_1^* = \mathfrak{B}^* \cap \mathfrak{A}^*\mathfrak{A}_1;$ (6.1)

$\mathfrak{A}_2 = \mathfrak{A} \cap \mathfrak{B}^*\mathfrak{B}_2;\quad \mathfrak{A}_2^* = \mathfrak{A}^* \cap \mathfrak{B}\mathfrak{B}_2^*;\quad \mathfrak{B}_2 = \mathfrak{B} \cap \mathfrak{A}^*\mathfrak{A}_2;\quad \mathfrak{B}_2^* = \mathfrak{B}^* \cap \mathfrak{A}\mathfrak{A}_2^*.$ (6.2)

Beweis. Auf Grund der geltenden Austauschisomorphien
$$\mathfrak{A}_1 \times \mathfrak{A}_1^* = \mathfrak{A}_1^* \times \mathfrak{B}_1 = \mathfrak{B}_1 \times \mathfrak{B}_1^* = \mathfrak{B}_1^* \times \mathfrak{A}_1;\quad \mathfrak{A}_2 \times \mathfrak{A}_2^* = \mathfrak{A}_2^* \times \mathfrak{B}_2^* = \mathfrak{B}_2^* \times \mathfrak{B}_2 = \mathfrak{B}_2 \times \mathfrak{A}_2$$
entspricht jedem $A_1 \in \mathfrak{A}_1$ genau ein $B_1 \in \mathfrak{B}_1$, derart daß
$$A_1 \equiv B_1 \bmod \mathfrak{B}_1^* \quad \text{und} \quad A_1 \equiv B_1 \bmod \mathfrak{B}_1^* \cap \widehat{\mathfrak{G}}.$$
In Verbindung mit (4.1) erhält man hieraus
$$\mathfrak{A}_1 \subseteq \mathfrak{A}_1 \cap \mathfrak{B}_1 \widehat{\mathfrak{B}}_1^* \subseteq \mathfrak{A} \cap \mathfrak{B} \widehat{\mathfrak{B}}_1^* \subseteq \mathfrak{A} \cap \mathfrak{B} \mathfrak{B}_1^* = \mathfrak{A}_1,$$
ähnlich die anderen Gleichungen. Damit folgt

Lemma 5*. *Kanonische Verfeinerungen eines Zerlegungspaares*
$$\mathfrak{G};\Omega = \mathfrak{A} \times \mathfrak{A}^* = \mathfrak{B} \times \mathfrak{B}^*$$
der Gruppe $\mathfrak{G};\Omega$ sind genau dann gleich, wenn die durch sie induzierten kanonischen Verfeinerungen des Zerlegungspaares
$$\widehat{\mathfrak{G}} = \widehat{\mathfrak{A}} \times \widehat{\mathfrak{A}}^* = \widehat{\mathfrak{B}} \times \widehat{\mathfrak{B}}^*$$
des Ω-Zentrums $\widehat{\mathfrak{G}}$ übereinstimmen.

Den entscheidenden Zusammenhang stellt folgende Aussage her:
Es seien
$$\mathfrak{G};\Omega = \mathfrak{A} \times \mathfrak{A}^* = \mathfrak{B} \times \mathfrak{B}^*;\quad \widehat{\mathfrak{G}} = \widehat{\mathfrak{A}} \times \widehat{\mathfrak{A}}^* = \widehat{\mathfrak{B}} \times \widehat{\mathfrak{B}}^*$$
einander entsprechende direkte Zerlegungen der Gruppe $\mathfrak{G};\Omega$ und des Ω-Zentrums $\widehat{\mathfrak{G}}$. Genau dann ist eine Verfeinerung
$$\widehat{\mathfrak{A}} = \widehat{\mathfrak{A}}_1 \times \widehat{\mathfrak{A}}_2;\quad \widehat{\mathfrak{A}}^* = \widehat{\mathfrak{A}}_1^* \times \widehat{\mathfrak{A}}_2^*;\quad \widehat{\mathfrak{B}} = \widehat{\mathfrak{B}}_1 \times \widehat{\mathfrak{B}}_2;\quad \widehat{\mathfrak{B}}^* = \widehat{\mathfrak{B}}_1^* \times \widehat{\mathfrak{B}}_2^*$$
kanonisch, wenn sie durch eine kanonische Verfeinerung der direkten Zerlegungen von $\mathfrak{G};\Omega$ induziert wird.

Beweis. Es ist nur noch die Umkehrung zu beweisen. Ist die Verfeinerung
$$\widehat{\mathfrak{A}} = \widehat{\mathfrak{A}}_1 \times \widehat{\mathfrak{A}}_2;\quad \widehat{\mathfrak{A}}^* = \widehat{\mathfrak{A}}_1^* \times \widehat{\mathfrak{A}}_2^*;\quad \widehat{\mathfrak{B}} = \widehat{\mathfrak{B}}_1 \times \widehat{\mathfrak{B}}_2;\quad \widehat{\mathfrak{B}}^* = \widehat{\mathfrak{B}}_1^* \times \widehat{\mathfrak{B}}_2^*$$
kanonisch, so setzen wir dem Lemma 5 entsprechend

$\mathfrak{A}_1 = \mathfrak{A} \cap \mathfrak{B}\widehat{\mathfrak{B}}_1^*;\quad \mathfrak{A}_1^* = \mathfrak{A}^* \cap \mathfrak{B}^*\widehat{\mathfrak{B}}_1;\quad \mathfrak{B}_1 = \mathfrak{B} \cap \mathfrak{A}\widehat{\mathfrak{A}}_1^*;\quad \mathfrak{B}_1^* = \mathfrak{B}^* \cap \mathfrak{A}^*\widehat{\mathfrak{A}}_1;$

$\mathfrak{A}_2 = \mathfrak{A} \cap \mathfrak{B}^*\widehat{\mathfrak{B}}_2;\quad \mathfrak{A}_2^* = \mathfrak{A}^* \cap \mathfrak{B}\widehat{\mathfrak{B}}_2^*;\quad \mathfrak{B}_2 = \mathfrak{B} \cap \mathfrak{A}^*\widehat{\mathfrak{A}}_2;\quad \mathfrak{B}_2^* = \mathfrak{B}^* \cap \mathfrak{A}\widehat{\mathfrak{A}}_2^*.$

2.3.6. Verfeinerbare Gruppen

Zur Vervollständigung des Beweises sind die Zerlegungen

$$\mathfrak{A} = \mathfrak{A}_1 \times \mathfrak{A}_2; \quad \mathfrak{A}^* = \mathfrak{A}_1^* \times \mathfrak{A}_2^*; \quad \mathfrak{B} = \mathfrak{B}_1 \times \mathfrak{B}_2; \quad \mathfrak{B}^* = \mathfrak{B}_1^* \times \mathfrak{B}_2^*, \quad (7.1)$$

die Isomorphiebedingungen

$$\mathfrak{A}_1 \times \mathfrak{A}_1^* = \mathfrak{A}_1^* \times \mathfrak{B}_1 = \mathfrak{B}_1 \times \mathfrak{B}_1^* = \mathfrak{B}_1^* \times \mathfrak{A}_1; \quad (7.2)$$

$$\mathfrak{A}_2 \times \mathfrak{A}_2^* = \mathfrak{A}_2^* \times \mathfrak{B}_2^* = \mathfrak{B}_2^* \times \mathfrak{B}_2 = \mathfrak{B}_2 \times \mathfrak{A}_2 \quad (7.3)$$

und die Gleichungen

$$\left.\begin{array}{l}\mathfrak{Z}(\mathfrak{A}_\iota;\Omega) = \hat{\mathfrak{A}}_\iota;\quad \mathfrak{Z}(\mathfrak{A}_\iota^*;\Omega) = \hat{\mathfrak{A}}_\iota^*;\\ \mathfrak{Z}(\mathfrak{B}_\iota;\Omega) = \hat{\mathfrak{B}}_\iota;\quad \mathfrak{Z}(\mathfrak{B}_\iota^*;\Omega) = \hat{\mathfrak{B}}_\iota^*\end{array}\right\} \quad (\iota = 1, 2) \quad (7.4)$$

zu beweisen. Die zugehörigen Paare α, α' und β, β' komplementärer Zerlegungsendomorphismen der Gruppe $\mathfrak{G};\Omega$ induzieren in $\mathfrak{Z}(\mathfrak{G};\Omega)$ (durch die gleichen Symbole bezeichnete) Paare komplementärer Zerlegungsendomorphismen:

$$\mathfrak{A} = \mathfrak{G}^\alpha;\quad \mathfrak{A}^* = \mathfrak{G}^{\alpha'};\quad \mathfrak{B} = \mathfrak{G}^\beta;\quad \mathfrak{B}^* = \mathfrak{G}^{\beta'}$$

und

$$\hat{\mathfrak{A}} = \hat{\mathfrak{G}}^\alpha;\quad \hat{\mathfrak{A}}^* = \hat{\mathfrak{G}}^{\alpha'};\quad \hat{\mathfrak{B}} = \hat{\mathfrak{G}}^\beta;\quad \hat{\mathfrak{B}}^* = \hat{\mathfrak{G}}^{\beta'}.$$

Auf Grund des Satzes 17 und der Voraussetzung induzieren die Zerlegungsendomorphismen $\alpha, \alpha', \beta, \beta'$ die Isomorphismen

$$\hat{\mathfrak{B}}_1 \cong \hat{\mathfrak{B}}_1^\alpha = \hat{\mathfrak{A}}_1;\quad \hat{\mathfrak{B}}_2^* \cong \hat{\mathfrak{B}}_2^{*\alpha} = \hat{\mathfrak{A}}_2;\quad \hat{\mathfrak{B}}_1^* \cong \hat{\mathfrak{B}}_1^{*\alpha'} = \hat{\mathfrak{A}}_1^*;\quad \hat{\mathfrak{B}}_2 \cong \hat{\mathfrak{B}}_2^{\alpha'} = \hat{\mathfrak{A}}_2^*;$$

$$\hat{\mathfrak{A}}_1 \cong \hat{\mathfrak{A}}_1^\beta = \hat{\mathfrak{B}}_1;\quad \hat{\mathfrak{A}}_2^* \cong \hat{\mathfrak{A}}_2^{*\beta} = \hat{\mathfrak{B}}_2;\quad \hat{\mathfrak{A}}_1^* \cong \hat{\mathfrak{A}}_1^{*\beta'} = \hat{\mathfrak{B}}_1^*;\quad \hat{\mathfrak{A}}_2 \cong \hat{\mathfrak{A}}_2^{\beta'} = \hat{\mathfrak{B}}_2^*.$$

Jedes Element $X \in \mathfrak{A}_1 \cap \mathfrak{A}_2 = \mathfrak{A} \cap \mathfrak{B}\hat{\mathfrak{B}}_1^* \cap \mathfrak{B}^*\hat{\mathfrak{B}}_2$ besitzt Darstellungen

$$X = B B_1^* = B_2 B^* \quad \text{mit} \quad B \in \mathfrak{B};\; B_1^* \in \hat{\mathfrak{B}}_1^*;\; B_2 \in \hat{\mathfrak{B}}_2;\; B^* \in \mathfrak{B}^*.$$

Dabei gilt

$$B_2^{-1} B = B^* B_1^{*-1} \in \mathfrak{B} \cap \mathfrak{B}^* = E, \quad \text{also} \quad X = B_2 B_1^* \in \hat{\mathfrak{B}}_2 \times \hat{\mathfrak{B}}_1^*.$$

Da α' einen Isomorphismus

$$(\hat{\mathfrak{B}}_2 \times \hat{\mathfrak{B}}_1^*)^{\alpha'} = \hat{\mathfrak{A}}_2^* \times \hat{\mathfrak{A}}_1^* = \hat{\mathfrak{A}}^*$$

bewirkt, folgt $E = X^{\alpha'} = X$ und damit $\mathfrak{A}_1 \cap \mathfrak{A}_2 = E$. In gleicher Weise erhält man die Durchschnitte

$$\mathfrak{A}_1 \cap \mathfrak{A}_2 = \mathfrak{A}_1^* \cap \mathfrak{A}_2^* = \mathfrak{B}_1 \cap \mathfrak{B}_2 = \mathfrak{B}_1^* \cap \mathfrak{B}_2^* = E$$

und damit die Beziehungen

$$\mathfrak{A}_1 \times \mathfrak{A}_2 \subseteq \mathfrak{A};\quad \mathfrak{A}_1^* \times \mathfrak{A}_2^* \subseteq \mathfrak{A}^*;\quad \mathfrak{B}_1 \times \mathfrak{B}_2 \subseteq \mathfrak{B};\quad \mathfrak{B}_1^* \times \mathfrak{B}_2^* \subseteq \mathfrak{B}^*.$$

Die Bildgruppe $\mathfrak{G}^\gamma$ des Kommutators $\gamma = (\alpha, \beta)$ gehört $\hat{\mathfrak{G}}$ an:

$$\mathfrak{A}^\gamma = \mathfrak{G}^{\alpha\gamma} = \mathfrak{G}^{\gamma\alpha'} \subseteq \mathfrak{A}^*;\quad \mathfrak{A}^\gamma \subseteq \mathfrak{A}^* \cap \hat{\mathfrak{G}} = \hat{\mathfrak{A}}^* = \hat{\mathfrak{A}}_1^* \times \hat{\mathfrak{A}}_2^*.$$

2.3. Direkte Zerlegung

Auf Grund der Isomorphie
$$\hat{\mathfrak{A}}^* = \hat{\mathfrak{A}}_1^* \times \hat{\mathfrak{A}}_2^* = (\hat{\mathfrak{B}}_1^* \times \hat{\mathfrak{B}}_2)^{\alpha'}$$

besteht für jedes $A \in \mathfrak{A}$ eine Gleichung
$$A^\gamma = A^{\alpha\gamma} = (A^\gamma)^{\alpha'} = (B_1^* B_2)^{\alpha'} \quad \text{mit} \quad B_1^* \in \hat{\mathfrak{B}}_1^*;\ B_2 \in \hat{\mathfrak{B}}_2.$$

Setzt man nun
$$A^\beta = B B_2 \in \mathfrak{B}; \qquad A^{\beta'} = B^* B_1^{*-1} \in \mathfrak{B}^*;$$
$$A_1 = B B_1^{*-1} \in \mathfrak{B}\hat{\mathfrak{B}}_1^*;\quad A_2 = B^* B_2 \in \mathfrak{B}^*\hat{\mathfrak{B}}_2,$$

so folgt
$$A^\gamma = A^{\beta\alpha'} = (B B_2)^{\alpha'} = (A_1 B_1^* B_2)^{\alpha'} = A_1^{\alpha'} A^\gamma, \quad \text{also} \quad A_1^{\alpha'} = E,$$
$$A_2^{\alpha'} = (B^* B_2)^{\alpha'} = (A^{\beta'} B_1^* B_2)^{\alpha'} = A^{\beta'\alpha'} A^{\beta\alpha'} = A^{\alpha'} = E$$

und damit
$$A_1 \in \mathfrak{A} \cap \mathfrak{B}\hat{\mathfrak{B}}_1^* = \mathfrak{A}_1;\quad A_2 \in \mathfrak{A} \cap \mathfrak{B}^*\hat{\mathfrak{B}}_2 = \mathfrak{A}_2.$$

Schließlich gilt noch, da B_1^*, B_2 dem Ω-Zentrum $\hat{\mathfrak{G}}$ angehören,
$$A = A^\beta A^{\beta'} = B B_2 B^* B_1^{*-1} = B B_1^{*-1} B^* B_2 = A_1 A_2 \in \mathfrak{A}_1 \mathfrak{A}_2,$$
also
$$\mathfrak{A} = \mathfrak{A}_1 \times \mathfrak{A}_2.$$

In gleicher Weise erhält man die anderen Zerlegungen (7.1).

Elemente $A_1 \in \mathfrak{A}_1 = \mathfrak{A} \cap \mathfrak{B}\hat{\mathfrak{B}}_1^*$ und $A_2 \in \mathfrak{A}_2 = \mathfrak{A} \cap \mathfrak{B}^*\hat{\mathfrak{B}}_2$ besitzen Darstellungen
$$A_1 = B B_1^*;\ A_2 = B^* B_2 \quad \text{mit} \quad B \in \mathfrak{B};\ B_1^* \in \hat{\mathfrak{B}}_1^*;\ B^* \in \mathfrak{B}^*;\ B_2 \in \hat{\mathfrak{B}}_2;$$

daraus folgt
$$E = A_1^{\alpha'} = B^{\alpha'} B_1^{*\alpha'};\quad E = A_2^{\alpha'} = B^{*\alpha'} B_2^{\alpha'} \quad \text{mit} \quad B_1^{*\alpha'} \in \hat{\mathfrak{B}}_1^{*\alpha'} = \hat{\mathfrak{A}}_1^*;\ B_2^{\alpha'} \in \hat{\mathfrak{B}}_2^{\alpha'} = \hat{\mathfrak{A}}_2^*,$$

also
$$B = B^\alpha B^{\alpha'} \in \mathfrak{B} \cap \mathfrak{A}\hat{\mathfrak{A}}_1^* = \mathfrak{B}_1;\quad B^* = B^{*\alpha} B^{*\alpha'} \in \mathfrak{B}^* \cap \mathfrak{A}\hat{\mathfrak{A}}_2^* = \mathfrak{B}_2^*$$

und damit
$$\mathfrak{A}_1 \subseteq \mathfrak{B}_1 \hat{\mathfrak{B}}_1^*;\quad \mathfrak{A}_2 \subseteq \mathfrak{B}_2^* \hat{\mathfrak{B}}_2.$$

Schließlich finden wir
$$\hat{\mathfrak{A}}_1 \subseteq \mathfrak{A} \cap \mathfrak{B} \hat{\mathfrak{A}}_1 \subseteq \mathfrak{A} \cap \mathfrak{B} \hat{\mathfrak{G}}_1 = \mathfrak{A} \cap \mathfrak{B} \hat{\mathfrak{B}}_1 \hat{\mathfrak{B}}_1^* = \mathfrak{A} \cap \mathfrak{B} \hat{\mathfrak{B}}_1^* = \mathfrak{A}_1,$$
$$\hat{\mathfrak{A}}_2 \subseteq \mathfrak{A} \cap \mathfrak{B}^* \hat{\mathfrak{A}}_2 \subseteq \mathfrak{A} \cap \mathfrak{B}^* \hat{\mathfrak{G}}_2 = \mathfrak{A} \cap \mathfrak{B}^* \hat{\mathfrak{B}}_2 \hat{\mathfrak{B}}_2^* = \mathfrak{A} \cap \mathfrak{B}^* \hat{\mathfrak{B}}_2 = \mathfrak{A}_2$$

und insgesamt (bei analoger Beweisführung)
$$\hat{\mathfrak{A}}_1 \subseteq \mathfrak{A}_1 \subseteq \mathfrak{B}_1 \hat{\mathfrak{B}}_1^*;\ \hat{\mathfrak{A}}_1^* \subseteq \mathfrak{A}_1^* \subseteq \mathfrak{B}_1^* \hat{\mathfrak{B}}_1;\ \hat{\mathfrak{B}}_1 \subseteq \mathfrak{B}_1 \subseteq \mathfrak{A}_1 \hat{\mathfrak{A}}_1^*;\ \hat{\mathfrak{B}}_1^* \subseteq \mathfrak{B}_1^* \subseteq \mathfrak{A}_1^* \hat{\mathfrak{A}}_1;$$
$$\hat{\mathfrak{A}}_2 \subseteq \mathfrak{A}_2 \subseteq \mathfrak{B}_2^* \hat{\mathfrak{B}}_2;\ \hat{\mathfrak{A}}_2^* \subseteq \mathfrak{A}_2^* \subseteq \mathfrak{B}_2 \hat{\mathfrak{B}}_2^*;\ \hat{\mathfrak{B}}_2 \subseteq \mathfrak{B}_2 \subseteq \mathfrak{A}_2^* \hat{\mathfrak{A}}_2;\ \hat{\mathfrak{B}}_2^* \subseteq \mathfrak{B}_2^* \subseteq \mathfrak{A}_2 \hat{\mathfrak{A}}_2^*.$$

2.3.6. Verfeinerbare Gruppen

Für die Isomorphiebedingungen (7) benötigen wir zunächst

$$\mathfrak{A}_1 \cap \mathfrak{A}_1^* = \mathfrak{A}_1^* \cap \mathfrak{B}_1 = \mathfrak{B}_1 \cap \mathfrak{B}_1^* = \mathfrak{B}_1^* \cap \mathfrak{A}_1 = E;$$
$$\mathfrak{A}_2 \cap \mathfrak{A}_2^* = \mathfrak{A}_2^* \cap \mathfrak{B}_2^* = \mathfrak{B}_2^* \cap \mathfrak{B}_2 = \mathfrak{B}_2 \cap \mathfrak{A}_2 = E.$$

In der Tat gilt

$$\mathfrak{A}_1 \cap \mathfrak{A}_1^* \subseteq \mathfrak{A} \cap \mathfrak{A}^* = E; \quad \mathfrak{A}_1^* \cap \mathfrak{B}_1 = \mathfrak{A}^* \cap \mathfrak{B}^* \hat{\mathfrak{B}}_1 \cap \mathfrak{B} \cap \mathfrak{A} \hat{\mathfrak{A}}_1^* = \hat{\mathfrak{A}}_1^* \cap \hat{\mathfrak{B}}_1 = E,$$
$$\mathfrak{B}_1 \cap \mathfrak{B}_1^* \subseteq \mathfrak{B} \cap \mathfrak{B}^* = E; \quad \mathfrak{B}_1^* \cap \mathfrak{A}_1 = \mathfrak{B}^* \cap \mathfrak{A}^* \hat{\mathfrak{A}}_1 \cap \mathfrak{A} \cap \mathfrak{B} \hat{\mathfrak{B}}_1^* = \hat{\mathfrak{B}}_1^* \cap \hat{\mathfrak{A}}_1 = E;$$

ebenso erhält man die andere Gleichung. Hieraus folgt nun

$$\mathfrak{A}_1 \times \mathfrak{A}_1^* \subseteq \mathfrak{B}_1 \hat{\mathfrak{B}}_1^* \mathfrak{A}_1^* = \mathfrak{B}_1 \hat{\mathfrak{B}}_1 \hat{\mathfrak{B}}_1^* \mathfrak{A}_1^* = \mathfrak{B}_1 \hat{\mathfrak{B}}_1 \hat{\mathfrak{A}}_1^* \mathfrak{A}_1^*$$
$$= \mathfrak{A}_1^* \times \mathfrak{B}_1 \subseteq \mathfrak{B}_1^* \hat{\mathfrak{B}}_1 \mathfrak{B}_1$$
$$= \mathfrak{B}_1 \times \mathfrak{B}_1^* \subseteq \mathfrak{A}_1 \hat{\mathfrak{A}}_1^* \mathfrak{B}_1^* = \mathfrak{A}_1 \hat{\mathfrak{A}}_1 \hat{\mathfrak{A}}_1^* \mathfrak{B}_1^* = \mathfrak{A}_1 \hat{\mathfrak{A}}_1 \hat{\mathfrak{B}}_1^* \mathfrak{B}_1^*$$
$$= \mathfrak{B}_1^* \times \mathfrak{A}_1 \subseteq \mathfrak{A}_1^* \hat{\mathfrak{A}}_1 \mathfrak{A}_1 = \mathfrak{A}_1 \times \mathfrak{A}_1^*,$$

ebenso

$$\mathfrak{A}_2 \times \mathfrak{A}_2^* \subseteq \mathfrak{B}_2^* \hat{\mathfrak{B}}_2 \mathfrak{A}_2^* = \mathfrak{B}_2^* \hat{\mathfrak{B}}_2^* \hat{\mathfrak{B}}_2 \mathfrak{A}_2^* = \mathfrak{B}_2^* \hat{\mathfrak{B}}_2^* \hat{\mathfrak{A}}_2^* \mathfrak{A}_2$$
$$= \mathfrak{A}_2^* \times \mathfrak{B}_2^* \subseteq \mathfrak{B}_2 \hat{\mathfrak{B}}_2^* \mathfrak{B}_2^*$$
$$= \mathfrak{B}_2^* \times \mathfrak{B}_2 \subseteq \mathfrak{A}_2 \hat{\mathfrak{A}}_2^* \mathfrak{B}_2 = \mathfrak{A}_2 \hat{\mathfrak{A}}_2 \hat{\mathfrak{A}}_2^* \mathfrak{B}_2 = \mathfrak{A}_2 \hat{\mathfrak{A}}_2 \hat{\mathfrak{B}}_2 \mathfrak{B}_2$$
$$= \mathfrak{B}_2 \times \mathfrak{A}_2 \subseteq \mathfrak{A}_2^* \hat{\mathfrak{A}}_2 \mathfrak{A}_2 = \mathfrak{A}_2 \times \mathfrak{A}_2^*.$$

Aus der direkten Zerlegung $\mathfrak{A} = \mathfrak{A}_1 \times \mathfrak{A}_2$ entnehmen wir

$$\hat{\mathfrak{A}} = \mathfrak{Z}(\mathfrak{A}; \Omega) = \mathfrak{Z}(\mathfrak{A}_1; \Omega) \times \mathfrak{Z}(\mathfrak{A}_2; \Omega) = \hat{\mathfrak{A}}_1 \times \hat{\mathfrak{A}}_2 \subseteq \mathfrak{A}_1 \times \mathfrak{A}_2,$$

also

$$\mathfrak{Z}(\mathfrak{A}_1; \Omega) = \hat{\mathfrak{A}}_1; \quad \mathfrak{Z}(\mathfrak{A}_2; \Omega) = \hat{\mathfrak{A}}_2.$$

In gleicher Weise gewinnt man die letzten Gln. (7.4).

Satz 18*. *Zwei direkte Zerlegungen*

$$\mathfrak{G}; \Omega = \mathfrak{A} \times \mathfrak{A}^* = \mathfrak{B} \times \mathfrak{B}^* \tag{8.1}$$

einer Gruppe $\mathfrak{G}; \Omega$ besitzen genau dann eine kanonische Verfeinerung, wenn die induzierten direkten Zerlegungen

$$\mathfrak{Z}(\mathfrak{G}; \Omega) = \mathfrak{Z}(\mathfrak{A}; \Omega) \times \mathfrak{Z}(\mathfrak{A}^*; \Omega) = \mathfrak{Z}(\mathfrak{B}; \Omega) \times \mathfrak{Z}(\mathfrak{B}^*; \Omega) \tag{8.2}$$

des Ω-Zentrums $\mathfrak{Z}(\mathfrak{G}; \Omega)$ kanonische Verfeinerungen besitzen.

Zwischen den kanonischen Verfeinerungen der direkten Zerlegungen (8.1) und (8.2) besteht eine eineindeutige Korrespondenz.

Satz 18**. *Eine Gruppe $\mathfrak{G}; \Omega$ ist genau dann verfeinerbar, wenn ihr Ω-Zentrum $\mathfrak{Z}(\mathfrak{G}; \Omega)$ der Bedingung genügt:*

Für jedes Paar direkter Zerlegungen

$$\mathfrak{H}; \Omega = \mathfrak{A} \times \mathfrak{A}^* = \mathfrak{B} \times \mathfrak{B}^*$$

jedes direkten Faktors $\mathfrak{H}$ von $\mathfrak{G}; \Omega$ besitzen die induzierten direkten Zerlegungen

$$\mathfrak{Z}(\mathfrak{H}; \Omega) = \mathfrak{Z}(\mathfrak{A}; \Omega) \times \mathfrak{Z}(\mathfrak{A}^*; \Omega) = \mathfrak{Z}(\mathfrak{B}; \Omega) \times \mathfrak{Z}(\mathfrak{B}^*; \Omega)$$

des Ω-Zentrums $\mathfrak{Z}(\mathfrak{H}; \Omega)$ kanonische Verfeinerungen.

Hierin ist die Aussage des Satzes 18 enthalten.

2.3.7. Die Zerfällbarkeitsbedingung

Um für die Verfeinerbarkeit einer Gruppe möglichst weitreichende Bedingungen zu erhalten, stellen wir die Zerfällbarkeitsbedingung:

($\mathfrak{z}$) *Der Kommutator $\gamma = (\alpha, \beta)$ zweier Zerlegungsendomorphismen α, β der Gruppe $\mathfrak{G}; \Omega$ ist uniform zerfällender Endomorphismus von $\mathfrak{G}; \Omega$.*

Die Bedingung ($\mathfrak{z}$) kennzeichnet (als abstrakte Gruppeneigenschaft) die *Klasse der $\mathfrak{z}$-Gruppen $\mathfrak{G}; \Omega$*.

Unter der Zerfällbarkeitsbedingung ($\mathfrak{z}$) führt der Kommutator $\gamma = (\alpha, \beta)$ zweier Zerlegungsendomorphismen $\alpha, \beta \in \mathsf{E}(\mathfrak{G}; \Omega)$ auf die (nicht notwendig eigentliche) direkte Zerlegung

$$\mathfrak{G}; \Omega = \mathfrak{C}_\gamma \times \mathfrak{R}_\gamma$$

in das (abelsche) Komplement $\mathfrak{C}_\gamma \subseteq \mathfrak{Z}^*(\mathfrak{G}; \Omega)$ und das Radikal $\mathfrak{R}_\gamma$ des (zentralen) Endomorphismus γ.

Jeder direkte Faktor einer $\mathfrak{z}$-Gruppe $\mathfrak{G}; \Omega$ ist eine $\mathfrak{z}$-Gruppe.

Beweis. Induziert der Zerlegungsendomorphismus η der Gruppe $\mathfrak{G}; \Omega$ die direkte Zerlegung

$$\mathfrak{G}; \Omega = \mathfrak{H} \times \mathfrak{H}^* \quad \text{mit} \quad \mathfrak{H} = \mathfrak{G}^\eta; \ \mathfrak{H}^* = \mathfrak{R}_\eta,$$

so führt ein Paar von Zerlegungsendomorphismen α, β des Faktors $\mathfrak{H}; \Omega$ nach Lemma 3 auf die Zerlegungsendomorphismen

$$\eta \alpha = \eta \alpha \eta; \quad \eta \beta = \eta \beta \eta \quad \text{mit} \quad \gamma = (\eta \alpha, \eta \beta).$$

Der uniform zerfällende Endomorphismus γ von $\mathfrak{G}; \Omega$ induziert in $\mathfrak{H} = \mathfrak{G}^\eta$ den Endomorphismus (α, β); mithin ist (α, β) uniform zerfällender Endomorphismus des Faktors $\mathfrak{H}; \Omega$ von $\mathfrak{G}; \Omega$.

Satz 19 (R. BAER). *Jede $\mathfrak{z}$-Gruppe $\mathfrak{G}; \Omega$ ist (schwach) verfeinerbar.*

Beweis. Da jeder direkte Faktor einer $\mathfrak{z}$-Gruppe eine $\mathfrak{z}$-Gruppe ist, genügt der Nachweis, daß jedes Paar direkter Zerlegungen

$$\mathfrak{G}; \Omega = \mathfrak{A} \times \mathfrak{A}^* = \mathfrak{B} \times \mathfrak{B}^*$$

einer $\mathfrak{z}$-Gruppe $\mathfrak{G}; \Omega$ eine kanonische Verfeinerung besitzt.

2.3.7. Die Zerfällbarkeitsbedingung

Lemma 6. *Für jedes Paar von Zerlegungsendomorphismen α, β einer Gruppe $\mathfrak{G}; \Omega$ besitzt das Radikal $\mathfrak{R}_\gamma$ des Kommutators $\gamma = (\alpha, \beta)$ die direkten Zerlegungen*

$$\mathfrak{R}_\gamma = \mathfrak{R}_\gamma^\alpha \times \mathfrak{R}_\gamma^{\alpha'} = \mathfrak{R}_\gamma^\beta \times \mathfrak{R}_\gamma^{\beta'} \tag{1}$$

mit der einzigen kanonischen Verfeinerung

$$\mathfrak{R}_\gamma^\alpha = \mathfrak{R}_{\alpha\beta'}^\alpha \times \mathfrak{R}_{\alpha\beta}^\alpha; \quad \mathfrak{R}_\gamma^{\alpha'} = \mathfrak{R}_{\alpha'\beta}^{\alpha'} \times \mathfrak{R}_{\alpha'\beta'}^{\alpha'}; \tag{2.1}$$

$$\mathfrak{R}_\gamma^\beta = \mathfrak{R}_{\beta\alpha'}^\beta \times \mathfrak{R}_{\beta\alpha}^\beta; \quad \mathfrak{R}_\gamma^{\beta'} = \mathfrak{R}_{\beta'\alpha}^{\beta'} \times \mathfrak{R}_{\beta'\alpha'}^{\beta'}; \tag{2.2}$$

es gelten die Isomorphiegleichungen

$$\mathfrak{R}_{\alpha\beta'}^\alpha \times \mathfrak{R}_{\alpha'\beta}^{\alpha'} = \mathfrak{R}_{\alpha'\beta}^{\alpha'} \times \mathfrak{R}_{\beta\alpha'}^\beta = \mathfrak{R}_{\beta\alpha'}^\beta \times \mathfrak{R}_{\beta'\alpha}^{\beta'} = \mathfrak{R}_{\beta'\alpha}^{\beta'} \times \mathfrak{R}_{\alpha\beta'}^\alpha; \tag{3.1}$$

$$\mathfrak{R}_{\alpha\beta}^\alpha \times \mathfrak{R}_{\alpha'\beta'}^{\alpha'} = \mathfrak{R}_{\alpha'\beta'}^{\alpha'} \times \mathfrak{R}_{\beta'\alpha'}^{\beta'} = \mathfrak{R}_{\beta'\alpha'}^{\beta'} \times \mathfrak{R}_{\beta\alpha}^\beta = \mathfrak{R}_{\beta\alpha}^\beta \times \mathfrak{R}_{\alpha\beta}^\alpha. \tag{3.2}$$

Beweis. Nach Voraussetzung besitzt $\mathfrak{G}; \Omega$ die direkten Zerlegungen

$$\mathfrak{G}; \Omega = \mathfrak{A} \times \mathfrak{A}^* = \mathfrak{B} \times \mathfrak{B}^* \quad \text{mit } \mathfrak{A} = \mathfrak{G}^\alpha; \ \mathfrak{A}^* = \mathfrak{G}^{\alpha'}; \ \mathfrak{B} = \mathfrak{G}^\beta; \ \mathfrak{B}^* = \mathfrak{G}^{\beta'}.$$

Jedes Element $R \in \mathfrak{R}_\gamma$ erfüllt eine Gleichung

$$R^{\gamma^{2k}} = E, \quad \text{also} \quad (R^\alpha)^{\gamma^{2k}} = (R^{\gamma^{2k}})^\alpha = E.$$

Infolgedessen bestehen (bei analoger Beweisführung) die Beziehungen

$$\mathfrak{R}_\gamma^\alpha \subseteq \mathfrak{R}_\gamma; \quad \mathfrak{R}_\gamma^{\alpha'} \subseteq \mathfrak{R}_\gamma; \quad \mathfrak{R}_\gamma^\beta \subseteq \mathfrak{R}_\gamma; \quad \mathfrak{R}_\gamma^{\beta'} \subseteq \mathfrak{R}_\gamma.$$

Daraus folgt aber

$$\mathfrak{R}_\gamma = \mathfrak{R}_\gamma^\alpha \times \mathfrak{R}_\gamma^{\alpha'} = \mathfrak{R}_\gamma^\beta \times \mathfrak{R}_\gamma^{\beta'}$$

und überdies

$$\mathfrak{R}_\gamma^\alpha = \mathfrak{A} \cap \mathfrak{R}_\gamma; \quad \mathfrak{R}_\gamma^{\alpha'} = \mathfrak{A}^* \cap \mathfrak{R}_\gamma; \quad \mathfrak{R}_\gamma^\beta = \mathfrak{B} \cap \mathfrak{R}_\gamma; \quad \mathfrak{R}_\gamma^{\beta'} = \mathfrak{B}^* \cap \mathfrak{R}_\gamma. \tag{4}$$

Da für jedes $G \in \mathfrak{G}; \Omega$ ferner die Gleichungen bestehen:

$$G^\alpha = (G^\alpha)^{\alpha\beta\alpha} (G^\alpha)^{\alpha\beta'\alpha}; \quad G^{\alpha'} = (G^{\alpha'})^{\alpha'\beta\alpha'} (G^{\alpha'})^{\alpha'\beta'\alpha'},$$

induzieren $\varrho = \alpha\beta\alpha$ und $\sigma = \alpha\beta'\alpha$ Endomorphismen der Gruppe $\mathfrak{A} = \mathfrak{G}^\alpha$ mit der Eigenschaft

$$A = A^\varrho A^\sigma \quad \text{für jedes } A \in \mathfrak{A} = \mathfrak{G}^\alpha.$$

Nach Satz 5* erhalten wir für die Radikale der durch $\varrho, \sigma, \varrho\sigma$ in $\mathfrak{A}$ induzierten Endomorphismen die Zerlegung

$$\mathfrak{A} \cap \mathfrak{R}_{\varrho\sigma} = (\mathfrak{A} \cap \mathfrak{R}_\varrho) \times (\mathfrak{A} \cap \mathfrak{R}_\sigma),$$

wobei σ, ϱ Automorphismen in $\mathfrak{A} \cap \mathfrak{R}_\varrho$ bzw. in $\mathfrak{A} \cap \mathfrak{R}_\sigma$ induzieren.

Nun gilt

$$\varrho\sigma = \alpha\beta\alpha\beta'\alpha = -\alpha\beta\gamma\alpha = -\gamma^2\alpha = -\alpha\delta \quad \text{mit } \delta = \gamma^2 = (\alpha\beta - \beta\alpha)^2.$$

Für jedes $X \in \mathfrak{A} \cap \mathfrak{R}_{\alpha\delta}$ und $Y \in \mathfrak{A} \cap \mathfrak{R}_{\delta}$ bestehen Gleichungen
$$X = X^\alpha;\quad Y = Y^\alpha;\quad E = X^{(\alpha\delta)^k} = X^{\alpha\delta^k} = X^{\delta^k};\quad E = Y^{\delta^l} = Y^{\alpha\delta^l} = Y^{(\alpha\delta)^l};$$
daher gilt
$$\mathfrak{A} \cap \mathfrak{R}_{\varrho\sigma} = \mathfrak{A} \cap \mathfrak{R}_{\alpha\delta} = \mathfrak{A} \cap \mathfrak{R}_{\delta} = \mathfrak{A} \cap \mathfrak{R}_{\gamma} = \mathfrak{R}_{\gamma}^{\alpha}\quad \text{wegen}\quad \mathfrak{R}_{\delta} = \mathfrak{R}_{\gamma}.$$

Für jedes $X \in \mathfrak{A} \cap \mathfrak{R}_{\varrho}$ und jedes $Y \in \mathfrak{A} \cap \mathfrak{R}_{\alpha\beta}$ bestehen Gleichungen
$$X = X^\alpha;\quad Y = Y^\alpha;\quad E = X^{(\alpha\beta\alpha)^k} = X^{(\alpha\beta)^{k+1}};\quad E = Y^{(\alpha\beta)^l} = Y^{(\alpha\beta\alpha)^l};$$
daher gilt
$$\mathfrak{A} \cap \mathfrak{R}_{\varrho} = \mathfrak{A} \cap \mathfrak{R}_{\alpha\beta} \subseteq \mathfrak{R}_{\alpha\beta}^{\alpha}.$$

Andererseits besitzt jedes $X \in \mathfrak{R}_{\alpha\beta}^{\alpha}$ die Gestalt
$$X^\alpha = X = Y^\alpha \quad \text{mit} \quad Y^{(\alpha\beta)^l} = E;\quad X^{(\alpha\beta)^l} = Y^{\alpha(\alpha\beta)^l} = E.$$

Damit erhalten wir (bei analoger Beweisführung)
$$\mathfrak{A} \cap \mathfrak{R}_{\varrho} = \mathfrak{A} \cap \mathfrak{R}_{\alpha\beta} = \mathfrak{R}_{\alpha\beta}^{\alpha};\quad \mathfrak{A} \cap \mathfrak{R}_{\sigma} = \mathfrak{A} \cap \mathfrak{R}_{\alpha\beta'} = \mathfrak{R}_{\alpha\beta'}^{\alpha}$$

und insgesamt die direkten Zerlegungen

$$\mathfrak{R}_{\gamma}^{\alpha} = \mathfrak{R}_{\alpha\beta}^{\alpha} \times \mathfrak{R}_{\alpha\beta'}^{\alpha};\quad \mathfrak{R}_{\gamma}^{\alpha'} = \mathfrak{R}_{\alpha'\beta}^{\alpha'} \times \mathfrak{R}_{\alpha'\beta'}^{\alpha'}; \tag{5.1}$$

$$\mathfrak{R}_{\gamma}^{\beta} = \mathfrak{R}_{\beta\alpha}^{\beta} \times \mathfrak{R}_{\beta\alpha'}^{\beta};\quad \mathfrak{R}_{\gamma}^{\beta'} = \mathfrak{R}_{\beta'\alpha}^{\beta'} \times \mathfrak{R}_{\beta'\alpha'}^{\beta'}. \tag{5.2}$$

Die Endomorphismen $\sigma = \alpha\beta'\alpha$ und $\varrho = \alpha\beta\alpha$ induzieren Automorphismen der Gruppen $\mathfrak{A} \cap \mathfrak{R}_{\varrho} = \mathfrak{R}_{\alpha\beta}^{\alpha}$ bzw. $\mathfrak{A} \cap \mathfrak{R}_{\sigma} = \mathfrak{R}_{\alpha\beta'}^{\alpha}$. Folglich induzieren (bei analoger Beweisführung) Automorphismen die Endomorphismen

$$\beta'\alpha \text{ in } \mathfrak{R}_{\alpha\beta}^{\alpha};\quad \beta\alpha \text{ in } \mathfrak{R}_{\alpha\beta'}^{\alpha};\quad \beta'\alpha' \text{ in } \mathfrak{R}_{\alpha'\beta}^{\alpha'};\quad \beta\alpha' \text{ in } \mathfrak{R}_{\alpha'\beta'}^{\alpha'};$$
$$\alpha\beta' \text{ in } \mathfrak{R}_{\beta'\alpha'}^{\beta};\quad \alpha\beta \text{ in } \mathfrak{R}_{\beta\alpha'}^{\beta};\quad \alpha'\beta' \text{ in } \mathfrak{R}_{\beta'\alpha}^{\beta'};\quad \alpha'\beta \text{ in } \mathfrak{R}_{\beta\alpha}^{\beta'}.$$

Genauer gilt: *Die Endomorphismen α, α', β, β' induzieren Isomorphismen*

$$\mathfrak{R}_{\beta\alpha'}^{\beta} \cong \mathfrak{R}_{\beta\alpha'}^{\beta\alpha} = \mathfrak{R}_{\alpha\beta'}^{\alpha};\quad \mathfrak{R}_{\beta'\alpha'}^{\beta'} \cong \mathfrak{R}_{\beta'\alpha'}^{\beta'\alpha} = \mathfrak{R}_{\alpha\beta}^{\alpha};$$
$$\mathfrak{R}_{\beta\alpha}^{\beta} \cong \mathfrak{R}_{\beta\alpha}^{\beta\alpha'} = \mathfrak{R}_{\alpha'\beta'}^{\alpha'};\quad \mathfrak{R}_{\beta'\alpha}^{\beta'} \cong \mathfrak{R}_{\beta'\alpha}^{\beta'\alpha'} = \mathfrak{R}_{\alpha'\beta}^{\alpha'};$$
$$\mathfrak{R}_{\alpha\beta'}^{\alpha} \cong \mathfrak{R}_{\alpha\beta'}^{\alpha\beta} = \mathfrak{R}_{\beta\alpha'}^{\beta};\quad \mathfrak{R}_{\alpha'\beta'}^{\alpha'} \cong \mathfrak{R}_{\alpha'\beta'}^{\alpha'\beta} = \mathfrak{R}_{\beta\alpha}^{\beta};$$
$$\mathfrak{R}_{\alpha\beta}^{\alpha} \cong \mathfrak{R}_{\alpha\beta}^{\alpha\beta'} = \mathfrak{R}_{\beta'\alpha'}^{\beta'};\quad \mathfrak{R}_{\alpha'\beta}^{\alpha'} \cong \mathfrak{R}_{\alpha'\beta}^{\alpha'\beta'} = \mathfrak{R}_{\beta'\alpha}^{\beta'}.$$

Zum Beweis genügt es das Paradigma vorzuführen:

β' *induziert einen Isomorphismus* $\mathfrak{R}_{\alpha\beta}^{\alpha} \cong \mathfrak{R}_{\alpha\beta}^{\alpha\beta'} = \mathfrak{R}_{\beta'\alpha'}^{\beta'}$.

Für jedes $X \in \mathfrak{R}_{\alpha\beta}^{\alpha} = \mathfrak{A} \cap \mathfrak{R}_{\alpha\beta}$ gilt

$$X = X^\alpha;\quad X^{(\alpha\beta)^k} = E;$$

für das Bild $Y = X^{\beta'} \in \mathfrak{G}^{\beta'} = \mathfrak{B}^*$ folgt daraus

$$Y = X^{\beta'} = X^{\alpha\beta'};\quad Y^{(\beta'\alpha')^{k+1}} = X^{\alpha\beta'\alpha'(\beta'\alpha')^k} = X^{-\alpha\gamma(\beta'\alpha')^k} = X^{-(\alpha\beta)^k\alpha\gamma} = E,$$

2.3.7. Die Zerfällbarkeitsbedingung

also (bei analoger Beweisführung)

$$(\mathfrak{R}^\alpha_{\alpha\beta})^{\beta'} \subseteq \mathfrak{B}^* \cap \mathfrak{R}_{\beta'\alpha'} = \mathfrak{R}^{\beta'}_{\beta'\alpha'}; \quad (\mathfrak{R}^{\beta'}_{\beta'\alpha'})^\alpha \subseteq \mathfrak{A} \cap \mathfrak{R}_{\alpha\beta} = \mathfrak{R}^\alpha_{\alpha\beta}.$$

Da $\alpha\beta'$ einen Automorphismus in $\mathfrak{R}^{\beta'}_{\beta'\alpha'}$ induziert, erhält man

$$\mathfrak{R}^{\beta'}_{\beta'\alpha'} = (\mathfrak{R}^{\beta'}_{\beta'\alpha'})^{\alpha\beta'} \subseteq (\mathfrak{R}^\alpha_{\alpha\beta})^{\beta'} \subseteq \mathfrak{R}^{\beta'}_{\beta'\alpha'}, \quad \text{also} \quad (\mathfrak{R}^\alpha_{\alpha\beta})^{\beta'} = \mathfrak{R}^{\beta'}_{\beta'\alpha'}.$$

Da für jedes $X \in \mathfrak{R}^\alpha_{\alpha\beta} \cap \mathfrak{G}^\beta$ gilt

$$X = X^\beta = X^\alpha \quad \text{und} \quad E = X^{(\alpha\beta)^k} = X,$$

induziert β' einen Isomorphismus von $\mathfrak{R}^\alpha_{\alpha\beta}$ auf $\mathfrak{R}^{\beta'}_{\beta'\alpha'}$.

Es sind nun die Bedingungen (3) nachzuweisen. Da α einen Isomorphismus von $\mathfrak{R}^\beta_{\beta\alpha'}$ auf $\mathfrak{R}^\alpha_{\alpha\beta'}$ induziert, gibt es zu jedem $Y \in \mathfrak{R}^\alpha_{\alpha\beta'}$ genau ein Element $X \in \mathfrak{R}^\beta_{\beta\alpha'}$, so daß

$$X = X^\beta; \quad X^{(\beta\alpha')^k} = E; \quad Y = X^\alpha; \quad Y = X^\alpha X^{-1} X = Z^{-1} X \quad \text{mit} \quad Z = X^{\alpha'} = X^{\beta\alpha'}.$$

Daher erfüllt Z die Gleichungen

$$Z = Z^{\alpha'}; \quad Z^{(\alpha'\beta)^k} = X^{\beta\alpha'(\alpha'\beta)^k} = X^{(\beta\alpha')^k \beta} = E,$$

gehört also zur Gruppe $\mathfrak{A}^* \cap \mathfrak{R}_{\alpha'\beta} = \mathfrak{R}^{\alpha'}_{\alpha'\beta}$. Mithin gilt (bei analoger Beweisführung in den anderen Beziehungen)

$$\mathfrak{R}^\alpha_{\alpha\beta'} \mathfrak{R}^{\alpha'}_{\alpha'\beta} \subseteq \mathfrak{R}^{\alpha'}_{\alpha'\beta} \mathfrak{R}^\beta_{\beta\alpha'} \subseteq \mathfrak{R}^\beta_{\beta\alpha'} \mathfrak{R}^{\beta'}_{\beta'\alpha} \subseteq \mathfrak{R}^{\beta'}_{\beta'\alpha} \mathfrak{R}^\alpha_{\alpha\beta'} \subseteq \mathfrak{R}^\alpha_{\alpha\beta'} \mathfrak{R}^{\alpha'}_{\alpha'\beta}.$$

Für ein Element $X \in \mathfrak{R}^{\alpha'}_{\alpha\beta} \cap \mathfrak{R}^\beta_{\beta\alpha'}$ finden wir

$$X = X^{\alpha'} = X^\beta \quad \text{und} \quad E = X^{(\alpha'\beta)^k} = X.$$

Folglich gilt auch

$$\mathfrak{R}^\alpha_{\alpha\beta'} \cap \mathfrak{R}^{\alpha'}_{\alpha'\beta} = \mathfrak{R}^\alpha_{\alpha\beta'} \cap \mathfrak{R}^\beta_{\beta\alpha'} = \mathfrak{R}^{\beta'}_{\beta'\alpha} \cap \mathfrak{R}^\alpha_{\alpha\beta'} = \mathfrak{R}^\beta_{\beta\alpha'} \cap \mathfrak{R}^{\beta'}_{\beta'\alpha} = E;$$

in gleicher Weise erhält man den zweiten Teil der Isomorphiebedingungen.

Besitzen umgekehrt die direkten Zerlegungen

$$\mathfrak{R}_\gamma = \mathfrak{R}^\alpha_\gamma \times \mathfrak{R}^{\alpha'}_\gamma = \mathfrak{R}^\beta_\gamma \times \mathfrak{R}^{\beta'}_\gamma,$$

die durch die Zerlegungsendomorphismen α, β von $\mathfrak{G}; \Omega$ im Radikal $\mathfrak{R}_\gamma$ induziert werden, die kanonische Verfeinerung

$$\mathfrak{R}^\alpha_\gamma = \mathfrak{A}_1 \times \mathfrak{A}_2; \quad \mathfrak{R}^{\alpha'}_\gamma = \mathfrak{A}^*_1 \times \mathfrak{A}^*_2; \quad \mathfrak{R}^\beta_\gamma = \mathfrak{B}_1 \times \mathfrak{B}_2; \quad \mathfrak{R}^{\beta'}_\gamma = \mathfrak{B}^*_1 \times \mathfrak{B}^*_2,$$

so induzieren die Zerlegungsendomorphismen $\alpha, \alpha', \beta, \beta'$ die Isomorphien

$$\mathfrak{B}^\alpha_1 = \mathfrak{A}_1; \quad \mathfrak{B}^{*\alpha'}_1 = \mathfrak{A}^*_1; \quad \mathfrak{A}^\beta_1 = \mathfrak{B}_1; \quad \mathfrak{A}^{*\beta'}_1 = \mathfrak{B}^*_1;$$

$$\mathfrak{B}^\alpha_2 = \mathfrak{A}_2; \quad \mathfrak{B}^{*\alpha'}_2 = \mathfrak{A}^*_2; \quad \mathfrak{A}^\beta_2 = \mathfrak{B}_2; \quad \mathfrak{A}^{\beta'}_2 = \mathfrak{B}^*_2.$$

Infolgedessen induziert $\beta\alpha$ einen Automorphismus $\mathfrak{A}^{\beta\alpha}_1 = \mathfrak{A}_1$. Da aber jedes $X \in \mathfrak{A}_1 \subseteq \mathfrak{R}^\alpha_\gamma$ mit $\delta = \gamma^2$ die Bedingung erfüllt:

$$X = X^\alpha; \quad E = X^{\delta^k} = X^{(-\alpha\delta)^k} = X^{(\alpha\beta\alpha)^k(\alpha\beta'\alpha)^k} = X^{(\beta\alpha)^k(\alpha\beta')^{k+1}},$$

findet man (bei analoger Beweisführung) die Beziehungen

$$\mathfrak{A}_1 \subseteq \mathfrak{R}_{\alpha\beta'}^{\alpha}; \quad \mathfrak{A}_1^* \subseteq \mathfrak{R}_{\alpha'\beta}^{\alpha'}; \quad \mathfrak{B}_1 \subseteq \mathfrak{R}_{\beta\alpha'}^{\beta}; \quad \mathfrak{B}_1^* \subseteq \mathfrak{R}_{\beta'\alpha}^{\beta'};$$
$$\mathfrak{A}_2 \subseteq \mathfrak{R}_{\alpha\beta}^{\alpha}; \quad \mathfrak{A}_2^* \subseteq \mathfrak{R}_{\alpha'\beta'}^{\alpha'}; \quad \mathfrak{B}_2 \subseteq \mathfrak{R}_{\beta\alpha}^{\beta}; \quad \mathfrak{B}_2^* \subseteq \mathfrak{R}_{\beta'\alpha'}^{\beta'}$$

und auf Grund der Zerlegungen

$$\mathfrak{R}_\gamma^\alpha = \mathfrak{A}_1 \times \mathfrak{A}_2 = \mathfrak{R}_{\alpha\beta'}^\alpha \times \mathfrak{R}_{\alpha\beta}^\alpha; \quad \mathfrak{R}_\gamma^{\alpha'} = \mathfrak{A}_1^* \times \mathfrak{A}_2^* = \mathfrak{R}_{\alpha'\beta}^{\alpha'} \times \mathfrak{R}_{\alpha'\beta'}^{\alpha'};$$
$$\mathfrak{R}_\gamma^\beta = \mathfrak{B}_1 \times \mathfrak{B}_2 = \mathfrak{R}_{\beta\alpha'}^\beta \times \mathfrak{R}_{\beta\alpha}^\beta; \quad \mathfrak{R}_\gamma^{\beta'} = \mathfrak{B}_1^* \times \mathfrak{B}_2^* = \mathfrak{R}_{\beta'\alpha}^{\beta'} \times \mathfrak{R}_{\beta'\alpha'}^{\beta'}$$

die Gleichungen

$$\mathfrak{A}_1 = \mathfrak{R}_{\alpha\beta'}^\alpha; \quad \mathfrak{A}_1^* = \mathfrak{R}_{\alpha'\beta}^{\alpha'}; \quad \mathfrak{B}_1 = \mathfrak{R}_{\beta\alpha'}^\beta; \quad \mathfrak{B}_1^* = \mathfrak{R}_{\beta'\alpha}^{\beta'};$$
$$\mathfrak{A}_2 = \mathfrak{R}_{\alpha\beta}^\alpha; \quad \mathfrak{A}_2^* = \mathfrak{R}_{\alpha'\beta'}^{\alpha'}; \quad \mathfrak{B}_2 = \mathfrak{R}_{\beta\alpha}^\beta; \quad \mathfrak{B}_2^* = \mathfrak{R}_{\beta'\alpha'}^{\beta'}.$$

Zum Beweise des Satzes 19 seien nun α, α' und β, β' zwei Paare komplementärer Zerlegungsendomorphismen einer $\mathfrak{z}$-Gruppe $\mathfrak{G}; \Omega$:

$$\mathfrak{G}; \Omega = \mathfrak{A} \times \mathfrak{A}^* = \mathfrak{B} \times \mathfrak{B}^* \quad \text{mit} \quad \mathfrak{A} = \mathfrak{G}^\alpha; \; \mathfrak{A}^* = \mathfrak{G}^{\alpha'}; \; \mathfrak{B} = \mathfrak{G}^\beta; \; \mathfrak{B}^* = \mathfrak{G}^{\beta'}.$$

Da $\gamma = (\alpha, \beta)$ und $\delta = \gamma^2$ uniform zerfällende Endomorphismen der Gruppe $\mathfrak{G}; \Omega$ sind, existiert eine direkte Zerlegung

$$\mathfrak{G}; \Omega = \mathfrak{C} \times \mathfrak{R}_\gamma$$

in das Komplement $\mathfrak{C} = \mathfrak{C}_\gamma \subseteq \mathfrak{Z}^*(\mathfrak{G}; \Omega)$ und das Radikal $\mathfrak{R}_\gamma$. Aus den Vertauschbarkeitsbedingungen

$$(\alpha, \delta) = (\beta, \delta) = (\alpha', \delta) = (\beta', \delta) = 0$$

entnehmen wir

$$\mathfrak{A}^\delta \subseteq \mathfrak{A}; \quad \mathfrak{A}^{*\delta} \subseteq \mathfrak{A}^*; \quad \mathfrak{B}^\delta \subseteq \mathfrak{B}; \quad \mathfrak{B}^{*\delta} \subseteq \mathfrak{B}^*$$

und damit die direkten Zerlegungen

$$\mathfrak{A} = (\mathfrak{C} \cap \mathfrak{A}) \times (\mathfrak{R}_\gamma \cap \mathfrak{A}); \quad \mathfrak{A}^* = (\mathfrak{C} \cap \mathfrak{A}^*) \times (\mathfrak{R}_\gamma \cap \mathfrak{A}^*);$$
$$\mathfrak{B} = (\mathfrak{C} \cap \mathfrak{B}) \times (\mathfrak{R}_\gamma \cap \mathfrak{B}); \quad \mathfrak{B}^* = (\mathfrak{C} \cap \mathfrak{B}^*) \times (\mathfrak{R}_\gamma \cap \mathfrak{B}^*).$$

Die Paare direkter Zerlegungen

$$\mathfrak{G}; \Omega = \mathfrak{A} \times \mathfrak{A}^* = \mathfrak{C} \times \mathfrak{R}_\gamma \quad \text{und} \quad \mathfrak{G}; \Omega = \mathfrak{B} \times \mathfrak{B}^* = \mathfrak{C} \times \mathfrak{R}_\gamma$$

besitzen also gemeinsame Verfeinerungen, weshalb auch

$$\mathfrak{C} = (\mathfrak{C} \cap \mathfrak{A}) \times (\mathfrak{C} \cap \mathfrak{A}^*) = (\mathfrak{C} \cap \mathfrak{B}) \times (\mathfrak{C} \cap \mathfrak{B}^*);$$
$$\mathfrak{R}_\gamma = (\mathfrak{R}_\gamma \cap \mathfrak{A}) \times (\mathfrak{R}_\gamma \cap \mathfrak{A}^*) = (\mathfrak{R}_\gamma \cap \mathfrak{B}) \times (\mathfrak{R}_\gamma \cap \mathfrak{B}^*).$$

Überdies gilt

$$\mathfrak{C}^\alpha = \mathfrak{C} \cap \mathfrak{A}; \quad \mathfrak{C}^{\alpha'} = \mathfrak{C} \cap \mathfrak{A}^*; \quad \mathfrak{C}^\beta = \mathfrak{C} \cap \mathfrak{B}; \quad \mathfrak{C}^{\beta'} = \mathfrak{C} \cap \mathfrak{B}^*$$

2.3.7. Die Zerfällbarkeitsbedingung

Da γ im Komplement $\mathfrak{C}$ einen Automorphismus induziert, folgt

$$\mathfrak{C}^\beta \subseteq \mathfrak{C}^{\alpha\beta}\mathfrak{C}^{\alpha'\beta} = \mathfrak{C}^{\alpha\beta}\mathfrak{C}^{\gamma\alpha'\beta} = \mathfrak{C}^{\alpha\beta}\mathfrak{C}^{\alpha\beta'\alpha\beta} \subseteq \mathfrak{C}^{\alpha\beta} \subseteq \mathfrak{C}^\beta,$$

$$\mathfrak{C}^\beta \subseteq \mathfrak{C}^{\alpha\beta}\mathfrak{C}^{\alpha'\beta} = \mathfrak{C}^{\gamma\alpha\beta}\mathfrak{C}^{\alpha'\beta} = \mathfrak{C}^{\alpha'\beta'\alpha'\beta}\mathfrak{C}^{\alpha'\beta} \subseteq \mathfrak{C}^{\alpha'\beta} \subseteq \mathfrak{C}^\beta,$$

also

$$\mathfrak{C}^{\alpha\beta} = \mathfrak{C}^{\alpha'\beta} = \mathfrak{C}^\beta.$$

Da aber

$$\mathfrak{K}_\beta \cap \mathfrak{C}^\alpha = \mathfrak{B}^* \cap \mathfrak{A} \cap \mathfrak{C} \subseteq \mathfrak{K}_\gamma \cap \mathfrak{C} = E; \quad \mathfrak{K}_\beta \cap \mathfrak{C}^{\alpha'} = \mathfrak{B}^* \cap \mathfrak{A}^* \cap \mathfrak{C} \subseteq \mathfrak{K}_\gamma \cap \mathfrak{C} = E,$$

induziert β Isomorphismen der Gruppen $\mathfrak{C}^\alpha, \mathfrak{C}^{\alpha'}$ auf $\mathfrak{C}^\beta$. Bei analoger Beweisführung erhält man damit die Aussage:

Die Endomorphismen $\alpha, \alpha', \beta, \beta'$ induzieren die Isomorphismen

$$\mathfrak{C}^\beta \cong \mathfrak{C}^{\beta\alpha} = \mathfrak{C}^\alpha; \quad \mathfrak{C}^{\beta'} \cong \mathfrak{C}^{\beta'\alpha} = \mathfrak{C}^\alpha; \quad \mathfrak{C}^\beta \cong \mathfrak{C}^{\beta\alpha'} = \mathfrak{C}^{\alpha'}; \quad \mathfrak{C}^{\beta'} \cong \mathfrak{C}^{\beta'\alpha'} = \mathfrak{C}^{\alpha'};$$

$$\mathfrak{C}^\alpha \cong \mathfrak{C}^{\alpha\beta} = \mathfrak{C}^\beta; \quad \mathfrak{C}^{\alpha'} \cong \mathfrak{C}^{\alpha'\beta} = \mathfrak{C}^\beta; \quad \mathfrak{C}^\alpha \cong \mathfrak{C}^{\alpha\beta'} = \mathfrak{C}^{\beta'}; \quad \mathfrak{C}^{\alpha'} \cong \mathfrak{C}^{\alpha'\beta'} = \mathfrak{C}^{\beta'}.$$

Aus den direkten Zerlegungen

$$\mathfrak{C}; \Omega = \mathfrak{C}^\alpha \times \mathfrak{C}^{\alpha'} = \mathfrak{C}^\beta \times \mathfrak{C}^{\beta'}$$

erhalten wir demnach auf Grund des Satzes 13 die Austauschzerlegungen

$$\mathfrak{C}; \Omega = \mathfrak{C}^\alpha \times \mathfrak{C}^{\alpha'} = \mathfrak{C}^{\alpha'} \times \mathfrak{C}^\beta = \mathfrak{C}^\beta \times \mathfrak{C}^{\beta'} = \mathfrak{C}^{\beta'} \times \mathfrak{C}^\alpha, \tag{6.1}$$

$$\mathfrak{C}; \Omega = \mathfrak{C}^\alpha \times \mathfrak{C}^{\alpha'} = \mathfrak{C}^{\alpha'} \times \mathfrak{C}^{\beta'} = \mathfrak{C}^{\beta'} \times \mathfrak{C}^\beta = \mathfrak{C}^\beta \times \mathfrak{C}^\alpha. \tag{6.2}$$

Nun sei

$$\mathfrak{C}^\alpha = \widehat{\mathfrak{A}}_1 \times \widehat{\mathfrak{A}}_2; \quad \mathfrak{C}^{\alpha'} = \widehat{\mathfrak{A}}_1^* \times \widehat{\mathfrak{A}}_2^*; \quad \mathfrak{C}^\beta = \widehat{\mathfrak{B}}_1 \times \widehat{\mathfrak{B}}_2; \quad \mathfrak{C}^{\beta'} = \widehat{\mathfrak{B}}_1^* \times \widehat{\mathfrak{B}}_2^* \tag{7}$$

eine beliebige kanonische Verfeinerung der direkten Zerlegungen

$$\mathfrak{C}; \Omega = \mathfrak{C}^\alpha \times \mathfrak{C}^{\alpha'} = \mathfrak{C}^\beta \times \mathfrak{C}^{\beta'}$$

mit den Isomorphiegleichungen

$$\widehat{\mathfrak{A}}_1 \times \widehat{\mathfrak{A}}_1^* = \widehat{\mathfrak{A}}_1^* \times \widehat{\mathfrak{B}}_1 = \widehat{\mathfrak{B}}_1 \times \widehat{\mathfrak{B}}_1^* = \widehat{\mathfrak{B}}_1^* \times \widehat{\mathfrak{A}}_1, \tag{8.1}$$

$$\widehat{\mathfrak{A}}_2 \times \widehat{\mathfrak{A}}_2^* = \widehat{\mathfrak{A}}_2^* \times \widehat{\mathfrak{B}}_2^* = \widehat{\mathfrak{B}}_2^* \times \widehat{\mathfrak{B}}_2 = \widehat{\mathfrak{B}}_2 \times \widehat{\mathfrak{A}}_2. \tag{8.2}$$

Daß kanonische Verfeinerungen existieren, zeigen [nach (6)] die Beispiele

$$\widehat{\mathfrak{A}}_1 = \widehat{\mathfrak{A}}_1^* = \widehat{\mathfrak{B}}_1 = \widehat{\mathfrak{B}}_1^* = E \quad \text{bzw.} \quad \widehat{\mathfrak{A}}_2 = \widehat{\mathfrak{A}}_2^* = \widehat{\mathfrak{B}}_2 = \widehat{\mathfrak{B}}_2^* = E.$$

Mit einer solchen kanonischen Verfeinerung setzen wir dann für die direkten Zerlegungen

$$\mathfrak{G}; \Omega = \mathfrak{A} \times \mathfrak{A}^* = (\mathfrak{C}^\alpha \times \mathfrak{R}_\gamma^\alpha) \times (\mathfrak{C}^{\alpha'} \times \mathfrak{R}_\gamma^{\alpha'}) = \mathfrak{B} \times \mathfrak{B}^* = (\mathfrak{C}^\beta \times \mathfrak{R}_\gamma^\beta) \times (\mathfrak{C}^{\beta'} \times \mathfrak{R}_\gamma^{\beta'})$$

mit den im Lemma 6 gewonnenen direkten Zerlegungen des Radikals

$$\mathfrak{A}_1 = \widehat{\mathfrak{A}}_1 \mathfrak{R}_{\alpha\beta'}^\alpha; \quad \mathfrak{A}_1^* = \widehat{\mathfrak{A}}_1^* \mathfrak{R}_{\alpha'\beta}^{\alpha'}; \quad \mathfrak{B}_1 = \widehat{\mathfrak{B}}_1 \mathfrak{R}_{\beta\alpha'}^\beta; \quad \mathfrak{B}_1^* = \widehat{\mathfrak{B}}_1^* \mathfrak{R}_{\beta'\alpha}^{\beta'}; \tag{9.1}$$

$$\mathfrak{A}_2 = \widehat{\mathfrak{A}}_2 \mathfrak{R}_{\alpha\beta}^\alpha; \quad \mathfrak{A}_2^* = \widehat{\mathfrak{A}}_2^* \mathfrak{R}_{\alpha'\beta'}^{\alpha'}; \quad \mathfrak{B}_2 = \widehat{\mathfrak{B}}_2 \mathfrak{R}_{\beta\alpha}^\beta; \quad \mathfrak{B}_2^* = \widehat{\mathfrak{B}}_2^* \mathfrak{R}_{\beta'\alpha'}^{\beta'}. \tag{9.2}$$

2.3. Direkte Zerlegung

Auf Grund der Gln. (2), (3), (7), (8) erfüllen die Zerlegungen

$$\mathfrak{A} = \mathfrak{A}_1 \times \mathfrak{A}_2; \quad \mathfrak{A}^* = \mathfrak{A}_1^* \times \mathfrak{A}_2^*; \quad \mathfrak{B} = \mathfrak{B}_1 \times \mathfrak{B}_2; \quad \mathfrak{B}^* = \mathfrak{B}_1^* \times \mathfrak{B}_2^*$$

in der Tat die Isomorphiebedingungen

$$\mathfrak{A}_1 \times \mathfrak{A}_1^* = \mathfrak{A}_1^* \times \mathfrak{B}_1 = \mathfrak{B}_1 \times \mathfrak{B}_1^* = \mathfrak{B}_1^* \times \mathfrak{A}_1; \quad \mathfrak{A}_2 \times \mathfrak{A}_2^* = \mathfrak{A}_2^* \times \mathfrak{B}_2^* = \mathfrak{B}_2^* \times \mathfrak{B}_2 = \mathfrak{B}_2 \times \mathfrak{A}_2.$$

Ist umgekehrt für die direkten Zerlegungen

$$\mathfrak{G}; \Omega = \mathfrak{A} \times \mathfrak{A}^* = \mathfrak{B} \times \mathfrak{B}^*$$

eine kanonische Verfeinerung

$$\mathfrak{A} = \mathfrak{A}_1 \times \mathfrak{A}_2; \quad \mathfrak{A}^* = \mathfrak{A}_1^* \times \mathfrak{A}_2^*; \quad \mathfrak{B} = \mathfrak{B}_1 \times \mathfrak{B}_2; \quad \mathfrak{B}^* = \mathfrak{B}_1^* \times \mathfrak{B}_2^*$$

unter den Isomorphiebedingungen

$$\mathfrak{A}_1 \times \mathfrak{A}_1^* = \mathfrak{A}_1^* \times \mathfrak{B}_1 = \mathfrak{B}_1 \times \mathfrak{B}_1^* = \mathfrak{B}_1^* \times \mathfrak{A}_1; \quad \mathfrak{A}_2 \times \mathfrak{A}_2^* = \mathfrak{A}_2^* \times \mathfrak{B}_2^* = \mathfrak{B}_2^* \times \mathfrak{B}_2 = \mathfrak{B}_2 \times \mathfrak{A}_2$$

vorgegeben, so existiert (unter Beibehaltung aller Bezeichnungen) nach Satz 17 ein Paar komplementärer Zerlegungsendomorphismen η, η' von $\mathfrak{G}; \Omega$, für das die Vertauschbarkeitsbedingungen

$$(\eta, \alpha) = (\eta, \beta) = (\eta, \gamma) = (\eta, \delta) \quad \text{mit} \quad \delta = \gamma^2 = (\alpha\beta - \beta\alpha)^2$$

bestehen und die Faktoren der kanonischen Verfeinerung die Gestalt

$$\mathfrak{H} = \mathfrak{G}^\eta; \quad \mathfrak{A}_1 = \mathfrak{G}^{\eta\alpha}; \quad \mathfrak{A}_1^* = \mathfrak{G}^{\eta\alpha'}; \quad \mathfrak{B}_1 = \mathfrak{G}^{\eta\beta}; \quad \mathfrak{B}_1^* = \mathfrak{G}^{\eta\beta'};$$

$$\mathfrak{H}^* = \mathfrak{G}^{\eta'}; \quad \mathfrak{A}_2 = \mathfrak{G}^{\eta'\alpha}; \quad \mathfrak{A}_2^* = \mathfrak{G}^{\eta'\alpha'}; \quad \mathfrak{B}_2 = \mathfrak{G}^{\eta'\beta}; \quad \mathfrak{B}_2^* = \mathfrak{G}^{\eta'\beta'}$$

annehmen. Daher gilt

$$\mathfrak{A}_1^\delta = \mathfrak{G}^{\eta\alpha\delta} = \mathfrak{G}^{\delta\eta\alpha} \subseteq \mathfrak{G}^{\eta\alpha} = \mathfrak{A}_1,$$

also bei analoger Beweisführung

$$\mathfrak{H}^\delta \subseteq \mathfrak{H}; \quad \mathfrak{A}_1^\delta \subseteq \mathfrak{A}_1; \quad \mathfrak{A}_1^{*\delta} \subseteq \mathfrak{A}_1^*; \quad \mathfrak{B}_1^\delta \subseteq \mathfrak{B}_1; \quad \mathfrak{B}_1^{*\delta} \subseteq \mathfrak{B}_1^*;$$

$$\mathfrak{H}^{*\delta} \subseteq \mathfrak{H}^*; \quad \mathfrak{A}_2^\delta \subseteq \mathfrak{A}_2; \quad \mathfrak{A}_2^{*\delta} \subseteq \mathfrak{A}_2^*; \quad \mathfrak{B}_2^\delta \subseteq \mathfrak{B}_2; \quad \mathfrak{B}_2^{*\delta} \subseteq \mathfrak{B}_2^*.$$

Da δ uniform zerfällender Endomorphismus ist, folgt für $\iota = 1, 2$

$$\mathfrak{A}_\iota = (\mathfrak{C} \cap \mathfrak{A}_\iota) \times (\mathfrak{R}_\gamma \cap \mathfrak{A}_\iota); \quad \mathfrak{A}_\iota^* = (\mathfrak{C} \cap \mathfrak{A}_\iota^*) \times (\mathfrak{R}_\gamma \cap \mathfrak{A}_\iota^*), \quad (10.1)$$

$$\mathfrak{B}_\iota = (\mathfrak{C} \cap \mathfrak{B}_\iota) \times (\mathfrak{R}_\gamma \cap \mathfrak{B}_\iota); \quad \mathfrak{B}_\iota^* = (\mathfrak{C} \cap \mathfrak{B}_\iota^*) \times (\mathfrak{R}_\gamma \cap \mathfrak{B}_\iota^*), \quad (10.2)$$

$$\mathfrak{H} = (\mathfrak{C} \cap \mathfrak{H}) \times (\mathfrak{R}_\gamma \cap \mathfrak{H}); \quad \mathfrak{H}^* = (\mathfrak{C} \cap \mathfrak{H}^*) \times (\mathfrak{R}_\gamma \cap \mathfrak{H}^*). \quad (10.3)$$

Die direkten Zerlegungen

$$\mathfrak{G}; \Omega = \mathfrak{H} \times \mathfrak{H}^* = \mathfrak{C} \times \mathfrak{R}_\gamma$$

2.3.7. Die Zerfällbarkeitsbedingung

besitzen also die gemeinsame Verfeinerung

$$\mathfrak{G}; \Omega = (\mathfrak{C} \cap \mathfrak{H}) \times (\mathfrak{R}_\nu \cap \mathfrak{H}) \times (\mathfrak{C} \cap \mathfrak{H}^*) \times (\mathfrak{R}_\nu \cap \mathfrak{H}^*)$$

mit den Teilprodukten

$$\mathfrak{C} = (\mathfrak{C} \cap \mathfrak{H}) \times (\mathfrak{C} \cap \mathfrak{H}^*) = \mathfrak{C}^\eta \times \mathfrak{C}^{\eta'}; \quad \mathfrak{R}_\nu = (\mathfrak{R}_\nu \cap \mathfrak{H}) \times (\mathfrak{R}_\nu \cap \mathfrak{H}^*) = \mathfrak{R}_\nu^\eta \times \mathfrak{R}_\nu^{\eta'}.$$

Infolgedessen induzieren die Paare α, α' bzw. β, β' bzw. η, η' auch in $\mathfrak{C}, \mathfrak{R}_\nu$ Paare komplementärer Zerlegungsendomorphismen, so daß wir aus den Vertauschbarkeitsbedingungen $(\eta, \alpha) = (\eta, \beta) = 0$ die gemeinsamen Verfeinerungen

$$\mathfrak{C}^\alpha = \mathfrak{C}^{\eta\alpha} \times \mathfrak{C}^{\eta'\alpha}; \quad \mathfrak{C}^{\alpha'} = \mathfrak{C}^{\eta\alpha'} \times \mathfrak{C}^{\eta'\alpha'}; \quad \mathfrak{C}^\beta = \mathfrak{C}^{\eta\beta} \times \mathfrak{C}^{\eta'\beta}; \quad \mathfrak{C}^{\beta'} = \mathfrak{C}^{\eta\beta'} \times \mathfrak{C}^{\eta'\beta'}, \quad (11.1)$$

$$\mathfrak{R}_\nu^\alpha = \mathfrak{R}_\nu^{\eta\alpha} \times \mathfrak{R}_\nu^{\eta'\alpha}; \quad \mathfrak{R}_\nu^{\alpha'} = \mathfrak{R}_\nu^{\eta\alpha'} \times \mathfrak{R}_\nu^{\eta'\alpha'}; \quad \mathfrak{R}_\nu^\beta = \mathfrak{R}_\nu^{\eta\beta} \times \mathfrak{R}_\nu^{\eta'\beta}; \quad \mathfrak{R}_\nu^{\beta'} = \mathfrak{R}_\nu^{\eta\beta'} \times \mathfrak{R}_\nu^{\eta'\beta'} \quad (11.2)$$

gewinnen. Nach Satz 17 induzieren α, α' die Isomorphismen

$$(\mathfrak{G}^{\eta\beta})^\alpha = \mathfrak{G}^{\eta\alpha}; \quad (\mathfrak{G}^{\eta'\beta'})^\alpha = \mathfrak{G}^{\eta'\alpha}; \quad (\mathfrak{G}^{\eta\beta'})^{\alpha'} = \mathfrak{G}^{\eta\alpha'}; \quad (\mathfrak{G}^{\eta'\beta})^{\alpha'} = \mathfrak{G}^{\eta'\alpha'}$$

und folglich auch die Isomorphismen

$$(\mathfrak{C}^{\eta\beta})^\alpha = \mathfrak{C}^{\eta\alpha}; \quad (\mathfrak{C}^{\eta'\beta'})^\alpha = \mathfrak{C}^{\eta'\alpha}; \quad (\mathfrak{C}^{\eta\beta'})^{\alpha'} = \mathfrak{C}^{\eta\alpha'}; \quad (\mathfrak{C}^{\eta'\beta})^{\alpha'} = \mathfrak{C}^{\eta'\alpha'};$$

$$(\mathfrak{R}_\nu^{\eta\beta})^\alpha = \mathfrak{R}_\nu^{\eta\alpha}; \quad (\mathfrak{R}_\nu^{\eta'\beta'})^\alpha = \mathfrak{R}_\nu^{\eta'\alpha}; \quad (\mathfrak{R}_\nu^{\eta\beta'})^{\alpha'} = \mathfrak{R}_\nu^{\eta\alpha'}; \quad (\mathfrak{R}_\nu^{\eta'\beta})^{\alpha'} = \mathfrak{R}_\nu^{\eta'\alpha'}.$$

Denn es gilt ja

$$\mathfrak{G}^{\eta\alpha} = (\mathfrak{G}^{\eta\beta})^\alpha = \mathfrak{C}^{\eta\beta\alpha} \times \mathfrak{R}_\nu^{\eta\beta\alpha} \subseteq \mathfrak{C}^{\eta\alpha} \times \mathfrak{R}_\nu^{\eta\alpha} = \mathfrak{G}^{\eta\alpha}, \text{ also } \mathfrak{C}^{\eta\beta\alpha} = \mathfrak{C}^{\eta\alpha}; \quad \mathfrak{R}_\nu^{\eta\beta\alpha} = \mathfrak{R}_\nu^{\eta\alpha};$$

in gleicher Weise schließt man in den anderen Fällen.

Da die Bedingungen des Satzes 17 erfüllt sind, ergeben (11.1), (11.2) kanonische Verfeinerungen der direkten Zerlegungen

$$\mathfrak{C} = \mathfrak{C}^\alpha \times \mathfrak{C}^{\alpha'} = \mathfrak{C}^\beta \times \mathfrak{C}^{\beta'} \quad \text{bzw.} \quad \mathfrak{R}_\nu = \mathfrak{R}_\nu^\alpha \times \mathfrak{R}_\nu^{\alpha'} = \mathfrak{R}_\nu^\beta \times \mathfrak{R}_\nu^{\beta'}.$$

Nun gilt insbesondere

$$\mathfrak{C}^{\eta\alpha} = \mathfrak{C} \cap \mathfrak{G}^{\eta\alpha} = \mathfrak{C} \cap \mathfrak{A}_1; \quad \mathfrak{R}_\nu^{\eta\alpha} = \mathfrak{R}_\nu \cap \mathfrak{G}^{\eta\alpha} = \mathfrak{R}_\nu \cap \mathfrak{A}_1;$$

$$\mathfrak{C}^{\eta'\alpha} = \mathfrak{C} \cap \mathfrak{G}^{\eta'\alpha} = \mathfrak{C} \cap \mathfrak{A}_2; \quad \mathfrak{R}_\nu^{\eta'\alpha} = \mathfrak{R}_\nu \cap \mathfrak{G}^{\eta'\alpha} = \mathfrak{R}_\nu \cap \mathfrak{A}_2;$$

entsprechende Gleichungen bestehen in den anderen Fällen. Da die kanonische Verfeinerung (11.2) für $\mathfrak{R}_\nu$ eindeutig bestimmt ist, folgen unter den Abkürzungen

$$\mathfrak{C} \cap \mathfrak{A}_\iota = \hat{\mathfrak{A}}_\iota; \quad \mathfrak{C} \cap \mathfrak{A}_\iota^* = \hat{\mathfrak{A}}_\iota^*; \quad \mathfrak{C} \cap \mathfrak{B}_\iota = \hat{\mathfrak{B}}_\iota; \quad \mathfrak{C} \cap \mathfrak{B}_\iota^* = \hat{\mathfrak{B}}_\iota^* \quad \text{für } \iota = 1, 2$$

aus den Gln. (10) die Darstellungen

$$\mathfrak{A}_1 = \hat{\mathfrak{A}}_1 \times \mathfrak{R}_{\alpha\beta'}^\alpha; \quad \mathfrak{A}_1^* = \hat{\mathfrak{A}}_1^* \times \mathfrak{R}_{\alpha'\beta}^{\alpha'}; \quad \mathfrak{B}_1 = \hat{\mathfrak{B}}_1 \times \mathfrak{R}_{\beta\alpha'}^\beta; \quad \mathfrak{B}_1^* = \hat{\mathfrak{B}}_1^* \times \mathfrak{R}_{\beta'\alpha}^{\beta'};$$

$$\mathfrak{A}_2 = \hat{\mathfrak{A}}_2 \times \mathfrak{R}_{\alpha\beta}^\alpha; \quad \mathfrak{A}_2^* = \hat{\mathfrak{A}}_2^* \times \mathfrak{R}_{\alpha'\beta'}^{\alpha'}; \quad \mathfrak{B}_2 = \hat{\mathfrak{B}}_2 \times \mathfrak{R}_{\beta\alpha}^\beta; \quad \mathfrak{B}_2^* = \hat{\mathfrak{B}}_2^* \times \mathfrak{R}_{\beta'\alpha'}^{\beta'},$$

in Übereinstimmung mit den Gln. (7), (8) und (9).

Zu beantworten ist noch die Frage nach Kriterien für $\mathfrak{z}$-Gruppen; man kennt nur hinreichende Bedingungen. Sie ergeben sich aus den Untersuchungen des Abschnittes 1.4.3.

Satz 20. *Eine Gruppe $\mathfrak{G}; \Omega$ ist $\mathfrak{z}$-Gruppe, wenn jedes $G \in \mathfrak{G}; \Omega$ für jeden Kommutator $\gamma = (\alpha, \beta)$ aus Zerlegungsendomorphismen nur endlich viele verschiedene Bilder G^{γ^k} besitzt.*

Beweis. Nach Voraussetzung besteht eine Beziehung

$$G^{\gamma^k} = G^{\gamma^{k+l}} \quad \text{oder} \quad G^{\gamma^l} \equiv G \bmod \mathfrak{R}_\gamma \quad \text{mit } k, l > 0.$$

Daher ist γ nach Satz 1.4.22* uniform zerfällender Endomorphismus.

Satz 20*. *Eine Gruppe $\mathfrak{G}; \Omega$ ist $\mathfrak{z}$-Gruppe, wenn die Kommutatoren $\gamma = (\alpha, \beta)$ ihrer Zerlegungsendomorphismen den Bedingungen genügen:*
  1. *Die Bildgruppe $\mathfrak{U}^\gamma$ jeder Untergruppe $\mathfrak{U} \subseteq \mathfrak{G}; \Omega$ ist $\mathfrak{q}$-Gruppe.*
  2. *Die Bildgruppe $\mathfrak{G}^\gamma; \Omega$ genügt der Minimalbedingung.*

Beweis. Die Bildgruppen $\mathfrak{U}^{\gamma^k}$ einer für $\gamma = (\alpha, \beta)$ zulässigen Untergruppe $\mathfrak{U} \subseteq \mathfrak{G}; \Omega$ bilden eine absteigende Kette in $\mathfrak{G}^\gamma; \Omega$; daher gilt

$$\mathfrak{U}^{\gamma^{k+1}} = \mathfrak{U}^{\gamma^k} \quad \text{für einen Exponenten } k \geq 0. \tag{12.1}$$

Wenn $\mathfrak{U} = \mathfrak{U}^\gamma \subseteq \mathfrak{G}^\gamma; \Omega$, induziert γ in $\mathfrak{U}$ einen Automorphismus:

$$\mathfrak{U} \cap \mathfrak{R}_\gamma = E. \tag{12.2}$$

Nach Satz 1.4.22 ist γ uniform zerfällender Endomorphismus von $\mathfrak{G}; \Omega$.

Satz 20**. *Eine Gruppe $\mathfrak{G}; \Omega$ ist $\mathfrak{z}$-Gruppe, wenn die Kommutatoren $\gamma = (\alpha, \beta)$ ihrer Zerlegungsendomorphismen den Bedingungen genügen:*
  1. *Die Bildgruppe $\mathfrak{U}^\gamma$ jeder Untergruppe $\mathfrak{U} \subseteq \mathfrak{G}; \Omega$ ist $\mathfrak{u}$-Gruppe.*
  2. *Die Bildgruppe $\mathfrak{G}^\gamma; \Omega$ genügt der Maximalbedingung.*

Beweis. Die Kerne $\mathfrak{R}_{\gamma^k}$ nach $\gamma = (\alpha, \beta)$ liefern eine aufsteigende Kette $(\mathfrak{U}^\gamma \cap \mathfrak{R}_{\gamma^k})$ in $\mathfrak{G}^\gamma; \Omega$; daher gilt

$$\mathfrak{U}^\gamma \cap \mathfrak{R}_{\gamma^k} = \mathfrak{U}^\gamma \cap \mathfrak{R}_{\gamma^{k+1}} = \mathfrak{U}^\gamma \cap \mathfrak{R}_\gamma \quad \text{für einen Exponenten } k \geq 0. \tag{13.1}$$

Ist $\mathfrak{U}$ für γ zulässig, so existiert zu jedem $U \in \mathfrak{U}^{\gamma^{k+1}} \cap \mathfrak{R}_\gamma$ ein Element $U_0 \in \mathfrak{U}$, derart daß

$$U_0^{\gamma^{k+1}} = U; \quad E = U^\gamma = U_0^{\gamma^{k+2}};$$

folglich gilt

$$U_0^\gamma \in \mathfrak{U}^\gamma \cap \mathfrak{R}_{\gamma^{k+1}} = \mathfrak{U}^\gamma \cap \mathfrak{R}_{\gamma^k}, \quad \text{also} \quad \mathfrak{U}^{\gamma^{k+1}} \cap \mathfrak{R}_\gamma = E.$$

Der Kommutator γ induziert daher einen Automorphismus in $\mathfrak{U}^{\gamma^{k+1}}$:

$$\mathfrak{U}^{\gamma^{k+2}} = \mathfrak{U}^{\gamma^{k+1}}. \tag{13.2}$$

Nach Satz 1.4.22 ist γ uniform zerfällender Endomorphismus von $\mathfrak{G}; \Omega$.

Der Satz 1.4.23 ergibt ferner

Satz 21. *Eine Gruppe* $\mathfrak{G};\Omega$ *ist $\mathfrak{z}$-Gruppe, wenn sie eine der Bedingungen erfüllt:*

1. *Die Bildgruppe* $\mathfrak{G}^\gamma;\Omega$ *jedes Kommutators* $\gamma=(\alpha,\beta)$ *von Zerlegungsendomorphismen erfüllt die Minimalbedingung und lokal die Maximalbedingung.*

2. *Das Zerlegungszentrum* $\mathfrak{Z}^*(\mathfrak{G};\Omega)$ *erfüllt die Minimalbedingung und lokal die Maximalbedingung.*

3. *Das Ω-Zentrum* $\mathfrak{Z}(\mathfrak{G};\Omega)$ *erfüllt die Minimalbedingung und lokal die Maximalbedingung.*

4. *Das Ω-Zentrum* $\mathfrak{Z}(\mathfrak{G};\Omega)$ *erfüllt die Doppelkettenbedingung.*

Beweis. Die erste Bedingung entnimmt man dem Satze 1.4.23.

2.3.8. Verfeinerungssätze

Den Untersuchungen der verfeinerbaren Gruppen legen wir den folgenden Isomorphiebegriff zugrunde:

Definition 5. *Eine direkte Zerlegung*

$$\mathfrak{G};\Omega = \underset{\iota}{\times}\, \mathfrak{A}_\iota = \mathfrak{A}_\iota \times \mathfrak{A}_\iota^* \quad mit \quad \mathfrak{A}_\iota^* = \prod_{\varkappa \neq \iota} \mathfrak{A}_\varkappa \quad (\text{über } \iota, \varkappa \in \mathsf{I})$$

einer Gruppe $\mathfrak{G};\Omega$ *ist austauschisomorph zur direkten Zerlegung*

$$\mathfrak{G};\Omega = \underset{\iota}{\times}\, \mathfrak{B}_\iota \quad (\text{über } \iota \in \mathsf{I}),$$

wenn eine Permutation π der Indexmenge I *existiert, derart daß*

$$\mathfrak{G};\Omega = \mathfrak{A}_\iota \times \mathfrak{A}_\iota^* = \mathfrak{B}_{\iota\pi} \times \mathfrak{A}_\iota^* \quad \text{für jedes } \iota \in \mathsf{I}. \tag{1}$$

Zu beachten ist, daß dieser Isomorphiebegriff (außer der Reflexivität) im allgemeinen keine Kongruenzeigenschaft besitzt.

Setzen wir (bei geeigneter Indizierung) die Gleichungen

$$\mathfrak{G};\Omega = \mathfrak{A}_\iota \times \mathfrak{A}_\iota^* = \mathfrak{B}_\iota \times \mathfrak{A}_\iota^* \quad \text{für jedes } \iota \in \mathsf{I}$$

voraus, so führen die zugehörigen Orthogonalsysteme $\mathsf{A}=(\alpha_\iota)$; $\mathsf{B}=(\beta_\iota)$ auf Darstellungen

$$\mathfrak{A}_\iota = \mathfrak{G}^{\alpha_\iota}; \quad \mathfrak{B}_\iota = \mathfrak{G}^{\beta_\iota}; \quad \mathfrak{A}_\iota^* = \mathfrak{K}_{\alpha_\iota} = \mathfrak{K}_{\beta_\iota} \quad \text{für jedes } \iota \in \mathsf{I}.$$

Nach Satz 12 vermittelt $\gamma_\iota=(\alpha_\iota,\beta_\iota)$ die reziproken Isomorphismen

$$\mathfrak{A}_\iota^{1+\gamma_\iota} = \mathfrak{B}_\iota; \quad \mathfrak{B}_\iota^{1-\gamma_\iota} = \mathfrak{A}_\iota.$$

Da überdies die Gleichungen

$$\gamma_\iota = \alpha_\iota\beta_\iota - \beta_\iota\alpha_\iota = \beta_\iota\alpha_\iota' = -\alpha_\iota\beta_\iota' \quad \text{und} \quad \gamma_\iota^2 = 0,$$

$$\alpha_\iota\gamma_\iota = \gamma_\iota \quad \text{und} \quad \alpha_\iota\gamma_\varkappa = 0 \quad \text{für } \varkappa \neq \iota$$

bestehen, kann in $\mathfrak{G};\Omega$ der (zentrale) Endomorphismus

$$\gamma = \sum_{\iota} \gamma_{\iota}: \quad G \to G^{\gamma} = \prod_{\iota} G^{\alpha_{\iota} \gamma_{\iota}} = \prod_{\iota} G^{\gamma_{\iota}} \quad \text{für jedes } G \in \mathfrak{G};\Omega$$

erklärt werden; dabei gilt

$$\alpha_{\iota} \gamma = \alpha_{\iota} \gamma_{\iota} = \gamma_{\iota}; \quad \alpha_{\iota}(1+\gamma) = \alpha_{\iota} \beta_{\iota} \quad \text{für jedes } \iota \in I.$$

Folglich induziert $1+\gamma$ in jedem Faktor $\mathfrak{A}_{\iota}$ den Zentralisomorphismus $1+\gamma_{\iota}$ auf den zugeordneten Faktor $\mathfrak{B}_{\iota}$.

Nennen wir demgemäß zwei direkte Zerlegungen

$$\mathfrak{G};\Omega = \underset{\iota}{\times} \mathfrak{A}_{\iota} = \underset{\iota}{\times} \mathfrak{B}_{\iota} \quad \text{(über } \iota \in I\text{)}$$

zentralisomorph, wenn ein normaler Automorphismus $\varphi \in \mathsf{A}(\mathfrak{G};\Omega)$ für eine Permutation π der Indexmenge I in jedem Faktor $\mathfrak{A}_{\iota}$ einen Zentralisomorphismus auf den Faktor $\mathfrak{B}_{\iota\pi}$ induziert, so sind zwei direkte Zerlegungen von $\mathfrak{G};\Omega$, deren eine zur anderen austauschisomorph ist, zentralisomorph, auch dann, wenn keine *gegenseitige Austauschisomorphie* besteht. Der Begriff der Zentralisomorphie besitzt offenbar alle Eigenschaften einer Kongruenz.

Unter dieser Festsetzung gilt der *endliche Verfeinerungssatz*:

Satz 22 (R. BAER). *Zwei endliche direkte Zerlegungen*

$$\mathfrak{G};\Omega = \mathfrak{A}_1 \times \mathfrak{A}_2 \times \cdots \times \mathfrak{A}_m = \mathfrak{B}_1 \times \mathfrak{B}_2 \times \cdots \times \mathfrak{B}_n$$

einer verfeinerbaren Gruppe $\mathfrak{G};\Omega$ *besitzen zentralisomorphe Verfeinerungen*

$$\mathfrak{A}_{\mu} = \underset{\nu}{\times} \mathfrak{A}_{\mu\nu}; \quad \mathfrak{B}_{\nu} = \underset{\mu}{\times} \mathfrak{B}_{\nu\mu} \quad \text{(über } 1 \leq \mu \leq m;\ 1 \leq \nu \leq n\text{)}$$

mit den Austauscheigenschaften: Für jeden Index $\varkappa \in (1, 2, \ldots, m)$ *und jede Teilmenge* $\mathsf{E} \subseteq (1, 2, \ldots, n)$ *besitzt* $\mathfrak{G};\Omega$ *die direkte Zerlegung*

$$\mathfrak{G};\Omega = \underset{\mu \neq \varkappa}{\times} \mathfrak{A}_{\mu} \times \big(\underset{\nu \in \mathsf{E}}{\times} \mathfrak{A}_{\varkappa\nu} \big) \times \big(\underset{\nu \notin \mathsf{E}}{\times} \mathfrak{B}_{\nu\varkappa} \big). \tag{2}$$

Nach diesem Satz ist

$\mathfrak{G};\Omega = \underset{\mu,\nu}{\times} \mathfrak{A}_{\mu\nu}$ austauschisomorph zu $\mathfrak{G};\Omega = \underset{\mu,\nu}{\times} \mathfrak{B}_{\nu\mu}$.

Beweis. Bezeichnet $S(m, n)$ die Aussage des Satzes, so ist $S(2, 2)$ die (abgeschwächte) Existenzforderung für kanonische Verfeinerungen direkter Zerlegungen

$$\mathfrak{G};\Omega = \mathfrak{A} \times \mathfrak{A}^* = \mathfrak{B} \times \mathfrak{B}^*;$$

daher kann $S(2, n)$ als bewiesen vorausgesetzt werden. Zwei direkte Zerlegungen

$$\mathfrak{G};\Omega = \mathfrak{A} \times \mathfrak{A}^* = \mathfrak{C}_0 \times \mathfrak{C}_1 \times \cdots \times \mathfrak{C}_n$$

führen unter der Abkürzung

$$\mathfrak{G};\Omega = \mathfrak{A} \times \mathfrak{A}^* = \mathfrak{B} \times \mathfrak{B}^* \quad \text{mit} \quad \mathfrak{B} = \mathfrak{C}_1 \times \mathfrak{C}_2 \times \cdots \times \mathfrak{C}_n;\ \mathfrak{B}^* = \mathfrak{C}_0$$

2.3.8. Verfeinerungssätze

auf kanonische Verfeinerungen

$$\mathfrak{A} = \mathfrak{A}_1 \times \mathfrak{A}_2; \quad \mathfrak{A}^* = \mathfrak{A}_1^* \times \mathfrak{A}_2^*; \quad \mathfrak{B} = \mathfrak{B}_1 \times \mathfrak{B}_2; \quad \mathfrak{B}^* = \mathfrak{B}_1^* \times \mathfrak{B}_2^*$$

mit den Isomorphiegleichungen

$$\mathfrak{A}_1 \times \mathfrak{A}_1^* = \mathfrak{A}_1^* \times \mathfrak{B}_1 = \mathfrak{B}_1 \times \mathfrak{B}_1^* = \mathfrak{B}_1^* \times \mathfrak{A}_1; \quad \mathfrak{A}_2 \times \mathfrak{A}_2^* = \mathfrak{A}_2^* \times \mathfrak{B}_2^* = \mathfrak{B}_2^* \times \mathfrak{B}_2 = \mathfrak{B}_2 \times \mathfrak{A}_2.$$

Da die Aussage $S(2, n)$ für die direkten Zerlegungen

$$\mathfrak{B}; \Omega = \mathfrak{B}_1 \times \mathfrak{B}_2 = \mathfrak{C}_1 \times \mathfrak{C}_2 \times \cdots \times \mathfrak{C}_n$$

des Faktors $\mathfrak{B}$ gültig ist, existieren Verfeinerungen

$$\mathfrak{B}_1 = \underset{\nu}{\times} \mathfrak{B}_{1\nu}; \quad \mathfrak{B}_2 = \underset{\nu}{\times} \mathfrak{B}_{2\nu}; \quad \mathfrak{C}_\nu = \mathfrak{C}_{\nu 1} \times \mathfrak{C}_{\nu 2} \qquad \text{(für } 1 \leq \nu \leq n\text{)}$$

mit den Austauscheigenschaften: Für jede Teilmenge $\mathsf{E} \subseteq (1, 2, \ldots, n)$ gilt

$$\mathfrak{B}; \Omega = \mathfrak{B}_1 \times \left(\underset{\mu \in \mathsf{E}}{\times} \mathfrak{B}_{2\mu} \right) \times \left(\underset{\mu \notin \mathsf{E}}{\times} \mathfrak{C}_{\mu 2} \right) = \mathfrak{B}_2 \times \left(\underset{\mu \in \mathsf{E}}{\times} \mathfrak{B}_{1\mu} \right) \times \left(\underset{\mu \notin \mathsf{E}}{\times} \mathfrak{C}_{\mu 1} \right). \qquad (3)$$

Aus den Gleichungen

$$\mathfrak{A}_1 \times \mathfrak{A}_1^* = \mathfrak{A}_1^* \times \mathfrak{B}_1 \quad \text{und} \quad \mathfrak{B}_1 = \mathfrak{B}_{11} \times \mathfrak{B}_{12} \times \cdots \times \mathfrak{B}_{1n}$$

erhalten wir nach Satz 13* die Verfeinerung

$$\mathfrak{A}_1 = \mathfrak{A}_{11} \times \mathfrak{A}_{12} \times \cdots \times \mathfrak{A}_{1n} \quad \text{mit} \quad \mathfrak{A}_{1\nu} \times \mathfrak{A}_1^* = \mathfrak{A}_1^* \times \mathfrak{B}_{1\nu} \qquad \text{für } 1 \leq \nu \leq n,$$

aus den Gleichungen

$$\mathfrak{A}_2 \times \mathfrak{A}_2^* = \mathfrak{B}_2 \times \mathfrak{A}_2 \quad \text{und} \quad \mathfrak{B}_2 = \mathfrak{B}_{21} \times \mathfrak{B}_{22} \times \cdots \times \mathfrak{B}_{2n}$$

die Verfeinerung

$$\mathfrak{A}_2^* = \mathfrak{A}_{21}^* \times \mathfrak{A}_{22}^* \times \cdots \times \mathfrak{A}_{2n}^* \quad \text{mit} \quad \mathfrak{A}_{2\nu}^* \times \mathfrak{A}_2 = \mathfrak{A}_2 \times \mathfrak{B}_{2\nu} \qquad \text{für } 1 \leq \nu \leq n.$$

Setzen wir noch

$$\mathfrak{B}^* = \mathfrak{B}_1^* \times \mathfrak{B}_2^* = \mathfrak{C}_0; \quad \mathfrak{B}_1^* = \mathfrak{C}_{02}; \quad \mathfrak{B}_2^* = \mathfrak{C}_{01}; \quad \mathfrak{A}_2 = \mathfrak{A}_{10}; \quad \mathfrak{A}_1^* = \mathfrak{A}_{20}^*,$$

so entstehen die direkten Zerlegungen

$$\mathfrak{A} = \underset{\nu}{\times} \mathfrak{A}_{1\nu}; \quad \mathfrak{A}^* = \underset{\nu}{\times} \mathfrak{A}_{1\nu}^*; \quad \mathfrak{C}_\nu = \mathfrak{C}_{\nu 1} \times \mathfrak{C}_{\nu 2} \qquad \text{für } 0 \leq \nu \leq n$$

mit den Austauscheigenschaften: Für jede Teilmenge $\mathsf{E} \subseteq (0, 1, \ldots, n)$ gilt

$$\mathfrak{G}; \Omega = \mathfrak{A} \times \left(\underset{\mu \in \mathsf{E}}{\times} \mathfrak{A}_{2\mu}^* \right) \times \left(\underset{\mu \notin \mathsf{E}}{\times} \mathfrak{C}_{\mu 2} \right) = \mathfrak{A}^* \times \left(\underset{\mu \in \mathsf{E}}{\times} \mathfrak{A}_{1\mu} \right) \times \left(\underset{\mu \notin \mathsf{E}}{\times} \mathfrak{C}_{\mu 1} \right). \qquad (4)$$

Im Falle $0 \in \mathsf{E}$ kann $\mathsf{E} = (0, 1, 2, \ldots, \mu)$ mit $\mu \leq n$ angenommen werden; dann folgt

$$\begin{aligned}
\mathfrak{G}; \Omega &= \mathfrak{A} \times \mathfrak{A}^* = \mathfrak{A}_1 \times \mathfrak{A}_2 \times \mathfrak{A}_1^* \times \mathfrak{A}_{21}^* \times \cdots \times \mathfrak{A}_{2n}^* \\
&= \mathfrak{A}_1 \times \mathfrak{A}_1^* \times \mathfrak{A}_2 \times \mathfrak{B}_{21} \times \cdots \times \mathfrak{B}_{2n} = \mathfrak{A}_1^* \times \mathfrak{B}_1 \times \mathfrak{A}_2 \times \mathfrak{B}_{21} \times \cdots \times \mathfrak{B}_{2n} \\
&= \mathfrak{A}_1^* \times \mathfrak{B}_1 \times \mathfrak{A}_2 \times \mathfrak{B}_{21} \times \cdots \times \mathfrak{B}_{2\mu} \times \mathfrak{C}_{\mu+1, 2} \times \cdots \times \mathfrak{C}_{n 2} \\
&= \mathfrak{A}_1 \times \mathfrak{A}_1^* \times \mathfrak{A}_2 \times \mathfrak{A}_{21}^* \times \cdots \times \mathfrak{A}_{2\mu}^* \times \mathfrak{C}_{\mu+1, 2} \times \cdots \times \mathfrak{C}_{n 2} \\
&= \mathfrak{A} \times \mathfrak{A}_{20}^* \times \mathfrak{A}_{21}^* \times \cdots \times \mathfrak{A}_{2\mu}^* \times \mathfrak{C}_{\mu+1, 2} \times \cdots \times \mathfrak{C}_{n 2}.
\end{aligned}$$

Im Falle $0 \notin E$ kann $E = (1, 2, \ldots, \mu)$ mit $\mu \leq n$ angenommen werden; wi zuvor erhält man

$$\begin{aligned}\mathfrak{G};\Omega &= \mathfrak{A}_1 \times \mathfrak{A}_1^* \times \mathfrak{A}_2 \times \mathfrak{A}_{21}^* \times \cdots \times \mathfrak{A}_{2\mu}^* \times \mathfrak{C}_{\mu+1,2} \times \cdots \times \mathfrak{C}_{n2} \\ &= \mathfrak{A}_1 \times \mathfrak{B}_1^* \times \mathfrak{A}_2 \times \mathfrak{A}_{21}^* \times \cdots \times \mathfrak{A}_{2\mu}^* \times \mathfrak{C}_{\mu+1,2} \times \cdots \times \mathfrak{C}_{n2} \\ &= \mathfrak{A} \times \mathfrak{A}_{21}^* \times \cdots \times \mathfrak{A}_{2\mu}^* \times \mathfrak{C}_{02} \times \mathfrak{C}_{\mu+1,2} \times \cdots \times \mathfrak{C}_{n2}.\end{aligned}$$

Ebenso erhält man die zweite Austauscheigenschaft.

Setzt man nunmehr $S(m-1, n)$ als bewiesen voraus, bildet ma aus den direkten Zerlegungen

$$\mathfrak{G};\Omega = \mathfrak{A}_1 \times \mathfrak{A}_2 \times \cdots \times \mathfrak{A}_m = \mathfrak{B}_1 \times \mathfrak{B}_2 \times \cdots \times \mathfrak{B}_n$$

die direkten Zerlegungen

$$\mathfrak{G};\Omega = \mathfrak{C}_1 \times \mathfrak{C}_2 = \mathfrak{B}_1 \times \mathfrak{B}_2 \times \cdots \times \mathfrak{B}_n \quad \text{mit} \quad \mathfrak{C}_1 = \mathfrak{A}_1 \times \mathfrak{A}_2 \times \cdots \times \mathfrak{A}_{m-1};\ \mathfrak{C}_2 = \mathfrak{A}_m$$

so existieren nach $S(2, n)$ Verfeinerungen

$$\mathfrak{C}_1 = \underset{\nu}{\times} \mathfrak{C}_{1\nu};\quad \mathfrak{C}_2 = \underset{\nu}{\times} \mathfrak{C}_{2\nu};\quad \mathfrak{B}_\nu = \mathfrak{B}_{\nu 1} \times \mathfrak{B}_{\nu 2} \quad \text{für } 1 \leq \nu \leq n$$

mit der Austauscheigenschaft: Für jede Teilmenge $E \subseteq (1, 2, \ldots, n)$ gil

$$\mathfrak{G};\Omega = \mathfrak{C}_1 \times \left(\underset{\mu \in E}{\times} \mathfrak{C}_{2\mu}\right) \times \left(\underset{\mu \notin E}{\times} \mathfrak{B}_{\mu 2}\right) = \mathfrak{C}_2 \times \left(\underset{\mu \in E}{\times} \mathfrak{C}_{1\mu}\right) \times \left(\underset{\mu \notin E}{\times} \mathfrak{B}_{\mu 2}\right). \qquad (5$$

Aus den Zerlegungen

$$\mathfrak{G};\Omega = \mathfrak{C}_1 \times \mathfrak{C}_2 = \mathfrak{C}_2 \times \mathfrak{B}_{11} \times \mathfrak{B}_{21} \times \cdots \times \mathfrak{B}_{n1}$$

entnehmen wir nach Satz 13* eine Verfeinerung

$$\mathfrak{C}_1 = \mathfrak{D}_1 \times \mathfrak{D}_2 \times \cdots \times \mathfrak{D}_n \quad \text{mit} \quad \mathfrak{C}_2 \times \mathfrak{B}_{\nu 1} = \mathfrak{C}_2 \times \mathfrak{D}_\nu \quad \text{für } 1 \leq \nu \leq n.$$

Nach $S(m-1, n)$ besitzen die direkten Zerlegungen

$$\mathfrak{C}_1;\Omega = \mathfrak{A}_1 \times \mathfrak{A}_2 \times \cdots \times \mathfrak{A}_{m-1} = \mathfrak{D}_1 \times \mathfrak{D}_2 \times \cdots \times \mathfrak{D}_n$$

des Faktors $\mathfrak{C}_1$ von $\mathfrak{G};\Omega$ Verfeinerungen

$$\mathfrak{A}_\mu = \underset{\nu}{\times} \mathfrak{A}_{\mu\nu};\quad \mathfrak{D}_\nu = \underset{\mu}{\times} \mathfrak{D}_{\nu\mu} \quad (\text{über } 1 \leq \mu \leq m-1;\ 1 \leq \nu \leq n)$$

mit der Austauscheigenschaft: Für jedes $\varkappa \in (1, 2, \ldots, m-1)$ und jed Teilmenge $E \subseteq (1, 2, \ldots, n)$ gilt

$$\mathfrak{C}_1;\Omega = \left(\underset{\mu \neq \varkappa}{\times} \mathfrak{A}_\mu\right) \times \left(\underset{\nu \in E}{\times} \mathfrak{A}_{\varkappa\nu}\right) \times \left(\underset{\nu \notin E}{\times} \mathfrak{D}_{\nu\varkappa}\right).$$

Aus den Gleichungen

$$\mathfrak{C}_2 \times \mathfrak{B}_{\nu 1} = \mathfrak{C}_2 \times \mathfrak{D}_\nu = \mathfrak{C}_2 \times \mathfrak{D}_{\nu 1} \times \mathfrak{D}_{\nu 2} \times \cdots \times \mathfrak{D}_{\nu, m-1} \quad \text{für } 1 \leq \nu \leq n$$

ergeben sich nach Satz 13* weitere Verfeinerungen

$$\mathfrak{B}_{\nu 1} = \mathfrak{B}_{\nu 11} \times \mathfrak{B}_{\nu 12} \times \cdots \times \mathfrak{B}_{\nu 1, m-1} \quad \text{mit} \quad \mathfrak{C}_2 \times \mathfrak{D}_{\nu\mu} = \mathfrak{C}_2 \times \mathfrak{B}_{\nu 1\mu}$$
$$\text{für } 1 \leq \nu \leq n;\ 1 \leq \mu \leq m-1.$$

2.3.8. Verfeinerungssätze

Setzt man noch
$$\mathfrak{B}_{\nu 2} = \mathfrak{B}_{\nu 1 m}; \quad \mathfrak{C}_{2\nu} = \mathfrak{A}_{m\nu} \quad \text{für } 1 \leq \nu \leq n,$$
so genügen die Verfeinerungen
$$\mathfrak{A}_\mu = \underset{\nu}{\times} \mathfrak{A}_{\mu\nu}; \quad \mathfrak{B}_\nu = \underset{\mu}{\times} \mathfrak{B}_{\nu 1\mu} \quad (\text{über } 1 \leq \mu \leq m; \ 1 \leq \nu \leq n)$$
den der Aussage $S(m, n)$ entsprechenden Austauschbedingungen: Ist $\varkappa \neq m$, so kann $\varkappa = 1$ und $\mathsf{E} = (1, 2, \ldots, \lambda)$ mit $\lambda \leq n$ angenommen werden. Dann folgt

$$\mathfrak{G}; \Omega = \mathfrak{A}_1 \times \mathfrak{A}_2 \times \cdots \times \mathfrak{A}_m = \mathfrak{A}_1 \times \mathfrak{A}_2 \times \cdots \times \mathfrak{A}_{m-1} \times \mathfrak{C}_2$$
$$= \mathfrak{A}_{11} \times \mathfrak{A}_{12} \times \cdots \times \mathfrak{A}_{1n} \times \mathfrak{A}_2 \times \cdots \times \mathfrak{A}_{m-1} \times \mathfrak{C}_2$$
$$= \mathfrak{A}_{11} \times \mathfrak{A}_{12} \times \cdots \times \mathfrak{A}_{1\lambda} \times \mathfrak{D}_{\lambda+1,1} \times \cdots \times \mathfrak{D}_{n1} \times \mathfrak{A}_2 \times \cdots \times \mathfrak{A}_{m-1} \times \mathfrak{C}_2$$
$$= \mathfrak{A}_{11} \times \mathfrak{A}_{12} \times \cdots \times \mathfrak{A}_{1\lambda} \times \mathfrak{B}_{\lambda+1,11} \times \cdots \times \mathfrak{B}_{n11} \times \mathfrak{A}_2 \times \cdots \times \mathfrak{A}_{m-1} \times \mathfrak{C}_2.$$

Im Falle $\varkappa = m$ und $\mathsf{E} = (1, 2, \ldots, \lambda)$ mit $\lambda \leq n$ folgt

$$\mathfrak{G}; \Omega = \mathfrak{A}_1 \times \mathfrak{A}_2 \times \cdots \times \mathfrak{A}_m = \mathfrak{C}_1 \times \mathfrak{C}_2 = \mathfrak{C}_1 \times \mathfrak{C}_{21} \times \cdots \times \mathfrak{C}_{2n}$$
$$= \mathfrak{C}_1 \times \mathfrak{C}_{21} \times \cdots \times \mathfrak{C}_{2\lambda} \times \mathfrak{B}_{\lambda+1,2} \times \cdots \times \mathfrak{B}_{n2}$$
$$= \mathfrak{A}_1 \times \mathfrak{A}_2 \times \cdots \times \mathfrak{A}_{m-1} \times \mathfrak{A}_{m1} \times \cdots \times \mathfrak{A}_{m\lambda} \times \mathfrak{B}_{\lambda+1,1m} \times \cdots \times \mathfrak{B}_{n1m}.$$

Damit ist Satz 22 vollständig bewiesen.

Allgemeinere Aussagen können nur unter stärkeren Strukturforderungen erhalten werden:

Satz 23 (R. BAER). *Die Gruppe $\mathfrak{G}; \Omega$ sei verfeinerbar; ihr Zerlegungszentrum $\mathfrak{Z}^*(\mathfrak{G}; \Omega)$ genüge der Minimal- oder Maximalbedingung. Dann besitzen direkte Zerlegungen*

$$\mathfrak{G}; \Omega = \underset{\iota}{\times} \mathfrak{A}_\iota = \underset{\varkappa}{\times} \mathfrak{B}_\varkappa \quad (\text{über } \iota \in \mathsf{I}; \ \varkappa \in \mathsf{K})$$

der Gruppe $\mathfrak{G}; \Omega$ zentralisomorphe Verfeinerungen

$$\mathfrak{A}_\iota = \underset{\varkappa}{\times} \mathfrak{A}_{\iota\varkappa}; \quad \mathfrak{B}_\varkappa = \underset{\iota}{\times} \mathfrak{B}_{\varkappa\iota} \quad (\text{über } \iota \in \mathsf{I}; \ \varkappa \in \mathsf{K})$$

mit den Austauscheigenschaften

$$\mathfrak{G}; \Omega = \mathfrak{A}_{\lambda\mu} \times \left(\underset{\iota, \varkappa \neq \lambda, \mu}{\times} \mathfrak{A}_{\iota\varkappa} \right) = \mathfrak{B}_{\lambda\mu} \times \left(\underset{\iota, \varkappa \neq \lambda, \mu}{\times} \mathfrak{A}_{\iota\varkappa} \right) \quad \text{für } \lambda, \mu \in \mathsf{I}, \mathsf{K}.$$

Beweis. Jede endliche Teilmenge $\mathsf{E} \subset \mathsf{I}$ bestimmt für die Zerlegung

$$\mathfrak{G}; \Omega = \underset{\iota}{\times} \mathfrak{A}_\iota \quad (\text{über } \iota \in \mathsf{I})$$

die Vergröberung

$$\mathfrak{G}; \Omega = \mathfrak{A}_\mathsf{E} \times \mathfrak{A}_\mathsf{E}^* \quad \text{mit} \quad \mathfrak{A}_\mathsf{E} = \underset{\iota \in \mathsf{E}}{\times} \mathfrak{A}_\iota; \quad \mathfrak{A}_\mathsf{E}^* = \underset{\iota \notin \mathsf{E}}{\times} \mathfrak{A}_\iota;$$

es existiert eine endliche Teilmenge $E \subset I$ mit der Eigenschaft
$$\mathfrak{A}_E^* \cap \mathfrak{Z}^*(\mathfrak{G};\Omega) = E.$$

Genügt $\mathfrak{Z}^*(\mathfrak{G};\Omega)$ der Maximalbedingung, so enthält die Menge der Durchschnitte $\mathfrak{A}_E \cap \mathfrak{Z}^*(\mathfrak{G};\Omega)$ eine maximale Gruppe $\mathfrak{A}_F \cap \mathfrak{Z}^*(\mathfrak{G};\Omega)$. Enthielte $\mathfrak{A}_F^* \cap \mathfrak{Z}^*(\mathfrak{G};\Omega)$ ein von E verschiedenes Element
$$Z = A_{\iota_1} A_{\iota_2} \ldots A_{\iota_n} \quad \text{mit} \quad A_{\iota_\nu} \in \mathfrak{A}_{\iota_\nu} \quad \text{für } 1 \leq \nu \leq n,$$
so wäre für $E_0 = (\iota_1, \iota_2, \ldots, \iota_n)$ und $F_0 = F \cup E_0$
$$\mathfrak{A}_F \cap \mathfrak{Z}^*(\mathfrak{G};\Omega) \subset \bigl(\mathfrak{A}_F \cap \mathfrak{Z}^*(\mathfrak{G};\Omega)\bigr)\bigl(\mathfrak{A}_{E_0} \cap \mathfrak{Z}^*(\mathfrak{G};\Omega)\bigr) \subseteq \mathfrak{A}_{F_0} \cap \mathfrak{Z}^*(\mathfrak{G};\Omega),$$
entgegen der Maximaleigenschaft des Durchschnitts $\mathfrak{A}_F \cap \mathfrak{Z}^*(\mathfrak{G};\Omega)$.

Genügt $\mathfrak{Z}^*(\mathfrak{G};\Omega)$ der Minimalbedingung, so enthält die Menge der Durchschnitte $\mathfrak{A}_E^* \cap \mathfrak{Z}^*(\mathfrak{G};\Omega)$ eine minimale Gruppe $\mathfrak{A}_F^* \cap \mathfrak{Z}^*(\mathfrak{G};\Omega)$. Wäre diese von E verschieden, so würde auch für eine zu F fremde endliche Teilmenge $E_0 \subset I$ und $F_0 = F \cup E_0$ folgen
$$\mathfrak{A}_{E_0} \cap \mathfrak{Z}^*(\mathfrak{G};\Omega) \neq E \quad \text{und} \quad \mathfrak{Z}^*(\mathfrak{G};\Omega) \cap \mathfrak{A}_{F_0}^* \subset \mathfrak{Z}^*(\mathfrak{G};\Omega) \cap \mathfrak{A}_F^*,$$
entgegen der Minimaleigenschaft des Durchschnitts $\mathfrak{A}_F^* \cap \mathfrak{Z}^*(\mathfrak{G};\Omega)$.

Unter den Voraussetzungen können wir also direkte Zerlegungen
$$\mathfrak{G};\Omega = \mathfrak{A}_1 \times \mathfrak{A}_2 \times \cdots \times \mathfrak{A}_m \times (\underset{\iota}{\times} \mathfrak{A}_\iota) = \mathfrak{B}_1 \times \mathfrak{B}_2 \times \cdots \times \mathfrak{B}_n \times (\underset{\varkappa}{\times} \mathfrak{B}_\varkappa)$$
(über $\iota \in I$; $\varkappa \in K$)

der Gruppe $\mathfrak{G};\Omega$ unter den Nebenbedingungen
$$\mathfrak{A}_0 = \underset{\iota}{\times} \mathfrak{A}_\iota; \quad \mathfrak{B}_0 = \underset{\varkappa}{\times} \mathfrak{B}_\varkappa; \quad \mathfrak{A}_0 \cap \mathfrak{Z}^*(\mathfrak{G};\Omega) = \mathfrak{B}_0 \cap \mathfrak{Z}^*(\mathfrak{G};\Omega) = E$$
voraussetzen. Überdies folgt hieraus
$$\mathfrak{Z}^*(\mathfrak{A}_0;\Omega) \subseteq \mathfrak{Z}^*(\mathfrak{G};\Omega) \cap \mathfrak{A}_0 = E; \quad \mathfrak{Z}^*(\mathfrak{B}_0;\Omega) \subseteq \mathfrak{Z}^*(\mathfrak{G};\Omega) \cap \mathfrak{B}_0 = E.$$

Die endlichen direkten Zerlegungen
$$\mathfrak{G};\Omega = \mathfrak{A}_0 \times \mathfrak{A}_1 \times \cdots \times \mathfrak{A}_m = \mathfrak{B}_0 \times \mathfrak{B}_1 \times \cdots \times \mathfrak{B}_n$$
besitzen Verfeinerungen
$$\mathfrak{A}_\mu = \underset{\nu}{\times} \mathfrak{A}_{\mu\nu}; \quad \mathfrak{B}_\nu = \underset{\mu}{\times} \mathfrak{B}_{\nu\mu} \quad \text{(über } 0 \leq \mu \leq m; \ 0 \leq \nu \leq n),$$
die unter den Abkürzungen
$$\mathfrak{G};\Omega = \mathfrak{A}_{\mu\nu} \times \mathfrak{A}_{\mu\nu}^* = \underset{\mu,\nu}{\times} \mathfrak{A}_{\mu\nu} \quad \text{für } 0 \leq \mu \leq m; \ 0 \leq \nu \leq n$$
der Austauschbedingung genügen:
$$\mathfrak{G};\Omega = \mathfrak{A}_{\mu\nu} \times \mathfrak{A}_{\mu\nu}^* = \mathfrak{A}_{\mu\nu}^* \times \mathfrak{B}_{\nu\mu} \quad \text{für jedes Paar } \mu, \nu.$$

Die Paare direkter Zerlegungen
$$\mathfrak{A}_0 = \underset{\iota}{\times} \mathfrak{A}_\iota = \mathfrak{A}_{00} \times \mathfrak{A}_{01} \times \cdots \times \mathfrak{A}_{0n}; \quad \mathfrak{B}_0 = \underset{\varkappa}{\times} \mathfrak{B}_\varkappa = \mathfrak{B}_{00} \times \mathfrak{B}_{01} \times \cdots \times \mathfrak{B}_{0m}$$
besitzen wegen $\mathfrak{Z}^*(\mathfrak{A}_0; \Omega) = \mathfrak{Z}^*(\mathfrak{B}_0; \Omega) = E$ gemeinsame Verfeinerungen, denen wir entnehmen

$$\mathfrak{A}_{0\nu} = \underset{\iota}{\times} \mathfrak{A}_{0\nu\iota} \quad \text{mit} \quad \mathfrak{A}_{0\nu\iota} = \mathfrak{A}_{0\nu} \cap \mathfrak{A}_\iota \quad \text{für } 1 \leq \nu \leq n,$$
$$\mathfrak{B}_{0\mu} = \underset{\varkappa}{\times} \mathfrak{B}_{0\mu\varkappa} \quad \text{mit} \quad \mathfrak{B}_{0\mu\varkappa} = \mathfrak{B}_{0\mu} \cap \mathfrak{B}_\varkappa \quad \text{für } 1 \leq \mu \leq m.$$

Auf Grund der Austauschisomorphie
$$\mathfrak{A}_{0\nu} \times \mathfrak{A}_{0\nu}^* = \mathfrak{A}_{0\nu}^* \times \mathfrak{B}_{\nu 0} = \mathfrak{A}_{\mu 0} \times \mathfrak{A}_{\mu 0}^* = \mathfrak{A}_{\mu 0}^* \times \mathfrak{B}_{0\mu} \quad \text{für } 1 \leq \mu \leq m; \; 1 \leq \nu \leq n$$

führt der Satz 13* zu den direkten Zerlegungen
$$\mathfrak{B}_{\nu 0} = \underset{\iota}{\times}(\mathfrak{B}_{\nu 0} \cap \mathfrak{A}_{0\nu}^* \mathfrak{A}_{0\nu\iota}) = \underset{\iota}{\times} \mathfrak{B}_{\nu 0 \iota}; \quad \mathfrak{A}_{\mu 0} = \underset{\varkappa}{\times}(\mathfrak{A}_{\mu 0} \cap \mathfrak{A}_{\mu 0}^* \mathfrak{B}_{0\mu\varkappa}) = \underset{\varkappa}{\times} \mathfrak{A}_{\mu 0 \varkappa}$$

mit den Austauschisomorphien
$$\mathfrak{A}_{0\nu}^* \times \mathfrak{A}_{0\nu\iota} = \mathfrak{A}_{0\nu}^* \times \mathfrak{B}_{\nu 0 \iota}; \quad \mathfrak{A}_{\mu 0}^* \times \mathfrak{B}_{0\mu\varkappa} = \mathfrak{A}_{\mu 0}^* \times \mathfrak{A}_{\mu 0 \varkappa}.$$

Damit erhalten wir die Verfeinerungen
$$\mathfrak{G}; \Omega = \underset{\iota}{\times} \mathfrak{A}_\iota = \mathfrak{A}_{00} \times (\underset{\iota,\nu}{\times} \mathfrak{A}_{0\nu\iota}) \times (\underset{\mu,\varkappa}{\times} \mathfrak{A}_{\mu 0 \varkappa}) \times (\underset{\mu,\nu}{\times} \mathfrak{A}_{\mu\nu})$$
$$= \underset{\varkappa}{\times} \mathfrak{B}_\varkappa = \mathfrak{B}_{00} \times (\underset{\iota,\nu}{\times} \mathfrak{B}_{\nu 0 \iota}) \times (\underset{\mu,\varkappa}{\times} \mathfrak{B}_{0\mu\varkappa}) \times (\underset{\mu,\nu}{\times} \mathfrak{B}_{\nu\mu})$$

mit austauschisomorphen Faktoren
$$\mathfrak{A}_{00} \cong \mathfrak{B}_{00}; \quad \mathfrak{A}_{0\nu\iota} \cong \mathfrak{B}_{\nu 0 \iota}; \quad \mathfrak{A}_{\mu 0 \varkappa} \cong \mathfrak{B}_{0\mu\varkappa}; \quad \mathfrak{A}_{\mu\nu} \cong \mathfrak{B}_{\nu\mu}.$$

Die Voraussetzung des Satzes 23 ist nur zur Folgerung benötigt worden, daß nur endlich viele Faktoren einer direkten Zerlegung der Gruppe $\mathfrak{G}; \Omega$ von E verschiedene Zerlegungszentren besitzen. Daher gilt auch

Satz 22*. *Das Ω-Zentrum $\mathfrak{Z}(\mathfrak{G}; \Omega)$ einer Gruppe $\mathfrak{G}; \Omega$ sei verfeinerbar und besitze nur endliche direkte Zerlegungen. Dann besitzen zwei direkte Zerlegungen der Gruppe $\mathfrak{G}; \Omega$ zentralisomorphe Verfeinerungen.*

2.3.9. Zerlegung in direkt unzerlegbare Faktoren

Eine eigentliche (von E verschiedene) Gruppe $\mathfrak{G}; \Omega$ ist *direkt unzerlegbar*, wenn sie keinen eigentlichen direkten Faktor besitzt; eine unzerlegbare Gruppe $\mathfrak{G}; \Omega$ besitzt das Zerlegungszentrum $\mathfrak{Z}^*(\mathfrak{G}; \Omega) = E$. Für die Untersuchung der Gruppen mit direkten Zerlegungen in unzerlegbare Faktoren beginnen wir mit einigen Vorbereitungen:

Lemma 7. *Besitzt eine verfeinerbare Gruppe $\mathfrak{G}; \Omega$ direkte Zerlegungen*
$$\mathfrak{G}; \Omega = \mathfrak{A} \times \mathfrak{A}^* = \mathfrak{B} \times \mathfrak{B}^*$$

mit unzerlegbaren Faktoren $\mathfrak{A}, \mathfrak{B}$, *so besteht die Alternative*

$$\mathfrak{G}; \Omega = \mathfrak{A} \times \mathfrak{B} \times (\mathfrak{A}^* \cap \mathfrak{B}^*) \quad \text{oder} \quad \mathfrak{G}; \Omega = \mathfrak{A} \times \mathfrak{A}^* = \mathfrak{A}^* \times \mathfrak{B} = \mathfrak{B} \times \mathfrak{B}^* = \mathfrak{B}^* \times \mathfrak{A}.$$

Beweis. Für eine kanonische Verfeinerung

$$\mathfrak{A} = \mathfrak{A}_1 \times \mathfrak{A}_2; \quad \mathfrak{A}^* = \mathfrak{A}_1^* \times \mathfrak{A}_2^*; \quad \mathfrak{B} = \mathfrak{B}_1 \times \mathfrak{B}_2; \quad \mathfrak{B}^* = \mathfrak{B}_1^* \times \mathfrak{B}_2^*$$

mit den Isomorphiegleichungen

$$\mathfrak{A}_1 \times \mathfrak{A}_1^* = \mathfrak{A}_1^* \times \mathfrak{B}_1 = \mathfrak{B}_1 \times \mathfrak{B}_1^* = \mathfrak{B}_1^* \times \mathfrak{A}_1; \quad \mathfrak{A}_2 \times \mathfrak{A}_2^* = \mathfrak{A}_2^* \times \mathfrak{B}_2^* = \mathfrak{B}_2^* \times \mathfrak{B}_2 = \mathfrak{B}_2 \times \mathfrak{A}_2$$

besteht auf Grund der Voraussetzung die Alternative

$$\mathfrak{A}_1 = \mathfrak{B}_1 = E; \quad \mathfrak{A}_2 = \mathfrak{A}; \quad \mathfrak{B}_2 = \mathfrak{B} \quad \text{oder} \quad \mathfrak{A}_1 = \mathfrak{A}; \quad \mathfrak{B}_1 = \mathfrak{B}; \quad \mathfrak{A}_2 = \mathfrak{B}_2 = E.$$

Im ersten Falle folgt $\mathfrak{B}_1^* = \mathfrak{A}_1^* = \mathfrak{A}^* \cap \mathfrak{B}^* \cdot \mathfrak{B}_1 = \mathfrak{A}^* \cap \mathfrak{B}^*$, im zweiten Falle $\mathfrak{A}_2^* = \mathfrak{A}_2^* \times \mathfrak{B}_2^* = \mathfrak{B}_2^* = E$.

Lemma 8. *Von direkt unzerlegbaren Faktoren* $\mathfrak{A}, \mathfrak{B}, \mathfrak{C}$ *einer verfeinerbaren Gruppe* $\mathfrak{G}; \Omega$ *seien* $\mathfrak{A}$ *mit* $\mathfrak{B}$ *und* $\mathfrak{B}$ *mit* $\mathfrak{C}$ *austauschisomorph. Dann ist* $\mathfrak{A}$ *mit* $\mathfrak{C}$ *austauschisomorph.*

Die unzerlegbaren direkten Faktoren einer verfeinerbaren Gruppe $\mathfrak{G}; \Omega$ verteilen sich also auf *Klassen austauschisomorpher Faktoren*; unzerlegbare Faktoren verschiedener Klassen sind *relativ prim*.

Beweis. Nach Voraussetzung bestehen direkte Zerlegungen

$$\mathfrak{G}; \Omega = \mathfrak{A} \times \mathfrak{A}^* = \mathfrak{B} \times \mathfrak{B}^* = \mathfrak{A}^* \times \mathfrak{B} = \mathfrak{B}^* \times \mathfrak{C}.$$

Nach Lemma 7 gilt für das erste Zerlegungspaar

$$\mathfrak{G}; \Omega = \mathfrak{A} \times \mathfrak{A}^* = \mathfrak{A}^* \times \mathfrak{B} = \mathfrak{B} \times \mathfrak{B}^* = \mathfrak{B}^* \times \mathfrak{A}, \quad \text{also} \quad \mathfrak{A} \times \mathfrak{B}^* = \mathfrak{C} \times \mathfrak{B}^*,$$

oder für das zweite Zerlegungspaar

$$\mathfrak{G}; \Omega = \mathfrak{B} \times \mathfrak{A}^* = \mathfrak{A}^* \times \mathfrak{C} = \mathfrak{C} \times \mathfrak{B}^* = \mathfrak{B}^* \times \mathfrak{B}, \quad \text{also} \quad \mathfrak{A}^* \times \mathfrak{C} = \mathfrak{A}^* \times \mathfrak{A},$$

oder aber gleichzeitig

$$\mathfrak{G}; \Omega = \mathfrak{A} \times \mathfrak{B} \times (\mathfrak{A}^* \cap \mathfrak{B}^*) = \mathfrak{B} \times \mathfrak{C} \times (\mathfrak{A}^* \cap \mathfrak{B}^*).$$

In jedem Falle sind $\mathfrak{A}$ und $\mathfrak{C}$ austauschisomorph.

Lemma 9. *Zwei direkte Zerlegungen*

$$\mathfrak{G}; \Omega = \left(\underset{\nu=1}{\overset{n}{\times}} \mathfrak{A}_\nu \right) \times \mathfrak{A}^* = \underset{\iota}{\times} \mathfrak{B}_\iota \quad \text{(über } \iota \in \mathsf{I}\text{)}$$

einer verfeinerbaren Gruppe $\mathfrak{G}; \Omega$ *mit unzerlegbaren Faktoren* $\mathfrak{A}_\nu, \mathfrak{B}_\iota$ *genügen mit einer Teilmenge* $\mathsf{E} = (\iota_1, \iota_2, \ldots, \iota_n) \subseteq \mathsf{I}$ *den Bedingungen*

$$\mathfrak{G}; \Omega = \mathfrak{A}_1 \times \mathfrak{A}_2 \times \cdots \times \mathfrak{A}_\nu \times \left(\underset{\iota \neq \iota_1, \iota_2, \ldots, \iota_\nu}{\times} \mathfrak{B}_\iota \right) \quad \textit{für } 0 \leq \nu \leq n.$$

2.3.9. Zerlegung in direkt unzerlegbare Faktoren

Man gewinnt den Beweis durch vollständige Induktion aus

Lemma 9*. *Zwei direkte Zerlegungen*

$$\mathfrak{G};\Omega = \mathfrak{C} \times \mathfrak{A} \times \mathfrak{A}^* = \mathfrak{C} \times (\underset{\iota}{\times} \mathfrak{B}_\iota) \qquad (\text{über } \iota \in \mathsf{I})$$

einer verfeinerbaren Gruppe $\mathfrak{G};\Omega$ *mit unzerlegbaren Faktoren* $\mathfrak{A}, \mathfrak{B}_\iota$ *erfüllen für einen Index* $\varkappa \in \mathsf{I}$ *die Austauschbeziehung*

$$\mathfrak{G};\Omega = \mathfrak{C} \times \mathfrak{A} \times (\underset{\iota \neq \varkappa}{\times} \mathfrak{B}_\iota) \qquad (\text{über } \iota \in \mathsf{I}).$$

Beweis. Nach Satz 13* erhalten wir die Darstellung

$$\mathfrak{A} \times \mathfrak{A}^* = \underset{\iota}{\times} \mathfrak{D}_\iota; \quad \mathfrak{C} \times \mathfrak{B}_\iota = \mathfrak{C} \times \mathfrak{D}_\iota \quad \text{mit} \quad \mathfrak{D}_\iota = \mathfrak{A}\mathfrak{A}^* \cap \mathfrak{C}\mathfrak{B}_\iota \qquad (\text{über } \iota \in \mathsf{I}),$$

also die direkten Zerlegungen

$$\mathfrak{H} = \mathfrak{A} \times \mathfrak{A}^* = \underset{\iota}{\times} \mathfrak{D}_\iota \qquad (\text{über } \iota \in \mathsf{I})$$

mit unzerlegbaren Faktoren $\mathfrak{A}$ und $\mathfrak{D}_\iota$. Nun ist für eine endliche Teilmenge $\mathsf{E} \subseteq \mathsf{I}$ bereits

$$\mathfrak{A} \cap (\underset{\iota \in \mathsf{E}}{\times} \mathfrak{D}_\iota) \neq E;$$

wird $\mathsf{E} = (1, 2, \ldots, k)$ angenommen, so besitzen die direkten Zerlegungen

$$\mathfrak{H};\Omega = \mathfrak{A} \times \mathfrak{A}^* = \mathfrak{D}_0 \times \mathfrak{D}_1 \times \cdots \times \mathfrak{D}_k \quad \text{mit} \quad \mathfrak{D}_0 = \underset{\iota \notin \mathsf{E}}{\times} \mathfrak{D}_\iota$$

nach dem endlichen Verfeinerungssatz Verfeinerungen

$$\mathfrak{A} = \underset{\varkappa}{\times} \mathfrak{A}_\varkappa; \quad \mathfrak{A}^* = \underset{\varkappa}{\times} \mathfrak{A}_\varkappa^*; \quad \mathfrak{D}_\varkappa = \mathfrak{D}_{\varkappa 1} \times \mathfrak{D}_{\varkappa 2} \quad \text{für } 0 \leq \varkappa \leq k,$$

die für jedes $\lambda \in (0, 1, 2, \ldots, k)$ der Austauschbedingung

$$\mathfrak{H};\Omega = (\underset{\varkappa \neq \lambda}{\times} \mathfrak{D}_\varkappa) \times \mathfrak{A}_\lambda \times \mathfrak{A}_\lambda^*$$

genügen. Nun ist $\mathfrak{A}$ unzerlegbar; da aber

$$(\underset{\varkappa \neq 0}{\times} \mathfrak{D}_\varkappa) \cap \mathfrak{A}_0 = E \quad \text{und} \quad (\underset{\varkappa \neq 0}{\times} \mathfrak{D}_\varkappa) \cap \mathfrak{A} \neq E,$$

darf

$$\mathfrak{A}_0 = \mathfrak{A}_1 = \cdots = \mathfrak{A}_{k-1} = E \quad \text{und} \quad \mathfrak{A}_k = \mathfrak{A}$$

vorausgesetzt werden. Damit folgt

$$\mathfrak{H};\Omega = \mathfrak{D}_0 \times \mathfrak{D}_1 \times \cdots \times \mathfrak{D}_k = \mathfrak{D}_0 \times \mathfrak{D}_1 \times \cdots \times \mathfrak{D}_{k-1} \times \mathfrak{A}_k \times \mathfrak{A}_k^*$$
$$= \mathfrak{D}_0 \times \mathfrak{D}_1 \times \cdots \times \mathfrak{D}_{k-1} \times \mathfrak{A}_k.$$

Für einen geeigneten Index $\varkappa \in \mathsf{I}$ besteht somit die Austauschisomorphie

$$\mathfrak{H};\Omega = \underset{\iota}{\times} \mathfrak{D}_\iota = \mathfrak{A} \times (\underset{\iota \neq \varkappa}{\times} \mathfrak{D}_\iota) \qquad (\text{über } \iota \in \mathsf{I})$$

und

$$\mathfrak{G};\Omega = \mathfrak{C} \times \mathfrak{A} \times \mathfrak{A}^* = \mathfrak{C} \times (\underset{\iota}{\times} \mathfrak{D}_\iota) = \mathfrak{C} \times \mathfrak{A} \times (\underset{\iota \neq \varkappa}{\times} \mathfrak{D}_\iota) = \mathfrak{C} \times \mathfrak{A} \times (\underset{\iota \neq \varkappa}{\times} \mathfrak{B}_\iota).$$

Satz 24 (R. REMAK-O. SCHMIDT). *Die verfeinerbare Gruppe $\mathfrak{G};\Omega$ besitze eine endliche direkte Zerlegung in unzerlegbaren Faktoren. Dann ist jede direkte Zerlegung von $\mathfrak{G};\Omega$ endlich und besitzt eine Verfeinerung in direkt unzerlegbaren Faktoren. Zwei direkte Zerlegungen von $\mathfrak{G};\Omega$ in unzerlegbaren Faktoren haben gleiche Länge*

$$\mathfrak{G};\Omega = \underset{\nu}{\times} \mathfrak{U}_\nu = \underset{\nu}{\times} \mathfrak{V}_\nu \qquad (\text{über } 1 \leq \nu \leq n)$$

und erfüllen (bei geeigneter Zählung der Faktoren $\mathfrak{V}_\nu$) die Austauschbeziehungen

$$\mathfrak{G};\Omega = \mathfrak{U}_1 \times \mathfrak{U}_2 \times \cdots \times \mathfrak{U}_\nu \times \mathfrak{V}_{\nu+1} \times \cdots \times \mathfrak{V}_n \qquad \text{für } 1 \leq \nu \leq n.$$

Beweis. Zwei endliche direkte Zerlegungen

$$\mathfrak{G};\Omega = \mathfrak{A}_1 \times \mathfrak{A}_2 \times \cdots \times \mathfrak{A}_m = \mathfrak{U}_1 \times \mathfrak{U}_2 \times \cdots \times \mathfrak{U}_n$$

der Gruppe $\mathfrak{G};\Omega$ in eigentlichen Faktoren besitzen zentralisomorphe Verfeinerungen

$$\mathfrak{A}_\mu = \underset{\nu}{\times} \mathfrak{A}_{\mu\nu}; \quad \mathfrak{U}_\nu = \underset{\mu}{\times} \mathfrak{U}_{\nu\mu} \qquad (\text{über } 1 \leq \mu \leq m;\ 1 \leq \nu \leq n);$$

sind die Faktoren $\mathfrak{U}_\nu$ unzerlegbar, so folgt

$$\mathfrak{U}_\nu = \mathfrak{U}_{\nu\mu_\nu} \cong \mathfrak{A}_{\mu_\nu\nu} \qquad \text{mit } 1 \leq \mu_\nu \leq m \quad \text{für } 1 \leq \nu \leq n.$$

Daher ist $m \leq n$ und jeder (von E verschiedene) Faktor $\mathfrak{A}_{\mu\nu}$ direkt unzerlegbar. Jede direkte Zerlegung von $\mathfrak{G};\Omega$ ist daher endlich.

In einer direkten Zerlegung

$$\mathfrak{G};\Omega = \mathfrak{A}_1 \times \mathfrak{A}_2 \times \cdots \times \mathfrak{A}_n$$

in eigentlichen Faktoren der Länge n ist demnach jeder Faktor $\mathfrak{A}_\nu$ direkt unzerlegbar. Für zwei Zerlegungen

$$\mathfrak{G};\Omega = \mathfrak{U}_1 \times \mathfrak{U}_2 \times \cdots \times \mathfrak{U}_n = \mathfrak{V}_1 \times \mathfrak{V}_2 \times \cdots \times \mathfrak{V}_n$$

in unzerlegbaren Faktoren liefert nun (bei beliebiger Anordnung der Faktoren der ersten Zerlegung) das Lemma 9 den Beweis des Satzes.

Satz 24*. *Eine Gruppe $\mathfrak{G};\Omega$ ist verfeinerbar und besitzt eine endliche direkte Zerlegung in unzerlegbaren Faktoren, wenn sie eine der folgenden Bedingungen erfüllt:*

1. *Der Normalteilerverband in $\mathfrak{G};\Omega$ erfüllt die Maximalbedingung, der Untergruppenverband im Ω-Zentrum $\mathfrak{Z}(\mathfrak{G};\Omega)$ die Minimalbedingung.*

2. *Der Normalteilerverband in $\mathfrak{G};\Omega$ erfüllt die Minimalbedingung, der Untergruppenverband im Ω-Zentrum $\mathfrak{Z}(\mathfrak{G};\Omega)$ lokal die Maximalbedingung.*

3. *Der Normalteilerverband in $\mathfrak{G};\Omega$ erfüllt die Doppelkettenbedingung.*

Beweis. Auf Grund dieser Bedingungen ist $\mathfrak{G};\Omega$ eine $\mathfrak{z}$-Gruppe. Das Weitere ergibt sich aus dem Kriterium:

Satz 24**. *In einer Gruppe $\mathfrak{G};\Omega$ besitzt genau dann jede direkte Zerlegung eine endliche Verfeinerung in unzerlegbaren Faktoren, wenn die (natürlich geordnete) Menge aller direkten Faktoren von $\mathfrak{G};\Omega$ der Minimal- oder der Maximalbedingung genügt.*

Beweis. Erfüllt die Menge der direkten Faktoren von $\mathfrak{G};\Omega$ die Minimal- oder Maximalbedingung, so ist jede direkte Zerlegung von $\mathfrak{G};\Omega$ in eigentlichen Faktoren endlich, da eine abzählbar unendliche direkte Zerlegung

$$\mathfrak{G};\Omega = \underset{n=1}{\overset{\infty}{\times}} \mathfrak{A}_n$$

auf unendliche Normalteilerketten führen würde:

$$\mathfrak{B}_m = \underset{n=1}{\overset{m}{\times}} \mathfrak{A}_n \quad \text{bzw.} \quad \mathfrak{C}_m = \underset{n=m}{\overset{\infty}{\times}} \mathfrak{A}_n \quad \text{für } 1 \leq m < \infty.$$

Aus diesem Grunde führt jede fortschreitende Verfeinerung einer direkten Zerlegung der Gruppe $\mathfrak{G};\Omega$ auf eine endliche direkte Zerlegung in unzerlegbaren Faktoren.

Satz 25. *Die verfeinerbare Gruppe $\mathfrak{G};\Omega$ besitze eine abzählbar unendliche direkte Zerlegung*

$$\mathfrak{G};\Omega = \underset{n=1}{\overset{\infty}{\times}} \mathfrak{U}_n$$

in unzerlegbaren Faktoren; dann ist jede direkte Zerlegung

$$\mathfrak{G};\Omega = \underset{\iota}{\times} \mathfrak{B}_\iota \quad (\text{über } \iota \in \mathsf{I})$$

in unzerlegbaren Faktoren abzählbar unendlich und erfüllt bei geeigneter Abzählung die Austauschbeziehungen

$$\mathfrak{G};\Omega = \left(\underset{\nu=1}{\overset{n}{\times}} \mathfrak{U}_\nu\right) \times \left(\underset{\nu=n+1}{\overset{\infty}{\times}} \mathfrak{B}_\nu\right) \quad \text{für jedes } n > 0.$$

Der Beweis ergibt sich durch Induktion aus Lemma 9*.

Nach Lemma 8 wird die Menge M aller direkt unzerlegbaren Faktoren einer verfeinerbaren Gruppe $\mathfrak{G};\Omega$ in Klassen K_λ austauschisomorpher unzerlegbarer Faktoren aufgeteilt. Jede direkte Zerlegung

$$\mathfrak{G};\Omega = \underset{\iota}{\times} \mathfrak{U}_\iota \quad (\text{über } \iota \in \mathsf{I})$$

der Gruppe $\mathfrak{G};\Omega$ in unzerlegbaren Faktoren $\mathfrak{U}_\iota$ besitzt daher eine Vergröberung

$$\mathfrak{G};\Omega = \underset{\lambda}{\times} \mathfrak{C}_\lambda \quad (\text{über } \lambda \in \mathsf{I}^*)$$

in der $\mathfrak{C}_\lambda$ alle Faktoren $\mathfrak{U}_\iota$ einer Klasse K_λ zusammenfaßt. Hierin ist jeder Faktor $\mathfrak{C}_\lambda$ von E verschieden, da für jeden Repräsentanten $\mathfrak{A} \in \mathsf{K}_\lambda$

nach Lemma 9 die direkten Zerlegungen
$$\mathfrak{G};\Omega = \mathfrak{A} \times \mathfrak{A}^* = \underset{\iota}{\times} \mathfrak{U}_\iota \qquad (\text{über } \iota \in \mathsf{I})$$
eine Austauschbeziehung erfüllen:
$$\mathfrak{G};\Omega = \mathfrak{A} \times \big(\underset{\iota \neq \varkappa}{\times} \mathfrak{U}_\iota\big) = \underset{\iota}{\times} \mathfrak{U}_\iota \qquad (\text{mit } \varkappa \in \mathsf{I} \text{ über } \iota \in \mathsf{I}).$$
Zwei direkte Zerlegungen
$$\mathfrak{G};\Omega = \underset{\iota}{\times} \mathfrak{U}_\iota = \underset{\varkappa}{\times} \mathfrak{V}_\varkappa \qquad (\text{über } \iota \in \mathsf{I};\ \varkappa \in \mathsf{K})$$
in unzerlegbaren Faktoren $\mathfrak{U}_\iota, \mathfrak{V}_\varkappa$ können in gleicher Weise behandelt werden; ihre *kanonischen Vergröberungen*
$$\mathfrak{G};\Omega = \underset{\lambda}{\times} \mathfrak{C}_\lambda = \underset{\lambda}{\times} \mathfrak{D}_\lambda \qquad (\text{über } \lambda \in \mathsf{I}^*)$$
fassen in $\mathfrak{C}_\lambda$ bzw. $\mathfrak{D}_\lambda$ alle Faktoren $\mathfrak{U}_\iota, \mathfrak{V}_\varkappa \in \mathsf{K}_\lambda$ zusammen.

Satz 26. *Eine verfeinerbare Gruppe $\mathfrak{G};\Omega$ besitze direkte Zerlegungen*
$$\mathfrak{G};\Omega = \underset{\iota}{\times} \mathfrak{U}_\iota = \underset{\varkappa}{\times} \mathfrak{V}_\varkappa \qquad (\text{über } \iota \in \mathsf{I};\ \varkappa \in \mathsf{K})$$
in unzerlegbaren Faktoren mit den kanonischen Vergröberungen
$$\mathfrak{G};\Omega = \underset{\lambda}{\times} \mathfrak{C}_\lambda = \underset{\lambda}{\times} \mathfrak{D}_\lambda \qquad (\text{über } \lambda \in \mathsf{I}^*).$$
Dann bestehen die Austauschbeziehungen
$$\mathfrak{G};\Omega = \mathfrak{C}_\lambda \times \mathfrak{C}_\lambda^* = \mathfrak{C}_\lambda^* \times \mathfrak{D}_\lambda = \mathfrak{D}_\lambda \times \mathfrak{D}_\lambda^* = \mathfrak{D}_\lambda^* \times \mathfrak{C}_\lambda \qquad \textit{für jedes } \lambda \in \mathsf{I}^*$$
mit den komplementären Faktoren
$$\mathfrak{C}_\lambda^* = \underset{\mu \neq \lambda}{\times} \mathfrak{C}_\mu; \quad \mathfrak{D}_\lambda^* = \underset{\mu \neq \lambda}{\times} \mathfrak{D}_\mu \qquad (\text{über } \mu \in \mathsf{I}^*).$$

Hieraus entnimmt man unmittelbar:

Satz 26*. *Besitzt eine verfeinerbare Gruppe $\mathfrak{G};\Omega$ eine direkte Zerlegung in unzerlegbaren Faktoren, so sind je zwei direkte Zerlegungen dieser Art von $\mathfrak{G};\Omega$ zentralisomorph.*

Beweis. Wir stützen uns auf das

Lemma 10. *Der direkte Faktor $\mathfrak{C}$ einer verfeinerbaren Gruppe $\mathfrak{G};\Omega$ besitze eine direkte Zerlegung*
$$\mathfrak{C} = \underset{\iota}{\times} \mathfrak{U}_\iota \qquad (\text{über } \iota \in \mathsf{I})$$
in unzerlegbaren Faktoren $\mathfrak{U}_\iota$ und mit einem direkten Faktor $\mathfrak{A}$ von $\mathfrak{G};\Omega$ einen von E verschiedenen Durchschnitt $\mathfrak{A} \cap \mathfrak{C}$. Dann besitzt $\mathfrak{A}$ einen mit einem Faktor $\mathfrak{U}_\iota$ austauschisomorphen Faktor. Ist $\mathfrak{A}$ in $\mathfrak{C}$ enthalten, so ist jeder unzerlegbare Faktor von $\mathfrak{A}$ mit einem Faktor $\mathfrak{U}_\iota$ von $\mathfrak{C}$ austauschisomorph.

2.3.9. Zerlegung in direkt unzerlegbare Faktoren

Beweis. Nach Voraussetzung besteht bereits eine Beziehung
$$\mathfrak{A} \cap \mathfrak{B} \neq E \quad \text{mit} \quad \mathfrak{B} = \mathfrak{U}_1 \times \mathfrak{U}_2 \times \cdots \times \mathfrak{U}_m$$
für eine endliche Anzahl von Faktoren aus $\mathfrak{C}$. Die Zerlegungen
$$\mathfrak{G}; \Omega = \mathfrak{A} \times \mathfrak{A}^* = \mathfrak{B} \times \mathfrak{B}^*$$
besitzen eine kanonische Verfeinerung
$$\mathfrak{A} = \mathfrak{A}_1 \times \mathfrak{A}_2; \quad \mathfrak{A}^* = \mathfrak{A}_1^* \times \mathfrak{A}_2^*; \quad \mathfrak{B} = \mathfrak{B}_1 \times \mathfrak{B}_2; \quad \mathfrak{B}^* = \mathfrak{B}_1^* \times \mathfrak{B}_2^*$$
mit den Isomorphiegleichungen
$$\mathfrak{H}_1 = \mathfrak{A}_1 \times \mathfrak{A}_1^* = \mathfrak{A}_1^* \times \mathfrak{B}_1 = \mathfrak{B}_1 \times \mathfrak{B}_1^* = \mathfrak{B}_1^* \times \mathfrak{A}_1;$$
$$\mathfrak{H}_2 = \mathfrak{A}_2 \times \mathfrak{A}_2^* = \mathfrak{A}_2^* \times \mathfrak{B}_2^* = \mathfrak{B}_2^* \times \mathfrak{B}_2 = \mathfrak{B}_2 \times \mathfrak{A}_2.$$
Dabei ist $\mathfrak{B}_1$ von E verschieden, da sonst
$$\mathfrak{B}_1 = \mathfrak{A}_1 = E, \quad \text{also} \quad \mathfrak{H}_2 = \mathfrak{B} \times \mathfrak{A} \quad \text{und} \quad \mathfrak{B} \cap \mathfrak{A} = E$$
folgen würde. Die direkten Zerlegungen
$$\mathfrak{B} = \mathfrak{B}_1 \times \mathfrak{B}_2 = \mathfrak{U}_1 \times \mathfrak{U}_2 \times \cdots \times \mathfrak{U}_m$$
besitzen Verfeinerungen
$$\mathfrak{B}_1 = \underset{\mu}{\times} \mathfrak{B}_{1\mu}; \quad \mathfrak{B}_2 = \underset{\mu}{\times} \mathfrak{B}_{2\mu}; \quad \mathfrak{U}_\mu = \mathfrak{U}_{\mu 1} \times \mathfrak{U}_{\mu 2} \quad \text{für } 1 \leq \mu \leq m$$
mit den Austauschbeziehungen
$$\mathfrak{B} = \mathfrak{B}_{11} \times \mathfrak{B}_{12} \times \cdots \times \mathfrak{B}_{1,\mu-1} \times \mathfrak{U}_{\mu 1} \times \mathfrak{B}_{1,\mu+1} \times \cdots \times \mathfrak{B}_{1m} \times \mathfrak{B}_2 \quad \text{für } 1 \leq \mu \leq m.$$
Dabei ist ein Faktor, etwa $\mathfrak{U}_{11}$ von E verschieden, also $\mathfrak{U}_{11} = \mathfrak{U}_1$. Die Gleichung
$$\mathfrak{A}_1 \times \mathfrak{A}_1^* = \mathfrak{A}_1^* \times \mathfrak{B}_1$$
führt nach Satz 13* auf eine direkte Zerlegung
$$\mathfrak{A}_1 = \mathfrak{A}_{11} \times \mathfrak{A}_{12} \times \cdots \times \mathfrak{A}_{1m} \quad \text{mit} \quad \mathfrak{A}_1^* \times \mathfrak{A}_{1\mu} = \mathfrak{A}_1^* \times \mathfrak{B}_{1\mu} \quad \text{für } 1 \leq \mu \leq m.$$
Da $\mathfrak{A}_{1\mu}$ zu $\mathfrak{B}_{1\mu}$ und $\mathfrak{B}_{1\mu}$ zu $\mathfrak{U}_{\mu 1}$ austauschisomorph, ist $\mathfrak{A}_{11}$ unzerlegbar und zu $\mathfrak{U}_{11} = \mathfrak{U}_1$ austauschisomorph.

Unter der Annahme $\mathfrak{A} \subseteq \mathfrak{C} \subseteq \mathfrak{A} \times \mathfrak{A}^*$ erhalten wir
$$\mathfrak{C} = \mathfrak{A} \times (\mathfrak{A}^* \cap \mathfrak{C}) = \underset{\iota}{\times} \mathfrak{U}_\iota \quad (\text{über } \iota \in \mathsf{I}).$$
Ein unzerlegbarer Faktor $\mathfrak{V}$ von $\mathfrak{A}$ führt auf direkte Zerlegungen
$$\mathfrak{C} = \mathfrak{V} \times \mathfrak{V}^* = \underset{\iota}{\times} \mathfrak{U}_\iota;$$
nach Lemma 9 ist $\mathfrak{V}$ zu einem Faktor $\mathfrak{U}_\varkappa$ austauschisomorph.

Beweis des Satzes 26. Zwei direkte Zerlegungen

$$\mathfrak{G};\Omega = \underset{\iota}{\times} \mathfrak{U}_\iota = \underset{\varkappa}{\times} \mathfrak{B}_\varkappa \qquad (\text{über } \iota \in \mathsf{I}; \varkappa \in \mathsf{K})$$

in unzerlegbaren Faktoren besitzen kanonische Vergröberungen

$$\mathfrak{G};\Omega = \underset{\lambda}{\times} \mathfrak{C}_\lambda = \underset{\lambda}{\times} \mathfrak{D}_\lambda \qquad (\text{über } \lambda \in \mathsf{I}^*).$$

Setzt man für einen festen Index $\lambda \in \mathsf{I}^*$

$$\mathfrak{C} = \mathfrak{C}_\lambda; \quad \mathfrak{C}^* = \underset{\mu \neq \lambda}{\times} \mathfrak{C}_\lambda; \quad \mathfrak{D} = \mathfrak{D}_\lambda; \quad \mathfrak{D}^* = \underset{\mu \neq \lambda}{\times} \mathfrak{D}_\mu \qquad (\text{über } \mu \in \mathsf{I}^*),$$

so besitzen die Zerlegungen

$$\mathfrak{G};\Omega = \mathfrak{C} \times \mathfrak{C}^* = \mathfrak{D} \times \mathfrak{D}^*$$

eine kanonische Verfeinerung

$$\mathfrak{C} = \mathfrak{C}_1 \times \mathfrak{C}_2; \quad \mathfrak{C}^* = \mathfrak{C}_1^* \times \mathfrak{C}_2^*; \quad \mathfrak{D} = \mathfrak{D}_1 \times \mathfrak{D}_2; \quad \mathfrak{D}^* = \mathfrak{D}_1^* \times \mathfrak{D}_2^*.$$

Jeder unzerlegbare Faktor von $\mathfrak{C}_2$ gehört der Klasse K_λ, ein unzerlegbarer Faktor von $\mathfrak{D}_2^*$ nicht der Klasse K_λ an. Da aber $\mathfrak{C}_2, \mathfrak{D}_2^*$ austauschisomorph sind, folgt

$$\mathfrak{C}_2 = \mathfrak{D}_2^* = \mathfrak{D}_2 = \mathfrak{C}_2^* = E \quad \text{und} \quad \mathfrak{C}_1 = \mathfrak{C}; \ \mathfrak{C}_1^* = \mathfrak{C}^*; \ \mathfrak{D}_1 = \mathfrak{D}; \ \mathfrak{D}_1^* = \mathfrak{D}^*,$$

also

$$\mathfrak{C} \times \mathfrak{C}^* = \mathfrak{C}^* \times \mathfrak{D} = \mathfrak{D} \times \mathfrak{D}^* = \mathfrak{D}^* \times \mathfrak{C}.$$

2.3.10. Der Sockel einer Gruppe

Besitzt die Gruppe $\mathfrak{G};\Omega$ einen minimalen Normalteiler $\mathfrak{M}$, so ist auch das Bild $\mathfrak{M}^\alpha$ nach einem Automorphismus $\alpha \in \mathsf{A}(\mathfrak{G};\Omega)$ minimaler Normalteiler in $\mathfrak{G};\Omega$. Das Kompositum aller minimalen Normalteiler ist daher ein Ω-charakteristischer Normalteiler $\mathfrak{S}(\mathfrak{G};\Omega)$, *der Sockel der Gruppe* $\mathfrak{G};\Omega$. Besitzt $\mathfrak{G};\Omega$ keinen minimalen Normalteiler, so ist $\mathfrak{S}(\mathfrak{G};\Omega) = E$ zu setzen.

Satz 27. *Der Sockel $\mathfrak{S}(\mathfrak{G};\Omega)$ einer Gruppe $\mathfrak{G};\Omega$ ist direktes Produkt*

$$\mathfrak{S}(\mathfrak{G};\Omega) = \underset{\iota}{\times} \mathfrak{M}_\iota \qquad (\text{über } \iota \in \mathsf{I})$$

minimaler Normalteiler $\mathfrak{M}_\iota$ von $\mathfrak{G};\Omega$.

Beweis. Es bezeichne

$$\mathsf{N}: \ \mathfrak{M}_1, \mathfrak{M}_2, \ldots, \mathfrak{M}_\nu, \mathfrak{M}_{\nu+1}, \ldots, \mathfrak{M}_\tau \qquad \text{mit } \nu \leq \tau \in \Lambda$$

eine wohlgeordnete Menge minimaler Normalteiler von $\mathfrak{G};\Omega$ und $\mathfrak{N}$ ihr Kompositum; dann sind auch die Gruppen

$$\mathfrak{H}_0 = \mathfrak{H}_1^* = E; \quad \mathfrak{H}_\lambda^* = \prod_{\nu<\lambda} \mathfrak{M}_\nu; \quad \mathfrak{H}_\lambda = \mathfrak{H}_\lambda^* \mathfrak{M}_\lambda; \quad \mathfrak{H}_\tau = \mathfrak{N} \qquad \text{für } \lambda \leq \tau$$

2.3.10. Der Sockel einer Gruppe

Normalteiler in $\mathfrak{G};\Omega$. Ist λ Limesindex bzw. nicht Limesindex, so gilt

$$\mathfrak{H}_\lambda^* = \bigcup_{\nu<\lambda} \mathfrak{H}_\nu^* = \bigcup_{\nu<\lambda} \mathfrak{H}_\nu; \quad \mathfrak{H}_\lambda = \mathfrak{H}_\lambda^* \mathfrak{M}_\lambda \quad \text{bzw.} \quad \mathfrak{H}_\lambda^* = \mathfrak{H}_{\lambda-1}; \quad \mathfrak{H}_\lambda = \mathfrak{H}_{\lambda-1} \mathfrak{M}_\lambda.$$

Dabei besteht die Alternative

$$\mathfrak{H}_\lambda^* \cap \mathfrak{M}_\lambda = E \quad \text{oder} \quad \mathfrak{H}_\lambda^* \cap \mathfrak{M}_\lambda = \mathfrak{M}_\lambda, \quad \text{d.h.} \quad \mathfrak{M}_\lambda \subseteq \mathfrak{H}_\lambda^*.$$

Bezeichnet M die Menge der Indizes $\mu \leq \tau$, für die $\mathfrak{H}_\mu^* \cap \mathfrak{M}_\mu = E$, so besteht die Gleichung

$$\mathfrak{H}_\lambda = \underset{\mu \leq \lambda}{\times} \mathfrak{M}_\mu \quad (\text{über } \mu \in \mathsf{M}).$$

Nimmt man diese Gleichung für jeden Index $\nu < \lambda$ als bewiesen an, so gilt, falls λ nicht Limesindex,

$$\mathfrak{H}_{\lambda-1} = \mathfrak{H}_\lambda^* = \underset{\mu \leq \lambda-1}{\times} \mathfrak{M}_\mu$$

und

$$\mathfrak{H}_\lambda = \mathfrak{H}_{\lambda-1}, \quad \text{wenn } \lambda \notin \mathsf{M}; \quad \mathfrak{H}_\lambda = \mathfrak{H}_{\lambda-1} \mathfrak{M}_\lambda = \mathfrak{H}_{\lambda-1} \times \mathfrak{M}_\lambda, \quad \text{wenn } \lambda \in \mathsf{M}.$$

Für einen Limesindex λ erhalten wir

$$\mathfrak{H}_\lambda^* = \bigcup_{\nu<\lambda} \mathfrak{H}_\nu = \bigcup_{\nu<\lambda} \left(\underset{\mu \leq \nu}{\times} \mathfrak{M}_\mu \right) = \underset{\mu<\lambda}{\times} \mathfrak{M}_\mu \quad (\text{über } \mu \in \mathsf{M})$$

und weiter

$$\mathfrak{H}_\lambda = \mathfrak{H}_\lambda^*, \quad \text{wenn } \lambda \notin \mathsf{M}; \quad \mathfrak{H}_\lambda = \mathfrak{H}_\lambda^* \mathfrak{M}_\lambda = \mathfrak{H}_\lambda^* \times \mathfrak{M}_\lambda, \quad \text{wenn } \lambda \in \mathsf{M}.$$

Insbesondere entnehmen wir hieraus die direkte Zerlegung

$$\mathfrak{N} = \mathfrak{H}_\tau = \underset{\mu \leq \tau}{\times} \mathfrak{M}_\mu \quad (\text{über } \mu \in \mathsf{M})$$

in minimalen Normalteilern $\mathfrak{M}_\mu$ der Gruppe $\mathfrak{G};\Omega$. Daher besitzt auch der Sockel $\mathfrak{S}(\mathfrak{G};\Omega)$ einer Gruppe $\mathfrak{G};\Omega$ eine direkte Zerlegung

$$\mathfrak{S}(\mathfrak{G};\Omega) = \underset{\iota}{\times} \mathfrak{M}_\iota \quad (\text{über } \iota \in \mathsf{I})$$

in minimalen Normalteilern $\mathfrak{M}_\iota$ von $\mathfrak{G};\Omega$.

Für das Kompositum $\mathfrak{N}$ der Bilder $\mathfrak{M}^\alpha$ eines minimalen Normalteilers $\mathfrak{M}$ der Gruppe $\mathfrak{G};\Omega$ nach den Automorphismen $\alpha \in \mathsf{A}(\mathfrak{G};\Omega)$ erhalten wir eine direkte Zerlegung

$$\mathfrak{N};\Omega = \underset{\iota}{\times} \mathfrak{M}_\iota \quad (\text{über } \iota \in \mathsf{I})$$

in zueinander (und zu $\mathfrak{M}$) isomorphen Faktoren $\mathfrak{M}_\iota \subset |\mathfrak{G};\Omega$. Offenbar ist $\mathfrak{N};\Omega$ der kleinste, $\mathfrak{M}$ umfassende Ω-charakteristische Normalteiler in $\mathfrak{G};\Omega$.

Eine Gruppe $\mathfrak{G};\Omega$ ist *charakteristisch einfach*, wenn sie keinen eigentlichen Ω-charakteristischen Normalteiler besitzt:

Satz 28. *Eine charakteristisch einfache Gruppe* $\mathfrak{G};\Omega$, *die wenigstens einen minimalen Normalteiler* $\mathfrak{M}$ *enthält, ist direktes Produkt*

$$\mathfrak{G};\Omega = \underset{\iota}{\times}\mathfrak{M}_\iota \qquad (\text{über } \iota \in \mathsf{I})$$

direkt unzerlegbarer, zu $\mathfrak{M}$ *isomorpher Faktoren* $\mathfrak{M}_\iota$.

Ist $\mathfrak{G};\Omega$ *verfeinerbar, so ist jeder minimale Normalteiler* $\mathfrak{M}_0$ *von* $\mathfrak{G};\Omega$ *Bild* $\mathfrak{M}_0 = \mathfrak{M}^\alpha$ *der Gruppe* $\mathfrak{M}$ *nach einem Automorphismus* α.

Eine nichtabelsche charakteristisch einfache Gruppe $\mathfrak{G};\Omega$ *ist als Gruppe ohne* Ω-*Zentrum gewiß verfeinerbar.*

Beweis. Nach Voraussetzung ist $\mathfrak{G};\Omega$ der minimale $\mathfrak{M}$ umfassende Ω-charakteristische Normalteiler, also direktes Produkt

$$\mathfrak{G};\Omega = \underset{\iota}{\times}\mathfrak{M}_\iota \qquad (\text{über } \iota \in \mathsf{I})$$

von zu $\mathfrak{M}$ isomorphen Normalteilern $\mathfrak{M}_\iota = \mathfrak{M}^{\alpha_\iota}$ mit $\alpha_\iota \in \mathsf{A}(\mathfrak{G};\Omega)$. Alle diese Faktoren sind daher unzerlegbar.

Besitzt eine verfeinerbare Gruppe $\mathfrak{G};\Omega$ die minimalen Normalteiler $\mathfrak{M}$ und $\mathfrak{N}$, so erhalten wir in gleicher Weise Zerlegungen

$$\mathfrak{G};\Omega = \underset{\iota}{\times}\mathfrak{M}_\iota = \underset{\varkappa}{\times}\mathfrak{N}_\varkappa.$$

Nach Satz 26* sind diese Zerlegungen zentralisomorph.

Satz 29 (R. REMAK). *Die Gruppe* $\mathfrak{G}$ *(ohne Operatoren) erfülle die Minimalbedingung. Dann ist der Sockel* $\mathfrak{S}(\mathfrak{G})$ *direktes Produkt*

$$\mathfrak{S}(\mathfrak{G}) = \underset{\mu}{\times}\mathfrak{M}_\mu \qquad (\text{über } 1 \leq \mu \leq m)$$

charakteristisch einfacher (in $\mathfrak{G}$ *minimaler) Normalteiler* $\mathfrak{M}_\mu \subseteq |\mathfrak{G}$, *jeder Faktor* $\mathfrak{M}_\mu$ *direktes Produkt*

$$\mathfrak{M}_\mu = \underset{\nu}{\times}\mathfrak{M}_{\mu\nu} \qquad (\text{über } 1 \leq \nu \leq n_\mu;\ 1 \leq \mu \leq m)$$

isomorpher einfacher Normalteiler $\mathfrak{M}_{\mu\nu}$ *von* $\mathfrak{S}(\mathfrak{G})$.

Jede charakteristisch einfache Gruppe $\mathfrak{G}$, *die der Minimalbedingung genügt, ist direktes Produkt*

$$\mathfrak{G} = \underset{\mu}{\times}\mathfrak{M}_\mu \qquad (\text{über } 1 \leq \mu \leq m)$$

isomorpher einfacher Normalteiler $\mathfrak{M}_\mu$ *von* $\mathfrak{G}$.

Beweis. Da $\mathfrak{G}$ der Minimalbedingung genügt, besitzt $\mathfrak{G}$ minimale Normalteiler; daher ist der Sockel $\mathfrak{S}(\mathfrak{G})$ endliches direktes Produkt

$$\mathfrak{S}(\mathfrak{G}) = \underset{\mu}{\times}\mathfrak{M}_\mu \qquad (\text{über } 1 \leq \mu \leq m)$$

minimaler Normalteiler $\mathfrak{M}_\mu$ von $\mathfrak{G}$. Eine eigentliche charakteristische Untergruppe von $\mathfrak{M}_\mu$ wäre in $\mathfrak{G}$ normal; daher sind die charakteristisch einfachen Gruppen $\mathfrak{M}_\mu$ endliche direkte Produkte

$$\mathfrak{M}_\mu = \underset{\nu}{\times} \mathfrak{M}_{\mu\nu} \qquad (\text{über } 1 \leq \nu \leq n_\mu;\ 1 \leq \mu \leq m)$$

minimaler Normalteiler $\mathfrak{M}_{\mu\nu}$ von $\mathfrak{M}_\mu$. Wäre $\mathfrak{M}_{\mu\nu} \subseteq \mathfrak{M}_\mu$ nicht einfach, so ließe sich $\mathfrak{M}_{\mu\nu}$ direkt zerlegen; die Faktoren wären normal in $\mathfrak{M}_\mu$ entgegen der Minimaleigenschaft von $\mathfrak{M}_{\mu\nu}$ in $\mathfrak{M}_\mu$.

Kapitel 2.4
Theorie der abelschen Gruppen
2.4.1. Allgemeines

Die Strukturtheorie der abelschen Gruppen (ohne Operatoren), der wir uns nun zuwenden, stützt sich hauptsächlich auf die einfache Tatsache, daß jeder natürlichen Zahl n in jeder abelschen Gruppe $\mathfrak{A}$ ein Endomorphismus

$$\varphi_n: A \to A^{\varphi_n} = A^n \qquad \text{für jedes } A \in \mathfrak{A}$$

entspricht. Die Menge der Elemente $X \in \mathfrak{A}$, die der Gleichung $X^n = E$ genügen, ist der Kern $\mathfrak{K}_n$ des Endomorphismus $\varphi_n \in \mathsf{E}(\mathfrak{A})$; die Bildgruppe $\mathfrak{A}^{\varphi_n} = \mathfrak{A}^n$ ist die Menge aller Elemente $A \in \mathfrak{A}$, für die die Gleichung $X^n = A$ wenigstens eine Lösung $A_0 \in \mathfrak{A}$ besitzt. Offensichtlich bestehen für natürliche Zahlen m, n und jeden Endomorphismus η einer abelschen Gruppe die Gleichungen

$$\varphi_m + \varphi_n = \varphi_{m+n}; \qquad \varphi_m \varphi_n = \varphi_{mn}; \qquad \varphi_m \eta = \eta \varphi_m.$$

Die Kerne $\mathfrak{K}_n \subseteq \mathfrak{A}$ der Endomorphismen $\varphi_n \in \mathsf{E}(\mathfrak{A})$ bilden daher einen Verband; genauer gilt

$$\mathfrak{K}_m \cap \mathfrak{K}_n = \mathfrak{K}_{(m,n)}; \qquad \mathfrak{K}_m \mathfrak{K}_n = \mathfrak{K}_{[m,n]}.$$

Die Vereinigung $\mathfrak{F}(\mathfrak{A}) = \underset{n}{\cup} \mathfrak{K}_n$ ist die maximale ordnungsfinite Untergruppe in $\mathfrak{A}$ mit torsionsfreier Faktorgruppe $\mathfrak{A}/\mathfrak{F}(\mathfrak{A})$. Das Strukturproblem der abelschen Gruppen zerfällt damit in die Teilprobleme:

1. *Struktur der ordnungsfiniten abelschen Gruppen.*
2. *Struktur der torsionsfreien abelschen Gruppen.*
3. *Konstruktion der gemischten abelschen Gruppen aus ordnungsfiniten und torsionsfreien abelschen Gruppen.*

Auch die Bildgruppen $\mathfrak{A}^n \subseteq \mathfrak{A}$ nach den Endomorphismen φ_n bilden einen Verband; genauer gilt

$$\mathfrak{A}^m \cap \mathfrak{A}^n = \mathfrak{A}^{[m,n]}; \qquad \mathfrak{A}^m \mathfrak{A}^n = \mathfrak{A}^{(m,n)}.$$

Jeder abelschen Gruppe $\mathfrak{A}$ entspricht eine gewisse Menge $\mathsf{N}(\mathfrak{A})$ natürlicher Zahlen n, die Homomorphismen φ_n der Gruppe $\mathfrak{A}$ auf sich bestimmen. Man weist leicht nach:

Dann und nur dann gilt $m, n \in \mathsf{N}(\mathfrak{A})$, *wenn* $m\,n \in \mathsf{N}(\mathfrak{A})$.
Daher ist die Menge $\mathsf{N}(\mathfrak{A})$ durch die Primzahlmenge $\mathfrak{p} \subset \mathsf{N}(\mathfrak{A})$ bestimmt; wir nennen eine abelsche Gruppe $\mathfrak{A}$ $\mathfrak{p}$-*vollständig*, wenn

$$\mathfrak{A}^p = \mathfrak{A} \qquad \text{für jede Primzahl } p \in \mathfrak{p}.$$

Eine abelsche Gruppe $\mathfrak{A}$, die diese Bedingung für jede Primzahl p erfüllt, ist *vollständig*; eine abelsche Gruppe $\mathfrak{A}$ ohne vollständige Untergruppe (außer E) ist *reduziert*.

Satz 1. *Jede abelsche Gruppe $\mathfrak{A}$ besitzt genau eine maximale $\mathfrak{p}$-vollständige Untergruppe $\mathfrak{B}_\mathfrak{p}$. Jedes homomorphe Bild einer $\mathfrak{p}$-vollständigen abelschen Gruppe $\mathfrak{A}$ ist $\mathfrak{p}$-vollständig.*

Jede vollständige Untergruppe einer abelschen Gruppe $\mathfrak{A}$ ist direkter Faktor von $\mathfrak{A}$. Jede abelsche Gruppe $\mathfrak{A}$ ist direktes Produkt

$$\mathfrak{A} = \mathfrak{B}(\mathfrak{A}) \times \mathfrak{U}(\mathfrak{A})$$

ihrer maximalen vollständigen Untergruppe $\mathfrak{B}(\mathfrak{A})$ und eines reduzierten Faktors $\mathfrak{U}(\mathfrak{A})$.

Beweis. Es sei $\mathfrak{B} = \prod_\iota \mathfrak{U}_\iota$ das Kompositum einer Menge von Untergruppen $\mathfrak{U}_\iota \subseteq \mathfrak{A}$. Besitzt jede Untergruppe $\mathfrak{U}_\iota$ den Homomorphismus φ_n auf sich, so ist φ_n auch Homomorphismus des Kompositums $\mathfrak{B}$ auf sich. Die Menge aller $\mathfrak{p}$-vollständigen Untergruppen $\mathfrak{U} \subseteq \mathfrak{A}$ ist daher ein nach oben abgeschlossener Halbverband; mithin existiert die maximale $\mathfrak{p}$-vollständige Untergruppe $\mathfrak{B}_\mathfrak{p} \subseteq \mathfrak{A}$.

Für jede Untergruppe $\mathfrak{U}$ einer $\mathfrak{p}$-vollständigen abelschen Gruppe $\mathfrak{A}$ gilt

$$(\mathfrak{A}/\mathfrak{U})^{\varphi_p} = \mathfrak{A}^{\varphi_p}\mathfrak{U}/\mathfrak{U} = \mathfrak{A}/\mathfrak{U} \qquad \text{für jedes } p \in \mathfrak{p};$$

mithin ist $\mathfrak{A}/\mathfrak{U}$ $\mathfrak{p}$-vollständig.

Bestimmt man zu einer vollständigen Untergruppe $\mathfrak{B} \subseteq \mathfrak{A}$ eine maximale Untergruppe $\mathfrak{U} \subset \mathfrak{A}$ mit dem Durchschnitt $\mathfrak{U} \cap \mathfrak{B} = E$, so besitzt jede eigentliche zyklische Untergruppe $\mathfrak{C} = \{C\} \subset \mathfrak{A}$ mit $\mathfrak{B} = \mathfrak{U} \times \mathfrak{B} \subseteq \mathfrak{A}$ einen von E verschiedenen Durchschnitt, da sonst

$$\mathfrak{B}^* = \mathfrak{B} \times \mathfrak{C} = \mathfrak{B} \times \mathfrak{U} \times \mathfrak{C} \qquad \text{und} \qquad \mathfrak{B} \cap \mathfrak{U}\mathfrak{C} = E \qquad \text{mit} \qquad \mathfrak{U} \subset \mathfrak{U}\mathfrak{C}$$

folgen würde. Falls C nicht zu $\mathfrak{B}$ gehört, gibt es eine kleinste natürliche Zahl $s = s_0 p$ mit Primteiler p, derart daß

$$C_0 = C^{s_0} \not\equiv E \bmod \mathfrak{B} \qquad \text{und} \qquad C_0^p = C^s \equiv E \bmod \mathfrak{B}.$$

Das Element C_0^p besitzt, da $\mathfrak{B}$ vollständig ist, die Gestalt

$$C_0^p = UV = UV_0^p \qquad \text{mit} \qquad U \in \mathfrak{U};\ V, V_0 \in \mathfrak{B}.$$

2.4.1. Allgemeines

Mithin hat das Element $C_0 V_0^{-1} = C_1$ die Eigenschaft

$$C_1 \not\equiv E \bmod \mathfrak{B}, \quad \text{aber} \quad C_1^p \equiv E \bmod \mathfrak{U}.$$

Da die Gruppe $\mathfrak{U}^* = \{\mathfrak{U} \cup C_1\} > E$ einen von E verschiedenen Durchschnitt $\mathfrak{U}^* \cap \mathfrak{B}$ besitzt, existiert ein Element

$$V^* = U_0 C_1^\nu \in \mathfrak{B} \quad \text{mit} \quad U_0 \in \mathfrak{U} \quad \text{und} \quad 0 < \nu < p.$$

Daraus folgt im Widerspruch zur Auswahl von $C_0 \in \mathfrak{U}$

$$C_1 \equiv C_0 V_0^{-1} \equiv C_0 \bmod \mathfrak{B}.$$

Mithin ist $\mathfrak{B}$ direkter Faktor von $\mathfrak{A}$.

Insbesondere erhalten wir hieraus die direkte Zerlegung

$$\mathfrak{A} = \mathfrak{B}(\mathfrak{A}) \times \mathfrak{U}(\mathfrak{A})$$

mit dem maximalen vollständigen Faktor $\mathfrak{B}(\mathfrak{A}) \subseteq \mathfrak{A}$; eine von E verschiedene vollständige Untergruppe in $\mathfrak{U}(\mathfrak{A})$ wäre in $\mathfrak{B}(\mathfrak{A})$ enthalten.

Die maximale vollständige Untergruppe $\mathfrak{B}(\mathfrak{A})$ einer abelschen Gruppe $\mathfrak{A}$ kann noch in folgender Weise charakterisiert werden:

Der Durchschnitt
$$\mathfrak{D}(\mathfrak{A}) = \bigcap_n \mathfrak{A}^n$$

aller Bildgruppen $\mathfrak{A}^n$ der abelschen Gruppe $\mathfrak{A}$ ist vollinvariant in $\mathfrak{A}$; er besteht aus allen Elementen $D \in \mathfrak{A}$, die Darstellungen $X_0^n = D$ mit $X_0 \in \mathfrak{A}$ für jeden Exponenten n besitzen. Durch transfinite Induktion entsteht eine *absteigende vollinvariante Untergruppenfolge* $(\mathfrak{D}_\nu(\mathfrak{A}))$ *in der Gruppe* $\mathfrak{A}$:

$$\mathfrak{D}_0(\mathfrak{A}) = \mathfrak{A}; \quad \mathfrak{D}_{\nu+1}(\mathfrak{A}) = \mathfrak{D}(\mathfrak{D}_\nu(\mathfrak{A})) = \bigcap_n \mathfrak{D}_\nu^n(\mathfrak{A}) \quad \text{für jeden Index } \nu \in \Lambda,$$

$$\mathfrak{D}_\lambda(\mathfrak{A}) = \bigcap_{\nu < \lambda} \mathfrak{D}_\nu(\mathfrak{A}) \quad \text{für jeden Limesindex } \lambda \in \Lambda.$$

Für einen ersten Index $\tau \in \Lambda$ bestehen dann die Gleichungen

$$\mathfrak{D}_\tau(\mathfrak{A}) = \mathfrak{D}_{\tau+1}(\mathfrak{A}) = \mathfrak{D}(\mathfrak{D}_\tau(\mathfrak{A})) = \bigcap_n \mathfrak{D}_\tau^n(\mathfrak{A}), \tag{1.1}$$

$$\mathfrak{D}_\tau^n(\mathfrak{A}) = \mathfrak{D}_\tau(\mathfrak{A}) \quad \text{für jedes } n > 0. \tag{1.2}$$

Als vollständige Gruppe ist $\mathfrak{D}_\tau(\mathfrak{A})$ in $\mathfrak{B} = \mathfrak{B}(\mathfrak{A}) \subseteq \mathfrak{A}$ enthalten. Nun gilt aber für jedes $n > 0$

$$\mathfrak{B} = \mathfrak{B}^n \subseteq \mathfrak{A}^n, \quad \text{also} \quad \mathfrak{B} \subseteq \bigcap_n \mathfrak{A}^n = \mathfrak{D}(\mathfrak{A})$$

und weiter durch transfinite Induktion

$$\mathfrak{B} \subseteq \mathfrak{D}_\lambda(\mathfrak{A}) \quad \text{für jedes } \lambda \in \Lambda, \quad \text{also} \quad \mathfrak{B}(\mathfrak{A}) = \mathfrak{D}_\tau(\mathfrak{A}).$$

Mithin besteht die Gleichung

$$\mathfrak{B}(\mathfrak{A}) = \bigcap_{\lambda \in \Lambda} \mathfrak{D}_\lambda(\mathfrak{A}). \tag{2}$$

Eine *reduzierte abelsche Gruppe* $\mathfrak{A}$ ist durch die Gleichung

$$E = \mathfrak{V}(\mathfrak{A}) = \bigcap_{\lambda \in \Lambda} \mathfrak{D}_\lambda(\mathfrak{A}) = \mathfrak{D}_\tau(\mathfrak{A}) \quad \text{mit einem ersten Index } \tau \in \Lambda$$

gekennzeichnet; bei einer reduzierten abelschen Gruppe $\mathfrak{A}$ bezeichnet man die Untergruppenfolge $(\mathfrak{D}_\nu(\mathfrak{A}))$ als die *Ulmsche Folge*, ihre Faktorgruppen $\mathfrak{D}_\nu(\mathfrak{A})/\mathfrak{D}_{\nu+1}(\mathfrak{A})$ als die *Ulmschen Faktoren*, die Ordnungszahl τ als den *Typus der Gruppe* $\mathfrak{A}$.

Satz 2. *Eine vollständige abelsche Gruppe $\mathfrak{A}$ ist direktes Produkt $\mathfrak{A} = \mathfrak{F}(\mathfrak{A}) \times \mathfrak{T}(\mathfrak{A})$ ihrer maximalen ordnungsfiniten (vollständigen) Untergruppe $\mathfrak{F}(\mathfrak{A})$ und einer torsionsfreien (vollständigen) Untergruppe $\mathfrak{T}(\mathfrak{A})$.*

Beweis. Hat $A \in \mathfrak{A}$ endliche Ordnung, so hat jede Lösung $X_0 \in \mathfrak{A}$ der Gleichung $X_0^n = A$ endliche Ordnung. Für eine vollständige Gruppe $\mathfrak{A}$ ist daher $\mathfrak{F}(\mathfrak{A})$ vollständig und direkter Faktor von $\mathfrak{A}$:

$$\mathfrak{A} = \mathfrak{F}(\mathfrak{A}) \times \mathfrak{T} \quad \text{mit} \quad \mathfrak{T} \cong \mathfrak{A}/\mathfrak{F}(\mathfrak{A}).$$

Der komplementäre Faktor $\mathfrak{T}$ ist torsionsfrei und als homomorphes Bild von $\mathfrak{A}$ vollständig.

Eine abelsche Gruppe $\mathfrak{A}$ heißt *primär (zur Primzahl p)* oder *p-Gruppe*, wenn jedes Element $A \in \mathfrak{A}$ eine Ordnung $\mathrm{ord}(A) = p^a \geq 1$ besitzt. Da das Radikal $\mathfrak{R}_p$ des Endomorphismus φ_p einer abelschen Gruppe $\mathfrak{A}$ alle Elemente $A \in \mathfrak{A}$ enthält, die einer Gleichung

$$A^{p^n} = E \quad \text{mit} \quad n = n(A) \geq 0$$

genügen, ist eine abelsche p-Gruppe $\mathfrak{A}$ auch durch die Gleichung $\mathfrak{A} = \mathfrak{R}_p$ gekennzeichnet.

Hieraus erhalten wir den *Zerlegungssatz*:

Satz 3. *Jede ordnungsfinite abelsche Gruppe $\mathfrak{A}$ ist direktes Produkt*

$$\mathfrak{A} = \underset{p}{\times} \mathfrak{R}_p$$

der Radikale $\mathfrak{R}_p$ ihrer Primzahlendomorphismen φ_p.

Man nennt die Radikale $\mathfrak{R}_p$ auch die *Primärkomponenten* der (ordnungsfiniten) abelschen Gruppe $\mathfrak{A}$.

Beweis. Jedes Element $A \in \mathfrak{A}$ endlicher Ordnung $\mathrm{ord}(A) = p_1^{a_1} p_2^{a_2} \ldots p_k^{a_k}$ (in Primzahlzerlegung) besitzt eine eindeutige Darstellung

$$A = A_1 A_2 \ldots A_k \quad \text{mit} \quad \mathrm{ord}(A_k) = p_\varkappa^{a_\varkappa} \quad \text{für } 1 \leq \varkappa \leq k$$

in Primärkomponenten $A_\varkappa \in \mathfrak{R}_{p_\varkappa}$.

Die Untersuchung der ordnungsfiniten abelschen Gruppen kann damit auf primäre Gruppen beschränkt werden.

Satz 2*. *Jede vollständige abelsche Gruppe $\mathfrak{A}$ ist direktes Produkt*

$$\mathfrak{A} = \mathfrak{A}_0 \times (\underset{p}{\times} \mathfrak{A}_p)$$

vollständiger primärer Gruppen $\mathfrak{A}_p$ *und einer vollständigen torsionsfreien abelschen Gruppe* $\mathfrak{A}_0$.

Beweis. Man hat nur noch zu zeigen, daß die Primärkomponenten einer vollständigen ordnungsfiniten abelschen Gruppe $\mathfrak{A}$ vollständig sind. Nach Satz 2 und Satz 3 ist jede Primärkomponente $\mathfrak{A}_p$ homomorphes Bild von $\mathfrak{A}$, also vollständig.

2.4.2. Primäre Gruppen

Bezeichnet $\mathfrak{K}_n$ für eine abelsche p-Gruppe $\mathfrak{A}$ den Kern des Endomorphismus φ_p^n, so ist

$$E = \mathfrak{K}_0 \subseteq \mathfrak{K}_1 \subseteq \cdots \subseteq \mathfrak{K}_n \subseteq \mathfrak{K}_{n+1} \subseteq \cdots \subseteq \mathfrak{A}$$

eine aufsteigende Folge vollinvarianter Untergruppen in $\mathfrak{A}$ mit der Vereinigung $\mathfrak{R}_p = \mathfrak{A}$. Dabei besteht die Alternative

$$E = \mathfrak{K}_0 \subset \mathfrak{K}_1 \subset \cdots \subset \mathfrak{K}_{m-1} \subset \mathfrak{K}_m = \mathfrak{A} \quad \text{für } m \geq 0$$

oder

$$E = \mathfrak{K}_0 \subset \mathfrak{K}_1 \subset \cdots \subset \mathfrak{K}_n \subset \cdots \subset \mathfrak{A}.$$

Die erste Möglichkeit kennzeichnet den Fall der *ordnungsbeschränkten primären Gruppe*. Der Kern $\mathfrak{K}_1$ des Endomorphismus φ_p in der p-Gruppe $\mathfrak{A}$ besteht aus den Elementen $A \in \mathfrak{A}$ mit $A^p = E$, ist also das Kompositum aller minimalen Normalteiler von $\mathfrak{A}$, d. h. *der Sockel der Gruppe* $\mathfrak{A}$.

Die Struktur der ordnungsbeschränkten abelschen Gruppen bestimmt der *Zerlegungssatz*:

Satz 4. *Jede ordnungsbeschränkte abelsche Gruppe* $\mathfrak{A}$ *ist direktes Produkt endlicher zyklischer Gruppen.*

Beweis. Man kann sich auf p-Gruppen $\mathfrak{A}$ beschränken; hier bilden die iterierten Kerne $\mathfrak{K}_n$ des Endomorphismus φ_p eine endliche Kette

$$E = \mathfrak{K}_0 \subset \mathfrak{K}_1 \subset \cdots \subset \mathfrak{K}_{m-1} \subset \mathfrak{K}_m = \mathfrak{A};$$

jede zyklische Untergruppe $\mathfrak{Z} \subseteq \mathfrak{A}$ besitzt eine Ordnung $\operatorname{ord}(\mathfrak{Z}) \leq p^m$, wenigstens eine zyklische Untergruppe $\mathfrak{Z}_1$ die Ordnung $\operatorname{ord}(\mathfrak{Z}_1) = p^m$.

Aus der (wohlgeordneten) Menge aller zyklischen Untergruppen

$$(\mathfrak{U}): \quad E = \mathfrak{U}_0, \mathfrak{U}_1, \ldots, \mathfrak{U}_\nu, \mathfrak{U}_{\nu+1}, \ldots, \mathfrak{U}_\sigma \quad \text{mit } \sigma \in \Lambda$$

von $\mathfrak{A}$ wird eine Auswahl getroffen nach folgender Vorschrift:

1. Es sei $\mathfrak{Z}_1$ die erste Untergruppe der Ordnung p^m.
2. Für jedes $\lambda \in \Lambda$ sei $\mathfrak{Z}_\lambda$ die erste Untergruppe maximaler Ordnung, die mit $\mathfrak{H}_\lambda^* = \prod_{\nu < \lambda} \mathfrak{Z}_\nu$ den Durchschnitt $\mathfrak{Z}_\lambda \cap \mathfrak{H}_\lambda^* = E$ besitzt. Auf Grund dieser Auswahl gilt

$$\mathfrak{H}_\lambda = \mathfrak{H}_\lambda^* \times \mathfrak{Z}_\lambda = \underset{\nu \leq \lambda}{\times} \mathfrak{Z}_\nu \quad \text{für jedes } \lambda \in \Lambda:$$

für einen ersten Index $\tau \in \Lambda$ entsteht ein direktes Produkt

$$\mathfrak{H} = \underset{\nu < \tau}{\times} \mathfrak{Z}_\nu \subseteq \mathfrak{A},$$

zu dem keine Untergruppe $\mathfrak{U}_\mu \neq E$ in $\mathfrak{A}$ mit $\mathfrak{H} \cap \mathfrak{U}_\mu = E$ existiert.

Wir haben die Gleichung $\mathfrak{H} = \mathfrak{A}$ nachzuweisen. Die Gruppe $\mathfrak{H}$ enthält den Sockel $\mathfrak{K}_1$ von $\mathfrak{A}$; andernfalls enthielte $\mathfrak{A}$ noch eine zyklische Untergruppe $\mathfrak{U}_\mu$ der Ordnung p, für die $\mathfrak{U}_\mu \cap \mathfrak{H} = E$. Nun bezeichne $\mathfrak{C}_n$ (für $1 \leq n \leq m$) das Kompositum aller Faktoren $\mathfrak{Z}_\nu$ von $\mathfrak{H}$ mit einer Ordnung $\operatorname{ord}(\mathfrak{Z}_\nu) \geq p^n$. Unter der Induktionsannahme $\mathfrak{K}_{n-1} \subseteq \mathfrak{H}$ erzeugt ein Element $A \in \mathfrak{K}_n$, das $\mathfrak{H}$ nicht angehört, eine zyklische Untergruppe $\mathfrak{U} = \{A\}$, für die $\mathfrak{U} \cap \mathfrak{C}_n \neq E$; denn andernfalls wäre $\mathfrak{U}$ bei der Bildung von $\mathfrak{H}$ unter die Faktoren $\mathfrak{Z}_\nu$ aufgenommen worden. Daher ist $C = A^{p^{n-1}}$ in $\mathfrak{C}_n \cap \mathfrak{U}$ enthalten; da $\mathfrak{C}_n$ direktes Produkt von zyklischen Gruppen $\mathfrak{Z}_\nu$ einer Ordnung $\operatorname{ord}(\mathfrak{Z}_\nu) \geq p^n$ ist, gilt auch $C = C_0^{p^{n-1}}$ mit $C_0 \in \mathfrak{C}_n$. Hieraus folgt

$$A \equiv C_0 \bmod \mathfrak{K}_{n-1}, \quad \text{also} \quad A \equiv E \bmod \mathfrak{K}_{n-1} \mathfrak{C}_n \subseteq \mathfrak{H}.$$

Für den Typus der *regulären p-Gruppe* $\mathfrak{A}$:

$$\mathfrak{A} = \mathfrak{K}_1, \quad \text{d. h.} \quad A^p = E \quad \text{für jedes } A \in \mathfrak{A},$$

entnehmen wir hieraus

Satz 4*. *Jede reguläre abelsche p-Gruppe $\mathfrak{A}$ ist direktes Produkt zyklischer Faktoren der Ordnung p.*

Insbesondere gilt also:

Der Sockel $\mathfrak{K}_1$ einer primären Gruppe $\mathfrak{A}$ ist direktes Produkt zyklischer Gruppen von Primzahlordnung.

Den Zerlegungssatz ergänzt der *Eindeutigkeitssatz*:

Satz 4**. *Die abelsche p-Gruppe $\mathfrak{A}$ besitze eine direkte Zerlegung in zyklische Gruppen. Dann sind je zwei solche Zerlegungen isomorph.*

Beweis. Eine direkte Zerlegung der p-Gruppe

$$\mathfrak{A} = \underset{\iota}{\times} \mathfrak{Z}_\iota \quad (\text{über } \iota \in I)$$

in zyklische Gruppe $\mathfrak{Z}_\iota$ besitzt eine Vergröberung

$$\mathfrak{A} = \underset{n=1}{\overset{\infty}{\times}} \mathfrak{B}_n,$$

deren Faktoren $\mathfrak{B}_n$ jeweils alle Faktoren $\mathfrak{Z}_\iota$ der Ordnung p^n zusammenfassen; treten solche Faktoren nicht auf, ist $\mathfrak{B}_n = E$ zu setzen.

Der Sockel $\mathfrak{K}_1$ von $\mathfrak{A}$ ist das direkte Produkt der Sockel $\mathfrak{B}_{n1}$ aller Faktoren $\mathfrak{B}_n$. Setzt man

$$\mathfrak{C}_m = \underset{n=m}{\overset{\infty}{\times}} \mathfrak{B}_n; \quad \mathfrak{D}_m = \underset{n=m}{\overset{\infty}{\times}} \mathfrak{B}_{n1} \quad \text{für } 1 \leq m < \infty,$$

so besteht die Isomorphie
$$\mathfrak{B}_{m1} \cong \mathfrak{D}_m/\mathfrak{D}_{m+1}.$$

Jedes $D \in \mathfrak{D}_m \subseteq \mathfrak{C}_m$ (der Ordnung p) besitzt eine Darstellung $D = C^{p^{m-1}}$ mit $C \in \mathfrak{C}_m$. Umgekehrt erhält man für ein Element $D = A^{p^{m-1}} \in \mathfrak{A}$ der Ordnung ord$(D) = p$ durch

$$A = C_0 C \quad \text{mit} \quad C_0 \in \underset{n=1}{\overset{m-1}{\times}} \mathfrak{B}_n \quad \text{und} \quad C \in \mathfrak{C}_m$$

auch die Darstellung

$$D = A^{p^{m-1}} = C_0^{p^{m-1}} C^{p^{m-1}} = C^{p^{m-1}} \quad \text{mit } C \in \mathfrak{C}_m.$$

Daher besteht die Gleichung

$$\mathfrak{D}_m = \mathfrak{K}_1 \cap \mathfrak{A}^{p^{m-1}} \quad \text{für } 1 \leq m < \infty.$$

Der Sockel $\mathfrak{B}_{m1}$ ist damit (bis auf Isomorphie) unabhängig von der direkten Zerlegung von $\mathfrak{A}$ bestimmt; da $\mathfrak{B}_m$ als direktes Produkt zyklischer Gruppen gleicher Ordnung p^m durch den Sockel und den Exponenten m strukturell gekennzeichnet ist, folgt die Behauptung.

Die *abelsche p-Gruppe* $\mathfrak{P}$ *vom Typus* p^∞ zeigt, daß nicht jede primäre Gruppe eine direkte Zerlegung in zyklische Untergruppen gestattet. Nennt man eine in zyklische Gruppen direkt zerlegbare abelsche Gruppe *vollzerlegbar*, so folgt aus Satz 4:

Jede abelsche p-Gruppe $\mathfrak{A}$ *ist Vereinigung einer abzählbaren Kette*

$$E = \mathfrak{A}_0 \subseteq \mathfrak{A}_1 \subseteq \mathfrak{A}_2 \subseteq \cdots \subseteq \mathfrak{A}_n \subseteq \cdots \subseteq \mathfrak{A}$$

vollzerlegbarer Untergruppen $\mathfrak{A}_n \subseteq \mathfrak{A}$.

Beweis. Die iterierten Kerne $\mathfrak{K}_n \subseteq \mathfrak{A}$ nach dem Endomorphismus φ_p bilden eine solche Kette.

Jede abelsche p-Gruppe $\mathfrak{A}$ ist direktes Produkt der maximalen vollständigen Untergruppe $\mathfrak{B}(\mathfrak{A})$ und einer reduzierten Untergruppe $\mathfrak{U}(\mathfrak{A})$. Eine vollständige abelsche p-Gruppe $\mathfrak{B}$ ist durch die Bedingung $\mathfrak{B}^p = \mathfrak{B}$ gekennzeichnet, da jede von p verschiedene Primzahl q in jeder abelschen p-Gruppe einen Automorphismus φ_q induziert. Für eine abelsche p-Gruppe $\mathfrak{A}$ läßt sich daher die Ulmsche Folge $(\mathfrak{D}_\nu(\mathfrak{A}))$ zur *Bildgruppenfolge* $(\mathfrak{A}^{(\nu)})$ nach φ_p verfeinern:

$$\mathfrak{A}^{(0)} = \mathfrak{A}; \quad \mathfrak{A}^{(\nu+1)} = (\mathfrak{A}^{(\nu)})^p \quad \text{für jeden Index } \nu \in \Lambda,$$

$$\mathfrak{A}^{(\lambda)} = \bigcap_{\nu < \lambda} \mathfrak{A}^{(\nu)} \quad \text{für jeden Limesindex } \lambda \in \Lambda.$$

Dabei gilt

$$\mathfrak{A}^{(\omega)} = \bigcap_n \mathfrak{A}^{(n)} = \bigcap_n \mathfrak{A}^{p^n} = \bigcap_n \mathfrak{A}^n = \mathfrak{D}(\mathfrak{A}).$$

Die Bildgruppen $\mathfrak{A}^{(\nu)}$ sind vollinvariant in $\mathfrak{A}$; tritt für einen Index $\sigma \in \Lambda$ die Gleichung

$$\mathfrak{A}^{(\sigma)} = \mathfrak{A}^{(\sigma+1)} = (\mathfrak{A}^{(\sigma)})^p$$

ein, so ist $\mathfrak{A}^{(\sigma)}$ die maximale vollständige Untergruppe $\mathfrak{V}(\mathfrak{A})$ in $\mathfrak{A}$. Zu jedem Index $\mu \in \Lambda$ gibt es einen ersten Index $\lambda \in \Lambda$, für den $\mathfrak{A}^{(\lambda)} = \mathfrak{D}_\mu(\mathfrak{A})$. Durch transfinite Induktion findet man leicht:

Für eine Untergruppe $\mathfrak{U}$ der abelschen p-Gruppe $\mathfrak{A}$ gilt

$$\mathfrak{U}^{(\lambda)} \subseteq \mathfrak{A}^{(\lambda)} \cap \mathfrak{U} \quad \textit{für jeden Index } \lambda \in \Lambda, \tag{1}$$

$$\mathfrak{A}^{(\lambda)} \, \mathfrak{U}/\mathfrak{U} \subseteq (\mathfrak{A}/\mathfrak{U})^{(\lambda)} \quad \textit{für jeden Index } \lambda \in \Lambda. \tag{2}$$

Eine Untergruppe $\mathfrak{U}$ einer abelschen p-Gruppe $\mathfrak{A}$ heißt *Servanzuntergruppe in $\mathfrak{A}$*, wenn

$$\mathfrak{U}^{(\lambda)} = \mathfrak{U} \cap \mathfrak{A}^{(\lambda)} \quad \text{für jeden Index } \lambda \in \Lambda. \tag{3}$$

Satz 5. *Jeder direkte Faktor $\mathfrak{U}$ einer primären Gruppe $\mathfrak{A} = \mathfrak{U} \times \mathfrak{U}^*$ ist Servanzuntergruppe.*

Beweis. Nimmt man die Beziehung (3) für jeden Index $\nu < \lambda$ als bewiesen an, so gilt für einen Limesindex

$$\mathfrak{U}^{(\lambda)} = \bigcap_{\nu<\lambda} \mathfrak{U}^{(\nu)} = \bigcap_{\nu<\lambda} (\mathfrak{U} \cap \mathfrak{A}^{(\nu)}) = \mathfrak{U} \cap \bigcap_{\nu<\lambda} \mathfrak{A}^{(\nu)} = \mathfrak{U} \cap \mathfrak{A}^{(\lambda)}.$$

Ist λ nicht Limesindex, so besitzt jedes $U \in \mathfrak{U} \cap \mathfrak{A}^{(\lambda)}$ eine Darstellung

$$U = X_0^p \quad \text{mit} \quad X_0 = U_0 V_0 \in \mathfrak{A}^{(\lambda-1)}; \quad U_0 \in \mathfrak{U}; \quad V_0 \in \mathfrak{U}^*.$$

Hieraus folgt

$$U_0^p V_0^p = U; \quad U_0^p = U; \quad V_0^p = E, \quad \text{also} \quad U_0 \in \mathfrak{A}^{(\lambda-1)} \cap \mathfrak{U} = \mathfrak{U}^{(\lambda-1)}.$$

Mithin gilt

$$\mathfrak{U} \cap \mathfrak{A}^{(\lambda)} = (\mathfrak{U}^{(\lambda-1)})^p = \mathfrak{U}^{(\lambda)}.$$

Die Struktur der vollständigen primären Gruppen $\mathfrak{A}$ zeigt der

Satz 6. *Jede vollständige abelsche p-Gruppe $\mathfrak{A}$ ist direktes Produkt*

$$\mathfrak{A} = \underset{\iota}{\times} \mathfrak{B}_\iota \quad (\text{über } \iota \in \mathrm{I})$$

von (isomorphen) Gruppen $\mathfrak{B}_\iota$ des Typus p^ω.

Beweis. Zu jedem $A \in \mathfrak{A}$ der Ordnung p^k läßt sich in der vollständigen abelschen p-Gruppe $\mathfrak{A}$ eine Elementefolge erklären:

$$A = A_k; \quad A_\varkappa = A_{\varkappa+1}^p \quad \text{für } 1 \leq \varkappa \leq k-1; \quad A_{n-1} = A_n^p \quad \text{für } n > k;$$

daher existiert eine A enthaltende Untergruppe $\{\bigcup_n A_n\}$ in $\mathfrak{A}$ vom Typus p^ω. Ist nun

$$\mathfrak{K}_1 = \underset{\iota}{\times} \mathfrak{Z}_\iota \quad (\text{über } \iota \in \mathrm{I})$$

der Sockel der Gruppe $\mathfrak{A}$ in direkter Zerlegung nach zyklischen Untergruppen $\mathfrak{Z}_\iota$ der Ordnung p, so existiert für jedes $\iota \in \mathsf{I}$ eine $\mathfrak{Z}_\iota$ umfassende Untergruppe $\mathfrak{B}_\iota$ vom Typus p^∞. Ihr Kompositum ist direktes Produkt

$$\mathfrak{G} = \underset{\iota}{\times} \mathfrak{B}_\iota \qquad (\text{über } \iota \in \mathsf{I});$$

denn andernfalls müßte für einen Index $\iota \in \mathsf{I}$ gelten

$$\mathfrak{B}_\iota \cap \prod_{\varkappa \neq \iota} \mathfrak{B}_\varkappa \neq E, \quad \text{also} \quad \mathfrak{Z}_\iota \cap \prod_{\varkappa \neq \iota} \mathfrak{Z}_\varkappa \neq E.$$

Ist der Kern $\mathfrak{K}_{n-1}$ in $\mathfrak{G}$ enthalten, so besteht für jedes $A \in \mathfrak{K}_n$, da $\mathfrak{G}$ vollständig ist, die Beziehung

$$A^p \equiv E \bmod \mathfrak{K}_{n-1}, \quad \text{also} \quad A^p = G = G_0^p \quad \text{mit } G, G_0 \in \mathfrak{G}.$$

Daraus folgt

$$A \equiv G_0 \bmod \mathfrak{K}_1, \quad \text{also} \quad A \equiv E \bmod \mathfrak{G}.$$

Mithin besteht die Gleichung

$$\mathfrak{G} = \mathfrak{A} = \underset{\iota}{\times} \mathfrak{B}_\iota \qquad (\text{über } \iota \in \mathsf{I}).$$

Die direkte Zerlegung einer vollständigen abelschen p-Gruppe $\mathfrak{A}$ in Faktoren vom Typus p^∞ ist im wesentlichen eindeutig. Im unendlichen Falle stimmt die Mächtigkeit der Gruppe $\mathfrak{A}$ mit der Mächtigkeit der Faktorenmenge überein; im endlichen Falle ist der Sockel $\mathfrak{K}_1$ eine endliche Gruppe, deren Ordnung nicht von der direkten Zerlegung von $\mathfrak{A}$ abhängt.

Da der Sockel $\mathfrak{K}_1$ einer abelschen p-Gruppe $\mathfrak{A}$ eine (im wesentlichen eindeutige) Zerlegung

$$\mathfrak{K}_1 = \underset{\iota}{\times} \mathfrak{Z}_\iota \qquad (\text{über } \iota \in \mathsf{I})$$

in zyklischen Faktoren der Ordnung p besitzt, ist die Mächtigkeit der Faktorenmenge eine Invariante, der *Rang* $r = r(\mathfrak{A})$ *der Gruppe* $\mathfrak{A}$. Der Rang einer vollständigen Gruppe $\mathfrak{A}$ ist die Mächtigkeit der Faktorenmenge in ihrer Zerlegung nach Faktoren vom Typus p^∞.

Unter dieser Festsetzung gilt der *Einbettungssatz*:

Satz 6*. *Jede abelsche p-Gruppe $\mathfrak{A}$ vom Rang $r = r(\mathfrak{A})$ ist einer Untergruppe $\mathfrak{U}$ der vollständigen abelschen p-Gruppe $\mathfrak{B}$ gleichen Ranges $r(\mathfrak{B}) = r$ isomorph.*

Beweis. Besitzt der Sockel $\mathfrak{K}_1$ der Gruppe $\mathfrak{A}$ die Zerlegung

$$\mathfrak{K}_1 = \underset{\iota}{\times} \mathfrak{Z}_\iota \qquad (\text{über } \iota \in \mathsf{I})$$

in Faktoren $\mathfrak{Z}_\iota = \{Z_\iota\}$ der Ordnung p, so bilde man mit der gleichen Indexmenge I Gruppen

$$\mathfrak{H}_\iota = \{\bigcup_n H_{\iota n}\} \quad \text{mit} \quad H_{\iota n}^p = H_{\iota, n-1}; \; H_{\iota 0} = E \quad \text{über } 1 \leq n < \infty$$

vom Typus p^ω und deren direktes Produkt
$$\mathfrak{B} = \underset{\iota}{\times}\, \mathfrak{H}_\iota \qquad (\text{über } \iota \in \mathsf{I}).$$
Die Zuordnung
$$\tau_1: \quad Z_\iota \to H_{\iota 1} \qquad \text{für jedes } \iota \in \mathsf{I}$$
bestimmt einen Isomorphismus τ_1 des Sockels $\mathfrak{K}_1 \subseteq \mathfrak{A}$ auf den Sockel $\mathfrak{K}_1^{\tau_1} = \mathfrak{U}_1$ der vollständigen Gruppe $\mathfrak{B}$. Ist in der Folge
$$E = \mathfrak{K}_0 \subseteq \mathfrak{K}_1 \subseteq \cdots \subseteq \mathfrak{K}_n \subseteq \mathfrak{K}_{n+1} \subseteq \cdots \subseteq \mathfrak{A}$$
der iterierten Kerne $\mathfrak{K}_n$ von $\mathfrak{A}$ nach dem Endomorphismus φ_p für $\mathfrak{K}_{n-1}$ ein Isomorphismus $\tau = \tau_{n-1}$ in die Gruppe $\mathfrak{B}$ bestimmt:
$$\tau = \tau_{n-1}: \quad \mathfrak{K}_{n-1} \cong \mathfrak{K}_{n-1}^\tau = \mathfrak{U}_{n-1} \subseteq \mathfrak{B},$$
so besitzt $\mathfrak{K}_n$ nach Satz 4 eine direkte Zerlegung
$$\mathfrak{K}_n = \left(\underset{\varkappa}{\times} \mathfrak{B}_\varkappa\right) \times \left(\underset{\lambda}{\times} \mathfrak{C}_\lambda\right) \qquad (\text{über } \varkappa \in \mathsf{K};\ \lambda \in \mathsf{K}^*)$$
in zyklische Gruppen
$$\mathfrak{B}_\varkappa = \{B_\varkappa\} \quad \text{mit} \quad \operatorname{ord}(\mathfrak{B}_\varkappa) = p^n; \quad \mathfrak{C}_\lambda = \{C_\lambda\} \quad \text{mit} \quad \operatorname{ord}(\mathfrak{C}_\lambda) < p^n.$$
Daher gilt
$$\mathfrak{K}_{n-1} = \left(\underset{\varkappa}{\times} \{B_\varkappa^p\}\right) \times \left(\underset{\lambda}{\times} \mathfrak{C}_\lambda\right); \quad \mathfrak{U}_{n-1} = \mathfrak{K}_{n-1}^\tau = \left(\underset{\varkappa}{\times} \{B_\varkappa^p\}^\tau\right) \times \left(\underset{\lambda}{\times} \mathfrak{C}_\lambda^\tau\right).$$
Nun bestimmt die Zuordnung
$$\tau_n: \quad B_\varkappa \to B_\varkappa^{\tau_n} = B_\varkappa^*; \quad C_\lambda \to C_\lambda^{\tau_n} = C_\lambda^{\tau_{n-1}}$$
mit Elementen $B_\varkappa^* \in \mathfrak{B}$, die den Bedingungen genügen:
$$B_\varkappa^{*\,p} = (B_\varkappa^p)^\tau \qquad (\text{für } \varkappa \in \mathsf{K}),$$
einen Isomorphismus τ_n der Gruppe $\mathfrak{K}_n$ in die Gruppe $\mathfrak{B}$, der den Isomorphismus τ_{n-1} von $\mathfrak{K}_{n-1}$ in $\mathfrak{B}$ fortsetzt. Die Vereinigung
$$\mathfrak{U}_\omega = \bigcup_{n=0}^{\infty} \mathfrak{U}_n \subseteq \mathfrak{B}$$
ist daher isomorphes Bild der Gruppe $\mathfrak{A}$ in der Gruppe $\mathfrak{B}$.

Beispiel. Eine *abelsche Gruppe* $\mathfrak{A}$, *die der Minimalbedingung genügt*, ist ordnungsfinit, also direktes Produkt
$$\mathfrak{A} = \mathfrak{A}_{p_1} \times \mathfrak{A}_{p_2} \times \cdots \times \mathfrak{A}_{p_n}$$
endlich vieler (von E verschiedener) Primärkomponenten, die der Minimalbedingung genügen.

Genügt eine abelsche p-Gruppe $\mathfrak{A}$ der Minimalbedingung, so besitzt sie eine endliche Kette iterierter Bildgruppen nach φ_p:

$$\mathfrak{A} = \mathfrak{A}^{(0)} \supset \mathfrak{A}^{(1)} \supset \cdots \supset \mathfrak{A}^{(m)} = \mathfrak{A}^{(m+1)} = \cdots.$$

Dabei ist $\mathfrak{A}^{(m)} = \mathfrak{V}(\mathfrak{A})$ die maximale vollständige Untergruppe von

$$\mathfrak{A} = \mathfrak{V}(\mathfrak{A}) \times \mathfrak{U}(\mathfrak{A})$$

und direktes Produkt

$$\mathfrak{V}(\mathfrak{A}) = \mathfrak{P}_1 \times \mathfrak{P}_2 \times \cdots \times \mathfrak{P}_k$$

einer endlichen Anzahl $k \geq 0$ von Gruppen $\mathfrak{P}_\varkappa$ vom Typus p^∞. Der reduzierte Faktor $\mathfrak{U} = \mathfrak{U}(\mathfrak{A}) \cong \mathfrak{A}/\mathfrak{V}(\mathfrak{A})$ besitzt die Bildgruppen

$$\mathfrak{U}^{(n)} \cong (\mathfrak{A}/\mathfrak{A}^{(m)})^{(n)} = \mathfrak{A}^{(n)}/\mathfrak{A}^{(m)} \qquad \text{für } 0 \leq n \leq m,$$

also die Bildgruppenreihe

$$\mathfrak{U} = \mathfrak{U}^{(0)} \supset \mathfrak{U}^{(1)} \supset \cdots \supset \mathfrak{U}^{(m)} = E.$$

Als ordnungsbeschränkte Gruppe, die der Minimalbedingung genügt, besitzt $\mathfrak{U}$ eine (im wesentlichen eindeutige) direkte Zerlegung

$$\mathfrak{U} = \mathfrak{Z}_1 \times \mathfrak{Z}_2 \times \cdots \times \mathfrak{Z}_l$$

in zyklische Faktoren $\mathfrak{Z}_\lambda$ gewisser Ordnungen $\mathrm{ord}(\mathfrak{Z}_\lambda) = p^{z_\lambda}$.

Jede abelsche p-Gruppe $\mathfrak{A}$, die der Minimalbedingung genügt, ist direktes Produkt

$$\mathfrak{A} = \mathfrak{P}_1 \times \mathfrak{P}_2 \times \cdots \times \mathfrak{P}_k \times \mathfrak{Z}_1 \times \mathfrak{Z}_2 \times \cdots \times \mathfrak{Z}_l$$

einer endlichen Anzahl $k \geq 0$ von Gruppen $\mathfrak{P}_\varkappa$ des Typus p^∞ und einer endlichen Anzahl $l \geq 0$ von zyklischen Gruppen $\mathfrak{Z}_\lambda$ der Ordnungen p^{z_λ}. Die Anzahlen $k \geq 0$; $l \geq 0$ und (im Falle $l > 0$) die Exponenten $z_1, z_2, \ldots, z_l$ kennzeichnen die Struktur der Gruppe.

2.4.3. Die reduzierten primären Gruppen

Die Struktur der reduzierten primären Gruppen beherrscht man vollständig nur im endlichen und abzählbar unendlichen Fall; der endliche Fall wird bereits durch den Zerlegungssatz für ordnungsbeschränkte abelsche Gruppen erfaßt.

Die (abzählbare) Folge iterierter Bildgruppen

$$\mathfrak{A} = \mathfrak{A}^{(0)} \supseteq \mathfrak{A}^{(1)} \supseteq \cdots \supseteq \mathfrak{A}^{(k)} \supseteq \mathfrak{A}^{(k+1)} \supseteq \cdots$$

einer abelschen p-Gruppe $\mathfrak{A}$ nach dem Endomorphismus φ_p liefert im Durchschnitt

$$\mathfrak{A}^{(\omega)} = \bigcap_{k=0}^{\infty} \mathfrak{A}^{(k)} = \mathfrak{D}(\mathfrak{A})$$

das erste Glied der Ulmschen Folge von $\mathfrak{A}$. Ein Element $A \in \mathfrak{A}$ besitzt die *Höhe* $h = h(A)$, wenn es der Gruppe $\mathfrak{A}^{(h)}$, aber nicht der Gruppe $\mathfrak{A}^{(h+1)}$ angehört, also eine Lösung $X_0 \in \mathfrak{A}$ nur für Gleichungen $X^{p^n} = A$ mit einem Exponenten $n \leq h$ zuläßt; ein Element $A \in \mathfrak{D}(\mathfrak{A})$ besitzt *unendliche Höhe* $h(A) = \omega$, da es für jede Gleichung $X^{p^n} = A$ wenigstens eine Lösung $X_0 \in \mathfrak{A}$ zuläßt. Die Einheit E wird hierbei zumeist aus der Betrachtung ausgeschlossen. Elemente der Höhe $h(A) = 0$ gehören $\mathfrak{A}$, aber nicht $\mathfrak{A}^{(1)}$ an.

Die Gleichung $\mathfrak{D}(\mathfrak{A}) = E$ kennzeichnet die Gruppen vom Typus $\tau(\mathfrak{A}) = 1$ oder die *primären Gruppen ohne Elemente unendlicher Höhe*, die Gleichung $\mathfrak{D}(\mathfrak{A}) = \mathfrak{A}$ die vollständigen primären Gruppen.

Auch reduzierte primäre Gruppen können Elemente unendlicher Höhe enthalten; um ein Beispiel geben zu können, schicken wir voraus:

Satz 7*. *Jede vollzerlegbare primäre Gruppe $\mathfrak{A}$ ist vom Typus $\tau(\mathfrak{A}) = 1$.*

Beweis. In einer vollzerlegbaren primären Gruppe $\mathfrak{A}$ ist jedes $A \in \mathfrak{D}(\mathfrak{A})$ in einem endlichen direkten Faktor $\mathfrak{U}$ von $\mathfrak{A}$ enthalten:

$$\mathfrak{A} = \mathfrak{U} \times \mathfrak{U}^* \quad \text{mit} \quad A \equiv E \bmod \mathfrak{U} \cap \mathfrak{D}(\mathfrak{A}).$$

Da $\mathfrak{U}$ Servanzuntergruppe von $\mathfrak{A}$ ist, folgt

$$\mathfrak{U} \cap \mathfrak{D}(\mathfrak{A}) = \mathfrak{U} \cap \mathfrak{A}^{(\omega)} = \mathfrak{U}^{(\omega)} = E, \quad \text{also} \quad \mathfrak{D}(\mathfrak{A}) = E.$$

Beispiel (H. PRÜFER). In der abelschen Gruppe

$$\mathfrak{H} = \{\bigcup_{m=0}^{\infty} H_m\} \quad \text{mit} \quad H_0^p = [H_m, H_n] = E;\ H_m^{p^m} = H_0 \quad \text{für } 1 \leq m,\ n < \infty$$

gehört die Untergruppe $\mathfrak{U}_0 = \{H_0\}$ jeder Bildgruppe $\mathfrak{H}^{(m)}$, also dem Durchschnitt $\mathfrak{H}^{(\omega)}$ an. Die Faktorgruppe $\mathfrak{H}/\mathfrak{U}_0$ ist direktes Produkt

$$\mathfrak{H}/\mathfrak{U}_0 = \underset{n=1}{\overset{\infty}{\times}} \mathfrak{Z}_n/\mathfrak{U}_0$$

zyklischer Gruppen $\mathfrak{Z}_n/\mathfrak{U}_0$ der Ordnungen p^n, so daß

$$\mathfrak{H}^{(\omega)} \mathfrak{U}_0/\mathfrak{U}_0 \subseteq (\mathfrak{H}/\mathfrak{U}_0)^{(\omega)} = 1, \quad \text{also} \quad \mathfrak{H}^{(\omega)} \subseteq \mathfrak{U}_0.$$

Damit folgt

$$\mathfrak{H}^{(\omega+1)} = \mathfrak{U}_0^{(1)} = E; \quad \mathfrak{D}_2(\mathfrak{H}) = \mathfrak{D}(\mathfrak{U}_0) = E.$$

Die primäre Gruppe $\mathfrak{H}$ ist reduziert, besitzt aber Elemente unendlicher Höhe.

Der Satz 7* kann im abzählbar unendlichen Falle umgekehrt werden:

Satz 7 (H. PRÜFER). *Eine abzählbar unendliche primäre Gruppe $\mathfrak{A}$ ist genau dann vom Typus $\tau(\mathfrak{A}) = 1$, wenn sie vollzerlegbar ist.*

Beweis. Wir schicken voraus:

2.4.3. Die reduzierten primären Gruppen

Lemma 1. *Jedes Element A einer abelschen p-Gruppe $\mathfrak{A}$ der Ordnung $\mathrm{ord}(A)=p$ und der (endlichen) Höhe $h(A)=h$ ist in einer zyklischen Servanzuntergruppe $\mathfrak{U}$ der Ordnung p^{h+1} enthalten.*

Beweis. Nach Voraussetzung existiert eine zyklische Untergruppe $\mathfrak{U}=\{U\}$ der Ordnung p^{h+1}, die $A=U^{p^h}$ enthält. Ihre Bildgruppen nach φ_p sind

$$\mathfrak{U}^{(n)}=\{U^{p^n}\} \quad \text{mit} \quad \mathfrak{U}^{(n)} \subseteq \mathfrak{U} \cap \mathfrak{A}^{(n)} \quad \text{für } 0 \leq n < \infty.$$

Für $n > h$ gilt daher $E = \mathfrak{U} \cap \mathfrak{A}^{(n)} = \mathfrak{U}^{(n)}$. Wäre im Falle $n \leq h$ aber $\mathfrak{U}^{(n)} \subset \mathfrak{U} \cap \mathfrak{A}^{(n)}$, so enthielte $\mathfrak{U} \cap \mathfrak{A}^{(n)}$ außer A ein Element

$$U^{p^f} = X_0^{p^n} \quad \text{mit } X_0 \in \mathfrak{A} \text{ und } f < n \leq h;$$

dann wäre aber im Widerspruch zur Voraussetzung $h(A) = h$

$$A = U^{p^h} = X_0^{p^{n+h-f}} \quad \text{mit } n+h-f > h.$$

Lemma 2. *Ist $\mathfrak{U}$ endliche Servanzuntergruppe der primären Gruppe $\mathfrak{A}$ vom Typus $\tau = 1$, so existiert zu jedem Element $A \in \mathfrak{A}$ eine die Gruppe $\{\mathfrak{U} \cup A\}$ umfassende endliche Servanzuntergruppe $\mathfrak{B} \subset \mathfrak{A}$.*

Beweis. Da die Gruppe $\mathfrak{A}$ nur Elemente endlicher Höhe besitzt, gilt das gleiche für die Faktorgruppe $\mathfrak{A}/\mathfrak{U}$ nach der endlichen Servanzuntergruppe $\mathfrak{U}$. Wäre nämlich die Kongruenz

$$X^{p^n} \equiv B \bmod \mathfrak{U} \quad \text{für } B \not\equiv E \bmod \mathfrak{U}$$

und jeden Exponenten n lösbar, so wäre für wenigstens ein Element $U_0 \in \mathfrak{U}$ auch die Gleichung $X^{p^n} = B U_0$ für unendlich viele Exponenten, also für alle Exponenten n in $\mathfrak{A}$ lösbar.

Bestimmt man zu einer Restklasse $\mathfrak{U} A$ der Ordnung p und der Höhe h eine Lösung $C \in \mathfrak{A}$ der Kongruenz

$$C^{p^h} \equiv A \bmod \mathfrak{U},$$

so ist $\{\mathfrak{U} \cup A\}$ in der endlichen Gruppe $\{\mathfrak{U} \cup C\} = \mathfrak{B}$ enthalten. Nach Lemma 1 ist $\mathfrak{B}/\mathfrak{U}$ Servanzuntergruppe in $\mathfrak{A}/\mathfrak{U}$ und daher

$$\mathfrak{A}^{(k)} \cap \mathfrak{B}/\mathfrak{U} = (\mathfrak{B}/\mathfrak{U})^{(k)} = \mathfrak{B}^{(k)} \mathfrak{U}/\mathfrak{U} \quad \text{oder} \quad \mathfrak{B}^{(k)} \mathfrak{U} = \mathfrak{A}^{(k)} \cap \mathfrak{B} \quad \text{für } 0 \leq k < \infty.$$

Jedes Element $V \in \mathfrak{B} \cap \mathfrak{A}^{(k)}$ besitzt daher eine Darstellung

$$V = A^{p^k} = V_0^{p^k} U \quad \text{mit} \quad A \in \mathfrak{A};\ V_0 \in \mathfrak{B};\ U \in \mathfrak{U}.$$

Da $\mathfrak{U}$ Servanzuntergruppe von $\mathfrak{A}$ ist, folgt

$$U = (V_0^{-1} A)^{p^k} \in \mathfrak{A}^{(k)} \cap \mathfrak{U} = \mathfrak{U}^{(k)} \subseteq \mathfrak{B}^{(k)}, \quad \text{also} \quad V \in \mathfrak{B}^{(k)}.$$

Mithin gilt, da $\mathfrak{B}$ endliche Gruppe ist,

$$\mathfrak{B}^{(\lambda)} = \mathfrak{A}^{(\lambda)} \cap \mathfrak{B} \quad \text{für jeden Index } \lambda \in \Lambda.$$

Besitzt $A \in \mathfrak{A}$ die Ordnung $\mathrm{ord}(A) = p^s$, so kann als Induktionsvoraussetzung angenommen werden, es sei $\{\mathfrak{U} \cup A^p\}$ in einer endlichen Servanzuntergruppe $\mathfrak{B}^* \subset \mathfrak{A}$ enthalten. Da dann ein Element $V \in \mathfrak{B}^*$ existiert, derart daß

$$A^p = V^p \quad \text{oder} \quad (VA^{-1})^p = E,$$

ist auch $\{\mathfrak{B}^* \cup VA^{-1}\} = \{\mathfrak{B}^* \cup A\}$ in einer endlichen Servanzuntergruppe $\mathfrak{B} \subset \mathfrak{A}$ enthalten.

Lemma 3. *Ist die Faktorgruppe $\mathfrak{A}/\mathfrak{U}$ einer primären Gruppe $\mathfrak{A}$ nach der Servanzuntergruppe $\mathfrak{U} \subset \mathfrak{A}$ vollzerlegbar, so ist $\mathfrak{U}$ direkter Faktor von $\mathfrak{A}$.*

Beweis. Nach Voraussetzung besitzt $\mathfrak{A}/\mathfrak{U}$ eine direkte Zerlegung

$$\mathfrak{A}/\mathfrak{U} = \underset{\iota}{\times} \mathfrak{Z}_\iota/\mathfrak{U} \quad \text{(über } \iota \in \mathsf{I})$$

mit zyklischen Faktoren; für eine erzeugende Restklasse $\mathfrak{U} Z_\iota$ von $\mathfrak{Z}_\iota/\mathfrak{U}$ der Ordnung $\mathrm{ord}(\mathfrak{Z}_\iota/\mathfrak{U}) = p^n$ gilt

$$Z_\iota^{p^n} \equiv E \bmod \mathfrak{U} \cap \mathfrak{A}^{(n)} = \mathfrak{U}^{(n)}, \quad \text{also} \quad (U_\iota^{-1} Z_\iota)^{p^n} = E \quad \text{mit } U_\iota \in \mathfrak{U}.$$

Demnach kann bereits $\mathrm{ord}(Z_\iota) = p^n$ vorausgesetzt werden.

Unter Auswahl solcher Repräsentanten gilt

$$\mathfrak{A} = \mathfrak{U}\mathfrak{B} \quad \text{mit} \quad \mathfrak{B} = \{\underset{\iota}{\cup} Z_\iota\}.$$

Für ein Element $D \in \mathfrak{U} \cap \mathfrak{B}$ erhalten wir

$$D = Z_{\iota_1}^{d_1} Z_{\iota_2}^{d_2} \ldots Z_{\iota_n}^{d_n} \equiv E \bmod \mathfrak{U}, \quad \text{also} \quad Z_{\iota_\nu}^{d_\nu} = E \quad \text{für } 1 \leq \nu \leq n.$$

Mithin gilt

$$\mathfrak{U} \cap \mathfrak{B} = E \quad \text{und} \quad \mathfrak{A} = \mathfrak{U}\mathfrak{B} = \mathfrak{U} \times \mathfrak{B}.$$

Nach Lemma 2 existiert in einer abzählbar unendlichen primären Gruppe $\mathfrak{A}$ vom Typus $\tau(\mathfrak{A}) = 1$ eine Kette

$$E = \mathfrak{U}_0 \subset \mathfrak{U}_1 \subset \cdots \subset \mathfrak{U}_k \subset \mathfrak{U}_{k+1} \subset \cdots \quad \text{mit} \quad \mathfrak{A} = \underset{k}{\cup} \mathfrak{U}_k$$

endlicher Servanzuntergruppen; jedes Glied $\mathfrak{U}_k$ ist wegen

$$\mathfrak{U}_k^{(\lambda)} \subseteq \mathfrak{U}_{k+1}^{(\lambda)} \cap \mathfrak{U}_k \subseteq \mathfrak{A}^{(\lambda)} \cap \mathfrak{U}_k = \mathfrak{U}_k^{(\lambda)} \quad \text{für jeden Index } \lambda \in \Lambda$$

Servanzuntergruppe des Nachfolgers $\mathfrak{U}_{k+1}$. Da die (endlichen) Faktoren $\mathfrak{U}_{k+1}/\mathfrak{U}_k$ die Voraussetzung des Lemma 3 erfüllen, ist $\mathfrak{U}_k$ direkter Faktor von $\mathfrak{U}_{k+1}$. Damit folgt

$$\mathfrak{U}_{k+1} = \mathfrak{U}_k \times \mathfrak{B}_k \quad \text{und} \quad \mathfrak{A} = \underset{k}{\times} \mathfrak{B}_k \quad \text{für } 0 \leq k < \infty$$

in endlichen, also vollzerlegbaren Faktoren $\mathfrak{B}_k$. Damit ist Satz 7 bewiesen.

2.4.3. Die reduzierten primären Gruppen

Satz 7**. *In einer abzählbar unendlichen primären Gruppe $\mathfrak{A}$ vom Typus $\tau(\mathfrak{A}) = 1$ ist jede endliche Servanzuntergruppe $\mathfrak{U}$ direkter Faktor.*

Beweis. Man beginne die soeben geschilderte Konstruktion der Kette $(\mathfrak{U}_k)$ mit dem Gliede $\mathfrak{U} = \mathfrak{U}_1$.

Für überabzählbar unendliche primäre Gruppen $\mathfrak{A}$ ist die Aussage des Satzes 7 im allgemeinen nicht richtig:

Beispiel (A. KUROSCH). In der (additiven) abelschen Gruppe $\mathfrak{B}$ aller Folgen rationaler Zahlen bezeichne $\mathfrak{B}_0$ die Untergruppe aller ganzzahligen Vektoren, $\mathfrak{B}_k$ für eine feste Primzahl p und jede natürliche Zahl k die Untergruppe aller Vektoren

$$\mathfrak{v}_k = \left(\frac{a_1}{p}, \frac{a_2}{p^2}, \ldots, \frac{a_k}{p^k}, \frac{a_{k+1}}{p^k}, \ldots, \frac{a_n}{p^k}, \ldots \right)$$

mit ganzen Zahlen a_n und $\mathfrak{B}_\omega = \bigcup_k \mathfrak{B}_k$ die Vereinigung dieser Untergruppenkette in $\mathfrak{B}$. Die Faktorgruppen $\mathfrak{P}_k = \mathfrak{B}_k/\mathfrak{B}_0$ sind wegen $\mathfrak{B}_{k+1}^p \subseteq \mathfrak{B}_k$ ordnungsbeschränkte abelsche p-Gruppen von überabzählbarer Mächtigkeit. Ihre Vereinigung $\mathfrak{P}_\omega = \mathfrak{B}_\omega/\mathfrak{B}_0$ vom Typus $\tau(\mathfrak{P}_\omega) = 1$ ist nicht vollzerlegbar.

Die Untergruppenkette

$$1 = \mathfrak{P}_0 \subset \mathfrak{P}_1 \subset \mathfrak{P}_2 \subset \cdots \subset \mathfrak{P}_k \subset \cdots \subset \mathfrak{P}_\omega$$

ist nämlich die Folge der iterierten Kerne von $\mathfrak{P}_\omega$ nach φ_p. Da man für $\mathfrak{v}_k \in \mathfrak{B}_k$ findet

$$p^l \mathfrak{v}_k \equiv \left(0, 0, \ldots, 0, \frac{a_{l+1}}{p}, \ldots, \frac{a_k}{p^{k-l}}, \ldots \right) \bmod \mathfrak{B}_0, \quad \text{wenn } l < k,$$

$$p^l \mathfrak{v}_k \equiv \mathfrak{v} \bmod \mathfrak{B}_0, \quad \text{wenn } l \geq k,$$

besteht die Bildgruppe $\mathfrak{B}_\omega^{(l)}$ von $\mathfrak{B}_\omega$ nach φ_p aus allen Vektoren $\mathfrak{v} \in \mathfrak{B}_\omega$, die einer Kongruenz

$$\mathfrak{v} \equiv \left(0, 0, \ldots, 0, \frac{a_{l+1}}{p}, \frac{a_{l+2}}{p}, \ldots \right) \bmod \mathfrak{B}_0$$

genügen. Folglich gilt

$$\bigcap_l \mathfrak{B}_\omega^{(l)} = \mathfrak{B}_\omega^{(\omega)} = \mathfrak{B}_0 \quad \text{und} \quad \bigcap_l \mathfrak{P}_\omega^{(l)} = \mathfrak{P}_\omega^{(\omega)} = 1 \quad \text{mit} \quad \text{ord}(\mathfrak{P}_\omega^{(l)}/\mathfrak{P}_\omega^{(l+1)}) = p.$$

Als vollzerlegbare Gruppe wäre nun $\mathfrak{P}_\omega$ direktes Produkt

$$\mathfrak{P}_\omega = \bigtimes_{n=1}^{\infty} \mathfrak{B}_n$$

von Faktoren $\mathfrak{B}_n$, die vollzerlegbar sind in zyklische Faktoren gleicher Ordnung p^n, der Sockel $\mathfrak{P}_1$ von $\mathfrak{P}_\omega$ also direktes Produkt

$$\mathfrak{P}_1 = \bigtimes_{n=1}^{\infty} \mathfrak{B}_{n1}$$

der Sockel $\mathfrak{B}_{n1}$ der Faktoren $\mathfrak{B}_n$. Wie im Beweise des Satzes 4** erhielte man

$$\mathfrak{D}_m = \mathfrak{P}_1 \cap \mathfrak{P}_\omega^{(m-1)} \quad \text{für} \quad \mathfrak{D}_m = \underset{n=m}{\overset{\infty}{\times}} \mathfrak{B}_{n1} = \mathfrak{D}_{m+1} \times \mathfrak{B}_{m1}$$

und damit

$$\mathfrak{B}_{m1} \cong \mathfrak{D}_m/\mathfrak{D}_{m+1} = \mathfrak{P}_1 \cap \mathfrak{P}_\omega^{(m-1)}/\mathfrak{P}_1 \cap \mathfrak{P}_\omega^{(m)}, \quad \text{also} \quad \text{ord}(\mathfrak{B}_{m1}) = 1 \text{ oder } p;$$

der Sockel $\mathfrak{P}_1$ wäre demnach abzählbar.

2.4.4. Abzählbare primäre Gruppen

Eine reduzierte primäre Gruppe $\mathfrak{A}$ besitzt nach Abschnitt 2.4.1 eine (absteigende) Ulmsche Folge $(\mathfrak{D}_\nu)$:

$$\mathfrak{D}_0 = \mathfrak{A}; \quad \mathfrak{D}_{\nu+1} = \mathfrak{D}(\mathfrak{D}_\nu) \subset \mathfrak{D}_\nu; \quad \mathfrak{D}_\tau = E \quad \text{für jeden Index } \nu < \tau \in \Lambda,$$

$$\mathfrak{D}_\lambda = \bigcap_{\nu < \lambda} \mathfrak{D}_\nu \quad \text{für jeden Limesindex } \lambda \in \Lambda.$$

Dabei ist $\mathfrak{D}_{\nu+1}$ die Menge aller Elemente aus $\mathfrak{D}_\nu$ von unendlicher Höhe (in $\mathfrak{D}_\nu$) und $\tau = \tau(\mathfrak{A})$ der Typus der Gruppe $\mathfrak{A}$.

Die Einheit E ist die einzige Gruppe vom Typus $\tau = 0$; Gruppen $\mathfrak{A}$ ohne Elemente unendlicher Höhe sind vom Typus $\tau(\mathfrak{A}) = 1$. Die Gruppe $\mathfrak{H}$ des Beispiels von H. PRÜFER ist vom Typus $\tau(\mathfrak{H}) = 2$.

Satz 8. *Die Faktoren $\mathfrak{D}_\nu/\mathfrak{D}_{\nu+1}$ der Ulmschen Folge $(\mathfrak{D}_\nu)$ einer reduzierten primären Gruppe $\mathfrak{A}$ vom Typus $\tau(\mathfrak{A}) = \tau$ sind primäre Gruppen vom Typus 1 und für $\nu + 1 < \tau$ nicht ordnungsbeschränkt.*

Falls der Typus τ der Gruppe $\mathfrak{A}$ nicht Limesindex ist, kann der letzte Faktor $\mathfrak{D}_{\tau-1}/\mathfrak{D}_\tau$ auch ordnungsbeschränkt sein.

Beweis. Für jeden Index $\nu < \tau$ erhalten wir die Bildgruppen

$$(\mathfrak{D}_\nu/\mathfrak{D}_{\nu+1})^{(n)} = \mathfrak{D}_\nu^{(n)} \mathfrak{D}_{\nu+1}/\mathfrak{D}_{\nu+1} = \mathfrak{D}_\nu^{(n)}/\mathfrak{D}_{\nu+1} \quad \text{für } 1 \leq n < \infty$$

und daher

$$\mathfrak{D}(\mathfrak{D}_\nu/\mathfrak{D}_{\nu+1}) = \bigcap_n (\mathfrak{D}_\nu/\mathfrak{D}_{\nu+1})^{(n)} = \bigcap_n \mathfrak{D}_\nu^{(n)}/\mathfrak{D}_{\nu+1} = \mathfrak{D}(\mathfrak{D}_\nu)/\mathfrak{D}_{\nu+1} = 1.$$

Folglich ist $\mathfrak{D}_\nu/\mathfrak{D}_{\nu+1}$ primäre Gruppe vom Typus $\tau = 1$.

Im Falle $\nu + 1 < \tau$ ist $\mathfrak{D}_{\nu+1}$ von E verschieden, so daß $\mathfrak{D}_\nu$ Elemente unendlicher Höhe, also Elemente beliebig hoher Ordnung enthält.

Satz 8*. *Es sei $\mathfrak{A}$ reduzierte primäre Gruppe vom Typus τ mit der Ulmschen Folge $(\mathfrak{D}_\nu)$. Dann besitzt die (reduzierte primäre) Faktorgruppe $\mathfrak{A}/\mathfrak{D}_\sigma$ die Ulmsche Folge $(\mathfrak{D}_\nu/\mathfrak{D}_\sigma)$ und den Typus σ.*

Besitzt $\mathfrak{A}$ die direkte Zerlegung

$$\mathfrak{A} = \underset{\iota}{\times} \mathfrak{B}_\iota \quad (\text{über } \iota \in \mathsf{I}),$$

2.4.4. Abzählbare primäre Gruppen

sind $(\mathfrak{C}_{\nu\iota})$ die Ulmschen Folgen der Faktoren $\mathfrak{B}_\iota$, so gilt

$$\mathfrak{D}_\nu = \underset{\iota}{\times}\mathfrak{C}_{\nu\iota} \quad \text{und} \quad \mathfrak{D}_\nu/\mathfrak{D}_{\nu+1} \cong \underset{\iota}{\times}\mathfrak{C}_{\nu\iota}/\mathfrak{C}_{\nu+1,\iota} \quad \text{für } \nu < \tau.$$

Sinngemäß ist dabei $\mathfrak{C}_{\nu\iota} = E$ zu setzen, falls ν den Typus τ_ι des Faktors $\mathfrak{B}_\iota$ überschreitet.

Beweis. Die erste Aussage ist richtig für $\sigma = 0$ wegen $\mathfrak{D}_0 = \mathfrak{A}$. Für die Ulmsche Folge $(\mathfrak{d}_\nu)$ der Faktorgruppe $\mathfrak{A}/\mathfrak{D}_\sigma$ mit einem Index $0 < \sigma < \tau$ erhalten wir aus der Induktionsannahme

$$\mathfrak{d}_\nu = \mathfrak{D}_\nu/\mathfrak{D}_\sigma \quad \text{für jeden Index } \nu < \lambda \leq \sigma$$

im Falle eines Limesindex λ

$$\mathfrak{d}_\lambda = \bigcap_{\nu<\lambda}\mathfrak{d}_\nu = \bigcap_{\nu<\lambda}\mathfrak{D}_\nu/\mathfrak{D}_\sigma = \mathfrak{D}_\lambda/\mathfrak{D}_\sigma;$$

ist λ nicht Limesindex, so finden wir als iterierte Bildgruppen

$$(\mathfrak{d}_{\lambda-1})^{(n)} = (\mathfrak{D}_{\lambda-1}/\mathfrak{D}_\sigma)^{(n)} = \mathfrak{D}_{\lambda-1}^{(n)}/\mathfrak{D}_\sigma \quad \text{wegen} \quad \mathfrak{D}_{\lambda-1}^{(n)} > \mathfrak{D}_\lambda \supseteq \mathfrak{D}_\sigma,$$

also

$$\mathfrak{d}_\lambda = \bigcap_n \mathfrak{d}_{\lambda-1}^{(n)} = \bigcap_n \mathfrak{D}_{\lambda-1}^{(n)}/\mathfrak{D}_\sigma = \mathfrak{D}_\lambda/\mathfrak{D}_\sigma.$$

Insbesondere besitzt demnach $\mathfrak{A}/\mathfrak{D}_\sigma$ den Typus σ.

Jeder direkte Faktor $\mathfrak{B}_\iota$ einer direkten Zerlegung

$$\mathfrak{A} = \underset{\iota}{\times}\mathfrak{B}_\iota \quad (\text{über } \iota \in I)$$

ist Servanzuntergruppe in $\mathfrak{A}$, weshalb für die Bildgruppen nach φ_p

$$\mathfrak{A}^{(\lambda)} \cap \mathfrak{B}_\iota = \mathfrak{B}_\iota^{(\lambda)} \quad \text{für jedes } \lambda \in \Lambda;\ \iota \in I,$$

für die Glieder der Ulmschen Folgen $(\mathfrak{C}_{\nu\iota})$ der Faktoren $\mathfrak{B}_\iota$ also

$$\mathfrak{D}_\nu \cap \mathfrak{B}_\iota = \mathfrak{C}_{\nu\iota} \quad \text{für jeden Index } \nu \leq \tau$$

folgt. Entsprechen den Faktoren $\mathfrak{B}_\iota$ die Zerlegungsendomorphismen $\beta_\iota \in \mathsf{E}(\mathfrak{A})$, so erhalten wir für die (vollinvarianten) Gruppen $\mathfrak{D}_\nu$:

$$\mathfrak{B}_\iota \cap \mathfrak{D}_\nu \subseteq \mathfrak{D}_\nu^{\beta_\iota} \subseteq \mathfrak{B}_\iota \cap \mathfrak{D}_\nu, \quad \text{also} \quad \mathfrak{D}_\nu^{\beta_\iota} = \mathfrak{D}_\nu \cap \mathfrak{B}_\iota = \mathfrak{C}_{\nu\iota}$$

und damit

$$\mathfrak{D}_\nu = \underset{\iota}{\times}\mathfrak{D}_\nu^{\beta_\iota} = \underset{\iota}{\times}\mathfrak{C}_{\nu\iota}.$$

Außerdem gilt

$$(\mathfrak{D}_\nu/\mathfrak{D}_{\nu+1})^{\beta_\iota} = \mathfrak{D}_\nu^{\beta_\iota}\mathfrak{D}_{\nu+1}/\mathfrak{D}_{\nu+1} = \mathfrak{C}_{\nu\iota}\mathfrak{D}_{\nu+1}/\mathfrak{D}_{\nu+1} \cong \mathfrak{C}_{\nu\iota}/\mathfrak{C}_{\nu+1,\iota},$$

also

$$\mathfrak{D}_\nu/\mathfrak{D}_{\nu+1} \cong \underset{\iota}{\times}\mathfrak{C}_{\nu\iota}/\mathfrak{C}_{\nu+1,\iota}.$$

Jede reduzierte primäre Gruppe $\mathfrak{A}$ besitzt somit ein Invariantensystem im Typus $\tau = \tau(\mathfrak{A})$ und den Ulmschen Faktoren $\mathfrak{F}_\nu = \mathfrak{D}_\nu/\mathfrak{D}_{\nu+1}$.

Primäre Gruppen beliebiger Mächtigkeit sind durch diese Invarianten im allgemeinen noch nicht gekennzeichnet; für abzählbar unendliche Gruppen hingegen gilt der fundamentale

Satz 9 (H. ULM). *Zu einer Primzahl p und einer Ordnungszahl τ von höchstens abzählbarer Mächtigkeit sei für jeden Index $\nu < \tau$ eine primäre (im Falle $\nu + 1 < \tau$ nicht ordnungsbeschränkte) Gruppe $\mathfrak{F}_\nu$ vom Typus 1 vorgegeben. Dann existiert eine (bis auf Isomorphie eindeutige) reduzierte primäre Gruppe $\mathfrak{A}$ vom Typus τ mit Ulmschen Faktoren*

$$\mathfrak{D}_\nu / \mathfrak{D}_{\nu+1} \cong \mathfrak{F}_\nu \qquad \text{für jedes } \nu < \tau.$$

Beweis. Verwenden wir zur Vereinfachung eine additive Darstellung, so besitzt jede Gruppe $\mathfrak{F}_\nu$ mit einem Index $\nu < \tau$ eine direkte Zerlegung in abzählbar unendlich viele zyklische Summanden:

$$\mathfrak{F}_\nu = \sum_{n=1}^\infty \mathfrak{Z}_{\nu n} \quad \text{mit} \quad \mathfrak{Z}_{\nu n} = \{Z_{\nu n}\} \quad \text{und} \quad \text{ord}(\mathfrak{Z}_{\nu n}) = p^{z_{\nu n}};$$

nur wenn τ nicht Limesindex ist, kann $\mathfrak{F}_{\tau-1}$ auch endlich sein. Den Erzeugenden $Z_{\nu n}$ ordnen wir eineindeutig Erzeugende $A_{\nu n}$ einer Gruppe $\mathfrak{A}$ zu, die (außer der Forderung der Kommutativität) folgenden Relationen unterworfen sind:

1. *Zu jedem $A_{\nu n}$ gibt es eine ganze Zahl $k \geq 0$ und Indizes*

$$\nu = \nu_0 < \nu_1 < \nu_2 < \cdots < \nu_k < \tau; \quad n = n_0, n_1, n_2, \ldots, n_k,$$

derart daß die Relationen bestehen:

$$p^{z_{\nu n}} A_{\nu n} = A_{\nu_1 n_1}; \; p^{z_{\nu_1 n_1}} A_{\nu_1 n_1} = A_{\nu_2 n_2}; \; \ldots; \; p^{z_{\nu_k n_k}} A_{\nu_k n_k} = O.$$

Im Falle $k = 0$ bestehe also die Relation $p^{z_{\nu n}} A_{\nu n} = O$.

2. *Zu Ordnungszahlen $0 \leq \lambda < \mu < \tau$, jedem $A_{\mu m}$ und jeder natürlichen Zahl N existiert eine Erzeugende $A_{\nu n}$, derart daß*

$$p^{z_{\nu n}} A_{\nu n} = A_{\mu m}; \quad N < z_{\nu n}; \quad 0 \leq \lambda \leq \nu < \mu < \tau.$$

3. *Ist τ Limeszahl, so existiert zu jeder Ordnungszahl $\lambda < \tau$ und jeder natürlichen Zahl N eine Erzeugende $A_{\nu n}$, derart daß*

$$p^{z_{\nu n}} A_{\nu n} = O; \quad N < z_{\nu n}; \quad \lambda < \nu < \tau.$$

Wir werden durch Induktion nach der Ordnungszahl τ zeigen, daß diese Forderungen erfüllbar sind, und damit eine Gruppe $\mathfrak{A} = \{\bigcup_{\nu,n} A_{\nu n}\}$ erklären, die den Bedingungen des Satzes genügt.

Im Falle $\tau = 1$ ist (im endlichen oder unendlichen Falle)

$$\mathfrak{A} = \{\bigcup_n A_{0n}\} \quad \text{durch} \quad p^{z_{0n}} A_{0n} = O\,.$$

definiert und isomorph zu dem Ulmschen Faktor
$$\mathfrak{F}_0 \cong \mathfrak{D}_0/\mathfrak{D}_1 = \mathfrak{D}_0 = \mathfrak{A}.$$

Fall I. Ist der Typus τ nicht Limesindex, so sei $\mathfrak{B}$ eine reduzierte primäre Gruppe vom Typus $\tau - 1$, die die Ulmsche Folge $(\mathfrak{C}_\nu)$ mit

$$\mathfrak{C}_\nu/\mathfrak{C}_{\nu+1} \cong \mathfrak{F}_\nu \quad \text{für jedes } \nu < \tau - 1$$

besitzt; dabei sei $\mathfrak{B}$ erzeugt durch Elemente $B_{\nu n}$ mit $\nu < \tau - 1$, die den Forderungen 1., 2., 3. genügen. Dann gelte für die Gruppe $\mathfrak{A}$:

$$p^{z_{\nu n}} A_{\nu n} = A_{\mu m}, \quad \text{wenn} \quad p^{z_{\nu n}} B_{\nu n} = B_{\mu m} \quad \text{mit } \nu < \mu < \tau - 1,$$

$$p^{z_{\nu n}} A_{\nu n} = A_{\tau-1, m}, \quad \text{wenn} \quad p^{z_{\nu n}} B_{\nu n} = 0 \quad \text{mit } \nu < \tau - 1,$$

derart daß die Elemente $A_{\tau-1, m}$ die Bedingung 2. erfüllen.

Dies ist stets möglich: Falls $\tau - 1$ Limesindex, existiert in $\mathfrak{B}$ zu jedem $\lambda < \tau - 1$ und jeder natürlichen Zahl N ein Element $B_{\nu n}$ der Eigenschaft

$$p^{z_{\nu n}} B_{\nu n} = 0; \quad N < z_{\nu n}; \quad \lambda < \nu < \tau - 1;$$

dementsprechend gilt

$$p^{z_{\nu n}} A_{\nu n} = A_{\tau-1, m}; \quad N < z_{\nu n}; \quad \lambda < \nu < \tau - 1.$$

Ist $\tau - 1$ nicht Limesindex, so existieren Elemente $B_{\tau-2, n}$ mit beliebig hohem Exponenten $z_{\tau-2, n}$, für die

$$p^{z_{\tau-2, n}} B_{\tau-2, n} = 0.$$

Daher kann auch die Bedingung

$$p^{z_{\tau-2, n}} A_{\tau-2, n} = A_{\tau-1, n}; \quad N < z_{\tau-2, n}; \quad 0 < \lambda \leq \tau - 2 < \tau - 1$$

erfüllt werden. Noch verbleibende Elemente $A_{\tau-1, n}$ unterwerfe man der Relation

$$p^{z_{\tau-1, n}} A_{\tau-1, n} = 0.$$

Das so definierte Relationensystem der Gruppe $\mathfrak{A} = \{\bigcup_{\nu, n} A_{\nu n}\}$ genügt den Bedingungen 1., 2.; die Bedingung 3. braucht hier nicht berücksichtigt zu werden. Die Gruppe $\mathfrak{A}$ ist eine abelsche p-Gruppe. Sämtliche Erzeugende $A_{\nu n}$ mit $\nu < \tau$ sind von 0 verschieden. Bestehen nämlich in $\mathfrak{B}$ die Relationen

$$p^{z_{\nu n}} B_{\nu n} = B_{\nu_1 n_1}; \quad p^{z_{\nu_1 n_1}} B_{\nu_1 n_1} = B_{\nu_2 n_2}; \ldots; p^{z_{\nu_k n_k}} B_{\nu_k n_k} = 0,$$

so bestehen in $\mathfrak{A}$ die Relationen

$$p^{z_{\nu n}} A_{\nu n} = A_{\nu_1 n_1}; \quad p^{z_{\nu_1 n_1}} A_{\nu_1 n_1} = A_{\nu_2 n_2}; \ldots; p^{z_{\nu_k n_k}} A_{\nu_k n_k} = A_{\tau-1, m};$$
$$p^{z_{\tau-1, m}} A_{\tau-1, m} = 0.$$

2.4. Theorie der abelschen Gruppen

Setzen wir
$$z_{\nu n} + z_{\nu_1 n_1} + \cdots + z_{\nu_k n_k} + z_{\tau-1,m} = t_{\nu n}$$
und führen wir die (additive) Gruppe
$$\mathfrak{P} = \{\bigcup_n P_n\} \quad \text{mit} \quad p P_n = P_{n-1}; \quad P_0 = 0 \quad \text{für } 1 < n < \infty$$
vom Typus p^ω ein, so ist die Abbildung
$$\psi: \quad A_{\nu n} \to P_{t_{\nu n}} \quad \text{für jedes } A_{\nu n} \in \mathfrak{A}$$
ein Homomorphismus von $\mathfrak{A}$ in die Gruppe $\mathfrak{P}$, so daß folgt
$$\operatorname{ord}(A_{\nu n}) = p^{t_{\nu n}}.$$
Da die Erzeugenden $A_{0n} \in \mathfrak{A}$ dem Glied $\mathfrak{A} = \mathfrak{D}_0$ der Ulmschen Folge von $\mathfrak{A}$ angehören, kann die Beziehung
$$A_{\lambda n} \in \mathfrak{D}_\lambda \quad \text{für jedes } \lambda < \mu < \tau$$
als bewiesen vorausgesetzt werden. Falls μ nicht Limesindex, existiert für $\mu - 1 < \mu < \tau$ und jede natürliche Zahl N zu $A_{\mu m}$ eine Erzeugende $A_{\nu n}$, derart daß
$$p^{z_{\nu n}} A_{\nu n} = A_{\mu m}; \quad N < z_{\nu n}; \quad \mu - 1 \leq \nu < \mu < \tau.$$
Folglich ist $\mu - 1 = \nu$ und
$$A_{\mu m} \in \mathfrak{D}_{\mu-1}^{(z_{\nu n})} \subseteq \mathfrak{D}_{\mu-1}^{(N)}, \quad \text{also} \quad A_{\mu m} \in \mathfrak{D}_{\mu-1}^{(\omega)} = \mathfrak{D}_\mu.$$
Ist μ Limesindex, so findet man in ähnlicher Weise
$$A_{\mu m} \in \mathfrak{D}_\lambda \quad \text{für jedes } \lambda < \mu, \quad \text{also} \quad A_{\mu m} \in \mathfrak{D}_\mu.$$
Die Faktorgruppe $\mathfrak{A}/\mathfrak{C}$ der Untergruppe $\mathfrak{C} = \{\bigcup_n A_{\tau-1,n}\} \subseteq \mathfrak{D}_{\tau-1} \subset \mathfrak{A}$ ist zu $\mathfrak{B}$ isomorph, also vom Typus $\tau - 1$; damit folgt $\mathfrak{C} = \mathfrak{D}_{\tau-1}$ und
$$\mathfrak{D}_\nu/\mathfrak{D}_{\nu+1} \cong \mathfrak{D}_\nu/\mathfrak{C}/\mathfrak{D}_{\nu+1}/\mathfrak{C} \cong \mathfrak{C}_\nu/\mathfrak{C}_{\nu+1} \cong \mathfrak{F}_\nu \quad \text{für jedes } \nu < \tau - 1.$$
Schließlich gilt
$$\mathfrak{D}_{\tau-1} = \mathfrak{C} = \sum_n \{A_{\tau-1,n}\} \cong \mathfrak{F}_{\tau-1}, \quad \text{also} \quad \mathfrak{D}_{\tau-1}^{(\omega)} = \mathfrak{D}_\tau = 0.$$
Daher ist $\mathfrak{A}$ vom Typus $\tau(\mathfrak{A}) = \tau$.

Fall II. Ist der Typus τ Limesindex, so ist jedes $\mathfrak{F}_\nu$ für $0 \leq \nu < \tau$ eine (nicht ordnungsbeschränkte) direkte Summe abzählbar unendlich vieler zyklischer Untergruppen; daher kann man (bei geeigneter Abzählung) eine Zerlegung
$$\mathfrak{F}_\nu = \sum_{\nu \leq \lambda < \tau} \mathfrak{F}_{\nu\lambda}$$
in nicht ordnungsbeschränkten direkten Summanden $\mathfrak{F}_{\nu\lambda}$ voraussetzen. Für jeden Index $\nu < \tau$ existiert eine (reduzierte primäre) Gruppe $\mathfrak{B}$,

vom Typus $\nu+1$, die die Gruppen $\mathfrak{F}_{\mu\nu}$ für $0\leq\mu\leq\nu$ als Ulmsche Faktoren besitzt. Nach Satz 8* genügt die direkte Summe

$$\mathfrak{A}=\sum_{0\leq\nu<\tau}\mathfrak{B}_\nu$$

allen Forderungen; zugleich erhalten wir für $\mathfrak{A}$ ein Erzeugendensystem durch Übernahme der Erzeugenden der Gruppen $\mathfrak{B}_\nu$. Die Bedingungen 1. und 2. sind dabei erfüllt, aber auch die Bedingung 3., da die Gruppen $\mathfrak{F}_{\nu\nu}$ nicht ordnungsbeschränkt sind, also Elemente beliebig hoher Ordnung enthalten.

2.4.5. Der Eindeutigkeitssatz

Zum vollständigen Beweis des Satzes 9 fehlt noch der Nachweis der Eindeutigkeit: *Abzählbar unendliche reduzierte primäre Gruppen $\mathfrak{A}$ und $\overline{\mathfrak{A}}$ gleichen Typus τ mit isomorphen Faktoren*

$$\mathfrak{U}_\nu/\mathfrak{U}_{\nu+1}\cong\mathfrak{F}_\nu\cong\overline{\mathfrak{U}}_\nu/\overline{\mathfrak{U}}_{\nu+1} \qquad \textit{für jeden Index } \nu<\tau$$

ihrer Ulmschen Folgen $(\mathfrak{U}_\nu)$ bzw. $(\overline{\mathfrak{U}}_\nu)$ sind isomorph.

Beweis. Jedem (von E verschiedenen) Element $A\in\mathfrak{A}$ entspricht ein *Typus* $\sigma=\sigma(A)$, nämlich der Index $\sigma<\tau$, für den gilt

$$A\equiv E\bmod\mathfrak{U}_\sigma, \qquad \text{aber} \qquad A\not\equiv E\bmod\mathfrak{U}_{\sigma+1};$$

der Einheit E entspricht der Typus $\sigma(E)=\tau$.

Unter den angegebenen Voraussetzungen werde ein Isomorphismus

$$\psi:\quad V\leftrightarrow V^\psi=\overline{V}\in\overline{\mathfrak{B}} \qquad \text{für jedes } V\in\mathfrak{B}$$

zwischen Untergruppen $\mathfrak{B}\subseteq\mathfrak{A}$ und $\overline{\mathfrak{B}}\subseteq\overline{\mathfrak{A}}$ als *typuserhaltend* bezeichnet, wenn

$$\sigma(V)=\sigma(\overline{V}) \qquad \text{für jedes } V\in\mathfrak{B}.$$

Zum Beweise der Eindeutigkeit ist daher ein typuserhaltender Isomorphismus zwischen den Gruppen $\mathfrak{A}$ und $\overline{\mathfrak{A}}$ herzustellen.

Für eine Untergruppe $\mathfrak{B}\subseteq\mathfrak{A}$ bezeichnen wir die Faktorgruppen

$$\mathfrak{B}_\nu/\mathfrak{U}_{\nu+1}=(\mathfrak{B}\cap\mathfrak{U}_\nu)\mathfrak{U}_{\nu+1}/\mathfrak{U}_{\nu+1}\subseteq\mathfrak{U}_\nu/\mathfrak{U}_{\nu+1}$$

als ihre *Bilder in den Faktoren* $\mathfrak{U}_\nu/\mathfrak{U}_{\nu+1}$ der Ulmschen Folge von $\mathfrak{A}$. Die Untergruppe $\mathfrak{B}$ heißt *perfekt*, wenn ihre Bilder $\mathfrak{B}_\nu/\mathfrak{U}_{\nu+1}$ Servanzuntergruppen in den Faktoren $\mathfrak{U}_\nu/\mathfrak{U}_{\nu+1}$ sind. Da $\mathfrak{U}_\nu/\mathfrak{U}_{\nu+1}$ den Typus 1 besitzt, ist hierfür notwendig und hinreichend, daß die iterierten Bildgruppen nach φ_p den Bedingungen

$$(\mathfrak{B}_\nu/\mathfrak{U}_{\nu+1})^{(k)}=(\mathfrak{U}_\nu/\mathfrak{U}_{\nu+1})^{(k)}\cap\mathfrak{B}_\nu/\mathfrak{U}_{\nu+1} \qquad \text{für } 0\leq k<\infty$$

genügen, daß also
$$\mathfrak{W}_\nu^{(k)} \mathfrak{U}_{\nu+1} = \mathfrak{U}_\nu^{(k)} \mathfrak{U}_{\nu+1} \cap \mathfrak{W}_\nu,$$
oder
$$(\mathfrak{B} \cap \mathfrak{U}_\nu)^{(k)} \mathfrak{U}_{\nu+1} = \mathfrak{U}_\nu^{(k)} \mathfrak{U}_{\nu+1} \cap (\mathfrak{B} \cap \mathfrak{U}_\nu) \mathfrak{U}_{\nu+1}$$
oder
$$\left.\begin{array}{c}(\mathfrak{B} \cap \mathfrak{U}_\nu)^{(k)} \mathfrak{U}_{\nu+1} = (\mathfrak{U}_\nu^{(k)} \cap \mathfrak{B}) \mathfrak{U}_{\nu+1} = \mathfrak{U}_\nu^{(k)} \cap \mathfrak{B} \mathfrak{U}_{\nu+1} \\ \text{für } 0 \leq k < \infty \text{ und } \nu < \tau.\end{array}\right\} \quad (1)$$

Lemma. *Zwischen den endlichen perfekten Untergruppen $\mathfrak{B} \subseteq \mathfrak{A}$ bzw. $\overline{\mathfrak{B}} \subseteq \overline{\mathfrak{A}}$ bestehe ein typuserhaltender Isomorphismus*
$$\psi: \mathfrak{B} \cong \mathfrak{B}^\psi = \overline{\mathfrak{B}}.$$

Dann existieren zu jedem Element $A \in \mathfrak{A}$ endliche perfekte Untergruppen $\mathfrak{B}^* \subseteq \mathfrak{A}$ bzw. $\overline{\mathfrak{B}}^* \subseteq \overline{\mathfrak{A}}$ mit den Eigenschaften:

1. *Es gilt $\{\mathfrak{B} \cup A\} \subseteq \mathfrak{B}^*$ und $\overline{\mathfrak{B}} \subseteq \overline{\mathfrak{B}}^*$.*
2. *Zwischen $\mathfrak{B}^*$ und $\overline{\mathfrak{B}}^*$ besteht eine typuserhaltende Fortsetzung ψ^* des Isomorphismus ψ:*
$$\psi^*: \mathfrak{B}^* \cong \mathfrak{B}^{*\psi^*} = \overline{\mathfrak{B}}^* \quad \text{mit} \quad V^{\psi^*} = V^\psi \quad \text{für jedes } V \in \mathfrak{B}.$$

Beweis. Es genügt die Behauptung für ein Element $A \in \mathfrak{A}$ nachzuweisen, das der Bedingung genügt:
$$A \not\equiv E \bmod \mathfrak{B}; \quad A^p \equiv E \bmod \mathfrak{B}.$$

In der Restklasse $\mathfrak{B}A$ von $\mathfrak{A}$ nach $\mathfrak{B}$ gibt es Elemente von maximalem Typus σ, unter diesen ein Element A_0 maximaler (endlicher) Höhe $h = h(A_0)$ bezüglich $\mathfrak{U}_\sigma$, da der Faktor $\mathfrak{U}_\sigma/\mathfrak{U}_{\sigma+1}$ vom Typus 1 ist. Wählt man $C \in \mathfrak{U}_\sigma$, derart daß
$$C^{p^h} = A_0 \quad \text{und} \quad C^{p^{h+1}} \equiv E \bmod \mathfrak{B},$$
so gilt
$$\mathfrak{B}^* = \mathfrak{B}\mathfrak{C} \supseteq \{\mathfrak{B} \cup A\} \quad \text{mit } \mathfrak{C} = \{C\} \subseteq \mathfrak{U}_\sigma \text{ und } \operatorname{ord}(\mathfrak{B}^*/\mathfrak{B}) = p^{h+1}. \quad (2)$$

Wir haben zu zeigen, daß $\mathfrak{B}^*$ perfekte Untergruppe von $\mathfrak{A}$ ist, daß also unter der Voraussetzung
$$(\mathfrak{B} \cap \mathfrak{U}_\lambda)^{(k)} \mathfrak{U}_{\lambda+1} = (\mathfrak{B} \cap \mathfrak{U}_\lambda^{(k)}) \mathfrak{U}_{\lambda+1} \quad \text{für } 0 \leq k < \infty \text{ und } \lambda < \tau \quad (3)$$
auch die Gleichungen
$$(\mathfrak{B}^* \cap \mathfrak{U}_\lambda)^{(k)} \mathfrak{U}_{\lambda+1} = (\mathfrak{B}^* \cap \mathfrak{U}_\lambda^{(k)}) \mathfrak{U}_{\lambda+1} \quad \text{für } 0 \leq k < \infty \text{ und } \lambda < \tau \quad (3^*)$$
bestehen. Da gewiß die Beziehungen
$$(\mathfrak{B}^* \cap \mathfrak{U}_\lambda)^{(k)} \mathfrak{U}_{\lambda+1} \subseteq (\mathfrak{B}^* \cap \mathfrak{U}_\lambda^{(k)}) \mathfrak{U}_{\lambda+1}$$
bestehen, haben wir nur die Umkehrung nachzuweisen; überdies gilt
$$\mathfrak{B} \cap \mathfrak{U}_\lambda^{(k)} \subseteq (\mathfrak{B}^* \cap \mathfrak{U}_\lambda)^{(k)} \mathfrak{U}_{\lambda+1}.$$

2.4.5. Der Eindeutigkeitssatz

Wegen $\mathfrak{C} \subseteq \mathfrak{U}_\sigma$ erhalten wir im Falle $\lambda < \sigma$

$$(\mathfrak{B}^* \cap \mathfrak{U}_\lambda^{(k)})\, \mathfrak{U}_{\lambda+1} = \mathfrak{B}\,\mathfrak{C}\,\mathfrak{U}_{\lambda+1} \cap \mathfrak{U}_\lambda^{(k)} = \mathfrak{B}\,\mathfrak{U}_{\lambda+1} \cap \mathfrak{U}_\lambda^{(k)} \subseteq (\mathfrak{B}^* \cap \mathfrak{U}_\lambda)^{(k)}\,\mathfrak{U}_{\lambda+1}.$$

Im Falle $\sigma \leq \lambda$ ist ein Element $V^* \in \mathfrak{B}^* \cap \mathfrak{U}_\lambda^{(k)}$, das weder $\mathfrak{B}$ noch $(\mathfrak{B}^* \cap \mathfrak{U}_\lambda^{(k+1)})\, \mathfrak{U}_{\lambda+1}$ angehört, vom Typus $\sigma(V^*) = \lambda$ und bezüglich $\mathfrak{U}_\lambda$ von endlicher Höhe $h(V^*) = k$, besitzt also Darstellungen

$$V^* = V C^v = U^{p^k} \quad \text{mit } V \in \mathfrak{B};\ U \in \mathfrak{U}_\lambda \text{ und } 0 < v < p^{h+1}. \tag{4}$$

Im Falle $\sigma = \lambda$ erhalten wir unter der Annahme $v = v_0 p^k$ gleichfalls

$$V = (UC^{-v_0})^{p^k} \equiv E \bmod \mathfrak{B} \cap \mathfrak{U}_\sigma^{(k)} \quad \text{und} \quad C^v \equiv E \bmod (\mathfrak{B}^* \cap \mathfrak{U}_\sigma)^{(k)}$$

und daher
$$V^* = V C^v \equiv E \bmod (\mathfrak{B}^* \cap \mathfrak{U}_\sigma)^{(k)}\, \mathfrak{U}_{\sigma+1}.$$

Noch verbleibende Fälle stehen mit den Voraussetzungen im Widerspruch: Setzt man

$$v = v_0 p^t \quad \text{mit } (v_0, p) = 1 \text{ und } 0 \leq t \leq h,$$

so folgt aus (4)
$$U^{p^{h+k-t}} = (V C^v)^{p^{h-t}} \equiv A_0^{v_0} \bmod \mathfrak{B},$$

also
$$A_0 \equiv U_0^{p^{h+k-t}} \bmod \mathfrak{B} \quad \text{mit } U_0 \in \mathfrak{U}_\lambda.$$

Im Falle $\lambda > \sigma$ enthielte die Restklasse $\mathfrak{B} A_0 = \mathfrak{B} A$ ein Element vom Typus λ, im Falle $\lambda = \sigma$ und $t < k$ ein Element größerer Höhe als h bezüglich $\mathfrak{U}_\sigma$. Mithin ist $\mathfrak{B}^* = \mathfrak{B}\mathfrak{C}$ eine perfekte Untergruppe von $\mathfrak{A}$.

Da $\mathfrak{W}_\sigma/\mathfrak{U}_{\sigma+1}$ nach Satz 7** als (endliche) Servanzuntergruppe direkter Faktor von $\mathfrak{U}_\sigma/\mathfrak{U}_{\sigma+1}$ ist, erhalten wir auch die direkte Zerlegung

$$\mathfrak{W}_\sigma^*/\mathfrak{U}_{\sigma+1} = (\mathfrak{B}^* \cap \mathfrak{U}_\sigma)\, \mathfrak{U}_{\sigma+1}/\mathfrak{U}_{\sigma+1} = \mathfrak{W}_\sigma/\mathfrak{U}_{\sigma+1} \times \mathfrak{C}_\sigma/\mathfrak{U}_{\sigma+1}$$

mit einem zyklischen Faktor $\mathfrak{C}_\sigma/\mathfrak{U}_{\sigma+1}$ der Ordnung p^{h+1}, der durch ein Element

$$C_0 \equiv E \bmod \mathfrak{B}^* \quad \text{mit} \quad C_0^{p^{h+1}} = U_0 \equiv E \bmod \mathfrak{B} \cap \mathfrak{U}_{\sigma+1}$$

erzeugt wird. Als endliche Servanzuntergruppe ist $\mathfrak{W}_\sigma^*/\mathfrak{U}_{\sigma+1}$ und damit auch $\mathfrak{C}_\sigma/\mathfrak{U}_{\sigma+1}$ direkter Faktor in $\mathfrak{U}_\sigma/\mathfrak{U}_{\sigma+1}$.

Der typuserhaltende Isomorphismus

$$\psi\colon\ \mathfrak{B} \cong \mathfrak{B}^\psi = \overline{\mathfrak{B}} \subseteq \overline{\mathfrak{A}}$$

induziert einen Isomorphismus

$$(\mathfrak{W}_\sigma/\mathfrak{U}_{\sigma+1})^\psi = ((\mathfrak{B} \cap \mathfrak{U}_\sigma)\, \mathfrak{U}_{\sigma+1}/\mathfrak{U}_{\sigma+1})^\psi = (\overline{\mathfrak{B}} \cap \overline{\mathfrak{U}}_\sigma)\, \overline{\mathfrak{U}}_{\sigma+1}/\overline{\mathfrak{U}}_{\sigma+1} = \overline{\mathfrak{W}}_\sigma/\overline{\mathfrak{U}}_{\sigma+1};$$

als endliche Servanzuntergruppe ist $\overline{\mathfrak{W}}_\sigma/\overline{\mathfrak{U}}_{\sigma+1}$ direkter Faktor in $\overline{\mathfrak{U}}_\sigma/\overline{\mathfrak{U}}_{\sigma+1}$. Auf Grund der Isomorphie

$$\mathfrak{U}_\sigma/\mathfrak{U}_{\sigma+1} \cong \mathfrak{F}_\sigma \cong \overline{\mathfrak{U}}_\sigma/\overline{\mathfrak{U}}_{\sigma+1}$$

existiert in $\mathfrak{U}_\sigma/\mathfrak{U}_{\sigma+1}$ ein (zyklischer) direkter Faktor $\mathfrak{C}_\sigma/\mathfrak{U}_{\sigma+1}$ der Ordnung p^{h+1}, derart daß

$$\overline{\mathfrak{W}}_\sigma/\mathfrak{U}_{\sigma+1} \cap \mathfrak{C}_\sigma/\mathfrak{U}_{\sigma+1} = 1$$

mit einem erzeugenden Element $\overline{B} \in \mathfrak{U}_\sigma$ vom Typus σ, das der Kongruenz genügt

$$\overline{B}^{p^{h+1}} \equiv E \bmod \mathfrak{U}_{\sigma+1}.$$

Nun gilt

$$U_0^\varphi = \overline{U}_0 \in \mathfrak{U}_{\sigma+1} \cap \overline{\mathfrak{W}} \qquad \text{für } U_0 = C_0^{p^{h+1}} \in \mathfrak{U}_{\sigma+1} \cap \mathfrak{W};$$

ferner existiert eine Lösung $\overline{B}_0 \in \mathfrak{U}_\sigma$ für die Gleichung

$$\overline{B}_0^{p^{h+2}} = \overline{U}_0 \overline{B}^{-p^{h+1}} \in \mathfrak{U}_{\sigma+1} \cap \overline{\mathfrak{W}}.$$

Setzt man nun

$$\overline{C}_0 = \overline{B}\,\overline{B}_0^p; \quad \overline{C}_0^{p^h} = \overline{A}_0; \quad \overline{C}_0^{p^{h+1}} = \overline{U}_0 \quad \text{und} \quad \overline{\mathfrak{W}}^* = \{\overline{\mathfrak{W}} \cup \overline{C}_0\},$$

so gehört $\overline{A}_0$ nicht $\overline{\mathfrak{W}}$ an, da andernfalls die Restklasse

$$\mathfrak{U}_{\sigma+1}\overline{A}_0\overline{B}^{p^h} = \mathfrak{U}_{\sigma+1}\overline{B}_0^{p^{h+1}} \in \overline{\mathfrak{W}}_\sigma\,\mathfrak{C}_\sigma/\mathfrak{U}_{\sigma+1}$$

größere Höhe in $\mathfrak{U}_\sigma/\mathfrak{U}_{\sigma+1}$ hätte als ihre Komponente $\mathfrak{U}_{\sigma+1}\overline{B}^{p^h}$ in der Servanzuntergruppe $\mathfrak{C}_\sigma/\mathfrak{U}_{\sigma+1}$ von $\mathfrak{U}_\sigma/\mathfrak{U}_{\sigma+1}$. Folglich gilt auch

$$\overline{\mathfrak{W}}^*_\sigma/\mathfrak{U}_{\sigma+1} = \overline{\mathfrak{W}}_\sigma/\mathfrak{U}_{\sigma+1} \times \mathfrak{C}_\sigma/\mathfrak{U}_{\sigma+1}$$

mit der durch $\overline{C}_0$ erzeugten Gruppe $\mathfrak{C}_\sigma/\mathfrak{U}_{\sigma+1}$ der Ordnung p^{h+1}. Somit erklärt die Zuordnung

$$\psi^*: \begin{cases} C_0 \leftrightarrow C_0^{\psi^*} = \overline{C}_0 \in \overline{\mathfrak{W}}^* \\ V \leftrightarrow V^{\psi^*} = V^\varphi = \overline{V} \in \overline{\mathfrak{W}} \end{cases} \qquad \text{für jedes } V \in \mathfrak{W}$$

einen Isomorphismus zwischen den Gruppen $\mathfrak{W}^* = \{\mathfrak{W} \cup C_0\}$ und $\overline{\mathfrak{W}}^* = \{\overline{\mathfrak{W}} \cup \overline{C}_0\}$. Es ist noch zu zeigen, daß ψ^* typuserhaltend und $\overline{\mathfrak{W}}^*$ perfekte Untergruppe in $\overline{\mathfrak{A}}$ ist.

Bei der Abbildung

$$\psi^*: \quad V^* = V C_0^k \leftrightarrow V^{*\psi^*} = \overline{V}\,\overline{C}_0^k = \overline{V}^* \in \overline{\mathfrak{W}}^* \qquad \text{mit } \overline{V} \in \overline{\mathfrak{W}};\ 0 \leq k < p^{h+1}$$

stimmen die Typen der Komponenten $V, \overline{V}$ gewiß überein. Ist im Falle $k \neq 0$ der Typus $\sigma(V) = \sigma(\overline{V})$ von σ verschieden, so gilt $\sigma(V^*) = \sigma(\overline{V}^*)$, da $\sigma(C_0^k) = \sigma(\overline{C}_0^k) = \sigma$ und allgemein die Beziehung

$$\sigma(AB) = \min\big(\sigma(A), \sigma(B)\big) \qquad \text{für } A, B \in \mathfrak{A}$$

besteht; im Falle $\sigma(V) = \sigma(\overline{V}) = \sigma$ haben $V^*, \overline{V}^*$ gleichen Typus auf Grund der direkten Zerlegungen

$$\mathfrak{W}^*_\sigma/\mathfrak{U}_{\sigma+1} = \mathfrak{W}_\sigma/\mathfrak{U}_{\sigma+1} \times \mathfrak{C}_\sigma/\mathfrak{U}_{\sigma+1}; \quad \overline{\mathfrak{W}}^*_\sigma/\mathfrak{U}_{\sigma+1} = \overline{\mathfrak{W}}_\sigma/\mathfrak{U}_{\sigma+1} \times \mathfrak{C}_\sigma/\mathfrak{U}_{\sigma+1}.$$

Daß $\overline{\mathfrak{V}}^*$ perfekte Untergruppe in $\overline{\mathfrak{A}}$ ist, weist man in gleicher Weise wie bei $\mathfrak{V}^*$ nach: Das Element $\overline{C}_0$ hat in $\overline{\mathfrak{U}}_\sigma$ die Höhe Null, das Element $\overline{A}_0 = \overline{C}_0^{p^h}$ in der Restklasse $\overline{\mathfrak{V}}\overline{A}_0$ maximalen Typus σ und unter allen Elementen dieser Restklasse vom Typus σ maximale Höhe $h(\overline{A}_0) = h$, da $\overline{\mathfrak{V}}_\sigma^*/\overline{\mathfrak{U}}_{\sigma+1}$ Servanzuntergruppe in $\overline{\mathfrak{U}}_\sigma/\overline{\mathfrak{U}}_{\sigma+1}$ ist.

Der Beweis des Eindeutigkeitssatzes ergibt sich nun leicht: Aus Abzählungen (A_k) und $(\overline{A}_k)$ der Gruppen $\mathfrak{A}$ bzw. $\overline{\mathfrak{A}}$ bilde man alternierend Folgen endlicher perfekter Untergruppen $(\mathfrak{V}_k)$ in $\mathfrak{A}$ und $(\overline{\mathfrak{V}}_k)$ in $\overline{\mathfrak{A}}$ mit den Eigenschaften:

1. Es sei $\mathfrak{V}_0 = E$ und $\overline{\mathfrak{V}}_0 = \overline{E}$.
2. Für jeden Index $0 \leq k < \infty$ besteht ein die Isomorphismen ψ_n für $0 \leq n < k$ fortsetzender typuserhaltender Isomorphismus

$$\psi_k: \mathfrak{V}_k \cong \mathfrak{V}_k^{\psi_k} = \overline{\mathfrak{V}}_k.$$

3. Es gilt $\mathfrak{A} = \bigcup_k \mathfrak{V}_k$ und $\overline{\mathfrak{A}} = \bigcup_k \overline{\mathfrak{V}}_k$.

Sind die Gruppen $\mathfrak{V}_n, \overline{\mathfrak{V}}_n$ für $0 \leq n < k$ bestimmt, so existieren bei ungeradem k zum ersten nicht in $\mathfrak{V}_{k-1}$ enthaltenen Element $A \in \mathfrak{A}$ endliche perfekte Untergruppen

$$\mathfrak{V}_k \supseteq \{\mathfrak{V}_{k-1} \cup A\}; \quad \overline{\mathfrak{V}}_k \supseteq \overline{\mathfrak{V}}_{k-1},$$

zwischen denen ein typuserhaltender, ψ_{k-1} fortsetzender Isomorphismus ψ_k besteht. Bei geradem k existieren zum ersten nicht in $\overline{\mathfrak{V}}_{k-1}$ enthaltenen Element $\overline{A} \in \overline{\mathfrak{A}}$ endliche perfekte Untergruppen

$$\mathfrak{V}_k \supseteq \mathfrak{V}_{k-1}; \quad \overline{\mathfrak{V}}_k \supseteq \{\overline{\mathfrak{V}}_{k-1} \cup \overline{A}\},$$

zwischen denen ein typuserhaltender, ψ_{k-1} fortsetzender Isomorphismus ψ_k besteht. Da durch dieses Verfahren die gesamten Gruppen $\mathfrak{A}$ und $\overline{\mathfrak{A}}$ erfaßt werden, sind $\mathfrak{A}$ und $\overline{\mathfrak{A}}$ isomorph.

Für die Theorie der direkten Zerlegung sind nachstehende Folgerungen von Interesse:

Satz 10. *Eine abzählbare reduzierte primäre Gruppe $\mathfrak{A}$ mit einem Typus $\tau > 1$ besitzt keine direkte Zerlegung in direkt unzerlegbare Faktoren.*

Beweis. In einer direkten Zerlegung

$$\mathfrak{A} = \underset{\iota}{\times} \mathfrak{V}_\iota \qquad (\text{über } \iota \in \mathsf{I})$$

der Gruppe $\mathfrak{A}$ besitzt wenigstens ein Faktor $\mathfrak{V}_0$ einen Typus $\tau_0 > 1$. Zerlegt man die Ulmschen Faktoren $\mathfrak{F}_\nu$ des Faktors $\mathfrak{V}_0$ mit Indizes $\nu < \tau_0$ in direkte Faktoren $\mathfrak{F}_\nu = \mathfrak{G}_\nu \times \mathfrak{H}_\nu$, derart daß im Falle $\nu + 1 < \tau_0$ beide Faktoren $\mathfrak{G}_\nu, \mathfrak{H}_\nu$ Elemente beliebig hoher Ordnung enthalten, so existieren nach Satz 9 abelsche Gruppen $\mathfrak{G}, \mathfrak{H}$ mit den Ulmschen Faktoren $\mathfrak{G}_\nu$ bzw. $\mathfrak{H}_\nu$. Nach Satz 8* stimmen die Ulmschen Faktoren des direkten Produktes $\mathfrak{G} \times \mathfrak{H}$ mit den Ulmschen Faktoren $\mathfrak{F}_\nu = \mathfrak{G}_\nu \times \mathfrak{H}_\nu$ der Gruppe $\mathfrak{B}_0$ überein. Daher ist $\mathfrak{B}_0$ direkt zerlegbar.

Satz 10*. *Eine abzählbare reduzierte primäre Gruppe $\mathfrak{A}$ von einem Typus $\tau > 1$ ist nicht verfeinerbar.*

Beweis. Jeder Ulmsche Faktor $\mathfrak{U}_\nu/\mathfrak{U}_{\nu+1}$ der Gruppe $\mathfrak{A}$ läßt sich direkt zerlegen in zyklische Gruppen gewisser Ordnungen

$$p^{n_\nu 1} < p^{n_\nu 2} < \cdots < p^{n_\nu k} < p^{n_\nu k+1} < \cdots.$$

Faßt man für eine Vergröberung

$$\mathfrak{U}_\nu/\mathfrak{U}_{\nu+1} = \mathfrak{G}_\nu \times \mathfrak{H}_\nu$$

in $\mathfrak{G}_\nu$ alle Faktoren einer Ordnung $p^{n_\nu k}$ mit ungeradem k, in $\mathfrak{H}_\nu$ alle Faktoren einer Ordnung $p^{n_\nu k}$ mit geradem k zusammen, so existieren abelsche Gruppen $\mathfrak{G}$ und $\mathfrak{H}$ mit den Ulmschen Faktoren $(\mathfrak{G}_\nu)$ bzw. $(\mathfrak{H}_\nu)$, aber auch Gruppen $\mathfrak{G}^*$, $\mathfrak{H}^*$ mit den Ulmschen Faktoren $(\mathfrak{H}_0, \mathfrak{G}_\nu)$ bzw. $(\mathfrak{G}_0, \mathfrak{H}_\nu)$ (für $0 < \nu < \tau$). Nach Satz 9 besitzt $\mathfrak{A}$ zwei direkte Zerlegungen

$$\mathfrak{A} = \mathfrak{G} \times \mathfrak{H} = \mathfrak{G}^* \times \mathfrak{H}^*;$$

isomorphe Verfeinerungen dieser Zerlegungen würden für $\mathfrak{G}$ und $\mathfrak{G}^*$ bzw. $\mathfrak{H}$ und $\mathfrak{H}^*$ gleiche Ulmsche Faktoren liefern.

2.4.6. Die torsionsfreien abelschen Gruppen

Das zweite Teilproblem ist die *Struktur der torsionsfreien abelschen Gruppen*:

Die durch einen (nichtleeren) Komplex $\mathfrak{K} = (X_\iota)$ (über $\iota \in \mathsf{I}$) einer torsionsfreien (abelschen) Gruppe $\mathfrak{T}$ erzeugte Untergruppe $\mathfrak{U} = \{\mathfrak{K}\} \subseteq \mathfrak{T}$ besteht aus den Elementen

$$U = \prod_\iota X_\iota^{g_\iota} \qquad \text{(über } \iota \in \mathsf{I}\text{)}$$

mit ganzen Exponenten g_ι, die fast alle Null sind; diese Darstellung eines Elementes ist im allgemeinen nicht eindeutig. Ist der Komplex $\mathfrak{K} = (X_\iota)$ von der Mächtigkeit $r(\mathfrak{K})$ *unabhängig*, d.h. besteht eine Relation

$$\prod_\iota X_\iota^{g_\iota} = E \qquad \text{nur für } g_\iota = 0 \quad (\iota \in \mathsf{I}),$$

so ist die Gruppe

$$\mathfrak{U} = \{\cup_\iota X_\iota\} \quad \text{mit} \quad [X_\iota, X_\varkappa] = E \quad \text{für } \iota, \varkappa \in \mathsf{I}$$

eine *freie abelsche Gruppe vom Range* $r(\mathfrak{K})$.

Ein Komplex $\mathfrak{K} = (X_\iota)$ aus $\mathfrak{T}$ heißt *abhängig*, wenn Relationen

$$\prod_\iota X_\iota^{g_\iota} = E \quad \text{mit} \quad \sum_\iota g_\iota^2 > 0 \qquad \text{(über } \iota \in \mathsf{I}\text{)}$$

2.4.6. Die torsionsfreien abelschen Gruppen

bestehen; ein Element $T \in \mathfrak{T}$ ist *vom Komplex* $\mathfrak{K} = (X_\iota)$ *abhängig*, wenn eine Relation

$$T^n = \prod_\iota X_\iota^{g_\iota} \qquad \text{mit } n > 0$$

besteht. Die Menge aller von einem Komplex $\mathfrak{K} = (X_\iota)$ abhängigen Elemente $T \in \mathfrak{T}$ ist *die von $\mathfrak{K}$ erzeugte abgeschlossene Untergruppe* $\overline{\{\mathfrak{K}\}} \subseteq \mathfrak{T}$. In der Tat folgt aus

$$S^m = \prod_\iota X_\iota^{g_\iota}; \quad T^n = \prod_\iota X_\iota^{h_\iota} \qquad \text{mit } mn > 0 \quad \text{für } S, T \in \mathfrak{T}$$

die Relation

$$(S T^{-1})^{mn} = \prod_\iota X_\iota^{g_\iota n - h_\iota m}.$$

Die Untergruppe $\{\mathfrak{K}\}$ ist in der abgeschlossenen Untergruppe $\overline{\{\mathfrak{K}\}}$ von $\mathfrak{T}$ enthalten.

Ein Komplex $\mathfrak{U} \subset \mathfrak{T}$ ist *abgeschlossen*, wenn er alle von $\mathfrak{U}$ abhängigen Elemente aus $\mathfrak{T}$ enthält. Jeder abgeschlossene Komplex $\mathfrak{U} \subset \mathfrak{T}$ ist (abgeschlossene) Untergruppe in $\mathfrak{T}$, da aus Darstellungen

$$U^m = \prod_\iota Y_\iota^{g_\iota}; \quad V^n = \prod_\iota Y_\iota^{h_\iota} \qquad \text{für } U, V \in \mathfrak{U}$$

mit (endlich vielen) Elementen $Y_\iota \in \mathfrak{U}$ die Relation

$$(U V^{-1})^{mn} = \prod_\iota Y_\iota^{n g_\iota - m h_\iota}$$

folgt. Die Faktorgruppe $\mathfrak{T}/\mathfrak{U}$ nach einer abgeschlossenen Untergruppe $\mathfrak{U}$ ist torsionsfrei, da die Kongruenz

$$T^n \equiv E \bmod \mathfrak{U} \qquad \text{nur für } T \equiv E \bmod \mathfrak{U}$$

besteht; umgekehrt ist eine Untergruppe $\mathfrak{U} \subseteq \mathfrak{T}$ mit torsionsfreier Faktorgruppe $\mathfrak{T}/\mathfrak{U}$ auch abgeschlossen.

Satz 11. *Eine Untergruppe $\mathfrak{U}$ der torsionsfreien abelschen Gruppe $\mathfrak{T}$ ist genau dann abgeschlossen, wenn ihre Faktorgruppe $\mathfrak{T}/\mathfrak{U}$ torsionsfrei ist. Die abgeschlossenen Untergruppen in $\mathfrak{T}$ bilden einen (nach unten abgeschlossenen) absteigenden Halbverband.*

Beweis. Ist $\mathfrak{D} = \bigcap \mathfrak{U}$ Durchschnitt abgeschlossener Untergruppen $\mathfrak{U} \subseteq \mathfrak{T}$, so gilt für $T \in \mathfrak{T}$ mit natürlichem Exponenten n die Kongruenz

$$T^n \equiv E \bmod \mathfrak{D}, \qquad \text{nur wenn } T^n \equiv E \bmod \mathfrak{U};$$

da hieraus folgt

$$T \equiv E \bmod \mathfrak{U}, \quad \text{also} \quad T \equiv E \bmod \mathfrak{D},$$

ist $\mathfrak{D}$ abgeschlossen.

Satz 12. *Jede torsionsfreie abelsche Gruppe $\mathfrak{T}$ enthält maximale unabhängige Komplexe $\mathfrak{K}$; der Rang $r = r(\mathfrak{T})$ dieser Komplexe ist eine Invariante der Gruppe $\mathfrak{T}$.*

Wir nennen $r(\mathfrak{T})$ den *Rang der Gruppe* $\mathfrak{T}$.

Beweis. Die (natürlich geordnete) Menge M aller unabhängigen Komplexe aus $\mathfrak{T}$ ist nicht leer, da jedes $T \in \mathfrak{T}$ (außer E) eine freie abelsche Gruppe vom Range 1 erzeugt. Die Vereinigung $\mathfrak{K}^* = \cup \mathfrak{K}$ einer Kette unabhängiger Komplexe $\mathfrak{K} \in M$ ist ein unabhängiger Komplex. Nach dem Lemma von M. ZORN existieren maximale Komplexe in M.

Ein maximaler unabhängiger Komplex $\mathfrak{K} = (X_\iota)$ (über $\iota \in I$) aus $\mathfrak{T}$ ist eine *Basis von* $\mathfrak{T}$, da jedes $T \in \mathfrak{T}$ eine Relation

$$T^n = \prod_\iota X_\iota^{g_\iota} \quad \text{mit } n > 0$$

erfüllt. Die Mächtigkeit $r = r(\mathfrak{T})$ des Komplexes $\mathfrak{K}$ ist im unendlichen Falle die Mächtigkeit der Gruppe $\mathfrak{T}$. Im endlichen Falle bestehen für maximale Komplexe

$$\mathfrak{K} = (X_1, X_2, \ldots, X_m); \quad \mathfrak{L} = (Y_1, Y_2, \ldots, Y_n) \quad \text{mit } m \geq n$$

aus $\mathfrak{T}$ Beziehungen der Gestalt

$$X_\mu^a = \prod_\nu Y_\nu^{g_{\mu\nu}}; \quad Y_\nu^b = \prod_\mu X_\mu^{h_{\nu\mu}} \quad \text{für } 1 \leq \mu \leq m;\ 1 \leq \nu \leq n \text{ mit } a > 0,\ b > 0.$$

Durch gegenseitige Substitution gewinnt man die Gleichungen

$$\sum_\nu g_{\mu\nu} h_{\nu\lambda} = a b\, \delta_{\mu\lambda};\quad \sum_\mu h_{\nu\mu} g_{\mu\varkappa} = a b\, \delta_{\nu\varkappa} \quad \text{für } 1 \leq \mu, \lambda \leq m;\ 1 \leq \nu, \varkappa \leq m$$

mit

$$\delta_{\mu\lambda} = \delta_{\nu\varkappa} = 0 \quad \text{für } \mu \neq \lambda \text{ bzw. } \nu \neq \varkappa \text{ und } \delta_{\mu\mu} = \delta_{\nu\nu} = 1,$$

die nur im Falle $m = n$ möglich sind.

Eine freie abelsche Gruppe $\mathfrak{T}$ ist Faktorgruppe einer freien Gruppe $\mathfrak{F}$ gleichen Ranges nach dem Kommutator $\mathfrak{F}'$; ferner gilt:

Satz 13. *Jede Untergruppe* $\mathfrak{U}$ *einer freien abelschen Gruppe* $\mathfrak{T}$ *ist freie abelsche Gruppe eines Ranges* $r(\mathfrak{U}) \leq r(\mathfrak{T})$.

Beweis. Bezüglich einer wohlgeordneten Basis (X_ν) der freien abelschen Gruppe $\mathfrak{T}$ besitzt jedes $T \in \mathfrak{T}$ (außer E) eine eindeutige Darstellung

$$T = X_{\nu_1}^{g_1} X_{\nu_2}^{g_2} \ldots X_{\nu_s}^{g_s} \quad \text{mit } \nu_1 < \nu_2 < \cdots < \nu_s \text{ und } g_\sigma \neq 0 \text{ für } 1 \leq \sigma \leq s,$$

also einen *Leitindex* ν_s und einen *Leitexponenten* g_s.

Aus den Elementen $U \in \mathfrak{U}$ mit minimalem Leitindex μ_1 wähle man ein Element Y_1 mit minimalem positivem Leitexponenten; jedes $U \in \mathfrak{U}$ mit gleichem Leitindex μ_1 gehört dann zur Untergruppe $\{Y_1\} \subseteq \mathfrak{U}$. Sind für alle Indizes $\nu < \lambda$ unabhängige Elemente $Y_\nu \in \mathfrak{U}$ ausgewählt, derart daß jedes $U \in \mathfrak{U}$, dessen Leitindex nicht größer als der Leitindex eines der Elemente Y_ν ist, der Untergruppe $\mathfrak{U}_\lambda = \{\bigcup_{\nu < \lambda} Y_\nu\}$ angehört, so wähle man für Y_λ ein nicht in $\mathfrak{U}_\lambda$ enthaltenes Element aus $\mathfrak{U}$ mit minimalem Leitindex μ_λ und minimalem positivem Leitexponenten g_λ. Da die Potenzen Y_λ^h (außer E) gleichen Leitindex μ_λ besitzen, gilt

$$\mathfrak{U}_\lambda \cap \{Y_\lambda\} = E, \quad \text{also} \quad \mathfrak{U}_{\lambda+1} = \mathfrak{U}_\lambda \times \{Y_\lambda\}.$$

Da jedes $U \in \mathfrak{U}$ mit dem Leitindex μ_λ einen Leitexponenten $g = g_\lambda h$ besitzt, gehört $U Y_\lambda^{-h}$ der Gruppe $\mathfrak{U}_\lambda$ an; Elemente $U \in \mathfrak{U}_{\lambda+1}$ haben einen größeren Leitindex als μ_λ. Da diese Auswahl schließlich $\mathfrak{U}$ erschöpft, ist $\mathfrak{U}$ freie abelsche Gruppe von einem Range $r(\mathfrak{U}) \leq r(\mathfrak{T})$.

Jede torsionsfreie abelsche Gruppe $\mathfrak{T}$ besitzt die Isomorphismen

$$\varphi_n\colon\ T \to T^{\varphi_n} = T^n \quad \text{für jedes } T \in \mathfrak{T}$$

in sich. Ist $\mathfrak{T}$ $\mathfrak{p}$-vollständig für eine Primzahlmenge $\mathfrak{p}$, so erzeugen die Automorphismen φ_p mit $p \in \mathfrak{p}$ eine Automorphismengruppe $\mathsf{N}(\mathfrak{T}) \subsetneq \mathsf{A}(\mathfrak{T})$; genau dann ist $\mathfrak{T}$ vollständig, wenn φ_n für jede natürliche Zahl n einen Automorphismus von $\mathfrak{T}$ ergibt. Ferner ist $\mathfrak{T}$ direktes Produkt

$$\mathfrak{T} = \mathfrak{V}(\mathfrak{T}) \times \mathfrak{U}(\mathfrak{T})$$

der maximalen vollständigen Untergruppe $\mathfrak{V}(\mathfrak{T})$ und eines reduzierten Faktors $\mathfrak{U}(\mathfrak{T})$.

Die *rationale Vektorgruppe* $\mathfrak{R} = \mathfrak{R}_\mathsf{I}$ für eine Indexmenge I der Mächtigkeit r, d.h. die additive Gruppe aller rationalzahligen finiten Vektoren $\mathfrak{v} = (a_\iota)$ (über $\iota \in \mathsf{I}$) ist eine vollständige torsionsfreie Gruppe vom Range $r = r(\mathfrak{R})$. Die Einheitsvektoren $\mathfrak{e}_\iota \in \mathfrak{R}$ bilden eine Basis in $\mathfrak{R}$, da jeder Vektor $\mathfrak{v} \in \mathfrak{R}$ eine Darstellung

$$\mathfrak{v} = \left(\frac{g_\iota}{n}\right) \quad \text{oder} \quad n\mathfrak{v} = (g_\iota) = \sum_\iota g_\iota \mathfrak{e}_\iota$$

in ganzen Zahlen g_ι besitzt und die Gleichung

$$\mathfrak{v} = (g_\iota) = \sum_\iota g_\iota \mathfrak{e}_\iota = \mathfrak{o} \quad \text{nur für } g_\iota = 0$$

besteht. Überdies ist $\mathfrak{R}$ das direkte Produkt

$$\mathfrak{R} = \underset{\iota}{\times}\, \mathfrak{R}_\iota \quad \text{(über } \iota \in \mathsf{I}\text{)}$$

der (abgeschlossenen) Untergruppen $\overline{\{\mathfrak{e}_\iota\}} = \mathfrak{R}_\iota \subseteq \mathfrak{R}$.

Die rationale Vektorgruppe $\mathfrak{R} = \mathfrak{R}_\mathsf{I}$ enthält *die Gittergruppe* $\mathfrak{G} = \mathfrak{G}_\mathsf{I}$ aller ganzzahligen finiten Vektoren $\mathfrak{g} = (g_\iota)$, das direkte Produkt

$$\mathfrak{G} = \underset{\iota}{\times}\, \mathfrak{G}_\iota$$

der unendlichen zyklischen Gruppen $\{\mathfrak{e}_\iota\} = \mathfrak{G}_\iota \subset \mathfrak{R}_\iota$; daher ist $\mathfrak{G}$ freie abelsche Gruppe vom Range $r = r(\mathfrak{R})$.

Satz 14. *Eine vollständige torsionsfreie abelsche Gruppe $\mathfrak{V}$ vom Range r ist der rationalen Vektorgruppe $\mathfrak{R}$ gleichen Ranges isomorph.*

Eine torsionsfreie abelsche Gruppe $\mathfrak{T}$ vom Range r ist einer die Gittergruppe $\mathfrak{G} \subset \mathfrak{R}$ umfassenden Untergruppe der rationalen Vektorgruppe $\mathfrak{R}$ gleichen Ranges isomorph:

$$\mathfrak{G} \subseteq \mathfrak{T}^{\psi} \subseteq \mathfrak{R} \qquad \text{mit } \mathfrak{T} \cong \mathfrak{T}^{\psi}.$$

Beweis. Jedes Element $T \in \mathfrak{T}$ besitzt nach einer Basis (X_ι) in $\mathfrak{T}$ eine Darstellung

$$T^n = \prod_\iota X_\iota^{a_\iota} \qquad \text{mit } n > 0.$$

Die Abbildung

$$\psi: \quad T \to T^\psi = \mathfrak{v}(T) = \left(\frac{a_\iota}{n}\right) \qquad \text{für jedes } T \in \mathfrak{T}$$

von $\mathfrak{T}$ in die rationale Vektorgruppe $\mathfrak{R}$ gleichen Ranges ist ein Isomorphismus. Da nämlich die Relationen

$$T^m = \prod_\iota X_\iota^{a_\iota}; \quad T^n = \prod_\iota X_\iota^{b_\iota} \qquad \text{für } T \in \mathfrak{T}$$

auf die Gleichung

$$T^{mn} = \prod_\iota X_\iota^{a_\iota n} = \prod_\iota X_\iota^{b_\iota m}, \quad \text{also} \quad a_\iota n = b_\iota m \qquad \text{für jedes } \iota \in \mathsf{I}$$

führen, ist die Zuordnung ψ eindeutig. Aus Gleichungen

$$S^m = \prod_\iota X_\iota^{a_\iota}; \quad T^n = \prod_\iota X_\iota^{b_\iota} \qquad \text{für } S, T \in \mathfrak{T}$$

erhalten wir ferner

$$(S T)^{mn} = \prod_\iota X_\iota^{a_\iota n + b_\iota m}$$

und daher

$$\mathfrak{v}(S) = \left(\frac{a_\iota}{m}\right); \quad \mathfrak{v}(T) = \left(\frac{b_\iota}{n}\right); \quad \mathfrak{v}(S T) = \left(\frac{a_\iota}{m} + \frac{b_\iota}{n}\right) = \mathfrak{v}(S) + \mathfrak{v}(T).$$

Schließlich gilt

$$\mathfrak{v}(S) = \left(\frac{a_\iota}{m}\right) = \mathfrak{o} \quad \text{nur für} \quad S^m = \prod_\iota X_\iota^{a_\iota} = E, \quad \text{also } S = E.$$

Da den Erzeugenden X_ι die Bilder $\mathfrak{v}(X_\iota) = \mathfrak{e}_\iota$ entsprechen, umfaßt $\mathfrak{T}^\psi$ die Gittergruppe $\mathfrak{G} \subset \mathfrak{R}$.

Für eine vollständige Gruppe $\mathfrak{T}$ gehört die für jeden Vektor $\mathfrak{v} = (g_\iota) \in \mathfrak{G} \subseteq \mathfrak{T}^\psi$ existierende Lösung $\mathfrak{x}$ der Gleichung $n\mathfrak{x} = \mathfrak{v}$ der Gruppe $\mathfrak{T}^\psi$ an. Folglich ist $\mathfrak{T}$ genau dann vollständig, wenn

$$\mathfrak{G} \subseteq \mathfrak{T}^\psi \subseteq \mathfrak{R} \quad \text{und} \quad \mathfrak{T}^\psi = \mathfrak{R}.$$

Jede torsionsfreie abelsche Gruppe $\mathfrak{T}$ vom Range $r = r(\mathfrak{T})$ läßt sich daher darstellen als eine die Gittergruppe $\mathfrak{G}_r$ umfassende Untergruppe der rationalen Vektorgruppe $\mathfrak{R}_r$ gleichen Ranges. Es ist noch festzustellen, wann zwei Gruppen dieser Eigenschaft isomorph sind:

2.4.6. Die torsionsfreien abelschen Gruppen

Satz 14*. *In der rationalen Vektorgruppe $\Re_r$ des Ranges r sind Zwischengruppen $\mathfrak{G}_r \subseteq \mathfrak{T}$, $\overline{\mathfrak{T}} \subseteq \Re_r$ genau dann isomorph, wenn ein Automorphismus $\alpha \in \mathsf{A}(\Re_r)$ existiert mit der Eigenschaft*

$$\overline{\mathfrak{T}}_r^\alpha = \mathfrak{T}_r; \qquad \mathfrak{G}_r^\alpha \subseteq \mathfrak{T}_r.$$

Beweis. Besteht zwischen Gruppen $\mathfrak{G}_r \subseteq \mathfrak{T}$, $\overline{\mathfrak{T}} \subseteq \Re_r$ ein Isomorphismus

$$\psi: \mathfrak{v} \leftrightarrow \mathfrak{v}^\psi = \overline{\mathfrak{v}} \in \overline{\mathfrak{T}} \qquad \text{für jedes } \mathfrak{v} \in \mathfrak{T},$$

so entsprechen den Einheitsvektoren $\mathfrak{e}_\iota \in \mathfrak{G}_r \subseteq \mathfrak{T} \cap \overline{\mathfrak{T}}$ Bilder

$$\mathfrak{e}_\iota^\psi = \overline{\mathfrak{a}}_\iota = (\overline{a}_{\iota\varkappa}) \in \overline{\mathfrak{T}}; \qquad \mathfrak{e}_\iota^{\psi^{-1}} = \mathfrak{a}_\iota = (a_{\iota\varkappa}) \in \mathfrak{T}.$$

Die Matrizen $A = (a_{\iota\varkappa})$ und $\overline{A} = (\overline{a}_{\iota\varkappa})$ induzieren Endomorphismen

$$\alpha: \mathfrak{x} \to \mathfrak{x} A; \qquad \overline{\alpha}: \mathfrak{x} \to \mathfrak{x} \overline{A} \qquad \text{für jedes } \mathfrak{x} \in \Re_r$$

der Vektorgruppe $\Re_r$; aus den Gleichungen

$$\mathfrak{e}_\iota^\alpha = \mathfrak{e}_\iota^\psi = \overline{\mathfrak{a}}_\iota = \mathfrak{e}_\iota \overline{A}; \quad \mathfrak{e}_\iota^{\overline{\alpha}} = \mathfrak{e}_\iota^{\psi^{-1}} = \mathfrak{a}_\iota = \mathfrak{e}_\iota A \qquad \text{für jedes } \iota \in \mathsf{I}$$

folgt

$$A \overline{A} = \overline{A} A = E, \qquad \text{also} \quad \alpha \overline{\alpha} = \overline{\alpha} \alpha = \varepsilon.$$

Folglich ist α ein Automorphismus von $\Re_r$; überdies gilt

$$\overline{\mathfrak{T}}^\alpha = \overline{\mathfrak{T}}^{\psi^{-1}} = \mathfrak{T} \quad \text{und} \quad \mathfrak{G}_r^\alpha \subseteq \mathfrak{T}.$$

Umgekehrt ist unter der Voraussetzung

$$\mathfrak{G}_r \subseteq \mathfrak{T} \subseteq \Re_r; \qquad \mathfrak{G}_r^\alpha \subseteq \mathfrak{T} \qquad \text{für } \alpha \in \mathsf{A}(\Re_r)$$

das isomorphe Bild $\overline{\mathfrak{T}} = \mathfrak{T}^{\alpha^{-1}}$ zu $\mathfrak{T}$ auch Zwischengruppe $\mathfrak{G}_r \subseteq \mathfrak{T}^{\alpha^{-1}} \subseteq \Re_r$.

Die torsionsfreien abelschen Gruppen lassen sich noch in anderer Weise kennzeichnen; wir bemerken zunächst:

Satz 15. *Jede torsionsfreie abelsche Gruppe $\mathfrak{T}$ vom Range $r = r(\mathfrak{T})$ ist Vereinigung $\mathfrak{T} = (\mathfrak{T}_k)$ einer abzählbaren Kette $(\mathfrak{T}_k)$ freier abelscher Gruppen $\mathfrak{T}_k$ gleichen Ranges $r(\mathfrak{T}_k) = r(\mathfrak{T})$.*

Beweis. Eine Basis $\mathfrak{K}$ einer vollständigen torsionsfreien Gruppe $\mathfrak{V}$ des Ranges $r = r(\mathfrak{V})$ erzeugt eine freie abelsche Gruppe $\mathfrak{A} = \{\mathfrak{K}\} \subseteq \mathfrak{V}$ gleichen Ranges; dabei gilt

$$V^n \equiv E \bmod \mathfrak{A} \qquad \text{für jedes } V \in \mathfrak{V} \quad \text{mit } n = n(V) > 0.$$

Nun ist φ_n Automorphismus von $\mathfrak{V}$, das Bild $\mathfrak{A}^{\varphi_n^{-1}} = \mathfrak{A}_n$ also freie abelsche Gruppe des Ranges r. Setzt man

$$\mathfrak{T}_1 = \mathfrak{A}_1 = \mathfrak{A}; \quad \mathfrak{T}_k = \mathfrak{A}_{k!} \qquad \text{für } k \geq 1,$$

so gilt

$$E = \mathfrak{T}_0 \subset \mathfrak{T}_1 \subset \mathfrak{T}_2 \subset \cdots \subset \mathfrak{T}_k \subset \cdots \subset \mathfrak{V} \quad \text{und} \quad \mathfrak{V} = \bigcup_k \mathfrak{T}_k.$$

Wird nun eine beliebige torsionsfreie abelsche Gruppe $\mathfrak{U}$ des Ranges $r = r(\mathfrak{U})$ als Zwischengruppe

$$\mathfrak{G}_r = \mathfrak{A} \subseteq \mathfrak{U} \subseteq \mathfrak{B} = \mathfrak{R}_r$$

mit einer vollständigen Gruppe $\mathfrak{B}$ gleichen Ranges r aufgefaßt, so besitzt die aufsteigende Folge

$$\mathfrak{U} \cap \mathfrak{T}_1 \subseteq \mathfrak{U} \cap \mathfrak{T}_2 \subseteq \cdots \subseteq \mathfrak{U} \cap \mathfrak{T}_k \subseteq \cdots \subseteq \mathfrak{U} \quad \text{mit } \mathfrak{U} = \bigcup_k (\mathfrak{U} \cap \mathfrak{T}_k)$$

die verlangte Eigenschaft, da $\mathfrak{U} \cap \mathfrak{T}_1 = \mathfrak{A}$ vom Range $r = r(\mathfrak{U})$ ist.

Satz 15*. *Die Faktorgruppe $\mathfrak{G}/\mathfrak{G}'$ einer lokalfreien Gruppe $\mathfrak{G}$ nach ihrem Kommutator $\mathfrak{G}'$ ist torsionsfrei; besitzt $\mathfrak{G}$ endlichen Rang, so gilt $r(\mathfrak{G}/\mathfrak{G}') \leq r(\mathfrak{G})$. Jede torsionsfreie abelsche Gruppe $\mathfrak{T}$ ist der Faktorgruppe $\mathfrak{G}/\mathfrak{G}'$ einer lokalfreien Gruppe $\mathfrak{G}$ nach ihrem Kommutator $\mathfrak{G}'$ isomorph; hat $\mathfrak{T}$ endlichen Rang $r = r(\mathfrak{T})$, so gibt es eine lokalfreie Gruppe $\mathfrak{G}$ gleichen Ranges mit dieser Eigenschaft.*

Beweis. Gilt für ein Element G der lokalfreien Gruppe $\mathfrak{G}$

$$G^m \equiv E \bmod \mathfrak{G}', \text{ also } G^m = [A_1, B_1][A_2, B_2] \ldots [A_n, B_n] \text{ mit } A_\nu, B_\nu \in \mathfrak{G},$$

so ist $\mathfrak{U} = \{G \cup \bigcup_\nu (A_\nu \cup B_\nu)\}$ freie Untergruppe von $\mathfrak{G}$ und

$$G^m \equiv E \bmod \mathfrak{U}', \quad \text{also} \quad G \equiv E \bmod \mathfrak{U}' \subseteq \mathfrak{G}'.$$

Mithin ist $\mathfrak{G}/\mathfrak{G}'$ torsionsfrei.

Eine durch $r = r(\mathfrak{G})$ Elemente erzeugbare Untergruppe $\mathfrak{U} \subseteq \mathfrak{G}$ besitzt ein durch r Elemente erzeugbares Bild $\mathfrak{U}\mathfrak{G}'/\mathfrak{G}'$ in $\mathfrak{G}/\mathfrak{G}'$; jede durch r Elemente erzeugbare Untergruppe $\mathfrak{B}/\mathfrak{G}' \subseteq \mathfrak{G}/\mathfrak{G}'$ ist in einer solchen Untergruppe $\mathfrak{U}\mathfrak{G}'/\mathfrak{G}'$ enthalten. Ist $r(\mathfrak{G})$ endlich, so folgt $r(\mathfrak{G}/\mathfrak{G}') \leq r(\mathfrak{G})$.

Eine torsionsfreie abelsche Gruppe $\mathfrak{T}$ vom Range $r = r(\mathfrak{T})$ ist Vereinigung einer abzählbaren Kette

$$\mathfrak{T}_1 \subset \mathfrak{T}_2 \subset \cdots \subset \mathfrak{T}_k \subset \cdots \quad \text{mit } \mathfrak{T} = \bigcup_k \mathfrak{T}_k \tag{1}$$

freier abelscher Gruppen gleichen Ranges r; jede Gruppe $\mathfrak{T}_k$ ist [mit der Indexmenge I der Mächtigkeit $r(\mathfrak{T})$] direktes Produkt

$$\mathfrak{T}_k = \underset{\iota}{\times} \mathfrak{Z}_{k\iota} \quad (\text{über } \iota \in \mathsf{I})$$

zyklischer Gruppen $\mathfrak{Z}_{k\iota} = \{Z_{k\iota}\}$, für die nach (1) Darstellungen

$$Z_{k\iota} = F_{k\iota}(Z_{k+1,\iota}) \tag{2}$$

als Produkte aus Erzeugenden des Nachfolgers bestehen. Die abstrakte Gruppe

$$\mathfrak{G} = \{\bigcup_k \bigcup_\iota Z_{k\iota}\} \quad \text{mit} \quad Z_{k\iota} = F_{k\iota}(Z_{k+1,\iota}) \quad (\text{für } 0 \leq k < \infty; \iota \in \mathsf{I})$$

besitzt eine zu $\mathfrak{T}$ isomorphe Kommutatorfaktorgruppe $\mathfrak{G}/\mathfrak{G}'$.

In einer freien Gruppe $\mathfrak{F}=\{(S_\iota)\}$ gleichen Ranges ergeben die für einen Index k nach (2) gebildeten Elemente $U_\iota = F_{k\iota}(S_\iota)$ ein freies Erzeugendensystem für $\mathfrak{U}_k = \{\bigcup_\iota U_\iota'\} \subseteq \mathfrak{F}$; denn die in einer Relation $R(U_{\iota_1}, U_{\iota_2}, \ldots, U_{\iota_s}) = E$ auftretenden Elemente würden eine freie Untergruppe $\mathfrak{U}^* \subseteq \mathfrak{F}$ eines Ranges $r(\mathfrak{U}^*) < s$ erzeugen. Dann ließe sich auch in der Untergruppe $\{Z_{k\iota_1}, Z_{k\iota_2}, \ldots, Z_{k\iota_s}\} \subseteq \mathfrak{T}_k$ eine kleinere Basis angeben. Mithin ist $\mathfrak{G}$ als Vereinigung einer abzählbaren Kette freier Untergruppen lokalfrei vom Range $r(\mathfrak{G}) \leq r(\mathfrak{T})$. Im endlichen Falle besteht nach Satz 15 die Gleichung $r(\mathfrak{G}) = r(\mathfrak{T})$.

2.4.7. Gemischte abelsche Gruppen

Jede abelsche Gruppe $\mathfrak{A}$ enthält eine (einzige) ordnungsfinite Untergruppe $\mathfrak{F} = \mathfrak{F}(\mathfrak{A})$ mit torsionsfreier Faktorgruppe $\mathfrak{A}/\mathfrak{F} = \mathfrak{T}$. Die Bestimmung aller abelschen Gruppen $\mathfrak{A}$ mit vorgegebener ordnungsfiniter Untergruppe $\mathfrak{F}$ und vorgegebenem (torsionsfreiem) Faktor $\mathfrak{T} = \mathfrak{A}/\mathfrak{F}$ ist Aufgabe der Erweiterungstheorie. An dieser Stelle wollen wir nur die Frage behandeln, unter welchen Bedingungen eine abelsche Gruppe $\mathfrak{A}$ direktes Produkt einer ordnungsfiniten Untergruppe $\mathfrak{F} = \mathfrak{F}(\mathfrak{A})$ und einer torsionsfreien Untergruppe $\mathfrak{T}$ ist.

Aus Satz 1 folgt unmittelbar:

Satz 16. *Eine abelsche Gruppe $\mathfrak{A}$ mit vollständiger maximaler ordnungsfiniter Untergruppe $\mathfrak{F}(\mathfrak{A})$ ist direkt zerlegbar in*

$$\mathfrak{A} = \mathfrak{F}(\mathfrak{A}) \times \mathfrak{T}.$$

Jede ordnungsfinite abelsche Gruppe $\mathfrak{F}$ ist direkt zerlegbar:

$$\mathfrak{F} = \mathfrak{V}(\mathfrak{F}) \times \mathfrak{U}(\mathfrak{F})$$

in die maximale vollständige Untergruppe $\mathfrak{V}(\mathfrak{F})$ und einen reduzierten Faktor $\mathfrak{U}(\mathfrak{F})$; daher besitzt eine abelsche Gruppe $\mathfrak{A}$ mit der maximalen ordnungsfiniten Untergruppe $\mathfrak{F} = \mathfrak{F}(\mathfrak{A})$ eine Zerlegung

$$\mathfrak{A} = \mathfrak{V}(\mathfrak{F}) \times \mathfrak{B}$$

mit einem Faktor $\mathfrak{B}$, dessen maximale ordnungsfinite Untergruppe $\mathfrak{F}(\mathfrak{B})$ der Bedingung unterliegt:

$$\mathfrak{F}(\mathfrak{B}) \cong \mathfrak{U}(\mathfrak{F}); \quad \mathfrak{A}/\mathfrak{F}(\mathfrak{A}) \cong \mathfrak{T} \cong \mathfrak{B}/\mathfrak{F}(\mathfrak{B}).$$

Die aufgeworfene Frage hängt folglich ausschließlich von der Struktur des reduzierten Faktors $\mathfrak{U}(\mathfrak{F})$ der Gruppe $\mathfrak{F} = \mathfrak{F}(\mathfrak{A})$ ab.

Nennt man eine abelsche Gruppe $\mathfrak{A}$ *torsionsfreie Erweiterung der ordnungsfiniten Gruppe* $\mathfrak{F}$, wenn $\mathfrak{F}$ Untergruppe von $\mathfrak{A}$ mit torsionsfreier Faktorgruppe $\mathfrak{A}/\mathfrak{F}$ ist, so gilt

2.4. Theorie der abelschen Gruppen

Satz 16* (S. W. Fomin). *Jede torsionsfreie Erweiterung $\mathfrak{A}$ einer ordnungsfiniten Gruppe $\mathfrak{F}$ ist direkt zerlegbar in $\mathfrak{A} = \mathfrak{F} \times \mathfrak{T}$ genau dann, wenn der reduzierte Faktor $\mathfrak{U}(\mathfrak{F})$ von $\mathfrak{F}$ ordnungsbeschränkt ist.*

Als unmittelbare Folgerung entnehmen wir hieraus

Satz 16**. *Besitzt eine abelsche Gruppe $\mathfrak{A}$ eine endliche Untergruppe $\mathfrak{F}$ mit torsionsfreier Faktorgruppe $\mathfrak{A}/\mathfrak{F}$, so ist $\mathfrak{A}$ direkt zerlegbar in $\mathfrak{A} = \mathfrak{F} \times \mathfrak{T}$.*

Beweis. Die abelsche Gruppe $\mathfrak{A}$ mit der maximalen ordnungsfiniten Untergruppe $\mathfrak{F} = \mathfrak{F}(\mathfrak{A}) = \mathfrak{B}(\mathfrak{F}) \times \mathfrak{U}(\mathfrak{F})$ besitzt eine Zerlegung

$$\mathfrak{A} = \mathfrak{B}(\mathfrak{F}) \times \mathfrak{B} \quad \text{mit} \quad \mathfrak{F}(\mathfrak{B}) \cong \mathfrak{U}(\mathfrak{F}); \quad \mathfrak{A}/\mathfrak{F}(\mathfrak{A}) \cong \mathfrak{B}/\mathfrak{F}(\mathfrak{B}).$$

Daher kann sogleich angenommen werden, daß $\mathfrak{F}$ ordnungsbeschränkt ist.

Da für jeden Endomorphismus φ_n die Gleichung

$$\mathfrak{A}^{\varphi_n} \cap \mathfrak{F} = \mathfrak{F}^{\varphi_n} \quad \text{oder} \quad \mathfrak{A}^n \cap \mathfrak{F} = \mathfrak{F}^n$$

besteht, erhält man für eine gewisse natürliche Zahl m die Beziehung

$$\mathfrak{A}^m \cap \mathfrak{F} = \mathfrak{F}^m = E.$$

Die (ordnungsbeschränkten) Faktorgruppen $\mathfrak{A}/\mathfrak{A}^m$ und $\mathfrak{F}\mathfrak{A}^m/\mathfrak{A}^m$ besitzen direkte Zerlegungen

$$\mathfrak{A}/\mathfrak{A}^m = \underset{p|m}{\times} \mathfrak{A}_p/\mathfrak{A}^m; \quad \mathfrak{F}\mathfrak{A}^m/\mathfrak{A}^m = \underset{p|m}{\times} \mathfrak{F}_p/\mathfrak{A}^m \quad \text{mit} \quad \mathfrak{F}_p \subseteq \mathfrak{A}_p$$

in Primärkomponenten. Dabei ist, wie man aus $\mathfrak{A}^{p^k} \cap \mathfrak{F} = \mathfrak{F}^{p^k}$ leicht nachweist, $\mathfrak{F}_p/\mathfrak{A}^m$ Servanzuntergruppe in $\mathfrak{A}_p/\mathfrak{A}^m$, also nach Lemma 3 des Abschnittes 2.4.3 direkter Faktor in $\mathfrak{A}_p/\mathfrak{A}^m$. Auch die ordnungsbeschränkten Gruppen

$$\mathfrak{A}/\mathfrak{A}^m \,/\, \mathfrak{F}\mathfrak{A}^m/\mathfrak{A}^m \cong \mathfrak{A}/\mathfrak{F}\mathfrak{A}^m; \quad \mathfrak{A}_p/\mathfrak{A}^m \,/\, \mathfrak{F}_p/\mathfrak{A}^m \cong \mathfrak{A}_p/\mathfrak{F}_p$$

sind vollzerlegbar. Damit erhalten wir

$$\mathfrak{A}_p/\mathfrak{A}^m = \mathfrak{F}_p/\mathfrak{A}^m \times \mathfrak{T}_p/\mathfrak{A}^m \quad \text{für } p|m,$$

$$\mathfrak{A}/\mathfrak{A}^m = \mathfrak{F}\mathfrak{A}^m/\mathfrak{A}^m \times \mathfrak{T}/\mathfrak{A}^m \quad \text{mit} \quad \mathfrak{T}/\mathfrak{A}^m = \underset{p|m}{\times} \mathfrak{T}_p/\mathfrak{A}^m;$$

dabei gilt

$$\mathfrak{F} \cap \mathfrak{A}^m = E; \quad \mathfrak{F}\mathfrak{A}^m \cap \mathfrak{T} = \mathfrak{A}^m, \quad \text{also} \quad \mathfrak{F} \cap \mathfrak{T} = E.$$

Hieraus folgt

$$\mathfrak{A} = \mathfrak{F}\mathfrak{A}^m\mathfrak{T} = \mathfrak{F}\mathfrak{T} = \mathfrak{F} \times \mathfrak{T}.$$

Für die Umkehrung haben wir im Falle, daß der reduzierte Teil $\mathfrak{U}(\mathfrak{F})$ von $\mathfrak{F}$ nicht ordnungsbeschränkt ist, torsionsfreie Erweiterungen $\mathfrak{A}$ von $\mathfrak{F}$ anzugeben, in denen $\mathfrak{F}$ nicht direkter Faktor ist. Dabei kann wieder $\mathfrak{F}$ selbst als reduziert angenommen werden.

2.4.7. Gemischte abelsche Gruppen

Fall 1. Enthält $\mathfrak{F}$ nichtordnungsbeschränkte Primärkomponenten, so kann $\mathfrak{F}$ als primär vorausgesetzt werden. Besitzt nämlich $\mathfrak{F}$ die Zerlegung

$$\mathfrak{F} = \underset{p}{\times} \mathfrak{F}_p = \mathfrak{F}_p \times \mathfrak{F}_p^* \quad \text{mit} \quad \mathfrak{F}_p^* = \prod_{q \neq p} \mathfrak{F}_q$$

in Primärkomponenten, und ist $\mathfrak{A}_p$ torsionsfreie Erweiterung von $\mathfrak{F}_p$, so ist $\mathfrak{F}$ maximale ordnungsfinite Untergruppe des direkten Produktes $\mathfrak{A} = \mathfrak{A}_p \times \mathfrak{F}_p^*$. Ist $\mathfrak{F}_p$ nicht direkter Faktor von $\mathfrak{A}_p$, so ist auch $\mathfrak{F}$ nicht direkter Faktor von $\mathfrak{A}$, da sonst

$$\mathfrak{A} = \mathfrak{F} \times \mathfrak{T} = \mathfrak{F}_p \times \mathfrak{F}_p^* \times \mathfrak{T} = \mathfrak{A}_p \times \mathfrak{F}_p^*, \quad \text{also} \quad \mathfrak{A}_p \cong \mathfrak{F}_p \times \mathfrak{T}$$

folgen würde.

In der reduzierten nichtordnungsbeschränkten primären Gruppe $\mathfrak{F}$ sei $\mathfrak{F}_k$ (für $1 \leq k < \infty$) die Untergruppe aller Elemente $F \in \mathfrak{F}$ einer Höhe $h(F) \geq k$. Aus $\mathfrak{F}$ wählen wir Elementefolgen (A_n, B_n) nach folgender Vorschrift:

1. Es sei $A_1 = B_1$ und $B_{n+1} = B_n A_{n+1}^{p^n}$.
2. Es gelte $\mathrm{ord}(B_n) < \mathrm{ord}(B_{n+1})$.
3. Es sei B_n minimaler Ordnung in der Restklasse $\mathfrak{F}_n B_n$.

Aus einer Restklasse $\mathfrak{F}_1 B_1 \neq \mathfrak{F}_1$ werde $B_1 = A_1$ minimaler Ordnung ausgewählt. Sind A_n und B_n mit $\mathrm{ord}(B_n) = p^s$ ausgewählt, so wähle man ein (von E verschiedenes) Element $F \in \mathfrak{F}$ einer Höhe $h = h(F) > n + s$ und eine Lösung F_0 der Gleichung $F_0^{p^h} = F$. Ist dann B_{n+1} Element minimaler Ordnung in $\mathfrak{F}_{n+1} B_n F_0^{p^n}$, so sei

$$B_{n+1} = B_n F_0^{p^n} G^{p^{n+1}}; \quad A_{n+1} = F_0 G^p \quad \text{mit } G \in \mathfrak{F}, \quad \text{also} \quad B_{n+1} = B_n A_{n+1}^{p^n}.$$

Die Gleichung

$$E = B_{n+1}^{p^s} = B_n^{p^s} F_0^{p^{n+s}} G^{p^{n+s+1}} = F_0^{p^{n+s}} G^{p^{n+s+1}}$$

würde der Voraussetzung $n + s < h(F) = h$ widersprechen.

Aus einer freien abelschen Gruppe $\mathfrak{C} = \left\{ \bigcup_{k=1}^{\infty} C_k \right\}$ und der Gruppe $\mathfrak{F}$ bilden wir das direkte Produkt $\mathfrak{H} = \mathfrak{C} \times \mathfrak{F}$ und die Faktorgruppe $\mathfrak{G} = \mathfrak{H}/\mathfrak{M}$ nach der Untergruppe

$$\mathfrak{M} = \left\{ \bigcup_n M_n \right\} \quad \text{mit} \quad M_n = A_n C_n C_{n+1}^{-p} \quad \text{für } 1 \leq n < \infty.$$

Da jedes Element $M \in \mathfrak{M}$ die Gestalt

$$M = \prod_{\nu=1}^{n} M_\nu^{k_\nu} = \prod_{\nu=1}^{n} A_\nu^{k_\nu} C_\nu^{k_\nu} C_{\nu+1}^{-k_\nu p} \quad \text{mit } k_n \neq 0$$

besitzt, gilt

$$\mathfrak{F} \cap \mathfrak{M} = E \quad \text{und} \quad \mathfrak{F}\mathfrak{M}/\mathfrak{M} \cong \mathfrak{F}/\mathfrak{M} \cap \mathfrak{F} = \mathfrak{F}.$$

Die Faktorgruppe $\mathfrak{G}$ ist daher die durch $\mathfrak{F}, \mathfrak{C}$ unter den Relationen

$$C_{n+1}^p = C_n A_n \quad \text{für } 1 \leq n < \infty$$

erzeugte Gruppe. Da $\mathfrak{G}/\mathfrak{F}$ der torsionsfreien Gruppe

$$\mathfrak{C}^* = \{\bigcup_n C_n^*\} \quad \text{mit} \quad C_{n+1}^{*p} = C_n^* \quad \text{für } 1 \leq n < \infty$$

isomorph ist, ist $\mathfrak{F}$ maximale ordnungsfinite Untergruppe in $\mathfrak{G}$.

Wäre $\mathfrak{F}$ direkter Faktor von $\mathfrak{G} = \mathfrak{F} \times \mathfrak{T}$ mit torsionsfreiem Faktor $\mathfrak{T}$, so würde jede Erzeugende $C_n \in \mathfrak{G}$ eine Darstellung

$$C_n = F_n T_n \quad \text{mit } F_n \in \mathfrak{F};\ T_n \in \mathfrak{T}$$

besitzen, nach der die Relationen die Gestalt

$$F_{n+1}^p T_{n+1}^p = F_n T_n A_n \quad \text{oder} \quad F_{n+1}^p = F_n A_n;\ T_{n+1}^p = T_n$$

annehmen. Hieraus erhielten wir durch Induktion die Gleichungen

$$F_2^p = F_1 A_1 = F_1 B_1;\ F_n^{p^{n-1}} = F_1 B_{n-1} \quad \text{für } 2 \leq n < \infty.$$

Da $F_{n+1}^{p^n}$ in $\mathfrak{F}_n$ enthalten ist, müßte $\mathfrak{F}_n F_1^{-1} = \mathfrak{F}_n B_n$, also $\mathrm{ord}(F_1) \geq \mathrm{ord}(B_n)$ gelten, entgegen der Forderung 2.

Fall 2. Ist $\mathfrak{F}$ direktes Produkt (von E verschiedener) reduzierter primärer Gruppen:

$$\mathfrak{F} = \underset{p \in \mathfrak{p}}{\times} \mathfrak{F}_p$$

über eine unendliche Primzahlmenge $\mathfrak{p}$, so bilden wir das direkte Produkt $\mathfrak{H} = \mathfrak{C} \times \mathfrak{F}$ mit einer freien abelschen Gruppe $\mathfrak{C} = \{C_0 \cup \underset{p \in \mathfrak{p}}{\bigcup} C_p\}$ und die Faktorgruppe $\mathfrak{G} = \mathfrak{H}/\mathfrak{M}$ nach der aus Elementen $E \neq A_p \in \mathfrak{F}_p$ der Höhe $h(A_p) = 0$ gebildeten Untergruppe

$$\mathfrak{M} = \{\underset{p \in \mathfrak{p}}{\bigcup} M_p\} \quad \text{mit} \quad M_p = C_0 A_p C_p^{-p} \quad \text{für } p \in \mathfrak{p}.$$

Da $\mathfrak{F}\mathfrak{M}/\mathfrak{M}$ wegen $\mathfrak{F} \cap \mathfrak{M} = E$ zur Gruppe $\mathfrak{F}$ isomorph ist, ist $\mathfrak{G}$ die durch $\mathfrak{F}, \mathfrak{C}$ unter den Relationen

$$C_p^p = C_0 A_p \quad \text{für } p \in \mathfrak{p}$$

erzeugte Gruppe.

Ist $\mathfrak{F}$ direkter Faktor in $\mathfrak{G} = \mathfrak{F} \times \mathfrak{T}$ mit torsionsfreiem Komplement $\mathfrak{T}$, so besitzen die Erzeugenden $C_0, C_p \in \mathfrak{G}$ Darstellungen

$$C_0 = F_0 T_0;\ C_p = F_p T_p \quad \text{mit} \quad F_0, F_p \in \mathfrak{F};\ T_0, T_p \in \mathfrak{T},$$

für die wir den Relationen entnehmen:

$$C_p^p = A_p C_0 \quad \text{oder} \quad F_p^p = A_p F_0;\ T_p^p = T_0.$$

Aus den Faktorzerlegungen

$$F_0 = \prod_q F_{0q}; \quad F_p = \prod_q F_{pq} \quad \text{mit} \quad F_{0q}, F_{pq} \in \mathfrak{F}_q \quad \text{über } q \in \mathfrak{p}$$

erhalten wir weiter, da A_p zur Komponente $\mathfrak{F}_p$ gehört,

$$F_{pp}^p = A_p F_{0p} \quad \text{für jedes } p \in \mathfrak{p}.$$

Wählen wir $p \in \mathfrak{p}$, derart daß $F_{0p} = E$, so widerspricht $F_{pp}^p = A_p$ der Bedingung $h(A_p) = 0$.

Neben diesem Kriterium lassen sich auch Bedingungen angeben, die sich auf die Struktur der (torsionsfreien) Faktorgruppe stützen:

Satz 17. *Die maximale ordnungsfinite Untergruppe $\mathfrak{F} = \mathfrak{F}(\mathfrak{A})$ einer abelschen Gruppe $\mathfrak{A}$ ist direkter Faktor von $\mathfrak{A}$, wenn die Faktorgruppe $\mathfrak{A}/\mathfrak{F}$ freie abelsche Gruppe ist.*

Beweis. Ein freies Erzeugendensystem $(\mathfrak{F} T_\iota)$ der (freien abelschen) Gruppe $\mathfrak{A}/\mathfrak{F}$ führt auf eine freie abelsche Untergruppe $\mathfrak{T}^* = \{\bigcup_\iota T_\iota\}$ in $\mathfrak{A}$ mit dem Durchschnitt $\mathfrak{T}^* \cap \mathfrak{F} = E$.

Satz 17*. *Jede endlich erzeugbare abelsche Gruppe $\mathfrak{A}$ ist direktes Produkt $\mathfrak{A} = \mathfrak{F} \times \mathfrak{T}$ einer endlichen Gruppe $\mathfrak{F}$ und einer freien abelschen Gruppe $\mathfrak{T}$ endlichen Ranges. Jede endlich erzeugbare abelsche Gruppe $\mathfrak{A}$ erfüllt die Maximalbedingung.*

Beweis. Besitzt eine endlich erzeugbare abelsche Gruppe $\mathfrak{A}$ eine direkte Zerlegung $\mathfrak{A} = \mathfrak{F} \times \mathfrak{T}$ mit ordnungsfinitem Faktor $\mathfrak{F}$ und torsionsfreiem Faktor $\mathfrak{T}$, so ist $\mathfrak{F}$ endlich erzeugbar, also endlich. Auf Grund des Satzes 17 genügt es für die erste Aussage nachzuweisen, daß eine endlich erzeugbare torsionsfreie abelsche Gruppe freie abelsche Gruppe ist.

Als endlich erzeugbare Gruppe hat $\mathfrak{T}$ endlichen Rang $r(\mathfrak{T}) = r$ und ist einer Zwischengruppe $\mathfrak{G}_r \subseteq \mathfrak{T} \subseteq \mathfrak{R}_r$ der rationalen Vektorgruppe $\mathfrak{R}_r$ und der Gittergruppe $\mathfrak{G}_r$ isomorph. Die Erzeugenden $T_\sigma \in \mathfrak{T}$ sind endliche Vektoren mit festem Nenner $n > 0$:

$$T_\sigma = \left(\frac{a_{\sigma 1}}{n}, \frac{a_{\sigma 2}}{n}, \ldots, \frac{a_{\sigma r}}{n}\right) \quad \text{(für } 1 \leq \sigma \leq s\text{)}.$$

Das zu $\mathfrak{T}$ isomorphe Bild $\mathfrak{T}^{\varphi n} = \mathfrak{T}^n$ ist freie abelsche Gruppe.

Eine endlich erzeugbare abelsche Gruppe ist auch darstellbar als Faktorgruppe $\mathfrak{A} = \mathfrak{F}/\mathfrak{R}$ einer freien abelschen Gruppe $\mathfrak{F}$ endlichen Ranges $r(\mathfrak{F}) = r$ nach einer Untergruppe $\mathfrak{R}$. Für eine Untergruppe $\mathfrak{U} = \mathfrak{H}/\mathfrak{R} \subset \mathfrak{F}/\mathfrak{R} = \mathfrak{A}$ ist $\mathfrak{H} \subset \mathfrak{F}$ vom Range $r(\mathfrak{H}) \leq r(\mathfrak{F})$, also endlich erzeugbar; daher ist auch $\mathfrak{U}$ endlich erzeugbar. Mithin erfüllt $\mathfrak{A}$ die Maximalbedingung.

Dritter Teil
Allgemeine Strukturtheorie

Kapitel 3.1
Theorie der Normalfolgen

3.1.1. Begriffsbildung; der Verfeinerungssatz

Eine Gruppe $\mathfrak{G}; \Omega$ mit eigentlichem Normalteiler $\mathfrak{N}$ ist in einer durch ihre Struktur bestimmten Weise aus $\mathfrak{N}$ und ihrem homomorphen Bild $\mathfrak{F}; \Omega = \mathfrak{G}/\mathfrak{N}$ zusammengesetzt; die Umkehrung dieses Sachverhaltes führt zu dem später zu behandelnden *Erweiterungsproblem*:

Zu vorgegebenen Gruppen $\mathfrak{N}; \Omega$ und $\mathfrak{F}; \Omega$ sind alle Gruppen $\mathfrak{G}; \Omega$ zu bestimmen, die einen zu $\mathfrak{N}$ isomorphen Normalteiler $\mathfrak{N}^*$ mit zur Gruppe $\mathfrak{F}; \Omega$ isomorphen Faktorgruppe $\mathfrak{G}/\mathfrak{N}^*$ enthalten.

Eine transfinite Weiterführung dieser Bildung von Gruppen aus Untergruppen und homomorphen Bildern führt auf die

Definition 1. *Eine aufsteigende Ω-Normalfolge $(\mathfrak{U}_\nu)$ der Gruppe $\mathfrak{G}; \Omega$ ist eine Untergruppenfolge mit den Eigenschaften:*

(1) *Es ist $\mathfrak{U}_0 = E$ und $\mathfrak{U}_\sigma = \mathfrak{G}; \Omega$ für einen Index $\sigma \in \Lambda$.*
(2) *Es ist $\mathfrak{U}_\nu \subset | \mathfrak{U}_{\nu+1}$ für jeden Index $\nu < \sigma$.*
(3) *Es ist $\mathfrak{U}_\lambda = \bigcup_{\nu < \lambda} \mathfrak{U}_\nu$ für jeden Limesindex $\lambda \leq \sigma$.*

Die Faktorgruppen $\mathfrak{U}_{\nu+1}/\mathfrak{U}_\nu$ für $\nu < \sigma$ sind ihre Faktoren.

Eine absteigende Ω-Normalfolge $(\mathfrak{V}_\nu)$ der Gruppe $\mathfrak{G}; \Omega$ ist eine Untergruppenfolge mit den Eigenschaften:

(1) *Es ist $\mathfrak{V}_0 = \mathfrak{G}; \Omega$ und $\mathfrak{V}_\tau = E$ für einen Index $\tau \in \Lambda$.*
(2) *Es ist $\mathfrak{V}_{\nu+1} \subset | \mathfrak{V}_\nu$ für jeden Index $\nu < \tau$.*
(3) *Es ist $\mathfrak{V}_\lambda = \bigcap_{\nu < \lambda} \mathfrak{V}_\nu$ für jeden Limesindex $\lambda \leq \tau$.*

Die Faktorgruppen $\mathfrak{V}_\nu/\mathfrak{V}_{\nu+1}$ für $\nu < \tau$ sind ihre Faktoren.

Eine aufsteigende bzw. absteigende Ω-Normalfolge von $\mathfrak{G}; \Omega$ enthält *Wiederholungen*, wenn nur gilt:

(2*) *Es ist $\mathfrak{U}_\nu \subseteq | \mathfrak{U}_{\nu+1}$ (bzw. $\mathfrak{V}_{\nu+1} \subseteq | \mathfrak{V}_\nu$) für jeden Index $\nu < \sigma$; $\nu < \tau$.*

Jede Ω-Normalfolge $(\mathfrak{U}_\nu)$ mit Wiederholungen kann in eine Ω-Normalfolge (ohne Wiederholungen) verwandelt werden; zu jeder in der aufsteigenden Ω-Normalfolge $(\mathfrak{U}_\nu)$ auftretenden Untergruppe $\mathfrak{U} \subset \mathfrak{G}; \Omega$ gibt es Indizes $\varkappa \leq \lambda \in \Lambda$, derart daß

$$\mathfrak{U} = \mathfrak{U}_\nu \quad \text{für das Intervall} \quad \varkappa \leq \nu \leq \lambda.$$

Daher bilden die verschiedenen unter den Gruppen $\mathfrak{U}_\nu$ eine aufsteigende Ω-Normalfolge. Entsprechendes gilt für absteigende Ω-Normalfolgen.

Eine endliche (aufsteigende oder absteigende) Ω-Normalfolge ist eine Ω-*Normalreihe* in $\mathfrak{G};\Omega$:
$$E = \mathfrak{U}_0 \triangleleft| \mathfrak{U}_1 \triangleleft| \cdots \triangleleft| \mathfrak{U}_{k-1} \triangleleft| \mathfrak{U}_k = \mathfrak{G};\Omega$$
der Länge k, der Anzahl ihrer Faktoren. Jede Gruppe $\mathfrak{G};\Omega$ besitzt die Ω-Normalreihe der Länge 1:
$$E = \mathfrak{U}_0 \triangleleft| \mathfrak{U}_1 = \mathfrak{G};\Omega;$$
jeder eigentliche Normalteiler $\mathfrak{N}_1 \triangleleft| \mathfrak{G};\Omega$ führt auf eine Ω-Normalreihe der Länge 2:
$$E = \mathfrak{N}_0 \triangleleft| \mathfrak{N}_1 \triangleleft| \mathfrak{G};\Omega.$$

Eine aufsteigende (absteigende) Ω-Normalfolge $(\mathfrak{U}_\mu^*)$ der Gruppe $\mathfrak{G};\Omega$ ist eine (*echte*) *Verfeinerung* der aufsteigenden (absteigenden) Ω-Normalfolge $(\mathfrak{U}_\nu)$, wenn $(\mathfrak{U}_\nu)$ (echte) Teilmenge von $(\mathfrak{U}_\mu^*)$ ist.

Zwei aufsteigende Ω-Normalfolgen $(\mathfrak{U}_\mu)$ und $(\mathfrak{U}_\nu^*)$ sind *isomorph*, wenn zwischen ihren Faktoren eine eineindeutige Zuordnung
$$\mu \leftrightarrow \nu \quad \text{mit} \quad \mathfrak{U}_{\mu+1}/\mathfrak{U}_\mu \underset{\Omega}{\cong} \mathfrak{U}_{\nu+1}^*/\mathfrak{U}_\nu^*$$
(ohne Rücksicht auf die Wohlordnung) besteht. Analog wird die Isomorphie absteigender Ω-Normalfolgen erklärt.

Satz 1. *Eine aufsteigende Ω-Normalfolge $(\mathfrak{U}_\nu)$ der Gruppe $\mathfrak{G};\Omega$ induziert in jeder Untergruppe $\mathfrak{H} \subset \mathfrak{G};\Omega$ eine aufsteigende Ω-Normalfolge $(\mathfrak{B}_\nu) = (\mathfrak{H} \cap \mathfrak{U}_\nu)$ (mit Wiederholungen); jeder Faktor $\mathfrak{B}_{\nu+1}/\mathfrak{B}_\nu$ ist einer Untergruppe des Faktors $\mathfrak{U}_{\nu+1}/\mathfrak{U}_\nu$ isomorph. Ist $\mathfrak{H}$ normal in $\mathfrak{G};\Omega$, so ist $\mathfrak{B}_{\nu+1}/\mathfrak{B}_\nu$ einem Normalteiler in $\mathfrak{U}_{\nu+1}/\mathfrak{U}_\nu$ isomorph.*

Die Faktorgruppen $(\mathfrak{H}\mathfrak{U}_\nu/\mathfrak{H})$ bilden eine aufsteigende Ω-Normalfolge der Faktorgruppe $\mathfrak{G}/\mathfrak{H};\Omega$ (mit Wiederholungen); ihre Faktoren sind homomorphe Bilder der Faktoren $\mathfrak{U}_{\nu+1}/\mathfrak{U}_\nu$.

Beweis. Die aufsteigende Ω-Normalfolge $(\mathfrak{U}_\nu)$ von $\mathfrak{G};\Omega$ liefert für $\mathfrak{H} \subset \mathfrak{G};\Omega$ in den Durchschnitten $\mathfrak{B}_\nu = \mathfrak{H} \cap \mathfrak{U}_\nu$ wegen
$$\mathfrak{B}_0 = \mathfrak{H} \cap \mathfrak{U}_0 = E;\quad \mathfrak{B}_\nu = \mathfrak{H} \cap \mathfrak{U}_\nu \subseteq| \mathfrak{H} \cap \mathfrak{U}_{\nu+1} = \mathfrak{B}_{\nu+1};\quad \mathfrak{B}_\sigma = \mathfrak{H} \cap \mathfrak{U}_\sigma = \mathfrak{H} \cap \mathfrak{G} = \mathfrak{H},$$
$$\bigcup_{\nu<\lambda} \mathfrak{B}_\nu = \bigcup_{\nu<\lambda}(\mathfrak{H} \cap \mathfrak{U}_\nu) = \mathfrak{H} \cap \left(\bigcup_{\nu<\lambda} \mathfrak{U}_\nu\right) = \mathfrak{H} \cap \mathfrak{U}_\lambda \quad \text{für jeden Limesindex } \lambda \leq \sigma$$
eine aufsteigende Ω-Normalfolge in $\mathfrak{H};\Omega$ (mit Wiederholungen). Nach Satz 1.4.10 ist der Faktor $\mathfrak{H} \cap \mathfrak{U}_{\nu+1}/\mathfrak{H} \cap \mathfrak{U}_\nu$ einer Untergruppe, falls $\mathfrak{H}$ normal in $\mathfrak{G};\Omega$, einem Normalteiler des Faktors $\mathfrak{U}_{\nu+1}/\mathfrak{U}_\nu$ isomorph. Für $\mathfrak{G}/\mathfrak{H};\Omega$ bilden die Faktorgruppen $\mathfrak{H}\mathfrak{U}_\nu/\mathfrak{H}$ wegen
$$\mathfrak{H}\mathfrak{U}_0/\mathfrak{H} = 1;\quad \mathfrak{H}\mathfrak{U}_\nu/\mathfrak{H} \subseteq| \mathfrak{H}\mathfrak{U}_{\nu+1}/\mathfrak{H};\quad \mathfrak{H}\mathfrak{U}_\sigma/\mathfrak{H} = \mathfrak{G}/\mathfrak{H},$$
$$\bigcup_{\nu<\lambda} \mathfrak{H}\mathfrak{U}_\nu/\mathfrak{H} = \mathfrak{H}\bigcup_{\nu<\lambda} \mathfrak{U}_\nu/\mathfrak{H} = \mathfrak{H}\mathfrak{U}_\lambda/\mathfrak{H} \quad \text{für jeden Limesindex } \lambda \leq \sigma$$

eine aufsteigende Ω-Normalfolge (mit Wiederholungen), deren Faktoren

$$\mathfrak{H}\mathfrak{U}_{\nu+1}/\mathfrak{H}/\mathfrak{H}\mathfrak{U}_\nu/\mathfrak{H} \underset{\Omega}{\cong} \mathfrak{H}\mathfrak{U}_{\nu+1}/\mathfrak{H}\mathfrak{U}_\nu \quad \text{wegen} \quad \mathfrak{U}_{\nu+1}/\mathfrak{U}_\nu \underset{\Omega}{\sim} \mathfrak{H}\mathfrak{U}_{\nu+1}/\mathfrak{H}\mathfrak{U}_\nu$$

homomorphe Bilder der Faktoren $\mathfrak{U}_{\nu+1}/\mathfrak{U}_\nu$ sind.

Für absteigende Ω-Normalfolgen einer Gruppe $\mathfrak{G};\Omega$ kann bei analoger Beweisführung nur erhalten werden:

Satz 1*. *Eine absteigende Ω-Normalfolge $(\mathfrak{U}_\nu)$ einer Gruppe $\mathfrak{G};\Omega$ induziert in jeder Untergruppe $\mathfrak{H} \subset \mathfrak{G};\Omega$ eine absteigende Ω-Normalfolge $(\mathfrak{B}_\nu) = (\mathfrak{H} \cap \mathfrak{U}_\nu)$ (mit Wiederholungen); jeder Faktor $\mathfrak{B}_\nu/\mathfrak{B}_{\nu+1}$ ist einer Untergruppe des Faktors $\mathfrak{U}_\nu/\mathfrak{U}_{\nu+1}$ isomorph. Ist $\mathfrak{H}$ normal in $\mathfrak{G};\Omega$, so ist $\mathfrak{B}_\nu/\mathfrak{B}_{\nu+1}$ einem Normalteiler in $\mathfrak{U}_\nu/\mathfrak{U}_{\nu+1}$ isomorph.*

Dagegen ist die Faktorgruppenkette $(\mathfrak{H}\mathfrak{U}_\nu/\mathfrak{H})$ nicht immer absteigende Ω-Normalfolge für $\mathfrak{G}/\mathfrak{H};\Omega$. Da eingehendere Untersuchungen deshalb nur bei aufsteigenden Folgen möglich sind, werden *aufsteigende Ω-Normalfolgen* kürzer als *Ω-Normalfolgen* bezeichnet. Handelt es sich um *absteigende Ω-Normalfolgen*, so wird dies stets hervorgehoben.

Die fundamentale Eigenschaft der (aufsteigenden) Ω-Normalfolgen einer Gruppe $\mathfrak{G};\Omega$ zeigt der *Verfeinerungssatz*:

Satz 2 (O. Schreier). *Zwei Ω-Normalfolgen einer Gruppe $\mathfrak{G};\Omega$ besitzen isomorphe Verfeinerungen.*

Beweis. Aus Ω-Normalfolgen $(\mathfrak{U}_\mu)$ und $(\mathfrak{B}_\nu)$ der Gruppe $\mathfrak{G};\Omega$:

$$\mathfrak{U}_0 = \mathfrak{B}_0 = E; \quad \mathfrak{U}_\mu \triangleleft \mathfrak{U}_{\mu+1}; \quad \mathfrak{B}_\nu \triangleleft \mathfrak{B}_{\nu+1}; \quad \mathfrak{U}_\sigma = \mathfrak{B}_\tau = \mathfrak{G};\Omega \quad \text{für } \mu < \sigma; \nu < \tau \in \Lambda,$$

$$\mathfrak{U}_\lambda = \bigcup_{\mu < \lambda} \mathfrak{U}_\mu; \quad \mathfrak{B}_\lambda = \bigcup_{\nu < \lambda} \mathfrak{B}_\nu \quad \text{für Limesindizes } \lambda \leq \sigma; \lambda \leq \tau,$$

bilde man zu jedem Indexpaar $(\mu < \sigma; \nu \leq \tau)$ bzw. $(\mu \leq \sigma; \nu < \tau)$

$$\mathfrak{U}_{\mu\nu} = (\mathfrak{U}_{\mu+1} \cap \mathfrak{B}_\nu) \mathfrak{U}_\mu \quad \text{bzw.} \quad \mathfrak{B}_{\nu\mu} = (\mathfrak{U}_\mu \cap \mathfrak{B}_{\nu+1}) \mathfrak{B}_\nu.$$

Da bei festen Indizes μ, ν die Gruppen

$$\mathfrak{U}_\mu \triangleleft \mathfrak{U}_{\mu+1} \subseteq \mathfrak{G}; \quad \mathfrak{B}_\nu \triangleleft \mathfrak{B}_{\nu+1} \subseteq \mathfrak{G}$$

in der Situation des dritten Isomorphiesatzes stehen, gilt

$$\mathfrak{U}_{\mu\nu} = (\mathfrak{U}_{\mu+1} \cap \mathfrak{B}_\nu) \mathfrak{U}_\mu \trianglelefteq (\mathfrak{U}_{\mu+1} \cap \mathfrak{B}_{\nu+1}) \mathfrak{U}_\mu = \mathfrak{U}_{\mu,\nu+1},$$

$$\mathfrak{B}_{\nu\mu} = (\mathfrak{U}_\mu \cap \mathfrak{B}_{\nu+1}) \mathfrak{B}_\nu \trianglelefteq (\mathfrak{U}_{\mu+1} \cap \mathfrak{B}_{\nu+1}) \mathfrak{B}_\nu = \mathfrak{B}_{\nu,\mu+1}$$

und

$$\mathfrak{U}_{\mu,\nu+1}/\mathfrak{U}_{\mu\nu} \underset{\Omega}{\cong} \mathfrak{B}_{\nu,\mu+1}/\mathfrak{B}_{\nu\mu}.$$

Für Limesindizes $\lambda \leq \tau$ bzw. $\lambda \leq \sigma$ findet man

$$\bigcup_{\nu < \lambda} \mathfrak{U}_{\mu\nu} = \mathfrak{U}_{\mu\lambda}; \quad \bigcup_{\mu < \lambda} \mathfrak{B}_{\nu\mu} = \mathfrak{B}_{\nu\lambda}.$$

3.1.1. Begriffsbildung; der Verfeinerungssatz

Da in jedem Falle

$$\mathfrak{U}_{\mu\tau} = \mathfrak{U}_{\mu+1} = \mathfrak{U}_{\mu+1,0}; \quad \mathfrak{V}_{\nu\sigma} = \mathfrak{V}_{\nu+1} = \mathfrak{V}_{\nu+1,0} \quad \text{für } \mu < \sigma, \nu < \tau,$$

bilden die Gruppen $\mathfrak{U}_{\mu\nu}$ mit $\mathfrak{G}; \Omega$, ebenso die Gruppen $\mathfrak{V}_{\nu\mu}$ mit $\mathfrak{G}; \Omega$ eine Ω-Normalfolge (mit Wiederholungen) in $\mathfrak{G}; \Omega$. Hierbei gilt

$$\mathfrak{U}_{\mu,\nu+1}/\mathfrak{U}_{\mu\nu} \underset{\Omega}{\cong} \mathfrak{V}_{\nu,\mu+1}/\mathfrak{V}_{\nu\mu} \quad \text{für } \mu < \sigma; \nu < \tau;$$

ist τ nicht Limesindex, so gilt auch

$$\mathfrak{U}_{\mu+1}/\mathfrak{U}_{\mu,\tau-1} = \mathfrak{U}_{\mu\tau}/\mathfrak{U}_{\mu,\tau-1} \underset{\Omega}{\cong} \mathfrak{V}_{\tau-1,\mu+1}/\mathfrak{V}_{\tau-1,\mu};$$

ist σ nicht Limesindex, so gilt ebenso

$$\mathfrak{U}_{\sigma-1,\nu+1}/\mathfrak{U}_{\sigma-1,\nu} \underset{\Omega}{\cong} \mathfrak{V}_{\nu\sigma}/\mathfrak{V}_{\nu,\sigma-1} = \mathfrak{V}_{\nu+1}/\mathfrak{V}_{\nu,\sigma-1}.$$

Da die Faktoren der Ω-Normalfolgen $(\mathfrak{U}_{\mu\nu})$ und $(\mathfrak{V}_{\nu\mu})$ in diesen Zuordnungen isomorph sind, bleiben sie es auch bei Unterdrückung von Wiederholungen. Überdies ist $(\mathfrak{U}_{\mu\nu})$ Verfeinerung von $(\mathfrak{U}_\mu)$ und $(\mathfrak{V}_{\nu\mu})$ Verfeinerung von $(\mathfrak{V}_\nu)$ in $\mathfrak{G}; \Omega$.

Ein analoger Satz für absteigende Ω-Normalfolgen einer Gruppe $\mathfrak{G}; \Omega$ besteht nicht.

Da eine eigentliche Untergruppe $\mathfrak{U}$ einer Gruppe $\mathfrak{G}; \Omega$ nicht immer einer Ω-Normalfolge in $\mathfrak{G}; \Omega$ angehört, setzen wir fest:

Definition 2. *Eine Untergruppe $\mathfrak{U}$ ist nachnormal in $\mathfrak{G}; \Omega$:*

$$\mathfrak{U} <| <| \mathfrak{G}; \Omega \quad (\mathfrak{U} \text{ nachnormal in } \mathfrak{G}; \Omega),$$

wenn sie einer Ω-Normalfolge in $\mathfrak{G}; \Omega$ angehört, stark nachnormal in $\mathfrak{G}; \Omega$, wenn sie einer Ω-Normalreihe in $\mathfrak{G}; \Omega$ angehört.

Für eine stark nachnormale Untergruppe $\mathfrak{U} <| <| \mathfrak{G}; \Omega$ existiert eine Ω-Normalreihe

$$\mathfrak{U} = \mathfrak{U}_0 <| \mathfrak{U}_1 <| \cdots <| \mathfrak{U}_{m-1} <| \mathfrak{U}_m = \mathfrak{G}; \Omega$$

minimaler Länge $m = m(\mathfrak{U}, \mathfrak{G})$. Jeder Normalteiler $\mathfrak{N} \subseteq | \mathfrak{G}; \Omega$ ist stark nachnormal:

$$m(\mathfrak{N}, \mathfrak{G}) = 1, \quad \text{wenn} \quad \mathfrak{N} <| \mathfrak{G}; \Omega; \quad m(\mathfrak{G}, \mathfrak{G}) = 0.$$

Bezeichnet $\mathsf{M}(\mathfrak{G}; \Omega)$ den Untergruppenverband in $\mathfrak{G}; \Omega$, so gilt

Satz 3. *Die Menge $\mathsf{N}(\mathfrak{G}; \Omega)$ der nachnormalen, die Menge $\mathsf{N}^*(\mathfrak{G}; \Omega)$ der stark nachnormalen Untergruppen einer Gruppe $\mathfrak{G}; \Omega$ ist ein absteigender Halbverband. Für jede Untergruppe $\mathfrak{H} \subset \mathfrak{G}; \Omega$ gilt*

$$\mathsf{M}(\mathfrak{H}; \Omega) \cap \mathsf{N}(\mathfrak{G}; \Omega) \subseteq \mathsf{N}(\mathfrak{H}; \Omega); \quad \mathsf{M}(\mathfrak{H}; \Omega) \cap \mathsf{N}^*(\mathfrak{G}; \Omega) \subseteq \mathsf{N}^*(\mathfrak{H}; \Omega).$$

Gleichheit tritt genau dann ein, wenn $\mathfrak{H}$ nachnormal (bzw. stark nachnormal) in $\mathfrak{G}; \Omega$ ist.

Für ein homomorphes Bild $\mathfrak{G}^\varphi; \Omega$ *einer Gruppe* $\mathfrak{G}; \Omega$ *ist der Halbverband* $\mathsf{N}(\mathfrak{G}^\varphi; \Omega)$ *(bzw.* $\mathsf{N}^*(\mathfrak{G}^\varphi; \Omega))$ *die Menge der Bilder* $\mathfrak{U}^\varphi$ *aller Untergruppen* $\mathfrak{U}$ *des Halbverbandes* $\mathsf{N}(\mathfrak{G}; \Omega)$ *(bzw.* $\mathsf{N}^*(\mathfrak{G}; \Omega))$.

Der Beweis stützt sich auf die Bemerkungen:

Ist $\mathfrak{A}$ *(stark) nachnormale Untergruppe,* $\mathfrak{H}$ *beliebige Untergruppe in* $\mathfrak{G}; \Omega$, *so ist* $\mathfrak{A} \cap \mathfrak{H}$ *(stark) nachnormal in* $\mathfrak{H}; \Omega$.

Ist $\mathfrak{H}$ *normal in* $\mathfrak{G}; \Omega$, *so ist auch* $\mathfrak{A}\mathfrak{H}/\mathfrak{H}$ *(stark) nachnormal in der Faktorgruppe* $\mathfrak{G}/\mathfrak{H}; \Omega$.

Denn eine Ω-Normalfolge $(\mathfrak{U}_\nu)$ in $\mathfrak{G}; \Omega$ führt auf eine Ω-Normalfolge $(\mathfrak{H} \cap \mathfrak{U}_\nu)$ in $\mathfrak{H}; \Omega$. Falls $\mathfrak{H}$ normal in $\mathfrak{G}; \Omega$, ist auch $(\mathfrak{U}_\nu \mathfrak{H}/\mathfrak{H})$ Ω-Normalfolge in $\mathfrak{G}/\mathfrak{H}; \Omega$; andererseits führt eine Ω-Normalfolge $(\mathfrak{V}_\nu/\mathfrak{H})$ in $\mathfrak{G}/\mathfrak{H}; \Omega$ auf eine Ω-Normalfolge $(\mathfrak{V}_\nu)$ in $\mathfrak{G}; \Omega$. Hieraus folgt bereits die letzte Aussage des Satzes.

Ferner gewinnt man hieraus:

Aus $\mathfrak{A} \in \mathsf{N}(\mathfrak{G}; \Omega)$ *folgt* $\mathfrak{A} \cap \mathfrak{H} \in \mathsf{N}(\mathfrak{H}; \Omega)$ *für* $\mathfrak{H} \subset \mathfrak{G}; \Omega$.

Aus $\mathfrak{A} \in \mathsf{N}^*(\mathfrak{G}; \Omega)$ *folgt* $\mathfrak{A} \cap \mathfrak{H} \in \mathsf{N}^*(\mathfrak{H}; \Omega)$ *für* $\mathfrak{H} \subset \mathfrak{G}; \Omega$.

Wenn also $\mathfrak{A} \subset \mathfrak{H}; \Omega$ und nachnormal (stark nachnormal) in $\mathfrak{G}; \Omega$, so ist auch $\mathfrak{A}$ nachnormal (stark nachnormal) in $\mathfrak{H}; \Omega$.

Ist $\mathfrak{A}$ nachnormal in $\mathfrak{H}; \Omega$ und $\mathfrak{H}$ nachnormal in $\mathfrak{G}; \Omega$, so existieren Ω-Normalfolgen $(\mathfrak{A}_\mu)$ in $\mathfrak{H}; \Omega$ und $(\mathfrak{H}_\nu)$ in $\mathfrak{G}; \Omega$:

$$\mathfrak{A}_0 = \mathfrak{A}; \quad \mathfrak{A}_\sigma = \mathfrak{H}; \Omega \quad \text{bzw.} \quad \mathfrak{H}_0 = \mathfrak{H}; \quad \mathfrak{H}_\tau = \mathfrak{G}; \Omega \quad \text{mit } \sigma, \tau \in \Lambda.$$

Daher ist die zusammengesetzte Folge $(\mathfrak{A}_\mu, \mathfrak{H}_\nu)$ eine Ω-Normalfolge in $\mathfrak{G}; \Omega$ mit dem Gliede $\mathfrak{A}$; mithin ist $\mathfrak{A}$ nachnormal in $\mathfrak{G}; \Omega$:

$$\mathsf{N}(\mathfrak{H}; \Omega) \subseteq \mathsf{N}(\mathfrak{G}; \Omega), \quad \text{wenn } \mathfrak{H} \text{ nachnormal in } \mathfrak{G}; \Omega;$$

$$\mathsf{N}^*(\mathfrak{H}; \Omega) \subseteq \mathsf{N}^*(\mathfrak{G}; \Omega), \quad \text{wenn } \mathfrak{H} \text{ stark nachnormal in } \mathfrak{G}; \Omega.$$

Da $\mathsf{N}(\mathfrak{H}; \Omega)$ und $\mathsf{N}^*(\mathfrak{H}; \Omega)$ die Gruppe $\mathfrak{H}; \Omega$ enthalten, gilt

$$\mathsf{N}(\mathfrak{H}; \Omega) = \mathsf{M}(\mathfrak{H}; \Omega) \cap \mathsf{N}(\mathfrak{G}; \Omega) \quad \text{bzw.} \quad \mathsf{N}^*(\mathfrak{H}; \Omega) = \mathsf{M}(\mathfrak{H}; \Omega) \cap \mathsf{N}^*(\mathfrak{G}; \Omega)$$

nur dann, wenn $\mathfrak{H}$ zu $\mathsf{N}(\mathfrak{G}; \Omega)$ bzw. zu $\mathsf{N}^*(\mathfrak{G}; \Omega)$ gehört.

Für stark nachnormale Untergruppen $\mathfrak{A}$ in $\mathfrak{H}; \Omega$ und $\mathfrak{H}$ in $\mathfrak{G}; \Omega$ findet man überdies die Längenbeziehungen

$$m(\mathfrak{A}, \mathfrak{H}) \leq m(\mathfrak{A}, \mathfrak{G}) \leq m(\mathfrak{A}, \mathfrak{H}) + m(\mathfrak{H}, \mathfrak{G}).$$

Der Durchschnitt $\mathfrak{A} \cap \mathfrak{B}$ nachnormaler Untergruppen $\mathfrak{A}, \mathfrak{B}$ in $\mathfrak{G}; \Omega$ ist nachnormal, da $\mathfrak{A} \cap \mathfrak{B}$ in $\mathfrak{B}$ und $\mathfrak{B}$ nachnormal in $\mathfrak{G}; \Omega$. Der Durchschnitt $\mathfrak{A} \cap \mathfrak{B}$ stark nachnormaler Untergruppen in $\mathfrak{G}; \Omega$ ist stark nachnormal mit einer Länge

$$m(\mathfrak{A} \cap \mathfrak{B}, \mathfrak{B}) \leq m(\mathfrak{A}, \mathfrak{G}); \quad m(\mathfrak{A} \cap \mathfrak{B}, \mathfrak{G}) \leq m(\mathfrak{A}, \mathfrak{G}) + m(\mathfrak{B}, \mathfrak{G}).$$

3.1.2. Kompositionsfolgen

Definition 3. *Eine Ω-Normalfolge bzw. Ω-Normalreihe $(\mathfrak{U}_\nu)$ einer Gruppe $\mathfrak{G};\Omega$ ohne echte Verfeinerung heißt Ω-Kompositionsfolge bzw. Ω-Kompositionsreihe.*

Eine absteigende Ω-Normalfolge $(\mathfrak{V}_\nu)$ einer Gruppe $\mathfrak{G};\Omega$ ohne echte Verfeinerung heißt absteigende Ω-Kompositionsfolge.

Die Untersuchung von Ω-Kompositionsfolgen erfordert die

Definition 4. *Eine Gruppe $\mathfrak{G};\Omega$ ohne eigentlichen Normalteiler heißt einfach; sie heißt streng einfach, wenn sie nur die Ω-Normalfolge $E \lhd |\mathfrak{G};\Omega$ besitzt.*

Diese Differenzierung ist notwendig, da auch eine einfache Gruppe $\mathfrak{G};\Omega$ (abzählbare) Ω-Normalfolgen

$$E = \mathfrak{U}_0 \lhd |\mathfrak{U}_1 \lhd | \cdots \lhd |\mathfrak{U}_k \lhd |\mathfrak{U}_{k+1} \lhd | \cdots \lhd |\mathfrak{U}_\omega = \mathfrak{G};\Omega$$

besitzen könnte; es gilt aber:

Eine endlich erzeugbare einfache Gruppe $\mathfrak{G};\Omega$ ist streng einfach.

Beweis. In einer Ω-Normalfolge $(\mathfrak{U}_\nu)$ der endlich erzeugbaren Gruppe $\mathfrak{G};\Omega$:

$\mathfrak{U}_0 = E;\ \mathfrak{U}_\nu \lhd |\mathfrak{U}_{\nu+1};\ \mathfrak{U}_\sigma = \mathfrak{G};\Omega;\ \mathfrak{U}_\lambda = \bigcup_{\nu<\lambda}\mathfrak{U}_\nu\quad$ für jeden Limesindex λ,

ist σ nicht Limesindex, da sonst jeder endliche Komplex $\mathfrak{K} \subset \mathfrak{G}$ in einer Gruppe $\mathfrak{U}_\nu$ mit $\nu < \sigma$ enthalten wäre; dann ist aber $\mathfrak{U}_{\sigma-1}$ normal in $\mathfrak{G};\Omega$.

Satz 4. *Eine Ω-Normalfolge $(\mathfrak{U}_\nu)$ einer Gruppe $\mathfrak{G};\Omega$ ist genau dann Ω-Kompositionsfolge, wenn ihre Faktoren streng einfach sind.*

Eine absteigende Ω-Normalfolge $(\mathfrak{V}_\nu)$ einer Gruppe $\mathfrak{G};\Omega$ ist genau dann absteigende Ω-Kompositionsfolge, wenn ihre Faktoren einfach sind.

Beweis. 1. Ein nicht streng einfacher Faktor $\mathfrak{U}_{\varkappa+1}/\mathfrak{U}_\varkappa$ der Ω-Normalfolge $(\mathfrak{U}_\nu)$ in $\mathfrak{G};\Omega$ besitzt eine (nichttriviale) Ω-Normalfolge

$\mathfrak{V}_0/\mathfrak{U}_\varkappa = 1;\ \mathfrak{V}_\mu/\mathfrak{U}_\varkappa \lhd |\mathfrak{V}_{\mu+1}/\mathfrak{U}_\varkappa;\ \mathfrak{V}_\sigma/\mathfrak{U}_\varkappa = \mathfrak{U}_{\varkappa+1}/\mathfrak{U}_\varkappa\quad$ für jeden Index $\mu < \sigma \in \Lambda$,

$\mathfrak{V}_\lambda/\mathfrak{U}_\varkappa = \bigcup_{\nu<\lambda}\mathfrak{V}_\nu/\mathfrak{U}_\varkappa\quad$ für jeden Limesindex $\lambda \leq \sigma$,

führt also auf eine echte Verfeinerung der Ω-Normalfolge $(\mathfrak{U}_\nu)$:

$$\mathfrak{V}_0 = \mathfrak{U}_\varkappa;\quad \mathfrak{V}_\mu \lhd |\mathfrak{V}_{\mu+1};\quad \mathfrak{V}_\sigma = \mathfrak{U}_{\varkappa+1}.$$

Besitzt eine Ω-Normalfolge $(\mathfrak{U}_\nu)$ in $\mathfrak{G};\Omega$ mit streng einfachen Faktoren $\mathfrak{U}_{\nu+1}/\mathfrak{U}_\nu$ eine Verfeinerung $(\mathfrak{U}_\mu^*)$, so gibt es zu jeder Gruppe $\mathfrak{U}_\varkappa^*$ eine Gruppe $\mathfrak{U}_\lambda = \mathfrak{U}_\varrho^*$, derart daß

$$\mathfrak{U}_\varkappa^* \subseteq \mathfrak{U}_\lambda = \mathfrak{U}_\varrho^* \quad \text{und} \quad \mathfrak{U}_\nu \subset \mathfrak{U}_\varkappa^* \quad \text{für jedes } \nu < \lambda.$$

Für einen Limesindex λ folgt hieraus

$$\mathfrak{U}_\lambda = \bigcup_{\nu<\lambda}\mathfrak{U}_\nu \subseteq \mathfrak{U}_\varkappa^*, \quad \text{also} \quad \mathfrak{U}_\varkappa^* = \mathfrak{U}_\lambda = \mathfrak{U}_\varrho^*;$$

falls λ nicht Limesindex, gilt
$$\mathfrak{U}_{\lambda-1} \triangleleft| \mathfrak{U}_\varkappa^* \subseteq \mathfrak{U}_\lambda = \mathfrak{U}_\varrho^*.$$
Wäre $\varkappa$ von ϱ verschieden, so wäre
$$1 \triangleleft| \mathfrak{U}_\varkappa^*/\mathfrak{U}_{\lambda-1} \triangleleft| \mathfrak{U}_{\varkappa+1}^*/\mathfrak{U}_{\lambda-1} \triangleleft| \cdots \triangleleft| \mathfrak{U}_\varrho^*/\mathfrak{U}_{\lambda-1} = \mathfrak{U}_\lambda/\mathfrak{U}_{\lambda-1}$$
eine nichttriviale Ω-Normalfolge für $\mathfrak{U}_\lambda/\mathfrak{U}_{\lambda-1}$. Mithin ist $(\mathfrak{U}_\nu)$ keiner Verfeinerung fähig.

2. Ein nicht einfacher Faktor $\mathfrak{V}_\varkappa/\mathfrak{V}_{\varkappa+1}$ der absteigenden Ω-Normalfolge $(\mathfrak{V}_\nu)$ in $\mathfrak{G};\Omega$ besitzt einen eigentlichen Normalteiler:
$$1 \subset \mathfrak{w} = \mathfrak{W}/\mathfrak{V}_{\varkappa+1} \triangleleft| \mathfrak{V}_\varkappa/\mathfrak{V}_{\varkappa+1} \quad \text{oder} \quad \mathfrak{V}_{\varkappa+1} \triangleleft| \mathfrak{W} \subset \mathfrak{V}_\varkappa,$$
die Ω-Normalfolge $(\mathfrak{V}_\nu)$ also eine echte Verfeinerung. Besitzt umgekehrt die absteigende Ω-Normalfolge $(\mathfrak{V}_\nu)$ mit einfachen Faktoren $\mathfrak{V}_\nu/\mathfrak{V}_{\nu+1}$ eine Verfeinerung $(\mathfrak{V}_\mu^*)$, so existiert zu jeder Gruppe $\mathfrak{V}_\varkappa^*$ eine Gruppe $\mathfrak{V}_\lambda$, derart daß
$$\mathfrak{V}_\lambda \subseteq \mathfrak{V}_\varkappa^*, \quad \text{aber} \quad \mathfrak{V}_\varkappa^* \subset \mathfrak{V}_\nu \quad \text{für jedes } \nu < \lambda.$$
Falls λ Limesindex, gilt auch
$$\mathfrak{V}_\varkappa^* \subseteq \bigcap_{\nu<\lambda} \mathfrak{V}_\nu = \mathfrak{V}_\lambda, \quad \text{also} \quad \mathfrak{V}_\varkappa^* = \mathfrak{V}_\lambda;$$
ist λ nicht Limesindex, so gilt für einen Index ϱ
$$\mathfrak{V}_\lambda \subseteq \mathfrak{V}_\varkappa^* \subset \mathfrak{V}_{\lambda-1} = \mathfrak{V}_\varrho^*,$$
also
$$1 \subseteq \mathfrak{V}_\varkappa^*/\mathfrak{V}_\lambda \subseteq| \mathfrak{V}_{\varrho+1}^*/\mathfrak{V}_\lambda \triangleleft| \mathfrak{V}_\varrho^*/\mathfrak{V}_\lambda = \mathfrak{V}_{\lambda-1}/\mathfrak{V}_\lambda.$$
Da $\mathfrak{V}_{\lambda-1}/\mathfrak{V}_\lambda$ einfach ist, folgt $\mathfrak{V}_\varkappa^* = \mathfrak{V}_\lambda$.

Aus dem Verfeinerungssatze von O. SCHREIER folgt

Satz 5 (C. JORDAN-O. HÖLDER). *Besitzt die Gruppe $\mathfrak{G};\Omega$ eine Ω-Kompositionsfolge, so sind alle Ω-Kompositionsfolgen isomorph.*

Besitzt die Gruppe $\mathfrak{G};\Omega$ eine Kompositionsreihe, so haben alle Ω-Kompositionsreihen gleiche Länge und isomorphe Faktoren.

Beweis. Zwei Ω-Normalfolgen einer Gruppe $\mathfrak{G};\Omega$ besitzen isomorphe Verfeinerungen; Ω-Kompositionsfolgen besitzen keine echten Verfeinerungen.

Satz 5*. *Besitzt die Gruppe $\mathfrak{G};\Omega$ eine Ω-Kompositionsfolge, so läßt sich jede Ω-Normalfolge in $\mathfrak{G};\Omega$ zu einer Ω-Kompositionsfolge verfeinern.*

Beweis. Eine Ω-Kompositionsfolge der Gruppe $\mathfrak{G};\Omega$ besitzt mit einer Ω-Normalfolge isomorphe Verfeinerungen.

Die Voraussetzung, daß $\mathfrak{G};\Omega$ eine Ω-Kompositionsfolge besitze, ist unentbehrlich:

3.1.2. Kompositionsfolgen

Beispiel. Die unendliche zyklische Gruppe $\mathfrak{Z}_0 = \{Z\}$ besitzt keine Kompositionsfolge; denn jede eigentliche Untergruppe $E \subset \mathfrak{U} \subset \mathfrak{Z}_0$ ist zu $\mathfrak{Z}_0$ isomorph, enthält also eigentliche Normalteiler. Zugleich zeigt dieses Beispiel, daß ein Verfeinerungssatz für absteigende Normalfolgen nicht besteht. Setzt man $n_k = p_1 p_2 \ldots p_k$ (für $1 \leq k < \infty$) mit einer beliebigen Primzahlfolge (p_k), so bilden die Untergruppen $\mathfrak{U}_k = \{Z^{n_k}\}$ eine absteigende Normalfolge

$$\mathfrak{U}_0 = \mathfrak{Z}_0; \quad \mathfrak{U}_{k+1} \triangleleft | \mathfrak{U}_k; \quad \bigcap_k \mathfrak{U}_k = E$$

mit zyklischen Faktoren $\mathfrak{U}_k/\mathfrak{U}_{k+1}$ von Primzahlordnung p_{k+1}. Daher lassen sich absteigende Kompositionsfolgen in $\mathfrak{Z}_0$ angeben, deren Faktoren überhaupt kein isomorphes Paar aufweisen.

Satz 6. *Die abstrakte Gruppeneigenschaft* $\mathfrak{k}(\mathfrak{G}; \Omega)$, *eine Ω-Kompositionsfolge zu besitzen, ist vom Typus* (I, II*, III, IV, V*, VI*).

Nach Abschnitt 1.4.4 ziehen wir die Folgerungen:

Satz 7. *Die Menge* $\mathsf{N}_\mathfrak{k}$ *aller $\mathfrak{k}$-Normalteiler einer Gruppe* $\mathfrak{G}; \Omega$ *ist ein abgeschlossener Verband. Jede Gruppe* $\mathfrak{G}; \Omega$ *enthält einen einzigen maximalen (Ω-charakteristischen) $\mathfrak{k}$-Normalteiler* $\mathfrak{N}_\mathfrak{k}$, *dessen Faktorgruppe* $\mathfrak{G}/\mathfrak{N}_\mathfrak{k}; \Omega$ *keinen von 1 verschiedenen $\mathfrak{k}$-Normalteiler besitzt.*

Satz 7*. *Eine Gruppe* $\mathfrak{G}; \Omega$ *besitzt genau dann eine Ω-Kompositionsfolge, wenn jedes von 1 verschiedene homomorphe Bild* $\overline{\mathfrak{G}}; \Omega$ *einen von 1 verschiedenen Normalteiler* $\overline{\mathfrak{A}}$ *mit Ω-Kompositionsfolge enthält.*

Beweis des Satzes 6. Eine Ω-Kompositionsfolge $(\mathfrak{U}_\nu)$ der Gruppe $\mathfrak{G}; \Omega$ führt auf eine Ω-Normalfolge $(\mathfrak{N} \cap \mathfrak{U}_\nu)$ des Normalteilers $\mathfrak{N} \triangleleft | \mathfrak{G}; \Omega$ und auf eine Ω-Normalfolge $(\mathfrak{U}_\nu \mathfrak{N}/\mathfrak{N})$ der Faktorgruppe $\mathfrak{G}/\mathfrak{N}; \Omega$. Jeder Faktor $\mathfrak{N} \cap \mathfrak{U}_{\nu+1}/\mathfrak{N} \cap \mathfrak{U}_\nu$ ist einem Normalteiler des Faktors $\mathfrak{U}_{\nu+1}/\mathfrak{U}_\nu$ isomorph; daher besteht die Alternative:

$$\mathfrak{N} \cap \mathfrak{U}_{\nu+1}/\mathfrak{N} \cap \mathfrak{U}_\nu = 1 \quad \text{oder} \quad \mathfrak{N} \cap \mathfrak{U}_{\nu+1}/\mathfrak{N} \cap \mathfrak{U}_\nu \underset{\Omega}{\cong} \mathfrak{U}_{\nu+1}/\mathfrak{U}_\nu;$$

für jeden Faktor der Folge $(\mathfrak{U}_\nu \mathfrak{N}/\mathfrak{N})$ erhalten wir

$$\mathfrak{U}_{\nu+1}/\mathfrak{U}_\nu \underset{\Omega}{\sim} \mathfrak{U}_{\nu+1}\mathfrak{N}/\mathfrak{U}_\nu \mathfrak{N} \underset{\Omega}{\cong} \mathfrak{U}_{\nu+1}\mathfrak{N}/\mathfrak{N} \big/ \mathfrak{U}_\nu \mathfrak{N}/\mathfrak{N};$$

mithin besteht die Alternative:

$$\mathfrak{U}_{\nu+1}\mathfrak{N}/\mathfrak{U}_\nu \mathfrak{N} = 1 \quad \text{oder} \quad \mathfrak{U}_{\nu+1}\mathfrak{N}/\mathfrak{U}_\nu \mathfrak{N} \underset{\Omega}{\cong} \mathfrak{U}_{\nu+1}/\mathfrak{U}_\nu.$$

Daher liefern diese Folgen Ω-Kompositionsfolgen für $\mathfrak{N}; \Omega$ bzw. $\mathfrak{G}/\mathfrak{N}; \Omega$.

Umgekehrt ergeben Ω-Kompositionsfolgen $(\mathfrak{U}_\mu)$ des Normalteilers $\mathfrak{N} \triangleleft | \mathfrak{G}; \Omega$ und $(\mathfrak{V}_\nu/\mathfrak{N})$ der Faktorgruppe $\mathfrak{G}/\mathfrak{N}; \Omega$ durch Zusammensetzen eine Ω-Normalfolge $(\mathfrak{U}_\mu, \mathfrak{V}_\nu)$ für $\mathfrak{G}; \Omega$ mit streng einfachen Faktoren

$$\mathfrak{U}_{\mu+1}/\mathfrak{U}_\mu \quad \text{und} \quad \mathfrak{V}_{\nu+1}/\mathfrak{V}_\nu \underset{\Omega}{\cong} \mathfrak{V}_{\nu+1}/\mathfrak{N} \big/ \mathfrak{V}_\nu/\mathfrak{N}.$$

In einer aufsteigend wohlgeordneten Kette $(\mathfrak{N}_\nu)$ von $\mathfrak{k}$-Normalteilern der Gruppe $\mathfrak{G};\Omega$ ist jedes Glied $\mathfrak{N}_\nu$ im Nachfolger $\mathfrak{N}_{\nu+1}$ normal; dabei gilt

$$\mathfrak{N}_\lambda^* = \bigcup_{\nu<\lambda} \mathfrak{N}_\nu \subseteq | \mathfrak{N}_\lambda \qquad \text{für jeden Limesindex } \lambda \in \Lambda.$$

Da die erste Gruppe $\mathfrak{N}_1$ der Kette eine Ω-Kompositionsfolge K_1 besitzt, kann angenommen werden: Jeder Normalteiler $\mathfrak{N}_\nu$ mit einem Index $\nu<\lambda$ besitzt eine Ω-Kompositionsfolge K_ν, derart daß für jedes $\mu<\nu$ die Folge K_μ Abschnitt der Folge K_ν ist.

Ist λ nicht Limesindex, so besitzt $\mathfrak{N}_\lambda/\mathfrak{N}_{\lambda-1}$ eine Ω-Kompositionsfolge $(\mathfrak{A}_\mu/\mathfrak{N}_{\lambda-1})$; daher liefert die Folge $\mathsf{K}_{\lambda-1}$ zusammen mit der Folge $(\mathfrak{A}_\mu)$ eine Ω-Kompositionsfolge K_λ für $\mathfrak{N}_\lambda$, die $\mathsf{K}_{\lambda-1}$, also jedes K_μ für $\mu<\lambda$ als Abschnitt enthält. Ist λ Limesindex, so bildet die Vereinigung $\mathsf{K}_\lambda^* = \bigcup_{\nu<\lambda} \mathsf{K}_\nu$ zusammen mit $\mathfrak{N}_\lambda^*$ eine Ω-Kompositionsfolge für $\mathfrak{N}_\lambda^*$. Da $\mathfrak{N}_\lambda^*$ und $\mathfrak{N}_\lambda$ Ω-Kompositionsfolgen besitzen, kann aus K_λ^* und einer Ω-Kompositionsfolge der Faktorgruppe $\mathfrak{N}_\lambda/\mathfrak{N}_\lambda^*$ eine Ω-Kompositionsfolge K_λ für $\mathfrak{N}_\lambda$ gebildet werden, die K_λ^*, also jedes K_ν mit $\nu<\lambda$ als Abschnitt enthält.

Satz 8. *Für eine Gruppe $\mathfrak{G};\Omega$ mit stark normalem Operatorenbereich Ω sind die Aussagen gleichwertig:*

1. *$\mathfrak{G};\Omega$ besitzt eine Ω-Kompositionsfolge.*
2. *$\mathfrak{G};\Omega$ genügt der schwachen Minimalbedingung.*

Beweis. 1. Besitzt $\mathfrak{G};\Omega$ eine Ω-Kompositionsfolge, so existiert auch eine Ω-Kompositionsfolge $(\mathfrak{N}_\nu)$, die vorgegebene (nach Voraussetzung normale) Untergruppen $\mathfrak{U} \subset \mathfrak{V}$ von $\mathfrak{G};\Omega$ enthält. Da dann

$$\mathfrak{U} = \mathfrak{N}_\varkappa < \mathfrak{N}_{\varkappa+1} \subseteq \mathfrak{N}_\lambda = \mathfrak{V} \qquad \text{für } \varkappa < \lambda \in \Lambda,$$

würde jede Zwischengruppe $\mathfrak{N}_\varkappa < \mathfrak{Z} < \mathfrak{N}_{\varkappa+1}$ (als Normalteiler von $\mathfrak{G};\Omega$) zu einer Verfeinerung der Folge $(\mathfrak{N}_\nu)$ führen. Mithin genügt $\mathfrak{G};\Omega$ der schwachen Minimalbedingung.

2. Genügt $\mathfrak{G};\Omega$ der schwachen Minimalbedingung, so gilt Gleiches für jedes homomorphe Bild $\overline{\mathfrak{G}};\Omega$. Wäre $\mathfrak{G};\Omega$ nicht $\mathfrak{k}$-Gruppe, so enthielte die Faktorgruppe $\mathfrak{G}/\mathfrak{N}_\mathfrak{k};\Omega$ nach dem maximalen $\mathfrak{k}$-Normalteiler $\mathfrak{N}_\mathfrak{k} \subset | \mathfrak{G};\Omega$ eine minimale, also normale und damit einfache Untergruppe

$$1 \subset \mathfrak{U}/\mathfrak{N}_\mathfrak{k} \subseteq | \mathfrak{G}/\mathfrak{N}_\mathfrak{k};\Omega.$$

Dann wäre aber auch $\mathfrak{U}$ ein $\mathfrak{k}$-Normalteiler von $\mathfrak{G};\Omega$.

Satz 8*. *Für eine Gruppe $\mathfrak{G};\Omega$ mit stark normalem Operatorenbereich Ω sind die Aussagen gleichwertig:*

1. *$\mathfrak{G};\Omega$ besitzt eine Ω-Kompositionsreihe.*
2. *$\mathfrak{G};\Omega$ genügt der Doppelkettenbedingung.*

3.1.2. Kompositionsfolgen

Beweis. Die Gruppe $\mathfrak{G};\Omega$ besitze eine Ω-Kompositionsreihe; jede (aufsteigend) wohlgeordnete Untergruppenkette in $\mathfrak{G};\Omega$ ist Normalteilerkette und zu einer Ω-Kompositionsfolge verfeinerbar, also von endlicher Länge. Erfüllt $\mathfrak{G};\Omega$ die Doppelkettenbedingung, so besitzt sie nach Satz 8 eine Ω-Kompositionsfolge; auf Grund der Maximalbedingung ist diese Folge endlich.

Beispiel 1. In einer Gruppe $\mathfrak{G}$ (ohne Operatoren) ist *Normalfolge* jede Untergruppenfolge $(\mathfrak{U}_\nu)$ mit den Eigenschaften:

$$\mathfrak{U}_0 = E;\quad \mathfrak{U}_\nu \subset | \mathfrak{U}_{\nu+1};\quad \mathfrak{U}_\sigma = \mathfrak{G} \qquad \text{für jeden Index } \nu < \sigma \in \Lambda,$$
$$\mathfrak{U}_\lambda = \bigcup_{\nu < \lambda} \mathfrak{U}_\nu \qquad \text{für jeden Limesindex } \lambda \leq \sigma.$$

Eine *Kompositionsfolge der Gruppe* $\mathfrak{G}$ ist eine Normalfolge mit streng einfachen Faktoren.

Satz 9. *Für abelsche Gruppen $\mathfrak{A}$ sind folgende Eigenschaften gleichwertig:*

(1.1) *Die Gruppe $\mathfrak{A}$ ist ordnungsfinit.*
(1.2) *Die Gruppe $\mathfrak{A}$ genügt der schwachen Minimalbedingung.*
(1.3) *Die Gruppe $\mathfrak{A}$ besitzt eine Kompositionsfolge.*

Für abelsche Gruppen sind auch gleichwertig:

(2.1) *Die Gruppe $\mathfrak{A}$ ist endlich.*
(2.2) *Die Gruppe $\mathfrak{A}$ genügt der Doppelkettenbedingung.*
(2.3) *Die Gruppe $\mathfrak{A}$ besitzt eine Kompositionsreihe.*

Beweis. Nach Satz 8 sind (1.2) und (1.3) gleichwertig. Eine Gruppe, die der schwachen Minimalbedingung genügt, ist ordnungsfinit. Ist $\mathfrak{N}_\mathfrak{k}$ der maximale $\mathfrak{k}$-Normalteiler der ordnungsfiniten abelschen Gruppe $\mathfrak{A}$, so ist $\mathfrak{A}/\mathfrak{N}_\mathfrak{k}$ ordnungsfinite abelsche Gruppe ohne $\mathfrak{k}$-Normalteiler. Da jede Untergruppe $\mathfrak{U}/\mathfrak{N}_\mathfrak{k}$ von Primzahlordnung $\mathfrak{k}$-Normalteiler wäre, folgt $\mathfrak{A} = \mathfrak{N}_\mathfrak{k}$. Ebenso folgt die zweite Aussage.

Beispiel 2. Für eine Gruppe $\mathfrak{G}; J$ mit dem Operatorenbereich $J = J(\mathfrak{G})$ ist J-Normalfolge jede *(aufsteigende) Normalteilerfolge* $(\mathfrak{N}_\nu)$:

$$\mathfrak{N}_0 = E;\quad \mathfrak{N}_\nu \subset | \mathfrak{N}_{\nu+1} \subseteq | \mathfrak{G};\quad \mathfrak{N}_\sigma = \mathfrak{G} \qquad \text{für jeden Index } \nu < \sigma \in \Lambda,$$
$$\mathfrak{N}_\lambda = \bigcup_{\nu < \lambda} \mathfrak{N}_\nu \qquad \text{für jeden Limesindex } \lambda \leq \sigma.$$

Eine J-Kompositionsfolge der Gruppe $\mathfrak{G}; J$ wird als *Hauptfolge* bezeichnet. Eine J-*Normalreihe* der Gruppe $\mathfrak{G}; J$ ist eine endliche Normalteilerkette, eine *Hauptreihe* eine nicht verfeinerbare endliche Normalteilerkette in $\mathfrak{G}$.

Die Faktoren $\mathfrak{N}_{\nu+1}/\mathfrak{N}_\nu$ einer Hauptfolge der Gruppe $\mathfrak{G}$ sind J-einfache Gruppen; diese Eigenschaft ist von der Situation der Gruppen $\mathfrak{N}_\nu, \mathfrak{N}_{\nu+1}$ in $\mathfrak{G}$ abhängig, also nicht nur innere Eigenschaft des Faktors $\mathfrak{N}_{\nu+1}/\mathfrak{N}_\nu$. Induziert $J(\mathfrak{G})$ in $\mathfrak{N}_{\nu+1}/\mathfrak{N}_\nu$ die Automorphismengruppe

$$B_\nu = B(\mathfrak{N}_{\nu+1}/\mathfrak{N}_\nu) \cong \mathfrak{G}/\mathfrak{N}_\nu \div \mathfrak{N}_{\nu+1},$$

so ist jeder Faktor $\mathfrak{N}_{\nu+1}/\mathfrak{N}_\nu$ eine B_ν-einfache, also gewiß eine charakteristisch einfache Gruppe:

Satz 10. *Die Faktoren $\mathfrak{N}_{\nu+1}/\mathfrak{N}_\nu$ einer Hauptfolge $(\mathfrak{N}_\nu)$ in einer Gruppe $\mathfrak{G}$ sind charakteristisch einfache Gruppen.*

Da die Automorphismengruppe $\mathsf{J}(\mathfrak{G})$ für eine Gruppe $\mathfrak{G}$ stark normaler Operatorenbereich ist, entnehmen wir den Sätzen 8 und 8*:

Satz 11. *Eine Gruppe $\mathfrak{G}$ besitzt eine Hauptfolge (bzw. Hauptreihe) genau dann, wenn ihr Normalteilerverband der schwachen Minimalbedingung (bzw. der Doppelkettenbedingung) genügt.*

In gleicher Weise kann eine *absteigende Normalteilerfolge* $(\mathfrak{N}_\nu)$ in einer Gruppe $\mathfrak{G}$ als absteigende J-Normalfolge in $\mathfrak{G}$; J mit $\mathsf{J}=\mathsf{J}(\mathfrak{G})$ aufgefaßt werden. Eine *absteigende Hauptfolge* $(\mathfrak{N}_\nu)$ ist eine nicht verfeinerbare absteigende Normalteilerfolge; ihre Faktoren $\mathfrak{N}_\nu/\mathfrak{N}_{\nu+1}$ sind J-einfache, also charakteristisch einfache Gruppen.

Beispiel 3. Für eine Gruppe $\mathfrak{G}$; A mit der Automorphismengruppe $\mathsf{A}=\mathsf{A}(\mathfrak{G})$ als Operatorenbereich können A-*Normalfolgen* oder *charakteristische Folgen* $(\mathfrak{M}_\nu)$ erklärt werden:

$$\mathfrak{M}_0 = E; \quad \mathfrak{M}_\nu \subset \mathfrak{M}_{\nu+1} \trianglelefteq \| \mathfrak{G}; \quad \mathfrak{M}_\sigma = \mathfrak{G} \quad \text{für jeden Index } \nu < \sigma \in \Lambda,$$
$$\mathfrak{M}_\lambda = \bigcup_{\nu<\lambda} \mathfrak{M}_\nu \quad \text{für jeden Limesindex } \lambda \leq \sigma.$$

Jedes Glied $\mathfrak{M}_\nu$ ist normal, aber nicht immer charakteristisch im Nachfolger $\mathfrak{M}_{\nu+1}$. Eine nicht verfeinerbare charakteristische Folge $(\mathfrak{M}_\nu)$ ist eine A-*Kompositionsfolge* oder *charakteristische Kompositionsfolge in $\mathfrak{G}$*. Ihre Faktoren $\mathfrak{M}_{\nu+1}/\mathfrak{M}_\nu$ sind A-einfache Gruppen. Daher gilt:

Satz 10*. *Die Faktoren $\mathfrak{M}_{\nu+1}/\mathfrak{M}_\nu$ einer charakteristischen Kompositionsfolge $(\mathfrak{M}_\nu)$ einer Gruppe $\mathfrak{G}$ sind charakteristisch einfache Gruppen.*

Aus den Sätzen 8 und 8* entnehmen wir wiederum:

Satz 11*. *Eine Gruppe $\mathfrak{G}$ besitzt eine charakteristische Kompositionsfolge (bzw. charakteristische Kompositionsreihe) genau dann, wenn der Verband ihrer charakteristischen Untergruppen die schwache Minimalbedingung (bzw. die Doppelkettenbedingung) erfüllt.*

Analog können in einer Gruppe $\mathfrak{G}$ *absteigende charakteristische Folgen* und *absteigende charakteristische Kompositionsfolgen* erklärt werden.

Beispiel 4. Wählen wir die Endomorphismenhalbgruppe $\mathsf{E}=\mathsf{E}(\mathfrak{G})$ als Operatorenbereich, so ist eine E-*Normalfolge* der Gruppe $\mathfrak{G}$; E eine *vollinvariante Untergruppenfolge* $(\mathfrak{V}_\nu)$ in $\mathfrak{G}$; E:

$$\mathfrak{V}_0 = E; \quad \mathfrak{V}_\nu \subset \mathfrak{V}_{\nu+1} \leq \mathsf{V}\, \mathfrak{G}; \quad \mathfrak{V}_\sigma = \mathfrak{G} \quad \text{für jeden Index } \nu < \sigma \in \Lambda,$$
$$\mathfrak{V}_\lambda = \bigcup_{\nu<\lambda} \mathfrak{V}_\nu \quad \text{für jeden Limesindex } \lambda \leq \sigma.$$

3.1.2. Kompositionsfolgen

Eine E-Kompositionsfolge der Gruppe $\mathfrak{G}$; E ist eine *vollinvariante Kompositionsfolge* der Gruppe $\mathfrak{G}$; ihre Faktoren sind E-einfach, also *vollinvariant einfache* Gruppen.

Entsprechend können *absteigende vollinvariante Folgen*, insbesondere *absteigende vollinvariante Kompositionsfolgen* in einer Gruppe $\mathfrak{G}$ erklärt werden.

Satz 11**. *Eine Gruppe $\mathfrak{G}$ besitzt eine vollinvariante Kompositionsfolge (bzw. vollinvariante Kompositionsreihe) genau dann, wenn der Verband ihrer vollinvarianten Untergruppen die schwache Minimalbedingung (bzw. die Doppelkettenbedingung) erfüllt.*

Für die Frage nach der Existenz von Ω-Kompositionsfolgen für Gruppen $\mathfrak{G}$; Ω mit beliebigem Operatorenbereich spielt der Begriff der nachnormalen Untergruppe eine wesentliche Rolle. Bezeichnet wieder $\mathfrak{k}(\mathfrak{G}; \Omega)$ die abstrakte Gruppeneigenschaft, *eine Ω-Kompositionsfolge zu besitzen*, so gilt

Satz 12. *Jede nachnormale Untergruppe $\mathfrak{A}$ einer $\mathfrak{k}$-Gruppe $\mathfrak{G}$; Ω ist $\mathfrak{k}$-Untergruppe. Die Faktoren einer Ω-Kompositionsfolge von $\mathfrak{A}$ bilden eine Teilmenge der Faktoren einer Ω-Kompositionsfolge von $\mathfrak{G}$; Ω.*

Die Vereinigung $\mathfrak{B} = \bigcup_k \mathfrak{A}_k$ einer abzählbaren Kette

$$\mathfrak{A}_1 \subset \mathfrak{A}_2 \subset \cdots \subset \mathfrak{A}_k \subset \mathfrak{A}_{k+1} \subset \cdots \subset \mathfrak{B} \subseteq \mathfrak{G}; \Omega$$

nachnormaler Untergruppen $\mathfrak{A}_k$ einer $\mathfrak{k}$-Gruppe $\mathfrak{G}$; Ω besitzt eine Ω-Kompositionsfolge, deren Faktoren zu Faktoren einer Ω-Kompositionsfolge von $\mathfrak{G}$; Ω isomorph sind.

Beweis. Jede nachnormale Untergruppe $\mathfrak{A}$ einer $\mathfrak{k}$-Gruppe $\mathfrak{G}$; Ω ist in einer Ω-Kompositionsfolge $(\mathfrak{U}_\nu)$ von $\mathfrak{G}$; Ω enthalten:

$$\mathfrak{U}_0 = E; \quad \mathfrak{U}_\nu \subset | \mathfrak{U}_{\nu+1}; \quad \mathfrak{U}_\sigma = \mathfrak{A}; \quad \mathfrak{U}_\tau = \mathfrak{G}; \Omega \text{ für jeden Index } \nu < \tau; \; \sigma \leq \tau \in \Lambda,$$

$$\mathfrak{U}_\lambda = \bigcup_{\nu < \lambda} \mathfrak{U}_\nu \quad \text{für jeden Limesindex } \lambda \leq \sigma.$$

Die Gruppen $\mathfrak{U}_\nu$ mit einem Index $\nu \leq \sigma$ liefern eine Ω-Kompositionsfolge von $\mathfrak{A}; \Omega$. Jede die nachnormale Untergruppe $\mathfrak{A} \subset | \subset | \mathfrak{G}; \Omega$ enthaltende Ω-Kompositionsfolge von $\mathfrak{G}$; Ω wird somit durch $\mathfrak{A}$ in eine *Ω-Kompositionsfolge* $(E, \mathfrak{A})$ *für* $\mathfrak{A}; \Omega$ und eine *Ω-Kompositionsfolge* $(\mathfrak{A}, \mathfrak{G})$ *von* $\mathfrak{A}$ *nach* $\mathfrak{G}; \Omega$ zerlegt. Die Faktoren einer Ω-Kompositionsfolge $(\mathfrak{A}, \mathfrak{G})$ von der (nachnormalen) Untergruppe $\mathfrak{A}$ nach $\mathfrak{G}$; Ω sind streng einfache Gruppen und in ihrer Gesamtheit (relative) Invarianten von $\mathfrak{A} \subset | \subset | \mathfrak{G}; \Omega$, d.h. von der Wahl der Folge $(\mathfrak{A}, \mathfrak{G})$ unabhängig, da diese durch eine Ω-Kompositionsfolge für $\mathfrak{A}; \Omega$ zu einer Ω-Kompositionsfolge für $\mathfrak{G}; \Omega$ ergänzt wird. Die Faktoren einer Ω-Kompositionsfolge $(\mathfrak{A}, \mathfrak{G})$ sind daher einer Teilmenge der Faktoren einer jeden Ω-Kompositionsfolge von $\mathfrak{G}; \Omega$ isomorph.

Ist nun $(\mathfrak{A}_k)$ eine (aufsteigend) abzählbare Kette nachnormaler Untergruppen der $\mathfrak{k}$-Gruppe $\mathfrak{G}; \Omega$, so ist auch jedes Glied $\mathfrak{A}_k$ der Kette eine $\mathfrak{k}$-Gruppe. Hieraus folgt, da $\mathfrak{A}_k$ im Nachfolger $\mathfrak{A}_{k+1}$ nachnormal ist, für jeden Index k die Existenz einer Ω-Kompositionsfolge $(\mathfrak{A}_k, \mathfrak{A}_{k+1})$ von $\mathfrak{A}_k$ nach $\mathfrak{A}_{k+1}$, deren Faktoren einer Teilmenge der Faktoren einer Ω-Kompositionsfolge von $\mathfrak{G}; \Omega$ isomorph sind. Eine Zusammensetzung der Ω-Normalfolgen

$$(E, \mathfrak{A}_1), (\mathfrak{A}_1, \mathfrak{A}_2), \ldots, (\mathfrak{A}_k, \mathfrak{A}_{k+1}), \ldots$$

liefert eine Ω-Kompositionsfolge für die Vereinigung $\mathfrak{B} = \bigcup_k \mathfrak{A}_k$ mit den angegebenen Eigenschaften. Da die Vereinigung $\mathfrak{B}; \Omega$ einer Kette nachnormaler Untergruppen in $\mathfrak{G}; \Omega$ nicht immer nachnormal in $\mathfrak{G}; \Omega$ ist, kann diese Konstruktion im allgemeinen nicht transfinit weitergeführt werden.

Eine Kennzeichnung der Gruppen $\mathfrak{G}; \Omega$ mit Ω-Kompositionsfolge wird durch die Tatsache erschwert, daß die nachnormalen Untergruppen einer Gruppe $\mathfrak{G}; \Omega$ im allgemeinen keinen Verband bilden. Der absteigende Halbverband $\mathsf{N}(\mathfrak{G}; \Omega)$ der nachnormalen Untergruppen einer $\mathfrak{k}$-Gruppe $\mathfrak{G}; \Omega$ genügt indes der schwachen Minimalbedingung. Denn zu zwei nachnormalen Untergruppen

$$E \subseteq \mathfrak{A} \subset \mathfrak{B} \subseteq \mathfrak{G}; \Omega \quad \text{mit} \quad \mathfrak{A}, \mathfrak{B} \in \mathsf{N}(\mathfrak{G}; \Omega)$$

existiert in diesem Falle eine Ω-Kompositionsfolge $(\mathfrak{A}, \mathfrak{B})$ und damit eine minimale (nachnormale) Zwischengruppe

$$E \subseteq \mathfrak{A} \subset \mathfrak{Z}_* \subseteq \mathfrak{B} \subseteq \mathfrak{G}; \Omega \quad \text{mit} \quad \mathfrak{Z}_* \in \mathsf{N}(\mathfrak{G}; \Omega).$$

Eine Umkehrung dieser Aussage ist allgemein unmöglich; um die Existenz einer Ω-Kompositionsfolge in der Gruppe $\mathfrak{G}; \Omega$ zu sichern, bedarf es noch einer Abschließungsforderung. Nennen wir eine Untergruppenmenge M einer Gruppe $\mathfrak{G}; \Omega$ *nach oben linear abgeschlossen*, wenn die Vereinigung jeder Kette $\mathsf{K} \subseteq \mathsf{M}$ der Menge M angehört, so gilt

Satz 13. *Eine Gruppe $\mathfrak{G}; \Omega$ besitzt eine Ω-Kompositionsfolge, wenn die Menge $\mathsf{N}(\mathfrak{G}; \Omega)$ ihrer nachnormalen Untergruppen die schwache Minimalbedingung erfüllt und nach oben linear abgeschlossen ist.*

Beweis. Die erste Bedingung sichert die Existenz einer minimalen nachnormalen Untergruppe $E \subset \mathfrak{A}_1 \subseteq \mathfrak{G}; \Omega$. Im Falle der Gleichheit $\mathfrak{A}_1 = \mathfrak{G}; \Omega$ ist $\mathfrak{G}; \Omega$ streng einfach. Sind nachnormale Glieder $\mathfrak{A}_\nu \subset \mathfrak{G}; \Omega$ für eine Ω-Kompositionsfolge zu allen Indizes $\nu < \lambda$ bestimmt, so ist im Falle eines Limesindex λ auch $\mathfrak{A}_\lambda = \bigcup_{\nu < \lambda} \mathfrak{A}_\nu$ nachnormal in $\mathfrak{G}; \Omega$. Ist λ nicht Limesindex, so läßt sich eine minimale nachnormale Zwischengruppe $\mathfrak{A}_{\lambda-1} \subset \mathfrak{A}_\lambda \subseteq \mathfrak{G}; \Omega$ angeben.

Ein Kriterium für die Existenz von Ω-Kompositionsreihen gibt

Satz 13*. *Eine Gruppe $\mathfrak{G};\Omega$ besitzt genau dann eine Ω-Kompositionsreihe, wenn die Menge $\mathsf{N}(\mathfrak{G};\Omega)$ ihrer nachnormalen Untergruppen der Extremalbedingung genügt.*

Beweis. Die Bedingung ist notwendig; umgekehrt läßt sich nach Satz 13 für $\mathfrak{G};\Omega$ eine Ω-Kompositionsfolge angeben, die auf Grund der Bedingung endlich ist.

Beachtenswert ist eine Bemerkung, die den Fall der Gruppe ohne Operatoren umfaßt:

Satz 13** (H. WIELANDT). *Für eine Gruppe $\mathfrak{G};\Omega$ mit normalem Operatorenbereich Ω sind folgende Aussagen gleichwertig:*

1. *Die Gruppe $\mathfrak{G};\Omega$ besitzt eine Ω-Kompositionsreihe.*

2. *Die Menge $\mathsf{N}(\mathfrak{G};\Omega)$ der nachnormalen Untergruppen von $\mathfrak{G};\Omega$ ist ein Verband, der der Extremalbedingung genügt.*

Beweis. Auf Grund des Satzes 13* ist nur nachzuweisen, daß für eine $\mathfrak{k}$-Gruppe $\mathfrak{G};\Omega$ mit normalem Operatorenbereich Ω das Kompositum $\{\mathfrak{A}\cup\mathfrak{B};\Omega\}$ nachnormaler Untergruppen $\mathfrak{A},\mathfrak{B}\in\mathsf{N}(\mathfrak{G};\Omega)$ in $\mathfrak{G};\Omega$ nachnormal ist.

Jede nachnormale Untergruppe $\mathfrak{A}\triangleleft|\triangleleft|\mathfrak{G};\Omega$ besitzt (unter der Voraussetzung 1.) eine Ω-Kompositionsreihe $(E,\mathfrak{A})$ endlicher Länge $k(\mathfrak{A})$, die durch eine Ω-Kompositionsreihe $(\mathfrak{A},\mathfrak{G})$ endlicher Länge $k(\mathfrak{A},\mathfrak{G})$ zu einer Ω-Kompositionsreihe von $\mathfrak{G};\Omega$ ergänzt wird:

$$k(\mathfrak{A}) + k(\mathfrak{A},\mathfrak{G}) = k(\mathfrak{G}) = k.$$

Die Behauptung ist trivial in jedem der Fälle

$$k(\mathfrak{G}) = 0 \quad \text{oder} \quad k(\mathfrak{A},\mathfrak{G}) = 0 \quad \text{oder} \quad k(\mathfrak{B},\mathfrak{G}) = 0.$$

Daher kann die Behauptung für Gruppen $\mathfrak{H};\Omega$ mit $k(\mathfrak{H}) < k(\mathfrak{G})$ und für Paare $\mathfrak{A}^*,\mathfrak{B}^*$ nachnormaler Untergruppen von $\mathfrak{G};\Omega$ mit

$$k(\mathfrak{A}^*,\mathfrak{G}) + k(\mathfrak{B}^*,\mathfrak{G}) < k(\mathfrak{A},\mathfrak{G}) + k(\mathfrak{B},\mathfrak{G})$$

als bewiesen angenommen und überdies

$$0 < k(\mathfrak{A},\mathfrak{G}) = r; \quad 0 < k(\mathfrak{B},\mathfrak{G}) = s$$

vorausgesetzt werden, so daß Ω-Kompositionsreihen

$$\mathfrak{A} = \mathfrak{A}_0 \triangleleft| \mathfrak{A}_1 \triangleleft| \cdots \triangleleft| \mathfrak{A}_{r-1} \triangleleft| \mathfrak{A}_r = \mathfrak{G};\Omega;$$
$$\mathfrak{B} = \mathfrak{B}_0 \triangleleft| \mathfrak{B}_1 \triangleleft| \cdots \triangleleft| \mathfrak{B}_{s-1} \triangleleft| \mathfrak{B}_s = \mathfrak{G};\Omega$$

existieren. Nun ist $\mathfrak{A}_1$ nachnormal in $\mathfrak{G};\Omega$ und

$$k(\mathfrak{A}_1,\mathfrak{G}) + k(\mathfrak{B},\mathfrak{G}) < k(\mathfrak{A},\mathfrak{G}) + k(\mathfrak{B},\mathfrak{G}),$$

also $\mathfrak{H} = \{\mathfrak{A}_1 \cup \mathfrak{B}; \Omega\}$ nachnormal in $\mathfrak{G}; \Omega$; wenn $\mathfrak{H}$ echte Untergruppe in $\mathfrak{G}; \Omega$, so gilt auch $k(\mathfrak{H}) < k(\mathfrak{G})$, weshalb

$$\{\mathfrak{A} \cup \mathfrak{B}; \Omega\} \subset | \subset | \mathfrak{H} \subset | \subset | \mathfrak{G}; \Omega, \quad \text{also} \quad \{\mathfrak{A} \cup \mathfrak{B}; \Omega\} \subset | \subset | \mathfrak{G}; \Omega.$$

Aus Symmetriegründen kann weiterhin gleichzeitig

$$\{\mathfrak{A}_1 \cup \mathfrak{B}; \Omega\} = \{\mathfrak{A} \cup \mathfrak{B}_1; \Omega\} = \mathfrak{G}; \Omega \tag{3.1}$$

angenommen werden; ferner dürfen wir

$$\mathfrak{A}^B = \mathfrak{A}; \quad \mathfrak{B}^A = \mathfrak{B} \quad \text{für jedes } A \in \mathfrak{A}; B \in \mathfrak{B} \tag{3.2}$$

voraussetzen. Denn die zu $\mathfrak{A}$ ähnlichen Gruppen $\mathfrak{A}^B$ sind in $\mathfrak{G}; \Omega$ zulässig; daher sind $\mathfrak{A}$ und $\mathfrak{A}^B$ nachnormal in $\mathfrak{A}_{r-1} \subset | \mathfrak{G}; \Omega$, so daß wegen $k(\mathfrak{A}_{r-1}) < k(\mathfrak{G})$ das Kompositum $\{\mathfrak{A} \cup \mathfrak{A}^B; \Omega\} = \mathfrak{A}^*$ in $\mathfrak{A}_{r-1}$, also in $\mathfrak{G}; \Omega$ nachnormal ist. Sind $\mathfrak{A}$ und $\mathfrak{A}^B$ verschieden, so ist $\mathfrak{A}$ echte Untergruppe von $\mathfrak{A}^*$, also $k(\mathfrak{A}^*, \mathfrak{G}) < k(\mathfrak{A}, \mathfrak{G})$ und somit

$$\{\mathfrak{A}^* \cup \mathfrak{B}; \Omega\} = \{\mathfrak{A} \cup \mathfrak{B}; \Omega\} \subset | \subset | \mathfrak{G}; \Omega.$$

Ebenso gewinnt man die zweite Voraussetzung (3.2).

Unter den Voraussetzungen (3) sind die Untergruppen $\mathfrak{A}, \mathfrak{B}$ und $\mathfrak{A}\mathfrak{B}$ in $\mathfrak{G}; \Omega$ normal, da $\mathfrak{A}$ durch alle Elemente aus $\{\mathfrak{A}_1 \cup \mathfrak{B}; \Omega\} = \mathfrak{G}; \Omega$ und $\mathfrak{B}$ durch alle Elemente aus $\{\mathfrak{A} \cup \mathfrak{B}_1; \Omega\} = \mathfrak{G}; \Omega$ auf sich selbst abgebildet wird.

3.1.3. Gruppen mit ausgezeichneten Normalfolgen

Durchwegs verstehen wir in diesem Abschnitt unter $\mathfrak{e}(\mathfrak{G}; \Omega)$ eine beliebige abstrakte Gruppeneigenschaft vom Typus (I, II, III):

Jedes homomorphe Bild $\overline{\mathfrak{H}}; \Omega$ jeder Untergruppe $\mathfrak{H}$ einer $\mathfrak{e}$-Gruppe $\mathfrak{G}; \Omega$ ist $\mathfrak{e}$-Gruppe.

Unter dieser Annahme ist die Menge $\mathsf{M}_\mathfrak{e}$ aller $\mathfrak{e}$-Untergruppen bzw. die Menge $\mathsf{N}_\mathfrak{e}$ aller $\mathfrak{e}$-Normalteiler einer Gruppe $\mathfrak{G}; \Omega$ ein absteigender Halbverband, im allgemeinen aber kein Verband. Das Kompositum $\mathfrak{B}(\mathfrak{G}; \Omega)$ aller $\mathfrak{e}$-Normalteiler in $\mathfrak{G}; \Omega$ ist daher Ω-charakteristisch, aber im allgemeinen kein $\mathfrak{e}$-Normalteiler in $\mathfrak{G}; \Omega$. Die Gleichung $\mathfrak{B}(\mathfrak{G}; \Omega) = E$ kennzeichnet die *Gruppen ohne $\mathfrak{e}$-Normalteiler*.

Eine transfinite Konstruktion führt zur Bildung einer aufsteigenden Normalteilerfolge $(\mathfrak{B}_\nu)$ in der Gruppe $\mathfrak{G}; \Omega$:

1. Es sei $\mathfrak{B}_0 = E$; $\mathfrak{B}_{\nu+1}/\mathfrak{B}_\nu = \mathfrak{B}(\mathfrak{G}/\mathfrak{B}_\nu; \Omega)$ für jeden Index $\nu \in \Lambda$.
2. Es sei $\mathfrak{B}_\lambda = \bigcup_{\nu < \lambda} \mathfrak{B}_\nu$ für jeden Limesindex $\lambda \in \Lambda$.

Sämtliche Glieder dieser Folge sind, wie man leicht durch Induktion erkennt, Ω-charakteristische Normalteiler von $\mathfrak{G}; \Omega$.

3.1.3. Gruppen mit ausgezeichneten Normalfolgen

Da für einen ersten Index $\sigma \in \Lambda$ die Gleichung

$$\mathfrak{V}_{\sigma+1} = \mathfrak{V}_\sigma \quad \text{oder} \quad \mathfrak{V}(\mathfrak{G}/\mathfrak{V}_\sigma; \Omega) = 1$$

eintritt, bestimmt die Gruppeneigenschaft $\mathfrak{e}(\mathfrak{G}; \Omega)$ in $\mathfrak{G}; \Omega$ einen Ω-charakteristischen Normalteiler

$$\mathfrak{W} = \mathfrak{W}_\mathfrak{e}(\mathfrak{G}; \Omega) = \bigcup_{\nu \in \Lambda} \mathfrak{V}_\nu = \mathfrak{V}_\sigma \quad \text{für einen ersten Index } \sigma \in \Lambda,$$

dessen Faktorgruppe $\mathfrak{G}/\mathfrak{W}; \Omega$ keinen $\mathfrak{e}$-Normalteiler besitzt:

$$\mathfrak{V}(\mathfrak{G}/\mathfrak{W}; \Omega) = \mathfrak{W}_\mathfrak{e}(\mathfrak{G}/\mathfrak{W}; \Omega) = 1.$$

Zur Kennzeichnung dieses Normalteilers erklären wir:

Definition 5. *Ein Normalteiler $\mathfrak{H}$ der Gruppe $\mathfrak{G}; \Omega$ besitzt eine $\mathfrak{e}$-Normalteilerfolge in $\mathfrak{G}; \Omega$, wenn in $\mathfrak{G}; \Omega$ eine Normalteilerfolge $(\mathfrak{N}_\nu)$ existiert:*

$$\mathfrak{N}_0 = E; \quad \mathfrak{N}_\nu \subset \mathfrak{N}_{\nu+1} \subseteq \mathfrak{G}; \Omega; \quad \mathfrak{N}_\tau = \mathfrak{H}; \Omega \quad \textit{für jeden Index } \nu < \tau \in \Lambda,$$

$$\mathfrak{N}_\lambda = \bigcup_{\nu < \lambda} \mathfrak{N}_\nu \quad \textit{für jeden Limesindex } \lambda \leq \tau,$$

deren Faktoren $\mathfrak{N}_{\nu+1}/\mathfrak{N}_\nu$ $\mathfrak{e}$-Gruppen sind.

Besitzt $\mathfrak{G}; \Omega$ selbst eine $\mathfrak{e}$-Normalteilerfolge (in $\mathfrak{G}; \Omega$), so ist $\mathfrak{G}; \Omega$ eine Gruppe mit $\mathfrak{e}$-Normalteilerfolge.

Satz 14. *Ein Normalteiler $\mathfrak{H} \subseteq \mathfrak{G}; \Omega$ besitzt genau dann eine $\mathfrak{e}$-Normalteilerfolge in $\mathfrak{G}; \Omega$, wenn $\mathfrak{H}$ im Normalteiler $\mathfrak{W}_\mathfrak{e}(\mathfrak{G}; \Omega)$ enthalten ist. Jede Untergruppe $\mathfrak{U} \subseteq \mathfrak{W}_\mathfrak{e}(\mathfrak{G}; \Omega)$ ist eine Gruppe mit $\mathfrak{e}$-Normalteilerfolge.*

Der Normalteiler $\mathfrak{W}_\mathfrak{e}(\mathfrak{G}; \Omega)$ ist Durchschnitt aller Normalteiler $\mathfrak{N} \subseteq \mathfrak{G}; \Omega$, deren Faktorgruppe $\mathfrak{G}/\mathfrak{N}; \Omega$ eine Gruppe ohne $\mathfrak{e}$-Normalteiler ist.

Beweis. Der Normalteiler $\mathfrak{H} \subseteq \mathfrak{G}; \Omega$ besitze eine $\mathfrak{e}$-Normalteilerfolge $(\mathfrak{N}_\nu)$ in $\mathfrak{G}; \Omega$:

$$\mathfrak{N}_0 = E; \quad \mathfrak{N}_\nu \subset \mathfrak{N}_{\nu+1} \subseteq \mathfrak{G}; \Omega; \quad \mathfrak{N}_\tau = \mathfrak{H}; \Omega \quad \text{für jeden Index } \nu < \tau \in \Lambda,$$

$$\mathfrak{N}_\lambda = \bigcup_{\nu < \lambda} \mathfrak{N}_\nu \quad \text{für jeden Limesindex } \lambda \leq \tau.$$

Bilden wir in $\mathfrak{G}; \Omega$ die Normalteiler $(\mathfrak{V}_\nu)$ mit letztem Glied $\mathfrak{V}_\sigma = \mathfrak{W}_\mathfrak{e}(\mathfrak{G}; \Omega)$, so ist $\mathfrak{N}_1$ als $\mathfrak{e}$-Normalteiler von $\mathfrak{G}; \Omega$ in $\mathfrak{V}_1 = \mathfrak{V}(\mathfrak{G}; \Omega)$ enthalten. Nimmt man die Beziehung

$$\mathfrak{N}_\nu \subseteq \mathfrak{V}_\nu \quad \text{für jeden Index } \nu < \lambda$$

als bewiesen an, so gilt für einen Limesindex λ

$$\mathfrak{N}_\lambda = \bigcup_{\nu < \lambda} \mathfrak{N}_\nu \subseteq \bigcup_{\nu < \lambda} \mathfrak{V}_\nu = \mathfrak{V}_\lambda;$$

wenn λ nicht Limesindex, so ist wegen

$$\mathfrak{N}_\lambda/\mathfrak{N}_{\lambda-1} \underset{\Omega}{\sim} \mathfrak{N}_\lambda \mathfrak{V}_{\lambda-1}/\mathfrak{N}_{\lambda-1} \mathfrak{V}_{\lambda-1} = \mathfrak{N}_\lambda \mathfrak{V}_{\lambda-1}/\mathfrak{V}_{\lambda-1}$$

die Faktorgruppe $\mathfrak{N}_\lambda\mathfrak{B}_{\lambda-1}/\mathfrak{B}_{\lambda-1}$ eine e-Gruppe und folglich
$$\mathfrak{N}_\lambda\mathfrak{B}_{\lambda-1}/\mathfrak{B}_{\lambda-1} \subseteq \mathfrak{B}(\mathfrak{G}/\mathfrak{B}_{\lambda-1};\Omega) = \mathfrak{B}_\lambda/\mathfrak{B}_{\lambda-1}, \quad \text{also} \quad \mathfrak{N}_\lambda \subseteq \mathfrak{B}_\lambda.$$
Damit erhalten wir
$$\mathfrak{H};\Omega = \mathfrak{N}_\tau \subseteq \mathfrak{B}_\tau \subseteq \mathfrak{W}_e(\mathfrak{G};\Omega).$$

Nun besitzt die Gruppe $\mathfrak{B}_1 = \mathfrak{B}(\mathfrak{G};\Omega)$ eine e-Normalteilerfolge in $\mathfrak{G};\Omega$: Aus einer Wohlordnung
$$E = \mathfrak{U}_0, \mathfrak{U}_1, \ldots, \mathfrak{U}_\nu, \mathfrak{U}_{\nu+1}, \ldots, \mathfrak{U}_\varrho \quad \text{mit einem Index } \varrho \in \Lambda$$
aller e-Normalteiler von $\mathfrak{G};\Omega$ bilde man die Normalteiler
$$\mathfrak{H}_0^* = \mathfrak{H}_0 = E; \quad \mathfrak{H}_\nu^* = \prod_{\mu<\nu} \mathfrak{U}_\mu; \quad \mathfrak{H}_\nu = \mathfrak{H}_\nu^* \mathfrak{U}_\nu \quad \text{für jeden Index } \nu \leq \varrho.$$
Wegen
$$\mathfrak{H}_\nu/\mathfrak{H}_\nu^* = \mathfrak{H}_\nu^* \mathfrak{U}_\nu/\mathfrak{H}_\nu^* \underset{\Omega}{\cong} \mathfrak{U}_\nu/\mathfrak{H}_\nu^* \cap \mathfrak{U}_\nu \quad \text{für jeden Index } \nu \leq \varrho$$
sind die Faktorgruppen $\mathfrak{H}_\nu/\mathfrak{H}_\nu^*$ als homomorphe Bilder der e-Gruppen $\mathfrak{U}_\nu$ e-Gruppen. Für einen Limesindex $\lambda \leq \varrho$ gilt
$$\mathfrak{H}_\lambda^* = \prod_{\mu<\lambda} \mathfrak{U}_\mu = \bigcup_{\mu<\lambda} \mathfrak{H}_\mu^* = \bigcup_{\mu<\lambda} \mathfrak{H}_\mu;$$
ist λ nicht Limesindex, so gilt
$$\mathfrak{H}_\lambda^* = \prod_{\mu<\lambda} \mathfrak{U}_\mu = \mathfrak{H}_{\lambda-1}^* \mathfrak{U}_{\lambda-1} = \mathfrak{H}_{\lambda-1}.$$
Mithin besitzt die Normalteilerfolge $(\mathfrak{H}_\nu^*, \mathfrak{H}_\nu)$ nach Streichung von Wiederholungen die gewünschten Eigenschaften und die Vereinigung
$$\mathfrak{H}_\varrho = \prod_{\mu \leq \varrho} \mathfrak{U}_\mu = \mathfrak{B}(\mathfrak{G};\Omega).$$

Jeder Faktor $\mathfrak{B}_{\nu+1}/\mathfrak{B}_\nu = \mathfrak{B}(\mathfrak{G}/\mathfrak{B}_\nu;\Omega)$ besitzt demnach eine Normalteilerfolge $(\mathfrak{H}_\mu/\mathfrak{B}_\nu)$ mit Normalteilern $\mathfrak{H}_\mu/\mathfrak{B}_\nu$ aus $\mathfrak{G}/\mathfrak{B}_\nu;\Omega$, deren Faktoren $\mathfrak{H}_{\mu+1}/\mathfrak{H}_\mu$ sämtlich e-Gruppen sind; die Folge $(\mathfrak{B}_\nu)$ besitzt somit eine Verfeinerung, deren Faktoren sämtlich e-Gruppen sind. Damit entsteht in $\mathfrak{G};\Omega$ eine Normalteilerfolge für $\mathfrak{W}_e(\mathfrak{G};\Omega)$:
$$\mathfrak{N}_0 = E; \quad \mathfrak{N}_\nu \subset \mathfrak{N}_{\nu+1} \trianglelefteq \mathfrak{G};\Omega; \quad \mathfrak{N}_\tau = \mathfrak{W}_e(\mathfrak{G};\Omega) \quad \text{für jeden Index } \nu < \tau \in \Lambda,$$
$$\mathfrak{N}_\lambda = \bigcup_{\nu<\lambda} \mathfrak{N}_\nu \quad \text{für jeden Limesindex } \lambda \leq \tau,$$
deren Faktoren $\mathfrak{N}_{\nu+1}/\mathfrak{N}_\nu$ sämtlich e-Gruppen sind.

Eine Untergruppe $\mathfrak{H} \subset \mathfrak{W}_e(\mathfrak{G};\Omega)$ besitzt dann die Normalteilerfolge $(\mathfrak{H} \cap \mathfrak{N}_\nu)$, deren Faktoren $\mathfrak{H} \cap \mathfrak{N}_{\nu+1}/\mathfrak{H} \cap \mathfrak{N}_\nu$ Untergruppen der e-Gruppen $\mathfrak{N}_{\nu+1}/\mathfrak{N}_\nu$ isomorph, also e-Gruppen sind. Mithin besitzt $\mathfrak{H};\Omega$ eine e-Normalteilerfolge (in $\mathfrak{H};\Omega$). Ist $\mathfrak{H}$ normal in $\mathfrak{G};\Omega$ und Untergruppe von $\mathfrak{W}_e(\mathfrak{G};\Omega)$, so ist $\mathfrak{H} \cap \mathfrak{N}_\nu$ normal in $\mathfrak{G};\Omega$, also $(\mathfrak{H} \cap \mathfrak{N}_\nu)$ eine e-Normalteilerfolge für $\mathfrak{H};\Omega$ in $\mathfrak{G};\Omega$.

3.1.3. Gruppen mit ausgezeichneten Normalfolgen

Für die letzte Aussage des Satzes benötigen wir noch:
Für jede Untergruppe $\mathfrak{U} \subset \mathfrak{G}; \Omega$ *gilt*

$$\mathfrak{U} \cap \mathfrak{W}_e(\mathfrak{G};\Omega) \subseteq \mathfrak{W}_e(\mathfrak{U};\Omega), \tag{1}$$

für jeden Normalteiler $\mathfrak{M} \triangleleft | \mathfrak{G}; \Omega$ *überdies*

$$\mathfrak{W}_e(\mathfrak{G};\Omega)\,\mathfrak{M}/\mathfrak{M} \subseteq \mathfrak{W}_e(\mathfrak{G}/\mathfrak{M};\Omega). \tag{2}$$

Denn jede e-Normalteilerfolge $(\mathfrak{N}_\nu)$ für $\mathfrak{W}_e(\mathfrak{G};\Omega)$ in $\mathfrak{G};\Omega$ liefert in einer Untergruppe $\mathfrak{U} \subset \mathfrak{G};\Omega$ eine e-Normalteilerfolge $(\mathfrak{U} \cap \mathfrak{N}_\nu)$ für $\mathfrak{U} \cap \mathfrak{W}_e(\mathfrak{G};\Omega)$ in $\mathfrak{U};\Omega$, so daß

$$\mathfrak{U} \cap \mathfrak{W}_e(\mathfrak{G};\Omega) \subseteq \mathfrak{W}_e(\mathfrak{U};\Omega),$$

ebenso aber eine e-Normalteilerfolge $(\mathfrak{N}_\nu \mathfrak{M}/\mathfrak{M})$ für $\mathfrak{W}_e(\mathfrak{G};\Omega)\,\mathfrak{M}/\mathfrak{M}$ in $\mathfrak{G}/\mathfrak{M};\Omega$, so daß

$$\mathfrak{W}_e(\mathfrak{G};\Omega)\,\mathfrak{M}/\mathfrak{M} \subseteq \mathfrak{W}_e(\mathfrak{G}/\mathfrak{M};\Omega).$$

Der Normalteiler $\mathfrak{W} = \mathfrak{W}_e(\mathfrak{G};\Omega)$ von $\mathfrak{G};\Omega$ besitzt die Eigenschaft

$$\mathfrak{W}_e(\mathfrak{G}/\mathfrak{W};\Omega) = 1;$$

ist $\mathfrak{M}$ Normalteiler von $\mathfrak{G};\Omega$ mit der gleichen Eigenschaft

$$\mathfrak{W}_e(\mathfrak{G}/\mathfrak{M};\Omega) = 1,$$

so folgt aus (2) unmittelbar

$$\mathfrak{W}_e(\mathfrak{G};\Omega)\,\mathfrak{M}/\mathfrak{M} \subseteq \mathfrak{W}_e(\mathfrak{G}/\mathfrak{M};\Omega) = 1, \quad \text{also} \quad \mathfrak{W}_e(\mathfrak{G};\Omega) \subseteq \mathfrak{M}.$$

Der Satz 14 führt noch auf das Kriterium

Satz 14*. *Eine Gruppe* $\mathfrak{G};\Omega$ *besitzt eine e-Normalteilerfolge genau dann, wenn jedes von 1 verschiedene homomorphe Bild* $\mathfrak{G};\Omega$ *einen von 1 verschiedenen e-Normalteiler besitzt.*

Beweis. Eine e-Normalteilerfolge $(\mathfrak{N}_\nu)$ der Gruppe $\mathfrak{G};\Omega$ liefert eine e-Normalteilerfolge $(\mathfrak{N}_\nu \mathfrak{M}/\mathfrak{M})$ für das homomorphe Bild $\mathfrak{G}/\mathfrak{M};\Omega$; das erste von 1 verschiedene Glied dieser Folge ist e-Normalteiler in $\mathfrak{G}/\mathfrak{M};\Omega$. Besitzt umgekehrt für die Normalteilerfolge $(\mathfrak{V}_\nu)$ der Gruppe $\mathfrak{G};\Omega$ im Falle $\mathfrak{V}_\nu \triangleleft | \mathfrak{G};\Omega$ das homomorphe Bild $\mathfrak{G}/\mathfrak{V}_\nu;\Omega$ von $\mathfrak{G};\Omega$ einen von 1 verschiedenen e-Normalteiler, so gilt

$$1 \subset \mathfrak{V}_{\nu+1}/\mathfrak{V}_\nu = \mathfrak{V}(\mathfrak{G}/\mathfrak{V}_\nu;\Omega) \quad \text{oder} \quad \mathfrak{V}_\nu \subset \mathfrak{V}_{\nu+1}.$$

Daher tritt für einen ersten Index $\sigma \in \Lambda$ die Gleichung $\mathfrak{V}_\sigma = \mathfrak{G};\Omega$ ein.

Jede abstrakte Gruppeneigenschaft $e(\mathfrak{G};\Omega) = e_0(\mathfrak{G};\Omega)$ vom Typus (I, II, III) führt durch den Satz 14 auf eine abstrakte Gruppeneigenschaft

$$e_1(\mathfrak{G};\Omega) = \begin{cases} 1, & \text{wenn } \mathfrak{G};\Omega \text{ eine } e_0\text{-Normalteilerfolge besitzt,} \\ 0, & \text{wenn dies nicht der Fall ist.} \end{cases}$$

Die Klasse der e_1-Gruppen umfaßt die Klasse der e_0-Gruppen; ferner stellen wir fest: *Die abstrakte Gruppeneigenschaft* $e_1(\mathfrak{G};\Omega)$ *ist vom Typus* (I, II, III).

Beweis. Aus (1) und (2) erhält man für Untergruppen $\mathfrak{U} \subset \mathfrak{G};\Omega$ und Faktorgruppen $\mathfrak{G}/\mathfrak{M};\Omega$ nach Normalteilern

$$\mathfrak{U} = \mathfrak{U} \cap \mathfrak{G} = \mathfrak{U} \cap \mathfrak{W}_{e_0}(\mathfrak{G};\Omega) \subseteq \mathfrak{W}_{e_0}(\mathfrak{U};\Omega)$$

$$\mathfrak{G}/\mathfrak{M} = \mathfrak{W}_{e_0}(\mathfrak{G};\Omega)\,\mathfrak{M}/\mathfrak{M} \subseteq \mathfrak{W}_{e_0}(\mathfrak{G}/\mathfrak{M};\Omega),$$

also

$$\mathfrak{U} = \mathfrak{W}_{e_0}(\mathfrak{U};\Omega); \quad \mathfrak{G}/\mathfrak{M} = \mathfrak{W}_{e_0}(\mathfrak{G}/\mathfrak{M};\Omega).$$

Aus diesem Grunde können die bisherigen Überlegungen auch auf die Eigenschaft $e_1(\mathfrak{G};\Omega)$ angewendet werden, so daß induktiv weitere abstrakte Gruppeneigenschaften $e_k(\mathfrak{G};\Omega)$ für ganze Zahlen $k \geq 0$ erklärt werden können:

$$e_{k+1}(\mathfrak{G};\Omega) = \begin{cases} 1, & \text{wenn } \mathfrak{G};\Omega \text{ eine } e_k\text{-Normalteilerfolge besitzt,} \\ 0, & \text{wenn dies nicht der Fall ist.} \end{cases}$$

Zur Kennzeichnung dieser Gruppentypen führen wir den Begriff der e_0-Normalfolge einer Gruppe $\mathfrak{G};\Omega$ ein:

Eine Ω-Normalfolge $(\mathfrak{U}_\nu)$ der Gruppe $\mathfrak{G};\Omega$ ist eine e_0-Normalfolge, wenn ihre Faktoren $\mathfrak{U}_{\nu+1}/\mathfrak{U}_\nu$ e_0-Gruppen sind.

Dann gilt:

Jede e_k-Gruppe $\mathfrak{G};\Omega$ besitzt eine e_0-Normalfolge $(\mathfrak{A}_\nu)$, deren Glieder $\mathfrak{A}_\nu$ in $\mathfrak{G};\Omega$ stark nachnormal sind mit beschränkten Längen $m(\mathfrak{A}_\nu,\mathfrak{G}) \leq k$.

Beweis. Jede e_1-Gruppe $\mathfrak{G};\Omega$ besitzt eine e_0-Normalteilerfolge $(\mathfrak{A}_\nu)$; daher kann der Beweis durch Induktion geführt werden. Eine e_{k+1}-Gruppe $\mathfrak{G};\Omega$ besitzt eine e_k-Normalteilerfolge $(\mathfrak{N}_\nu)$, deren Faktoren $\mathfrak{N}_{\nu+1}/\mathfrak{N}_\nu$ e_k-Gruppen sind, also e_0-Normalfolgen

$$1 = \mathfrak{U}_0/\mathfrak{N}_\nu; \quad \mathfrak{U}_\varkappa/\mathfrak{N}_\nu <| \mathfrak{U}_{\varkappa+1}/\mathfrak{N}_\nu; \quad \mathfrak{U}_\tau/\mathfrak{N}_\nu = \mathfrak{N}_{\nu+1}/\mathfrak{N}_\nu$$

besitzen, deren Glieder $\mathfrak{U}_\varkappa/\mathfrak{N}_\nu$ in $\mathfrak{N}_{\nu+1}/\mathfrak{N}_\nu$ stark nachnormal sind mit Längen $m(\mathfrak{U}_\varkappa/\mathfrak{N}_\nu, \mathfrak{N}_{\nu+1}/\mathfrak{N}_\nu) \leq k$. Jede Gruppe $\mathfrak{U}_\varkappa$ ist dann stark nachnormal in $\mathfrak{G};\Omega$ mit einer Länge $m(\mathfrak{U}_\varkappa,\mathfrak{G}) \leq k+1$. Zugleich ergeben diese Untergruppen eine Verfeinerung der Folge $(\mathfrak{N}_\nu)$ mit den verlangten Eigenschaften.

Jede e_k-Gruppe $\mathfrak{G};\Omega$ gehört somit dem durch die abstrakte Gruppeneigenschaft $e_\omega(\mathfrak{G};\Omega)$ erklärten Gruppentypus an:

$$e_\omega(\mathfrak{G};\Omega) = \begin{cases} 1, & \text{wenn } \mathfrak{G};\Omega \text{ eine } e_0\text{-Normalfolge besitzt,} \\ 0, & \text{wenn dies nicht der Fall ist.} \end{cases}$$

Von weittragender Bedeutung ist nun die Bemerkung:

Die abstrakte Gruppeneigenschaft $e_\omega(\mathfrak{G};\Omega)$ ist vom Typus (I, II, III, IV, V*, VI*).

Beweis. Eine e_0-Normalfolge $(\mathfrak{A}_\nu)$ der e_ω-Gruppe $\mathfrak{G};\Omega$ führt zu der e_0-Normalfolge $(\mathfrak{A}_\nu \cap \mathfrak{U})$ der Untergruppe $\mathfrak{U} \subset \mathfrak{G};\Omega$ und zu der e_0-Normalfolge $(\mathfrak{A}_\nu\mathfrak{N}/\mathfrak{N})$ der Faktorgruppe $\mathfrak{G}/\mathfrak{N};\Omega$ nach einem Normalteiler $\mathfrak{N}\triangleleft|\mathfrak{G};\Omega$. Denn $\mathfrak{A}_{\nu+1}\cap\mathfrak{U}/\mathfrak{A}_\nu\cap\mathfrak{U}$ ist als homomorphes Bild einer Untergruppe von $\mathfrak{A}_{\nu+1}/\mathfrak{A}_\nu$ und $\mathfrak{A}_{\nu+1}\mathfrak{N}/\mathfrak{A}_\nu\mathfrak{N}$ als homomorphes Bild von $\mathfrak{A}_{\nu+1}/\mathfrak{A}_\nu$ eine e_0-Gruppe. Folglich sind $\mathfrak{U}$ und $\mathfrak{G}/\mathfrak{N}$ e_ω-Gruppen.

Besitzt der Normalteiler $\mathfrak{N}\triangleleft|\mathfrak{G};\Omega$ eine e_0-Normalfolge $(\mathfrak{A}_\nu)$, die Faktorgruppe $\mathfrak{G}/\mathfrak{N};\Omega$ eine e_0-Normalfolge $(\mathfrak{B}_\mu/\mathfrak{N})$, so ergibt die Zusammensetzung $(\mathfrak{A}_\nu, \mathfrak{B}_\mu)$ dieser Folgen eine e_0-Normalfolge für $\mathfrak{G};\Omega$.

Bezeichnet $\mathfrak{B} = \bigcup_\nu \mathfrak{N}_\nu$ die Vereinigung einer aufsteigend wohlgeordneten Kette $(\mathfrak{N}_\nu)$ von e_ω-Normalteilern $\mathfrak{N}_\nu$ einer Gruppe $\mathfrak{G};\Omega$, so ist jedes Glied $\mathfrak{N}_\nu$ der Kette in $\mathfrak{N}_{\nu+1}$ und in $\mathfrak{B}$ normal; für einen Limesindex λ gilt

$$\mathfrak{N}_\lambda^* = \bigcup_{\nu<\lambda} \mathfrak{N}_\nu \subseteq \mathfrak{N}_\lambda \quad \text{und} \quad \mathfrak{N}_\lambda^* \subseteq | \mathfrak{B}.$$

Die erste Gruppe $\mathfrak{N}_1$ besitzt eine e_0-Normalfolge K_1; daher kann angenommen werden, für alle Gruppen $\mathfrak{N}_\nu$ mit einem Index $\nu < \lambda$ sei eine e_0-Normalfolge K_ν bestimmt, derart daß die Folge K_μ für $\mu < \nu$ Abschnitt der Folge K_ν ist.

Ist λ nicht Limesindex, so besitzt $\mathfrak{N}_\lambda/\mathfrak{N}_{\lambda-1}$ als homomorphes Bild von $\mathfrak{N}_\lambda$ eine e_0-Normalfolge $(\mathfrak{B}_\mu/\mathfrak{N}_{\lambda-1})$; dann bildet die Folge $K_{\lambda-1}$ mit der Folge $(\mathfrak{B}_\mu)$ eine e_0-Normalfolge K_λ für $\mathfrak{N}_\lambda$, in der jede Folge K_μ mit $\mu < \lambda$ Abschnitt ist. Für einen Limesindex λ ist die Vereinigung $K_\lambda^* = \bigcup_{\nu<\lambda} K_\nu$ (zusammen mit $\mathfrak{N}_\lambda^*$) eine e_0-Normalfolge für $\mathfrak{N}_\lambda^*$. Daher kann aus K_λ^* und einer e_0-Normalfolge der Faktorgruppe $\mathfrak{N}_\lambda/\mathfrak{N}_\lambda^*$ eine e_0-Normalfolge K_λ für $\mathfrak{N}_\lambda$ gebildet werden, die K_λ^* und alle Folgen K_μ mit $\mu < \lambda$ als Abschnitte enthält.

Damit ist folgendes allgemeines Ergebnis erzielt:

Satz 15. *Es sei* $e(\mathfrak{G};\Omega)$ *eine abstrakte Gruppeneigenschaft vom Typus* (I, II, III)*: Jedes homomorphe Bild* $\overline{\mathfrak{U}};\Omega$ *jeder Untergruppe* $\mathfrak{U}$ *einer e-Gruppe* $\mathfrak{G};\Omega$ *ist e-Gruppe. Es sei* $e_\omega(\mathfrak{G};\Omega)$ *die abstrakte Gruppeneigenschaft*

$$e_\omega(\mathfrak{G};\Omega) = \begin{cases} 1, \text{ wenn } \mathfrak{G};\Omega \text{ eine e-Normalfolge besitzt,} \\ 0, \text{ wenn dies nicht der Fall ist.} \end{cases}$$

Dann gilt:

Jedes homomorphe Bild $\overline{\mathfrak{U}};\Omega$ *jeder Untergruppe* $\mathfrak{U}$ *einer* e_ω-*Gruppe* $\mathfrak{G};\Omega$ *ist eine* e_ω-*Gruppe.*

Sind ein Normalteiler $\mathfrak{N}\triangleleft|\mathfrak{G};\Omega$ *und seine Faktorgruppe* $\mathfrak{G}/\mathfrak{N};\Omega$ e_ω-*Gruppen, so ist* $\mathfrak{G};\Omega$ *eine* e_ω-*Gruppe.*

Sind die Untergruppen $\mathfrak{A}, \mathfrak{B}$ *einer Gruppe* $\mathfrak{G};\Omega$ e_ω-*Gruppen, ist eine von ihnen normal in* $\mathfrak{G};\Omega$*, so ist* $\mathfrak{A}\mathfrak{B}$ *eine* e_ω-*Gruppe.*

Die Menge M_e *aller* e_ω-*Normalteiler einer Gruppe* $\mathfrak{G};\Omega$ *ist ein abgeschlossener Verband; jede Gruppe* $\mathfrak{G};\Omega$ *enthält einen einzigen maximalen* (Ω-*charakteristischen*) e_ω-*Normalteiler* $\mathfrak{N}_e$, *dessen Faktorgruppe* $\mathfrak{G}/\mathfrak{N}_e;\Omega$ *keinen von* 1 *verschiedenen* e_ω-*Normalteiler besitzt.*

Das Dualitätsprinzip legt nunmehr [für eine Eigenschaft $e(\mathfrak{G};\Omega)$ vom Typus (I, II, III)] die Untersuchung der Menge $\overline{\mathsf{M}}_e$ aller Normalteiler $\mathfrak{N}$ einer Gruppe $\mathfrak{G};\Omega$ nahe, deren Faktorgruppen $\mathfrak{G}/\mathfrak{N};\Omega$ e-Gruppen sind, also der Menge aller $\bar{e}$-Normalteiler von $\mathfrak{G};\Omega$. Die Menge $\overline{\mathsf{M}}_e$ ist ein aufsteigender Halbverband, aber im allgemeinen kein Verband. Der Durchschnitt $\mathfrak{D}(\mathfrak{G};\Omega)$ aller $\bar{e}$-Normalteiler von $\mathfrak{G};\Omega$ ist daher nicht immer $\bar{e}$-Normalteiler von $\mathfrak{G};\Omega$. Der Normalteiler $\mathfrak{D}(\mathfrak{G};\Omega)$ ist Ω-charakteristisch in $\mathfrak{G};\Omega$, da für jeden Automorphismus $\alpha \in \mathsf{A}(\mathfrak{G};\Omega)$ die Faktorgruppe $\mathfrak{G}/\mathfrak{N}^\alpha;\Omega$ nach dem Bild $\mathfrak{N}^\alpha$ eines Normalteilers $\mathfrak{N} \triangleleft | \mathfrak{G};\Omega$ zu $\mathfrak{G}/\mathfrak{N};\Omega$ isomorph ist. Die Eigenschaft $e(\mathfrak{G};\Omega)$ erklärt somit in $\mathfrak{G};\Omega$ einen Normalteiler $\mathfrak{D}(\mathfrak{G};\Omega)$; im Falle $\mathfrak{G};\Omega = \mathfrak{D}(\mathfrak{G};\Omega)$ werde $\mathfrak{G};\Omega$ als e-*perfekt* bezeichnet.

Satz 16. *Jede Gruppe* $\mathfrak{G};\Omega$ *besitzt eine absteigende Normalteilerfolge* $(\mathfrak{N}_\nu)$:

$$\mathfrak{N}_0 = \mathfrak{G};\Omega; \quad \mathfrak{N}_{\nu+1} \subset \mathfrak{N}_\nu \subseteq | \mathfrak{G};\Omega; \quad \mathfrak{N}_\tau = \mathfrak{D}(\mathfrak{G};\Omega) \quad \textit{für jeden Index } \nu < \tau \in \Lambda,$$

$$\mathfrak{N}_\lambda = \bigcap_{\nu < \lambda} \mathfrak{N}_\nu \quad \textit{für jeden Limesindex } \lambda \leq \tau,$$

deren Faktoren $\mathfrak{N}_\nu/\mathfrak{N}_{\nu+1}$ e-*Gruppen sind.*

Beweis. Aus einer Wohlordnung

$$\mathfrak{G} = \mathfrak{U}_0, \mathfrak{U}_1, \ldots, \mathfrak{U}_\mu, \mathfrak{U}_{\mu+1}, \ldots, \mathfrak{U}_\varrho \quad \text{mit } \varrho \in \Lambda$$

der $\bar{e}$-Normalteiler von $\mathfrak{G};\Omega$ bilden wir die Normalteiler

$$\mathfrak{N}_0^* = \mathfrak{N}_0 = \mathfrak{G};\Omega; \quad \mathfrak{N}_\nu^* = \bigcap_{\mu < \nu} \mathfrak{U}_\mu; \quad \mathfrak{N}_\nu = \mathfrak{N}_\nu^* \cap \mathfrak{U}_\nu \quad \text{für jedes } \nu \leq \varrho.$$

Dann gilt für einen Limesindex λ

$$\mathfrak{N}_\lambda^* = \bigcap_{\mu < \lambda} \mathfrak{U}_\mu = \bigcap_{\mu < \lambda} \mathfrak{N}_\mu^* = \bigcap_{\mu < \lambda} \mathfrak{N}_\mu; \quad \mathfrak{N}_\lambda = \mathfrak{N}_\lambda^* \cap \mathfrak{U}_\lambda,$$

falls λ nicht Limesindex ist,

$$\mathfrak{N}_\lambda^* = \bigcap_{\nu \leq \lambda - 1} \mathfrak{U}_\nu = \mathfrak{N}_{\lambda-1}^* \cap \mathfrak{U}_{\lambda-1} = \mathfrak{N}_{\lambda-1}$$

und

$$\mathfrak{D}(\mathfrak{G};\Omega) = \bigcap_{\nu \leq \varrho} \mathfrak{U}_\nu = \bigcap_{\nu \leq \varrho} \mathfrak{N}_\nu.$$

Die Faktoren $\mathfrak{N}_\nu^*/\mathfrak{N}_\nu$ der absteigenden Normalteilerfolge $(\mathfrak{N}_\nu^*, \mathfrak{N}_\nu)$ in $\mathfrak{G};\Omega$ sind e-Gruppen wegen

$$\mathfrak{N}_\nu^*/\mathfrak{N}_\nu = \mathfrak{N}_\nu^*/\mathfrak{N}_\nu^* \cap \mathfrak{U}_\nu \underset{\Omega}{\cong} \mathfrak{N}_\nu^* \mathfrak{U}_\nu/\mathfrak{U}_\nu \subseteq \mathfrak{G}/\mathfrak{U}_\nu.$$

Wir bemerken ferner:
Für jede Untergruppe $\mathfrak{U} \subset \mathfrak{G}; \Omega$ *gilt*
$$\mathfrak{D}(\mathfrak{U};\Omega) \subseteq \mathfrak{D}(\mathfrak{G};\Omega) \cap \mathfrak{U},$$
für jeden Normalteiler $\mathfrak{M} \triangleleft | \mathfrak{G}; \Omega$ *überdies*
$$\mathfrak{D}(\mathfrak{G};\Omega)\,\mathfrak{M}/\mathfrak{M} \subseteq \mathfrak{D}(\mathfrak{G}/\mathfrak{M};\Omega).$$

Beweis. Für jeden $\bar{\mathrm{e}}$-Normalteiler $\mathfrak{N} \triangleleft | \mathfrak{G}; \Omega$ und jede Untergruppe $\mathfrak{U} \subset \mathfrak{G}; \Omega$ ist
$$\mathfrak{U}/\mathfrak{N} \cap \mathfrak{U} \underset{\Omega}{\cong} \mathfrak{U}\mathfrak{N}/\mathfrak{N} \subseteq \mathfrak{G}/\mathfrak{N}$$
eine e-Gruppe; daraus folgt
$$\mathfrak{D}(\mathfrak{U};\Omega) \subseteq \mathfrak{N} \cap \mathfrak{U}, \quad \text{also} \quad \mathfrak{D}(\mathfrak{U};\Omega) \subseteq \mathfrak{D}(\mathfrak{G};\Omega) \cap \mathfrak{U}.$$
Ist $\mathfrak{N}/\mathfrak{M};\Omega$ ein $\bar{\mathrm{e}}$-Normalteiler der Faktorgruppe $\mathfrak{G}/\mathfrak{M};\Omega$ nach $\mathfrak{M} \triangleleft | \mathfrak{G}; \Omega$, so ist
$$\mathfrak{G}/\mathfrak{N} \underset{\Omega}{\cong} \mathfrak{G}/\mathfrak{M} \big/ \mathfrak{N}/\mathfrak{M}$$
eine e-Gruppe; daraus folgt
$$\mathfrak{D}(\mathfrak{G};\Omega)\,\mathfrak{M}/\mathfrak{M} \subseteq \mathfrak{N}/\mathfrak{M}, \quad \text{also} \quad \mathfrak{D}(\mathfrak{G};\Omega)\,\mathfrak{M}/\mathfrak{M} \subseteq \mathfrak{D}(\mathfrak{G}/\mathfrak{M};\Omega).$$

In einer Gruppe $\mathfrak{G};\Omega$ läßt sich nun eine absteigende Ω-Normalfolge $(\mathfrak{D}_\nu)$ durch transfinite Induktion erklären:
$$\mathfrak{D}_0 = \mathfrak{G};\Omega; \quad \mathfrak{D}_{\nu+1} = \mathfrak{D}(\mathfrak{D}_\nu;\Omega) \subseteq | \mathfrak{D}_\nu \quad \text{für jeden Index } \nu \in \Lambda,$$
$$\mathfrak{D}_\lambda = \bigcap_{\nu < \lambda} \mathfrak{D}_\nu \quad \text{für jeden Limesindex } \lambda \in \Lambda.$$
Da für einen ersten Index $\sigma \in \Lambda$ die Gleichung
$$\mathfrak{D}_\sigma = \mathfrak{D}(\mathfrak{D}_\sigma;\Omega) = \mathfrak{D}_{\sigma+1}$$
eintritt, erklärt $\mathfrak{e}(\mathfrak{G};\Omega)$ eine Ω-vollinvariante e-perfekte Untergruppe
$$\mathfrak{E} = \mathfrak{E}_\mathfrak{e}(\mathfrak{G};\Omega) = \bigcap_{\nu \in \Lambda} \mathfrak{D}_\nu = \mathfrak{D}_\sigma \quad \text{mit} \quad \mathfrak{D}(\mathfrak{E};\Omega) = \mathfrak{E};\Omega$$
in der Gruppe $\mathfrak{G};\Omega$.

Alle Glieder $\mathfrak{D}_\nu$ der absteigenden Normalfolge $(\mathfrak{D}_\nu)$ von $\mathfrak{G};\Omega$ sind nämlich Ω-vollinvariant in $\mathfrak{G};\Omega$, da man für den Kern $\mathfrak{M} = \mathfrak{K}_\eta$ eines Endomorphismus $\eta \in \mathsf{E}(\mathfrak{G};\Omega)$ findet
$$\mathfrak{D}(\mathfrak{G};\Omega)\,\mathfrak{M}/\mathfrak{M} \subseteq \mathfrak{D}(\mathfrak{G}/\mathfrak{M};\Omega), \quad \text{also} \quad \mathfrak{D}^\eta(\mathfrak{G};\Omega) \subseteq \mathfrak{D}(\mathfrak{G}^\eta;\Omega) \subseteq \mathfrak{D}(\mathfrak{G};\Omega).$$
Nun folgt die Behauptung leicht durch transfinite Induktion.

Die Untergruppen $\mathfrak{D}_\nu$ sind im allgemeinen nicht Normalteiler in $\mathfrak{G};\Omega$, wohl aber dann, wenn Ω für die Gruppe $\mathfrak{G}$ normaler Operatorenbereich ist:

3.1. Theorie der Normalfolgen

Da $\mathfrak{D}_1 = \mathfrak{D}(\mathfrak{G}; \Omega)$ in $\mathfrak{G}; \Omega$ normal ist, kann angenommen werden, jede Gruppe $\mathfrak{D}_\nu$ mit einem Index $\nu < \lambda$ sei normal in $\mathfrak{G}; \Omega$. Für einen Limesindex λ ist dann auch $\mathfrak{D}_\lambda$ normal in $\mathfrak{G}; \Omega$. Ist λ nicht Limesindex, so ist $\mathfrak{D}_\lambda = \mathfrak{D}(\mathfrak{D}_{\lambda-1}; \Omega)$ Durchschnitt aller $\bar{\mathfrak{e}}$-Normalteiler von $\mathfrak{D}_{\lambda-1}; \Omega$. Nun sind die zu einem $\bar{\mathfrak{e}}$-Normalteiler $\mathfrak{N} \triangleleft |\mathfrak{D}_{\lambda-1}; \Omega$ ähnlichen Gruppen $\mathfrak{N}^G$ mit $G \in \mathfrak{G}; \Omega$ zulässige Untergruppen, also $\bar{\mathfrak{e}}$-Normalteiler von $\mathfrak{D}_{\lambda-1}; \Omega$. Mithin gilt

$$\mathfrak{D}_\lambda \subseteq \mathfrak{N}^G \quad \text{und} \quad \mathfrak{D}_\lambda \subseteq \mathfrak{D}_\lambda^G \quad \text{für jedes } G \in \mathfrak{G}; \Omega.$$

Unter einer *absteigenden e-Normalfolge der Gruppe* $\mathfrak{G}; \Omega$ verstehen wir eine Folge $(\mathfrak{A}_\nu)$:

$$\mathfrak{A}_0 = \mathfrak{G}; \Omega; \quad \mathfrak{A}_{\nu+1} \triangleleft |\mathfrak{A}_\nu; \quad \mathfrak{A}_\sigma = E \quad \text{für jeden Index } \nu < \sigma \in \Lambda,$$

$$\mathfrak{A}_\lambda = \bigcap_{\nu < \lambda} \mathfrak{A}_\nu \quad \text{für jeden Limesindex } \lambda \leq \sigma,$$

deren Faktoren $\mathfrak{A}_\nu / \mathfrak{A}_{\nu+1}$ e-Gruppen sind.

Satz 16*. *Eine Gruppe* $\mathfrak{G}; \Omega$ *besitzt genau dann eine absteigende e-Normalfolge, wenn*

$$\mathfrak{E}_e(\mathfrak{G}; \Omega) = \bigcap_{\nu \in \Lambda} \mathfrak{D}_\nu = E.$$

Die Ω-vollinvariante Untergruppe $\mathfrak{E}_e(\mathfrak{G}; \Omega)$ von $\mathfrak{G}; \Omega$ ist das Kompositum aller e-perfekten Untergruppen von $\mathfrak{G}; \Omega$. Ist $\mathfrak{E}_e(\mathfrak{G}; \Omega)$ normal in $\mathfrak{G}; \Omega$, so ist $\mathfrak{E}_e(\mathfrak{G}; \Omega)$ auch Durchschnitt aller Normalteiler $\mathfrak{N}$ von $\mathfrak{G}; \Omega$, deren Faktorgruppen $\mathfrak{G}/\mathfrak{N}; \Omega$ absteigende e-Normalfolgen besitzen.

Beweis. Besitzt $\mathfrak{G}; \Omega$ eine absteigende e-Normalfolge $(\mathfrak{A}_\nu)$:

$$\mathfrak{A}_0 = \mathfrak{G}; \Omega; \quad \mathfrak{A}_{\nu+1} \triangleleft |\mathfrak{A}_\nu; \quad \mathfrak{A}_\sigma = E \quad \text{für jeden Index } \nu < \sigma \in \Lambda,$$

$$\mathfrak{A}_\lambda = \bigcap_{\nu < \lambda} \mathfrak{A}_\nu \quad \text{für jeden Limesindex } \lambda \leq \sigma,$$

so ist $\mathfrak{G}/\mathfrak{A}_1$ eine e-Gruppe, also

$$\mathfrak{D}(\mathfrak{G}; \Omega) = \mathfrak{D}_1 \subseteq \mathfrak{A}_1.$$

Aus der Induktionsannahme

$$\mathfrak{D}_\nu \subseteq \mathfrak{A}_\nu \quad \text{für jeden Index } \nu < \lambda$$

folgt für einen Limesindex λ

$$\mathfrak{D}_\lambda = \bigcap_{\nu < \lambda} \mathfrak{D}_\nu \subseteq \bigcap_{\nu < \lambda} \mathfrak{A}_\nu = \mathfrak{A}_\lambda;$$

ist λ nicht Limesindex, so ist $\mathfrak{A}_{\lambda-1}/\mathfrak{A}_\lambda$ eine e-Gruppe, also

$$\mathfrak{D}_\lambda = \mathfrak{D}(\mathfrak{D}_{\lambda-1}; \Omega) \subseteq \mathfrak{D}(\mathfrak{A}_{\lambda-1}; \Omega) \subseteq \mathfrak{A}_\lambda \quad \text{wegen } \mathfrak{D}_{\lambda-1} \subseteq \mathfrak{A}_{\lambda-1}.$$

3.1.3. Gruppen mit ausgezeichneten Normalfolgen

Für den Index $\sigma \in \Lambda$ folgt hieraus

$$\mathfrak{E}_e(\mathfrak{G};\Omega) \subseteq \mathfrak{D}_\sigma \subseteq \mathfrak{A}_\sigma = E, \quad \text{also} \quad \mathfrak{E}_e(\mathfrak{G};\Omega) = E.$$

Für eine Gruppe $\mathfrak{G};\Omega$ der Eigenschaft $\mathfrak{E}_e(\mathfrak{G};\Omega) = \mathfrak{D}_\sigma = E$ erhalten wir umgekehrt aus $\mathfrak{D}_{\nu+1} = \mathfrak{D}(\mathfrak{D}_\nu;\Omega)$ nach Satz 16 eine absteigende Normalteilerfolge $(\mathfrak{A}_\mu)$ in $\mathfrak{D}_\nu;\Omega$:

$$\mathfrak{A}_0 = \mathfrak{D}_\nu;\Omega;\ \mathfrak{A}_{\mu+1} \lhd \mathfrak{A}_\mu \subseteq |\mathfrak{D}_\nu;\ \mathfrak{A}_\tau = \mathfrak{D}_{\nu+1};\Omega \quad \text{für jeden Index } \mu < \tau \in \Lambda,$$

$$\mathfrak{A}_\lambda = \bigcap_{\mu < \lambda} \mathfrak{A}_\mu \quad \text{für jeden Limesindex } \lambda \leq \tau,$$

deren Faktoren $\mathfrak{A}_\mu/\mathfrak{A}_{\mu+1}$ e-Gruppen sind, und damit eine Verfeinerung der Folge $(\mathfrak{D}_\nu)$ in $\mathfrak{G};\Omega$ zu einer absteigenden e-Normalfolge.

Für den Beweis der weiteren Aussagen benötigen wir:

Für jede Untergruppe $\mathfrak{U}$ einer Gruppe $\mathfrak{G};\Omega$ gilt

$$\mathfrak{E}_e(\mathfrak{U};\Omega) \subseteq \mathfrak{E}_e(\mathfrak{G};\Omega) \cap \mathfrak{U},$$

für jeden Normalteiler $\mathfrak{M} \lhd |\mathfrak{G};\Omega$ überdies

$$\mathfrak{E}_e(\mathfrak{G};\Omega)\mathfrak{M}/\mathfrak{M} \subseteq \mathfrak{E}_e(\mathfrak{G}/\mathfrak{M};\Omega).$$

Beweis. Bilden wir für die Gruppen $\mathfrak{U}, \mathfrak{G}$ und $\mathfrak{G}/\mathfrak{M}$ die Gruppen

$$\mathfrak{D}_\nu^* = \mathfrak{D}_\nu(\mathfrak{U};\Omega);\ \mathfrak{D}_\nu = \mathfrak{D}_\nu(\mathfrak{G};\Omega);\ \mathfrak{d}_\nu = \mathfrak{D}_\nu(\mathfrak{G}/\mathfrak{M};\Omega) \quad \text{für jeden Index } \nu \in \Lambda,$$

so kann als Induktionsvoraussetzung

$$\mathfrak{D}_\nu^* \subseteq \mathfrak{D}_\nu \cap \mathfrak{U};\ \mathfrak{D}_\nu\mathfrak{M}/\mathfrak{M} \subseteq \mathfrak{d}_\nu \quad \text{für } \nu < \lambda$$

angenommen werden. Dann folgt für einen Limesindex λ

$$\mathfrak{D}_\lambda^* = \bigcap_{\nu < \lambda} \mathfrak{D}_\nu^* \subseteq \bigcap_{\nu < \lambda}(\mathfrak{D}_\nu \cap \mathfrak{U}) = \bigcap_{\nu < \lambda} \mathfrak{D}_\nu \cap \mathfrak{U} = \mathfrak{D}_\lambda \cap \mathfrak{U};$$

$$\mathfrak{D}_\lambda\mathfrak{M}/\mathfrak{M} = (\bigcap_{\nu < \lambda}\mathfrak{D}_\nu)\mathfrak{M}/\mathfrak{M} \subseteq \bigcap_{\nu < \lambda}\mathfrak{D}_\nu\mathfrak{M}/\mathfrak{M} \subseteq \bigcap_{\nu < \lambda}\mathfrak{d}_\nu = \mathfrak{d}_\lambda.$$

Ist λ nicht Limesindex, so folgt

$$\mathfrak{D}_\lambda^* = \mathfrak{D}(\mathfrak{D}_{\lambda-1}^*;\Omega) \subseteq \mathfrak{D}(\mathfrak{D}_{\lambda-1};\Omega) = \mathfrak{D}_\lambda, \quad \text{also} \quad \mathfrak{D}_\lambda^* \subseteq \mathfrak{D}_\lambda \cap \mathfrak{U};$$

$$\mathfrak{D}_\lambda\mathfrak{M}/\mathfrak{M} \subseteq \mathfrak{D}(\mathfrak{D}_{\lambda-1}\mathfrak{M};\Omega)\mathfrak{M}/\mathfrak{M} \subseteq \mathfrak{D}(\mathfrak{d}_{\lambda-1};\Omega) = \mathfrak{d}_\lambda.$$

Für einen ersten Index $\sigma \in \Lambda$ folgt nun die Behauptung.

In jeder Gruppe $\mathfrak{G};\Omega$ existiert eine absteigende Ω-Normalfolge

$$\mathfrak{A}_0 = \mathfrak{G};\Omega;\ \mathfrak{A}_{\nu+1} \lhd |\mathfrak{A}_\nu;\ \mathfrak{A}_\sigma = \mathfrak{E}_e(\mathfrak{G};\Omega) \quad \text{für jeden Index } \nu < \sigma \in \Lambda,$$

$$\mathfrak{A}_\lambda = \bigcap_{\nu < \lambda} \mathfrak{A}_\nu \quad \text{für jeden Limesindex } \lambda \leq \sigma$$

mit e-Faktoren $\mathfrak{A}_\nu/\mathfrak{A}_{\nu+1}$. Ist $\mathfrak{E} = \mathfrak{E}_e(\mathfrak{G};\Omega)$ normal in $\mathfrak{G};\Omega$, so ist $(\mathfrak{A}_\nu/\mathfrak{E})$ eine e-Normalfolge in $\mathfrak{G}/\mathfrak{E};\Omega$, also

$$\mathfrak{E}_e(\mathfrak{G}/\mathfrak{E};\Omega) = 1.$$

Für einen Normalteiler $\mathfrak{M} \triangleleft \mathfrak{G};\Omega$, der der Bedingung

$$\mathfrak{E}_e(\mathfrak{G}/\mathfrak{M};\Omega) = 1$$

genügt, folgt

$$\mathfrak{E}_e(\mathfrak{G};\Omega)\,\mathfrak{M}/\mathfrak{M} \subseteq \mathfrak{E}_e(\mathfrak{G}/\mathfrak{M};\Omega) = 1, \quad \text{also} \quad \mathfrak{E}_e(\mathfrak{G};\Omega) \subseteq \mathfrak{M}.$$

Daher ist $\mathfrak{E}_e(\mathfrak{G};\Omega)$ im Durchschnitt aller Normalteiler $\mathfrak{M} \triangleleft \mathfrak{G};\Omega$ enthalten, deren Faktorgruppen $\mathfrak{G}/\mathfrak{M};\Omega$ absteigende e-Normalfolgen besitzen, und stimmt mit diesem Durchschnitt überein, falls $\mathfrak{E}_e(\mathfrak{G};\Omega)$ in $\mathfrak{G};\Omega$ normal ist.

Zum Beweise der letzten Aussage stellen wir für die abstrakte Gruppeneigenschaft $\mathfrak{ep}(\mathfrak{G};\Omega)$, eine e-*perfekte Gruppe* zu sein, fest:

Die Gruppeneigenschaft $\mathfrak{ep}(\mathfrak{G};\Omega)$ ist vom Typus (I, III, V, VI).

Aus diesem Grunde bilden die e-perfekten Untergruppen von $\mathfrak{G};\Omega$ einen aufsteigenden (nach oben abgeschlossenen) Halbverband, dessen maximale Gruppe die Untergruppe $\mathfrak{E}_e(\mathfrak{G};\Omega)$ von $\mathfrak{G};\Omega$ ist. Denn für jede e-perfekte Untergruppe $\mathfrak{U} \subset \mathfrak{G};\Omega$ gilt ja

$$\mathfrak{U} = \mathfrak{E}_e(\mathfrak{U};\Omega) \subseteq \mathfrak{E}_e(\mathfrak{G};\Omega).$$

Beweis. Für jeden Normalteiler $\mathfrak{M}$ einer e-perfekten Gruppe $\mathfrak{G}$ gilt

$$\mathfrak{G}/\mathfrak{M} = \mathfrak{E}_e(\mathfrak{G};\Omega)\,\mathfrak{M}/\mathfrak{M} \subseteq \mathfrak{E}_e(\mathfrak{G}/\mathfrak{M};\Omega), \quad \text{also} \quad \mathfrak{E}_e(\mathfrak{G}/\mathfrak{M};\Omega) = \mathfrak{G}/\mathfrak{M}.$$

Für das Kompositum $\mathfrak{B}$ einer Menge $(\mathfrak{U}_\iota)$ e-perfekter Untergruppen von $\mathfrak{G};\Omega$ erhält man

$$\mathfrak{U}_\iota = \mathfrak{E}_e(\mathfrak{U}_\iota;\Omega) \subseteq \mathfrak{E}_e(\mathfrak{B};\Omega), \quad \text{also} \quad \mathfrak{B} = \{\bigcup_\iota \mathfrak{U}_\iota\} \subseteq \mathfrak{E}_e(\mathfrak{B};\Omega) \subseteq \mathfrak{B}.$$

Satz 15*. *Es sei $e(\mathfrak{G};\Omega)$ eine abstrakte Gruppeneigenschaft vom Typus* (I, II, III): *Jedes homomorphe Bild $\overline{\mathfrak{U}};\Omega$ jeder Untergruppe $\mathfrak{U}$ einer e-Gruppe $\mathfrak{G};\Omega$ ist e-Gruppe. Es sei $\overline{e}_\omega(\mathfrak{G};\Omega)$ die abstrakte Gruppeneigenschaft*

$$\overline{e}_\omega(\mathfrak{G};\Omega) = \begin{cases} 1, \text{ wenn } \mathfrak{G};\Omega \text{ eine absteigende e-Normalfolge besitzt,} \\ 0, \text{ wenn dies nicht der Fall ist.} \end{cases}$$

Dann gilt:

Jede Untergruppe $\mathfrak{U}$ einer $\overline{e}_\omega$-Gruppe $\mathfrak{G};\Omega$ ist eine $\overline{e}_\omega$-Gruppe.

Sind ein Normalteiler $\mathfrak{N} \triangleleft \mathfrak{G};\Omega$ und seine Faktorgruppe $\mathfrak{G}/\mathfrak{N};\Omega$ $\overline{e}_\omega$-Gruppen, so ist $\mathfrak{G};\Omega$ eine $\overline{e}_\omega$-Gruppe.

Ist von zwei $\overline{e}_\omega$-Untergruppen $\mathfrak{A}, \mathfrak{B}$ einer Gruppe $\mathfrak{G};\Omega$ mit dem Durchschnitt $\mathfrak{A} \cap \mathfrak{B} = E$ wenigstens eine normal in $\mathfrak{G};\Omega$, so ist $\mathfrak{A}\mathfrak{B}$ eine $\overline{e}_\omega$-Gruppe.

3.1.3. Gruppen mit ausgezeichneten Normalfolgen

Beweis. Die erste Aussage folgt aus der Beziehung
$$\mathfrak{E}_e(\mathfrak{U};\Omega) \subseteq \mathfrak{E}_e(\mathfrak{G};\Omega) \quad \text{für} \quad \mathfrak{U} \subset \mathfrak{G};\Omega,$$
die zweite aus
$$\mathfrak{E}_e(\mathfrak{N};\Omega) = E; \quad \mathfrak{E}_e(\mathfrak{G};\Omega)\mathfrak{N}/\mathfrak{N} \subseteq \mathfrak{E}_e(\mathfrak{G}/\mathfrak{N};\Omega) = 1.$$
Denn man erhält
$$\mathfrak{E}_e(\mathfrak{G};\Omega) \subseteq \mathfrak{N} \quad \text{und} \quad \mathfrak{E}_e(\mathfrak{G};\Omega) = \mathfrak{E}_e\big(\mathfrak{E}_e(\mathfrak{G};\Omega);\Omega\big) \subseteq \mathfrak{E}_e(\mathfrak{N};\Omega) = E.$$
Hierdurch gewinnt man die letzte Aussage aus der Isomorphie
$$\mathfrak{A}\mathfrak{B}/\mathfrak{B} \underset{\Omega}{\cong} \mathfrak{A}/\mathfrak{A} \cap \mathfrak{B} = \mathfrak{A}, \quad \text{wenn} \quad \mathfrak{B} \triangleleft | \mathfrak{G};\Omega.$$

Beispiel. Die abstrakte Gruppeneigenschaft $e(\mathfrak{G})$, eine *endliche Gruppe (ohne Operatoren)* zu sein, ist vom Typus (I, II, III, IV); die Überlegungen lassen sich also in vollem Umfange durchführen.

Das Kompositum $\mathfrak{L}(\mathfrak{G})$ aller endlichen Normalteiler $\mathfrak{N}$ einer Gruppe $\mathfrak{G}$ ist charakteristisch in $\mathfrak{G}$; da $\mathfrak{L}(\mathfrak{G})$ aus allen Elementen endlicher Ordnung besteht, die endlichen Ähnlichkeitsklassen in $\mathfrak{G}$ angehören, ist $\mathfrak{L}(\mathfrak{G})$ der *maximale J-lokalendliche Normalteiler der Gruppe* $\mathfrak{G}$; J für den Operatorenbereich $J = J(\mathfrak{G})$.

Erklärt man in $\mathfrak{G}$ die *charakteristische Folge* $(\mathfrak{L}_\nu)$ durch
$$\mathfrak{L}_0 = E; \quad \mathfrak{L}_{\nu+1}/\mathfrak{L}_\nu = \mathfrak{L}(\mathfrak{G}/\mathfrak{L}_\nu) \quad \text{für jeden Index } \nu \in \Lambda,$$
$$\mathfrak{L}_\lambda = \bigcup_{\nu < \lambda} \mathfrak{L}_\nu \quad \text{für jeden Limesindex } \lambda \in \Lambda,$$
so ist die Vereinigung
$$\mathfrak{M}(\mathfrak{G}) = \bigcup_{\nu \in \Lambda} \mathfrak{L}_\nu(\mathfrak{G})$$
die maximale charakteristische Untergruppe von $\mathfrak{G}$, die eine Normalteilerfolge $(\mathfrak{N}_\nu)$ in $\mathfrak{G}$ mit endlichen Faktoren $\mathfrak{N}_{\nu+1}/\mathfrak{N}_\nu$ besitzt. Die Gruppe $\mathfrak{G}$ besitzt genau dann eine Normalteilerfolge $(\mathfrak{N}_\nu)$ mit endlichen Faktoren, wenn $\mathfrak{M}(\mathfrak{G}) = \mathfrak{G}$. Da eine solche Folge zu einer Hauptfolge in $\mathfrak{G}$ verfeinert werden kann, gilt auch:

Eine Gruppe $\mathfrak{G}$ besitzt genau dann eine Hauptfolge mit endlichen Faktoren, wenn sie die Vereinigung ihrer charakteristischen Folge $(\mathfrak{L}_\nu)$ ist:
$$\mathfrak{L}_0 = E; \quad \mathfrak{L}_{\nu+1}/\mathfrak{L}_\nu = \mathfrak{L}(\mathfrak{G}/\mathfrak{L}_\nu); \quad \mathfrak{L}_\sigma = \mathfrak{G} \quad \text{für jeden Index } \nu < \sigma \in \Lambda,$$
$$\mathfrak{L}_\lambda = \bigcup_{\nu < \lambda} \mathfrak{L}_\nu \quad \text{für jeden Limesindex } \lambda \leq \sigma.$$

Dabei ist $\mathfrak{L}(\mathfrak{G})$ die Gruppe der Elemente endlicher Ordnung aus $\mathfrak{G}$, die endlichen Ähnlichkeitsklassen angehören.

Die aus der Eigenschaft $e(\mathfrak{G})$, endliche Gruppe zu sein, abgeleitete Eigenschaft $e_\omega(\mathfrak{G})$ kennzeichnet den *Typus der Gruppen* $\mathfrak{G}$, *die eine*

Normalfolge $(\mathfrak{U}_\nu)$ *mit endlichen Faktoren besitzen.* Auf Grund des Satzes 1.4.42 sind diese Gruppen lokalendlich; indes besitzen nicht alle lokalendlichen Gruppen auch Normalfolgen mit endlichen Faktoren.

Die duale Untersuchung der Eigenschaft $e(\mathfrak{G})$, *endliche Gruppe* zu sein, führt zu nachstehenden Ergebnissen (vgl. Abschnitt 1.4.6):

Bezeichnet $\mathfrak{E}(\mathfrak{G})$ den Durchschnitt aller Normalteiler $\mathfrak{N}$ einer Gruppe $\mathfrak{G}$ mit endlicher Faktorgruppe $\mathfrak{G}/\mathfrak{N}$, so kennzeichnet die Gleichung $\mathfrak{E}(\mathfrak{G}) = \mathfrak{G}$ die e-*perfekten Gruppen*, d.h. die *Gruppen $\mathfrak{G}$, die nur das triviale endliche homomorphe Bild besitzen*. Die Gleichung $\mathfrak{E}(\mathfrak{G}) = E$ charakterisiert die Gruppen $\mathfrak{G}$, die der Endlichkeitsbedingung genügen:

(e) *Zu jedem Element $G \in \mathfrak{G}$ gibt es eine Untergruppe $\mathfrak{U}_G \subset \mathfrak{G}$ von endlichem Index in $\mathfrak{G}$, die G nicht enthält.*

Die freien Gruppen $\mathfrak{F}$ genügen nach Satz 2.2.22 der Endlichkeitsbedingung $\mathfrak{E}(\mathfrak{F}) = E$; eine abelsche p-Gruppe $\mathfrak{A}$ vom Typus p^ω erfüllt die Gleichung $\mathfrak{E}(\mathfrak{A}) = \mathfrak{A}$, da sie keine echte Untergruppe von endlichem Index enthält.

Weiter finden wir:

Die Gruppe $\mathfrak{E}(\mathfrak{G})$ ist vollinvariant in $\mathfrak{G}$; für Untergruppen $\mathfrak{U} \subset \mathfrak{G}$ und Faktorgruppen $\mathfrak{G}/\mathfrak{M}$ nach Normalteilern $\mathfrak{M} \triangleleft \mathfrak{G}$ gilt

$$\mathfrak{E}(\mathfrak{U}) \subseteq \mathfrak{E}(\mathfrak{G}) \cap \mathfrak{U} \subseteq \mathfrak{E}(\mathfrak{G}); \qquad \mathfrak{E}(\mathfrak{G})\mathfrak{M}/\mathfrak{M} \subseteq \mathfrak{E}(\mathfrak{G}/\mathfrak{M}).$$

Der Normalteiler $\mathfrak{E}(\mathfrak{G}) \triangleleft \mathfrak{G}$ ist der minimale Normalteiler in $\mathfrak{G}$, dessen Faktorgruppe $\mathfrak{G}/\mathfrak{E}(\mathfrak{G})$ der Endlichkeitsbedingung genügt:

$$\mathfrak{E}\big(\mathfrak{G}/\mathfrak{E}(\mathfrak{G})\big) = 1.$$

Beweis. Nur die letzte Aussage ist noch zu beweisen. Ist die Restklasse $\mathfrak{E}G_0 \in \mathfrak{G}/\mathfrak{E}$ in jedem Normalteiler $\mathfrak{N}/\mathfrak{E}$ von endlichem Index $\mathrm{ind}(\mathfrak{G}/\mathfrak{E} : \mathfrak{N}/\mathfrak{E}) = \mathrm{ind}(\mathfrak{G} : \mathfrak{N}) > 0$ enthalten, so gilt

$$G_0 \equiv E \bmod \mathfrak{N}, \quad \text{wenn} \quad \mathrm{ind}(\mathfrak{G} : \mathfrak{N}) > 0, \quad \text{also} \quad G_0 \equiv E \bmod \mathfrak{E}(\mathfrak{G}).$$

Für einen Normalteiler $\mathfrak{M} \triangleleft \mathfrak{G}$ der Eigenschaft

$$\mathfrak{E}(\mathfrak{G}/\mathfrak{M}) = 1$$

erhalten wir

$$1 = \mathfrak{E}(\mathfrak{G}/\mathfrak{M}) \supseteq \mathfrak{E}(\mathfrak{G})\mathfrak{M}/\mathfrak{M}, \quad \text{also} \quad \mathfrak{E}(\mathfrak{G}) \subseteq \mathfrak{M}.$$

Eine transfinite Konstruktion führt auf eine absteigende vollinvariante Untergruppenfolge $(\mathfrak{E}_\nu)$ in $\mathfrak{G}$:

$$\mathfrak{E}_0 = \mathfrak{G}; \quad \mathfrak{E}_{\nu+1} = \mathfrak{E}(\mathfrak{E}_\nu) \quad \text{für jeden Index } \nu \in \Lambda,$$

$$\mathfrak{E}_\lambda = \bigcap_{\nu < \lambda} \mathfrak{E}_\nu \quad \text{für jeden Limesindex } \lambda \in \Lambda.$$

Diese absteigende Folge besitzt ein letztes Glied $\mathfrak{E}_\sigma = \mathfrak{E}_\sigma(\mathfrak{G})$ mit der Eigenschaft $\mathfrak{E}_\sigma = \mathfrak{E}(\mathfrak{E}_\sigma)$. Der Sonderfall

$$\mathfrak{E}_\sigma(\mathfrak{G}) = E \quad \text{für einen Index } \sigma \in \Lambda$$

kennzeichnet den *Typus der Gruppen, die eine absteigende Kompositionsfolge mit endlichen Faktoren besitzen*, da eine absteigende Normalfolge mit endlichen Faktoren zu einer absteigenden Kompositionsfolge (mit endlichen Faktoren) verfeinert werden kann.

Im allgemeinen Falle

$$E \subsetneq \mathfrak{E}_\sigma(\mathfrak{G}) = \mathfrak{E}_{\sigma+1}(\mathfrak{G}) \subseteq \mathfrak{G}$$

ist $\mathfrak{E}_\sigma(\mathfrak{G})$ die (einzige) maximale vollinvariante Untergruppe von $\mathfrak{G}$, die e-perfekt ist, also kein (nichttriviales) endliches homomorphes Bild besitzt.

Wir entnehmen hieraus noch die Aussage:

Die Gruppe $\mathfrak{G}$ besitzt genau dann eine absteigende Kompositionsfolge mit endlichen Faktoren, wenn sie eine der Eigenschaften hat:

1. Jede Untergruppe $E \subset \mathfrak{U} \subseteq \mathfrak{G}$ besitzt ein nichttriviales endliches homomorphes Bild.

2. Jede Untergruppe $\mathfrak{U}$ enthält eine Untergruppe $\mathfrak{V}$ von endlichem Index $\operatorname{ind}(\mathfrak{U} : \mathfrak{V}) > 0$.

3.1.4. Metabelsche und auflösbare Gruppen

Die abstrakte Gruppeneigenschaft $\mathfrak{a}(\mathfrak{G}; \Omega)$, eine *abelsche Gruppe* zu sein, ist vom Typus (I, II, III, V). Demgemäß erklären wir:

Definition 6. *Eine Gruppe $\mathfrak{G}; \Omega$ ist Ω-metabelsch, wenn sie eine Ω-Normalfolge mit abelschen Faktoren besitzt.*

Nach Abschnitt 3.1.3 entspricht die abstrakte Gruppeneigenschaft, Ω-metabelsche Gruppe zu sein, der aus der Eigenschaft $\mathfrak{a}(\mathfrak{G}; \Omega)$ abgeleiteten Eigenschaft $\mathfrak{a}_\omega(\mathfrak{G}; \Omega)$. Eine Ω-Normalfolge $(\mathfrak{U}_\nu)$ einer Ω-metabelschen Gruppe $\mathfrak{G}; \Omega$ mit abelschen Faktoren $\mathfrak{U}_{\nu+1}/\mathfrak{U}_\nu$ nennen wir eine Ω-*metabelsche Folge für* $\mathfrak{G}; \Omega$. Jede Ω-Normalfolge einer Ω-metabelschen Gruppe $\mathfrak{G}; \Omega$ kann zu einer Ω-metabelschen Folge verfeinert werden.

Besitzt eine Gruppe $\mathfrak{G}; \Omega$ eine Ω-*metabelsche Reihe*

$$E = \mathfrak{U}_0 \triangleleft \mathfrak{U}_1 \triangleleft \cdots \triangleleft \mathfrak{U}_{k-1} \triangleleft \mathfrak{U}_k = \mathfrak{G}; \Omega$$

mit abelschen Faktoren, so ist $\mathfrak{G}; \Omega$ *von endlicher Stufe Ω-metabelsch*; die minimale Länge $s = s(\mathfrak{G}; \Omega)$ einer Ω-metabelschen Reihe für $\mathfrak{G}; \Omega$ ist die *Stufe der Gruppe* $\mathfrak{G}; \Omega$.

Aus dem Satze 15 erhalten wir als Anwendung den nachstehenden Satz, wenn wir noch vorausschicken:

Definition 7. *Eine Gruppe $\mathfrak{G};\Omega$ ist halbeinfach, wenn sie keinen von E verschiedenen Ω-metabelschen Normalteiler besitzt.*

Satz 17. *Jedes homomorphe Bild $\overline{\mathfrak{U}};\Omega$ jeder Untergruppe $\mathfrak{U}$ einer Ω-metabelschen Gruppe $\mathfrak{G};\Omega$ ist Ω-metabelsch.*

Sind der Normalteiler $\mathfrak{N} \triangleleft \mathfrak{G};\Omega$ und seine Faktorgruppe $\mathfrak{G}/\mathfrak{N};\Omega$ Ω-metabelsch, so ist auch $\mathfrak{G};\Omega$ Ω-metabelsch.

Sind $\mathfrak{A}, \mathfrak{B}$ Ω-metabelsche Untergruppen einer Gruppe $\mathfrak{G};\Omega$ und ist eine von ihnen normal in $\mathfrak{G};\Omega$, so ist $\mathfrak{A}\mathfrak{B}$ Ω-metabelsch.

Die Menge N_a der Ω-metabelschen Normalteiler einer Gruppe $\mathfrak{G};\Omega$ ist ein abgeschlossener Verband. Der einzige maximale Ω-metabelsche Normalteiler $\mathfrak{N}_a$ in $\mathfrak{G};\Omega$ ist Ω-charakteristisch in $\mathfrak{G};\Omega$; die Faktorgruppe $\mathfrak{G}/\mathfrak{N}_a;\Omega$ ist halbeinfach.

Satz 17*. *Eine Gruppe $\mathfrak{G};\Omega$ ist genau dann Ω-metabelsch, wenn jedes von 1 verschiedene homomorphe Bild $\overline{\mathfrak{G}};\Omega$ einen von 1 verschiedenen Ω-metabelschen Normalteiler besitzt.*

Beispiel 1. Eine Gruppe $\mathfrak{G}$ (ohne Operatoren) ist *metabelsch* schlechthin, wenn sie eine Normalfolge:

$$\mathfrak{U}_0 = E; \quad \mathfrak{U}_\nu \triangleleft \mathfrak{U}_{\nu+1}; \quad \mathfrak{U}_\sigma = \mathfrak{G} \quad \text{für jeden Index } \nu < \sigma \in \Lambda,$$

$$\mathfrak{U}_\lambda = \bigcup_{\nu < \lambda} \mathfrak{U}_\nu \quad \text{für jeden Limesindex } \lambda \leq \sigma,$$

mit abelschen Faktoren $\mathfrak{U}_{\nu+1}/\mathfrak{U}_\nu$ besitzt. Eine Gruppe ohne (von E verschiedenen) metabelschen Normalteiler ist *halbeinfach*. Jede Gruppe $\mathfrak{G}$ besitzt nach Satz 17 eine einzige maximale metabelsche charakteristische Untergruppe $\mathfrak{N}_a$ mit halbeinfacher Faktorgruppe.

Satz 18. *Jede metabelsche Gruppe $\mathfrak{G}$ besitzt eine Normalfolge $(\mathfrak{U}_\nu)$ mit unendlich zyklischen oder endlich zyklischen Faktoren von Primzahlordnung.*

Beweis. Es genügt die Aussage für abelsche Gruppen zu beweisen. Dann besitzt nämlich jeder Faktor $\mathfrak{A}_{\nu+1}/\mathfrak{A}_\nu$ einer metabelschen Folge $(\mathfrak{A}_\nu)$ der metabelschen Gruppe $\mathfrak{G}$ eine Normalfolge mit unendlich zyklischen oder endlich zyklischen Faktoren von Primzahlordnung. Aus diesen gewinnt man eine Verfeinerung der Normalfolge $(\mathfrak{A}_\nu)$ mit den verlangten Eigenschaften.

Aus einer Wohlordnung der abelschen Gruppe $\mathfrak{G}$:

$$E = A_0, A_1, \ldots, A_\nu, A_{\nu+1}, \ldots, A_\sigma \quad \text{für } \nu \leq \sigma \in \Lambda$$

erhält man eine Normalfolge $(\mathfrak{A}_\nu^*, \mathfrak{A}_\nu)$ durch die Gruppen

$$\mathfrak{A}_0^* = \mathfrak{A}_0 = E; \quad \mathfrak{A}_\lambda^* = \bigcup_{\nu < \lambda} \mathfrak{A}_\nu; \quad \mathfrak{A}_\lambda = \mathfrak{A}_\lambda^* \{A_\lambda\} \quad \text{für jedes } \lambda \in \Lambda.$$

3.1.4. Metabelsche und auflösbare Gruppen

Ist λ nicht Limesindex, so gilt

$$\mathfrak{A}_\lambda^* = \mathfrak{A}_{\lambda-1}^* \mathfrak{A}_{\lambda-1} = \mathfrak{A}_{\lambda-1}, \quad \text{also} \quad \mathfrak{A}_\lambda = \mathfrak{A}_{\lambda-1}\{A_\lambda\}.$$

Ist λ Limesindex, so gilt

$$\mathfrak{A}_\lambda^* = \bigcup_{\nu < \lambda} \mathfrak{A}_\nu, \quad \text{also} \quad \mathfrak{A}_\lambda = \mathfrak{A}_\lambda^* \{A_\lambda\}.$$

Die Faktoren $\mathfrak{A}_\lambda/\mathfrak{A}_{\lambda-1}$ bzw. $\mathfrak{A}_\lambda/\mathfrak{A}_\lambda^*$ sind zyklisch; im endlichen Falle ord$(\mathfrak{A}_{\nu+1}/\mathfrak{A}_\nu) = m = p_1 p_2 \ldots p_k > 0$ besitzt $\mathfrak{A}_{\nu+1}/\mathfrak{A}_\nu$ genau eine zyklische Untergruppe $\mathfrak{B}_\varkappa/\mathfrak{A}_\nu$ der Ordnung $p_1 p_2 \ldots p_\varkappa$ für $1 \leq \varkappa \leq k$, und es gilt

$$\mathfrak{A}_\nu = \mathfrak{B}_0 \subset \mathfrak{B}_1 \subset \cdots \subset \mathfrak{B}_{k-1} \subset \mathfrak{B}_k = \mathfrak{A}_{\nu+1} \quad \text{mit} \quad \text{ord}(\mathfrak{B}_\varkappa/\mathfrak{B}_{\varkappa-1}) = p_\varkappa \text{ für } 1 \leq \varkappa \leq k.$$

Besitzt eine metabelsche Gruppe $\mathfrak{G}$ eine Kompositionsfolge, so sind ihre Faktoren einfache abelsche Gruppen, also zyklisch von Primzahlordnung. Daraus ergibt sich:

Satz 19. *Folgende Aussagen sind gleichwertig:*
1. *Die metabelsche Gruppe $\mathfrak{G}$ besitzt eine Kompositionsfolge.*
2. *Die metabelsche Gruppe $\mathfrak{G}$ ist ordnungsfinit.*
3. *Die metabelsche Gruppe $\mathfrak{G}$ ist lokalendlich.*

Beweis. Die Kompositionsfolge einer metabelschen Gruppe $\mathfrak{G}$ besitzt Faktoren von Primzahlordnung; nach Satz 1.4.42 ist $\mathfrak{G}$ lokalendlich. Eine lokalendliche Gruppe $\mathfrak{G}$ ist ordnungsfinit. Eine metabelsche ordnungsfinite Gruppe $\mathfrak{G}$ besitzt eine Normalfolge mit (ordnungsfiniten) zyklischen Faktoren, also eine Kompositionsfolge.

Beispiel 2. Eine J-*metabelsche Gruppe* $\mathfrak{G}$; J mit dem Operatorenbereich $J = J(\mathfrak{G})$ der inneren Automorphismen besitzt eine J-*metabelsche Folge*, d.h. eine Normalteilerfolge:

$$\mathfrak{N}_0 = E; \quad \mathfrak{N}_\nu \subset \mathfrak{N}_{\nu+1} \trianglelefteq \mathfrak{G}; \quad \mathfrak{N}_\sigma = \mathfrak{G} \quad \text{für jeden Index } \nu < \sigma \in \Lambda,$$

$$\mathfrak{N}_\lambda = \bigcup_{\nu < \lambda} \mathfrak{N}_\nu \quad \text{für jeden Limesindex } \lambda \leq \sigma,$$

mit abelschen Faktoren $\mathfrak{N}_{\nu+1}/\mathfrak{N}_\nu$. Eine J-metabelsche Gruppe ist metabelsch, eine metabelsche Gruppe nicht immer J-metabelsch.

Jeder Normalteiler $\mathfrak{N} \triangleleft \mathfrak{G}$ ist J-metabelsch, also auch J*-metabelsch für den Operatorenbereich $J^* = J(\mathfrak{N})$. Ein J*-metabelscher Normalteiler $\mathfrak{N} \triangleleft \mathfrak{G}$ ist aber nicht immer auch J-metabelsch.

Eine Gruppe $\mathfrak{G}$; J mit dem Operatorenbereich $J = J(\mathfrak{G})$ ist genau dann *halbeinfach*, wenn sie keinen J-metabelschen Normalteiler, also keinen abelschen Normalteiler (außer E) enthält. Hieraus entnehmen wir das Kriterium:

Eine Gruppe $\mathfrak{G}$ besitzt genau dann eine Normalteilerfolge mit abelschen Faktoren, wenn jedes von 1 verschiedene homomorphe Bild $\overline{\mathfrak{G}}$ einen von 1 verschiedenen abelschen Normalteiler besitzt.

Jeder (abelsche) Faktor $\mathfrak{a} = \mathfrak{N}_{\nu+1}/\mathfrak{N}_\nu$ einer J-metabelschen Folge $(\mathfrak{N}_\nu)$ in $\mathfrak{G}$; J besitzt eine vollinvariante Untergruppe $\mathfrak{b} = \mathfrak{B}/\mathfrak{N}_\nu$, die direktes Produkt

$$\mathfrak{b} = \underset{p}{\times} \mathfrak{b}_p \quad \text{mit} \quad \mathfrak{b}_p = \mathfrak{B}_p/\mathfrak{N}$$

primärer abelscher Gruppen ist, mit torsionsfreier Faktorgruppe

$$\mathfrak{a}/\mathfrak{b} = \mathfrak{N}_{\nu+1}/\mathfrak{N}_\nu \big/ \mathfrak{B}/\mathfrak{N}_\nu \cong \mathfrak{N}_{\nu+1}/\mathfrak{B}.$$

Durch eine Abzählung (p_k) der Primzahlen entsteht eine Normalfolge

$$\mathfrak{N}_\nu = \mathfrak{B}_0 \subseteq \mathfrak{B}_1 \subseteq \mathfrak{B}_2 \subseteq \cdots \subseteq \mathfrak{B}_k \subseteq \cdots \subseteq \mathfrak{B}_\omega \subseteq \mathfrak{N}_{\nu+1}$$

aus den Gruppen

$$\mathfrak{B}_k = \mathfrak{B}_{p_1} \times \mathfrak{B}_{p_2} \times \cdots \times \mathfrak{B}_{p_k} \quad \text{und} \quad \mathfrak{B}_\omega = \mathfrak{B} = \bigcup_k \mathfrak{B}_k \quad \text{für } 1 \leq k < \infty.$$

Da $\mathfrak{B}_k/\mathfrak{N}_\nu$ in $\mathfrak{N}_{\nu+1}/\mathfrak{N}_\nu$ charakteristisch ist, gewinnen wir eine Verfeinerung der Normalteilerfolge $(\mathfrak{N}_\nu)$:

Satz 20. *Eine J-metabelsche Gruppe $\mathfrak{G}$; J besitzt Normalteilerfolgen mit primären oder torsionsfreien abelschen Faktoren.*

Die durch das Dualitätsprinzip nahegelegte Behandlung der abstrakten Gruppeneigenschaft $\mathfrak{a}(\mathfrak{G}; \Omega)$, *abelsche Gruppe* zu sein, verläuft in wesentlich vereinfachter Weise. Der Durchschnitt $\mathfrak{D}(\mathfrak{G}; \Omega)$ aller Normalteiler $\mathfrak{N} \trianglelefteq |\mathfrak{G}; \Omega$ mit abelscher Faktorgruppe $\mathfrak{G}/\mathfrak{N}; \Omega$ ist die *Kommutatorgruppe* $\mathfrak{D}(\mathfrak{G}; \Omega) = [\mathfrak{G}, \mathfrak{G}]$ von $\mathfrak{G}; \Omega$, welcher Operatorenbereich Ω auch zugrunde gelegt ist. Die absteigende Normalfolge $(\mathfrak{D}_\nu)$ besteht daher in diesem Falle aus den iterierten Kommutatoren der Gruppe:

$$\mathfrak{D}_0 = \mathfrak{G} = \mathfrak{G}^{(0)}; \quad \mathfrak{D}_{\nu+1} = \mathfrak{D}(\mathfrak{D}_\nu) = [\mathfrak{D}_\nu, \mathfrak{D}_\nu] = \mathfrak{G}^{(\nu+1)} \quad \text{für jeden Index } \nu \in \Lambda,$$

$$\mathfrak{D}_\lambda = \bigcap_{\nu < \lambda} \mathfrak{D}_\nu = \bigcap_{\nu < \lambda} \mathfrak{G}^{(\nu)} = \mathfrak{G}^{(\lambda)} \quad \text{für jeden Limesindex } \lambda \in \Lambda.$$

Eine Differenzierung der Begriffe nach dem Operatorenbereich Ω ist daher nicht erforderlich:

Definition 8. *Eine Gruppe $\mathfrak{G}$ ist auflösbar, wenn sie eine absteigende Normalfolge:*

$$\mathfrak{U}_0 = \mathfrak{G}; \quad \mathfrak{U}_{\nu+1} \triangleleft \mathfrak{U}_\nu; \quad \mathfrak{U}_\sigma = E \quad \textit{für jeden Index } \nu < \sigma \in \Lambda,$$

$$\mathfrak{U}_\lambda = \bigcap_{\nu < \lambda} \mathfrak{U}_\nu \quad \textit{für jeden Limesindex } \lambda \leq \sigma,$$

mit abelschen Faktoren $\mathfrak{U}_\nu/\mathfrak{U}_{\nu+1}$ besitzt.

Eine Gruppe $\mathfrak{G}$ ist perfekt, wenn $\mathfrak{G} = [\mathfrak{G}, \mathfrak{G}]$.

Die Ergebnisse des Abschnittes 3.1.3 liefern unmittelbar:

Satz 21. *In jeder Gruppe $\mathfrak{G}$ ist der Durchschnitt*

$$\mathfrak{C}(\mathfrak{G}) = \bigcap_{\nu \in \Lambda} \mathfrak{G}^{(\nu)}$$

der iterierten Kommutatoren die maximale perfekte Untergruppe von $\mathfrak{G}$ und zugleich Durchschnitt aller Normalteiler $\mathfrak{N} \subseteq | \mathfrak{G}$ mit auflösbarer Faktorgruppe $\mathfrak{G}/\mathfrak{N}$.
Eine Gruppe $\mathfrak{G}$ ist genau dann auflösbar, wenn $\mathfrak{C}(\mathfrak{G}) = E$.

Satz 21*. *Jedes homomorphe Bild $\overline{\mathfrak{G}}$ einer perfekten Gruppe $\mathfrak{G}$ ist perfekt. Ist $\mathfrak{N}$ perfekter Normalteiler in $\mathfrak{G}$ mit perfekter Faktorgruppe $\mathfrak{G}/\mathfrak{N}$, so ist auch $\mathfrak{G}$ perfekt.*
Die Menge aller perfekten Untergruppen einer Gruppe $\mathfrak{G}$ ist ein nach oben abgeschlossener aufsteigender Halbverband.

Satz 21**. *Jede Untergruppe $\mathfrak{U}$ einer auflösbaren Gruppe $\mathfrak{G}$ ist auflösbar.*
Ist $\mathfrak{N}$ auflösbarer Normalteiler der Gruppe $\mathfrak{G}$ mit auflösbarer Faktorgruppe $\mathfrak{G}/\mathfrak{N}$, so ist $\mathfrak{G}$ auflösbar.
Besitzen auflösbare Untergruppen $\mathfrak{A}, \mathfrak{B}$ von $\mathfrak{G}$ den Durchschnitt $\mathfrak{A} \cap \mathfrak{B} = E$, ist eine von ihnen normal in $\mathfrak{G}$, so ist $\mathfrak{A}\mathfrak{B}$ auflösbar.

Ein allgemeiner Zusammenhang zwischen den Eigenschaften, auflösbare bzw. metabelsche Gruppe zu sein, besteht nicht:

Beispiel 3. Jede freie Gruppe $\mathfrak{F}$ ist auflösbar, da ihre iterierten Kommutatoren nach Satz 2.1.8 den Durchschnitt

$$\mathfrak{F}^{(\omega)} = \bigcap_k \mathfrak{F}^{(k)} = E$$

besitzen; die unendliche zyklische Gruppe $\mathfrak{Z}_0$ ist die einzige metabelsche freie Gruppe.

Eine Normalfolge $(\mathfrak{U}_\nu)$ einer nichtabelschen freien Gruppe $\mathfrak{F}$ mit abelschen Faktoren $\mathfrak{U}_{\nu+1}/\mathfrak{U}_\nu$ müßte nämlich eine erste nichtabelsche Gruppe $\mathfrak{U}_\lambda$ enthalten. Da dann λ nicht Limesindex ist, enthielte der (abelsche) Vorgänger $\mathfrak{U}_{\lambda-1}$ den (nichtabelschen) Kommutator $\mathfrak{U}'_\lambda$ der nichtabelschen Gruppe $\mathfrak{U}_\lambda \subseteq \mathfrak{F}$.

Daher ist auch ein homomorphes Bild einer auflösbaren Gruppe nicht immer auflösbar; denn jede Gruppe ist homomorphes Bild einer freien Gruppe.

Beispiel 4. Die freie Gruppe $\mathfrak{F}$ abzählbar unendlichen Ranges besitzt einen Meromorphismus

$$\alpha: \quad \mathfrak{F} \cong \mathfrak{F}^\alpha = \mathfrak{F}' < \lor \mathfrak{F}$$

auf ihren Kommutator $\mathfrak{F}'$, der auch die iterierten Kommutatoren $\mathfrak{F}^{(k)}$ von $\mathfrak{F}$ für endliche Indizes $0 \leq k < \infty$ auf die iterierten Kommutatoren

$$\alpha: \quad \mathfrak{F}^{(k)} \cong \mathfrak{F}^{(k)\alpha} = (\mathfrak{F}')^{(k)} = \mathfrak{F}^{(k+1)}$$

des Kommutators $\mathfrak{F}'$ abbildet; überdies induziert α in jeder Faktorgruppe $\mathfrak{G}_k = \mathfrak{F}/\mathfrak{F}^{(k)}$ einen Isomorphismus

$$\alpha: \quad \mathfrak{G}_k \cong \mathfrak{G}_k^\alpha = (\mathfrak{F}/\mathfrak{F}^{(k)})^\alpha = \mathfrak{F}'/\mathfrak{F}^{(k+1)} = (\mathfrak{F}/\mathfrak{F}^{(k+1)})' = \mathfrak{G}'_{k+1}$$

auf den Kommutator $\mathfrak{G}'_{k+1} \triangleleft | \mathfrak{G}_{k+1}$. Aus der Gruppenmenge

$$(\mathfrak{G}_k) \quad \text{mit} \quad \mathfrak{G}_k \cong \mathfrak{G}_k^\alpha = \mathfrak{G}'_{k+1} \triangleleft | \mathfrak{G}_{k+1} \quad \text{für } 0 \leq k < \infty$$

läßt sich nach Satz 1.3.9 eine Gruppe $\mathfrak{H}$ bilden mit den Eigenschaften: In $\mathfrak{H}$ existiert eine Normalfolge

$$E = \mathfrak{H}_0 \triangleleft | \mathfrak{H}_1 \triangleleft | \cdots \triangleleft | \mathfrak{H}_k \triangleleft | \mathfrak{H}_{k+1} \triangleleft | \cdots \subset \mathfrak{H} \quad \text{mit} \quad \mathfrak{H} = \bigcup_k \mathfrak{H}_k,$$

derart daß

$$\mathfrak{H}_k \cong \mathfrak{G}_k; \quad \mathfrak{H}'_{k+1} = [\mathfrak{H}_{k+1}, \mathfrak{H}_{k+1}] = \mathfrak{H}_k;$$

$$\mathfrak{H}_{k+1}/\mathfrak{H}_k \cong \mathfrak{H}_{k+1}/\mathfrak{H}'_{k+1} \cong \mathfrak{F}/\mathfrak{F}^{(k+1)}/\mathfrak{F}'/\mathfrak{F}^{(k+1)} \cong \mathfrak{F}/\mathfrak{F}'.$$

Die Gruppe $\mathfrak{H}$ ist metabelsch, andererseits perfekt, da

$$\mathfrak{H} = \bigcup_k \mathfrak{H}_k = \bigcup_k \mathfrak{H}'_{k+1} \subseteq \mathfrak{H}' \subseteq \mathfrak{H}.$$

Satz 22. *Eine Gruppe $\mathfrak{G}; \Omega$ ist genau dann von endlicher Stufe Ω-metabelsch, wenn sie von endlicher Stufe k auflösbar ist.*

Bei Gruppen $\mathfrak{G}; \Omega$ mit endlicher Auflösungsfolge

$$\mathfrak{G} \supset \mathfrak{G}' \supset \mathfrak{G}'' \supset \cdots \supset \mathfrak{G}^{(k-1)} \supset \mathfrak{G}^{(k)} = E$$

ist die Eigenschaft, Ω-metabelsch zu sein, vom Operatorenbereich Ω unabhängig. Die Gruppe $\mathfrak{G}; \Omega$ ist daher *von endlicher Stufe k metabelsch oder auflösbar* schlechthin; über die Stufe k entscheidet die (endliche) Kommutatorenfolge.

Beweis. Besitzt $\mathfrak{G}$ eine endliche Kommutatorenfolge der Länge k, so ist die Reihe $(\mathfrak{A}_\nu)$ der Gruppen $\mathfrak{A}_\nu = \mathfrak{G}^{(k-\nu)}$ (für $0 \leq \nu \leq k$) eine Ω-Normalfolge der Gruppe $\mathfrak{G}; \Omega$ (für jeden Operatorenbereich Ω) mit abelschen Faktoren. Mithin ist $\mathfrak{G}; \Omega$ auch Ω-metabelsch von endlicher Stufe $l \leq k$. Eine Ω-Normalreihe

$$E = \mathfrak{U}_0 \triangleleft | \mathfrak{U}_1 \triangleleft | \cdots \triangleleft | \mathfrak{U}_{l-1} \triangleleft | \mathfrak{U}_l = \mathfrak{G}; \Omega$$

der Länge l mit abelschen Faktoren führt auf eine absteigende Ω-Normalreihe $(\mathfrak{U}_{l-\nu})$ für $0 \leq \nu \leq l$, so daß

$$\mathfrak{G}^{(\nu)} \subseteq \mathfrak{U}_{l-\nu} \text{ für } 0 \leq \nu \leq l, \quad \text{also} \quad \mathfrak{G}^{(l)} = E \text{ und } k \leq l.$$

Definition 9. *Eine Gruppe $\mathfrak{G}$ ist stark auflösbar (stark metabelsch), wenn sie von endlicher Stufe $s = s(\mathfrak{G})$ auflösbar ist. Die Stufe $s(\mathfrak{G})$ ist die Länge der Kommutatorenreihe*

$$\mathfrak{G} = \mathfrak{G}^{(0)} \supset \mathfrak{G}^{(1)} \supset \cdots \supset \mathfrak{G}^{(s-1)} \supset \mathfrak{G}^{(s)} = E.$$

Für die Eigenschaft, stark auflösbare Gruppe zu sein, finden wir:

Satz 22*. *Jedes homomorphe Bild $\overline{\mathfrak{U}}$ jeder Untergruppe $\mathfrak{U}$ einer stark auflösbaren Gruppe $\mathfrak{G}$ ist stark auflösbar; für die Stufen gilt*

$$s(\overline{\mathfrak{U}}) \leq s(\mathfrak{U}) \leq s(\mathfrak{G}).$$

Ist $\mathfrak{N}$ stark auflösbarer Normalteiler der Gruppe $\mathfrak{G}$ mit stark auflösbarer Faktorgruppe $\mathfrak{G}/\mathfrak{N}$, so ist $\mathfrak{G}$ stark auflösbar; für die Stufen gilt

$$s(\mathfrak{G}) \leq s(\mathfrak{G}/\mathfrak{N}) + s(\mathfrak{N}).$$

Sind $\mathfrak{A}, \mathfrak{B}$ stark auflösbare Untergruppen und ist eine von ihnen normal in $\mathfrak{G}$, so ist $\mathfrak{A}\mathfrak{B}$ stark auflösbar; für die Stufen gilt

$$s(\mathfrak{A}\mathfrak{B}) \leq s(\mathfrak{A}) + s(\mathfrak{B}).$$

Beweis. Unter der Annahme $\mathfrak{G}^{(s)} = E$ gilt für jede Untergruppe $\mathfrak{U} \subset \mathfrak{G}$

$$\mathfrak{U}^{(s)} \subseteq \mathfrak{G}^{(s)} = E,$$

für ein homomorphes Bild $\overline{\mathfrak{G}} = \mathfrak{G}/\mathfrak{N}$ von $\mathfrak{G}$

$$(\mathfrak{G}/\mathfrak{N})^{(s)} = \mathfrak{G}^{(s)}\mathfrak{N}/\mathfrak{N} = 1.$$

Sind Normalteiler $\mathfrak{N} \triangleleft \mathfrak{G}$ und Faktorgruppe $\mathfrak{G}/\mathfrak{N}$ stark auflösbar mit den Stufen $n = s(\mathfrak{N})$ und $t = s(\mathfrak{G}/\mathfrak{N})$, so gilt

$$1 = (\mathfrak{G}/\mathfrak{N})^{(t)} = \mathfrak{G}^{(t)}\mathfrak{N}/\mathfrak{N}, \quad \text{also} \quad \mathfrak{G}^{(t)} \subseteq \mathfrak{N} \quad \text{und} \quad \mathfrak{G}^{(t+n)} \subseteq \mathfrak{N}^{(n)} = E.$$

Sind $\mathfrak{A}, \mathfrak{B}$ stark auflösbare Untergruppen von $\mathfrak{G}$ und ist $\mathfrak{A}$ normal in $\mathfrak{G}$, so gilt

$$s(\mathfrak{A}\mathfrak{B}) \leq s(\mathfrak{A}) + s(\mathfrak{A}\mathfrak{B}/\mathfrak{A}) = s(\mathfrak{A}) + s(\mathfrak{B}/\mathfrak{A} \cap \mathfrak{B}) \leq s(\mathfrak{A}) + s(\mathfrak{B}).$$

Die Menge N_{sa} der stark auflösbaren Normalteiler einer Gruppe $\mathfrak{G}$ ist daher ein (nach unten abgeschlossener) Verband.

Genügt eine auflösbare Gruppe $\mathfrak{G}; \Omega$ der Minimalbedingung (bezüglich Ω), so ist sie stark auflösbar, also stark metabelsch. Eine Ω-metabelsche Gruppe $\mathfrak{G}; \Omega$ ist hingegen nicht immer auflösbar, auch wenn sie der Minimalbedingung genügt.

Genügt eine Ω-metabelsche Gruppe $\mathfrak{G}; \Omega$ der Maximalbedingung (bezüglich Ω), so ist sie stark metabelsch, also stark auflösbar. Eine auflösbare Gruppe $\mathfrak{G}; \Omega$ ist hingegen nicht immer Ω-metabelsch, auch wenn sie der Maximalbedingung genügt.

Nur für Gruppen $\mathfrak{G}; \Omega$, die der Doppelkettenbedingung genügen, sind die Eigenschaften, Ω-metabelsch, stark Ω-metabelsch, auflösbar und stark auflösbar zu sein, sämtlich gleichwertig.

Wir bemerken noch:

Satz 22**. *Jedes freie Produkt*

$$\mathfrak{G} = \underset{\iota}{*}\, \mathfrak{U}_\iota \qquad (\text{über } \iota \in \mathsf{I})$$

von stark auflösbaren Untergruppen $\mathfrak{U}_\iota$ *beschränkter Stufe* $s(\mathfrak{U}_\iota) \leq s$ *ist auflösbar.*

Beweis. Nach Satz 2.2.10 besitzt der iterierte Kommutator $\mathfrak{G}^{(k)}$ in $\mathfrak{G}$ für jeden natürlichen Index k eine freie Zerlegung

$$\mathfrak{G}^{(k)} = \mathfrak{F} * \underset{\iota,\varkappa}{*}\, (\mathfrak{U}_\iota^{(k)})^{G_\varkappa} \qquad (\text{über } \varkappa \in \mathsf{K}_\iota;\ \iota \in \mathsf{I})$$

mit außerwesentlichem Faktor $\mathfrak{F}$ und zu den Kommutatoren $\mathfrak{U}_\iota^{(k)}$ in $\mathfrak{G}$ ähnlichen weiteren Faktoren. Unter der Voraussetzung $\mathfrak{U}_\iota^{(s)} = E$ für jedes $\iota \in \mathsf{I}$ ist $\mathfrak{G}^{(s)}$ freie Gruppe und folglich

$$\mathfrak{G}^{(\omega)} = \bigcap_n \mathfrak{G}^{(n)} = \bigcap_n (\mathfrak{G}^{(s)})^{(n)} = E.$$

3.1.5. Metazyklische Gruppen

Legen wir den Untersuchungen des Abschnittes 3.1.3 die abstrakte Gruppeneigenschaft $\mathfrak{z}(\mathfrak{G}; \Omega)$ zugrunde, eine *zyklische Gruppe (mit Operatorenbereich Ω)* zu sein, so gelangt man zur

Definition 10. *Eine Gruppe* $\mathfrak{G}; \Omega$ *ist Ω-metazyklisch, wenn sie eine Ω-Normalfolge mit zyklischen Faktoren besitzt.*

Wir nennen eine solche Ω-Normalfolge in der Ω-metazyklischen Gruppe $\mathfrak{G}; \Omega$ eine *Ω-metazyklische Folge in* $\mathfrak{G}; \Omega$.

Jedes homomorphe Bild $\overline{\mathfrak{U}}$ jeder Untergruppe $\mathfrak{U}$ einer zyklischen Gruppe $\mathfrak{Z}; \Omega$ ist nämlich zyklisch (mit dem Operatorenbereich Ω); die abstrakte Gruppeneigenschaft, Ω-metazyklische Gruppe zu sein, ist daher die aus der Eigenschaft $\mathfrak{z}(\mathfrak{G}; \Omega)$ abgeleitete Eigenschaft $\mathfrak{z}_\omega(\mathfrak{G}; \Omega)$.

Jede Ω-metazyklische Gruppe $\mathfrak{G}; \Omega$ ist Ω-metabelsch, eine Ω-metabelsche Gruppe $\mathfrak{G}; \Omega$ nicht immer Ω-metazyklisch. Eine Gruppe $\mathfrak{G}$ (ohne Operatoren) ist *metazyklisch* schlechthin, wenn sie eine Normalfolge mit zyklischen Faktoren besitzt. Aus Satz 18 folgt:

Satz 23. *Eine Gruppe $\mathfrak{G}$ ist genau dann metazyklisch, wenn sie metabelsch ist.*

Eine J-metazyklische Gruppe $\mathfrak{G}; \mathsf{J}$ mit dem Operatorenbereich $\mathsf{J} = \mathsf{J}(\mathfrak{G})$ der inneren Automorphismen besitzt eine Normalteilerfolge $(\mathfrak{N}_\nu)$ mit zyklischen Faktoren. Eine J-metabelsche Gruppe $\mathfrak{G}; \mathsf{J}$ besitzt eine Normalteilerfolge $(\mathfrak{N}_\nu)$ mit abelschen Faktoren; eine Verfeinerung dieser Folge ist im allgemeinen aber nicht mehr mit Normalteilern aus $\mathfrak{G}; \mathsf{J}$ möglich.

Beispiel. Mit der Menge P aller ganzen rationalen Zahlen sei

$$\mathfrak{G} = \{A \cup \bigcup_g B_g\} \quad \text{mit} \quad B_g^A = B_{g+1}; \quad [B_g, B_h] = E \quad \text{für } g, h \in \mathsf{P}.$$

Die Untergruppe $\mathfrak{B} = \{\bigcup_g B_g\}$ ist normal in $\mathfrak{G}$, die Faktorgruppe $\mathfrak{G}/\mathfrak{B}$ der Gruppe $\mathfrak{A} = \{A\}$ isomorph. Daher ist $E \triangleleft |\mathfrak{B} \triangleleft| \mathfrak{G}$ eine Normalteilerfolge mit abelschen Faktoren. Die Gruppe $\mathfrak{G}$ ist stark auflösbar mit der Stufe $s(\mathfrak{G}) = 2$, also J-metabelsch mit dem Operatorenbereich $\mathsf{J} = \mathsf{J}(\mathfrak{G})$, aber nicht J-metazyklisch:

Ein zyklischer Normalteiler $\mathfrak{C} = \{C\} \triangleleft | \mathfrak{G}$ enthält die Elemente

$$C = A^a B_{g_1}^{b_1} \ldots B_{g_n}^{b_n} \quad \text{und} \quad C^A = A^a B_{g_1+1}^{b_1} \ldots B_{g_n+1}^{b_n} \quad \text{mit} \quad g_1 < g_2 < \cdots < g_n \in \mathsf{P};$$

dies verlangt $C = C^A = A^a$. Daraus folgt

$$B_0 C B_0^{-1} = A^a B_a B_0^{-1} \in \mathfrak{C}, \quad \text{also} \quad C = E.$$

Als unmittelbares Ergebnis des allgemeinen Satzes 15 erhalten wir

Satz 24. *Jedes homomorphe Bild* $\overline{\mathfrak{U}}; \Omega$ *jeder Untergruppe* $\mathfrak{U}$ *einer* Ω*-metazyklischen Gruppe* $\mathfrak{G}; \Omega$ *ist* Ω*-metazyklisch.*

Sind der Normalteiler $\mathfrak{N} \triangleleft | \mathfrak{G}; \Omega$ *und seine Faktorgruppe* $\mathfrak{G}/\mathfrak{N}$ Ω*-metazyklisch, so ist* $\mathfrak{G}; \Omega$ Ω*-metazyklisch.*

Sind $\mathfrak{A}, \mathfrak{B}$ Ω*-metazyklische Untergruppen einer Gruppe* $\mathfrak{G}; \Omega$ *und ist eine von ihnen normal in* $\mathfrak{G}; \Omega$*, so ist* $\mathfrak{A}\mathfrak{B}$ Ω*-metazyklisch.*

Die Menge $\mathsf{N}_\mathfrak{Z}$ *der* Ω*-metazyklischen Normalteiler einer Gruppe* $\mathfrak{G}; \Omega$ *ist ein abgeschlossener Verband. Der (einzige) maximale* Ω*-metazyklische Normalteiler* $\mathfrak{N}_\mathfrak{Z}$ *der Gruppe* $\mathfrak{G}; \Omega$ *ist* Ω*-charakteristisch in* $\mathfrak{G}; \Omega$*; die Faktorgruppe* $\mathfrak{G}/\mathfrak{N}_\mathfrak{Z}; \Omega$ *besitzt keinen von 1 verschiedenen* Ω*-metazyklischen Normalteiler.*

Satz 25. *Jede* Ω*-metazyklische Gruppe* $\mathfrak{G}; \Omega$ *besitzt eine* Ω*-Normalfolge* $(\mathfrak{U}_\nu)$ *mit unendlich zyklischen oder endlich zyklischen Faktoren von Primzahlordnung.*

Beweis. Eine Ω-metazyklische Gruppe $\mathfrak{G}; \Omega$ besitzt eine Ω-Normalfolge $(\mathfrak{U}_\nu)$ mit zyklischen Faktoren; ein endlicher Faktor $\mathfrak{U}_{\nu+1}/\mathfrak{U}_\nu$ der Ordnung $\text{ord}(\mathfrak{U}_{\nu+1}/\mathfrak{U}_\nu) = m = p_1 p_2 \ldots p_k > 0$ in Primzahlzerlegung besitzt eine Normalteilerreihe

$$\mathfrak{U}_\nu = \mathfrak{A}_0 \subset \mathfrak{A}_1 \subset \cdots \subset \mathfrak{A}_{k-1} \subset \mathfrak{A}_k = \mathfrak{U}_{\nu+1}$$

in (eindeutig bestimmten) Normalteilern $\mathfrak{A}_\varkappa \trianglelefteq | \mathfrak{U}_{\nu+1}$ mit

$$\text{ord}(\mathfrak{A}_\varkappa/\mathfrak{U}_\nu) = p_1 p_2 \ldots p_\varkappa; \quad \text{ord}(\mathfrak{A}_\varkappa/\mathfrak{A}_{\varkappa-1}) = p_\varkappa.$$

Da die Ordnung der zyklischen Gruppe $\mathfrak{A}_\varkappa^\omega/\mathfrak{U}_\nu$ für jedes $\omega \in \Omega$ Teiler der Ordnung $\text{ord}(\mathfrak{A}_\varkappa/\mathfrak{U}_\nu)$ ist, folgt

$$\mathfrak{A}_\varkappa^\omega/\mathfrak{U}_\nu \subseteq \mathfrak{A}_\varkappa/\mathfrak{U}_\nu, \quad \text{also} \quad \mathfrak{A}_\varkappa^\omega \subseteq \mathfrak{A}_\varkappa.$$

Daher besitzt die Ω-Normalfolge $(\mathfrak{U}_\nu)$ in $\mathfrak{G};\Omega$ eine Verfeinerung mit den verlangten Eigenschaften.

Satz 25* (K. A. HIRSCH). *Die Anzahl der unendlichen Faktoren in einer Ω-metazyklischen Folge $(\mathfrak{U}_\nu)$ einer (Ω-metazyklischen) Gruppe $\mathfrak{G};\Omega$ ist eine Invariante der Gruppe $\mathfrak{G};\Omega$.*

Beweis. Man hat nur zu zeigen, daß die Anzahl der unendlichen Faktoren einer Ω-metazyklischen Folge sich bei Verfeinerung nicht ändert. Jede Einschaltung von Zwischengruppen

$$\mathfrak{U}_\nu = \mathfrak{B}_0 \subset \mathfrak{B}_1 \subset \cdots \subset \mathfrak{B}_\varkappa \subset \mathfrak{B}_{\varkappa+1} \subset \cdots \subset \mathfrak{B}_\sigma = \mathfrak{U}_{\nu+1}$$

liefert in einem unendlichen Faktor $\mathfrak{U}_{\nu+1}/\mathfrak{U}_\nu$ eine unendliche (zyklische) Untergruppe $\mathfrak{B}_1/\mathfrak{U}_\nu$ mit endlichem Index $\mathrm{ind}(\mathfrak{U}_{\nu+1}:\mathfrak{B}_1)$. Da bei diesem Verfahren beliebige endliche (zyklische) Faktoren eingeschoben werden können, gilt für die endlichen Faktoren keine analoge Aussage.

Die abstrakte Gruppeneigenschaft, J-metazyklische Gruppe zu sein, kennzeichnet einen engeren Gruppentypus in der Klasse der J-metabelschen Gruppen; insbesondere gilt der bemerkenswerte

Satz 26. *Jede J-metazyklische Gruppe $\mathfrak{G};J$ mit $J=J(\mathfrak{G})$ ist auflösbar.*

Der Beweis dieses Satzes bedarf einer Untersuchung der *Automorphismengruppe einer Ω-Normalfolge in einer Gruppe $\mathfrak{G};\Omega$.*

Die Automorphismen $\beta \in \mathsf{A}(\mathfrak{G};\Omega)$, denen gegenüber die Glieder $\mathfrak{U}_\nu$ einer Ω-Normalfolge $(\mathfrak{U}_\nu)$ in $\mathfrak{G};\Omega$ invariant bleiben:

$$\mathfrak{U}_0 = E; \quad \mathfrak{U}_\nu \triangleleft \mathfrak{U}_{\nu+1}; \quad \mathfrak{U}_\sigma = \mathfrak{G};\Omega \quad \text{für jeden Index } \nu < \sigma \in \Lambda,$$

$$\mathfrak{U}_\lambda = \bigcup_{\nu < \lambda} \mathfrak{U}_\nu \quad \text{für jeden Limesindex } \lambda \leq \sigma,$$

$$\mathfrak{U}_\nu^\beta = \mathfrak{U}_\nu \quad \text{für jeden Index } \nu < \sigma,$$

bilden eine Untergruppe $\mathsf{B}(\mathfrak{U}_\nu;\Omega) \subseteq \mathsf{A}(\mathfrak{G};\Omega)$, die *Invarianzgruppe der Ω-Normalfolge $(\mathfrak{U}_\nu)$ in $\mathfrak{G};\Omega$.* Jeder Automorphismus $\beta \in \mathsf{B}(\mathfrak{U}_\nu;\Omega)$ induziert einen Automorphismus β_ν der Gruppe $\mathfrak{U}_\nu$ und einen Automorphismus $\bar\beta_\nu$ des Faktors $\mathfrak{U}_{\nu+1}/\mathfrak{U}_\nu$. Bezeichnet K_λ den Normalteiler der Automorphismen $\beta \in \mathsf{B}(\mathfrak{U}_\nu;\Omega) = \mathsf{B}$, die in $\mathfrak{U}_\lambda$ die Identität $\beta_\lambda = \varepsilon$ induzieren, so ist die Faktorgruppe $\mathsf{B}/\mathsf{K}_\lambda$ isomorphes Bild der in $\mathfrak{U}_\lambda$ durch B induzierten Automorphismengruppe. Ebenso bilden die Automorphismen $\beta \in \mathsf{B}(\mathfrak{U}_\nu;\Omega)$, die im Faktor $\mathfrak{U}_{\lambda+1}/\mathfrak{U}_\lambda$ die Identität $\bar\beta_\lambda = \varepsilon$ induzieren, einen Normalteiler M_λ in $\mathsf{B}(\mathfrak{U}_\nu;\Omega)$, dessen Faktorgruppe $\mathsf{B}/\mathsf{M}_\lambda$ der durch B in $\mathfrak{U}_{\lambda+1}/\mathfrak{U}_\lambda$ induzierten Automorphismengruppe isomorph ist.

Die Automorphismen $\beta \in \mathsf{K}_\lambda \subseteq \mathsf{B}$ sind durch

$$\mathfrak{U}_\nu^\beta = \mathfrak{U}_\nu \quad \text{für jeden Index } \nu < \sigma; \qquad U^\beta = U \quad \text{für jedes } U \in \mathfrak{U}_\lambda$$

gekennzeichnet. Daher gilt

$$\mathsf{K}_0 = \mathsf{B}(\mathfrak{U}_\nu;\Omega); \quad \mathsf{K}_\nu \subseteq \mathsf{K}_\mu; \quad \mathsf{K}_\sigma = \varepsilon \quad \text{für jedes Indexpaar } \mu < \nu < \sigma.$$

3.1.5. Metazyklische Gruppen

Für einen Limesindex $\lambda \leq \sigma$ erhalten wir

$$K_\lambda \subseteq K_\nu \quad \text{für jedes } \nu < \lambda, \quad \text{also} \quad K_\lambda \subseteq \bigcap_{\nu < \lambda} K_\nu;$$

da umgekehrt für jeden Automorphismus $\beta \in \bigcap_{\nu < \lambda} K_\nu$

$$U^\beta = U \quad \text{für jedes } U \in \mathfrak{U}_\nu \subset \mathfrak{U}_\lambda \quad \text{und jeden Index } \nu < \lambda,$$

besteht die Gleichung

$$K_\lambda = \bigcap_{\nu < \lambda} K_\nu \quad \text{für jeden Limesindex } \lambda \leq \sigma.$$

Die Invarianzgruppe $B = B(\mathfrak{U}_\nu; \Omega)$ besitzt daher die absteigende Normalteilerfolge (K_ν):

$$K_0 = B; \quad K_{\mu+1} \subseteq K_\mu; \quad K_\sigma = \varepsilon \quad \text{für jeden Index } \mu < \sigma \in \Lambda,$$
$$K_\lambda = \bigcap_{\mu < \lambda} K_\mu \quad \text{für jeden Limesindex } \lambda \leq \sigma.$$

Die Automorphismen $\beta \in M_\lambda \subseteq |B(\mathfrak{U}_\nu; \Omega)|$ sind durch

$$\mathfrak{U}_\nu^\beta = \mathfrak{U}_\nu \quad \text{für jeden Index } \nu < \sigma; \quad U^\beta \equiv U \bmod \mathfrak{U}_\lambda \quad \text{für } U \in \mathfrak{U}_{\lambda+1}$$

gekennzeichnet; infolgedessen gilt

$$K_{\lambda+1} \subseteq M_\lambda \subseteq |B \quad \text{für jeden Index } \lambda < \sigma.$$

Auch der Durchschnitt

$$\Sigma = \Sigma(\mathfrak{U}_\nu; \Omega) = \bigcap_\nu M_\nu \quad \text{über } \nu < \sigma$$

ist Normalteiler der Invarianzgruppe $B(\mathfrak{U}_\nu; \Omega)$. Da $\Sigma(\mathfrak{U}_\nu; \Omega)$ aus allen Automorphismen $\beta \in B(\mathfrak{U}_\nu; \Omega)$ besteht, die in sämtlichen Faktoren $\mathfrak{U}_{\nu+1}/\mathfrak{U}_\nu$ der Ω-Normalfolge $(\mathfrak{U}_\nu)$ die Identität induzieren, kann $\Sigma(\mathfrak{U}_\nu; \Omega)$ als die *Stabilitätsgruppe der Ω-Normalfolge $(\mathfrak{U}_\nu)$ in der Gruppe $\mathfrak{G}; \Omega$* bezeichnet werden. Die Automorphismen $\tau \in \Sigma(\mathfrak{U}_\nu; \Omega)$ sind durch die Bedingungen

$$\mathfrak{U}_\nu^\tau = \mathfrak{U}_\nu \quad \text{und} \quad U^\tau \equiv U \bmod \mathfrak{U}_\nu \quad \text{für jedes } U \in \mathfrak{U}_{\nu+1} \text{ und } \nu < \sigma$$

gekennzeichnet.

Die Bildung der Durchschnitte $\Sigma_\nu = \Sigma \cap K_\nu$ liefert eine absteigende Normalteilerfolge (Σ_ν) in $\Sigma(\mathfrak{U}_\nu; \Omega)$:

$$\Sigma_0 = \Sigma; \quad \Sigma_{\nu+1} \subseteq \Sigma_\nu; \quad \Sigma_\sigma = \varepsilon \quad \text{für jeden Index } \nu < \sigma \in \Lambda,$$
$$\Sigma_\lambda = \bigcap_{\nu < \lambda} \Sigma_\nu \quad \text{für jeden Limesindex } \lambda \leq \sigma.$$

Der Normalteiler $\Sigma_\lambda = \Sigma \cap K_\lambda$ ist die Menge der Automorphismen $\beta \in B(\mathfrak{U}_\nu; \Omega)$, die außer in den Faktoren $\mathfrak{U}_{\nu+1}/\mathfrak{U}_\nu$ auch in der Gruppe $\mathfrak{U}_\lambda$ die Identität induzieren. Da Σ_λ in $\mathfrak{U}_{\lambda+1}$ eine zu $\Sigma_\lambda/\Sigma_{\lambda+1}$ isomorphe Automorphismengruppe induziert, die sowohl im Normalteiler $\mathfrak{U}_\lambda \triangleleft |\mathfrak{U}_{\lambda+1}$

als auch im Faktor $\mathfrak{U}_{\lambda+1}/\mathfrak{U}_\lambda$ die Identität induziert, ist $\Sigma_\lambda/\Sigma_{\lambda+1}$ einer Untergruppe der Stabilitätsgruppe des Normalteilers $\mathfrak{U}_\lambda \triangleleft | \mathfrak{U}_{\lambda+1}$ isomorph, nach Satz 1.3.19 also eine abelsche Gruppe:

Satz 27. *Die Stabilitätsgruppe* $\Sigma(\mathfrak{U}_\nu;\Omega)$ *einer Ω-Normalfolge (bzw. einer Ω-Normalreihe)* $(\mathfrak{U}_\nu)$ *einer Gruppe* $\mathfrak{G};\Omega$ *ist ein auflösbarer (bzw. stark auflösbarer) Normalteiler in der Invarianzgruppe* $\mathsf{B}(\mathfrak{U}_\nu;\Omega)$ *der Ω-Normalfolge (bzw. Ω-Normalreihe)* $(\mathfrak{U}_\nu)$ *in* $\mathfrak{G};\Omega$.

Beweis des Satzes 26. Besitzt die Gruppe $\mathfrak{G}$ (ohne Operatoren) eine Normalteilerfolge $(\mathfrak{N}_\nu)$ mit zyklischen Faktoren $\mathfrak{N}_{\nu+1}/\mathfrak{N}_\nu$, so enthält die Invarianzgruppe $\mathsf{B}(\mathfrak{N}_\nu)$ der Folge $(\mathfrak{N}_\nu)$ die Gruppe $\mathsf{J}(\mathfrak{G})$ der inneren Automorphismen. Da $\mathsf{B}(\mathfrak{N}_\nu)$ im (zyklischen) Faktor $\mathfrak{N}_{\nu+1}/\mathfrak{N}_\nu$ eine abelsche Automorphismengruppe induziert, induziert jeder Kommutator $[\alpha,\beta]$ mit $\alpha,\beta \in \mathsf{B}(\mathfrak{N}_\nu)$ die Identität:

$$[\mathsf{B}(\mathfrak{N}_\nu), \mathsf{B}(\mathfrak{N}_\nu)] = \mathsf{B}'(\mathfrak{N}_\nu) \subseteq \Sigma(\mathfrak{N}_\nu).$$

Nach Satz 27 ist $\mathsf{J}'(\mathfrak{G}) = [\mathsf{J}(\mathfrak{G}), \mathsf{J}(\mathfrak{G})] \subseteq \mathsf{B}'(\mathfrak{N}_\nu) \subseteq \Sigma(\mathfrak{N}_\nu)$ auflösbar. Nun gilt

$$\mathsf{J}'(\mathfrak{G}) \cong [\mathfrak{G}/\mathfrak{Z}, \mathfrak{G}/\mathfrak{Z}] = \mathfrak{G}'\mathfrak{Z}/\mathfrak{Z} \cong \mathfrak{G}'/\mathfrak{Z} \cap \mathfrak{G}'$$

mit dem Kommutator $\mathfrak{G}'$ und dem Zentrum $\mathfrak{Z}(\mathfrak{G}) = \mathfrak{Z}$ der Gruppe $\mathfrak{G}$. Da $\mathfrak{Z} \cap \mathfrak{G}'$ (als abelsche Gruppe) auflösbar ist, ist $\mathfrak{G}'$ und damit auch $\mathfrak{G}$ auflösbar.

Definition 11. *Eine Gruppe* $\mathfrak{G};\Omega$ *ist stark Ω-metazyklisch, wenn sie eine Ω-metazyklische Normalreihe*

$$E = \mathfrak{U}_0 \triangleleft | \mathfrak{U}_1 \triangleleft | \cdots \triangleleft | \mathfrak{U}_{l-1} \triangleleft | \mathfrak{U}_l = \mathfrak{G};\Omega$$

mit zyklischen Faktoren $\mathfrak{U}_\lambda/\mathfrak{U}_{\lambda-1}$ *(für $1 \leq \lambda \leq l$) besitzt.*

Für die abstrakte Gruppeneigenschaft, *stark Ω-metazyklische Gruppe* zu sein, erhalten wir den

Satz 28. *Jedes homomorphe Bild $\overline{\mathfrak{U}};\Omega$ jeder Untergruppe $\mathfrak{U}$ einer stark Ω-metazyklischen Gruppe $\mathfrak{G};\Omega$ ist stark Ω-metazyklisch.*

Ist $\mathfrak{N}$ stark Ω-metazyklischer Normalteiler der Gruppe $\mathfrak{G};\Omega$ mit stark Ω-metazyklischer Faktorgruppe $\mathfrak{G}/\mathfrak{N}$, so ist auch $\mathfrak{G};\Omega$ stark Ω-metazyklisch.

Sind die Untergruppen $\mathfrak{A},\mathfrak{B} \subset \mathfrak{G};\Omega$ stark Ω-metazyklisch und ist eine von ihnen normal in $\mathfrak{G};\Omega$, so ist $\mathfrak{A}\mathfrak{B}$ stark Ω-metazyklisch.

Der Beweis dieses Satzes ergibt sich aus dem Kriterium

Satz 29 (K. A. HIRSCH). *Eine Ω-metazyklische Gruppe $\mathfrak{G};\Omega$ ist genau dann stark Ω-metazyklisch, wenn sie der Maximalbedingung genügt.*

Beweis. In einer Gruppe $\mathfrak{G};\Omega$, die der Maximalbedingung genügt, ist jede Ω-Normalfolge $(\mathfrak{U}_\nu)$ eine Ω-Normalreihe. Andererseits besitzt

3.1.5. Metazyklische Gruppen

eine stark Ω-metazyklische Gruppe $\mathfrak{G};\Omega$ eine Ω-Normalreihe

$$E = \mathfrak{U}_0 \lhd | \mathfrak{U}_1 \lhd | \cdots \lhd | \mathfrak{U}_{l-1} \lhd | \mathfrak{U}_l = \mathfrak{G};\Omega$$

mit zyklischen Faktoren $\mathfrak{U}_\lambda/\mathfrak{U}_{\lambda-1}$ (für $1 \leq \lambda \leq l$). Ist $\mathfrak{U}_{\lambda-1} G_\lambda$ erzeugende Restklasse des Faktors $\mathfrak{U}_\lambda/\mathfrak{U}_{\lambda-1}$, so folgt

$$\mathfrak{G};\Omega = \{G_1, G_2, \ldots, G_l;\Omega\}.$$

Jede Untergruppe $\mathfrak{U} \subset \mathfrak{G};\Omega$ ist stark Ω-metazyklisch, also endlich erzeugbar.

Die abstrakten Gruppeneigenschaften $\mathfrak{m}(\mathfrak{G};\Omega)$, der Maximalbedingung zu genügen, und $\mathfrak{z}_\omega(\mathfrak{G};\Omega)$, eine Ω-metazyklische Gruppe zu sein, sind beide vom Typus (I, II, III,·IV, VI*). Das gleiche gilt nach Satz 29 für die abstrakte Gruppeneigenschaft, eine stark Ω-metazyklische Gruppe zu sein. Diese Aussage ist Inhalt des Satzes 28.

Satz 29*. *Eine metabelsche Gruppe $\mathfrak{G}$ (ohne Operatoren) ist genau dann stark metazyklisch, wenn sie der Maximalbedingung genügt.*

Zu beachten ist, daß eine stark metabelsche Gruppe nicht stark metazyklisch zu sein braucht; eine stark metazyklische Gruppe ist aber stark metabelsch, also stark auflösbar.

Satz 30 (K. A. HIRSCH). *Eine stark metazyklische Gruppe $\mathfrak{G}$ besitzt eine charakteristische Reihe*

$$E = \mathfrak{M}_0 \subset \mathfrak{M}_1 \subset \cdots \subset \mathfrak{M}_{s-1} \subset \mathfrak{M}_s = \mathfrak{G}; \quad \mathfrak{M}_\sigma \lhd \| \mathfrak{G} \quad \text{für } 0 \leq \sigma \leq s-1$$

mit Faktoren $\mathfrak{M}_{\sigma+1}/\mathfrak{M}_\sigma$, die freie abelsche Gruppen endlichen Ranges oder endliche reguläre primäre Gruppen sind.

Beweis. Aus einer metazyklischen Reihe

$$E = \mathfrak{U}_0 \lhd | \mathfrak{U}_1 \lhd | \cdots \lhd | \mathfrak{U}_{l-1} \lhd | \mathfrak{U}_l = \mathfrak{G}$$

der Gruppe $\mathfrak{G}$ mit unendlich zyklischen oder endlich zyklischen Faktoren von Primzahlordnung bilde man den Durchschnitt

$$\bigcap_\alpha \mathfrak{U}_{l-1}^\alpha = \mathfrak{M}_{l-1} \lhd \| \mathfrak{G} \quad \text{über } \alpha \in \mathsf{A}(\mathfrak{G}).$$

Für den Kommutator $\mathfrak{G}' \subseteq \mathfrak{G}$ gilt dabei

$$\mathfrak{G}' \subseteq \mathfrak{U}_{l-1}, \quad \text{also} \quad \mathfrak{G}' \subseteq \mathfrak{M}_{l-1};$$

folglich ist die Faktorgruppe $\mathfrak{G}/\mathfrak{M}_{l-1}$ abelsch. Ist $\mathfrak{G}/\mathfrak{U}_{l-1}$ unendlich zyklisch, so ist $\mathfrak{G}/\mathfrak{M}_{l-1}$ torsionsfrei und (wie $\mathfrak{G}$) endlich erzeugbar, also freie abelsche Gruppe endlichen Ranges. Ist $\mathfrak{G}/\mathfrak{U}_{l-1}$ endlich zyklisch von Primzahlordnung p, so gilt für $G \in \mathfrak{G}$

$$G^p \equiv E \bmod \mathfrak{U}_{l-1}, \quad \text{also} \quad G^p \equiv E \bmod \mathfrak{U}_{l-1}^\alpha \quad \text{und} \quad G^p \equiv E \bmod \mathfrak{M}_{l-1}.$$

Daher ist $\mathfrak{G}/\mathfrak{M}_{l-1}$ endliche reguläre primäre Gruppe. Gehen wir zu der metazyklischen Reihe

$$E = \mathfrak{U}_0 \cap \mathfrak{M}_{l-1} \subseteq \mathfrak{U}_1 \cap \mathfrak{M}_{l-1} \subseteq \cdots \subseteq \mathfrak{U}_{l-1} \cap \mathfrak{M}_{l-1} = \mathfrak{M}_{l-1}$$

für $\mathfrak{M}_{l-1}$ kleinerer Länge über, so kann die Existenz einer Kette

$$E = \mathfrak{M}_0^* \subset \mathfrak{M}_1^* \subset \cdots \subset \mathfrak{M}_{r-1}^* \subset \mathfrak{M}_r^* = \mathfrak{M}_{l-1} \quad \text{mit} \quad \mathfrak{M}_\varrho^* \triangleleft \| \mathfrak{M}_{l-1}$$

und Faktoren $\mathfrak{M}_\varrho^*/\mathfrak{M}_{\varrho-1}^*$ der gewünschten Eigenschaft vorausgesetzt werden; dann erfüllt die Reihe

$$E = \mathfrak{M}_0 \subset \mathfrak{M}_1^* \subset \cdots \subset \mathfrak{M}_{r-1}^* \subset \mathfrak{M}_r^* = \mathfrak{M}_{l-1} \subset \mathfrak{G}$$

in $\mathfrak{G}$ die Behauptung des Satzes.

Satz 30* (K. A. HIRSCH). *Jede stark metazyklische Gruppe $\mathfrak{G}$ besitzt einen torsionsfreien Normalteiler $\mathfrak{H}$ von endlichem Index.*

Beweis. Jede Gruppe $\mathfrak{G}$ besitzt maximale torsionsfreie Normalteiler $\mathfrak{H}$; wir haben zu zeigen, daß für eine stark metazyklische Gruppe $\mathfrak{G}$ die Faktorgruppe $\mathfrak{G}/\mathfrak{H}$ endlich ist.

Die Faktorgruppe $\mathfrak{G}/\mathfrak{H}$ nach einem maximalen torsionsfreien Normalteiler $\mathfrak{H} \subset \mathfrak{G}$ besitzt keinen (von 1 verschiedenen) torsionsfreien Normalteiler. Als homomorphes Bild von $\mathfrak{G}$ ist $\mathfrak{G}/\mathfrak{H}$ stark metazyklisch. Daher ist zu zeigen, daß eine stark metazyklische Gruppe $\mathfrak{G}$ ohne (von E verschiedenen) torsionsfreien Normalteiler eine endliche Gruppe ist.

In einer (nach Satz 30 existierenden) J-metabelschen Reihe

$$E = \mathfrak{N}_0 \subset \mathfrak{N}_1 \subset \cdots \subset \mathfrak{N}_{k-1} \subset \mathfrak{N}_k = \mathfrak{G} \quad \text{mit} \quad \mathfrak{N}_\varkappa \triangleleft | \mathfrak{G} \quad \text{für } 0 \leq \varkappa < k$$

der Gruppe $\mathfrak{G}$ ist dann $\mathfrak{N}_1$ nicht torsionsfrei, enthält also einen endlichen Normalteiler von $\mathfrak{G}$, nämlich die maximale ordnungsfinite Untergruppe von $\mathfrak{N}_1$, die als stark metazyklische Gruppe endlich (und normal in $\mathfrak{G}$) ist. Da $\mathfrak{G}$ der Maximalbedingung genügt, besitzt $\mathfrak{G}$ einen maximalen (von E verschiedenen) endlichen Normalteiler $\mathfrak{N}$; der Zentralisator $\mathfrak{M} = \mathfrak{Z}(\mathfrak{N} \subseteq \mathfrak{G})$ ist dann in $\mathfrak{G}$ normal mit endlicher Faktorgruppe $\mathfrak{G}/\mathfrak{M}$. Das Zentrum $\mathfrak{Z} = \mathfrak{Z}(\mathfrak{N}) = \mathfrak{N} \cap \mathfrak{M}$ ist endlicher Normalteiler von $\mathfrak{G}$. Ist auch $\mathfrak{M}/\mathfrak{Z}$ endlich, so ist $\mathfrak{G}$ endlich; andernfalls besitzt $\mathfrak{M}/\mathfrak{Z}$ nach Satz 30 eine charakteristische Reihe

$$1 = \mathfrak{M}_0/\mathfrak{Z} \subset \mathfrak{M}_1/\mathfrak{Z} \subset \cdots \subset \mathfrak{M}_{l-1}/\mathfrak{Z} \subset \mathfrak{M}_l/\mathfrak{Z} = \mathfrak{M}/\mathfrak{Z},$$

deren Faktoren freie abelsche Gruppen endlichen Ranges oder reguläre primäre Gruppen endlicher Ordnung sind. Die Gruppen $\mathfrak{M}_\lambda$ sind in $\mathfrak{G}$ normal. Nun gilt

$$\mathfrak{M}_1 \mathfrak{N}/\mathfrak{N} \cong \mathfrak{M}_1/\mathfrak{Z} \quad \text{wegen} \quad \mathfrak{Z} \subseteq \mathfrak{M}_1 \cap \mathfrak{N} \subseteq \mathfrak{M} \cap \mathfrak{N} = \mathfrak{Z}.$$

Wäre $\mathfrak{M}_1/\mathfrak{Z}$ endlich, so wäre $\mathfrak{M}_1\mathfrak{N}$ endlich entgegen der Maximaleigenschaft von $\mathfrak{N}$. Folglich ist $\mathfrak{M}_1/\mathfrak{Z}$ freie abelsche Gruppe; da $\mathfrak{Z} = \mathfrak{Z}(\mathfrak{N})$ im Zentrum $\mathfrak{Z}(\mathfrak{M})$, also im Zentrum $\mathfrak{Z}(\mathfrak{M}_1)$ enthalten ist, folgt

$$[\mathfrak{M}_1, \mathfrak{M}_1] \subseteq \mathfrak{Z} \subseteq \mathfrak{Z}(\mathfrak{M}_1).$$

Besitzt $\mathfrak{Z}$ die Ordnung $\operatorname{ord}(\mathfrak{Z}) = z > 0$, so gilt demnach

$$[P, Q]^z = [P^z, Q] = E \qquad \text{für jedes Paar } P, Q \in \mathfrak{M}_1.$$

Die Potenzgruppen $\mathfrak{M}_1^z$ und $\mathfrak{M}_1^{z^2}$ sind daher unendliche abelsche (vollinvariante) Untergruppen in $\mathfrak{M}_1$; da $\mathfrak{M}_1^{z^2}$ keine Elemente aus $\mathfrak{Z}$ enthält, ist $\mathfrak{M}_1^{z^2}$ freier abelscher Normalteiler in $\mathfrak{G}$ entgegen der Voraussetzung über $\mathfrak{G}$. Die Annahme, daß $\mathfrak{M}/\mathfrak{Z}$ unendlich sei, ist also unhaltbar.

3.1.6. Nilpotente Gruppen

Eine Gruppe $\mathfrak{G}; \Omega$ ist *Fixgruppe (bezüglich Ω)*, wenn

$$G^\omega = G \quad \text{oder} \quad G^{-1}G^\omega = E \qquad \text{für jedes } \omega \in \Omega \text{ und } G \in \mathfrak{G}; \Omega.$$

Die abstrakte Gruppeneigenschaft $\mathfrak{f}(\mathfrak{G}; \Omega)$, eine *Fixgruppe (bezüglich Ω)* zu sein, ist vom Typus (I, II, III, V, VI). Daher ist die Menge aller Fixuntergruppen in einer Gruppe $\mathfrak{G}; \Omega$ ein abgeschlossener Verband; es gibt in $\mathfrak{G}; \Omega$ eine einzige maximale (Ω-vollinvariante) Fixuntergruppe $\mathfrak{X}(\mathfrak{G}; \Omega)$ und einen einzigen (streng Ω-charakteristischen) Fixnormalteiler $\mathfrak{Y}(\mathfrak{G}; \Omega)$. Die Gruppen $\mathfrak{X} = \mathfrak{X}(\mathfrak{G}; \Omega)$ und $\mathfrak{Y} = \mathfrak{Y}(\mathfrak{G}; \Omega)$ sind als maximale Untergruppen in $\mathfrak{G}; \Omega$ gekennzeichnet, die den Bedingungen genügen:

$$[\mathfrak{X}, \Omega] = E; \qquad [\mathfrak{Y}, \Omega] = [[\mathfrak{G}, \Omega], \mathfrak{Y}] = E. \tag{1}$$

Man erkennt leicht, daß für Untergruppen $\mathfrak{U} \subset \mathfrak{G}; \Omega$ und Faktorgruppen $\mathfrak{G}/\mathfrak{N}; \Omega$ nach Normalteilern $\mathfrak{N} \triangleleft \mathfrak{G}; \Omega$ gilt

$$\mathfrak{U} \cap \mathfrak{X}(\mathfrak{G}; \Omega) = \mathfrak{X}(\mathfrak{U}; \Omega); \qquad \mathfrak{U} \cap \mathfrak{Y}(\mathfrak{G}; \Omega) \subseteq \mathfrak{Y}(\mathfrak{U}; \Omega); \tag{2.1}$$

$$\mathfrak{X}(\mathfrak{G}; \Omega) \mathfrak{N}/\mathfrak{N} \subseteq \mathfrak{X}(\mathfrak{G}/\mathfrak{N}; \Omega); \qquad \mathfrak{Y}(\mathfrak{G}; \Omega) \mathfrak{N}/\mathfrak{N} \subseteq \mathfrak{Y}(\mathfrak{G}/\mathfrak{N}; \Omega). \tag{2.2}$$

Die maximale Fixuntergruppe $\mathfrak{X}(\mathfrak{G}; \Omega)$ stimmt nicht immer mit dem maximalen Fixnormalteiler $\mathfrak{Y}(\mathfrak{G}; \Omega)$ überein, wohl aber dann, wenn Ω ein für $\mathfrak{G}$ normaler Operatorenbereich ist.

Da die Eigenschaft $\mathfrak{f}(\mathfrak{G}; \Omega)$ vom Typus (I, II, III) ist, können die Ergebnisse des Abschnittes 3.1.3 herangezogen werden:

Definition 12. *Eine Gruppe $\mathfrak{G}; \Omega$ ist Ω-nilpotent, wenn sie eine Ω-Normalfolge $(\mathfrak{U}_\nu)$ besitzt mit den Eigenschaften:*

$$\mathfrak{U}_0 = E; \quad [\mathfrak{U}_{\nu+1}, \Omega] \subseteq \mathfrak{U}_\nu; \quad \mathfrak{U}_\sigma = \mathfrak{G}; \Omega \quad \textit{für jeden Index } \nu < \sigma \in \Lambda,$$

$$\mathfrak{U}_\lambda = \bigcup_{\nu < \lambda} \mathfrak{U}_\nu \qquad \textit{für jeden Limesindex } \lambda \leq \sigma.$$

Wir nennen eine solche Ω-Normalfolge in einer (Ω-nilpotenten) Gruppe $\mathfrak{G};\Omega$ eine *Fixgruppenfolge*, da ihre Faktoren wegen

$$[\mathfrak{U}_{\nu+1}/\mathfrak{U}_\nu, \Omega] = [\mathfrak{U}_{\nu+1}, \Omega]\,\mathfrak{U}_\nu/\mathfrak{U}_\nu = 1$$

Fixgruppen (bezüglich Ω) sind.

Da die Eigenschaft, Ω-nilpotente Gruppe zu sein, mit der aus der Eigenschaft $\mathfrak{f}(\mathfrak{G};\Omega)$ abgeleiteten Gruppeneigenschaft $\mathfrak{f}_\omega(\mathfrak{G};\Omega)$ gleichwertig ist, erhalten wir als Folgerung des Satzes 15:

Satz 31. *Jedes homomorphe Bild* $\overline{\mathfrak{U}};\Omega$ *jeder Untergruppe* $\mathfrak{U}$ *einer Ω-nilpotenten Gruppe* $\mathfrak{G};\Omega$ *ist Ω-nilpotent.*

Sind ein Normalteiler $\mathfrak{N}\triangleleft\mathfrak{G};\Omega$ *und seine Faktorgruppe* $\mathfrak{G}/\mathfrak{N};\Omega$ *Ω-nilpotent, so ist auch* $\mathfrak{G};\Omega$ *Ω-nilpotent.*

Sind $\mathfrak{A},\mathfrak{B}$ *Ω-nilpotente Untergruppen einer Gruppe* $\mathfrak{G};\Omega$, *ist eine von ihnen normal in* $\mathfrak{G};\Omega$, *so ist* $\mathfrak{A}\mathfrak{B}$ *Ω-nilpotent.*

Die Menge $\mathsf{N}_\mathfrak{f}$ *aller Ω-nilpotenten Normalteiler einer Gruppe* $\mathfrak{G};\Omega$ *ist ein abgeschlossener Verband. Der einzige maximale Ω-nilpotente Normalteiler* $\mathfrak{N}_\mathfrak{f}$ *einer Gruppe* $\mathfrak{G};\Omega$ *ist Ω-charakteristisch in* $\mathfrak{G};\Omega$; *seine Faktorgruppe* $\mathfrak{G}/\mathfrak{N}_\mathfrak{f};\Omega$ *enthält keinen von 1 verschiedenen Ω-nilpotenten Normalteiler.*

Unter der (einschränkenden) Annahme, daß Ω ein *für $\mathfrak{G}$ normaler Operatorenbereich* sei, ist die maximale Fixuntergruppe $\mathfrak{X}(\mathfrak{G};\Omega)$ normal in $\mathfrak{G};\Omega$. Daher kann die *Folge* $(\mathfrak{X}_\nu)$ *iterierter Fixgruppen (bezüglich Ω)* gebildet werden:

$$\mathfrak{X}_0 = E; \quad \mathfrak{X}_{\nu+1}/\mathfrak{X}_\nu = \mathfrak{X}(\mathfrak{G}/\mathfrak{X}_\nu;\Omega) \quad \text{für jeden Index } \nu\in\Lambda,$$

$$\mathfrak{X}_\lambda = \bigcup_{\nu<\lambda}\mathfrak{X}_\nu \quad \text{für jeden Limesindex } \lambda\in\Lambda.$$

Da Ω auch für jedes homomorphe Bild $\overline{\mathfrak{G}};\Omega$ von $\mathfrak{G};\Omega$ normal ist, ist $(\mathfrak{X}_\nu)$ Normalteilerfolge in $\mathfrak{G};\Omega$; überdies ist $\mathfrak{X}_{\nu+1}$ für jedes $\nu\in\Lambda$ gekennzeichnet als maximale Untergruppe von $\mathfrak{G}$ der Eigenschaft

$$[\mathfrak{X}_{\nu+1},\Omega] \subseteq \mathfrak{X}_\nu.$$

Ferner besteht für einen ersten Index $\sigma\in\Lambda$ die Gleichung

$$\mathfrak{X}(\mathfrak{G}/\mathfrak{X}_\sigma;\Omega) = 1 \quad \text{oder} \quad \mathfrak{X}_\sigma = \mathfrak{X}_{\sigma+1}.$$

Die *Hyperfixgruppe*

$$\mathfrak{H}(\mathfrak{G};\Omega) = \bigcup_{\nu\in\Lambda}\mathfrak{X}_\nu = \mathfrak{X}_\sigma$$

der Gruppe $\mathfrak{G};\Omega$ ist das erste Glied der Folge $(\mathfrak{X}_\nu)$, dessen Faktorgruppe $\mathfrak{G}/\mathfrak{H}$ keinen (von 1 verschiedenen) Fixnormalteiler (bezüglich Ω) enthält.

3.1.6. Nilpotente Gruppen

Satz 31*. *Es sei $\mathfrak{G};\Omega$ eine Gruppe mit normalem Operatorenbereich Ω. Genau dann ist $\mathfrak{G};\Omega$ Ω-nilpotent, wenn*

$$\mathfrak{G};\Omega = \bigcup_{\nu \in \Lambda} \mathfrak{X}_\nu = \mathfrak{H}(\mathfrak{G};\Omega).$$

Beweis. Unter der Voraussetzung $\mathfrak{G};\Omega = \mathfrak{H}(\mathfrak{G};\Omega) = \mathfrak{X}_\sigma$ genügt die Fixgruppenfolge $(\mathfrak{X}_\nu)$ von $\mathfrak{G};\Omega$ den Forderungen

$$\mathfrak{X}_0 = E; \quad [\mathfrak{X}_{\nu+1}, \Omega] \subseteq \mathfrak{X}_\nu; \quad \mathfrak{X}_\sigma = \mathfrak{G};\Omega \quad \text{für jeden Index } \nu < \sigma \in \Lambda,$$

$$\mathfrak{X}_\lambda = \bigcup_{\nu < \lambda} \mathfrak{X}_\nu \quad \text{für jeden Limesindex } \lambda \leq \sigma.$$

Mithin ist $\mathfrak{G};\Omega$ Ω-nilpotent.

Eine Ω-nilpotente Gruppe $\mathfrak{G};\Omega$ besitzt eine Fixgruppenfolge

$$\mathfrak{U}_0 = E; \quad [\mathfrak{U}_{\nu+1}, \Omega] \subseteq \mathfrak{U}_\nu; \quad \mathfrak{U}_\sigma = \mathfrak{G};\Omega \quad \text{für jeden Index } \nu < \sigma \in \Lambda,$$

$$\mathfrak{U}_\lambda = \bigcup_{\nu < \lambda} \mathfrak{U}_\nu \quad \text{für jeden Limesindex } \lambda \leq \sigma.$$

Ist Ω für die Gruppe $\mathfrak{G}$ normal, so bestehen die Beziehungen

$$\mathfrak{U}_\lambda \subseteq \mathfrak{X}_\lambda \quad \text{für jeden Index } \lambda \in \Lambda.$$

Wird diese Behauptung für jeden Index $\nu < \lambda$ als bewiesen vorausgesetzt, so folgt für einen Limesindex λ

$$\mathfrak{U}_\lambda = \bigcup_{\nu < \lambda} \mathfrak{U}_\nu \subseteq \bigcup_{\nu < \lambda} \mathfrak{X}_\nu = \mathfrak{X}_\lambda;$$

ist λ nicht Limesindex, so folgt

$$[\mathfrak{U}_\lambda \mathfrak{X}_\lambda, \Omega] \subseteq [\mathfrak{U}_\lambda, \Omega][\mathfrak{X}_\lambda, \Omega] \subseteq \mathfrak{U}_{\lambda-1} \mathfrak{X}_{\lambda-1} = \mathfrak{X}_{\lambda-1},$$

also

$$\mathfrak{U}_\lambda \mathfrak{X}_\lambda / \mathfrak{X}_{\lambda-1} \subseteq \mathfrak{X}(\mathfrak{G}/\mathfrak{X}_{\lambda-1};\Omega) = \mathfrak{X}_\lambda / \mathfrak{X}_{\lambda-1} \quad \text{und} \quad \mathfrak{U}_\lambda \subseteq \mathfrak{X}_\lambda.$$

Mithin besteht auch die Beziehung $\mathfrak{G};\Omega = \mathfrak{U}_\sigma = \mathfrak{X}_\sigma$.

Den Sätzen 14 und 14* kann ferner entnommen werden:

Satz 31**. *Es sei $\mathfrak{G};\Omega$ eine Gruppe mit normalem Operatorenbereich Ω. Genau dann ist ein Normalteiler $\mathfrak{N} \subseteq | \mathfrak{G};\Omega$ Ω-nilpotent, wenn er in der Hyperfixgruppe $\mathfrak{H}(\mathfrak{G};\Omega)$ von $\mathfrak{G};\Omega$ enthalten ist.*

Jede Untergruppe $\mathfrak{U} \subseteq \mathfrak{H}(\mathfrak{G};\Omega)$ ist Ω-nilpotent; ferner ist $\mathfrak{H}(\mathfrak{G};\Omega)$ Durchschnitt aller Normalteiler $\mathfrak{N} \subseteq | \mathfrak{G};\Omega$, deren Faktorgruppe $\mathfrak{G}/\mathfrak{N};\Omega$ keinen Ω-nilpotenten Normalteiler (außer 1) enthält.

Eine Gruppe $\mathfrak{G};\Omega$ ist genau dann Ω-nilpotent, wenn jedes von 1 verschiedene homomorphe Bild $\overline{\mathfrak{G}};\Omega$ einen von 1 verschiedenen Fixnormalteiler (bezüglich Ω) enthält.

Das Dualitätsprinzip führt auf folgende Tatsachen:

Die Menge der Normalteiler $\mathfrak{N}$ einer Gruppe $\mathfrak{G};\Omega$, deren Faktorgruppen $\mathfrak{G}/\mathfrak{N};\Omega$ Fixgruppen bezüglich Ω sind:

$$[\mathfrak{G}/\mathfrak{N}, \Omega] = [\mathfrak{G}, \Omega]\,\mathfrak{N}/\mathfrak{N} = 1 \quad \text{oder} \quad [\mathfrak{G}, \Omega] \subseteq \mathfrak{N}$$

ist ein (nach unten abgeschlossener) absteigender Halbverband; der Ω-Kommutator $[\mathfrak{G}, \Omega]$ ist der minimale Normalteiler von $\mathfrak{G};\Omega$ dieses Halbverbandes.

Die Gleichung $[\mathfrak{G}, \Omega] = \mathfrak{G};\Omega$ kennzeichnet die Ω-*perfekten Gruppen* $\mathfrak{G};\Omega$; im allgemeinen Falle kann in der Gruppe $\mathfrak{G};\Omega$ die *absteigende Ω-Normalfolge* $(\mathfrak{C}_\nu)$ *der iterierten Ω-Kommutatoren* $\mathfrak{C}_\nu(\mathfrak{G};\Omega)$ erklärt werden durch:

$$\mathfrak{C}_0 = \mathfrak{G};\Omega; \quad \mathfrak{C}_{\nu+1} = [\mathfrak{C}_\nu, \Omega] \quad \text{für jeden Index } \nu \in \Lambda,$$

$$\mathfrak{C}_\lambda = \bigcap_{\nu < \lambda} \mathfrak{C}_\nu \quad \text{für jeden Limesindex } \lambda \in \Lambda.$$

Für einen ersten Index $\tau \in \Lambda$ besteht die Gleichung

$$\mathfrak{C}_\tau = \mathfrak{C}_{\tau+1} = [\mathfrak{C}_\tau, \Omega];$$

man bezeichnet diese erste Ω-perfekte Gruppe in der Folge $(\mathfrak{C}_\nu(\mathfrak{G};\Omega))$ als *die Ω-Potenz der Gruppe* $\mathfrak{G};\Omega$:

$$\mathfrak{P}(\mathfrak{G};\Omega) = \bigcap_{\nu \in \Lambda} \mathfrak{C}_\nu(\mathfrak{G};\Omega) = \mathfrak{C}_\tau(\mathfrak{G};\Omega).$$

Die Glieder der Folge $(\mathfrak{C}_\nu(\mathfrak{G};\Omega))$ sind Ω-vollinvariant, im allgemeinen aber nicht normal in $\mathfrak{G};\Omega$. Die Potenz $\mathfrak{P}(\mathfrak{G};\Omega)$ ist Kompositum aller Ω-perfekten Untergruppen von $\mathfrak{G};\Omega$. Ferner bestehen für Untergruppen $\mathfrak{U} \subset \mathfrak{G};\Omega$ und Normalteiler $\mathfrak{M} \triangleleft \mathfrak{G};\Omega$ die Beziehungen

$$\mathfrak{C}_\nu(\mathfrak{U};\Omega) \subseteq \mathfrak{U} \cap \mathfrak{C}_\nu(\mathfrak{G};\Omega), \tag{3.1}$$

$$\mathfrak{C}_\nu(\mathfrak{G};\Omega)\,\mathfrak{M}/\mathfrak{M} \subseteq \mathfrak{C}_\nu(\mathfrak{G}/\mathfrak{M};\Omega), \tag{3.2}$$

insbesondere also

$$\mathfrak{P}(\mathfrak{U};\Omega) \subseteq \mathfrak{U} \cap \mathfrak{P}(\mathfrak{G};\Omega), \tag{4.1}$$

$$\mathfrak{P}(\mathfrak{G};\Omega)\,\mathfrak{M}/\mathfrak{M} \subseteq \mathfrak{P}(\mathfrak{G}/\mathfrak{M};\Omega). \tag{4.2}$$

Definition 12*. *Eine Gruppe $\mathfrak{G};\Omega$ ist nach unten Ω-nilpotent, wenn sie eine absteigende Ω-Normalfolge $(\mathfrak{U}_\nu)$ besitzt mit den Eigenschaften*

$$\mathfrak{U}_0 = \mathfrak{G};\Omega; \quad [\mathfrak{U}_\nu, \Omega] \subseteq \mathfrak{U}_{\nu+1}; \quad \mathfrak{U}_\tau = E \quad \textit{für jeden Index } \nu < \tau \in \Lambda,$$

$$\mathfrak{U}_\lambda = \bigcap_{\nu < \lambda} \mathfrak{U}_\nu \quad \textit{für jeden Limesindex } \lambda \leq \tau.$$

Wir bezeichnen eine solche Folge $(\mathfrak{U}_\nu)$ als *absteigende Fixgruppenfolge in* $\mathfrak{G};\Omega$, da ihre Faktoren Fixgruppen (bezüglich Ω) sind:

$$[\mathfrak{U}_\nu/\mathfrak{U}_{\nu+1}, \Omega] = [\mathfrak{U}_\nu, \Omega]\,\mathfrak{U}_{\nu+1}/\mathfrak{U}_{\nu+1} = 1.$$

3.1.6. Nilpotente Gruppen

Unmittelbare Folgerung des Satzes 16* ist das Kriterium

Satz 32. *Eine Gruppe* $\mathfrak{G};\Omega$ *ist genau dann nach unten* Ω-*nilpotent, wenn* $\mathfrak{P}(\mathfrak{G};\Omega) = E$.

Die Folge $(\mathfrak{C}_\nu(\mathfrak{G};\Omega))$ der iterierten Ω-Kommutatoren in einer nach unten Ω-nilpotenten Gruppe $\mathfrak{G};\Omega$ ist eine Fixgruppenfolge; wegen der für jede absteigende Fixgruppenfolge $(\mathfrak{U}_\nu)$ gültigen Beziehung

$$\mathfrak{C}_\nu(\mathfrak{G};\Omega) \subseteq \mathfrak{U}_\nu \quad \text{für jeden Index } \nu \in \Lambda$$

ist sie die *unterste absteigende Fixgruppenfolge in* $\mathfrak{G};\Omega$.

Besondere Erwähnung verdient der *Typus der stark* Ω-*nilpotenten Gruppe* $\mathfrak{G};\Omega$, die eine Fixgruppenreihe besitzt:

$$E = \mathfrak{U}_0 \triangleleft |\, \mathfrak{U}_1 \triangleleft |\, \cdots \triangleleft |\, \mathfrak{U}_{l-1} \triangleleft |\, \mathfrak{U}_l = \mathfrak{G};\Omega \quad \text{mit} \quad [\mathfrak{U}_\lambda, \Omega] \subseteq \mathfrak{U}_{\lambda-1} \text{ für } 1 \leq \lambda \leq l.$$

Eine stark Ω-nilpotente Gruppe ist zugleich (nach oben) Ω-nilpotent und nach unten Ω-nilpotent und besitzt daher eine endliche Reihe iterierter Ω-Kommutatoren

$$\mathfrak{G};\Omega = \mathfrak{C}_0(\mathfrak{G};\Omega) \,|\!\triangleright\, \mathfrak{C}_1(\mathfrak{G};\Omega) \,|\!\triangleright\, \cdots \,|\!\triangleright\, \mathfrak{C}_{k-1}(\mathfrak{G};\Omega) \,|\!\triangleright\, \mathfrak{C}_k(\mathfrak{G};\Omega) = E;$$

ihre Länge $k = k(\mathfrak{G};\Omega)$ nennt man die *Klasse der Gruppe* $\mathfrak{G};\Omega$. Da jede Fixgruppenreihe

$$E = \mathfrak{U}_0 \triangleleft |\, \mathfrak{U}_1 \triangleleft |\, \cdots \triangleleft |\, \mathfrak{U}_{l-1} \triangleleft |\, \mathfrak{U}_l = \mathfrak{G};\Omega$$

der stark Ω-nilpotenten Gruppe $\mathfrak{G};\Omega$ auf Grund der Beziehung

$$\mathfrak{C}_\lambda(\mathfrak{G};\Omega) \subseteq \mathfrak{U}_{l-\lambda} \quad \text{für } 0 \leq \lambda \leq l$$

eine Länge $l \geq k(\mathfrak{G};\Omega)$ besitzt, ist die Klasse $k(\mathfrak{G};\Omega)$ eine Invariante der Gruppe $\mathfrak{G};\Omega$.

In einer stark Ω-nilpotenten Gruppe $\mathfrak{G};\Omega$ der Klasse k mit einem für $\mathfrak{G}$ normalen Operatorenbereich Ω läßt sich auch die aufsteigende Folge $(\mathfrak{X}_\nu)$ der iterierten Fixgruppen in $\mathfrak{G};\Omega$ bilden. Da die Folge $(\mathfrak{C}_{k-\nu}(\mathfrak{G};\Omega))$ für $0 \leq \nu \leq k$ aufsteigende Fixgruppenfolge in $\mathfrak{G};\Omega$ ist, also die Beziehungen

$$\mathfrak{C}_{k-\nu}(\mathfrak{G};\Omega) \subseteq \mathfrak{X}_\nu \quad \text{für } 0 \leq \nu \leq k$$

bestehen, hat die Folge $(\mathfrak{X}_\nu)$ höchstens die Länge $k = k(\mathfrak{G};\Omega)$.

Satz 33 (P. HALL). *Ist* $\mathfrak{G};\Omega$ *eine stark* Ω-*nilpotente Gruppe mit normalem Operatorenbereich* Ω, *so besitzen die Reihe* $(\mathfrak{C}_\nu(\mathfrak{G};\Omega))$ *der iterierten* Ω-*Kommutatoren und die Reihe* $(\mathfrak{X}_\nu)$ *der iterierten Fixgruppen in* $\mathfrak{G};\Omega$ *gleiche Länge* $k = k(\mathfrak{G};\Omega)$.

Den wichtigsten Sonderfall erhalten wir für den Operatorenbereich $J = J(\mathfrak{G})$ der inneren Automorphismen. Eine Fixuntergruppe $\mathfrak{U}$ der Gruppe $\mathfrak{G};J$ (bezüglich J) ist gekennzeichnet durch

$$[\mathfrak{U}, J] = [\mathfrak{U}, \mathfrak{G}] = E;$$

das Zentrum $\mathfrak{Z}(\mathfrak{G})$ ist daher maximale Fixgruppe in $\mathfrak{G}$ (bezüglich J). Der J-Kommutator $[\mathfrak{G}, J] = [\mathfrak{G}, \mathfrak{G}]$ ist der Kommutator von $\mathfrak{G}$.

Eine J-Normalfolge $(\mathfrak{U}_\nu)$ der Gruppe $\mathfrak{G}; J$ ist Fixgruppenfolge in $\mathfrak{G}$ (bezüglich J) oder *(aufsteigende) Zentralfolge in* $\mathfrak{G}$, wenn sie die Eigenschaften besitzt:

$$\mathfrak{U}_0 = E; \quad [\mathfrak{U}_{\nu+1}, \mathfrak{G}] \subseteq \mathfrak{U}_\nu \subset \mathfrak{U}_{\nu+1}; \quad \mathfrak{U}_\sigma = \mathfrak{G} \quad \text{für jeden Index } \nu < \sigma \in \Lambda,$$
$$\mathfrak{U}_\lambda = \bigcup_{\nu < \lambda} \mathfrak{U}_\nu \quad \text{für jeden Limesindex } \lambda \leq \sigma.$$

Daß die Gruppen $\mathfrak{U}_\nu$ normal in $\mathfrak{G}$ sind, erkennt man bereits aus

$$[\mathfrak{U}_{\nu+1}, \mathfrak{U}_{\nu+1}] \subseteq [\mathfrak{U}_{\nu+1}, \mathfrak{G}] \subseteq \mathfrak{U}_\nu \subset \mathfrak{U}_{\nu+1} \quad \text{für } \nu < \sigma.$$

Da die Faktoren $\mathfrak{U}_{\nu+1}/\mathfrak{U}_\nu$ abelsche Gruppen sind, ist eine Gruppe $\mathfrak{G}$ mit aufsteigender Zentralfolge eine J-metabelsche Gruppe.

In geringer, aber doch wesentlicher Abänderung der bisherigen Überlegungen erklären wir nun:

Definition 13. *Eine Gruppe $\mathfrak{G}$ (ohne Operatoren) ist nilpotent, wenn sie eine aufsteigende Zentralfolge besitzt.*

Der Begriff der nilpotenten Gruppe $\mathfrak{G}$ stimmt mit dem Begriff der J-nilpotenten Gruppe $\mathfrak{G}; J$ für den Operatorenbereich $J = J(\mathfrak{G})$ nur überein, wenn ausschließlich die Gruppe $\mathfrak{G}$ und ihre homomorphen Bilder $\overline{\mathfrak{G}} = \mathfrak{G}/\mathfrak{N}$ zur Konkurrenz zugelassen werden. Ein Normalteiler $\mathfrak{N}$ der J-nilpotenten Gruppe $\mathfrak{G}; J$ ist J-nilpotent und auch J^*-nilpotent für den Operatorenbereich $J^* = J(\mathfrak{N})$, also nilpotent im Sinne der Definition 13. Umgekehrt ist ein nilpotenter Normalteiler $\mathfrak{N} \triangleleft | \mathfrak{G}$ zwar J^*-nilpotent für $J^* = J(\mathfrak{N})$, im allgemeinen aber nicht J-nilpotent für $J = J(\mathfrak{G})$. Die bisherigen Ergebnisse sind daher auf den Begriff der nilpotenten Gruppe nicht mehr in vollem Umfange übertragbar.

In einer Gruppe $\mathfrak{G}$ ist maximale Fixgruppe bezüglich $J = J(\mathfrak{G})$ das Zentrum $\mathfrak{Z}(\mathfrak{G})$; die Bildung der iterierten Fixgruppen führt auf die *aufsteigende Zentrenfolge*:

$$\mathfrak{Z}_0(\mathfrak{G}) = E; \quad \mathfrak{Z}_{\nu+1}(\mathfrak{G})/\mathfrak{Z}_\nu(\mathfrak{G}) = \mathfrak{Z}(\mathfrak{G}/\mathfrak{Z}_\nu(\mathfrak{G})) \quad \text{für jeden Index } \nu \in \Lambda,$$
$$\mathfrak{Z}_\lambda(\mathfrak{G}) = \bigcup_{\nu < \lambda} \mathfrak{Z}_\nu(\mathfrak{G}) \quad \text{für jeden Limesindex } \lambda \in \Lambda.$$

Die Vereinigung

$$\mathfrak{Z}_\sigma(\mathfrak{G}) = \bigcup_{\nu \in \Lambda} \mathfrak{Z}_\nu(\mathfrak{G}) \quad \text{für einen ersten Index } \sigma \in \Lambda$$

der Folge ist das *Hyperzentrum der Gruppe* $\mathfrak{G}$, das nach Satz 14 auch Durchschnitt aller Normalteiler $\mathfrak{N} \subseteq | \mathfrak{G}$ ist, deren Faktorgruppen $\mathfrak{G}/\mathfrak{N}$ *Gruppen ohne Zentrum sind.*

3.1.6. Nilpotente Gruppen

Als Anwendung des Satzes 31* erhalten wir

Satz 34. *Eine Gruppe $\mathfrak{G}$ ist genau dann nilpotent, wenn sie mit ihrem Hyperzentrum übereinstimmt:*

$$\mathfrak{G} = \sum_{\nu \in \Lambda} \mathfrak{Z}_\nu(\mathfrak{G}).$$

Ferner entnimmt man dem Satz 31**, da $\mathsf{J} = \mathsf{J}(\mathfrak{G})$ stark normaler Operatorenbereich für $\mathfrak{G}$ ist:

Satz 34*. *Eine Gruppe $\mathfrak{G}$ ist genau dann nilpotent, wenn jedes von 1 verschiedene homomorphe Bild $\overline{\mathfrak{G}}$ von $\mathfrak{G}$ ein von 1 verschiedenes Zentrum $\mathfrak{Z}(\overline{\mathfrak{G}})$ besitzt.*

Eine Zentralfolge $(\mathfrak{U}_\nu)$ einer nilpotenten Gruppe $\mathfrak{G}$:

$$\mathfrak{U}_0 = E; \quad [\mathfrak{U}_{\nu+1}, \mathfrak{G}] \subseteq \mathfrak{U}_\nu \subset \mathfrak{U}_{\nu+1}; \quad \mathfrak{U}_\sigma = \mathfrak{G} \quad \text{für jeden Index } \nu < \sigma \in \Lambda,$$

$$\mathfrak{U}_\lambda = \bigcup_{\nu < \lambda} \mathfrak{U}_\nu \quad \text{für jeden Limesindex } \lambda \leq \sigma,$$

erfüllt auch die Beziehungen

$$[\mathfrak{G}/\mathfrak{U}_\nu, \mathfrak{U}_{\nu+1}/\mathfrak{U}_\nu] = 1 \quad \text{oder} \quad \mathfrak{U}_{\nu+1}/\mathfrak{U}_\nu \subseteq \mathfrak{Z}(\mathfrak{G}/\mathfrak{U}_\nu) \quad \text{für } \nu < \sigma;$$

auf Grund der Beziehungen

$$\mathfrak{U}_\nu \subseteq \mathfrak{Z}_\nu(\mathfrak{G}) \quad \text{für } \nu < \sigma$$

wird die Zentrenfolge $(\mathfrak{Z}_\nu(\mathfrak{G}))$ einer nilpotenten Gruppe $\mathfrak{G}$ als die *oberste Zentralfolge der Gruppe* bezeichnet.

Da die oberste Zentralfolge $(\mathfrak{Z}_\nu)$ einer nilpotenten Gruppe $\mathfrak{G}$ eine charakteristische Folge in $\mathfrak{G}$ ist mit abelschen Faktoren, folgt

Satz 35. *Eine nilpotente Gruppe $\mathfrak{G}$ ist A-metabelsch und J-metazyklisch mit den Operatorenbereichen $\mathsf{A} = \mathsf{A}(\mathfrak{G})$ bzw. $\mathsf{J} = \mathsf{J}(\mathfrak{G})$.*

Eine nilpotente Gruppe $\mathfrak{G}$ ist auflösbar.

Beweis. Jeder (abelsche) Faktor $\mathfrak{Z}_{\nu+1}/\mathfrak{Z}_\nu$ der Zentrenfolge $(\mathfrak{Z}_\nu)$ in der nilpotenten Gruppe $\mathfrak{G}$ besitzt eine metazyklische Folge:

$$\mathfrak{B}_0 = \mathfrak{Z}_\nu; \quad \mathfrak{B}_\mu \triangleleft \mathfrak{B}_{\mu+1}; \quad \mathfrak{B}_\tau = \mathfrak{Z}_{\nu+1} \quad \text{für jeden Index } \mu < \tau \in \Lambda,$$

$$\mathfrak{B}_\lambda = \bigcup_{\mu < \lambda} \mathfrak{B}_\mu \quad \text{für jeden Limesindex } \lambda \leq \tau,$$

mit zyklischen Faktoren $\mathfrak{B}_{\mu+1}/\mathfrak{B}_\mu$. Da überdies

$$\mathfrak{B}_\mu/\mathfrak{Z}_\nu \subset \mathfrak{Z}_{\nu+1}/\mathfrak{Z}_\nu = \mathfrak{Z}(\mathfrak{G}/\mathfrak{Z}_\nu), \quad \text{also} \quad \mathfrak{B}_\mu/\mathfrak{Z}_\nu \triangleleft \mathfrak{G}/\mathfrak{Z}_\nu,$$

läßt sich die Zentrenfolge $(\mathfrak{Z}_\nu)$ zu einer Normalteilerfolge in $\mathfrak{G}$ mit zyklischen Faktoren verfeinern. Die letzte Aussage ist nun Folgerung des Satzes 26.

Satz 36. *Jedes homomorphe Bild $\overline{\mathfrak{U}}$ jeder Untergruppe $\mathfrak{U}$ einer nilpotenten Gruppe $\mathfrak{G}$ ist nilpotent.*

Das direkte Produkt zweier nilpotenter Normalteiler einer Gruppe $\mathfrak{G}$ ist nilpotent.

Beweis. Eine Zentralfolge $(\mathfrak{A}_\nu)$ der Gruppe $\mathfrak{G}$ liefert eine Zentralfolge $(\mathfrak{U} \cap \mathfrak{A}_\nu)$ für die Untergruppe $\mathfrak{U} \subset \mathfrak{G}$; denn es gilt

$$[\mathfrak{U}, \mathfrak{U} \cap \mathfrak{A}_{\nu+1}] \subseteq \mathfrak{U} \cap [\mathfrak{G}, \mathfrak{A}_{\nu+1}] \subseteq \mathfrak{U} \cap \mathfrak{A}_\nu \quad \text{für jedes } \nu \in \Lambda.$$

Nach Streichung von Wiederholungen bleibt eine Zentralfolge für $\mathfrak{U}$. In ähnlicher Weise erhält man eine Zentralfolge $(\mathfrak{a}_\nu) = (\mathfrak{A}_\nu \mathfrak{N}/\mathfrak{N})$ des homomorphen Bildes $\overline{\mathfrak{G}} = \mathfrak{G}/\mathfrak{N}$; denn es gilt

$$[\mathfrak{G}, \mathfrak{A}_{\nu+1}\mathfrak{N}] = [\mathfrak{G}, \mathfrak{A}_{\nu+1}] [\mathfrak{G}, \mathfrak{N}] \subseteq \mathfrak{A}_\nu \mathfrak{N} \subseteq \mathfrak{A}_{\nu+1}\mathfrak{N},$$

also

$$[\mathfrak{G}/\mathfrak{N}, \mathfrak{A}_{\nu+1}\mathfrak{N}/\mathfrak{N}] \subseteq \mathfrak{A}_\nu \mathfrak{N}/\mathfrak{N} \subseteq \mathfrak{A}_{\nu+1}\mathfrak{N}/\mathfrak{N}.$$

Nach Streichung von Wiederholungen entsteht eine Zentralfolge für $\mathfrak{G}/\mathfrak{N}$.

Für fremde nilpotente Normalteiler $\mathfrak{N}_1, \mathfrak{N}_2 \triangleleft \mathfrak{G}$ gilt

$$\mathfrak{Z}_\lambda(\mathfrak{N}_1 \times \mathfrak{N}_2) = \mathfrak{Z}_\lambda(\mathfrak{N}_1) \times \mathfrak{Z}_\lambda(\mathfrak{N}_2) \quad \text{für jeden Index } \lambda \in \Lambda,$$

also

$$\mathfrak{Z}_\tau(\mathfrak{N}_1 \times \mathfrak{N}_2) = \mathfrak{N}_1 \times \mathfrak{N}_2, \quad \text{wenn} \quad \mathfrak{Z}_\tau(\mathfrak{N}_1) = \mathfrak{N}_1; \ \mathfrak{Z}_\tau(\mathfrak{N}_2) = \mathfrak{N}_2 \text{ für } \tau \in \Lambda.$$

Daher ist auch jedes direkte Produkt

$$\mathfrak{N} = \underset{\iota}{\times} \mathfrak{N}_\iota \quad (\text{über } \iota \in \mathsf{I})$$

aus nilpotenten Normalteilern $\mathfrak{N}_\iota$ einer Gruppe $\mathfrak{G}$ nilpotent.

Das Kompositum $\mathfrak{N}_1 \mathfrak{N}_2$ zweier beliebiger nilpotenter Normalteiler einer Gruppe $\mathfrak{G}$ ist genau dann nilpotent, wenn $\mathfrak{N}_1$ und $\mathfrak{N}_2$ J-nilpotent sind für den Operatorenbereich $\mathsf{J} = \mathsf{J}(\mathfrak{N}_1 \mathfrak{N}_2)$ der inneren Automorphismen von $\mathfrak{N}_1 \mathfrak{N}_2$.

Die Menge $\mathsf{N}_\mathfrak{n}$ aller nilpotenten Normalteiler $\mathfrak{N}$ einer Gruppe $\mathfrak{G}$ ist daher im allgemeinen kein Verband; man erhält nur

Satz 36*. *Das Kompositum aller nilpotenten Normalteiler $\mathfrak{N}$ einer Gruppe $\mathfrak{G}$ ist eine J-metabelsche charakteristische Untergruppe $\mathfrak{R}(\mathfrak{G})$, das Radikal der Gruppe $\mathfrak{G}$ mit dem Operatorenbereich $\mathsf{J} = \mathsf{J}(\mathfrak{G})$.*

Beweis. Jeder nilpotente Normalteiler $\mathfrak{N} \triangleleft \mathfrak{G}$ ist nach Satz 35 A-metabelsch für den Operatorenbereich $\mathsf{A} = \mathsf{A}(\mathfrak{N})$, also auch J-metabelsch für den Operatorenbereich $\mathsf{J} = \mathsf{J}(\mathfrak{G})$. Die Menge $\mathsf{N}_\mathfrak{n}$ der nilpotenten Normalteiler $\mathfrak{N} \triangleleft \mathfrak{G}$ ist daher im abgeschlossenen Verband $\mathsf{N}_\mathfrak{a}$ aller J-metabelschen Normalteiler von $\mathfrak{G}$; J enthalten. Das Kompositum $\mathfrak{R}(\mathfrak{G})$ ist demnach J-metabelsch; da das Bild $\mathfrak{N}^\alpha \triangleleft \mathfrak{G}$ eines nilpotenten Normalteilers $\mathfrak{N} \triangleleft \mathfrak{G}$ nach einem Automorphismus $\alpha \in \mathsf{A}(\mathfrak{G})$ nilpotent ist, ist $\mathfrak{R}(\mathfrak{G})$ charakteristisch in $\mathfrak{G}$.

3.1.6. Nilpotente Gruppen

Eine wichtige Eigenschaft der nilpotenten Gruppen gibt

Satz 37. *Jede Untergruppe* $\mathfrak{U}$ *einer nilpotenten Gruppe* $\mathfrak{G}$ *ist nachnormal in* $\mathfrak{G}$.

Beweis. Es genügt zu zeigen, daß in einer nilpotenten Gruppe $\mathfrak{G}$ jede eigentliche Untergruppe $\mathfrak{U} \subset \mathfrak{G}$ eigentliche Untergruppe ihres Normalisators $\mathfrak{N}(\mathfrak{U} \subset \mathfrak{G})$ ist. Zu einer eigentlichen Untergruppe $\mathfrak{U}$ existiert in der Zentrenfolge $(\mathfrak{Z}_\nu(\mathfrak{G}))$ von $\mathfrak{G}$ ein erstes Glied $\mathfrak{Z}_\lambda(\mathfrak{G})$ mit der Eigenschaft

$$\mathfrak{Z}_\nu(\mathfrak{G}) \cap \mathfrak{U} = \mathfrak{Z}_\nu(\mathfrak{G}) \quad \text{für } \nu < \lambda; \quad \mathfrak{Z}_\lambda(\mathfrak{G}) \cap \mathfrak{U} \subset \mathfrak{Z}_\lambda(\mathfrak{G}).$$

Da λ nicht Limesindex ist, folgt

$$\mathfrak{Z}_{\lambda-1}(\mathfrak{G}) \cap \mathfrak{U} = \mathfrak{Z}_{\lambda-1}(\mathfrak{G}), \quad \text{aber} \quad \mathfrak{Z}_\lambda(\mathfrak{G}) \cap \mathfrak{U} \subset \mathfrak{Z}_\lambda(\mathfrak{G}).$$

Für jedes Element $Z_0 \in \mathfrak{Z}_\lambda(\mathfrak{G})$, das nicht zu $\mathfrak{U}$ gehört, gilt aber

$$[\mathfrak{U}, Z_0] \subseteq [\mathfrak{G}, Z_0] \subseteq [\mathfrak{G}, \mathfrak{Z}_\lambda(\mathfrak{G})] \subseteq \mathfrak{Z}_{\lambda-1}(\mathfrak{G}) \subseteq \mathfrak{U}, \quad \text{also} \quad \mathfrak{U}^{Z_0} = \mathfrak{U}.$$

Mithin ist $\mathfrak{U}$ eigentliche Untergruppe des Normalisators $\mathfrak{N}(\mathfrak{U} \triangleleft | \mathfrak{G})$.

Das Dualitätsprinzip führt, den allgemeinen Betrachtungen folgend, zu den Begriffen:

Definition 13*. *Eine absteigende Normalfolge* $(\mathfrak{V}_\nu)$ *einer Gruppe* $\mathfrak{G}$ *heißt absteigende Zentralfolge, wenn sie den Forderungen genügt:*

$$\mathfrak{V}_0 = \mathfrak{G}; \quad [\mathfrak{G}, \mathfrak{V}_\nu] \subseteq \mathfrak{V}_{\nu+1} \subset \mathfrak{V}_\nu; \quad \mathfrak{V}_\tau = E \quad \text{für jeden Index } \nu < \tau \in \Lambda,$$

$$\mathfrak{V}_\lambda = \bigcup_{\nu<\lambda} \mathfrak{V}_\nu \quad \text{für jeden Limesindex } \lambda \leq \tau.$$

Eine Gruppe $\mathfrak{G}$ *ist nach unten nilpotent, wenn sie eine absteigende Zentralfolge besitzt.*

Auch hier liegt eine Abschwächung gegenüber der allgemeinen Begriffsbildung vor; eine Gruppe $\mathfrak{G}$ ist genau dann nach unten nilpotent, wenn sie nach unten J-nilpotent ist für den Operatorenbereich $\mathsf{J} = \mathsf{J}(\mathfrak{G})$, da die Faktoren $\mathfrak{V}_\nu/\mathfrak{V}_{\nu+1}$ einer absteigenden Zentralfolge in $\mathfrak{G}/\mathfrak{V}_{\nu+1}$ Fixgruppen bezüglich $\mathsf{J} = \mathsf{J}(\mathfrak{G})$ sind:

$$[\mathfrak{G}/\mathfrak{V}_{\nu+1}, \mathfrak{V}_\nu/\mathfrak{V}_{\nu+1}] = [\mathfrak{G}, \mathfrak{V}_\nu] \mathfrak{V}_{\nu+1}/\mathfrak{V}_{\nu+1} = 1.$$

Sämtliche Glieder $\mathfrak{V}_\nu$ der Folge sind normal in $\mathfrak{G}$, ihre Faktoren $\mathfrak{V}_\nu/\mathfrak{V}_{\nu+1}$ abelsche Gruppen. Ein nach unten nilpotenter Normalteiler $\mathfrak{N} \triangleleft | \mathfrak{G}$ ist hingegen nicht immer auch J-nilpotent für den Operatorenbereich $\mathsf{J} = \mathsf{J}(\mathfrak{G})$.

Die absteigende Folge der J-Kommutatoren einer Gruppe $\mathfrak{G}; \mathsf{J}$ ist die *absteigende Zentrenfolge* $(\mathfrak{C}_\nu(\mathfrak{G}))$ der Gruppe $\mathfrak{G}$:

$$\mathfrak{C}_0(\mathfrak{G}) = \mathfrak{G}; \quad \mathfrak{C}_{\nu+1}(\mathfrak{G}) = [\mathfrak{C}_\nu(\mathfrak{G}), \mathfrak{G}] \quad \text{für jeden Index } \nu \in \Lambda,$$

$$\mathfrak{C}_\lambda(\mathfrak{G}) = \bigcap_{\nu<\lambda} \mathfrak{C}_\nu(\mathfrak{G}) \quad \text{für jeden Limesindex } \lambda \in \Lambda,$$

ihr Durchschnitt

$$\mathfrak{P}(\mathfrak{G}) = \bigcap_{\nu \in \Lambda} \mathfrak{C}_\nu(\mathfrak{G}) = \mathfrak{C}_\tau(\mathfrak{G}) \qquad \text{für einen ersten Index } \tau \in \Lambda$$

ist *die Potenz der Gruppe* $\mathfrak{G}$. Die Potenz $\mathfrak{P}(\mathfrak{G})$ einer Gruppe $\mathfrak{G}$ ist zugleich der maximale Normalteiler von $\mathfrak{G}$, der der Bedingung

$$[\mathfrak{P}(\mathfrak{G}), \mathfrak{G}] = \mathfrak{P}(\mathfrak{G})$$

genügt; denn $\mathfrak{P}(\mathfrak{G})$ ist Kompositum aller J-perfekten Untergruppen, also aller Normalteiler $\mathfrak{N} \subseteq \mathfrak{G}$, die der Gleichung genügen:

$$[\mathfrak{N}, J] = [\mathfrak{N}, \mathfrak{G}] = \mathfrak{N}.$$

Der allgemeine Satz 32 führt auf das Kriterium:

Satz 38. *Eine Gruppe $\mathfrak{G}$ ist genau dann nach unten nilpotent, wenn*

$$\mathfrak{P}(\mathfrak{G}) = \bigcap_{\nu \in \Lambda} \mathfrak{C}_\nu(\mathfrak{G}) = E.$$

Da jede absteigende Zentralfolge $(\mathfrak{B}_\nu)$ einer nach unten nilpotenten Gruppe $\mathfrak{G}$ die Beziehungen

$$\mathfrak{C}_\nu(\mathfrak{G}) \subseteq \mathfrak{B}_\nu \qquad \text{für jeden Index } \nu \in \Lambda$$

erfüllt, bezeichnet man die Folge $(\mathfrak{C}_\nu(\mathfrak{G}))$ auch als die *unterste absteigende Zentralfolge von* $\mathfrak{G}$.

Satz 38*. *Die Potenz $\mathfrak{P}(\mathfrak{G})$ einer Gruppe $\mathfrak{G}$ ist Durchschnitt aller Normalteiler $\mathfrak{N} \subseteq \mathfrak{G}$, deren Faktorgruppe $\mathfrak{G}/\mathfrak{N}$ nach unten nilpotent ist. Die Faktorgruppe $\mathfrak{G}/\mathfrak{P}$ ist nach unten nilpotent.*

Diese Aussage ist Folgerung des allgemeinen Satzes 16*.

Da die unterste absteigende Zentralfolge einer Gruppe $\mathfrak{G}$ abelsche Faktoren besitzt, folgt

Satz 39. *Jede nach unten nilpotente Gruppe $\mathfrak{G}$ ist auflösbar.*

Die Übertragungsmöglichkeiten der Eigenschaft, nach unten nilpotente Gruppe zu sein, sind nur gering:

Satz 40. *Jede Untergruppe $\mathfrak{U}$ einer nach unten nilpotenten Gruppe $\mathfrak{G}$ ist nach unten nilpotent.*

Das direkte Produkt zweier nach unten nilpotenter Normalteiler einer Gruppe $\mathfrak{G}$ ist nach unten nilpotent.

Beweis. Die erste Aussage folgt aus der für jede Untergruppe $\mathfrak{U} \subset \mathfrak{G}$ gültigen Beziehung

$$\mathfrak{C}_\nu(\mathfrak{U}) \subseteq \mathfrak{C}_\nu(\mathfrak{G}) \cap \mathfrak{U} \qquad \text{für jeden Index } \nu \in \Lambda.$$

Die zweite Aussage ergibt sich aus den Gleichungen

$$\mathfrak{C}_\nu(\mathfrak{N}_1 \times \mathfrak{N}_2) = \mathfrak{C}_\nu(\mathfrak{N}_1) \times \mathfrak{C}_\nu(\mathfrak{N}_2) \qquad \text{für jeden Index } \nu \in \Lambda$$

3.1.6. Nilpotente Gruppen

für fremde Normalteiler $\mathfrak{N}_1, \mathfrak{N}_2 \triangleleft \mathfrak{G}$:

$$\mathfrak{C}_\tau(\mathfrak{N}_1 \times \mathfrak{N}_2) = E, \quad \text{wenn} \quad \mathfrak{C}_\tau(\mathfrak{N}_1) = \mathfrak{C}_\tau(\mathfrak{N}_2) = E.$$

Die Gruppeneigenschaften, eine (nach oben) nilpotente bzw. nach unten nilpotente Gruppe zu sein, sind unabhängig:

Beispiel 1. Jede freie Gruppe $\mathfrak{F}$ erfüllt nach Satz 2.2.21 die Gleichung

$$\mathfrak{C}_\omega(\mathfrak{F}) = \bigcap_{k=0}^{\infty} \mathfrak{C}_k(\mathfrak{F}) = E,$$

ist also nach unten nilpotent; als Gruppe ohne Zentrum ist $\mathfrak{F}$ nicht (nach oben) nilpotent.

Beispiel 2. Für eine feste Primzahl p sei

$$\mathfrak{G} = \{A \cup \bigcup_n B_n\} \quad \text{mit} \quad B_n^p = B_{n-1}; \; B_0 = E; \; [B_n, A] = B_{n-1} \text{ für } 1 \leq n < \infty.$$

Die Untergruppe $\mathfrak{B} = \{\bigcup_n B_n\}$ ist abelscher Normalteiler in $\mathfrak{G}$ vom Typus p^ω; die zyklische Gruppe $\mathfrak{A} = \{A\}$ liefert die Darstellung

$$\mathfrak{G} = \mathfrak{A}\mathfrak{B} \quad \text{mit} \quad \mathfrak{A} \cap \mathfrak{B} = E \quad \text{und} \quad \mathfrak{B} \triangleleft \mathfrak{G}.$$

Für die absteigende unterste Zentralfolge von $\mathfrak{G}$ finden wir

$$\mathfrak{C}_1(\mathfrak{G}) = [\mathfrak{G}, \mathfrak{G}] = [\mathfrak{A}\mathfrak{B}, \mathfrak{A}\mathfrak{B}] = \mathfrak{A}'\mathfrak{B}'[\mathfrak{A}, \mathfrak{B}] = [\mathfrak{A}, \mathfrak{B}] = \mathfrak{B};$$
$$\mathfrak{C}_2(\mathfrak{G}) = [\mathfrak{B}, \mathfrak{G}] = \mathfrak{B}'[\mathfrak{B}, \mathfrak{A}] = \mathfrak{B};$$

mithin ist $\mathfrak{G}$ nicht nach unten nilpotent. Andererseits bestehen die Relationen

$$A^{-1}B_n A = B_n B_{n-1} = B_n^{1+p}, \quad \text{also} \quad A^{-1}BA = B^{1+p} \quad \text{für jedes } B \in \mathfrak{B}.$$

Daraus findet man als Zentrum

$$\mathfrak{Z}(\mathfrak{G}) = \mathfrak{Z}_1(\mathfrak{G}) = \mathfrak{B}_1 = \{B_1\}.$$

Da die Faktorgruppe $\mathfrak{G}/\mathfrak{Z}(\mathfrak{G})$ aus $\mathfrak{G}$ durch die Relation $B_1 = E$ erhalten wird, besteht die Isomorphie

$$\mathfrak{G}/\mathfrak{Z}(\mathfrak{G}) \cong \{A \cup \bigcup_n B_{n+1}\} \cong \mathfrak{G} \quad \text{über } 1 \leq n < \infty.$$

Damit erhält man die aufsteigende oberste Zentralfolge

$$\mathfrak{Z}_k(\mathfrak{G}) = \{B_1, B_2, \ldots, B_k\}; \quad \mathfrak{Z}_\omega(\mathfrak{G}) = \bigcup_k \mathfrak{Z}_k(\mathfrak{G}) = \mathfrak{B}; \quad \mathfrak{Z}_{\omega+1}(\mathfrak{G}) = \mathfrak{G}.$$

Daher ist $\mathfrak{G}$ (nach oben) nilpotent.

Besitzt eine Gruppe $\mathfrak{G}$ eine Zentralreihe $(\mathfrak{U}_\lambda)$ der Länge l:

$$\mathfrak{U}_0 = E; \quad [\mathfrak{U}_\lambda, \mathfrak{G}] \subseteq \mathfrak{U}_{\lambda-1} \subset \mathfrak{U}_\lambda; \quad \mathfrak{U}_l = \mathfrak{G} \quad \text{für } 1 \leq \lambda \leq l,$$

so bestehen die Beziehungen

$$\mathfrak{C}_{l-\lambda}(\mathfrak{G}) \subseteq \mathfrak{U}_\lambda \subseteq \mathfrak{Z}_\lambda(\mathfrak{G}) \qquad \text{für } 0 \leq \lambda \leq l.$$

Daher gilt zugleich

$$\mathfrak{C}_l(\mathfrak{G}) = E \quad \text{und} \quad \mathfrak{Z}(\mathfrak{G}_l) = \mathfrak{G}.$$

In diesem Falle ist die Gruppe $\mathfrak{G}$ *stark nilpotent*; die minimale Länge $k = k(\mathfrak{G})$ einer Zentralreihe in $\mathfrak{G}$ ist die *Klasse* der (stark nilpotenten) Gruppe $\mathfrak{G}$. Aus Satz 33 folgt

Satz 41. *Für eine stark nilpotente Gruppe $\mathfrak{G}$ der Klasse $k = k(\mathfrak{G})$ haben unterste und oberste Zentralreihe gleiche Länge k:*

$$E = \mathfrak{Z}_0 \subset \mathfrak{Z}_1 \subset \cdots \subset \mathfrak{Z}_{k-1} \subset \mathfrak{Z}_k = \mathfrak{G}; \qquad \mathfrak{G} = \mathfrak{C}_0 \supset \mathfrak{C}_1 \supset \cdots \supset \mathfrak{C}_{k-1} \supset \mathfrak{C}_k = E.$$

Überdies bestehen die Beziehungen

$$\mathfrak{C}_\varkappa(\mathfrak{G}) \subseteq \mathfrak{Z}_{k-\varkappa}(\mathfrak{G}) \qquad \text{für} \quad 0 \leq \varkappa \leq k = k(\mathfrak{G}).$$

Eine stark nilpotente Gruppe $\mathfrak{G}$ ist stark auflösbar; man findet genauer:

Satz 41*. *Die Stufe $s(\mathfrak{G})$ einer stark nilpotenten Gruppe $\mathfrak{G}$ der Klasse $k = k(\mathfrak{G})$ genügt der Ungleichung*

$$s(\mathfrak{G}) \leq 1 + \frac{\log k}{\log 2}.$$

Beweis. Zwischen der Kommutatorenfolge $(\mathfrak{G}^{(n)})$ und der absteigenden untersten Zentralfolge $(\mathfrak{C}_n(\mathfrak{G}))$ einer Gruppe $\mathfrak{G}$ besteht die Beziehung

$$\mathfrak{G}^{(n)} \subseteq \mathfrak{C}_{2^n-1}(\mathfrak{G}) \qquad \text{für } 0 \leq n < \infty.$$

Wenn $2^{n-1} \leq k = k(\mathfrak{G}) < 2^n$, folgt

$$\mathfrak{G}^{(n)} \subseteq \mathfrak{C}_{2^n-1}(\mathfrak{G}) \subseteq \mathfrak{C}_k(\mathfrak{G}) = E$$

und damit die Behauptung.

Die Übertragungsmöglichkeiten der Eigenschaft, eine stark nilpotente Gruppe zu sein, zeigt der

Satz 42. *Jedes homomorphe Bild $\overline{\mathfrak{U}}$ jeder Untergruppe $\mathfrak{U}$ einer stark nilpotenten Gruppe $\mathfrak{G}$ ist stark nilpotent; für die Klassen gilt*

$$k(\overline{\mathfrak{U}}) \leq k(\mathfrak{U}) \leq k(\mathfrak{G}).$$

Das Kompositum zweier stark nilpotenter Normalteiler $\mathfrak{U}, \mathfrak{V}$ einer Gruppe $\mathfrak{G}$ ist stark nilpotent; für die Klassen gilt

$$k(\mathfrak{U}\mathfrak{V}) \leq k(\mathfrak{U}) + k(\mathfrak{V}).$$

3.1.6. Nilpotente Gruppen

Beweis. Bei natürlichen Indizes gilt für jede Untergruppe

$$\mathfrak{C}_n(\mathfrak{U}) \subseteq \mathfrak{C}_n(\mathfrak{G}), \quad \text{also} \quad k(\mathfrak{U}) \leq k(\mathfrak{G}),$$

für jede Faktorgruppe $\mathfrak{G}/\mathfrak{N}$ nach einem Normalteiler $\mathfrak{N} \triangleleft | \mathfrak{G}$

$$\mathfrak{C}_n(\mathfrak{G}/\mathfrak{N}) = \mathfrak{C}_n(\mathfrak{G})\,\mathfrak{N}/\mathfrak{N}, \quad \text{also} \quad k(\mathfrak{G}/\mathfrak{N}) \leq k(\mathfrak{G}).$$

Der Beweis der zweiten Aussage ist schwieriger; besitzen die stark nilpotenten Normalteiler $\mathfrak{U}, \mathfrak{V} \triangleleft | \mathfrak{G}$ mit dem Kompositum $\mathfrak{W} = \mathfrak{U}\mathfrak{V}$ die endlichen Klassen $k(\mathfrak{U}) = r$ und $k(\mathfrak{V}) = s$, so bestehen unter den Abkürzungen

$$\mathfrak{C}_\nu(\mathfrak{U}) = \mathfrak{U}_\nu; \quad \mathfrak{C}_\nu(\mathfrak{V}) = \mathfrak{V}_\nu; \quad \mathfrak{C}_\nu(\mathfrak{W}) = \mathfrak{W}_\nu$$

die Reihen

$$\mathfrak{U} = \mathfrak{U}_0 \supset \mathfrak{U}_1 \supset \cdots \supset \mathfrak{U}_{r-1} \supset \mathfrak{U}_r = E; \quad \mathfrak{V} = \mathfrak{V}_0 \supset \mathfrak{V}_1 \supset \cdots \supset \mathfrak{V}_{s-1} \supset \mathfrak{V}_s = E;$$

alle Gruppen $\mathfrak{U}_\nu, \mathfrak{V}_\nu$ und $\mathfrak{W}_\nu$ sind in $\mathfrak{G}$ normal. Der Beweis der Aussage ergibt sich nun aus der Beziehung

$$\mathfrak{W}_n \subseteq \mathfrak{U}_n \mathfrak{V}_n \prod_{\nu=1}^{n} (\mathfrak{U}_{n-\nu} \cap \mathfrak{V}_{\nu-1}) \quad \text{für } 1 \leq n < \infty. \tag{5}$$

Da die Beziehung

$$\mathfrak{W}_1 = [\mathfrak{W}, \mathfrak{W}] = (\mathfrak{U}\mathfrak{V})' = \mathfrak{U}'\mathfrak{V}'[\mathfrak{U}, \mathfrak{V}] \subseteq \mathfrak{U}_1 \mathfrak{V}_1 (\mathfrak{U}_0 \cap \mathfrak{V}_0)$$

besteht, kann (5) als bewiesen vorausgesetzt werden. Dann folgt

$$\mathfrak{W}_{n+1} = [\mathfrak{W}, \mathfrak{W}_n] = [\mathfrak{U}\mathfrak{V}, \mathfrak{W}_n] = [\mathfrak{U}, \mathfrak{W}_n][\mathfrak{V}, \mathfrak{W}_n],$$

also nach (5)

$$[\mathfrak{U}, \mathfrak{W}_n] = [\mathfrak{U}, \mathfrak{U}_n][\mathfrak{U}, \mathfrak{V}_n] \prod_{\nu=1}^{n} [\mathfrak{U}, \mathfrak{U}_{n-\nu} \cap \mathfrak{V}_{\nu-1}],$$

$$[\mathfrak{V}, \mathfrak{W}_n] = [\mathfrak{V}, \mathfrak{U}_n][\mathfrak{V}, \mathfrak{V}_n] \prod_{\nu=1}^{n} [\mathfrak{V}, \mathfrak{U}_{n-\nu} \cap \mathfrak{V}_{\nu-1}].$$

Nun gilt

$$[\mathfrak{U}, \mathfrak{U}_n] = \mathfrak{U}_{n+1}; \quad [\mathfrak{V}, \mathfrak{V}_n] = \mathfrak{V}_{n+1};$$

$$[\mathfrak{U}, \mathfrak{V}_n] \subseteq \mathfrak{U}_0 \cap \mathfrak{V}_n; \quad [\mathfrak{V}, \mathfrak{U}_n] \subseteq \mathfrak{U}_n \cap \mathfrak{V}_0,$$

ferner

$$[\mathfrak{U}, \mathfrak{U}_{n-\nu} \cap \mathfrak{V}_{\nu-1}] \subseteq \mathfrak{U}_{n-\nu+1} \cap \mathfrak{V}_{\nu-1}; \quad [\mathfrak{V}, \mathfrak{U}_{n-\nu} \cap \mathfrak{V}_{\nu-1}] \subseteq \mathfrak{U}_{n-\nu} \cap \mathfrak{V}_\nu.$$

Damit erhalten wir

$$\mathfrak{W}_{n+1} \subseteq \mathfrak{U}_{n+1} \mathfrak{V}_{n+1} (\mathfrak{U}_0 \cap \mathfrak{V}_n)(\mathfrak{U}_n \cap \mathfrak{V}_0) \prod_{\nu=1}^{n} (\mathfrak{U}_{n-\nu+1} \cap \mathfrak{V}_{\nu-1})(\mathfrak{U}_{n-\nu} \cap \mathfrak{V}_\nu)$$

$$= \mathfrak{U}_{n+1} \mathfrak{V}_{n+1} \prod_{\nu=1}^{n+1} (\mathfrak{U}_{n+1-\nu} \cap \mathfrak{V}_{\nu-1}),$$

in Übereinstimmung mit (5). Insbesondere folgt für $n = r+s$

$$\mathfrak{W}_{r+s} \subseteq \mathfrak{U}_{r+s} \mathfrak{V}_{r+s} \prod_{\nu=1}^{r+s} (\mathfrak{U}_{r+s-\nu} \cap \mathfrak{V}_{\nu-1}) = E$$

wegen

$$\mathfrak{U}_{r+s-\nu} = E \quad \text{für } \nu \leq s; \quad \mathfrak{V}_{\nu-1} = E \quad \text{für } \nu \geq s+1.$$

Der Verband $\mathbf{N}_{s\mathfrak{n}}$ aller stark nilpotenten Normalteiler einer Gruppe $\mathfrak{G}$ ist nach unten, aber nicht immer nach oben abgeschlossen. Erzwingt man die Abschließung durch eine Endlichkeitsbedingung, so erhält man etwa

Satz 43. *Der Normalteilerverband einer Gruppe $\mathfrak{G}$ erfülle die Maximalbedingung. Dann besitzt $\mathfrak{G}$ eine einzige maximale (stark) nilpotente charakteristische Untergruppe $\mathfrak{N}_\mathfrak{n} \subseteq \mathfrak{G}$.*

Ist $\mathfrak{G}$ überdies J-metabelsch für den Operatorenbereich $J = J(\mathfrak{G})$, so ist $\mathfrak{N}_\mathfrak{n}$ von E verschieden.

Beweis. Eine J-metabelsche Gruppe enthält einen (von E verschiedenen) abelschen Normalteiler.

Da jedes homomorphe Bild $\overline{\mathfrak{G}}$ einer Gruppe $\mathfrak{G}$ die gleichen Voraussetzungen erfüllt, folgert man weiter

Satz 43*. *Erfüllt eine J-metabelsche Gruppe $\mathfrak{G}$; J mit dem Operatorenbereich $J = J(\mathfrak{G})$ die Maximalbedingung (bezüglich J), so besitzt $\mathfrak{G}$ eine charakteristische Reihe*

$$E = \mathfrak{V}_0 \subset \mathfrak{V}_1 \subset \cdots \subset \mathfrak{V}_{s-1} \subset \mathfrak{V}_s = \mathfrak{G}$$

mit (stark) nilpotenten Faktoren $\mathfrak{V}_\sigma / \mathfrak{V}_{\sigma-1}$.

Ähnlich erhält man

Satz 43**. *Erfüllt eine metabelsche Gruppe $\mathfrak{G}$ die Maximalbedingung, so besitzt $\mathfrak{G}$ eine charakteristische Reihe*

$$E = \mathfrak{V}_0 \subset \mathfrak{V}_1 \subset \cdots \subset \mathfrak{V}_{s-1} \subset \mathfrak{V}_s = \mathfrak{G}$$

mit (stark) nilpotenten Faktoren $\mathfrak{V}_\sigma / \mathfrak{V}_{\sigma-1}$.

Verallgemeinerung des Typus der nilpotenten Gruppe ist der *Typus der lokalnilpotenten Gruppe*; eine Gruppe $\mathfrak{G}$ ist lokalnilpotent, wenn jede endlich erzeugbare Untergruppe $\mathfrak{U} \subset \mathfrak{G}$ nilpotent ist. Entsprechend läßt sich der *Typus der nach unten nilpotenten Gruppe* zu dem der *lokal nach unten nilpotenten Gruppe* erweitern.

Die Untersuchungen über nilpotente Gruppen gestatten eine Verschärfung des Satzes 27 für Normalteilerreihen einer Gruppe $\mathfrak{G}$ (ohne Operatoren). Es gilt

Satz 44 (L. KALUSCHNIN). *Die Stabilitätsgruppe $\Sigma(\mathfrak{N}_\varrho)$ einer Normalteilerreihe einer Länge $r \geq 2$:*

$$E = \mathfrak{N}_0 \subset \mathfrak{N}_1 \subset \cdots \subset \mathfrak{N}_{r-1} \subset \mathfrak{N}_r = \mathfrak{G} \quad \text{mit} \quad \mathfrak{N}_\varrho \triangleleft \mathfrak{G} \quad \text{für } 0 \leq \varrho < r$$

einer Gruppe $\mathfrak{G}$ ist stark nilpotent mit einer Klasse $k(\Sigma) \leq r$.

3.1.6. Nilpotente Gruppen

Beweis. Die Invarianzgruppe $B = B(\mathfrak{N}_\varrho)$ der Normalteilerreihe $(\mathfrak{N}_\varrho)$ in $\mathfrak{G}$ enthält die Gruppe $J = J(\mathfrak{G})$; die Stabilitätsgruppe $\Sigma = \Sigma(\mathfrak{N}_\varrho)$ ist der Normalteiler der Automorphismen $\sigma \in B$, die in den Faktoren $\mathfrak{N}_\varrho/\mathfrak{N}_{\varrho-1}$ die Identität induzieren:

$$N^\sigma \equiv N \bmod \mathfrak{N}_{\varrho-1} \quad \text{für jedes } N \in \mathfrak{N}_\varrho \text{ und } 1 \leq \varrho \leq r.$$

Da J und Σ in B normal sind, sind die Kommutatoren

$$\Sigma_0 = \Sigma; \quad \Sigma_{n+1} = [\Sigma_n, \Sigma]; \quad J_0 = J; \quad J_{n+1} = [J_n, \Sigma] \quad \text{für } n \geq 0$$

Normalteiler in B und erfüllen die Beziehungen

$$[J_m, \Sigma_n] \subseteq J_{m+n+1} \quad \text{für } m \geq 0, \, n \geq 0. \tag{6}$$

Zum Beweise des Satzes ist die Gleichung nachzuweisen:

$$\Sigma_r = \varepsilon \quad \text{oder} \quad \mathfrak{C}_r(\Sigma) = \varepsilon. \tag{7}$$

Jedes Glied $\mathfrak{N}_\varrho$ der Normalteilerreihe induziert eine Gruppe N_ϱ innerer Automorphismen in $\mathfrak{G}$. Aus den Gleichungen

$$N^{-1}N^\sigma = N_0 \quad \text{mit} \quad N \in \mathfrak{N}_\varrho; \; N_0 \in \mathfrak{N}_{\varrho-1}; \; \sigma \in \Sigma \quad \text{für } 1 \leq \varrho \leq r$$

folgt

$$[N_\varrho, \Sigma] \subseteq N_{\varrho-1} \quad \text{für } 1 \leq \varrho \leq r.$$

Insbesondere gilt $N_r = J$, also $J_1 = [J, \Sigma] = [N_r, \Sigma] \subseteq N_{r-1}$. Setzt man die Beziehung

$$J_\varrho \subseteq N_{r-\varrho} \tag{8}$$

als bewiesen voraus, so folgt

$$J_{\varrho+1} = [J_\varrho, \Sigma] \subseteq [N_{r-\varrho}, \Sigma] \subseteq N_{r-\varrho-1};$$

damit erhalten wir $J_r = \varepsilon = N_0$ und wegen (6) auch

$$[J, \Sigma_{r-1}] = J_r = \varepsilon. \tag{9.1}$$

Im Falle $r = 2$ ist Σ die Stabilitätsgruppe des Normalteilers $\mathfrak{N}_1 \triangleleft \mathfrak{G}$, also eine abelsche Gruppe:

$$\Sigma_1 = [\Sigma, \Sigma] = \varepsilon.$$

Die Behauptung (7) kann daher für Normalteilerreihen geringerer Länge $r_0 < r$ als bewiesen vorausgesetzt werden.

Der Normalteilerreihe $(\mathfrak{N}_\varrho)$ in $\mathfrak{G}$ entnehmen wir die Normalteilerreihen

$$1 = \mathfrak{N}_1/\mathfrak{N}_1 \subset \mathfrak{N}_2/\mathfrak{N}_1 \subset \cdots \subset \mathfrak{N}_{r-1}/\mathfrak{N}_1 \subset \mathfrak{N}_r/\mathfrak{N}_1 = \mathfrak{G}/\mathfrak{N}_1; \tag{10.1}$$

$$E = \mathfrak{N}_0 \subset \mathfrak{N}_1 \subset \cdots \subset \mathfrak{N}_{r-1} = \mathfrak{H} \triangleleft \mathfrak{G}. \tag{10.2}$$

Die Stabilitätsgruppe Σ induziert in $\mathfrak{G}/\mathfrak{N}_1$ eine Automorphismengruppe, die der (stark nilpotenten) Stabilitätsgruppe der Normalteilerreihe (10.1) von $\mathfrak{G}/\mathfrak{N}_1$ angehört; genau dann induziert $\tau \in \Sigma$ die Identität in $\mathfrak{G}/\mathfrak{N}_1$, wenn
$$G^\tau \equiv G \bmod \mathfrak{N}_1; \quad N_1^\tau = N_1 \quad \text{für jedes } N_1 \in \mathfrak{N}_1,$$
wenn also τ der Stabilitätsgruppe T_1 von $\mathfrak{N}_1$ angehört. Mithin gilt
$$G^\tau \equiv G \bmod \mathfrak{Z}(\mathfrak{N}_1) \quad \text{für } G \in \mathfrak{G}$$
und nach Induktionsannahme

also
$$1 = \mathfrak{C}_{r-1}(\Sigma/\mathsf{T}_1) = \mathfrak{C}_{r-1}(\Sigma)\,\mathsf{T}_1/\mathsf{T}_1,$$
$$\mathfrak{C}_{r-1}(\Sigma) = \Sigma_{r-1} \subseteq \mathsf{T}_1. \tag{9.2}$$

In $\mathfrak{H} = \mathfrak{N}_{r-1}$ induziert Σ eine Untergruppe der (stark nilpotenten) Stabilitätsgruppe der Normalteilerreihe (10.2); genau dann induziert $\tau \in \Sigma$ die Identität in $\mathfrak{H}$, wenn
$$H^\tau = H \quad \text{für } H \in \mathfrak{H} = \mathfrak{N}_{r-1}; \quad G^\tau \equiv G \bmod \mathfrak{N}_{r-1} \quad \text{für } G \in \mathfrak{G},$$
wenn also τ der Stabilitätsgruppe T_{r-1} des Normalteilers $\mathfrak{N}_{r-1}$ angehört. Mithin gilt
$$G^\tau \equiv G \bmod \mathfrak{Z}(\mathfrak{N}_{r-1}) \quad \text{für } G \in \mathfrak{G}$$
und nach Induktionsannahme

also
$$1 = \mathfrak{C}_{r-1}(\Sigma/\mathsf{T}_{r-1}) = \mathfrak{C}_{r-1}(\Sigma)\,\mathsf{T}_{r-1}/\mathsf{T}_{r-1},$$
$$\mathfrak{C}_{r-1}(\Sigma) = \Sigma_{r-1} \subseteq \mathsf{T}_{r-1}. \tag{9.3}$$

Auf Grund der Beziehungen (9) kann gleichzeitig
$$[J, \Sigma_{r-1}] = \varepsilon; \quad \Sigma_{r-1} \subseteq \mathsf{T}_1; \quad \Sigma_{r-1} \subseteq \mathsf{T}_{r-1}$$
vorausgesetzt werden; dies bedeutet:

Jeder Automorphismus $\omega \in \Sigma_{r-1}$ ist normal und erfüllt die Bedingungen
$$G^\omega \equiv G \bmod \mathfrak{Z}(\mathfrak{G}) \cap \mathfrak{Z}(\mathfrak{N}_1) \cap \mathfrak{Z}(\mathfrak{N}_{r-1}); \quad N^\omega = N; \quad H^\omega = H$$
$$\text{für } G \in \mathfrak{G}; \; H \in \mathfrak{N}_{r-1}; \; N \in \mathfrak{N}_1.$$

Jeder Automorphismus $\sigma \in \Sigma$ erfüllt insbesondere
$$N^\sigma = N \quad \text{für } N \in \mathfrak{N}_1 \quad \text{und} \quad G^\sigma \equiv G \bmod \mathfrak{N}_{r-1} \quad \text{für } G \in \mathfrak{G}.$$

Damit folgt für jedes $G \in \mathfrak{G}$; $\sigma \in \Sigma$; $\omega \in \Sigma_{r-1}$
$$G^{\sigma\omega} = (GH)^\omega = GZH \quad \text{mit} \quad H \in \mathfrak{N}_{r-1}; \; Z \in \mathfrak{Z}(\mathfrak{G}) \cap \mathfrak{Z}(\mathfrak{N}_1),$$
$$G^{\omega\sigma} = (GZ)^\sigma = GHZ = GZH,$$
also
$$\Sigma_r = [\Sigma_{r-1}, \Sigma] = \varepsilon.$$

Satz 44* (G. Zappa). *Der Kommutator $\mathfrak{G}'$ einer stark J-metazyklischen Gruppe $\mathfrak{G}$; J (mit dem Operatorenbereich $J=J(\mathfrak{G})$) ist stark nilpotent.*

Beweis. Beim Beweise des Satzes 27 wurde gezeigt, daß die durch den Kommutator $\mathfrak{G}'=[\mathfrak{G},\mathfrak{G}]$ induzierte Automorphismengruppe $J'=[J,J]$ der Stabilitätsgruppe einer J-metazyklischen Folge in $\mathfrak{G}$ angehört. Nach Satz 44 ist J' stark nilpotent. Auf Grund der Isomorphie

$$J' = [J, J] \cong [\mathfrak{G}/\mathfrak{Z}, \mathfrak{G}/\mathfrak{Z}] = \mathfrak{G}'\mathfrak{Z}/\mathfrak{Z} \cong \mathfrak{G}'/\mathfrak{G}' \cap \mathfrak{Z}$$

mit dem Zentrum $\mathfrak{Z}=\mathfrak{Z}(\mathfrak{G})$ besteht für einen Index k die Gleichung

$$1 = \mathfrak{C}_k(\mathfrak{G}'/\mathfrak{G}' \cap \mathfrak{Z}) = \mathfrak{C}_k(\mathfrak{G}')(\mathfrak{G}' \cap \mathfrak{Z})/\mathfrak{G}' \cap \mathfrak{Z};$$

hieraus folgt

$$\mathfrak{C}_k(\mathfrak{G}') \subseteq \mathfrak{G}' \cap \mathfrak{Z} \subseteq \mathfrak{Z}(\mathfrak{G}') \quad \text{und} \quad \mathfrak{C}_{k+1}(\mathfrak{G}') = E.$$

3.1.7. q-Gruppen und u-Gruppen

Wir wollen in diesem Zusammenhange noch eine Frage behandeln, deren Beantwortung vor allem für Anwendungen von Bedeutung ist. Eine Gruppe $\mathfrak{G}$ kann neben Automorphismen auch echte Homomorphismen auf sich besitzen; gleichwertig damit ist die Eigenschaft, daß $\mathfrak{G}$ eigentliche Normalteiler $\mathfrak{N} \triangleleft \mathfrak{G}$ enthält, deren Faktorgruppe $\mathfrak{G}/\mathfrak{N}$ zu $\mathfrak{G}$ isomorph ist. Nach der Definition 1.3.5* ist die Gruppe $\mathfrak{G}$ eine q-*Gruppe*, wenn jeder Homomorphismus von $\mathfrak{G}$ auf sich ein Automorphismus ist. Ebenso kann eine Gruppe $\mathfrak{G}$ neben Automorphismen auch Meromorphismen besitzen; gleichwertig damit ist die Eigenschaft, daß $\mathfrak{G}$ echte zu $\mathfrak{G}$ isomorphe Untergruppen $\mathfrak{U} \subset \mathfrak{G}$ besitzt. Nach der Definition 1.3.5 ist die Gruppe $\mathfrak{G}$ eine u-*Gruppe*, wenn jeder Isomorphismus der Gruppe $\mathfrak{G}$ in sich ein Automorphismus ist. Wir behandeln in diesem Abschnitt Kriterien für q-Gruppen und u-Gruppen.

Satz 45. *Eine Gruppe $\mathfrak{G}$ ist (genau dann) q-Gruppe, wenn sie eine absteigende Folge $(\mathfrak{V}_\nu)$ streng charakteristischer Untergruppen besitzt:*

$$\mathfrak{V}_0 = \mathfrak{G}; \quad \mathfrak{V}_{\nu+1} \subset \mathfrak{V}_\nu; \quad \mathfrak{V}_\tau = E \quad \textit{für jeden Index } \nu < \tau \in \Lambda,$$

$$\mathfrak{V}_\lambda = \bigcap_{\nu < \lambda} \mathfrak{V}_\nu \quad \textit{für jeden Limesindex } \lambda \leq \tau,$$

deren Faktoren $\mathfrak{V}_\nu/\mathfrak{V}_{\nu+1}$ q-Gruppen sind.

Beweis. Da jedes Glied $\mathfrak{V}_\nu$ der Folge für jeden Homomorphismus η der Gruppe $\mathfrak{G}$ auf sich zulässig ist, induziert η einen Endomorphismus

$$\eta_\nu : \mathfrak{V}_\nu G \to \mathfrak{V}_\nu G^\eta \quad \text{für jedes } G \in \mathfrak{G}$$

der Faktorgruppe $\mathfrak{G}/\mathfrak{V}_\nu$. Wir zeigen, daß η_ν Automorphismus ist und für jeden Index $\nu \leq \tau$ die Gleichung $\mathfrak{V}_\nu^\eta = \mathfrak{V}_\nu$ besteht.

Für $\nu = 0$ ist η_0 Automorphismus der Faktorgruppe $\mathfrak{G}/\mathfrak{V}_0 = 1$; daher kann die Behauptung für jeden Index $\nu < \lambda$ als bewiesen angenommen werden. Falls λ nicht Limesindex, induziert η einen Automorphismus $\eta_{\lambda-1}$ der Faktorgruppe $\mathfrak{G}/\mathfrak{V}_{\lambda-1}$; ferner gilt $\mathfrak{V}_{\lambda-1}^{\eta} = \mathfrak{V}_{\lambda-1}$. Da der Endomorphismus η_λ des Faktors $\mathfrak{V}_{\lambda-1}/\mathfrak{V}_\lambda$ mit der Bildgruppe

$$(\mathfrak{V}_{\lambda-1}/\mathfrak{V}_\lambda)^{\eta_\lambda} = \mathfrak{V}_{\lambda-1}^{\eta}\mathfrak{V}_\lambda/\mathfrak{V}_\lambda = \mathfrak{V}_{\lambda-1}/\mathfrak{V}_\lambda$$

nach Voraussetzung Automorphismus ist, gilt

$X^\eta \equiv E \bmod \mathfrak{V}_\lambda$ für $X \in \mathfrak{V}_{\lambda-1}$ genau dann, wenn $X \equiv E \bmod \mathfrak{V}_\lambda$.

Hieraus folgt bereits die Gleichung $\mathfrak{V}_\lambda^\eta = \mathfrak{V}_\lambda$.

Der in $\mathfrak{G}/\mathfrak{V}_\lambda$ induzierte Endomorphismus η_λ ist ein Homomorphismus von $\mathfrak{G}/\mathfrak{V}_\lambda$ auf sich. Für eine Restklasse $\mathfrak{V}_\lambda G_0$ des Kerns dieses Homomorphismus η_λ gehört G_0^η der Gruppe $\mathfrak{V}_\lambda$, also auch $\mathfrak{V}_{\lambda-1}$ an; mithin ist G_0 in $\mathfrak{V}_{\lambda-1}$, also auch in $\mathfrak{V}_\lambda$ enthalten. Folglich ist η_λ Automorphismus der Faktorgruppe $\mathfrak{G}/\mathfrak{V}_\lambda$.

Für einen Limesindex λ induziert η einen Homomorphismus η_λ von $\mathfrak{G}/\mathfrak{V}_\lambda$ auf sich; für eine Restklasse $\mathfrak{V}_\lambda G_0$ des Kerns von η_λ gilt

$G_0^\eta \equiv E \bmod \mathfrak{V}_\lambda$, also $G_0^\eta \equiv E \bmod \mathfrak{V}_\nu$ für jedes $\nu < \lambda$.

Da η in den Gruppen $\mathfrak{G}/\mathfrak{V}_\nu$ Automorphismen η_ν induziert, folgt

$G_0 \equiv E \bmod \mathfrak{V}_\nu$ für jedes $\nu < \lambda$, also $G_0 \equiv E \bmod \mathfrak{V}_\lambda$.

Mithin induziert η in $\mathfrak{G}/\mathfrak{V}_\lambda$ einen Automorphismus. Ferner gilt

$\mathfrak{V}_\nu^\eta = \mathfrak{V}_\nu$ für $\nu < \lambda$, also $\mathfrak{V}_\lambda = \bigcap_{\nu < \lambda} \mathfrak{V}_\nu = \bigcap_{\nu < \lambda} \mathfrak{V}_\nu^\eta = \mathfrak{V}_\lambda^\eta$.

Da vollinvariante Untergruppen einer Gruppe streng charakteristisch sind, erhalten wir als Folgerung:

Satz 46. *Eine nach unten nilpotente Gruppe $\mathfrak{G}$ ist q-Gruppe, wenn die Faktoren ihrer absteigenden untersten Zentralfolge $(\mathfrak{C}_\nu(\mathfrak{G}))$ q-Gruppen sind.*

Eine auflösbare Gruppe $\mathfrak{G}$ ist q-Gruppe, wenn die Faktoren ihrer absteigenden Kommutatorenfolge $(\mathfrak{G}^{(\nu)})$ q-Gruppen sind.

Jede endlich erzeugbare abelsche Gruppe $\mathfrak{A}$ ist q-Gruppe, da sie der Maximalbedingung genügt; in einer Gruppe $\mathfrak{G}$ sind alle (abelschen) Faktorgruppen $\mathfrak{C}_k(\mathfrak{G})/\mathfrak{C}_{k+1}(\mathfrak{G})$ endlich erzeugbar, wenn die Faktorgruppe $\mathfrak{G}/\mathfrak{G}'$ nach dem Kommutator $\mathfrak{G}'$ endlich erzeugbar ist:

Satz 46*. *Eine Gruppe $\mathfrak{G}$ ist q-Gruppe, wenn die Faktorgruppe $\mathfrak{G}/\mathfrak{G}'$ nach dem Kommutator $\mathfrak{G}'$ endlich erzeugbar ist und*

$$\mathfrak{C}_\omega(\mathfrak{G}) = \bigcap_{k=0}^{\infty} \mathfrak{C}_k(\mathfrak{G}) = E.$$

3.1.7. q-Gruppen und u-Gruppen

Damit erhält man die Bestätigung einer Vermutung von H. HOPF:

Satz 46**. *Jede freie Gruppe $\mathfrak{F}_k$ endlichen Ranges ist* q-*Gruppe*.

Übertragungsmöglichkeiten für die Eigenschaft, eine q-Gruppe zu sein, bestehen nicht:

Beispiel 1. Die freie Gruppe $\mathfrak{F}_2$ des Ranges 2 ist q-Gruppe, enthält aber freie Untergruppen abzählbar unendlichen Ranges, die nicht q-Gruppen sind.

Beispiel 2. Die additive Gruppe $\mathfrak{R}$ der rationalen Zahlen ist q-Gruppe; denn jede Faktorgruppe $\mathfrak{R}/\mathfrak{U}$ nach einer eigentlichen Untergruppe $\mathfrak{U}$ ist ordnungsfinit. Ist $\mathfrak{U}_0$ die Untergruppe der ganzen Zahlen, $\mathfrak{V}_0$ die Untergruppe der geraden ganzen Zahlen, so zeigt

$$\mathfrak{R}/\mathfrak{V}_0 \cong \mathfrak{R}/\mathfrak{U}_0 \cong \mathfrak{R}/\mathfrak{V}_0 \big/ \mathfrak{U}_0/\mathfrak{V}_0,$$

daß das homomorphe Bild $\mathfrak{R}/\mathfrak{V}_0$ von $\mathfrak{R}$ nicht q-Gruppe ist.

Um ein entsprechendes Kriterium für u-Gruppen zu gewinnen, bezeichnen wir eine Untergruppe $\mathfrak{U}$ der Gruppe $\mathfrak{G}$ als *merocharakteristisch*, wenn sie für jeden Isomorphismus von $\mathfrak{G}$ in sich zulässig ist.

Satz 47. *Eine Gruppe $\mathfrak{G}$ ist (genau dann)* u-*Gruppe, wenn sie eine merocharakteristische Untergruppenfolge* $(\mathfrak{U}_\nu)$ *besitzt*:

$$\mathfrak{U}_0 = E; \quad \mathfrak{U}_\nu \subset \mathfrak{U}_{\nu+1}; \quad \mathfrak{U}_\sigma = \mathfrak{G} \quad \text{für jeden Index } \nu < \sigma \in \Lambda,$$

$$\mathfrak{U}_\lambda = \bigcup_{\nu < \lambda} \mathfrak{U}_\nu \quad \text{für jeden Limesindex } \lambda \leq \sigma,$$

deren Faktoren $\mathfrak{U}_{\nu+1}/\mathfrak{U}_\nu$ u-Gruppen sind.

Beweis. Es genügt (durch transfinite Induktion) nachzuweisen, daß für jeden Isomorphismus η der Gruppe $\mathfrak{G}$ in sich die Gleichung

$$\mathfrak{U}_\lambda^\eta = \mathfrak{U}_\lambda \quad \text{für jeden Index } \lambda \leq \sigma$$

besteht. Ist λ Limesindex, so folgt aus $\mathfrak{U}_\nu^\eta = \mathfrak{U}_\nu$ für $\nu < \lambda$ auch

$$\mathfrak{U}_\lambda^\eta = \Big(\bigcup_{\nu<\lambda} \mathfrak{U}_\nu\Big)^\eta = \bigcup_{\nu<\lambda} \mathfrak{U}_\nu^\eta = \bigcup_{\nu<\lambda} \mathfrak{U}_\nu = \mathfrak{U}_\lambda.$$

Ist λ nicht Limesindex und gilt

$$\mathfrak{U}_{\lambda-1}^\eta = \mathfrak{U}_{\lambda-1}; \quad \mathfrak{U}_\lambda^\eta \subseteq \mathfrak{U}_\lambda,$$

so induziert η im Faktor $\mathfrak{U}_\lambda/\mathfrak{U}_{\lambda-1}$ einen Isomorphismus in sich wegen

$$\mathfrak{U}_{\lambda-1} = \mathfrak{U}_{\lambda-1}^\eta \subseteq \mathfrak{U}_\lambda^\eta \quad \text{oder} \quad \mathfrak{U}_\lambda^\eta = \mathfrak{U}_{\lambda-1} \cap \mathfrak{U}_\lambda^\eta,$$

also einen Automorphismus. Hieraus folgt

$$\mathfrak{U}_\lambda/\mathfrak{U}_{\lambda-1} = (\mathfrak{U}_\lambda/\mathfrak{U}_{\lambda-1})^\eta = \mathfrak{U}_\lambda^\eta/\mathfrak{U}_{\lambda-1}, \quad \text{also} \quad \mathfrak{U}_\lambda^\eta = \mathfrak{U}_\lambda.$$

Allgemeine Beziehungen zwischen den Typen der q-Gruppen und der u-Gruppen bestehen nicht: Eine endliche Gruppe ist q-Gruppe und u-Gruppe; Gleiches gilt für die additive Gruppe $\mathfrak{R}$ der rationalen Zahlen. Direkte und freie Produkte von unendlich vielen einander isomorphen Gruppen sind weder q-Gruppen noch u-Gruppen. Die unendliche zyklische Gruppe $\mathfrak{Z}_0$ ist q-Gruppe, aber nicht u-Gruppe; jede abelsche Gruppe $\mathfrak{A}$ vom Typus p^ω ist u-Gruppe, aber nicht q-Gruppe.

Kapitel 3.2

Theorie der $\mathfrak{p}$-Gruppen

3.2.1. Allgemeine Eigenschaften

Ein Element G einer Gruppe $\mathfrak{G}$ ist $\mathfrak{p}$-*Element* für eine (nicht leere) Primzahlmenge $\mathfrak{p}$, wenn seine (endliche) Ordnung ord(G) nur Primteiler aus $\mathfrak{p}$ besitzt; die Einheit E ist $\mathfrak{p}$-Element jeder Primzahlmenge $\mathfrak{p}$. Eine Gruppe $\mathfrak{G}$ ist $\mathfrak{p}$-*Gruppe*, wenn jedes $G \in \mathfrak{G}$ ein $\mathfrak{p}$-Element ist.

Ist die Menge $\mathfrak{p}$ eine Primzahl p, so besitzt jedes Element G einer p-*Gruppe* $\mathfrak{G}$ eine Ordnung ord$(G) = p^f \geq 1$. Ist $\mathfrak{p}$ die Menge aller Primzahlen, so ist eine $\mathfrak{p}$-Gruppe $\mathfrak{G}$ eine *ordnungsfinite Gruppe*.

Bezeichnet $\mathfrak{p}(\mathfrak{G})$ die abstrakte Gruppeneigenschaft, *für eine Primzahlmenge $\mathfrak{p}$ eine $\mathfrak{p}$-Gruppe zu sein*, so gilt der

Satz 1. *Die abstrakte Gruppeneigenschaft* $\mathfrak{p}(\mathfrak{G})$ *ist eine Syloweigenschaft.*

Nach diesem Satze treten alle Aussagen des Abschnittes 1.4.4 über Syloweigenschaften in Kraft.

Beweis. Jedes Element einer $\mathfrak{p}$-Gruppe $\mathfrak{G}$ ist $\mathfrak{p}$-Element, jede Untergruppe $\mathfrak{U} \subset \mathfrak{G}$ also $\mathfrak{p}$-Gruppe. Jedes Element $\overline{G}$ eines homomorphen Bildes $\overline{\mathfrak{G}}$ einer $\mathfrak{p}$-Gruppe $\mathfrak{G}$ ist $\mathfrak{p}$-Element, also $\overline{\mathfrak{G}}$ eine $\mathfrak{p}$-Gruppe.

Besitzt ein $\mathfrak{p}$-Normalteiler $\mathfrak{N}$ der Gruppe $\mathfrak{G}$ eine $\mathfrak{p}$-Faktorgruppe $\mathfrak{G}/\mathfrak{N}$, so gilt für jedes $G \in \mathfrak{G}$

$$G^g \equiv E \bmod \mathfrak{N} \quad \text{oder} \quad G^g = N \in \mathfrak{N} \quad \text{und} \quad G^{gn} = E$$

in nur durch Primteiler aus $\mathfrak{p}$ teilbaren Zahlen g, n. Auch die Vereinigung $\mathfrak{V} = \cup \mathfrak{U}$ einer Kette von $\mathfrak{p}$-Untergruppen $\mathfrak{U}$ einer Gruppe $\mathfrak{G}$ besteht aus $\mathfrak{p}$-Elementen.

Satz 1*. *Die Menge $\mathsf{N}_\mathfrak{p}$ aller $\mathfrak{p}$-Normalteiler einer Gruppe $\mathfrak{G}$ ist ein abgeschlossener Verband. Der (einzige) maximale $\mathfrak{p}$-Normalteiler $\mathfrak{N}_\mathfrak{p}$ von $\mathfrak{G}$ ist charakteristisch in $\mathfrak{G}$; seine Faktorgruppe $\mathfrak{G}/\mathfrak{N}_\mathfrak{p}$ enthält keinen von 1 verschiedenen $\mathfrak{p}$-Normalteiler. Überdies ist $\mathfrak{N}_\mathfrak{p}$ Durchschnitt aller $\mathfrak{p}$-Sylowgruppen von $\mathfrak{G}$.*

Jede $\mathfrak{p}$-Sylowgruppe $\mathfrak{P}$ einer Gruppe $\mathfrak{G}$ ist einzige (vollinvariante) $\mathfrak{p}$-Sylowgruppe ihres Normalisators $\mathfrak{N}(\mathfrak{P}) = \mathfrak{N}(\mathfrak{P} \subseteq \mathfrak{G})$. Der Normalisator $\mathfrak{N}(\mathfrak{P})$ ist sein eigener Normalisator in $\mathfrak{G}$.

3.2.1. Allgemeine Eigenschaften

Für endliche Gruppen $\mathfrak{G}$ liefert der Satz 1.2.32 die Aussage:
Eine endliche $\mathfrak{p}$-Gruppe $\mathfrak{G}$ besitzt eine Ordnung

$$\operatorname{ord}(\mathfrak{G}) = p_1^{l_1} p_2^{l_2} \cdots p_k^{l_k} \quad \text{mit} \quad p_1 < p_2 < \cdots < p_k \in \mathfrak{p};$$

eine endliche p-Gruppe $\mathfrak{G}$ besitzt eine Ordnung $\operatorname{ord}(\mathfrak{G}) = p^l$.

Ferner gilt der wichtige

Satz 2. *Jede endliche p-Gruppe $\mathfrak{G}$ ist nilpotent.*

Beweis. Jedes homomorphe Bild $\overline{\mathfrak{G}}$ einer p-Gruppe $\mathfrak{G}$ ist p-Gruppe; jede (von E verschiedene) endliche p-Gruppe $\mathfrak{G}$ besitzt nach Satz 1.2.33 ein von E verschiedenes Zentrum $\mathfrak{Z}(\mathfrak{G})$. Folglich ist $\mathfrak{G}$ nach Satz 3.1.34* nilpotent.

Für eine Primzahlmenge $\mathfrak{p} = (p_1, p_2)$ gilt der

Satz 2* (W. BURNSIDE). *Jede endliche Gruppe $\mathfrak{G}$ einer Ordnung* $\operatorname{ord}(\mathfrak{G}) = p_1^{l_1} p_2^{l_2}$ *mit Primzahlen p_1, p_2 ist auflösbar.*

Auf einen Beweis dieses Satzes müssen wir verzichten, da er bisher nur nach längerer Vorbereitung aus der Darstellungstheorie der endlichen Gruppen erhalten werden kann.

Wichtig ist noch die folgende Bemerkung:

Satz 3. *Eine durch $\mathfrak{p}$-Elemente erzeugte endliche nilpotente Gruppe $\mathfrak{G}$ ist eine $\mathfrak{p}$-Gruppe.*

Beweis. Es kann eine Induktion nach der Ordnung durchgeführt werden. Eine abelsche, von $\mathfrak{p}$-Elementen erzeugte Gruppe ist $\mathfrak{p}$-Gruppe; für nichtabelsche nilpotente Gruppen $\mathfrak{G}$ gilt

$$E = \mathfrak{Z}_0(\mathfrak{G}) \subset \mathfrak{Z}_1(\mathfrak{G}) \subset \mathfrak{Z}_2(\mathfrak{G}) \subseteq \mathfrak{G}.$$

Enthält das Zentrum $\mathfrak{Z}_1$ ein von E verschiedenes $\mathfrak{p}$-Element P, so ist $\mathfrak{P} = \{P\}$ eine $\mathfrak{p}$-Gruppe. Dann ist $\mathfrak{G}/\mathfrak{P}$, also auch $\mathfrak{G}$ eine $\mathfrak{p}$-Gruppe. Enthielte $\mathfrak{Z}_1$ kein $\mathfrak{p}$-Element außer E, so wäre für jedes erzeugende $\mathfrak{p}$-Element $G \in \mathfrak{G}$ der Ordnung $\operatorname{ord}(G) = g$ und jedes $Z \in \mathfrak{Z}_2$

$$[G, Z] \equiv E \bmod \mathfrak{Z}_1, \quad \text{also} \quad E = [G^g, Z] = [G, Z]^g.$$

Mithin wäre $[G, Z]$ $\mathfrak{p}$-Element aus $\mathfrak{Z}_1$ und daher

$$[G, Z] = E, \quad \text{also} \quad Z \equiv E \bmod \mathfrak{Z}_1 \quad \text{für jedes } Z \in \mathfrak{Z}_2.$$

Als Folgerung erhalten wir den Zerlegungssatz:

Satz 4 (W. BURNSIDE). *Eine endliche Gruppe $\mathfrak{G}$ ist genau dann nilpotent, wenn sie direktes Produkt ihrer p-Sylowgruppen ist.*

Beweis. Die p-Elemente einer endlichen nilpotenten Gruppe $\mathfrak{G}$ erzeugen eine nilpotente Untergruppe $\mathfrak{U}_p \subseteq \mathfrak{G}$, also nach Satz 3 eine p-Gruppe. Daher ist $\mathfrak{U}_p$ einzige (vollinvariante) p-Sylowgruppe in $\mathfrak{G}$.

Damit folgt

$$\mathfrak{G} = \mathfrak{U}_{p_1} \times \mathfrak{U}_{p_2} \times \cdots \times \mathfrak{U}_{p_k}, \quad \text{wenn} \quad \text{ord}(\mathfrak{G}) = p_1^{f_1} p_2^{f_2} \cdots p_k^{f_k}.$$

Denn jedes $G \in \mathfrak{G}$ besitzt eine Ordnung $\text{ord}(G) = p_1^{a_1} p_2^{a_2} \cdots p_k^{a_k}$, also eine eindeutige Darstellung

$$G = G_1 G_2 \cdots G_k \quad \text{mit} \quad \text{ord}(G_\varkappa) = p_\varkappa^{a_\varkappa} \quad \text{und} \quad G_\varkappa \in \mathfrak{U}_{p_\varkappa} \quad \text{für } 1 \leq \varkappa \leq k.$$

Nach Satz 2 und Satz 3.1.36 ist jedes direkte Produkt aus endlichen p-Gruppen nilpotent.

Die $\mathfrak{p}$-Elemente einer ordnungsfiniten Gruppe $\mathfrak{G}$ für eine feste Primzahlmenge $\mathfrak{p}$ erzeugen eine vollinvariante Untergruppe $\mathfrak{U}_\mathfrak{p} \leq \mathrm{V}\,\mathfrak{G}$. Da jedes $\mathfrak{p}$-Element $G \in \mathfrak{G}$ eine Darstellung durch p-Elemente mit Primzahlen $p \in \mathfrak{p}$ besitzt, besteht die Gleichung

$$\mathfrak{U}_\mathfrak{p} = \prod_{p \in \mathfrak{p}} \mathfrak{U}_p.$$

Bezeichnet $\overline{\mathfrak{p}}$ *die zu $\mathfrak{p}$ komplementäre Primzahlmenge* (aller Primzahlen, die nicht zu $\mathfrak{p}$ gehören), so gilt der

Satz 5. *Es seien $\mathfrak{p}, \overline{\mathfrak{p}}$ komplementäre Primzahlmengen. Die in einer ordnungsfiniten Gruppe $\mathfrak{G}$ durch die $\mathfrak{p}$-Elemente erzeugte Untergruppe $\mathfrak{U}_\mathfrak{p}$ ist der (einzige) minimale Normalteiler in $\mathfrak{G}$, dessen Faktorgruppe $\mathfrak{G}/\mathfrak{U}_\mathfrak{p}$ eine $\overline{\mathfrak{p}}$-Gruppe ist.*

Beweis. Ein Element $G \in \mathfrak{G}$, das nicht $\mathfrak{U}_\mathfrak{p}$ angehört, besitzt eine Ordnung $\text{ord}(G) = g = ab$ mit Faktoren $a \geq 1$ aus Primzahlen von $\mathfrak{p}$ und $b > 1$ aus Primzahlen von $\overline{\mathfrak{p}}$; daher gilt

$$G^b \equiv E \mod \mathfrak{U}_\mathfrak{p}.$$

Wäre $\mathfrak{U}_\mathfrak{p} G$ ein $\mathfrak{p}$-Element aus $\mathfrak{G}/\mathfrak{U}_\mathfrak{p}$, so wäre mit einer nur durch Primzahlen aus $\mathfrak{p}$ teilbaren Ordnung f auch

$$G^f \equiv E \mod \mathfrak{U}_\mathfrak{p}, \quad \text{also} \quad G \equiv G^{(b,f)} \equiv E \mod \mathfrak{U}_\mathfrak{p}.$$

Mithin ist $\mathfrak{G}/\mathfrak{U}_\mathfrak{p}$ eine $\overline{\mathfrak{p}}$-Gruppe. Ist $\mathfrak{N}$ Normalteiler in $\mathfrak{G}$ mit einer $\overline{\mathfrak{p}}$-Faktorgruppe $\mathfrak{G}/\mathfrak{N}$, so ist für jedes $\mathfrak{p}$-Element $G \in \mathfrak{G}$ die Restklasse $\mathfrak{N} G$ $\mathfrak{p}$-Element aus $\mathfrak{G}/\mathfrak{N}$, also

$$\mathfrak{N} G = \mathfrak{N} \quad \text{oder} \quad G \equiv E \mod \mathfrak{N}.$$

Hieraus entnimmt man das Kriterium:

Satz 5*. *Eine ordnungsfinite Gruppe $\mathfrak{G}$ ist genau dann direktes Produkt*

$$\mathfrak{G} = \underset{p}{\times} \mathfrak{U}_p$$

von p-Gruppen $\mathfrak{U}_p$, wenn $\mathfrak{U}_\mathfrak{p} \cap \mathfrak{U}_{\overline{\mathfrak{p}}} = E$ für jede Teilung $\mathfrak{p}, \overline{\mathfrak{p}}$ der Primzahlen in komplementäre Mengen.

Ordnungsfinite Gruppen $\mathfrak{G}$ und $\mathfrak{H}$ besitzen *relativprime Ordnungen*, wenn für ein Paar komplementärer Primzahlmengen $\mathfrak{p}$, $\bar{\mathfrak{p}}$ $\mathfrak{G}$ eine $\mathfrak{p}$-Gruppe, $\mathfrak{H}$ eine $\bar{\mathfrak{p}}$-Gruppe ist.

Satz 6. *Besitzen ein Normalteiler $\mathfrak{N}$ einer ordnungsfiniten Gruppe $\mathfrak{G}$ und seine Faktorgruppe $\mathfrak{G}/\mathfrak{N}$ relativprime Ordnungen, so ist $\mathfrak{N}$ vollinvariant in $\mathfrak{G}$.*

Beweis. Ist $\mathfrak{N}$ eine $\mathfrak{p}$-Gruppe, $\mathfrak{G}/\mathfrak{N}$ eine $\bar{\mathfrak{p}}$-Gruppe, so ist $\mathfrak{N}$ nach Satz 5 das Erzeugnis $\mathfrak{U}_\mathfrak{p}$ aller $\mathfrak{p}$-Elemente von $\mathfrak{G}$.

Satz 6*. *Ein Normalteiler $\mathfrak{N}$ der endlichen Gruppe $\mathfrak{G}$ mit der Eigenschaft $(\operatorname{ord}(\mathfrak{N}), \operatorname{ind}(\mathfrak{G}:\mathfrak{N})) = 1$ ist vollinvariant in $\mathfrak{G}$ und umfaßt alle Untergruppen $\mathfrak{U} \subseteq \mathfrak{G}$, deren Ordnung in $\operatorname{ord}(\mathfrak{N})$ aufgeht.*

3.2.2. p-Gruppen

Die Möglichkeit, die bisherigen Ergebnisse auf unendliche p-Gruppen zu übertragen, beleuchtet das

Beispiel 1 (R. BAER). Für eine feste Primzahl p sei

$$\mathfrak{A} = \left\{\bigcup_n A_n\right\} \quad \text{mit} \quad [A_m, A_n] = A_n^p = E \quad \text{für } 0 \leq m < n < \infty.$$

Für die Menge Γ der ganzen Zahlen

$$0 \leq n = \sum_0^\infty c_\nu p^\nu \quad \text{mit } 0 \leq c_\nu < p$$

in p-adischer Entwicklung werde zu jeder natürlichen Zahl k eine Permutation γ_k erklärt durch

$$\gamma_k: \quad n = \sum_0^\infty c_\nu p^\nu \rightarrow n_k = \sum_0^\infty c_{\nu,k} p^\nu$$

mit $c_{\nu,k} = c_\nu$ für $\nu \neq k-1$; $c_{k-1,k} = \begin{cases} c_{k-1} + 1 & \text{für } 0 \leq c_{k-1} < p-1, \\ 0 & \text{für } c_{k-1} = p-1. \end{cases}$

Man findet

$$[\gamma_k, \gamma_l] = \gamma_k^p = \varepsilon \quad \text{für } 1 \leq k < l < \infty.$$

Nun sei die Gruppe $\mathfrak{G} = \left\{\bigcup_n A_n \cup \bigcup_k B_k\right\}$ durch die Relationen

$$A_n^p = B_k^p = [A_m, A_n] = [B_k, B_l] = E; \quad A_n B_k = B_k A_{n_k}$$

für $0 \leq m, n < \infty;\ 1 \leq k, l < \infty$

erklärt. Die Untergruppen $\mathfrak{A} = \left\{\bigcup_n A_n\right\}$ und $\mathfrak{B} = \left\{\bigcup_k B_k\right\}$ sind isomorph; ferner gilt

$$\mathfrak{G} = \mathfrak{A}\mathfrak{B} \quad \text{mit} \quad \mathfrak{A} \cap \mathfrak{B} = E \quad \text{und} \quad \mathfrak{A} \triangleleft \mathfrak{G}.$$

Daher ist $\mathfrak{G}$ eine auflösbare p-Gruppe. Die Gruppe $\mathfrak{G}$ ist indes nicht nilpotent. Für ein Element

$$E \neq B = B_1^{b_0} B_2^{b_1} \ldots B_{m+1}^{b_m} \in \mathfrak{B} \quad \text{mit} \quad 0 \leq b_\mu < p \quad \text{und} \quad k = \sum_0^m b_\mu p^\mu$$

gilt nämlich $A_0 B = B A_k$; für ein Element

$$E \neq A = A_0^{a_0} A_1^{a_1} \ldots A_m^{a_m} \in \mathfrak{A} \quad \text{mit} \quad 0 \leq m < p^{k-1}$$

ist $B_k^{-1} A B_k$ von A verschieden; daraus folgt $\mathfrak{Z}(\mathfrak{G}) \cap \mathfrak{A} = \mathfrak{Z}(\mathfrak{G}) \cap \mathfrak{B} = E$. Ein Element $Z = AB \in \mathfrak{Z}(\mathfrak{G})$ mit $A \in \mathfrak{A}$ und $B \in \mathfrak{B}$ hat die Bedingungen

$$ABA_0 = A_0 AB \quad \text{oder} \quad A_0 B = B A_0, \quad \text{also} \quad B = E,$$
$$ABB_k = B_k AB \quad \text{oder} \quad AB_k = B_k A \quad \text{für jedes } k > 0, \text{ also } A = E$$

zu erfüllen. Mithin gilt $\mathfrak{Z}(\mathfrak{G}) = E$.

Die Gruppe $\mathfrak{B}$ ist in $\mathfrak{G}$ nicht nachnormal, da sie mit ihrem Normalisator $\mathfrak{N}(\mathfrak{B} \subseteq \mathfrak{G})$ übereinstimmt; aus einer Gleichung $\mathfrak{B}^A = \mathfrak{B}$ mit $A \in \mathfrak{A}$ folgt nämlich

$$[A, B] \in \mathfrak{A} \cap \mathfrak{B} = E \quad \text{für jedes } B \in \mathfrak{B}, \quad \text{also} \quad A = E.$$

Da die abelschen Gruppen $\mathfrak{A}, \mathfrak{B}$ lokalendlich sind, ist $\mathfrak{G} = \mathfrak{A}\mathfrak{B}$ lokalendliche p-Gruppe. Jede der Untergruppen $\mathfrak{V}_k = \left\{ \bigcup_0^k A_\nu \cup \bigcup_1^k B_\varkappa \right\}$ ist eine endliche p-Gruppe, also nilpotent; ihre Vereinigung $\mathfrak{G}$ ist lokalnilpotent, aber nicht nilpotent.

Jede Untergruppe $\mathfrak{B}_k = \left\{ \bigcup_1^k B_\varkappa \right\}$ ist eine abelsche Gruppe der Ordnung p^k; jede Untergruppe $\mathfrak{G}_k = \mathfrak{A}\mathfrak{B}_k$ ist normal in $\mathfrak{G}$. Als klassenfinite Gruppe ist $\mathfrak{G}_k$, wie wir alsbald sehen werden, nilpotent. Demnach ist $\mathfrak{G}$ auch als Vereinigung $\mathfrak{G} = \bigcup_k \mathfrak{G}_k$ nilpotenter Normalteiler nicht nilpotent.

Eine unendliche p-Gruppe $\mathfrak{G}$ ist also nicht immer nilpotent; es erhebt sich daher die Frage nach kennzeichnenden Eigenschaften für nilpotente oder lokalnilpotente p-Gruppen.

Satz 7. *Für jede Untergruppe $\mathfrak{U}$ einer $\mathfrak{p}$-Gruppe $\mathfrak{G}$ gilt*

$$\text{ind}(\mathfrak{G} : \mathfrak{U}) = 0 \quad \text{oder} \quad \text{ind}(\mathfrak{G} : \mathfrak{U}) = k > 0$$

mit einer nur durch Primzahlen aus $\mathfrak{p}$ teilbaren Zahl k.

Beweis. Eine Untergruppe $\mathfrak{U} \subset \mathfrak{G}$ von endlichem Index enthält einen Normalteiler $\mathfrak{D} \triangleleft \mathfrak{G}$ von endlichem Index. Nun folgt aus

$$\text{ind}(\mathfrak{G} : \mathfrak{D}) = \text{ind}(\mathfrak{G} : \mathfrak{U}) \, \text{ind}(\mathfrak{U} : \mathfrak{D}) = \text{ord}(\mathfrak{G}/\mathfrak{D})$$

die Behauptung des Satzes, da $\mathfrak{G}/\mathfrak{D}$ endliche $\mathfrak{p}$-Gruppe ist.

Satz 7*. *Es sei $\mathfrak{U}$ eigentliche Untergruppe der $\mathfrak{p}$-Gruppe $\mathfrak{G}$ mit einem Normalisator $\mathfrak{N} = \mathfrak{N}(\mathfrak{U} \subset \mathfrak{G})$ von endlichem Index in $\mathfrak{G}$. Dann ist $\mathfrak{U}$ echter Normalteiler in $\mathfrak{N}$ und Untergruppe eines echten Normalteilers $\mathfrak{H} \triangleleft \mathfrak{G}$.*

Beweis. Nach Satz 7 gilt unter den Voraussetzungen des Satzes

$$\text{ind}(\mathfrak{G} : \mathfrak{N}) = p^f.$$

Im Falle $f=0$ ist die Behauptung durch $\mathfrak{N}=\mathfrak{G}$ und $\mathfrak{U}=\mathfrak{H}$ erfüllt. Im Falle $f>0$ bilde man die Doppelmodulzerlegung

$$\mathfrak{G} = \sum_i \mathfrak{N} G_i \mathfrak{N} \quad \text{mit} \quad G_1 = E.$$

Da die Anzahl der im Komplex $\mathfrak{N} G_i \mathfrak{N}$ enthaltenen Restklassen $\mathfrak{N} G$ durch $\operatorname{ind}(\mathfrak{N}:\mathfrak{N}\cap\mathfrak{N}^{G_i})$ bestimmt wird, gilt

$$p^f = \operatorname{ind}(\mathfrak{G}:\mathfrak{N}) = \sum_i \operatorname{ind}(\mathfrak{N}:\mathfrak{N}\cap\mathfrak{N}^{G_i}) = \sum_i p^{f_i} \quad \text{mit} \quad p^{f_1} = 1;$$

denn auch $\mathfrak{N}$ ist p-Gruppe, weshalb

$$0 < \operatorname{ind}(\mathfrak{N}:\mathfrak{N}\cap\mathfrak{N}^{G_i}) = \operatorname{ind}(\mathfrak{N}^{G_i}:\mathfrak{N}\cap\mathfrak{N}^{G_i}) = p^{f_i} \quad \text{mit} \quad p^{f_1}=1.$$

Folglich gibt es neben $f_1=0$ wenigstens einen weiteren Exponenten $f_i=0$; daraus entnehmen wir

$$1 = \operatorname{ind}(\mathfrak{N}:\mathfrak{N}\cap\mathfrak{N}^{G_i}) = \operatorname{ind}(\mathfrak{N}^{G_i}:\mathfrak{N}\cap\mathfrak{N}^{G_i}), \quad \text{also} \quad \mathfrak{N}^{G_i} = \mathfrak{N}.$$

Da G_i dem Normalisator $\mathfrak{N}=\mathfrak{N}(\mathfrak{U})$ nicht angehört, ist $\mathfrak{U}$ von $\mathfrak{N}$ verschieden.

Die zweite Aussage erhalten wir durch Induktion: Im Falle $\operatorname{ind}(\mathfrak{G}:\mathfrak{N})>1$, also $\mathfrak{N}(\mathfrak{U})\subset\mathfrak{G}$, gilt auch

$$\mathfrak{U} \subset \mathfrak{N}(\mathfrak{U}) \subset \mathfrak{N}(\mathfrak{N}(\mathfrak{U}) \subsetneqq \mathfrak{G}) = \mathfrak{N}_2(\mathfrak{U}),$$

also

$$\operatorname{ind}(\mathfrak{G}:\mathfrak{N}_2(\mathfrak{U})) < \operatorname{ind}(\mathfrak{G}:\mathfrak{N}(\mathfrak{U})).$$

Nach Induktionsannahme ist $\mathfrak{N}(\mathfrak{U})$, also auch $\mathfrak{U}$ in einem echten Normalteiler $\mathfrak{H} \triangleleft \mathfrak{G}$ enthalten.

Satz 7**. *In einer p-Gruppe $\mathfrak{G}$ ist jede Untergruppe $\mathfrak{M}$ vom Index p normal in $\mathfrak{G}$, jede Untergruppe $\mathfrak{U}$ von endlichem Index in einem Normalteiler $\mathfrak{M}$ vom Index p enthalten.*

Beweis. Aus $\operatorname{ind}(\mathfrak{G}:\mathfrak{M})=p$ folgt nach Satz 7*

$$\mathfrak{M} \subset \mathfrak{N}(\mathfrak{M}) \subsetneqq \mathfrak{G}, \quad \text{also} \quad \mathfrak{N}(\mathfrak{M}) = \mathfrak{G} \quad \text{und} \quad \mathfrak{M} \triangleleft \mathfrak{G}.$$

Eine Untergruppe $\mathfrak{U}$ vom Index $\operatorname{ind}(\mathfrak{G}:\mathfrak{U})>1$ ist in einem Normalteiler $\mathfrak{H} \triangleleft \mathfrak{G}$ enthalten. Da $\mathfrak{G}/\mathfrak{H}$ endliche p-Gruppe, also nilpotent ist, existiert eine Normalteilerreihe

$$\mathfrak{U} \subset \mathfrak{H} = \mathfrak{H}_0 \triangleleft \mathfrak{H}_1 \triangleleft \cdots \triangleleft \mathfrak{H}_{f-1} \triangleleft \mathfrak{H}_f = \mathfrak{G}$$

mit (zyklischen) Faktoren $\mathfrak{H}_\varkappa/\mathfrak{H}_{\varkappa-1}$ der Ordnung p.

Hieraus entnehmen wir das Kriterium:

Satz 8 (A. P. Dietzmann). *Eine p-Gruppe $\mathfrak{G}$ besitzt genau dann ein von E verschiedenes Zentrum $\mathfrak{Z}(\mathfrak{G})$, wenn sie eine von E verschiedene endliche Ähnlichkeitsklasse $\mathfrak{k}(G)$ besitzt.*

Gleichwertig damit ist

Satz 8*. *Eine p-Gruppe $\mathfrak{G}$ besitzt genau dann ein von E verschiedenes Zentrum $\mathfrak{Z}(\mathfrak{G})$, wenn sie einen von E verschiedenen endlichen Normalteiler enthält.*

Beweis. Eine (von E verschiedene) endliche Klasse $\mathfrak{k}(G)$ der p-Gruppe $\mathfrak{G}$ erzeugt nach Satz 1.2.23* einen endlichen Normalteiler $\mathfrak{H} \triangleleft \mathfrak{G}$, der aus einer endlichen Anzahl endlicher Ähnlichkeitsklassen in $\mathfrak{G}$ besteht:

$$\mathfrak{H} = \mathfrak{k}(H_1) + \mathfrak{k}(H_2) + \cdots + \mathfrak{k}(H_s) \quad \text{mit } H_1 = E.$$

Dies zeigt bereits die Gleichwertigkeit beider Aussagen. Da $\mathfrak{H}$ (endliche) p-Gruppe ist, führt diese Klassenzerlegung von $\mathfrak{H}$ auf eine Zerlegung der Ordnung

$$p^f = \operatorname{ord}(\mathfrak{H}) = p^{f_1} + p^{f_2} + \cdots + p^{f_s} \quad \text{mit } p^{f_1} = 1.$$

Mithin ist wenigstens ein weiterer Exponent $f_\sigma = 0$, also ein weiteres Element $H_\sigma \in \mathfrak{H}$ im Zentrum $\mathfrak{Z}(\mathfrak{G})$ enthalten. Besitzt umgekehrt die p-Gruppe $\mathfrak{G}$ ein von E verschiedenes Zentrum, so besteht dieses aus endlichen Ähnlichkeitsklassen von $\mathfrak{G}$.

In Verbindung mit dem Satze 3.1.34* gewinnt man hieraus

Satz 8**. *Eine p-Gruppe $\mathfrak{G}$ ist genau dann nilpotent, wenn jedes homomorphe Bild $\overline{\mathfrak{G}}$ einen (von $\overline{E}$ verschiedenen) endlichen Normalteiler besitzt.*

Daraus folgt

Satz 9. *Für p-Gruppen $\mathfrak{P}$ sind folgende Aussagen gleichwertig:*
1. *$\mathfrak{P}$ ist nilpotent.*
2. *$\mathfrak{P}$ besitzt eine Normalteilerfolge mit endlichen Faktoren.*
3. *$\mathfrak{P}$ ist J-metazyklisch mit dem Operatorenbereich $\mathsf{J} = \mathsf{J}(\mathfrak{P})$.*

Beweis. Jede nilpotente p-Gruppe $\mathfrak{P}$ ist nach Satz 3.1.35 J-metazyklisch, besitzt also eine Hauptfolge mit endlichen Faktoren (der Ordnung p). Eine Normalteilerfolge $(\mathfrak{H}_\nu)$ der p-Gruppe $\mathfrak{P}$ mit endlichen Faktoren induziert eine Normalteilerfolge $(\overline{\mathfrak{H}}_\nu)$ des homomorphen Bildes $\overline{\mathfrak{P}}$ von $\mathfrak{P}$. Das erste von $\overline{E}$ verschiedene Glied $\overline{\mathfrak{H}}_\nu$ ist endlicher Normalteiler in $\overline{\mathfrak{P}}$; mithin ist $\mathfrak{P}$ nilpotent.

Es gilt auch

Satz 9*. *Jede klassenfinite p-Gruppe $\mathfrak{P}$ ist nilpotent.*

Beweis. Jedes homomorphe Bild $\overline{\mathfrak{P}}$ von $\mathfrak{P}$ ist gleichfalls klassenfinit, besitzt also einen von $\overline{E}$ verschiedenen endlichen Normalteiler.

Satz 9** (S. TSCHERNIKOW). *Eine lokalendliche p-Gruppe $\mathfrak{P}$, die der Minimalbedingung genügt, ist nilpotent.*

Beweis. Mit $\mathfrak{P}$ erfüllt jedes homomorphe Bild $\overline{\mathfrak{P}}$ die Voraussetzung; es ist also nur zu zeigen, daß das Zentrum $\mathfrak{Z}(\mathfrak{P})$ von E verschieden ist.

3.2.2. p-Gruppen

Nach Wohlordnung
$$E = P_0, P_1, P_2, \ldots, P_\nu, P_{\nu+1}, \ldots, P_\sigma \quad \text{mit } \sigma \in \Lambda$$
der Gruppe $\mathfrak{P}$ bilde man die Untergruppen und Zentralisatoren
$$\mathfrak{U}_\lambda = \{\bigcup_{\nu < \lambda} P_\nu\} \quad \text{und} \quad \mathfrak{U}_\lambda^* = \mathfrak{Z}(\mathfrak{U}_\lambda \subseteq \mathfrak{P}) \quad \text{für } \lambda \leq \sigma.$$

Die Kette $(\mathfrak{U}_\lambda^*)$ ist endlich, so daß für einen natürlichen Index k die Gleichung $\mathfrak{U}_k^* = \mathfrak{U}_{k+1}^* = \mathfrak{Z}(\mathfrak{P})$ besteht. Die Untergruppe $\mathfrak{U}_k \subset \mathfrak{P}$ ist endlich, also nilpotent. Damit folgt
$$E \subset \mathfrak{Z}(\mathfrak{U}_k) \subseteq \mathfrak{Z}(\mathfrak{U}_k \subseteq \mathfrak{P}) = \mathfrak{U}_k^* = \mathfrak{Z}(\mathfrak{P}).$$

Die Voraussetzungen des Satzes 9 können nicht weiter abgeschwächt werden. Eine nilpotente p-Gruppe ist lokalendlich, da sie eine Normalteilerfolge mit endlichen Faktoren besitzt. Das Beispiel 1 zeigt, daß weder eine metazyklische noch eine lokalendliche p-Gruppe nilpotent zu sein braucht. Klassenfinite p-Gruppen sind nilpotent und daher lokalendlich, also auch J-lokalendlich für den Operatorenbereich $\mathsf{J} = \mathsf{J}(\mathfrak{G})$. Nicht jede nilpotente p-Gruppe ist aber J-lokalendlich.

Beispiel 2. Es sei $\mathfrak{G} = \{\bigcup_m U_m \cup \bigcup_n V_n \cup W\}$ durch die Relationen
$$\left.\begin{array}{l} U_m^p = V_n^p = W^p = [U_m, U_n] = [U_m, V_n] \\ = [V_m, V_n] = [U_m, W] = [V_n, W] \, U_n = E \end{array}\right\} \text{für } 1 \leq m, n < \infty$$
erklärt. Da $\mathfrak{U} = \{\bigcup_m U_m\}$ dem Zentrum $\mathfrak{Z}(\mathfrak{G})$ angehört, ist $\mathfrak{U}$ Vereinigung einer Normalteilerkette in $\mathfrak{G}$:
$$\mathfrak{U} = \mathfrak{U}_\omega = \bigcup_1^\infty \mathfrak{U}_m \quad \text{mit} \quad \mathfrak{U}_m = \{\bigcup_{\mu=1}^m U_\mu\} \quad \text{und} \quad \text{ord}(\mathfrak{U}_{m+1}/\mathfrak{U}_m) = p.$$

Die Faktorgruppe
$$\mathfrak{G}/\mathfrak{U} = \overline{\mathfrak{G}} = \{\bigcup_n \overline{V}_n \cup \overline{W}\} \quad \text{mit} \quad \overline{V}_n^p = \overline{W}^p = [\overline{V}_m, \overline{V}_n] = [\overline{V}_n, \overline{W}] = \overline{E}$$
ist eine abelsche Gruppe; daher ist auch $\mathfrak{G}/\mathfrak{Z}(\mathfrak{G})$ eine abelsche Gruppe, also $\mathfrak{G}$ selbst stark nilpotent.

Alle Elemente $G \in \mathfrak{G}$ genügen für $p > 2$ der Gleichung $G^p = E$, für $p = 2$ der Gleichung $G^4 = E$; mithin ist $\mathfrak{G}$ eine p-Gruppe. Die Normalteiler
$$\mathfrak{V}_n = \{\bigcup_m U_m \cup \bigcup_{\nu=1}^n V_\nu \cup W\} \triangleleft \mathfrak{G} \quad \text{mit} \quad \text{ord}(\mathfrak{V}_{n+1}/\mathfrak{V}_n) = p$$
ergeben eine Hauptfolge
$$E = \mathfrak{U}_0 \subset \mathfrak{U}_1 \subset \cdots \subset \mathfrak{U} \subset \mathfrak{V}_0 \subset \mathfrak{V}_1 \subset \cdots \subset \mathfrak{G}$$
in $\mathfrak{G}$ mit Faktoren der Ordnung p. Die Gruppe $\mathfrak{G}$ ist nicht J-lokalendlich, da der minimale W enthaltende Normalteiler in $\mathfrak{G}$ alle Elemente $U_n = [W, V_n] \in \mathfrak{U}$ enthält.

Satz 10. *Eine p-Gruppe $\mathfrak{G}$ ist genau dann lokalnilpotent, wenn sie lokalendlich ist.*

Wenn sich die Vermutung, daß jede ordnungsfinite Gruppe lokalendlich ist, bestätigt, so ist jede p-Gruppe lokalnilpotent. In Verbindung mit Satz 1.4.42 folgt auch

Satz 10*. *Besitzt eine p-Gruppe $\mathfrak{G}$ eine Normalfolge mit endlichen Faktoren, so ist sie lokalnilpotent.*

Beweis. In einer lokalendlichen p-Gruppe $\mathfrak{G}$ erzeugt jeder endliche Komplex eine endliche, also nilpotente p-Gruppe. In einer lokalnilpotenten p-Gruppe $\mathfrak{G}$ besitzt jede endlich erzeugbare (nilpotente) Untergruppe $\mathfrak{B}$ eine Normalteilerfolge mit endlichen Faktoren. Folglich ist $\mathfrak{B}$, also auch $\mathfrak{G}$ lokalendlich.

Jede metazyklische p-Gruppe ist demnach lokalnilpotent; die Umkehrung dieser Aussage läßt sich noch nicht allgemein beweisen. Wohl aber gilt

Satz 10**. *Eine abzählbar unendliche p-Gruppe $\mathfrak{G}$ ist genau dann lokalnilpotent, wenn sie metazyklisch ist.*

Beweis. Es genügt zu zeigen, daß eine abzählbar unendliche, lokalnilpotente p-Gruppe $\mathfrak{G}$ eine Normalfolge mit endlichen Faktoren besitzt, da diese Faktoren nilpotent sind. Aus einer Abzählung (G_k) von $\mathfrak{G}$ erhalten wir eine Kette $(\mathfrak{U}_n)$ endlicher p-Untergruppen $\mathfrak{U}_n = \{G_1, G_2, \ldots, G_n\}$ mit der Vereinigung $\mathfrak{G}$. Im Falle $\mathfrak{U}_n \subset \mathfrak{U}_{n+1}$ ist nach Satz 7* $\mathfrak{U}_n$ echte Untergruppe des Normalisators $\mathfrak{N}(\mathfrak{U}_n \subset \mathfrak{U}_{n+1})$; Gleiches gilt für diesen Normalisator, falls er von $\mathfrak{U}_{n+1}$ verschieden ist. Daher ist $\mathfrak{U}_n$ in $\mathfrak{U}_{n+1}$ nachnormal, so daß sich die Kette $(\mathfrak{U}_n)$ zu einer Normalfolge in $\mathfrak{G}$ verfeinern läßt.

Der Zerlegungssatz von W. BURNSIDE ist auf ordnungsfinite Gruppen übertragbar:

Satz 11. *Jede ordnungsfinite nilpotente Gruppe $\mathfrak{G}$ ist direktes Produkt ihrer (nilpotenten) p-Sylowgruppen; jedes direkte Produkt nilpotenter p-Gruppen ist nilpotent.*

Beweis. Nach Satz 3.1.35 besitzt die ordnungsfinite nilpotente Gruppe $\mathfrak{G}$ eine Normalteilerfolge

$$\mathfrak{B}_0 = E; \quad \mathfrak{B}_\nu \subset \mathfrak{B}_{\nu+1} \trianglelefteq \mathfrak{G}; \quad \mathfrak{B}_\tau = \mathfrak{G} \quad \text{für jeden Index } \nu < \tau \in \Lambda,$$

$$\mathfrak{B}_\lambda = \bigcup_{\nu < \lambda} \mathfrak{B}_\nu \quad \text{für jeden Limesindex } \lambda \leq \tau,$$

mit zyklischen Faktoren $\mathfrak{B}_{\nu+1}/\mathfrak{B}_\nu$ von Primzahlordnung. Für eine Induktion darf angenommen werden, $\mathfrak{B}_\mu$ sei für jeden Index $\mu < \lambda$ direktes Produkt von q-Sylowgruppen:

$$\mathfrak{B}_\mu = \underset{q}{\times} \mathfrak{B}_{q\mu} \quad \text{über alle Primzahlen } q.$$

Dabei ist $\mathfrak{B}_{q\mu}$ einzige (vollinvariante) q-Sylowgruppe in $\mathfrak{B}_\mu$, also normal in $\mathfrak{G}$. Ist λ Limesindex, so ist für jede Primzahl q die Vereinigung

$$\mathfrak{B}_{q\lambda} = \bigcup_{\mu<\lambda} \mathfrak{B}_{q\mu} \subseteq \bigcup_{\mu<\lambda} \mathfrak{B}_\mu = \mathfrak{B}_\lambda$$

einzige q-Sylowgruppe in $\mathfrak{B}_\lambda$ und folglich

$$\mathfrak{B}_\lambda = \underset{q}{\times} \mathfrak{B}_{q\lambda} \qquad \text{über alle Primzahlen } q.$$

Nun sei λ nicht Limesindex und $\nu = \lambda - 1$, also nach Annahme

$$\mathfrak{B}_\nu = \underset{q}{\times} \mathfrak{B}_{q\nu} \qquad \text{über alle Primzahlen } q.$$

Im Falle $\operatorname{ind}(\mathfrak{B}_\lambda : \mathfrak{B}_\nu) = p$ setze man

$$\mathfrak{B}_\nu = \mathfrak{B}_{p\nu} \times \mathfrak{H}_\nu \quad \text{mit} \quad \mathfrak{H}_\nu = \underset{q\neq p}{\times} \mathfrak{B}_{q\nu}.$$

Wenn für eine erzeugende Restklasse $\mathfrak{B}_\nu U$ des Faktors $\mathfrak{B}_\lambda/\mathfrak{B}_\nu$

$$U^p \equiv E \bmod \mathfrak{B}_\nu, \quad \operatorname{ord}(U) = k p^f \quad \text{mit} \quad f > 1; \ (k, p) = 1,$$

so kann U durch U^k ersetzt, also sogleich $k = 1$ angenommen werden. Dann ist $\mathfrak{B}_{p\lambda} = \{\mathfrak{B}_{p\nu} \cup U\}$ eine p-Gruppe, ferner

$$\mathfrak{B}_\lambda = \{\mathfrak{B}_\nu \cup U\} = \{\mathfrak{B}_{p\nu} \mathfrak{H}_\nu \cup U\} = \mathfrak{B}_{p\lambda} \mathfrak{H}_\nu \quad \text{und} \quad [\mathfrak{B}_{p\nu}, \mathfrak{H}_\nu] = E,$$

da auch $\mathfrak{H}_\nu$ in $\mathfrak{G}$ normal ist. Wenn also

$$[U, H] = E \qquad \text{für jedes } H \in \mathfrak{H}_\nu,$$

so gilt auch

$$[\mathfrak{B}_{p\lambda}, \mathfrak{H}_\nu] = [\{\mathfrak{B}_{p\nu} \cup U\}, \mathfrak{H}_\nu] = E.$$

Besteht die Beziehung

$$[U, H] = E \qquad \text{für jedes } H \in \mathfrak{H}_\nu \cap \mathfrak{Z}_\mu(\mathfrak{G})$$

für alle Glieder $\mathfrak{Z}_\mu(\mathfrak{G})$ der aufsteigenden Zentrenfolge von $\mathfrak{G}$ mit einem Index $\mu < \varkappa$ und ist H in $\mathfrak{H}_\nu \cap \mathfrak{Z}_\varkappa(\mathfrak{G})$, aber nicht in $\mathfrak{H}_\nu \cap \mathfrak{Z}_\mu(\mathfrak{G})$ mit $\mu < \varkappa$ enthalten, so ist $\varkappa$ nicht Limesindex und

$$[\mathfrak{G}, \mathfrak{Z}_\varkappa(\mathfrak{G})] \subseteq \mathfrak{Z}_{\varkappa-1}(\mathfrak{G}), \quad \text{also} \quad C = [U, H] \equiv E \bmod \mathfrak{Z}_{\varkappa-1}(\mathfrak{G}).$$

Da C dem Durchschnitt $\mathfrak{H}_\nu \cap \mathfrak{Z}_{\varkappa-1}(\mathfrak{G})$ angehört, folgt nach Annahme

$$[U, C] = E; \quad E = [U^{p^f}, H] = [U, H]^{p^f} = C^{p^f}, \quad \text{also} \quad C = E.$$

Da $\mathfrak{G} = \mathfrak{Z}_\sigma(\mathfrak{G})$ für einen Index $\sigma \in \Lambda$, ergibt sich

$$[U, H] = E \qquad \text{für jedes } H \in \mathfrak{H}_\nu \cap \mathfrak{Z}_\sigma(\mathfrak{G}) = \mathfrak{H}_\nu.$$

Infolgedessen besteht für jeden Index $\lambda \leq \tau$ die Zerlegung

$$\mathfrak{B}_\lambda = \underset{q}{\times} \mathfrak{B}_{q\lambda}, \quad \text{also auch} \quad \mathfrak{G} = \mathfrak{B}_\tau = \underset{q}{\times} \mathfrak{B}_{q\tau}.$$

Umgekehrt ist jedes direkte Produkt nilpotenter Gruppen nilpotent.

Die vollen Voraussetzungen sind notwendig für den Nachweis, daß Elemente relativprimer Ordnungen vertauschbar sind. Fordert man dies, so lassen sich die anderen Voraussetzungen abschwächen:

Satz 11*. *Es sei $\mathfrak{G}$ eine ordnungsfinite metazyklische Gruppe, in der Elemente relativprimer Ordnungen vertauschbar sind. Dann ist $\mathfrak{G}$ lokalnilpotent und direktes Produkt seiner lokalnilpotenten p-Sylowgruppen.*

Beweis. Die ordnungsfinite metazyklische Gruppe $\mathfrak{G}$ besitzt eine Kompositionsfolge $(\mathfrak{U}_\nu)$ mit Faktoren $\mathfrak{U}_{\nu+1}/\mathfrak{U}_\nu$ von Primzahlordnung. Mittels dieser Folge kann nun der Beweis in gleicher Weise wie bei Satz 11 durchgeführt werden. Man erhält eine direkte Zerlegung

$$\mathfrak{G} = \underset{p}{\times}\, \mathfrak{S}_p \qquad \text{über alle Primzahlen } p$$

mit den (einzigen) p-Sylowgruppen $\mathfrak{S}_p \subseteq \mathfrak{G}$.

Für endliche Gruppen folgt hieraus das Kriterium:

Satz 11** (H. HILTON). *Eine endliche Gruppe $\mathfrak{G}$ ist genau dann nilpotent, wenn ihre Elemente relativprimer Ordnungen vertauschbar sind.*

Beweis. Eine nilpotente endliche Gruppe erfüllt diese Bedingung. Genügt die endliche Gruppe $\mathfrak{G}$ der Bedingung, so genügt es zu zeigen, daß die von allen p-Elementen von $\mathfrak{G}$ erzeugte Untergruppe $\mathfrak{U}_p$ nilpotent ist, da dann $\mathfrak{U}_p$ nach Satz 3 einzige p-Sylowgruppe in $\mathfrak{G}$ ist.

Für ein Element $U \in \mathfrak{U}_p$ der Ordnung $\operatorname{ord}(U) = u p^j$ mit $(u, p) = 1$ ist die Potenz $Z = U^{p^j}$ mit allen Erzeugenden von $\mathfrak{U}_p$ vertauschbar, also im Zentrum $\mathfrak{Z}(\mathfrak{U}_p)$ enthalten. Ist $u = 1$ für jedes $U \in \mathfrak{U}_p$, so ist $\mathfrak{U}_p$ eine p-Gruppe; mithin ist stets $\mathfrak{Z}(\mathfrak{U}_p)$ von E verschieden. Da ein homomorphes Bild $\overline{\mathfrak{U}}_p$ die gleichen Eigenschaften besitzt, ist auch $\mathfrak{Z}(\overline{\mathfrak{U}}_p)$ von $\overline{E}$ verschieden, also $\mathfrak{U}_p$ nilpotent.

Als Ergänzung zu Satz 11 geben wir noch an:

Satz 12. *Jede nilpotente Gruppe $\mathfrak{G}$ besitzt eine einzige maximale ordnungsfinite (nilpotente) vollinvariante Untergruppe $\mathfrak{N}_0$ mit torsionsfreier (nilpotenter) Faktorgruppe.*

Beweis. Da in $\mathfrak{G}$ nach Satz 3.1.37 jede Untergruppe nachnormal ist, erhalten wir für eine maximale ordnungsfinite Untergruppe $\mathfrak{U} \subseteq \mathfrak{G}$ die Alternative

$$\mathfrak{U} = \mathfrak{G} \quad \text{oder} \quad \mathfrak{U} \triangleleft | \mathfrak{N}(\mathfrak{U} \subseteq \mathfrak{G}) = \mathfrak{V} \subseteq \mathfrak{G}.$$

Im zweiten Falle ist $\mathfrak{U}$ (einzige) maximale ordnungsfinite Untergruppe von $\mathfrak{V}$. Wäre $\mathfrak{V}$ von $\mathfrak{G}$ verschieden, so wäre

$$\mathfrak{U} \triangleleft \| \mathfrak{V} \triangleleft | \mathfrak{N}(\mathfrak{V} \subset \mathfrak{G}), \quad \text{also} \quad \mathfrak{U} \triangleleft | \mathfrak{N}(\mathfrak{V} \subset \mathfrak{G}).$$

Mithin ist $\mathfrak{U}$ normal in $\mathfrak{G}$ und damit einzige ordnungsfinite maximale Untergruppe $\mathfrak{N}_0$ von $\mathfrak{G}$.

3.2.3. Die p-Sylowgruppen einer Gruppe

Eine Gruppe $\mathfrak{G}$ enthält genau dann (für eine Primzahl p) von E verschiedene p-Sylowgruppen, wenn sie von E verschiedene p-Elemente besitzt. Über die verschiedenen p-Sylowgruppen lassen sich unter einschränkenden Annahmen nähere Aussagen machen:

Satz 13. *In der Gruppe $\mathfrak{G}$ existiere eine p-Sylowgruppe $\mathfrak{S}_p$ mit einem Normalisator $\mathfrak{N}(\mathfrak{S}_p)$ von endlichem Index $n_p = \mathrm{ind}\,(\mathfrak{G}:\mathfrak{N}(\mathfrak{S}_p))$. Dann sind alle p-Sylowgruppen in $\mathfrak{G}$ ähnlich; ihre Anzahl n_p genügt der Kongruenz $n_p \equiv 1(p)$.*

Die hier gemachte Voraussetzung ist gleichwertig mit:

$\mathfrak{G}$ besitze endlich viele p-Sylowgruppen $\mathfrak{S}_p$ zur Primzahl p.

Ist nämlich für eine p-Sylowgruppe $\mathfrak{S}_p$ der Normalisator $\mathfrak{N}(\mathfrak{S}_p)$ von endlichem Index n_p in $\mathfrak{G}$, so ist n_p nach Satz 13 die Anzahl der verschiedenen p-Sylowgruppen von $\mathfrak{G}$. Besitzt $\mathfrak{G}$ nur endlich viele p-Sylowgruppen, also jede p-Sylowgruppe $\mathfrak{S}_p$ nur endlich viele ähnliche Gruppen $\mathfrak{S}_p^G$, so ist $n_p = \mathrm{ind}\,(\mathfrak{G}:\mathfrak{N}(\mathfrak{S}_p))$ deren Anzahl.

Beweis. Es sei $\mathfrak{S} = \mathfrak{S}_p$ eine p-Sylowgruppe von $\mathfrak{G}$ mit endlichem Index $n = \mathrm{ind}\,(\mathfrak{G}:\mathfrak{N}(\mathfrak{S}))$ des Normalisators, $\mathfrak{P}$ eine weitere p-Sylowgruppe; ferner sei

$\mathfrak{F}$: $\mathfrak{S} = \mathfrak{S}_1, \mathfrak{S}_2, \ldots, \mathfrak{S}_n$ mit $\mathfrak{S}_\nu = \mathfrak{S}^{G_\nu}$ und $G_\nu \in \mathfrak{G}$ für $1 \leq \nu \leq n$

die Menge der zu $\mathfrak{S}$ ähnlichen p-Sylowgruppen in $\mathfrak{G}$. Ist $\mathfrak{S}_\nu$ von $\mathfrak{P}$ verschieden, so ist weder $\mathfrak{S}_\nu$ in $\mathfrak{P}$ noch $\mathfrak{P}$ in $\mathfrak{S}_\nu$ enthalten. Daher sind für wenigstens ein Element $P \in \mathfrak{P}$ die Gruppen $\mathfrak{S}_\nu^P$ und $\mathfrak{S}_\nu$ verschieden, da sonst $P \in \mathfrak{S}_\nu$ oder aber $\{\mathfrak{S}_\nu \cup P\} \supset \mathfrak{S}_\nu$ eine p-Gruppe in $\mathfrak{G}$ wäre. Die Gruppen $\mathfrak{S}_\nu^P$ (über $P \in \mathfrak{P}$) aus $\mathfrak{F}$ sind daher von $\mathfrak{P}$ verschieden und nicht sämtlich gleich; ihre Anzahl bestimmt der Index $\mathrm{ind}\,(\mathfrak{P}:\mathfrak{P} \cap \mathfrak{N}(\mathfrak{S})) = p^f > 1$. Die Anzahl $n_\mathfrak{P}$ der von $\mathfrak{P}$ verschiedenen Gruppen in $\mathfrak{F}$ ist also durch p teilbar. Im Falle $\mathfrak{P} = \mathfrak{S}$ erhalten wir hieraus

$$n - 1 = n_\mathfrak{S} \equiv 0(p) \quad \text{oder} \quad n \equiv 1(p).$$

Wäre $\mathfrak{P}$ nicht in $\mathfrak{F}$ enthalten, so müßte auch $n \equiv 0(p)$ gelten.

Ohne einschränkende Annahmen läßt sich die Ähnlichkeit der p-Sylowgruppen einer Gruppe $\mathfrak{G}$ nicht erwarten; die Endlichkeitsforderung ist hierzu aber nicht notwendig:

Beispiel 1. Das freie Produkt $\mathfrak{F} = \mathfrak{Z}_1 * \mathfrak{Z}_2$ zyklischer Gruppen $\mathfrak{Z}_1$ der Primzahlordnung p und $\mathfrak{Z}_2$ der Ordnung p^2 besitzt nach dem Untergruppensatz p-Sylowgruppen der Ordnung p und p-Sylowgruppen der Ordnung p^2.

Beispiel 2. Es sei $\mathfrak{G}$ für eine Primzahl p die Gruppe

$\mathfrak{G} = \{A \cup \bigcup_g B_g\}$ mit $B_g^p = E$; $B_g^A = B_{g+1}$ für $-\infty < g < +\infty$.

Da $\mathfrak{B} = \{\bigcup_g B_g\}$ alle Elemente endlicher Ordnung von $\mathfrak{G}$ enthält, sind die zyklischen Untergruppen $\mathfrak{B}_g' = \{B_g\}$ der Ordnung p und die zu ihnen in $\mathfrak{B}$ ähnlichen Gruppen alle p-Sylowgruppen von $\mathfrak{G}$.

Die Gesamtheit der p-Sylowgruppen einer Gruppe $\mathfrak{G}$ zerfällt in Klassen ähnlicher p-Gruppen; hierzu kann noch bemerkt werden:

Satz 13*. *Die Gruppe $\mathfrak{G}$ enthalte eine p-Sylowgruppe $\mathfrak{S}_p$ mit endlichem Index* $\mathrm{ind}(\mathfrak{G}:\mathfrak{N}(\mathfrak{S}_p)) = n_p > 0$ *des Normalisators. Dann enthält $\mathfrak{N}(\mathfrak{S}_p)$ für jede zu n_p relativprime Primzahl q wenigstens eine q-Sylowgruppe $\mathfrak{S}_q \subseteq \mathfrak{G}$ aus jeder Klasse ähnlicher q-Sylowgruppen von $\mathfrak{G}$.*

Beweis. Aus der Doppelmodulzerlegung

$$\mathfrak{G} = \sum_{\lambda=1}^{l} \mathfrak{N}(\mathfrak{S}_p)\, G_\lambda\, \mathfrak{S}_q$$

mit einer q-Sylowgruppe $\mathfrak{S}_q \subseteq \mathfrak{G}$ zur Primzahl q erhalten wir

$$n_p = \mathrm{ind}(\mathfrak{G}:\mathfrak{N}(\mathfrak{S}_p)) = m_1 + m_2 + \cdots + m_l$$

mit den Indizes

$$m_\lambda = \mathrm{ind}(\mathfrak{S}_q : \mathfrak{S}_q \cap \mathfrak{N}(\mathfrak{S}_p^{G_\lambda})) = q^{f_\lambda} \qquad \text{für } 1 \leq \lambda \leq l.$$

Ist q zu n_p teilerfremd, so folgt etwa $f_1 = 0$ und weiter

$$\mathfrak{S}_q = \mathfrak{S}_q \cap \mathfrak{N}(\mathfrak{S}_p^{G_1}) \quad \text{und} \quad \mathfrak{S}_q \subseteq \mathfrak{N}(\mathfrak{S}_p^{G_1}), \quad \text{also} \quad \mathfrak{S}_q^{G_1^{-1}} \subseteq \mathfrak{N}(\mathfrak{S}_p).$$

Satz 14. *In der Gruppe $\mathfrak{G}$ existiere eine p-Gruppe $\mathfrak{P}$ von endlichem Index $k = \mathrm{ind}(\mathfrak{G}:\mathfrak{P})$. Genau dann ist $\mathfrak{P}$ p-Sylowgruppe, wenn k zu p teilerfremd ist.*

Beweis. Für eine p-Sylowgruppe $\mathfrak{P} \subseteq \mathfrak{G}$ von endlichem Index und ihren Normalisator $\mathfrak{N} = \mathfrak{N}(\mathfrak{P} \subseteq \mathfrak{G})$ gilt nach Satz 13

$$k = \mathrm{ind}(\mathfrak{G}:\mathfrak{P}) = \mathrm{ind}(\mathfrak{G}:\mathfrak{N})\,\mathrm{ind}(\mathfrak{N}:\mathfrak{P}) \equiv \mathrm{ind}(\mathfrak{N}:\mathfrak{P})\,(p).$$

Wäre $\mathrm{ind}(\mathfrak{N}:\mathfrak{P})$ durch p teilbar, so enthielte die Faktorgruppe $\mathfrak{N}/\mathfrak{P}$ ein Element $\mathfrak{P}N$ der Eigenschaft

$$N^p \equiv E \bmod \mathfrak{P} \quad \text{mit} \quad \mathrm{ord}(N) = p^f > 1;$$

dann wäre aber $\{\mathfrak{P} \cup N\} \supset \mathfrak{P}$ eine p-Gruppe in $\mathfrak{G}$.

Umgekehrt ist eine p-Untergruppe $\mathfrak{P}$ in einer p-Sylowgruppe $\mathfrak{S}_p$ von $\mathfrak{G}$ enthalten, also

$$k = \mathrm{ind}(\mathfrak{G}:\mathfrak{P}) = \mathrm{ind}(\mathfrak{G}:\mathfrak{S}_p)\,\mathrm{ind}(\mathfrak{S}_p:\mathfrak{P}).$$

Wenn nicht $\mathfrak{P} = \mathfrak{S}_p$, so ist $\mathrm{ind}(\mathfrak{S}_p:\mathfrak{P})$ durch p teilbar.

Satz 14*. *Die Ordnung $\mathrm{ord}(\mathfrak{S}_p) = p^a$ einer p-Sylowgruppe $\mathfrak{S}_p$ in einer endlichen Gruppe $\mathfrak{G}$ ist die höchste in $\mathrm{ord}(\mathfrak{G})$ aufgehende Potenz der Primzahl p.*

3.2.3. Die p-Sylowgruppen einer Gruppe

Beweis. Eine p-Untergruppe $\mathfrak{P}$ der endlichen Gruppe $\mathfrak{G}$ ist genau dann p-Sylowgruppe, wenn $\mathrm{ind}\,(\mathfrak{G}:\mathfrak{P})$ zu p teilerfremd ist.

Aus den Sätzen 1.4.32 und 1.4.34 entnehmen wir noch

Satz 15. *Jede p-Sylowgruppe $\mathfrak{T}_p$ einer Untergruppe $\mathfrak{U}$ ist Durchschnitt $\mathfrak{T}_p = \mathfrak{S}_p \cap \mathfrak{U}$ mit einer p-Sylowgruppe $\mathfrak{S}_p$ von $\mathfrak{G}$. Verschiedene p-Sylowgruppen der Untergruppe $\mathfrak{U}$ sind in verschiedenen p-Sylowgruppen der Gruppe $\mathfrak{G}$ enthalten.*

Unter der Endlichkeitsvoraussetzung erhalten wir für Normalteiler eine genauere Aussage:

Satz 15*. *Die Gruppe $\mathfrak{G}$ besitze eine p-Sylowgruppe $\mathfrak{S}_p$ mit endlichem Index $\mathrm{ind}\,(\mathfrak{G}:\mathfrak{N}(\mathfrak{S}_p))$ des Normalisators. Dann sind für einen Normalteiler $\mathfrak{U} \triangleleft \mathfrak{G}$ die verschiedenen unter den Durchschnitten*

$$\mathfrak{T}_p^G = \mathfrak{U} \cap \mathfrak{S}_p^G = (\mathfrak{U} \cap \mathfrak{S}_p)^G \qquad \text{für } G \in \mathfrak{G}$$

sämtliche p-Sylowgruppen von $\mathfrak{U}$; ihre Anzahl bestimmt der Index

$$\mathrm{ind}\,(\mathfrak{U}:\mathfrak{N}(\mathfrak{T}_p \subseteq \mathfrak{U})) = \mathrm{ind}\,(\mathfrak{G}:\mathfrak{N}(\mathfrak{T}_p \subseteq \mathfrak{G})).$$

Beweis. Der Durchschnitt $\mathfrak{U} \cap \mathfrak{S}_p$ mit einer p-Sylowgruppe $\mathfrak{S}_p$ von $\mathfrak{G}$ ist in einer p-Sylowgruppe $\mathfrak{T}_p$ von $\mathfrak{U}$ enthalten, diese als Durchschnitt $\mathfrak{T}_p = \mathfrak{U} \cap \mathfrak{S}_p^*$ einer p-Sylowgruppe $\mathfrak{S}_p^* = \mathfrak{S}_p^G$ von $\mathfrak{G}$ mit $G \in \mathfrak{G}$ darstellbar. Hieraus erhalten wir

$$\mathfrak{U} \cap \mathfrak{S}_p^{G^\nu} = (\mathfrak{U} \cap \mathfrak{S}_p)^{G^\nu} \subseteq (\mathfrak{U} \cap \mathfrak{S}_p^G)^{G^\nu} = \mathfrak{U} \cap \mathfrak{S}_p^{G^{\nu+1}} \qquad \text{für } 0 \leq \nu < \infty.$$

Für eine gewisse natürliche Zahl k gilt aber

$$\mathfrak{S}_p = \mathfrak{S}_p^{G^k}, \quad \text{also} \quad \mathfrak{U} \cap \mathfrak{S}_p = \mathfrak{U} \cap \mathfrak{S}_p^G = \mathfrak{T}_p.$$

Die (endliche) Anzahl der verschiedenen p-Sylowgruppen in $\mathfrak{U}$ bestimmt der Index

$$\mathrm{ind}\,(\mathfrak{U}:\mathfrak{N}(\mathfrak{T}_p \subseteq \mathfrak{U})) = \mathrm{ind}\,(\mathfrak{G}:\mathfrak{N}(\mathfrak{T}_p \subseteq \mathfrak{G})).$$

Da es zu jeder p-Sylowgruppe $\mathfrak{T}_p^G$ von $\mathfrak{U}$ mit $G \in \mathfrak{G}$ ein Element $U \in \mathfrak{U}$ gibt, derart daß

$$\mathfrak{T}_p^G = \mathfrak{T}_p^U \quad \text{oder} \quad \mathfrak{T}_p^{G\,U^{-1}} = \mathfrak{T}_p,$$

erhält man auch die Produktdarstellung

$$\mathfrak{G} = \mathfrak{N}(\mathfrak{T}_p \subseteq \mathfrak{G})\,\mathfrak{U}$$

und die Isomorphie

$$\mathfrak{G}/\mathfrak{U} \cong \mathfrak{N}(\mathfrak{T}_p \subseteq \mathfrak{G})/\mathfrak{N}(\mathfrak{T}_p \subseteq \mathfrak{G}) \cap \mathfrak{U} = \mathfrak{N}(\mathfrak{T}_p \subseteq \mathfrak{G})/\mathfrak{N}(\mathfrak{T}_p \subseteq \mathfrak{U}).$$

Für Faktorgruppen gewinnen wir eine analoge Aussage nur unter schärferen Voraussetzungen:

Satz 16. *In der Gruppe $\mathfrak{G}$ existiere eine p-Sylowgruppe $\mathfrak{S}_p$ von endlichem Index $k = \mathrm{ind}(\mathfrak{G} : \mathfrak{S}_p)$ in $\mathfrak{G}$. Dann sind für einen Normalteiler $\mathfrak{U} \triangleleft | \mathfrak{G}$ die verschiedenen unter den Gruppen*

$$\mathfrak{S}_p^G \mathfrak{U}/\mathfrak{U} \quad \text{für } G \in \mathfrak{G}$$

sämtliche p-Sylowgruppen von $\mathfrak{G}/\mathfrak{U}$. Ist $\mathfrak{N}(\mathfrak{S}_p)$ der Normalisator von $\mathfrak{S}_p$ in $\mathfrak{G}$, so ist $\mathfrak{N}(\mathfrak{S}_p)\mathfrak{U}/\mathfrak{U}$ Normalisator von $\mathfrak{S}_p\mathfrak{U}/\mathfrak{U}$ in $\mathfrak{G}/\mathfrak{U}$.

Beweis. Auf Grund der Voraussetzung gilt nach Satz 14

$$0 < k = \mathrm{ind}(\mathfrak{G} : \mathfrak{S}_p) = \mathrm{ind}(\mathfrak{G} : \mathfrak{S}_p\mathfrak{U})\,\mathrm{ind}(\mathfrak{S}_p\mathfrak{U} : \mathfrak{S}_p) \equiv 0\,(p);$$

nach dem gleichen Satze ist $\mathfrak{S}_p\mathfrak{U}/\mathfrak{U}$ eine p-Sylowgruppe in $\mathfrak{G}/\mathfrak{U}$. Die ähnlichen Gruppen $\mathfrak{S}_p^G\mathfrak{U}/\mathfrak{U}$ sind daher alle p-Sylowgruppen in $\mathfrak{G}/\mathfrak{U}$. Besteht die Gleichung $\mathfrak{S}_p^G\mathfrak{U} = \mathfrak{S}_p\mathfrak{U}$, so sind $\mathfrak{S}_p$ und $\mathfrak{S}_p^G$ p-Sylowgruppen in $\mathfrak{S}_p\mathfrak{U} \subseteq \mathfrak{G}$; daher gilt

$$\mathfrak{S}_p^G = \mathfrak{S}_p^H \quad \text{mit} \quad H \in \mathfrak{S}_p\mathfrak{U}, \quad \text{also} \quad G \in \mathfrak{N}(\mathfrak{S}_p)\,\mathfrak{U}.$$

Mithin ist $\mathfrak{N}(\mathfrak{S}_p)\mathfrak{U}/\mathfrak{U}$ Normalisator von $\mathfrak{S}_p\mathfrak{U}/\mathfrak{U}$ in $\mathfrak{G}/\mathfrak{U}$.

Satz 17. *Existieren in einer ordnungsfiniten Gruppe $\mathfrak{G}$ zu jeder Primzahl p nur endlich viele p-Sylowgruppen, so ist die Frattinische Gruppe $\mathfrak{F}(\mathfrak{G})$ von $\mathfrak{G}$ direktes Produkt ihrer p-Sylowgruppen $\mathfrak{F}_p$.*

Beweis. Nach Satz 15* ist der Durchschnitt $\mathfrak{F}_p = \mathfrak{F} \cap \mathfrak{S}_p$ mit einer p-Sylowgruppe $\mathfrak{S}_p$ von $\mathfrak{G}$ eine p-Sylowgruppe der Frattinischen Gruppe $\mathfrak{F} = \mathfrak{F}(\mathfrak{G})$; für den Normalisator $\mathfrak{N}(\mathfrak{F}_p \subseteq \mathfrak{G})$ besteht daher auf Grund der Definition von $\mathfrak{F}$ die Gleichung

$$\mathfrak{G} = \mathfrak{F}\,\mathfrak{N}(\mathfrak{F}_p \subseteq \mathfrak{G}) = \mathfrak{N}(\mathfrak{F}_p \subseteq \mathfrak{G}).$$

Da demnach $\mathfrak{F}_p$ in $\mathfrak{F}$ normal und $\mathfrak{F}$ ordnungsfinit ist, folgt die Behauptung.

Satz 17*. *Die Frattinische Gruppe $\mathfrak{F}(\mathfrak{G})$ einer endlichen Gruppe $\mathfrak{G}$ ist nilpotent.*

Für die Normalisatoren der p-Sylowgruppen einer Gruppe gilt auch:

Satz 18. *Es sei $\mathfrak{S}_p$ eine p-Sylowgruppe und $\mathfrak{N}(\mathfrak{S}_p)$ ihr Normalisator in der Gruppe $\mathfrak{G}$. Dann ist jede Zwischengruppe $\mathfrak{N}(\mathfrak{S}_p) \subseteq \mathfrak{U} \subseteq \mathfrak{G}$ von endlichem Index $\mathrm{ind}(\mathfrak{U} : \mathfrak{N}(\mathfrak{S}_p))$ ihr eigener Normalisator.*

Beweis. Wegen $\mathfrak{S}_p \subseteq \mathfrak{N}(\mathfrak{S}_p) \subseteq \mathfrak{U} \subseteq \mathfrak{G}$ ist $\mathfrak{S}_p$ p-Sylowgruppe in $\mathfrak{U}$ und

also $\quad \mathfrak{N}(\mathfrak{S}_p \subseteq \mathfrak{U}) = \mathfrak{N}(\mathfrak{S}_p \subseteq \mathfrak{G}) \cap \mathfrak{U} = \mathfrak{N}(\mathfrak{S}_p),$

$$\mathrm{ind}\big(\mathfrak{U} : \mathfrak{N}(\mathfrak{S}_p \subseteq \mathfrak{G})\big) = \mathrm{ind}\big(\mathfrak{U} : \mathfrak{N}(\mathfrak{S}_p \subseteq \mathfrak{U})\big) > 0.$$

Für jedes $G \in \mathfrak{N}(\mathfrak{U} \subseteq \mathfrak{G})$ sind $\mathfrak{S}_p$ und $\mathfrak{S}_p^G$ in $\mathfrak{U}$ ähnlich, also

$$(\mathfrak{S}_p^G)^U = \mathfrak{S}_p \quad \text{oder} \quad GU \in \mathfrak{N}(\mathfrak{S}_p \subseteq \mathfrak{G}) \subseteq \mathfrak{U} \quad \text{mit } U \in \mathfrak{U}.$$

Mithin gilt $\mathfrak{N}(\mathfrak{U} \subseteq \mathfrak{G}) = \mathfrak{U}$.

3.2.4. Endliche auflösbare Gruppen

Daß endliche Gruppen p-Sylowgruppen enthalten, ist die einzige allgemeingültige Existenzaussage für Untergruppen endlicher Gruppen. Tiefergehende Ergebnisse lassen sich für auflösbare endliche Gruppen erhalten:

Satz 19 (P. HALL). *Für eine auflösbare Gruppe $\mathfrak{G}$ endlicher Ordnung* $\mathrm{ord}(\mathfrak{G}) = g = ab > 1$ *in relativprimen Faktoren a, b gilt:*

1. *Die Gruppe $\mathfrak{G}$ besitzt eine Untergruppe $\mathfrak{A}$ der Ordnung a.*
2. *Untergruppen $\mathfrak{A}, \mathfrak{A}^*$ der Ordnung a sind in $\mathfrak{G}$ ähnlich.*
3. *Jede Untergruppe $\mathfrak{C} \subset \mathfrak{G}$, deren Ordnung in a aufgeht, ist in einer Untergruppe $\mathfrak{A} \subset \mathfrak{G}$ der Ordnung a enthalten.*

Beweis. Die Aussage ist für p-Gruppen $\mathfrak{G}$ trivial; daher läßt sich eine Induktion nach der Ordnung durchführen.

1. Die Gruppe $\mathfrak{G}$ der Ordnung $\mathrm{ord}(\mathfrak{G}) = g = ab$ mit $(a, b) = 1$ enthalte einen eigentlichen Normalteiler $\mathfrak{H}$ einer Ordnung

$$\mathrm{ord}(\mathfrak{H}) = h = a_1 b_1; \quad \mathrm{ind}(\mathfrak{G} : \mathfrak{H}) = a_2 b_2 \quad \text{mit} \quad a = a_1 a_2;\ b = b_1 b_2;\ b_1 < b.$$

Die Faktorgruppe $\mathfrak{G}/\mathfrak{H}$ besitzt nach Induktionsannahme eine Untergruppe $\mathfrak{U}/\mathfrak{H}$ der Ordnung a_2, die Untergruppe $\mathfrak{U} \subset \mathfrak{G}$ der Ordnung $\mathrm{ord}(\mathfrak{U}) = a_2 h = a b_1 < g$ eine Untergruppe $\mathfrak{A}$ der Ordnung a. Untergruppen $\mathfrak{A}, \mathfrak{A}^*$ von $\mathfrak{G}$ gleicher Ordnung a besitzen in $\mathfrak{G}/\mathfrak{H}$ die Bilder $\mathfrak{A}\mathfrak{H}/\mathfrak{H}$ und $\mathfrak{A}^*\mathfrak{H}/\mathfrak{H}$ gleicher Ordnung a_2; nach Induktionsannahme sind diese Gruppen in $\mathfrak{G}/\mathfrak{H}$ ähnlich:

$$(\mathfrak{A}\mathfrak{H})^P = \mathfrak{A}^P \mathfrak{H} = \mathfrak{A}^* \mathfrak{H} = \mathfrak{U} \quad \text{mit} \quad \mathrm{ord}(\mathfrak{U}) = a b_1 < g \ \text{und}\ P \in \mathfrak{G}.$$

Nach Induktionsannahme sind $\mathfrak{A}^P$ und $\mathfrak{A}^*$ in $\mathfrak{U}$, also $\mathfrak{A}$ und $\mathfrak{A}^*$ in $\mathfrak{G}$ ähnlich. Ist $\mathfrak{C}$ Untergruppe in $\mathfrak{G}$ der Ordnung $\mathrm{ord}(\mathfrak{C}) | a$, so ist $\mathfrak{C}\mathfrak{H}/\mathfrak{H}$ als Untergruppe von $\mathfrak{G}/\mathfrak{H}$ einer Ordnung $\mathrm{ord}(\mathfrak{C}\mathfrak{H}/\mathfrak{H}) | a_2$ in einer Untergruppe $\mathfrak{U}/\mathfrak{H} \subset \mathfrak{G}/\mathfrak{H}$ der Ordnung $\mathrm{ord}(\mathfrak{U}/\mathfrak{H}) = a_2$ enthalten. Die Untergruppe $\mathfrak{U}$ der Ordnung $a b_1 < g$ enthält $\mathfrak{C}$, nach Induktionsannahme eine $\mathfrak{C}$ umfassende Untergruppe $\mathfrak{A}$ der Ordnung a.

2. Die Ordnung $\mathrm{ord}(\mathfrak{H}) = h$ jedes eigentlichen Normalteilers $\mathfrak{H} \triangleleft | \mathfrak{G}$ ist durch b teilbar. Da $\mathfrak{G}$ eine Hauptreihe

$$E = \mathfrak{H}_0 \subset \mathfrak{H}_1 \subset \cdots \subset \mathfrak{H}_{s-1} \subset \mathfrak{H}_s = \mathfrak{G}$$

mit primären Faktoren besitzt, kann mit Primzahlen p, q

$$\mathrm{ord}(\mathfrak{H}_1) = p^\beta; \quad \mathrm{ord}(\mathfrak{H}_2/\mathfrak{H}_1) = q^\gamma; \quad \mathrm{ord}(\mathfrak{G}) = ab$$

mit $b = p^\beta$ und $(a, p^\beta) = 1$ vorausgesetzt und angenommen werden, daß $\mathfrak{H}_1$ einziger minimaler Normalteiler von $\mathfrak{G}$ sei.

Die Gruppe $\mathfrak{H}_2$ der Ordnung $\operatorname{ord}(\mathfrak{H}_2) = p^\beta q^\gamma$ besitzt eine q-Sylowgruppe $\mathfrak{S} = \mathfrak{S}_q$ und die Darstellung

$$\mathfrak{H}_2 = \mathfrak{H}_1 \mathfrak{S} \quad \text{mit} \quad \mathfrak{H}_1 \triangleleft \mathfrak{H}_2 \quad \text{und} \quad \mathfrak{H}_1 \cap \mathfrak{S} = E.$$

Wäre das Zentrum $\mathfrak{Z}(\mathfrak{H}_2)$ von E verschieden, so enthielte es den (einzigen minimalen) Normalteiler $\mathfrak{H}_1 \triangleleft \mathfrak{G}$; dann wäre $\mathfrak{S}$ normal, also charakteristisch in $\mathfrak{H}_2$ und normal in $\mathfrak{G}$, entgegen der Voraussetzung, daß $\mathfrak{H}_1$ einziger minimaler Normalteiler von $\mathfrak{G}$ ist.

Daher ist $\mathfrak{H}_2$ Gruppe ohne Zentrum; alle zu $\mathfrak{S}$ in $\mathfrak{G}$ ähnlichen Gruppen sind in $\mathfrak{H}_2$ enthalten, also zu $\mathfrak{S}$ in $\mathfrak{H}_2$ ähnlich. Ihre Anzahl bestimmt der Index

$$k = \operatorname{ind}\big(\mathfrak{G} : \mathfrak{N}(\mathfrak{S} \subseteq \mathfrak{G})\big) = \operatorname{ind}\big(\mathfrak{H}_2 : \mathfrak{N}(\mathfrak{S} \subseteq \mathfrak{H}_2)\big) = \operatorname{ind}\big(\mathfrak{H}_1 : \mathfrak{H}_1 \cap \mathfrak{N}(\mathfrak{S} \subseteq \mathfrak{H}_2)\big).$$

Da $\mathfrak{S}$ und $\mathfrak{N}_0 = \mathfrak{H}_1 \cap \mathfrak{N}(\mathfrak{S} \subseteq \mathfrak{H}_2)$ in $\mathfrak{N}(\mathfrak{S} \subseteq \mathfrak{H}_2)$ normal sind, gilt

$$[\mathfrak{N}_0, \mathfrak{H}_2] \subseteq [\mathfrak{H}_1, \mathfrak{H}_1 \mathfrak{S}] = [\mathfrak{H}_1, \mathfrak{S}] = E, \quad \text{also} \quad \mathfrak{N}_0 \subseteq \mathfrak{Z}(\mathfrak{H}_2) = E$$

und damit

$$k = \operatorname{ind}(\mathfrak{H}_1 : E) = \operatorname{ord}(\mathfrak{H}_1) = b; \quad \operatorname{ord}\big(\mathfrak{N}(\mathfrak{S} \subseteq \mathfrak{G})\big) = a.$$

Daher enthält $\mathfrak{G}$ eine Untergruppe $\mathfrak{A}$ der Ordnung a.

Verschiedene q-Sylowgruppen $\mathfrak{S}$ und $\mathfrak{S}^G$ von $\mathfrak{H}_2$ haben verschiedene Normalisatoren in $\mathfrak{H}_2$, also auch verschiedene Normalisatoren $\mathfrak{N}(\mathfrak{S} \subseteq \mathfrak{G})$ und $\mathfrak{N}(\mathfrak{S}^G \subseteq \mathfrak{G}) = \big(\mathfrak{N}(\mathfrak{S} \subseteq \mathfrak{G})\big)^G$ in $\mathfrak{G}$. Daher bilden die Normalisatoren $\mathfrak{N}(\mathfrak{S}_\varkappa \subseteq \mathfrak{G})$ der zu $\mathfrak{S}$ in $\mathfrak{G}$ ähnlichen q-Sylowgruppen $\mathfrak{S}_\varkappa$ (für $1 \leq \varkappa \leq p^\beta$) ein volles System ähnlicher Untergruppen der Ordnung a. Der Durchschnitt $\mathfrak{S}^* = \mathfrak{A} \cap \mathfrak{H}_2$ mit einer Untergruppe $\mathfrak{A} \subset \mathfrak{G}$ der Ordnung $\operatorname{ord}(\mathfrak{A}) = a$ besitzt wegen

$$\mathfrak{G}/\mathfrak{H}_2 = \mathfrak{A} \mathfrak{H}_2 / \mathfrak{H}_2 \cong \mathfrak{A}/\mathfrak{A} \cap \mathfrak{H}_2$$

die Ordnung $\operatorname{ord}(\mathfrak{A} \cap \mathfrak{H}_2) = q^\gamma$, ist also eine q-Sylowgruppe in $\mathfrak{H}_2$; daraus folgt

$$\mathfrak{A} \subseteq \mathfrak{N}(\mathfrak{S}^* \subseteq \mathfrak{G}), \quad \text{also} \quad \mathfrak{A} = \mathfrak{N}(\mathfrak{S}^* \subseteq \mathfrak{G}).$$

Ist $\mathfrak{C}$ Untergruppe von $\mathfrak{G}$ einer Ordnung $c|a$, so besitzt jede Untergruppe $\mathfrak{A} \subset \mathfrak{G}$ der Ordnung a mit der Gruppe $\mathfrak{H}_1 \mathfrak{C}$ der Ordnung $\operatorname{ord}(\mathfrak{H}_1 \mathfrak{C}) = bc < g$ einen Durchschnitt $\mathfrak{D} = \mathfrak{A} \cap \mathfrak{H}_1 \mathfrak{C}$ mit $\operatorname{ord}(\mathfrak{D}) = c$. Nach Induktionsannahme ist $\mathfrak{C}$ zu $\mathfrak{D}$ in $\mathfrak{H}_1 \mathfrak{C}$ ähnlich, also in einer Untergruppe $\mathfrak{A}^* \subset \mathfrak{G}$ der Ordnung a enthalten.

Die Aussage des Satzes 19 enthält übrigens eine kennzeichnende Eigenschaft der auflösbaren endlichen Gruppen:

Satz 19*. *Eine endliche Gruppe $\mathfrak{G}$ mit $\operatorname{ord}(\mathfrak{G}) = p_1^{l_1} p_2^{l_2} \ldots p_k^{l_k}$ ist genau dann auflösbar, wenn sie Untergruppen $\mathfrak{U}_\varkappa$ vom Index $\operatorname{ind}(\mathfrak{G} : \mathfrak{U}_\varkappa) = p_\varkappa^{l_\varkappa}$ für $1 \leq \varkappa \leq k$ enthält.*

3.2.4. Endliche auflösbare Gruppen

Nach Satz 19 erfüllen auflösbare endliche Gruppen diese Bedingung; auf den Beweis der Umkehrung muß hier verzichtet werden, da er sich wesentlich auf den (nicht bewiesenen) Satz 3.2.2* von W. BURNSIDE stützt.

Der Satz 19 ist auch gleichwertig mit der Aussage: Die $\mathfrak{p}$-Sylowgruppen einer endlichen auflösbaren Gruppe $\mathfrak{G}$ sind ähnlich; für jedes Paar komplementärer Primzahlmengen $\mathfrak{p}, \bar{\mathfrak{p}}$ und jedes Paar von Sylowgruppen $\mathfrak{S}_\mathfrak{p}, \mathfrak{S}_{\bar{\mathfrak{p}}}$ in $\mathfrak{G}$ gilt

$$\mathfrak{G} = \mathfrak{S}_\mathfrak{p} \mathfrak{S}_{\bar{\mathfrak{p}}} = \mathfrak{S}_{\bar{\mathfrak{p}}} \mathfrak{S}_\mathfrak{p} \quad \text{mit} \quad \mathfrak{S}_\mathfrak{p} \cap \mathfrak{S}_{\bar{\mathfrak{p}}} = E.$$

In dieser Fassung ist der Satz 19 einer weiteren Verallgemeinerung fähig:

Definition. *Ein Sylowsystem ist ein Untergruppenverband Σ in einer ordnungsfiniten Gruppe $\mathfrak{G}$ mit folgenden Eigenschaften:*

1. *Σ enthält für jede Primzahlmenge $\mathfrak{p}$ eine $\mathfrak{p}$-Sylowgruppe.*
2. *Für jedes Paar von Primzahlmengen $\mathfrak{p}, \mathfrak{q}$ und Untergruppen $\mathfrak{S}_\mathfrak{p}, \mathfrak{S}_\mathfrak{q} \in \Sigma$ gilt*

$$\mathfrak{S}_\mathfrak{p} \cap \mathfrak{S}_\mathfrak{q} = \mathfrak{S}_{\mathfrak{p} \cap \mathfrak{q}}; \quad \mathfrak{S}_\mathfrak{p} \mathfrak{S}_\mathfrak{q} = \mathfrak{S}_\mathfrak{q} \mathfrak{S}_\mathfrak{p} = \mathfrak{S}_{\mathfrak{p} \cup \mathfrak{q}}.$$

Sinngemäß ist für die leere Primzahlmenge 0 und die Menge $\mathfrak{v}$ aller Primzahlen $\mathfrak{S}_0 = E$ bzw. $\mathfrak{S}_\mathfrak{v} = \mathfrak{G}$ zu setzen. Nach 2. enthält ein Sylowsystem Σ für jede Primzahlmenge $\mathfrak{p}$ genau eine $\mathfrak{p}$-Sylowgruppe $\mathfrak{S}_\mathfrak{p} \subseteq \mathfrak{G}$; für verschiedene Primzahlenmengen $\mathfrak{p}, \mathfrak{q}$ können aber die Gruppen $\mathfrak{S}_\mathfrak{p}, \mathfrak{S}_\mathfrak{q} \in \Sigma$ übereinstimmen.

Ein Sylowsystem Σ der ordnungsfiniten Gruppe $\mathfrak{G}$ enthält eine p-Sylowgruppe $\mathfrak{S}_p$ für jede Primzahl p und für die Menge $(\bar{p})$ aller von p verschiedenen Primzahlen eine $\bar{p}$-Sylowgruppe $\mathfrak{S}_{\bar{p}} = \mathfrak{U}_p$, d.h. ein p-Komplement zu $\mathfrak{S}_p$:

$$\mathfrak{G} = \mathfrak{S}_p \mathfrak{U}_p = \mathfrak{U}_p \mathfrak{S}_p \quad \text{mit} \quad \mathfrak{U}_p \cap \mathfrak{S}_p = E.$$

Die p-Sylowgruppen $\mathfrak{S}_p \in \Sigma$ bestimmen das Sylowsystem Σ wegen

$$\mathfrak{S}_\mathfrak{p} = \prod_{p \in \mathfrak{p}} \mathfrak{S}_p;$$

daher besitzt Σ eine *Sylowbasis* $(\mathfrak{S}_p)$ aus paarweise vertauschbaren p-Sylowgruppen von $\mathfrak{G}$:

$$\mathfrak{S}_p \mathfrak{S}_q = \mathfrak{S}_q \mathfrak{S}_p \quad \text{für } p \neq q \quad \text{mit} \quad \mathfrak{G} = \prod_p \mathfrak{S}_p.$$

Auch die p-Komplemente $\mathfrak{U}_p \in \Sigma$ bestimmen das Sylowsystem Σ wegen

$$\mathfrak{U}_p = \prod_{q \neq p} \mathfrak{S}_p \quad \text{und} \quad \mathfrak{U}_\mathfrak{p} = \bigcap_{p \in \mathfrak{p}} \mathfrak{U}_p = \mathfrak{S}_{\bar{\mathfrak{p}}} \in \Sigma.$$

Jedes Sylowsystem $\Sigma = (\mathfrak{S}_\mathfrak{p})$ einer ordnungsfiniten Gruppe geht durch Ähnlichkeitstransformation in ein *ähnliches Sylowsystem* $\Sigma^G = (\mathfrak{S}_\mathfrak{p}^G)$ mit $G \in \mathfrak{G}$ über.

Satz 20 (P. HALL). *Jede endliche auflösbare Gruppe $\mathfrak{G}$ besitzt ein Sylowsystem; zwei verschiedene Sylowsysteme von $\mathfrak{G}$ sind ähnlich.*

Jedes Sylowsystem T *einer Untergruppe $\mathfrak{H} \subset \mathfrak{G}$ entsteht aus einem Sylowsystem $\Sigma = (\mathfrak{S}_p)$ der Gruppe $\mathfrak{G}$ mittels Durchschnittsbildung:* $\mathsf{T} = (\mathfrak{H} \cap \mathfrak{S}_p)$.

Auf Grund des (hier nicht bewiesenen) Satzes 19* ist jede endliche Gruppe $\mathfrak{G}$ mit einem Sylowsystem auch auflösbar.

Beweis. Eine auflösbare endliche Gruppe $\mathfrak{G}$ enthält zu jedem Primteiler $p \mid \mathrm{ord}(\mathfrak{G})$ ein p-Komplement $\mathfrak{U}_p$ vom Index $\mathrm{ind}(\mathfrak{G} : \mathfrak{U}_p) = p^f$. Für jede nicht in $\mathrm{ord}(\mathfrak{G})$ aufgehende Primzahl p setze man $\mathfrak{U}_p = \mathfrak{G}$ und für jede Primzahlmenge $\mathfrak{p}$

$$\mathfrak{U}_{\mathfrak{p}} = \bigcap_{p \in \mathfrak{p}} \mathfrak{U}_p.$$

Die Menge $\Sigma = (\mathfrak{U}_{\mathfrak{p}})$ ist ein Sylowsystem in $\mathfrak{G}$. Da die von $\mathfrak{G}$ verschiedenen unter den Gruppen $\mathfrak{U}_p$ paarweise teilerfremde Indizes besitzen, gilt

$$\mathrm{ind}(\mathfrak{G} : \mathfrak{U}_{\mathfrak{p}}) = \prod_{p \in \mathfrak{p}} \mathrm{ind}(\mathfrak{G} : \mathfrak{U}_p).$$

Mithin ist $\mathrm{ind}(\mathfrak{G} : \mathfrak{U}_{\mathfrak{p}})$ der maximale Faktor von $\mathrm{ord}(\mathfrak{G})$, dessen Primteiler zu $\mathfrak{p}$ gehören, also $\mathfrak{U}_{\mathfrak{p}} = \mathfrak{S}_{\overline{\mathfrak{p}}}$ eine $\overline{\mathfrak{p}}$-Sylowgruppe von $\mathfrak{G}$ zur komplementären Primzahlmenge. Für Primzahlmengen $\mathfrak{p}, \mathfrak{q}$ gilt ferner

$$\mathfrak{U}_{\mathfrak{p}} \cap \mathfrak{U}_{\mathfrak{q}} = \mathfrak{U}_{\mathfrak{p} \cup \mathfrak{q}} \quad \text{oder} \quad \mathfrak{S}_{\overline{\mathfrak{p}}} \cap \mathfrak{S}_{\overline{\mathfrak{q}}} = \mathfrak{S}_{\overline{\mathfrak{p} \cup \mathfrak{q}}} = \mathfrak{S}_{\overline{\mathfrak{p}} \cap \overline{\mathfrak{q}}}.$$

Die Komplexe $\mathfrak{U}_{\mathfrak{p}} \mathfrak{U}_{\mathfrak{q}}$ und $\mathfrak{U}_{\mathfrak{q}} \mathfrak{U}_{\mathfrak{p}}$ enthalten genau

$$\frac{\mathrm{ord}(\mathfrak{U}_{\mathfrak{p}}) \, \mathrm{ord}(\mathfrak{U}_{\mathfrak{q}})}{\mathrm{ord}(\mathfrak{U}_{\mathfrak{p}} \cap \mathfrak{U}_{\mathfrak{q}})} = \mathrm{ord}(\mathfrak{U}_{\mathfrak{p} \cap \mathfrak{q}})$$

verschiedene Elemente; daraus folgt

$$\{\mathfrak{U}_{\mathfrak{p}} \cup \mathfrak{U}_{\mathfrak{q}}\} \subseteq \mathfrak{U}_{\mathfrak{p} \cap \mathfrak{q}}, \quad \text{also} \quad \mathfrak{U}_{\mathfrak{p}} \mathfrak{U}_{\mathfrak{q}} = \mathfrak{U}_{\mathfrak{q}} \mathfrak{U}_{\mathfrak{p}} = \mathfrak{U}_{\mathfrak{p} \cap \mathfrak{q}}.$$

Zwei verschiedene Sylowsysteme $\Sigma = (\mathfrak{S}_p)$ und $\Sigma^* = (\mathfrak{S}_p^*)$ der Gruppe $\mathfrak{G}$ enthalten für wenigstens eine Primzahl p verschiedene p-Komplemente $\mathfrak{U}_p \in \Sigma$ bzw. $\mathfrak{U}_p^* \in \Sigma^*$. Da mit der p-Sylowgruppe $\mathfrak{S}_p \in \Sigma$ die Gleichung

$$\mathfrak{G} = \mathfrak{S}_p \mathfrak{U}_p = \mathfrak{U}_p \mathfrak{S}_p$$

besteht, sind $\mathfrak{U}_p^*$ und $\mathfrak{U}_p$ in $\mathfrak{S}_p$ ähnlich:

$$\mathfrak{U}_p^* = \mathfrak{U}_p^S \quad \text{mit} \quad S \in \mathfrak{S}_p \subseteq \bigcap_{q \neq p} \mathfrak{U}_q,$$

so daß

$$\mathfrak{U}_p^S = \mathfrak{U}_p^* \quad \text{und} \quad \mathfrak{U}_q^S = \mathfrak{U}_q \quad \text{für} \quad q \neq p.$$

Die Sylowsysteme $\Sigma^S = (\mathfrak{S}_p^S)$ und $\Sigma^* = (\mathfrak{S}_p^*)$ haben somit mehr p-Komplemente $\mathfrak{U}_p^*$ gemeinsam als die Sylowsysteme $\Sigma = (\mathfrak{S}_p)$ und $\Sigma^* = (\mathfrak{S}_p^*)$; damit folgt schrittweise die Ähnlichkeit der Sylowsysteme Σ und Σ^* in $\mathfrak{G}$.

Eine (auflösbare) Untergruppe $\mathfrak{H}$ der auflösbaren Gruppe $\mathfrak{G}$ besitzt ein Sylowsystem $\mathsf{T} = (\mathfrak{T}_p)$ mit p-Komplementen $\mathfrak{V}_p \subseteq \mathfrak{H}$. Da $\mathfrak{V}_p$ einem p-Komplement $\mathfrak{U}_p \subseteq \mathfrak{G}$ angehört, die Untergruppen $\mathfrak{U}_p \subseteq \mathfrak{G}$ ein Sylowsystem $\Sigma = (\mathfrak{S}_p)$ von $\mathfrak{G}$ bestimmen, gilt $\mathfrak{U}_p \cap \mathfrak{H} = \mathfrak{V}_p$ und damit für jede Primzahlmenge $\mathfrak{p}$

$$\mathfrak{U}_\mathfrak{p} \cap \mathfrak{H} = \left(\bigcap_{p \in \mathfrak{p}} \mathfrak{U}_p\right) \cap \mathfrak{H} = \bigcap_{p \in \mathfrak{p}} (\mathfrak{U}_p \cap \mathfrak{H}) = \bigcap_{p \in \mathfrak{p}} \mathfrak{V}_p = \mathfrak{V}_\mathfrak{p}.$$

3.2.5. Ordnungs- und klassenfinite Gruppen

Eine Übertragung des Satzes 19 auf unendliche Gruppen ist möglich unter Beschränkung auf den Typus der J-lokalendlichen Gruppe $\mathfrak{G}$ mit dem Operatorenbereich $\mathsf{J} = \mathsf{J}(\mathfrak{G})$. Es ist dies nach Satz 1.4.43 der *Typus der ordnungs- und klassenfiniten Gruppe* $\mathfrak{G}$. Bezeichnen wir eine solche Gruppe kurz als eine $\mathfrak{o}\mathfrak{k}$-Gruppe, so ist der Typus der $\mathfrak{o}\mathfrak{k}$-Gruppe $\mathfrak{G}$ durch die Eigenschaft gekennzeichnet, daß jeder endliche Komplex $\mathfrak{K} \subset \mathfrak{G}$ einen endlichen Normalteiler $\mathfrak{N} = \{\bigcup_G \mathfrak{K}^G\} \subseteq |\mathfrak{G}$ erzeugt.

Satz 21. *Ist $\mathfrak{N}$ endlicher Normalteiler, $\mathfrak{P}$ p-Untergruppe der $\mathfrak{o}\mathfrak{k}$-Gruppe $\mathfrak{G}$, so existiert eine $\mathfrak{P}$ umfassende p-Sylowgruppe $\mathfrak{S}_p$ in $\mathfrak{G}$, deren Durchschnitt $\mathfrak{T}_p = \mathfrak{N} \cap \mathfrak{S}_p$ p-Sylowgruppe in $\mathfrak{N}$ ist.*

Beweis. Existiert in $\mathfrak{N}$ eine $\mathfrak{P} \cap \mathfrak{N}$ umfassende p-Sylowgruppe $\mathfrak{T}_p$, derart daß $\mathfrak{P}^* = \{\mathfrak{T}_p \cup \mathfrak{P}\}$ eine p-Gruppe ist, so folgt für jede $\mathfrak{P}^*$ umfassende p-Sylowgruppe $\mathfrak{S}_p \subseteq \mathfrak{G}$:

$$\mathfrak{P} \subseteq \mathfrak{P}^* \subseteq \mathfrak{S}_p; \quad \mathfrak{T}_p \subseteq \mathfrak{P}^* \cap \mathfrak{N} \subseteq \mathfrak{S}_p \cap \mathfrak{N}, \quad \text{also} \quad \mathfrak{T}_p = \mathfrak{S}_p \cap \mathfrak{N}.$$

Nimmt man an, es sei für jede p-Sylowgruppe $\mathfrak{T}_\varkappa \subseteq \mathfrak{N}$ (für $1 \leq \varkappa \leq k$), die $\mathfrak{P} \cap \mathfrak{N}$ enthält, das Kompositum $\{\mathfrak{T}_\varkappa \cup \mathfrak{P}\}$ nicht p-Gruppe, so gibt es zu jedem $\mathfrak{T}_\varkappa$ einen endlichen Komplex $\mathfrak{K}_\varkappa \subset \mathfrak{P}$, derart daß $\{\mathfrak{T}_\varkappa \cup \mathfrak{K}_\varkappa\}$ nicht p-Gruppe ist, und einen $\mathfrak{N} \cup \bigcup_\varkappa (\mathfrak{T}_\varkappa \cup \mathfrak{K}_\varkappa)$ umfassenden endlichen Normalteiler $\mathfrak{N}^* \triangleleft | \mathfrak{G}$. Da $\mathfrak{D} = \mathfrak{N}^* \cap \mathfrak{P}$ alle Komplexe $\mathfrak{K}_\varkappa$ enthält, folgt

$$\{\mathfrak{T}_\varkappa \cup \mathfrak{K}_\varkappa\} \subseteq \{\mathfrak{T}_\varkappa \cup \mathfrak{D}\} \subseteq \mathfrak{N}^*.$$

Ist $\mathfrak{D} = \mathfrak{N}^* \cap \mathfrak{P}$ in der p-Sylowgruppe $\mathfrak{S}_p^*$ von $\mathfrak{N}^*$ enthalten, so ist $\mathfrak{T} = \mathfrak{S}_p^* \cap \mathfrak{N}$ eine $\mathfrak{D} \cap \mathfrak{N} = \mathfrak{P} \cap \mathfrak{N}$ umfassende p-Sylowgruppe von $\mathfrak{N}$, also etwa die Gruppe $\mathfrak{T}_1$. Nun folgt

$$\{\mathfrak{T}_1 \cup \mathfrak{K}_1\} \subseteq \{\mathfrak{T}_1 \cup \mathfrak{D}\} = \{\mathfrak{T}_1 \cup (\mathfrak{N}^* \cap \mathfrak{P})\} \subseteq \mathfrak{S}_p^*,$$

im Widerspruch zur Annahme, $\{\mathfrak{T}_1 \cup \mathfrak{K}_1\}$ sei keine p-Gruppe.

Hieraus ergibt sich ein Kriterium, das zumeist die Beweisführung auf den endlichen Fall zurückführt:

Satz 22. *Eine Untergruppe $\mathfrak{U}$ der $\mathfrak{o}\mathfrak{k}$-Gruppe $\mathfrak{G}$ ist p-Sylowgruppe genau dann, wenn $\mathfrak{U} \cap \mathfrak{N}$ für jeden endlichen Normalteiler $\mathfrak{N} \triangleleft | \mathfrak{G}$ p-Sylowgruppe ist.*

Beweis. 1. Ist $\mathfrak{U}\cap\mathfrak{N}$ für jeden endlichen Normalteiler $\mathfrak{N}\triangleleft|\mathfrak{G}$ eine p-Sylowgruppe, so ist $\mathfrak{U}$ eine p-Gruppe; denn jedes $U\in\mathfrak{U}$ ist in einem endlichen Normalteiler $\mathfrak{V}\triangleleft|\mathfrak{G}$, also in $\mathfrak{U}\cap\mathfrak{V}$ enthalten. Ist $\mathfrak{U}$ in der p-Sylowgruppe $\mathfrak{S}_p\subseteq\mathfrak{G}$ enthalten, gehört das Element $S\in\mathfrak{S}_p$ dem endlichen Normalteiler $\mathfrak{V}\triangleleft|\mathfrak{G}$ an, so folgt

$$\mathfrak{U}\subseteq\mathfrak{S}_p;\quad \mathfrak{V}\cap\mathfrak{U}\subseteq\mathfrak{V}\cap\mathfrak{S}_p,\quad \text{also}\quad \mathfrak{V}\cap\mathfrak{U}=\mathfrak{V}\cap\mathfrak{S}_p\quad \text{und}\quad \mathfrak{U}=\mathfrak{S}_p.$$

2. Der Durchschnitt $\mathfrak{P}=\mathfrak{S}_p\cap\mathfrak{N}$ einer p-Sylowgruppe $\mathfrak{S}_p$ von $\mathfrak{G}$ mit einem endlichen Normalteiler $\mathfrak{N}\triangleleft|\mathfrak{G}$ ist nach Satz 21 p-Sylowgruppe in $\mathfrak{N}$.

Satz 22*. *Der Durchschnitt $\mathfrak{H}\cap\mathfrak{S}_p$ einer p-Sylowgruppe $\mathfrak{S}_p$ der $\mathfrak{of}$-Gruppe $\mathfrak{G}$ mit einem Normalteiler $\mathfrak{H}\triangleleft|\mathfrak{G}$ ist eine p-Sylowgruppe von $\mathfrak{H}$.*

Beweis. Jeder endliche Normalteiler $\mathfrak{U}\triangleleft|\mathfrak{H}$ ist in einem endlichen Normalteiler $\mathfrak{U}^*\triangleleft|\mathfrak{G}$ enthalten. Für eine p-Sylowgruppe $\mathfrak{S}_p$ von $\mathfrak{G}$ ist $\mathfrak{U}^*\cap\mathfrak{S}_p$ p-Sylowgruppe von $\mathfrak{U}^*$ und $\mathfrak{U}^*\cap\mathfrak{S}_p\cap\mathfrak{U}=\mathfrak{U}\cap\mathfrak{S}_p$ p-Sylowgruppe von $\mathfrak{U}$. Da auch $\mathfrak{H}$ eine $\mathfrak{of}$-Gruppe ist, folgt aus Satz 22 die Behauptung.

Ähnlichkeit der p-Sylowgruppen einer $\mathfrak{of}$-Gruppe ist allgemein nicht zu erwarten; eine analoge Aussage läßt sich indes erreichen durch den Begriff der *Fastähnlichkeit*: Ein Automorphismus $\alpha\in\mathsf{A}(\mathfrak{G})$, der jeden Normalteiler $\mathfrak{N}\trianglelefteq|\mathfrak{G}$ auf sich selbst abbildet, heiße *starknormal*. Offenbar bilden die starknormalen Automorphismen einer Gruppe $\mathfrak{G}$ einen Zwischennormalteiler $\mathsf{J}(\mathfrak{G})\subseteq\mathsf{N}(\mathfrak{G})\subseteq\mathsf{A}(\mathfrak{G})$. Untergruppen $\mathfrak{U},\mathfrak{V}$ der Gruppe $\mathfrak{G}$ heißen *fastähnlich* (in $\mathfrak{G}$), wenn sie durch starknormale Automorphismen von $\mathfrak{G}$ aufeinander abgebildet werden.

Satz 23. *Die p-Sylowgruppen einer $\mathfrak{of}$-Gruppe $\mathfrak{G}$ sind fastähnlich.*

Beweis. Nach Satz 1.4.42* besitzt eine $\mathfrak{of}$-Gruppe $\mathfrak{G}$ eine Normalteilerfolge

$$\mathfrak{H}_0=E;\quad \mathfrak{H}_\nu<\mathfrak{H}_{\nu+1}\trianglelefteq|\mathfrak{G};\quad \mathfrak{H}_\sigma=\mathfrak{G}\quad \text{für jeden Index } \nu<\sigma\in\Lambda,$$

$$\mathfrak{H}_\lambda=\bigcup_{\nu<\lambda}\mathfrak{H}_\nu\quad \text{für jeden Limesindex } \lambda\leq\sigma$$

mit endlichen Faktoren. Für p-Sylowgruppen $\mathfrak{S}=\mathfrak{S}_p;\ \mathfrak{T}=\mathfrak{T}_p$ von $\mathfrak{G}$ sind nach Satz 22* die Durchschnitte $\mathfrak{S}_\nu=\mathfrak{S}\cap\mathfrak{H}_\nu$ und $\mathfrak{T}_\nu=\mathfrak{T}\cap\mathfrak{H}_\nu$ auch p-Sylowgruppen des Normalteilers $\mathfrak{H}_\nu\triangleleft|\mathfrak{G}$.

Ein Automorphismus $\beta\in\mathsf{A}(\mathfrak{N})$ des Normalteilers $\mathfrak{N}\trianglelefteq|\mathfrak{G}$ heiße *zulässig*, wenn er den Forderungen genügt:

1. Es gilt $(\mathfrak{N}\cap\mathfrak{S})^\beta=(\mathfrak{N}\cap\mathfrak{T})$.
2. Es gilt $\mathfrak{U}^\beta=\mathfrak{U}$ für jeden Normalteiler $\mathfrak{U}\triangleleft|\mathfrak{G}$ mit $\mathfrak{U}\subseteq\mathfrak{N}$.

Jeder zulässige Automorphismus $\beta\in\mathsf{A}(\mathfrak{N})$ induziert also einen zulässigen Automorphismus $\beta_0\in\mathsf{A}(\mathfrak{U})$ für jeden Normalteiler $\mathfrak{U}\triangleleft|\mathfrak{G}$, der in $\mathfrak{N}$ enthalten ist.

3.2.5. Ordnungs- und klassenfinite Gruppen

Zum Beweise des Satzes 23 werden zulässige Automorphismen $\alpha_\nu \in A(\mathfrak{H}_\nu)$ bestimmt mit den Eigenschaften:

1. Es gilt $\mathfrak{S}_\nu^{\alpha_\nu} = \mathfrak{T}_\nu$ für jedes $\nu \leq \sigma$.
2. Es gilt $\mathfrak{U}^{\alpha_\nu} = \mathfrak{U}$ für jeden Normalteiler $\mathfrak{U} \triangleleft |\mathfrak{G}$ mit $\mathfrak{U} \subseteq \mathfrak{H}_\nu$.
3. Für jeden Index $\mu < \nu$ ist $\alpha_\nu \in A(\mathfrak{H}_\nu)$ Fortsetzung des Automorphismus $\alpha_\mu \in A(\mathfrak{H}_\mu)$.
4. Jeder endliche Normalteiler $\mathfrak{N} \triangleleft |\mathfrak{G}$ besitzt einen zulässigen Automorphismus β, der mit α_ν in $\mathfrak{N} \cap \mathfrak{H}_\nu$ übereinstimmt:

$$H^\beta = H^{\alpha_\nu} \quad \text{für jedes } H \in \mathfrak{N} \cap \mathfrak{H}_\nu \text{ und jedes } \nu \leq \sigma.$$

Da die Identität $\alpha_0 = \varepsilon$ für $\mathfrak{H}_0 = E$ diesen Forderungen genügt, kann angenommen werden, jede Gruppe $\mathfrak{H}_\nu$ mit einem Index $\nu < \lambda$ besitze einen zulässigen Automorphismus α_ν mit diesen Eigenschaften.

Fall 1. Für einen Limesindex λ erklärt die Zuordnung

$$\alpha_\lambda: \quad G \to G^{\alpha_\lambda} = G^{\alpha_\nu} \quad \text{für jedes } G \in \mathfrak{H}_\nu \subset \mathfrak{H}_\lambda$$

einen Automorphismus α_λ der Gruppe $\mathfrak{H}_\lambda$, der für jeden Index $\nu < \lambda$ Fortsetzung des Automorphismus $\alpha_\nu \in A(\mathfrak{H}_\nu)$ ist. Für jede Untergruppe $\mathfrak{U} \subset \mathfrak{G}$ gilt

$$\mathfrak{U} \cap \mathfrak{H}_\lambda = \bigcup_{\nu < \lambda} (\mathfrak{U} \cap \mathfrak{H}_\nu), \quad \text{also} \quad (\mathfrak{U} \cap \mathfrak{H}_\lambda)^{\alpha_\lambda} = \bigcup_{\nu < \lambda} (\mathfrak{U} \cap \mathfrak{H}_\nu)^{\alpha_\nu},$$

insbesondere also

$$\mathfrak{S}_\lambda^{\alpha_\lambda} = (\mathfrak{S} \cap \mathfrak{H}_\lambda)^{\alpha_\lambda} = \bigcup_{\nu < \lambda} (\mathfrak{S} \cap \mathfrak{H}_\nu)^{\alpha_\nu} = \bigcup_{\nu < \lambda} (\mathfrak{T} \cap \mathfrak{H}_\nu) = \mathfrak{T} \cap \mathfrak{H}_\lambda = \mathfrak{T}_\lambda$$

und für jeden in $\mathfrak{H}_\lambda$ enthaltenen Normalteiler $\mathfrak{U} \triangleleft |\mathfrak{G}$

$$\mathfrak{U}^{\alpha_\lambda} = (\mathfrak{U} \cap \mathfrak{H}_\lambda)^{\alpha_\lambda} = \bigcup_{\nu < \lambda} (\mathfrak{U} \cap \mathfrak{H}_\nu)^{\alpha_\nu} = \bigcup_{\nu < \lambda} (\mathfrak{U} \cap \mathfrak{H}_\nu) = \mathfrak{U} \cap \mathfrak{H}_\lambda = \mathfrak{U}.$$

Für einen endlichen Normalteiler $\mathfrak{N} \triangleleft |\mathfrak{G}$ besteht eine Gleichung $\mathfrak{N} \cap \mathfrak{H}_\lambda = \mathfrak{N} \cap \mathfrak{H}_\varkappa$ mit $\varkappa < \lambda$; daher besitzt $\mathfrak{N}$ einen zulässigen Automorphismus β, der die Bedingung

$$H^\beta = H^{\alpha_\varkappa} = H^{\alpha_\lambda} \quad \text{für jedes } H \in \mathfrak{N} \cap \mathfrak{H}_\lambda = \mathfrak{N} \cap \mathfrak{H}_\varkappa$$

erfüllt. Mithin ist α_λ zulässiger Automorphismus für $\mathfrak{H}_\lambda$.

Fall 2. Ist λ nicht Limesindex, so existiert zu dem (endlichen) Faktor $\mathfrak{H}_\lambda/\mathfrak{H}_{\lambda-1}$, da $\mathfrak{G}$ eine $\mathfrak{o}\mathfrak{k}$-Gruppe ist, ein minimaler endlicher Normalteiler $\mathfrak{M} \triangleleft |\mathfrak{G}$, derart daß $\mathfrak{H}_\lambda = \mathfrak{M} \mathfrak{H}_{\lambda-1}$.

Nun existiert ein zulässiger Automorphismus $\gamma \in A(\mathfrak{M})$ mit der Eigenschaft:

($\mathfrak{p}$) *Für jeden $\mathfrak{M}$ umfassenden endlichen Normalteiler $\mathfrak{N} \triangleleft |\mathfrak{G}$ existiert ein zulässiger Automorphismus β, der mit γ in $\mathfrak{M}$ und mit $\alpha_{\lambda-1}$ in $\mathfrak{N} \cap \mathfrak{H}_{\lambda-1}$ übereinstimmt.*

Beweis. Der (endliche) Normalteiler $\mathfrak{M} \triangleleft | \mathfrak{G}$ besitzt zulässige Automorphismen, da die p-Sylowgruppen $\mathfrak{M} \cap \mathfrak{S}$ und $\mathfrak{M} \cap \mathfrak{T}$ in $\mathfrak{M}$ ähnlich sind. Wäre die Aussage falsch, so existierte zu jedem zulässigen Automorphismus γ von $\mathfrak{M}$ ein $\mathfrak{M}$ umfassender endlicher Normalteiler $\mathfrak{N}_\gamma \triangleleft | \mathfrak{G}$, der (p) nicht erfüllt. Der (endliche) Normalteiler $\mathfrak{N}^* = \prod_\gamma \mathfrak{N}_\gamma$ von $\mathfrak{G}$ besitzt einen zulässigen Automorphismus β^*, der mit $\alpha_{\lambda-1}$ in $\mathfrak{N}^* \cap \mathfrak{H}_{\lambda-1}$ übereinstimmt. Nun induziert β^* in $\mathfrak{M}$ einen zulässigen Automorphismus γ_0 und in $\mathfrak{N}_{\gamma_0} \triangleleft | \mathfrak{G}$ einen zulässigen Automorphismus, der mit γ_0 in $\mathfrak{M}$ und mit $\alpha_{\lambda-1}$ in $\mathfrak{N}_{\gamma_0} \cap \mathfrak{H}_{\lambda-1}$ übereinstimmt. Dies widerspricht der Annahme. Für $\mathfrak{M}$ werde nun ein zulässiger Automorphismus γ mit der Eigenschaft (p) fest gewählt.

Lemma. *Es seien $\mathfrak{U}_1, \mathfrak{U}_2$ in $\mathfrak{H}_{\lambda-1}$ enthaltene endliche Normalteiler von $\mathfrak{G}$ und β_1, β_2 zulässige Automorphismen der Normalteiler $\mathfrak{V}_1 = \mathfrak{U}_1 \mathfrak{M}$ bzw. $\mathfrak{V}_2 = \mathfrak{U}_2 \mathfrak{M}$, die mit γ in $\mathfrak{M}$, mit $\alpha_{\lambda-1}$ in $\mathfrak{V}_1 \cap \mathfrak{H}_{\lambda-1}$ bzw. $\mathfrak{V}_2 \cap \mathfrak{H}_{\lambda-1}$ übereinstimmen. Dann stimmen β_1, β_2 in $\mathfrak{V}_1 \cap \mathfrak{V}_2$ überein.*

Beweis. Der ($\mathfrak{M}$ umfassende) Normalteiler $\mathfrak{V} = \mathfrak{V}_1 \mathfrak{V}_2 \triangleleft | \mathfrak{G}$ besitzt einen zulässigen Automorphismus β, der mit γ in $\mathfrak{M}$, mit $\alpha_{\lambda-1}$ in $\mathfrak{V} \cap \mathfrak{H}_{\lambda-1}$ übereinstimmt. Die Automorphismen β, β_1, β_2 stimmen in $\mathfrak{M}$ mit γ, die Automorphismen β, β_1 in $\mathfrak{U}_1$ mit $\alpha_{\lambda-1}$, die Automorphismen β, β_2 in $\mathfrak{U}_2$ mit $\alpha_{\lambda-1}$ überein. Mithin stimmen β, β_1 in $\mathfrak{V}_1 = \mathfrak{U}_1 \mathfrak{M}$ und β, β_2 in $\mathfrak{V}_2 = \mathfrak{U}_2 \mathfrak{M}$, also β_1, β_2 in $\mathfrak{V}_1 \cap \mathfrak{V}_2$ überein.

Zu jedem $X \in \mathfrak{H}_\lambda$ existiert ein endlicher in $\mathfrak{H}_{\lambda-1}$ enthaltener Normalteiler $\mathfrak{X} \triangleleft | \mathfrak{G}$, derart daß X in $\mathfrak{X} \mathfrak{M}$ enthalten ist, also ein zulässiger Automorphismus ξ von $\mathfrak{X} \mathfrak{M}$, der mit γ in $\mathfrak{M}$, mit $\alpha_{\lambda-1}$ in $\mathfrak{X}$ übereinstimmt. Bei Wahl eines anderen endlichen Normalteilers $\mathfrak{X}^*$ und eines anderen zulässigen Automorphismus ξ^* gilt nach dem Lemma

$$X^\xi = X^{\xi^*} \qquad \text{wegen } X \in \mathfrak{X}\mathfrak{M} \cap \mathfrak{X}^*\mathfrak{M}.$$

Daher ist die Abbildung

$$\alpha_\lambda: \quad X \to X^{\alpha_\lambda} = X^\xi \qquad \text{für } X \in \mathfrak{H}_\lambda$$

von der Wahl des Normalteilers $\mathfrak{X}$ unabhängig. Für jedes Paar $X, Y \in \mathfrak{H}_\lambda$ existiert ein endlicher, in $\mathfrak{H}_{\lambda-1}$ enthaltener Normalteiler $\mathfrak{U} \triangleleft | \mathfrak{G}$, derart daß X, Y in $\mathfrak{U}\mathfrak{M}$ enthalten sind, also ein zulässiger Automorphismus β von $\mathfrak{U}\mathfrak{M}$, derart daß

$$(XY)^\beta = X^\beta Y^\beta; \quad X^\beta = X^{\alpha_\lambda}; \quad Y^\beta = Y^{\alpha_\lambda}; \quad (XY)^{\alpha_\lambda} = X^{\alpha_\lambda} Y^{\alpha_\lambda}.$$

Mithin ist α_λ ein Automorphismus der Gruppe $\mathfrak{H}_\lambda$, für den sich nun leicht die Induktionsbedingungen nachweisen lassen. Damit erhalten wir für $\lambda = \sigma$ einen zulässigen, also starknormalen Automorphismus $\alpha = \alpha_\sigma$ der Gruppe $\mathfrak{G} = \mathfrak{H}_\sigma$:

$$\mathfrak{T} = \mathfrak{S}^\alpha \quad \text{und} \quad \mathfrak{U}^\alpha = \mathfrak{U} \quad \text{für } \mathfrak{U} \triangleleft | \mathfrak{G}.$$

3.2.5. Ordnungs- und klassenfinite Gruppen

Einer Untersuchung der Frage nach der Existenz von Sylowsystemen in einer $\mathfrak{of}$-Gruppe schicken wir voraus:

Satz 24. *Besitzt eine (ordnungsfinite) Gruppe $\mathfrak{G}$ ein Sylowsystem Σ, zu dem nur endlich viele in $\mathfrak{G}$ ähnliche Sylowsysteme existieren, so sind sämtliche Sylowsysteme von $\mathfrak{G}$ ähnlich.*

Beweis. Ein Sylowsystem $\Sigma = (\mathfrak{S}_p)$ der Gruppe $\mathfrak{G}$ ist durch seine Sylowbasis $(\mathfrak{S}_p)$ bestimmt. Existieren zu Σ nur endlich viele ähnliche Systeme, etwa

$$\Sigma = \Sigma_1, \Sigma_2, \ldots, \Sigma_n \quad \text{mit} \quad \Sigma_\nu = \Sigma^{G_\nu} \text{ und } G_\nu \in \mathfrak{G} \quad \text{für } 1 \leq \nu \leq n,$$

so sind sämtliche p-Sylowgruppen von $\mathfrak{G}$ ähnlich.

Da jedes $G \in \mathfrak{G}$ eine Permutation

$$\pi = \pi(G): \quad \Sigma_\nu \to \Sigma_\nu^G = \Sigma_{\nu\pi} \quad \text{für } 1 \leq \nu \leq n$$

dieser Sylowsysteme induziert, erklärt die Zuordnung

$$\sigma: \quad G \to G^\sigma = \pi(G) \quad \text{für jedes } G \in \mathfrak{G}$$

einen Homomorphismus von $\mathfrak{G}$ in die symmetrische Gruppe $\mathfrak{S}_n$. Der Kern $\mathfrak{U} = \mathfrak{K}_\sigma$ ist durch die Gleichung

$$\Sigma_\nu^U = \Sigma_\nu \quad \text{für jedes } U \in \mathfrak{U} \text{ und } 1 \leq \nu \leq n$$

gekennzeichnet, also Durchschnitt der Normalisatoren $\mathfrak{N}(\mathfrak{S}_p \subseteq \mathfrak{G})$ aller p-Sylowgruppen $\mathfrak{S}_p \subseteq \mathfrak{G}$ für alle Primzahlen p.

Das Bild $\mathfrak{S}_p \mathfrak{U}/\mathfrak{U}$ einer p-Sylowgruppe $\mathfrak{S}_p$ aus $\mathfrak{G}$ ist in einer p-Sylowgruppe $\mathfrak{T}_p/\mathfrak{U}$ von $\mathfrak{G}/\mathfrak{U}$ enthalten. Ist $\mathfrak{S}_p \mathfrak{U}$ echte Untergruppe von $\mathfrak{T}_p$, so besteht nach Satz 7* eine Gleichung

$$(\mathfrak{S}_p \mathfrak{U})^T = \mathfrak{S}_p \mathfrak{U} \quad \text{mit} \quad T \in \mathfrak{T}_p; \quad T \notin \mathfrak{S}_p \mathfrak{U}; \quad T^p \in \mathfrak{S}_p \mathfrak{U}.$$

Dabei kann T als p-Element von $\mathfrak{G}$ angenommen werden.

Wegen $\mathfrak{S}_p \mathfrak{U} \subseteq \mathfrak{N}(\mathfrak{S}_p \subseteq \mathfrak{G})$ ist für jedes $S \in \mathfrak{S}_p$ auch $\{\mathfrak{S}_p \cup T^{-1}ST\}$ eine p-Gruppe, also

$$\{\mathfrak{S}_p \cup T^{-1}ST\} = \mathfrak{S}_p \quad \text{und} \quad \mathfrak{S}_p^T = \mathfrak{S}_p.$$

Daher ist $\{\mathfrak{S}_p \cup T\}$ eine p-Gruppe, also $\{\mathfrak{S}_p \cup T\} = \mathfrak{S}_p$ im Widerspruch zur Voraussetzung. Mithin ist $\mathfrak{S}_p \mathfrak{U}/\mathfrak{U}$ p-Sylowgruppe in $\mathfrak{G}/\mathfrak{U}$.

Ein Sylowsystem $\mathsf{T} = (\mathfrak{T}_p)$ der Gruppe $\mathfrak{G}$ führt demnach durch seine Sylowbasis $(\mathfrak{T}_p)$ mittels der Gleichungen

$$\overline{\mathfrak{T}}_{\mathfrak{p}} = \prod_{p \in \mathfrak{p}} \mathfrak{T}_p; \quad \overline{\mathfrak{T}}_{\mathfrak{p}} \mathfrak{U}/\mathfrak{U} = \prod_{p \in \mathfrak{p}} \mathfrak{T}_p \mathfrak{U}/\mathfrak{U}$$

auf ein Sylowsystem $\overline{\mathsf{T}} = (\mathfrak{T}_p \mathfrak{U}/\mathfrak{U})$ der Faktorgruppe $\mathfrak{G}/\mathfrak{U}$.

Die Sylowsysteme $\Sigma=(\mathfrak{S}_\mathfrak{p})$ und $\mathsf{T}=(\mathfrak{T}_\mathfrak{p})$ der Gruppe $\mathfrak{G}$ führen auf (ähnliche) Sylowsysteme $\overline{\Sigma}=(\mathfrak{S}_\mathfrak{p}\mathfrak{U}/\mathfrak{U})$ und $\overline{\mathsf{T}}=(\mathfrak{T}_\mathfrak{p}\mathfrak{U}/\mathfrak{U})$ der (endlichen) Gruppe $\mathfrak{G}/\mathfrak{U}$; daher gilt

$$\mathfrak{S}_\mathfrak{p}^G\mathfrak{U} = (\mathfrak{S}_\mathfrak{p}\mathfrak{U})^G = \mathfrak{T}_\mathfrak{p}\mathfrak{U} \qquad \text{für jedes } \mathfrak{p} \text{ mit } G \in \mathfrak{G}.$$

Für jedes $T \in \mathfrak{T}_\mathfrak{p}$ ist $\{\mathfrak{S}_\mathfrak{p} \cup GTG^{-1}\}$ eine $\mathfrak{p}$-Gruppe in $\mathfrak{G}$, also

$$G\mathfrak{T}_\mathfrak{p}G^{-1} \subseteq \mathfrak{S}_\mathfrak{p} \quad \text{und} \quad G\mathfrak{T}_\mathfrak{p}G^{-1} = \mathfrak{S}_\mathfrak{p}.$$

Satz 25. *Eine Menge $\Sigma=(\mathfrak{S}_\mathfrak{p})$ von $\mathfrak{p}$-Untergruppen einer $\mathfrak{v}\mathfrak{k}$-Gruppe $\mathfrak{G}$ ist genau dann ein Sylowsystem, wenn die Menge $\Sigma_\mathfrak{N}=(\mathfrak{S}_\mathfrak{p}\cap\mathfrak{N})$ für jeden endlichen Normalteiler $\mathfrak{N} \lhd |\mathfrak{G}$ ein Sylowsystem ist.*

Jedes Sylowsystem $\Sigma=(\mathfrak{S}_\mathfrak{p})$ einer $\mathfrak{v}\mathfrak{k}$-Gruppe $\mathfrak{G}$ bestimmt für jeden Normalteiler $\mathfrak{N} \lhd |\mathfrak{G}$ ein Sylowsystem $\Sigma_\mathfrak{N}=(\mathfrak{S}_\mathfrak{p}\cap\mathfrak{N})$.

Beweis. Besitzt das Sylowsystem $\Sigma=(\mathfrak{S}_\mathfrak{p})$ der $\mathfrak{v}\mathfrak{k}$-Gruppe $\mathfrak{G}$ die Sylowbasis $(\mathfrak{S}_p)$, so ist $\mathfrak{S}_p \cap \mathfrak{N}$ p-Sylowgruppe des Normalteilers $\mathfrak{N} \lhd |\mathfrak{G}$. Nun folgt

$$\left\{\bigcup_{p \in \mathfrak{p}} (\mathfrak{N} \cap \mathfrak{S}_p)\right\} \subseteq \mathfrak{N} \cap \prod_{p \in \mathfrak{p}} \mathfrak{S}_p = \mathfrak{N} \cap \mathfrak{S}_\mathfrak{p}, \quad \text{wenn} \quad \mathfrak{S}_\mathfrak{p} = \prod_{p \in \mathfrak{p}} \mathfrak{S}_p.$$

Für einen endlichen Normalteiler $\mathfrak{N} \lhd |\mathfrak{G}$ sind nur endlich viele Durchschnitte $\mathfrak{N} \cap \mathfrak{S}_p$, etwa $\mathfrak{N} \cap \mathfrak{S}_{p_\sigma}$ (für $1 \leq \sigma \leq s$) von E verschieden. Da für diese

$$(\mathfrak{N} \cap \mathfrak{S}_{p_\varrho})(\mathfrak{N} \cap \mathfrak{S}_{p_\sigma}) = (\mathfrak{N} \cap \mathfrak{S}_{p_\sigma})(\mathfrak{N} \cap \mathfrak{S}_{p_\varrho}) \quad \text{und} \quad \mathfrak{N} = \prod_\varrho (\mathfrak{N} \cap \mathfrak{S}_{p_\varrho}),$$

bestimmen sie als Sylowbasis von $\mathfrak{N}$ ein Sylowsystem Σ^* in $\mathfrak{N}$. Dann gilt aber auch

$$\prod_{p \in \mathfrak{p}} (\mathfrak{N} \cap \mathfrak{S}_p) \subseteq \mathfrak{N} \cap \mathfrak{S}_\mathfrak{p}, \quad \text{also} \quad \prod_{p \in \mathfrak{p}} (\mathfrak{N} \cap \mathfrak{S}_p) = \mathfrak{N} \cap \mathfrak{S}_\mathfrak{p}.$$

Mithin ist $\Sigma_\mathfrak{N}=(\mathfrak{N} \cap \mathfrak{S}_\mathfrak{p})$ ein Sylowsystem in $\mathfrak{N}$.

Erfüllt eine Menge $\Sigma=(\mathfrak{S}_\mathfrak{p})$ von $\mathfrak{p}$-Gruppen aus $\mathfrak{G}$ die Bedingung des Satzes, so sind die Durchschnitte $\mathfrak{N} \cap \mathfrak{S}_p$ für jede Primzahl p und jeden endlichen Normalteiler $\mathfrak{N} \lhd |\mathfrak{G}$ p-Sylowgruppen; folglich ist $\mathfrak{S}_p$ p-Sylowgruppe in $\mathfrak{G}$.

Jedes $S \in \mathfrak{S}_\mathfrak{p}^* = \{\bigcup_{p \in \mathfrak{p}} \mathfrak{S}_p\}$ besitzt eine endliche Darstellung durch Elemente der Gruppen $\mathfrak{S}_p$ mit $p \in \mathfrak{p}$; da diese einem endlichen Normalteiler $\mathfrak{N} \lhd |\mathfrak{G}$ angehören, ist S in $\prod_{p \in \mathfrak{p}} (\mathfrak{N} \cap \mathfrak{S}_p)$ enthalten, also $\mathfrak{p}$-Element. Mithin ist $\mathfrak{S}_\mathfrak{p}^*$ eine $\mathfrak{p}$-Gruppe und

$$\mathfrak{S}_\mathfrak{p}^* = \prod_{p \in \mathfrak{p}} \mathfrak{S}_p \quad \text{wegen} \quad \mathfrak{S}_p \mathfrak{S}_q = \mathfrak{S}_q \mathfrak{S}_p \quad \text{für } p \neq q.$$

Jedes $S \in \mathfrak{S}_\mathfrak{p} \in \Sigma$ gehört einem endlichen Normalteiler $\mathfrak{N} \lhd |\mathfrak{G}$ an:

$$S \in \prod_{p \in \mathfrak{p}} (\mathfrak{N} \cap \mathfrak{S}_p) \subseteq \mathfrak{S}_\mathfrak{p}^*, \quad \text{also} \quad \mathfrak{S}_\mathfrak{p} \subseteq \mathfrak{S}_\mathfrak{p}^*.$$

3.2.5. Ordnungs- und klassenfinite Gruppen 397

Gehört $T \in \mathfrak{S}_p^*$ dem endlichen Normalteiler $\mathfrak{M} \triangleleft | \mathfrak{G}$ an, so folgt

$$\mathfrak{M} \cap \mathfrak{S}_p \subseteq \mathfrak{M} \cap \mathfrak{S}_p^*, \quad \text{also} \quad \mathfrak{M} \cap \mathfrak{S}_p = \mathfrak{M} \cap \mathfrak{S}_p^*.$$

Mithin besteht die Gleichung $\mathfrak{S}_p = \mathfrak{S}_p^*$.

Jeder Normalteiler $\mathfrak{N}$ der $\mathfrak{of}$-Gruppe $\mathfrak{G}$ ist $\mathfrak{of}$-Gruppe; jeder endliche Normalteiler $\mathfrak{U} \triangleleft | \mathfrak{N}$ ist in einem endlichen Normalteiler $\mathfrak{U}^* \triangleleft | \mathfrak{G}$ der Eigenschaft

$$\mathfrak{U} \subseteq \mathfrak{U}^* \subseteq \mathfrak{N} \triangleleft | \mathfrak{G} \quad \text{mit } \mathfrak{U} \triangleleft | \mathfrak{N} \text{ und } \mathfrak{U}^* \triangleleft | \mathfrak{G}$$

enthalten. Ein Sylowsystem $\Sigma = (\mathfrak{S}_p)$ von $\mathfrak{G}$ liefert das Sylowsystem $(\mathfrak{U}^* \cap \mathfrak{S}_p)$ in $\mathfrak{U}^*$, also auch ein Sylowsystem $(\mathfrak{U} \cap \mathfrak{S}_p \cap \mathfrak{U}^*) = (\mathfrak{U} \cap \mathfrak{S}_p)$ für $\mathfrak{U} \triangleleft | \mathfrak{N}$. Nach dem ersten Teil des Satzes ist wegen $\mathfrak{U} \cap (\mathfrak{N} \cap \mathfrak{S}_p) = \mathfrak{U} \cap \mathfrak{S}_p$ auch $(\mathfrak{N} \cap \mathfrak{S}_p)$ ein Sylowsystem in $\mathfrak{N} \triangleleft | \mathfrak{G}$.

Satz 25*. *Jede metazyklische $\mathfrak{of}$-Gruppe $\mathfrak{G}$ besitzt ein Sylowsystem.*

Auch hier gilt auf Grund des Satzes 25 und des (nicht bewiesenen) Satzes 19* die Umkehrung.

Beweis. Jeder endliche Normalteiler $\mathfrak{N}$ einer metazyklischen $\mathfrak{of}$-Gruppe $\mathfrak{G}$ ist auflösbar. Da $\mathfrak{G}$ eine Normalteilerfolge $(\mathfrak{H}_\nu)$:

$$\mathfrak{H}_0 = E; \quad \mathfrak{H}_\nu \subset \mathfrak{H}_{\nu+1} \subseteq | \mathfrak{G}; \quad \mathfrak{H}_\sigma = \mathfrak{G} \quad \text{für jeden Index } \nu < \sigma \in \Lambda,$$

$$\mathfrak{H}_\lambda = \bigcup_{\nu < \lambda} \mathfrak{H}_\nu \quad \text{für jeden Limesindex } \lambda \leq \sigma,$$

mit endlichen Faktoren besitzt, darf angenommen werden, für jeden Index $\nu < \lambda$ sei ein Sylowsystem $\Sigma_\nu = (\mathfrak{S}_{p\nu})$ in $\mathfrak{H}_\nu$ bestimmt, so daß

$$\mathfrak{S}_{p\mu} \subseteq \mathfrak{S}_{p\nu} \quad \text{für jedes } \mu < \nu \text{ und jedes } \mathfrak{p}.$$

Ist λ nicht Limesindex, so gilt $\mathfrak{H}_\lambda = \mathfrak{H}_{\lambda-1} \mathfrak{N}$ mit einem endlichen Normalteiler $\mathfrak{N} \triangleleft | \mathfrak{G}$. Die Gruppen $\mathfrak{N}$ und $\mathfrak{H}_{\lambda-1}$ besitzen Sylowsysteme $T = (\mathfrak{T}_p)$ bzw. $\Sigma_{\lambda-1} = (\mathfrak{S}_{p\,\lambda-1})$.

Jeder endliche Normalteiler von $\mathfrak{H}_\lambda$ gehört dem Kompositum von $\mathfrak{N}$ mit einem in $\mathfrak{H}_{\lambda-1}$ enthaltenen (endlichen) Normalteiler von $\mathfrak{G}$ an. Die Komposita $\mathfrak{T}_p^* = \{\mathfrak{S}_{p\,\lambda-1} \cup \mathfrak{T}_p\}$ bilden daher genau dann ein Sylowsystem von $\mathfrak{H}_\lambda$, wenn die Durchschnitte $\mathfrak{T}_p^* \cap \mathfrak{M}$ für jedes Kompositum $\mathfrak{M}$ von $\mathfrak{N}$ mit einem endlichen in $\mathfrak{H}_{\lambda-1}$ enthaltenen Normalteiler von $\mathfrak{G}$ ein Sylowsystem ergeben.

Unter der Annahme, keines der Sylowsysteme $(\mathfrak{T}_p)$ von $\mathfrak{N}$ würde ein Sylowsystem für $\mathfrak{H}_\lambda$ ergeben, existiert zu jedem Sylowsystem $(\mathfrak{T}_p)$ von $\mathfrak{N}$ ein in $\mathfrak{H}_{\lambda-1}$ enthaltener endlicher Normalteiler $\mathfrak{F} \triangleleft | \mathfrak{G}$, für den die Durchschnitte $\mathfrak{F} \mathfrak{N} \cap \mathfrak{T}_p^* = \mathfrak{F} \mathfrak{N} \cap \{\mathfrak{S}_{p\,\lambda-1} \cup \mathfrak{T}_p\}$ kein Sylowsystem von $\mathfrak{F} \mathfrak{N}$ bilden. Dann enthält $\mathfrak{H}_{\lambda-1}$ einen endlichen Normalteiler $\mathfrak{F}_0 \triangleleft | \mathfrak{G}$, der alle Gruppen $\mathfrak{F}$ umfaßt. Die Menge $(\mathfrak{S}_{p\,\lambda-1} \cap \mathfrak{F}_0)$ ist ein Sylowsystem in $\mathfrak{F}_0$; nach Satz 20 besitzt $\mathfrak{F}_0 \mathfrak{N}$ ein Sylowsystem $(\mathfrak{U}_p)$, derart daß

$$\mathfrak{F}_0 \cap \mathfrak{U}_p = \mathfrak{F}_0 \cap \mathfrak{S}_{p\,\lambda-1} \quad \text{für jedes } \mathfrak{p}.$$

Dann ist $(\mathfrak{N} \cap \mathfrak{U}_\nu) = (\mathfrak{T}_\mathfrak{p}^0)$ ein Sylowsystem in $\mathfrak{N}$; da $\mathfrak{U}_\mathfrak{p}$ $\mathfrak{p}$-Sylowgruppe in $\mathfrak{F}_0 \mathfrak{N}$ ist, folgt aus

$$\mathfrak{F}_0 \cap \mathfrak{S}_{\mathfrak{p}\lambda-1} \subseteq \mathfrak{U}_\mathfrak{p}; \quad \mathfrak{T}_\mathfrak{p}^0 = \mathfrak{N} \cap \mathfrak{U}_\mathfrak{p} \subseteq \mathfrak{U}_\mathfrak{p}$$

die Gleichung

$$\mathfrak{F}_0 \mathfrak{N} \cap \{\mathfrak{S}_{\mathfrak{p}\lambda-1} \cup \mathfrak{T}_\mathfrak{p}^0\} = \mathfrak{U}_\mathfrak{p}.$$

Daher bilden die Durchschnitte $\mathfrak{F}\mathfrak{N} \cap \mathfrak{U}_\mathfrak{p} = \mathfrak{F}\mathfrak{N} \cap \{\mathfrak{S}_{\mathfrak{p}\lambda-1} \cup \mathfrak{T}_\mathfrak{p}^0\}$ ein Sylowsystem für $\mathfrak{F}\mathfrak{N} \subseteq | \mathfrak{F}_0 \mathfrak{N}$ im Widerspruch zur Annahme.

Ist λ Limesindex, so erfüllen die Vereinigungen

$$\mathfrak{S}_{\mathfrak{p}\lambda} = \bigcup_{\nu < \lambda} \mathfrak{S}_{\mathfrak{p}\nu}$$

alle Forderungen. Damit ist für jedes $\lambda \leq \sigma$ ein Sylowsystem $\Sigma_\lambda = (\mathfrak{S}_{\mathfrak{p}\lambda})$ erklärt; insbesondere ist $\Sigma = \Sigma_\sigma = (\mathfrak{S}_{\mathfrak{p}\sigma})$ ein Sylowsystem für $\mathfrak{H}_\sigma = \mathfrak{G}$.

3.2.6. Die Eigenschaften der nilpotenten Gruppen

Satz 26. *Jede nilpotente Gruppe $\mathfrak{G}$ besitzt die Eigenschaften:*

(a) *Jede maximale Untergruppe $\mathfrak{M} \subset \mathfrak{G}$ ist Normalteiler.*

(b) *Der Kommutator $\mathfrak{G}'$ ist in jeder maximalen Untergruppe von $\mathfrak{G}$ enthalten.*

(c) *Jede eigentliche Untergruppe $\mathfrak{U} \subset \mathfrak{G}$ ist eigentliche Untergruppe ihres Normalisators $\mathfrak{N}(\mathfrak{U} \subset \mathfrak{G})$.*

(d) *Jede Untergruppe $\mathfrak{U} \subset \mathfrak{G}$ ist nachnormal in $\mathfrak{G}$.*

Zwischen diesen Eigenschaften bestehen folgende Bindungen:

Satz 26*. *Jede Gruppe $\mathfrak{G}$, die eine der Eigenschaften (a) oder (b) hat, besitzt auch die andere; jede Gruppe $\mathfrak{G}$, die eine der Eigenschaften (c) oder (d) hat, besitzt auch die andere und überdies die Eigenschaften (a) und (b).*

Zum Beweise des Satzes 26 ist somit nur (d) nachzuweisen; dies ist in Satz 3.1.37 geschehen.

Beweis: Ist die maximale Untergruppe $\mathfrak{M} \subset \mathfrak{G}$ normal, so ist $\mathfrak{G}/\mathfrak{M}$ zyklisch von Primzahlordnung, der Kommutator $\mathfrak{G}'$ also in $\mathfrak{M}$ enthalten. Andererseits ist jede Zwischengruppe $\mathfrak{G}' \subseteq \mathfrak{M} \subset \mathfrak{G}$ normal in $\mathfrak{G}$. Die Eigenschaften (a) und (b) sind gleichwertig.

Ist in $\mathfrak{G}$ jede Untergruppe $\mathfrak{U} \subset \mathfrak{G}$ eigentliche Untergruppe ihres Normalisators, so lassen sich iterierte Normalisatoren bilden:

$$\mathfrak{N}_0 = \mathfrak{U}; \quad \mathfrak{N}_{\nu+1} = \mathfrak{N}(\mathfrak{N}_\nu \subseteq \mathfrak{G}) \quad \text{für jeden Index } \nu \in \Lambda,$$

$$\mathfrak{N}_\lambda = \bigcup_{\nu < \lambda} \mathfrak{N}_\nu \quad \text{für jeden Limesindex } \lambda \in \Lambda.$$

Solange $\mathfrak{N}_\nu \subset \mathfrak{G}$, gilt auch $\mathfrak{N}_\nu \subset \mathfrak{N}_{\nu+1} \subseteq \mathfrak{G}$; mithin ist $\mathfrak{U} = \mathfrak{N}_0$ nachnormal in $\mathfrak{G}$. Andererseits ist eine nachnormale Untergruppe $\mathfrak{U} \subset \mathfrak{G}$ von ihrem Normalisator $\mathfrak{N}(\mathfrak{U} \subset \mathfrak{G})$ verschieden. Die Eigenschaften (c) und (d) sind gleichwertig.

3.2.6. Die Eigenschaften der nilpotenten Gruppen

Genügt eine Gruppe $\mathfrak{G}$ der Bedingung (c), so ist eine maximale Untergruppe $\mathfrak{M} \subset \mathfrak{G}$ als eigentliche Untergruppe ihres Normalisators $\mathfrak{N}(\mathfrak{M} \subset \mathfrak{G})$ normal in $\mathfrak{G}$. Daher folgt aus (c) die Eigenschaft (a).

Satz 27. *Für endliche Gruppen $\mathfrak{G}$ sind gleichwertig die Aussagen:*
(1) $\mathfrak{G}$ *ist nilpotent.*
(2) $\mathfrak{G}$ *ist direktes Produkt von p-Gruppen.*
(3) *In $\mathfrak{G}$ sind Elemente relativprimer Ordnungen vertauschbar.*
(4) *Jede maximale Untergruppe $\mathfrak{M}$ ist normal in $\mathfrak{G}$.*
(5) *Die Frattinische Gruppe $\mathfrak{F}(\mathfrak{G})$ enthält den Kommutator $\mathfrak{G}'$ von $\mathfrak{G}$.*
(6) *Jede eigentliche Untergruppe $\mathfrak{U} \subset \mathfrak{G}$ ist eigentliche Untergruppe ihres Normalisators.*
(7) *Jede Untergruppe $\mathfrak{U} \subset \mathfrak{G}$ ist nachnormal in $\mathfrak{G}$.*

Beweis. Aus den Sätzen 4 und 11* folgt Gleichwertigkeit der Eigenschaften (1) und (2) bzw. (1) und (3). Aus jeder der Eigenschaften (1), (2), (3) folgen nach Satz 26 die Eigenschaften (4), (5), (6), (7). Nach Satz 26* sind die Eigenschaften (4) und (5) bzw. (6) und (7) gleichwertig. Jede der Eigenschaften (6), (7) zieht die Eigenschaften (4) und (5) nach sich. Mithin ist nur noch zu zeigen:

Ist in einer endlichen Gruppe $\mathfrak{G}$ jede maximale Untergruppe normal, so ist $\mathfrak{G}$ direktes Produkt von p-Gruppen.

Beweis. Wäre eine p-Sylowgruppe $\mathfrak{S}_p$ in $\mathfrak{G}$ nicht normal, so wäre der Normalisator $\mathfrak{N}(\mathfrak{S}_p)$ in einer maximalen Untergruppe $\mathfrak{M} \subset \mathfrak{G}$ enthalten. Dann wäre nach Satz 18 $\mathfrak{M} = \mathfrak{N}(\mathfrak{M} \subset \mathfrak{G})$ nicht normal in $\mathfrak{G}$. Mithin besitzt $\mathfrak{G}$ genau eine (normale) p-Sylowgruppe.

Für unendliche Gruppen ist die Gleichwertigkeit aller im Satze 27 angegebenen Eigenschaften nicht zu erwarten. Es erhebt sich daher die allgemeinere Frage nach den Beziehungen zwischen den durch diese Eigenschaften gekennzeichneten Gruppentypen:

$\mathfrak{a}(\mathfrak{G})$: *Die Gruppe $\mathfrak{G}$ ist direktes Produkt von p-Gruppen.*

Jede Gruppe $\mathfrak{G}$ dieser Eigenschaft nennen wir eine $\mathfrak{a}$-*Gruppe*.

$\mathfrak{b}_1(\mathfrak{G})$: *In der Gruppe $\mathfrak{G}$ ist jede maximale Untergruppe $\mathfrak{M}$ einer jeden Untergruppe $\mathfrak{U}$ Normalteiler in $\mathfrak{U}$.*

Jede Gruppe $\mathfrak{G}$ dieser Eigenschaft nennen wir eine $\mathfrak{b}$-*Gruppe*. Auf Grund des Satzes 26* ist mit $\mathfrak{b}_1(\mathfrak{G})$ gleichwertig:

$\mathfrak{b}_2(\mathfrak{G})$: *In der Gruppe $\mathfrak{G}$ ist der Kommutator $\mathfrak{U}'$ jeder Untergruppe $\mathfrak{U}$ in jeder maximalen Untergruppe $\mathfrak{M} \subset \mathfrak{U}$ enthalten.*

Als wesentliche Tatsache stellen wir noch Gleichwertigkeit von $\mathfrak{b}_1(\mathfrak{G})$ mit einer der folgenden Forderungen fest:

$\mathfrak{b}_3(\mathfrak{G})$: *In der Gruppe $\mathfrak{G}$ ist jede maximale Untergruppe $\mathfrak{M}$ jeder endlich erzeugbaren Untergruppe $\mathfrak{U}$ Normalteiler in $\mathfrak{U}$.*

$\mathfrak{b}_4(\mathfrak{G})$: *In der Gruppe $\mathfrak{G}$ ist der Kommutator $\mathfrak{U}'$ jeder endlich erzeugbaren Untergruppe $\mathfrak{U}$ in jeder maximalen Untergruppe $\mathfrak{M} \subset \mathfrak{U}$ enthalten.*

Offenbar bedeutet dies nichts anderes als die Aussage:

Jede lokale $\mathfrak{b}$-Gruppe $\mathfrak{G}$ ist eine $\mathfrak{b}$-Gruppe.

Beweis. Ist $\mathfrak{M}$ maximale Untergruppe einer Untergruppe $\mathfrak{U} \subseteq \mathfrak{G}$ und

$$[\mathfrak{M}, \mathfrak{U}] \subseteq \mathfrak{M}, \quad \text{also} \quad \mathfrak{M} \triangleleft | \mathfrak{U},$$

so ist $\mathfrak{b}_1(\mathfrak{G})$ erfüllt; man hat demnach nachzuweisen, daß die Annahme, ein Kommutator $C = [M_0, U_0]$ mit $M_0 \in \mathfrak{M}$ und $U_0 \in \mathfrak{U}$ sei nicht in $\mathfrak{M}$ enthalten, der Forderung $\mathfrak{b}_3(\mathfrak{G})$ widerspricht. Da unter dieser Annahme $\mathfrak{M} \subset \{\mathfrak{M} \cup C\} = \mathfrak{U}$, besitzt $U_0 \in \mathfrak{U}$ eine Darstellung

$$U_0 = C^{\alpha_1} M_1 C^{\alpha_2} M_2 \ldots C^{\alpha_k} M_k \quad \text{mit} \quad M_\varkappa \in \mathfrak{M} \quad \text{für} \quad 1 \leq \varkappa \leq k,$$

gehört also der Untergruppe $\mathfrak{U}^* = \left\{ C \cup \bigcup_{\varkappa=0}^{k} M_\varkappa \right\} \subseteq \mathfrak{U}$ an. Nun gibt es eine maximale Untergruppe $\mathfrak{V} \subset \mathfrak{U}^*$, die $\mathfrak{U}^* \cap \mathfrak{M}$, nicht aber U_0 enthält. Eine Zwischengruppe $\mathfrak{V} \subset \mathfrak{Z} \subseteq \mathfrak{U}^*$ enthält U_0 und C, stimmt also mit $\mathfrak{U}^*$ überein. Dann ist $\mathfrak{V}$ aber normal in $\mathfrak{U}^*$, also (in Widerspruch zur Bildung von $\mathfrak{V}$)

$$C = [M_0, U_0] \equiv E \bmod \mathfrak{V} \quad \text{und} \quad \mathfrak{V} = \mathfrak{U}^*.$$

Hieraus entnehmen wir eine weitere Kennzeichnung der $\mathfrak{b}$-Gruppe:

$\mathfrak{b}_5(\mathfrak{G})$: *In der Gruppe $\mathfrak{G}$ ist der Kommutator $\mathfrak{U}'$ jeder endlich erzeugbaren Untergruppe $\mathfrak{U}$ in der Frattinischen Gruppe $\mathfrak{F}(\mathfrak{U})$ enthalten.*

Denn eine endlich erzeugbare Gruppe $\mathfrak{U}$ besitzt eine von $\mathfrak{U}$ verschiedene Frattinische Gruppe $\mathfrak{F}(\mathfrak{U}) \triangleleft | \mathfrak{U}$.

Als dritte Forderung stellen wir in gleichwertigen Fassungen:

$\mathfrak{c}_1(\mathfrak{G})$: *Jede eigentliche Untergruppe $\mathfrak{U}$ der Gruppe $\mathfrak{G}$ ist eigentliche Untergruppe ihres Normalisators $\mathfrak{N}(\mathfrak{U} \subset \mathfrak{G})$.*

$\mathfrak{c}_2(\mathfrak{G})$: *Jede Untergruppe $\mathfrak{U}$ der Gruppe $\mathfrak{G}$ ist nachnormal in $\mathfrak{G}$.*

Eine Gruppe $\mathfrak{G}$ dieser Eigenschaft nennen wir eine $\mathfrak{c}$-*Gruppe*.

Mit diesen Eigenschaften gleichwertig ist auch

$\mathfrak{c}_3(\mathfrak{G})$: *Ist $\mathfrak{U}$ eigentliche Untergruppe der Untergruppe $\mathfrak{V}$ der Gruppe $\mathfrak{G}$, so ist $\mathfrak{U}$ eigentliche Untergruppe des Normalisators $\mathfrak{N}(\mathfrak{U} \subset \mathfrak{V})$.*

Man hat nur zu zeigen, daß die Forderung $\mathfrak{c}_2(\mathfrak{G})$ die Eigenschaft $\mathfrak{c}_3(\mathfrak{G})$ nach sich zieht: Eine eigentliche Untergruppe $\mathfrak{U}$ der Untergruppe $\mathfrak{V} \subseteq \mathfrak{G}$ ist nachnormal in $\mathfrak{G}$, also nachnormal in $\mathfrak{V}$; mithin ist $\mathfrak{U}$ eigentliche Untergruppe des Normalisators $\mathfrak{N}(\mathfrak{U} \subset \mathfrak{V})$.

Satz 28. *Die abstrakte Gruppeneigenschaft $\mathfrak{a}(\mathfrak{G})$ ist vom Typus* (I, II, III, V, VI**).

3.2.6. Die Eigenschaften der nilpotenten Gruppen

Beweis. Jede Untergruppe $\mathfrak{U}$ einer $\mathfrak{a}$-Gruppe $\mathfrak{G}$ besitzt (wie $\mathfrak{G}$) eine einzige p-Sylowgruppe für jede Primzahl p. Eine $\mathfrak{a}$-Gruppe ist direktes Produkt $\mathfrak{G} = \mathfrak{S}_p \times \mathfrak{U}_p$ ihrer p-Sylowgruppe $\mathfrak{S}_p$ und des p-Komplementes $\mathfrak{U}_p$; jedes $G \in \mathfrak{G}$ besitzt also eine Darstellung

$$G = SU \quad \text{mit} \quad S \in \mathfrak{S}_p \quad \text{und} \quad U \in \mathfrak{U}_p.$$

Ist $\mathfrak{N}G$ ein p-Element der Faktorgruppe $\mathfrak{G}/\mathfrak{N}$ nach dem Normalteiler $\mathfrak{N} \triangleleft | \mathfrak{G}$, so besteht eine Kongruenz

$$E \equiv G^{p^l} \equiv S^{p^l} U^{p^l} \equiv U^{p^l} \bmod \mathfrak{N}, \quad \text{also} \quad U \equiv E \bmod \mathfrak{N}.$$

Mithin ist $\mathfrak{S}_p \mathfrak{N}/\mathfrak{N}$ einzige p-Sylowgruppe von $\mathfrak{G}/\mathfrak{N}$.

Ist $\mathfrak{V} = \cup \mathfrak{U}$ Vereinigung einer Kette von $\mathfrak{a}$-Untergruppen $\mathfrak{U}$ einer Gruppe $\mathfrak{G}$, so gehört jedes Paar von p-Elementen $V_1, V_2 \in \mathfrak{V}$ der p-Sylowgruppe $\mathfrak{U}_p$ eines Gliedes $\mathfrak{U}$ der Kette an. Mithin ist $\mathfrak{V}_p = \cup \mathfrak{U}_p$ einzige p-Sylowgruppe von $\mathfrak{V}$.

Die p-Komponenten $\mathfrak{U}_p$ bzw. $\mathfrak{V}_p$ der $\mathfrak{a}$-Normalteiler

$$\mathfrak{U} = \underset{p}{\times} \mathfrak{U}_p \quad \text{und} \quad \mathfrak{V} = \underset{p}{\times} \mathfrak{V}_p$$

einer Gruppe $\mathfrak{G}$ sind normal in $\mathfrak{G}$; folglich ist $\mathfrak{U}_p \mathfrak{V}_p$ p-Normalteiler in $\mathfrak{U}\mathfrak{V}$, also

$$\mathfrak{U}\mathfrak{V} = \underset{p}{\times} (\mathfrak{U}_p \mathfrak{V}_p).$$

Jede Gruppe $\mathfrak{G}$ besitzt demnach einen einzigen maximalen $\mathfrak{a}$-Normalteiler $\mathfrak{M}_\mathfrak{a} = \underset{p}{\times} \mathfrak{M}_p$; die p-Komponenten $\mathfrak{M}_p$ sind die maximalen p-Normalteiler von $\mathfrak{G}$.

Eine $\mathfrak{a}$-Gruppe $\mathfrak{G}$ ist ordnungsfinit und besitzt für jede Primzahl p nur endlich viele p-Sylowgruppen. Jedes endliche homomorphe Bild $\mathfrak{G}/\mathfrak{N}$ ist nilpotent. Jede Untergruppe $\mathfrak{U}/\mathfrak{N} \subset \mathfrak{G}/\mathfrak{N}$ ist nachnormal, jede Untergruppe $\mathfrak{U} \subset \mathfrak{G}$ mit endlichem Index $\text{ind}(\mathfrak{G}:\mathfrak{U}) > 0$ also in $\mathfrak{G}$ nachnormal.

Satz 28*. *Eine Gruppe $\mathfrak{G}$ ist genau dann $\mathfrak{a}$-Gruppe, wenn gilt:*

(1) *Die Gruppe $\mathfrak{G}$ ist ordnungsfinit.*

(2) *Die Gruppe $\mathfrak{G}$ besitzt für jede Primzahl p nur endlich viele p-Sylowgruppen.*

(3) *Jede Untergruppe $\mathfrak{U} \subset \mathfrak{G}$ von endlichem Index ist nachnormal.*

Die Bedingung (3) läßt sich durch jede Bedingung ersetzen, nach der jedes endliche homomorphe Bild $\overline{\mathfrak{G}}$ von $\mathfrak{G}$ nilpotent ist, also etwa durch

(3*) *Jede maximale Untergruppe $\mathfrak{M} \subset \mathfrak{G}$ von endlichem Index ist normal in $\mathfrak{G}$.*

Beweis. Die Eigenschaften sind notwendig; umgekehrt gilt für jede p-Sylowgruppe $\mathfrak{S}_p$ einer Gruppe $\mathfrak{G}$ mit diesen Eigenschaften

$$\mathfrak{N}(\mathfrak{S}_p) = \mathfrak{N}(\mathfrak{S}_p \subseteq \mathfrak{G}) = \mathfrak{N}(\mathfrak{N}(\mathfrak{S}_p) \subseteq \mathfrak{G}).$$

Wegen (2) ist $\mathfrak{N}(\mathfrak{S}_p)$ von endlichem Index in $\mathfrak{G}$, wegen (3) nachnormal in $\mathfrak{G}$; mithin ist $\mathfrak{S}_p$ normal in $\mathfrak{G}$. Daraus folgt wegen (1)

$$\mathfrak{G} = \underset{p}{\times}\, \mathfrak{S}_p \qquad \text{über alle Primzahlen } p.$$

Satz 29. *Die abstrakte Gruppeneigenschaft* $\mathfrak{b}(\mathfrak{G})$ *ist vom Typus* (I, II, III, V); *die abstrakte Gruppeneigenschaft* $\mathfrak{c}(\mathfrak{G})$ *ist vom Typus* (I, II, III).

Beweis. Nach der Forderung $\mathfrak{b}_1(\mathfrak{G})$ ist jede Untergruppe $\mathfrak{U}$ einer $\mathfrak{b}$-Gruppe $\mathfrak{G}$ eine $\mathfrak{b}$-Gruppe. Ist $\mathfrak{M}/\mathfrak{N}$ maximale Untergruppe einer Untergruppe $\mathfrak{U}/\mathfrak{N}$ des homomorphen Bildes $\mathfrak{G}/\mathfrak{N}$ einer $\mathfrak{b}$-Gruppe $\mathfrak{G}$, so ist $\mathfrak{M}$ maximale Untergruppe von $\mathfrak{U}$, also normal in $\mathfrak{U}$ und $\mathfrak{M}/\mathfrak{N}$ normal in $\mathfrak{U}/\mathfrak{N}$. Die Vereinigung $\mathfrak{V} = \cup \mathfrak{U}$ einer Kette von $\mathfrak{b}$-Untergruppen $\mathfrak{U} \subset \mathfrak{G}$ ist lokale $\mathfrak{b}$-Gruppe, also $\mathfrak{b}$-Gruppe.

Eine $\mathfrak{c}$-Gruppe $\mathfrak{G}$ erfüllt die Forderung $\mathfrak{c}_3(\mathfrak{G})$, jede Untergruppe $\mathfrak{U} \subset \mathfrak{G}$ die Forderung $\mathfrak{c}_1(\mathfrak{U})$. Jede Untergruppe $\mathfrak{U}/\mathfrak{N}$ eines homomorphen Bildes $\mathfrak{G}/\mathfrak{N}$ der $\mathfrak{c}$-Gruppe $\mathfrak{G}$ ist nachnormal in $\mathfrak{G}/\mathfrak{N}$; denn $\mathfrak{U}$ ist in $\mathfrak{G}$ nachnormal.

Auf Grund des Satzes 26* ist eine $\mathfrak{c}$-Gruppe $\mathfrak{G}$ auch eine $\mathfrak{b}$-Gruppe; es gilt jedoch genauer:

Satz 30. *Jede $\mathfrak{c}$-Gruppe $\mathfrak{G}$ ist eine metazyklische $\mathfrak{b}$-Gruppe. Jede ordnungsfinite $\mathfrak{c}$-Gruppe ist eine $\mathfrak{a}$-Gruppe.*

Bemerkung. Die Gruppe $\mathfrak{G}$ des Beispiels 1 im Abschnitt 3.2.2 ist eine metazyklische lokalnilpotente Gruppe, also eine $\mathfrak{b}$-Gruppe, aber keine $\mathfrak{c}$-Gruppe. Denn $\mathfrak{G}$ enthält eine nicht nachnormale Untergruppe.

Beweis. Eine eigentliche Untergruppe $\mathfrak{U}$ der $\mathfrak{c}$-Gruppe $\mathfrak{G}$ ist eigentliche Untergruppe des Normalisators $\mathfrak{N}(\mathfrak{U})$; daher existiert eine Zwischengruppe $\mathfrak{U} \subset \mathfrak{V} \subseteq \mathfrak{N}(\mathfrak{U})$ mit zyklischem Faktor $\mathfrak{V}/\mathfrak{U}$. Damit läßt sich in $\mathfrak{G}$, von einer zyklischen Untergruppe $\mathfrak{U}_1 \subset \mathfrak{G}$ ausgehend, eine Normalfolge $(\mathfrak{U}_\nu)$ mit zyklischen Faktoren konstruieren.

Jede p-Sylowgruppe $\mathfrak{S}_p$ einer Gruppe $\mathfrak{G}$ besitzt einen Normalisator $\mathfrak{N}(\mathfrak{S}_p \subseteq \mathfrak{G})$, der sein eigener Normalisator ist. Ist $\mathfrak{G}$ eine $\mathfrak{c}$-Gruppe, so ist $\mathfrak{N}(\mathfrak{S}_p \subseteq \mathfrak{G})$ nachnormal in $\mathfrak{G}$, also $\mathfrak{N}(\mathfrak{S}_p \subseteq \mathfrak{G}) = \mathfrak{G}$. Eine ordnungsfinite $\mathfrak{c}$-Gruppe $\mathfrak{G}$ ist also eine $\mathfrak{a}$-Gruppe.

Durch die gleiche Überlegung findet man:

Satz 30*. *Jede $\mathfrak{c}$-Gruppe $\mathfrak{G}$ besitzt eine einzige maximale ordnungsfinite Untergruppe $\mathfrak{N}_0$, die direktes Produkt metazyklischer p-Gruppen ist; die Faktorgruppe $\mathfrak{G}/\mathfrak{N}_0$ ist eine torsionsfreie $\mathfrak{c}$-Gruppe.*

Satz 31. *Folgende Aussagen sind gleichwertig:*

1. *Die Gruppe $\mathfrak{G}$ ist eine $\mathfrak{b}$-Gruppe, die der schwachen Minimalbedingung genügt.*
2. *Die Gruppe $\mathfrak{G}$ ist eine ordnungsfinite $\mathfrak{c}$-Gruppe.*

Beweis. Genügt die $\mathfrak{b}$-Gruppe $\mathfrak{G}$ der schwachen Minimalbedingung, so existiert zu jeder Untergruppe $\mathfrak{U} \subset \mathfrak{G}$ eine minimale Zwischengruppe $\mathfrak{U} \subset \mathfrak{Z} \subseteq \mathfrak{G}$. Folglich ist $\mathfrak{U}$ normal in $\mathfrak{Z}$, also auch nachnormal in $\mathfrak{G}$. Mithin ist $\mathfrak{G}$ eine (ordnungsfinite) $\mathfrak{c}$-Gruppe.

Eine ordnungsfinite $\mathfrak{c}$-Gruppe $\mathfrak{G}$ ist metazyklisch, besitzt also eine Kompositionsfolge mit zyklischen Faktoren von Primzahlordnung. Dann genügt $\mathfrak{G}$ auch der schwachen Minimalbedingung.

Satz 31*. *Folgende Aussagen sind gleichwertig:*

1. *Die Gruppe $\mathfrak{G}$ ist eine lokalendliche $\mathfrak{b}$-Gruppe.*
2. *Die Gruppe $\mathfrak{G}$ ist direktes Produkt lokalnilpotenter p-Gruppen.*

Beweis. Jede lokalnilpotente p-Gruppe $\mathfrak{G}_p$ ist eine $\mathfrak{b}$-Gruppe und lokalendlich; jedes direkte Produkt lokalnilpotenter p-Gruppen ist also eine lokalendliche $\mathfrak{b}$-Gruppe.

Eine lokalendliche $\mathfrak{b}$-Gruppe $\mathfrak{G}$ ist lokalnilpotent; denn jede endliche $\mathfrak{b}$-Gruppe ist nilpotent. Zwei p-Elemente $U, V \in \mathfrak{G}$ erzeugen eine endliche nilpotente Gruppe, also eine p-Gruppe. Folglich besitzt $\mathfrak{G}$ genau eine p-Sylowgruppe, also eine direkte Zerlegung in lokalnilpotente p-Gruppen.

Satz 32. *Eine $\mathfrak{b}$-Gruppe $\mathfrak{G}$ ist genau dann nilpotent, wenn sie J-metazyklisch ist für den Operatorenbereich $\mathsf{J} = \mathsf{J}(\mathfrak{G})$.*

Beweis. Nach Satz 3.1.35 ist eine nilpotente Gruppe $\mathfrak{G}$ eine J-metazyklische $\mathfrak{b}$-Gruppe. Es genügt daher nachzuweisen, daß das Zentrum $\mathfrak{Z}(\mathfrak{G})$ einer J-metazyklischen $\mathfrak{b}$-Gruppe $\mathfrak{G}$ von E verschieden ist. Die Gruppe $\mathfrak{G}$ besitzt eine Normalteilerfolge $(\mathfrak{N}_\nu)$ mit unendlich oder endlich zyklischen Faktoren von Primzahlordnung. Wir zeigen, daß $\mathfrak{N} = \mathfrak{N}_1$ dem Zentrum $\mathfrak{Z}(\mathfrak{G})$ angehört:

Fall 1. Ist $\mathfrak{N} = \{N\}$ endlich von Primzahlordnung p und $\mathfrak{A} = \{A\}$ eine zyklische Untergruppe von $\mathfrak{G}$, so gilt

$$\mathfrak{H} = \{A \cup N\} = \mathfrak{A}\mathfrak{N} \quad \text{mit} \quad \mathfrak{N} \subseteq \mathfrak{H} \quad \text{und} \quad \mathfrak{A} \cap \mathfrak{N} = \mathfrak{N} \quad \text{oder} \quad \mathfrak{A} \cap \mathfrak{N} = E.$$

Im ersten Falle ist $\mathfrak{H} = \mathfrak{A}\mathfrak{N} = \mathfrak{A}$ eine abelsche Gruppe, im zweiten Falle ist $\mathfrak{A}$ maximal in $\mathfrak{H}$, also normal in $\mathfrak{H}$ und $\mathfrak{H}$ eine abelsche Gruppe. Mithin gehört $\mathfrak{N} \triangleleft \mathfrak{G}$ dem Zentrum $\mathfrak{Z}(\mathfrak{G})$ an.

Fall 2. Ist $\mathfrak{N} = \{N\}$ unendlich zyklisch, so setze man $\mathfrak{N}^p = \{N^p\}$ mit einer Primzahl $p > 2$. Für jedes $A \in \mathfrak{G}$ ist $\mathfrak{N}$ in der Gruppe $\mathfrak{H} = \{A \cup N\}$ normal und daher $A^{-1}NA = N^e$ mit $e = \pm 1$. Im Falle $e = +1$ ist $\mathfrak{H}$

eine abelsche Gruppe; im Falle $e = -1$ ist $\mathfrak{N}^p$ in $\mathfrak{H}$ normal und

$$\mathfrak{N}/\mathfrak{N}^p \subset |\mathfrak{H}/\mathfrak{N}^p \quad \text{mit} \quad \text{ord}\,(\mathfrak{N}/\mathfrak{N}^p) = p.$$

Da $\mathfrak{H}/\mathfrak{N}^p$ eine b-Gruppe ist, ist nach Fall 1. $\mathfrak{H}/\mathfrak{N}^p$ eine abelsche Gruppe, also (entgegen der Voraussetzung $p > 2$)

$$N^2 = [A, N] \equiv E \bmod \mathfrak{N}^p.$$

Mithin ist $\mathfrak{H}$ für jedes $A \in \mathfrak{G}$ eine abelsche Gruppe, also $\mathfrak{N}$ im Zentrum $\mathfrak{Z}(\mathfrak{G})$ enthalten.

Wir stellen diesem Satze noch gegenüber:

Satz 33. *Die Gruppe $\mathfrak{G}$ erfülle*

die schwache Minimalbedingung. | *die Minimalbedingung.*

Dann sind folgende Eigenschaften gleichwertig:

1. *$\mathfrak{G}$ ist eine b-Gruppe.* | 1. *$\mathfrak{G}$ ist eine b-Gruppe.*
2. *$\mathfrak{G}$ ist eine c-Gruppe.* | 2. *$\mathfrak{G}$ ist eine c-Gruppe.*
3. *$\mathfrak{G}$ ist lokalnilpotent.* | 3. *$\mathfrak{G}$ ist nilpotent.*

Beweis. Eine b-Gruppe $\mathfrak{G}$, die der schwachen Minimalbedingung genügt, ist nach Satz 31 eine ordnungsfinite c-Gruppe. Eine ordnungsfinite c-Gruppe $\mathfrak{G}$ ist metazyklisch und direktes Produkt von p-Gruppen. Jede metazyklische p-Gruppe ist lokalnilpotent. Eine lokalnilpotente Gruppe $\mathfrak{G}$ ist eine b-Gruppe.

Die zweite Aussage folgt daraus, daß jede lokalnilpotente Gruppe $\mathfrak{G}$, die der Minimalbedingung genügt, nilpotent ist. Denn $\mathfrak{G}$ ist als (ordnungsfinite) c-Gruppe direktes Produkt aus lokalnilpotenten, also lokalendlichen p-Gruppen, die der Minimalbedingung genügen. Nach Satz 9** ist dann auch $\mathfrak{G}$ nilpotent.

Satz 33*. *Die p-Gruppe $\mathfrak{P}$ genüge*

der schwachen Minimalbedingung. | *der Minimalbedingung.*

Dann sind folgende Eigenschaften gleichwertig:

1. *$\mathfrak{P}$ ist metazyklisch.* | 1. *$\mathfrak{P}$ ist metazyklisch.*
2. *$\mathfrak{P}$ ist lokalendlich.* | 2. *$\mathfrak{P}$ ist lokalendlich.*
3. *$\mathfrak{P}$ ist lokalnilpotent.* | 3. *$\mathfrak{P}$ ist nilpotent.*
4. *$\mathfrak{P}$ ist eine b-Gruppe.* | 4. *$\mathfrak{P}$ ist eine b-Gruppe.*
5. *$\mathfrak{P}$ ist eine c-Gruppe.* | 5. *$\mathfrak{P}$ ist eine c-Gruppe.*

Nach Satz 33 ist eine lokalnilpotente Gruppe $\mathfrak{G}$, die der Minimalbedingung genügt, nilpotent. Ähnliche Aussagen gibt der

Satz 34. *Eine lokalmetazyklische oder lokalauflösbare Gruppe $\mathfrak{G}$, die der Minimalbedingung genügt, ist stark auflösbar.*

Beweis. Jede endlich erzeugbare Untergruppe $\mathfrak{U}$ einer lokalmetazyklischen Gruppe $\mathfrak{G}$ ist metazyklisch; genügt $\mathfrak{G}$ der Minimalbedingung, so besitzt $\mathfrak{U}$ eine aufsteigende Normalfolge mit endlichen Faktoren, ist

3.2.6. Die Eigenschaften der nilpotenten Gruppen

also nach Satz 1.4.42 endlich. Dann ist $\mathfrak{U}$ auflösbar, die Gruppe $\mathfrak{G}$ also lokalauflösbar.

Jede endlich erzeugbare Untergruppe $\mathfrak{U}$ einer (unendlichen) lokalauflösbaren Gruppe $\mathfrak{G}$ ist auflösbar; genügt $\mathfrak{G}$ der Minimalbedingung, so ist $\mathfrak{U}$ stark auflösbar. Daher ist $\mathfrak{U}$ ordnungsfinit und metazyklisch, also nach Satz 1.4.42 endlich und $\mathfrak{G}$ lokalendlich.

Es genügt zu zeigen, daß $\mathfrak{G}$ nicht perfekt ist; denn da der Kommutator $\mathfrak{G}'$ den gleichen Voraussetzungen genügt, ergibt sich durch Induktion eine (abbrechende) Kommutatorreihe

$$\mathfrak{G} = \mathfrak{G}^{(0)} \supset \mathfrak{G}^{(1)} \supset \cdots \supset \mathfrak{G}^{(s-1)} \supset \mathfrak{G}^{(s)} = E.$$

Nehmen wir an, die Gruppe $\mathfrak{G}$ sei perfekt, so ist jede endliche Untergruppe $\mathfrak{U} \subset \mathfrak{G}$ im Kommutator $\mathfrak{V}'$ einer endlichen Untergruppe $\mathfrak{V} \subset \mathfrak{G}$ enthalten, da jedes $G \in \mathfrak{G}$ eine (endliche) Darstellung durch Kommutatoren besitzt. Aus einer endlichen Gruppe $\mathfrak{U}_1 \subset \mathfrak{G}$ läßt sich so eine Kette $(\mathfrak{U}_k)$ endlicher Untergruppen von $\mathfrak{G}$ bilden, derart daß

$$\mathfrak{U}_1 \subseteq \mathfrak{U}_2' \subset \mathfrak{U}_2 \subseteq \cdots \subseteq \mathfrak{U}_k' \subset \mathfrak{U}_k \subseteq \mathfrak{U}_{k+1}' \subset \cdots;$$

dann ist die (abzählbar unendliche) Vereinigung $\mathfrak{U} = \bigcup_k \mathfrak{U}_k$ in $\mathfrak{G}$ perfekt, lokalauflösbar und genügt der Minimalbedingung. Daher kann $\mathfrak{G}$ selbst als abzählbar unendlich angenommen werden.

Die Gruppe $\mathfrak{G}$ besitzt keine echte Untergruppe von endlichem Index; andernfalls würde sie nämlich ein endliches (lokalauflösbares, also auflösbares) homomorphes Bild $\mathfrak{G}/\mathfrak{N}$ besitzen. Dann wäre aber für eine natürliche Zahl s

$$1 = (\mathfrak{G}/\mathfrak{N})^{(s)} = \mathfrak{G}^{(s)}\mathfrak{N}/\mathfrak{N} = \mathfrak{G}/\mathfrak{N}.$$

Die Gruppe $\mathfrak{G}$ ist Vereinigung einer abzählbaren Kette

$$\mathfrak{U}_1 \subset \mathfrak{U}_2 \subset \cdots \subset \mathfrak{U}_k \subset \mathfrak{U}_{k+1} \subset \cdots$$

endlicher auflösbarer Untergruppen $\mathfrak{U}_k$ der Stufen $s(\mathfrak{U}_k) = s_k$; der Kommutator $\mathfrak{V}_k = \mathfrak{U}_k^{(s_k-1)}$ ist eine abelsche Gruppe. Der Sockel $\mathfrak{V}_k^*$ von $\mathfrak{V}_k$ ist in $\mathfrak{V}_k$, also auch in $\mathfrak{U}_k$ charakteristisch; auch die Primärkomponenten $\mathfrak{V}_{k,p}^*$ von $\mathfrak{V}_k^*$ sind in $\mathfrak{V}_k^*$, also in $\mathfrak{U}_k$ charakteristisch. Für jede Reihe von Indizes $k_1 < k_2 < \cdots < k_s$ und Primzahlen $p_1, p_2, \ldots, p_s$ sind die Produkte $\mathfrak{P} = \mathfrak{V}_{k_1 p_1}^* \mathfrak{V}_{k_2 p_2}^* \ldots \mathfrak{V}_{k_s p_s}^*$ Untergruppen in $\mathfrak{G}$, wie man leicht durch Induktion feststellt: Da das Produkt $\mathfrak{P}$ jeder Untergruppe $\mathfrak{U}_{k_{s+1}}$ mit $k_{s+1} > k_s$ angehört und jede Untergruppe $\mathfrak{V}_{k_{s+1} p_{s+1}}^*$ in $\mathfrak{U}_{k_{s+1}}$ normal ist, ist auch das Produkt $\mathfrak{P}\mathfrak{V}_{k_{s+1} p_{s+1}}^*$ Untergruppe von $\mathfrak{U}_{k_{s+1}}$, also von $\mathfrak{G}$.

Die Gruppen $\mathfrak{V}_{k,p}^*$ sind nur für endlich viele Primzahlen p von E verschieden; sonst ließen sich unendliche Folgen

$$p_1 < p_2 < p_3 < \cdots; \quad k_1 < k_2 < k_3 < \cdots$$

angeben, für die alle Gruppen $\mathfrak{V}^*_{k_\nu p_\nu}$ von E verschieden sind. In der absteigenden Kette der Untergruppen $\mathfrak{G}_n = \left\{ \bigcup\limits_{\nu=n}^{\infty} \mathfrak{V}^*_{k_\nu p_\nu} \right\}$ von $\mathfrak{G}$ müßte dann eine Gleichung

$$\mathfrak{G}_m = \mathfrak{G}_{m+1} \quad \text{oder} \quad \mathfrak{V}^*_{k_m p_m} \subseteq \mathfrak{G}_{m+1}$$

eintreten, obwohl $\mathfrak{G}_{m+1}$ kein p_m-Element enthält.

Für eine feste Primzahl p gibt es demnach eine unendliche Indexfolge $k_1 < k_2 < k_3 < \cdots$, für die die Gruppen $\mathfrak{V}^*_{k_\nu p}$ von E verschieden sind. In der absteigenden Kette der Untergruppen

$$\mathfrak{R}_n = \prod_{\nu=n}^{\infty} \mathfrak{V}^*_{k_\nu p} \subseteq \mathfrak{G}$$

besteht daher von einem Index n an die Gleichung

$$\mathfrak{R}_n = \mathfrak{R}_{n+1} = \mathfrak{R}_{n+2} = \cdots.$$

Die Gruppe $\mathfrak{R}_n$ ist von E verschieden und in $\mathfrak{G}$ normal; denn jedes $G \in \mathfrak{G}$ gehört einer Untergruppe $\mathfrak{U}_m$ mit einem Index $m \geq n$ an, ist also mit jeder Untergruppe $\mathfrak{V}^*_{k p}$ mit $k \geq m$ vertauschbar. Ferner ist $\mathfrak{R}_n$ eine abzählbar unendliche, lokalendliche p-Gruppe, die der Minimalbedingung genügt, also nilpotent. Das Zentrum $\mathfrak{Z}(\mathfrak{R}_n)$ ist von E verschieden; der Sockel von $\mathfrak{Z}(\mathfrak{R}_n)$ ist eine endliche abelsche Gruppe, als charakteristische Untergruppe von $\mathfrak{Z}(\mathfrak{R}_n)$ charakteristisch in $\mathfrak{R}_n$ und normal in $\mathfrak{G}$.

Die Gruppe $\mathfrak{G}$ besitzt also einen (eigentlichen) endlichen Normalteiler $\mathfrak{N}$; da jedes $N \in \mathfrak{N}$ einer endlichen Klasse in $\mathfrak{G}$ angehört, ist der Normalisator $\mathfrak{N}(N \in \mathfrak{G})$ von endlichem Index in $\mathfrak{G}$, also $\mathfrak{N}(N \in \mathfrak{G}) = \mathfrak{G}$. Mithin gehört $\mathfrak{N}$ dem Zentrum $\mathfrak{Z}_1 = \mathfrak{Z}(\mathfrak{G})$ an. Die Faktorgruppe $\mathfrak{G}/\mathfrak{Z}_1$ besitzt wegen

$$(\mathfrak{G}/\mathfrak{Z}_1)' = \mathfrak{G}'\mathfrak{Z}_1/\mathfrak{Z}_1 = \mathfrak{G}/\mathfrak{Z}_1$$

die gleichen Eigenschaften wie $\mathfrak{G}$, also ein von 1 verschiedenes Zentrum $\mathfrak{Z}_2/\mathfrak{Z}_1$. Nun folgt aus

$$E < \mathfrak{Z}_1 < \mathfrak{Z}_2 \subseteq \mathfrak{G}$$

nach Satz 1.4.14, daß $\mathfrak{G}$ nicht perfekt ist, entgegen der ursprünglichen Annahme.

Kapitel 3.3
Erweiterungstheorie

3.3.1. Klassifikationen

Als *Erweiterung der Gruppe* $\mathfrak{U}; \Omega$ (im allgemeinsten Sinne) bezeichnet man eine Gruppe $\mathfrak{G}; \Omega$, die eine zu $\mathfrak{U}; \Omega$ isomorphe Untergruppe $\overline{\mathfrak{U}}; \Omega$ enthält; da das Bild $\overline{\mathfrak{U}}; \Omega$ mit $\mathfrak{U}; \Omega$ identifiziert werden darf, enthält $\mathfrak{G}; \Omega$ selbst die Gruppe $\mathfrak{U}; \Omega$.

3.3.1. Klassifikationen

Ein Homomorphismus η der Erweiterung $\mathfrak{G};\varOmega$ von $\mathfrak{U};\varOmega$ in eine Gruppe $\overline{\mathfrak{G}};\varOmega$ mit dem Kern $\mathfrak{K}_\eta \unlhd \mathfrak{G};\varOmega$ induziert im Falle $\mathfrak{K}_\eta \cap \mathfrak{U} = E$ einen Isomorphismus von $\mathfrak{U};\varOmega$ auf das Bild $\mathfrak{U}^\eta \subseteq \mathfrak{G}^\eta \subseteq \overline{\mathfrak{G}};\varOmega$, so daß auch $\overline{\mathfrak{G}};\varOmega$ als Erweiterung der Gruppe $\mathfrak{U};\varOmega$ erscheint, falls die Identifizierung

$$\eta: \quad U \leftrightarrow U^\eta = U \qquad \text{für jedes } U \in \mathfrak{U};\varOmega$$

vorgenommen wird. Der Homomorphismus η von $\mathfrak{G};\varOmega$ in $\overline{\mathfrak{G}};\varOmega$ induziert dann in $\mathfrak{U};\varOmega$ den identischen Automorphismus. Eine solche Abbildung bezeichnen wir als einen $\mathfrak{U}$-*Homomorphismus der Gruppe* $\mathfrak{G};\varOmega$ *in die Gruppe* $\overline{\mathfrak{G}};\varOmega$; in gleichem Sinne sind die Begriffe $\mathfrak{U}$-*Isomorphismus der Gruppe* $\mathfrak{G};\varOmega$ *in die Gruppe* $\overline{\mathfrak{G}};\varOmega$ oder $\mathfrak{U}$-*Endomorphismus* (bzw. $\mathfrak{U}$-*Automorphismus*) *der Erweiterung* $\mathfrak{G};\varOmega$ *von* $\mathfrak{U};\varOmega$ zu verstehen.

Die *Erweiterungstheorie* hat zur Aufgabe, eine Übersicht über die Erweiterungen $\mathfrak{G};\varOmega$ einer Gruppe $\mathfrak{U};\varOmega$ zu gewinnen; die natürliche Klassifikation dieser Erweiterungen stützt sich auf die Isomorphie:

Definition 1. *Zwei Erweiterungen* $\mathfrak{G};\varOmega$ *und* $\overline{\mathfrak{G}};\varOmega$ *der Gruppe* $\mathfrak{U};\varOmega$ *sind äquivalent, wenn zwischen ihnen* $\mathfrak{U}$-*Isomorphismen bestehen.*

Offenbar besitzt dieser Äquivalenzbegriff die Eigenschaften einer Kongruenz, ist aber doch zu eng, um wesentliche Ergebnisse erwarten zu lassen. Eine weniger enge Klassifikation wird durch die Tatsache nahegelegt, daß auch das direkte Produkt

$$\overline{\mathfrak{G}};\varOmega = \mathfrak{G} \times \mathfrak{G}_0$$

einer Erweiterung $\mathfrak{G};\varOmega$ von $\mathfrak{U};\varOmega$ mit einer Gruppe $\mathfrak{G}_0;\varOmega$ eine Erweiterung von $\mathfrak{U};\varOmega$ ist:

Definition 2. *Zwei Erweiterungen* $\mathfrak{G};\varOmega$ *und* $\overline{\mathfrak{G}};\varOmega$ *einer Gruppe* $\mathfrak{U};\varOmega$ *sind fastäquivalent, wenn direkte Faktoren* $\mathfrak{H};\varOmega$ *von* $\mathfrak{G};\varOmega$ *bzw.* $\overline{\mathfrak{H}};\varOmega$ *von* $\overline{\mathfrak{G}};\varOmega$ *äquivalente Erweiterungen von* $\mathfrak{U};\varOmega$ *sind.*

Äquivalente Erweiterungen einer Gruppe $\mathfrak{U};\varOmega$ sind fastäquivalent, es gilt jedoch nicht das Umgekehrte. Der Begriff der Fastäquivalenz bietet auch keine strenge Klassifikation, da er nicht transitiv ist. Um Transitivität zu erzwingen, hat man den Begriff der Fastäquivalenz zu verallgemeinern:

Definition 2*. *Zwei Erweiterungen* $\mathfrak{G};\varOmega$ *und* $\overline{\mathfrak{G}};\varOmega$ *einer Gruppe* $\mathfrak{U};\varOmega$ *sind verwandt, wenn sie direkte Faktoren äquivalenter Erweiterungen sind.*

Der Verwandtschaftsbegriff ist reflexiv und symmetrisch, aber auch transitiv. Zu Paaren $\mathfrak{G};\varOmega$ und $\overline{\mathfrak{G}};\varOmega$ sowie $\overline{\mathfrak{G}};\varOmega$ und $\overline{\overline{\mathfrak{G}}};\varOmega$ verwandter Erweiterungen von $\mathfrak{U};\varOmega$ existieren äquivalente Paare von Erweiterungen der Gestalt

$$\mathfrak{G} \times \mathfrak{G}_0 \quad \text{und} \quad \overline{\mathfrak{G}} \times \mathfrak{G}_0 \quad \text{bzw.} \quad \overline{\mathfrak{G}} \times \overline{\mathfrak{G}}_1 \quad \text{und} \quad \overline{\overline{\mathfrak{G}}} \times \overline{\mathfrak{G}}_1.$$

Die mit Gruppen $\mathfrak{G}_1 \underset{\Omega}{\cong} \overline{\mathfrak{G}}_1$ und $\overline{\overline{\mathfrak{G}}}_0 \underset{\Omega}{\cong} \overline{\mathfrak{G}}_0$ gebildeten direkten Produkte

$$\mathfrak{G} \times \mathfrak{G}_0 \times \mathfrak{G}_1; \quad \overline{\mathfrak{G}} \times \overline{\mathfrak{G}}_0 \times \overline{\mathfrak{G}}_1; \quad \overline{\overline{\mathfrak{G}}} \times \overline{\overline{\mathfrak{G}}}_0 \times \overline{\overline{\mathfrak{G}}}_1$$

sind äquivalent, die Gruppen $\mathfrak{G}; \Omega$ und $\overline{\mathfrak{G}}; \Omega$ also verwandt.

Fastäquivalente Erweiterungen $\mathfrak{G}; \Omega$ und $\overline{\mathfrak{G}}; \Omega$ von $\mathfrak{U}; \Omega$ besitzen direkte Zerlegungen

$$\mathfrak{G}; \Omega = \mathfrak{H} \times \mathfrak{H}^* \quad \text{und} \quad \overline{\mathfrak{G}}; \Omega = \overline{\mathfrak{H}} \times \overline{\mathfrak{H}}^*$$

mit äquivalenten Erweiterungen $\mathfrak{H}; \Omega$ und $\overline{\mathfrak{H}}; \Omega$ von $\mathfrak{U}; \Omega$. Hier sind $\mathfrak{G}; \Omega$ und $\mathfrak{H}; \Omega$ sowie $\overline{\mathfrak{G}}; \Omega$ und $\overline{\mathfrak{H}}; \Omega$ verwandt. Da $\mathfrak{H}; \Omega$ und $\overline{\mathfrak{H}}; \Omega$ äquivalent sind, sind $\mathfrak{G}; \Omega$ und $\overline{\mathfrak{G}}; \Omega$ verwandt. Umgekehrt sind verwandte Erweiterungen einer Gruppe $\mathfrak{U}; \Omega$ nicht immer fastäquivalent.

Eine weitere Klassifikation der Erweiterungen einer Gruppe $\mathfrak{U}; \Omega$ erhält man dadurch, daß man für den Begriff des direkten Faktors den allgemeineren der Retrakte setzt: Eine Retrakte $\mathfrak{R}$ einer Gruppe $\mathfrak{G}; \Omega$ ist durch einen (idempotenten) $\mathfrak{R}$-Endomorphismus von $\mathfrak{G}; \Omega$:

$$\varrho: \quad \mathfrak{G}^\varrho = \mathfrak{R}; \quad R^\varrho = R \quad \text{für jedes } R \in \mathfrak{R}$$

bestimmt. Eine Retrakte $\mathfrak{R}$ der Erweiterung $\mathfrak{G}; \Omega$ von $\mathfrak{U}; \Omega$ ist daher, falls sie $\mathfrak{U}; \Omega$ umfaßt, eine Erweiterung von $\mathfrak{U}; \Omega$, die durch den $\mathfrak{U}$-Homomorphismus ϱ der Gruppe $\mathfrak{G}; \Omega$ auf $\mathfrak{R}; \Omega$ entsteht.

Definition 3. *Zwei Erweiterungen $\mathfrak{G}; \Omega$ und $\overline{\mathfrak{G}}; \Omega$ einer Gruppe $\mathfrak{U}; \Omega$ sind ähnlich, wenn sie Retrakte äquivalenter Erweiterungen sind.*

Ist die Erweiterung $\mathfrak{R}; \Omega$ der Gruppe $\mathfrak{U}; \Omega$ Retrakte der Erweiterung $\mathfrak{G}; \Omega$, so gilt

$$\mathfrak{G}; \Omega = \mathfrak{N}\mathfrak{R} \quad \text{mit} \quad \mathfrak{N} \cap \mathfrak{R} = E \quad \text{und} \quad \mathfrak{N} \trianglelefteq \mathfrak{G}; \Omega.$$

Die Struktur der Gruppe $\mathfrak{G}; \Omega$ ist durch den Normalteiler $\mathfrak{N}$, die Retrakte $\mathfrak{R}$ und die durch $\mathfrak{R}$ in $\mathfrak{N}$ induzierte Automorphismengruppe vollständig bestimmt.

Da ein direkter Faktor einer Gruppe $\mathfrak{G}; \Omega$ (normale) Retrakte von $\mathfrak{G}; \Omega$ ist, sind verwandte Erweiterungen einer Gruppe $\mathfrak{U}; \Omega$ auch ähnlich.

Daß diese Ähnlichkeit eine Kongruenz ist, zeigt der

Satz 1. *Zwei Erweiterungen $\mathfrak{G}; \Omega$ und $\overline{\mathfrak{G}}; \Omega$ einer Gruppe $\mathfrak{U}; \Omega$ sind genau dann ähnlich, wenn verbindende $\mathfrak{U}$-Homomorphismen $\eta, \overline{\eta}$ zwischen $\mathfrak{G}$ und $\overline{\mathfrak{G}}$ existieren:*

$$\mathfrak{G}^\eta \subseteq \overline{\mathfrak{G}}; \quad \overline{\mathfrak{G}}^{\overline{\eta}} \subseteq \mathfrak{G} \quad \text{mit} \quad U^\eta = U^{\overline{\eta}} = U \quad \text{für jedes } U \in \mathfrak{U}; \Omega.$$

Beweis. 1. Sind die Erweiterungen $\mathfrak{R}; \Omega$ und $\overline{\mathfrak{R}}; \Omega$ der Gruppe $\mathfrak{U}; \Omega$ Retrakte der äquivalenten Erweiterungen $\mathfrak{G}; \Omega$ bzw. $\overline{\mathfrak{G}}; \Omega$ von $\mathfrak{U}; \Omega$, so existiert ein $\mathfrak{R}$-Homomorphismus ϱ von $\mathfrak{G}; \Omega$ auf $\mathfrak{R}; \Omega$, ein $\overline{\mathfrak{R}}$-Homomorphismus $\overline{\varrho}$ von $\overline{\mathfrak{G}}; \Omega$ auf $\overline{\mathfrak{R}}; \Omega$ und ein $\mathfrak{U}$-Isomorphismus α von

3.3.1. Klassifikationen

$\mathfrak{G}; \Omega$ auf $\overline{\mathfrak{G}}; \Omega$. Hieraus folgt

$$\mathfrak{R}^{\alpha\bar{\varrho}} \subseteq \overline{\mathfrak{G}}^{\bar{\varrho}} = \overline{\mathfrak{R}}; \quad \overline{\mathfrak{R}}^{\alpha^{-1}\varrho} \subseteq \mathfrak{G}^{\varrho} = \mathfrak{R} \quad \text{mit} \quad U^{\alpha\bar{\varrho}} = U^{\alpha^{-1}\varrho} = U \quad \text{für jedes } U \in \mathfrak{U}.$$

Mithin sind $\eta = \alpha\bar{\varrho}$ und $\bar{\eta} = \alpha^{-1}\varrho$ verbindende $\mathfrak{U}$-Homomorphismen zwischen $\mathfrak{R}; \Omega$ und $\overline{\mathfrak{R}}; \Omega$.

2. Besitzen die Erweiterungen $\mathfrak{G}; \Omega$ und $\mathfrak{H}; \Omega$ von $\mathfrak{U}; \Omega$ die verbindenden $\mathfrak{U}$-Homomorphismen

$$\mathfrak{G}^{\eta} \subseteq \mathfrak{H}; \quad \mathfrak{H}^{\zeta} \subseteq \mathfrak{G}; \quad U^{\eta} = U^{\zeta} = U \quad \text{für jedes } U \in \mathfrak{U},$$

so ist die Gruppe $\mathfrak{F}; \Omega = \mathfrak{G} \times \mathfrak{H}$ aller Paare (G, H) von Elementen $G \in \mathfrak{G}; \Omega; H \in \mathfrak{H}; \Omega$ eine Erweiterung der Gruppe $\mathfrak{U}; \Omega$ unter der Identifizierung

$$U \leftrightarrow (U, U) = U \quad \text{für jedes } U \in \mathfrak{U}.$$

Die Abbildungen

$$\alpha: \quad G \to G^{\alpha} = (G, G^{\eta}) \quad \text{für jedes } G \in \mathfrak{G}; \Omega,$$
$$\beta: \quad H \to H^{\beta} = (H^{\zeta}, H) \quad \text{für jedes } H \in \mathfrak{H}; \Omega$$

sind $\mathfrak{U}$-Isomorphismen der Gruppen $\mathfrak{G}; \Omega$ und $\mathfrak{H}; \Omega$ in die Gruppe $\mathfrak{F}; \Omega = \mathfrak{G} \times \mathfrak{H}$, die Bilder $\mathfrak{G}^{\alpha}; \Omega$ und $\mathfrak{H}^{\beta}; \Omega$ in $\mathfrak{F}; \Omega$ also den Gruppen $\mathfrak{G}; \Omega$ bzw. $\mathfrak{H}; \Omega$ äquivalent und überdies Retrakte der Gruppe $\mathfrak{F}; \Omega$, wie die Abbildungen

$$\varrho: \quad (G, H) \to (G, H)^{\varrho} = (G, G^{\eta}) = G^{\alpha},$$
$$\sigma: \quad (G, H) \to (G, H)^{\sigma} = (H^{\zeta}, H) = H^{\beta}$$

zeigen. Da ferner

$$U^{\varrho} = (U, U)^{\varrho} = (U, U) = U = (U, U)^{\sigma} = U^{\sigma} \quad \text{für jedes } U \in \mathfrak{U}; \Omega,$$

sind $\mathfrak{G}^{\alpha}; \Omega$ und $\mathfrak{H}^{\beta}; \Omega$ Erweiterungen von $\mathfrak{U}; \Omega$. Da die Erweiterungen $\mathfrak{G}; \Omega$ und $\mathfrak{H}; \Omega$ von $\mathfrak{U}; \Omega$ zu den Retrakten $\mathfrak{G}^{\alpha}; \Omega$ und $\mathfrak{H}^{\beta}; \Omega$ der Erweiterung $\mathfrak{F}; \Omega$ äquivalent sind, sind $\mathfrak{G}; \Omega$ und $\mathfrak{H}; \Omega$ auch Retrakte äquivalenter Erweiterungen $\mathfrak{F}_1; \Omega$ bzw. $\mathfrak{F}_2; \Omega$.

Jede Retrakte einer abelschen Gruppe $\mathfrak{A}; \Omega$ ist direkter Faktor:

Satz 2. *Abelsche Erweiterungen einer (abelschen) Gruppe $\mathfrak{U}; \Omega$ sind genau dann verwandt, wenn sie ähnlich sind.*

Beispiel 1. Ist $\mathfrak{U} = \{U\}$ eine zyklische Gruppe von Primzahlordnung p, so sind die Gruppen

$$\mathfrak{G} = \left\{ \bigcup_{n=1}^{\infty} G_n \right\} \quad \text{und} \quad \mathfrak{H} = \left\{ \bigcup_{n=1}^{\infty} H_n \right\} \quad \text{mit} \quad G_n^{p^{2n}} = H_n^{p^{2n+1}} = U$$

abelsche Erweiterungen von $\mathfrak{U}$. Nach Satz 2.4.9 ist kein direkter Faktor von $\mathfrak{G}$ einem direkten Faktor von $\mathfrak{H}$ isomorph; folglich sind $\mathfrak{G}, \mathfrak{H}$ als

Erweiterungen von $\mathfrak{U}$ nicht fastäquivalent. Andererseits bestimmen die Zuordnungen

$$\alpha: \quad G_n \to H_n^p \quad \text{und} \quad \beta: \quad H_n \to G_{n+1}^p$$

verbindende $\mathfrak{U}$-Isomorphismen zwischen $\mathfrak{G}$ und $\mathfrak{H}$, da

$$U^\alpha = (G_n^{p^{2n}})^\alpha = H_n^{p^{2n+1}} = U; \quad U^\beta = (H_n^{p^{2n+1}})^\beta = G_{n+1}^{p^{2n+2}} = U.$$

Nach Satz 1 sind die Erweiterungen $\mathfrak{G}$ und $\mathfrak{H}$ von $\mathfrak{U}$ ähnlich, also verwandt. Verwandte Erweiterungen einer Gruppe sind also nicht immer fastäquivalent; der Begriff der Fastäquivalenz ist demnach im allgemeinen nicht transitiv.

Die verbindenden $\mathfrak{U}$-Homomorphismen $\eta, \bar{\eta}$ zwischen ähnlichen Erweiterungen $\mathfrak{G}; \Omega$ und $\overline{\mathfrak{G}}; \Omega$ einer Gruppe $\mathfrak{U}; \Omega$ induzieren $\mathfrak{U}$-Endomorphismen $\beta = \eta\bar{\eta}$ und $\bar{\beta} = \bar{\eta}\eta$ in $\mathfrak{G}; \Omega$ bzw. $\overline{\mathfrak{G}}; \Omega$; diese gestatten eine Abgrenzung des Verwandtschaftsbegriffes:

Satz 3. *Zwei Erweiterungen $\mathfrak{G}; \Omega$ und $\overline{\mathfrak{G}}; \Omega$ einer Gruppe $\mathfrak{U}; \Omega$ sind genau dann verwandt, wenn sie verbindende $\mathfrak{U}$-Homomorphismen $\eta, \bar{\eta}$ besitzen, die normale Endomorphismen $\beta = \eta\bar{\eta}$ und $\bar{\beta} = \bar{\eta}\eta$ der Gruppen $\mathfrak{G}; \Omega$ bzw. $\overline{\mathfrak{G}}; \Omega$ induzieren.*

Beweis. Zu verwandten Erweiterungen $\mathfrak{G}; \Omega$ und $\overline{\mathfrak{G}}; \Omega$ von $\mathfrak{U}; \Omega$ existieren äquivalente Erweiterungen von $\mathfrak{U}; \Omega$ der Gestalt

$$\mathfrak{H}; \Omega = \mathfrak{G} \times \mathfrak{G}_0 \quad \text{und} \quad \overline{\mathfrak{H}}; \Omega = \overline{\mathfrak{G}} \times \overline{\mathfrak{G}}_0$$

mit einem $\mathfrak{U}$-Isomorphismus α von $\mathfrak{H}; \Omega$ auf $\overline{\mathfrak{H}}; \Omega$. Für die direkten Faktoren $\mathfrak{G}; \Omega$ bzw. $\overline{\mathfrak{G}}; \Omega$ existieren Zerlegungsendomorphismen

$$\gamma: \quad \mathfrak{H}^\gamma = \mathfrak{G}^\gamma = \mathfrak{G}; \quad \mathfrak{G}_0^\gamma = E; \quad \mathfrak{G}_0^{1-\gamma} = \mathfrak{G}_0,$$
$$\bar{\gamma}: \quad \overline{\mathfrak{H}}^{\bar{\gamma}} = \overline{\mathfrak{G}}^{\bar{\gamma}} = \overline{\mathfrak{G}}; \quad \overline{\mathfrak{G}}_0^{\bar{\gamma}} = E; \quad \overline{\mathfrak{G}}_0^{1-\bar{\gamma}} = \overline{\mathfrak{G}}_0.$$

Da wir für die Homomorphismen $\eta = \alpha\bar{\gamma}$ von $\mathfrak{G}; \Omega$ in $\overline{\mathfrak{G}}; \Omega$ und $\bar{\eta} = \alpha^{-1}\gamma$ von $\overline{\mathfrak{G}}; \Omega$ in $\mathfrak{G}; \Omega$ die Gleichungen erhalten

$$U^\eta = U^{\alpha\bar{\gamma}} = U^{\bar{\gamma}} = U; \quad U^{\bar{\eta}} = U^{\alpha^{-1}\gamma} = U^\gamma = U \quad \text{für jedes } U \in \mathfrak{U}; \Omega,$$

sind $\eta, \bar{\eta}$ verbindende $\mathfrak{U}$-Homomorphismen zwischen $\mathfrak{G}; \Omega$ und $\overline{\mathfrak{G}}; \Omega$.

Aus den für Elemente $G, H \in \mathfrak{G}; \Omega$ und $\overline{G}, \overline{H} \in \overline{\mathfrak{G}}; \Omega$ bestehenden Gleichungen

$$G = G^\gamma = G^{\alpha\bar{\eta}}; \quad G^\eta = G^{\alpha\bar{\gamma}}; \quad \overline{H} = \overline{H}^{\bar{\gamma}} = \overline{H}^{\alpha^{-1}\eta}; \quad \overline{H}^{\bar{\eta}} = \overline{H}^{\alpha^{-1}\gamma}$$

entnehmen wir für die Endomorphismen $\beta = \eta\bar{\eta}$ und $\bar{\beta} = \bar{\eta}\eta$

$$G^\beta H^{1-\beta} = (G^\eta H^\alpha H^{-\eta})^{\bar{\eta}} = (G^{\alpha\bar{\gamma}} H^{\alpha(1-\bar{\gamma})})^{\bar{\eta}}$$
$$= (H^{\alpha(1-\bar{\gamma})} G^{\alpha\bar{\gamma}})^{\bar{\eta}} = H^{1-\beta} G^\beta,$$

3.3.1. Klassifikationen

also (bei analoger Beweisführung)
$$[\mathfrak{G}^\beta, \mathfrak{G}^{1-\beta}] = E; \quad [\overline{\mathfrak{G}}^{\bar\beta}, \overline{\mathfrak{G}}^{1-\bar\beta}] = \overline{E}.$$

Mithin sind $\beta = \eta\bar\eta$ und $\bar\beta = \bar\eta\eta$ normale Endomorphismen.

Besitzen die Erweiterungen $\mathfrak{G};\Omega$ und $\overline{\mathfrak{G}};\Omega$ der Gruppe $\mathfrak{U};\Omega$ verbindende $\mathfrak{U}$-Homomorphismen $\eta, \bar\eta$, die normale Endomorphismen $\eta\bar\eta$ und $\bar\eta\eta$ von $\mathfrak{G};\Omega$ bzw. $\overline{\mathfrak{G}};\Omega$ induzieren, so bestehen für die Endomorphismen $\gamma = 1 - \eta\bar\eta$ und $\bar\gamma = 1 - \bar\eta\eta$ von $\mathfrak{G};\Omega$ bzw. $\overline{\mathfrak{G}};\Omega$ die Gleichungen $\mathfrak{U}^\gamma = E$ bzw. $\mathfrak{U}^{\bar\gamma} = E$. Das direkte Produkt $\mathfrak{H};\Omega = \mathfrak{G} \times \overline{\mathfrak{G}}^{\bar\gamma}$, d. h. die Gruppe aller Paare $(G, \overline{H}^{\bar\gamma})$ aus Elementen $G \in \mathfrak{G};\Omega$; $\overline{H} \in \overline{\mathfrak{G}};\Omega$ ist Erweiterung von $\mathfrak{U};\Omega$ unter der Identifizierung

$$U \leftrightarrow (U, U^{\bar\gamma}) = (U, E) \quad \text{für jedes } U \in \mathfrak{U};\Omega.$$

Die Gruppe $\mathfrak{H};\Omega$ enthält die Untergruppen

$$\mathfrak{H}_1 = \{(\overline{G}^{\bar\eta}, \overline{G}^{\bar\gamma})\}; \quad \mathfrak{H}_2 = \{(G^\gamma, G^{-\eta\bar\gamma})\} \quad \text{für } G \in \mathfrak{G};\Omega; \ \overline{G} \in \overline{\mathfrak{G}};\Omega;$$

die Abbildung
$$\overline{G} \to (\overline{G}^{\bar\eta}, \overline{G}^{\bar\gamma}) \quad \text{für jedes } \overline{G} \in \overline{\mathfrak{G}};\Omega$$

ist ein $\mathfrak{U}$-Isomorphismus von $\overline{\mathfrak{G}};\Omega$ auf $\mathfrak{H}_1;\Omega$, da

$$U \to (U^{\bar\eta}, U^{\bar\gamma}) = (U, E) = U \quad \text{für jedes } U \in \mathfrak{U} \subseteq \overline{\mathfrak{G}};\Omega,$$
$$\overline{G} \to (\overline{G}^{\bar\eta}, \overline{G}^{\bar\gamma}) = (E, E) = E \quad \text{nur für } \overline{G}^{\bar\eta} = E = \overline{G}^{\bar\gamma} = \overline{G}\,\overline{G}^{-\bar\eta\eta} = \overline{G}.$$

Ferner gilt $\mathfrak{H}_1 \cap \mathfrak{H}_2 = E$, da die Annahme

$$(\overline{G}^{\bar\eta}, \overline{G}^{\bar\gamma}) = (H^\gamma, H^{-\eta\bar\gamma}) \quad \text{für } \overline{G} \in \overline{\mathfrak{G}};\Omega;\ H \in \mathfrak{G};\Omega$$

die Gleichung
$$E = \overline{G}^{\bar\gamma} H^{\eta\bar\gamma} = \overline{G}\,\overline{G}^{-\bar\eta\eta} H^{\eta\bar\gamma} = \overline{G}\,(\overline{G}^{-\bar\eta} H^\gamma)^{\bar\eta} = \overline{G}$$

nach sich zieht. Wegen

$$(G, E) = (G^\gamma, G^{-\eta\bar\gamma})(G^{\eta\bar\eta}, G^{\eta\bar\gamma}) \in \mathfrak{H}_2\mathfrak{H}_1 \quad \text{für } G \in \mathfrak{G};\Omega,$$
$$(E, \overline{H}^{\bar\gamma}) = (\overline{H}^{\bar\eta}, \overline{H}^{\bar\gamma})(\overline{H}^{-\bar\eta}, E) \in \mathfrak{H}_1\mathfrak{H}_2\mathfrak{H}_1 \quad \text{für } \overline{H} \in \overline{\mathfrak{G}};\Omega$$

wird $\mathfrak{H};\Omega$ von den Untergruppen $\mathfrak{H}_1$ und $\mathfrak{H}_2$ erzeugt. Aus
$$\overline{H}^{\bar\eta} G^\gamma = G^\gamma \overline{H}^{\bar\eta}; \quad \overline{H}^{\bar\gamma} G^{-\eta\bar\gamma} = \overline{H}^{\bar\gamma} G^{-\gamma\eta} = G^{-\eta\bar\gamma} \overline{H}^{\bar\gamma} \quad \text{für } G \in \mathfrak{G};\Omega;\ \overline{H} \in \overline{\mathfrak{G}};\Omega$$

folgt weiter
$$[\mathfrak{H}_1, \mathfrak{H}_2] = E, \quad \text{also} \quad \mathfrak{H};\Omega = \mathfrak{H}_1 \times \mathfrak{H}_2 = \mathfrak{G} \times \overline{\mathfrak{G}}^{\bar\gamma}.$$

Die Erweiterungen $\mathfrak{G};\Omega$ und $\mathfrak{H};\Omega$ von $\mathfrak{U};\Omega$ sind fastäquivalent, die Erweiterungen $\mathfrak{H};\Omega$ und $\mathfrak{H}_1;\Omega$ verwandt, die Erweiterungen $\overline{\mathfrak{G}};\Omega$ und $\mathfrak{H}_1;\Omega$ äquivalent. Mithin sind $\mathfrak{G};\Omega$ und $\overline{\mathfrak{G}};\Omega$ verwandt.

Eine weitere Eigenschaft verwandter Erweiterungen zeigt der

Satz 4. *Verwandte Erweiterungen $\mathfrak{G};\Omega$ und $\overline{\mathfrak{G}};\Omega$ einer Gruppe $\mathfrak{U};\Omega$ besitzen Normalteiler $\mathfrak{N}$ bzw. $\overline{\mathfrak{N}}$, die äquivalente Erweiterungen von $\mathfrak{U};\Omega$ sind.*

Beweis. Zu verwandten Erweiterungen $\mathfrak{G};\Omega$ und $\overline{\mathfrak{G}};\Omega$ von $\mathfrak{U};\Omega$ existieren verbindende $\mathfrak{U}$-Homomorphismen $\eta, \bar{\eta}$, die normale Endomorphismen $\beta = \eta\bar{\eta}$ und $\bar{\beta} = \bar{\eta}\eta$ von $\mathfrak{G};\Omega$ bzw. $\overline{\mathfrak{G}};\Omega$ induzieren. Daher sind auch $\gamma = 1 - \beta$ und $\bar{\gamma} = 1 - \bar{\beta}$ normale Endomorphismen von $\mathfrak{G};\Omega$ bzw. $\overline{\mathfrak{G}};\Omega$, und es gilt

$$[\mathfrak{G}^\beta, \mathfrak{G}^\gamma] = E; \quad \mathfrak{U}^\beta = \mathfrak{U}; \quad \mathfrak{U}^\gamma = E \quad \text{bzw.} \quad [\overline{\mathfrak{G}}^{\bar{\beta}}, \overline{\mathfrak{G}}^{\bar{\gamma}}] = \overline{E}; \quad \mathfrak{U}^{\bar{\beta}} = \mathfrak{U}; \quad \mathfrak{U}^{\bar{\gamma}} = \overline{E}.$$

Nach Satz 2.3.5* besitzen die Radikale $\mathfrak{R}_{\beta\gamma} \subseteq \mathfrak{G};\Omega$; $\mathfrak{R}_{\bar{\beta}\bar{\gamma}} \subseteq \overline{\mathfrak{G}};\Omega$ die direkten Zerlegungen

$$\mathfrak{R}_{\beta\gamma} = \mathfrak{R}_\beta \times \mathfrak{R}_\gamma; \qquad \mathfrak{R}_{\bar{\beta}\bar{\gamma}} = \mathfrak{R}_{\bar{\beta}} \times \mathfrak{R}_{\bar{\gamma}},$$

wobei $\beta, \bar{\beta}$ Automorphismen in $\mathfrak{R}_\gamma$ bzw. $\mathfrak{R}_{\bar{\gamma}}$ induzieren. Daher sind $\mathfrak{R}_\gamma;\Omega$ und $\mathfrak{R}_{\bar{\gamma}};\Omega$ Erweiterungen von $\mathfrak{U};\Omega$. Aus den Gleichungen $\bar{\eta}\gamma = \bar{\gamma}\bar{\eta}$ und $\gamma\eta = \eta\bar{\gamma}$ folgt

$$\mathfrak{R}_\gamma^\eta \subseteq \mathfrak{R}_{\bar{\gamma}}; \qquad \mathfrak{R}_{\bar{\gamma}}^{\bar{\eta}} \subseteq \mathfrak{R}_\gamma,$$

und wegen

$$\mathfrak{R}_\gamma = \mathfrak{R}_\gamma^\beta = \mathfrak{R}_\gamma^{\eta\bar{\eta}} \subseteq \mathfrak{R}_{\bar{\gamma}}^{\bar{\eta}} \subseteq \mathfrak{R}_\gamma; \qquad \mathfrak{R}_{\bar{\gamma}} = \mathfrak{R}_{\bar{\gamma}}^{\bar{\beta}} = \mathfrak{R}_{\bar{\gamma}}^{\bar{\eta}\eta} \subseteq \mathfrak{R}_\gamma^\eta \subseteq \mathfrak{R}_{\bar{\gamma}}$$

sogar

$$\mathfrak{R}_\gamma^\eta = \mathfrak{R}_{\bar{\gamma}}; \qquad \mathfrak{R}_{\bar{\gamma}}^{\bar{\eta}} = \mathfrak{R}_\gamma.$$

Folglich sind $\eta, \bar{\eta}$ verbindende $\mathfrak{U}$-Isomorphismen zwischen $\mathfrak{R}_\gamma$ und $\mathfrak{R}_{\bar{\gamma}}$, die Radikale $\mathfrak{R}_\gamma$ und $\mathfrak{R}_{\bar{\gamma}}$ also äquivalente Erweiterungen von $\mathfrak{U};\Omega$.

Auf Grund der Beziehungen

$$\mathfrak{G};\Omega = \mathfrak{G}^\beta \mathfrak{G}^\gamma; \quad [\mathfrak{G}^\beta, \mathfrak{G}^\gamma] = E; \quad \mathfrak{G}^{\beta\gamma} = \mathfrak{G}^{\gamma\beta} \subseteq \mathfrak{G}^\gamma \cap \mathfrak{G}^\beta$$

ist $\beta\gamma = \gamma\beta$ Zentralendomorphismus von $\mathfrak{G};\Omega$, ebenso $\bar{\beta}\bar{\gamma} = \bar{\gamma}\bar{\beta}$ Zentralendomorphismus von $\overline{\mathfrak{G}};\Omega$. Sind Zentralendomorphismen der Gruppen $\mathfrak{G};\Omega$ und $\overline{\mathfrak{G}};\Omega$ zerfällende Endomorphismen, so führen ihre Komplemente $\mathfrak{C}_{\beta\gamma} \subseteq \mathfrak{G};\Omega$ und $\mathfrak{C}_{\bar{\beta}\bar{\gamma}} \subseteq \overline{\mathfrak{G}};\Omega$ zu direkten Zerlegungen

$$\mathfrak{G};\Omega = \mathfrak{R}_{\beta\gamma} \times \mathfrak{C}_{\beta\gamma} = \mathfrak{R}_\beta \times \mathfrak{R}_\gamma \times \mathfrak{C}_{\beta\gamma}; \qquad \overline{\mathfrak{G}};\Omega = \mathfrak{R}_{\bar{\beta}\bar{\gamma}} \times \mathfrak{C}_{\bar{\beta}\bar{\gamma}} = \mathfrak{R}_{\bar{\beta}} \times \mathfrak{R}_{\bar{\gamma}} \times \mathfrak{C}_{\bar{\beta}\bar{\gamma}}.$$

Folglich sind die Erweiterungen $\mathfrak{G};\Omega$ und $\overline{\mathfrak{G}};\Omega$ fastäquivalent:

Satz 4*. *Verwandte Erweiterungen $\mathfrak{G};\Omega$ und $\overline{\mathfrak{G}};\Omega$ einer Gruppe $\mathfrak{U};\Omega$ sind fastäquivalent, wenn ihre Zentralendomorphismen zerfällende Endomorphismen sind.*

Diese Bedingung ist nach Satz 1.4.23* dann erfüllt, wenn die Ω-Zentren $\mathfrak{Z}(\mathfrak{G};\Omega)$ und $\mathfrak{Z}(\overline{\mathfrak{G}};\Omega)$ einer abgeschwächten Doppelkettenbedingung genügen.

Ein Analogon dieses Satzes ist

Satz 4**. *Werden zwei Erweiterungen $\mathfrak{G};\Omega$ und $\overline{\mathfrak{G}};\Omega$ von $\mathfrak{U};\Omega$ durch ihre $\mathfrak{U}$-Endomorphismen zerfällt, so sind sie genau dann ähnlich, wenn sie äquivalente Erweiterungen von $\mathfrak{U};\Omega$ als Retrakte besitzen.*

Beweis. Besitzen $\mathfrak{G};\Omega$ und $\overline{\mathfrak{G}};\Omega$ äquivalente Erweiterungen von $\mathfrak{U};\Omega$ als Retrakte, so existieren $\mathfrak{U}$-Endomorphismen

$$\delta\colon\ \mathfrak{G}^\delta=\mathfrak{H}\subseteq\mathfrak{G};\Omega \quad\text{und}\quad \overline\delta\colon\ \overline{\mathfrak{G}}^{\overline\delta}=\overline{\mathfrak{H}}\subseteq\overline{\mathfrak{G}};\Omega$$

und ein $\mathfrak{U}$-Isomorphismus

$$\alpha\colon\ \mathfrak{G}^{\delta\alpha}=\mathfrak{H}^\alpha=\overline{\mathfrak{H}}\subseteq\overline{\mathfrak{G}};\Omega;\quad \overline{\mathfrak{G}}^{\overline\delta\alpha^{-1}}=\overline{\mathfrak{H}}^{\alpha^{-1}}=\mathfrak{H}\subseteq\mathfrak{G};\Omega.$$

Daher sind $\delta\alpha$ und $\overline\delta\alpha^{-1}$ verbindende $\mathfrak{U}$-Homomorphismen zwischen $\mathfrak{G};\Omega$ und $\overline{\mathfrak{G}};\Omega$.

Sind umgekehrt $\mathfrak{G};\Omega$ und $\overline{\mathfrak{G}};\Omega$ ähnliche Erweiterungen von $\mathfrak{U};\Omega$ mit verbindenden $\mathfrak{U}$-Homomorphismen $\eta,\overline\eta$, sind die $\mathfrak{U}$-Endomorphismen $\beta=\eta\overline\eta$ von $\mathfrak{G};\Omega$ und $\overline\beta=\overline\eta\eta$ von $\overline{\mathfrak{G}};\Omega$ zerfällende Endomorphismen, so existieren Komplemente $\mathfrak{C}_\beta$ bzw. $\mathfrak{C}_{\overline\beta}$ zu den Radikalen $\mathfrak{R}_\beta, \mathfrak{R}_{\overline\beta}$:

$$\mathfrak{G};\Omega=\mathfrak{R}_\beta\mathfrak{C}_\beta \quad\text{mit}\quad \mathfrak{R}_\beta\cap\mathfrak{C}_\beta=E \quad\text{und}\quad \mathfrak{C}_\beta^\beta=\mathfrak{C}_\beta,$$

$$\overline{\mathfrak{G}};\Omega=\mathfrak{R}_{\overline\beta}\mathfrak{C}_{\overline\beta} \quad\text{mit}\quad \mathfrak{R}_{\overline\beta}\cap\mathfrak{C}_{\overline\beta}=\overline E \quad\text{und}\quad \mathfrak{C}_{\overline\beta}^{\overline\beta}=\mathfrak{C}_{\overline\beta}.$$

Da für jedes $U\in\mathfrak{U};\Omega$ dann mit geeigneten Exponenten $k\geqq 0$

$$U=U^{\beta^k}\in\mathfrak{C}_\beta \quad\text{bzw.}\quad U=U^{\overline\beta^k}\in\mathfrak{C}_{\overline\beta},$$

sind die Retrakte $\mathfrak{C}_\beta\subseteq\mathfrak{G};\Omega$ und $\mathfrak{C}_{\overline\beta}\subseteq\overline{\mathfrak{G}};\Omega$ Erweiterungen von $\mathfrak{U};\Omega$.

Aus den Gleichungen $\beta\eta=\eta\overline\beta$ und $\overline\beta\overline\eta=\overline\eta\beta$ folgt weiter

$$\mathfrak{R}_\beta^\eta\subseteq\mathfrak{R}_{\overline\beta} \quad\text{und}\quad \mathfrak{R}_{\overline\beta}^{\overline\eta}\subseteq\mathfrak{R}_\beta$$

und daher für jedes $C\in\mathfrak{C}_\beta$ mit geeignetem Exponenten $k\geqq 0$

$$C^{\beta^k\eta}=C^{\eta\overline\beta^k}\in\mathfrak{C}_{\overline\beta}, \quad\text{also}\quad \mathfrak{C}_\beta^\eta\subseteq\mathfrak{C}_{\overline\beta},$$

da $\beta,\overline\beta$ in $\mathfrak{C}_\beta$ bzw. $\mathfrak{C}_{\overline\beta}$ Automorphismen induzieren. Bei analoger Beweisführung erhalten wir weiter

$$\mathfrak{C}_\beta=\mathfrak{C}_\beta^\beta=\mathfrak{C}_\beta^{\eta\overline\eta}\subseteq\mathfrak{C}_{\overline\beta}^{\overline\eta}\subseteq\mathfrak{C}_\beta, \quad\text{also}\quad \mathfrak{C}_{\overline\beta}^{\overline\eta}=\mathfrak{C}_\beta;\ \mathfrak{C}_\beta^\eta=\mathfrak{C}_{\overline\beta}.$$

Mithin sind die Retrakte $\mathfrak{C}_\beta\subseteq\mathfrak{G};\Omega$ und $\mathfrak{C}_{\overline\beta}\subseteq\overline{\mathfrak{G}};\Omega$ äquivalente Erweiterungen der Gruppe $\mathfrak{U};\Omega$.

3.3.2. Die Klassen ähnlicher Erweiterungen

Der Ähnlichkeitsbegriff für Erweiterungen einer Gruppe $\mathfrak{U};\Omega$ führt zu einer Klasseneinteilung. Jede Erweiterung $\mathfrak{G};\Omega$ von $\mathfrak{U};\Omega$ repräsentiert eine Klasse $[\mathfrak{U}\subseteq\mathfrak{G};\Omega]$ ähnlicher Erweiterungen. Zwischen

Erweiterungen $\mathfrak{G};\Omega$ und $\overline{\mathfrak{G}};\Omega$ der gleichen Klasse bestehen verbindende $\mathfrak{U}$-Homomorphismen.

Die Gesamtheit $\Gamma(\mathfrak{U};\Omega)$ der Klassen ähnlicher Erweiterungen einer Gruppe $\mathfrak{U};\Omega$ ist — darauf muß besonders hingewiesen werden — im allgemeinen nicht als Menge anzusehen, da der Begriff „Menge aller Klassen ähnlicher Erweiterungen einer Gruppe" zu den gleichen logischen Schwierigkeiten führen würde, wie der Begriff der „Menge aller Ordnungszahlen".

Die Zweiseitigkeit der Klassendefinition erlaubt die Erklärung einer *Ordnungsrelation*:

$$[\mathfrak{U} \subseteq \mathfrak{G};\Omega] \leq [\mathfrak{U} \subseteq \mathfrak{H};\Omega],$$

wenn ein $\mathfrak{U}$-Homomorphismus η von $\mathfrak{G};\Omega$ in $\mathfrak{H};\Omega$ existiert.

Diese Definition ist von der Repräsentantenwahl unabhängig. Zu Paaren $\mathfrak{G};\Omega$ und $\overline{\mathfrak{G}};\Omega$ bzw. $\mathfrak{H};\Omega$ und $\overline{\mathfrak{H}};\Omega$ ähnlicher Erweiterungen von $\mathfrak{U};\Omega$ existieren verbindende $\mathfrak{U}$-Homomorphismen

$$\mathfrak{G}^\eta \subseteq \overline{\mathfrak{G}}; \quad \overline{\mathfrak{G}}^{\overline{\eta}} \subseteq \mathfrak{G}; \quad \mathfrak{H}^\zeta \subseteq \overline{\mathfrak{H}}; \quad \overline{\mathfrak{H}}^{\overline{\zeta}} \subseteq \mathfrak{H};$$

existiert ein $\mathfrak{U}$-Homomorphismus φ von $\mathfrak{G};\Omega$ in $\mathfrak{H};\Omega$, so ist $\overline{\varphi} = \overline{\eta}\,\varphi\,\zeta$ ein $\mathfrak{U}$-Homomorphismus von $\overline{\mathfrak{G}};\Omega$ in $\overline{\mathfrak{H}};\Omega$. Ferner zeigt man leicht:

1. *Es gilt* $\qquad [\mathfrak{U} \subseteq \mathfrak{G};\Omega] \leq [\mathfrak{U} \subseteq \mathfrak{G};\Omega].$

2. *Aus* $[\mathfrak{U} \subseteq \mathfrak{G};\Omega] \leq [\mathfrak{U} \subseteq \mathfrak{H};\Omega]$ *und* $[\mathfrak{U} \subseteq \mathfrak{H};\Omega] \leq [\mathfrak{U} \subseteq \mathfrak{G};\Omega]$
folgt $\qquad [\mathfrak{U} \subseteq \mathfrak{G};\Omega] = [\mathfrak{U} \subseteq \mathfrak{H};\Omega].$

3. *Aus* $[\mathfrak{U} \subseteq \mathfrak{F};\Omega] \leq [\mathfrak{U} \subseteq \mathfrak{G};\Omega]$ *und* $[\mathfrak{U} \subseteq \mathfrak{G};\Omega] \leq [\mathfrak{U} \subseteq \mathfrak{H};\Omega]$
folgt $\qquad [\mathfrak{U} \subseteq \mathfrak{F};\Omega] \leq [\mathfrak{U} \subseteq \mathfrak{H};\Omega].$

Die Ordnungsrelation wird näher gekennzeichnet durch

Satz 5. *Folgende Eigenschaften von Erweiterungen $\mathfrak{G};\Omega$ und $\mathfrak{H};\Omega$ einer Gruppe $\mathfrak{U};\Omega$ sind gleichwertig:*

1. *Es gilt* $[\mathfrak{U} \subseteq \mathfrak{G};\Omega] \leq [\mathfrak{U} \subseteq \mathfrak{H};\Omega].$
2. *Es ist $\mathfrak{H};\Omega$ $\mathfrak{U}$-homomorphes Bild einer Erweiterung von $\mathfrak{G};\Omega$.*
3. *Es ist $\mathfrak{H};\Omega$ $\mathfrak{U}$-homomorphes Bild einer Erweiterung von $\mathfrak{G};\Omega$, die $\mathfrak{G};\Omega$ zur Retrakten besitzt.*
4. *Es ist $\mathfrak{H};\Omega$ Retrakte einer Erweiterung von $\mathfrak{G};\Omega$.*

Beweis. Die Eigenschaft 2. folgt aus den Eigenschaften 3. und 4. Besitzen $\mathfrak{G};\Omega$ und $\mathfrak{H};\Omega$ die Eigenschaft 2., so existiert eine Erweiterung $\mathfrak{F};\Omega$ von $\mathfrak{G};\Omega$, die

$$[\mathfrak{U} \subseteq \mathfrak{G};\Omega] \leq [\mathfrak{U} \subseteq \mathfrak{F};\Omega] \quad \text{und} \quad [\mathfrak{U} \subseteq \mathfrak{F};\Omega] \leq [\mathfrak{U} \subseteq \mathfrak{H};\Omega]$$

erfüllt. Daher folgt 1. aus 2.

3.3.2. Die Klassen ähnlicher Erweiterungen

Unter der Voraussetzung 1. existiert ein $\mathfrak{U}$-Homomorphismus η von $\mathfrak{G};\Omega$ in $\mathfrak{H};\Omega$. Die Gruppe $\mathfrak{F};\Omega = \mathfrak{G} \times \mathfrak{H}$ aller Paare (G, H) von Elementen $G \in \mathfrak{G};\Omega$; $H \in \mathfrak{H};\Omega$ ist Erweiterung von $\mathfrak{U};\Omega$ unter der Identifizierung

$$U \leftrightarrow (U, U) = U \qquad \text{für jedes } U \in \mathfrak{U};\Omega.$$

Der $\mathfrak{U}$-Isomorphismus

$$G \to (G, G^\eta) \qquad \text{für jedes } G \in \mathfrak{G};\Omega$$

von $\mathfrak{G};\Omega$ in $\mathfrak{F};\Omega$ oder auf die Gruppe $\overline{\mathfrak{G}};\Omega$ aller Paare (G, G^η) mit $G \in \mathfrak{G};\Omega$ zeigt die Äquivalenz der Erweiterungen $\mathfrak{G};\Omega$ und $\overline{\mathfrak{G}};\Omega$ von $\mathfrak{U};\Omega$. Die Abbildung

$$(G, H) \to (G, G^\eta); \quad (G, G^\eta) \to (G, G^\eta) \qquad \text{für jedes } G \in \mathfrak{G};\Omega; H \in \mathfrak{H};\Omega$$

ist ein $\overline{\mathfrak{G}}$-Homomorphismus von $\mathfrak{F};\Omega$ auf $\overline{\mathfrak{G}};\Omega$. Mithin ist $\overline{\mathfrak{G}};\Omega$ eine (zu $\mathfrak{G};\Omega$ äquivalente) Retrakte von $\mathfrak{F};\Omega$, die Gruppe $\mathfrak{F};\Omega$ also Erweiterung von $\mathfrak{G};\Omega$. Die Abbildung

$$(G, H) \to H \qquad \text{für jedes } G \in \mathfrak{G};\Omega; H \in \mathfrak{H};\Omega$$

ist ein $\mathfrak{U}$-Homomorphismus von $\mathfrak{F};\Omega$ auf $\mathfrak{H};\Omega$. Mithin folgt 3. aus 1.

Das freie Produkt

$$\mathfrak{F}^*;\Omega = (\mathfrak{U} \subseteq \mathfrak{G}) * (\mathfrak{U} \subseteq \mathfrak{H})$$

der Erweiterungen $\mathfrak{G};\Omega$ und $\mathfrak{H};\Omega$ mit vereinigter Untergruppe $\mathfrak{U};\Omega$ ist Erweiterung von $\mathfrak{G};\Omega$. Dabei ist $\mathfrak{H};\Omega$ Retrakte von $\mathfrak{F}^*;\Omega$ durch den $\mathfrak{U}$-Homomorphismus

$$\zeta: \; G \to G^\zeta = G^\eta; \; H \to H^\zeta = H \qquad \text{für jedes } G \in \mathfrak{G};\Omega; H \in \mathfrak{H};\Omega.$$

Mithin folgt auch 4. aus 1.

Die hierbei verwendeten Konstruktionen führen zu dem zentralen

Satz 6 (R. BAER). *Zu jeder Menge* M *von Erweiterungen* $\mathfrak{G};\Omega$ *einer Gruppe* $\mathfrak{U};\Omega$ *existieren Erweiterungen* $\overline{\mathfrak{D}};\Omega$ *und* $\mathfrak{F};\Omega$ *mit den Eigenschaften:*

1. *Es gilt* $[\mathfrak{U} \subseteq \overline{\mathfrak{D}};\Omega] \leq [\mathfrak{U} \subseteq \mathfrak{G};\Omega] \leq [\mathfrak{U} \subseteq \mathfrak{F};\Omega]$ *für jedes* $\mathfrak{G};\Omega \in \mathsf{M}$.

2. *Aus* $[\mathfrak{U} \subseteq \mathfrak{H};\Omega] \leq [\mathfrak{U} \subseteq \mathfrak{G};\Omega]$ *für jedes* $\mathfrak{G};\Omega \in \mathsf{M}$
folgt $[\mathfrak{U} \subseteq \mathfrak{H};\Omega] \leq [\mathfrak{U} \subseteq \overline{\mathfrak{D}};\Omega]$.

3. *Aus* $[\mathfrak{U} \subseteq \mathfrak{G};\Omega] \leq [\mathfrak{U} \subseteq \mathfrak{H};\Omega]$ *für jedes* $\mathfrak{G};\Omega \in \mathsf{M}$
folgt $[\mathfrak{U} \subseteq \mathfrak{F};\Omega] \leq [\mathfrak{U} \subseteq \mathfrak{H};\Omega]$.

Die Klasse $[\mathfrak{U} \subseteq \overline{\mathfrak{D}};\Omega]$ ist daher *die größte untere Grenze*, die Klasse $[\mathfrak{U} \subseteq \mathfrak{F};\Omega]$ *die kleinste obere Grenze* aller Klassen $[\mathfrak{U} \subseteq \mathfrak{G};\Omega]$ mit Erweiterungen $\mathfrak{G};\Omega \in \mathsf{M}$. Die Gesamtheit $\Gamma(\mathfrak{U};\Omega)$ der Klassen ähnlicher Erweiterungen von $\mathfrak{U};\Omega$ besitzt somit hinsichtlich ihrer Ordnungsrelation die wesentlichen Eigenschaften einer Vollordnung.

3.3. Erweiterungstheorie

Daß $\Gamma(\mathfrak{U};\Omega)$ keine Menge ist, zeigt sich hier am deutlichsten: Es existiert die untere Grenze $[\mathfrak{U}\subseteq\mathfrak{U};\Omega]$ in $\Gamma(\mathfrak{U};\Omega)$, da jede Erweiterung $\mathfrak{G};\Omega$ die Beziehung

$$[\mathfrak{U}\subseteq\mathfrak{U};\Omega] \leq [\mathfrak{U}\subseteq\mathfrak{G};\Omega]$$

erfüllt; es existiert aber keine Erweiterung $\mathfrak{B};\Omega$ von $\mathfrak{U};\Omega$, die für jede Erweiterung $\mathfrak{G};\Omega$ von $\mathfrak{U};\Omega$ die Beziehung

$$[\mathfrak{U}\subseteq\mathfrak{G};\Omega] \leq [\mathfrak{U}\subseteq\mathfrak{B};\Omega]$$

erfüllt. Für $\Gamma(\mathfrak{U};\Omega)$ ist also die Aussage des Satzes 6 falsch.

Beweis. Aus der Menge $\mathsf{M}=(\mathfrak{G}_\iota;\Omega)$ (über $\iota\in\mathsf{I}$) bilde man das abgeschlossene direkte Produkt

$$\mathfrak{D};\Omega = \overline{\underset{\iota}{\times}\mathfrak{G}_\iota}$$

aller Vektoren (G_ι) mit $G_\iota\in\mathfrak{G}_\iota;\Omega$; unter der Identifizierung

$$U \leftrightarrow (U_\iota) = U \quad \text{für } U\in\mathfrak{U};\Omega, \text{ wenn } U_\iota = U \text{ für jedes } \iota\in\mathsf{I},$$

ist $\overline{\mathfrak{D}};\Omega$ Erweiterung von $\mathfrak{U};\Omega$. Für jedes $\varkappa\in\mathsf{I}$ ist die Abbildung

$$\eta_\varkappa: \ (G_\iota) \to (G_\iota)^{\eta_\varkappa} = G_\varkappa \quad \text{für jedes } (G_\iota)\in\overline{\mathfrak{D}};\Omega$$

ein $\mathfrak{U}$-Homomorphismus von $\overline{\mathfrak{D}};\Omega$ auf $\mathfrak{G}_\varkappa;\Omega$:

$$[\mathfrak{U}\subseteq\overline{\mathfrak{D}};\Omega] \leq [\mathfrak{U}\subseteq\mathfrak{G}_\varkappa;\Omega] \quad \text{für jedes } \varkappa\in\mathsf{I}.$$

Andererseits existiert unter der Annahme

$$[\mathfrak{U}\subseteq\mathfrak{H};\Omega] \leq [\mathfrak{U}\subseteq\mathfrak{G}_\iota;\Omega] \quad \text{für jedes } \iota\in\mathsf{I}$$

ein $\mathfrak{U}$-Homomorphismus η_ι von $\mathfrak{H};\Omega$ in $\mathfrak{G}_\iota;\Omega$; die Abbildung

$$\eta: \begin{cases} H \to H^\eta = (H^{\eta_\iota}) & \text{für jedes } H\in\mathfrak{H};\Omega, \\ U \to U^\eta = (U^{\eta_\iota}) = (U) = U & \text{für jedes } U\in\mathfrak{U};\Omega \end{cases}$$

ist ein $\mathfrak{U}$-Homomorphismus von $\mathfrak{H};\Omega$ in $\overline{\mathfrak{D}};\Omega$:

$$[\mathfrak{U}\subseteq\mathfrak{H};\Omega] \leq [\mathfrak{U}\subseteq\overline{\mathfrak{D}};\Omega].$$

Das freie Produkt

$$\mathfrak{F};\Omega = \underset{\iota}{*}(\mathfrak{U}\subseteq\mathfrak{G}_\iota) \quad (\text{über } \iota\in\mathsf{I})$$

mit vereinigter Untergruppe $\mathfrak{U};\Omega$ ist Erweiterung von $\mathfrak{U};\Omega$, die jeden Faktor $\mathfrak{G}_\iota;\Omega$ als Untergruppe enthält:

$$[\mathfrak{U}\subseteq\mathfrak{G}_\iota;\Omega] \leq [\mathfrak{U}\subseteq\mathfrak{F};\Omega] \quad \text{für jedes } \iota\in\mathsf{I}.$$

Unter der Annahme

$$[\mathfrak{U}\subseteq\mathfrak{G}_\iota;\Omega] \leq [\mathfrak{U}\subseteq\mathfrak{H};\Omega] \quad \text{für jedes } \iota\in\mathsf{I}$$

existiert ein $\mathfrak{U}$-Homomorphismus η_ι von $\mathfrak{G}_\iota;\Omega$ in $\mathfrak{H};\Omega$ und folglich ein $\mathfrak{U}$-Homomorphismus η von $\mathfrak{F};\Omega$ in $\mathfrak{H};\Omega$, der in $\mathfrak{G}_\iota;\Omega$ den $\mathfrak{U}$-Homomorphismus η_ι induziert. Daher besteht die Beziehung

$$[\mathfrak{U} \subseteq \mathfrak{F};\Omega] \leq [\mathfrak{U} \subseteq \mathfrak{H};\Omega].$$

Eine Erweiterung $\mathfrak{G};\Omega$, die $\mathfrak{U};\Omega$ als Normalteiler enthält, ist eine *normale Erweiterung von* $\mathfrak{U};\Omega$. Enthält eine Klasse $[\mathfrak{U}\subseteq\mathfrak{G};\Omega]$ eine normale Erweiterung, so sind nicht immer sämtliche Erweiterungen dieser Klasse normal. Wohl aber gilt:

Verwandte Erweiterungen einer Gruppe $\mathfrak{U};\Omega$ *sind gleichzeitig normal oder nicht normal.*

Beweis. Verwandte Erweiterungen $\mathfrak{G};\Omega$ und $\overline{\mathfrak{G}};\Omega$ einer Gruppe $\mathfrak{U};\Omega$ sind direkte Faktoren äquivalenter Erweiterungen

$$\mathfrak{H};\Omega = \mathfrak{G}\times\mathfrak{G}_0; \quad \overline{\mathfrak{H}};\Omega = \overline{\mathfrak{G}}\times\mathfrak{G}_0.$$

Ist $\mathfrak{U}$ in $\mathfrak{G};\Omega$ normal, so ist $\mathfrak{U}$ in $\mathfrak{H};\Omega$, also in $\overline{\mathfrak{H}};\Omega$ und in $\overline{\mathfrak{G}};\Omega$ normal.

Die Untersuchung normaler Erweiterungen einer Gruppe $\mathfrak{U};\Omega$ legt die Einführung eines *reduzierten Zentralisators* nahe: Der Ω-Zentralisator $\mathfrak{Z}(\mathfrak{U}\subseteq\mathfrak{G};\Omega)$ ist die maximale mit $\mathfrak{U}$ elementweise vertauschbare (zulässige) Untergruppe von $\mathfrak{G};\Omega$, der reduzierte Ω-Zentralisator $\mathfrak{Z}^*(\mathfrak{U}\subseteq\mathfrak{G};\Omega)$ der maximale Normalteiler von $\mathfrak{G};\Omega$, der dem Ω-Zentralisator $\mathfrak{Z}(\mathfrak{U}\subseteq\mathfrak{G};\Omega)$ angehört.

Lemma. *Ist* $\mathfrak{G};\Omega$ *normale Erweiterung der Gruppe* $\mathfrak{U};\Omega$, *so bestehen für das Radikal* $\mathfrak{R}_\beta$ *und die Bildgruppe* $\mathfrak{G}^\beta$ *eines* $\mathfrak{U}$-*Endomorphismus* β *der Gruppe* $\mathfrak{G};\Omega$ *die Beziehungen*

$$\mathfrak{R}_\beta \subseteq \mathfrak{Z}^*(\mathfrak{U}\subseteq\mathfrak{G};\Omega); \quad \mathfrak{G};\Omega = \mathfrak{G}^\beta\mathfrak{Z}^*(\mathfrak{U}\subseteq\mathfrak{G};\Omega).$$

Beweis. Für die Normalteiler $\mathfrak{U}$ und $\mathfrak{R}_\beta$ in $\mathfrak{G};\Omega$ gilt

$$[\mathfrak{U},\mathfrak{R}_\beta] \subseteq \mathfrak{U}\cap\mathfrak{R}_\beta = E; \quad \mathfrak{R}_\beta \subseteq \mathfrak{Z}^*(\mathfrak{U}\subseteq\mathfrak{G};\Omega).$$

Der β-Kommutator $[\mathfrak{G},\beta]$ ist normal in $\mathfrak{G};\Omega$; daraus folgt

$$[[\mathfrak{G},\beta],\mathfrak{U}] \subseteq \mathfrak{U}\cap[\mathfrak{G},\beta] = E, \quad \text{also} \quad [\mathfrak{G},\beta] \subseteq \mathfrak{Z}^*(\mathfrak{U}\subseteq\mathfrak{G};\Omega)$$

und weiter

$$\mathfrak{G};\Omega = \mathfrak{G}^\beta[\mathfrak{G},\beta] \subseteq \mathfrak{G}^\beta\mathfrak{Z}^*(\mathfrak{U}\subseteq\mathfrak{G};\Omega), \quad \text{also} \quad \mathfrak{G};\Omega = \mathfrak{G}^\beta\mathfrak{Z}^*(\mathfrak{U}\subseteq\mathfrak{G};\Omega).$$

Satz 7. *Normale Erweiterungen* $\mathfrak{G};\Omega$ *und* $\overline{\mathfrak{G}};\Omega$ *einer Gruppe* $\mathfrak{U};\Omega$ *sind genau dann äquivalent, wenn verbindende* $\mathfrak{U}$-*Homomorphismen* $\eta,\overline{\eta}$ *zwischen* $\mathfrak{G};\Omega$ *und* $\overline{\mathfrak{G}};\Omega$ *existieren, die zwischen den reduzierten Zentralisatoren* $\mathfrak{Z}^*(\mathfrak{U}\subseteq\mathfrak{G};\Omega)$ *und* $\mathfrak{Z}^*(\mathfrak{U}\subseteq\overline{\mathfrak{G}};\Omega)$ *Isomorphismen induzieren. Dann sind* $\eta,\overline{\eta}$ *auch* $\mathfrak{U}$-*Isomorphismen zwischen* $\mathfrak{G};\Omega$ *und* $\overline{\mathfrak{G}};\Omega$.

Beweis. Unter den Bedingungen des Satzes induziert der $\mathfrak{U}$-Endomorphismus $\beta = \eta\bar{\eta}$ von $\mathfrak{G};\Omega$ in $\mathfrak{Z}^*(\mathfrak{U}\subseteq\mathfrak{G};\Omega)$ einen Automorphismus. Da hieraus $\mathfrak{R}_\beta = E$ folgt, ist β ein $\mathfrak{U}$-Automorphismus von $\mathfrak{G};\Omega$. Ebenso ist $\bar\beta = \bar\eta\eta$ ein $\mathfrak{U}$-Automorphismus von $\overline{\mathfrak{G}};\Omega$. Dann sind aber $\eta,\bar\eta$ $\mathfrak{U}$-Isomorphismen zwischen $\mathfrak{G};\Omega$ und $\overline{\mathfrak{G}};\Omega$.

Hieraus folgt noch die Bemerkung:

Es seien $\mathfrak{G};\Omega$ und $\overline{\mathfrak{G}};\Omega$ normale Erweiterungen der Gruppe $\mathfrak{U};\Omega$ mit der Eigenschaft

$$\mathfrak{Z}^*(\mathfrak{U}\subseteq\mathfrak{G};\Omega)\subseteq\mathfrak{U};\quad \mathfrak{Z}^*(\mathfrak{U}\subseteq\overline{\mathfrak{G}};\Omega)\subseteq\mathfrak{U}.$$

Genau dann sind $\mathfrak{G};\Omega$ und $\overline{\mathfrak{G}};\Omega$ ähnlich, wenn sie äquivalent sind.

Durch den Begriff der normalen Erweiterung ist in der Gesamtheit $\Gamma(\mathfrak{U};\Omega)$ die Gesamtheit $\Gamma_\mathsf{N}(\mathfrak{U};\Omega)$ der Klassen ausgezeichnet, die normale Erweiterungen von $\mathfrak{U};\Omega$ enthalten:

Satz 8. *Ist $\mathsf{M} = (\mathfrak{G}_\iota;\Omega)$ (über $\iota\in\mathsf{I}$) eine Menge normaler Erweiterungen der Gruppe $\mathfrak{U};\Omega$, so ist die Klasse*

$$[\mathfrak{U}\subseteq\mathfrak{F};\Omega] \quad \text{mit} \quad \mathfrak{F};\Omega = \underset{\iota}{*}\,(\mathfrak{U}\subseteq\mathfrak{G}_\iota) \qquad (\text{über } \iota\in\mathsf{I})$$

die kleinste obere Grenze, die Klasse

$$[\mathfrak{U}\subseteq\mathfrak{N}(\mathfrak{U}\subseteq\overline{\mathfrak{D}};\Omega);\Omega] \quad \text{für} \quad \overline{\mathfrak{D}};\Omega = \overline{\underset{\iota}{\times}\mathfrak{G}_\iota} \qquad (\text{über } \iota\in\mathsf{I})$$

mit dem Ω-Normalisator $\mathfrak{N}(\mathfrak{U}\subseteq\overline{\mathfrak{D}};\Omega)$ der Gruppe $\mathfrak{U};\Omega$ die größte untere Grenze aller Klassen $[\mathfrak{U}\subseteq\mathfrak{G}_\iota;\Omega]$ in $\Gamma_\mathsf{N}(\mathfrak{U};\Omega)$.

Beweis. Die erste Aussage folgt aus Satz 6; aus

$$\mathfrak{U}\subseteq\mathfrak{N}(\mathfrak{U}\subseteq\overline{\mathfrak{D}};\Omega)\subseteq\overline{\mathfrak{D}};\Omega$$

entnimmt man nach dem gleichen Satz die Ordnungsbeziehung

$$[\mathfrak{U}\subseteq\mathfrak{N}(\mathfrak{U}\subseteq\overline{\mathfrak{D}};\Omega);\Omega]\leq[\mathfrak{U}\subseteq\overline{\mathfrak{D}};\Omega]\leq[\mathfrak{U}\subseteq\mathfrak{G}_\iota;\Omega] \qquad \text{für jedes } \iota\in\mathsf{I}.$$

Dabei ist $\mathfrak{N}(\mathfrak{U}\subseteq\overline{\mathfrak{D}};\Omega);\Omega$ normale Erweiterung von $\mathfrak{U};\Omega$.

Eine normale Erweiterung $\mathfrak{H};\Omega$ von $\mathfrak{U};\Omega$ mit der Eigenschaft

$$[\mathfrak{U}\subseteq\mathfrak{H};\Omega]\leq[\mathfrak{U}\subseteq\mathfrak{G}_\iota;\Omega] \qquad \text{für jedes } \iota\in\mathsf{I}$$

erfüllt auch die Beziehung

$$[\mathfrak{U}\subseteq\mathfrak{H};\Omega]\leq[\mathfrak{U}\subseteq\overline{\mathfrak{D}};\Omega].$$

Daher existiert ein $\mathfrak{U}$-Homomorphismus η der Gruppe $\mathfrak{H};\Omega$ in $\overline{\mathfrak{D}};\Omega$; da $\mathfrak{U}$ in $\mathfrak{H};\Omega$ normal ist, ist $\mathfrak{U}$ auch in $\mathfrak{H}^\eta;\Omega$ normal, also $\mathfrak{H}^\eta;\Omega$ im Ω-Normalisator $\mathfrak{N}(\mathfrak{U}\subseteq\overline{\mathfrak{D}};\Omega)$ enthalten:

$$[\mathfrak{U}\subseteq\mathfrak{H};\Omega]\leq[\mathfrak{U}\subseteq\mathfrak{N}(\mathfrak{U}\subseteq\overline{\mathfrak{D}};\Omega);\Omega].$$

3.3.2. Die Klassen ähnlicher Erweiterungen

Für eine abelsche Gruppe $\mathfrak{U};\Omega$ läßt sich in der Gesamtheit $\Gamma(\mathfrak{U};\Omega)$ die Gesamtheit $\Gamma_A(\mathfrak{U};\Omega)$ der Klassen mit abelschen Repräsentanten auszeichnen. Da ähnliche abelsche Erweiterungen einer Gruppe $\mathfrak{U};\Omega$ verwandt sind, bilden abelsche Repräsentanten einer Klasse $[\mathfrak{U} \subseteq \mathfrak{G};\Omega]$ eine Klasse verwandter abelscher Erweiterungen von $\mathfrak{U};\Omega$. Ist $\mathsf{M} = (\mathfrak{G}_\iota;\Omega)$ (über $\iota \in \mathsf{I}$) eine Menge abelscher Erweiterungen der Gruppe $\mathfrak{U};\Omega$, so ist das abgeschlossene direkte Produkt

$$\overline{\mathfrak{D}};\Omega = \overline{\underset{\iota}{\times} \mathfrak{G}_\iota} \qquad \text{(über } \iota \in \mathsf{I}\text{)}$$

die größte untere Grenze aller Klassen $[\mathfrak{U} \subseteq \mathfrak{G}_\iota;\Omega]$ in der Gesamtheit $\Gamma_A(\mathfrak{U};\Omega)$. Um zu einer kleinsten oberen Grenze zu gelangen, bilden wir das direkte Produkt

$$\mathfrak{D};\Omega = \underset{\iota}{\times} \mathfrak{G}_\iota \qquad \text{(über } \iota \in \mathsf{I}\text{)}.$$

Für die Untergruppe

$$\mathfrak{V};\Omega = \underset{\iota}{\times} \mathfrak{U}_\iota \subseteq \mathfrak{D};\Omega \quad \text{mit} \quad \mathfrak{U}_\iota = \mathfrak{U} \qquad \text{(über } \iota \in \mathsf{I}\text{)}$$

erklärt die Zuordnung

$$\pi: \quad V = (U_\iota) \to V^\pi = \prod_\iota U_\iota = U \in \mathfrak{U} \qquad \text{für jedes } V \in \mathfrak{V};\Omega$$

einen Homomorphismus π von $\mathfrak{V}$ auf $\mathfrak{U};\Omega$, dessen Kern $\mathfrak{K}_\pi \triangleleft | \mathfrak{V}$ durch

$$\pi: \quad V = (U_\iota) \to V^\pi = \prod_\iota U_\iota = E$$

bestimmt ist. Identifiziert man die Faktorgruppe $\mathfrak{V}/\mathfrak{K}_\pi;\Omega$ mit der Gruppe $\mathfrak{U};\Omega$ mittels des durch π induzierten Isomorphismus, so ist *das direkte $\mathfrak{U}$-Produkt der Menge* $\mathsf{M} = (\mathfrak{G}_\iota;\Omega)$:

$$\mathfrak{D}_\mathfrak{U} = \mathfrak{D}/\mathfrak{K}_\pi;\Omega,$$

Erweiterung der Gruppe $\mathfrak{U};\Omega$. Für festes $\varkappa \in \mathsf{I}$ induziert der Homomorphismus

$$\alpha_\varkappa: \begin{cases} G_\varkappa \to G_\varkappa^{\alpha_\varkappa} = (H_\iota) \quad \text{mit} \quad H_\varkappa = G_\varkappa;\ H_\iota = E_\iota \quad \text{für } \iota \neq \varkappa;\ G_\varkappa \in \mathfrak{G}_\varkappa;\Omega, \\ U \to U^{\alpha_\varkappa} = (U_\iota) \quad \text{mit} \quad \prod_\iota U_\iota = U \quad \text{für jedes } U \in \mathfrak{U} \subseteq \mathfrak{G}_\varkappa;\Omega \end{cases}$$

der Gruppe $\mathfrak{G}_\varkappa;\Omega$ in das direkte Produkt $\mathfrak{D};\Omega$ einen $\mathfrak{U}$-Isomorphismus

$$\beta_\varkappa: \quad G_\varkappa \to G_\varkappa^{\beta_\varkappa} = \mathfrak{K}_\pi G_\varkappa^{\alpha_\varkappa} \qquad \text{für jedes } G_\varkappa \in \mathfrak{G}_\varkappa;\Omega$$

der Gruppe $\mathfrak{G}_\varkappa;\Omega$ in das direkte $\mathfrak{U}$-Produkt $\mathfrak{D}_\mathfrak{U};\Omega$:

$$[\mathfrak{U} \subseteq \mathfrak{G}_\varkappa;\Omega] \leq [\mathfrak{U} \subseteq \mathfrak{D}_\mathfrak{U};\Omega] \qquad \text{für jedes } \varkappa \in \mathsf{I}.$$

Zu einer abelschen Erweiterung $\mathfrak{H};\Omega$ von $\mathfrak{U};\Omega$ mit der Eigenschaft

$$[\mathfrak{U} \subseteq \mathfrak{G}_\iota;\Omega] \leq [\mathfrak{U} \subseteq \mathfrak{H};\Omega] \qquad \text{für jedes } \iota \in \mathsf{I}$$

existiert ein $\mathfrak{U}$-Homomorphismus η_ι von $\mathfrak{G}_\iota; \Omega$ in $\mathfrak{H}; \Omega$. Die Zuordnung

$$\eta: \begin{cases} (G_\iota) \to \prod_\iota G_\iota^{\eta_\iota} = H \in \mathfrak{H} & \text{für jedes } (G_\iota) \in \mathfrak{D}; \Omega, \\ (U_\iota) \to \prod_\iota U_\iota = U \in \mathfrak{U} & \text{für jedes } (U_\iota) \in \mathfrak{V}; \Omega \end{cases}$$

ist ein Homomorphismus von $\mathfrak{D}; \Omega$ in $\mathfrak{H}; \Omega$, der wegen $\mathfrak{K}_\eta = E$ einen $\mathfrak{U}$-Homomorphismus des direkten $\mathfrak{U}$-Produktes $\mathfrak{D}_\mathfrak{U}$ in $\mathfrak{H}; \Omega$ induziert:

$$[\mathfrak{U} \subseteq \mathfrak{D}_\mathfrak{U}; \Omega] \leq [\mathfrak{U} \subseteq \mathfrak{H}; \Omega].$$

3.3.3. Die Charaktere normaler Erweiterungen

Beschränken wir die Untersuchung nunmehr auf das Problem der normalen Erweiterung einer Gruppe $\mathfrak{N}$, so bietet sich zur Kennzeichnung einer normalen Erweiterung $\mathfrak{G}$ von $\mathfrak{N}$ als wesentliche Invariante die Faktorgruppe $\mathfrak{G}/\mathfrak{N}$:

Die Gruppe $\mathfrak{G}$ ist *eine (normale) Erweiterung der Gruppe $\mathfrak{N}$ durch den Faktor $\mathfrak{F}$*, wenn $\mathfrak{N}$ als Normalteiler in $\mathfrak{G}$ eine zu $\mathfrak{F}$ isomorphe Faktorgruppe besitzt. Die Erweiterung $\mathfrak{G} = (\mathfrak{G}, \varphi)$ wird daher durch einen Homomorphismus

$$\varphi: \quad G \to G^\varphi = F(G) \in \mathfrak{F} \qquad \text{für jedes } G \in \mathfrak{G}$$

der Gruppe $\mathfrak{G}$ auf die Gruppe $\mathfrak{F}$ mit dem Kern $\mathfrak{K}_\varphi = \mathfrak{N}$ eindeutig beschrieben.

Die Existenz solcher Erweiterungen zeigt das direkte Produkt

$$\mathfrak{G} = \mathfrak{N} \times \mathfrak{F} \quad \text{mit} \quad \mathfrak{G}/\mathfrak{N} \cong \mathfrak{F};$$

freilich ist eine Erweiterung $\mathfrak{G}$ durch den Normalteiler $\mathfrak{N}$ und den Faktor $\mathfrak{F} \cong \mathfrak{G}/\mathfrak{N}$ nicht gekennzeichnet.

Definition 4. *Ein Charakter $\chi(H)$ der Gruppe $\mathfrak{H}$ in der Gruppe $\mathfrak{M}$ ist ein Homomorphismus*

$$\chi: \quad H \to \chi(H) \qquad \text{für jedes } H \in \mathfrak{H}$$

der Gruppe $\mathfrak{H}$ in die Automorphismengruppe $\mathsf{A}(\mathfrak{M})$.

Ein Kollektivcharakter $\mathsf{X}(H)$ der Gruppe $\mathfrak{H}$ in der Gruppe $\mathfrak{M}$ ist ein Homomorphismus

$$\mathsf{X}: \quad H \to \mathsf{X}(H) \qquad \text{für jedes } H \in \mathfrak{H}$$

der Gruppe $\mathfrak{H}$ in die äußere Automorphismengruppe $\mathsf{A}(\mathfrak{M})/\mathsf{J}(\mathfrak{M})$.

Für jedes Gruppenpaar $\mathfrak{H}$, $\mathfrak{M}$ existiert der *Hauptcharakter* χ_0, der Homomorphismus von $\mathfrak{H}$ auf den identischen Automorphismus $\varepsilon \in \mathsf{A}(\mathfrak{M})$, und der *Hauptkollektivcharakter* X_0, der Homomorphismus von $\mathfrak{H}$ auf die Einheit $\mathsf{J}(\mathfrak{M}) \in \mathsf{A}(\mathfrak{M})/\mathsf{J}(\mathfrak{M})$. Für abelsche Gruppen $\mathfrak{M}$ fallen die Begriffe des Charakters und des Kollektivcharakters zusammen.

3.3.3. Die Charaktere normaler Erweiterungen

Jedes Element G einer (normalen) Erweiterung $(\mathfrak{G}, \varphi)$ der Gruppe $\mathfrak{N}$ induziert einen Automorphismus

$$\tau(G): \quad N \to N^{\tau(G)} = N^G \qquad \text{für jedes } N \in \mathfrak{N}$$

des Normalteilers $\mathfrak{N}$. Die Zuordnung

$$\tau: \quad G \to \tau(G) \qquad \text{für jedes } G \in \mathfrak{G}$$

ist ein Homomorphismus von $\mathfrak{G}$ in die Automorphismengruppe $\mathsf{A}(\mathfrak{N})$ mit dem Zentralisator $\mathfrak{K}_\tau = \mathfrak{Z}(\mathfrak{N} \triangleleft \mathfrak{G})$ als Kern, also *ein Charakter $\tau(G)$ von $\mathfrak{G}$ in der Gruppe $\mathfrak{N}$*.

Elemente $G, H \in \mathfrak{G}$ der gleichen Restklasse $\mathfrak{N}G = \mathfrak{N}H$ nach $\mathfrak{N}$ induzieren den gleichen Automorphismus $\tau(G) = \tau(H)$, wenn

$$G \equiv H \bmod \mathfrak{Z}(\mathfrak{N} \triangleleft \mathfrak{G}), \quad \text{also} \quad G \equiv H \bmod \mathfrak{Z}(\mathfrak{N}).$$

Bezeichnet ζ den natürlichen Homomorphismus

$$\zeta: \quad G \to G^\zeta = \mathfrak{Z}(\mathfrak{N}) G \qquad \text{für jedes } G \in \mathfrak{G}$$

von $\mathfrak{G}$ auf die Faktorgruppe $\mathfrak{G}/\mathfrak{Z}(\mathfrak{N})$, so ist die Zuordnung

$$\chi: \quad G^\zeta \to \chi(G^\zeta) = \tau(G) \in \mathsf{A}(\mathfrak{N}) \qquad \text{für jedes } G \in \mathfrak{G}$$

ein Homomorphismus von $\mathfrak{G}^\zeta$ in $\mathsf{A}(\mathfrak{N})$, also *ein Charakter $\chi(G^\zeta)$ der Faktorgruppe $\mathfrak{G}/\mathfrak{Z}(\mathfrak{N})$ in $\mathfrak{N}$*.

Elemente $G, H \in \mathfrak{G}$ der gleichen Restklasse nach $\mathfrak{N}$ induzieren Automorphismen der gleichen Automorphismenklasse aus $\mathsf{A}(\mathfrak{N})$; eine volle Restklasse $\mathfrak{N}G$ induziert eine volle Automorphismenklasse der äußeren Automorphismengruppe $\mathsf{A}(\mathfrak{N})/\mathsf{J}(\mathfrak{N})$. Die Zuordnung

$$\mathsf{X}: \quad G^\varphi \to \mathsf{X}(G^\varphi) = \mathsf{J}(\mathfrak{N}) \tau(G) \qquad \text{für jedes } G \in \mathfrak{G}$$

ist daher ein Homomorphismus des Faktors $\mathfrak{G}^\varphi = \mathfrak{F}$ in die Automorphismengruppe $\mathsf{A}(\mathfrak{N})/\mathsf{J}(\mathfrak{N})$, also *ein Kollektivcharakter des Faktors $\mathfrak{F}$ im Normalteiler $\mathfrak{N}$*. Da der Kollektivcharakter $\mathsf{X}(G^\varphi)$ aus den Gruppen $\mathfrak{N}$ und $\mathfrak{F}$ erklärt, also eine Invariante der Erweiterung $\mathfrak{G}$ von $\mathfrak{N}$ durch den Faktor $\mathfrak{F}$ ist, bezeichnen wir $\mathfrak{G}$ auch als eine *X-$\mathfrak{F}$-Erweiterung von $\mathfrak{N}$*.

Der Zusammenhang zwischen dem Kollektivcharakter $\mathsf{X}(G^\varphi)$ des Faktors $\mathfrak{G}^\varphi = \mathfrak{F}$ in $\mathfrak{N}$ und dem Charakter $\chi(G^\zeta)$ der Faktorgruppe $\mathfrak{G}^\zeta = \mathfrak{G}/\mathfrak{Z}(\mathfrak{N})$ wird durch *Auflösung des Kollektivcharakters* hergestellt:

Sind für Gruppen $\mathfrak{F}, \mathfrak{H}$ ein Kollektivcharakter $\mathsf{X}(F)$ von $\mathfrak{F}$ und ein Charakter $\chi(H)$ von $\mathfrak{H}$ in einer Gruppe $\mathfrak{N}$ erklärt, so ist $\chi(H)$ eine Auflösung von $\mathsf{X}(F)$, wenn ein Homomorphismus

$$\varphi: \quad H \to H^\varphi \in \mathfrak{F} \qquad \text{für jedes } H \in \mathfrak{H}$$

der Gruppe $\mathfrak{H}$ auf die Gruppe $\mathfrak{F}$ existiert mit den Eigenschaften:

1. *Der Automorphismus $\chi(H)$ gehört der Automorphismenklasse* $\mathsf{X}(H^\varphi)$ *an.*

2. *Jedem Automorphismus $\alpha \in \mathsf{X}(F)$ entspricht genau ein Element $H \in \mathfrak{H}$, das die Gleichungen $H^\varphi = F$ und $\alpha = \chi(H)$ erfüllt.*

Der Homomorphismus φ der Erweiterung $(\mathfrak{G}, \varphi)$ eines Normalteilers $\mathfrak{N}$ induziert einen Homomorphismus

$$\varphi_0: \quad G^\zeta = \mathfrak{Z}(\mathfrak{N}) G \to G^{\zeta \varphi_0} = (\mathfrak{Z}(\mathfrak{N}) G)^{\varphi_0} = G^\varphi \quad \text{für jedes } G \in \mathfrak{G}$$

der Gruppe $\mathfrak{G}^\zeta = \mathfrak{G}/\mathfrak{Z}(\mathfrak{N})$ auf den Faktor

$$\mathfrak{G}^{\zeta \varphi_0} = \mathfrak{G}^\varphi = \mathfrak{F} \cong \mathfrak{G}/\mathfrak{N} \cong \mathfrak{G}/\mathfrak{Z}(\mathfrak{N}) \big/ \mathfrak{N}/\mathfrak{Z}(\mathfrak{N}).$$

Der Automorphismus $\chi(G^\zeta) = \tau(G)$ gehört einer Automorphismenklasse $\mathsf{X}(G^\varphi) = \mathsf{J}(\mathfrak{N}) \tau(G)$ an; umgekehrt sind Automorphismen $\chi(G^\zeta)$ und $\chi(H^\zeta)$ für $G, H \in \mathfrak{G}$ der gleichen Restklasse $\mathsf{X}(G^\varphi)$ nur dann gleich, wenn

$$G \equiv H \bmod \mathfrak{N}; \quad G \equiv H \bmod \mathfrak{Z}(\mathfrak{N} \subset | \mathfrak{G}), \quad \text{also} \quad G \equiv H \bmod \mathfrak{Z}(\mathfrak{N}).$$

Damit folgt:

Satz 9. *Jede Erweiterung $(\mathfrak{G}, \varphi)$ einer Gruppe $\mathfrak{N}$ durch den Faktor $\mathfrak{F}$ bestimmt einen Charakter $\chi(G^\zeta)$ der Faktorgruppe $\mathfrak{G}^\zeta = \mathfrak{G}/\mathfrak{Z}(\mathfrak{N})$ nach dem Zentrum $\mathfrak{Z}(\mathfrak{N})$ und einen Kollektivcharakter $\mathsf{X}(G^\varphi)$ des Faktors $\mathfrak{G}^\varphi = \mathfrak{F}$; der Charakter $\chi(G^\zeta)$ ist eine Auflösung des Kollektivcharakters $\mathsf{X}(G^\varphi)$.*

Wann ein Charakter der Gruppe $\mathfrak{H}$ Auflösung eines Kollektivcharakters eines homomorphen Bildes $\mathfrak{H}^\varphi = \mathfrak{F}$ ist, entscheidet

Satz 10. *Der Charakter $\chi(H)$ einer Gruppe $\mathfrak{H}$ in der Gruppe $\mathfrak{N}$ ist genau dann Auflösung eines Kollektivcharakters $\mathsf{X}(H^\varphi)$ eines homomorphen Bildes $\mathfrak{H}^\varphi = \mathfrak{F}$ (in $\mathfrak{N}$), wenn ein Normalteiler $\mathfrak{M} \subseteq | \mathfrak{H}$ existiert mit den Eigenschaften:*

1. *Der Automorphismus $\chi(M)$ eines jeden Elementes $M \in \mathfrak{M}$ ist innerer Automorphismus von $\mathfrak{N}$.*

2. *Zu jedem inneren Automorphismus $\tau \in \mathsf{J}(\mathfrak{N})$ gibt es genau ein Element $M \in \mathfrak{M}$, für das die Gleichung $\tau = \chi(M)$ besteht.*

Beweis. Ist $\chi(H)$ Auflösung des Kollektivcharakters $\mathsf{X}(H^\varphi)$ des homomorphen Bildes $\mathfrak{H}^\varphi = \mathfrak{F}$, so besitzt der Kern $\mathfrak{K}_\varphi = \mathfrak{M} \subseteq | \mathfrak{H}$ diese Eigenschaften. Andererseits besteht unter den Bedingungen des Satzes zwischen den Automorphismen $\chi(H)$ einer Klasse $\mathsf{J}(\mathfrak{N}) \chi(H_0) = \mathsf{X}(H_0^\varphi)$ und den Elementen der Restklasse $\mathfrak{M} H_0$ von $\mathfrak{H}/\mathfrak{M}$ eine eineindeutige Zuordnung. Mithin ist $\mathsf{X}(H_0^\varphi)$ Kollektivcharakter der Faktorgruppe $\mathfrak{H}/\mathfrak{M}$; dabei ist $\chi(H)$ Auflösung von $\mathsf{X}(H^\varphi)$ durch den Homomorphismus

$$\varphi: \quad H \to H^\varphi = \mathfrak{M} H \quad \text{für jedes } H \in \mathfrak{H}.$$

Sind die Charaktere $\chi(H)$ einer Gruppe $\mathfrak{H}$ und $\bar{\chi}(\bar{H})$ einer Gruppe $\bar{\mathfrak{H}}$ in der Gruppe $\mathfrak{N}$ Auflösungen des Kollektivcharakters $\mathsf{X}(F)$ eines homomorphen Bildes $\mathfrak{F} = \mathfrak{H}^\varphi = \overline{\mathfrak{H}}^{\overline{\varphi}}$ (in $\mathfrak{N}$), so heißen $\chi(H)$ und $\overline{\chi}(\overline{H})$ *isomorph*, wenn zwischen $\mathfrak{H}$ und $\overline{\mathfrak{H}}$ ein Isomorphismus

$$\mathfrak{H}^\gamma = \overline{\mathfrak{H}} \quad \text{mit} \quad H^\varphi = H^{\gamma\overline{\varphi}} \quad \text{und} \quad \chi(H) = \overline{\chi}(H^\gamma) \quad \text{für jedes } H \in \mathfrak{H}$$

besteht.

Satz 11. *Jeder Kollektivcharakter* $\mathsf{X}(F)$ *einer Gruppe* $\mathfrak{F}$ *in der Gruppe* $\mathfrak{N}$ *besitzt (bis auf Isomorphie) genau eine Auflösung.*

Beweis. 1. Die Menge $\mathfrak{H}$ aller aus einem Kollektivcharakter $\mathsf{X}(F)$ der Gruppe $\mathfrak{F}$ in der Gruppe $\mathfrak{N}$ gebildeten Paare

$$H = (F, \alpha) \quad \text{mit} \quad F \in \mathfrak{F} \quad \text{und} \quad \alpha \in \mathsf{X}(F) \quad \text{bei festem } F \in \mathfrak{F}$$

ist unter der Festsetzung:

$$(F_1, \alpha_1) = (F_2, \alpha_2) \quad \text{genau dann, wenn } F_1 = F_2;\ \alpha_1 = \alpha_2,$$
$$(F_1, \alpha_1)(F_2, \alpha_2) = (F_1 F_2, \alpha_1 \alpha_2),$$

eine Gruppe. Die Zuordnung

$$\chi\colon\ H = (F, \alpha) \to \chi(H) = \alpha \in \mathsf{A}(\mathfrak{N}) \quad \text{für jedes } H \in \mathfrak{H}$$

ist ein Charakter von $\mathfrak{H}$ in $\mathfrak{N}$, die Abbildung

$$\varphi\colon\ H = (F, \alpha) \to H^\varphi = F \quad \text{für jedes } H \in \mathfrak{H}$$

ein Homomorphismus von $\mathfrak{H}$ auf $\mathfrak{F}$. Zugleich ist $\chi(H)$ eine Auflösung des Kollektivcharakters $\mathsf{X}(F)$ von $\mathfrak{F}$, da $\mathfrak{H}$ alle Paare $H = (F, \alpha)$ mit $\alpha \in \mathsf{X}(F)$ enthält und

$$H_1 = (F_1, \alpha_1) = (F_2, \alpha_2) = H_2 \quad \text{genau dann, wenn } H_1^\varphi = H_2^\varphi;\ \chi(H_1) = \chi(H_2).$$

2. Ist der Charakter $\psi(G)$ einer Gruppe $\mathfrak{G}$ in $\mathfrak{N}$ durch den Homomorphismus $\mathfrak{G}^\eta = \mathfrak{F}$ Auflösung des Kollektivcharakters $\mathsf{X}(F) = \mathsf{X}(G^\eta)$, so bestimmt die Zuordnung

$$\gamma\colon\ G \to G^\gamma = \bigl(G^\eta, \psi(G)\bigr) \in \mathfrak{H} \quad \text{für jedes } G \in \mathfrak{G}$$

einen Isomorphismus der Charaktere $\chi(H)$ und $\psi(G)$. Denn das Bild $G^\gamma \in \mathfrak{H}$ ist für jedes $G \in \mathfrak{G}$ eindeutig erklärt; die Gleichung

$$G_1^\gamma = G_2^\gamma \quad \text{oder} \quad \bigl(G_1^\eta, \psi(G_1)\bigr) = \bigl(G_2^\eta, \psi(G_2)\bigr)$$

verlangt, da $\psi(G)$ Auflösung des Kollektivcharakters $\mathsf{X}(F)$ ist,

$$G_1^\eta = G_2^\eta \quad \text{und} \quad \psi(G_1) = \psi(G_2), \quad \text{also} \quad G_1 = G_2.$$

Andererseits ist jeder Automorphismus $\alpha \in \mathsf{X}(F)$ unter den Automorphismen $\psi(G)$ mit $G^\eta = F$ vertreten. Daher ist γ ein Isomorphismus von $\mathfrak{G}$ auf $\mathfrak{H}$. Da aber auch

$$G^{\gamma\varphi} = \bigl(G^\eta, \psi(G)\bigr)^\varphi = G^\eta;\ \chi(G^\gamma) = \chi\bigl(G^\eta, \psi(G)\bigr) = \psi(G) \quad \text{für jedes } G \in \mathfrak{G},$$

sind die Charaktere $\chi(H)$ von $\mathfrak{H}$ und $\psi(G)$ von $\mathfrak{G}$ isomorph.

Der Kollektivcharakter $X(F)$ des Faktors $\mathfrak{F}$ in der Gruppe $\mathfrak{N}$ bestimmt einen Kollektivcharakter des Faktors $\mathfrak{F}$ in der Faktorgruppe $\mathfrak{N}/\mathfrak{Z}(\mathfrak{N})$ nach dem Zentrum. Denn jeder Automorphismus $\alpha \in \mathsf{A}(\mathfrak{N})$ induziert einen Automorphismus $\bar{\alpha} \in \mathsf{A}\bigl(\mathfrak{N}/\mathfrak{Z}(\mathfrak{N})\bigr)$, jeder innere Automorphismus $\tau \in \mathsf{J}(\mathfrak{N})$ einen inneren Automorphismus $\bar{\tau} \in \mathsf{J}\bigl(\mathfrak{N}/\mathfrak{Z}(\mathfrak{N})\bigr)$. Umgekehrt wird jeder innere Automorphismus $\tau \in \mathsf{J}(\mathfrak{N})$ durch einen inneren Automorphismus $\bar{\tau} \in \mathsf{J}\bigl(\mathfrak{N}/\mathfrak{Z}(\mathfrak{N})\bigr)$ induziert.

In der Gruppe $\mathfrak{H}$ aller Paare

$$H = (F, \alpha) \quad \text{mit} \quad F \in \mathfrak{F} \quad \text{und} \quad \alpha \in X(F) \quad \text{bei festem } F \in \mathfrak{F}$$

bilden die Elemente

$$M = (1, \tau) \quad \text{mit} \quad 1 \in \mathfrak{F} \quad \text{und} \quad \tau \in X(1) = \mathsf{J}(\mathfrak{N})$$

einen Normalteiler $\mathfrak{M} \trianglelefteq \mathfrak{H}$. Dabei ist die Abbildung

$$(1, \tau) \to \tau \quad \text{für } \tau \in \mathsf{J}(\mathfrak{N})$$

ein Isomorphismus von $\mathfrak{M}$ auf $\mathsf{J}(\mathfrak{N})$ oder auf die Faktorgruppe $\mathfrak{N}/\mathfrak{Z}(\mathfrak{N})$. Folglich ist $\mathfrak{H}$ Erweiterung des Normalteilers $\mathfrak{M}$ mit der zu $\mathfrak{F}$ isomorphen Faktorgruppe $\mathfrak{H}/\mathfrak{M}$. Ein Element $H = (F, \alpha) \in \mathfrak{H}$ induziert in $\mathfrak{M}$ den Automorphismus

$$M^H = H^{-1} M H = (1, \alpha^{-1} \tau \alpha) \quad \text{für } M = (1, \tau) \text{ mit } \tau \in \mathsf{J}(\mathfrak{N}).$$

Da aus $\tau = \tau(N) \in \mathsf{J}(\mathfrak{N})$ mit $N \in \mathfrak{N}$ die Beziehung

$$P^\tau = N^{-1} P N \quad \text{und} \quad P^{\alpha^{-1} \tau \alpha} = N^{-\alpha} P N^\alpha \quad \text{für jedes } P \in \mathfrak{N}$$

folgt, induziert H in $\mathfrak{M}$ den gleichen Automorphismus, den $\alpha \in \mathsf{A}(\mathfrak{N})$ in $\mathsf{J}(\mathfrak{N})$ oder in der Faktorgruppe $\mathfrak{N}/\mathfrak{Z}(\mathfrak{N})$ induziert. Mithin ist $\mathfrak{H}$ eine X-$\mathfrak{F}$-Erweiterung des (zu $\mathfrak{N}/\mathfrak{Z}(\mathfrak{N})$ isomorphen) Normalteilers $\mathfrak{M}$.

Zwei X-$\mathfrak{F}$-Erweiterungen $(\mathfrak{G}, \varphi)$ und $(\overline{\mathfrak{G}}, \overline{\varphi})$ sind *im wesentlichen gleich*, wenn zwischen ihnen ein $\mathfrak{N}$-Isomorphismus γ besteht, der im Faktor $\mathfrak{F}$ die Identität induziert:

$$\mathfrak{G} \cong \mathfrak{G}^\gamma = \overline{\mathfrak{G}} \quad \text{mit} \quad N^\gamma = N \quad \text{für } N \in \mathfrak{N}; \quad G^\varphi = G^{\gamma \overline{\varphi}} = \overline{G}^{\overline{\varphi}} \in \mathfrak{F}.$$

Satz 12. *Alle X-$\mathfrak{F}$-Erweiterungen $\mathfrak{G}$ einer Gruppe $\mathfrak{N}$ besitzen isomorphe Faktorgruppen $\mathfrak{G}/\mathfrak{Z}(\mathfrak{N})$ nach dem Zentrum $\mathfrak{Z}(\mathfrak{N})$; dabei ist $\mathfrak{G}/\mathfrak{Z}(\mathfrak{N})$ die (im wesentlichen eindeutige) durch Auflösung des Kollektivcharakters $X(F)$ bestimmte X-$\mathfrak{F}$-Erweiterung $\mathfrak{H}$ der Faktorgruppe $\mathfrak{N}/\mathfrak{Z}(\mathfrak{N})$.*

Satz 12*. *Eine Gruppe $\mathfrak{N}$ ohne Zentrum besitzt für jeden Kollektivcharakter $X(F)$ des Faktors $\mathfrak{F}$ in $\mathfrak{N}$ eine (im wesentlichen eindeutige) X-$\mathfrak{F}$-Erweiterung $(\mathfrak{G}, \varphi)$.*

3.3.4. Erweiterungen abelscher Gruppen

Eine (normale) Erweiterung $(\mathfrak{G}, \varphi)$ einer abelschen Gruppe $\mathfrak{A}$ besitzt als Invarianten das homomorphe Bild

$$\mathfrak{G}^\varphi = \mathfrak{F} \cong \mathfrak{G}/\mathfrak{A} \quad \text{mit} \quad \mathfrak{A}^\varphi = 1$$

und den Charakter (oder Kollektivcharakter)

$$\chi\colon\ G^\varphi \to \chi(G^\varphi) = \tau(G) \in \mathsf{A}(\mathfrak{A}) \qquad \text{für jedes } G \in \mathfrak{G}$$

des Faktors $\mathfrak{F}$ in der Gruppe $\mathfrak{A}$. Wir haben noch die Aufgabe vor uns, alle χ-$\mathfrak{F}$-Erweiterungen einer abelschen Gruppe $\mathfrak{A}$ zu bestimmen.

Zu diesem Zwecke setzen wir für den Faktor $\mathfrak{F}$ die Kenntnis einer abstrakten Definition durch Relationen voraus unter der folgenden zusätzlichen Forderung: Das Erzeugendensystem $\mathfrak{S} = (S_\iota)$ (über $\iota \in \mathsf{I}$) der Gruppe $\mathfrak{F}$ enthalte mit S_ι auch die Inverse S_ι^{-1}; mit einer Permutation π der Indexmenge I gilt dann

$$S_{\iota\pi} = S_\iota^{-1};\quad S_{(\iota\pi)\pi} = S_\iota \qquad \text{für jedes } \iota \in \mathsf{I}.$$

Für den Index $0 \in \mathsf{I}$ sei überdies $S_0 = 1$ die Einheit von $\mathfrak{F}$.

Die von $\mathfrak{S}$ erzeugte freie Gruppe $\mathfrak{B}$ enthält einen Relationennormalteiler $\mathfrak{R} \subset |\mathfrak{B}$, derart daß $\mathfrak{F} \cong \mathfrak{B}/\mathfrak{R}$; unter einem *Wort* verstehen wir hier ein Element $V = S_{\iota_1} S_{\iota_2} \ldots S_{\iota_n} \in \mathfrak{B}$ beliebiger Länge, das *inverse Wort* V^{-1} zum Wort V sei $V^{-1} = S_{\iota_n \pi} S_{\iota_{n-1}\pi} \ldots S_{\iota_2\pi} S_{\iota_1\pi} \in \mathfrak{B}$. Mit $V_1 = V_2$ werde die Identität der Worte $V_1, V_2 \in \mathfrak{B}$, mit $V_1 \equiv V_2$ die Kongruenz nach $\mathfrak{R}$, also die Gleichheit der durch V_1, V_2 dargestellten Elemente von $\mathfrak{F}$ ausgedrückt.

Aus einer χ-$\mathfrak{F}$-Erweiterung $\mathfrak{G}$ der abelschen Gruppe $\mathfrak{A}$ läßt sich für jede einer Erzeugenden $S_\iota \in \mathfrak{S}$ entsprechenden Restklasse von $\mathfrak{F} \cong \mathfrak{G}/\mathfrak{A}$ ein Repräsentant

$$\mathfrak{w}(S_\iota) = G_\iota \in \mathfrak{G} \quad \text{mit} \quad \mathfrak{w}(S_0) = G_0 = E \in \mathfrak{G}$$

auswählen; eine *Normierung* liegt vor, wenn die Forderung

$$\mathfrak{w}(S_\iota) = G_\iota;\quad \mathfrak{w}(S_{\iota\pi}) = G_\iota^{-1} \qquad \text{für jedes } \iota \in \mathsf{I}$$

erfüllt ist. Nach Auswahl dieser Repräsentanten läßt sich für jedes Wort $V \in \mathfrak{B}$ der Wert $\mathfrak{w}(V)$ einer *Wortfunktion* $\mathfrak{w}(X)$ erklären:

$$\mathfrak{w}(V) = \mathfrak{w}(S_{\iota_1}) \mathfrak{w}(S_{\iota_2}) \ldots \mathfrak{w}(S_{\iota_n}), \quad \text{wenn} \quad V = S_{\iota_1} S_{\iota_2} \ldots S_{\iota_n}.$$

Offenbar genügt die Wortfunktion $\mathfrak{w}(X)$ der *Homomorphiebedingung*

$$\mathfrak{w}(V_1)\,\mathfrak{w}(V_2) = \mathfrak{w}(V_1 V_2) \qquad \text{für } V_1, V_2 \in \mathfrak{B}.$$

Bei Normierung liegt eine *normierte Wortfunktion* $\mathfrak{w}(X)$ vor:

$$\mathfrak{w}(V^{-1}) = \mathfrak{w}(V)^{-1} \qquad \text{für jedes } V \in \mathfrak{B}.$$

Genügt ein Wort $V \in \mathfrak{B}$ der Kongruenz $V \equiv 1$, ist V also *Relation aus $\mathfrak{R}$*, so ist der Wert $\mathfrak{w}(V)$ Element des Normalteilers $\mathfrak{A} \triangleleft \mathfrak{G}$. In diesem Falle setzen wir

$$\mathfrak{w}(R) = \mathfrak{a}(R), \quad \text{wenn} \quad R \equiv 1.$$

Die auf diese Weise für die Worte $R \equiv 1$ erklärte Funktion $\mathfrak{a}(Y)$ ist eine *Relationsfunktion*; ist die Wortfunktion $\mathfrak{w}(X)$ normiert, so ist auch die Relationsfunktion $\mathfrak{a}(Y)$ *normiert*. Der Wertebereich $\mathfrak{B}$ einer Relationsfunktion $\mathfrak{a}(Y)$ ist eine Halbgruppe in $\mathfrak{A}$ mit Einheit E, der Wertebereich $\mathfrak{B}$ einer normierten Relationsfunktion $\mathfrak{a}(Y)$ Untergruppe in $\mathfrak{A}$. Ebenso ist der Wertebereich $\mathfrak{H}$ einer Wortfunktion $\mathfrak{w}(X)$ Halbgruppe in $\mathfrak{G}$ und Untergruppe, wenn $\mathfrak{w}(X)$ normiert ist. Restklassenbildung in der Halbgruppe $\mathfrak{H}$ nach der Halbgruppe $\mathfrak{B}$ führt auf eine zum Faktor $\mathfrak{F}$ isomorphe Faktorgruppe. Es besteht ferner die Gleichung

$$\mathfrak{G} = \mathfrak{H}\mathfrak{A} = \mathfrak{A}\mathfrak{H}.$$

Jede χ-$\mathfrak{F}$-Erweiterung $\mathfrak{G}$ der Gruppe $\mathfrak{A}$ führt in dieser Weise durch Auswahl von Repräsentanten $\mathfrak{w}(S_\iota)$ auf eine Wortfunktion $\mathfrak{w}(X)$ und eine Relationsfunktion $\mathfrak{a}(Y)$, deren Wertebereich der abelschen Gruppe $\mathfrak{A}$ angehört. In Umkehrung ergibt sich die Frage, unter welchen Bedingungen zu einer Relationsfunktion $\mathfrak{a}(Y)$, die jedem Wort $R \equiv 1$ ein Element $\mathfrak{a}(R) \in \mathfrak{A}$ unter der Bedingung

$$\mathfrak{a}(R_1 R_2) = \mathfrak{a}(R_1)\,\mathfrak{a}(R_2) \quad \text{für } R_1 \equiv R_2 \equiv 1$$

zuordnet, eine χ-$\mathfrak{F}$-Erweiterung $\mathfrak{G}$ von $\mathfrak{A}$ existiert, die bei geeigneter Auswahl von Repräsentanten $\mathfrak{w}(S_\iota)$ auf die Relationsfunktion $\mathfrak{a}(Y)$ führt. In diesem Falle heiße die Relationsfunktion $\mathfrak{a}(Y)$ *durch die χ-$\mathfrak{F}$-Erweiterung $\mathfrak{G}$ von $\mathfrak{A}$ realisierbar.*

Der Charakter χ des Faktors $\mathfrak{F}$ in $\mathfrak{A}$ ordnet jedem $F \in \mathfrak{F}$ einen Automorphismus $\chi(F) \in \mathsf{A}(\mathfrak{A})$ zu; der Isomorphismus $\mathfrak{F} \cong \mathfrak{B}/\mathfrak{R}$ ordnet jedem Wort $V \in \mathfrak{B}$ ein Element $F \in \mathfrak{F}$ und damit einen Automorphismus $\chi(F)$ zu. Es bezeichne A^V das Bild des Elementes $A \in \mathfrak{A}$ unter diesem Automorphismus.

Satz 13. *Es sei $\mathfrak{a}(Y)$ Relationsfunktion für das Gruppenpaar $(\mathfrak{A}, \mathfrak{F})$.*

1. *Genau dann ist $\mathfrak{a}(Y)$ durch eine χ-$\mathfrak{F}$-Erweiterung $\mathfrak{G}$ von $\mathfrak{A}$ realisierbar, wenn*

$$\mathfrak{a}(U^{-1} R V) = \mathfrak{a}(R)^V \mathfrak{a}(U^{-1}V) \quad \text{für } U \equiv V;\ R \equiv 1. \tag{1}$$

2. *Genau dann ist $\mathfrak{a}(Y)$ durch eine χ-$\mathfrak{F}$-Erweiterung $\mathfrak{G}$ von $\mathfrak{A}$ realisierbar und normiert, wenn*

$$\mathfrak{a}(S_\iota^{-1} R S_\iota) = \mathfrak{a}(R)^{S_\iota} \quad \text{für } R \equiv 1 \text{ und } S_\iota \in \mathfrak{S}. \tag{2}$$

3. *Die χ-$\mathfrak{F}$-Erweiterung $\mathfrak{G}$ von $\mathfrak{A}$, die $\mathfrak{a}(Y)$ realisiert, ist **durch** diese (im wesentlichen) eindeutig bestimmt.*

3.3.4. Erweiterungen abelscher Gruppen

Beweis. Ist die Relationsfunktion $\mathfrak{a}(Y)$ durch die χ-$\mathfrak{F}$-Erweiterung $\mathfrak{G}$ von $\mathfrak{A}$ realisiert, so gilt im Falle $U \equiv V$; $R \equiv 1$:

$$\mathfrak{a}(U^{-1}RV) = \mathfrak{w}(U^{-1})\,\mathfrak{a}(R)\,\mathfrak{w}(V) = \mathfrak{w}(U^{-1})\,\mathfrak{w}(V)\,\mathfrak{a}(R)^V$$
$$= \mathfrak{a}(U^{-1}V)\,\mathfrak{a}(R)^V.$$

Lemma. *Für Elemente $A, B \in \mathfrak{A}$ und $U, V \in \mathfrak{B}$ gilt*

$$\mathfrak{w}(U)\,A = \mathfrak{w}(V)\,B \tag{3.1}$$

genau dann, wenn $U \equiv V$ und $\mathfrak{a}(U^{-1}U)\,A = \mathfrak{a}(VU^{-1})^U\,B$; stets gilt

$$\mathfrak{w}(U)\,A\,\mathfrak{w}(V)\,B = \mathfrak{w}(UV)\,A^V B. \tag{3.2}$$

Beweis. Aus (3.1) folgt $\mathfrak{w}(U) \equiv \mathfrak{w}(V) \bmod \mathfrak{A}$, also $U \equiv V$, ferner

$$\mathfrak{a}(U^{-1}U)\,A = \mathfrak{w}(U^{-1})\,\mathfrak{w}(U)\,A = \mathfrak{w}(U^{-1})\,\mathfrak{w}(V)\,B$$
$$= \mathfrak{w}(U^{-1})\,\mathfrak{w}(V)\,\mathfrak{w}(U^{-1})\,\mathfrak{w}(U^{-1})^{-1}\,B = \mathfrak{a}(VU^{-1})^U\,B.$$

In gleicher Weise folgt die Umkehrung. Weiter erhalten wir

$$\mathfrak{w}(U)\,A\,\mathfrak{w}(V)\,B = \mathfrak{w}(U)\,\mathfrak{w}(V)\,\mathfrak{w}(V)^{-1}\,A\,\mathfrak{w}(V)\,B = \mathfrak{w}(UV)\,A^V B.$$

Auf Grund dieses Lemma ist die Realisierung einer Relationsfunktion $\mathfrak{a}(Y)$ nur in folgender Weise möglich: *In der Menge $\mathfrak{G}$ aller Paare $G = (V, A)$ von Elementen $A \in \mathfrak{A}$ und Worten $V \in \mathfrak{B}$ werden Gleichheit und Multiplikation festgesetzt durch:*

$$(U, A) = (V, B), \quad \text{wenn } U \equiv V \text{ und } \mathfrak{a}(U^{-1}U)\,A = \mathfrak{a}(VU^{-1})^U\,B; \tag{4.1}$$

$$(U, A)(V, B) = (UV, A^V B). \tag{4.2}$$

Wir haben nachzuweisen, daß die Menge $\mathfrak{G}$ unter der Forderung (1) eine Gruppe ist.

1. *Die Gleichheit besitzt die Kongruenzeigenschaften:*
(5.1) *Es gilt $(U, A) = (U, A)$.*
(5.2) *Aus $(U, A) = (V, B)$ folgt $(V, B) = (U, A)$.*
(5.3) *Aus $(U, A) = (V, B)$ und $(V, B) = (W, C)$ folgt $(U, A) = (W, C)$.*

Beweis. Wegen $U \equiv U$ gilt nach (1)

$$\mathfrak{a}(U^{-1}U)\,\mathfrak{a}(U^{-1}U) = \mathfrak{a}(U^{-1}U\,U^{-1}U) = \mathfrak{a}(U^{-1}U)\,\mathfrak{a}(UU^{-1})^U,$$

also

$$\mathfrak{a}(U^{-1}U) = \mathfrak{a}(UU^{-1})^U. \tag{5.1}$$

Die Voraussetzung von (5.2) verlangt

$$U \equiv V; \quad \mathfrak{a}(U^{-1}U)\,A = \mathfrak{a}(VU^{-1})^U\,B.$$

Aus (1) entnehmen wir

$$\mathfrak{a}(VU^{-1})^U \mathfrak{a}(V^{-1}U) = \mathfrak{a}(V^{-1}VU^{-1}U) = \mathfrak{a}(V^{-1}V)\mathfrak{a}(U^{-1}U),$$
$$\mathfrak{a}(V^{-1}U)\mathfrak{a}(V^{-1}V) = \mathfrak{a}(V^{-1}UV^{-1}V) = \mathfrak{a}(UV^{-1})^V \mathfrak{a}(V^{-1}V),$$

also

$$\mathfrak{a}(V^{-1}V)\mathfrak{a}(U^{-1}U)B = \mathfrak{a}(V^{-1}U)\mathfrak{a}(VU^{-1})^U B,$$
$$\mathfrak{a}(V^{-1}U)\mathfrak{a}(U^{-1}U)A = \mathfrak{a}(U^{-1}U)\mathfrak{a}(UV^{-1})^V A$$

und

$$\mathfrak{a}(V^{-1}V)B = \mathfrak{a}(UV^{-1})^V A. \tag{5.2}$$

Aus den Voraussetzungen von (5.3)

$$\mathfrak{a}(U^{-1}U)A = \mathfrak{a}(VU^{-1})^U B \quad \text{und} \quad \mathfrak{a}(V^{-1}V)B = \mathfrak{a}(WV^{-1})^V C$$

erhalten wir durch (1)

$$\mathfrak{a}(U^{-1}U)A = \mathfrak{a}(VU^{-1})^U B = \mathfrak{a}(VU^{-1})^U \mathfrak{a}^{-1}(V^{-1}V)\mathfrak{a}(WV^{-1})^V C$$
$$= \mathfrak{a}(WU^{-1})^U C.$$

2. Die Multiplikation genügt den Gruppenforderungen.

Beweis. Es sei $(U, A) \equiv (U_0, A_0)$ und $(V, B) \equiv (V_0, B_0)$, also

$$U \equiv U_0; \quad V \equiv V_0;$$
$$\mathfrak{a}(U^{-1}U)A = \mathfrak{a}(U_0 U^{-1})^U A_0; \quad \mathfrak{a}(V^{-1}V)B = \mathfrak{a}(V_0 V^{-1})^V B_0.$$

Dann gilt auch $UV \equiv U_0 V_0$ und nach (4.2)

$$(U, A)(V, B) = (UV, A^V B); \quad (U_0, A_0)(V_0, B_0) = (U_0 V_0, A_0^{V_0} B_0),$$

weshalb nur die Gleichung

$$\mathfrak{a}(V^{-1}U^{-1}UV)A^V B = \mathfrak{a}(U_0 V_0 V^{-1}U^{-1})^{UV} A_0^{V_0} B_0$$

nachzuweisen ist. Dies ergibt sich durch (1) aus

$$\mathfrak{a}(V^{-1}U^{-1}UV)A^V B = \mathfrak{a}(V^{-1}U^{-1}UV)(\mathfrak{a}^{-1}(U^{-1}U))^V \mathfrak{a}(U_0 U^{-1})^{UV} A_0^{V_0} B$$
$$= \mathfrak{a}(V^{-1}V)\mathfrak{a}(U_0 U^{-1})^{UV} A_0^{V_0} B = \mathfrak{a}(U_0 U^{-1})^{UV} \mathfrak{a}(V_0 V^{-1})^V A_0^{V_0} B_0$$

und

$$\mathfrak{a}(U_0 V_0 V^{-1}U^{-1})^{UV} A_0^{V_0} B_0 = \mathfrak{a}(U_0 U^{-1})^{UV} \mathfrak{a}(V_0 V^{-1})^{U^{-1}UV} A_0^{V_0} B_0.$$

Die Assoziativität weist man nach durch

$$(U, A)(V, B)(W, C) = (UV, A^V B)(W, C) = (UVW, A^{VW} B^W C)$$
$$= (U, A)(VW, B^W C).$$

Schließlich erhalten wir aus den Gleichungen

$$(U, A)(V, B) = (W, C) \quad \text{bzw.} \quad (UV, A^V B) = (W, C)$$

3.3.4. Erweiterungen abelscher Gruppen   429

die Bedingungen
$$UV \equiv W; \quad \mathfrak{a}(V^{-1}U^{-1}UV)A^V B = \mathfrak{a}(WV^{-1}U^{-1})^{UV}C,$$
die stets Auflösung nach U, A bzw. V, B gestatten.

Die Menge $\mathfrak{G}$ ist demnach eine Gruppe mit der Einheit (S_0, E); die Elemente (S_0, A) mit $A \in \mathfrak{A}$ bilden wegen
$$(S_0, A)(S_0, B) = (S_0, AB) \quad \text{und} \quad (S_0, A) \neq (S_0, B) \quad \text{für } A \neq B$$
eine zu $\mathfrak{A}$ isomorphe Untergruppe, die mit $\mathfrak{A}$ identifiziert werden kann. Schließlich zeigen die Gleichungen
$$(U, E)(S_0, A) = (U, A); \quad (S_0, A)(U, E) = (U, E)(S_0, A^U),$$
daß $\mathfrak{A}$ in $\mathfrak{G}$ normal ist und alle Elemente (U, B) einer Restklasse nach $\mathfrak{A}$ den U entsprechenden Automorphismus von $\mathfrak{A}$ induzieren. Die Festsetzung
$$\mathfrak{w}(V) = (V, E) \quad \text{für jedes } V \in \mathfrak{B}$$
erklärt eine Wortfunktion $\mathfrak{w}(X)$ in $\mathfrak{B}$; dabei gilt für $R \equiv 1$:
$$\mathfrak{a}(R^{-1}R) = \mathfrak{a}(R^{-1})\mathfrak{a}(R), \quad \text{also} \quad \mathfrak{w}(R) = (R, E) = \bigl(S_0, \mathfrak{a}(R)\bigr) = \mathfrak{a}(R).$$
Folglich ist $\mathfrak{G}$ eine χ-$\mathfrak{F}$-Erweiterung von $\mathfrak{A}$, die die Relationsfunktion $\mathfrak{a}(Y)$ realisiert.

Ist $\mathfrak{a}(Y)$ normiert, so gilt nach (1) auch
$$\mathfrak{a}(S_i^{-1}RS_i) = \mathfrak{a}(S_i^{-1}S_i)\mathfrak{a}(R)^{S_i} = \mathfrak{a}(R)^{S_i} \quad \text{für } R \equiv 1.$$
Erfüllt umgekehrt $\mathfrak{a}(Y)$ die Forderung (2), so gewinnt man aus (2) schrittweise wegen $\mathfrak{a}(S_0) = E$ die Gleichung
$$\mathfrak{a}(V^{-1}V) = \mathfrak{a}(S_0)^V = E \quad \text{für jedes } V \in \mathfrak{B}.$$
Mithin ist $\mathfrak{a}(Y)$ normiert. Weiter folgt für $U \equiv V$ und $R \equiv 1$:
$$\mathfrak{a}(U^{-1}RV) = \mathfrak{a}(U^{-1}RV)\mathfrak{a}(U^{-1}U) = \mathfrak{a}(U^{-1}RVU^{-1}U) = \mathfrak{a}(RVU^{-1})^U$$
$$= \mathfrak{a}(R)^U \mathfrak{a}(U^{-1}VU^{-1}U) = \mathfrak{a}(R)^V \mathfrak{a}(U^{-1}V)\mathfrak{a}(U^{-1}U) = \mathfrak{a}(R)^V \mathfrak{a}(U^{-1}V).$$

Da für Relationsfunktionen $\mathfrak{a}(Y)$ und $\mathfrak{b}(Y)$, die sich durch χ-$\mathfrak{F}$-Erweiterungen $(\mathfrak{G}, \varphi)$ und $(\mathfrak{H}, \eta)$ mit gleichem Faktor $\mathfrak{F}$ und gleichem Charakter χ realisieren lassen, die Gleichungen
$$\mathfrak{a}(R_1 R_2) = \mathfrak{a}(R_1)\mathfrak{a}(R_2); \quad \mathfrak{b}(R_1 R_2) = \mathfrak{b}(R_1)\mathfrak{b}(R_2);$$
$$\mathfrak{a}(U^{-1}RV) = \mathfrak{a}(U^{-1}V)\mathfrak{a}(R)^V; \quad \mathfrak{b}(U^{-1}RV) = \mathfrak{b}(U^{-1}V)\mathfrak{b}(R)^V$$
$$\text{für } R_1 \equiv R_2 \equiv 1 \quad \text{bzw. für } U \equiv V; \ R \equiv 1$$
bestehen, ist auch der Quotient $\mathfrak{c}(Y) = \mathfrak{a}(Y)\mathfrak{b}^{-1}(Y)$ eine Relationsfunktion. Mithin ist die *Menge* **P** *aller Relationsfunktionen* $\mathfrak{a}(Y)$ zu

gleichem Faktor $\mathfrak{F}$ und gleichem Charakter χ eine abelsche Gruppe. Einheit dieser Gruppe ist die Relationsfunktion $\mathfrak{e}(Y)$ mit dem Wert

$$\mathfrak{e}(R) = E \quad \text{für jedes } R \equiv 1,$$

die durch die *zerfallende χ-$\mathfrak{F}$-Erweiterung* $(\mathfrak{G}_0, \varphi_0)$ von $\mathfrak{A}$ realisiert wird. Die Gruppe $\mathfrak{G}_0$ aller Paare (V, A) mit $A \in \mathfrak{A}$ und $V \in \mathfrak{B}$ enthält nämlich in diesem Falle die (zu $\mathfrak{F}$ isomorphe) Gruppe $\mathfrak{F}_0$ aller Elemente (V, E) mit $V \in \mathfrak{B}$; ferner erhalten wir für $\mathfrak{G}_0$ die Darstellung

$$\mathfrak{G}_0 = \mathfrak{F}_0 \mathfrak{A} \quad \text{mit} \quad \mathfrak{F}_0 \cap \mathfrak{A} = E; \quad \mathfrak{G}/\mathfrak{A} \cong \mathfrak{F}_0 \cong \mathfrak{F}.$$

Umgekehrt entnehmen wir einer zerfallenden χ-$\mathfrak{F}$-Erweiterung $\mathfrak{G}_0 = \mathfrak{F}_0 \mathfrak{A}$ für eine Wortfunktion $\mathfrak{w}(X)$ Werte

$$\mathfrak{w}(V) = \mathfrak{f}(V) \mathfrak{c}(V) \quad \text{mit} \quad \mathfrak{f}(V) \in \mathfrak{F}_0; \quad \mathfrak{c}(V) \in \mathfrak{A} \quad \text{für } V \in \mathfrak{B},$$

die den Gleichungen

$$\mathfrak{w}(R) = \mathfrak{a}(R) = \mathfrak{f}(R) \mathfrak{c}(R) = \mathfrak{c}(R) \quad \text{für } R \equiv 1,$$
$$\mathfrak{w}(U) \mathfrak{w}(V) = \mathfrak{w}(UV) \quad \text{für } U, V \in \mathfrak{B},$$

also

$$\mathfrak{f}(U) \mathfrak{f}(V) = \mathfrak{f}(UV); \quad \mathfrak{c}(U)^V \mathfrak{c}(V) = \mathfrak{c}(UV)$$

genügen. Zu einer durch die zerfallende χ-$\mathfrak{F}$-Erweiterung $\mathfrak{G}_0$ von $\mathfrak{A}$ realisierten Relationsfunktion $\mathfrak{a}(Y)$ existiert also eine *Fortsetzung* $\mathfrak{c}(X)$ *mit Werten* $\mathfrak{c}(V) \in \mathfrak{A}$ und den Eigenschaften:

1. Es gilt $\mathfrak{c}(R) = \mathfrak{a}(R)$ für $R \equiv 1$;
2. Es gilt $\mathfrak{c}(UV) = \mathfrak{c}(U)^V \mathfrak{c}(V)$ für $U, V \in \mathfrak{B}$.

Besitzt andererseits eine Relationsfunktion $\mathfrak{a}(Y)$ eine derartige Fortsetzung $\mathfrak{c}(X)$, so enthält die χ-$\mathfrak{F}$-Erweiterung $\mathfrak{G}_0$ aller Paare (V, A) mit $A \in \mathfrak{A}$ und $V \in \mathfrak{B}$ die Elemente

$$\mathfrak{w}(V) = (V, E); \quad \mathfrak{c}(V) = \big(E, \mathfrak{c}(V)\big)$$

und in der Gruppe der Produkte

$$\mathfrak{f}(V) = \mathfrak{w}(V) \mathfrak{c}(V)^{-1} = \big(V, \mathfrak{c}(V)^{-1}\big) \quad \text{für jedes } V \in \mathfrak{B}$$

ein isomorphes Bild $\mathfrak{F}_0$ des Faktors $\mathfrak{F}$, so daß

$$\mathfrak{G} = \mathfrak{F}_0 \mathfrak{A} \quad \text{mit} \quad \mathfrak{F}_0 \cap \mathfrak{A} = E \quad \text{und} \quad \mathfrak{G}/\mathfrak{A} \cong \mathfrak{F}_0 \cong \mathfrak{F}.$$

Satz 14. *Eine Relationsfunktion $\mathfrak{a}(Y)$ wird durch eine zerfallende χ-$\mathfrak{F}$-Erweiterung $\mathfrak{G}$ von $\mathfrak{A}$ realisiert genau dann, wenn sie eine Fortsetzung zu einer Wortfunktion $\mathfrak{c}(X)$ in Werten $\mathfrak{c}(V) \in \mathfrak{A}$ besitzt mit den Eigenschaften:*

$$\mathfrak{c}(R) = \mathfrak{a}(R); \quad \mathfrak{c}(UV) = \mathfrak{c}(U)^V \mathfrak{c}(V) \quad \textit{für } R \equiv 1 \textit{ und } U, V \in \mathfrak{B}.$$

3.3.4. Erweiterungen abelscher Gruppen 431

Relationsfunktionen $\mathfrak{a}(Y)$ und $\mathfrak{b}(Y)$ werden durch (im wesentlichen) gleiche χ-$\mathfrak{F}$-Erweiterungen von $\mathfrak{A}$ realisiert, wenn ihr Quotient $\mathfrak{c}(Y) = \mathfrak{a}(Y)\,\mathfrak{b}(Y)^{-1}$ durch eine zerfallende χ-$\mathfrak{F}$-Erweiterung realisiert wird.

Beweis. Nur die zweite Aussage ist noch zu beweisen. Da Relationsfunktionen $\mathfrak{a}(Y)$ und $\mathfrak{b}(Y)$, die durch im wesentlichen gleiche χ-$\mathfrak{F}$-Erweiterungen realisiert werden, auch als Relationsfunktionen aus verschiedenen Wortfunktionen $\mathfrak{v}(X)$ und $\mathfrak{w}(X)$ der gleichen Erweiterung von $\mathfrak{A}$ angesehen werden können, gilt

$$\mathfrak{w}(V) = \mathfrak{v}(V)\,\mathfrak{c}(V) \quad \text{mit} \quad \mathfrak{c}(V) \in \mathfrak{A} \quad \text{für } V \in \mathfrak{V},$$
$$\mathfrak{a}(R) = \mathfrak{b}(R)\,\mathfrak{c}(R) \quad\quad\quad\quad \text{für } R \equiv 1.$$

Die Homomorphiebedingung

$$\mathfrak{w}(UV) = \mathfrak{v}(U)\,\mathfrak{c}(U)\,\mathfrak{v}(V)\,\mathfrak{c}(V) = \mathfrak{v}(UV)\,\mathfrak{c}(U)^V\,\mathfrak{c}(V) = \mathfrak{v}(UV)\,\mathfrak{c}(UV)$$

zeigt für $\mathfrak{c}(Y) = \mathfrak{a}(Y)\,\mathfrak{b}(Y)^{-1}$ die angegebenen Eigenschaften.

Die Umkehrung folgt nun aus dem *Multiplikationssatz*:

Satz 15. *Sind $(\mathfrak{G}, \varphi)$ und $(\mathfrak{H}, \eta)$ χ-$\mathfrak{F}$-Erweiterungen der abelschen Gruppe $\mathfrak{A}$, so ist die Menge $(\mathfrak{G} \circ \mathfrak{H}, \varphi \circ \eta)$ aller Paare*

$$(G, H) \quad \text{mit} \quad G \in \mathfrak{G};\ H \in \mathfrak{H} \quad \text{und} \quad G^\varphi = H^\eta \in \mathfrak{F}$$

eine χ-$\mathfrak{F}$-Erweiterung unter der Festsetzung:

$$(G, H) = (G_0, H_0) \quad \text{genau dann, wenn} \quad G^{-1}G_0 = HH_0^{-1} \equiv E \bmod \mathfrak{A};$$
$$(G, H)(G_0, H_0) = (GG_0, HH_0).$$

Beweis. Die Menge $\mathfrak{G} \circ \mathfrak{H}$ ist unter dieser Vorschrift eine Gruppe. Da die Zuordnung

$$\psi = \varphi \circ \eta: \quad (G, H) = (G, H)^\psi = G^\varphi = H^\eta \in \mathfrak{F} \quad \text{für } G \in \mathfrak{G};\ H \in \mathfrak{H}$$

einen Homomorphismus von $\mathfrak{G} \circ \mathfrak{H}$ auf den Faktor $\mathfrak{F}$ ergibt, ist der Kern $\mathfrak{K}_\psi$ in $\mathfrak{G} \circ \mathfrak{H}$, die Menge aller Elemente $(A, B) = (AB, E)$ mit $A, B \in \mathfrak{A}$, eine zu $\mathfrak{A}$ isomorphe Gruppe, die mit $\mathfrak{A}$ identifiziert werden kann. Da $(G, H) \in \mathfrak{G} \circ \mathfrak{H}$ in $\mathfrak{A}$ den gleichen Automorphismus wie das Element G induziert, ist $\mathfrak{G} \circ \mathfrak{H}$ eine χ-$\mathfrak{F}$-Erweiterung.

Satz 15*. *Werden die Relationsfunktionen $\mathfrak{a}(Y)$ und $\mathfrak{b}(Y)$ durch die χ-$\mathfrak{F}$-Erweiterungen $(\mathfrak{G}, \varphi)$ bzw. $(\mathfrak{H}, \eta)$ der Gruppe $\mathfrak{A}$ realisiert, so wird $\mathfrak{c}(Y) = \mathfrak{a}(Y)\,\mathfrak{b}(Y)$ durch die χ-$\mathfrak{F}$-Erweiterung $(\mathfrak{G} \circ \mathfrak{H}, \varphi \circ \eta)$ realisiert.*

Beweis. In den zu $(\mathfrak{G}, \varphi)$ bzw. $(\mathfrak{H}, \eta)$ gehörigen Wortfunktionen $\mathfrak{v}(X)$ bzw. $\mathfrak{w}(X)$ besitzt jedes $G \in \mathfrak{G}$ bzw. $H \in \mathfrak{H}$ eine Darstellung

$$G = \mathfrak{v}(U)\,A; \quad H = \mathfrak{w}(V)\,B \quad \text{mit } A, B \in \mathfrak{A}.$$

Da die Elemente $(G, H) \in \mathfrak{G} \circ \mathfrak{H}$ damit die Gestalt
$$\bigl(\mathfrak{v}(U)\,A,\,\mathfrak{w}(U)\,B\bigr) = \bigl(\mathfrak{v}(U),\,\mathfrak{w}(U)\bigr)\,(A, B)$$
erhalten, ist $\mathfrak{u}(X) = \bigl(\mathfrak{v}(X), \mathfrak{w}(X)\bigr)$ eine Wortfunktion der χ-$\mathfrak{F}$-Erweiterung $\mathfrak{G} \circ \mathfrak{H}$ mit den Werten
$$\mathfrak{u}(R) = \bigl(\mathfrak{v}(R), \mathfrak{w}(R)\bigr) = \bigl(\mathfrak{a}(R), \mathfrak{b}(R)\bigr) = \mathfrak{a}(R)\,\mathfrak{b}(R) \qquad \text{für } R \equiv 1,$$
auf Grund der für $\mathfrak{G} \circ \mathfrak{H}$ vorgenommenen Identifizierung.

Für eine zerfallende Erweiterung $\mathfrak{H} = \mathfrak{F}_0 \mathfrak{A}$ besitzt jedes Element der Gruppe $\mathfrak{G} \circ \mathfrak{H}$ eine normierte Gestalt
$$(G, H) = (G, F_0 A) = (G A, F_0) = (G_0, F_0) \qquad \text{mit } G_0^{\varphi} = F_0 \in \mathfrak{F}_0.$$
Daher ist die Abbildung
$$\alpha\colon\ G \to G^{\alpha} = (G, F_0) \qquad \text{für } G^{\varphi} = F_0 \text{ und } G \in \mathfrak{G}$$
ein $\mathfrak{A}$-Isomorphismus von $(\mathfrak{G}, \varphi)$ auf $(\mathfrak{G} \circ \mathfrak{H}, \psi)$ mit der Eigenschaft
$$G^{\varphi} = G^{\alpha\psi} = F_0 \in \mathfrak{F}_0 \qquad \text{für jedes } G \in \mathfrak{G}.$$
Mithin sind $(\mathfrak{G}, \varphi)$ und $(\mathfrak{G} \circ \mathfrak{H}, \psi)$ im wesentlichen gleich.

Bezeichnet Z in der Gruppe P aller durch χ-$\mathfrak{F}$-Erweiterungen von $\mathfrak{A}$ realisierten Relationsfunktionen $\mathfrak{a}(Y)$ die Untergruppe der durch zerfallende χ-$\mathfrak{F}$-Erweiterungen realisierten Relationsfunktionen $\mathfrak{z}(Y)$, so ist die Faktorgruppe $\mathsf{T} = \mathsf{P}/\mathsf{Z}$ die *Typengruppe* der wesentlich verschiedenen χ-$\mathfrak{F}$-Erweiterungen der Gruppe $\mathfrak{A}$.

3.3.5. Einbettungssätze

Eine (normale) Erweiterung $(\mathfrak{G}, \varphi)$ einer Gruppe $\mathfrak{M}$ durch den Faktor $\mathfrak{F}$ *zerfällt*, wenn $\mathfrak{G}$ eine Retrakte $\mathfrak{R}$ der Eigenschaft
$$\mathfrak{G} = \mathfrak{M}\mathfrak{R} \quad \text{mit} \quad \mathfrak{M} \cap \mathfrak{R} = E;\ \mathfrak{M} \triangleleft \mathfrak{G} \quad \text{und} \quad \mathfrak{R} \cong \mathfrak{F}$$
besitzt. Da zerfallende Erweiterungen strukturell leichter zu erfassen sind, erhebt sich die Frage der Einbettbarkeit vorgegebener Erweiterungen in zerfallende Erweiterungen oder doch in Erweiterungen vorgeschriebener Struktur.

Eine Erweiterung $(\mathfrak{H}, \eta)$ der Gruppe $\mathfrak{N}$ durch den Faktor $\mathfrak{F}$ enthält in jeder Untergruppe $\mathfrak{G} \subseteq \mathfrak{H}$, die der Bedingung
$$\mathfrak{H} = \mathfrak{G}\mathfrak{N} \tag{1}$$
genügt, eine Erweiterung des Durchschnittes $\mathfrak{M} = \mathfrak{N} \cap \mathfrak{G}$ durch den Faktor $\mathfrak{F}$ auf Grund der Isomorphie
$$\mathfrak{F} \cong \mathfrak{H}/\mathfrak{N} = \mathfrak{G}\mathfrak{N}/\mathfrak{N} \cong \mathfrak{G}/\mathfrak{N} \cap \mathfrak{G} = \mathfrak{G}/\mathfrak{M};$$

3.3.5. Einbettungssätze

dabei induziert der Homomorphismus η von $\mathfrak{H}$ auf $\mathfrak{F}$ mit dem Kern $\mathfrak{K}_\eta = \mathfrak{N}$ in $\mathfrak{G}$ einen Homomorphismus η_0 mit

$$\mathfrak{G}^{\eta_0} = \mathfrak{G}^\eta = (\mathfrak{G}\mathfrak{N})^\eta = \mathfrak{H}^\eta = \mathfrak{F} \quad \text{und} \quad \mathfrak{K}_{\eta_0} = \mathfrak{K}_\eta \cap \mathfrak{G} = \mathfrak{N} \cap \mathfrak{G} = \mathfrak{M}.$$

Jede Untergruppe $\mathfrak{G}$ der Eigenschaft (1) in $(\mathfrak{H}, \eta)$ ist daher eine *durch η induzierte Erweiterung* $(\mathfrak{G}, \eta)$ *des Durchschnitts* $\mathfrak{M} = \mathfrak{G} \cap \mathfrak{N}$ *durch den gleichen Faktor* $\mathfrak{F}$. Umgekehrt entsteht die Erweiterung $(\mathfrak{H}, \eta)$ von $\mathfrak{N}$ aus der Erweiterung $(\mathfrak{G}, \eta)$ von $\mathfrak{M}$ durch Erweiterung von $\mathfrak{M} \triangleleft \mathfrak{G}$ zu einem Normalteiler $\mathfrak{N} \triangleleft \mathfrak{H}$.

Die Erweiterung $(\mathfrak{H}, \eta)$ einer Gruppe $\mathfrak{N}$ durch den Faktor $\mathfrak{F}$ enthält die Erweiterung $(\mathfrak{G}, \varphi)$ einer Gruppe $\mathfrak{M}$ durch den gleichen Faktor $\mathfrak{F}$, wenn ein Isomorphismus α von $\mathfrak{G}$ in $\mathfrak{H}$ existiert, derart daß das Bild $\mathfrak{G}^\alpha$ als die durch η induzierte Erweiterung $(\mathfrak{G}^\alpha, \eta)$ des Durchschnittes $\mathfrak{M} = \mathfrak{G}^\alpha \cap \mathfrak{N}$ erscheint. Eine Erweiterung $(\mathfrak{H}, \eta)$ der Gruppe $\mathfrak{N}$ durch den Faktor $\mathfrak{F}$ ist eine *Zerfällungsgruppe der Erweiterung $(\mathfrak{G}, \varphi)$ der Gruppe $\mathfrak{M}$ durch den Faktor $\mathfrak{F}$*, wenn $(\mathfrak{H}, \eta)$ eine $(\mathfrak{G}, \varphi)$ enthaltende zerfallende Erweiterung von $\mathfrak{N}$ ist.

Satz 16. *Jede Erweiterung $(\mathfrak{G}, \varphi)$ einer Gruppe $\mathfrak{M}$ durch den Faktor $\mathfrak{F}$ besitzt eine Zerfällungsgruppe $(\mathfrak{H}, \eta)$, deren Normalteiler $\mathfrak{K}_\eta = \mathfrak{N}$ eine direkte Zerlegung $\mathfrak{N} = \mathfrak{M} \times \mathfrak{A}$ besitzt.*

Beweis. Jedem $F \in \mathfrak{F}$ ordne man eine unendliche zyklische Gruppe $\mathfrak{A}_F = \{A(F)\}$ zu und bilde das direkte Produkt

$$\mathfrak{H} = \mathfrak{G} \times \mathfrak{A} \quad \text{mit} \quad \mathfrak{A} = \underset{F}{\ast} \mathfrak{A}_F \quad (\text{über } F \in \mathfrak{F}).$$

Der Homomorphismus

$$\eta: \quad H = GA \to H^\eta = G^\varphi \in \mathfrak{F} \quad \text{für } H \in \mathfrak{H};\ G \in \mathfrak{G};\ A \in \mathfrak{A}$$

von $\mathfrak{H}$ auf $\mathfrak{F}$ besitzt den Kern $\mathfrak{K}_\eta = \mathfrak{N} = \mathfrak{M} \times \mathfrak{A}$; da

$$\mathfrak{M} \subseteq \mathfrak{N}; \quad \mathfrak{H} = \mathfrak{G}\mathfrak{N} \quad \text{und} \quad \mathfrak{G} \cap \mathfrak{N} = \mathfrak{M},$$

enthält die Erweiterung $(\mathfrak{H}, \eta)$ von $\mathfrak{N}$ durch den Faktor $\mathfrak{F}$ die Erweiterung $(\mathfrak{G}, \varphi)$ von $\mathfrak{M}$ durch den gleichen Faktor.

Aus fest gewählten Repräsentanten $R(F)$ der Restklassenzerlegung

$$\mathfrak{G} = \sum_F \mathfrak{M} R(F) \quad \text{mit} \quad R(1) = E \quad (\text{über } F \in \mathfrak{F})$$

bilde man mit den Elementen

$$B(F) = R(F) A(F); \quad T(F, F_0) = B(F_0)^{-1} B(F)^{-1} B(FF_0)$$

die Gruppen

$$\mathfrak{B} = \{\underset{F}{\cup} B(F)\}; \quad \mathfrak{T} = \{\underset{H}{\cup} \underset{F, F_0}{\cup} H^{-1} T(F, F_0) H\} \quad \text{für } H \in \mathfrak{H};\ F, F_0 \in \mathfrak{F}.$$

Offenbar gehört $\mathfrak{T}$ dem Kern $\mathfrak{K}_\eta = \mathfrak{N}$ an; ferner gilt

$$\mathfrak{H} = \sum_F \mathfrak{N} B(F) = \sum_F \mathfrak{N} R(F) \qquad (\text{über } F \in \mathfrak{F}).$$

Bei Übergang zu den Faktorgruppen

$$\overline{\mathfrak{H}} = \mathfrak{H}/\mathfrak{T}; \quad \overline{\mathfrak{G}} = \mathfrak{G}\mathfrak{T}/\mathfrak{T}; \quad \overline{\mathfrak{N}} = \mathfrak{N}/\mathfrak{T}; \quad \overline{\mathfrak{M}} = \mathfrak{M}\mathfrak{T}/\mathfrak{T}; \quad \overline{\mathfrak{B}} = \mathfrak{B}\mathfrak{T}/\mathfrak{T}$$

erhalten wir in

$$\overline{\mathfrak{H}} = \overline{\mathfrak{N}}\,\overline{\mathfrak{B}} \quad \text{mit} \quad \overline{\mathfrak{N}} \cap \overline{\mathfrak{B}} = 1$$

eine zerfallende Erweiterung $(\overline{\mathfrak{H}}, \overline{\eta})$ der Gruppe $\overline{\mathfrak{N}}$ durch den Faktor $\overline{\mathfrak{H}}/\overline{\mathfrak{N}} \cong \mathfrak{F}$ mit dem durch η induzierten Homomorphismus $\overline{\eta}$.

Ein Element $T = GA \in \mathfrak{T}$ mit $G \in \mathfrak{G}$ und $A \in \mathfrak{A}$ besitzt die Gestalt

$$T = \prod_\nu T(F_\nu, F'_\nu)^{\pm H_\nu} = \prod_\nu \left(B(F'_\nu)^{-1} B(F_\nu)^{-1} B(F_\nu F'_\nu) \right)^{\pm H_\nu}$$

$$= \prod_\nu \left(R(F'_\nu)^{-1} R(F_\nu)^{-1} R(F_\nu F'_\nu) \right)^{\pm H_\nu} \prod_\nu \left(A(F'_\nu)^{-1} A(F_\nu)^{-1} A(F_\nu F'_\nu) \right)^{\pm H_\nu},$$

ist also nur dann in $\mathfrak{G}$ enthalten, wenn A, also auch G die Einheit ist. Mithin gilt

$$\mathfrak{G} \cap \mathfrak{T} = \mathfrak{M} \cap \mathfrak{T} = E \quad \text{und} \quad \overline{\mathfrak{G}} \cong \mathfrak{G}; \quad \overline{\mathfrak{M}} \cong \mathfrak{M}.$$

Wegen

$$\overline{\mathfrak{M}} \subseteq \overline{\mathfrak{N}}; \quad \overline{\mathfrak{H}} = \overline{\mathfrak{G}}\,\overline{\mathfrak{N}}; \quad \overline{\mathfrak{G}} \cap \overline{\mathfrak{N}} = \overline{\mathfrak{M}}$$

ist die Erweiterung $\overline{\mathfrak{G}}$ der Gruppe $\overline{\mathfrak{M}}$ durch den Faktor $\mathfrak{F}$ in $(\overline{\mathfrak{H}}, \overline{\eta})$ enthalten. Schließlich erhalten wir noch

$$\overline{\mathfrak{N}} = \overline{\mathfrak{M}} \times \overline{\mathfrak{A}} \quad \text{wegen} \quad \mathfrak{A}\mathfrak{T} \cap \mathfrak{M}\mathfrak{T} = \mathfrak{T}.$$

Unter Verzicht auf die Zerfällungseigenschaft sollen nun an die Erweiterungen stärkere Forderungen gestellt werden:

Ist die Erweiterung $(\mathfrak{G}, \varphi)$ der Gruppe $\mathfrak{M}$ durch den Faktor $\mathfrak{F}$ in der Erweiterung $(\mathfrak{H}, \eta)$ der Gruppe $\mathfrak{N}$ durch den gleichen Faktor enthalten, so kann $(\mathfrak{G}, \varphi)$ als Untergruppe von $(\mathfrak{H}, \eta)$ angenommen werden:

$$\mathfrak{H} = \mathfrak{G}\mathfrak{N}; \quad \mathfrak{M} = \mathfrak{G} \cap \mathfrak{N} \quad \text{mit} \quad G^\varphi = G^\eta \quad \text{für jedes } G \in \mathfrak{G}.$$

Forderung I. *Die Gruppe $\mathfrak{N}$ ist direktes Produkt der Gruppe $\mathfrak{M}$ mit einer freien abelschen Gruppe.*

Forderung II. *Die Gruppe $\mathfrak{M}$ ist Normalteiler der Gruppe $\mathfrak{N}$; jedes Element von $\mathfrak{N}$ induziert in $\mathfrak{M}$ einen inneren Automorphismus.*

Forderung II*. *Die Gruppe $\mathfrak{M}$ ist Normalteiler in $\mathfrak{H}$; Paare von Elementen $G \in \mathfrak{G}$ und $H \in \mathfrak{H}$ mit $G^\varphi = G^\eta = H^\eta \in \mathfrak{F}$ induzieren in $\mathfrak{M}$ Automorphismen der gleichen Automorphismenklasse.*

3.3.5. Einbettungssätze

Forderung I ist stärker als Forderung II; daß Forderung II Sonderfall der Forderung II* ist, folgt aus $\mathfrak{M}^\varphi = \mathfrak{M}^\eta = \mathfrak{N}^\eta = 1$. Ist die Forderung II erfüllt, so entsprechen sich jeweils Elemente $G \in \mathfrak{G}$ und $H \in \mathfrak{H}$, derart daß

$$G^\varphi = G^\eta = H^\eta = 1, \quad \text{also} \quad G \equiv H \bmod \mathfrak{N}.$$

Da GH^{-1} in $\mathfrak{M}$ einen inneren Automorphismus induziert, folgt

$$\mathfrak{M} = (GH^{-1})^{-1}\mathfrak{M}(GH^{-1}) = HG^{-1}\mathfrak{M}GH^{-1} = H\mathfrak{M}H^{-1}.$$

Mithin ist $\mathfrak{M}$ in $\mathfrak{H}$ normal; die durch H und G induzierten Automorphismen gehören der gleichen Automorphismenklasse von $\mathsf{A}(\mathfrak{M})/\mathsf{I}(\mathfrak{M})$ an. Die Forderungen II und II* sind somit gleichwertig; ihre Bedeutung zeigt die Bemerkung:

Erfüllen die Erweiterungen $(\mathfrak{H}, \eta)$ der Gruppe $\mathfrak{N}$ und $(\mathfrak{G}, \varphi)$ der Gruppe $\mathfrak{M} = \mathfrak{G} \cap \mathfrak{N}$ die Forderung II, so induzieren sie in $\mathfrak{M}$ den gleichen Kollektivcharakter $\mathsf{X}(F)$ des Faktors $\mathfrak{F} = \mathfrak{G}^\varphi = \mathfrak{H}^\eta$.*

Satz 17. *Für eine Menge Γ von Erweiterungen $(\mathfrak{G}_\iota, \varphi_\iota)$ (über $\iota \in \mathsf{I}$) der Gruppe $\mathfrak{M}$ durch den Faktor $\mathfrak{F}$ sind die Eigenschaften gleichwertig:*

1. Es gibt eine Erweiterung $(\mathfrak{H}, \eta)$ einer Gruppe $\mathfrak{N}$ durch den Faktor $\mathfrak{F}$, die die Erweiterungen $(\mathfrak{G}_\iota, \varphi_\iota)$ enthält und der Forderung I genügt.

2. Es gibt eine Erweiterung $(\mathfrak{H}, \eta)$ einer Gruppe $\mathfrak{N}$ durch den Faktor $\mathfrak{F}$, die die Erweiterungen $(\mathfrak{G}_\iota, \varphi_\iota)$ enthält und der Forderung II genügt.

3. Alle Erweiterungen $(\mathfrak{G}_\iota, \varphi_\iota)$ induzieren den gleichen Kollektivcharakter $\mathsf{X}(F)$ des Faktors $\mathfrak{F} = \mathfrak{G}_\iota^{\varphi_\iota}$ in der Gruppe $\mathfrak{M}$.

Beweis. Aus 1. folgt 2., aus 2. folgt 3. Daß aus 3. auch 1. folgt, zeigt der *Einbettungssatz*:

Satz 18 (R. BAER). *Zu einer Menge Γ von Erweiterungen $(\mathfrak{G}_\iota, \varphi_\iota)$ (über $\iota \in \mathsf{I}$) der Gruppe $\mathfrak{M}$ durch den Faktor $\mathfrak{F}$ mit gleichem Kollektivcharakter $\mathsf{X}(F)$ von $\mathfrak{F}$ in $\mathfrak{M}$ existiert eine Erweiterung $(\mathfrak{H}, \eta)$ einer Gruppe $\mathfrak{N}$ durch den Faktor $\mathfrak{F}$ mit den Eigenschaften:*

1. Die Gruppe $\mathfrak{N}$ ist direktes Produkt $\mathfrak{N} = \mathfrak{M} \times \mathfrak{A}$ mit einer freien abelschen Gruppe $\mathfrak{A}$ vom Range $\mathfrak{r} = (\mathfrak{j} - 1)(\mathfrak{n} - 1)$ mit der Mächtigkeit $\mathfrak{j}$ des Faktors $\mathfrak{F}$ und der Mächtigkeit $\mathfrak{n}$ der Menge Γ.

2. Die Erweiterung $(\mathfrak{H}, \eta)$ enthält alle Erweiterungen $(\mathfrak{G}_\iota, \varphi_\iota)$ der Menge Γ.

Beweis. Das freie Produkt

$$\mathfrak{G} = \underset{\iota}{*}(\mathfrak{M} \subset | \mathfrak{G}_\iota) \qquad (\text{über } \iota \in \mathsf{I})$$

der Gruppen $\mathfrak{G}_\iota$ mit vereinigtem Normalteiler $\mathfrak{M}$ ist eine Erweiterung von $\mathfrak{M}$; es existiert ein Homomorphismus φ der Gruppe $\mathfrak{G}$ auf den Faktor $\mathfrak{F}$, der in jedem Faktor $\mathfrak{G}_\iota$ den Homomorphismus φ_ι induziert.

Der Kern $\mathfrak{K}_\varphi$ in $\mathfrak{G}$ besitzt die Eigenschaften

$$\mathfrak{G} = \mathfrak{K}_\varphi \mathfrak{G}_\iota \quad \text{und} \quad \mathfrak{M} = \mathfrak{K}_\varphi \cap \mathfrak{G}_\iota \quad \text{für jedes } \iota \in \mathsf{I}, \tag{2}$$

da sich zu jedem $G \in \mathfrak{G}$ ein $G_\iota \in \mathfrak{G}_\iota$ angeben läßt, derart daß $G^\varphi = G_\iota^{\varphi_\iota} = G_\iota^\varphi$, und andererseits $G_\iota^\varphi = G_\iota^{\varphi_\iota} = 1$ nur für $G_\iota \in \mathfrak{M}$ gilt.

Die Faktorgruppe $\mathfrak{G}/\mathfrak{M}$ besitzt die freie Zerlegung

$$\mathfrak{G}/\mathfrak{M} = \underset{\iota}{\textstyle *} \, \mathfrak{G}_\iota/\mathfrak{M} \quad (\text{über } \iota \in \mathsf{I}),$$

nach dem Untergruppensatz also $\mathfrak{K}_\varphi/\mathfrak{M}$ eine freie Zerlegung

$$\mathfrak{K}_\varphi/\mathfrak{M} = \mathfrak{V}/\mathfrak{M} * \underset{\iota,\varkappa}{\textstyle *} (\mathfrak{K}_\varphi/\mathfrak{M} \cap \mathfrak{G}_\iota/\mathfrak{M})^{G_{\iota\varkappa}} = \mathfrak{V}/\mathfrak{M} \quad (\text{über } \varkappa \in \mathsf{K}_\iota; \, \iota \in \mathsf{I})$$

mit einer freien Gruppe $\mathfrak{V}/\mathfrak{M}$ vom Range $\mathfrak{r} = (\mathfrak{j}-1)(\mathfrak{n}-1)$ mit den Mächtigkeiten $\mathfrak{n}$ der Menge Γ und $\mathfrak{j}$ der Faktorgruppe

$$\mathfrak{G}/\mathfrak{M} \big/ \mathfrak{K}_\varphi/\mathfrak{M} \cong \mathfrak{G}/\mathfrak{K}_\varphi \cong \mathfrak{F}.$$

Da der Zentralisator $\mathfrak{M}^* = \mathfrak{Z}(\mathfrak{M} \triangleleft \mathfrak{G})$ in $\mathfrak{G}$ normal ist, sind $\mathfrak{M}^* \cap \mathfrak{K}_\varphi$ und $\mathfrak{M}^* \cap \mathfrak{M} = \mathfrak{Z}(\mathfrak{M})$ in $\mathfrak{G}$ normal; dabei ist $\mathfrak{Z}(\mathfrak{M})$ im Zentrum $\mathfrak{Z}(\mathfrak{M}^*)$ enthalten. Ferner gilt

$$\mathfrak{K}_\varphi = \mathfrak{M}(\mathfrak{M}^* \cap \mathfrak{K}_\varphi). \tag{3}$$

Denn $\mathfrak{M}(\mathfrak{M}^* \cap \mathfrak{K}_\varphi)$ ist in $\mathfrak{K}_\varphi$ enthalten; andererseits lassen sich für jedes Element

$$K = G_{\iota_1} G_{\iota_2} \ldots G_{\iota_n} \in \mathfrak{K}_\varphi \quad \text{mit} \quad G_{\iota_\nu} \in \mathfrak{G}_{\iota_\nu} \quad \text{für } 1 \leq \nu \leq n$$

Elemente X_ν einer ausgezeichneten Gruppe $\mathfrak{G}_0 \in \Gamma$ mit den Bildern $X_\nu^{\varphi_0} = G_{\iota_\nu}^{\varphi_{\iota_\nu}}$ angeben. Da die Erweiterungen $(\mathfrak{G}_\iota, \varphi_\iota) \in \Gamma$ den gleichen Kollektivcharakter $\mathsf{X}(F)$ von $\mathfrak{F}$ in $\mathfrak{M}$ induzieren, induzieren X_ν und G_{ι_ν} Automorphismen der gleichen Automorphismenklasse von $\mathsf{A}(\mathfrak{M})/\mathsf{J}(\mathfrak{M})$. Bestimmt man $M_\nu \in \mathfrak{M}$ derart, daß

$$Y_\nu = X_\nu M_\nu \in \mathfrak{G}_0 \quad \text{und} \quad G_{\iota_\nu} \in \mathfrak{G}_{\iota_\nu}$$

den gleichen Automorphismus in $\mathfrak{M}$ induzieren, so gehört $G_{\iota_\nu} Y_\nu^{-1}$ dem Zentralisator $\mathfrak{M}^*$ an. Da aber auch

$$(G_{\iota_\nu} Y_\nu^{-1})^\varphi = G_{\iota_\nu}^{\varphi_{\iota_\nu}} Y_\nu^{-\varphi_0} = G_{\iota_\nu}^{\varphi_{\iota_\nu}} (M_\nu^{-1} X_\nu^{-1})^{\varphi_0} = G_{\iota_\nu}^{\varphi_{\iota_\nu}} X_\nu^{-\varphi_0} = E,$$

erhalten wir

$$K = G_{\iota_1} G_{\iota_2} \ldots G_{\iota_n} \equiv Y_1 Y_2 \ldots Y_n \equiv E \bmod \mathfrak{M}(\mathfrak{K}_\varphi \cap \mathfrak{M}^*).$$

Auf Grund der Isomorphie

$$\mathfrak{K}_\varphi/\mathfrak{M} = \mathfrak{M}(\mathfrak{M}^* \cap \mathfrak{K}_\varphi)/\mathfrak{M} \cong \mathfrak{M}^* \cap \mathfrak{K}_\varphi/\mathfrak{M}^* \cap \mathfrak{M}$$

3.3.5. Einbettungssätze

ist $\mathfrak{M}^* \cap \mathfrak{K}_\varphi$ Erweiterung des Zentrums $\mathfrak{Z}(\mathfrak{M}) = \mathfrak{M}^* \cap \mathfrak{M}$ durch eine freie Gruppe des Ranges $\mathfrak{r}$, also nach Satz 2.1.19* zerfallende Erweiterung

$$\mathfrak{M}^* \cap \mathfrak{K}_\varphi = \mathfrak{Z}(\mathfrak{M})\,\mathfrak{W} \quad \text{mit} \quad \mathfrak{Z}(\mathfrak{M}) \cap \mathfrak{W} = E$$

und einer freien Gruppe $\mathfrak{W}$ des Ranges $\mathfrak{r}$. Aus $\mathfrak{W} \cap \mathfrak{M} \subseteq \mathfrak{K}_\varphi \cap \mathfrak{M} = E$ folgen die Zerlegungen

$$\mathfrak{M}^* \cap \mathfrak{K}_\varphi = \mathfrak{Z}(\mathfrak{M}) \times \mathfrak{W}, \tag{4}$$

$$\mathfrak{K}_\varphi = \mathfrak{M}(\mathfrak{M}^* \cap \mathfrak{K}_\varphi) = \mathfrak{M}\,\mathfrak{W} = \mathfrak{M} \times \mathfrak{W}; \tag{5}$$

ferner ist $\mathfrak{W}'$ der Kommutator der Gruppe $\mathfrak{M}^* \cap \mathfrak{K}_\varphi$. Bei Übergang zu den Faktorgruppen

$$\mathfrak{G}/\mathfrak{W}' = \mathfrak{H}; \quad \mathfrak{K}_\varphi/\mathfrak{W}' = \mathfrak{N}$$

induziert der Homomorphismus φ von $\mathfrak{G}$ auf $\mathfrak{F}$ in $\mathfrak{H}$ den Homomorphismus

$$\eta: \quad \mathfrak{W}'G \to (\mathfrak{W}'G)^\eta = (\mathfrak{W}'G)^\varphi = G^\varphi \in \mathfrak{F} \quad \text{für jedes } G \in \mathfrak{G}$$

mit dem Kern

$$(\mathfrak{K}_\varphi/\mathfrak{W}')^\eta = \mathfrak{K}_\varphi/\mathfrak{W}' = \mathfrak{N}.$$

Ferner erhalten wir aus $\mathfrak{M}\mathfrak{W}' \cap \mathfrak{W} = \mathfrak{W}'$ die Zerlegung

$$\mathfrak{N} = \mathfrak{K}_\varphi/\mathfrak{W}' = \mathfrak{M}\mathfrak{W}'/\mathfrak{W}' \times \mathfrak{W}/\mathfrak{W}' \quad \text{mit} \quad \mathfrak{M}\mathfrak{W}'/\mathfrak{W}' \cong \mathfrak{M}/\mathfrak{M} \cap \mathfrak{W}' = \mathfrak{M}.$$

Daher ist $(\mathfrak{H}, \eta)$ Erweiterung der Gruppe $\mathfrak{N} \cong \mathfrak{M} \times \mathfrak{A}$ durch den Faktor $\mathfrak{F}$ mit einer freien abelschen Gruppe $\mathfrak{A} \cong \mathfrak{W}/\mathfrak{W}'$ des Ranges $\mathfrak{r}$. Da für jedes $\iota \in I$ aus $\mathfrak{G}_\iota \cap \mathfrak{W}' = \mathfrak{M} \cap \mathfrak{W}' = E$ die Isomorphie

$$\mathfrak{G}_\iota \mathfrak{W}'/\mathfrak{W}' \cong \mathfrak{G}_\iota/\mathfrak{G}_\iota \cap \mathfrak{W}' = \mathfrak{G}_\iota$$

hervorgeht, sind die Erweiterungen $(\mathfrak{G}_\iota, \varphi_\iota)$ der Gruppe $\mathfrak{M}$ in der Erweiterung $(\mathfrak{H}, \eta)$ der Gruppe $\mathfrak{N}$ enthalten.

Ein Kollektivcharakter $\mathsf{X}(F)$ der Gruppe $\mathfrak{F}$ in der Gruppe $\mathfrak{M}$ ist *zerfallend*, wenn ein Charakter $\chi(F)$ der Gruppe $\mathfrak{F}$ in $\mathfrak{M}$ existiert, derart daß $\chi(F) \in A(\mathfrak{M})$ für jedes $F \in \mathfrak{F}$ der Automorphismenklasse $\mathsf{X}(F)$ angehört. Im Falle einer abelschen Gruppe $\mathfrak{M}$ ist jeder Kollektivcharakter $\mathsf{X}(F)$ zerfallend.

Satz 19. *Genau dann zerfällt der durch die Erweiterung $(\mathfrak{G}, \varphi)$ von $\mathfrak{M}$ durch den Faktor $\mathfrak{F}$ induzierte Kollektivcharakter $\mathsf{X}(F)$ von $\mathfrak{F}$, wenn $(\mathfrak{G}, \varphi)$ in einer zerfallenden Erweiterung $(\mathfrak{H}, \eta)$ einer Gruppe $\mathfrak{N}$ durch den Faktor $\mathfrak{F}$ enthalten ist, die der Forderung I genügt.*

Beweis. Eine Erweiterung $(\mathfrak{H}, \eta)$ einer Gruppe $\mathfrak{N}$ durch den Faktor $\mathfrak{F}$, die der Forderung I unterliegt, zerfällt genau dann, wenn sie eine zerfallende Erweiterung von $\mathfrak{M}$ durch $\mathfrak{F}$ enthält. Eine Erweiterung $(\mathfrak{G}, \varphi)$ und eine zerfallende Erweiterung $(\mathfrak{G}_0, \varphi_0)$ von $\mathfrak{M}$ durch $\mathfrak{F}$ sind nach

Satz 18 genau dann in $(\mathfrak{H}, \eta)$ enthalten, wenn $(\mathfrak{G}, \varphi)$ einen zerfallenden Kollektivcharakter $\mathsf{X}(F)$ induziert.

Satz 19* (E. Artin). *Jede Erweiterung $(\mathfrak{G}, \varphi)$ einer abelschen Gruppe $\mathfrak{M}$ ist enthalten in einer zerfallenden Erweiterung $(\mathfrak{H}, \eta)$ einer Gruppe $\mathfrak{N} = \mathfrak{M} \times \mathfrak{A}$ durch den Faktor $\mathfrak{F}$ mit einer freien abelschen Gruppe $\mathfrak{A}$.*

3.3.6. Erweiterungsscharen

In Umkehrung der bisherigen Überlegungen gehen wir nunmehr von einer Erweiterung $(\mathfrak{H}, \eta)$ der Gruppe $\mathfrak{N}$ durch den Faktor $\mathfrak{F}$ aus und untersuchen in ihr die Menge aller $\mathfrak{M}$-$\mathfrak{F}$-*Untergruppen* $\mathfrak{G}$:

$$\mathfrak{H} = \mathfrak{N}\mathfrak{G} \quad \text{mit} \quad \mathfrak{N} \cap \mathfrak{G} = \mathfrak{M}, \tag{1}$$

d.h. die Menge aller in $(\mathfrak{H}, \eta)$ enthaltenen Erweiterungen $(\mathfrak{G}, \eta)$ des Durchschnitts $\mathfrak{M} = \mathfrak{N} \cap \mathfrak{G}$ durch den Faktor $\mathfrak{F}$. Die Existenz von $\mathfrak{M}$-$\mathfrak{F}$-Untergruppen $\mathfrak{G}$ in $(\mathfrak{H}, \eta)$ ist genau dann gesichert, wenn die Faktorgruppe $(\mathfrak{H}/\mathfrak{M}, \eta)$ zerfallende Erweiterung von $\mathfrak{N}/\mathfrak{M}$ durch den Faktor $\mathfrak{F}$ ist:

$$\mathfrak{H}/\mathfrak{M} = \mathfrak{N}/\mathfrak{M} \cdot \mathfrak{G}/\mathfrak{M} \quad \text{mit} \quad \mathfrak{G}/\mathfrak{M} \cap \mathfrak{N}/\mathfrak{M} = 1; \quad \mathfrak{H}/\mathfrak{M}\big/\mathfrak{N}/\mathfrak{M} \cong \mathfrak{H}/\mathfrak{N} \cong \mathfrak{F}.$$

Wir setzen weiter (im Hinblick auf den Einbettungssatz) voraus, daß $\mathfrak{N}/\mathfrak{M}$ eine abelsche Gruppe ist.

Aus $\mathfrak{M}$-$\mathfrak{F}$-Untergruppen $\mathfrak{A}, \mathfrak{B}, \mathfrak{C}$ der Erweiterung $(\mathfrak{H}, \eta)$ der Gruppe $\mathfrak{N}$ durch den Faktor $\mathfrak{F}$ läßt sich eine $\mathfrak{M}$-$\mathfrak{F}$-Untergruppe $\mathfrak{G} = \mathfrak{A} \circ \mathfrak{B}^{-1} \circ \mathfrak{C}$ gewinnen in der Menge aller Elemente

$$G = AB^{-1}C \quad \text{mit} \quad A \in \mathfrak{A}; \ B \in \mathfrak{B}; \ C \in \mathfrak{C} \quad \text{und} \quad A^\eta = B^\eta = C^\eta \in \mathfrak{F}.$$

Diese *Scharkomposition der $\mathfrak{M}$-$\mathfrak{F}$-Untergruppen in $(\mathfrak{H}, \eta)$* steht in Einklang mit dem durch H. Prüfer eingeführten Begriffe der Schar:

Definition 5. *Eine Schar ist eine Menge Ω mit den Eigenschaften:*

(I) *Jedem geordneten Tripel $\alpha, \beta, \gamma \in \Omega$ ist ein Element $\delta = \alpha \circ \beta^{-1} \circ \gamma$ aus Ω als Produkt eindeutig zugeordnet.*

(II) *Für jedes geordnete Paar $\alpha, \beta \in \Omega$ gilt*

$$\beta \circ \beta^{-1} \circ \alpha = \alpha; \quad \alpha \circ \beta^{-1} \circ \beta = \alpha.$$

(III) *Für Elemente $\alpha, \beta, \gamma, \delta, \varepsilon \in \Omega$ gilt das Assoziativgesetz:*

$$\alpha \circ \beta^{-1} \circ (\gamma \circ \delta^{-1} \circ \varepsilon) = \alpha \circ (\delta \circ \gamma^{-1} \circ \beta)^{-1} \circ \varepsilon = (\alpha \circ \beta^{-1} \circ \gamma) \circ \delta^{-1} \circ \varepsilon.$$

Es liegt eine *kommutative Schar* vor, wenn

$$\alpha \circ \beta^{-1} \circ \gamma = \gamma \circ \beta^{-1} \circ \alpha \quad \text{für } \alpha, \beta, \gamma \in \Omega.$$

3.3.6. Erweiterungsscharen

Auf Grund der Forderungen (II), (III) besitzen die Gleichungen
$$\xi \circ \beta^{-1} \circ \gamma = \delta; \quad \alpha \circ \eta^{-1} \circ \gamma = \delta; \quad \alpha \circ \beta^{-1} \circ \zeta = \delta$$
eindeutige Auflösungen
$$\xi = \delta \circ \gamma^{-1} \circ \beta; \quad \eta = \gamma \circ \delta^{-1} \circ \alpha; \quad \zeta = \beta \circ \alpha^{-1} \circ \delta.$$

Satz 20 (R. BAER). *Es sei* $(\mathfrak{H}, \eta)$ *eine Erweiterung der Gruppe* $\mathfrak{N}$ *durch den Faktor* $\mathfrak{F}$ *und* $\mathfrak{M}$ *ein in* $\mathfrak{N}$ *enthaltener Normalteiler von* $\mathfrak{H}$ *mit abelscher Faktorgruppe* $\mathfrak{N}/\mathfrak{M}$. *Dann bilden die* $\mathfrak{M}$-$\mathfrak{F}$-*Untergruppen von* $\mathfrak{H}$ *eine kommutative Schar* $\Omega = \Omega(\mathfrak{H}, \eta, \mathfrak{M})$.

Beweis. Wir stützen uns auf das leicht beweisbare

Lemma. *In einer Erweiterung* $(\mathfrak{H}, \eta)$ *der Gruppe* $\mathfrak{N}$ *durch* $\mathfrak{F}$ *gilt:*
1. *Aus* $A^\eta = B^\eta = C^\eta \in \mathfrak{F}$ *folgt* $AB^{-1}C \equiv CB^{-1}A$ mod $[\mathfrak{M}, \mathfrak{N}]$.
2. *Aus* $A^\eta = B^\eta = C^\eta \in \mathfrak{F}$ *und* $A_0^\eta = B_0^\eta = C_0^\eta \in \mathfrak{F}$ *folgt*
$$AB^{-1}C A_0 B_0^{-1} C_0 \equiv (AA_0)(BB_0)^{-1}(CC_0) \text{ mod } [\mathfrak{M}, \mathfrak{N}].$$

Da $\mathfrak{M}$ eine Zwischengruppe $[\mathfrak{M}, \mathfrak{N}] \subseteq \mathfrak{M} \subseteq \mathfrak{N}$ ist, gilt auch:

Aus $A^\eta = B^\eta = C^\eta \in \mathfrak{F}$ folgt $AB^{-1}C \equiv CB^{-1}A$ mod $\mathfrak{M}$. (2.1)

Aus $A^\eta = B^\eta = C^\eta \in \mathfrak{F}$ und $A_0^\eta = B_0^\eta = C_0^\eta \in \mathfrak{F}$ folgt (2.2)
$$AB^{-1}C A_0 B_0^{-1} C_0 \equiv (AA_0)(BB_0)^{-1} CC_0 \text{ mod } \mathfrak{M}.$$

Sind nun $\mathfrak{A}, \mathfrak{B}, \mathfrak{C}$ drei $\mathfrak{M}$-$\mathfrak{F}$-Untergruppen von $(\mathfrak{H}, \eta)$, so besteht die Menge $\mathfrak{G} = \mathfrak{A} \circ \mathfrak{B}^{-1} \circ \mathfrak{C}$ aller Elemente

$G = AB^{-1}C$ mit $A \in \mathfrak{A}; B \in \mathfrak{B}; C \in \mathfrak{C}$ und $A^\eta = B^\eta = C^\eta \in \mathfrak{F}$

aus vollen Restklassen $\mathfrak{M}H$ der Gruppe $\mathfrak{H}$ nach $\mathfrak{M}$; nach (2) ist $\mathfrak{G}$ eine $\mathfrak{M}$ enthaltende Untergruppe, für die überdies die Gleichung

$$\mathfrak{G} = \mathfrak{A} \circ \mathfrak{B}^{-1} \circ \mathfrak{C} = \mathfrak{C} \circ \mathfrak{B}^{-1} \circ \mathfrak{A} \tag{3.1}$$

besteht. Da zu jedem $F \in \mathfrak{F}$ Elemente $A \in \mathfrak{A}; B \in \mathfrak{B}; C \in \mathfrak{C}$ existieren, für die $A^\eta = B^\eta = C^\eta = (AB^{-1}C)^\eta = F \in \mathfrak{F}$, gilt auch

$\mathfrak{G}^\eta = \mathfrak{F}$ und $\mathfrak{H} = \mathfrak{N} \mathfrak{G}$ mit $\mathfrak{G} \cap \mathfrak{N} = \mathfrak{M}$.

Denn jedes $G = AB^{-1}C \in \mathfrak{G} \cap \mathfrak{N}$ erfüllt

$E = (AB^{-1}C)^\eta = A^\eta = B^\eta = C^\eta$, also $A \equiv B \equiv C \equiv AB^{-1}C \equiv E$ mod $\mathfrak{M}$.

Folglich ist $\mathfrak{G}$ eine $\mathfrak{M}$-$\mathfrak{F}$-Untergruppe von $(\mathfrak{H}, \eta)$.

Aus der Definition der Scharkomposition für $\mathfrak{M}$-$\mathfrak{F}$-Untergruppen in $(\mathfrak{H}, \eta)$ folgert man nun auch leicht die Gleichungen

$$\mathfrak{A} \circ \mathfrak{B}^{-1} \circ \mathfrak{B} = \mathfrak{B} \circ \mathfrak{B}^{-1} \circ \mathfrak{A} = \mathfrak{A}; \tag{3.2}$$

$$\mathfrak{A} \circ \mathfrak{B}^{-1} \circ (\mathfrak{C} \circ \mathfrak{D}^{-1} \circ \mathfrak{E}) = \mathfrak{A} \circ (\mathfrak{D} \circ \mathfrak{C}^{-1} \circ \mathfrak{B})^{-1} \circ \mathfrak{E} = (\mathfrak{A} \circ \mathfrak{B}^{-1} \circ \mathfrak{C}) \circ \mathfrak{D}^{-1} \circ \mathfrak{E}. \tag{3.3}$$

Die $\mathfrak{M}$-$\mathfrak{F}$-Untergruppen $\mathfrak{G}$ einer Erweiterung $(\mathfrak{H}, \eta)$ der Gruppe $\mathfrak{N}$ durch den Faktor $\mathfrak{F}$ sind induzierte Erweiterungen $(\mathfrak{G}, \eta)$ des Durchschnittes $\mathfrak{M} = \mathfrak{G} \cap \mathfrak{N}$ durch den Faktor $\mathfrak{F}$. Zwei $\mathfrak{M}$-$\mathfrak{F}$-Untergruppen $\mathfrak{G}, \overline{\mathfrak{G}}$ von $(\mathfrak{H}, \eta)$ sind als Erweiterungen von $\mathfrak{M}$ genau dann im wesentlichen gleich, wenn ein $\mathfrak{M}$-$\mathfrak{F}$-*Isomorphismus* α *von* $\mathfrak{G}$ *auf* $\mathfrak{G}^\alpha = \overline{\mathfrak{G}}$ existiert:

$$\alpha: \quad \mathfrak{G} \cong \mathfrak{G}^\alpha = \overline{\mathfrak{G}}; \quad M^\alpha = M \quad \text{für } M \in \mathfrak{M}; \quad G^\alpha \equiv G \bmod \mathfrak{M} \quad \text{für } G \in \mathfrak{G}.$$

Derartige $\mathfrak{M}$-$\mathfrak{F}$-Isomorphismen liefern insbesondere die $\mathfrak{N}$-$\mathfrak{F}$-*Automorphismen* σ *der Gruppe* $(\mathfrak{H}, \eta)$:

$$\sigma: \quad N^\sigma = N \quad \text{für } N \in \mathfrak{N}; \quad H^\sigma \equiv H \bmod \mathfrak{N} \quad \text{für } H \in \mathfrak{H},$$

also die Automorphismen der *Stabilitätsgruppe* $\Sigma(\mathfrak{N} \triangleleft | \mathfrak{H})$ *des Normalteilers* $\mathfrak{N} \triangleleft | \mathfrak{H}$.

Induzieren die $\mathfrak{N}$-$\mathfrak{F}$-Automorphismen α, β von $\mathfrak{H}$ den gleichen $\mathfrak{M}$-$\mathfrak{F}$-Isomorphismus in einer $\mathfrak{M}$-$\mathfrak{F}$-Untergruppe $\mathfrak{G}$, so induziert $\alpha\beta^{-1}$ in $\mathfrak{N}$ und in $\mathfrak{G}$, also in $\mathfrak{H} = \mathfrak{N}\mathfrak{G}$ die Identität. Jeder $\mathfrak{N}$-$\mathfrak{F}$-Automorphismus ist daher durch den in $\mathfrak{G}$ induzierten $\mathfrak{M}$-$\mathfrak{F}$-Isomorphismus gekennzeichnet. Für jeden $\mathfrak{N}$-$\mathfrak{F}$-Automorphismus $\alpha \in \Sigma(\mathfrak{N} \triangleleft | \mathfrak{H})$ gehört der α-Kommutator $[\mathfrak{H}, \alpha]$, also auch $[\mathfrak{G}, \alpha]$ dem Zentrum $\mathfrak{Z}(\mathfrak{N})$ an; es gilt sogar

Satz 21. *Ein $\mathfrak{M}$-$\mathfrak{F}$-Isomorphismus α der $\mathfrak{M}$-$\mathfrak{F}$-Untergruppe $\mathfrak{G}$ in $\mathfrak{H}$ wird genau dann durch einen $\mathfrak{N}$-$\mathfrak{F}$-Automorphismus von $\mathfrak{H}$ induziert, wenn der α-Kommutator $[\mathfrak{G}, \alpha]$ dem Zentrum $\mathfrak{Z}(\mathfrak{N})$ angehört.*

Beweis. Die Bedingung ist notwendig; gehört umgekehrt $[\mathfrak{G}, \alpha]$ dem Zentrum $\mathfrak{Z}(\mathfrak{N})$ an:

$$\alpha: \quad \mathfrak{G} \cong \mathfrak{G}^\alpha \subseteq \mathfrak{H}; \quad M^\alpha = M \quad \text{für } M \in \mathfrak{M}; \quad G^\alpha = GZ_G \quad \text{für } G \in \mathfrak{G} \text{ mit } Z_G \in \mathfrak{Z}(\mathfrak{N}),$$

so ist die für $\mathfrak{H} = \mathfrak{N}\mathfrak{G}$ durch

$$\beta: \quad H = GN \to H^\beta = (GN)^\beta = G^\alpha N = GZ_G N \quad \text{für } G \in \mathfrak{G}; N \in \mathfrak{N}$$

erklärte Abbildung eindeutig und ein Automorphismus aus $\Sigma(\mathfrak{N} \triangleleft | \mathfrak{H})$, also ein $\mathfrak{N}$-$\mathfrak{F}$-Automorphismus von $\mathfrak{H}$.

Satz 21*. *Ist der Zentralisator $\mathfrak{Z}(\mathfrak{M} \subseteq \mathfrak{N})$ im Zentrum $\mathfrak{Z}(\mathfrak{N})$ von $\mathfrak{N}$ enthalten, so wird jeder $\mathfrak{M}$-$\mathfrak{F}$-Isomorphismus einer $\mathfrak{M}$-$\mathfrak{F}$-Untergruppe $\mathfrak{G}$ in $\mathfrak{H}$ durch (genau) einen $\mathfrak{N}$-$\mathfrak{F}$-Automorphismus von $\mathfrak{H}$ induziert.*

Beweis. Für jeden $\mathfrak{M}$-$\mathfrak{F}$-Isomorphismus α von $\mathfrak{G}$ in $\mathfrak{H}$ ist der α-Kommutator $[\mathfrak{G}, \alpha]$ wegen

$$M^\alpha = M \quad \text{für } M \in \mathfrak{M}; \quad G^\alpha \equiv G \bmod \mathfrak{M} \quad \text{für } G \in \mathfrak{G}$$

im Zentralisator $\mathfrak{Z}(\mathfrak{M} \subseteq \mathfrak{N}) \subseteq \mathfrak{Z}(\mathfrak{N})$ enthalten.

Durch die Stabilitätsgruppe $\Sigma(\mathfrak{N} \triangleleft | \mathfrak{H})$ wird die Menge der $\mathfrak{M}$-$\mathfrak{F}$-Untergruppen von $\mathfrak{H}$ in *Äquivalenzklassen* aufgeteilt, wenn $\mathfrak{M}$-$\mathfrak{F}$-Untergruppen in $\mathfrak{H}$, die durch $\mathfrak{N}$-$\mathfrak{F}$-Automorphismen aufeinander abgebildet werden können, als *äquivalent* bezeichnet werden.

Setzt man die Faktorgruppe $\mathfrak{N}/\mathfrak{M}$ als abelsch voraus, so daß Satz 20 in Kraft tritt, so erhält man

Satz 22. *Die Klassen äquivalenter $\mathfrak{M}$-$\mathfrak{F}$-Untergruppen einer Erweiterung $(\mathfrak{H}, \eta)$ der Gruppe $\mathfrak{N}$ mit abelscher Faktorgruppe $\mathfrak{N}/\mathfrak{M}$ nach dem Normalteiler $\mathfrak{M} \triangleleft \mathfrak{H}$ bilden eine Faktorschar der Erweiterungenschar $\Omega(\mathfrak{H}, \eta, \mathfrak{M})$ in $(\mathfrak{H}, \eta)$.*

Beweis. Für jedes $\alpha \in \Sigma(\mathfrak{N} \triangleleft \mathfrak{H})$ und jedes Tripel von $\mathfrak{M}$-$\mathfrak{F}$-Untergruppen $\mathfrak{A}, \mathfrak{B}, \mathfrak{C}$ gilt

$$(\mathfrak{A} \circ \mathfrak{B}^{-1} \circ \mathfrak{C})^\alpha = \mathfrak{A}^\alpha \circ \mathfrak{B}^{-1} \circ \mathfrak{C} = \mathfrak{A} \circ \mathfrak{B}^{-1} \circ \mathfrak{C}^\alpha.$$

Denn für ein Element

$$G = AB^{-1}C \quad \text{mit} \quad A \in \mathfrak{A}; \ B \in \mathfrak{B}; \ C \in \mathfrak{C} \quad \text{und} \quad A^\eta = B^\eta = C^\eta \in \mathfrak{F}$$

erhalten wir

$$AB^{-1} \equiv B^{-1}C \equiv E \bmod \mathfrak{N}, \quad \text{also} \quad (AB^{-1})^\alpha = AB^{-1}; \ (B^{-1}C)^\alpha = B^{-1}C$$

und

$$AB^{-1}C^\alpha = (AB^{-1})^\alpha C^\alpha = (AB^{-1}C)^\alpha = A^\alpha (B^{-1}C)^\alpha = A^\alpha B^{-1}C.$$

Die Aussage des Satzes ist gleichbedeutend mit:

Sind $\mathfrak{A}, \overline{\mathfrak{A}}$ und $\mathfrak{B}, \overline{\mathfrak{B}}$ und $\mathfrak{C}, \overline{\mathfrak{C}}$ Paare äquivalenter $\mathfrak{M}$-$\mathfrak{F}$-Untergruppen von $\mathfrak{H}$, so sind auch $\mathfrak{A} \circ \mathfrak{B}^{-1} \circ \mathfrak{C}$ und $\overline{\mathfrak{A}} \circ \overline{\mathfrak{B}}^{-1} \circ \overline{\mathfrak{C}}$ äquivalent.

Aus den Gleichungen

$$\mathfrak{A}^\alpha = \overline{\mathfrak{A}}; \quad \mathfrak{B} = \overline{\mathfrak{B}}^\beta; \quad \mathfrak{C}^\gamma = \overline{\mathfrak{C}} \quad \text{mit } \alpha, \beta, \gamma \in \Sigma(\mathfrak{N} \triangleleft \mathfrak{H})$$

folgt in der Tat

$$(\mathfrak{A} \circ \mathfrak{B}^{-1} \circ \mathfrak{C})^{\alpha\beta\gamma} = (\mathfrak{A}^\alpha \circ \mathfrak{B}^{-1} \circ \mathfrak{C})^{\beta\gamma} = (\overline{\mathfrak{A}} \circ (\overline{\mathfrak{B}}^\beta)^{-1} \circ \mathfrak{C})^{\beta\gamma}$$
$$= (\overline{\mathfrak{A}} \circ (\overline{\mathfrak{B}}^\beta)^{-1} \circ \mathfrak{C}^\beta)^\gamma = (\overline{\mathfrak{A}} \circ \overline{\mathfrak{B}}^{-1} \circ \mathfrak{C})^\gamma = \overline{\mathfrak{A}} \circ \overline{\mathfrak{B}}^{-1} \circ \overline{\mathfrak{C}}.$$

Bemerkungen und Hinweise

Dieses Buch ist in drei Teile gegliedert, jeder Teil in Kapitel, jedes Kapitel in Abschnitte geteilt. Definitionen und Sätze sind in den Kapiteln, Gleichungen und Formeln in den Abschnitten durchgezählt. Daher bezeichnet etwa Satz 2.1.5 den Satz 5 des Kapitels 2.1 im zweiten Teil des Buches, hingegen Satz 5 (ohne nähere Angabe) den Satz 5 im vorliegenden Kapitel.

Als Zeichen wird verwendet:

$a \mid b$, d.h. die Zahl a ist Teiler der Zahl b. Ferner bezeichnet $(a_1, a_2, \ldots, a_k)$ den größten gemeinschaftlichen Teiler und $[a_1, a_2, \ldots, a_k]$ das kleinste gemeinschaftliche Vielfache der natürlichen Zahlen $a_1, a_2, \ldots, a_k$.

Alle Literaturangaben dieser Hinweise sind in höchstem Maße unvollständig; sie sollen nur dem Zwecke dienen, den Leser auf Zusammenhänge und weiterreichende Untersuchungen aufmerksam zu machen.

An Lehrbüchern und Monographien erwähne ich:

BURNSIDE, W.: Theory of groups of finite order, 2. ed. Cambridge: Univ. Press 1911.

ZASSENHAUS, H.: Lehrbuch der Gruppentheorie. I. Hamburger Einzelschr. Leipzig u. Berlin 1937.

SPEISER, A.: Die Theorie der Gruppen von endlicher Ordnung, 3. Aufl. Berlin: Springer 1937.

KUROSCH, A.: Gruppentheorie [Russisch], 2. Aufl. Moskau: Staatsverlag 1953. Deutsche Übersetzung der 1. Aufl. Berlin 1953. Englische Übersetzung der 2. Aufl. New York 1955.

MAGNUS, W.: Allgemeine Gruppentheorie. In Enzyklopädie der mathematischen Wissenschaften, 2. Aufl., Bd. I/1, H. 9. 1939.

Erster Teil: Einführung

1.1.1. Für die Grundlagen der Mengenlehre werde verwiesen auf:

BOURBAKI, N.: Eléments de mathématique, Vol. I/1. Théorie des ensembles, 2. éd. Paris: Hermann 1951.

HAUSDORFF, F.: Mengenlehre, 3. Aufl. Berlin u. Leipzig: W. de Gruyter & Co. 1935.

FRAENKEL, A. A.: Abstract set theory. Amsterdam: North Holland Publ. Comp. 1953.

Die hier erforderlichen Dinge aus der Mengenlehre findet man auch bei:

NÖBELING, G.: Grundlagen der analytischen Topologie. Berlin: Springer 1954.

Den Zusammenhang zwischen dem Lemma von M. ZORN und dem Wohlordnungssatz behandelt:

WITT, E.: Beweisstudien zum Satz von M. ZORN. Math. Nachr. **4**, 434—438 (1951).

1.1.3. Eine axiomatische Analyse des Gruppenbegriffs findet man bei:

BAER, R., u. F. LEVI: Vollständige irreduzible Systeme von Gruppenaxiomen. Sitzgsber. Heidelberg. Akad. Wiss. **2**, 1—12 (1932).

LORENZEN, P.: Ein Beitrag zur Gruppenaxiomatik. Math. Z. **49**, 313—327 (1944).

STOLT, B.: Über Axiomensysteme, die eine abstrakte Gruppe bestimmen. Diss. Uppsala 1953. 99 S.

Aus dem umfangreichen Gebiet der Verallgemeinerungen des Gruppenbegriffs erwähne ich nur:

ALBERT, A. A.: Quasigroups I., II. Trans. Amer. Math. Soc. **54**, 507—519 (1943); **55**, 401—419 (1944).

BRUCK, R. H.: Contributions to the theory of loops. Trans. Amer. Math. Soc. **60**, 215—354 (1946).

Die abelsche Halbgruppe oder Gruppe trägt ihren Namen zu Ehren von N. H. ABEL, der zu den Begründern der Gruppentheorie zu zählen ist.

Die Frage der Einbettung regulärer Halbgruppen in Gruppen wurde behandelt von:

MALCEV, A. I.: Über die Einbettung von assoziativen Systemen in Gruppen I., II. [Russisch]. Mat. Sbornik, N. S. **6**, 331—336 (1939); **8**, 251—264 (1940).

Die Darstellung einer Halbgruppe als Abbildungsgruppe einer Menge ist der Grundstein der Darstellungstheorie; Zugang zu dieser Theorie findet man durch:

BOERNER, H.: Darstellung von Gruppen mit Berücksichtigung der Bedürfnisse der modernen Physik. Berlin: Springer 1955.

Das Strukturproblem für endliche Gruppen behandelt die programmatische Arbeit:

FITTING, H.: Beiträge zur Theorie der Gruppen endlicher Ordnung. Jber. dtsch. Math.-Ver. **48**, 77—141 (1938).

1.1.4. Als Literatur für die Anwendung der Gruppentheorie in der Algebra werde nur angegeben:

WAERDEN, B. L. v. D.: Algebra I., II. Berlin: Springer 1955. 4. Aufl. bzw. 3. Aufl.

HAUPT, O.: Einführung in die Algebra, 2. Aufl. Leipzig: Akademische Verlagsgesellschaft 1952.

Für die Theorie der linearen Abbildungen in Vektorräumen steht als Bericht zur Verfügung:

WAERDEN, B. L. v. D.: Gruppen von linearen Transformationen. In Ergebnisse der Mathematik, Bd. IV, H. 2. Berlin: Springer 1935.

1.2.1. Die für den Kalkül überaus zweckmäßigen Begriffe des Komplexes und der Komplexmultiplikation stammen wie zahlreiche andere grundlegende Begriffe der Gruppentheorie von G. FROBENIUS; seine gruppentheoretischen Arbeiten sind hauptsächlich in den Sitzungsberichten der preuß. Akad. Wiss. Berlin in den Jahren um 1900 erschienen.

Der unscheinbare Satz von R. DEDEKIND besitzt große Bedeutung; er kennzeichnet nämlich die Struktur des Untergruppenverbandes einer Gruppe.

1.2.2. Zur Theorie der Verbände vergleiche man:

BIRKHOFF, G.: Lattice theory. New York: Amer. Math. Soc. 1948.

HERMES, H.: Einführung in die Verbandstheorie. Berlin: Springer 1955.

Auf die wichtige Frage, inwieweit eine Gruppe ihrer Struktur nach durch die Verbandsstruktur ihres Untergruppenverbandes gekennzeichnet ist, kann nicht eingegangen werden. Man vergleiche:

BAER, R.: Situation der Untergruppen und Struktur der Gruppe. Sitzgsber. Heidelberg. Akad. Wiss. **2**, 12—17 (1933).

— The significance of the system of subgroups for the structure of the group. Amer. J. Math. **61**, 1—44 (1939).

ROTTLÄNDER, A.: Nachweis der Existenz nichtisomorpher Gruppen von gleicher Situation der Untergruppen. Math. Z. **28**, 641—653 (1928).

SADOWSKI, L. E.: Verbandsisomorphismen freier Gruppen und freier Produkte [Russisch]. Mat. Sbornik, N. S. **14**, 155—173 (1944).
— Über die Verbandsisomorphismen freier Produkte von Gruppen [Russisch]. Mat. Sbornik, N. S. **21**, 63—82 (1947).
BEAUMONT, R. A.: Projections of non-abelian groups upon abelian groups containing elements of infinite order. Amer. J. Math. **64**, 115—136 (1942).

In Zusammenhang mit diesem Problemkreis steht auch die anwendungsreiche Theorie in:
BAER, R.: Crossed isomorphisms. Amer. J. Math. **66**, 341—404 (1944).

1.2.3. Die Restklassenzerlegung einer Gruppe nach einer Untergruppe als Modul bzw. nach zwei Untergruppen als Doppelmodul geht wohl zurück auf:
FROBENIUS, G.: Über die Kongruenz nach einem aus zwei endlichen Gruppen gebildeten Doppelmodul. J. reine u. angew. Math. **101**, 273—299 (1887).

Die veraltete Bezeichnung der Restklasse als Nebengruppe ist unzweckmäßig und irreführend.

Es muß darauf aufmerksam gemacht werden, daß ich links- und rechtsseitige Restklassenzerlegung nach der Stellung der Untergruppe, nicht nach der Stellung der Repräsentanten unterscheide, im Gegensatz zu anderen Autoren.

1.2.4. Die Theorie der Permutationsgruppen ist einer der bedeutendsten Grundsteine der Gruppentheorie; historisch wichtig ist hier:
JORDAN, C.: Traité des substitutions et des équations algébriques. Paris: Gauthier-Villars 1870.

Als größere Monographie über Permutationsgruppen erwähne ich noch:
MANNING, W. A.: Primitive groups, Vol. I. Stanford Univ. 1921.

Neuere Arbeiten über diesen Gegenstand:
WIELANDT, H.: Zur Theorie der einfach transitiven Permutationsgruppen I., II. Math. Z. **40**, 582—587 (1935); **52**, 384—393 (1949).
WITT, E.: Die fünffach transitiven Gruppen von Mathieu. Abh. Hamburg **12**, 256—264 (1937).
HOLYOKE, T. C.: On the structure of multiply transitive permutation groups. Amer. J. Math. **74**, 787—796 (1952).
BEAUMONT, R. A., and R. P. PETERSON: Set-transitive permutation groups. Canad. J. Math. **7**, 35—42 (1955).

1.2.5. Die frühere Bezeichnung invariante Untergruppe für Normalteiler einer Gruppe hat sich in der Entwicklung der Theorie als unzweckmäßig erwiesen.

Die Struktur der Hamiltonschen Gruppen, die ihren Namen W. R. HAMILTON, dem Erfinder der Quaternionen verdanken, ist wohlbekannt:
DEDEKIND, R.: Über Gruppen, deren sämmtliche Teiler Normalteiler sind. Math. Ann. **48**, 548—561 (1897).
ZASSENHAUS, H.: Lehrbuch der Gruppentheorie. I.

Die Bestimmung der einfachen Gruppen ist ein noch recht wenig erforschtes Grundproblem der Theorie. Man kennt nicht einmal sämtliche einfache Gruppen endlicher Ordnung; es ist unbekannt, ob einfache Gruppen ungerader Ordnung existieren. Man vergleiche hierzu den Enzyklopädiebericht von W. MAGNUS.

1.2.6. Ähnliche Komplexe einer Gruppe werden häufig auch als konjugiert bezeichnet; man spricht dann auch von konjugierten Elementen und Untergruppen. Ich ziehe meine Bezeichnung vor, da dann das Hauptwort Ähnlichkeit gebildet werden kann.

1.2.8. Die Struktur der symmetrischen Gruppe ist wegen ihrer fundamentalen Bedeutung für die Galoissche Theorie algebraischer Gleichungen Gegenstand weit-

verzweigter Untersuchungen; ich verweise auf den Enzyklopädiebericht von W. MAGNUS und mache hier nur aufmerksam auf:
SCHREIER, J., u. S. ULAM: Über die Permutationsgruppe der natürlichen Zahlenfolge. Studia math. 4, 134—141 (1933).
BAER, R.: Die Kompositionsreihe der Gruppe aller eineindeutigen Abbildungen einer unendlichen Menge auf sich. Studia math. 5, 15—17 (1934).

Die Einfachheit der alternierenden Gruppe ist sehr häufig bewiesen worden, aber schon lange bekannt:
ABEL, N. H.: Beweis der Unmöglichkeit, algebraische Gleichungen von höheren Graden als dem vierten allgemein aufzulösen. J. reine u. angew. Math. 1, 65—84 (1826).

1.3.1. Der dritte Isomorphiesatz ist auch unter dem Namen Lemma von ZASSENHAUS bekannt; man vergleiche:
ZASSENHAUS, H.: Zum Satz von Jordan-Hölder-Schreier. Abh. Hamburg 10, 106—108 (1934).

Eine allgemeinere Fassung findet man bei:
REED, I. S.: A general isomorphism theorem for factor groups. Math. Mag. 24, 191—194 (1951).

1.3.2. Die Bildung der Kommutatorgruppe einer Gruppe geht wohl auf W. BURNSIDE zurück; den Anstoß zu einer systematischen Untersuchung der (höheren) Kommutatorgruppen gab P. HALL. Der Begriff des Kommutatorquotienten stammt von R. BAER.

1.3.3. Die eingehendere Untersuchung der Endomorphismen einer Gruppe beginnt mit den ersten Arbeiten von H. FITTING. Die Bezeichnung Endomorphismus, die von B. L. V. D. WAERDEN stammt, ist jetzt allgemein gebräuchlich; in älteren Arbeiten werden eigentliche und uneigentliche Automorphismen unterschieden. Auch die Bezeichnungen Homomorphismus einer Gruppe auf sich und Meromorphismus sind wohl allgemein üblich.

Der Begriff der Retrakte stammt von:
BAER, R.: Absolute retracts in group theory. Bull. Amer. Math. Soc. 52, 501—506 (1946).
Die Bezeichnung Stabilitätsgruppe habe ich von L. KALUSCHNIN übernommen.

1.3.4. Die Bezeichnung charakteristische Untergruppe hat bereits W. BURNSIDE; jüngeren Ursprungs ist die Bezeichnung vollinvariante Untergruppe. Die Unterscheidung in streng- und vollcharakteristische Untergruppen hat R. BAER eingeführt. Weitere Differenzierungen:
NEUMANN, B. H. u. H.: Zwei Klassen charakteristischer Untergruppen und ihre Faktorgruppen. Math. Nachr. 4, 106—125 (1951).

Aufsteigende und absteigende Zentralfolgen wurden eingeführt durch P. HALL; der Begriff des Hyperzentrums findet sich bereits bei R. REMAK.
Der Kern (oder die Norm) einer Gruppe wurde entdeckt von R. BAER und Gegenstand eingehender Untersuchungen:
BAER, R.: Der Kern, eine charakteristische Untergruppe. Comp. math. 1, 254—283 (1934).
— Gruppen mit hamiltonschem Kern. Comp. math. 2, 241—246 (1935).
— Zentrum und Kern von Gruppen mit Elementen unendlicher Ordnung. Comp. math. 2, 247—249 (1935).
— Gruppen mit vom Zentrum wesentlich verschiedenem Kern und abelscher Faktorgruppe nach dem Kern. Comp. math. 4, 1—77 (1936).
— Groups with abelian norm quotient group. Amer. J. Math. 61, 700—708 (1939).

1.3.5. Die Endlichkeit des Automorphismenturmes einer endlichen Gruppe wurde nachgewiesen durch:
WIELANDT, H.: Eine Verallgemeinerung der invarianten Untergruppen. Math. Z. **45**, 209—244 (1939).
Die Sätze über vollständige Gruppen sind allgemeine Fassungen der von W. BURNSIDE für endliche Gruppen gewonnenen Ergebnisse.
Die symmetrische Gruppe einer Menge mit Ausnahme der Gruppe $\mathfrak{S}_6$ in 6 Ziffern ist vollständig:
HÖLDER, O.: Bildung zusammengesetzter Gruppen. Math. Ann. **46**, 321—422 (1895).
SCHREIER, J., u. S. ULAM: Über die Automorphismen der Permutationsgruppe der natürlichen Zahlenfolge. Fundamenta math. **28**, 258—260 (1937).

1.3.6. Der Gedanke, addierbare Endomorphismen nichtkommutativer Gruppen zu verwenden, geht zurück auf:
FITTING, H.: Die Theorie der Automorphismenringe Abelscher Gruppen und ihr Analogon bei nicht kommutativen Gruppen. Math. Ann. **107**, 514—542 (1932); **109**, 616 (1933).
— Über den Automorphismenbereich einer Gruppe. Math. Ann. **114**, 84—98 (1937).
Zur Untersuchung von Endomorphismenringen vergleiche man auch:
BAER, R.: Endomorphism rings of operator loops. Trans. Amer. Math. Soc. **61**, 517—529 (1947).

1.4.1. Der Gedanke, Gruppen in Verbindung mit Operatorenbereichen zu behandeln, tritt in voller Allgemeinheit wohl zuerst auf bei:
KRULL, W.: Über verallgemeinerte endliche Abelsche Gruppen. Math. Z. **23**, 161—196 (1925).
— Theorie und Anwendung der verallgemeinerten Abelschen Gruppen. Sitzgsber. Heidelberg. Akad. Wiss. **1926**, 1—32.
Die grundlegende Arbeit in diesem Gedankenkreis ist:
NOETHER, E.: Hyperkomplexe Zahlen und Darstellungstheorie. Math. Z. **30**, 641—692 (1929).

1.4.2. Die Frattinische Gruppe einer endlichen Gruppe wurde entdeckt und untersucht von:
FRATTINI, G.: Intorno alle generazione dei gruppi di operazioni I., II. Rend. Accad. Lincei (4) **1**, 281—285, 455—457 (1885).
Sie wird auch als Hauptgruppe oder Φ-Untergruppe bezeichnet. Man vergleiche auch:
GASCHÜTZ, W.: Über die Φ-Untergruppe endlicher Gruppen. Math. Z. **58**, 160—170 (1953).
BAER, R.: Nilpotent characteristic subgroups of finite groups. Amer. J. Math. **75**, 633—664 (1953).

1.4.3. Der Inhalt dieses Abschnittes stammt in seinen wesentlichen Teilen von:
BAER, R.: Splitting endomorphisms. Trans. Amer. Math. Soc. **61**, 508—516 (1947).

1.4.4. Die Untersuchungen über abstrakte Gruppeneigenschaften stellen eine Zusammenfassung und Analyse von Überlegungen dar, die in der gruppentheoretischen Literatur allenthalben (mehr oder weniger bewußt) auftreten.
Die Bezeichnung Syloweigenschaft habe ich gewählt, weil die Eigenschaft, eine p-Gruppe zu sein, eine Syloweigenschaft ist und L. SYLOW als erster die p-Untergruppen einer (endlichen) Gruppe untersucht hat:
SYLOW, L.: Théorèmes sur les groupes des substitutions. Math. Ann. **5**, 584—594 (1872).

Zweiter Teil: Freie und direkte Zerlegung

2.1.1. Der Gedanke, Gruppen durch definierende Relationen zu erklären, geht wohl zurück auf:

Dyck, W. v.: Gruppentheoretische Studien. I., II. Math. Ann. **20**, 1—45 (1882); **22**, 70—108 (1883).

Die Anregung zu eingehenderen Untersuchungen in diesem Gedankenkreis, auf die hier nicht eingegangen werden kann, gab die kombinatorische Topologie in ihrer älteren Gestalt:

Reidemeister, K.: Einführung in die kombinatorische Topologie. Braunschweig: F. Vieweg & Sohn 1932.

Die neuere kombinatorische Topologie stellt andersartige Anforderungen an die Gruppentheorie und induziert damit eine neue Entwicklungsrichtung in der Theorie. Man vergleiche hierzu den zusammenfassenden Bericht:

Eilenberg, S.: Topological methods in abstract algebra. Cohomology theory of groups. Bull. Amer. Math. Soc. **55**, 3—37 (1949).

Für das Identitätsproblem verweise ich auf:

Nowikow, P. S.: Über die algorithmische Unentscheidbarkeit des Identitätsproblems [Russisch]. Dokl. Akad. Nauk. SSSR. **85**, 709—712 (1952).

2.1.2. Zum Beweise des Untergruppensatzes für freie Gruppen erwähne ich nur:

Schreier, O.: Die Untergruppen der freien Gruppen. Abh. Hamburg **5**, 161—183 (1927).

Levi, F.: Über die Untergruppen der freien Gruppen. I. Math. Z. **32**, 315—318 (1930).

Für freie Gruppen endlichen Ranges wurde der Satz zuerst von J. Nielsen bewiesen:

Nielsen, J.: Om regning med ikke-kommutative faktorer og dens anvendelse i gruppeteorien. Mat. Tidskr. B **1921**, 77—94.

2.1.3. Für weitere Einzelheiten über charakteristische und vollinvariante Untergruppen freier Gruppen verweise ich auf:

Levi, F.: Über die Untergruppen der freien Gruppen. II. Math. Z. **37**, 90—97 (1933).

Neumann, B. H.: Identical relations in groups. I. Math. Ann. **114**, 506—525 (1937).

Hall, P.: Verbal and marginal subgroups. J. reine u. angew. Math. **182**, 156—157 (1940).

Federer, H., and B. Jónsson: Some properties of free groups. Trans. Amer. Math. Soc. **68**, 1—27 (1950).

Wever, F.: Über Regeln in Gruppen. Math. Ann. **122**, 334—339 (1950).

2.1.4. Zum Gegenstand dieses Abschnittes vergleiche man:

Grün, O.: Über eine Faktorgruppe freier Gruppen. I. Dtsch. Math. **1**, 772—782 (1936).

Magnus, W.: Über Beziehungen zwischen höheren Kommutatoren. J. reine u. angew. Math. **177**, 105—115 (1937).

Baer, R.: The higher commutator subgroups of a group. Bull. Amer. Math. Soc. **50**, 143—160 (1944).

2.1.5. Der Inhalt dieses Abschnittes besteht in einer Entwicklung der Grundgedanken einer eingehenden und weitreichenden Untersuchung:

Baer, R.: Representations of groups as quotient groups. I., II., III. Trans. Amer. Math. Soc. **58**, 295—419 (1945).

2.2.1. Zum Existenzsatz für freie Produkte von Gruppen vergleiche man:
SCHREIER, O.: Die Untergruppen der freien Gruppen. Abh. Hamburg **5**, 161—183 (1927).
ARTIN, E.: The free product of groups. Amer. J. Math. **69**, 1—4 (1947).
WAERDEN, B. L. v. D.: Free products of groups. Amer. J. Math. **70**, 527—528 (1948).

2.2.2. Die grundlegenden Ergebnisse über freie Produkte von Gruppen verdankt man A. KUROSCH; man vergleiche:
KUROSCH, A.: Zur Zerlegung unendlicher Gruppen. Math. Ann. **106**, 107—113 (1932).
— Über freie Produkte von Gruppen. Math. Ann. **108**, 26—36 (1933).
— Die Untergruppen der freien Produkte von beliebigen Gruppen. Math. Ann. **109**, 647—660 (1934).

Der hier vorgeführte Beweis des Untergruppensatzes stammt seinem Gedankengang nach von:
KUHN, H. W.: Subgroup theorems for groups presented by generators and relations. Ann. of Math. (2) **56**, 22—46 (1952).

Einen weiteren mit topologischen Mitteln arbeitenden Beweis gaben:
BAER, R., u. F. LEVI: Freie Produkte und ihre Untergruppen. Comp. math. **3**, 391—398 (1936).

Dort findet man auch die erste Formulierung des Verfeinerungssatzes.

2.2.3. Der Zerlegungssatz, dessen Beweis im wesentlichen den Inhalt dieses Abschnittes ausmacht, stammt von A. KUROSCH; man vergleiche:
GRUSCHKO, I. A.: Über die Basen eines freien Produktes von Gruppen [Russisch]. Mat. Sbornik, N. S. **8**, 169—182 (1940).

Der Beweisführung liegt zugrunde:
NEUMANN, B. H.: On the number of generators of a free product. J. London Math. Soc. **18**, 12—20 (1943).

2.2.4. Die Untersuchung lokalfreier Gruppen geht zurück auf:
KUROSCH, A.: Lokalfreie Gruppen [Russisch]. Dokl. Akad. Nauk SSSR. **24**, 99—101 (1939).

Eine lokalfreie Gruppe ist nicht einfach:
FUCHS-RABINOWITSCH, D. I.: Über die Nichteinfachheit einer lokalfreien Gruppe [Russisch]. Mat. Sbornik, N. S. **7**, 327—328 (1940).

Die Untersuchungen über die Untergruppen freier Gruppen stützen sich hauptsächlich auf:
TAKAHASI, M.: Note on locally free groups. Osaka Math. J. **1**, 65—70 (1950).

Ferner vergleiche man:
MAGNUS, W.: Beziehungen zwischen Gruppen und Idealen in einem speziellen Ring. Math. Ann. **111**, 259—280 (1935).

Auf den letzten Satz dieses Abschnittes läßt sich eine Topologie gründen:
HALL, M.: A topology for free groups and related groups. Ann. of Math. (2) **52**, 127—139 (1950).

2.2.5. Der Begriff des freien Produktes mit vereinigter Untergruppe stammt von:
SCHREIER, O.: Die Untergruppen der freien Gruppen. Abh. Hamburg **5**, 161—183 (1927).

Eine allgemeinere Fassung dieses Begriffes ist Gegenstand umfangreicher Untersuchungen geworden; ich verweise auf:

Neumann, H.: Generalized free product with amalgamated subgroups. I., II. Amer. J. Math. **70**, 590—628 (1948); **71**, 491—540 (1949).
Baer, R.: Free sums of groups and their generalizations. I., II., III. Amer. J. Math. **71**, 706—742 (1949); **72**, 625—646, 647—670 (1950).
Neumann, B. H. and H.: A contribution to the embedding theory of group amalgams. Proc. Lond. Math. Soc. (3) **3**, 243—256 (1953).

2.3.1. Grundlage für die hier entwickelte Theorie der direkten Zerlegungen bilden Arbeiten von R. Baer; man vergleiche:
Baer, R.: Direct decompositions. Trans. Amer. Math. Soc. **62**, 62—98 (1947).
— Direct decompositions into infinitely many direct summands. Trans. Amer. Math. Soc. **64**, 519—551 (1948).

Ich verweise ferner auf:
Kurosch, A.: Isomorphismen direkter Zerlegungen, I., II. [Russisch]. Izv. Akad. Nauk SSSR., Ser. Mat. **7**, 185—202 (1943); **10**, 47—72 (1946).

2.3.3. Der starke Verfeinerungssatz geht in seinem Kern zurück auf:
Fitting, H.: Über die Existenz gemeinsamer Verfeinerungen bei direkten Produktzerlegungen einer Gruppe. Math. Z. **41**, 380—395 (1936).

2.3.6. Die Untersuchung über die Rolle des Zentrums bei direkten Zerlegungen stützt sich auf:
Baer, R.: The role of the center in the theory of direct decompositions. Bull. Amer. Math. Soc. **54**, 167—174 (1948).

2.3.8. Zu den Verfeinerungssätzen mache ich noch aufmerksam auf:
Ore, O.: Direct decompositions. Duke Math. J. **2**, 581—596 (1936).
Kořínek, V.: Sur la décomposition d'un groupe en produit direct des sousgroupes. Časopis mat. fys. **66**, 261—286 (1937); **67**, 209—210 (1938).
Golovin, O. N.: Faktoren ohne Zentren in direkten Zerlegungen von Gruppen [Russisch]. Mat. Sbornik, N. S. **6**, 423—426 (1939).

2.3.9. Die Isomorphie der Zerlegungen in unzerlegbaren Faktoren wurde untersucht bei endlichen Gruppen von:
Maclagan-Wedderburn, J. H.: On the direct product in the theory of finite groups. Ann. of Math. **10**, 173—176 (1909).
Remak, R.: Über die Zerlegung der endlichen Gruppen in direkte unzerlegbare Faktoren. I., II. J. reine u. angew. Math. **139**, 293—308 (1911); **153**, 131—140 (1923).

Allgemeinere Fassungen des Satzes stammen von:
Schmidt, O.: Über unendliche Gruppen mit endlicher Kette. Math. Z. **29**, 34—41 (1928).
Fitting, H.: Über die direkten Produktzerlegungen einer Gruppe in direkt unzerlegbare Faktoren. Math. Z. **39**, 16—30 (1934).

Von weiterer Literatur gebe ich hier nur noch an:
Kiokemeister, F.: A note on the Schmidt-Remak theorem. Bull. Amer. Math. Soc. **53**, 957—958 (1947).

2.3.10. Der Begriff des Sockels geht auf R. Remak zurück; man vergleiche:
Remak, R.: Über minimale invariante Untergruppen in der Theorie der endlichen Gruppen. J. reine u. angew. Math. **162**, 1—16 (1930).
— Über die Darstellung der endlichen Gruppen als Untergruppen direkter Produkte. J. reine u. angew. Math. **163**, 1—44 (1930).

2.4.1. Eine ausführliche Monographie über abelsche Gruppen (mit Operatoren) steht zur Verfügung in:
Kaplansky, I.: Infinite abelian groups. Ann Arbor Univ. Michigan Press 1954.

2.4.2. Die Theorie der primären abelschen Gruppen geht zurück auf:
PRÜFER, H.: Untersuchungen über die Zerlegbarkeit der abzählbaren primären Abelschen Gruppen. Math. Z. **17**, 35—61 (1923).
— Theorie der Abelschen Gruppen. I., II. Math. Z. **20**, 165—187 (1924); **22**, 222—249 (1925).

2.4.4. Zum Satze von H. ULM vergleiche man:
ULM, H.: Zur Theorie der abzählbar-unendlichen Abelschen Gruppen. Math. Ann. **107**, 774—803 (1933).
ZIPPIN, L.: Countable torsion groups. Ann. of Math. (2) **36**, 86—99 (1935).

Über Weiterführungen der Theorie verweise ich auf:
ULM, H.: Zur Theorie der nicht-abzählbaren unendlichen primären Abelschen Gruppen. Math. Z. **40**, 205—207 (1935).
KULIKOW, L. J.: Zur Theorie der abelschen Gruppen von beliebiger Mächtigkeit, I., II. [Russisch]. Mat. Sbornik, N. S. **9**, 165—181 (1941); **16**, 129—162 (1945).
— Verallgemeinerte primäre Gruppen, I., II. [Russisch]. Arb. Mosk. Math. Ges. **1**, 247—326 (1952); **2**, 85—167 (1953).

2.4.6. Die Literatur über torsionsfreie abelsche Gruppen ist recht umfangreich; ich gebe an:
MALCEV, A. I.: Torsionsfreie abelsche Gruppen von endlichem Rang [Russisch]. Mat. Sbornik, N. S. **4**, 45—68 (1938).
DERRY, D.: Über eine Klasse von Abelschen Gruppen. Proc. Lond. Math. Soc. (2) **43**, 490—506 (1937).
BAER, R.: Abelian groups without elements of finite order. Duke Math. J. **3**, 68—122 (1937).
KUROSCH, A.: Primitive torsionsfreie abelsche Gruppen von endlichem Range. Ann. of Math. (2) **38**, 175—203 (1937).

2.4.7. Zu diesem Abschnitt vergleiche man:
FOMIN, S. W.: Über periodische Untergruppen der unendlichen abelschen Gruppen [Russisch]. Mat. Sbornik, N. S. **2**, 1007—1009 (1937).
BAER, R.: The subgroup of the elements of finite order of an abelian group. Ann. of Math. (2) **37**, 766—781 (1936).

Dritter Teil: Allgemeine Strukturtheorie

3.1.1. Normalfolgen in dieser allgemeinen Gestalt sind zuerst von A. KUROSCH untersucht worden:
KUROSCH, A.: Eine Verallgemeinerung des Jordan-Hölderschen Satzes. Math. Ann. **111**, 13—18 (1935).

Der Verfeinerungssatz wurde zuerst formuliert (für Normalreihen) durch:
SCHREIER, O.: Über den Jordan-Hölderschen Satz. Abh. Hamburg **6**, 300—302 (1928).

Der vorgeführte Beweis stammt von:
ZASSENHAUS, H.: Zum Satz von Jordan-Hölder-Schreier. Abh. Hamburg **10**, 106—108 (1934).

Für das Studium des gesamten Kapitels 3.1 muß auf die Tatsache aufmerksam gemacht werden, daß in der Literatur über diesen Gegenstand die Bezeichnungen oft sehr voneinander abweichen. Ich glaube in meiner Bezeichnungsweise einigermaßen systematisch vorgegangen zu sein.

Der Begriff der nachnormalen (nachinvarianten) Untergruppe stammt von:
WIELANDT, H.: Eine Verallgemeinerung der invarianten Untergruppen. Math. Z. **45**, 209—244 (1939).

3.1.2. Der Begriff der Kompositionsreihe geht zurück auf C. JORDAN; als erster bewies O. HÖLDER den Isomorphiesatz für endliche Gruppen. Man vergleiche ferner:

KUROSCH, A.: Kompositionssysteme in unendlichen Gruppen [Russisch]. Mat. Sbornik, N. S. **16**, 59—72 (1945).

3.1.4. Der Begriff der halbeinfachen Gruppe stammt von H. FITTING; ich verweise noch auf:

GOLBERG, P. A.: Unendliche halbeinfache Gruppen [Russisch]. Mat. Sbornik, N. S. **17**, 131—142 (1945).

3.1.5. Man vergleiche:

HIRSCH, K. A.: On infinite soluble groups. I., II., III., IV. Proc. Lond. Math. Soc. (2) **44**, 53—60, 336—344 (1938); **49**, 184—194 (1946). — J. Lond. Math. Soc. **27**, 81—85 (1952).

ZAPPA, G.: Sui gruppi di Hirsch supersolubili. I., II. Rend. math. Padova **12**, 1—11, 62—80 (1941).

3.1.6. Ausgangspunkt für die hier durchgeführten Untersuchungen ist:

FITTING, H.: Beiträge zur Theorie der Gruppen endlicher Ordnung. Jber. dtsch. Math.-Ver. **48**, 77—141 (1938).

Zum Gedankenkreis der Abschnitte 3.1.3 bis 3.1.6 liegt eine umfangreiche Literatur vor; vor allem muß auf die Untersuchungen der Moskauer gruppentheoretischen Schule aufmerksam gemacht werden, die zumeist in Mat. Sbornik, N. S. oder Doklady Akad. Nauk SSSR. von 1936 an bis heute fast in jedem Bande zu finden sind.

3.1.7. Zum Inhalt dieses Abschnittes vergleiche man:

BAER, R.: Groups without proper isomorphic quotient groups. Bull. Amer. Math. Soc. **50**, 267—278 (1944).

BEAUMONT, R. A.: Groups with isomorphic proper subgroups. Bull. Amer. Math. Soc. **51**, 381—387 (1945).

3.2.1. Einen Beweis des hier nicht bewiesenen Satzes 3.2.2* kann man den Lehrbüchern von W. BURNSIDE und A. SPEISER entnehmen. Bei W. BURNSIDE ist auch der Zerlegungssatz 3.2.4 zu finden.

3.2.2. Zur Theorie der endlichen p-Gruppen vergleiche man:

HALL, P.: A contribution to the theory of groups of prime-power order. Proc. Lond. Math. Soc. (2) **36**, 29—95 (1933).

GRÜN, O.: Beiträge zur Gruppentheorie. V. Über endliche p-Gruppen. Osaka Math. J. **5**, 117—146 (1953).

Wesentliche Teile dieses Abschnittes stammen aus:

BAER, R.: Nilpotent groups and their generalizations. Trans. Amer. Math. Soc. **47**, 393—434 (1940).

3.2.3. Zu diesem Problemkreis vergleiche man:

DIETZMANN, A. P., A. G. KUROSCH u. A. I. USKOW: Sylowsche Untergruppen von unendlichen Gruppen [Russisch]. Mat. Sbornik, N. S. **3**, 179—185 (1938).

BAER, R.: Sylow theorems for infinite groups. Duke Math. J. **6**, 598—614 (1940).

DIETZMANN, A. P.: On an extension of Sylow's theorem. Ann. of Math. (2) **48**, 137—146 (1947).

3.2.4. Man vergleiche:

HALL, P.: A note on soluble groups. J. Lond. Math. Soc. **3**, 98—105 (1928).

— A characteristic property of soluble groups. J. Lond. Math. Soc. **12**, 198—200 (1937).

— On the Sylow systems of a soluble group. Proc. Lond. Math. Soc. (2) **43**, 316—323 (1937).

3.2.5. Zur Ergänzung soll noch auf Untersuchungen über klassenfinite Gruppen aufmerksam gemacht werden:

ERDÖS, J.: The theory of groups with finite classes of conjugate elements. Acta math. Acad. hung. **5**, 45—58 (1954).

NEUMANN, B. H.: Groups with finite classes of conjugate elements. Proc. Lond. Math. Soc. (3) **1**, 178—187 (1951).

— Groups with finite classes of conjugate subgroups. Math. Z. **63**, 76—96 (1955).

3.2.6. Die Untersuchungen dieses Abschnittes stehen in engem Zusammenhang mit der eingehenden Analyse bei:

BAER, R.: Nilpotent groups and their generalizations. Trans. Amer. Math. Soc. **47**, 393—434 (1940).

Ferner mache ich aufmerksam auf:

BAER, R.: The hypercenter of a group. I., II. Acta math. **89**, 165—208 (1953). — Arch. Math. **4**, 86—96 (1953).

HIRSCH, K. A.: Eine kennzeichnende Eigenschaft nilpotenter Gruppen. Math. Nachr. **4**, 47—49 (1951).

— Über lokal-nilpotente Gruppen. Math. Z. **63**, 290—294 (1955).

PLOTKIN, B. I.: Zur Theorie der lokalnilpotenten Gruppen [Russisch]. Dokl. Akad. Nauk SSSR. **76**, 639—641 (1941).

3.3.1. Die in den beiden ersten Abschnitten des Kapitels 3.3 entwickelte Theorie stammt von:

BAER, R.: Klassifikation der Gruppenerweiterungen. J. reine u. angew. Math. **187**, 75—94 (1949).

Die Zusammenhänge der Erweiterungstheorie mit der Kohomologietheorie konnten nicht mehr berücksichtigt werden; hierfür verweise ich auf:

ECKMANN, B.: Der Cohomologie-Ring einer beliebigen Gruppe. Comm. Math. Helv. **18**, 232—282 (1946).

LYNDON, R. C.: The cohomology theory of group extension. Duke Math. J. **15**, 271—292 (1948).

EILENBERG, S., and S. MACLANE: Cohomology theory in abstract groups. I., II., III. Ann. of Math. (2) **48**, 51—78, 326—341 (1947); **50**, 736—761 (1949).

EILENBERG, S.: Topological methods in abstract algebra. Cohomology theory of groups. Bull. Amer. Math. Soc. **55**, 3—37 (1949).

3.3.3. Das Problem der Gruppenerweiterung wurde in seiner allgemeinen Gestalt zuerst von O. SCHREIER angegriffen:

SCHREIER, O.: Über die Erweiterung von Gruppen. I., II. Mh. Math. Phys. **34**, 165—180 (1926). — Abh. Hamburg **4**, 321—346 (1926).

Die hier entwickelte Theorie stammt von:

BAER, R.: Erweiterung von Gruppen und ihren Isomorphismen. Math. Z. **38**, 375—416 (1934).

Ich weise ferner hin auf eine andere Entwicklung der Theorie bei:

KRASNER, M., et L. KALOUJNINE: Produit complet des groupes de permutations et problème d'extension des groupes I., II., III. Acta Sci. Math. Szeged **13**, 208—230 (1950); **14**, 39—66, 69—82 (1951).

3.3.5. Der Inhalt der letzten beiden Abschnitte des Kapitels 3.3 stammt gleichfalls in seinen wesentlichen Teilen von:

BAER, R.: Ein Einbettungssatz für Gruppenerweiterungen. Arch. Math. **2**, 178—185 (1950).

— Die Schar der Gruppenerweiterungen. Math. Nachr. **2**, 317—327 (1949).

Namenverzeichnis

Artin, E. 438
Baer, R. 180, 181, 189, 245, 250, 260, 263, 375, 415, 435, 439
Bernstein, F. 1
Burnside, W. 143, 166, 373, 380
Cauchy, A. 58
Dedekind, R. 26
Dietzmann, A. P. 47, 377
v. Dyck, W. 149
Fitting, H. 232, 240
Fomin, S. W. 308
Frattini, G. 120
Grün, O. 117
Hall, P. 357, 387, 390
Hamilton, W. R. 45
Hilton, H. 382
Hirsch, K. A. 348, 350, 351, 352
Hölder, O. 318
Hopf, H. 181, 371
Jordan, C. 318
Kaluschnin, L. 366
Kuhn, H. W. 217

Kurosch, A. 189, 201, 289
Lagrange, E. 35
Levi, F. 157, 189, 211
Magnus, W. 211
Nielsen, J. 155
Poincaré, H. 36
Prüfer, H. 286, 290, 438
Reidemeister, K. 152, 192
Remak, R. 268, 274
Schmidt, O. 268
Schreier, O. 152, 155, 182, 184, 192, 213, 314, 318
Sylow, L. 135
Takahasi, M. 209
Tietze, H. 151
Tschernikow, S. 378
Ulm, H. 278, 292
Wielandt, H. 98, 325
Zappa, G. 369
Zassenhaus, H. 70, 114
Zorn, M. 5

Sachverzeichnis

Abbildung 6ff.
—, lineare 22
abelsche Gruppe 10
— —, freie 166, 300
— — mit Maximalbedingung 311
— — mit Minimalbedingung 284
— —, reduzierte 276
— —, vollständige 276
— — vom Typus p^ω 75
Ableitung einer Gruppe 76
additive Gruppe 16
— — der rationalen Zahlen 29, 76, 208, 371
affine Gruppe 105
Ähnlichkeitsklasse 55
Ähnlichkeitstransformation 48
alternierende Gruppe 41, 63, 65
Assoziativität 10
auflösbare Gruppe 342
— —, stark 344
Austauschisomorphie 236, 259
Automorphismengruppe 81
— einer Normalfolge 348
—, innere 81
Automorphismenklasse, äußere 81
Automorphismenturm 98
Automorphismus 81
—, äußerer 81
—, innerer 48
—, normaler 116
—, starknormaler 392
—, zentraler 116

Basissatz 111

Charakter einer Erweiterung 420
charakteristische Folge 322
— Kompositionsfolge 322

Darstellung einer Gruppe 16
— — als Faktorgruppe 177
Diedergruppe 19, 39, 186
direktes Produkt 78
direkt unzerlegbare Gruppe 265

Doppelkettenbedingung 110
Dualitätsprinzip 145
Durchschnitt 2

einfache Gruppe 47
— —, charakteristisch 89, 273
— —, streng 317
— —, vollinvariant 93
Einheitsvektor 22
Element 1
—, ähnliches 55
—, invertierbares 11
Elementarteilersatz 168
endliche Gruppe 10, 132, 337
endlich erzeugbare Gruppe 28, 110
Endlichkeitsbedingung 147
Endomorphismus 80ff.
—, addierbarer 107
—, idempotenter 84
—, fastperiodischer 128
—, normaler 116f.
—, singulärer 84
—, uniform zerfällender 125
—, zentraler 107
—, zerfällender 124
Erweiterung einer Gruppe 406
— —, ähnliche 408
— —, äquivalente 407
— —, fastäquivalente 407
— —, normale 417, 420
— —, verwandte 407
Erzeugendensystem 27, 148
—, irreduzibles 28
Extremalbedingung 5, 110

Faktor einer Gruppe, außerwesentlicher freier 188
— —, direkter 220
— —, freier 182
— —, wesentlicher freier 188
Faktorgruppe 45
Fixgruppe 122, 147, 353
Fixnormalteiler 122
Folgerelation 149

Frattinische Gruppe 120, 386
freie Gruppe 21, 40, 140, 371
——, reduzierte 165
——, abelsche 166, 300
frei unzerlegbare Gruppe 182
Funktionenraum 3

Gittergruppe, rationale 303
Gruppe 9
— der Ordnung p^2, p^3 59
— mit Operatorenbereich 107
— ohne Zentrum 51
Gruppeneigenschaft, abstrakte 131
—, finit erklärte 138
—, lokale 138

Halbgruppe 10
—, linksreguläre 10
—, rechtsreguläre 10
—, reguläre 13
Halbverband, abgeschlossener 31 f.
—, absteigender 30
—, aufsteigender 30
Hamiltonsche Gruppe 45
Hauptfolge 321
Hauptgruppe 120
Hauptreihe 321
Höhe eines Elementes 167, 286
Holomorph 96
Homomorphie 67
Homomorphiesatz, erster 68, 113
—, zweiter 68, 113
Homomorphismus 71, 82
—, Fortsetzung eines 73
—, induzierter 72
Hyperfixgruppe 354
Hyperzentrum 91, 358

Identität 9
— = identischer Automorphismus 80
Identitätsgruppe einer Untergruppe 87
Identitätsproblem 150
Index einer Untergruppe 34
— nach einem Doppelmodul 38
Indexmenge 2
Induktion, transfinite 6
Integritätsbereich 17
Invarianzhalbgruppe einer Untergruppe 87
Invarianzgruppe einer Normalfolge 348
— einer Untergruppe 87
— eines Operatorenbereiches 115

Inverse 11
Isomorphie 16
— direkter Zerlegungen 223
— freier Zerlegungen 188
— von Normalfolgen 313
Isomorphieklasse 16
Isomorphieproblem 151
Isomorphiesatz, erster 69, 113
—, zweiter 69, 113
—, dritter 70, 114
Isomorphismus 71, 81

Kern einer Gruppe 92, 120
— eines Endomorphismus 80
— eines Homomorphismus 71
Kette 30
—, wohlgeordnete 30
Klasse 55, 142
— ähnlicher Erweiterungen 413
— einer nilpotenten Gruppe 357, 364
klassenfinite Gruppe 56, 142, 144, 391
Klassenzahl 56
Kollektivcharakter einer Erweiterung 420
—, Auflösung eines 421
Kommutator 76
—, letzter 94
—, reiner 170
— von Endomorphismen 227
Ω-Kommutator 122, 147, 356
Kommutatorenfolge 94, 176
Kommutatorform 170
Kommutatorgruppe 76, 163
—, höhere 171
—, Typus einer 171
Kommutatorquotient 79
kommutative Gruppe 10
Komplement einer Menge 2
— eines direkten Faktors 220
— eines Endomorphismus 124
Komplex 24
—, ähnlicher 48
—, normaler 47
—, zulässiger 108
Kompositionsfolge 317, 321
Kompositionsreihe 317, 321
Kompositum 29
Kongruenz 3
— nach einem Doppelmodul 38
— nach einem Normalteiler 45
— nach einer Untergruppe 35
Körper 17
Kürzungsregel 8

$\wedge = \wedge_{\mathfrak{G}}$ 31
Limeselement 6
lineare Gruppe (eines Vektorraumes) 23
lokalendliche Gruppe 28, 141, 146
lokalfreie Gruppe 140, 208
— — endlichen Ranges 208
lokalnilpotente Gruppe 366

Mächtigkeit 1
—, gleiche 1
Matrix, finite 22
—, unimodulare 168
Maximalbedingung 5, 110, 135, 139
—, schwache 111
Menge 1
Meromorphismus 81
metabelsche Gruppe 339
— —, stark 344
metazyklische Gruppe 346
— —, stark 350
Minimalbasis 201
Minimalbedingung 5, 110, 134, 139
—, schwache 111
Modulgruppe 187
monogene Gruppe 110

Nilendomorphismus 123
nilpotente Gruppe 353, 358
— —, nach unten 356, 361
— —, stark 357, 364
Normalfolge, absteigende 312
—, aufsteigende 312
Normalreihe 313
—, Länge einer 313
Normalisator 49
—, zulässiger 118
Normalteiler 45
—, echter 45
—, eigentlicher 45
—, maximaler 45
—, minimaler 45
Nullbild einer Gruppe 77
Nullendomorphismus 80

Obergruppenkettenbedingung 110
Operator 107
Operatorautomorphismus 115
Operatorenbereich 107
—, absoluter 107
—, erweiterter 108
—, normaler 116
—, stark normaler 116

Operatorendomorphismus 114
Operatorhomomorphie 112
Operatorhomomorphismus 114, 115
Operatorisomorphie 112
Operatorisomorphismus 114, 115
Ordnung einer Gruppe 10
— einer Halbgruppe 10
— einer Klasse 56
— einer Menge 3
—, induktive 4
—, lineare 4
—, natürliche 4
ordnungsbeschränkte Gruppe 143
ordnungsfinite Gruppe 14, 136, 391
Ordnungszahl 7
Orthogonalsystem einer Gruppe 227

𝔭-Element 372
𝔭-Gruppe 372
p-Gruppe 372
perfekte Gruppe 77, 342, 356
Permutation 8
—, finite 21
—, gerade (ungerade) 41
Permutationsgruppe 41
—, primitive (imprimitive) 44
—, transitive 42
Potenz einer Gruppe 94, 356, 362
Potenzgruppe 163
Produkt von Gruppen, abgeschlossenes direktes 223
— —, direktes 220
— —, freies 182
— —, freies, mit vereinigter Untergruppe 213
p-Sylowgruppe 383

𝔮-Gruppe 84, 369
Quaternionengruppe 61

Radikal einer Gruppe 360
— eines Endomorphismus 123
Rang einer abelschen Gruppe 283, 302
— einer freien Gruppe 21, 160
— einer lokalfreien Gruppe 208
Relation eines Erzeugendensystems 148
—, identische 165
— in einer Menge 3
Relationengruppe 148
Relationsfunktion 426
Repräsentantensystem 34

Restklassenzerlegung nach einem Doppelmodul 37
— nach einem Normalteiler 45
— nach einer Untergruppe 34
Retrakte 85
Ring 17
—, nullteilerfreier 17

Schar 438
Scharkomposition 438
Servanzuntergruppe 282
Sockel einer Gruppe 272
Stabilitätsgruppe einer Normalfolge 349
— eines Normalteilers 88
Stufe einer auflösbaren Gruppe 344
Syloweigenschaft 135
Sylowgruppe 135
Sylowsystem 389
symmetrische Gruppe 9, 41, 61
— —, finite 21, 41, 54, 63

Teilmenge 1
torsionsfreie Gruppe 14, 133, 146
Transitivitätsgrad 42
Typus einer abelschen Gruppe 278

$\mathfrak{U}$-Gruppe 82, 369
Ulmsche Folge 278
unendliche Gruppe 10
unimodulare Gruppe 187
Untergruppe 25
—, charakteristische 88, 115, 118
—, echte 29
—, eigentliche 29
—, fastähnliche 392
—, maximale 29
—, merocharakteristische 371
—, minimale 29
—, nachnormale 315
—, normalcharakteristische 241
—, stark nachnormale 315
—, streng charakteristische 90, 118
—, vollcharakteristische 90, 118
—, vollinvariante 93, 115, 118
— von endlichem Index 34
—, zulässige 85, 108
Untergruppenfolge, absteigende 31
—, aufsteigende 31
Untergruppenkettenbedingung 110
Unterhalbgruppe 25

Vektorgruppe 17
—, finite 17, 103
—, rationale 103, 303
Vektorraum 3
Verband 30
—, abgeschlossener 32
Vereinigung 2
verfeinerbare Gruppe 243
— —, stark 238
Verfeinerung einer direkten Zerlegung 222
— einer freien Zerlegung 184
— einer Normalfolge 313
—, kanonische 242
vertauschbare Elemente 10
— Komplexe 24
Vierergruppe 40
vollinvariante Folge 323
— Kompositionsfolge 323
Vollordnung 4
vollständige Gruppe 100
vollzerlegbare abelsche Gruppe 281

Wohlordnung 4
Wohlordnungstypus 7
Wort = Form 162
Woртuntergruppe 163

Zentralfolge 358
—, oberste 91, 359
—, unterste 94, 173, 362
Zentralisator 50
—, reduzierter 419
—, zulässiger 118
Zentralisomorphie 233
Zentrenfolge 91, 120, 358, 361
Zentrum einer Gruppe 50
Ω-Zentrum einer Gruppe 118
Zerfällbarkeitsbedingung 250
Zerfällung einer Gruppe 85
Zerfällungsgruppe einer Erweiterung 433
Zerlegung einer Gruppe, direkte 220
— —, freie 182
— —, normalcharakteristische 241
— —, Z-direkte 240
Zerlegungsendomorphismus 224
—, komplementärer 224
Zerlegungshalbgruppe 233
Zerlegungszentrum 233
zyklische Gruppe 18, 38, 102

MIX
Papier aus verantwortungsvollen Quellen
Paper from responsible sources
FSC® C105338

If you have any concerns about our products,
you can contact us on
ProductSafety@springernature.com
In case Publisher is established outside the EU,
the EU authorized representative is:
**Springer Nature Customer Service Center GmbH
Europaplatz 3, 69115 Heidelberg, Germany**

Printed by Libri Plureos GmbH
in Hamburg, Germany